中国科学院科学出版基金资助出版

中国维管植物科属词典

主编　李德铢

副主编　陈之端　王　红　路安民

科 学 出 版 社

北　京

内 容 简 介

《中国维管植物科属词典》以被子植物系统发育研究组系统（APG 系统），以及石松类和蕨类（最近的 PPG I 系统）、裸子植物系统（克氏裸子植物系统）为框架，结合《中国植物志》英文版（*Flora of China*）的最新成果，较为全面地反映了 20 世纪 90 年代以来中国维管植物分子系统学和分子地理学研究的进展，是一本植物分类学专业工作者的工具书。本书记录了中国维管植物 314 科 3246 属，其中石松类和蕨类植物 39 科 162 属，裸子植物 10 科 44 属，被子植物 265 科 3040 属。书后附有：①中国维管植物科属名录；②汉拉科属名称对照表；③本书与 *Flora of China* 相比较的科属变动；④常见属名称处理情况；⑤分布区类型概要；⑥植物分类学主要数据库网站。

本书以科属拉丁学名为条目，提供了中国维管植物科属形态特征、分布概况、分布区类型、属种统计和主要经济用途等信息，尤其详细介绍了在分子系统发育框架下中国维管植物科属的范畴、系统位置、鉴别特征及分布信息，可供植物学相关专业研究人员和高校师生使用，也可为农业、林业、畜牧业、医药行业、自然保护区管理、环境保护和科技情报等领域的工作者提供参考，同时也将有助于提高公众对我国植物多样性的认识。

图书在版编目（CIP）数据

中国维管植物科属词典/李德铢主编. —北京：科学出版社, 2018.1
ISBN 978-7-03-055120-7

Ⅰ.①中… Ⅱ.①李… Ⅲ. ①维管植物–中国–词典 Ⅳ.①Q949.4-61

中国版本图书馆 CIP 数据核字(2017)第 268742 号

责任编辑：王 静 王海光 赵小林 / 责任校对：张怡君
责任印制：吴兆东 / 封面设计：杨建昆

科 学 出 版 社 出版
北京东黄城根北街 16 号
邮政编码：100717
http://www.sciencep.com
北京厚诚则铭印刷科技有限公司 印刷
科学出版社发行 各地新华书店经销
*
2018 年 1 月第 一 版 开本：787×1092 1/16
2022 年 1 月第二次印刷 印张：44 1/4
字数：1 050 000
定价：298.00 元
(如有印装质量问题, 我社负责调换)

A DICTIONARY OF THE FAMILIES AND GENERA OF CHINESE VASCULAR PLANTS

Editor-in-Chief: LI De-Zhu

Associate Editors-in-Chief: CHEN Zhi-Duan WANG Hong LU An-Min

Sponsored by the iFlora Initiative of
Kunming Institute of Botany, Chinese Academy of Sciences

Science Press
Beijing

《中国维管植物科属词典》编辑委员会

A DICTIONARY OF THE FAMILIES AND GENERA OF CHINESE VASCULAR PLANTS

EDITORIAL COMMITTEE

编著者所属单位

（按姓氏笔画排序）

中国科学院昆明植物研究所：

上官法智　马永鹏　王　红　王凡红　王银环　方　伟　卢金梅
成　晓　任宗昕　伊廷双　向春雷　刘　杰　刘珉璐　刘振稳
刘恩德　孙卫邦　纪运恒　严丽君　李　嵘　李　燕　李苗苗
李德铢　杨　静　杨世雄　杨永平　吴之坤　吴增源　何　俊
何华杰　张　挺　张书东　张玉霄　张明英　陆　露　陈文红
陈亚萍　陈家辉　罗亚皇　周　伟　赵东伟　赵延会　胡国雄
俞　英　姚　纲　骆　洋　高连明　蒋　伟　韩春艳　税玉民
雷立公　谭少林

中国科学院植物研究所：

王　伟　付志玺　向小果　向坤莉　孙　苗　李灵露　李睿琦
杨　永　杨　拓　张　剑　张明理　张彩飞　张景博　陈　闽
陈之端　陈文俐　金伟涛　金效华　周亭亭　徐松芝　高天刚
韩保财　鲁丽敏　路安民

四川大学：

王长宝　王志新　卢　艳　卢利聃　刘建全　孙永帅　李敏洁
杨　梅　杨利琴　杨敬天　何兴金　余　岩　张　琳　周颂东
胡灏禹　温　珺　谢登峰　赖山潘　廖晨阳　谭进波

浙江大学：

李　攀　邱英雄　张永华　陈　楠　赵云鹏　傅承新

江苏省中国科学院植物研究所：

刘启新　孙小芹　李密密　吴宝成　宋春凤　杭悦宇
周　伟　徐增菜　褚晓芳

香港中文大学：

刘大伟　李　明　陈耀文　邵鹏柱　姜丽丽　黄家乐

中国科学院武汉植物园：

王青锋　王恒昌　周亚东　胡光万

华东师范大学：

李宏庆　张　振　张丽芳　赵晓冰

广西壮族自治区中国科学院广西植物研究所：

曹　明　曹小燕　董莉娜

中国科学院华南植物园：

王瑞江　邓云飞

山西师范大学：

苏俊霞　张林静　武生聃　赵慧玲

中国科学院西双版纳热带植物园：

李　捷　郁文彬

中国科学院成都生物研究所：

赵雪利　徐　波

杭州植物园：

卢毅军　陈　川

上海辰山植物园/中国科学院上海辰山植物科学研究中心：刘艳春

中国林业科学研究院森林生态环境与保护研究所：林若竹

中国科学院新疆生态与地理研究所：张道远

兰州大学：王玉金

同济大学：陈士超

包头医学院：杨美青

华南农业大学：李洪雷

国家林业局昆明勘察设计院：董洪进

南昌大学：李恩香

浙江理工大学：祁哲晨

滨州学院：高春明

前　言

自 1857 年清代著名学者李善兰与英国植物学家韦廉臣（Alexander Williamson）根据林德利（John Lindley）的《植物学基础》（*Elements of Botany*）合作编译出版《植物学》至今，我国近代植物学已有 159 年的历史。自 1909 年起，我国许多大学设立农林科、博物部和生物系，培育植物学人才，采集植物标本，一些植物学先驱借留学欧美的机会访问各大标本馆并查阅采自中国的植物标本和相关文献资料（王宗训，1983）。1925 年，我国现代植物学的奠基人之一胡先骕先生完成了《中国显花植物属志要及代表种描述》（*Synopsis of Chinese Genera of Phanerogams with Descriptions of Representative Species*），并作为他在哈佛大学的博士学位论文。随着植物标本的大量采集和植物分类学研究取得的成果，1934 年，胡先骕在中国植物学会第二届会议上提出编写《中国植物志》的动议，但由于日本侵华战争的爆发而未能实现（吴征镒和陈心启，2004）。1950 年 8 月，新成立的中国科学院在北京召开全国植物分类学工作会议，正式提出了编著《中国植物志》的任务。中国科学院植物研究所组织全国植物分类学家编写了《中国种子植物科属检索表》。中国科学院华南植物研究所组织编著了《中国种子植物科属词典》（侯宽昭，1958）。1959 年，《中国植物志》的编著正式启动，并出版了第 2 卷（蕨类植物）。1961 年和 1963 年，又分别出版了第 11 卷（莎草科部分）和第 68 卷（玄参科部分）（吴征镒和陈心启，2004）。为了服务于生产实践活动，1971 年，中国科学院植物研究所启动了《中国高等植物图鉴》（第 1-5 册及续编 2 册）的编写工作。由于一些历史原因，《中国植物志》的编著一度中断，直到 1973 年才得以恢复。1982 年，《中国种子植物科属词典（修订版）》出版，收录裸子植物 11 科 42 属、被子植物 265 科 3067 属（侯宽昭，1982）。此后出版的《中国蕨类植物科属志》收录石松类与蕨类植物 63 科 223 属（吴兆洪和秦仁昌，1991）。

历时 45 年，由三代植物学家参与编著的《中国植物志》于 2004 年 9 月全部完成，这是中国植物分类学史上的里程碑。全书共 80 卷 126 分册，记载了中国维管植物 300 科 3434 属 31 000 余种（Ma and Clemants，2005）。1988 年 10 月，在《中国植物志》编研工作的最后阶段，由主编吴征镒先生代表中国科学院中国植物志编委会与美国植物学会时任会长、密苏里植物园主任 Peter H. Raven 签署了关于《中国植物志》英文和修订版（*Flora of China*）的合作协议。经过中外植物学家 25 年的共同努力，2013 年 9 月，*Flora of China* 完成，记载了中国维管植物 314 科 3329 属 31 365 种（Wu et al., 2013）。*Flora of China* 启动前后，植物分子系统学悄然兴起。1993 年，《密苏里植物园年刊》发表了 Mark W. Chase 等利用叶绿体 *rbcL* 基因对种子植物系统发育研究的重要论文。1998 年，被子植物系统发育研究组发表了基于分子系统学研究成果的 APG 系统（APG，1998）。该系统分别在 2003 年、2009 年和 2016 年做了三次修订。2003 年，加拿大学者 Paul Hebert 提出了将线粒体 *COI* 基因作为物种鉴定的 DNA 条形码。2009 年，生命条形码联盟植物工作组明确将叶绿体 *rbcL* 和 *matK* 组合作为陆生植物的核心条形码（Hollingsworth et al.，2009）。在此背景下，我国分子系统学（Wang et al.，1997；Ge et al.，1997；Chen et al.，1998，1999；Wang and Li，1998）和 DNA 条形码研究（Ren et al.，2010；Li et al.，2011a）随即启动并得到了迅速发展（Zhang and Li，2013）。

2011 年，中国植物条形码研究团队提出将核糖体 ITS 序列纳入种子植物核心条形码的提议受到国际关注和响应（Li et al.，2011b）。此后，我们又提出了构建新一代植物志（*iFlora*）的想法，即将现代植物学、DNA 测序技术与信息技术相结合，通过系列关键技术的集成和攻关，构建便捷、准确识别植物和掌握相关数字化信息的新一代植物志（李德铢等，2012）。

《中国植物志》等志书、图鉴和词典为研究中国植物多样性奠定了重要的科学基础。这些志书和词典的排列系统参考了分子系统学兴起之前的分类系统，即石松类和蕨类植物按秦仁昌（1978）系统，裸子植物按郑万钧等（1975）系统，被子植物为恩格勒系统（Engler，1936）或哈钦松系统（Hutchinson，1924-1936）。虽然 *Flora of China* 后期出版的科属范畴和排列参考了分子系统学的部分研究结果，但就总体而言，20 余年来，分子系统学、分子地理学和 DNA 条形码的研究成果并未全面应用到中国维管植物的分类系统中。

2012 年，中国科学院昆明植物研究所根据中国科学院总体规划的要求，推动了 *iFlora* 研究计划的实施，并将其作为研究所"三个突破"的目标之一。由昆明植物研究所牵头，中国科学院相关研究所和部分高校、研究单位的植物分类学工作者参与，在中国科学院依托大科学装置开放研究项目、科技部基础性工作专项和昆明植物研究所"一三五"项目的支持下，集成传统形态学、地理学和现代分子系统学研究成果，开展《中国维管植物科属词典》（本书）和《中国维管植物科属志》（以下简称《科属志》）的编研。以被子植物 APG 系统为主要框架，结合 *Flora of China* 和分子系统学的最新研究成果，石松类和蕨类以 Christenhusz 等（2011）的线性系统和最近的 PPG I 系统为依据，于 2015 年 12 月完成了本书和《科属志》的初稿。经过一段时间的统稿、审稿和修订，本书先期交付出版。本书科属的范围界定所参考的研究资料截止期为 2014 年 12 月 31 日，蕨类植物部分类群参考了 2015-2016 年的文献，如异囊蕨科、乌毛蕨科、金星蕨科等。

为了方便读者查阅，本书将中国维管植物科属名录作为附录 1，汉拉科属名称对照表作为附录 2。针对一些研究结果存在冲突或系统位置未定的科，本书根据 APG 系统采用了广义科的范畴；对于一些系统地位存疑的属，则由参与编写的专家根据 *Flora of China* 和分子系统学的研究成果做了适当处理。由于 APG 系统仍在不断变化，结合被子植物系统发育网站（Angiosperm Phylogeny Website）的处理，在科级水平上，本书未采纳 2016 年出版的 APG Ⅳ新分出的刺果树科 Peraceae 和蓝果树科 Nyssaceae；而大戟科 Euphorbiaceae、山茱萸科 Cornaceae、马兜铃科 Aristolochiaceae、帚灯草科 Restionaceae、刺鳞草科 Centrolepidaceae、胡蔓藤科 Gelsemiaceae、黄杨科 Buxaceae、商陆科 Phytolaccaceae 和粟米草科 Molluginaceae 仍保持了 APG Ⅲ中这些科的范畴。另外，本书接受了节蒴木科 Borthwickiaceae 和斑果藤科 Stixaceae 作为独立的科，而不是并入山柑科 Capparaceae 或木犀草科 Resedaceae。为方便读者查考，特将本书与 *Flora of China* 在科属水平上的变动情况列于附录 3。

受篇幅所限，正文仅收录了本书接受的名称。科属的排列按拉丁学名的字母顺序。附录 4 包括了在《中国植物志》、*Flora of China*、《中国种子植物科属词典》和《中国蕨类植物科属志》作为接受名的科属名称。在该附录中，分类学异名用等号（=）表示，同模式异名用全等号（≡）表示，等号或全等号后为接受名；而未合格发表的名称用双引号（""）括出。部分属原记录为国产属，但因被分子系统学研究确定为多系类群，或该属所包括的国产种（不含属模式）被组合到其他属，这些属用单箭头（→）指向国产种被转移到的属。例如，透骨草科 *Mimulus* Linnaeus 经研究确认为多系，国产种被划分到 *Erythranthe* Spach，而 *Mimulus* 本身中国不产，表示为 *Mimulus* Linnaeus→*Erythranthe* Spach；旋花科心萼薯属 *Aniseia* Choisy

的国产种都被转移到虎掌藤属 *Ipomoea* Linnaeus，*Aniseia* Choisy 中国不产，表示为 *Aniseia* Choisy→*Ipomoea* Linnaeus。

本书还根据 *Flora of China* 对栽培属的收录进行了校正，仅部分归化、逸为野生的或广泛栽培的属被收录，其他不常见的栽培属或未归化属见附录 4，以加粗字体显示。过去由于错误记载，或错误鉴定，或标本证据缺失的属，本书没有收录，亦列在附录 4，均以星号（*）加以标注。对于科属命名人，本书采用全称，其拼法，若为国外作者则依据 Brummitt 和 Powell（1992）*Authors of Plant Names* 做了统一，国内作者则根据 *Flora of China* 加以规范。

本书每一词条的主体是科属的形态特征集要，其中重要的鉴别特征用下划线标出。属的形态特征描述后的种数表达的是世界种数/中国种数（中国特有种数）。属种数目统计数据主要参照了 *Flora of China* 及最新的研究结果。属的分布区类型用加粗数字表示，置于分布区概述之前。种子植物科属的分布区类型参考《种子植物分布区类型及其起源和分化》（吴征镒等，2006），作为附录 5。对于重新界定和新建立的科属，以及石松类和蕨类植物科属的分布区类型则根据分布区类型的划分标准进行了划定。

在分子生物学、基因组学和互联网快速发展的时代，植物分类学作为研究植物多样性重要的基础学科，正焕发出新的生机。分子系统学研究表明，林奈时代的分类阶元，包括的界、门、纲、目、科、属存在一定的主观性（李德铢等，2011）。然而，由于“科”这个阶元在植物界被长期和广泛使用，大部分广为人知的科（如菊科、兰科、禾本科和豆科）被证明是单系（自然类群），APG 系统的处理也在尽力稳定科名的使用。“属”作为植物命名法物种科学名称的载体，其范围和名称的使用显得更为重要。近年来，随着分子系统学研究的广泛开展，对属的起源、演化和系统发育关系的理解越来越全面和深入，但我们也发现，根据形态学定义的大部分属的范围是稳定的，属名也将被长期使用。因此，随着研究的不断拓展，对科、属、种的认识必将不断深化，但名称的稳定使用是国际植物命名法规的重要原则之一。新一代植物志（*iFlora*）的特征是基于网络的、在线的和动态的。本书的出版，仅是我们朝着这一目标前行的第一步。

植物分类学和系统学正处于一个变革的时代。本书和《科属志》的参编人员涉及全国研究机构和高等院校的百余位植物分类学工作者，每位作者对形态学和分子系统学成果的理解难以一致，所做的处理也存在差异。本书和《科属志》编委会力图统一标准和规范，以此来反映该学科的最新动态。尽管如此，仍有不少不尽如人意之处。我们期待读者朋友的批评和建议，以使“后植物志”时代的中国植物分类学能够建立在一个崭新的平台之上，并为生物进化、物种起源等科学问题的研究，生物多样性保护和生物资源的持续利用，以及生态文明和美丽中国建设作出应有的贡献。

本书编委会特别感谢科技部科技基础性工作专项（2013FY112600）、中国科学院昆明植物研究所“一三五”规划重点部署项目、中国科学院科学出版基金，以及中国科学院东亚生物多样性与生物地理学重点实验室出版经费的支持。最后，感谢中国科学院植物研究所洪德元院士、王文采院士，中国科学院华南植物园吴德邻研究员和中国科学院上海生命科学研究院陈晓亚院士对本书出版的大力支持。

李德铢 陈之端 王 红 路安民

2016 年 6 月 27 日

编著者分工

十字花科 Brassicaceae：孙小芹、杭悦宇
十齿花科 Dipentodontaceae：何俊
三叉蕨科 Tectariaceae：成晓、卢金梅
三白草科 Saururaceae：雷立公
土人参科 Talinaceae：胡光万、周亚东
大叶藻科 Zosteraceae：周亚东、王青锋
大花草科 Rafflesiaceae：祁哲晨
大麻科 Cannabaceae：伊廷双
大戟科 Euphorbiaceae：雷立公
小二仙草科 Haloragaceae：伊廷双
小盘木科 Pandaceae：何华杰、王红
小檗科 Berberidaceae：张剑
山龙眼科 Proteaceae：鲁丽敏、陈之端
山矾科 Symplocaceae：方伟
山茱萸科 Cornaceae：罗亚皇、高连明
山茶科 Theaceae：赵东伟、杨世雄
山柑科 Capparaceae：苏俊霞
山柚子科 Opiliaceae：鲁丽敏、陈之端
山榄科 Sapotaceae：李密密、杭悦宇
千屈菜科 Lythraceae：周伟、李德铢
川苔草科 Podostemaceae：周亚东、王青锋
川蔓藻科 Ruppiaceae：周亚东、王青锋
卫矛科 Celastraceae：孙苗、陈之端
马齿苋科 Portulacaceae：何俊
马钱科 Loganiaceae：王瑞江
马桑科 Coriariaceae：李燕、高连明
马兜铃科 Aristolochiaceae：李明、邵鹏柱
马鞭草科 Verbenaceae：邱英雄、张永华
天门冬科 Asparagaceae：陈士超
天南星科 Araceae：李嵘
无叶莲科 Petrosaviaceae：李嵘
无患子科 Sapindaceae：上官法智
木兰科 Magnoliaceae：孙卫邦、韩春艳
木贼科 Equisetaceae：成晓、卢金梅
木通科 Lardizabalaceae：姜丽丽、邵鹏柱
木麻黄科 Casuarinaceae：向小果
木犀草科 Resedaceae：苏俊霞、赵慧玲
木犀科 Oleaceae：孙卫邦、杨静
五加科 Araliaceae：李嵘、宋春凤
五列木科 Pentaphylacaceae：赵东伟、方伟、杨世雄
五味子科 Schisandraceae：陈闽、陈之端
五桠果科 Dilleniaceae：路安民
五福花科 Adoxaceae：董洪进
五膜草科 Pentaphragmataceae：胡光万、周亚东
车前科 Plantaginaceae：郁文彬、李德铢
水玉簪科 Burmanniaceae：李宏庆、张振、张丽芳
水龙骨科 Polypodiaceae：成晓、卢金梅
水麦冬科 Juncaginaceae：周亚东、王青锋
水韭科 Isoëtaceae：成晓、卢金梅
水蕹科 Aponogetonaceae：周亚东、王青锋
水鳖科 Hydrocharitaceae：周亚东、王青锋
牛栓藤科 Connaraceae：蒋伟、李德铢
毛茛科 Ranunculaceae：王伟、向坤莉
乌毛蕨科 Blechnaceae：卢金梅、成晓
凤仙花科 Balsaminaceae：税玉民
凤尾蕨科 Pteridaceae：卢金梅、成晓
凤梨科 Bromeliaceae：李攀、傅承新
心翼果科 Cardiopteridaceae：张书东
双扇蕨科 Dipteridaceae：成晓、卢金梅
玉蕊科 Lecythidaceae：李密密、杭悦宇
古柯科 Erythroxylaceae：杨美青
节蒴木科 Borthwickiaceae：苏俊霞
石竹科 Caryophyllaceae：姚纲、李德铢
石松科 Lycopodiaceae：成晓、卢金梅

石蒜科 Amaryllidaceae：何兴金、周颂东、李敏洁、卢艳、卢利聃、杨敬天
龙胆科 Gentianaceae：孙永帅、刘建全
龙脑香科 Dipterocarpaceae：董莉娜
叶下珠科 Phyllanthaceae：徐增莱、杭悦宇、雷立公
田基麻科 Hydroleaceae：周伟、李德铢
田葱科 Philydraceae：骆洋、王红
四数木科 Tetramelaceae：何华杰、王红
禾本科 Poaceae：陈文俐、刘艳春、李德铢、张玉霄、刘启新、李灵露、周伟、吴宝成、褚晓芳
仙人掌科 Cactaceae：何俊
仙茅科 Hypoxidaceae：陈士超
白玉簪科 Corsiaceae：祁哲晨、傅承新
白花丹科 Plumbaginaceae：姚纲、李德铢
白花菜科 Cleomaceae：赵慧玲、苏俊霞
白刺科 Nitrariaceae：武生聃、张林静
冬青科 Aquifoliaceae：刘大伟、陈耀文、黄家乐
玄参科 Scrophulariaceae：陈川、傅承新
兰花蕉科 Lowiaceae：任宗昕、李德铢
兰科 Orchidaceae：金效华、李嵘、徐松芝、金伟涛、周亭亭
半日花科 Cistaceae：蒋伟、王红
母草科 Linderniaceae：向春雷
丝粉藻科 Cymodoceaceae：周亚东、王青锋
吉粟草科 Gisekiaceae：郁文彬、王红
芍药科 Paeoniaceae：伊廷双
亚麻科 Linaceae：蒋伟、李德铢
西番莲科 Passifloraceae：周亚东、王青锋
百合科 Liliaceae：何兴金、周颂东、杨利琴、赖山潘、杨梅
百部科 Stemonaceae：李恩香、傅承新
列当科 Orobanchaceae：郁文彬、王红
夹竹桃科 Apocynaceae：王瑞江
尖瓣花科 Sphenocleaceae：周伟、李德铢
肉豆蔻科 Myristicaceae：张明英、王红
竹芋科 Marantaceae：任宗昕、李德铢
合囊蕨科 Marattiaceae：成晓、卢金梅
伞形科 Apiaceae：何兴金、刘启新、谭进波、胡灏禹、王长宝、廖晨阳、王志新、温珺、张琳、杨梅、余岩、谢登峰
肋果茶科 Sladeniaceae：方伟
冰沼草科 Scheuchzeriaceae：周亚东、王青锋
交让木科 Daphniphyllaceae：伊廷双、张书东
闭鞘姜科 Costaceae：李密密、杭悦宇
灯心草科 Juncaceae：赵延会、王红
安息香科 Styracaceae：王恒昌
防己科 Menispermaceae：黄家乐、邵鹏柱
买麻藤科 Gnetaceae：杨永
红木科 Bixaceae：周伟、李德铢
红豆杉科 Taxaceae：刘杰、高连明
红厚壳科 Calophyllaceae：刘珉璐、王红
红树科 Rhizophoraceae：董莉娜、王红
远志科 Polygalaceae：李攀
扯根菜科 Penthoraceae：何俊、雷立公
壳斗科 Fagaceae：向小果
报春花科 Primulaceae：孙卫邦、吴之坤、马永鹏
芸香科 Rutaceae：曹小燕、曹明
苋科 Amaranthaceae：董莉娜、张明英、骆洋、俞英、王银环、王红
花柱草科 Stylidiaceae：郁文彬、王红
花荵科 Polemoniaceae：王瑞江
花蔺科 Butomaceae：周亚东、王青锋
芭蕉科 Musaceae：任宗昕、李德铢、王红
苏铁科 Cycadaceae：杨永
杜仲科 Eucommiaceae：路安民
杜英科 Elaeocarpaceae：杨美青
杜鹃花科 Ericaceae：高连明、陆露、刘振稳、李德铢
杨柳科 Salicaceae：陈家辉、杨永平
杨梅科 Myricaceae：陈楠、傅承新
豆科 Fabaceae：徐波、赵雪利、张玉霄
连香树科 Cercidiphyllaceae：李燕、高连明
旱金莲科 Tropaeolaceae：胡光万、周亚东
里白科 Gleicheniaceae：成晓、卢金梅

谷精草科 Eriocaulaceae：赵延会、王红
肠蕨科 Diplaziopsidaceae：成晓、卢金梅
角胡麻科 Martyniaceae：郁文彬、王红
条蕨科 Oleandraceae：成晓、卢金梅
冷蕨科 Cystopteridaceae：成晓、卢金梅
沟繁缕科 Elatinaceae：鲁丽敏、陈之端
忍冬科 Caprifoliaceae：董洪进
纳茜菜科 Nartheciaceae：李嵘
青皮木科 Schoepfiaceae：刘恩德、胡国雄
青荚叶科 Helwingiaceae：李燕、高连明
苦木科 Simaroubaceae：刘恩德、胡国雄
苦苣苔科 Gesneriaceae：税玉民、陈文红
茄科 Solanaceae：张景博、路安民
茅膏菜科 Droseraceae：蒋伟、王红
松叶蕨科 Psilotaceae：成晓、卢金梅
松科 Pinaceae：杨永
刺茉莉科 Salvadoraceae：刘珉璐、王红
刺鳞草科 Centrolepidaceae：赵延会、王红
雨久花科 Pontederiaceae：周亚东、王青锋
鸢尾科 Iridaceae：陈士超
鸢尾蒜科 Ixioliriaceae：陈士超
虎耳草科 Saxifragaceae：雷立公
肾蕨科 Nephrolepidaceae：成晓、卢金梅
昆栏树科 Trochodendraceae：路安民
岩菖蒲科 Tofieldiaceae：李嵘
岩梅科 Diapensiaceae：李燕、高连明
岩蕨科 Woodsiaceae：卢金梅、成晓
罗汉松科 Podocarpaceae：杨永
使君子科 Combretaceae：何俊
金毛狗蕨科 Cibotiaceae：成晓、卢金梅
金丝桃科 Hypericaceae：方伟
金松科 Sciadopityaceae：杨永
金虎尾科 Malpighiaceae：孙苗、陈之端
金鱼藻科 Ceratophyllaceae：周亚东、王青锋
金星蕨科 Thelypteridaceae：卢金梅、成晓
金莲木科 Ochnaceae：鲁丽敏、陈之端
金粟兰科 Chloranthaceae：雷立公
金缕梅科 Hamamelidaceae：伊廷双、张书东
金檀木科 Stemonuraceae：杨美青
肿足蕨科 Hypodematiaceae：成晓、卢金梅
卷柏科 Selaginellaceae：成晓、卢金梅
泡桐科 Paulowniaceae：李宏庆、赵晓冰
波喜荡科 Posidoniaceae：周亚东、王青锋
泽泻科 Alismataceae：周亚东、王青锋
帚灯草科 Restionaceae：赵延会、王红
独尾草科 Asphodelaceae：陈士超
毒鼠子科 Dichapetalaceae：杨美青
茜草科 Rubiaceae：王瑞江
草海桐科 Goodeniaceae：何俊
茶茱萸科 Icacinaceae：张书东
茶藨子科 Grossulariaceae：伊廷双、张书东
荨麻科 Urticaceae：吴增源、李德铢
胡桃科 Juglandaceae：李睿琦、路安民
胡麻科 Pedaliaceae：胡光万、周亚东
胡椒科 Piperaceae：雷立公
胡颓子科 Elaeagnaceae：张挺、李德铢
胡蔓藤科 Gelsemiaceae：王瑞江
南洋杉科 Araucariaceae：刘杰、高连明
南鼠刺科 Escalloniaceae：周伟、李德铢
柏科 Cupressaceae：杨永
柳叶菜科 Onagraceae：杨永平、陈家辉
柿树科 Ebenaceae：李苗苗、高连明
柽柳科 Tamaricaceae：张道远
轴果蕨科 Rhachidosoraceae：成晓、卢金梅
省沽油科 Staphyleaceae：鲁丽敏、陈之端
星叶草科 Circaeasteraceae：张剑
骨碎补科 Davalliaceae：成晓、卢金梅
钟花科 Achariaceae：杨美青
钩枝藤科 Ancistrocladaceae：周伟、李德铢
香茜科 Carlemanniaceae：王瑞江
香蒲科 Typhaceae：周亚东、王青锋
秋水仙科 Colchicaceae：李嵘
秋海棠科 Begoniaceae：税玉民
须叶藤科 Flagellariaceae：赵延会、王红
美人蕉科 Cannaceae：胡光万、王青锋
姜科 Zingiberaceae：骆洋、李德铢
绞木科 Garryaceae：何华杰、王红
莲叶桐科 Hernandiaceae：张明英、王红

莲科 Nelumbonaceae：周亚东、王青锋
莎草科 Cyperaceae：董洪进
莎草蕨科 Schizaeaceae：成晓、卢金梅
莼菜科 Cabombaceae：雷立公
桔梗科 Campanulaceae：张书东
桤叶树科 Clethraceae：李苗苗、高连明
桦木科 Betulaceae：鲁丽敏、陈之端
桃金娘科 Myrtaceae：张书东
唇形科 Lamiaceae：向春雷、胡国雄、陈亚萍
鸭跖草科 Commelinaceae：骆洋、李德铢
铁角蕨科 Aspleniaceae：成晓、卢金梅
铁青树科 Olacaceae：刘恩德、胡国雄
透骨草科 Phrymaceae：郁文彬、王红
狸藻科 Lentibulariaceae：张明英、王红
瓶尔小草科 Ophioglossaceae：成晓、卢金梅
海人树科 Surianaceae：何华杰、王红
海金沙科 Lygodiaceae：成晓、卢金梅
海桐花科 Pittosporaceae：杨美青
通泉草科 Mazaceae：郁文彬、李德铢
桑科 Moraceae：张书东、伊廷双
桑寄生科 Loranthaceae：林若竹
绣球花科 Hydrangeaceae：严丽君、高连明
球子蕨科 Onocleaceae：成晓、卢金梅
菝葜科 Smilacaceae：祁哲晨、傅承新
堇菜科 Violaceae：何华杰、王红
黄杨科 Buxaceae：张剑
黄眼草科 Xyridaceae：周亚东、王青锋
菖蒲科 Acoraceae：周亚东、王青锋
菊科 Asteraceae：王玉金、付志玺、张彩飞、高天刚
桫椤科 Cyatheaceae：成晓、卢金梅
眼子菜科 Potamogetonaceae：周亚东、王青锋
悬铃木科 Platanaceae：鲁丽敏、陈之端
野牡丹科 Melastomataceae：李洪雷、陈之端
蛇菰科 Balanophoraceae：王瑞江
银杏科 Ginkgoaceae：赵云鹏
牻牛儿苗科 Geraniaceae：蒋伟、李德铢
假黄杨科 Putranjivaceae：雷立公
领春木科 Eupteleaceae：路安民
猪笼草科 Nepenthaceae：王瑞江
猕猴桃科 Actinidiaceae：谭少林、高连明
麻黄科 Ephedraceae：杨永
商陆科 Phytolaccaceae：何俊
旌节花科 Stachyuraceae：张剑
旋花科 Convolvulaceae：李攀
粘木科 Ixonanthaceae：王瑞江
清风藤科 Sabiaceae：杨拓、陈之端
隐翼科 Crypteroniaceae：周伟、李德铢
斑果藤科 Stixaceae：苏俊霞
葫芦科 Cucurbitaceae：蒋伟、李德铢
葡萄科 Vitaceae：李明、邵鹏柱
落葵科 Basellaceae：何俊
棕榈科 Arecaceae：任宗昕、李德铢
粟米草科 Molluginaceae：郁文彬、李德铢
酢浆草科 Oxalidaceae：蒋伟、李德铢
裂药树科 Centroplacaceae：杨美青
紫茉莉科 Nyctaginaceae：何俊
紫草科 Boraginaceae：韩保财、张明理、陈之端
紫萁科 Osmundaceae：卢金梅、成晓
紫葳科 Bignoniaceae：何华杰、王红
景天科 Crassulaceae：伊廷双、张书东
帽蕊草科 Mitrastemonaceae：李密密、杭悦宇
黑药花科 Melanthiaceae：纪运恒
锁阳科 Cynomoriaceae：张书东
番木瓜科 Caricaceae：王瑞江
番杏科 Aizoaceae：王凡红、李德铢
番荔枝科 Annonaceae：王瑞江
瑞香科 Thymelaeaceae：李攀
蒺藜科 Zygophyllaceae：武生聃、张林静
楝科 Meliaceae：刘恩德、胡国雄
槐叶蘋科 Salviniaceae：成晓、卢金梅
榆科 Ulmaceae：张书东、伊廷双
碗蕨科 Dennstaedtiaceae：成晓、卢金梅
睡莲科 Nymphaeaceae：胡光万、王青锋
睡菜科 Menyanthaceae：胡光万、王青锋、孙永帅、刘建全
锦葵科 Malvaceae：孙苗、陈之端

鼠李科 Rhamnaceae：张书东、伊廷双
鼠刺科 Iteaceae：伊廷双、张书东
叠珠树科 Akaniaceae：刘珉璐、李德铢、王红
蔷薇科 Rosaceae：张书东、伊廷双
蓼科 Polygonaceae：孙永帅、刘建全
翡若翠科 Velloziaceae：杨美青
蜡梅科 Calycanthaceae：卢毅军、傅承新
罂粟科 Papaveraceae：杨永平、陈家辉
膜蕨科 Hymenophyllaceae：成晓、卢金梅
辣木科 Moringaceae：苏俊霞、赵慧玲
漆树科 Anacardiaceae：上官法智
蕈树科 Altingiaceae：伊廷双、张书东
樟科 Lauraceae：李捷
橄榄科 Burseraceae：刘恩德、胡国雄
霉草科 Triuridaceae：杨美青
瘤足蕨科 Plagiogyriaceae：成晓、卢金梅
鞘柄木科 Torricelliaceae：罗亚皇、高连明
薯蓣科 Dioscoreaceae：李密密、杭悦宇
蹄盖蕨科 Athyriaceae：成晓、卢金梅
瘿椒树科 Tapisciaceae：刘珉璐、王红
薰倒牛科 Biebersteiniaceae：张书东
檀香科 Santalaceae：鲁丽敏、陈之端
爵床科 Acanthaceae：邓云飞、高春明
翼囊蕨科 Didymochlaenaceae：卢金梅、成晓
藤黄科 Clusiaceae：蒋伟、李德铢
藤蕨科 Lomariopsidaceae：成晓、卢金梅
蘋科 Marsileaceae：成晓、卢金梅
瓣鳞花科 Frankeniaceae：周伟、李德铢
鳞毛蕨科 Dryopteridaceae：卢金梅、成晓
鳞始蕨科 Lindsaeaceae：成晓、卢金梅
露兜树科 Pandanaceae：周亚东、王青锋

目　　录

Abelia R. Brown **糯米条属，Caprifoliaceae 忍冬科**。落叶或半常绿灌木，冬芽裸露。叶对生，或 3-4 片轮生，具短叶柄。圆锥花序腋生；小花单生或双生，单生者具 4 枚苞片，双生者具 6 枚苞片，苞片花后不增大；萼片 2-5，狭长圆形，宿存；花冠 5 裂，漏斗状或二唇形，白色、黄色或红色；花冠筒基部有凸起的蜜腺；二强雄蕊；子房狭长圆形，柱头具乳突。果实长椭圆形，革质，具宿存萼片。花粉粒 3 孔沟，具刺。染色体 $2n$=32。8/7（3）种，**14 型**；分布于日本；中国产南方。

Abelmoschus Medikus **秋葵属，Malvaceae 锦葵科**。一年生、多年生草本或灌木，具刚毛或绒毛。叶全缘或掌状分裂。单花腋生；副萼宿存；花萼佛焰苞状，一侧开裂，先端 5 齿；花冠黄色或红色，中心暗红色，漏斗形，花瓣 5；子房 5 室，每室多胚珠，花柱 5 裂。蒴果长尖，室背开裂，密被长硬毛。种子常球形，多数，光滑无毛。花粉粒散孔，具长刺。染色体 $2n$=58，66，72，130，132。15/6（1）种，**4 型**；分布于东半球热带和亚热带；中国产西南至台湾。黄葵 *A. moschatus* Medicus 根的黏液为制纸糊料；秋葵 *A. esculentus* (Linnaeus) Moench 嫩果可作蔬菜。

Abies Miller **冷杉属，Pinaceae 松科**。常绿乔木。枝条轮生，叶脱落后枝上留有圆形或近圆形的吸盘状叶痕。叶螺旋状着生；叶条形，扁平，具短柄，上面中脉凹下，下面中脉隆起，每边有 1 条气孔带。雌雄同株；雄球花呈穗状圆柱形，小孢子叶多数，螺旋状着生；雌球果卵状圆柱形至短圆柱形，直立；种鳞腹面有 2 粒种子，背面托 1 基部结合而生的苞鳞。种子上部具宽大的膜质长翅；种翅稍较种鳞短，下端边缘包卷种子，不易脱离。球果成熟后种鳞与种子一同从宿存的中轴上脱落。花粉粒具 2 个气囊，穿孔状纹饰。染色体 $2n$=24。47/20（14）种，**8 型**；分布于亚洲，欧洲，北美洲，中美洲及非洲北部；中国产东北、华北、西北、西南、华东地区及台湾。

Abrodictyum C. B. Presl **长片蕨属，Hymenophyllaceae 膜蕨科**。附生草本。根状茎直立，短小，密被多细胞的节状毛。叶簇生；有圆柱形短柄，无翅，基部被节状毛；叶片椭圆披针形，二回羽状或三回羽裂；裂片长线形，全缘，薄膜质；叶脉叉状，末回裂片有小脉 1 条；孢子囊群生于向轴的短裂片顶端；囊苞漏斗状或管状，口部膨大，全缘；囊托长而突出，纤细，比囊苞长 3-4 倍。染色体 x=12。约 10/3 种，**2-1 型**；分布于亚洲热带和亚热带至大洋洲；中国主产台湾，西南和华南也有。

Abrus Adanson **相思子属，Fabaceae 豆科**。藤本。偶数羽状复叶，小叶多对，叶轴顶端具短尖。花小，组成总状花序；常数朵聚生于花序轴；花萼钟状，顶端截平或具短齿；花冠蝶形，远伸出萼外，旗瓣卵形，具短柄，基部多少与雄蕊管连合；雄蕊 9，单体，上部分离，花药同型；胚珠多数，柱头无髯毛。荚果长圆形，扁平，2 裂。种子椭圆形或近球形，暗褐色或半红半黑，有光泽。约 17/2 种，**2 型**；广布热带和亚热带地区；中国产云南、湖南、广东、广西、海南、福建、台湾等。相思子 *A. precatorius* Linnaeus 种子可作装饰品；根藤可入药。

Abutilon Miller **苘麻属，Malvaceae 锦葵科**。草本或灌木。叶互生，基部心形；叶脉掌状。花常黄色或橘色，钟状、轮形，稀管状；单生或排成总状花序；无副萼；花萼和花冠 5 数；雄蕊柱顶端具多数花丝；心皮 8 至多数，成熟时与中轴分离，每室具胚珠 2-9；花柱分枝与心皮同数。蒴果近球形，陀螺状、磨盘状或灯笼状，分果爿 8-20。种子肾形，被星状毛或具乳头状凸起。花粉粒 3 带状孔，具刺。染色体 $2n$=14，16，大部分为多倍体。（150-200）/9（3）种，**2 型**；分布于热带和亚热带地区；中国南北均产。苘麻 *A. avicennae*

Gaertner 的茎皮富含纤维，常栽培以供编织用。

Acacia Miller **金合欢属，Fabaceae 豆科**。灌木、小乔木或攀援藤本，有刺或无刺。二回羽状复叶或叶片退化而叶柄变为扁平的叶状柄，总叶柄和叶轴上常有腺体。花小，两性或杂性；常 5 基数，有时 3 基数，头状或穗状花序腋生或圆锥花序式排列；萼常钟状，具裂齿；花瓣分离或合生，有时缺；雄蕊多数。荚果两瓣开裂或逐节断裂。花粉 16 合体。染色体 *n*=13。约 1450/18（3）种，**2（5，6）型**；广布热带和亚热带地区，尤以澳大利亚种类最多；中国产西南、华南热带和亚热带地区。金合欢 *A. farnesiana* (Linnaeus) Willdenow 的根和荚可作黑色染料；花可制香水。

Acalypha Linnaeus **铁苋菜属，Euphorbiaceae 大戟科**。一年生或多年生草本，灌木或小乔木。雌雄同株，稀异株。叶互生，具基出脉 3-5 条或为羽状脉。花序腋生或顶生，雌雄花同序或异序；雄花序穗状，雄花多朵簇生于苞腋，或在苞腋排成团伞花序；雌花序总状或穗状花序，每苞腋具雌花 1-3，雌花的苞片具齿或裂片，花后常增大；雌花和雄花同序时，雄花常生于花序上部，呈穗状，雌花 1-3，位于花序下部；无花瓣和花盘。雄花：花萼裂片 4，镊合状排列，雄蕊 8，花药 2 室，不育雌蕊缺。雌花：萼片 3-5 枚，子房 2 或 3 室，每室具胚珠 1 枚。蒴果小，常具 3 个分果爿，果皮具毛或软刺；种子具明显种脐或种阜。花粉粒 3 孔沟（稀 4），穿孔状纹饰。约 450/16（7）种，**2 型**；广布热带，亚热带地区；中国除西北部外，各省区均有，主产华南和西南地区。

Acampe Lindley **脆兰属，Orchidaceae 兰科**。附生草本。茎伸长。叶近肉质或厚革质，2 列。花序生于叶腋或与叶对生，较叶短，具多数花；花质地厚而脆，小或中等大，不扭转；唇瓣贴生于蕊柱足末端，基部具囊状短距；距的入口处具横隔，内侧背壁上方有时具 1 条纵向脊突；蕊柱具短的蕊柱足；花粉团蜡质，近球形，2 个，每个劈裂为不等大的 2 爿，或 4 个，而每个不等大的 2 个组成 1 对；粘盘柄倒卵状披针形，长约为花粉团直径的 2 倍。约 10/3 种，**6（7a）型**；分布于古热带地区；中国产南方热带和亚热带地区。

Acanthaceae Jussieu **爵床科，木兰亚纲/唇形目**。多为草本、灌木或藤本；节常膨大具关节。单叶对生，常具钟乳体。花两性，两侧对称；花萼常 4-5 裂；花冠近整齐，或二唇形；能育雄蕊 2 或 4，2 强，花药 1 或 2 室；退化雄蕊 1 或 3 或无；子房上位，2 室，中轴胎座，稀不完全的 4 室，具 1 分离的翅状中央胎座，胚珠倒生，着生于珠柄钩上，稀无珠柄钩。蒴果室背开裂。种子有珠柄钩承托，或无珠柄钩。花粉粒 3 沟。染色体 2*n*=18，22，24，26，28，30，32，34，36，40，42，44，48，50，56。约 250 属，4000 种，广布热带和亚热带地区；中国 41 属，约 310 种，主产长江流域以南各省区。

Acanthephippium Blume **坛花兰属，Orchidaceae 兰科**。地生草本。假鳞茎卵形或卵状圆柱形，具少数节间，顶生 1-4 枚叶。叶具折扇状脉。花葶侧生于近假鳞茎顶端；总状花序；萼片除上部外彼此联合成偏胀的坛状筒；侧萼片基部与蕊柱足合生而形成宽大的萼囊；唇瓣具狭长的爪，以活动关节与蕊柱足末端连接，3 裂；蕊柱长，具翅，基部具长而弯曲的蕊柱足；蕊喙不裂；花粉团 8 个，蜡质，近倒卵形，每 4 个为 1 群，其中 2 个较小，共同附着于 1 个黏质物上。11/3 种，**7e 型**；分布于热带亚洲至新几内亚岛和太平洋岛屿；中国产南方地区。

Acanthocalyx (de Candolle) van Tieghem **刺续断属，Caprifoliaceae 忍冬科**。多年生草本，根常粗壮。单叶对生或轮生，边缘全缘或波状至羽状裂，具刺毛或硬刺。花多数，密集成顶生的假头状花序或轮伞花

序；小总苞上部边缘具 10 枚以上齿刺；萼筒偏斜，裂口边缘有齿刺；花紫红色、污红色或白绿色，花冠管 5 裂，微二唇状或近辐射对称；二强雄蕊生于花冠喉部；子房下位。瘦果褐色，柱状，有皱纹或小瘤。2/2 种，**14 型**；分布于喜马拉雅-横断山区；中国产西南地区。

Acanthochlamys P. C. Kao **芒苞草属，Velloziaceae 翡若翠科**。根状茎短，具成簇的根。叶基生，近圆柱状，近基部具鞘。花茎直立，比叶片稍短。聚伞花序缩短成头状，常具 2-5 朵花；苞片 8-18，均具鞘，叶状。花两性，辐射对称；花梗短。花被花冠状；基部合生成筒，内轮略小于外轮；雄蕊 6，与花被片对生，外轮 3 枚略大，花丝短，花药 2 室，平行；子房下位，胚珠多数，花柱圆柱状，柱头（2 或）3 浅裂。蒴果，斜披针形，略 3 棱形，具喙。种子多数，椭圆形。花粉粒单沟，疣状到网状纹饰。1/1（1）种，**15 型**；特产中国四川和西藏。

Acantholimon Boissier **彩花属，Plumbaginaceae 白花丹科**。垫状灌木。多刺，多分枝，老枝上枯叶宿存。叶互生，密集，纤细。花序具梗，2-8 穗成 2 列，成穗状花序。萼漏斗状，干膜质，具 5 棱，萼檐紫红色、粉红色或白色，裂片 5 或 10；花冠稍长于萼，花瓣 5 枚基部联合；雄蕊着生于花冠基部；子房线状圆柱形，花柱 5，分离，柱头扁头状。蒴果长圆状线形。花粉粒 3 沟，粗网状纹饰。染色体 $x=8$。190/11 种，**12 型**；分布于亚洲西南部与中部及欧洲；中国产新疆。

Acanthophyllum C. A. Meyer **刺叶属，Caryophyllaceae 石竹科**。亚灌木状草本。茎多分枝。叶对生，叶片针状或锥形。花两性，成圆锥花序、伞房花序或头状花序；苞片针刺状、卵形或披针形；花萼筒状或钟形，具 5 脉，萼齿 5；雌雄蕊柄短；花瓣 5，全缘或凹缺，爪狭长；雄蕊 10，2 轮列；子房 1 室，胚珠 4-10，花柱 2。蒴果长圆形或近圆球形。种子 1-2，近肾形。花粉粒散孔。染色体 $2n=26$，30，60，90。60/1 种，**12 型**；分布于亚洲西部和中部；中国产新疆。

Acanthospermum Schrank **刺苞果属，Asteraceae 菊科**。草本。叶对生。总苞片具刺，2 层，外层扁平，内层基部紧密包裹雌花，开放后膨大，上部包围瘦果；花托膜质，包围两性花；周围有 1 层结果实的雌花，辐射状，淡黄色，上端 3 齿裂，中央有不结果实的两性花，黄色，花冠管状。果长圆形，藏于扩大变硬的内层总苞片中，外面具倒刺，或具 1-3 硬刺。无冠毛。染色体 $x=11$。6/1 种，**2 型**；主产热带及暖温带；中国云南、广东等地已归化。

Acanthus Linnaeus **老鼠簕属，Acanthaceae 爵床科**。多年生草本或灌木；无钟乳体。叶对生，边缘羽状分裂或波状分裂，有时有齿或刺，稀全缘，具羽状脉。穗状花序顶生；苞片边缘具刺；小苞片 2 或无；花萼 4 裂，裂片不等大，外面的 1 对较大，基部常软骨质，内面的 1 对较小；花冠单唇形，上唇极度退化，下唇 3 浅裂；雄蕊 4，2 强，花丝粗壮，花药 1 室，药室被毛，基部无芒状附属物；子房 2 室，每室胚珠 2，具珠柄钩。蒴果开裂时胎座不从基部弹起。种子阔卵形或近圆形，两侧压扁。花粉粒 3 沟，不规则穿孔或网状纹饰。染色体 $2n=44$。50/3 种，**6 型**；分布于亚洲，非洲等热带、亚热带地区；中国产广东、福建、广西、海南和台湾的海岸红树林中，或云南的热带雨林林下。老鼠簕 *A. ilicifolius* Linnaeus 是红树林中重要的代表植物。

Acer Linnaeus **枫属，Sapindaceae 无患子科**。乔木或灌木。单叶，3 小叶，掌状叶或至少掌状叶脉，常具有长叶柄。伞形花序或者伞房花序，有时总状或大型圆锥花序；萼片与花瓣（4）5，极少 6，稀无花瓣；雄蕊（5）8（10，12），花丝等长或不等；子房多为 2 室，每心皮具 2 胚珠。

A

果实系2枚相连的小坚果，具1枚种子，果实凸起或扁平，侧面有长翅，胚芽具有淀粉或油，胚根伸长。花粉粒3（拟）孔沟，条纹、网状或皱波状纹饰。染色体2*n*=26。126/99（61）种，**8型**；广布亚洲，欧洲及北美的热带、亚热带区域；中国各省区均产。三角槭 *A. buergerianum* Miquel、青榨槭 *A. davidii* Franchet、重齿槭 *A. duplicatoserratum* Hayata均可作园林观赏。

Achariaceae Harms **钟花科，木兰亚纲/金虎尾目**。灌木或乔木，极少数为攀援草本。单叶互生，常全缘，很少具齿，螺旋状排列或2列，叶柄常基部和顶部增粗；无托叶。花单生、穗状花序或聚伞花序，单性；花萼2-5；花瓣4-15，基部具腺体，无花蜜；雄蕊5至多枚，与花瓣对生或不规则生长，花药基生，有时孔裂；雌蕊2-10，花柱短，柱头头状、盾状或点状，胚珠无柄。浆果。种子胚直立，有时具假种皮。花粉粒3（拟）孔沟，穿孔状、网状或皱波状纹饰。染色体*x*=10，12，23。32属，145种，泛热带分布；中国2属，5种，产西南地区。

Achillea Linnaeus **蓍属，Asteraceae 菊科**。多年生草本。叶常为一至三回羽状深裂。头状花序小（直径2-7mm），异型，排成伞房状花序，很少单生；花托有膜质托片；边花雌性，常1层，假舌状，盘花两性，多数，管状；花柱分枝顶端截形，画笔状。瘦果小，腹背压扁，顶端截形，光滑。花粉粒3孔沟，瘤状、刺状、穴状纹饰。染色体2*n*=18。130/11（1）种，**10型**；分布于欧洲及温带亚洲；中国广布，以北方为主。蓍 *A. millefolium* Linnaeus、云南蓍 *A. wilsoniana* (Heimerl ex Handel-Mazzetti) Heimerl可入药。

Achnatherum P. Beauvois **芨芨草属，Poaceae 禾本科**。多年生丛生草本。圆锥花序狭窄或开展；小穗含1小花，两性，小穗轴脱节于颖之上；两颖近等长或略有上下，宿存，膜质或兼草质；外稃较短于颖，圆柱形，厚纸质，成熟后略变硬，顶端具2微齿，背部被柔毛，芒从齿间伸出，膝曲而宿存；基盘钝或较尖，具髯毛，内稃具2脉，无脊，脉间具毛，成熟后背部多少裸露；鳞被3。50/18（6）种，**9型**；分布于欧亚温寒地带；中国主产西北部。

Achyranthes Linnaeus **牛膝属，Amaranthaceae 苋科**。草本或亚灌木。茎具明显的节，枝对生。叶对生，具柄。穗状花序顶生或腋生；花两性；每花有1苞片及2小苞片，小苞片中脉具刺，顶尖突出；花被片4或5，顶端芒尖；雄蕊5，花丝基部联合成短杯状，花药2室；花柱线形，宿存，柱头头状。胞果与花被片及小苞片同落。花粉粒散孔，穿孔状-颗粒纹饰。染色体2*n*=34，35，38，42，48，56，70，80，84，96，166。约15/3种，**4（2）型**；分布于热带及亚热带地区；中国广布。多数种类可药用，如土牛膝 *A. aspera* Linnaeus、牛膝 *A. bidentata* Blume、柳叶牛膝 *A. longifolia* (Makino) Makino。

Achyrospermum Blume **鳞果草属，Lamiaceae 唇形科**。草本，不分枝，基部常匍匐。叶宽大。苞叶常退化成卵圆形苞片；轮伞花序6花，密集成腋生或穗状花序；花萼管状钟形，果时膨大，10-15脉，5齿；花冠筒上部稍扩大，冠檐二唇形，上唇先端微缺或2裂，下唇3裂，裂片圆形，中裂片较大；雄蕊4，前对稍长，花药2室；花柱纤细，先端2浅裂。小坚果倒卵珠形或长圆状倒卵圆形，顶端及腹面极密被小鳞片及糠粃状毛。花粉粒3孔沟，复网状纹饰。染色体2*n*=28，84，88。约25/2种，**6型**；星散分布于亚洲及非洲的热带；中国产海南、西藏东南部。

Acidosasa C. D. Chu & C. S. Chao ex P. C. Keng **酸竹属，Poaceae 禾本科**。灌木至乔木状竹类。地下茎细型；秆散生；分枝以3枚为主。秆箨脱落性，常被小刺毛；箨耳有或无；箨片披针形或三角形。单次发生花序，顶生，呈总状或圆锥状；小穗

具柄，含小花数枚至多枚；颖片 2-4；外稃较大，先端渐尖或具短芒；内稃短于外稃，具 2 脊；鳞被 3，膜质；雄蕊 6，花药黄色；花柱 1，柱头 3，羽毛状。约 11/10（10）种，**7-4（15）型**；分布于越南；中国产南部。

Acmella Persoon **金钮扣属，Asteraceae 菊科**。草本。叶对生。花托凸起，托片与小花近等长，舟形；冠毛无或有 2-3 个短细芒，外围花冠辐射状，雌性，1 层，顶端 2-3 浅裂；花黄色或白色，结实，盘花两性，管状；花药顶尖，基部全缘或具小耳；花柱分枝短，截形。雌花的瘦果三棱形，两性花的瘦果背向压扁。染色体 2*n*=26，52，60，78。30/6 种，**2（3）型**；泛热带分布；中国产西南及南部。桂圆菊 *A. oleracea* (Linnaeus) R. K. Jansen 作为花卉、药材和杀虫剂原料广泛栽培。

Acokanthera G. Don **长药花属，Apocynaceae 夹竹桃科**。灌木或小乔木，含白色乳汁。叶对生。伞房花序，常簇生，腋生；花萼裂片内面无腺体；花冠高脚碟状，花冠裂片向左覆盖；副花冠缺失；雄蕊贴生于花冠管喉部；花药药隔凸尖，被毛，基部 2 叉；子房 2 室，每室 1 胚珠；柱头短锥形，基部具 1 圈乳突，顶端微 2 裂。浆果，球形或椭球形。花粉单粒，3 孔沟，穿孔或皱状纹饰。染色体 2*n*=22。5/1 种，**6 型**；原产非洲南部和东部热带地区及阿拉伯；中国北京引入栽培。

Aconitum Linnaeus **乌头属，Ranunculaceae 毛茛科**。草本。直根或 2 至数个块根。单叶互生，有时均基生。花序总状；花两侧对称；萼片 5，花瓣状，上萼片 1，船形、盔形或圆筒形；花瓣 2，有爪，瓣片常有唇和距；雄蕊多数，花丝下部有翅；心皮 3-5（-13），花柱短，胚珠多数呈 2 列生于子房室的腹缝线上。蓇葖有脉网，宿存花柱短。种子四面体形，只沿棱生翅或同时在表面生横膜翅。花粉粒 3 沟，穿孔状纹饰。染色体 2*n*=16，24，32，48，64。400/210（166）种，**8（14）型**；分布于北半球温带；中国除海南外，广布，主产云南北部、四川西部和西藏东部。

Acoraceae Martinov **菖蒲科，木兰亚纲/菖蒲目**。多年生芳香草本，肉质根状茎横生。叶 2 列，基生，套折生长，无柄，剑形，具叶鞘。花序柄贴生于佛焰苞鞘上，形成具有 2 个维管系统的叶状花序梗。肉穗花序单生于花梗侧边，圆锥形、指状圆柱形或细长鼠尾状；花密生，两性；花被片 6，2 轮，离生，拱形，宿存；雄蕊 6，2 轮，离生，花丝长线形，花药内曲；雌蕊倒圆锥状长圆形，子房 2-3 室，每室多胚珠。浆果长圆形至倒卵球形；种子长圆形。花粉粒单沟，穴状纹饰。染色体 *n*=9，11，12。1 属，2-4 种，分布于亚洲温带，亚热带及热带地区，欧洲和北美有引种；中国 1 属，2 种，产各省区。

Acorus Linnaeus **菖蒲属，Acoraceae 菖蒲科**。特征描述同科。2/2 种，**9 型**；分布于亚洲温带，亚热带和热带地区，欧洲和北美有引种；中国各省区均产。菖蒲 *A. calamus* Linnaeus 根茎均可入药，有宣气逐痰、解毒杀虫之功效。

Acrachne Wight & Arnott ex Chiovenda **尖稃草属，Poaccac 禾本科**。一年生草本。总状花序，近轮生或指状排列；小穗无柄，两侧压扁，沿穗轴一侧作覆瓦状排列；颖片早落，先端具芒状尖头；外稃早落，中脉在背部凸起成脊，且在顶端延伸成短芒，侧脉延伸成小凸尖头，内稃短小；雄蕊 3；花柱 2；鳞被缺如。染色体 2*n*=36。花粉粒扁圆球形，萌发孔具环。约 3/1 种，**4 型**；分布于旧世界热带；中国产云南西南部和海南。尖稃草 *A. racemosa* (B. Heyne ex Roemer & Schultes) Ohwi 为优良饲料。

Acranthera Arnott ex Meisner **尖药花属，Rubiaceae 茜草科**。草本或亚灌木。茎钝方柱形。叶对生，具托叶。聚伞花序；花两性；花萼裂片 4 或 5，裂片间有明显的腺体；花冠漏斗状或高脚碟状，花冠裂片

4或5，外向镊合状排列；雄蕊5，着生于花冠管近基部，内藏，花药顶端锐尖或有距，黏合成管状包围棒状柱头，形成具10槽的受粉托；子房2室，胚珠多数。浆果，卵球状。种子小而多。花粉粒为三角形或四角形，各角具1复合型孔沟，网孔状纹饰。染色体 $2n=20$。约40/1（1）种，**7a型**；分布于亚洲南部至东南部；中国产云南东南部。

Acriopsis Blume **合萼兰属，Orchidaceae 兰科**。附生草本。假鳞茎聚生，顶生2-3枚叶，具发达的根。叶禾叶状。花序疏生多数花；两枚侧萼片完全合生而成1枚合萼片，位于唇瓣正后方；中萼片与合萼片相似；唇瓣基部具爪，爪与蕊柱下半部合生而成狭窄的管；蕊柱近直立，上部有2个臂状附属物；花药上方有巨大的兜状药帽；花粉团2个，具1个狭的粘盘柄和小的粘盘。12/1种，**7e型**；分布于热带亚洲至大洋洲；中国产云南南部。

Acrocarpus Wight ex Arnott **顶果木属，Fabaceae 豆科**。乔木，无刺。叶互生，二回偶数羽状复叶，羽片及小叶对生。花中等大，红色，总状花序单生于叶腋或2-3个生于短枝先端；花两性；萼管钟形，萼裂片5；花瓣5，比萼片长1倍；雄蕊5，花丝直而远伸出于花冠外，花药背着；子房具长柄，胚珠多数。荚果带形，具长柄，沿腹缝线具狭翅。种子多数，倒卵形，扁平，具胚乳。染色体 $2n=24$。1/1种，**7a型**；分布于亚洲热带；中国产广西、云南。顶果木 *A. fraxinifolius* Arnott 广泛栽培供观赏；木材用来制作家具、茶叶盒。

Acroceras Stapf **凤头黍属，Poaceae 禾本科**。一年生或多年生草本。秆下部常平卧地面。圆锥花序顶生，由一回总状花序组成；小穗：孪生或单生，呈不明显的两行排列于总状花序轴一侧；颖纸质，颖和外稃的先端具有两侧压扁的坚硬的凸头；第一小花雄性或中性；第二外稃骨质，背面凸起，顶端具两侧压扁、稍扭卷呈凤头状，内稃具2脊，顶端具反卷的2凸尖。染色体 $x=9$。19/2种，**2（6，5/7）型**；分布于热带地区；中国产海南、云南。

Acroglochin Schrader **千针苋属，Amaranthaceae 苋科**。草本。无毛。叶互生，具长柄，边缘具不整齐的锯齿。复二歧聚伞状花序，腋生，最末端的分枝针刺状；花两性，无苞片和小苞片；花被5深裂，边缘膜质；雄蕊1-3，花丝下部扩展；子房顶基扁。胞果顶基扁，果皮革质，周围具稍加厚的环边，成熟时由环边盖裂。种子横生，种皮壳质，黑色，有光泽，胚环形，胚乳粉状。花粉粒散孔，穿孔状-颗粒纹饰。（1-2）/（1-2）种，**14SH型**；分布于亚洲东部到中部，喜马拉雅及巴基斯坦；中国产西南部。千针苋 *A. persicarioides* (Poiret) Moquin-Tandon 可作蔬菜。

Acronema Edgeworth **丝瓣芹属，Apiaceae 伞形科**。草本。根块状，极少呈胡萝卜状和串珠状。茎直立，有条纹。叶片羽状分裂。复伞形花序；伞辐常不等长；花两性或杂性；花瓣白色或紫红色，扁平；花柱基扁压或稍隆起，花柱短。果实卵形、阔卵形或卵状长圆形，合生面缢缩，主棱5条；心皮柄顶端2裂或裂至基部；分生果横剖面近半圆形，每棱槽内油管1-3，合生面油管2-4，胚乳腹面近平直。约23/20（14）种，**14SH型**；分布于喜马拉雅山区；中国产西南。

Acronychia J. R. Forster & J. G. A. Forster **山油柑属，Rutaceae 芸香科**。常绿乔木或灌木。叶对生，单小叶或指状三出叶，全缘，具透明油点。聚伞圆锥花序，花单性或两性；具小苞片；萼片4，基部合生；花瓣4，覆瓦状排列；雄蕊8，花丝分离，中部以下被毛；心皮4，合生，每室胚珠1-2。核果，具小核4个，每分核具1种子，种皮褐黑色。染色体 $2n=34$，36。约48/1种，**5（7e）型**；分布于热带亚洲和大洋洲，印度—马来群岛，东达新几内亚，澳大利亚至西太平洋群岛，最南达豪勋爵

岛；中国产福建、广东、广西、海南、台湾、云南等。山油柑 *A. pedunculata* (Linnaeus) Miquel 的根、叶、果可药用。

Acrostichum Linnaeus **卤蕨属，Pteridaceae 凤尾蕨科**。草本，海岸沼泽植物。根状茎木质，直立。叶簇生，二型，或一型而仅顶部羽片能育，奇数一回羽状。羽片全缘，厚革质，主脉粗大，无明显侧脉，叶脉连结成密而整齐的网眼，无内藏小脉。孢子囊散生于能育叶的羽片下面，有井头状而分裂的隔丝，无囊群盖；孢子四面型，周壁乳突状或瘤状，具小棒或稀疏线条。染色体 x=30。3/2 种，**2 型**；分布于泛热带海滨及部分亚热带海岸；中国产东部沿海、海南、云南南部。卤蕨 *A. aureum* Linnaeus 为浅水湿地杂草。

Actaea Linnaeus **类叶升麻属，Ranunculaceae 毛茛科**。多年生草本。根状茎粗壮。基生叶鳞片状，茎生叶互生，为二回或三回三出复叶，有长柄。总状花序；花辐射对称；萼片 4-5 片，花瓣状，早落；花瓣无，或匙形，无蜜腺；雄蕊多数，花丝狭线形至丝形；心皮 1-8，有柄或无柄。果实浆果或蓇葖果。种子卵形，褐色或黑色。花粉粒 3 沟或具不规则萌发孔，穿孔状纹饰。染色体 2n=16，32。28/11（3）种，**8 型**；分布于北温带；中国产台湾、西藏、云南、四川、贵州、广东、湖南、江西、浙江、安徽、河南、青海、甘肃、陕西、山西、河北、内蒙古及东北。

Actephila Blume **喜光花属，Phyllanthaceae 叶下珠科**。乔木或灌木。单叶互生，全缘，托叶 2。花雌雄同株，稀异株，簇生或单生于叶腋；雄花萼片 4-6，覆瓦状排列；花瓣与萼片同数；雄蕊 5；退化雌蕊顶端 3 裂，雌花萼片和花瓣与雄花相同，花盘环状，围绕于子房的基部，子房 3 室，每室有胚珠 2。蒴果，外果皮与内果皮分离，中轴宿存；种子无种阜和胚乳。花粉粒 3 孔沟，网状纹饰。31/3（1）种，**5 型**；分布于亚洲和大洋洲热带及亚热带地区；中国产广东、海南、广西和云南。

Actinidia Lindley **猕猴桃属，Actinidiaceae 猕猴桃科**。木质藤本，光滑或具毛；分枝常具有线性纵向排列的皮孔；髓实心或片状。单叶，互生，膜质、纸质或革质，叶边缘有锯齿，叶柄长，无托叶。聚伞花序腋生，花多数或少数，或单生；花两性或单性异株；萼片 2-6，分离或基部联合，花瓣 5 或更多，白色、紫色、红色、黄色或绿色；雄蕊多数；子房 15-30 室，花柱分离，与心皮数相等。浆果，光滑或被毛。种子多数，胚较大，胚乳丰富。花粉粒 3 沟，穿孔状、网状或皱波-网状纹饰。染色体 2n=58，116，174，232。约 55/52（44），**14 型**；主要分布于东亚，少数至东南亚；中国产东部和中部，特别是长江流域。中华猕猴桃 *A. chinensis* Planchon 是重要的水果。

Actinidiaceae Engler & Gilg **猕猴桃科，木兰亚纲/杜鹃花目**。乔木、灌木或木质藤本。单叶，互生，无托叶，常被毛。花两性或单性或雌雄异株，常为聚伞花序或圆锥花序；5 基数，花萼和花瓣明显分离，萼片 5；花瓣 5；雄蕊多数或 10；子房上位，心皮 3-5 或多数，中轴胎座，倒生胚珠，单层珠被，每室 10 或更多胚珠，花柱与心皮等数，分离，或合生。浆果或蒴果。种子无假种皮，常具有大的胚珠，胚乳丰富。花粉粒 3 沟或 3 孔沟，光滑，或具颗粒。3 属，357 种，分布于热带地区，主产东南亚；中国 3 属，66 种，产西南至华南地区。

Actinocarya Bentham **锚刺果属，Boraginaceae 紫草科**。一年生草本，茎细弱或肉质压扁。叶互生，倒卵状长圆形至匙形。花单生叶腋，有细花梗；花萼 5 深裂，开展；花冠钟状，有短筒，檐部裂片 5，开展，喉部具 5 个附属物；雄蕊 5，内藏，花丝极短；子房 4 裂；雌蕊基微凸或平。小坚果 4，狭倒卵形，有锚状刺，基部连合而成杯状或鸡冠状凸起，着生面在腹

A

面。花粉粒3沟或假沟，沟和假沟边缘有稀疏的刺状凸起，小穴状纹饰。2/2 种，**14SH 型**；分布于印度；中国产西南、新疆、青海和甘肃。

Actinodaphne Nees **黄肉楠属，Lauraceae 樟科**。常绿乔木或灌木。叶簇生或近轮生，少数互生或对生，羽状脉，少为离基三出脉。花单性，雌雄异株，假伞形花序单生或簇生，或组成圆锥状或总状，苞片覆瓦状排列，早落。花被裂片6。雄花：能育雄蕊9，每轮3，排成3轮；花药4室，内向瓣裂；退化雌蕊细小或无。雌花：退化雄蕊9，每轮3，排成3轮；子房上位，柱头盾状。果着生于杯状或盘状果托内。花粉粒无萌发孔，网状纹饰，网脊被刺。100/17（13）种，**7 型**；分布于亚洲热带至亚热带地区；中国产西南、华南和华东地区。

Actinoschoenus Bentham **星穗莎属，Cyperaceae 莎草科**。多年生草本，具根状茎或匍匐茎。秆直立，丛生。总苞片小。花序头状，由2至多个小穗组成。小穗含4-7个呈2列的鳞片，具1（-2）花。花两性，由倒数第二大的鳞片包被。下位刚毛不存在。雄蕊3；花柱3深裂，脱落，基部明显增厚。小坚果倒卵圆形，三棱状，有的具3肋，光滑或具小瘤。4/2 种，**4 型**；分布于非洲，马达加斯加，南亚和东南亚，澳大利亚和太平洋岛屿；中国产云南、广东和海南。

Actinoscirpus (Ohwi) R. W. Haines & Lye **大藨草属，Cyperaceae 莎草科**。多年生草本，根状茎先端具小块茎。秆具不明显的横隔。总苞叶状。大型圆锥花序，小穗多数。鳞片螺旋覆瓦状排列，每个鳞片内含1两性花。下位刚毛5或6，与小坚果同时脱落。雄蕊3；花柱基部不明显增厚，宿存，柱头3。小坚果倒卵圆形至椭圆形，扁三棱形，光滑，先端具喙。染色体 $2n=82$。1/1 种，**5 型**；分布于东亚，南亚，澳大利亚东北部和太平洋群岛；中国产云南、广西、广东、海南和台湾。

Actinostemma Griffith **盒子草属，Cucurbitaceae 葫芦科**。攀援草本。单叶，全缘或3-5裂。花单性，稀两性；雌雄同株或异株；雄花序总状或圆锥状；花萼裂片线状披针形；花冠裂片披针形，尾状渐尖；雄蕊5（-6），花药1室；雌花花萼、花冠同雄花，子房常具疣状凸起，1或3室，柱头3。果实卵状或圆柱形，有刺或无刺，盖裂，顶盖圆锥状；种子（近）卵形，顶端有膜质翅或无翅。花粉粒3孔沟，条纹状纹饰。染色体 $n=8$。3/3（2）种，**14 型**；分布于东亚和东南亚；中国广布。盒子草 *A. tenerum* W. Griffith 有清热解毒、祛湿之效；种子含油，可制肥皂；假贝母 *A. paniculatum* (Maximowicz) Maximowicz ex Cogniaux 的鳞茎为中药贝母。

Acystopteris Nakai **亮毛蕨属，Cystopteridaceae 冷蕨科**。草本，土生。根状茎长而横走。叶近生，叶柄栗褐色或禾秆色，被鳞片和透明的节状长毛和短毛；叶片阔卵形或卵状披针形，三至四回羽状分离；羽片近对生，无柄，末回小羽片长方形或长圆形；叶脉分离，羽状分枝，小脉单一或分叉。孢子囊群小，圆形；囊群盖卵圆形；孢子肾形或半圆形，表面具棒状纹饰。染色体 $x=42$。3/3（1）种，**5 型**；主要分布于东亚和南亚热带及温带地区，新西兰也产；中国产长江以南各省区。亮毛蕨 *A. japonica* (Luerssen) Nakai、禾秆亮毛蕨 *A. tenuisecta* (Blume) Tagawa 可供观赏。

Adelostemma J. D. Hooker **乳突果属，Apocynaceae 夹竹桃科**。柔弱的缠绕藤本。叶对生。伞房状聚伞花序，腋生；花萼裂片双盖覆瓦状排列，内面基部具5个腺体；花冠钟状，裂片5枚，比花冠管短，向右覆盖；副花冠存在时5裂，裂片呈三角形，生于合蕊冠的中部；花药顶部具膜片；花粉块每室1个；子房由2枚离生心皮所组成；柱头伸出，2裂。蓇葖果，常单生，

外果皮常具乳头状凸起。种子近圆形，扁平，边缘膜质，顶端具绢毛。染色体 $2n=18$。1/1 种，**7 型**；分布于缅甸；中国产云南、贵州和广西。

Adenanthera Linnaeus **海红豆属，Fabaceae 豆科**。无刺乔木。二回羽状复叶，小叶互生。花小，白色或淡黄色，组成腋生总状花序或在枝顶排成圆锥状花序；花萼钟状，具 5 短齿；花瓣 5，披针形，近分离；雄蕊 10，分离；花药顶有腺体；子房无柄。荚果带状，革质，种子间具横隔膜，成熟后沿缝线开裂，果瓣旋卷。种子心形，鲜红色或二色。花粉 12 或 16 合体。染色体 $x=13$。12/1 种，**7e（→5）型**；分布于亚洲热带地区及太平洋岛屿；中国产西南及南部。海红豆 *A. microsperma* Teijsmann & Binnendijk 的种子鲜红色，可作饰物；木材可制作家具。

Adenia Forsskål **蒴莲属，Passifloraceae 西番莲科**。草质或木质藤本，常具根茎或块茎，或有 1 膨大的主茎。单叶互生，基部具 2 腺体。雌雄异株；聚伞花序腋生，1 至数花，中间生卷须；萼筒杯状，萼片（4-）5（-6），宿存；花瓣（4-）5（-6），离生，附于萼筒顶部；副花冠由萼管生出 1 轮裂片组成或缺失；雄花雄蕊（4-）5（-6），退化子房小；雌花小于雄花，退化雄蕊 5 枚；雌蕊具雌蕊柄，子房 1 室，心皮 3(-5)，胚珠多数，花柱 3（-5）。蒴果开裂，种子多数，具肉质假种皮。花粉粒 3 孔沟。100/3 种，**4 型**；广布热带和亚热带地区；中国产西南、华南地区和台湾。蒴莲 *A. heterophylla* (Blume) Koorders 的根入药，可滋补强壮、祛风湿。

Adenocaulon Hooker **和尚菜属，Asteraceae 菊科**。多年生草本，茎上部常被大头状腺毛。头状花序异型，排列成稀疏的圆锥花序；花托凸起，无毛；无冠毛；花冠管状，5 齿裂，缘花雌性，结实，不等 5 深裂，略近二唇状，中央花两性，不结实；花药基部具尾，不明显；花柱无分枝，雌花具很短分枝，背面具乳突，具退化雄蕊。瘦果被红色大头状腺毛。染色体 $2n=42$，46，92。5/1 种，**8-4 型**；间断分布于东亚，美洲；我国各地均产。

Adenophora F. E. L. Fischer **沙参属，Campanulaceae 桔梗科**。草本。根肉质，胡萝卜状。基生叶莲座状；茎生叶常互生。聚伞花序；花冠钟状、漏斗或筒状，5 裂；雄蕊 5；花盘常筒状，偶环状；子房下位，3 室，柱头 3 裂，裂片狭长，卷曲。蒴果基部 3 孔裂。种子椭圆状，有 1 条棱。花粉粒 3-7 孔，条网状、条状和脑纹状纹饰，具刺。染色体 $2n=24$，36，68，72，102。62/38（23）种，**10 型**；分布于亚洲东部；中国产四川至东北。少数种类可药用；根可食；花可供观赏。

Adenosma R. Brown **毛麝香属，Plantaginaceae 车前科**。草本，直立或匍匐而下部节上生根，有香味。叶对生，有锯齿，被腺点。花紫蓝色，穗状花序；萼片 5，离生；花冠筒状，二唇形，上唇直立，下唇伸展，3 裂；雄蕊 4，2 枚发育，花药 1 室或 2 室均不发育，花药分离，花丝短；花柱顶部扁平，柱头下常有 2 翅。蒴果卵状，室背和室间均开裂而成 4 瓣。种子小，多数，具网纹。10/4（1）种，**5（7a-c）型**；分布于亚洲东部和大洋洲；中国产长江以南。

Adenostemma J. R. Forster & G. Forster **下田菊属，Asteraceae 菊科**。一年生草本。叶对生，三出脉，边缘有锯齿。总苞片草质，2 层，近等长，分离或结合。花托无托毛；冠毛毛状，3-5 个，坚硬，棒槌状，果期分叉，基部结合成短环状；全部小花两性，结实，白色，管状；花柱分枝细长，扁平，顶端钝，无附片。瘦果顶端钝圆，有 3-5 棱，有腺点或乳突。染色体 $2n=20$。26/1 种，**2（3）型**；泛热带分布；中国产西南至东部。

Adiantum Linnaeus **铁线蕨属，Pteridaceae 凤尾蕨科**。草本，土生或岩石生。根状茎

短而直立或长而横走，被鳞片。叶柄黑色或红棕色，有光泽，常细圆，坚硬如铁丝；叶片多为一至三回以上的羽状复叶，或一至三回二叉掌状分枝，极少为团扇形单叶，草质或厚纸质，少为革质或膜质；孢子囊群着生在叶片或羽片顶部边缘的叶脉上，叶缘反折形成形状多样的假囊群盖；孢子球状四面形，周壁皱状、瘤状或光滑。染色体 x=29，30。150/34（17）种，**1 型**；广布世界各地，自寒温带到热带，尤以南美洲为多；中国产温暖地区，西南地区尤盛。铁线蕨 *A. capillus-veneris* Linnaeus 供观赏。

Adina Salisbury **水团花属，Rubiaceae 茜草科**。灌木或小乔木。叶对生。花序常由 1（-3）个头状花序组成，顶生或腋生；花 5 基数；花冠高脚碟状至漏斗状；雄蕊伸出；子房 2 室，胚珠多数，柱头伸出。蒴果，先室间再室背开裂成 4 果爿，萼裂片宿存。种子卵球状至三角状球形，略具翅。花粉粒 3 孔沟，细网状纹饰，具小颗粒。染色体 2n=44。4/3 种，**14 型**；分布于亚洲东南部和东部；中国产广东、海南、广西、福建、江西、浙江和贵州。水团花 *A. pilulifera* (Lamarck) Franchet ex Drake、细叶水团花 *A. rubella* Hance 可药用。

Adinandra W. Jack **杨桐属，Pentaphylacaceae 五列木科**。常绿灌木或乔木，顶芽常被毛。叶排成 2 列。花两性，花梗常下弯；小苞片 2；萼片 5，厚而宿存；花瓣 5；雄蕊 15-60，排成 1-5 轮，花丝常连合，花药常被丝毛，药隔突出；子房 3，5-6 室，每室胚珠 20-100 枚，花柱 1，不分裂或先端 3-5 裂；浆果，具宿存花柱。种子褐色，细小，胚乳丰富。花粉粒 3 孔沟，光滑或穴状纹饰。85/22（17）种，**6-2 型**；分布于东亚，南亚和东南亚，热带非洲和新几内亚岛；中国产长江以南各省区，广东、广西和云南尤盛。亮叶杨桐 *A. nitida* Merrill ex H. L. Li 的叶片可作饮料。

Adlumia Rafinesque ex de Candolle **荷包藤属，Papaveraceae 罂粟科**。草质藤本。叶片二至三回羽状全裂。圆锥花序腋生；花纵轴两侧对称；萼片 2；花瓣 4，外轮 2 瓣和内轮 2 瓣连合成坛状花冠，喉部缢缩；雄蕊 6，合成 2 束；柱头具 4 个乳突。蒴果包以干枯、海绵质的花冠。花粉粒 3-6 沟，皱波纹饰。2/1 种，**9 型**；分布于北美东部，亚洲东北部；中国产东北部。

Adonis Linnaeus **侧金盏花属，Ranunculaceae 毛茛科**。草本。基生叶和茎下部叶常退化成鳞片状，茎生叶互生，数回掌状或羽状细裂。花单生于茎或分枝顶端；无苞片；花辐射对称；萼片 5-8，长圆形或卵形；花瓣 5-24，无蜜腺；雄蕊多数，花丝狭线形或近丝形；心皮多数，螺旋状着生于圆锥状的花托上，子房卵形，胚珠 1，花柱短，柱头小。瘦果有隆起的脉网，宿存花柱短。花粉粒 3 沟，穿孔状纹饰。染色体 2n=16，32，48。30/10（3）种，**10 型**；分布于亚洲和欧洲；中国产西南、西北、东北及山西。

Adoxa Linnaeus **五福花属，Adoxaceae 五福花科**。草本，具匍匐根茎。基生叶 1-3，茎生叶 2，对生，叶片 3 深裂。聚伞头状花序顶生于直立花葶；花 4-5，黄绿色；花萼浅杯状；花冠辐状，裂片上乳突略可见；雄蕊内轮退化成腺状乳突，外轮着生于花冠管檐部，花丝 2 裂，花药单室，纵裂；子房半下位至下位，花柱 4-5，基部连合，柱头 4-5。核果。花粉粒 3 孔沟，网状纹饰。染色体 2n=36。3/3（2）种，**8 型**；分布于北温带；中国产东北、华北、西北及青藏高原。

Adoxaceae E. Meyen **五福花科，木兰亚纲/川续断目**。灌木，较少为多年生草本或小乔木。叶对生，单生、一至二回三出复叶或奇数羽状复叶。花序顶生，呈伞形、圆锥状、穗状，或紧缩成头状；花两性，辐射对称，花被合生；雄蕊 3-5，生于花冠管上，花丝不裂或 2 裂几达基部；退化雄蕊 3-5，生于内轮，与花冠裂片对生；子房半下位或下位，花柱 3-5。核果。种子 1 或 3-5。花粉粒 3 沟或孔沟，网状纹饰。4 属，220 种，全球广布，主产北温带；中国 4 属，81 种，产西南地区。

Aegiceras Gaertn **蜡烛果属，Primulaceae 报春花科**。灌木或小乔木；叶互生或于枝条顶端近对生，全缘。伞形花序；花两性，5 数，萼片革质，呈左向螺旋状排列；花冠钟形，基部连合；花丝基部连合成管，花药卵形，2 室，每室具若干横隔；子房上位，向上渐窄形成花柱。蒴果，宿存萼紧包果基部。染色体 2*n*=36，44，46，48。2/1 种，**7 型**；分布于东半球热带海边滩地；中国产东南至南部。蜡烛果 *A. corniculatum* (Linnaeus) Blanco 的树皮可提取栲胶。

Aegilops Linnaeus **山羊草属，Poaceae 禾本科**。一年生草本。穗状花序圆柱形，顶生，小穗单生而紧贴于穗轴，含 2-8 小花，穗轴成熟后逐节断落；颖革质或软骨质，扁平无脊，顶端平截或具数齿，其齿常向上延伸成芒；外稃披针形，背部圆形无脊，顶端常具 3 齿，并延伸成芒，内稃具两脊，脊具纤毛。颖果倒卵状椭圆形，具沟，顶端有毛。染色体 2*n*=14。约 21/1 种，**12 型**；分布于地中海沿岸或中亚；中国产河南、陕西和新疆。

Aeginetia Linnaeus **野菰属，Orobanchaceae 列当科**。肉质草本，无叶，寄生于其他植物根上。茎极短，具少数鳞片状退化的叶。花大，单生或簇生在茎尖，无小苞片；花梗长，直立；花萼佛焰苞状；花冠管状或钟状，且为不明显的唇形；上唇 2 裂；下唇 3 裂；雄蕊 4，花药 1 室可孕，另 1 室不孕且变形为距状；心皮 2，常子房 1 室和侧膜胎座 2 或 4，花柱稍弯曲，柱头肉质，盾形。蒴果 2 裂。种子多数，种皮网状。花粉粒 3 沟，基柱网纹状纹饰。染色体 2*n*=30。4/3（2）种，**7 型**；分布于热带至亚热带亚洲；中国产长江以南各省区。

Aegle Corrêa **木橘属，Rutaceae 芸香科**。落叶小乔木，具锐刺。叶互生，指状三出叶，多油点。单花或少花的聚伞花序，花两性，白色，芳香；萼片 5，基部合生；花瓣 5，覆瓦状排列；雄蕊多数，花丝甚短，顶端钻状，花药甚长；花盘细小；花柱短，柱头比花柱略粗，有细纵沟；子房 8-20 室，每室多胚珠。浆果，果皮硬木质，室壁厚；种子多数，种皮有绢质毛。花粉粒 4 孔沟，蜂窝状纹饰。染色体 2*n*=18，36。约 1/1 种，**7-2 型**；分布于亚洲东南部热带地区；中国产云南南部。木橘 *A. marmelos* (Linnaeus) Corrêa 可药用。

Aegopodium Linnaeus **羊角芹属，Apiaceae 伞形科**。草本。有匍匐状根茎。茎直立。叶有柄，叶鞘小；基生叶及较下部茎生叶羽状分裂；最上部的茎生叶常为羽状复叶。复伞形花序；无总苞片和小苞片；萼齿细小；花瓣倒卵形，有内折的小舌片；花柱基圆锥形，花柱细长，顶端叉开呈羊角状。果实长圆形、长圆状卵形或卵形，侧扁，光滑，主棱丝状；油管无。胚乳腹面平直；心皮柄顶端 2 浅裂。花粉粒 3 孔沟，穿孔状或皱波状纹饰。7/5（2）种，**10 型**；分布于欧洲和亚洲；中国产东北、西北、华中地区。

Aeluropus Trinius **獐毛属，Poaceae 禾本科**。多年生，具匍匐茎或具根茎。叶片坚硬，呈针状。圆锥花序常紧密呈穗状或头状；小穗两侧压扁；颖短于第一小花，纸质，边缘干膜质；外稃卵形，先端尖或具小尖头，内稃顶端截平，脊上粗糙或具纤毛；雄蕊 3。颖果卵形至长圆形。花粉粒扁球形，萌发孔具环。染色体 *x*=10。约 10/4（2）种，**12 型**；分布于地中海区域，安纳托利亚，喜马拉雅和亚洲北部；中国产北方地区。獐毛 *A. sinensis* (Debeaux) Tzvelev 为优良固沙植物。

Aerides Loureiro **指甲兰属，Orchidaceae 兰科**。附生草本。茎常粗壮。叶先端 2-3 裂，基部具关节和鞘。总状花序或圆锥花序侧生于茎；萼片和花瓣多少相似，侧萼片基

部贴生或几乎不贴生于蕊柱足；唇瓣基部具距，3 裂；距狭圆锥形或角状，向前弯曲；蕊柱具长或短的蕊柱足；蕊喙狭长，向下伸展；花粉团蜡质，2 个，近球形，每个具半裂的裂隙；粘盘柄狭长，粘盘较宽。约 20/5（1）种，**7-4 型**；分布于东南亚；中国南方。

Aeridostachya (J. D. Hooker) Brieger **气穗兰属，Orchidaceae 兰科**。假鳞茎密集或稀疏沿根状茎排列，肉质，显著肿胀，基部具苞片。叶近 2 列，革质。花序从假鳞茎近顶端的鞘腋中发出，遍布星状长毛，密生多花，基部疏生不育苞片；萼片背面均被红色毛；侧萼片基部与蕊柱足合生成长萼囊；花粉团梨形或长圆形，每 4 个花粉团具 1 个黄色三角形的花粉团柄。15/1 种，**7（4）型**；分布于亚洲热带地区；中国产台湾。

Aerva Forsskål **白花苋属，Amaranthaceae 苋科**。草本或亚灌木。茎直立、匍匐或攀援。叶对生或互生，全缘。穗状花序顶生或腋生；花两性或单性，同株或异株，小或微小；花被片 4 或 5，膜质或纸质，具绵毛；雄蕊 4 或 5，与钻状或矩圆状退化雄蕊间生，花药 2 室；花柱宿存，柱头 2，头状。胞果卵状，果皮不开裂或不规则开裂。花粉粒散孔，穿孔状-颗粒纹饰。染色体 2*n*=32，34，36，42，64。约 10/2 种，**4（6）型**；分布于非洲及亚洲；中国产广东、广西、贵州、海南、台湾、云南及四川。多数种类可药用，如白花苋 *A. sanguinolenta* (Linnaeus) Blume。

Aeschynanthus Jack **芒毛苣苔属，Gesneriaceae 苦苣苔科**。附生小灌木。叶对生或 3-4 叶轮生。花冠筒形或漏斗状筒形，檐部上唇 2 裂，下唇 3 裂；能育雄蕊 4，2 强，花药成对相连；子房长圆形或线形，柱头增大或盾状。蒴果近线形，2 瓣纵裂；种子两端有毛。花粉粒 3 孔沟或拟孔沟，网状至穿孔状纹饰，稀被颗粒。染色体 2*n*=28，30，32，60，64，96。约 140/30 种，**7d 型**；分布于不丹，印度东部，向东至印度尼西亚；中国产于西南到华南。花可供观赏；可药用。

Aeschynomene Linnaeus **合萌属，Fabaceae 豆科**。草本或灌木。茎直立或匍匐在地上而枝端向上。奇数羽状复叶，小叶互相紧接并容易闭合。总状花序腋生；苞片托叶状，成对，小苞片卵状披针形；花萼膜质，常二唇形，上唇 2 裂，下唇 3 裂；旗瓣具瓣柄，翼瓣无耳，龙骨瓣弯曲略有喙；雄蕊二体（5+5）或基部合生成一体；花柱丝状。荚果有果颈，扁平，具荚节 4-8，各节有种子 1 颗。花粉粒 3 孔沟，网状纹饰。（160-180）/2 种，**2 型**；分布于热带和亚热带；中国南北各 1 种，台湾引种并逸生。糙毛合萌 *A. aspera* Linnaeus 可作造纸纤维原料；*A. nilotica* Taubert、*A. afraspera* J. Léonard 有茎瘤，可固氮。

Aesculus Linnaeus **七叶树属，Sapindaceae 无患子科**。乔木或灌木。叶对生，掌状复叶；常具长叶柄，无托叶。聚伞或总状花序顶生；花两性或雄性，两侧对称；萼片 5；花瓣 4（5），大小不等，基部爪状；无附属物，花盘不对称，4 裂；雄蕊（5）6-8，花丝长度不等；子房（2）3（4）心皮，每室 2 枚胚珠，柱头浅 3 裂。果实仅 1-2 枚发育良好，平滑或有刺，无种皮，种脐常较宽大。花粉粒 3 带状孔沟，具细条纹饰，有时具疣状凸起。染色体 2*n*=40。13/4（1）种，**8（9）型**；分布于东南欧，亚洲及北美；中国黄河以南各省区均产。天师栗 *A. chinensis* Bunge var. *wilsonii* Turland & Xia 的种子是著名药材。

Afgekia Craib **猪腰豆属，Fabaceae 豆科**。攀援灌木，偶乔木。奇数羽状复叶互生，叶枕膨大，小叶近对生。总状圆锥花序大型，常腋生或生老茎上，甚密集；苞片大，花期宿存；花萼具 5 短齿，上方 2 齿部分合生；旗瓣基部内侧有 2 囊状胼胝体；雄蕊二体（9+1），花药同型；子房密被绒毛，花柱无毛。荚果硕大，果皮厚木质，不开

裂。种子单生，甚大，肾形。染色体 $2n=16$。3/1 种，**7-3 型**；分布于缅甸，泰国及中国广西和云南。

Afzelia Smith **缅茄属**，**Fabaceae 豆科**。乔木。偶数羽状复叶，革质。花两性；圆锥花序顶生；花萼管状，萼管长，倒锥状，喉部具 1 花盘，裂片 4，略不等，革质；花瓣 1 片，大，近圆形或肾形，具瓣柄，其他的退化或缺；子房具柄，胚珠多数。荚果长圆形至菱形，厚，木质，2 瓣裂，种子间有隔膜。种子卵形或长圆形，基部有角质的假种皮状种柄，无胚乳。染色体 $2n=24$。约 12/1 种，**(6) 型**；分布于非洲和亚洲热带地区；中国栽培于云南、广东、广西、海南等。

Aganope Miquel **双束鱼藤属**，**Fabaceae 豆科**。藤本、乔木或披散灌木。小叶对生，纸质或近革质，托叶早落。圆锥花序顶生或腋生；苞片短于花瓣；花萼杯状或钟状，顶端近截平或有明显的齿；花冠无毛或近无毛，旗瓣先端钝或微凹，胼胝体有或无；雄蕊二体，对旗瓣的 1 枚分离；子房有胚珠 1-10 粒。荚果扁平，木质化，沿腹缝线有狭翅或腹、背两缝线均有狭翅。种子 1 至数粒。约 7/3（1）种，**6 型**；分布于热带非洲，亚洲及太平洋岛屿；中国产广西、广东、云南和海南。

Aganosma (Blume) G. Don **香花藤属**，**Apocynaceae 夹竹桃科**。攀援灌木。叶对生。聚伞花序，顶生或腋生；苞片和小苞片萼片状；花萼裂片双盖覆瓦状排列，内面具 5 至多个腺体，常较花冠管长；花冠高脚碟状，花冠裂片芽时裂片向右覆盖；雄蕊着生于花冠管内中部以下，内藏；花药腹面靠合在柱头上；子房由 2 枚离生心皮组成，胚珠多数；柱头圆锥状，顶端 2 裂。蓇葖双生，圆柱状；种子扁平，顶端具绢毛。染色体 $2n=22$。8/5 种，**7 型**；分布于亚洲南部至东南部；中国产西南至华南地区。

Agapetes D. Don ex G. Don **树萝卜属**，**Ericaceae 杜鹃花科**。灌木或乔木。具增粗块茎，根多为纺锤状。叶羽状脉至边缘内网结。花序着生叶腋或老枝上；花梗具关节，先端有时膨大为浅杯状；花 5 基数；花萼筒具棱或翅，萼檐浅或深裂；花冠伸长圆筒、狭漏斗或钟形；花药背具长或短的距，或无距；花盘环状；子房常假 10 室。浆果。种皮坚硬具黏液。花粉四合体，3 孔沟，网状或皱波状纹饰。染色体 $x=12$。约 80/53（17）种，**7e 型**；分布于东喜马拉雅，中国西南至中南半岛和东南亚；中国主产西藏和云南。

Agastache John Clayton ex Gronovius **藿香属**，**Lamiaceae 唇形科**。多年生草本。花两性；轮伞花序，聚集成顶生穗状花序；花萼管状倒圆锥形，直立，喉部偏斜，15 脉，冠筒内无毛环；花冠筒直，冠檐二唇形，上唇 2 裂，下唇 3 裂，中裂片宽大；雄蕊 4，均能育，比花冠长许多，后对雄蕊较长且下倾，前对雄蕊上升，药室初彼此几近平行，后来多少叉开；花柱先端短 2 裂，具相等的裂片；花盘平顶，具不太明显的裂片。小坚果光滑，顶部被毛。花粉粒 6 沟，复网状纹饰。染色体 $2n=18$。22/1 种，**6 型**；东亚—北美间断分布；中国广布且多栽培。

Agathis R. A. Salisbury **贝壳杉属**，**Araucariaceae 南洋杉科**。常绿大乔木，多树脂。叶在干枝上螺旋状着生，叶脱落后枝上面留有枕状叶痕。雌雄异株，雄球花硬直，单生叶腋。球果单生枝顶，圆球形或宽卵圆形，苞鳞排列紧密，扇形，顶端增厚，种子生于苞鳞的下部，离生，一侧具翅，另一侧具 1 小凸起物，稀发育成翅，子叶 2 枚。花粉粒无气囊。21/1 种，**(5) 型**；分布于印度尼西亚，马来西亚，巴布亚新几内亚，菲律宾，澳大利亚，新西兰和太平洋西南群岛；中国引入南方省区栽培。木材可供建筑用；树干含丰富的树脂。

Agave Linnaeus **龙舌兰属**，**Asparagaceae 天门冬科**。多年生或一次性结实植物。茎

极短或不明显。叶呈莲座式排列，大而肥厚，肉质或稍带木质，边缘常有刺，顶端常有硬尖刺。花茎粗壮高大，具分枝；花序常顶生，穗状花序或圆锥花序，大型；花被管短，6；雄蕊 6，着生于花被管喉部或管内；子房胚珠多数，花柱线形，柱头 3 裂。蒴果长椭圆形，室背开裂；种子多数，薄而扁平，黑色。花粉粒单沟，具顶盖或无，粗网状纹饰。染色体 x=30。约 210/2 种，**3 型**；原产西半球干旱和半干旱的热带地区，尤以墨西哥最多；中国引种栽培。

Agelaea Solander ex Planchon **栗豆藤属，Connaraceae 牛栓藤科**。藤本或攀援灌木。叶具 3 小叶。圆锥花序腋生或顶生；花两性；萼片 5，覆瓦状排列；花瓣 5，线形，比萼片长；雄蕊常 10，2 轮，不等长；心皮 5，子房及花柱基部被短绒毛，胚珠 2，直立。蓇葖果，常有小瘤体，成熟时红色，纵裂，强烈弯曲，花萼宿存；种子 1 枚，黑色，具假种皮，无胚乳。花粉粒 3 孔沟。(7-50) /1 种，**6-2 型**；分布于热带非洲至东南亚；中国产海南。

Ageratina Spach **紫茎泽兰属，Asteraceae 菊科**。草本或半灌木，根茎发达。叶对生。头状花序排成伞房或复伞房花序，总苞片 2-3 层，基部具关节；花托略锥形；冠毛刺毛状，1 层，外侧常有 1 层较短的毛；小花白色或淡紫色；花药顶端附片大；花柱基部常扩大。果常具 5 肋，果柄明显。染色体 x=17，2n=51。约 265/1 种，**(3b) 型**；分布于热带和亚热带；中国西南及华南地区归化 1 种，即破坏草 *A. adenophora* (Sprengel) R. M. King & H. Robinson。

Ageratum Linnaeus **藿香蓟属，Asteraceae 菊科**。草本或灌木。叶对生或上部叶互生。花托平或稍凸起，无托片或有尾状托片；冠毛膜片状或鳞片状，分离或联合成短冠状；总苞钟状，总苞片覆瓦状排列；花全部管状，檐部顶端有 5 齿裂；花柱分枝伸长，顶端钝。果具 5 纵棱。染色体 2n=20, 38，40。40/2 种，**2 (3) 型**；主产南美洲及中美洲，北半球热带广布 1 种；中国引种栽培藿香蓟 *A. conyzoides* Linnaeus、熊耳草 *A. houstonianum* Miller 作药材。

Aglaia Loureiro **米仔兰属，Meliaceae 楝科**。乔木或灌木；植株幼嫩部分常被鳞片或星状的短柔毛。叶常为奇数羽状复叶。花单性，雌雄异株；雄花较雌花小，组成腋生的圆锥花序；花萼 (2) 3-5 齿；花瓣 3-5；花药无柄，着生于雄蕊管里面的顶部之下；花盘不明显或缺；子房 (1) 2-3 室，花柱极短或无花柱。果为蒴果或浆果；种子常为 1 胶黏状、肉质的假种皮所围绕。花粉粒 3 (4) 孔或孔沟，平滑或网状纹饰。染色体 2n=40，92。约 120/8 种，**5 型**；分布于印度尼西亚至澳大利亚和南太平洋群岛；中国产西南、南部至东南部。

Aglaomorpha Schott **连珠蕨属，Polypodiaceae 水龙骨科**。草本，附生。根状茎粗肥横走，肉质。叶一型：簇生呈鸟巢状，叶片羽状深裂，裂片或羽片披针形，革质；叶片基部扩大，干膜质，用于积聚腐殖质；叶脉粗壮，连接成大小四方形网眼，单一或二叉内藏小脉，为槲蕨型脉系；叶片上部能育，狭缩成线形或披针形或不狭缩。孢子囊群椭圆形或肾形，无囊群盖和隔丝；孢子椭圆形，具刺状纹饰。染色体 x=37。32/3 种，**7 型**；分布于亚洲热带地区；中国产云南和台湾。连珠蕨 *A. meyeniana* Schott 广泛栽培，是良好的观赏植物；崖姜蕨 *A. coronans* (Wallich ex Mettenius) Copeland 可药用。

Aglaonema Schott **广东万年青属，Araceae 天南星科**。草本，不分枝。叶柄具长鞘，基部不对称。花序柄短于叶柄；佛焰苞直立，管部和檐部分异不明显；肉穗花序近无梗或有时具短梗；雌雄同序；雌花序在下，少花；雄花序紧接雌花序，花密；花单性，无花被；雄花具雄蕊 2；雌花心皮 1，子房 1 室。浆果深黄色或朱红色。种子直立，种皮薄，近平滑，内种皮不明显，

胚具长柄，无胚乳。花粉粒无萌发孔，外壁光滑。21/2 种，**7 型**；分布于亚洲热带和亚热带地区；中国产广东、广西、贵州及云南。

Agrimonia Linnaeus **龙芽草属，Rosaceae 蔷薇科**。多年生草本。根状茎倾斜。奇数羽状复叶，有托叶。花小，两性，顶生穗状总状花序；萼筒陀螺状，有棱；萼片 5，宿存；花瓣 5；花盘边缘增厚，环绕萼筒口部；雄蕊 5-15 或更多，呈 1 列着生在花盘外面；雌蕊常 2，包藏在萼筒内；花柱顶生，丝状，伸出萼筒外；柱头微扩大；胚珠每心皮 1 枚，下垂。瘦果 1-2，包藏在具钩刺的萼筒内。种子 1，种皮膜质。花粉粒 3（-4）孔或孔沟，网状、负网状和条纹状纹饰。染色体 $2n$=28，42，56，70。10/4 种，**8 型**；分布于北温带和热带高山地区；中国产南北各省区。龙芽草 *A. pilosa* Ledebour 为重要药材。

Agriophyllum Bieberstein **沙蓬属，Amaranthaceae 苋科**。草本。茎自基部分枝，光滑或被分枝状绒毛。叶互生，全缘。花序穗状，苞片覆瓦状排列，背部密被分枝状毛；花两性；花被片 1-5，膜质，顶端啮蚀状撕裂；雄蕊 1-5，花丝分离或仅基部联合；子房上位，无柄，花柱短，柱头 2。果实上部边缘具狭翅，顶端具果喙，喙 2 裂，果皮与种皮分离。种子直立，胚环形，胚根下位，胚乳丰富。花粉粒散孔，穿孔状-颗粒纹饰。（5-6）/3 种，**13-1 型**；分布于东南亚和中亚地区；中国产东北、华北和西北。沙蓬 *A. squarrosum* (Linnaeus) Moquin-Tandon 的种子可食用；植株可作饲料。

×***Agropogon*** P. Fournie **剪棒草属，Poaceae 禾本科**。多年生草本。秆基部膝曲或匍匐。叶片线形。圆锥花序；小穗两侧压扁，含 1 个可育小花；颖片宿存，背部具 1 脉，先端微凹，具芒；外稃透明膜质，先端齿状，具 1 芒，内稃透明膜质；雄蕊 3；花柱 2；鳞被 2；颖果附着于内稃。约 1/1 种，**10 型**；分布于欧洲，非洲东北部，温带和热带亚洲，大洋洲，北美洲和南美洲；中国产西南地区。糙颖剪股颖 *A. lutosus* (Poiret) P. Fournier 耐盐碱，可种植在海滨沙地和泥滩。

Agropyron Gaertner **冰草属，Poaceae 禾本科**。多年生草本，具横走根茎或丛生。叶鞘常具披针形叶耳。穗状花序，穗轴每节着生 1 枚小穗；小穗相互密接呈覆瓦状，无柄，两侧压扁；颖片线形至窄倒卵形，质硬，主脉形成脊，先端具芒尖或短芒；外稃革质，中脉成脊，先端常具芒尖或短芒，内稃先端 2 裂。染色体 x=7。约 15/5（1）种，**10 型**；分布于欧亚大陆温寒带地区；中国华北、西北居多。根茎冰草 *A. michnoi* Roshevitz 可作牧草。

Agrostemma Linnaeus **麦仙翁属，Caryophyllaceae 石竹科**。一年生草本。茎直立。叶对生，狭披针形至线形。花两性，单生枝顶；花萼卵形或椭圆状卵形，具 10 脉，裂片 5，线形，叶状，常比萼筒长；无雌雄蕊柄；花瓣 5，深紫色，稀近白色，常比花萼短，爪明显，瓣片微凹缺；雄蕊 10；子房 1 室；花柱 5，与萼裂片互生。蒴果卵形，5 齿裂。种子多数，肾形。花粉粒散孔，穿孔状-颗粒纹饰。染色体 $2n$=24，48。3/1 种，**10 型或 8-4 型**；分布于欧洲，亚洲，北非和北美；中国产东北和西北。麦仙翁 *A. githago* Linnaeus 全草可药用。

Agrostis Linnaeus **剪股颖属，Poaceae 禾本科**。多年生或一年生草本。圆锥花序，稀成穗状。小穗仅含 1 朵小花；颖片 2，膜质有光泽，先端急尖或渐尖，无芒；外稃膜质，先端钝圆或截平，侧脉常在先端形成小尖头，背部无芒或有芒，内稃常微小或不存在，稀与外稃近等长；鳞被 2；雄蕊 3。花粉粒颗粒纹饰。约 200/25（8）种，**1 型**；分布于北半球寒温地带，热带高山也见；中国除华南外，广布各省区。西伯利亚剪股颖 *A. stolonifera* Linnaeus 可作草坪。

Agrostophyllum Blume **禾叶兰属，Orchidaceae 兰科**。附生草本，无假鳞茎。茎常丛生，细长，具多节，具多枚叶。叶2列，狭长圆形至线状披针形，基部具叶鞘并有关节。花序顶生，近头状，常由多朵小花密集聚生而成；花较小；萼片与花瓣离生；花瓣较狭小；唇瓣常在中部缢缩并有1条横脊，形成前后唇；后唇基部凹陷成囊状，内常有胼胝体；花药俯倾；花粉团8个，蜡质，花粉团柄短，共同附着在1个粘盘上。约40/3种，**5（7e）型**；分布于热带亚洲与大洋洲；中国产西南和华南地区。

Ahernia Merrill **菲柞属，Salicaceae 杨柳科**。乔木；叶互生，基部5脉或离基五出脉，有腺体2个，全缘或上部有不明显的波状钝齿；花两性，排成腋生的总状花序；萼片4或5；花瓣10-15，与萼片相似；雄蕊极多数，着生于花瓣上或在子房的周围，花丝长；子房具短柄，1室，有5个侧膜胎座，柱头小，不明显的3裂或近碟状。果实倒卵形，果皮脆壳质，有不明显的纵槽，不开裂；种子多数，稍扁平。花粉粒3孔沟，网状纹饰。1/1种，**7型**；分布于菲律宾，马来西亚；中国海南。

Aidia Loureiro **茜树属，Rubiaceae 茜草科**。灌木或乔木。叶对生；托叶离生或基部合生。聚伞花序，腋生或与叶对生；花两性；萼裂片（4-）5；花冠高脚碟状，喉部有毛，裂片（4-）5，旋转排列，开放时常外反；雄蕊（4-）5枚，伸出；子房2室，胚珠多数，嵌生于肉质的中轴胎座上，柱头2裂，伸出。浆果，球形，小。种子常具角，嵌生于果肉中。花粉粒3孔，环状内孔缺失，网状纹饰。染色体$2n$=20。约50/8（1）种，**4-1型**；分布于非洲热带地区，亚洲南部和东南部至大洋洲；中国产西南部至东南部。

Ailanthus Desfontaines **臭椿属，Simaroubaceae 苦木科**。大乔木。叶互生，奇数羽状复叶或偶数羽状复叶，小叶基部偏斜，有的基部两侧各有1-2大锯齿，锯齿尖端的背面有腺体。花杂性或单性，雌雄同株或异株，圆锥花序生于枝顶的叶腋；萼片5，覆瓦状排列；花瓣5，镊合状排列；花盘10裂；雄蕊10，着生于花盘基部；2-5个心皮分离或仅基部稍结合，每室有胚珠1颗，花柱2-5，分离或结合。翅果长椭圆形，种子1颗生于翅的中央。花粉粒3（拟）孔沟，皱状，网状或条纹状纹饰。染色体$2n$=64。10/6（5）种，**5型**；分布于亚洲至大洋洲北部；中国除东北外，均产。

Ainsliaea de Candolle **兔儿风属，Asteraceae 菊科**。多年生草本，稀亚灌木。花托无毛；冠毛多数，1层，稀2层，羽毛状，或部分开花受精小花无冠毛；小花少数，（1-）3（-5）朵，两性，全可育，开花受精或闭花受精，开花受精的小花花冠开展，不等5深裂，闭花受精的小花（如有）花冠闭合，细管状；花药基部具长尾。瘦果圆柱状或纺锤形，具10纵棱，被毛或无毛。花粉粒3沟或孔沟，具小刺。染色体$2n$=24，26。约50/40（28）种，**14型**；分布于东亚，南亚及东南亚；中国产西南、华南及华东地区。杏香兔儿风 *A. fragrans* Champion ex Bentham 全草可药用。

Aira Linnaeus **银须草属，Poaceae 禾本科**。一年生草本。叶纵卷。圆锥花序，末端着生较小的小穗；小穗两侧压扁，含2两性小花；颖膜质，微粗糙，顶端急尖；外稃质硬，背部圆形，明显5脉，顶端具2枚渐尖的细齿，基盘被细毫毛，自稃体下部或中部伸出芒，芒膝曲，或第一小花无芒，内稃膜质，具2脊；鳞被2。颖果梭形。染色体$2n$=14，28。约8/1种，**10型**；分布于欧洲和亚洲温带；中国产西藏西部。银须草 *A. caryophyllea* Linnaeus 是干旱开阔地的先锋种。

Aizoaceae Martinov **番杏科，木兰亚纲/石竹目**。草本或半灌木。茎直立或平卧，叶常对生或互生，单叶，全缘和肉质，托叶常无。花两性，单生或聚伞花序。花被片常5，合生；雄蕊3至多数，分离或基部合生，最外方常退化成丝状；子房上位或下位、合生，心皮2至多数，胚珠1至多数，弯生，中轴胎座或侧膜胎座。蒴果或坚果状。种子具弯细长胚，包围胚乳，稀具假种皮。花粉粒3沟。135属，1800种，分布于亚热带干旱地区，南非最多，澳大利亚，美洲西部或泛热带也产；中国3属，3种，产海南、台湾和广东等海滨地带。

Ajania Poljakov **亚菊属，Asteraceae 菊科。**草本或半灌木。头状花序异型，在茎枝顶端排列成伞房或复伞房花序，少数单生；花托无苞片；全部小花结实，花冠外面有腺点；缘花雌性，1层，中央两性花管状；花药基部钝，无尾，上部有披针形的尖或钝附片；花柱分枝线形，顶端截形。果有4-6条条纹。花粉粒有刺或退化小刺。39/35（23）种，**11型**；分布于亚洲温带地区；中国除东南部外，均产。异叶亚菊 *A. variifolia* (C. C. Chang) Tzvelev 可药用。

Ajaniopsis C. Shih **画笔菊属，Asteraceae 菊科。**一年生草本。头状花序异型，多数在茎枝顶端排成伞房花序；总苞倒卵形，总苞片2层；花托高起，无托毛；无冠毛；全部小花结实，花冠被稠密、光洁、整齐的毛刷状硬毛，边缘小花1层，雌性，中央盘花两性，花冠管状，顶端5齿裂；花药基部钝，顶端有三角形附片；花柱分枝顶端截形。果近三棱形，有3条主肋及2-3条间肋。花粉粒近球形，有退化小刺。1/1（1）种，**15型**；特产中国西藏。

Ajuga Linnaeus **筋骨草属，Lamiaceae 唇形科。**单叶对生。轮伞花序组成穗状花序；花萼钟状或漏斗状，10脉，萼齿5；花冠上唇不明显或近无，下唇3裂；雄蕊4，前对较长，花药2室，后横裂并贯通为1室；花柱细长，生于子房底部，先端近相等2浅裂；花盘环状；子房4裂。小坚果常为倒卵状三棱形，背部具网纹，侧腹面具宽大果脐，占腹面1/2或2/3，有1油质体。花粉粒3沟，网状纹饰。染色体 $2n$=16，24，28，30，32，62，64，86，多为 $2n$=32。(40-50)/18（9）种，**10型**；分布于旧世界温带，产欧亚大陆，尤以俄罗斯（远东地区）为盛；中国广布，以西南地区较多。

Akaniaceae Stapf **叠珠树科，木兰亚纲/十字花目。**乔木；表皮开裂。奇数羽状复叶，小叶边缘锯齿状或全缘，托叶小或无。花序腋生或顶生，总状或圆锥状；花两性，辐射对称或两侧对称；花被片5基数；花托杯状；雄蕊8-10枚；子房3-5室，心皮合生，中轴胎座。蒴果室背开裂。花粉粒3沟，网状纹饰。染色体 $2n$=18。2属，2种，分布于越南和澳大利亚东部；中国1属，1种。

Akebia Decaisne **木通属，Lardizabalaceae 木通科。**木质藤本。芽多枚鳞片。掌状复叶，小叶先端圆、凹或钝，侧生小叶对称。总状花序，雌雄同株；萼片3，偶尔4-6，花瓣状；无花瓣；雄蕊6，离生，花丝很短，花药内弯；心皮3-9（12）枚，每心皮胚珠多数。肉质蓇葖果，开裂。种子多数。花粉粒3沟，穴状纹饰。染色体 $2n$=32。约6/5（3）种，**14型**；分布于日本，朝鲜；中国华中和华南地区。木通 *A. quinata* (Thunberg) Decaisne、三叶木通 *A. trifoliata* (Thunberg) Koidzumi subsp. *trifoliata*、白木通 *A. trifoliate* (Thunberg) Koidzumi subsp. *australis* (Diels) Shimusu 的藤茎及果实可药用。

Alangium Lamarck **八角枫属，Cornaceae 山茱萸科。**乔木或灌木，稀攀援。单叶互生，无托叶，基部两侧常不对称，毛为单细胞，呈T形。花序腋生常呈聚伞状。苞片早落；花两性；萼管钟形与子房合生，具4-10个小裂片；花瓣4基数；雄蕊与花瓣同数互生或为花瓣数目的2-4倍，花药线形，2室，纵裂；花盘子房下位，1(-2)室，胚珠单生，下垂，有2层珠被。核果顶端有宿存的萼齿和花盘，种子1粒。

花粉粒 3 或 4 孔沟，网状、条网状或皱波状纹饰。约 24/11 种，**4 型**；分布于亚洲，大洋洲和非洲的热带和亚热带地区；中国除黑龙江、内蒙古、新疆、宁夏和青海外，均产。八角枫 *A. chinense* (Loureiro) Harms 是观赏树种。

Albertisia Beccari **崖藤属，Menispermaceae 防己科**。藤本。叶非盾状着生，叶脉羽状。内轮萼片镊合状排列，合生，坛状；聚药雄蕊圆锥状，雄蕊 18-27，花药 2 室，横裂；雌花序仅有 1 朵花；萼片和花瓣与雄花相似；心皮 6，花柱残迹近基生。核果，内果皮呈马蹄形，果核平滑或微有皱纹，胎座迹微小不明显。种子无胚乳，胚直立，子叶肥大。花粉粒 3 沟，网状纹饰。染色体 $2n$=26。17/1 种，**6 型**；分布于非洲和亚洲东南部；中国产台湾、海南、广西和云南。

Albizia Durazzini **合欢属，Fabaceae 豆科**。乔木，灌木或藤本，小枝稀有刺。二回羽状复叶，小叶对生，叶柄、叶轴、羽轴常有腺体。花两性，异型；头状花序，再排成腋生或顶生的圆锥花序；花萼钟状或漏斗状，具 5 齿；花瓣漏斗状，上部具 5 裂片；雄蕊多数，花丝突出，下部合生。荚果带状，不开裂或迟裂。种子圆形或卵形，扁平，具马蹄形痕。花粉 16 合体，扁球形。染色体 x=13。(120-140) /16 (2) 种，**2 (3) 型**；广布热带，亚热带地区，少数延伸至温带；中国产西南、华南和东南地区。阔荚合欢 *A. lebbeck* (Linnaeus) Bentham 为优良观赏树种和行道树，也可供家具和建筑用。

Alcea Linnaeus **蜀葵属，Malvaceae 锦葵科**。一年生至多年生草本。叶近圆形；托叶先端 3 裂。花大，漏斗形；单生或排列成总状生于枝端；副萼 5-11 裂，基部合生，密被绵毛和刺；花萼钟形，5 裂，基部合生；花瓣倒卵状楔形，爪被髯毛；雄蕊柱光滑，顶端着生花药，花药黄色，密集；子房 15 至多室，每室 1 胚珠，花柱与子房同数。蒴果盘状，分果爿多数，成熟时与中轴分离。种子光滑或具毛。花粉粒散孔，具刺，皱状至疣状，细网状-点状纹饰。染色体 $2n$=42。60/2 (1) 种，**12 型**；分布于中亚，亚洲西南部及欧洲东部和南部；中国产新疆和西南地区。

Alchemilla Linnaeus **羽衣草属，Rosaceae 蔷薇科**。多年生草本，稀一年生。根状茎木质。单叶互生，掌状浅裂或深裂，极稀掌状复叶，托叶与叶柄合生。花两性，伞房花序或聚伞花序；萼筒壶形，宿存，喉部收缩；萼片 4 (5)；副萼 4 (5)；花瓣缺；雄蕊 (1-) 4，着生在萼筒喉部，花丝短，离生；花盘边缘增厚，围绕在萼筒上方；心皮 1 (-4)，花柱基生或腹生，柱头头状，胚珠 1，基生。瘦果 1 (-4)，包在膜质花托内。种子基生，种皮膜质，子叶长倒卵形。花粉粒 3 孔沟或拟孔沟，光滑或负网状纹饰。染色体 $2n$>64，复杂。(100-300) /3 种，**8 型**；分布于寒带和温带地区，延伸至热带高山地区；中国产西北和西南地区。多数种类为高山牧草；全草可入药。

Alchornea Swartz **山麻杆属，Euphorbiaceae 大戟科**。乔木或灌木。叶互生，边缘具腺齿，基部具斑状腺体；羽状脉或掌状脉。雌雄同株或异株；花序穗状或总状或圆锥状，雄花多朵簇生于苞腋，雌花 1 朵生于苞腋，无花瓣。雄花：花萼花蕾时闭合，镊合状排列；雄蕊 4-8，花丝基部合生成盘状，花药 2 室，无不育雌蕊。雌花：萼片 4-8，有时基部具腺体，子房 (2-) 3 室，每室具胚珠 1 颗，花柱 (2-) 3，常线状，不分裂。蒴果具 2-3 个分果爿，果皮平滑或具小疣或小瘤；种子无种阜。花粉粒 3 孔沟，穿孔状至皱波状纹饰。约 50/8 种，**2 型**；分布于热带，亚热带地区；中国产西南部和秦岭以南热带和暖温带地区。

Alcimandra Dandy **长蕊木兰属，Magnoliaceae 木兰科**。常绿乔木。托叶与叶柄离生，叶柄上无托叶痕，幼叶在芽中对折。

花两性，单生枝顶；花被片9，近相等；雄蕊35-40，花药伸长，内向纵裂，药隔伸出呈舌状；雌蕊群具柄，不超出雄蕊群，心皮约30，离生或合生，每心皮具胚珠2-5。蓇葖沿背缝线开裂，具种子1-4颗。花粉粒单沟，穿孔状纹饰。蜜蜂和甲虫传粉。染色体$2n$=38。1/1种，**14SH型**；分布于不丹，印度东北部，缅甸北部，越南北部及中国西南部。

Aldrovanda Linnaeus **貉藻属，Droseraceae 茅膏菜科。**浮水或沉水草本，无根。茎单一或分叉。叶轮生，基部合生。花单生叶腋，萼片5，基部合生；花瓣5，白色或绿色；雄蕊5，花丝钻形，花药纵裂；子房近球形，花柱5，顶部扩大，多裂。果实球形，不开裂。种子由果皮腐烂而出，5-8粒或更少，短卵球形。四合花粉，3孔沟，刺状纹饰。染色体x=19或24。1/1种，**10-3型**；分布于欧洲中部和南部，亚洲北部和东南部及大洋洲北部；中国产黑龙江。

Alectra Thunberg **黑蒴属，Orobanchaceae 列当科。**一年生草本，干后变成黑色。茎简单或有少数分枝，基部木质化。叶对生或有时上部互生；叶无柄或近无柄，基出3脉。总状花序；花萼钟状，果时膨大，萼齿5枚；花冠近钟形，花冠筒粗；雄蕊4，2强；柱头舌状，被短绒腺毛。蒴果圆球形，被包于宿存的花萼内，室背开裂。种子小，圆柱形。花粉粒3沟，基柱网纹状纹饰。40/1种，**2型**；分布于热带非洲，美洲和亚洲；中国产长江以南地区和台湾。

Aletris Linnaeus **粉条儿菜属，Nartheciaceae 纳茜菜科。**多年生草本。根状茎短，簇生纤维根。叶基生，成簇，披针形至线形，具明显中脉。花葶具苞片状叶，顶生总状花序。花两性，花梗短或近无，从花梗基部至上端具2枚苞片；花被6裂，花管与子房合生，裂片直立，反卷；雄蕊6，花丝短；子房半下位，3室，柱头不明显3裂。蒴果室背开裂。种子梭形。花粉粒单沟，穿孔状、疣状、穴状、颗粒或网状纹饰。21/16（10）种，**9型**；东亚和北美间断分布；中国各省区广布，主产西南地区。

Aleurites J. R. Forster & G. Forster **石栗属，Euphorbiaceae 大戟科。**常绿乔木，嫩枝密被星状柔毛。单叶，全缘或3-5裂；叶柄顶端有2枚腺体。雌雄同株。花组成顶生的圆锥花序；花萼2-3裂；花瓣5。雄花：腺体5枚，雄蕊15-20，排成3-4轮，生于凸起的花托上，无不育雌蕊。雌花：子房2（-3）室，每室1颗胚珠，花柱2裂。核果近圆球状，外果皮肉质，内果皮壳质，种子1-2枚；种子无种阜。2/1种，**5型**；分布于亚洲，大洋洲热带和亚热带地区，夏威夷特有1种；中国产华南、西南及台湾等。

Aleuritopteris Fée **粉背蕨属，Pteridaceae 凤尾蕨科。**草本，土生或岩石生。叶簇生；叶柄棕色、黑褐色或乌木色。叶片五角形或三角状长圆形，一回羽状或羽状分裂至三回羽状分裂；叶脉羽状分离；叶片下面常有白色、浅黄色或橙黄色的蜡质粉末，或无粉末。孢子囊彼此分离，成熟后汇合；假囊群盖由反折的叶边特化而成；孢子为球状四面形。染色体x=29，30。约40/29（14）种，**2型**；分布于热带，亚热带地区；中国产西南，少数达华北和东北地区。粉背蕨 *A. anceps* (Blanford) Panigrahi 可入药；中国蕨 *A. grevilleoides* (Christ) G. M. Zhang ex X. C. Zhang 可作假山的装饰材料。

Alfredia Cassini **翅膜菊属，Asteraceae 菊科。**多年生草本。总苞片多层，外面被黏伏的黑色长毛，中外层苞片中部以上边缘及顶端宽膜质，附片状；花托被稠密的托毛；冠毛刚毛锯齿状，多层，基部连合成环，整体脱落；全部小花两性，管状，黄色，檐部5浅裂；花丝分离，无毛，但稍有乳突；花柱分枝极短，顶端圆钝。瘦果

A

有不明显的纵肋，基底着生面，平或稍偏斜。染色体 $2n=26$。6/5（2）种，**13 型**；分布于亚洲；中国产新疆。

Alhagi Gagnebin **骆驼刺属，Fabaceae 豆科**。多年生草本或半灌木。单叶，全缘，具钻状托叶。总状花序腋生；花冠红色或紫红色；每花具 1 苞片和 2 枚钻状小苞片；花萼钟状，5 裂；旗瓣与龙骨瓣约等长，翼瓣较短，其与龙骨瓣皆具长瓣柄和短耳；雄蕊二体（9+1）；子房线形，柱头头状。荚果为串珠状，不开裂。种子肾形或近正方形。花粉粒 3 沟，网状纹饰。染色体 $2n=16$，28。约 5/1 种，**12 型**；分布于中亚至蒙古国，尼泊尔，地中海；中国产西北干旱地区。骆驼刺 *A. camelorum* Fisch 可固沙；幼嫩枝叶可作饲料。

Alisma Linnaeus **泽泻属，Alismataceae 泽泻科**。水生或沼生草本，常具块茎。叶基生，沉水、浮水或挺水；叶片线形至卵形，全缘，先端渐尖。圆锥花序，稀伞形花序，多分枝，分枝（1-）2 至多数轮生，具 3 枚苞片及数枚小苞片。花两性；萼片 3，宿存；花瓣 3，较萼片大；雄蕊 6；心皮多数，离生，扁平，轮生于花托上；每心皮具胚珠 1 枚。瘦果扁平，背部具 1-2 条浅沟，或具深沟，顶端具喙。种子直立，马蹄形。花粉粒散孔，穿孔状到刺状纹饰。染色体 $x=7$；$2n=10$，12，14，26，28，42。11/6（1）种，**8 型**；广布北半球温带和亚热带地区；中国南北均产。泽泻 *A. plantago-aquatica* Linnaeus 的球茎可入药；可水体造景。

Alismataceae Ventenat **泽泻科，木兰亚纲/泽泻目**。水生或沼生草本，具根茎。单叶基生，基部具鞘；叶片形态多样，全缘，平行脉或掌状弧形脉。总状、圆锥或呈圆锥状聚伞花序。花在花轴上轮生，具梗，单性、两性或杂性，常具苞片。萼片 3，宿存；花瓣 3，常白色；雄蕊 3 至多数，轮生，花丝细长；花药 2 室，纵裂；心皮 3 至多数，离生，胚珠 1 至多数，花柱宿存。瘦果、小核果或蓇葖果簇生。种子弯曲，胚马蹄形，无胚乳。花粉粒散孔，穿孔状、刺状或颗粒纹饰。染色体 $x=$（5-）7-8（-13）。16 属，100 种，全球广布，北半球热带和温带地区尤盛；中国 6 属，18 种，南北均产。

Allamanda Linnaeus **黄蝉属，Apocynaceae 夹竹桃科**。灌木。叶轮生或对生，稀互生，叶腋内常有腺体。总状花序式的聚伞花序，顶生；花萼裂片内面基部无腺体或有少数腺体；花冠漏斗状，裂片向左覆盖；副花冠退化成流苏状，被具缘毛的鳞片或只有毛；子房 1 室，胚珠多数，具 2 个侧膜胎座，2 至多列；柱头基部膨大，顶部圆锥状。蒴果，卵圆形，有刺，开裂成 2 瓣。种子互相覆盖，扁平，边缘膜质或具翅。花粉粒 3 孔沟，穿孔或具槽纹饰。染色体 $2n=18$，36。约 15/2 种，**3 型**；原产热带美洲，广植于热带及亚热带地区；中国南方栽培。

Allardia Decaisne **扁毛菊属，Asteraceae 菊科**。多年生草本。叶互生，常羽裂。头状花序辐射状，单生；总苞半球形，3-4 层；花托无托片；缘花假舌状，白色或粉色，少数黄色，中央花两性，管状，黄色或蓝紫色。果弯曲，无翅，不明显 5-10 肋，顶端有 20-50 个毛状鳞片组成的小冠，小冠基部平坦、指状，顶端褐色，稍宽。8/8（1）种，**13-3 型**；产阿富汗，印度，哈萨克斯坦，蒙古国，尼泊尔，巴基斯坦，俄罗斯，塔吉克斯坦，乌兹别克斯坦；中国产西藏和新疆。

Alleizettella Pitard **白香楠属，Rubiaceae 茜草科**。灌木。叶对生；托叶基部合生。聚伞花序，顶生于侧生短枝或老枝的节上；花两性，5 基数；花冠高脚碟状，冠管圆柱形，裂片旋转状排列，开放时常外反；雄蕊内藏；子房 2 室，每室有胚珠 2-3 枚，着生在中轴胎座上，柱头 2 裂，伸出。浆果，球形，小，果皮平滑。种子椭球形到卵球形，嵌生于肉质的果肉中。约 2/1 种，

7-4 型；分布于越南，以及中国福建、广东、广西和海南。

Alliaria Heister ex Fabricius **葱芥属，Brassicaceae 十字花科**。一或两年生草本，无毛或具少数单毛。多细胞腺体无。基部叶莲座状，单叶，具柄，波状或齿状。萼片直立展开，基部不呈囊状；花瓣白色，卵圆形，具爪；雄蕊 6，花丝分离；侧蜜腺汇合成环状，中蜜腺宽圆锥形，二者汇合。长角果四菱形，2 室，开裂；果瓣具 3 脉，隔膜白色，膜质，蜂窝状。种子每室 1 行，长圆形，有纵沟纹，黑色；子叶背倚胚根。花粉粒 3 沟，网状纹饰。染色体 2*n*=36，42。1/1 种，**10 型**；分布于亚洲西南部和欧洲；中国产安徽、浙江、西藏、新疆。

Allium Linnaeus **葱属，Amaryllidaceae 石蒜科**。多年生草本，有时根状茎发达，大多具特殊的葱蒜气味。鳞茎形态多样。叶多无柄。花葶从鳞茎基部长出；伞形花序或穗状花序生于花葶的顶端，开放时总苞单侧开裂或 2 至数裂；花两性；花被片 6，两轮；雄蕊 6，两轮；子房 3 室，每室一至数枚胚珠，花柱单一，柱头全缘或 3 裂。蒴果室背开裂。花粉粒单沟，穿孔状、皱波状和条纹状纹饰。染色体 2*n*=14，16，18，20，22。约 881/137（50）种，**8 型**；广布北半球，从干旱的亚热带地区到北方气候带地区均有；中国产东北、华北、西北和西南地区。蒜 *A. sativum* Linnaeus 可食用。

Allmania R. Brown ex Wight **砂苋属，Amaranthaceae 苋科**。一年生草本。茎直立或铺散。叶互生，全缘，具柄，线形至倒卵形。头状花序顶生或腋生；花两性；每花有 1 苞片和 2 小苞片，干膜质；雄蕊 5，花丝基部联合成杯状，无退化雄蕊，花药 2 室；花柱丝状，柱头微 2 裂；胚珠 1，直生。胞果卵状，盖裂。种子平滑或具小斑点，假种皮肉质。花粉粒散孔，穿孔状-颗粒纹饰。染色体 2*n*=32。1/1 种，**7a 型**；分布于热带亚洲；中国产海南。

Allocheilos W. T. Wang **异唇苣苔属，Gesneriaceae 苦苣苔科**。草本，具根状茎。叶基生，近圆形。花萼 5 裂达基部，裂片披针状线形；花冠斜钟状，檐部二唇形，上唇 4 裂，下唇与上唇近等长，不分裂，三角形。下（前）方 2 雄蕊能育，着生于花冠基部稍上处，花丝狭线形，弧状弯曲，花药狭椭圆球形，连着；退化雄蕊 2；雌蕊长伸出，子房近长圆形，花柱比子房长 2.5 倍，柱头扁球形。蒴果近线形，最后裂成 4 瓣。花粉粒 3 拟孔沟，瘤状纹饰。1/1（1）种，**15 型**；特产中国贵州西南部。

Allomorphia Blume **异形木属，Melastomataceae 野牡丹科**。灌木或多年生草本。叶片 3-7 条基出脉；具长叶柄。由多个聚伞花序组成的狭圆锥花序，长可达 25cm 以上，宽 3-4cm，具花梗；苞片小，常早落；花萼狭漏斗形或漏斗状钟形，四棱形；花药与花丝等长或略长，单孔开裂；子房下位，4-5 室。蒴果顶端开裂，与宿存萼贴生；种子多数，极小，楔形，有棱。花粉粒 3 沟，具异沟，微皱。不确定/4（1）种，**7a 型**；广布中南半岛，马来西亚至印度尼西亚；中国产云南、广西、广东。异形木 *A. balansae* Cogniaux 全株可药用。

Allophylus Linnaeus **异木患属，Sapindaceae 无患子科**。乔木、灌木，稀攀援性灌木。叶轮生，掌状复叶，小叶边缘有锯齿，较少全缘，叶柄细长，无托叶。雌雄同株或异株；总状花序、聚伞花序、圆锥花序腋生；萼片覆瓦状排列，外部明显小于内部；花瓣 4，两侧对称；花盘不对称；雄蕊 8；子房 2-3 室，胚珠单生，花柱 2-3 裂。核果，外果皮肉质，内果皮脆壳质；种子无内种皮，具有薄的外种皮。花粉粒具孔沟（孔），光滑、粗糙、皱波状、条纹或网状纹饰；染色体 2*n*=28。250/11（2）种，**4 型**；分布于热带，亚热带；中国产西南、华南至东南部。异木患 *A. viridis* Radlkofer 可作园林绿化或药用。

Allostigma W. T. Wang **异片苣苔属，Gesneriaceae 苦苣苔科**。多年生草本，具茎。

叶对生。花萼钟状，5深裂；花冠筒漏斗状筒形，檐部二唇形，比筒短，上唇2深裂，下唇3浅裂；下（前）方2雄蕊能育，花丝稍弧状弯曲，在中部最宽，向两端渐变狭，花药椭圆球形，基着，顶端连着；退化雄蕊3；花盘环状；雌蕊近内藏，子房线形，基部具柄，具中轴胎座，2室，花柱细，柱头2，不等大。蒴果线形。种子椭圆形。花粉粒3孔沟，网状纹饰。1/1（1）种，**15型**；特产中国广西西南部。

Alloteropsis Presl **毛颖草属，Poaceae 禾本科**。一年生或多年生草本。总状花序；小穗孪生或数枚簇生于三棱形的穗轴一侧，背腹压扁，具柄；颖片不等长，具芒锐尖；第一颖短；第二颖长于小穗，草质；第一小花雄性，内稃远短于花药，2裂；第二小花两性，外稃厚纸质，光滑，边缘质薄，具短芒。染色体*x*=9。5/2种，**2（4）型**；分布于非洲南部，印度，东南亚和热带地区；中国产华东和华南，以海南尤盛。毛颖草 *A. semialata* (R. Brown) Hitchcock 可作饲料。

Alniphyllum Matsumura **赤杨叶属，Styracaceae 安息香科**。落叶乔木。叶互生，边缘有锯齿。总状或圆锥花序；花梗与花萼间有关节；小苞片早落；花萼杯状，顶端5齿；花冠钟状5深裂；雄蕊10，5长5短，相间排列，花丝宽扁，上部分离，下部合生成膜质短管，基部与花冠管贴生；子房5室，每室有胚珠8-10枚，呈2列着生于中轴上。蒴果长圆形，成熟时室背纵裂成5果瓣。种子具不规则膜翅，种皮硬角质，胚直立。花粉粒3孔沟，网状纹饰。3/3种，**7型**；分布于亚洲东南部；中国产南部各省区。

Alnus Miller **桤木属，Betulaceae 桦木科**。落叶乔木或灌木；芽有柄，裸露或具芽鳞2-3枚。单叶，互生，全缘、浅裂或具锯齿。雄花序下垂、圆柱状，雄花3朵生于初级苞片内，花被4，雄蕊多为4，花药2爿合生，4个花粉囊；雌花序单生、聚成总状或圆锥状；每个初级苞片内具2-3（-5）朵雌花；雌花无花被，子房2室；柱头2。果序球果状；果苞木质，鳞片状，宿存，顶端具5枚浅裂片，具翅小坚果2-3枚。花粉粒4-5孔，外壁明显带状加厚。染色体2*n*=28，56，112。26/10（8）种，**8-4型**；分布于北温带和南美安第斯山；广布中国各省区。桤木 *A. cremastogyne* Burkill、台湾桤木 *A. formosana* (Burkill) Makino 是优良的造林树种。大多数种类的根部可与放线菌形成根瘤。

Alocasia（Schott）G. Don **海芋属，Araceae 天南星科**。多年生草本。茎粗厚，短缩。叶具长柄，下部具长鞘，幼时盾状，成年箭状心形，边缘全缘。佛焰苞管部卵形，檐部长圆形；肉穗花序短于佛焰苞，雌花序短，锥状圆柱形，中性花序明显变狭，能育雄花序圆柱形，附属器圆锥形；花单性，无花被，雄蕊3-8，花药线状长圆形；雌花具心皮3-4，子房卵形，柱头扁头状，先端3-4裂。浆果红色。花粉粒无萌发孔，刺状或疣状纹饰。113/8种，**7型**；分布于热带亚洲及马来西亚；中国南方地区广布。海芋 *A. odora* (Roxburgh) K. Koch 可药用。

Aloe Linnaeus **芦荟属，Asphodelaceae 独尾草科**。多年生植物。茎短或明显。叶肉质，呈莲座状簇生或有时2列着生，先端锐尖，边缘常有硬齿或刺。花葶从叶丛中抽出；花多朵排成总状花序或伞形花序；花被圆筒状，有时稍弯曲；常外轮3枚花被片合生至中部；雄蕊6，着生于基部；花丝较长，花药背着；花柱细长，柱头小。蒴果具多数种子。花粉粒单沟，网状纹饰。鸟类和昆虫传粉。染色体*x*=7。含芦荟素化学成分。约400/1种，**6型**；主要分布于非洲南部干旱地区和马达加斯加，亚洲南部也有；中国引种。芦荟 *A. vera* Linnaeus var. *chinensis* (Haworth) Berger 可供观赏或药用。

Alopecurus Linnaeus **看麦娘属，Poaceae 禾**

本科。一年生或多年生草本。圆锥花序；小穗两侧压扁，含1两性小花；颖近等长，具3脉，常于基部互相联合，脊上有纤毛；外稃膜质透明，先端截形或急尖，背部在中部以下有芒，稀无芒，边缘常在下部联合，内稃、鳞被常缺如。颖果与稃分离。花粉粒颗粒纹饰。（40-50）/8种，**8型**；分布于北半球寒温带；中国产东北、西北地区。多为优良牧草，如大看麦娘 *A. pratensis* Linnaeus。

Alphitonia Reissek ex Endlicher **麦珠子属，Rhamnaceae 鼠李科**。乔木或灌木。叶互生，全缘；托叶小，早落。花两性或杂性；顶生或腋生聚伞总状或聚伞圆锥花序；花萼5裂；花瓣5，基部具爪；雄蕊5，为花瓣抱持；花盘厚，有5个凹缺；子房藏于花盘内，2-3室，每室1胚珠；花柱短，2-3裂。蒴果状核果，外果皮初时肉质，成熟时不规则开裂；分核2-3，每核1种子，沿腹缝线开裂。种子有膜质的假种皮，顶端开口。花粉粒3孔沟，粗糙、条纹状或网状纹饰。10/1种，**5型**；分布于亚洲东部，澳大利亚，太平洋岛屿；中国产海南。麦珠子 *A. incana* (Roxburgh) Teijsmann & Binnendijk ex Kurz 可作造林树种或制作家具。

Alphonsea J. D. Hooker & Thomson **藤春属，Annonaceae 番荔枝科**。灌木或乔木。花单生或多朵簇生，花序与叶对生、腋生或腋上生。花两性；萼片3，较花瓣小很多，芽时镊合状排列；花瓣6，2轮，每轮3片，芽时镊合状排列，彼此等大或内轮稍小，基部囊状而向内弯；雄蕊多数，药室外向，药隔顶端短尖而延伸于药室外；离生心皮多个，胚珠多颗，2列。心皮圆球状，种子与果壁不分开。花粉粒无萌发孔，疣状纹饰。染色体 $2n$=18。约23/6（4）种，**7ab型**；分布于亚洲南部和东南部；中国产西南至华南地区。

Alpinia Roxburgh **山姜属，Zingiberaceae 姜科**。多年生草本，根状茎匍匐状。花冠中央裂片盔状；侧生退化雄蕊缺或极小，常与唇瓣基部合生；唇瓣艳丽，有时不明显；子房3室，中轴胎座，柱头膨大，花柱裂片大。蒴果干燥或肉质，或不规则开裂。花粉粒无萌发孔，具刺。染色体 $2n$=36，48，50。约230/51（35）种，**5（7）型**；分布于热带和亚热带的亚洲，澳大利亚和太平洋群岛；中国产东南部至西南部。山姜 *A. japonica* (Thunberg) Miquel 可药用或作调味品。

Alseodaphne Nees **油丹属，Lauraceae 樟科**。常绿乔木。叶互生，常聚生于近枝顶，羽状脉。花序腋生，圆锥状或总状；苞片及小苞片脱落。花两性；花被裂片6，近相等或外轮3枚较小，花后稍增厚，但果时消失。能育雄蕊9，花药4室，第一、二轮药室内向，第三轮药室外向或上方2室侧向，下方2室外向；子房有部分陷入浅的花被筒中；花柱与子房等长。果卵球形、长圆形或近球形，肉质，多浆，常具疣。花粉粒无萌发孔，具刺或小颗粒。50/10（7）种，**7型**，分布于亚洲热带地区；中国产云南东南部至南部及海南。

Alsophila R. Brown **桫椤属，Cyatheaceae 桫椤科**。大型陆生乔木或灌木，茎干可高达10余米，圆柱状，不分枝，顶端生出一丛较大的叶。叶一型或少二型；叶柄有皮刺或疣状凸起，基部鳞片深棕色，坚硬；叶片三回羽状深裂，末回裂片线状披针形，边缘全缘或有锯齿；叶脉分离，2-3叉。孢子囊群圆形，有囊群盖，圆球形或鳞片状；有丝状隔丝；孢子囊梨形，具颗粒状、刺状或条纹状纹饰。染色体 x=23。约200/6种，**2型**；广布热带和亚热带地区；中国产长江以南各省区。均为国家重点保护野生植物；园艺观赏价值极高。

Alstonia R. Brown **鸡骨常山属，Apocynaceae 夹竹桃科**。乔木或灌木，具乳汁；侧枝轮生。叶常为3-4（-8）片轮生，侧脉密生而平行。伞房状的聚伞花序，顶生或近顶生；花萼裂片为双盖覆瓦状排列，

无腺体；花冠高脚碟状，喉部无副花冠，被柔毛至近无毛，花冠裂片芽期向左覆盖；雄蕊内藏；子房由 2 枚离生心皮组成，胚珠多数；柱头顶端 2 裂。蓇葖双生，离生，叉开或并行。种子扁平，两端被毛。花粉粒具 2 或 4 沟孔，或 H 形内萌发孔，穿孔或不穿孔纹饰，或具槽。染色体 2*n*=22，44，80，88。约 60/8（3）种，**4 型**；分布于热带非洲，亚洲和澳大利亚；中国产广东、广西和云南。

Alternanthera Forsskål **莲子草属，Amaranthaceae 苋科**。匍匐或攀援草本。茎多分枝，叶对生，全缘。花两性，头状花序，单生在苞片腋部。苞片及小苞片宿存，膜质。花被片 5；雄蕊 2-5，花丝在基部聚合成管状或杯状，花药 1 室；退化雄蕊全缘、具齿或条裂；子房球形或卵形，胚珠 1，花柱柱头头状。胞果球形或卵形，不裂。种子凸镜状。花粉粒散孔，网状纹饰。染色体 *n*=17。约 200/5 种，**2 型**；分布于热带美洲；中国产西南部至东部地区。莲子草 *A. sessilis* (Linnaeus) R. Brown ex de Candolle 全株可入药；嫩叶可作为野菜食用或饲料。

Althaea Linnaeus **药葵属，Malvaceae 锦葵科**。一年生或多年生直立草本，密被星状长糙毛。叶卵状三角形。花单生或呈总状花序排列于茎顶；副萼 6-10 裂，具星状毛；花萼 5 裂；花瓣顶端锯齿状；雄蕊柱圆柱状，具柔毛，花药聚生于顶端，紫褐色；子房多室，每室 1 胚珠，直立；花柱与心皮同数，柱头线形。蒴果扁球或盘状，分果爿 8-25，半圆形，背面有凹槽，成熟时与中轴分离。花粉粒散孔，具长刺。染色体 2*n*=28，42，50，70，84。12/1 种，**10-3 型**；分布于欧洲西部至俄罗斯西伯利亚东南部；中国产新疆塔城。药葵 *A. officinalis* Linnaeus 引种栽培；根可入药。

Altingiaceae Horaninow **蕈树科，木兰亚纲/虎耳草目**。灌木或乔木。单叶互生，螺旋状排列。雌雄同株；雄花序总状，雌花序球形头状；花萼片和花瓣无。雄花：雄蕊（4-）多枚，花丝极短或无。雌花：退化雄蕊无或针状，子房半下位，中轴胎座，柱头在果期宿存。果序球形头状，双心皮蒴果。种子多数，顶部种子不育，基部 1 或几枚可育，具窄翅。花粉粒 3 孔至多孔，网状纹饰。染色体 2*n*=26，32。常含芳香树脂化合物。1 属，15 种，分布于亚洲，中美洲和北美洲热带和亚热带地区；中国 1 属，10 种，南部广布，西南尤盛。

Alysicarpus Necker ex Desvaux **链荚豆属，Fabaceae 豆科**。草本。单叶，稀羽状 3 小叶，托叶干膜质或半革质，离生或合生。总状花序；每苞片腋内具 2 花；花萼深裂，裂片干而硬，具明显脉纹，近等长，上部 2 裂片常合生；花冠不伸出或稍伸出萼外，旗瓣宽，倒卵形或圆形，龙骨瓣钝，贴生于翼瓣；雄蕊二体，子房无柄或近无柄，胚珠多数。荚果圆柱形，膨胀，荚节数个，不开裂。花粉粒 3 孔沟，不规则条纹状-穿孔状纹饰。染色体 2*n*=16，20。约 30/5（1）种，**4 型**；分布于热带非洲，亚洲和大洋洲，热带美洲引入栽培；中国产福建、广东、广西、海南、云南和台湾。链荚豆 *A. vaginalis* (Linnaeus) de Candolle 可入药，也是良好的绿肥和饲料。

Alyssum Linnaeus **庭荠属，Brassicaceae 十字花科**。一至多年生草本，稀半灌木状，植株被星状毛，有时杂有单毛，毛小、稠密、伏贴。萼片直立或展开，基部不呈囊状；花瓣黄色或淡黄色，顶端全缘或微缺，向下渐窄成爪；花丝分离；侧蜜腺不愈合，位于短雄蕊两侧；子房无柄，花柱宿存，头状或微缺。短角果为双凸透镜形、宽卵形、圆形或椭圆形；果瓣上有不清楚的网状脉。每室种子 1-4 粒；子叶扁平，背倚胚根。花粉粒 3 沟，粗网状纹饰。染色体 2*n*=16，32。约 195/10 种，**10（12）型**；分布于亚洲西南部和欧洲东南部；中国产新疆、内蒙古、黑龙江。

Alyxia Banks ex R. Brown **链珠藤属，Apo-**

cynaceae 夹竹桃科。藤状灌木，具乳汁。叶对生或3-4枚轮生。总状式聚伞花序，顶生或腋生；花萼裂片内无腺体；花冠高脚碟状，花冠管喉部无鳞片；花冠裂片芽期向左覆盖；雄蕊内藏；子房为2枚离生心皮组成，每心皮有胚珠4-6枚，2排；柱头顶端2裂或全缘。核果，常连接成链珠状。花粉粒圆桶形，单生，两端各具1个大萌发孔，光滑或颗粒状纹饰。染色体2*n*=36。108/9（1）种，**5型**；分布于亚洲东部，马来西亚，澳大利亚至太平洋群岛；中国产西南至华南地区。

Amalocalyx Pierre **毛车藤属，Apocynaceae 夹竹桃科**。木质藤本。叶对生。聚伞花序近伞房状，腋生；花萼裂片内面基部腺体很多；花冠近钟状，花冠管中部以下紧缩成圆筒形，花冠裂片芽期向右覆盖；花丝具长柔毛；子房2心皮，胚珠多数。蓇葖双生，椭圆状披针形，向端部渐狭。种子卵圆形，种毛黄色绢质。1/1 种，**7 型**；分布于亚洲东南部；中国产云南。

Amana Honda **老鸦瓣属，Liliaceae 百合科**。多年生草本。鳞茎外有多层干的纸质或薄纸质鳞茎皮。茎直立或斜卧，无毛。叶2枚对生。花较小，漏斗状，单朵顶生或2-5朵生于分枝的花梗上，下部有线状苞片；花白色或淡粉色；花被片6，离生；雄蕊6；子房三棱形，3室，胚珠多数，花柱明显，与子房近等长。蒴果椭球形或球形，具喙。种子近三角形，褐色。染色体2*n*=24。4/3（2）种，**14型**；分布于日本，朝鲜，以及中国浙江、安徽。

Amaranthaceae Jussieu **苋科，木兰亚纲/石竹目**。草本或半灌木。单叶互生、螺旋状排列。有限花序，顶生或腋生；花两性或稀单性；花被片常3-5，绿色，草质或肉质；雄蕊3-5，与花被片对生，花丝分离；心皮2或3，合生，子房常上位，基生胎座。果实为瘦果、胞果或周裂的蒴果（盖）。种子直立、横生或斜生，胚乳粉质。花粉粒具多萌发孔。染色体*x*=6-13，17。韧皮部具蛋白质丝环。170属，2300种，全球分布，特别是被干扰的、干燥的或盐碱地内；中国54属，234种，产西北、内蒙古、东北，新疆尤盛。

Amaranthus Linnaeus **苋属，Amaranthaceae 苋科**。一年生草本。茎直立或横卧，茎形成层连续生长不成环。叶互生，具腺毛。花无梗簇生；花单性，雌雄同株或异株；每花有1苞片及2小苞片；花被片5；雄蕊5，花丝丝状离生，无退化雄蕊；花柱极短或缺，柱头2或3，胚珠1。胞果膜质，盖裂、不规则开裂或不开裂。花粉粒散孔，穿孔状-颗粒纹饰。染色体2*n*=28，30，32，34，49，64，68，84，85。约40/14（1）种，**1型**；世界广布；中国广布（种植）各省区。多数种类可食用、药用或观赏，如老鸦谷 *Amaranthus cruentus* Linnaeus、苋 *A. tricolor* Linnaeus、反枝苋 *A. retroflexus* Linnaeus。

Amaryllidaceae Jaume Saint Hilaire **石蒜科，木兰亚纲/天门冬目**。草本，多具鳞茎，具收缩根。茎退化，导管具梯状穿孔板。叶互生，常2列，近基生，具平行脉，基部具鞘。花序由1或多个螺旋聚伞花序组成，有时为单花顶生于长花葶，常具佛焰苞状总苞；花两性，鲜艳；花被片6，覆瓦状排列，花瓣状，无斑点，有时有副花冠；雄蕊6，花丝有时贴生于花被，有时具附属物；子房下位，柱头头状或3裂。蒴果多数背裂，偶为浆果状。种皮常有黑色或蓝色的壳。花粉粒单沟、2沟或3歧沟，穿孔状、小槽状、条纹和网状纹饰。具特有的“石蒜”生物碱。68属，1616种，分布于温带地区；中国6属，161种，广布各地。

Amberboa Vaillant **珀菊属，Asteraceae 菊科**。草本。叶互生，具齿或羽状分裂。总苞狭卵形或阔卵形，中层顶端钝圆，内层顶端有白色膜质附属物；花托平坦，被糙毛；冠毛长膜片状，多层，向内层渐长，不脱落；小花全部管状，红色或黄色，边

花无性，1层，檐部5-20裂，中央盘花两性，花冠5裂。瘦果被稠密贴伏的白色长直柔毛，具侧生着生面。花粉粒3孔沟，具小刺。染色体2*n*=32，64。11/2种，**12型**；分布于西南亚及中亚地区；中国产新疆。

Amblynotus Johnston **钝背草属，Boraginaceae 紫草科**。多年生草本，丛生，有糙伏毛。叶互生，先端钝。镰状聚伞花序，有苞片；花萼5裂至基部，裂片线形；花冠蓝色，筒部比萼短，檐部宽钟形，裂片钝，覆瓦状排列，喉部有附属物；雄蕊5，着生花冠筒中部，花药长圆形；子房4裂，花柱内藏；雌蕊基近平坦。小坚果直立，微弯，背面凸，无毛，有光泽，腹面纵龙骨状，着生面在腹面基部，三角形。1/1种，**11型**；分布于俄罗斯西伯利亚，蒙古国，以及中国黑龙江和内蒙古。

Ambroma Linnaeus f. **昂天莲属，Malvaceae 锦葵科**。灌木或小乔木，被星状柔毛。叶常心形。花红紫色，花部5数，花瓣柄基部扩大而凹陷；退化雄蕊5，片状，顶端钝，边缘具纤毛；花药15枚，每3枚1束，着生在雄蕊柱的外侧，与退化雄蕊的基部互生；子房无柄，具沟槽，5室，每室数胚珠，花柱5裂。蒴果膜质，顶部平截，五角形，角具纵翅，边缘有长绒毛，顶裂，隔膜具长纤毛。染色体2*n*=20，22，24。(1-2)/1种，**5型**；分布于亚洲热带至澳大利亚；中国产南部。昂天莲 *A. augusta* (Linnaeus) Linnaeus f. 的皮部纤维是编绳和制纸的原料；亦可供庭园栽培观赏；根可药用。

Ambrosia Linnaeus **豚草属，Asteraceae 菊科**。草本。叶互生或对生。头状花序小，单性，雄头状花序有多数不育的两性花，花柱不裂，雌头状花序有1个无被能育的雌花，总苞片1-8层，闭合，背面在顶部以下有1层的4-8瘤或刺，顶端紧缩成围裹花柱的嘴部；花冠不存在；花柱2深裂，上端从总苞嘴部外露。果倒卵形，无毛，藏于坚硬的总苞中。花粉粒3孔沟，有刺。染色体2*n*=24，36，48。43/3种，**1型**；产美洲热带至温带，以北美为主；中国为入侵种，如豚草 *A. artemisiifolia* Linnaeus。

Amelanchier Medikus **唐棣属，Rosaceae 蔷薇科**。落叶灌木或乔木。单叶，互生，有锯齿或全缘，有叶柄和托叶。总状花序顶生；苞片早落；萼筒钟状；萼片5，全缘；花瓣5，细长，长圆形或披针形，白色；雄蕊10-20；花柱2-5，部分合生或离生，子房下位或半下位，2-5室，每室具2胚珠，室背生假隔膜分隔成不完全4-10室。梨果近球形，浆果状，具宿存、反折的萼片。种子4-10，直立，子叶平凸。花粉粒3孔沟。染色体2*n*=32，34，40，50，56，68，72。25/2（1）种，**9型**；分布于亚洲，欧洲，北美；中国产华东、华中和西北地区。可作观赏树木、果树砧木；树皮可入药。

Amentotaxus Pilger **穗花杉属，Taxaceae 红豆杉科**。常绿小乔木或灌木；小枝对生。叶交叉对生，基部扭转排成2列，边缘微向下反曲，下延生长，上面中脉明显，下面有2条气孔带。雌雄异株，雄球花组成穗状花序；雌球花单生于新枝上的苞片腋部或叶腋，胚珠1个，直立，为1漏斗状珠托所托。种子当年成熟，核果状，有长柄，几全为囊状鲜红色肉质假种皮所包。花粉粒具2-4个气囊。染色体2*n*=36。6/3种，**14SH（7-4）型**；分布于越南北部，印度东北部，以及中国华南、华中、西部和台湾。穗花杉 *A. argotaenia* (Hance) Pilger 木材可作为器具、雕刻等优良用材；也可作庭园树种。

Amesiodendron Hu **细子龙属，Sapindaceae 无患子科**。乔木。偶数羽状复叶，轮生，小叶有锯齿或全缘，末端小叶退化。雌雄同株；圆锥花序腋生或多个在小枝近顶丛生；花辐射对称；萼片5，深裂；花瓣5，基部具单附属物；花盘环碗状；雄蕊（6）7-8（9）；子房3室；花柱具有2柱头线。蒴果室背开裂；种子近球状，种皮革质，

种脐大。花粉粒 3 合孔沟，皱波状纹饰。（1-3）/1 种，**7 型**；分布于印度尼西亚，马来西亚，苏门答腊，以及中国南部。细子龙 *A. chinense*（Merrill）Hu 可作木材和油料。

Amethystea Linnaeus **水棘针属，Lamiaceae 唇形科。**一年生草本。叶常 3 深裂。聚伞花序松散，总梗长，组成圆锥花序；花小，两性；花萼钟形，10 脉，萼齿 5；花冠筒内藏或略长于萼；冠檐上唇 2 裂，下唇稍大；雄蕊 4，前对能育，花药 2 室，室叉开，纵裂，成熟后贯通为 1 室；花柱先端不相等 2 浅裂；花盘环状；子房 4 裂。小坚果倒卵状三棱形，背面具网状皱纹，腹面具棱，两侧平滑，合生面大，达果长 1/2 以上。花粉粒 3 沟，穿孔-具刺纹饰。染色体 $2n$=20，26。1/1 种，**10 型**；分布于亚洲温带地区；中国广布。

Amischotolype Hasskarl **穿鞘花属，Commelinaceae 鸭跖草科。**多年生草本，具根状茎，茎直立，有时在基部平卧。叶互生。花序穿透叶鞘基部而出。雄蕊 6，全育；花丝有念珠状长毛；花药纵向开裂。蒴果三棱状球形或三棱状卵形，3 爿裂，每室有种子 2，稀 1。种子柱状三棱形，具网状纹饰。花粉粒单沟，疣状纹饰。染色体 $2n$=18，20，30，36。20/2 种，**6 型**；分布于亚洲热带，非洲热带；中国产西南至东南部。穿鞘花 *A. hispida* (A. Richard) D. Y. Hong、尖果穿鞘花 *A. hookeri* (Hasskarl) H. Hara 可作饲料。

Ammannia Linnaeus **水苋菜属，Lythraceae 千屈菜科。**一年生草本。叶对生，有时轮生，近无柄。花小，4 数，辐射对称，单生或腋生的聚伞花序；花萼钟状或壶状，花后常变为球形，4-6 裂，裂片间常有小附属体；花瓣 4，小或缺；雄蕊 2-8，常 4，着生于萼管上；子房包藏于萼管内，2-4 室，花柱细长或短，胚珠多数。蒴果球形或长椭圆形，下半部为宿存萼包围，成熟时横裂或不规则开裂，果壁无平行的横纹；种子多数，细小，有棱。花粉粒异沟，光滑、皱波状或条纹纹饰。染色体 x=8，12，16 等。约 25/4 种，**1 型**；广布热带和亚热带地区，非洲和亚洲较多；中国广布，以南方尤盛。

Ammi Linnaeus **阿米芹属，Apiaceae 伞形科。**草本。直根细长。叶片羽状分裂，末回裂片线形或细线形。小总苞片羽状分裂。花两性；萼齿极小；花瓣白色或带黄色，边缘花瓣增大，基部收缩成短爪；花柱基短圆锥形；柱头头状。果实卵形或卵状长圆形，合生面狭窄，光滑；果棱丝线形，每棱槽内油管 1，合生面油管 2。胚乳的横剖面半圆形，合生面近于平直；心皮柄不裂或分裂达基部。花粉粒 3 孔沟，条纹状纹饰。约 6/2 种，**12 型**；分布于地中海；中国引种栽培。

Ammodendron Fischer ex de Candolle **银砂槐属，Fabaceae 豆科。**灌木，被银白色丝状毛。偶数羽状复叶具小叶 1-2 对，叶轴顶端硬刺状，托叶小，无小托叶。总状花序顶生；花萼浅杯状，萼齿近等长，上面 2 齿稍靠合；旗瓣圆形反折，翼瓣斜长圆形，龙骨瓣内弯；雄蕊 10，离生，花药丁字形着生；子房无柄，胚珠少数。荚果长圆形或披针形，侧扁，不开裂，沿缝线具窄翅。种子 1-2 粒，长圆形或近圆柱状。约 8/1 种，**13 型**；分布于亚洲西北部的温带地区；中国产新疆西北部。银砂槐 *A. bifolium* (Pallas) Yakovlev 是国家 II 级保护野生植物；可防风固沙。

Ammopiptanthus S. H. Cheng **沙冬青属，Fabaceae 豆科。**常绿灌木。小枝叉分。单叶或掌状三出复叶，托叶小，钻形或线形，与叶柄合生，先端分离，小叶被银白色绒毛。总状花序短，顶生于短枝上，具小苞片；花萼钟形，萼齿 5，短三角形，上方 2 齿合生；花冠黄色，旗瓣和翼瓣近等长，龙骨瓣背部分离；雄蕊 10 枚，花丝分离；胚珠少数。荚果扁平，瓣裂，长圆形。种子圆肾形。染色体 $2n$=18。（1-2）/

（1-2）种，**13-1 型**；分布于中亚地区；中国产甘肃、内蒙古、宁夏和新疆西部。多数种类可抗寒、抗旱和耐盐碱或药用。

Amomum Roxburgh **豆蔻属，Zingiberaceae 姜科**。根状茎匍匐状。穗状花序、总状花序或圆锥花序。花冠管圆筒形；侧生退化雄蕊为钻形，小或无；唇瓣显著，黄色或橙色居中，具红色的脉或斑点，边缘白色；蒴果平滑，具翅。假种皮膜质或肉质，顶端撕裂状。花粉粒无萌发孔，刺状纹饰。染色体 $2n$=24，48，96。约 150/39（29）种，**5（7）型**；分布于亚洲热带和澳大利亚；中国产华南至西南部。砂仁 *A. villosum* Loureiro、草果 *A. tsaoko* Crevost & Lemarie 可药用或作香料。

Amorpha Linnaeus **紫穗槐属，Fabaceae 豆科**。灌木或亚灌木，有腺点。叶互生，奇数羽状复叶，托叶针形，小托叶线形至刚毛状。花组成顶生、密集的穗状花序；苞片钻形；花萼钟状，5 齿裂，常有腺点；蝶形花冠退化，仅存旗瓣，蓝紫色，向内弯曲包裹雄蕊和雌蕊；雄蕊 10，下部合生成鞘，上部分裂；胚珠 2 粒。荚果不开裂，表面密布疣状腺点。种子长圆形或近肾形。花粉粒 3 孔沟，网状纹饰。染色体 $2n$=40。约 15/1 种，**（9）型**；分布于加拿大南部至墨西哥北部；中国南北均有栽培。紫穗槐 *A. fruticosa* Linnaeus 可作防护林、水土保持树种，或可供观赏。

Amorphophallus Blume ex Decaisne **蘑芋属，Araceae 天南星科**。多年生草本。块茎扁球形。叶 1，叶柄光滑或粗糙具疣，叶片常 3 全裂，裂片羽状分裂。花序 1，具长柄；佛焰苞宽卵形或长圆形，檐部多少展开；肉穗花序直立，下部雌花序，上接能育雄花序，最后为附属器，附属器增粗或延长；花单性；雄花有雄蕊 1-6；雌花具心皮 1-4，子房近球形，柱头头状，2-4 裂。浆果。种子无胚乳，种皮光滑。花粉粒无萌发孔，光滑、疣状、网状、穴状或条纹纹饰。200/16（7）种，**4 型**；分布于旧世界热带；中国产江南各省区。花蘑芋 *A. konjac* K. Koch 可食用。

Ampelocalamus S. L. Chen, T. H. Wen & G. Y. Sheng **悬竹属，Poaceae 禾本科**。灌木状竹类。粗型地下茎；单丛生，秆上部下垂或呈攀援状；秆中部芽宽卵形；分枝多，膝状弯曲，主枝常明显。箨鞘脱落性，纸质，短于其节间；箨舌明显；箨耳边缘生放射状长縫毛；箨片线状披针形，外翻。单次发生花序，圆锥花序着生在花枝顶端；每小穗含 2-7 朵小花；颖片 2；鳞被 3；雄蕊 3；花柱 1，柱头 2，羽毛状。约 13/13（12）种，**7-2 型**；分布于喜马拉雅中部；中国产西南地区、台湾和海南。

Ampelocissus Planchon **酸蔹藤属，Vitaceae 葡萄科**。木质或草质藤本。卷须不分枝或 2 叉分枝。单叶或复叶，互生。花两性或杂性异株，组成疏散的圆锥状多歧聚伞花序，基部有卷须；花瓣 4-5，分离展开，各自分离脱落；雄蕊 4-5；花柱呈锥形，约有 10 棱，子房 2 室各 2 胚珠。浆果椭圆形。种子 1-4，胚乳横切 T 形。花粉粒 3 孔沟，网状纹饰。染色体 $2n$=40。约 90/5（2）种，**2 型**；分布于亚洲南部，非洲，大洋洲和中美洲；中国产云南和西藏。

Ampelopsis Michaux **蛇葡萄属，Vitaceae 葡萄科**。木质藤本。卷须 2-3 分枝。单叶或复叶，互生。伞房状多歧聚伞花序或复二歧聚伞花序，与叶对生；花 5 数，两性或杂性同株；花瓣 5；雄蕊 5，花盘发达，边缘波状 5 浅裂；子房 2 室各 2 胚珠。浆果。种子 1-4，种脐在种背中部呈椭圆形或带形，两侧洼穴呈倒卵形或狭窄，从基部向上达种子近中部，胚乳横切 W 形。花粉粒 3 孔沟，网状纹饰。染色体 $2n$=40。约 30/17（13）种，**9 型**，分布于亚洲和美洲；中国南北均产。白蔹 *A. japonica* (Thunberg) Makino 的块根可入药。

Amphicarpaea Elliot ex Nuttall **两型豆属，Fabaceae 豆科**。缠绕草本。羽状 3 小叶。

花常二型，闭锁花，生于茎下部，于地下结实，正常花，生于茎上部；常 3-7 朵排成腋生的短总状花序；花萼管状，4-5 裂；各瓣近等长，旗瓣具瓣柄和耳；雄蕊二体；子房无柄或近无柄，基部具鞘状花盘。荚果线状长圆形，扁平，在地下结的果常圆形或椭圆形。种子近球形或卵形，种脐短，侧生，假种皮不发达。花粉粒 3 孔沟，网状纹饰。染色体 $2n=20$。5/3（2）种，**9 型**；分布于东亚，北美及非洲的热带地区；中国广布。两型豆 *A. edgeworthii* Bentham 可作饲草和地被。

Amsonia Walter **水甘草属，Apocynaceae 夹竹桃科**。直立草本。叶互生。聚伞花序，顶生；花萼裂片基部内面常无腺体，双盖覆瓦状排列；花冠高脚碟状，花冠管圆筒形，上部膨大，喉部被长柔毛，花冠裂片芽期向左覆盖；雄蕊内藏；子房由 2 个离生心皮所组成，胚珠多数。蓇葖 2 个，圆筒状。种子长圆形。花粉粒 3 孔或孔沟，光滑或穿孔纹饰。染色体 $2n=22$，32。约 20/1 种，**9 型**；分布于南美洲，日本，以及中国江苏和安徽。

Amydrium Schott **雷公连属，Araceae 天南星科**。攀援藤本。叶常远离；叶柄基部鞘状；叶片全缘，具穿孔或羽状分裂，圆形或卵形。花序柄单生；佛焰苞卵形，反折；肉穗花序具长梗或无梗；花两性，无花被；雄蕊 4-6，花丝短，与花丝等长或稍短；雌蕊倒金字塔形或倒圆锥形，子房 1 室，胚珠 2，珠柄短，着生于隆起的侧膜胎座的中部以下，柱头小。浆果近球形。种子近球形，无胚乳。花粉粒带状萌发孔，穿孔状纹饰。5/2 种，**7 型**；分布于印度至马来西亚；中国产江南各省区。雷公连 *A. sinense*（Engler）H. Li 可药用。

Anabasis Linnaeus **假木贼属，Amaranthaceae 苋科**。半灌木。木质茎多分枝或退缩成瘤状肥大的茎基。叶互生，叶形多样或不明显。花两性或兼具雌性，小苞片 2；花被片 5，膜质，果时外轮 3 片或全部花被片背面具横生的翅状附属物；雄蕊 5，着生于花盘上；花盘杯状，5 裂，裂片（退化雄蕊）与雄蕊相间，顶端多少有颗粒状腺体。果皮肉质。种子直立，胚螺旋状，无胚乳。花粉粒散孔，穿孔状-颗粒纹饰。约 30/8 种，**12 型**；分布于欧洲，地中海沿岸，中亚，俄罗斯西伯利亚；中国产新疆。无叶假木贼 *A. aphylla* Linnaeus 含毒藜碱，可制农药或固沙。

Anacardiaceae R. Brown **漆树科，木兰亚纲/无患子目**。乔木或灌木，稀亚灌木或藤本，常分泌树脂。叶互生，稀对生和轮生；单叶，3 小叶或羽状复叶，稀掌状及二回羽状复叶；托叶无或不显。花序顶生或腋生；花小，辐射状对称，花梗常具关节，花被常 2 轮，稀 1 轮或无；萼片（3-）4-5，基部常融合，花瓣（3）4-5（-8），稀无；雌蕊辐射对称，稀两侧对称；雄蕊 1 或 2 轮数量（1-）5-10（->100），稀多轮；子房上位，稀下位。果多为核果和翅果，有的花后花托肉质膨大成棒状或梨形的假果；种子 1-5（-12），胚乳少或无。花粉粒 3 孔沟。染色体 $x=7$-30。81 属，800 余种，主要分布于热带与亚热带地区，少数至温带地区；中国 17 属，55 种，产长江流域以南各省区。

Anacardium Linnaeus **腰果属，Anacardiaceae 漆树科**。常绿灌木或乔木。单叶互生，全缘。圆锥花序顶生，多分枝；萼片 5 深裂，顶端裂片杯状；花瓣 5，花期反转；雄蕊 7-10，常 1 或者 2 雄蕊较大，花丝线形基部融合，花药宽椭圆形；花盘无；子房倒卵圆形不对称，1 室 1 胚珠，花柱常侧生线形；花期后花梗扩大生长出肉质的果托。果实为坚果状无毛的核果，具有骨质的内果皮。花粉粒 3 孔沟，网状或棒状纹饰。染色体 $x=12$，29。约 11/1 种，**3 型**；分布于洪都拉斯南部至巴拉圭，巴西和波利尼西亚；中国引入栽培。腰果 *A. occidentale* Linnaeus 是著名的干果。

Anadendrum Schott **上树南星属，Araceae**

天南星科。攀援藤本。叶2列，叶柄具鞘几达顶部，叶鞘宿存或早落；叶片偏斜。花序腋生和顶生，常呈短缩的扇状聚伞花序；花序柄长；佛焰苞长圆状卵形，舟形，纯白色，上部具喙；肉穗花序具梗，圆柱形；花全为两性，花被膜质，壶形、环状；雄蕊4，花丝短，基部宽，花药纵裂；子房倒圆锥形或倒金字塔形。浆果卵圆形。种子1。9/2种，**7型**；分布于印度至马来西亚；中国产云南、海南。

Anagallis Linnaeus **琉璃繁缕属，Primulaceae 报春花科**。草本，常无毛。茎直立或匍匐，圆柱形或具4棱。叶对生或互生，稀轮生，全缘。花单出腋生；花萼常深裂达基部，裂片5；花冠绯红色、青蓝色或白色，5深裂；雄蕊5，花丝常被毛；花药背着；子房球形，花柱丝状。蒴果，成熟时自中部横裂为上下两半。花粉粒3(4)孔沟，网状纹饰。染色体2*n*=20，22，40。28/1种，**1型**；分布于欧洲，非洲，亚洲和南美洲温带；中国产浙江、福建、广东和台湾。琉璃繁缕 *A. arvensis* Linnaeus 可治疗毒蛇及狂犬咬伤、疮疡等。

Ananas Miller **凤梨属，Bromeliaceae 凤梨科**。陆生草本。叶呈莲座状，全缘或具刺状锯齿。头状花序顶生，顶部具1簇莲座状、退化的叶状苞片。花两侧对称；花瓣基部有2枚细长的舌状鳞片。子房下位。聚花果肉质，呈球果状，由花序轴、苞片和子房联合而成。染色体2*n*=50，75。8/1种，**3d型**；分布于南美洲，热带地区广泛栽培；中国引入华南和西南地区栽培。凤梨 *A. comosus* (Linnaeus) Merrill 为著名热带水果之一，可提取菠萝蛋白酶。

Anaphalis de Candolle **香青属，Asteraceae 菊科**。草本或亚灌木。叶互生。总苞片多层，白色、黄白色或稀红色；花托蜂窝状，无托片；冠毛1层，白色，有多数分离而易散落的毛，在雄花向上部渐粗厚或宽扁，有锯齿，在雌花为细丝状，有微齿；雄花管状；雌花细管状，有2-4个细齿。果长圆形或近圆柱形，有腺状或乳头状凸起，或近无毛。染色体2*n*=28，42，56。110/54（40）种，**8（14）型**；主产热带及亚热带亚洲，少数广布北温带；中国南北各地均产，西南尤盛。

Anaxagorea A. Saint-Hilaire **蒙蒿子属，Annonaceae 番荔枝科**。乔木或灌木。花单生或数朵簇生；花梗短；花萼裂片3，基部合生；花瓣6，2轮，每轮3片，内外轮花瓣近等大，或外轮比内轮大；雄蕊多数，药隔顶端短尖，突出于药室外；心皮离生，每心皮有2胚珠，柱头近圆球状或长圆状。成熟心皮蓇葖状，开裂，有棒状的柄；种子黑色，无假种皮。花粉粒具沟，表面光滑。甲虫传粉。染色体2*n*=16。26/1种，**3型**，主要分布于中南美洲和亚洲热带地区，印度尼西亚至菲律宾也产；中国产海南和广西。

Ancathia de Candolle **肋果蓟属，Asteraceae 菊科**。草本。茎单生或簇生。叶线形或线状披针形。头状花序单生枝端，总苞卵球形，外层及中层具刺，内层带紫色；花托被稠密的托毛；冠毛刚毛长羽毛状，多层，稍不等长，基部连合成环，整体脱落，顶端渐细；花全部两性，管状。瘦果长椭圆形，无毛，有3-4条高起的纵肋，顶端有果缘，果缘边缘有圆齿，基底着生面平，稍见偏斜。1/1种，**11型**；分布于蒙古国，俄罗斯，哈萨克斯坦；中国产新疆北部。

Anchusa Linnaeus **牛舌草属，Boraginaceae 紫草科**。草本，被硬毛或刚毛。叶互生。蝎尾状聚伞圆锥花序，顶生；具苞片；花萼5深裂，常不等大；花冠檐部裂片5，覆瓦状排列，先端钝，雄蕊5，内藏，子房4裂；雌蕊基平或稍凸。小坚果斜卵形，直立，有皱褶，腹面龙骨状，着生面在果的底部，有环状边缘和脐状凸起。花粉粒3-7孔沟，穿孔状、网状纹饰。染色体2*n*=16，32。约50/3种，**10型**；分布于地中海沿岸，非洲，欧洲及亚洲西部；中国原产1种，主产北部和西北部。狼紫

草 *A. ovata* Lehmann 种子可榨油食用。

Ancistrocladaceae Walpers **钩枝藤科，木兰亚纲/石竹目**。藤本。枝具环状钩。单叶互生，常聚于枝顶，全缘，常无柄。花小，两性，辐射对称，呈顶生或侧生二歧状分枝的圆锥状、穗状花序；萼筒短，与子房下部合生；萼片 5，覆瓦状排列；花瓣 5，基部稍合生；雄蕊 5 或 10，花丝不等长，花药常 2 室，纵裂；花柱粗厚，球形或长圆形；果为坚果。种子 1，近球形，外种皮革质，种皮薄。花粉粒 3 沟，穿孔-颗粒纹饰。1 属，约 16 种；分布于亚洲，非洲热带地区；中国产海南。

Ancistrocladus Wallich **钩枝藤属，Ancistrocladaceae 钩枝藤科**。特征描述同科。约 16/1 种，**6 型**；分布于亚洲，非洲热带地区；中国产海南。

Ancylostemon Craib **直瓣苣苔属，Gesneriaceae 苦苣苔科**。草本，具根状茎。叶基生。聚伞花序腋生；苞片 2，对生。花萼钟状，裂片近相等；花冠筒状，橙黄色或黄白色，檐部二唇形；能育雄蕊 4，花药卵圆形，顶端成对连着，药室 2；花盘环状；雌蕊多无毛，子房线状长圆形，柱头 2。蒴果长圆状披针形或倒披针形。种子多数。染色体 2*n*=34。约 13/13（13）种，**15 型**；中国产湖北西部、四川西南部至东南部、云南西北部至东北部、贵州及广西。

Andrographis Wallich ex Nees **穿心莲属，Acanthaceae 爵床科**。草本或亚灌木，具钟乳体。叶对生，具羽状脉。总状花序、穗状花序或圆锥花序，花常偏向一侧；苞片 1，小苞片 2 或无，均短于花萼；花萼 5 深裂至近基部；花冠二唇形，上唇 2 裂，下唇 3 裂；雄蕊 2，伸出或内藏，花药 2 室，基部无芒状附属物；无退化雄蕊；子房 2 室，每室胚珠 3 至多数，具珠柄钩。蒴果开裂时胎座不从基部弹起。种子多数，表面光滑或具网纹，无毛。花粉粒 3 孔沟，网状纹饰。染色体 2*n*=50。80/3 种，**5（7）型**；分布于热带亚洲地区；中国产云南、贵州、广西和海南。穿心莲 *Andrographis paniculata* (N. L. Burman) Wallich 可药用。

Andromeda Linnaeus **仙女越橘属，Ericaceae 杜鹃花科**。灌木，具梫木毒素。幼枝和芽鳞被白霜。叶片长椭圆至线形，后卷。伞状伞房花序顶生，2-8 朵花，偶单花；花冠圆坛状，粉红色；花萼齿状三角形；花瓣 5 裂，几乎全部愈合；雄蕊 10，内藏，花药具 2 芒；心皮 5，柱头近头状。蒴果干燥，5（缝线不增厚），倒卵至近球状。种皮多层。花粉四合体，3 孔沟，皱波-穿孔状纹饰。染色体 *x*=12。约 1/1 种，**8-1 型**；广布欧亚大陆北部和北美洲北部；中国产吉林省安图县。

Andropogon Linnaeus **须芒草属，Poaceae 禾本科**。多年生草本。总状花序孪生或指状排列于秆顶，基部托以鞘状佛焰苞；小穗成对着生于轴的各节；序轴易逐节折断。无柄小穗：两性，背部压扁，基盘钝圆，具髯毛；第一颖质坚硬，中部以上明显具 2 脊；第二颖舟形，主脉常呈脊；第一外稃透明膜质；第二外稃顶端多少 2 裂，具膝曲状芒。有柄小穗：雄性或中性；无芒。染色体 *x*=10。约 100/2 种，**2（8-4）型**；分布于热带和暖温带地区；中国产华南、西南地区。

Androsace Linnaeus **点地梅属，Primulaceae 报春花科**。草本。叶常基生或簇生于根状茎或根出条端，形成莲座状叶丛。伞形花序生于花葶端，很少单生而无花葶；花萼钟状至杯状，5 裂；花冠白色、粉红色或深红色，少有黄色，喉部常收缩成环状凸起，裂片 5；雄蕊 5，花丝短，贴生于花冠筒上；子房上位，花柱不伸出冠筒。蒴果，5 瓣裂。花粉粒 3 孔沟，光滑偶具穿孔。染色体 2*n*=20，40，60。169/73 种，**8 型**；北半球温带广布；中国产四川、云南和西藏。滇西北点地梅 *A. delavayi* Franchet 可供观赏。

Anemarrhena Bunge **知母属，Asparagaceae**

天门冬科。多年生草本，根状茎横走，根粗壮。叶基生，禾叶状。花葶从叶丛中或一侧抽出，直立。花 2-3 朵簇生，排成总状花序；花被片 6，在基部稍合生；雄蕊 3，生于内花被片近中部；花丝短，扁平；花药近基着；子房 3 室，每室 2 枚胚珠；花柱短，柱头小。蒴果室背开裂。种子黑色，具纵狭翅。花粉粒单沟，网状纹饰。染色体 $2n$=22。1/1 种，**11 型**；分布于中国，蒙古国和朝鲜半岛；中国产河北、山西、山东、陕西、甘肃、贵州、江苏、四川、内蒙古、辽宁、吉林和黑龙江。

Anemoclema (Franchet) W. T. Wang **罂粟莲花属，Ranunculaceae 毛茛科**。多年生草本。根状茎。基生叶 4-7，大头羽状深裂或全裂，叶脉羽状。花葶直立，聚伞花序有少数花；总苞由 3 苞片组成，苞片轮生，分生，羽状浅裂；萼片 5，花瓣状；花瓣不存在；雄蕊多数，花丝披针状线形；心皮多数，无柄，1 颗胚珠，有密柔毛，花柱细长。瘦果近椭圆球形，被长柔毛，宿存花柱与瘦果近等长或稍长，被短柔毛。花粉粒散沟，具小刺。染色体 $2n$=16。1/1（1）种，**15 型**；特产中国云南西北部和四川西南部。

Anemone Linnaeus **银莲花属，Ranunculaceae 毛茛科**。多年生草本。根状茎。叶基生。花葶具总苞；苞片 2 或数个，对生或轮生，基部合生成筒，掌状细裂；花序聚伞状或伞形；花辐射对称；萼片（4 或）5 或更多，花瓣状；花瓣无；雄蕊多数，花丝丝形或线形；1 颗下垂胚珠。聚合瘦果球形或近球形，少有两侧扁。花粉粒 3 沟、5-8 环沟、螺旋、散沟或散孔，穿孔状纹饰。染色体 $2n$=14，16，28，30，32，45，48 等。183/64（23）种，**1（8-4）型**；分布于世界各大洲，多数见于亚洲和欧洲；中国除海南外，广布，主产西南地区。

Anethum Linnaeus **莳萝属，Apiaceae 伞形科**。草本。茎直立，无毛。基生叶有柄，边缘膜质；叶片羽状全裂。复伞形花序；无总苞和小总苞；伞辐 10-25，稍不等长；萼无齿；花瓣黄色，内曲，早落；花柱果期向下弯曲，花柱基圆锥状或垫状。分生果椭圆形或卵状椭圆形，背棱稍凸起，侧棱呈狭翅状；每棱槽内油管 1，合生面油管 2；分生果易分离和脱落。胚乳腹面平直；花粉粒 3 孔沟，细条纹状纹饰。1/1 种，**10-1 型**；分布于地中海，世界广泛栽培；中国栽培可作蔬菜和药用。

Angelica Linnaeus **当归属，Apiaceae 伞形科**。草本。直根圆锥状。茎中空。叶羽状分裂或多裂；有叶鞘。复伞形花序；有总苞片和小总苞；萼齿不明显；花瓣顶端内凹成小舌片；花柱基扁圆锥状至垫状，花柱短至细长。果实卵形至长圆形，背棱线形；分生果横剖面半月形，每棱槽中有油管 1 至数个，合生面油管 2 至数个。心皮柄 2 裂至基部。花粉粒 3 孔沟，条-网状或脑纹-网状。染色体 x=11。90/46（33）种，**8-4 型**；分布于北温带地区和新西兰；中国产南北各地，主产东北、西北和西南地区。

Angiopteris G. F. Hoffmann **莲座蕨属，Marattiaceae 合囊蕨科**。土生，大型陆生植物。根状茎直立或横卧，肉质。叶柄长而粗壮，基部有托叶状附属物。叶片一至二回羽状复叶，小羽片披针形，有短柄或无柄，上面光滑，下面沿中肋常疏被线形小鳞片，边缘有粗齿或具尖锯齿；叶脉分离，单一或分叉，近小羽片边缘常有倒行假脉。孢子囊群圆形或短线形，近小羽片边缘生或生于叶缘与中肋间，无隔丝。孢子为四面体球形，外壁具瘤状、条形或颗粒状纹饰。染色体 x=10。约 200/28（17）种，**6 型**；主要分布于亚洲热带，亚热带及南太平洋诸岛，向北到日本；中国产西南、华南和华东地区。莲座蕨 *A. evecta* (G. Forester) Hoffimann、二回莲座蕨 *A. bipinnata* (Ching) J. M. Camus 可供观赏。

Ania **Lindley 安兰属，Orchidaceae 兰科**。地生草本。根状茎具密布灰白色长绒毛的

肉质根。假鳞茎肉质，圆锥状球形或球形，具单节间，顶生1枚叶。叶具长柄。花葶侧生于假鳞茎基部；唇瓣贴生于蕊柱足末端，直立，基部具短距或浅囊，不裂或前部3裂；中裂片上面具脊突或褶片；蕊柱向前弯曲，两侧具翅，基部足；蕊喙不裂；花粉团8个，蜡质，倒卵形至压扁的哑铃形，每4个为1群，其中2个较小，无明显的花粉甲柄和粘盘。7/4种，**5（7）型**；分布于热带喜马拉雅东至印度尼西亚；中国产热带和南亚热带地区。

Anisadenia Wallich ex Meisner **异腺草属，Linaceae 亚麻科**。多年生草本。叶互生或近茎顶部轮生，纸质或革质，全缘或有锯齿；托叶背面有凸起叶脉多条。穗状总状花序顶生；萼片5，披针形，外面3片被具腺体的刚毛；花瓣5，红色稀白色，早凋；雄蕊5，花丝基部合生成管；有互生线形的退化雄蕊5；子房3室，每室胚珠2枚；花柱3。蒴果膜质，具1种子。花粉粒3沟或无萌发孔。2/2种，**14SH型**；分布于不丹，印度东北部，马来西亚北部，尼泊尔，泰国北部，以及中国云南、贵州和西藏。

Aniselytron Merrill **沟稃草属，Poaceae 禾本科**。多年生草本。圆锥花序；小穗含1花，小穗轴脱节于颖之上，并延伸于内稃之后而成1短小的针状细柄；颖不相等，第一颖较小甚至退化，具1脉，第二颖具3脉；外稃与小穗等长，纸质，先端稍膜质，无芒，内稃与外稃等长，膜质，具2脊，脊间有纵沟；鳞被2；雄蕊3。颖果与稃体分离。染色体 x=7。约2/2种，**7型**；分布于印度北部至印度尼西亚和日本；中国产南方各省区。

Anisocampium C. B. Presl **安蕨属，Athyriaceae 蹄盖蕨科**。草本，土生。根状茎横走，直立或斜升。叶近生、远生或簇生。叶柄禾秆色或浅紫禾秆色；叶片长圆形、椭圆形或卵状三角形，奇数一回羽状；叶脉在裂片上羽状，小脉单一，偶为二叉。孢子囊群圆肾形或圆形；囊群盖与囊群同形；孢子豆形或圆形，周壁具皱褶，表面有脊状隆起，有时联结成网状或拟网状。染色体 x=40。4/4种，**7型**；分布于亚洲东部和南部热带，亚热带山地，向南达斯里兰卡，向北达日本中部和韩国济州岛；中国产长江流域和华东地区。安蕨 *A. cumingianum* C. Presl、华东安蕨 *A. sheareri* (Baker) Ching 可供观赏。

Anisochilus Wallich ex Bentham **排草香属，Lamiaceae 唇形科**。草木或半灌木。叶常带肉质。轮伞花序密覆瓦状排列成穗状花序；花萼卵形，口部斜，后齿大，卵形或延长，全缘而下折，或内弯或内曲而将筒口封闭；花冠筒细长，外露，冠檐二唇形，上唇短而钝，3-4裂，下唇全缘，内弯；雄蕊4，花丝分离，花药2室；花柱超出雄蕊，先端2浅裂，裂片钻形；花盘4裂，前方1裂片长度超过子房。小坚果扁卵圆形，平滑，具腺点。花粉粒6沟。染色体 $2n$=28-34，52。（15-20）/2种，**6型**；分布于热带非洲，印度及印度尼西亚；中国产广东、广西及西南部。

Anisodus Link **山莨菪属，Solanaceae 茄科**。亚灌木或多年生草本。根肉质粗壮。茎2-3歧分枝。叶全缘或具粗锯齿。花单生，多俯垂；花萼钟状漏斗形，具10条明显条纹，4-5裂；裂片形状和长度均不等；花冠近钟状，裂片5，基部常呈耳形。雄蕊生于花冠筒近基部；子房圆锥形。果萼膨大，陀螺状或钟状，肋明显隆起；蒴果，中部以上周裂。种子扁平。花粉粒无萌发孔，瘤状纹饰。染色体 $2n$=48。4/4种，**14SH型**；分布于东喜马拉雅地区；中国产西藏南部、云南西北部。根可入药，有大毒。

Anisomeles Robert Brown **广防风属，Lamiaceae 唇形科**。草本。叶向上渐变小呈苞片状。轮伞花序多花密集，在枝顶排列成长穗状花序；苞片线形；花萼钟形，10脉不明显，上部横脉网结，具5齿；花冠

筒内面有小疏柔毛毛环，冠檐上唇直伸，下唇平展，3 裂，先端微缺或 2 裂；雄蕊 4，前对花药 2 室，后对药室退化成 1 室；花柱先端 2 浅裂，裂片钻形；花盘平顶，具圆齿。小坚果近圆球形，黑色，具光泽。花粉粒 3 沟。染色体 $2n$=30，32，34，40。3/1 种，**5 型**；分布于热带亚洲，南亚及东南亚，澳大利亚东北部；中国产长江以南地区。

Anisopappus W. J. Hooker & Arnott **山黄菊属，Asteraceae 菊科。**草本。茎直立，被糙伏毛。叶互生，有锯齿。总苞半球形；花托凸起，托片半抱瘦果；冠毛不等长；缘花雌性，1-2 层，结实，中央花两性，结实，管状；花药基部箭形，有尾状渐尖的耳部；花柱分枝线形，上部略扁，顶端钝圆形。瘦果近圆柱形或雌花瘦果的背部稍压扁，有多数纵肋。花粉粒 3 孔沟，有刺。染色体 $2n$=28。18/1 种，**6 型**；分布于热带非洲，南非及马达加斯加；中国产南方地区。山黄菊 *A. chinensis* (Linnaeus) W. J. Hooker & Arnott 可入药。

Anna Pellegrin **大苞苣苔属，Gesneriaceae 苦苣苔科。**亚灌木。小枝有棱。叶对生，每对稍不等大。聚伞花序伞状，苞片扁球形，幼时包着花序。花冠漏斗状筒形，筒上部下方一侧肿胀，喉部无毛；檐部上唇 2 裂，下唇 3 裂，内面具两个弧形囊状凸起；能育雄蕊 4，2 强，不伸出花冠外。雌蕊线形，柱头 1，盘状。蒴果线形。种子两端各具 1 条钻形附属物。染色体 $2n$=34。约 3/3 种，**7-4 型**；分布于越南北部，以及中国广西西南部、云南东南部、四川。

Annamocarya Chevalier **喙核桃属，Juglandaceae 胡桃科。**落叶乔木。小枝髓部实心。奇数羽状复叶。雌雄同株；雄性柔荑花序下垂，常 5 条成 1 束；雌性穗状花序直立顶生，具少数雌花；雌花苞片及小苞片同形，愈合形成一个顶端具 6-9 尖裂的壶状总苞，并贴生于子房；子房下位。假核果，外果皮厚，干燥后木质，常成大小不等的 4-9 瓣裂开；果核基部不完全 4 室。花粉粒 3 孔，颗粒状纹饰。1/1 种，**7-4 型**；分布于越南及中国西南部。

Anneslea Wallich **茶梨属，Pentaphylacaceae 五列木科。**常绿灌木或乔木。叶常聚生枝顶。花两性，花梗粗壮；小苞片 2；萼片 5；花瓣 5；雄蕊多数，排成 1-2 列，花丝离生，花药线形，顶端长尖；子房半下位，2-3（5）室，每室胚珠 3-10 枚，花柱单一，宿存，柱头 2-3（5）裂。浆果，外果皮木质。种子具红色肉质假种皮，胚弯曲，胚乳丰富。花粉粒 3 孔沟，光滑或穴状纹饰。3/1（1）种，**7a-c 型**；分布于东亚，东南亚；中国产华南、西南地区。

Annona Linnaeus **番荔枝属，Annonaceae 番荔枝科。**灌木或乔木，被单毛或星状毛。花单生或数朵成束，顶生或与叶对生。萼片 3，镊合状排列；花瓣 6，2 轮，每轮 3 片，内轮覆瓦状排列，有时退化成鳞片状或完全消失，外轮基部或全部内凹，镊合状排列；雄蕊多数，药隔膨大，顶端截形或凸尖；心皮多数，合生，每心皮有 1 胚珠。心皮愈合成 1 肉质而大的聚合果；种子嵌生于果肉中。松散四合花粉或单粒，无萌发孔或具沟，穿孔状纹饰。染色体 x=7，8；$2n$=14，16，28，42。约 100/7 种，**（2）型**；主要分布于热带美洲，热带非洲也产；中国均引种栽培。番荔枝 *A. squamosa* Linnaeus 为著名的热带水果。

Annonaceae Jussieu **番荔枝科，木兰亚纲/木兰目。**乔木，灌木或攀援灌木。叶互生，2 列叶，单叶，全缘，具短的小叶柄。花序团伞状、圆锥状、聚伞状或单花；花常两性，辐射对称。萼片常 3，有时基部合生；花瓣常 6 片，2 轮，每轮 3 片，覆瓦状或镊合状排列；雄蕊多数，螺旋状着生，药隔凸出，花药 2 室；心皮 1 至多个，离生或合生，每心皮有胚珠 1 至多颗，排成 1-2 列；柱头顶端全缘或 2 裂。心皮离生或聚合成浆果。种子有时具假种皮。花粉单粒或四合体，无萌发孔或单沟（孔），光滑、穿孔状、皱穴状或网状纹饰。染色体 x=7，8，9。约 110 属，2440 种，广布热带和亚热带地区，尤以东半球为多；中国 26 属，120 种，分布于西南至华南和华东地区。

Anodendron A. de Candolle **鳝藤属，Apocynaceae 夹竹桃科。**攀援灌木。叶对生。聚伞花序，顶生或腋生；花萼裂片基部内面有少数腺体，裂片双盖覆瓦状排列；花冠高脚碟状，花冠管圆筒状，花喉紧缩，无鳞片，花冠裂片芽时向右覆盖；雄蕊着生于花冠管的基部；花药粘生于柱头的中部；子房为 2 离生心皮，胚珠多数；柱头基部膨胀呈环状。蓇葖双生，端部渐尖；种子呈压扁状，有喙。17/5（4）种，**7 型**；分布于亚洲南部和东南部；中国产长江以南各省区。

Anoectochilus Blume **金线兰属，Orchidaceae 兰科。**地生兰。叶基部常偏斜。总状花序；唇瓣基部延伸成圆锥状的距，伸出于侧萼片基部之外；唇瓣前部多明显扩大成 2 裂，中部收狭成爪，其两侧多具流苏状细裂条或具锯齿，稀全缘，其内面中央具褶片，两侧具胼胝体；花粉团 2 个，粒粉质，具长或短的花粉团柄；柱头 2 个，位于蕊喙基部前方或基部的两侧，较大的 1 个位于蕊喙前面的正中央。约 40/20（11）种，**5 型**；分布于亚洲热带地区至大洋洲；中国产西南部至南部。

Anogramma Link **翠蕨属，Pteridaceae 凤尾蕨科。**草本，土生。根状茎短而直立。叶簇生；叶柄栗色或棕色；叶片卵形、卵状三角形、卵状披针形或披针形，一至三回羽状复叶；叶脉分离，二叉，每裂片有小脉 1 条。孢子囊群线形，沿小脉着生，无囊群盖；孢子为四面型，表面微有棱脊。配子体在孢子体长成后仍存活很长时间。染色体 x=29，58。6/2 种，**1 型**；广布热带，亚热带及地中海，沿大西洋的欧洲部分；中国产云南、贵州和广西。薄叶翠蕨 *A. leptophylla*（Linnaeus）Link 可供观赏。

Anredera Jussieu **落葵薯属，Basellaceae 落葵科。**草质藤本，具块根，茎有棱；叶互生，全缘，稍肉质；花小，两性，小花梗具关节，排成腋生和顶生的总状花序；花被管极短，裂片 5，膜质；雄蕊 5，花药丁字形着生；子房扁圆形，花柱 3，基部连合；胞果藏于宿存的花被及小苞片内，果皮稍肉质。花粉粒散孔，颗粒状纹饰。12/2 种，**3 型**；产美国南部，西印度群岛至阿根廷及加拉帕戈斯群岛；中国均为栽培。落葵薯 *A. cordifolia* (Tenore) Steenis 可药用。

Antennaria Gaertner **蝶须属，Asteraceae 菊科。**多年生草本。茎基部叶密集成莲座状。花托无托片；冠毛 1 层，基部多少结合；小花同形，雌雄异株，雌株结果实，雄株的两性，不结果实（雄花）；雄花的冠毛绉曲，上部扁，稍粗厚，有羽状锯齿；雌花冠毛纤细；雌花细管状，顶端截形或有细齿，花柱分枝扁，顶端钝或截形。果小，稍扁，有棱。花粉粒 3 孔沟，具刺。染色体 2n=28。40/1 种，**8 型**；分布于北温带及北极高山地区，少数到南美；中国产东北、内蒙古和新疆。

Antenoron Rafinesque **金线草属，Polygonaceae 蓼科。**多年生草本。根状茎粗壮。茎直立，不分枝或上部分枝。叶互生，叶片椭圆形或倒卵形；托叶鞘膜质。总状花序呈穗状，顶生或腋生；花两性，花被 4 深裂；雄蕊 5；花柱 2，果时伸长，硬化，顶端呈钩状，宿存。瘦果卵形，双凸镜状。花粉粒 12-30 个散沟，细网状纹饰。3/1 种，**9 型**；分布于东亚和北美洲；中国产秦岭、河南、山东及南部各省区。金线草 *A. filiforme* (Thunberg) Roberty & Vautier 的根或全草可入药。

Anthemis Linnaeus **春黄菊属，Asteraceae 菊科。**草本。叶互生，一至二回羽状全裂。头状花序单生枝端，有长梗；总苞片直径 7-15mm，常 3 层，覆瓦状排列；花托凸

A

起或伸长，有托片；缘花常雌性、1层、假舌状，中央花两性，管状；花药基部钝；花柱分枝顶端截形，画笔状。果矩圆状或倒圆锥形，有4-5（8）条凸起的纵肋，顶端常有冠状边缘或小耳。花粉粒3孔沟，具刺。染色体x=9。约190/3种，**10（12）型**；分布于南欧与西南亚；中国引种栽培1种。田春黄菊*A. arvensis* Linnaeus为观赏花卉。

Antheroporum Gagnepain **肿荚豆属，Fabaceae 豆科**。常绿乔木。小枝常具点状皮孔。奇数羽状复叶互生，无托叶及小托叶。总状花序多花，2-5枝簇生于小枝上部叶腋或聚集枝梢，形成顶生大型复合花序；花萼上方2齿截平或凹缺，余3齿三角形；雄蕊单体，雄蕊管基部上方有裂口；子房被绒毛，花柱钻形，无毛。荚果2瓣裂，果瓣厚木质，凸起，内具空腔，胚珠常仅1粒发育。种子扁球形。4/2种，**7-3型**；分布于泰国，越南及中国西南地区。

Anthogonium Wallich ex Lindley **筒瓣兰属，Orchidaceae 兰科**。地生草本，具鳞茎。鳞茎扁球形，顶生少数叶。叶具折扇状脉。花葶侧生于假鳞茎顶端；总状花序疏生数朵花；花具细长的花梗；萼片下半部联合而形成窄筒状；唇瓣基部具长爪，贴生于蕊柱基部；蕊柱具翅，无蕊柱足；花粉团4个，蜡质，扁卵圆形，近等大，每2个成1对，无花粉团柄和粘盘。1/1种，**14SH（7-3）型**；分布于热带喜马拉雅至缅甸，越南，老挝，泰国及中国西南地区。

Anthoxanthum Linnaeus **黄花茅属，Poaceae 禾本科**。多年生草本。圆锥花序紧缩呈穗状；小穗两侧压扁，含3小花，2侧生小花雄性或中性，1顶生小花两性；颖膜质，不等长；侧生小花外稃膜质，先端有齿或2个钝形裂片，背部有芒；顶生小花外稃稍硬化；雄蕊2；鳞被不存在。颖果纺锤形。花粉粒颗粒纹饰。染色体x=5，7。约50/10（3）种，**8型**；主要分布于南北半球的寒温带，热带高山地区也产；中国产南北各地，以西南地区为多。茅香*A. nitens* (Weber) Y. Schouten & Veldkamp的花序及根茎可入药。

Anthriscus Bernhardi **峨参属，Apiaceae 伞形科**。草本。根细长或增厚。茎直立，中空。二至三回羽状分裂。复合松散伞形花序；小苞片数个，边缘具缘毛，反折。花杂性；萼齿不明显；花瓣顶端有1个内折；花柱基圆锥形，花柱短。果实长卵圆形至线形，先端狭成喙，侧面扁平，合生面常收缩，光滑或具刚毛。种子横切近圆柱状，表面具深槽。染色体2n=16，18。15/2种，**10型**；分布于亚洲温带，欧洲；北美引入2种；中国广布北方至西南、华中地区。

Antiaris Leschenault **见血封喉属，Moraceae 桑科**。常绿乔木。叶互生，2列，全缘或有锯齿；托叶小，或在叶柄内连合，早落。雌雄同株。雄花序托盘状，肉质，多花，苞片宿存。雌花序单花。雄花：花被（3）4裂，匙形，先端凹；雄蕊3-8，芽时直立，内藏；无退化雌蕊。雌花：藏于梨形花托内，为多数苞片包围，无花被；子房1室，胚珠自室顶悬垂，花柱钻形，分枝2，弯曲，被毛。果肉质，具宿存苞片。种子无胚乳，外种皮坚硬。花粉粒3孔。1/1种，**4型**；分布于旧世界热带；中国产云南、广东南部、广西南部。见血封喉*A. toxicaria* Leschenault树液有剧毒；茎皮纤维可作绳索。

Antidesma Linnaeus **五月茶属，Phyllanthaceae 叶下珠科**。乔木或灌木。单叶互生，全缘；托叶2。雌雄异株；穗状花序或总状花序；花无花瓣；雄花花萼杯状，常3-5裂，花盘环状或垫状，雄蕊3-5，少数1-2或6，花丝长，基部着生花盘内面或花盘裂片之间，花药2室，药隔厚，退化雌蕊小；雌花花萼和花瓣与雄花的相同，子房1室，胚珠2，花柱2-4，顶端2裂。核果，干后有网状小窝孔；种子常1；种子小。花粉粒3孔沟，网状纹饰。染色体x=11-13。约100/11（2）种，**4（6）型**；广布东半球热带及亚热带地区；中国产西

南、华南和华东地区。

Antiotrema Handel-Mazzetti **长蕊斑种草属，Boraginaceae 紫草科。**多年生草本，基生叶莲座状。镰状聚伞花序顶生，无苞片；花冠漏斗状，筒部比檐部裂片高 2 倍以上；雄蕊 5，着生于花冠附属物之间，花丝下部约 1/2 与花冠筒部贴生；雌蕊基平坦。小坚果半卵形，直立，背面凸，有疣状凸起，腹面有 2 层纵长的环状凸起，内层膜质，外层角质化，着生面在底部；宿存花柱超出小坚果约 2 倍。花粉粒 3 孔沟与 3 假沟相间排列，光滑或皱纹状纹饰，两极具穿孔。染色体 $2n$=24。1/1（1）种，**15 型**；中国产西南地区。长蕊斑种草 *A. dunnianum* (Diels) Handel-Mazzetti 的根和叶可治跌打、红肿。

Antirhea Commerson ex Jussieu **毛茶属，Rubiaceae 茜草科。**乔木或灌木。叶对生。聚伞花序，二歧状或常明显的蝎尾状，腋生；花单性；萼裂片 4-5，常不对称；花冠漏斗形，冠管常延长成狭窄的圆筒形，裂片 4-5，双盖覆瓦状排列；雄蕊内藏；子房 2 至多室，胚珠每室 1 枚，柱头头状或 2-3 裂，内藏。核果细小。种子圆柱形。花粉粒 3 孔沟或无萌发孔，网状纹饰。36/1（1）种，**2-1（3）型**；分布于大洋洲和热带亚洲至马达加斯加，西印度群岛至巴拿马；中国产广东、海南和香港。

Antrophyum Kaulfuss **车前蕨属，Pteridaceae 凤尾蕨科。**小型或中型附生。根状茎直立或横卧，须根及根毛丰富，形成海绵状的吸水结构；叶一型，单叶，肉质或革质，披针形、线形至倒卵形，全缘，具软骨质狭边；主脉缺或不完全，小脉多回二歧分叉，连接成网眼，不具内藏小脉。孢子囊形成汇生囊群，线形，沿小脉延伸，无囊群盖。孢子球状四面体，表面具乳突，常具散乱的小球和小棒状纹饰。染色体 x=15。（40-50）/9（1）种，**4 型**；分布于旧世界热带；中国产长江以南。车前蕨 *A. henryi* Hieronymus 可供观赏。

Aphanamixis Blume **山楝属，Meliaceae 楝科。**乔木或灌木。叶为奇数羽状复叶，小叶对生。花杂性异株，无花梗，雄花排成圆锥花序，雌花或两性花排成总状花序；萼片 5，覆瓦状排列；花瓣 3，凹陷；雄蕊管近球形，花药 3-6，内藏；花盘极小或不存在；子房 3 室，每室有胚珠 1-2 枚，花柱缺，柱头大。果为蒴果，室裂为 3 个果爿。种子具假种皮。花粉粒 4 孔沟，网状纹饰，粗糙或平滑。染色体 $2n$=36，76，约 150。约 3/1 种，**7 型**；分布于热带亚洲和太平洋群岛；中国产福建、广东、海南、台湾和云南。

Aphananthe Planchon **糙叶树属，Cannabaceae 大麻科。**乔木或灌木。枝不具刺或翅。叶互生，羽状脉或基出 3 脉，具锯齿或全缘。花单性，雌雄异株或同株；雄花序成密集的聚伞花序，雌花序单生于叶腋。雄花：花被 4 或 5 深裂，子房缺失或不显著。雌花：花被片 4-5 深裂，花柱短，柱头 2。核果外果皮多少肉质，内果皮骨质，胚弯曲或内卷。花粉粒 3 孔，颗粒状纹饰。染色体 $2n$=26，28。5/2 种，**2-1（3，5）型**；分布于亚洲东部，南部和东南部，大洋洲，马达加斯加和墨西哥；中国亚热带地区广布。糙叶树 *A. aspera* (Thunberg) Planchon 的木材可用于制作家具和建材。

Aphanopleura Boissieu **隐棱芹属，Apiaceae 伞形科。**一年生草本。叶片二至三回羽状分裂或全缘，上部 3 齿裂。花两性；萼齿不显；花瓣白色或粉红色，倒卵形，稍凹陷，顶端尖而内曲；花柱基短圆锥形，花柱向外叉开，较花柱基约长 2 倍。分生果卵形或近球形，两侧扁压，有不明显的钝棱，并有棒状或头状柔毛；每棱槽内油管 1，粗大，合生面油管 2；果实横剖面五角形。胚乳腹面平直；心皮柄分裂至顶端。（3-4）/2 种，**13 型**；分布于中亚干旱地区；中国产新疆西部。

Aphragmus Andrzejowski ex de Candolle **寒原荠属，Brassicaceae 十字花科。**多年生

矮小草本。单叶不裂，肉质。花小，生于花葶上，仅在花序下部有苞叶；萼片早落，基部不呈囊状，有窄的白色膜质边缘；花瓣白色或淡紫色，有毛状小齿；雄蕊 6，花丝无齿，花药短心形。短角果椭圆形或长圆形，果瓣中脉与两侧网状脉可见。种子每室 2 行，卵形或近球形。染色体 x=7，8。11/4 种，**9（13，14SH）型**；分布于中亚，喜马拉雅，北美；中国产新疆、西藏、青海、四川、云南等。

Aphyllodium (de Candolle) Gagnepain **两节豆属，Fabaceae 豆科**。亚灌木或灌木。叶为指状 3 小叶，托叶联合抱茎，先端常 3 裂。总状花序顶生或腋生；花 2-5 朵簇生节上；花萼钟状或漏斗状，外面被贴伏长毛和小钩状毛，5 裂；花冠红色，龙骨瓣较翼瓣短，具耳和瓣柄；雄蕊二体；雌蕊无柄。荚果具 2 荚节，腹背两缝线均于种子间深缢缩，被丝状毛，偶有 1 荚节。种脐周围具带边假种皮。花粉粒 3 孔沟。7/1 种，**5 型**；分布于亚洲热带地区至澳大利亚北部；中国产海南。

Aphyllorchis Blume **无叶兰属，Orchidaceae 兰科**。菌类寄生草本，无绿叶。茎常呈浅褐色。花小或中等大，扭转，常具较长的花梗和子房；花瓣与萼片相似或稍短小，质地较薄；唇瓣常可分为前后唇；蕊柱较长；花粉团 2 个，每个又多少纵裂为 2，粒粉质，不具花粉团柄，亦无粘盘。约有 20/5 种，**5（7d）型**；分布于亚洲热带地区至澳大利亚，向北到喜马拉雅地区及日本；中国产华东、华南和西南地区。

Apiaceae Lindley **伞形科，木兰亚纲/伞形目**。草本，稀亚灌木。根常直生，肉质。茎直立或匍匐上升。叶互生，常为掌状或羽状分裂的复叶，稀单叶；叶柄基部鞘状。复伞形或单伞形花序，少为头状。花萼与子房贴生；花瓣 5；雄蕊 5；子房下位，2 室，花柱 2。双悬果，心皮外面有棱，中果皮内层的棱槽内和合生面常有纵走的油管 1 至多数。花粉粒 3 孔沟。300-440（455）属，3000-3750 种，广布温带，主产欧亚大陆，中亚尤盛；中国约 99 属，约 616 种，各省区均产。

Apios Fabricius **土圞儿属，Fabaceae 豆科**。缠绕草本，有块根。羽状复叶具 5-7 小叶，稀 3 或 9。腋生总状花序或顶生圆锥花序；总花梗常具结；花萼钟形，上面 2 个萼齿极阔，合生，下面 1 个线形较长；旗瓣卵形或圆形，反折，龙骨瓣最长，内弯或旋卷；雄蕊二体；子房近无柄，花柱丝状，卷曲。荚果线形，近镰刀形，扁，2 瓣裂。种子无种阜。花粉粒 3 孔沟。染色体 $2n$=22。约 8/6（4）种，**9 型**；分布于东亚，中南半岛，印度和北美；中国产西南部至东南部。一些种类块根含淀粉，可食；叶和种子可入药，如土圞儿 *A. fortunei* Maximowicz。

Apium Linnaeus **芹属，Apiaceae 伞形科**。草本。根圆锥形。茎分枝。叶羽状分裂至多裂，叶柄有叶鞘。花序为伞形花序，有些花序无梗；花柄不等长；萼齿细小；花瓣顶端有内折小舌片；花柱基幼时扁压，花柱短或向外反曲。果实近圆形、卵形、圆心形或椭圆形；果棱尖锐或圆钝，每棱槽油管 1，合生面油管 2；胚乳腹面平直，心皮柄不分裂或顶端 2 浅裂至深裂。花粉粒 3 孔沟，皱波状、穿孔状纹饰。约 20/2 种，**1 型**；分布于温带地区；中国南北均有栽培。

Apluda Linnaeus **水蔗草属，Poaceae 禾本科**。多年生草本。圆锥花序由多数总状花序组成；总状花序退化成单节，有 3 小穗，2 枚具柄，1 枚无柄，下具舟形总苞；无柄小穗：两性，含 2 小花，常第二小花结实；有柄小穗：1 枚退化至仅存微小外颖，另 1 枚含 2 小花，常雄性或有时两性，花后自小穗柄顶端与颖一起脱落。染色体 x=（5）10。1/1 种，**7a-d 型**；分布于亚洲热带地区；中国产西南、华南、台湾。可作饲料；可入药治蛇伤。

Apocopis Nees **楔颖草属，Poaceae 禾本科**。

一年生或多年生草本。总状花序 2 枚贴生成圆柱形，稀多于 2 枚呈指状排列。小穗：单生或对生于序轴上，异形；具柄小穗退化或变为雌性，具膝曲芒；无柄小穗两性，成熟时与花序轴一起断落；第一颖宽平，先端截平或下凹；第二颖主脉多呈脊。小花：第一小花雄性，有 2 雄蕊；第二小花常为雌性或两性，极少中性。15/4（1）种，**7a-c 型**；主要分布于热带亚洲，向北延至亚热带；中国产南方各省区。

Apocynaceae Jussieu **夹竹桃科，木兰亚纲/龙胆目。**乔木、灌木、藤本或草本；具乳汁或水液。单叶对生，全缘；托叶无或为假托叶，托叶有时为钻状或线状腺体；叶柄顶端有时具腺体。单花或为各式花序；花两性，5 基数；花萼裂片基部内面常有腺体；花喉部常具副花冠、鳞片或附属体；雄蕊离生或形成合蕊冠，有时腹部与雌蕊粘生成合蕊柱；花药 2 或 4 室，若为花粉块，常 2 或 4 个，顶端常具膜片，有时具载粉器；子房 1-2 室，每室具胚珠 1 至多枚，侧膜胎座；花柱 1-2；柱头基部具 5 棱或 2 裂。蓇葖果、蒴果、浆果或瘦果。种子光滑，被端毛，具膜翅或假种皮。花粉单粒、四合花粉或花粉块，3（-4）孔沟、3 沟、（1-）2-3（-6）孔和散孔，多为穿孔或网状或皱状纹饰，有疣状和颗粒状凸起。染色体 x=8-12。约 366 属，5100 种，分布于热带和亚热带，少数到温带地区；中国产 87 属，423 种，产西南至东南地区。

Apocynum Linnaeus **罗布麻属，Apocynaceae 夹竹桃科。**半灌木，具乳汁。叶常对生；叶柄基部及腋间具腺体。一至多歧圆锥状聚伞花序，顶生或腋生；花萼裂片内面无腺体；花冠钟状或盆状，裂片的基部芽期向右覆盖，副花冠生于花冠管内面基部；雄蕊与副花冠裂片互生；花药内藏；子房由 2 枚离生心皮所组成，胚珠多数。蓇葖双生。种子顶端具绢毛。花粉四合体，多萌发孔，光滑或稀疏穿孔。染色体 2n=22。9/2 种，**9 型**；广布北美洲，欧洲东部及亚洲的温带地区；中国产西北、华北及东北地区。罗布麻 *A. venetum* Linnaeus 可药用。

Apodytes E. Meyer ex Arnott **柴龙树属，Icacinaceae 茶茱萸科。**乔木或灌木。单叶互生，干后常黑色，全缘，具柄。花小，两性；圆锥花序或聚伞状圆锥花序顶生或腋生；花萼杯状，5 齿裂；花瓣 5，分离或基部稍合生，镊合状排列，常无毛；雄蕊 5，与花瓣互生且着生其基部；花丝略膨大；子房 1 室，一侧肿大，花柱偏生，略弯曲，柱头小而斜。核果卵形或椭圆形，偏斜，果皮脆，壳质，基部具盘状附属物。种子 1 枚。染色体 2n=24。1/1 种，**4-1 型**；分布于热带，亚热带非洲和热带亚洲；中国产云南、广西和海南。

Aponogeton Linnaeus **水蕹属，Aponogetonaceae 水蕹科。**特征描述同科。50/1 种，**4-1 型**；分布于亚洲，非洲和大洋洲，非洲热带地区尤盛；中国各省区均产。

Aponogetonaceae Planchon **水蕹科，木兰亚纲/泽泻目。**多年生水生草本，具块状根茎和纤细的根。叶基生，沉水或漂浮，具长叶柄，柄基具鞘；叶片宽椭圆形至线形，具有数条平行主脉和多数次级横脉。穗状花序单一或二叉状分枝；佛焰苞早落。花两性或单性，无花梗；花被片 1-3 或缺失，离生，花瓣状，宿存；雄蕊 6 至多数，离生，宿存；子房上位，心皮 3-6（-8），离生或基部联合，每心皮具 2-8 胚珠。蓇葖果革质。种子无胚乳，胚直立，子叶顶生。花粉粒单沟，网状纹饰，网脊具微刺。染色体 x=12，16，19 等。1 属，50 种，分布于亚洲，非洲和大洋洲，非洲热带地区尤盛；中国 1 属，1 种，各省区均产。

Aporosa Blume **银柴属，Phyllanthaceae 叶下珠科。**乔木或灌木。单叶互生，全缘或具疏齿，叶柄顶端常具有小腺体；托叶 2。雌雄异株，稀同株；腋生穗状花序单生或数枝簇生；花梗短；无花瓣及花盘；雄花

萼片 3-6，雄蕊 2，稀 3 或 5，花丝分离，退化雌蕊极小或无；雌花萼片 3-6；子房常 2 室，每室胚珠 2 枚，花柱 2，顶端浅 2 裂，常呈乳头状或流苏状。蒴果核果状，成熟时不规则开裂；种子无种阜。花粉粒 3 孔沟，网状纹饰。染色体 x=13。约 75/4 种，**5 型**；分布于亚洲东南部；中国产华南和西南地区。

Apostasia Blume **拟兰属，Orchidaceae 兰科**。亚灌木状草本，具根状茎。茎较纤细，具多枚叶。叶较密集，折扇状，一般先端有由边缘背卷而成的管状长芒。花序总状或具侧枝而呈圆锥状；花苞片较小；子房 3 室；花近辐射对称；蕊柱直立或弯曲，具 2 枚能育雄蕊；花粉不黏合成团块；花柱圆柱状；柱头顶生，小头状。种子成熟时黑色，有坚硬的外种皮。8/3（2）种，**5 型**；分布于亚洲热带地区至澳大利亚，北到中国南部和琉球群岛；中国产西南和华南地区。

Appendicula Blume **牛齿兰属，Orchidaceae 兰科**。附生或地生草本。茎纤细，从生，为叶鞘所包。叶 2 列互生，由于扭转而面向同向。总状花序；花苞片宿存；中萼片离生，侧萼片与唇瓣基部形成萼囊；花瓣小于中萼片；唇瓣不裂或略 3 裂，近基部有 1 枚附属物；蕊柱短，具长而宽阔的蕊柱足；花药生于蕊柱背侧，直立；花粉团 6 个，蜡质，每 3 个为一群，下部渐狭为花粉团柄。60/4 种，**7 型**；分布于亚洲热带地区至大洋洲，印度尼西亚与新几内亚岛尤盛；中国产广东、台湾、海南。

Apterosperma H. T. Chang **圆籽荷属，Theaceae 山茶科**。常绿灌木或小乔木。叶革质，边缘具锯齿。花小，腋生，两性，有短花柄；小苞片 2，早落；萼片 5，外面被微柔毛；花瓣 5；雄蕊约 30 枚，排成 2 轮，花药基部着生；子房 5 室，花柱极短。蒴果扁球形，自顶部沿室背开裂，中轴宿存。种子肾形，无翅或顶端具退化窄翅。花粉粒 3 孔沟或拟孔沟，光滑，偶具小穴状纹饰。染色体 2n=30。1/1（1）种，**15-2 型**；特产中国广东阳春、信宜和广西桂平。

Aquifoliaceae Berchtold & J. Presl **冬青科，木兰亚纲/冬青目**。乔木或灌木。单叶，常互生，叶片常革质，具锯齿；托叶微小，黑色，早落。雌雄异株；聚伞花序、伞形花序、簇生或单生；花小，白色、粉红或红色，辐射对称；花萼、花瓣 4-8，花瓣覆瓦状；花盘缺；子房上位。果常为浆果状核果，内果皮木质或石质，分核常 4-6。花粉粒 3 孔沟，颗粒状纹饰。1 属，420 种，分布于热带至温带地区，主产中美洲、南美洲及亚洲热带地区；中国 1 属，约 204 种，产秦岭、长江流域及其以南地区。

Aquilaria Lamarck **沉香属，Thymelaeaceae 瑞香科**。乔木或灌木。单叶互生；叶缘与叶脉重合；侧脉近平行。腋生或顶生的伞形或头状花序；常无苞片。花两性；花萼筒宿存；花萼（4）5（6）；花瓣（8-）10（-12），退化成鳞片状。雄蕊（8-）10（-12），2 轮。子房 2 室。无花盘。蒴果，室背开裂。种子常悬垂于果实外，具 1 尾状附属物。花粉粒 12 孔，网状-巴豆型纹饰。染色体 2n=16。20/2（2）种，**7 型**；分布于热带亚洲；中国产华南至西南。土沉香 *A. sinensis* (Loureiro) Sprengel 为著名香料。

Aquilegia Linnaeus **耧斗菜属，Ranunculaceae 毛茛科**。多年生草本。二至三回三出复叶，有长柄。单歧或二歧聚伞花序；苞片叶状，不具总苞；花辐射对称；萼片 5，花瓣状，开展；花瓣 5，下部常向下延长成距，稀呈囊状或近不存在；雄蕊多数，花丝狭线形；退化雄蕊约 7，位于雄蕊内侧；心皮（4）或 5（-10），胚珠多数。蓇葖果狭圆筒状，具明显网脉；花柱宿存。种子多数，黑色，光滑，狭倒卵形。花粉粒 3 沟，穿孔状纹饰。染色体 2n=14，28。70/13（4）种，**8 型**；分布于北温带；中国产西南、西北、华北及东北地区。

Arabidopsis Heynhold **鼠耳芥属，Brassica-**

ceae 十字花科。一年生、二年生或多年生草本。萼片斜向上展开；花瓣白色、淡紫色或淡黄色；雄蕊6枚，花丝无齿，花药长圆形或卵形；子房无柄，花柱短而粗，柱头扁头状，很少近2裂。长角果近圆筒状，开裂；果瓣有1中脉与网状侧脉，隔膜有光泽。种子每室1行或2行。花粉粒3或4沟，细网状至中网状纹饰。染色体 $2n$=10，16。10/3种，**8型**；分布于东亚和北亚，欧洲，北美；中国各地均产。

Arabis Linnaeus **南芥属，Brassicaceae 十字花科**。一年生、二年生或多年生草本。茎直立或匍匐。基生叶簇生；叶全缘、有齿牙或疏齿。总状花序；萼片内轮基部呈囊状，边缘白色膜质；花瓣白色，少为紫色、蓝紫色或淡红色，基部呈爪状；花药顶端常反曲；长角果线形，果瓣扁平，开裂。种子每室1-2行。花粉粒3沟，细网状纹饰。染色体 $2n$=16，32。60/14（1）种，**8型**；分布于亚洲温带，欧洲和北美；中国产各省区。

Araceae Jussieu **天南星科，木兰亚纲/泽泻目**。陆生至水生草本。叶互生，螺旋排列或呈2列，常单生，全缘时羽状至掌状深裂，基部具鞘。无限花序，常顶生，很多小花密集着生于肉质的花序轴上，形成佛焰花序，花序顶端可能无花，被佛焰苞包裹；花两性至单性，辐射对称；花被片4-6；雄蕊1-12；心皮常2-3枚，合生，柱头1，点状或头状，胚珠1至多数，倒生或直立。果实常为浆果。花粉粒单沟、2沟、带状或无萌发孔。117属，4095种，全球广布，热带和亚热带地区尤盛；中国30属，190种，各地均产，主产西南和华南地区。

Arachis Linnaeus **落花生属，Fabaceae 豆科**。一年生草本。偶数羽状复叶，托叶大而显著，部分与叶柄贴生，无小托叶。花单生或数朵簇生于叶腋内，无柄；花萼膜质，裂片5，上部4裂片合生；花冠黄色；雄蕊10，单体，1枚常缺，花药二型；胚珠受精后子房柄逐渐延长，在地下发育成熟。荚果长椭圆形，不开裂，常于种子之间缢缩，有种子1-4颗。花粉粒3拟孔沟，网状纹饰。染色体 $2n$=20，40。69/1种，**（3）型**；分布于热带美洲，世界各地广泛栽培。落花生 *A. hypogaea* Linnaeus 可食用和榨油。

Arachniodes Blume **复叶耳蕨属，Dryopteridaceae 鳞毛蕨科**。草本，土生。根状茎粗壮，长而横走或短而斜升；密被鳞片。叶远生或近生，叶片三角形或卵状五角形，三至四回羽状，末回小羽片或裂片三角形或斜方形，边缘具有尖锯齿或芒齿；叶脉分离，小脉分叉。孢子囊群圆形，顶生或背生于小脉的上侧分枝；囊群盖圆肾形，于深缺刻处着生；孢子椭圆形、圆肾形，周壁具宽的刺状凸起。染色体 x=41。60/40（18）种，**2型**；广布热带和亚热带地区，主产东亚和东南亚；中国产长江流域以南各省区。复叶耳蕨 *A. exilis* (Hance) Ching 可药用；长尾复叶耳蕨 *A. simplicior* (Makino) Ohwi 可供室内观赏。

Arachnis Blume **蜘蛛兰属，Orchidaceae 兰科**。附生草本。茎伸长。花序常比叶长；花肉质；萼片和花瓣相似，狭窄；侧萼片和花瓣常向下弯曲；唇瓣基部以1个可动关节着生于蕊柱足末端，3裂；侧裂片小；中裂片较大，厚肉质，上面中央具1条龙骨状的脊；距短钝，圆锥形，常近末端稍向后弯曲；花粉团蜡质，4个，每2个成1对；粘盘柄卵状三角形或近梨形。约13/1种，**7d型**；分布于东南亚至新几内亚岛和太平洋岛屿；中国产南方热带地区。

Aralia Linnaeus **楤木属，Araliaceae 五加科**。乔木、灌木或具根状茎草本。叶互生，一至四回羽状复叶；小叶3-20；托叶和叶柄基部合生。花序顶生，常由伞形、头状、总状花序聚生成圆锥或伞状花序；花梗具关节；萼筒边缘有5-12齿；花瓣覆瓦状排列；雄蕊5-12；子房下位，5-12室，花柱离生至全部合生。果实浆果。种子白色，侧扁。花粉粒3孔沟，穿孔状、网状和条

纹状-网状纹饰。71/44（27）种，**9 型**；东亚—北美间断分布，延伸到东南亚及南美洲；中国南北均产。土当归 *A. cordata* Thunberg 的幼叶可食用。

Araliaceae Jussieu **五加科，木兰亚纲/伞形目**。灌木、藤本或乔木，稀草本。叶互生或螺旋状着生，羽状或掌状复叶至单叶；叶柄具鞘，具托叶。花两性，聚成伞形花序，再组成总状、穗状、圆锥花序；萼片5，分离；花瓣常5，覆瓦状至镊合状排列；雄蕊 5，花丝分离；心皮 2-5，合生，柱头 2-5。浆果或核果。花粉粒 3 孔沟，网状纹饰。43 属，1450 种，广布南北半球的热带，亚热带地区，少数延伸至温带地区；中国 22 属，约 192 种，除新疆外，各省区均产。

Araucaria Jussieu **南洋杉属，Araucariaceae 南洋杉科**。常绿乔木，有树脂，枝条轮生或近轮生。叶螺旋状排列。雌雄异株，稀同株；雄球花大而球果状；雌球花椭圆形或近球形，单生枝顶，由多数螺旋状着生的苞鳞及珠鳞组成，二者基部合生，先端离生，每珠鳞上有 1 胚珠，珠鳞与胚珠合生。球果成熟时苞鳞木质化并脱落。种子无翅或有与苞鳞结合而生的翅。花粉粒无气囊。19/3 种，**（3）型**；分布于南半球巴布亚新几内亚，澳大利亚，新喀里多尼亚和南美洲；中国引入南方栽培。一些种类材用；也可作景观或庭园栽培。

Araucariaceae Hemkel & W. Hochst **南洋杉科，松亚纲/南洋杉目**。常绿乔木。枝条轮生或近轮生，富含树脂。单叶，全缘，螺旋状排列或对生。球花单性，雌雄同株或异株；雄球花圆柱形，具多数螺旋状排列的小孢子叶。球果单生，多少直立；每个珠鳞具 1 枚胚珠，珠鳞多数，螺旋状排列，扁平，线形至盾形，苞鳞比珠鳞略长，与珠鳞合生；发育的苞鳞具 1 粒种子；子叶 2 枚，有时深裂，近似 4 裂。花粉粒无气囊。3 属，32 种，分布于南半球，从东南亚到澳大利亚，新西兰和南美洲南部；中国 2 属，4 种，引入栽培于长江流域以南各省区。

Arcangelisia Beccari **古山龙属，Menispermaceae 防己科**。藤本。木质啡黄色。叶柄痕不明显，具虫室。雄花覆瓦状排列；雄蕊 9-12，花丝合生；雌花心皮 3，花柱残迹在一侧。核果近球形，果核骨质状，外面有网纹状皱纹或有软刺，常有毛，胎座迹不明显。种子和种腔直，具胚乳，嚼烂状，子叶呈叶状，开叉。花粉粒 3 孔沟，穿孔或网状纹饰。4/1（1）种，**7 型**；分布于亚洲东南部至新几内亚岛；中国产海南。古山龙 *A. gusanlung* H. S. Lo 可药用。

Arceuthobium Marschall von Bieberstein **油杉寄生属，Santalaceae 檀香科**。寄生性亚灌木或小草本。茎、枝圆柱状，节明显。叶对生，鳞片状，合生呈鞘状。花小，单性异株，常单朵腋生；花被萼片状；雄花萼片常 3-4 枚，雄蕊与萼片等数，花丝缺，花药 1 室，横裂；花盘小；雌花花托陀螺状，花萼管短，顶部 2 浅裂，子房 1 室，特立中央胎座。浆果卵球形，上半部为宿萼包围，中果皮具黏胶质，成熟时在基部环状弹裂；果梗短。种子 1 枚。约 45/5（3）种，**8（9）型**；分布于北半球温带至亚热带；中国产四川、云南、西藏。寄生于松科或柏科植物上，有危害性。

Archangelica Hoffmann **古当归属，Apiaceae 伞形科**。多年生高大草本。茎中空。叶大型，二至三回羽状全裂。复伞形花序，伞辐多数；萼片无齿或有短齿；花瓣椭圆形，顶端稍内折；花柱基扁平，边缘浅波状。果实卵形、椭圆形或近正方形，稍扁压，果棱均翅状增厚，背棱比棱槽宽，油管多数，几连接成环状，并同种子层联合。染色体 x=11。10/2 种，**8 型**。分布于北温带北部和中亚山区；中国产新疆、内蒙古。

Archiatriplex G. L. Chu **单性滨藜属，Amaranthaceae 苋科**。草本。叶互生或对生，具柄，扁平，肉质，边缘具齿。花单性，

雌雄同株；雄花花被 5，膜质，雄蕊 5，着生于花盘上；雌花着生于雄花序基部，苞片叶状，花被 3-4，花柱不明显，柱头 2。胞果具乳突，果皮膜质与种子贴生。种子扁平，种皮壳质，胚环形，胚乳丰富，胚根向下。1/1（1）种，**15 型**；特产中国四川北部。

Archiboehmeria C. J. Chen **舌柱麻属，Urticaceae 荨麻科**。灌木或半灌木，无刺毛。叶互生，边缘有齿，基出脉 3，托叶 2 裂，脱落。花序雌雄同株，二歧聚伞状，成对腋生；雄花被片（4-）5，合生至中部，镊合状排列；雌花被管状有 4（-5）齿，子房被花被管所包裹，柱头舌状。瘦果卵形，由宿存花被所包被，外果皮壳质，呈坚果状。种子具丰富的油质胚乳，子叶小。1/1 种，**7-4 型**；分布于越南北部，以及中国广西、海南、广东和湖南南部。茎皮纤维为麻的代用品和人造棉的原料。

Archidendron F. Mueller **猴耳环属，Fabaceae 豆科**。无刺乔木或灌木。二回羽状复叶，叶柄、叶轴、羽轴常有腺体。花两性或杂性，同型；球形头状、伞形或总状花序；常具茎生花；花萼钟状或管状，具 5 齿；花瓣中部以下合生，上部 5 裂；雄蕊多数，突出，下部合生成管；子房 1 至多数。荚果直、弯曲或螺旋状卷曲，常外表面微红而内部橙红色。种子圆形或卵形，扁平，不具马蹄形痕。花粉粒 4（-6）孔，疣状纹饰。约 100/16（3）种，**5（7）型**；分布于热带亚洲至热带大洋洲；中国产西南至东南部。种子可作香料；叶可作染料和药用，如 *A. jiringa* (Jack) Nielsen。

Archiserratula L. Martins **滇麻花头属，Asteraceae 菊科**。多年生草本，基部常木质化，自中部以下有帚状长分枝。茎生叶均匀着生。头状花序多数，单生茎枝顶端；花托倒锥形或圆柱状；冠毛多层，基部不联合成环，微锯齿状，但先端羽毛状；总苞圆柱状，上部无收缢，总苞片多层，披针形，边缘白色，狭膜质，中外层顶端有针刺。瘦果具侧生着生面，光滑无毛，具齿冠。1/1（1）种，**15 型**；特产中国云南西北部。

Arctium Linnaeus **牛蒡属，Asteraceae 菊科**。草本。有粗壮的根。叶互生，心形，具长柄，背面被白色绵毛。头状花序同性，多数，簇生；花托有托毛；冠毛糙毛状，多层，不等长，基部不连合成环，极易分散脱落；总苞球形或壶形，总苞片先端有钩刺；花全部管状，两性，紫色至白色。瘦果长椭圆形或倒卵形，光滑。花粉粒 3 孔沟，刺状或颗粒状纹饰。染色体 $2n=18$，34，36。41/3 种，**10 型**；分布于非洲，亚洲，欧洲；中国南北均产。牛蒡 *A. lappa* Linnaeus 各地栽培并逸生；可食用和入药。

Arctogeron de Candolle **莎菀属，Asteraceae 菊科**。草本，丛生，具数个花茎。叶密集生于基部，线状钻形。头状花序单生，辐射状；花托狭而平，多少具窝孔；总苞钟状，3 或 4 层，覆瓦状，披针形，背面具龙骨状凸起；花全部结实，外围的雌花 1 层，花冠舌状，白色或粉白色，舌片卵状长圆形，中央的两性花黄色管状，花药基部钝。瘦果长圆形，冠毛 3 或 4 层，白色至黄色糙毛状，有时外层短而细长。1/1 种，**11 型**；分布于亚洲；中国产黑龙江和内蒙古。

Arctous (A. Gray) Niedenzu **北极果属，Ericaceae 杜鹃花科**。落叶小灌木，多分枝。冬芽外具几片深褐色芽鳞。叶互生，具柄，聚集于枝顶，边缘具细锯齿，无托叶。花 2-5 朵排成顶生的短总状花序或簇生；花萼小型，4-5 裂，宿存；花冠壶形或坛形，4-5 裂，淡黄绿色或淡绿色；雄蕊 8-10，先端纵裂，裂缝长为花药全长的 1/3-1/2，背部具 2 枚附属体；子房上位，4-5 室，每室有胚珠 1 颗。浆果，球形，成熟时黑色或红色；种子 4-5 枚。花粉四合体，3 孔沟，皱波-疣状纹饰。染色体 $2n=26$。5/3 种，**8-2 型**；分布于欧洲，北美，亚洲北部和东部，北达环极地区，南至中国西南、

东北、西北地区。

Arcuatopterus Sheh & Shan **弓翅芹属，Apiaceae 伞形科**。草本。根圆柱形或块根，根颈部有节；茎中空；叶片羽裂；复伞形花序多分枝，伞辐较少，纤细、开展且极不等长，小伞花序花少数；萼齿显著；花瓣长卵形，基部具爪；果实长圆形，背腹压扁，成熟时为棕色或红褐色，背棱不显著，侧棱宽翅状并向合生面弯曲，横剖面呈弓形。每棱槽油管 1，合生面油管 2。（3-5）/3（2）种，**14 型**；分布于东喜马拉雅地区；中国产西藏、四川、云南。

Ardisia Swartz **紫金牛属，Primulaceae 报春花科**。木本或亚灌木状近草本。叶常互生，全缘或具齿。聚伞花序、伞房花序、伞形花序，或大型圆锥花序；花萼与花瓣基部连合，萼片镊合状或覆瓦状排列，花瓣右旋螺旋状排列；雄蕊着生于花瓣基部或中部；子房球形或卵珠形，花柱丝状。浆果核果状。染色体 $2n$=24，44，46，92。815/68 种，**2 型**；分布于热带美洲，太平洋诸岛，印度半岛东部及亚洲东部至南部；中国产长江流域以南。朱砂根 *A. crenata* Sims 可供观赏；亦可入药。

Areca Linnaeus **槟榔属，Arecaceae 棕榈科**。乔木状或灌木状，茎有环状叶痕。叶簇生于茎顶，羽状全裂。花序生于叶丛之下；花单性，雌雄同序；雄花多，单生或 2 朵聚生；雌花大于雄花，退化雄蕊 3-9 枚或无；子房 1 室，胚珠 1。胚乳深嚼烂状，胚基生。花粉粒单沟为主，稀为不完全带状萌发孔、3 歧沟和 3 孔，穿孔状到网状纹饰。约 48/1 种，**5 型**；分布于亚洲热带地区和澳大利亚；中国产台湾、海南、云南。槟榔 *A. catechu* Linnaeus 的果实可药用。

Arecaceae Berchtold & J. Presl **棕榈科，木兰亚纲/棕榈目**。乔木或灌木。叶互生螺旋状，常集生成树冠；分裂成羽状至棕榈状。无限花序；萼片 3；花瓣 3，覆瓦状至镊合状；雄蕊 3 或 6 至多数；心皮 3，子房上位，中轴胎座，胚珠 1。核果，种子 1，纤维质。花粉粒多为单沟，或 2-3 沟、2-3 孔或带状萌发孔。甲虫、蜂类和蝇类传粉。种子由哺乳动物、鸟类和水流散布。茎常含单宁酸和多酚。183 属，2450 种，广布热带至暖温带地区；中国 18 属，77 种，各省区广布，主产西南地区。

Arenaria Linnaeus **无心菜属，Caryophyllaceae 石竹科**。草本。茎直立，常丛生，有时垫状。叶对生，全缘，常卵形至椭圆形。花单生或多数，成聚伞花序；花常 5 数；萼片全缘，稀顶端微凹；花瓣全缘或顶端齿裂至繸裂；雄蕊（5，8）10；子房 1 室，胚珠多数，花柱（2）3。蒴果卵形，常短于宿存萼。种子肾形或近圆卵形。花粉粒散孔，颗粒状纹饰。染色体 $2n$=16，18，20，22，24，26，28，30，36，40，44，46，80，100，120，200，240。超过 210/78（66）种，**8-4 型**；分布于北温带或寒带；中国主产西南至西北的高山、亚高山地区。福禄草 *A. przewalskii* Maximowicz 可药用。

Arenga Labillardière **桄榔属，Arecaceae 棕榈科**。乔木或灌木状。叶奇数羽状全裂，羽片内向折叠。花雌雄同株或雌雄异株，多次开花结实或 1 次开花结实；花序生于叶腋或脱落的叶腋处。花单生或 3 朵聚生；雄花具雄蕊 15 枚以上，无退化雌蕊；雌花球形，退化雄蕊 0-3，子房 3 室，能育室 2-3。种子 1-3，平凸或扁形，胚乳均匀。花粉粒单沟，颗粒或刺状纹饰。约 21/6（2）种，**5 型**；分布于亚洲南部，东南部至大洋洲热带地区；中国产福建、台湾、广东、海南、广西、云南和西藏。

Argemone Linnaeus **蓟罂粟属，Papaveraceae 罂粟科**。有刺草本，具黄色味苦的浆汁。叶羽状分裂，裂片具波状齿，齿端具刺。花单个顶生或成聚伞状排列；花瓣（4-）6；花丝丝状或中部以下稍扩大。蒴果被刺，极稀无刺。种皮具网纹。花粉粒 3-4 沟，网状纹饰。29/1 种，**3 型**；主产美洲；中国南部庭园栽培，在台湾、福建、

广东沿海和云南逸生。

Argostemma Wallich **雪花属，Rubiaceae 茜草科**。草本。叶轮生或对生，同一节上的叶常不等大，较少近等大，具托叶。聚伞花序或伞形花序，顶生或腋生；花 4-5 基数；萼管常钟状；花冠阔辐状至钟状，裂片芽时覆瓦状排列，开放时伸展而稍外反；雄蕊离生或常黏合成管状或圆锥状；子房 2 室，胚珠多数。蒴果，萼裂片宿存，成熟时顶部盖裂。种子细小，扁而有棱角。花粉粒 3 沟，光滑或细网状纹饰。染色体 2*n*=22。106/6（4）种，**6 型**；分布于亚洲和非洲的热带和亚热带地区；中国产云南、广西、广东、海南和台湾。

Argyreia Loureiro **银背藤属，Convolvulaceae 旋花科**。攀援灌木或藤本。叶具柄，全缘。花序腋生，聚伞状，散生或密集成头状。萼片 5，草质或近革质，形状及大小多变，常外面被毛，内面无毛，宿存，果时稍增大或增大，增大者内面常红色；花冠钟状，或管状漏斗形，瓣中带外面常被毛；雄蕊着生于花冠近基部；花盘环状或杯状；子房 2-4 室，胚珠 4，花柱 1。果球形或椭圆形，肉质、革质或被粉的浆果，紫色、红色、橙色或带黄色。种子 4 或较少。花粉粒具刺。染色体 2*n*=（28），30。90/22 种，**5 型**；主产热带亚洲，1 种产澳大利亚；中国产广东、广西、贵州、海南、台湾和云南。白鹤藤 *A. acuta* Loureiro、银背藤 *A. mollis*（N. L. Burman）Choisy 全株可入药。

Aria（Persoon）Host **冠萼花楸属，Rosaceae 蔷薇科**。落叶乔木或灌木。单叶互生，具锯齿或浅裂，有托叶。花两性，多数成顶生复伞房花序；萼片和花瓣各 5；雄蕊 20；心皮 2-3（4），大部分与萼筒合生，仅先端离生，花柱 2-3（4），基部常合生，子房半下位或下位，2-4 室，每室胚珠 2。梨果小型，有宿存萼片，子房壁坚硬，各室具 1-2 粒种子。染色体 2*n*=34，51，68。约 50/11（8）种，**8 型**；分布于西欧及中国中部、西南部。

Arisaema Martius **天南星属，Araceae 天南星科**。多年生草本，具块茎。叶柄多少具长鞘，常与花序柄具同样的斑纹；叶片 3 浅裂、3 全裂或 3 深裂，有时鸟足状或放射状全裂。佛焰苞管部席卷，圆筒形或喉部开阔，喉部边缘有时具宽耳；檐部拱形，常长渐尖；雌花序花密；雄花序大都花疏；附属器仅达佛焰苞喉部；花单性；雄花有雄蕊 2-5；雌花密集，子房 1 室。浆果倒卵圆形。花粉粒无萌发孔，具刺。180/78（45）种，**8 型**；分布于亚洲热带，亚热带和温带，热带非洲；少数到中美洲和北美洲；中国南北均产，西南部尤盛。山珠南星 *A. yunnanense* Buchet 可药用。

Aristida Linnaeus **三芒草属，Poaceae 禾本科**。一年生或多年生草本。圆锥花序；小穗含 1 花；颖狭披针形，干膜质；外稃窄圆筒形或两侧压扁，具芒；芒 3 分枝于外稃先端或芒柱之上，常宿存，芒柱直立或扭转，常粗糙，侧芒较短，有时退化；内稃质薄短小，常退化；鳞被 2，较大；雄蕊 3。花粉粒粗糙到负网状纹饰。染色体 *x*=11，12。约 300/10（6）种，**2 型**；广布温带和亚热带的干旱地区；中国南北均产，西部和西南部尤多。三芒草 *A. adscensionis* Linnaeus 可作饲料；须根可作刷、帚等。

Aristolochia Linnaeus **马兜铃属，Aristolochiaceae 马兜铃科**。藤本。叶互生，全缘或 3-5 裂，基部常心形。花总状花序；花被 1 轮，两侧对称，花被管常弯曲，裂片常偏斜或单侧；雄蕊 6，围绕合蕊柱排成 1 轮；子房下位，常 6 室，合蕊柱顶端 3-6 裂。蒴果。种子多颗，扁平或背面凸起。花粉粒无萌发孔或单沟（孔），光滑、穿孔或网状纹饰。染色体 2*n*=12 或 14。约 400/45（33）种，**2 型**；分布于热带和温带地区；中国广布南北各省区，以西南和华南地区较多。马兜铃 *A. debilis* Siebold & Zuccarini、北马兜铃 *A. contorta* Bunge 可

药用。

Aristolochiaceae Jussieu **马兜铃科，木兰亚纲/胡椒目**。草本、藤本，或稀灌木。单叶互生。花两性，单生、簇生或排成总状、聚伞状或伞房花序，花艳丽有腐臭味。花被片常3裂合生，花被管钟状或瓶状；雄蕊6-36，常离生或与花柱合生；子房4-6室；胚珠多数，中轴胎座或侧膜胎座内侵。蒴果或浆果状。种子扁而薄。花粉粒无萌发孔，稀单沟。5-8属，450-600种，分布于热带及温带地区；中国4属，86种，除华北和西北干旱地区外，各地均产。

Arivela Rafinesque **黄花草属，Cleomaceae 白花菜科**。一年生草本，全株被腺毛或光滑。叶互生，掌状复叶，具3或5小叶，叶柄基部合生成叶枕状盘。总状花序，顶生或生于茎上部叶的叶腋内；花萼4，离生；花冠4，离生；雄蕊14-25（-35）；雌蕊无柄，花柱短而粗壮，柱头1，头状。蒴果，部分开裂，具宿存果瓣。种子无假种皮。染色体2*n*=20，34，60。约10/1种，**6型**；分布于非洲和亚洲；中国产南方各省区。黄花草 *A. viscose* (Linnaeus) Rafinesque 的种子可药用。

Armoracia P. G. Gaertner, B. Meyer & J. Scherbius **辣根属，Brassicaceae 十字花科**。多年生草本。根肉质，肥大，分枝。茎直立。叶有基生与茎生，叶柄长；叶大，全缘或具圆齿或羽状浅裂。圆锥花序；萼片直立；花瓣白色，有短爪；雄蕊6，分离。短角果。每室种子2行。花粉粒3沟，网状纹饰。染色体2*n*=32。3/1种，**10型**；分布于欧洲中部和南部，俄罗斯，以及中国河北、黑龙江、吉林、江苏、辽宁。辣根 *A. rusticana* P. Gaertner, B. Meyer & Schrebius 的根可作调味料及饲料；全草可药用。

Arnebia Forsskål **软紫草属，Boraginaceae 紫草科**。草本，有硬毛或柔毛。根常含紫色物质；镰状聚伞花序，苞片常与花对生；花有长柱花和短柱花异花现象；花萼5裂至基部；花冠漏斗状，喉部无附属物；长柱花中雄蕊着生花冠筒中部，花柱稍伸出喉部，短柱花中雄蕊着生花冠喉部，花柱仅达花冠筒中部；子房4裂，花柱先端2-4裂，每个分枝各具1柱头；雌蕊基平。小坚果斜卵形，有疣状凸起，着生面居腹面基部。花粉粒4-6沟（或孔沟），穿孔状、皱波状纹饰或小刺。染色体 *n*=7，8，11。约25/6种，**10-2型**；分布于非洲北部，欧洲，中亚，喜马拉雅及中国西北和北部地区。黄花软紫草 *A. guttata* Bunge、软紫草 *A. euchroma*（Royle）Johnston 可代紫草入药。

Arrhenatherum P. Beauvois **燕麦草属，Poaceae 禾本科**。多年生草本。顶生圆锥花序；小穗含2小花，第一小花雄性，第二小花两性，小穗轴延伸于顶生小花之后；颖较宽，质薄；外稃具5-9脉，先端2齿裂，从第一外稃近基部处伸出1膝曲扭转的芒，第二外稃近顶端具1细直短芒，内稃脊上具纤毛。染色体 *x*=7。约7/1种，**12型**；分布于亚洲西南部，欧洲和地中海区域；中国引种栽培。燕麦草 *A. elatius* (Linnaeus) P. Beauvois ex J. Presl & C. Presl 可作饲料或观赏。

Artabotrys R. Brown **鹰爪花属，Annonaceae 番荔枝科**。攀援性灌木或木质藤本。花序单花或数朵簇生；总花梗弯曲呈钩状，木质，宿存。花萼裂片3，基部合生；花瓣6，2轮，每轮3片，在雄蕊之上收缩，外轮花瓣与内轮花瓣等大或较大；雄蕊多数，有时外围有退化雄蕊；心皮多数，每心皮有2胚珠。心皮浆果状，离生，肉质，聚生于坚硬的果托上。花粉粒无萌发孔或沟状，具不明显疣状凸起。染色体2*n*=16。约100/8（4）种，**4（6）型**；分布于热带，亚热带亚洲和非洲地区；中国产西南至华南地区。鹰爪花 *A. hexapetalus*（Linnaeus f.）Bhandari 的花富含芳香油，可作香水和香精的原料。

Artemisia Linnaeus **蒿属，Asteraceae 菊科**。

草本或灌木，常有浓烈的挥发性香气。叶互生，常羽裂。头状花序假盘状，多圆锥花序状排列；总苞片覆瓦状排列；缘花雌性，1-2 层，中央花两性。果顶端无冠状边缘，具纵纹。花粉粒 3 孔沟，有退化小刺或颗粒状纹饰。染色体 2*n*=18，36，54，稀 2*n*=34，90。380/186（82）种，**1（8-4，14）型**；主产北半球，到非洲，大洋洲，南美及中美洲；中国广布。艾 *A. argyi* H. Léveillé & Vaniot、黄花蒿 *A. annua* Linnaeus 可药用。

Arthraxon P. Beauvois **荩草属，Poaceae 禾本科**。一年生或多年生草本。总状花序指状排列或簇生于秆顶。小穗孪生。无柄小穗：第一颖近革质；第二颖对折而主脉成 2 脊，顶端尖；第一小花仅存透明膜质外稃；第二小花两性，外稃透明膜质或基部稍厚，有芒，内稃甚小或不存在。有柄小穗：雄性或中性，或退化而仅残留有柄的痕迹。染色体 *x*=9。约 26/12（1）种，**4 型**；分布于欧亚大陆热带地区，美洲有引种；中国广布。荩草 *A. hispidus* (Thunberg) Makino 的枝、叶可制成染料。

Arthromeris（T. Moore）J. Smith **节肢蕨属，Polypodiaceae 水龙骨科**。草本，土生或附生。根状茎横走。叶一型，远生；叶柄以关节着生于根状茎上；叶片奇数一回羽状，披针形，边缘软骨质或阔膜质，与叶轴连接处有关节；叶脉网状，网眼有内藏小脉。孢子囊群圆形，不具隔丝；孢子椭圆形，周壁具疣状纹饰。染色体 *x*=12，(36)。约 20/17（8）种，**7 型**；分布于喜马拉雅至中南半岛；中国西南、华中、华南和台湾。节肢蕨 *A. lehmannii*（Mettenius）Ching、龙头节肢蕨 *A. lungtauensis* Ching 可药用。

Arthrophytum Schrenk **节节木属，Amaranthaceae 苋科**。垫状半灌木或小灌木。当年生枝稍肉质，具关节。叶对生。花两性；花被片 5，草质，具膜质边缘，背面果时稍肥厚并在先端稍下方生横翅或翅状凸起；雄蕊 5，着生于花盘上；花丝扁平，花药先端不具附属物，或有细尖状附属物；花盘杯状或盘状，花柱极短，柱头 2-5。胞果为花被所包裹，果皮肉质。种子横生；胚螺旋状，无胚乳。花粉粒散孔，穿孔状-颗粒纹饰。20/（3-4）种，**13 型**；中亚分布；中国产新疆。

Arthropteris J. Smith **爬树蕨属，Tectariaceae 三叉蕨科**。附生草本植物。根状茎攀援，鳞片盾状着生。叶远生，2 列，有短柄；叶片一回羽状至一回羽状/羽状分裂（偶二回羽状），单型，叶柄以关节着生于叶柄状的叶足上，叶轴和羽轴腹面具沟槽。羽片以关节着生叶轴上，叶脉单一或叉状或偶有网结。孢子囊群圆形，着生于叶背面；囊群盖肾形至圆形或缺如；孢子球形或椭圆形，单裂缝，表面具不规则的翅状褶皱。染色体 *x*=41。约 20/1 种，**2 型**；分布于南半球邻近热带地区，南到新西兰，以新喀里多尼亚及马达加斯加尤盛；中国产华南和西南南部。爬树蕨 *A. palisotii*（Desvaux）Alston 可供观赏。

Artocarpus J. R. Forster & J. G. A. Forster **波罗蜜属，Moraceae 桑科**。乔木。叶螺旋状排列或 2 列，革质，全缘或羽状分裂，极稀为羽状复叶；托叶离生。雌雄同株。头状花序腋生或生于老茎发出的短枝上。雄花：离生，花萼管状 2 浅裂或 2-4 裂，雄蕊 1，芽时直立，无退化雌蕊。雌花：至少部分合生；花萼管状，下部具薄壁，上部具厚壁，部分或全部融合；子房 1 室，柱头 1 或 2。聚花果肉质。种子无胚乳。花粉粒 3 孔，颗粒状纹饰。染色体 2*n*=56，84。50/14（5）种，**7 型**；分布于热带和亚热带亚洲，太平洋岛屿；中国产台湾、福建、广东、海南、广西、云南、贵州，少见于四川南部。面包树 *A. communis* J. R. Forster & G. Forster、波罗蜜 *A. heterophyllus* Lamarck 引入栽培。

Arum Linnaeus **疆南星属，Araceae 天南星科**。多年生草本。块茎圆形。叶柄具鞘，

叶片戟状箭形。佛焰苞管部长圆形，喉部略收缩，檐部卵状披针形；肉穗花序比佛焰苞短；雌花序无柄，圆柱形；雌雄花序之间生不育中性花，雄花序上部有中性花，附属器暗紫色；花单性，无花被；雄花有雄蕊 3-4；中性花基部多少增粗；雌花心皮 1，子房长圆形，侧膜胎座。浆果倒卵圆形。种子多数。花粉粒无萌发孔，具刺。28/1 种，**12 型**；分布于欧洲，地中海地区至中亚地区；中国产新疆、西藏。

Aruncus Linnaeus **假升麻属，Rosaceae 蔷薇科**。多年生草本，根茎粗大。叶互生，一至三回羽状复叶，稀 3 小叶，不具托叶。大型穗状圆锥花序；花单性，稀两性，雌雄异株；萼筒杯状；萼片（4）5（6），宿存；花盘环形；花瓣 5，白色。雄花：雄蕊 15-30，着生于萼筒边缘，花丝细长，长于花瓣，雌蕊退化。雌花：花丝短，花药不育，心皮 3 或 4（-8），子房 1 室。蓇葖果沿腹缝开裂。种子 2，有少量胚乳。花粉粒 3 孔沟或拟孔沟，条纹状纹饰。染色体 $2n$=14，16，18。（3-6）/2（1）种，**8 型**；分布于北温带；中国广布。

Arundina Blume **竹叶兰属，Orchidaceae 兰科**。地生草本，具粗壮的根状茎。茎常簇生，具多枚叶。叶 2 列，禾叶状。花序具少数花；花大；唇瓣基部无距；唇盘上有纵褶片；蕊柱上端有狭翅，基部无明显的蕊柱足；花药俯倾；花粉团 8 个，4 个成簇，蜡质，具短的花粉团柄，多少附着于黏性物质上。（5-6）/1 种，**7ab（14）型**；分布于热带亚洲，自东南亚至南亚和喜马拉雅地区，向北到达琉球群岛，向东南到达塔希提岛；中国产西南、华南、华东。

Arundinella Raddi **野古草属，Poaceae 禾本科**。一年生或多年生草本。圆锥花序；小穗孪生，柄不等长；颖草质，宿存或迟缓脱落；小穗轴脱节于小花之间。小花：第一小花常为雄性或中性；第二小花两性，短于第一小花。染色体 x=7。约 60/20（8）种，**2（→3，7，14）型**；分布于热带和亚热带地区，主产亚洲；中国除西北外，各地均有，西南及华南地区尤盛。可作纤维、造纸原料；亦可用作牲畜饲料或水土保持，如错立野古草 *A. intricata* Hughes。

Arundo Linnaeus **芦竹属，Poaceae 禾本科**。多年生草本，具长匍匐根状茎。圆锥花序；小穗楔形，两侧压扁，含 2-5 花；两颖近相等，约与小穗等长或稍短；外稃窄，膜质，背部近圆形，中部以下密生白色长柔毛，顶端具尖头或短芒，内稃短，两脊上部无毛或有纤毛；雄蕊 3。染色体 x=12。约 3/2 种，**10 型**；分布于地中海至中国南部。芦竹 *A. donax* Linnaeus 的秆可作乐器中的簧片或造纸；幼嫩枝叶可作青饲料。

Arytera Blume **滨木患属，Sapindaceae 无患子科**。乔木或灌木。叶轮生，偶数羽状复叶，小叶达 6 对，稀成奇数羽状，末端小叶退化。花序柱有时具翅，聚伞圆锥花序顶生；花单性或两性，花萼 5，略对称，外面 2 轮较小；花瓣（4）5，具爪，1 对附体位于爪上方边缘；花盘环形或半环形；雄蕊 8；子房 3 室，胚珠单生，中轴胎座，具 3 条裂痕。裂果，常 1-3 裂，偶为双悬果，背部具 1 长翅；种子无假种皮，侧面扁平，具薄的外种皮。花粉粒 3 孔沟，皱波状、条纹-皱波状或网状纹饰。12/1 种，**5 型**；分布于北印度及东南亚，大洋洲，所罗门群岛及太平洋的岛屿；中国产广东、广西、云南及海南。滨木患 *A. littoralis* Blume 为优良的用材树种。

Asarum Linnaeus **细辛属，Aristolochiaceae 马兜铃科**。多年生草本。根状茎长而匍匐横生；根有芳香气和辛辣味。叶 1-4 枚，基生、互生或对生，常心形。花单生于叶腋，花被整齐，辐射对称，1 轮；花被裂片 3；雄蕊常 12，2 轮；子房下位或半下位，心皮全部合生，中轴胎座，胚珠多数。蒴果浆果状。种子多数。花粉粒无萌发孔，或 2、3 至多个萌发孔，颗粒纹饰。染色

体 $2n=24$ 或 26。约 90/39（34）种，**8 型**；主产亚洲东部和南部；中国南北各地均产。细辛 *A. heterotropoides* Schmidt、汉城细辛 *A. sieboldii* Miquel 的根和根茎可药用。

Asclepias Linnaeus **马利筋属，Apocynaceae 夹竹桃科**。多年生草本。叶对生或轮生。伞形聚伞花序，顶生或腋生；花萼裂片内面基部有腺体 5-10 个；花冠辐状，裂片芽期镊合状排列，反折；副花冠贴生于合蕊冠上，兜状，内有舌状片；花丝合生成合蕊冠；花药顶端有膜片；花粉块每室 1 个；子房由 2 枚离生心皮所组成；柱头五角状或 5 裂。蓇葖果。种子顶端具绢毛。花粉无萌发孔。染色体 $2n=22$。约 120/1 种，**2 型**；分布于美洲，非洲，南欧和亚洲热带和亚热带地区；中国长江以南栽培。

Askellia W. A. Weber **假苦菜属，Asteraceae 菊科**。草本。茎细。叶莲座状或生于茎上。头状花序含 5-15 小花，少数生于茎枝顶端；花托裸露；冠毛白色，糙毛状，脱落或宿存；总苞狭圆柱形，总苞片数层，外层长约为内层 1/4；小花黄色或淡紫红色。果常浅棕色，细长圆柱形或纺锤形，具 10 条等长、较细的肋，顶截形、渐尖或喙状。花粉粒 3 孔沟，有刺脊，小刺短。染色体 $2n=14$。11/6（1）种，**8 型**；分布于中亚，东北亚，西南亚和北美；中国产西部地区。

Asparagaceae Jussieu **天门冬科，木兰亚纲/天门冬目**。草本，灌木或攀援植物，茎木质至每年枯萎，常绿色，与鳞叶相连形成叶状茎，或退化。叶互生，螺旋状排列，单生，全缘，常退化，近似鳞片状，基部有刺。有限花序，有时退化成单花，腋生。花被片 6，常分离，花瓣状，覆瓦状排列。雄蕊常 6；心皮 3，合生，子房上位，中轴胎座；柱头 1，头状至 3 裂。每室胚珠 1 至数枚。浆果，含少数种子；种皮有种皮黑素，沼生目型胚乳。花粉粒单沟，具顶盖或无，穿孔状、皱波状、瘤棒状、颗粒状和网状纹饰。含甾体皂苷和精油。153 属，约 2500 种，除北极外，世界广布；中国 25 属，约 258 种，广布。

Asparagus Linnaeus **天门冬属，Asparagaceae 天门冬科**。多年生草本或半灌木，直立或攀援，根状茎短。小枝近叶状，多成簇。叶退化成鳞片状，基部成距或刺。花小，腋生或多朵排成总状或伞形花序，两性或单性，花梗有关节；花被钟形或近球形，花被片离生，少有基部稍合生；雄蕊 6，花丝常多少贴生于花被片上；花药背着；子房 3 室，每室胚珠少。浆果。1 至几颗种子。花粉粒单沟，网状纹饰。染色体 $2n=20$，40，60。有（160-290）/31（15）种，**4（10）型**；除美洲外，温带至热带地区均产；中国广布。

Asperugo Linnaeus **糙草属，Boraginaceae 紫草科**。一年生蔓生草本，有糙硬毛。叶互生。花单生或簇生叶腋；花萼深 5 裂，裂片之间各有 2 小齿，两侧压扁，略呈蚌壳状，有明显网脉，边缘具不整齐锯齿；花冠檐部 5 裂，喉部有附属物；雄蕊 5，花柱不伸出花冠筒，雌蕊基钻状。小坚果 4，直立，两侧扁，有白色疣状凸起，先端钝，着生面位于腹面近先端。花粉粒 3 沟与 3 假沟相间排列，光滑，两极有穿孔纹饰，萌发沟周围有颗粒状纹饰。染色体 $2n=48$。1/1 种，**12 型**；分布于欧洲，亚洲和非洲西北部；中国产西北、华北和西南。糙草 *A. procumbens* Linnaeus 具油脂，可药用。

Asperula Linnaeus **车叶草属，Rubiaceae 茜草科**。亚灌木或草本。叶对生，常与叶状托叶 4-14 片轮生。花序头状、聚伞状或圆锥状；花两性，常（3-）4（-5）基数；花冠高脚碟状、漏斗状或管状漏斗形，裂片镊合状排列；雄蕊伸出；子房 2 室，每室胚珠有 1 枚，着生在隔膜上，花柱 2 裂或为 2 枚。坚果，球形，2 分果爿。种子棒状或具沟槽，外种皮膜质，具网纹。花粉粒 6-10 沟，小孔状纹饰，具小刺突。染色体 $2n=22$，44。约 200/2 种，**10-3（12-1）型**；分布于欧洲，亚洲，大洋洲，地中海

最多；中国产西藏，华东地区栽培 1 种。

Asphodelaceae Dumortier **独尾草科，木兰亚纲/天门冬目**。多年生草本或木本；茎有时木质化，茎高度变化极大，从不露出地面到大树状。叶长线条状，纸质到肉质，丛生在茎的顶端或两列基生，叶鞘闭合。花序具明显花葶，有时为粗柱状并木质化，顶生圆锥花序、总状花序或穗状花序，花梗具关节；花被片 6，离生；雄蕊 6，离生；花药背着或近基着；花柱细长，柱头较小；雌蕊心皮合生，3 室；外珠被超过 3 层细胞；胚珠具有承珠盘。果实为蒴果或浆果；种子几枚至多数；外种皮黑色；子叶不能光合作用。根部维管束的导管分子穿孔板为单穿孔板；具柱状晶体。花粉粒单沟或 3 歧沟，网状或颗粒状纹饰。41 属，900 种，主要分布于澳大利亚，欧亚大陆，非洲和南美洲西部；中国 4 属，17 种，部分种类引入栽培。

Aspidistra Ker-Gawler **蜘蛛抱蛋属，Asparagaceae 天门冬科**。多年生草本，根状茎横走，节密集。叶单生或 2-4 枚簇生，直立，叶柄长，叶脉密集；花葶常短，有 2-8 枚苞片。花两性，1-2 枚苞片位于基部；花被钟状或坛状，肉质，顶端常 6-8 裂；雄蕊与花被裂片同数并对生，一般着生在近筒的基部；花丝很短或不明显；子房 3-4 室，每室几枚胚珠；柱头多呈盾状膨大。浆果，常具种子 1。花粉粒无萌发孔，皱波状、瘤棒状和颗粒状纹饰。染色体 x=18，19。约 55/49（46）种，**14 型**；分布于亚洲亚热带与热带山地；中国产长江以南各省区。

Aspidocarya J. D. Hooker & T. Thomson **球果藤属，Menispermaceae 防已科**。藤本。叶柄痕不明显。圆锥花序，比叶长；雄花：萼片 12，4 轮，最外轮微小，中轮呈匙形或倒卵形，花瓣两侧边缘内卷，雄蕊 6，聚药雄蕊盾状。雌花：花瓣顶端全缘，退化雄蕊棒状，心皮 3，花柱残迹近顶生。果核有雕纹，边缘有狭翅，胎座迹不明显。种子卵状椭圆形，甚扁，胚乳丰富，子叶呈叶状，开叉。花粉粒 3 孔沟，网状纹饰。1/1 种，**7 型**；分布于印度东北部及中国云南。

Aspidopterys Jussieu ex Endlicher **盾翅藤属，Malpighiaceae 金虎尾科**。木质藤本或藤状灌木。叶对生。花两性，腋生或顶生圆锥花序；小苞片 2 枚；花萼 5 裂，无腺体；花瓣 5，无爪；雄蕊 10；子房 3 裂，裂片侧边有翅，花柱 3 裂。翅果，由 1-3 个合成，每心皮侧边的翅发育成圆形或长圆形的膜或革质的翅盘，翅具放射性脉纹，背翅很少发育或成鸡冠状凸起；种子圆柱形，位于翅果中央。花粉粒 3（-4）孔沟，疣状纹饰。（15-20）/9（5）种，**7a-c 型**；分布于亚洲热带地区；中国产西南部和南部。

Aspleniaceae Newman **铁角蕨科，水龙骨亚纲/水龙骨目**。草本，附生或岩石生，少土生。根状茎横走，斜卧或直立；叶远生，近生或簇生，具叶柄，上面有 1 条纵沟，基部不以关节着生，栗色、浅绿色或青灰色，光滑或具小鳞片；叶片多样，单一或一至三回羽状分离；叶脉分离，一至多回二叉状分枝。孢子囊群大多为线形、短线形或近椭圆形，单一或偶有双生；囊群盖棕色或灰白色，膜质，全缘，开向上侧叶边；孢子囊为水龙骨型；孢子椭圆形或圆肾形，表面具小刺状或光滑。2 属，约 700 种，世界广布，主产热带；中国 2 属，108 种，产各省区，以南部和西南部尤盛。

Asplenium Linnaeus **铁角蕨属，Aspleniaceae 铁角蕨科**。草本，石生或附生，少土生。根状茎短，斜卧或直立。叶近生或簇生，叶柄多为绿色、栗红色或禾秆色；叶片单一或一至三回羽状，叶轴顶端或顶部羽片有时生有芽孢；叶脉分离，一至多回二叉分枝，偶有网结。孢子囊群线形，有时近长圆形；孢子椭圆形或长椭圆形，小刺状纹饰。染色体 x=35，36。约 700/90（17）种，**1 型**；世界广布，主产热带和亚

热带；中国产长江流域各省区，以南部和西南部尤盛。铁角蕨 *A. trichomanes* Linnaeus、长叶铁角蕨 *A. prolongatum* Hooker、药蕨 *A. ceterach* Linnaeu 可药用；对开蕨 *A. komarovi* Akasawa、鸟巢蕨 *A. nidus* Linnaeus 可供观赏。

Aster Linnaeus **紫菀属，Asteraceae 菊科。** 草本，亚灌木或灌木。茎直立。叶互生。头状花序伞房状或圆锥伞房状排列，或单生；花托蜂窝状；冠毛白色或红褐色，有多数细糙毛，或外层有极短的毛或膜片；总苞半球状，钟状或倒锥状，总苞片 2 至多层，覆瓦状排列或近等长；花药基部钝。瘦果长圆形或倒卵圆形。染色体 x=9。152/123（82）种，**8-4（9）型**；分布于欧亚大陆，少数至北美；中国广布，横断山尤盛。

Asteraceae Martynov **菊科，木兰亚纲/菊目。** 草本、亚灌木或灌木，稀为乔木。偶有乳汁管或树脂道。叶常互生，无托叶。花密集成头状花序，具 1 至多层总苞片；萼片常成鳞片状或毛状冠毛；花冠常辐射对称，管状，或左右对称，二唇形、舌状或假舌状；雄蕊 4-5，花药合生成筒状，基部钝或尖，多具尾状附属物；花柱上端 2 裂，子房下位。连萼瘦果。种子无胚乳。花粉粒 3 孔沟，多为光滑、具刺或网状纹饰。1600-1700 属，24 000-30 000 种，全球广布，非洲尤盛；中国 253 属，约 2350 种，各省区均产。

Asteropyrum J. R. Drummond & Hutchinson **星果草属，Ranunculaceae 毛茛科。** 多年生草本。根状茎。单叶基生，有长柄，叶片轮廓圆形或五角形，叶柄盾状着生。花茎 1-3 条；苞片对生；花辐射对称，单一顶生；萼片 5，花瓣状；花瓣 5，长约为萼片之半，下部具细爪；雄蕊多数，花丝狭线形；心皮 5-8，胚珠多数。蓇葖果成熟时星状展开，顶端具尖喙，种子多数，椭圆形，棕黄色。花粉粒散沟，具小刺。染色体 2n=16。2/2（1）种，**14SH 型**；分布于不丹，印度锡金，以及中国云南、四川、贵州、湖北、湖南、广西。

Asterothamnus Novopokrovsky **紫菀木属，Asteraceae 菊科。** 半灌木。根状茎木质。茎分枝多数。叶密集小，近革质，边缘常反卷。头状花序单生，或 3-5 个排列成疏或密集的伞房花序、异形，或盘状仅有管状花；总苞片 3 或 4 层，革质不等长，覆瓦状；花托平，具边缘不规则齿裂的窝孔；花全部结实，外围的雌花淡紫色或淡蓝色，中央的两性花花冠管状，黄色，或紫色。瘦果长圆形，2 或 3 肋。7/5 种，**13 型**；分布于中亚地区；中国产新疆、甘肃。

Astilbe Buchanan-Hamilton ex D. Don **落新妇属，Saxifragaceae 虎耳草科。** 多年生草本。根状茎粗壮。叶互生，二至四回三出复叶，稀单叶，具长柄，托叶膜质。圆锥花序顶生，具苞片；花小，两性或单性，稀杂性或雌雄异株；萼片 5，稀 4；花瓣 1-5，更多或不存在；雄蕊 8-10，稀 5；心皮 2（-3），子房近上位或半下位，2（-3）室，中轴胎座，或为 1 室，边缘胎座，胚珠多数。蒴果或蓇葖果。种子小。花粉粒 3 孔沟，条网状纹饰。染色体 2n=14，28。约 18 种，**9 型**；分布于东亚和北美；中国南北均产，主产华东、华中和西南地区。

Astilboides Engler **大叶子属，Saxifragaceae 虎耳草科。** 多年生草本。根状茎粗壮。基生叶 1，很大，具长柄，盾状着生，近圆形或卵圆形，掌状浅裂，茎生叶较小，掌状 3-5 浅裂。圆锥花序顶生；花小，白色；萼片 4-5，卵圆形或倒卵状长圆形；花瓣 4-5，倒卵状长圆形；雄蕊（6-）8，花丝短，丝状；心皮 2（-4），下部合生，子房半下位，2（-4）室，胚珠多数，花柱 2-4。蒴果 2-4 室。种子具翅。花粉粒条网状纹饰。染色体 2n=34，36。1/1 种，**15 型**；分布于朝鲜半岛北部及中国东北东部。

Astragalus Linnaeus **黄耆属，Fabaceae 豆科。** 草本、半灌木，稀灌木，常被单毛或丁字毛。羽状复叶，稀轮生。花排成腋生

的球状、矩圆状、伞形或疏散的总状花序；花萼钟状或管状，部分种类果期萼筒膨大成囊状；龙骨瓣钝；雄蕊二体或稀单体；花柱无毛或稀上部具毛，柱头无毛或具毛。荚果形状多样，常膨胀，1 室或背缝线凹陷而成不完全假 2 室或假 2 室。种子常肾形，无种阜。花粉粒 3 拟孔沟，网状纹饰。约 3000/401（221）种，**1（12）型**；世界广布，北半球温带地区尤多；中国南北均产，西南至西北尤多。紫云英 *A. sinicus* Linnaeus 可作绿肥和饲料；嫩梢可食；蒙古黄耆 *A. mongholicus* Bunge 的根可药用。

Astronia Blume **褐鳞木属，Melastomataceae 野牡丹科**。灌木或小乔木。叶对生，卵形或长圆形，全缘，3 基出脉。聚伞花序组成圆锥花序；花萼钟形；花瓣白色或紫色，4-5 枚；雄蕊同型，等长，花药短，纵裂；子房下位，2-5 室，花柱短，柱头头状；侧膜胎座近子房底部。蒴果近球形，为宿存萼所包，顶端檐部具不整齐的边缘；种子小，线形或线状倒披针形。花粉粒（2）3（孔）沟，具异沟，网状纹饰。60/1（1）种，**7e 型**；广布印度—马来群岛和西太平洋诸岛，澳大利亚不产；中国产台湾。

Asyneuma Grisebach & Schenk **牧根草属，Campanulaceae 桔梗科**。草本。根胡萝卜状。叶互生。花梗基部有 1 对线形小苞片；穗状花序由多个生于总苞腋内的聚伞花序组成；花萼 5 裂，裂片条形；花冠 5 裂达基部，裂片条形；雄蕊 5；子房下位，3 室，柱头 3 裂，裂片条形，反卷。蒴果 3 孔裂。种子卵形、椭圆形或椭圆形。花粉粒3-6孔，具颗粒或小刺。染色体2*n*=20，22，24，32，48，56，64。33/3（1）种，**10-1 型**；分布于北非，温带亚洲，欧洲；中国产西南和东北地区。

Asystasia Blume **十万错属，Acanthaceae 爵床科**。多年生草本或灌木；具钟乳体。叶对生，具羽状脉。总状花序或圆锥花序顶生；苞片和小苞片均短于花萼，有时无小苞片。花萼 5 深裂至近基部；花冠钟状，二唇形，上唇 2 裂，下唇 3 裂；雄蕊 4，2 强，内藏，花丝基部成对联合，花药 2 室，药室平基部无附属物；无退化雄蕊；子房 2 室，每室具胚珠 2，具珠柄钩。蒴果长椭圆形，开裂时胎座不从基部弹起。种子 4，无毛。花粉粒 3 孔沟，网状纹饰。染色体 2*n*=26，28。70/3 种，**4 型**；分布于东半球热带地区；中国产华南及西南地区。

Asystasiella Lindau **白接骨属，Acanthaceae 爵床科**。多年生草本或灌木；具钟乳体。叶对生，具羽状脉。总状花序或圆锥花序顶生。花萼 5 深裂至近基部；花冠高脚碟状，基部具狭长花冠管，一面鼓胀，檐部 5 裂；雄蕊 4，2 强，内藏，花丝基部成对联合，花药 2 室，药室基部无芒状附属物；无退化雄蕊。子房 2 室，每室 2 胚珠，具珠柄钩。蒴果棒状，基部具实心的长柄，开裂时胎座不从基部弹起。种子 4，具瘤状凸起，无毛。花粉粒 3 孔沟，瘤状或皱波状纹饰。3/1 种，**6 型**；分布于亚洲及非洲的热带地区；中国产秦岭—淮河以南各省区。白接骨 *A. chinensis*（S. Moore）E. Hossain 可入药。

Atalantia Corrêa **酒饼簕属，Rutaceae 芸香科**。小乔木或灌木，具刺，稀无刺。叶互生，单叶或单小叶，全缘，具透明油点。有限花序，两性花；花萼 4 或 5，合生至中部；花瓣 4 或 5，覆瓦状排列；雄蕊 10 或 8，花药椭圆形；花柱与子房等长，柱头头状或稍增大；子房 2-5 室，每室 2 或 1 胚珠。浆果，有具柄或无柄汁胞；种子 1-6 粒，种皮膜质，平滑。染色体 2*n*=18。约 17/7（2）种，**5（7）型**；分布于亚洲南部、东南部及大洋洲；中国产台湾、福建、广东、广西、云南、海南。酒饼簕 *A. buxifolia* (Poiret) Oliver、广东酒饼簕 *A. kwangtungensis* Merrill 的根和叶可药用。

Atelanthera J. D. Hooker & Thomson **异药芥属，Brassicaceae 十字花科**。一年生矮小草本。茎单一，丝状但坚硬，具贴生 2

节粗毛。无基生叶，茎生叶近对生至互生，无柄，叶片全缘。总状花序疏松；花小，白色；萼片基部不呈囊状；雄蕊二型，2短雄蕊具2室花药，4长雄蕊具1室花药；子房有14-24枚胚珠。长角果线形，2室，开裂，裂时常逆转；果瓣具贴生毛。种子每室1行。花粉粒6沟，网状至颗粒状纹饰。1/1种，**13-2型**；分布于喜马拉雅地区，巴基斯坦，阿富汗及中国西藏。

Athyriaceae Alston **蹄盖蕨科，水龙骨亚纲/水龙骨目**。草本，土生。根状茎横走、横卧或直立。叶簇生、近生或远生。叶柄上面有1-2条纵沟，基部内有2条扁平维管束，向上会合成V字形。叶片一至三回羽状，罕为三出复叶或披针形单叶；叶脉分离，羽状或近羽状，侧脉单一或分叉，少有联结。孢子囊群圆形、椭圆形、线形、新月形或圆肾形，有或无囊群盖，囊群盖形状同孢子囊群；孢子椭圆形或半圆形至圆形，具多样化纹饰。5属，约600种，热带至寒温带广布，热带、亚热带山地尤盛；中国5属，约278（135）种，广布各地。

Athyrium Roth **蹄盖蕨属，Athyriaceae 蹄盖蕨科**。草本，土生。根状茎大多短而斜升或直立，少细长横走。叶簇生、近生或远生。叶柄两侧有瘤状气囊体并向下尖削；叶片一至四回羽状；叶轴和各回羽轴下面半圆形，上面有1条深纵沟；叶脉分离，羽状，侧脉分叉或单一。孢子囊群马蹄形、新月形、圆肾形、长圆形或短线形，有囊群盖（极少无），囊群盖与囊群同形。孢子椭圆形，具多样化纹饰。染色体 x=40。约170/123（69）种，**1型**；分布于温带及亚热带山地林下；中国产西南、华东、华北和东北地区。中华蹄盖蕨 *A. sinense* Ruprecht、东北蹄盖蕨 *A. brevifrons* Nakai ex Tagawa 的幼叶可食；根状茎可药用。

Atractylodes de Candolle **苍术属，Asteraceae 菊科**。多年生草本。雌雄异株，有地下根状茎，结节状。叶互生，边缘有刺状缘毛或三角形刺齿。头状花序单生；花托平，有稠密的托片；冠毛羽毛状，1层，基部连合成环；苞叶近2层，羽状全裂、深裂或半裂；小花两性，管状，檐部5深裂；花柱分枝短，三角形，外面被短柔毛。瘦果被稠密的顺向贴伏的长直毛。6/4（2）种，**14SJ型**；分布于东亚；中国产东部和南部地区。苍术 *A. lancea* (Thunberg) de Candolle、白术 *A. macrocephala* Koidzumi 可药用。

Atraphaxis Linnaeus **木蓼属，Polygonaceae 蓼科**。灌木。叶互生，具叶褥；托叶鞘基部褐色，具2脉，顶端膜质，2裂。总状花序；花梗具关节，果时下垂；花两性，花被片4-5，成2轮，内轮花被片2-3，果时增大，包被果实；雄蕊6或8，着生花被片基部；子房卵形，双凸镜状或具3棱，基部具直生胚珠，花柱2或3，近分离，顶端各具1头状柱头。瘦果卵形，双凸镜状或具3棱。种皮薄膜质；胚位于种子侧方，子叶线形。花粉粒3孔沟，条纹-网状纹饰。25/11（2）种，**10-1型**；分布于北非，欧洲西南部至喜马拉雅山，俄罗斯东部；中国产新疆、辽宁、内蒙古、宁夏、青海、甘肃、陕西和河北。

Atriplex Linnaeus **滨藜属，Amaranthaceae 苋科**。草本或小灌木。叶互生，稀对生，扁平，边缘具齿，较少全缘。团伞花序；雌雄同株或异株，稀两性。雄花花被常5裂；雄蕊3-5，着生于花被基部，花丝离生或下部合生。雌花无花被，具2苞片，苞片离生或边缘不同程度合生，果时增大，表面常有附属物；无花盘；花柱短，柱头2。胞果包藏于增大的苞片内。胚环形，具块状胚乳。花粉粒散孔，穿孔状-颗粒纹饰。约180/17种，**8-4型**；分布于温带及亚热带；中国产北方，新疆荒漠地区尤盛。多数种类可作牧草；中亚滨藜 *A. centralasiatica* Iljin 的果实可入药。

Atropanthe Pascher **天蓬子属，Solanaceae 茄科**。亚灌木或多年生草本。根状茎粗壮。茎2-3歧分枝。叶全缘。花单生，俯

垂；花萼漏斗状钟形，具15条脉，裂片近等长；花冠略两侧对称，管状至钟状，为花萼裂片2倍长，具15条脉，裂片近等长；雄蕊不等长；花盘环状；子房圆锥状。果萼基部膨大，顶端收缩但不闭合；蒴果扁球形。种子具网状纹饰。花粉粒3孔，皱波状纹饰。染色体2*n*=48。1/1（1）种，**15型**；产中国中部及西南部。天蓬子*A. sinensis*（Hemsley）Pascher的根可药用，有大毒，可镇痛镇痉。

Aucklandia Falconer **云木香属，Asteraceae菊科**。草本。主根粗壮。茎直立，有棱。叶片心形或戟状三角形。头状花序多个聚生于茎顶；花托有稠密托毛；冠毛羽毛状，1层，基部连合成环，整体脱落；总苞片多层，覆瓦状排列；全部小花两性，管状。瘦果顶具齿冠。染色体2*n*=36。1/1种，**(13)型**；分布于印度，巴基斯坦，克什米尔地区；中国引入栽培。云木香*A. costus* Falconer可药用。

Aucuba Thunberg **桃叶珊瑚属，Garryaceae绞木科**。小乔木或灌木，单叶对生，常具黄色斑点，有锯齿。花单性，雌雄异株，圆锥花序；花4数，萼片4裂；花瓣镊合状排列。雄花：雄蕊4，具花盘，花药2室。雌花：花柱粗短，柱头头状，子房下位，1室，具1枚倒生悬垂胚珠。核果肉质。种子1枚，长圆形。花粉粒3孔沟或3沟，外壁光滑，无覆盖层。染色体2*n*=16，32。10/10（7）种，**14型**，分布于东亚；中国产黄河流域以南各省区。洒金桃叶珊瑚*A. japonica* Variegata可供观赏。

Austroeupatorium R. M. King & H. Robinson **南泽兰属，Asteraceae菊科**。草本或亚灌木。叶对生，有时上部叶互生。头状花序排成平顶的伞房状圆锥花序；花托无托片；冠毛刺毛状，30-40个，细长，顶端扩大；总苞钟形，覆瓦状排列，麦秆黄色；小花白色，稀淡紫色，花冠外面具腺体，有香味，裂片长宽近相等；花丝下部细长，弯曲，花药顶端附片椭圆形；花柱密被微绒毛，分枝线形。果棱柱形，5肋，果柄显著。染色体*x*=10。13/1种，**(3i)型**；产南美南部；中国台湾已归化。

Avena Linnaeus **燕麦属，Poaceae禾本科**。一年生草本。圆锥花序，具有大而悬垂的小穗；小穗常含2至数小花，大都长过2cm；颖草质，长于下部小花；外稃质地坚硬，顶端软纸质，齿裂，常具芒，少数无芒，芒常自稃体中部伸出，膝曲而具扭转的芒柱；雄蕊3。花粉粒具颗粒纹饰。染色体*x*=7。约25/5种，**10型**；分布于欧亚大陆的温寒带；中国南北均产，云南尤盛。燕麦*A. sativa* Linnaeus是重要的栽培作物。

Averrhoa Linnaeus **阳桃属，Oxalidaceae酢浆草科**。乔木。叶互生或近于对生，奇数羽状复叶，小叶全缘，无托叶。花小，聚伞花序或圆锥花序，自叶腋抽出，或着生于枝干上；萼片5，红色，近于肉质；花瓣5，白色、淡红色或紫红色；雄蕊10，长短互间，基部合生；子房5室，花柱5。浆果肉质，下垂，有明显的3-6棱，常5棱，横切面呈星芒状，种子多数。花粉粒3孔沟，网状纹饰。染色体*n*=11或12。2/2种，**7型**；原产亚洲热带地区，多栽培；中国产福建、广东、广西、云南和台湾。果生津止渴，亦可入药。

Avicennia Linnaeus **海榄雌属，Acanthaceae爵床科**。常绿灌木或乔木，无钟乳体。叶对生，具羽状脉。穗状花序常短缩呈头状，顶生或腋生。花萼杯状，5深裂至近基部；花冠钟状，近辐射对称，4或5裂；雄蕊4，稍外露，花药2室，药室基部无芒状附属物；子房不完全的4室，具1分离的翅状中央胎座，每室具悬垂胚珠1，无珠柄钩。蒴果被宿存花萼包藏。种子直立，子叶大，纵折。花粉粒3孔沟，网状至穿孔状纹饰。染色体2*n*=36。10/1种，**2(4)型**；分布于热带和亚热带的沿海海岸红树林中；中国产广东、广西、海南、福建和台湾沿海地区。

Axonopus P. Beauvois **地毯草属，Poaceae 禾本科**。多年生，稀一年生草本。秆丛生或有匍匐茎。穗形总状花序；小穗单生，互生或成2行排列于三棱形的穗轴一侧，近无柄；第一颖缺，第二颖与第一外稃近等长；第一内稃缺；第二小花两性，外稃坚硬，腹面对向穗轴，钝头，边缘内卷。花粉粒负网状纹饰，具小刺。染色体 x=9，10。110/2 种，**2 型**；分布于热带和亚热带美洲地区，1种在非洲；中国引种。地毯草 *A. compressus* (Swartz) P. Beauvois 可作草坪，或为优良的保土植物和牧草。

Axyris Linnaeus **轴藜属，Amaranthaceae 苋科**。草本。茎直立或平卧。叶互生，具柄，全缘，被星状毛。雌雄同株。雄花花序穗状或头状；花被片 3-5，膜质；雄蕊 2-5，花药 2 室，纵裂，无花盘和子房。雌花为二歧聚伞花序，苞片绿色，花被片 3-4，膜质，果时增大，包被果实；花柱短，柱头 2。果实直立，顶端具附属物。种子直立，与果同型，胚马蹄形，胚乳丰富。花粉粒散孔，穿孔状-颗粒纹饰。（5-6）/3 种，**11 型**；分布于亚洲北部和中部，欧洲和美洲北部；中国产东北、华北、西北和青藏高原。

Azima Lamarck **刺茉莉属，Salvadoraceae 刺茉莉科**。直立或攀援灌木，揉之有腐败的气味，具腋生的刺。单叶对生，全缘。花常单性；花瓣 4；无花盘。雄花：雄蕊 4，无退化子房。雌花：退化雄蕊 4 枚，花药不育；子房上位，2 室，每室具 1-2 枚直立胚珠。两性花与雌花相似，但具 4 枚发育雄蕊。浆果有种子 1-3。种皮厚，革质。（3-4）/1 种，**6（7）型**；分布于非洲南部至热带亚洲；中国产海南。

Azolla Lamarck **满江红属，Salviniaceae 槐叶蘋科**。草本，浮水植物。根状茎纤细，横走，具较多的须根。叶覆瓦状排列，呈 2 裂片，上裂片浮水而覆盖根状茎；下裂片沉水中。大孢子果位于小孢子果下面，长卵形；小孢子果球形，有长柄；小孢子球形，具颗粒状纹饰。大孢子瓶状，外壁有小凹洼；小孢子球形，不具周壁，表面光滑。染色体 x=11，12。约 7/2 种，**1 型**；分布于世界各地，热带到温带；中国产西南、华南和华东地区。满江红 *A. imbricate* (Roxburgh ex Griffith) Nakai 与项圈藻共生可固氮；也是良好的绿肥及家禽饲料。

Baccaurea Loureiro **木奶果属，Phyllanthaceae 叶下珠科**。乔木或灌木。叶互生，叶全缘或有锯齿。花雌雄异株或同株异序；多个总状或穗状花序组成圆锥花序；无花瓣；雄花萼片 4-8；雄蕊 4-8，花药 2 室；花盘分裂呈腺体状；退化雌蕊常明显被短柔毛，顶端常扩大，扁平而 2 裂；雌花萼片与雄花的同数；无花盘；子房 2-3 室，稀 4-5 室，每室胚珠 2 枚，花柱 2-5。蒴果浆果状，不开裂，外果皮肉质，后变坚硬；种子常 1 枚，有假种皮。染色体 x=13。约 80/2 种，**7e 型**；分布于印度，缅甸，泰国，越南，老挝，柬埔寨，马来西亚，印度尼西亚，波利尼西亚，以及中国云南、广西、海南。

Bacopa Aublet **假马齿苋属，Plantaginaceae 车前科**。草本。叶对生，全缘或有齿缺，匙形。花单生于叶腋内，或排成总状花序；萼片 5，完全分离；花冠淡青紫色，二唇形，上唇微凹或 2 裂，下唇 3 裂；雄蕊 4，2 强，极少 5 枚，药室平行而分离；柱头扩大，头状或短 2 裂。蒴果，有 2 条沟槽，室背 2 裂或 4 裂。种子多数，微小。染色体 $2n$=68，80。60/2（1）种，**2（3）型**；分布于热带和亚热带，主产美洲；中国产广东、福建、台湾、云南。

Baeckea Linnaeus **岗松属，Myrtaceae 桃金娘科**。乔木或灌木。叶对生，线形或披针形，全缘，有油腺点。花两性，腋生，单花或聚伞花序；小苞片 2，早落；萼管钟形或半球形，常与子房合生；萼齿 5，膜质，宿存；花瓣 5，近圆形；雄蕊 5-10 或 20，花丝短，花药背着；子房下位或半下位，稀上位，2-3 室，每室胚珠数颗，花

B

柱短，柱头稍扩大。蒴果 2-3 瓣裂，每室有种子 1-3 枚，稀更多；种子肾形，有角。花粉粒 3 沟，网状纹饰。染色体 2*n*=22，44。70/1 种，**5 型**；主产澳大利亚；中国产南部各省区。岗松 *B. frutescens* Linnaeus 的叶和根可药用。

Baijiania A. M. Lu & J. Q. Li **白兼果属，Cucurbitaceae 葫芦科**。多年生攀援草本。根块状。叶卵圆状心形或三角状心形，全缘或 2-3 裂。雄花总状花序，具苞片；花萼 5，花冠椭圆形或卵圆形；雄蕊 5，花药弯曲；雌花 1-3，胚珠多数，水平着生。果实近球形或圆柱形；种子顶端平截或钝，无翅。花粉粒 3 孔沟，网状纹饰。染色体 *n*=16。4/3（2）种，**7-1 型**；分布于老挝，泰国，以及中国广东、西藏东南部、云南、台湾。

Baimashania Al-Shehbaz **白马芥属，Brassicaceae 十字花科**。多年生草本，具花葶，垫状；无茎。叶具单毛或二叉毛。多细胞腺体无。基生叶莲座状，具柄，单叶，全缘，宿存。总状花序，短花梗上的花或单生起源于莲座丛叶的腋。侧生萼片基部不呈囊状，边缘膜质。花瓣粉红色。四强雄蕊。长角果线形，无梗。单列种子，无翅。约 2/2（2）种，**15 型**；产中国云南、青海。

Balakata Esser **浆果乌桕属，Euphorbiaceae 大戟科**。乔木或灌木。树汁白色。叶互生，叶柄具 2 顶生腺体，叶片全缘，具羽状叶脉。雌雄同株，花组成顶生或腋生的聚伞圆锥花序，苞片于下面基部生 2 大的腺体；雄花生于花序的端部，黄色，5-9 簇生于苞片腋部，花瓣和花盘缺，雄蕊 2，花药 2 室，退化雌蕊缺；雌花生于花序基部，每苞腋仅 1 枚，花瓣和花盘缺，子房 2 室，每室 1 胚珠，柱头 2，外卷。果实肉质不开裂，2 室具 1 或 2 枚种子；种子近球形，无种阜。2/1 种，**7 型**；分布于南亚和东南亚热带地区；中国产云南。

Balanophora J. R. Forster & G. Forster **蛇菰属，Balanophoraceae 蛇菰科**。肉质草本。雌雄同株或异株。根茎含蜡质（蛇菰素）。叶肉质或鳞片状。肉穗花序；雌雄花同株（序）时，雌雄花混生且雄花常位于花序轴基部；雄花下部常有 U 形苞片；花被裂片 3-6；雄蕊常聚生成聚药雄蕊；雌花无花被，子房 1 室，花柱 1，宿存。坚果。花粉粒无萌发孔、3 孔或散孔，具小刺。染色体 2*n*=56，94，112。约 19/12（1）种，**5（7e）型**；分布于非洲和大洋洲热带，亚洲热带至温带地区和太平洋附近岛屿；中国产西南、华南和华东地区。印度蛇菰 *B. indica*（Arnott）Griffith、穗花蛇菰 *B. laxiflora* Hemsley 可药用。

Balanophoraceae Richard **蛇菰科，木兰亚纲/檀香目**。肉质寄生草本。花茎不分枝；叶存在时为鳞片状。花序肉穗状或头状，顶生；花单性，雌雄同株（序）或异株（序）；雌雄花同序时，雄花常混杂于雌花丛中或着生于花序不同部位，花被存在时 3 至多裂，1 轮；雄蕊在无花被花中 1-2 枚，花药 2 至多室；雌花花被片缺失或退化成裂片，子房 1-3 室，每室具胚珠 1，花柱 1-2。坚果。种子球形。花粉粒无萌发孔、3 孔沟（或为沟和孔）至散孔。染色体 2*n*=16，18，36，56，94-112。16 属，42 种，分布于亚洲，非洲和大洋洲温带至热带地区；中国 2 属，13 种，产西南、华南至华东地区。

Baliospermum Blume **斑籽木属，Euphorbiaceae 大戟科**。灌木或亚灌木。叶互生，叶片基部或叶柄顶端有 2 枚腺体。雌雄异株，稀同株；圆锥花序，腋生，雄花序多花，雌花序少花，稀雌花生于雄花序基部。雄花：萼片 4-5，无花瓣，花盘环状，具裂片或为 5 枚离生腺体，雄蕊 10-20，稀更多，花丝离生，花药 2 室，纵裂，无不育雌蕊。雌花：萼片 5-6，花盘环状，子房 3（-4）室，每室有 1 颗胚珠，花柱 2 裂或再分裂。蒴果具 3 个分果爿；种子椭球形或卵形，种皮有各色斑纹。花粉粒无萌发孔，巴豆状纹饰。约 8/5 种，**7 型**；

分布于南亚次大陆，中南半岛，马来半岛，印度尼西亚及中国西南部。

Balsaminaceae A. Richard **凤仙花科，木兰亚纲/杜鹃花目**。草本，多汁。单叶常互生。花两性，雄蕊先熟；萼片 3，下面 1 枚萼片（亦称唇瓣）花瓣状，常呈舟状、漏斗状或囊状，基部常具距；花瓣 5 枚，分离，位于背面的 1 枚花瓣（即旗瓣）离生，下面的侧生花瓣成对合生成 2 裂的翼瓣；雄蕊 5 枚；子房上位，4 或 5 室。假浆果或蒴果。花粉粒 3-4 沟。染色体 2*n*=6-66。2 属，约 1001 种，分布于亚洲热带，亚热带及非洲；中国 2 属，271 种，产西南地区。

Bambusa Schreber **簕竹属，Poaceae 禾本科**。灌木或乔木状竹类。粗型地下茎；秆丛生；每节数分枝乃至多枝，簇生，主枝较为粗长，秆下部分枝上所生的小枝或可短缩为硬刺或软刺。秆箨脱落性，具箨耳 2 枚，箨片常直立。续次发生花序；小穗含 2 至多朵小花；小穗轴具关节易折断；颖 1-3 片；鳞被 2 或 3；雄蕊 6；花柱 1，柱头 3，羽毛状。约 100/80（67）种，**2-2 型**；分布于亚洲热带，亚热带地区；中国广布华南、西南地区。

Baolia Kung & G. L. Chu **苞藜属，Amaranthaceae 苋科**。草本。叶互生，扁平，全缘，具叶柄。花两性，簇生叶腋，具苞片和 2 小苞片；花被 5 深裂，果时显著增大，宿存；雄蕊 5，着生于环形花盘上，花丝扁平，花药细小；子房有点纹，柱头 2，极短，丝形，在果实上外弯。胞果，果皮与种子贴生。种子直立，背腹稍扁，种皮蜂窝状；胚环形，胚乳丰富。1/1（1）种，**15 型**；特产中国甘肃西南部。

Barbarea R. Brown **山芥属，Brassicaceae 十字花科**。二年生或多年生直立草本。茎具纵棱，分枝。萼片近直立，内轮 2 枚常在顶端隆起成兜状；花瓣黄色，多数呈倒卵形，具爪；雄蕊 6，分离，花丝线形；子房圆柱形，花柱短，柱头 2 裂或头状。长角果近圆柱状四棱形，果瓣具明显中脉及网状侧脉。种子每室 1 行，无膜质边缘。花粉粒 3 沟，网状-皱状纹饰。染色体 2*n*=16。22/5（2）种，**8-4（10）型**；分布于亚洲西南部，澳大利亚，欧洲和北美；中国产东北、内蒙古、新疆北部、西藏和台湾。

Barleria Linnaeus **假杜鹃属，Acanthaceae 爵床科**。多年生草本、亚灌木或灌木，具钟乳体，有刺或无刺。叶对生，具羽状脉。聚伞花序或穗状花序，有时花单生或簇生；小苞片 2，或呈 2 叉刺状。花萼 4 裂，裂片两两成对；花冠烟斗状，5 裂，整齐或稍二唇形；雄蕊 4，内藏或前雄蕊稍伸出，花药 2 室，基部无芒状附属物；不育雄蕊 1；子房 2 室，每室 2 胚珠，具珠柄钩。蒴果开裂时胎座不从基部弹起。种子 2 或 4，被贴伏长毛。花粉粒 3 孔沟，网状纹饰。染色体 2*n*=40。（80-120）/4（1）种，**2（6）型**；分布于亚洲和非洲的热带地区；中国产华南和西南地区。假杜鹃 *B. cristata* Linnaeus、黄花假杜鹃 *B. prionitis* Linnaeus 栽培供观赏。

Barnardia Lindley **绵枣儿属，Asparagaceae 天门冬科**。多年生草本，鳞茎具膜质皮。叶基生，条形或卵形。花葶不分枝，直立，具总状花序；花梗有关节，苞片小；花被片 6，离生或基部稍合生；雄蕊 6，着生于花被片基部或中部，花药背着，内向开裂；子房 3 室，常每室多具 1-2 个胚珠，花柱丝状，柱头很小。蒴果室背开裂，常具少数黑色种子。花粉粒单沟，网状纹饰。染色体 2*n*=16，18，26，27，34，35，36，43。2/1 种，**10-3 型**；分布于巴利阿里群岛，西北非洲，韩国，日本及中国东部。

Barringtonia J. R. Forster & J. G. A. Forster **玉蕊属，Lecythidaceae 玉蕊科**。乔木或灌木，树皮开裂；有叶痕；具苞叶。叶丛生；托叶小，早落。总状花序或穗状花序，总梗基部有 1 丛苞叶，早落；花芽球形；萼筒倒圆锥形，花开时撕裂或环裂，裂片

具平行脉；雄蕊多数，最内的 1-3 轮退化至仅存花丝，花药基部着生；花盘环状；花柱单生，宿存。种子 1，无胚乳。花粉粒 3 合沟或复合沟，穿孔状纹饰。染色体 *x*=13。56/3（1）种，**4 型**；分布于非洲，亚洲和大洋洲的热带和亚热带地区；中国产云南、广东、海南和台湾。滨玉蕊 *B. asiatica* (Linnaeus) Kurz 的果和树皮有毒；玉蕊 *B. racemosa* (Linnaeus) Sprengel 的根可作退热剂；果止咳。

Barthea J. D. Hooker **棱果花属，Melastomataceae 野牡丹科**。灌木。叶对生，全缘，两面无毛，基出脉 5 条；具叶柄。聚伞花序，顶生；萼管钟形；花瓣倒卵形，无毛；雄蕊 8，不同形，不等长，基部具 2 刺毛，药隔延长成短距，短者花药长圆形，无喙，基部具 2 刺毛，药隔略膨大，有时呈不明显的距；子房半上位。蒴果长圆形，与宿存萼贴生；种子楔形。1/1（1）种，**15 型**；中国产华东、华中南部至华南地区（除海南外）和台湾。

Basella Linnaeus **落葵属，Basellaceae 落葵科**。一年生或二年生攀援状草本；叶互生，稍肉质，全缘；花小，无梗，常淡红色或白色花，两性或单性，辐射对称，排成穗状花序或总状花序；花柱 3，柱头线形；小苞片 2，极小；花被片 5，分离或稍合生；雄蕊 5，子房上位，1 室；胚珠单生，果为浆果状核果。花粉粒 6 个萌发孔，粗网状纹饰。(5-6）/1 种，**2 型**；产热带；中国产南方。落葵 *B. alba* Linnaeus 栽培于南方，可作蔬菜或药用。

Basellaceae Moquin-Tandon **落葵科，木兰亚纲/石竹目**。多年生肉质草本；茎攀援状，单叶，互生，全缘，稍肉质；花小，两性，稀单性，辐射对称，排成穗状花序或总状花序；苞片小，小苞 2 片，宿存；花被 5 片，离生或下部合生，白色或淡红色；雄蕊 5，与花被片对生，花丝着生花被上；雌蕊由 3 心皮合生，子房上位，1 室，胚珠 1 粒；浆果状核果；种子球形，胚乳丰富。花粉粒散孔或散沟。4 属，19 种，分布于亚洲，非洲及拉丁美洲热带地区；中国栽培 2 属，3 种。

Bashania P. C. Keng & T. P. Yi **巴山木竹属，Poaceae 禾本科**。小型至乔木状竹类。地下茎细型；秆散生兼稀疏丛生；分枝 1-7。秆箨迟落或宿存；箨耳无或不明显；箨片直立或外翻。叶鞘宿存；叶舌发达；叶耳不明显。单次发生花序，圆锥状或总状，开花枝条常被小苞片；颖片 2；外稃与颖相似；内稃先端钝；鳞被 3；雄蕊 3，黄色或紫色；花柱 1，柱头 2 或 3，羽毛状。颖果卵圆形。12/10（10）种，**7-4 型**；分布于东喜马拉雅；中国产西南地区。

Basilicum Moench **小冠薰属，Lamiaceae 唇形科**。草本。轮伞花序具 6-10 花，成顶生的总状花序，或穗状，花序多数复组成圆锥状花序。花萼卵珠状钟形或钟形，萼齿 5，萼筒外面被毛。花冠筒喉部呈钟形扩大，冠檐上唇 3 裂，下唇全缘。雄蕊 4，前对较长，下倾，花丝离生，花药近圆形，汇合成 1 室。花柱先端棍棒状头形，2 裂，裂片近等大。花盘平顶或前方呈指状膨大。小坚果倒卵珠形，背腹压扁，光滑。花粉粒 6 沟。染色体 2*n*=28，30。1/1 种，**4 型**；分布于热带亚洲，南亚及东南亚，澳大利亚东北部；中国产长江以南地区。

Bassia Allioni **雾冰藜属，Amaranthaceae 苋科**。草本。叶互生，无柄，膜质或肉质，密被毛。花两性，无柄，单生或穗状花序，无苞片或小苞片；花被筒状，膜质，被毛，上部 5 裂，裂齿等长，果时在花被背部具 5 个非翅状的附属物；雄蕊 5；子房无柄，花柱短，柱头 2-3。胞果顶基扁，果皮膜质，不与种皮相联。种子横生，胚环形，有胚乳。约 10/3 种，**10 型**；分布于温带地区和大洋洲；中国产北方和青藏高原。

Bauhinia Linnaeus **羊蹄甲属，Fabaceae 豆科**。乔木，灌木或攀援藤本。单叶，全缘，常先端凹缺或分裂为 2 裂片。花常两性，

单生或组成总状、伞房或圆锥花序；萼片花期分为 2-5 片；花瓣 5 片，常具瓣柄；能育雄蕊 2、3、5 或 10，花药背着，纵裂；子房常具柄，有胚珠 1 至多颗。荚果长圆形、带状或线形，常扁平。种子圆形或卵形，扁平，有或无胚乳。花粉粒 3 孔沟，网状、条纹状、颗粒状或棒状纹饰。染色体 $2n$=24，26，28，42，56。约 300/47（23）种，**2（→14）型**；广布热带地区；中国产南部和西南部。白花羊蹄甲 *B. acuminata* Linnaeus、羊蹄甲 *B. purpurea* Linnaeus 可供观赏。

Beaumontia Wallich **清明花属，Apocynaceae 夹竹桃科**。粗壮藤本。叶对生，叶腋内有腺体。花序聚伞状，或有时圆锥状或伞房状，顶生或腋生；花萼裂片大，叶状，内面基部腺体整齐排列；花冠钟状，花冠喉部宽大，无附属体，裂片芽期向右覆盖；雄蕊着生于花冠管内部狭窄处；花丝弓形；花药常伸出，贴生于柱头上；子房由 2 个心皮合生而成，胚珠多数。蓇葖 2 个合生，木质。种子长圆状倒卵圆形，顶端有种毛。花粉粒具颗粒状纹饰。染色体 $2n$=24。9/5（1）种，**7 型**；分布于亚洲东部和东南部；中国产广东、广西和云南。

Beccarinda Kuntze **横蒴苣苔属，Gesneriaceae 苦苣苔科**。草本，具根状茎。叶基生或茎生。花萼 5 裂至基部；花冠近斜钟状，檐部二唇形；雄蕊 4，内藏，花药宽卵形，药室近平行；退化雄蕊小或不存在；子房卵球形，花柱上部稍弯曲，柱头 1，头状。蒴果狭长圆形，极偏斜，顶端具较长的尖头。种子纺锤形至长圆形。染色体 $2n$=20。约 7/5 种，**7-3 型**；分布于缅甸，越南北部，以及中国广东西部、广西、贵州、云南东南部、四川南部。

Beckmannia Host **菵草属，Poaceae 禾本科**。一年生草本。圆锥花序，由多数贴生或斜生的穗状花序组成；小穗含 1 花，稀为 2 小花，两侧压扁，几无柄，成 2 行覆瓦状排列于穗轴之一侧；颖半圆形，等长，草质，先端钝或锐尖；外稃披针形，稍露出于颖外，先端尖或具短尖头，内稃具脊；雄蕊 3。颖果圆柱状。染色体 x=7。约 2/1 种，**8 型**；广布北半球温带地区；中国南北均产。菵草 *B. syzigachne*（Steudel）Fernald 是优良牧草；也是杂草。

Beesia I. B. Balfour & W. W. Smith **铁破锣属，Ranunculaceae 毛茛科**。多年生草本。根状茎。单叶基生，有长柄，心形或心状三角形，不分裂。花葶不分枝；聚伞花序无柄或近无柄；苞片及小苞片钻形；花辐射对称；萼片 5，花瓣状；花瓣无；雄蕊多数，花丝近丝形；心皮 1，胚珠约 10，2 列。蓇葖果狭长，扁，具横脉。种子少数，卵球形，种皮具皱褶。花粉粒 3 沟，具小刺。染色体 $2n$=16。2/2（1）种，**14SH 型**；分布于缅甸北部及中国西南部。

Begonia Linnaeus **秋海棠属，Begoniaceae 秋海棠科**。多年生草本肉质。茎直立、匍匐状、稀攀援状。单叶，互生或全部基生；叶片常不对称。花单性，多雌蕊同株，极稀异株；花被片花冠状；雄花：花被片 2-4。雌花：花被片 2-5（-6-8），子房下位，具侧膜胎座或中轴胎座，每胎座具 1-2 裂片。蒴果浆果状，呈 3-4 翅或小角状凸起；种子细小，极多数。花粉粒 3 孔沟，条纹状纹饰。染色体 $2n$=20，22，30，32，34，36，38 等。约 1000/180 种，**2-2 型**。广布热带和亚热带地区，尤以中美洲，南美洲最多；中国产长江流域以南各省区，极少数到华北地区、甘肃、陕西南部，云南东南部和广西西南部尤盛。

Begoniaceae C. Agardh **秋海棠科。木兰亚纲/葫芦目**。草本或软木质灌木。茎有关节，直立或无地上茎。单叶互生，2 列。花序聚伞状；花单性，雌雄同株；雄花被片 2-4，雄蕊多数，花药 2 室；雌花被片 2-5，雌蕊由 2-5 枚心皮形成，子房下位，稀半下位，2-3（4-7）室，中轴胎座或侧膜胎座；花柱分离或基部合生；柱头呈螺旋状，带刺状乳头。果为蒴果，有时呈浆果状，有

B

翅或棱。花粉粒 3 孔沟，条纹状纹饰。染色体 $2n$=20，22，30，32，34，36，38，44，52，56，60，64，88 等。2（-3）属，约 1400 种，广布热带和亚热带地区；中国 1 属，180 余种，产西南及华南地区。

Beilschmiedia Nees **琼楠属，Lauraceae 樟科**。常绿乔木或灌木。叶对生，近对生或互生，羽状脉，网脉明显。花两性。花序短，成聚伞状圆锥花序，有时为腋生的近总状花序；总梗及花梗花后增大或不增大。花被裂片 6，近相等；能育雄蕊 9，花药 2 室，第一、二轮花药内向，第三轮外向；子房先端渐狭成花柱。果浆果状，椭圆形、卵状椭圆形、圆柱形、倒卵形或近球形；果梗膨大或不膨大；花被筒果实完全脱落。花粉粒无萌发孔，有时具刺。300/39（33）种，**2 型**；分布于非洲，东南亚，澳大利亚和美洲的热带地区；中国自西南至台湾，以广东、广西和云南尤盛。

Bellis Linnaeus **雏菊属，Asteraceae 菊科**。草本，葶状丛生或茎分枝而疏生。叶基生或互生。头状花序常单生，有异型花，外围有 1 层雌花，中央有多数可育两性花；花托凸起或圆锥形，无托片；冠毛不存在，或极少而短联合成环在基部合生；总苞片近 2 层，稍不等长，草质；雌花舌状，舌片白色或浅红色，花柱分枝短扁，三角形。瘦果扁，有边脉，两面无脉或有 1 脉。染色体 x=9。8/1 种，**12 型**；亚洲，欧洲；中国广布。雏菊 *B. perennis* Linnaeus 栽培可供观赏。

Belostemma Wallich ex Wight **箭药藤属，Apocynaceae 夹竹桃科**。缠绕藤本或攀援半灌木。叶对生。聚伞花序，腋外生；花萼裂片双盖覆瓦状排列，内面基部有 5 个腺体；花辐状，花冠管短，花冠裂片芽期镊合状排列；副花冠着生于合蕊冠背面；花药顶端膜片宽卵形，覆于柱头；花粉块每室 1 个，近圆球状；子房由 2 枚离生心皮组成；柱头盘状五角形，伸出。蓇葖果，多单生。3/3（2）种，**7 型**；分布于印度，尼泊尔及中国云南南部和四川。

Belosynapsis Hasskarl **假紫万年青属，Commelinaceae 鸭跖草科**。多年生匍匐草本，根状茎长。蝎尾状聚伞花序，顶生或腋生，总苞片叶状，而不为佛焰苞状。雄蕊 6，花丝被绵毛，花药纵向裂开。蒴果椭圆状，3 爿裂，具凹槽。种子每室 2，具网纹。染色体 $2n$=36，40，52。3/1 种，**7c 型**；分布于亚洲南部；中国产广东南部、广西南部、海南、台湾和云南。

Benincasa Savi **冬瓜属，Cucurbitaceae 葫芦科**。一年生蔓生草本，全株密被硬毛。叶掌状 5 浅裂。常雌雄同株；雄花花萼裂片 5，近叶状；花冠辐状，常 5 裂；雄蕊 3，离生，药室多回折曲；雌花花萼和花冠同雄花；退化雄蕊 3；子房卵珠状，具 3 胎座；胚珠水平生，花柱插生在盘上，柱头 3。果实大型，长圆柱状或近球状，具糙硬毛及白霜，不开裂，种子多数。花粉粒 3 孔沟，网状纹饰。染色体 x=12。2/1 种，**5 型**；原产新喀里多尼亚，新爱尔兰，新几内亚，热带澳大利亚，目前热带，亚热带地区均有栽培；中国各地均有栽培。冬瓜 *B. hispida* (Thunberg) Cogniaux 可作蔬菜；果皮和种子可药用。

Benkara Adanson **簕茜属，Rubiaceae 茜草科**。灌木或小乔木。常具直刺。叶对生。花单生或多朵簇生成聚伞状花序，生于枝顶；花两性，5 基数；花萼漏斗形；花冠高脚碟状，裂片旋转排列；雄蕊略伸出；子房 2 室，胚珠多数，中轴胎座，柱头 2 裂，伸出。浆果，球形至椭球形，果皮较薄，顶冠以宿萼。种子具角，嵌生于果肉中，种皮具网纹。花粉粒 3 孔，网状纹饰。染色体 n=11。约 19/7（4）种，**7-4 型**；分布于亚洲东南部，马来西亚至菲律宾；中国产华南至西南地区。

Bennettiodendron Merrill **山桂花属，Salicaceae 杨柳科**。灌木或乔木；叶有锯齿，无托叶；花小，单性异株，为总状花序式排列的伞形花序；萼片 3，很少 4-5；花

瓣缺；雄花有雄蕊极多数，其间有许多肉质的腺体，花丝被毛；退化雌蕊小；花盆腺体状，有睫毛；雌花有退化雄蕊多数。子房有侧膜胎座3个，每一胎座上有胚珠2-3，花柱3，丝状，柱头近2裂；果为1浆果，常有种子1颗，种皮稍网状。花粉粒3孔沟（稀3沟），网状纹饰。6/4种，**7型**；分布于印度，缅甸，越南，马来西亚，印度尼西亚等；中国主产海南、广东、广西、云南，少数到湖南、江西和贵州。

Berberidaceae Jussieu **小檗科，木兰亚纲/毛茛目**。灌木或多年生草本，稀小乔木。茎具刺或无。叶常互生；单叶或羽状复叶；叶脉羽状或掌状。花两性，单生或成花序。花被常3基数；萼片6-9，常花瓣状，离生，2-3轮；花瓣6；雄蕊与花瓣同数对生，花药2室，瓣裂或纵裂；子房上位，1室，基生或侧膜胎座。浆果，蒴果，蓇葖果或瘦果。种子1至多数。花粉粒3沟、螺旋状单萌发孔或散沟，穿孔或网状纹饰。15属，约650种，分布于北半球温带及亚热带高山地区；中国11属，约303种，各地均产。

Berberis Linnaeus **小檗属，Berberidaceae** 小檗科。落叶或常绿灌木。枝具刺，单生或3-5分叉。单叶互生，叶片与叶柄连接处具关节。花3数，小苞片3。萼片6，2轮；花瓣6，近基部具2枚腺体；雄蕊6，与花瓣对生，花药瓣裂，子房含基生胚珠1-12。浆果，红色或蓝黑色。种子1-10，黄褐色至红棕色或黑色，无假种皮。花粉粒螺旋状萌发孔，穿孔状纹饰。染色体 $2n$=14，28。约500/215种，**8-5型**；分布于温带和亚热带地区；中国产西部和西南部。多数种类可代黄连药用，如三颗针 *B. diaphana* Maximowicz。

Berchemia Necker ex de Candolle **勾儿茶属，Rhamnaceae** 鼠李科。直立或藤状灌木，稀小乔木。叶互生，全缘，羽状平行脉；托叶基部合生，宿存，稀脱落。花序聚伞总状或聚伞圆锥状，稀1-3花；花两性，具梗；萼筒短；花瓣匙形或兜状，两侧内卷，基部具短爪；花盘不等10裂；子房上位，2室，每室有1胚珠，柱头头状，不分裂、微凹或2浅裂。核果顶端有残存的花柱，基部有宿存萼筒；花盘增大。内果皮硬骨质，2室，每室具1种子。花粉粒3孔沟，网状纹饰。32/19（12）种，**9型**；分布于亚洲东部至东南部温带和热带地区；中国产西南、华南、中南及华东地区。一些种类的根、茎或叶可供药用；嫩叶可代茶。

Berchemiella Nakai **小勾儿茶属，Rhamnaceae** 鼠李科。乔木或灌木。叶互生，全缘，基部常不对称，侧脉羽状平行。聚伞总状花序顶生；花两性，具梗；苞片小，脱落；萼筒盘状，5裂，萼片内面中肋中部具喙状凸起；花瓣倒卵形，两侧内卷，基部具短爪；子房上位，2室，每室有1侧生胚珠，花柱粗短，花后脱落，柱头微凹或2浅裂；花盘厚，五边形，结果时不增大。核果，1室1种子，基部有宿存的萼筒。花粉粒3孔沟，网状纹饰。3/2（2）种，**14（SJ）型**；分布于日本，以及中国安徽、湖北、浙江和云南。

Bergenia Moench **岩白菜属，Saxifragaceae** 虎耳草科。多年生草本。根状茎粗壮，肉质，被鳞片。单叶基生，厚而大，具小腺窝，托叶鞘宽展。聚伞花序圆锥状，具苞片；花较大，白色、红色或紫色；托杯内壁几与子房不愈合；萼片5；花瓣5；雄蕊10；心皮2，基部合生，子房近上位，基部2室，具中轴胎座，顶部1室，具2边缘胎座，胚珠多数，花柱2。蒴果，先端2瓣裂。种子黑色，具棱。花粉粒3孔沟，网状，条纹状或皱波-穿孔状纹饰。染色体 $2n$=34。9/6种，**11型**；分布于东亚，南亚北部和中亚东南部；中国产西北、西南，主产四川、云南和西藏。

Bergia Linnaeus **田繁缕属，Elatinaceae** 沟繁缕科。草本或亚灌木，直立或匍匐状，多分枝。叶对生，边缘具细锯齿。花小，

排成腋生的聚伞花序或簇生于叶腋内；萼片5，离生，中脉明显；花瓣与萼片同数，离生；雄蕊与花瓣同数或较多，但不超过其2倍；子房上位，5室，每室有胚珠极多数。蒴果近骨质，5瓣裂，隔膜常附着于宿存的中轴上；种子多数，长圆形，微弯曲，具网纹。花粉粒3孔沟，网状纹饰。25/3种，**2型**；广布热带和温带地区；中国产南部。

Berneuxia Decaisne **岩匙属，Diapensiaceae 岩梅科**。多年生草本，光滑无毛。根状茎具卵状鳞片，伸长，略弯曲。叶丛生于基部根状茎上呈莲座状，革质，基部下延，全缘，具网状叶脉；叶柄伸长，粗壮。花生于花葶上，呈顶生伞状或头状总状花序，小苞片线状披针形。花5数，花冠深裂；雄蕊生于花冠筒的基部，与具髯毛的短的匙状退化雄蕊连合成环。花丝伸长，略粗壮，圆柱形，花药2室，纵裂；子房3室，每室具多数倒生胚珠，柱头小，盘状，微3浅裂。蒴果球形，室背开裂，常包于宿存的绿色花萼内。花粉粒3孔沟，网状纹饰。1/1（1）种，**15型**；特产中国西南部。

Berrya Roxburgh **六翅木属，Malvaceae 锦葵科**。乔木。叶心形，5-7条基出脉。花排成顶生圆锥花序。花萼钟形，3-5裂；花瓣5，匙形；雄蕊全发育，花药近球形；子房3-5室，每室2-6胚珠，悬垂，花柱钻形。蒴果球形，室背开裂为3个果爿，每果爿具2倒卵形直翅；每室1-2种子。种子被刚毛；胚乳肉质。花粉粒3孔沟，皱网状纹饰。染色体2*n*=40。6/1种，**7e型**；分布于印度，马来西亚，波利尼西亚及中国台湾。六翅木 *B. cordifolia* (Willdenow) Barret为名贵木材。

Berteroa de Candolle **团扇荠属，Brassicaceae 十字花科**。一、二年生或多年生草本，被分枝毛。茎分枝，叶不裂。萼片基部不成囊状；花瓣白色，顶端2深裂；雄蕊花丝具齿；子房无柄，花柱长，柱头2深裂。短角果椭圆形或圆形，果瓣扁平或稍膨胀，隔膜柔软，透明，无脉。种子每室多数，扁平，有边。花粉粒3沟，网状-皱状纹饰。染色体2*n*=16。5/1种，**10型**；分布于亚洲，欧洲和北美；中国产西北地区。

Berula Koch **天山泽芹属，Apiaceae 伞形科**。草本，具根茎。茎基部有走茎。基生叶羽状全裂或沉水叶多裂，有羽片约8对；叶柄有鞘；茎生叶羽片4-6对。复伞形花序，有总苞片和小总苞片；小伞形花序有花10-20，柄不等长；萼齿小；花瓣白色；花柱基圆锥状。果实光滑，果棱线形；油管多数，沿胚乳表面排成1圈；胚乳腹面平直；心皮柄2裂至基部。花粉粒3孔沟，皱波状-条纹状纹饰。2/1种，**8-4型**；分布于非洲，中亚，西南亚，澳大利亚，中美（墨西哥），欧洲，北美；中国产新疆。

Beta Linnaeus **甜菜属，Amaranthaceae 苋科**。草本。茎具条棱。叶互生，近全缘。花两性，无小苞片，单生或穗状花序；花被片5裂，基部与子房合生，果时变硬；雄蕊5，周位；子房半下位，柱头2-3。胞果下部与花被的基部合生，上部肥厚多汁或硬化。种子横生，顶基扁，种皮壳质，有光泽，与果皮分离。胚环形或近环形，胚乳丰富。花粉粒散孔，穿孔状-颗粒纹饰。约10/1种，**10型**；分布于欧洲，亚洲及非洲北部；中国引入栽培。

Betonica Linnaeus **药水苏属，Lamiaceae 唇形科**。多年生草本。叶宽卵圆形或披针形，基生叶及下部茎叶具长柄，基部深心形，苞叶近无柄。轮伞花序多花密集成顶生穗状花序；小苞片与花萼等长或略长；花萼管状钟形，5脉，5齿，先端具硬刺尖；花冠筒圆柱形，冠檐二唇形，上唇内凹，全缘或微缺，下唇开张，3裂；雄蕊4，前对较长，药室近平行；花柱先端近等2浅裂。小坚果顶端钝圆或几截平。花粉粒3沟。染色体2*n*=16。约15/1种，**10型**；分布于欧洲至亚洲西南部；中国引入栽培。

Betula Linnaeus **桦木属，Betulaceae 桦木科。**落叶乔木或灌木。树皮具多种颜色，光滑、薄层状剥裂或块状剥裂。芽无柄，具多数芽鳞。叶边缘具重锯齿或单锯齿，叶脉羽状。花单性，雌雄同株。雄花序下垂、柔荑状，每初级苞片内具 1-3 朵雄花；花被膜质，雄蕊 2-3，花丝顶端分叉，花药 2 爿合生。雌花序直立或下垂，每初级苞片内有 1-3（4）朵雌花，花被缺，子房 2 室，花柱 2 枚分离。果苞革质，脱落，具 3 裂片，具膜质翅的小坚果 1-3 枚。种子单生。花粉粒 3 孔，颗粒状纹饰。（50-60）/32（14）种，**8 型**；分布于北温带，少数至北极；中国广布。白桦 *B. platyphylla* Sukaczev 的木材可作家具、胶合板等；树皮可染革以增加香气。

Betulaceae Gray **桦木科，木兰亚纲/壳斗目。**落叶乔木或灌木。单叶互生，叶缘具重锯齿或单齿，稀浅裂或全缘，叶脉羽状。雌雄同株，花单性，风媒；雄花序为下垂的柔荑花序；雄花 1-3 朵成小花序聚生在初级苞片腋内，有花被或缺，雄蕊（1）2-20，花药 2 药爿；雌花序球果状、穗状、总状或头状，雌花 1-3（4，5）朵成小花序聚生在初级苞片腋内；子房 2 室，每室具 1 或 2 枚胚珠，花柱 2。果为具翅或不具翅小坚果或坚果。胚直立，无胚乳。花粉粒 3 孔，稀多孔；染色体 x=8，14。6 属，150-200 种，分布于亚洲，欧洲和北美洲温带，少数至南美洲；中国 6 属，89 种，南北均产。

Bhesa Buchanan-Hamilton ex Arnott **膝柄木属，Centroplacaceae 裂药树科。**常绿乔木，常有板状根。叶互生，革质；托叶膜质脱落后留有托叶痕。聚伞花序总状或圆锥状，单生或 2 至数个簇生于枝侧，或假顶生；花 5 数，少为 4 数，萼片 5，花瓣 5，花盘肉质盘状；雄蕊 5；心皮 2 合生，花柱 2，分离或基部合生，子房不与花盘愈合，顶端常有 1 环长毛，2 室，每室有 2 胚珠。蒴果成熟纵裂；种子 1-2，假种皮肉质，白色或棕色大部或部分包围种子。花粉粒 3 孔沟，条纹状纹饰。6/1 种，**7e 型**；分布于热带地区；中国产广西合浦。

Bidens Linnaeus **鬼针草属，Asteraceae 菊科。**草本。茎常有纵条纹。叶对生或有时在茎上部互生。冠毛有芒刺 2-4 枚，其上有倒刺状刚毛；苞片常 1-2 层，基部常合生；外围 1 层为辐射花，常白色或黄色，盘花两性，4-5 裂；花药基部钝或近箭形；花柱分枝扁，顶端附器三角形锐尖或渐尖。果顶端截形或渐狭，无明显的喙。花粉粒 3 孔沟，有刺，刺基具穿孔。染色体 $2n$=24，36，48，72。（150-250）/10（1）种，**1（3）型**；世界广布，以美洲热带，亚热带及暖温带为主；中国各省区均产。

Biebersteinia Stephan **熏倒牛属，Biebersteiniaceae 熏倒牛科。**特征描述同科。4/2（1）种，**12 型**；分布于希腊至中亚；中国产西北和西藏西部。具有浓烈气味，可药用。

Biebersteiniaceae Schnizlein **熏倒牛科，木兰亚纲/无患子目。**多年生具地下茎草本。腺毛粘。茎、叶具黄色腺毛和浓烈气味。叶互生，一至三回羽状全裂。花序总状；花两性，5 数；萼片离生，宿存；花瓣离生，具爪；腺体 5，与萼片对生；雄蕊 10，花丝基部合生，花药 4 室，内向；心皮 5，子房上位，花柱 5，离生，柱头合生，头状。分果由 5 个不裂的干燥的分果瓣组成，每个分果有 1 种子；种子大，种脊圆形，胚稍微弯，有少量胚乳。花粉粒 3 孔沟，条纹状纹饰。染色体 $2n$=10。1 属，4 种，分布于希腊至中亚；中国 1 属，2 种，产西北地区。

Biermannia King & Pantling **胼胝兰属，Orchidaceae 兰科。**茎短，包在叶鞘内。叶数枚，叶尖不等 2 裂。总状花序相当短；萼片与花瓣相似；侧萼片贴生于蕊柱基部；花瓣短于萼片；唇瓣与蕊柱足呈直角紧密贴生，侧面包围或平行于蕊柱，无距，3 裂；侧裂片平行或包围蕊柱；中裂片线

形至狭卵形。蕊柱足短；花粉块 2，蜡质，近球形，具不明显的裂隙或小腔。约 9/1 种，**7-4 型**；分布于亚洲热带地区；中国产广西和云南。

Bignoniaceae A. L. de Jussieu **紫葳科，木兰亚纲/唇形目**。乔木、灌木或木质藤本。羽叶或掌状复叶，无托叶。聚伞花序、圆锥花序或总状花序，花两性，左右对称，大而艳丽。花萼 5，合生钟状、筒状。花冠 5，合生，二唇形；能育雄蕊常 4，2 强，第 5 枚雄蕊有时退化，有时简化成 2 枚，花丝贴生于花冠上，花药箭头状；心皮 2，合生，子房上位，胚珠多数，柱头 2 裂，每裂片有触敏性；具蜜腺盘。蒴果。种子具翅或流苏状毛。多单粒花粉，或为四合或多合花粉，多为 3（-4）沟或孔沟、3 孔、多沟及散沟，皱波状、穴状、穴网状或网状纹饰，光滑或具刺。蜂类、蝇类、蝶类、鸟和蝙蝠传粉。染色体 2*n*=28，30，38，40。种子多由风散布。含环烯醚萜类和酚类。110 属，800 种，广布热带，亚热带，少数到温带，南美洲北部尤盛；中国 12 属，35（21）种，广布，主产南方各省区。

Biondia Schlechter **秦岭藤属，Apocynaceae 夹竹桃科**。多年生草质藤本。叶对生。聚伞花序有花单朵至数朵，腋生；花萼裂片镊合状排列，内面基部有 5 个腺体；花冠坛状或近钟状；副花冠着生于合蕊冠基部，环状，顶端 5 浅裂或齿状；花药近四方形，顶端具薄膜片；花粉块每室 1 个；子房由 2 枚离生心皮所组成，柱头盘状五角形，端部略 2 裂。蓇葖果，常单生，稀双生，狭披针形。种子线形，顶端具白色绢质种毛。约 13/13（13）种，**15 型**；中国产西北、华北、西南和华东地区。

Biophytum de Candolle **感应草属，Oxalidaceae 酢浆草科**。一年生或多年生草本。单茎或二歧分枝，基部常木质化。叶聚生于茎顶或簇生于枝上，偶数羽状复叶；叶柄基部膨大；小叶对生，常偏斜。花单生或数朵组成花序；花常黄色，萼片 5；花瓣 5；雄蕊 10，长短相间，花丝分离；子房近球形，5 室，花柱 5。蒴果卵状长圆形，室背开裂有时达基部，果瓣与中轴分离，每果瓣有种子多粒，种皮有小瘤状凸起。花粉粒 3 孔沟，穿孔状至网状纹饰。染色体 *n*=7-16。约 70/3 种，**2 型**；分布于热带地区，主产南美和非洲，亚洲次之；中国产长江以南各省区。感应草 *B. sensitivum* (Linnaeus) de Candolle 全草可入药。

Bischofia Blume **秋枫属，Phyllanthaceae 叶下珠科**。大乔木，有乳管组织，汁液呈红色或淡红色。三出复叶互生，具长柄。圆锥花序或总状花序腋生；花雌雄异株，稀同株；无花瓣及花盘；萼片 5，离生；雄花萼片镊合状排列，雄蕊 5，与萼片对生，花药大，药室 2，纵裂，退化雌蕊短而宽，有短柄；雌花萼片覆瓦状排列，子房上位，3 室，稀 4 室，每室胚珠 2，花柱 2-4，长而肥厚。果实浆果状，不分裂，外果皮肉质，内果皮坚纸质；种子 3-6，无种阜。花粉粒 3 孔沟，网状纹饰。染色体 *x*=7。2/2 种，**7-1（14）型**；分布于亚洲南部及东南部至澳大利亚和波利尼西亚；中国产西南、华中、华东和华南地区。

Bixa Linnaeus **红木属，Bixaceae 红木科**。灌木或小乔木。叶心状卵形，互生。花集生为顶生的圆锥花序，白色或粉红色；萼片 4-5，分离，覆瓦状排列；花瓣 4-5；雄蕊多数；子房上位，1 室或假数室，胚珠多数；蒴果被软刺，2 瓣裂。花粉粒 3 孔沟，微皱纹饰。1/1 种，**（3）型**；原产热带美洲；中国引种栽培。种子可供药用；种皮可作红色染料。

Bixaceae Kunth **红木科，木兰亚纲/锦葵目**。灌木或小乔木。单叶，互生，具掌状脉。花两性，辐射对称，圆锥花序；萼片 5 枚，分离，覆瓦状排列，脱落；花瓣 5 枚，大而显著，覆瓦状排列；雄蕊多数，分离或基部稍联合，花药顶裂；子房上位，1 室，胚珠多数，生于侧膜胎座上；花柱细弱，柱头 2 浅裂。果为蒴果，外被软刺，2 瓣裂。种子多数，种皮稍肉质，红色。花粉粒 3 孔沟，微皱纹饰。染色体 *n*=6。4 属，21 种，分布于热带美洲；中国 1 属，1 种，引种栽培。

Blachia Baillon **留萼木属，Euphorbiaceae 大戟科。**灌木。叶互生，全缘，稀分裂。雌雄同株；花雌雄异序，花序顶生或腋生，雄花序总状；雌花序有花数朵，排成伞形花序状或总状，有时雌花单朵或数朵生于雄花序基部。雄花：萼片 4-5，覆瓦状排列，花瓣 4-5，腺体鳞片状，雄蕊 10-20，不育雌蕊缺。雌花：萼片 5，无花瓣，花盘环状或分裂，子房 3-4 室，每室胚珠 1 颗，花柱 3，离生，各 2 裂。花粉粒无萌发孔，巴豆状纹饰。种子无种阜，胚乳肉质，子叶宽且扁。约 10/4 种，**7 型**；分布于亚洲热带地区；中国产广东、广西、海南。

Blainvillea Cassini **百能葳属，Asteraceae 菊科。**草本。茎直立。叶对生。头状花序小，放射状或近盘状；花托托片包裹小花，干膜质；冠毛毛状或鳞片状，2-5 个，不等长，基部联合；全部小花结，外缘的雌花 1-2 层，花冠辐射状或有时管状，舌片短，顶端有 2-4 个细齿，中央花两性，管状；花柱分枝狭，顶端有尖或钝的附器。雌花的瘦果有 3 棱或背部扁压，两性花的瘦果具 3-4 棱或侧向扁压。花粉粒 3 孔沟，具刺。染色体 *x*=17。10/1 种，**2 型**；热带分布；中国产南方地区。

Blastus Loureiro **柏拉木属，Melastomataceae 野牡丹科。**灌木。叶片 3-5（-7）基出脉。由聚伞花序组成的圆锥花序，顶生，或呈腋生伞形花序或伞状聚伞花序；花萼狭漏斗形至钟状漏斗形，或圆筒形，常被小腺点；花瓣卵形或长圆形；雄蕊 4（-5）等长，花药单孔开裂；子房下位，4 室。蒴果椭圆形或倒卵形，纵裂，与宿存萼贴生，宿存萼常被小腺点；种子多数，常为楔形。花粉粒带状孔沟，外壁平滑或微皱。12/9（7）种，**7a 型**；分布于印度东部，日本琉球群岛；中国产西南部至台湾。柏拉木 *B. cochinchinensis* Loureiro 全株可治疮疖；根可止血。

Blechnaceae Newman **乌毛蕨科，水龙骨亚纲/水龙骨目。**草本，土生，少数攀援。根状茎粗短，直立或少有横走。叶簇生或远生，同型或二型；羽片线状披针形至阔披针形或三角状；叶脉羽状分离或连接成网状；二型叶类型的能育叶片长线形，一回羽状，孢子囊布满羽片下面。孢子囊群大多汇生成线形或椭圆形；囊群盖同形，开向中肋，少数无囊群盖；孢子椭圆形，表面具小瘤状纹饰或光滑。24 属，约 265 种，世界广布，主产南半球热带地区；中国 7 属，15 种，产长江以南各省区。

Blechnidium Moore **乌木蕨属，Blechnaceae 乌毛蕨科。**附生中小型草本。根状茎细长而横走，黑褐色，密被鳞片；鳞片披针形，红棕色，覆瓦状排列。叶疏生至近生；柄长，乌木色，无光泽，上面有纵沟；叶片披针形至阔披针形，两端变狭，一回羽裂深达叶轴，羽片平展或斜展，近篦齿状排列，全缘并有软骨质狭边，干后常反卷。小脉沿主脉两侧各有 1-3 行多角形的网眼。叶厚纸质至革质。孢子囊群线形，沿主脉两侧各有 1 条；囊群盖线形。孢子椭圆形，具周壁，形成不规则的网状纹饰，上有稀疏的粗颗粒，外壁表面光滑。1/1 种，**7 型**；产印度北部，缅甸北部；中国产西南及台湾。乌木蕨 *B. melanopus* Hooker 可供观赏。

Blechnum Linnaeus **乌毛蕨属，Blechnaceae 乌毛蕨科。**草本，土生植物。根状茎粗短，直立，密被鳞片或鳞毛，鳞片线形。叶簇生，一型或二型；叶片一回羽状分离，厚革质；羽片线状披针形，全缘或具锯齿；叶脉羽状分离，小脉单一或二叉。孢子囊群线形；囊群盖同形；孢子椭圆形，具周壁，表面具皱褶，外壁光滑。染色体 *x*=31。

5~30/3 种，**2 型**；泛热带分布；中国产长江以南各省区。乌毛蕨 *B. orientale* Linnaeus 可供观赏。

Blechum R. Brown **赛山蓝属，Acanthaceae 爵床科**。多年生草本；具钟乳体。叶对生，具羽状脉。穗状花序顶生；苞片 4 列，覆瓦状排列，小苞片 2。花萼 5 深裂至近基部；花冠漏斗状，花冠管细，上部扭转，檐部 5 浅裂；雄蕊 4，2 强，内藏，花药 2 室，药室基部无芒状附属物；子房 2 室，每室 3 至多数胚珠，具珠柄钩。蒴果开裂时胎座从基部弹起。种子 8 至多数，吸湿性短柔毛。花粉粒 3 合沟，穿孔状纹饰。染色体 2*n*=34。（6-10）/1 种，**3 型**；产美洲热带地区，其他热带地区归化；台湾已归化。

Blepharis Jussieu **百簕花属，Acanthaceae 爵床科**。多年生草本或亚灌木，无钟乳体。叶常 4 片轮生。花单生叶腋，或穗状花序顶生短缩呈头状；苞片常多达 5 对簇生。花萼 4 裂；花冠单唇形，上唇退化，下唇 3 浅裂；雄蕊 4，2 强，前面 1 对雄蕊的花丝顶端向上延伸成 1 塔状附属物；花药 1 室，药室被毛，基部无芒状附属物；子房 2 室，每室 2 胚珠，具珠柄钩。蒴果开裂时胎座不从基部弹起。种子 2 或 4，种子近圆形，密被分枝的吸湿性柔毛。花粉粒 3 沟，穿孔状或网状纹饰。染色体 2*n*=22。100/1 种，**6（→12）型**；分布于非洲，亚洲及大洋洲的热带地区；中国产海南。

Bletilla H. G. Reichenbach **白及属，Orchidaceae 兰科**。地生植物。茎基部具膨大的假鳞茎；假鳞茎，肉质，生数条细长根。叶互生，叶柄互相卷抱成茎状。总状花序常具数朵花；唇瓣位于下方；萼片与花瓣相似，近等长，离生；蕊柱细长，两侧具翅；花粉团 8 个，成 2 群，每室 4 个，成对而生，粒粉质，多颗粒状，具不明显的花粉团柄，无粘盘。6/4 种，**14 型**；分布于东亚；中国产西南、华东地区。

Blinkworthia Choisy **苞叶藤属，Convolvulaceae 旋花科**。攀援小灌木。茎伸长，被长柔毛或粗伏毛。叶线形或椭圆形，背面被丝毛或粗伏毛。单花腋生；具苞片 3 枚，近叶状。萼片卵状长圆形，近等长，革质，结果时稍增大；花冠圆筒状至坛状，或钟状，冠檐 5 齿裂；雄蕊内藏；子房圆锥状，无毛，花柱 1，丝状，柱头头状，2 裂。浆果不开裂，为宿萼包围，无毛。种子 1 粒，无毛。花粉粒散孔，具刺。2/1 种，**7 型**；分布于缅甸，泰国及中国广西和云南。苞叶藤 *B. convolvuloides* Prain 的根可入药。

Blumea de Candolle **艾纳香属，Asteraceae 菊科**。草本，亚灌木或藤本，常有香气。茎直立、斜升、平卧或攀援状。叶互生。头状花序假盘状；总苞片多层；花托无毛或被柔毛；冠毛糙毛状，多数；外围雌花细管状，2-4 齿裂，黄色或紫红色，中央花两性，黄色或紫红色，管状；花柱分枝顶端钝或稍尖。花粉粒 3 孔沟，具刺。染色体 *x*=8，9，10，11。53/31（5）种，**4 型**；分布于非洲，热带亚洲，大洋洲和太平洋群岛；中国产南方地区。艾纳香 *B. balsamifera* (Linnaeus) de Candolle 可药用，是提取冰片的原料。

Blysmus Panzer ex Schultes **扁穗草属，Cyperaceae 莎草科**。多年生草本，具匍匐根状茎。秆三棱形。叶基生或秆生。苞片叶状；小苞片呈鳞片状；穗状花序单一，顶生，具数个至 10 多个小穗，近 2 列；小穗具少数两性花；鳞片覆瓦状，近 2 列；下位刚毛存在或不发育，常生倒刺。雄蕊 3，药隔突出于花药顶端；花柱基部不膨大，脱落，柱头 2。小坚果平凸状。染色体 2*n*=40，44。4/3 种，**8 型**；分布于欧洲，亚洲和北美的温带地区；中国产东北、华北至西部。

Blyxa Noronha ex Thouars **水筛属，Hydrocharitaceae 水鳖科**。沉水草本。叶基生或茎生，无柄，基部具鞘，叶缘有细锯齿。佛焰苞管状，具纵棱，先端 2 裂，佛焰苞

内有 1 朵花，或数朵；花单性或两性：雄花萼片 3，宿存，线形或披针形；花瓣 3，比萼片长；雄蕊 3-9 枚，花丝细，花药 4 室；雌花或两性花萼片和花瓣与雄花相似；子房下位，线形，先端伸长成喙，花柱 3，胚珠多数。果实线形到长圆柱形。种子多数，椭圆形或梭形，平滑或有突刺。花粉粒无萌发孔，刺状纹饰。染色体 2*n*=16，32，72。11/5 种，**4 型**；广布热带和亚热带地区；中国产华东、华南、华中和西南地区。水筛 *B. japonica* (Miquel) Maximowicz ex Ascherson & Gürke 可作鱼饵料；或水体园艺布景。

Boea Commerson ex Lamarck **旋蒴苣苔属，Gesneriaceae 苦苣苔科。**草本。叶对生，或螺旋状。花萼 5 裂至基部。花冠狭钟形，5 裂近相等或明显二唇形；雄蕊 2，花药大，椭圆形，顶端连着；退化雄蕊 2-3 枚；花盘不明显；子房长圆形，柱头 1，头状。蒴果螺旋状卷曲。种子具蜂巢状网纹。花粉粒 3 沟，穿孔状-刺状纹饰。染色体 2*n*=16，18，32-34，36。约 20/3 种，**5 型**；分布于南亚，东南亚，澳大利亚至波利尼西亚；中国产中南部、华东及河北、辽宁、山西、陕西、四川和贵州。

Boehmeria Jacquin **苎麻属，Urticaceae 荨麻科。**灌木、亚灌木或多年生草本。叶互生，有齿，不分裂，稀 2-3 裂，基出脉 3；托叶分生，脱落。团伞花序生于叶腋或排列成穗状或圆锥花序。雄花被片常为 4，镊合状排列，退化雌蕊存在；雌花被管状，有 2-4 齿，柱头丝形，密被柔毛，宿存。瘦果卵形，由宿存花被所包被，果皮薄，常无光泽。花粉粒 2（-3）孔，刺状纹饰。染色体 *n*=13，14，21。65/25（6）种，**2 型**；主要分布于热带，亚热地区，少数到温带；中国产西南、华南和东北，主产西南和华南地区。茎皮纤维为麻的代用品和人造棉的原料。

Boeica Clarke **短筒苣苔属，Gesneriaceae 苦苣苔科。**亚灌木或多年生草本。叶互生。花萼 5 裂至近基部；花冠钟状，筒部稍短于檐部，檐部稍二唇形，5 裂；能育雄蕊 4，内藏，分生，花丝极短，花药宽卵圆形；退化雄蕊 1；子房卵球形，花柱无附属物，或具宽大而扁平的附属物，柱头小，头状。蒴果线形，顶端具尖头。种子多数。花粉粒 3 沟，穿孔状-具刺纹饰。染色体 2*n*=22。约 12/7 种，**7-2 型**；分布于缅甸，不丹，印度北部，越南北部，以及中国西藏东南部、云南、广西、香港。

Boenninghausenia H. G. L. Reichenbach ex C. F. Meisner **石椒草属，Rutaceae 芸香科。**草本，具浓烈刺激气味。叶互生，二至三回指状三出复叶，小叶全缘，具油点。顶生聚伞圆锥花序，花两性；萼片 4；花瓣 4，覆瓦状排列；雄蕊 8；心皮 4，基部贴生；花柱 4，黏合；每心皮 6-8 胚珠。蓇葖果裂为 4 分果瓣，内、外果皮分离，种子数粒；种子肾形，种皮具细微瘤状体。花粉粒 4-5 孔沟，细穿孔状纹饰，少数颗粒状纹饰。染色体 2*n*=20。约 1/1 种，**7a（14SJ）型**；分布于喜马拉雅向东至日本，南达爪哇和努沙登加拉群岛；中国主产长江北岸以南至五岭，东南至台湾，西南至西藏东南部。石椒草 *B. sessilicarpa* Léveillé 全草可作药。

Boerhavia Linnaeus **黄细心属，Nyctaginaceae 紫茉莉科。**一年生或多年生草本。茎直立或平卧；枝开展，有时具腺。叶对生，上部叶常具柄。花小，两性，集成聚伞圆锥花序；花梗短；小苞片细；花被合生，花后脱落；雄蕊 1-5；子房上位，1 室，具柄。掺花果小，倒卵球形、陀螺形、棍棒状或圆柱状，具 5 棱，常粗糙，具腺；胚弯曲，子叶薄而宽，围绕薄的胚乳。花粉粒散孔，穿孔状-刺状纹饰。约 40/4 种，**2 型**；广布热带和亚热带，北美西南部地区尤盛；中国产西南至东南部。

Boesenbergia Kuntze **凹唇姜属，Zingiberaceae 姜科。**根茎块状或延长。穗状花序顶生；苞片 2 列，小苞片 1。花萼管状；

B

花冠管细长，裂片近相等；侧生退化雄蕊花瓣状；唇瓣内凹呈瓢状；子房常3室，胚珠基生或生于中轴胎座上。蒴果长圆形，3瓣裂；种子基部具撕裂状假种皮。花粉粒无萌发孔，刺状纹饰。染色体2*n*=20，24，36。50/3（1）种，**7b型**；分布于亚洲热带；中国产云南。凹唇姜 *B. rotunda* (Linnaeus) Mansfeld可作调味料；可入药。

Bolbitis Schott **实蕨属，Dryopteridaceae 鳞毛蕨科**。草本，小型至中型植物，陆生或附生于岩石、河堤或小树。根状茎横走或短而直立，被卵形至线状披针形、褐色或黑色鳞片。叶二型，常绿，单叶、一回羽状，或偶二回羽状。不育叶叶片大多叶状，顶端具珠芽，边缘全缘或具钝齿至深裂，具或不具齿或脊，叶脉分离或各种程度网结，具3条或不具内藏小脉。可育叶叶柄长于不育叶，叶片窄于不育叶。孢子囊群满布于能育羽片下面，无囊群盖。孢子球形或近球形，外壁厚。染色体 *x*=41。约80/25（12）种，**7型**；分布于亚洲和太平洋岛屿；中国产华南和西南地区。长叶实蕨 *B. hetyeroclita*（Presl）Ching可药用。

Bolboschoenus（Ascherson）Palla **三棱草属，Cyperaceae 莎草科**。多年生草本，具匍匐根状茎。秆基部膨大，具多节。叶片线形，平张。苞片叶状，长于花序；顶生长侧枝聚伞花序短缩，常具较少辐射枝；小穗较大，具多数花；鳞片螺旋状排列；下位刚毛6条或较少，针状，为小坚果的一半长或稍长，具倒刺。雄蕊3；花柱基部不明显，柱头2。小坚果倒卵形，双凸，三棱形，先端具喙。染色体2*n*=52，54。8/4种，**9型**；分布于北美和东亚；中国广布。

Bolocephalus Handel-Mazzetti **球菊属，Asteraceae 菊科**。多年生草本。茎极短。头状花序单生；总苞球形，被蓬松的稠密的长绵毛；花托平，被稠密的托片；冠毛糙毛状，多层，向内层渐长，易脆折，向上渐细，基部连合成环，整体脱落；花药基部附属物箭形，花丝无毛；花柱分枝细长，基部有毛环。瘦果褐色，倒圆锥状，有4条纵肋，顶端有果缘，基底着生面。1/1（1）种，**15型**；产中国西藏。

Bombax Linnaeus **木棉属，Malvaceae 锦葵科**。乔木；具圆锥状粗刺。叶5-9掌状复叶。花大，先叶开放，腋生；无苞片；花萼肉质；花瓣5，红色；雄蕊多数，合生成管，花丝多轮，最外轮排为5束，各束与花瓣对生；花药肾形，盾状着生；子房5室，每室多胚珠，花柱星状5裂。蒴果木质，室背开裂，分果爿5，革质，内布丝状绵毛。种子黑色，藏于绵毛内。花粉粒3沟或3孔沟，网状纹饰。染色体2*n*=72，92，96。50/3种，**6型**；主产美洲热带地区，亚洲，非洲及澳大利亚的热带亦有；中国产云南和广东。木棉 *B. ceiba* Linnaeus种子的绵毛可作填充物或为船上的救生器。

Bonia Balansa **单枝竹属，Poaceae 禾本科**。亚灌木状竹类。粗型地下茎；秆丛生，实心；分枝单一，枝实心，与主秆近等粗。秆箨宿存，革质；箨耳发达，近镰刀形或宽镰刀形，小横脉清晰可见。花枝侧生或自叶枝顶端生出。续次发生花序。假小穗数枚簇生于花枝各节；每小穗含5-9朵小花，仅顶生1朵不育；颖片2；鳞被3；雄蕊6；子房长圆形，花柱极短，柱头3，羽毛状。5/4（4）种，**15型**；分布于越南及中国南部。

Boniodendron Gagnepain **黄梨木属，Sapindaceae 无患子科**。乔木。偶数羽状复叶，小叶有锯齿，末端小叶退化。聚伞圆锥花序顶生；花半辐射对称；萼片5，分裂；花瓣5，白色，具爪，边缘具附属物或无；花盘环形；雄蕊8，膝状弯曲；子房3室，每室有叠生胚珠2-3。蒴果卵状球形或球形，具3翅；种子无假种皮。花粉粒3孔沟，条纹状纹饰。2/1种，**7型**；分布于越南，以及中国广西、广东、海南、贵州和云南。黄梨木 *B. minus* (Hemsley) T.

C. Chen 为珍贵用材树种。

Boraginaceae A. L. de Jussieu **紫草科，木兰亚纲/紫草目**。草本、灌木至乔木。单叶，无托叶。聚伞花序或镰状聚伞花序，花稀单生；两性，多为辐射对称；花萼（3-4）5，常宿存；花冠喉部或筒部常具 5 个附属物；雄蕊 5，花药 2 室，雌蕊由 2 心皮组成，子房 2 室，每室有胚珠 2 枚，或 4 室，每室有 1 枚胚珠，或子房 4（-2）裂，每裂瓣含 1 枚胚珠，花柱不分枝或分枝。核果，种子 1-4，或小坚果 4（-2）由子房裂瓣形成。花粉粒萌发孔有孔、沟、孔沟等，常具假萌发孔，光滑、穿孔、穴状、网状或皱状等纹饰。染色体 x=6，7，8，11。约 143 属，2785 种，主要分布于温带地区，少数到热带高山；中国 44 属，约 300 种，西南地区尤盛。

Borthwickia Smith **节蒴木属，Borthwickiaceae 节蒴木科**。特征描述同科。1/1 种，**7-3 型**；中南半岛北部特有，分布于中国，缅甸东部至北部；中国 1 属，1 种，主产云南南部至东南部。节蒴木 *B. trifoliata* Smith 的幼果可食。

Borthwickiaceae J. X. Su, W. Wang, L. B. Zhang & Z. D. Chen **节蒴木科，木兰亚纲/十字花目**。灌木或小乔木。幼枝四棱形。叶对生，三出掌状复叶。总状花序；花萼 5-8，完全合生成帽状包于其他花部外面，开花时多撕裂为 2 片；花冠 5-8，分离；雄蕊 60-70；子房表面具 4-6 条棱角，4-6 室，中轴胎座。蒴果，种子在果实表面凸起呈念珠形。种子肾形。花粉粒 3 孔沟，穴状纹饰。1 属，1 种，中南半岛北部特有，主要分布于中国及缅甸东部至北部；中国 1 属，1 种，产云南南部至东南部。

Boschniakia C. A. Meyer **草苁蓉属，Orobanchaceae 列当科**。寄生肉质草本。茎单生，有鳞片状叶；花排成稠密的穗状花序或总状花序；萼杯状，截平或不等的 5 裂；花冠二唇形，上唇直立，盔状，下唇极短，3 裂；雄蕊 4，2 强，花药 2 室；子房 1 室，侧膜胎座 2 或 3，柱头盘状，2-3 浅裂。蒴果卵状长圆形、长圆形或近球形，2 或 3 瓣开裂，常具宿存的花柱基部而使顶端呈喙状。种子小，多数，种皮具网状或蜂窝状纹饰。花粉粒 3 沟，网状纹饰。2/2 种，**9 型**；分布于喜马拉雅至西伯利亚，北美阿拉斯加；中国产西南、西北及东北部。

Bothriochloa Kuntze **孔颖草属，Poaceae 禾本科**。多年生草本。总状花序呈圆锥状、伞房状或指状；小穗孪生。无柄小穗：两性，基盘钝；第一颖先端渐尖或具小齿，两侧具脊，第二颖舟形；第一外稃透明膜质；第二外稃退化成膜质线形，先端延伸成 1 膝曲的芒。有柄小穗：雄性或中性；无第一外稃和内稃。染色体 x=10。约 30/3 种，**2（8-4）型**；分布于热带和亚热带地区；中国广布，主产长江流域以南各省区。白羊草 *B. ischaemum* (Linnaeus) Keng 可作牧草。

Bothriospermum Bunge **斑种草属，Boraginaceae 紫草科**。草本，被毛。茎直立，常分枝。镰状聚伞花序，具苞片；花冠短筒状，檐部有 5 个附属物，近闭锁；雄蕊 5，着生花冠筒近基部，内藏；子房 4 裂，各具 1 枚倒生胚珠，雌蕊基平。小坚果 4，背面圆，具疣状凸起，腹面有长圆形、椭圆形或圆形的环状凹陷，珠的边缘增厚而凸起，全缘或有时具小齿，着生面位于基部，近胚根一端。花粉粒 3 沟和 3 假沟相间排列，沟边缘具小刺突，网状皱褶纹饰，或光滑且两极有穿孔。约 5/5 种，**14 型**；广布亚洲热带和温带；中国南北均有。

Botrychium O. Swartz **阴地蕨属，Ophioglossaceae 瓶尔小草科**。小型夏绿植物，土生。根状茎短，直立，无鳞片，具肉质根。叶二型，均出自总柄，基部有鞘状托叶。不育叶为三角形、五角形或阔披针形，少为一回羽状，薄草质或草质，边缘全缘、具粗齿或尖锯齿。叶脉分离。能育叶出自总柄基部、近中部或不育叶的中轴，有柄，

B

孢子囊穗聚生成圆锥状。孢子囊圆球形，无柄，沿囊穗两侧两行排列，不陷入托内，横裂。孢子为四面体，辐射对称，具三裂缝，无周壁，具小疣状纹饰。染色体 *x*=44，45，46。（45-55）/12 种，**10 型**；分布于温带，极少到热带和南极；中国产东北和长江以南各省区。扇羽阴地蕨 *B. lunaria* (Linnaeus) Swartz 可作室内绿化；全草可入药；蕨萁 *B. virginianum* (Linnaeus) Swartz 可入药。

Bougainvillea Commerson ex Jussieu **叶子花属，Nyctaginaceae 紫茉莉科**。灌木或小乔木，偶攀援；枝有刺；叶互生，具柄。花两性，常 3 朵簇生枝端，叶状苞片 3 枚；花梗贴生苞片中脉上；花被合生成管状，顶端 5-6 裂；雄蕊 5-10，花丝基部合生；子房纺锤形，具柄，1 室，具 1 粒胚珠，花柱侧生，短线形，柱头尖。掺花果柱形或棍棒状，具 5 棱；胚弯，子叶席卷，围绕胚乳。花粉粒 3 沟，网状纹饰。18/2 种，**3 型**；原产南美洲，现多地引种；中国引种栽培。

Bournea Oliver **四数苣苔属，Gesneriaceae 苦苣苔科**。草本，具根状茎。叶基生，长圆形或卵形。聚伞花序腋生，有总苞；花辐射对称。花萼钟状，4-5 深裂；花冠钟状，4-5 裂至中部；雄蕊 4-5，与花冠裂片互生，伸出，花丝狭线形，花药背着；花盘环状；雌蕊内藏，子房线形，1 室，2 侧膜胎座内伸，2 裂，花柱极短，柱头 2。蒴果长圆状线形，室背开裂为 2 瓣。种子纺锤形，光滑。2/2（2）种，**15 型**；特产中国广东和福建。

Bousigonia Pierre **奶子藤属，Apocynaceae 夹竹桃科**。攀援灌木，具乳汁。叶对生。聚伞花序，顶生或腋生；花萼裂片双盖覆瓦状排列，内面基部腺体多数；花冠高脚碟状，喉部无鳞片，花冠裂片芽期向左覆盖；雄蕊内藏；子房 1 室，胎座 2，每胎座有胚珠 2 枚；柱头顶端 2 裂。浆果，肉质。种皮脆骨质。2/2 种，**7 型**；分布于越南及中国云南。

Bouteloua Lagasca **格兰马草属，Poaceae 禾本科**。多年生或一年生草本。穗状花序总状排列于主轴上，或单生于秆顶；小穗无柄，含 1 孕性小花及 1 至数枚退化小花；颖渐尖或具短芒；外稃中脉延伸成短芒或小尖头，顶端常具裂片或裂齿，内稃顶端有时裂开而具 2 短芒；不孕外稃多变化，常具 3 芒。染色体 *x*=7，10。约 40/2 种，**3 型**；分布于美洲；中国引种栽培。格兰马草 *B. gracilis* (Kunth) Lagasca ex Griffiths 为优良的牧草。

Bowringia Champion ex Bentham **藤槐属，Fabaceae 豆科**。攀援灌木。单叶，较大，托叶小。总状花序腋生，甚短；花萼膜质，先端截形；花冠白色，旗瓣圆形，具柄，翼瓣镰状长圆形，龙骨瓣与翼瓣相似，稍大；雄蕊 10，分离或基部稍连合；子房具短柄，胚珠多数，花柱锥形，柱头小，顶生。荚果卵形或球形，成熟时沿缝线开裂，果瓣薄革质，具种子 1-2 粒。种子长圆形或球形，褐色，具种阜。花粉粒 3 孔沟，网状纹饰。约 4/1 种，**6-2 型**；分布于非洲中西部，马达加斯加，东南亚地区；中国产福建、广东、广西和海南。藤槐 *B. callicarpa* Champion ex Bentham 全草可入药。

Brachanthemum de Candolle **短舌菊属，Asteraceae 菊科**。半灌木。叶互生或对生，羽状或掌状分裂。头状花序异型，单生顶端或排成伞房花序；花托凸起，钝圆锥状，无托毛，或花托平而有短托毛；总苞片 4-5 层，硬草质，边缘光亮或褐色膜质；边花雌性，假舌状，黄色，少白色，极少无辐射花，中央盘花两性，管状，黄色。果圆柱形，基部收窄，有 5 条脉纹，顶端无冠状边缘。染色体 *x*=9。10/6（1）种，**13 型**；分布于中亚，蒙古国，以及中国新疆、甘肃、内蒙古。

Brachiaria（Trinius）Grisebach **臂形草属，Poaceae 禾本科**。一年生或多年生草本。

圆锥花序顶生，总状花序轴三棱或扁平，有时具翅，单生或孪生，交互成 2 行排列于穗轴一侧；近无梗或具短柄；含 1-2 小花；第一颖多为 1/2 小穗，向轴而生，基部包卷小穗，第二颖与小穗等长；外稃与第二颖相同；第二外稃革质，先端边缘钝至锐尖，稍内卷。染色体 x=7，9。100/9（1）种，**4 型**；分布于旧大陆热带和亚热带地区；中国产长江以南地区。

Brachybotrys Maximowicz ex Oliver **山茄子属，Boraginaceae 紫草科。**多年生草本，具根状茎。茎疏被短伏毛。上部 5-6 叶近轮生，倒卵形或倒卵状椭圆形。花萼 5 裂至基部；花冠筒部比檐部短，檐部裂片卵状长圆形，附属物位于喉部，顶端微 2 裂；雄蕊着生喉部之下，花丝钻形，基部稍扩展；子房 4 裂，花柱丝形，外伸，雌蕊基近平坦。小坚果四面体形，有短柔毛，黑色，有光泽，着生面位于腹面近基部。花粉粒 3 孔沟及 3 假沟交错排列，稀疏的刺状纹饰。1/1 种，**11 型**；分布于朝鲜，俄罗斯远东地区及中国东北。山茄子 *B. paridiformis* Maximowicz 的茎叶可作蔬菜。

Brachycorythis Lindley **苞叶兰属，Orchidaceae 兰科。**地生草本。块茎椭圆形或近球形，肉质，不裂，颈部生数条细长的根。茎具多枚叶。叶互生，常密生呈覆瓦状；花序常具多数花，花苞片叶状；花上举或弓曲，直立伸展或少为斜展；萼片离生，中萼片直立，多少凹陷；唇瓣前伸或反折，基部舟状，具囊或距，先端 2 裂或 3 裂，边缘全缘；蕊喙较大；柱头 1 个；花粉团 2 个，为具小团块的粒粉质，具短的花粉团柄和大而裸露的粘盘。约 32/2（2）种，**6 型**；分布于热带非洲，南非和热带亚洲，主产南非及马达加斯加岛；中国产西南地区。

Brachyelytrum P. Beauvois **短颖草属，Poaceae 禾本科。**多年生草本。叶片有或无不明显的横脉。圆锥花序狭窄；小穗线形，含 1 小花，背腹压扁，脱节于颖之上，小穗轴延伸于内稃之后成 1 细长刺毛；颖微小，第一颖常缺，第二颖窄狭，常渐尖呈芒状；外稃质较硬，基部具偏斜的基盘，先端延伸成 1 细直芒，内稃与外稃等长；雄蕊 2。染色体 x=11，2n=22。3/1 种，**9 型**；分布于亚洲东部与北美；中国产安徽、江苏、江西、云南、浙江。

Brachypodium P. Beauvois **短柄草属，Poaceae 禾本科。**多年生，稀一年生。穗形总状花序顶生；小穗具短柄，被微毛，单生于穗轴之各节，两侧压扁或略呈圆柱形；颖片纸质，第一颖短小；外稃厚纸质，顶端具短尖头或延伸成直芒，内稃 2 脊粗糙或具短纤毛；雄蕊 3。颖果顶端有毛茸。花粉粒颗粒纹饰。染色体 x=5，7，8，9。约 16/5（2）种，**8 型**；分布于欧亚大陆温带，地中海，非洲和美洲热带山地；中国主产西部。短柄草 *B. sylvaticum* (Hudson) P. Beauvois 可作牧草。

Brachystelma R. Brown **润肺草属，Apocynaceae 夹竹桃科。**直立或缠绕草本，有块根。叶对生。花单生或数朵组成腋生的伞形花序或顶生的总状花序；花萼裂片内面基部具 5 个腺体；花冠钟状或辐状，裂片芽期镊合状排列；副花冠着生在合蕊冠上，环状，顶端 5-10 裂，其中 5 裂片再分 3 小裂或呈宽膜片；合蕊柱短；花药顶端无膜片；花粉块每室 1 个；子房由 2 枚离生心皮组成。蓇葖双生，细长。种子顶端被白色绢质种毛。染色体 2n=22。约 60/2 种，**4 型**；分布于非洲，大洋洲及亚洲东南部；中国产云南和广西。

Brachystemma D. Don **短瓣花属，Caryophyllaceae 石竹科。**一年生草本。茎铺散或上升，分枝。叶对生，叶片披针形。花两性，多数，呈聚伞状圆锥花序；萼片 5，边缘膜质；花瓣 5，披针形，全缘；雄蕊 10，5 枚退化无花药；子房 1 室，具 3-4 胚珠，花柱 2。蒴果扁球形，4 裂，具 1 粒成熟种子。种子肾形或球形，有小疣状凸起。1/1 种，**14SH 型**；分布于东南亚地

区；中国产西南部。短瓣花 *B. calycinum* D. Don 的根可药用。

Brachytome J. D. Hooker **短萼齿木属，Rubiaceae 茜草科。**灌木或小乔木。叶对生。圆锥状的聚伞花序，腋生或与叶对生；花5基数，杂性异株；萼裂片宿存；花冠管状漏斗形或近圆筒形，花冠裂片旋转排列；雄蕊内藏；子房2室，胚珠多数，着生于盾状的隔膜胎座上，柱头2裂。浆果，2室。种子常呈楔形，扁平，种皮有网纹。花粉粒3或4孔沟，细网状纹饰。约5/3种，**7a型**；分布于印度，不丹，缅甸，孟加拉国，越南，马来西亚，以及中国海南、云南和西藏（墨脱）。

Brainea J. Smith **苏铁蕨属，Blechnaceae 乌毛蕨科。**木本，大型土生植物。根状茎木质，直立，密被线状形鳞片。叶簇生，一型；叶片一回羽状分离，椭圆披针形；侧生羽片狭披针形，边缘具细锯齿，基部不对称心脏形，呈圆耳形；叶脉明显网状，小脉单一或2叉。孢子囊群沿小脉着生汇生成孢子囊群；无囊群盖；孢子囊圆形；孢子椭圆形，具周壁，表面具皱褶，外壁光滑。染色体 x=33，35。1/1种，**5型**；广布亚洲热带和大洋洲；中国产华南、云南、台湾。苏铁蕨 *B. insignis* (Hooker) J. Smith 体型大而优美，可供园艺观赏。

Brandisia J. D. Hooker & T. Thomson **来江藤属，Orobanchaceae 列当科。**半寄生灌木，常有星状绒毛。叶对生，稀近对生，有短柄。花腋生或形成总状花序，花梗上生2小苞片；萼钟状，稀管状卵圆形；花冠具长短不等的管部，多少内弯，瓣片二唇状，上唇较长大，2裂，凹陷，下唇较短而3裂，伸展；雄蕊4，2强，伸出或包于花冠之内，花丝无毛，药缘或顶部有长毛；花柱伸长。蒴果质厚，卵圆形，室背开裂。种子线形，种皮有薄翅，膜质而有网纹。11/8（5）种，**7型**；分布于亚洲东部大陆的亚热带山区；中国产长江流域以南地区。

Brasenia Schreber **莼菜属，Cabombaceae 莼菜科。**水生草本。根状茎小，匍匐。叶漂浮互生，盾状，脉序辐射状。沉水部分有胶质物。花序梗常较长；花被不艳丽，紫色。萼片3，线形长圆形到狭卵形；花瓣3，狭长圆形。雄蕊12-36（-51），与萼片和花瓣均对生；雌蕊6-18，胚珠（1-）2，柱头线形下延。果稍微到强烈纺锤形。种子卵球形，缺乏小瘤。花粉粒单沟，具小刺。染色体 $2n$=72，80。1/1种，**1型**；分布于温带和山地热带；中国产安徽、湖南、浙江、江苏、江西、四川、台湾和云南。

Brassaiopsis Decaisne & Planchon **罗伞属，Araliaceae 五加科。**乔木或灌木，枝有刺。叶为单叶，不裂或掌裂，或掌状复叶，托叶与叶柄基部合生。花两性或杂性，聚生成伞形花序，再组成顶生的圆锥花序或总状花序；苞片小或缺失，早落；花梗无关节；萼筒边缘有5齿；花瓣5，在花芽中镊合状排列；雄蕊5；子房2-5室，花柱合生成柱状。果实核果，球状至椭球状。种子胚乳均一或嚼烂状。花粉粒3孔沟，网状纹饰。45/24（10）种，**7型**；分布于亚洲南部及东南部；中国主产西南地区。

Brassica Linnaeus **芸苔属，Brassicaceae 十字花科。**一、二年生或多年生草本。根细或呈块状。基生叶常呈莲座状，茎生叶有柄或抱茎。总状花序伞房状；花黄色，少数白色；萼片内轮基部囊状。长角果线形或长圆形，圆筒状，喙多为锥状，喙部有种子1-3或无种子；果瓣无毛，有1明显中脉。种子每室1行，网孔状。花粉粒3沟，网状纹饰。染色体 $2n$=18，20，32，36。38/6种，**10（12）型**；分布于地中海地区，主产欧洲西南部和非洲西北部；中国各地均产。芜菁 *B. rapa* Linnaeus 可作蔬菜。

Brassicaceae Burnett **十字花科，木兰亚纲/十字花目。**草本，少为亚灌木。茎直立或铺散。基生叶呈旋叠状或莲座状；茎生叶互生，单叶全缘、有齿或分裂。花两性，总状花序；萼片 4；花瓣 4，呈十字形排列；雄蕊 6，四强雄蕊；雌蕊 1，子房上位。长角果或短角果，开裂。种子边缘有翅或无翅。花粉粒多为 3 沟，网状纹饰。321 属，3660 种，世界广布（除南极洲），主产温带地区；中国 84 属，约 400 种，各地广布。

Braya Sternberg & Hoppe **肉叶荠属，Brassicaceae 十字花科。**多年生矮小草本。单叶，全缘或具疏齿，稍肉质。萼片基部不呈囊状；花瓣白色或淡黄色，常于干后变为紫红色；雄蕊无齿；子房无柄，常有毛，柱头扁头状或稍 2 裂。短角果长圆形或宽椭圆形，少数为条形长角果；果瓣有明显的中脉与网状侧脉。种子每室 2 行，种柄丝状，种子表面光滑。花粉粒 3 沟，网状纹饰。染色体 $2n$=32，42，56，64。25/3 种，**8-2 型**；分布于阿尔卑斯山，近北极地区，亚洲温带，欧洲和北美；中国产西藏。

Bredia Blume **野海棠属，Melastomataceae 野牡丹科。**草本或亚灌木。叶片具 5-9(-11）基出脉；具叶柄。聚伞花序或由聚伞花序组成的圆锥花序，稀伞状聚伞花序，顶生；花萼漏斗形；雄蕊异形，不等长，长者花药无距；短者花药基部常具小瘤，药隔下延呈短距；子房下位或半下位 4 室，顶端常具膜质冠。蒴果陀螺形，与宿存萼贴生；种子楔形，密布小凸起。花粉粒 3 沟，具异沟，皱波-疣状纹饰。15/11（10）种，**14 型**；分布于印度至亚洲东部；中国从西南部至东南部均有，海南未见。秀丽野海棠 *B. amoena* Diels、过路惊 *B. quadrangularis* Cogniaux 全株可药用。

Bretschneidera Hemsley **伯乐树属，Akaniaceae 叠珠树科。**乔木。奇数羽状复叶，互生；小叶全缘。花两侧对称，组成顶生、直立的总状花序；花萼阔钟状，5 浅裂；花瓣 5 片，覆瓦状排列；雄蕊 8 枚，基部连合；子房无柄，上位，3-5 室，中轴胎座。蒴果，3-5 瓣裂，果瓣厚，木质；种子大。花粉粒 3 沟，网状纹饰。1/1 种，**7-2（15）型**；分布于越南，以及中国西南、华南、华东地区。伯乐树 *B. sinensis* Hemsley 的树皮可药用，祛风活血。

Breynia J. R. Forster & G. Forster **黑面神属，Phyllanthaceae 叶下珠科。**灌木或小乔木。单叶互生，2 列，全缘，干时常变黑色。花雌雄同株，单生或簇生于叶腋；无花瓣和花盘；雄花花萼呈陀螺状、漏斗状或半球状，顶端边缘常 6 浅裂或细齿裂，雄蕊 3，花丝合生呈柱状，花药 2 室；雌花花萼半球状、钟状至辐射状，6 裂，结果时常增大而呈盘状，宿存，子房 3 室，每室胚珠 2，花柱 3，顶端常 2 裂。蒴果浆果状，不开裂；种子略呈三棱状，无种阜。花粉粒 5-10 孔沟，网状纹饰。染色体 x=13。约 26/5 种，**5 型**；主要分布于亚洲东南部，少数在澳大利亚及太平洋诸岛；中国产西南、华南和东南地区。

Bridelia Willdenow **土蜜树属，Phyllanthaceae 叶下珠科。**乔木或灌木，稀木质藤本。单叶互生，全缘。花单性同株或异株，多朵集成腋生的花束或团伞花序；花 5 数；萼片镊合状排列，果时宿存；花瓣小，鳞片状；雄花花盘杯状或盘状，花丝基部连合，包围退化雌蕊，药室 2，退化雌蕊圆柱状或倒卵状、圆锥状；雌花花盘圆锥状或坛状，包围子房，子房 2 室，每室有胚珠 2，花柱 2。核果或为具肉质外果皮的蒴果，1-2 室，每室有种子 1-2，具纵沟纹。花粉粒 3 孔沟，网状纹饰。染色体 x=13。约 60/7 种，**4 型**；分布于东半球热带及亚热带地区；中国产东南、华南和西南地区。

Briggsia Craib **粗筒苣苔属，Gesneriaceae 苦苣苔科。**草本，具根状茎。叶对生或全部基生。聚伞花序腋生。花萼 5 裂至近基部；花冠粗筒状；能育雄蕊 4，2 强，内藏，花药卵圆形或肾形，顶端成对连着，药室 2；退化雄蕊 1；雌蕊内藏，子房长圆形，下部成狭柄，花柱明显，柱头 2 裂。蒴果披针状长圆形或倒披针形。种子纺锤

形。染色体 $2n$=34，68。约 22/21 种，14SH 型；分布于缅甸，不丹，印度，越南，以及中国西南、华南、华中地区。

Briggsiopsis K. Y. Pan **筒花苣苔属，Gesneriaceae 苦苣苔科**。草本，具根状茎。叶集生近顶。聚伞花序腋生。花萼 5 深裂；花冠筒状漏斗形，檐部二唇形；能育雄蕊 4，花丝线形，花药基着，肾形，成对在复面顶端连着；退化雄蕊 1；花盘 5 深裂；雌蕊内藏，子房长圆形，2 室，中轴胎座，上（后）方 1 室发育，花柱细，比子房长，柱头 2，倒卵形。蒴果长圆形，偏斜，室背开裂不达基部。花粉粒 3 拟孔沟，网状纹饰。染色体 $2n$=34。1/1（1）种，**15 型**；特产中国四川中南部、云南东北部。

Briza Linnaeus **凌风草属，Poaceae 禾本科**。一年生或多年生草本。圆锥花序顶生；小穗宽，小花紧密排列成覆瓦状而向两侧水平伸展；两颖几相等，均稍短于第一外稃；外稃呈舟形，下部质厚而凸出，边缘宽膜质而扩展，基部呈心形，内稃较短于外稃；雄蕊 1-3。花粉粒颗粒纹饰。染色体 x=5，7。约 21/3 种，**8 型**；主产南美洲，欧洲和美洲北部及亚洲西北部也有分布；中国原产 1 种，分布于西藏、云南和四川，引种 2 种。大凌风草 *B. maxima* Linnaeus 可供观赏。

Bromeliaceae Jussieu **凤梨科，木兰亚纲/禾本目**。多年生草本，稀为灌木；附生、岩生或陆生。单叶螺旋状互生，呈莲座状，基部加宽成鞘状。苞片常显著。花多两性，常辐射对称。萼片和花瓣各 3。雄蕊 6。心皮 3，合生；子房上位或半下位至下位，3 室；子房壁具蜜腺；中轴胎座；倒生胚珠。蒴果，或浆果，稀为聚花果。种子具翅或羽毛，或无。花粉单粒或四合体，具沟、2-4 孔、散孔，网状纹饰。57 属，3160 种，除 1 种外均分布于热带美洲；中国 1 属，1 种，引入华南至西南地区。

Bromus Linnaeus **雀麦属，Poaceae 禾本科**。多年生或一年生草本。圆锥花序；小穗较大，上部小花常不孕；颖较短于小穗，顶端尖或长渐尖或芒状；外稃顶端全缘或具 2 齿，芒顶生或自裂齿间伸出，内稃 2 脊生纤毛或粗糙；雄蕊 3；鳞被 2。花粉粒颗粒纹饰。染色体 x=7。约 150/55（8）种，**8 型**；分布于欧洲，亚洲，美洲的温带地区，非洲，亚洲，南美洲热带山地；中国南北均产，以西南为多。无芒雀麦 *B. inermis* Leysser 可作牧草。

Broussonetia L'Héritier de Brutelle ex Ventenat **构属，Moraceae 桑科**。乔木、灌木或攀援灌木。叶互生，螺旋状排列或 2 列，边缘具锯齿，基出 3 脉，侧脉羽状；托叶侧生，分离，早落。雌雄异株或同株；雄花序腋生，穗状或头状，多花；雌花序密集头状，苞片棍棒状，宿存。雄花：花萼（3）4 裂，雄蕊与花被裂片同数而对生，芽时内折。雌花：花被管状，顶端 3-4 裂或全缘，宿存，子房内藏，具柄，花柱侧生。聚花果球形，果皮膜质，外果皮肉质。花粉粒 2-3 孔，光滑、网状或粗糙纹饰。染色体 $2n$=26。4/4 种，**7 型**；分布于亚洲东部和太平洋岛屿；中国主产西南部至东南部。树皮为造纸原料；木材可作家具；叶及果实可药用。

Brucea J. F. Miller **鸦胆子属，Simaroubaceae 苦木科**。灌木或小乔木。根皮及茎皮有苦味。叶为奇数羽状复叶，小叶 3-5，叶背二级脉周围有腺点。花单性，很少两性，雌雄同株或异株；聚伞圆锥花序腋生；萼片 4，基部连合；花瓣 4，分离，覆瓦状排列；花盘肉质，4 裂；雄蕊 4，有短的花丝；心皮 4，分离，每心皮有胚珠 1 粒。核果坚硬，带肉质。种子无胚乳。花粉粒 3 孔沟，条纹状、网状纹饰。染色体 $2n$=24，50。约 6/2 种，**4 型**；分布于非洲和亚洲热带地区及大洋洲北部；中国产东南、华南和西南地区。

Bruguiera Savigny **木榄属，Rhizophoraceae 红树科**。乔木或灌木。具支撑根或气根。叶革质，交互对生；托叶膜质，早落。聚

伞花序；花萼革质，萼筒钟形或倒圆锥形；雄蕊为花瓣的2倍，每2枚雄蕊为花瓣抱持，花药4，纵裂；花盘位于萼筒上；子房下位，心皮3，花柱丝状。果实藏于萼管内或与之合生，每心皮1枚种子，无胚乳。胎生。花粉粒3孔沟，穿孔状纹饰。染色体 $2n=36$。7/3种，**4型**；分布于东半球热带海滩，从非洲东部至亚洲，经马来西亚到澳大利亚北部和波利尼西亚；中国产广东、广西、福建、台湾及其沿海岛屿。

Bruinsmia Boerlage & Koorders **岐序安息香属，Styracaceae 安息香科**。落叶乔木。叶互生，有锯齿。每朵花具小苞片，二歧总状或圆锥花序；花梗与花萼之间有关节；花萼阔钟状，与子房贴生，至果部膨大；花冠5裂，覆瓦状；雄蕊10（-12），花丝基部轻微相连并与花瓣贴生；子房上位，5室，多胚珠，中轴胎座；柱头具5（-6）裂。果梨状，花柱宿存，不开裂。种子多数，两端尖，种子表面多皱具蜂窝状孔。花粉粒3孔沟，网状纹饰。2/1种，**7型**；分布于中南半岛；中国产云南西南部。

Brylkinia F. Schmidt **扁穗草属，Poaceae 禾本科**。中型多年生禾草。叶鞘闭合。小穗具短柄，下垂，顶生总状花序；小穗柄具关节而使小穗整个脱落；小穗两侧压扁，顶生小花为孕性，下部2-3枚小花仅有空虚的外稃；不孕外稃顶端渐尖，孕性外稃脊的顶端具狭翼，先端延伸成长芒，无毛。染色体 $x=10$，$2n=40$。1/1种，**14SJ型**；分布于俄罗斯萨哈林岛（库页岛），日本，以及中国四川、湖北、吉林。

Bryobium Lindley **藓兰属，Orchidaceae 兰科**。附生植物。根状茎被膜质鞘。假鳞茎较紧密排列。花序密被灰白色柔毛；花苞片外面疏被灰白色柔毛；中萼片背面疏被灰白色柔毛；侧萼片背面疏被白色曲柔毛，基部与蕊柱足合生而成较短的萼囊；花瓣无毛；唇瓣轮廓为四菱形或宽椭圆形；蕊柱极短，具蕊柱足；花粉团8，成2组，每组具单独的粘盘，梨形，淡黄色。约20/1种，**5型**；分布于澳大利亚和热带亚洲；中国产华南地区。

Bryocarpum J. D. Hooker & T. Thomson **长果报春属，Primulaceae 报春花科**。多年生草本，具粗短的根状茎。叶全部基生。花黄色，单生于花葶端，无苞片；花萼7裂，深达基部；花冠漏斗状钟形，7裂深达中部；雄蕊7，贴生花冠喉部，花丝极短，花药矩圆形；子房窄长圆体状，先端渐尖与花柱相连；胚珠多数，着生于中央胎座上。蒴果，窄长筒状，顶端帽状盖裂。1/1种，**14SH型**；分布于不丹，印度锡金及中国西藏南部。长果报春 *B. himalaicum* J. D. Hooker & T. Thomson 可作观赏。

Buchanania Sprengel **山檬子属，Anacardiaceae 漆树科**。乔木或灌木。单叶，螺旋状互生，全缘。圆锥花序顶生或腋生；花小，两性，5数，白色，具芳香，着生于小枝上；萼片小，4-6个；花瓣覆瓦状，雄蕊是花瓣的偶数倍，花药尖椭圆形，有时箭头状；花盘雄蕊内，杯状，有沟的小圆齿状；心皮4-6，分离，常只有1个结实；单子房，胚珠单生，花柱短，柱头头状。核果有厚木质化的内果皮；种子外种皮和内果皮不联生。花粉粒3孔沟、合沟，网状、皱波状或条纹状纹饰。染色体 $n=11$。(25-30)/4（1）种，**5型**；分布于热带亚洲，从印度至萨摩亚；中国产华南、西南地区。豆腐果 *B. latifolia* Roxburgh 的种子可食。

Buchloë Engelmann **野牛草属，Poaceae 禾本科**。多年生低矮草本。雌雄同株或异株；雄穗状花序1-4枚，排列成总状；雌花序呈球形，为叶鞘所包裹。雄性小穗含2小花；颖较宽；外稃长于颖，内稃具2脊。雌性小穗含1小花；第一颖有时退化；第二颖先端有3个绿色裂片；外稃厚膜质，亦具3个绿色裂片，内稃具2脉。约1/1种，**9型**；分布于美洲；中国引种栽培。野牛草 *B. dactyloides* (Nuttall) Engelmann

可作水土保持和饲料，亦可作草坪。

Buchnera Linnaeus **黑草属，Orobanchaceae 列当科。**半寄生草本，干时变黑。叶下部的对生，上部的互生。花无梗，腋生，顶部或穗状花序，小苞片2枚；萼筒状，萼齿5枚；花冠筒纤细，伸直或多少向前弯曲，裂片5枚，彼此近于相等；雄蕊4枚，2强，内藏；花药1室，直立；花柱上部增粗或棍棒状。蒴果矩圆形，室背开裂，裂片全缘。种子多数。种皮具网纹或条纹，近于背腹扁。花粉粒3或4沟，穴状纹饰。60/1种，**2型**；分布于热带和亚热带；中国产长江以南各省区。

Buckleya Torrey **米面蓊属，Santalaceae 檀香科。**半寄生落叶灌木。芽顶端锐尖，鳞片2-5对。叶对生，羽状脉并有网脉。花单性，雌雄异株。雄花小，钟形，集成聚伞或伞形花序；花被4（-5）裂；雄蕊短，4（-5）枚，花药纵裂；花盘上位，贴生于花被管内壁。雌花单生，4（-5）数；叶状苞片4（-5）枚，花被管与子房合生，花被裂片4；子房下位8棱，柱头2-4裂；胚珠3-4枚。核果顶端有苞片，苞片常4枚，星芒状开展。4/2（2）种，**9型**；分布于北美和东亚；中国产华中和西北。秦岭米面蓊 *B. graebneriana* Diels 嫩叶可作蔬菜；米面蓊 *B. lanceolate* (Siebold & Zuccarini) Miquel 可治皮肤瘙痒。

Buddleja Linnaeus **醉鱼草属，Scrophulariaceae 玄参科。**多为灌木。枝条对生。单叶常对生，羽状脉；叶柄短；托叶着生在两叶柄基部之间。聚伞花序；苞片线形；花4数；花萼钟状；花冠高脚碟状或钟状，花冠裂片辐射对称，在花蕾时为覆瓦状排列；雄蕊着生于花冠管内壁上，与花冠裂片互生，花丝极短，花药内向，2室，基部2裂，常内藏；子房2室，稀4室，胚珠多颗，柱头顶端常2浅裂。蒴果或浆果；种子多颗，有翅；胚乳肉质；胚直立。花粉粒3-4孔沟，稀5孔沟，皱波状-穿孔纹饰。染色体 x=19。100/20种，**2型**；分布于美洲，非洲和亚洲的热带至亚热带地区；中国除东北地区及新疆外，均产。醉鱼草 *B. lindleyana* Fortune 全草可入药，有毒。

Bulbophyllum Du Petit-Thouars **石豆兰属，Orchidaceae 兰科。**附生草本。假鳞茎具1个节间。叶常1枚，少有2枚，顶生于假鳞茎，若无则从根状茎上发出。花葶侧生于假鳞茎基部或从根状茎的节上抽出，具总状或近伞状花序；侧萼片基部贴生于蕊柱足两侧而形成囊状的萼囊；唇瓣肉质，基部与蕊柱足末端连接而形成关节；蕊柱短，具翅，基部延伸为足；蕊柱翅在蕊柱中部或基部以不同程度向前扩展，向上伸延为形状多样的蕊柱齿；花粉团蜡质，4个成2对。约2400/124（45）种，**2（6）型**；主要分布于亚洲，美洲，非洲等热带和亚热带地区，大洋洲也有；中国产长江流域及其以南各省区。

Bulbostylis Kunth **球柱草属，Cyperaceae 莎草科。**一年生或多年生草本。秆丛生。叶鞘顶端有长柔毛或长丝状毛。长侧枝聚伞花序简单或复出，有时仅具1小穗；苞片极细，叶状；小穗具多数花；花两性；鳞片覆瓦状排列，最下部的1-2片鳞片内无花；无下位刚毛。雄蕊1-3个；花柱细长，基部呈球茎状或盘状，宿存，柱头3，细尖，有附属物。小坚果倒卵形、三棱形。花粉1远极孔，5侧孔或沟，穿孔状和颗粒纹饰。染色体 $2n$=10。100/3种，**1型**；全球广布，主产热带非洲和热带美洲；中国南部广布。

Bulleyia Schlechter **蜂腰兰属，Orchidaceae 兰科。**附生草本。假鳞茎狭卵形。叶2枚，近披针形，先端长渐尖。总状花序具10余朵，有2枚不育苞片；花苞片密集；花白色；中萼片卵状长圆形；侧萼片近狭卵状披针形，基部近圆形，互相靠合并多少呈囊状；花瓣近线形，具3脉；唇瓣淡褐色，中部皱缩而多少呈提琴形，先端微缺；距向前上方弯曲；药帽红褐色。蒴果近倒

卵状椭圆形。1/1 种，**14 型**；分布于东喜马拉雅地区；中国产云南。蜂腰兰 *B. yunnanensis* Schlechter 可供观赏。

Bunias Linnaeus **匙荠属，Brassicaceae 十字花科**。一年生、二年生或多年生草本，具块根。单毛与分枝毛。基生叶非莲座状，无柄或近无柄，羽状半裂或大头羽裂。萼片直立，基部略呈囊状；花瓣白色或黄色，雄蕊分离，花丝无翅或齿；侧蜜腺环状，外侧三浅裂，围绕短雄蕊，中蜜腺三角形，位于长雄蕊外侧，常与侧蜜腺汇合成封闭的环；子房无柄，花柱圆锥形，柱头 2 浅裂。短角果卵形，小坚果状，不开裂；果皮草质；子房 2 室，隔膜草质；每室有 1 种子；子叶螺旋状，背倚胚根。花粉粒 3 沟，网状纹饰。染色体 x =7。3/2 种，**10（12）型**；分布于非洲北部，亚洲东部和西南部和欧洲；中国产北部及东北部。

Buphthalmum Linnaeus **牛眼菊属，Asteraceae 菊科**。多年生草本。叶互生。头状花序辐射状，常单生于茎、枝顶端；花托凸，具狭而凹陷且有小尖的托片；冠毛的膜片基部结合成冠状，全缘或顶端撕裂成短芒状；总苞片草质；小花黄色，外围的雌花辐射状，中央花两性，管状。雌花果实背面稍扁压，3 棱，具狭翅，两性花的果实常具狭翅。染色体 $2n$=20。3/1 种，**(10) 型**；产欧洲；中国栽培且逸生。牛眼菊 *B. salicifolium* Linnaeus 可供观赏。

Bupleurum Linnaeus **柴胡属，Apiaceae 伞形科**。草本，根木质化。单叶全缘，基生叶柄有鞘；茎生叶常无柄，抱茎，心形或被茎贯穿。复伞形花序；总苞片 1-5；小苞片 3-10；花两性；萼齿不显；花瓣顶端有内折小舌片；花柱短，花柱基扁盘形。分生果椭圆形或卵状长圆形，果棱线形；每棱槽内有油管 1-3，合生面 2-6；心皮柄 2 裂至基部。花粉粒 3 孔沟，皱波状或条网状纹饰。染色体 x=4，6，7，8，10，11，13。约 100/50（29）种，**8-4 型**；分布于北半球的亚热带地区；中国产西北、西南部。

Burmannia Linnaeus **水玉簪属，Burmanniaceae 水玉簪科**。无色菌养或绿色植物，有时具根茎。茎极少分枝。叶无色而呈鳞片状，或绿色而呈莲座状排列。花被裂片 6，外轮的 3 片较大，内轮的 3 片较小或有时无，花后宿存，花被管有 3 棱、3 翅或无；雄蕊 3，近无花丝，药隔顶端常有 2 个鸡冠状附属物，药室横裂；子房三棱形，3 室，中轴胎座，胚珠多数，花柱顶端具 3 个短分枝，柱头 3。蒴果具 3 棱或 3 翅，不规则开裂；种子多数。花粉粒 1-2 孔，偶多孔，光滑。染色体 x=6，8。57/10（1）种，**2（9，3）型**；泛热带分布；中国产华南、西南及华东地区。自养种类生于草地；腐生种类生于低地雨林中。

Burmanniaceae Blume **水玉簪科，木兰亚纲 / 薯蓣目**。小型腐生无色菌养植物，少数自养。具根茎或块茎，花茎纤细，不分枝。单叶，茎生或基生，全缘，或常退化成鳞片状。花两性，辐射对称；花被基部连合呈管状，花被裂片 6（-8），2 轮，内轮的常较小或无，或特化为环状附属物；雄蕊 6 或 3 枚，着生于花被管上，花丝短，具附属物；子房下位，3 或 1 室，花柱 1，柱头 3（-2）。蒴果，有时肉质；种子多数而小，具膜质外种皮，有胚乳。花粉单粒，稀四合体，单沟，1 或 2 孔，稀多孔或无萌发孔。染色体 x=6，8，9。15 属，147 种，分布于热带，亚热带地区；中国 3 属，15 种，产长江流域以南。

Burretiodendron Rehder **柄翅果属，Malvaceae 锦葵科**。乔木；顶芽有鳞苞。叶基出脉 5-9 条。花单性，雌雄异株，数朵排成聚伞花序；花萼 5，外面被星状毛，内面基部胀起腺点；花瓣 5；无雌雄蕊柄；雄蕊多数，与花瓣互生；花丝基部连成 5 束；子房具柄或无，5 室，每室 2 胚珠，中轴胎座；花柱短，棒状。蒴果长圆形，具 5 条薄翅。花粉粒 6-8 孔，具刺。染色体 $2n$=120。4/4（2）种，**7-3 与 7-4 型**；

B

分布于越南，泰国，缅甸及中国西南部。柄翅果 *B. esquirolii* (Léveille) Rehder 为国家Ⅱ级重点保护野生植物。

Burseraceae Kunth **橄榄科，木兰亚纲/无患子目**。乔木或灌木，具树脂道，分泌树脂或油质。奇数羽状复叶互生，集中于小枝上部。圆锥花序或总状花序；萼片 3-6；花瓣 3-6，与萼片互生；花盘存在，有时与子房合生成“子房盘”；雄蕊在雌花中常退化，1-2 轮，外轮与花瓣对生；子房上位，3-5 室。核果，外果皮稀开裂；种子无胚乳。花粉粒 3 沟。染色体 $2n$=22，24，26，44，46，48。富含萜类化合物。19 属，约 700 种，主要分布于热带及亚热带地区，少数达暖温带地区；中国 3 属，13 种，产福建、广东、广西、海南、四川、台湾和云南。

Butea Roxburgh ex Willdenow **紫矿属，Fabaceae 豆科**。乔木或大藤本。羽状 3 小叶。花大，黄色、橘红色或鲜红色，密集成簇，排成腋生或顶生的总状或圆锥花序；花萼钟状，裂齿短，上面 2 齿合生为唇；龙骨瓣最长，向内弯曲，先端尖；雄蕊二体，花药一式；子房无柄或具极短的柄，胚珠 2，花柱内弯，无毛。荚果长圆形，扁平，2 瓣裂，下部不开裂。种子 1 颗，种脐小，无种阜。花粉粒 3 孔沟，网状纹饰。染色体 $2n$=18。(4-5) /3 (1) 种，**7a 型**；分布于印度，孟加拉，不丹，越南，泰国，缅甸，柬埔寨，老挝，尼泊尔，印度尼西亚，斯里兰卡，以及中国云南、广西、西藏。紫矿 *B. monosperma* (Lamarck) Taubert 可供观赏；也是紫胶虫的主要寄主之一。

Butomaceae Mirbel **花蔺科，木兰亚纲/泽泻目**。多年生水生或沼生草本，粗壮根茎横生，植株常有白色乳汁。叶基生，互生条形扭曲三棱状，挺出水面，基部具鞘。聚伞状伞形花序着生于花葶顶端，苞片 3，离生。花两性，多数；花被 6，2 轮，外轮 3，萼片状，宿存，内轮 3，花瓣状，脱落；雄蕊 9，离生；花药 2 室，纵裂；心皮 6，胚珠多数。蓇葖果顶端具喙。种子多数，无胚乳；胚直立。花粉粒单沟，网状纹饰。染色体 n=7，8，10，11，12 等。1 属，1 种，分布于欧亚大陆的温带地区，北美引种；中国 1 属，1 种，各省区广布。

Butomopsis Kunth **拟花蔺属，Alismataceae 泽泻科**。一年生沼生草本，有乳汁。叶基生，具柄，椭圆形到披针形。花茎直立，伞形花序顶生，基部具苞片 3 枚。花两性，花梗纤细；萼片 3，绿色，边缘膜质，宿存；花瓣 3，白色；雄蕊常 8 或 9，离生；心皮 6-9，1 轮；胚珠多数。蓇葖果沿腹缝线开裂。种子呈钩状弯曲；胚马蹄形。花粉粒散孔，颗粒状到具微刺纹饰。染色体 $2n$=14。1/1 种，**10 型**；分布于澳大利亚，亚洲及北部非洲的热带地区；中国产云南南部。拟花蔺 *B. latifolia* (D. Don) Kunth 可用于水体造景。

Butomus Linnaeus **花蔺属，Butomaceae 花蔺科**。特征描述同科。1/1 种，**10 型**；分布于欧亚大陆的温带地区，北美有引种；中国各省区广布。花蔺 *B. umbellatus* Linnaeus 可用于水体园艺造景。

Buxaceae Dumortier **黄杨科，木兰亚纲/黄杨目**。常绿灌木或小乔木。单叶，全缘或有齿，羽状脉或离基三出脉，无托叶。花小，单性；花序总状或密集的穗状，有苞片；萼片 4-6，2 轮，覆瓦状排列；无花瓣；雄蕊 4-6，与萼片对生，分离，花药大，花丝扁阔；心皮 3，子房上位，3 室，每室有 2 下垂的倒生胚珠。蒴果，或肉质核果。种子黑色、光亮，胚乳肉质。花粉粒 3（孔）沟或散孔，网状纹饰。5 属，约 100 种，分布于北半球；中国 3 属，约 28 种，产西南、西北、华中、东南部至台湾。

Buxus Linnaeus **黄杨属，Buxaceae 黄杨科**。常绿灌木或小乔木。小枝四棱形。叶对生，全缘，羽状脉，具叶柄。花小，单性，雌雄同株；花序总状、穗状或密集的头状；

雌花1朵，生于花序顶，雄花数朵，生于花序下。雄花萼片4，雄蕊4，与萼片对生，不育雌蕊1；雌花萼片6，子房3室，花柱3。蒴果，3瓣裂，果瓣顶部有2角。种子长圆形，种皮黑色。花粉粒3（孔）沟或散孔，网状纹饰。染色体2*n*=28，56。约70/17种，**8-4型**；分布于中美，西印度群岛，东亚，西欧及热带非洲；中国产西藏、台湾、海南、甘肃。锦熟黄杨 *B. sempervirens* Linnaeus 可作园艺观赏。

Byttneria Loefling **刺果藤属，Malvaceae 锦葵科。**藤本；常具刺。叶中脉基部有腺点。聚伞花序腋生或顶生；萼片5；花瓣5，具爪，上部凹陷似盔状，顶端有长带状附属体；雄蕊的花丝合生成筒状，退化雄蕊5枚，片状，与花萼对生，具药雄蕊5枚，与花瓣对生；子房无柄，5室，每室2胚珠。蒴果圆球形，木质，有刺，分果爿5。每室种子1。花粉粒（2）3（4）孔，网状或皱网状纹饰。染色体2*n*=26，28，30，52，56，78。130/3种，**2型**；分布于美洲热带，非洲，东南亚及马达加斯加；中国产南部至西南部。刺果藤 *B. aspera* Colebrooke 的茎皮纤维可制绳索。

Cabomba Aublet **水盾草属，Cabombaceae 莼菜科。**水生草木。叶浸没和漂浮；沉水叶明显，对生；叶片轮廓心形，掌状多裂至2歧（3歧）裂片。浮水叶不明显，互生，盾状。花具短花梗；花被艳丽。萼片3，花瓣状，倒卵形；花瓣3，椭圆形，基部有橙色腺斑、两侧耳形。雄蕊3-6，与花瓣对生；心皮2-6，多离生，胚珠（1-）3（-5），柱头头状。果长梨形，顶部渐狭。种子卵球形，具瘤。花粉粒单沟，条纹纹饰。5/1种，**（2）型**；分布于美洲中部，北部和南部；中国已归化于江苏、上海和浙江。

Cabombaceae Richard ex A. Richard **莼菜科，木兰亚纲/睡莲目。**多年生水生草本。茎纤细，分枝。叶二型；沉水叶（限 *Cabomba*），对生或轮生，掌状分裂；漂浮叶互生，盾形，全缘。花单生，从远轴的节上腋生，两性，下位，辐射对称；花被宿存。萼片3，分离或近分离；花瓣3，与萼片离生，互生；雄蕊3-36（-51），花药纵裂；雌蕊3-18，离生；子房1室，胚珠1-3，倒生，花柱短，柱头头状或者线形下延。果为瘦果状或蓇葖状，革质，不裂。花粉粒单沟，具刺或条纹纹饰。2属，6种，分布于热带和温带；中国2属，2种，产江苏、浙江、江西、湖南、四川和云南。

Cactaceae Jussieu **仙人掌科，木兰亚纲/石竹目。**多年生肉质草本、灌木或乔木。茎肉质，具螺旋状排列特殊刺座（小窠）。叶常退化。花常两性。花托常与子房合生，外面覆以鳞片（苞片）和小窠；花被片及雄蕊多数。雌蕊由3至多数心皮合生而成；子房常下位，1室，胚珠多数。浆果肉质。种皮坚硬；胚常弯曲。花粉粒为3、6和12沟。约124属，1500种，分布于美洲热带，亚热带地区，偶产高寒地区；中国栽培60余属，600多种。

Caelospermum Blume **穴果木属，Rubiaceae 茜草科。**藤本，常灌木状或小乔木状。叶对生；托叶合生成半圆环状，顶截平或具2短尖齿。伞状、聚伞状或圆锥状花序，顶生或兼腋生；花4或5基数；花萼裂片4-5，合生成1环；花冠高脚碟状或漏斗状；雄蕊伸出；子房常4室，每室胚珠1枚，有时下部变成2室，每室胚珠2枚，柱头2裂。核果浆果状，圆球形，萼裂片宿存，常具4分核。花粉粒3孔沟，网状纹饰。约7/1种，**5（7e）型**；分布于亚洲热带地区至澳大利亚；中国产广西和海南。

Caesalpinia Linnaeus **云实属，Fabaceae 豆科。**乔木、灌木或藤本，常有刺。二回羽状复叶。花常两性，黄色或橙黄色，组成腋生或顶生的总状或圆锥花序；萼片5，离生，下方1片较大；花瓣5片，常具柄，最上方1片在色泽、形状及被毛常与其他不同；雄蕊10枚，离生，2轮排列；胚珠

1-10（-13）颗。荚果变异较大。种子卵圆形或球形，常无胚乳。花粉粒 3 孔沟，网状纹饰。约 140/20（6）种，**2（8-4）型**；泛热带分布；中国主产南部和西南部。金凤花 *C. pulcherrima* (Linnaeus) Swartz 可作庭园观赏；部分种类木材可制作乐器；心材可入药或提取生物染料，如苏木 *C. sappan* Linnaeus。

Cajanus Adanson **木豆属，Fabaceae 豆科**。灌木或草本。羽状 3 小叶，稀指状 3 小叶，小叶背面有腺点。总状花序腋生或顶生；花萼钟状，5 齿裂，上部 2 枚合生；旗瓣具爪和内弯的耳，龙骨瓣偏斜圆形，先端钝；雄蕊二体；子房近无柄，胚珠 2 至多颗。荚果线状长圆形，压扁，开裂，果瓣于种子间有凹入的斜槽。种子肾形至近圆形，光亮，有各种颜色或具斑块，种阜明显或残缺。花粉粒 3 孔沟，网状纹饰。34/7 种，**4 型**；分布于热带亚洲，非洲及大洋洲；中国产西南至东南部。木豆 *C. cajan* (Linnaeus) Huth 可食用；叶可作饲料、绿肥；根可入药；也为紫胶虫的优良寄主植物。

Calamagrostis Adanson **拂子茅属，Poaceae 禾本科**。多年生粗壮草本。圆锥花序；小穗线形，常含 1 小花；2 颖近等长，锥状狭披针形，先端长渐尖；外稃透明膜质，短于颖片，先端有微齿或 2 裂，芒自顶端齿间或中部以上伸出，基盘密生长于稃体的丝状毛，内稃细小而短于外稃；雄蕊 3，稀为 1。花粉粒颗粒纹饰。约 20/6（1）种，**8 型**；分布于北温带和北极区域；中国产温带地区。拂子茅 *C. epigeios* (Linnaeus) Roth 为牧草；也可固沙和护河岸。

Calamus Linnaeus **省藤属，Arecaceae 棕榈科**。攀援藤本或直立灌木。叶轴具刺；叶羽状全裂。雌雄异株；雄花具雄蕊 6；雌花具退化雄蕊 6，子房 3 室，每室胚珠 1。外果皮薄壳质，被以紧贴的覆瓦状排列的鳞片。种子 1 或极少 2-3；胚乳均匀或嚼烂状，胚基生。花粉粒 2 沟，穿孔状、小槽状、疣状、刺状和网状纹饰。约 385/28（15）种，**4 型**；广布亚洲热带和亚热带地区，少数到大洋洲和非洲；中国产东南、华南至西部，主产云南、广东和海南。藤茎质地柔韧，可供编织各种藤器和家具。

Calanthe R. Brown **虾脊兰属，Orchidaceae 兰科**。地生草本。根密被淡灰色长绒毛。常具假鳞茎。叶基部收窄为长柄或近无柄，折扇状。总状花序具少数至多数花；唇瓣常比萼片大而短，基部与部分或全部蕊柱翅合生而形成长度不等的管，或与蕊柱分离；蕊柱粗短，两侧具翅；花粉团蜡质，8 个，每 4 个为 1 群，近相等或不相等；花粉团柄明显或不明显，共同附着于 1 个黏质物上。150/51（21）种，**2（3）型**；分布于亚洲热带和亚热带地区，新几内亚岛，澳大利亚，热带非洲和中美洲；中国产华南、西南和华东地区。

Calathodes J. D. Hooker & T. Thomson **鸡爪草属，Ranunculaceae 毛茛科**。多年生草本，须根。单叶，掌状 3 全裂。花单生，辐射对称；萼片 5，花瓣状，覆瓦状排列；花瓣无；雄蕊多数，花丝狭线形；心皮 7-60 枚，斜披针形，顶端渐狭成短花柱，基部常稍呈囊状；胚珠 8-10，2 列。蓇葖背面常有凸起。种子黑色，倒卵球形，光滑。花粉粒 3 沟，条状纹饰。染色体 $2n$=16。4/4（3）种，**14SH 型**；分布于印度锡金，不丹，以及中国台湾、西藏、云南、四川、贵州和湖北。

Calcareoboea C. Y. Wu ex H. W. Li **朱红苣苔属，Gesneriaceae 苦苣苔科**。草本，具根状茎。叶全部基生，长圆形。花序似伞形，腋生，具总苞。花萼 5 裂达基部；花冠朱红色，细漏斗状筒形，筒比檐部长 4-5 倍，檐部二唇形，上唇大，4 浅裂，下唇小，不分裂；下（前）方 2 雄蕊能育，花药连着；退化雄蕊 2；雌蕊稍伸出，子房线形，有 2 侧膜胎座，花柱细，柱头扁球形。蒴果线形，2 瓣裂。1/1 种，**7-4 型**；分布于越南北部及中国云南东南部和广西西部。

Calciphilopteris Yesilyurt & H. Schneider **戟叶黑心蕨属，Pteridaceae 凤尾蕨科。**草本，土生或岩石生。根状茎横走。叶远生或近生，二型。叶柄栗黑色；不育叶叶片五角形、三角形或戟形；能育叶较长，宽掌状或五角状卵形，鸟足状分裂；叶脉网状，无内藏小脉。孢子囊群线形，生裂片边缘，囊群盖全缘或具轻微缺刻；孢子球状或球状四面形，具刺状或鸡冠状纹饰。4/1 种，**5 型**；分布于东南亚至新几内亚和澳大利亚；中国产云南南部。戟叶黑心蕨 *C. ludens* (Wallich ex Hooker) Yesilyurt & H. Schneider 可供观赏。

Caldesia Parlatore **泽苔草属，Alismataceae 泽泻科**。水生或沼生草本。叶基生，沉水、浮水或挺水，卵形到椭圆形；沉水叶较小，淡绿色；浮水叶较大，深绿色；挺水叶叶柄直立，叶片近革质。总状或圆锥花序，多分枝，分枝 3-6 轮生，基部具 3 枚披针形苞片。花两性，具柄；萼片 3；花瓣 3，白色，较萼片大；雄蕊 6-12，1 轮；心皮 2-9（-20），离生，每心皮具胚珠 1 枚。瘦果具脊或不明显，有短喙。花粉粒散孔，穿孔状、刺状纹饰。染色体 x=11；2n=22。3/2 种，**4 型**；分布于非洲，欧洲，亚洲和澳大利亚；中国南北均产。泽苔草 *C. parnassifolia* (Bassi ex Linnaeus) Parlatore 可用于园林水景绿化。

Calendula Linnaeus **金盏花属，Asteraceae 菊科。**草本。叶互生，全缘或具波状齿。头状花序异型，顶生；花托无毛；总苞钟状或半球形，总苞片 1-2 层；外围花雌性，辐射状结实，舌片顶端具 3 齿裂，中央的小花两性，不育，檐部 5 浅裂；花药基部箭形；花柱线形。瘦果异形，外层与中央和内层的不同。花粉粒 3-4 孔沟，有刺。染色体 x=7，8，9，11，15。（15-20）/1 种，**12 型**；主产西南亚，西欧，密克罗尼西亚及地中海；中国引种栽培。金盏菊 *C. officinalis* Linnaeus 可供观赏。

Calla Linnaeus **水芋属，Araceae 天南星科。**水生草本。根茎平卧。一年生，多数 2 列叶，叶柄具长鞘，鞘于先端分离；叶片心形、宽卵形，骤狭锐尖。佛焰苞自基部展开，宿存；肉穗花序具梗，与佛焰苞分离，圆柱形，钝，顶端具不育雄花；花两性，无花被；雄蕊 6，花丝扁，花药短；子房短卵圆形，柱头无柄。浆果头状圆锥形。种子圆柱状长圆形。花粉粒 2 萌发孔，穿孔状纹饰。1/1 种，**8 型**；分布于北温带及亚北极地区；中国产内蒙古、黑龙江、吉林、辽宁。

Callerya Endlicher **鸡血藤属，Fabaceae 豆科**。藤本或攀援灌木，稀乔木。托叶多早落，奇数羽状复叶，小托叶狭三角形，早落或宿存，小叶对生。总状花序腋生或顶生，有时为圆锥花序；花萼顶端截平或有不明显的齿；旗瓣光滑，中国的种类基部没有胼胝体，反折；雄蕊二体（9+1）。荚果开裂或迟裂，多少木质化，肿胀或不肿胀，背、腹缝线无翅，种子 1-9 粒。种子近圆形。约 30/18（10）种，**5（7）型**；分布于南亚，东南亚，澳大利亚和新几内亚；中国产南方。

Calliandra Bentham **朱缨花属，Fabaceae 豆科**。灌木或小乔木。托叶有时变为刺状，二回羽状复叶，羽片 1 对至数对，小叶小而多对或大而少至 1 对。花 5-6 数，组成头状或总状花序；花萼钟状，浅裂；花瓣联合至中部；雄蕊多数，红色或白色，明显突出，下部合生成管，花药常具腺毛；子房无柄。荚果线形，成熟后由顶端向基部沿缝线向外弯开裂。种子具马蹄形痕，无假种皮。花粉八合体，条纹状纹饰。染色体 n=8，11（16）。约 150/2 种，**2-2（3）型**；主产美洲热带地区，少数到印度，缅甸及中国云南西部。朱缨花 *C. haematocephala* Hasskarl 引种栽培于福建、广东、台湾。

Callianthemum C. A. Meyer **美花草属，Ranunculaceae 毛茛科**。多年生草本。根状茎。二至三回羽状复叶。花单生；萼片 5，椭圆形；花瓣 5-16，基部有蜜槽；雄

C

蕊多数，花丝披针状线形；心皮多数，1颗下垂胚珠，花柱短。聚合果近球形，瘦果卵球形，花柱宿存。花粉粒3沟，穿孔状纹饰。染色体2*n*=16，32。12/5（2）种，**10型**；分布于亚洲和欧洲温带；中国产新疆、青海、西藏、云南西北部、四川西部、甘肃、陕西、山西。

Callicarpa Linnaeus **紫珠属，Lamiaceae 唇形科**。直立灌木，稀乔木、藤本或攀援灌木。小枝被毛。叶片边缘具齿，常被毛和腺点，无托叶。聚伞花序腋生；花萼杯状或钟状，顶端4深裂至截头状，宿存；花冠紫色、红色或白色，顶端4裂；雄蕊4，着生于花冠管基部；子房上位，2心皮；花柱长于雄蕊，柱头膨大。果实常为核果或浆果，熟后形成4个分核，内有种子1粒。种子小，长圆形，无胚乳。花粉粒3沟、3孔沟或无萌发孔，网状纹饰，具颗粒。染色体2*n*=16，18，34，68。140/48（34）种，**2型**；分布于热带，亚热带亚洲；中国主产长江以南，少数到华北至东北和西北。

Calligonum Linnaeus **沙拐枣属，Polygonaceae 蓼科**。灌木或半灌木。木质老枝扭曲；当年生幼枝较细，有关节。叶退化成线形或鳞片状，对生，基部合生；托叶鞘膜质，极小。单被花，两性，单生或2-4朵生叶腋；花梗细，具关节；花被片5深裂；雄蕊12-18，花丝基部连合；子房上位，具4肋，花柱较短；柱头4，头状。瘦果，椭圆形或长卵形；果皮木质，具4条果肋和肋间沟槽；肋上生翅或刺。胚直立，胚乳白色。花粉粒3孔沟，细网状或穴状纹饰。35/23（11）种，**12型**；分布于亚洲，欧洲南部和非洲北部；中国产内蒙古、新疆、甘肃、宁夏和青海。

Callisia Loefling **洋竹草属，Commelinaceae 鸭跖草科**。多年生草本。无根状茎。茎匍匐或在近端外倾。叶对生或螺旋排列。蝎尾状聚伞花序，总苞片非佛焰苞状。雄蕊（1-3或）6，均可育，花丝常无毛，纵向开裂。蒴果2-3爿裂。种子1或2或3爿裂，3棱，皱状或放射条纹状纹饰。花粉粒单沟，网状纹饰。染色体2*n*=12-72。20/1种，**（9）型**；分布于美国；香港有引种。洋竹草 *C. Repens* (Jacquin) Linnaeus 可观赏；或作地被。

Callistephus Cassini **翠菊属，Asteraceae 菊科**。一年生草本。叶互生。头状花序大，单生；花托平；冠毛3层，外层短，冠状，内2层长，易脱落；总苞半球形，苞片外层草质或叶质，叶状，内层膜质或干膜质；外围有1-2层紫红色雌花，中央有多数可育两性花，两性花花柱分枝压扁，顶端有三角状披针形附片。瘦果稍扁，被柔毛，2肋。染色体*x*=9。1/1种，**14SJ型**；分布于东亚；世界广泛栽培；中国各地均有。翠菊 *C. chinensis* (Linnaeus) Nees 栽培可供观赏。

Callistopteris Copeland **毛杆蕨属，Hymenophyllaceae 膜蕨科**。草本，土生。根状茎直立，粗壮。叶簇生；有长柄，圆柱形，被长柔毛；叶片长圆形，三回羽状或四回羽状细裂，裂片长线形，全缘，细胞壁薄；叶脉单一，末回裂片有小脉1条。孢子囊群生于向轴的短裂片顶端；囊苞倒圆锥形或坛状，口部截形，全缘或浅裂，略呈两唇瓣形；囊托长而突出，纤细，比囊苞长1-2倍。染色体*x*=12。约5/1种，**2-1型**；主要分布于亚洲热带和大洋洲，向北可到琉球群岛；中国产台湾和海南。

Callitriche Linnaeus **水马齿属，Plantaginaceae 车前科**。草本，水生、沼生或湿生。茎细弱。叶对生，或呈莲座状（水生种），全缘；无托叶。花细小，单性同株，腋生或单生；苞片2，膜质；无花被片；雄花仅1雄蕊，花丝纤细，花药2室；雌花具1雌蕊，子房上位，4室，4浅裂，花柱2，具细小乳突体。果4浅裂，边缘具膜质翅，成熟后4室分离。种子具膜质种皮。花粉无萌发孔（或不明显），但有3个类似萌发孔的区域，无覆盖层，有小芽

孢状纹饰或无外壁，有些有覆盖层，且为网状纹饰并具刺。染色体 $2n$=6-40。75/8种，**1（8-4）型**；分布于世界各地；中国产东北、华南、西南各省区。

Callostylis Blume **美柱兰属，Orchidaceae 兰科**。附生草本。假鳞茎基部有数枚鞘。叶 2-5 枚，生于假鳞茎顶端。总状花序 2-4 个；萼片两面被毛；花瓣小于萼片；唇瓣基部以活动关节连接于蕊柱足，不裂，唇盘上有 1 个垫状凸起；蕊柱长，向前弯曲成钩状或至少近直角，具明显的蕊柱足，蕊柱足上有 1 个肉质的胼胝体；花粉团 8 个，每 4 个成 1 群，蜡质，无明显的花粉团柄与粘盘。（5-6）/2 种，**7 型**；分布于东南亚至喜马拉雅地区；中国产广西、云南。

Calocedrus Kurz **翠柏属，Cupressaceae 柏科**。常绿乔木；生鳞叶的小枝直展、扁平，排成 1 平面，两面异形，下面的鳞叶微凹、有气孔点。鳞叶二型，交叉对生。雌雄同株；球花单生枝顶；雄球花具 6-8 对交叉对生的小孢子叶，每小孢子叶具 2-5 个下垂的小孢子囊。雌球果种鳞 3 对，木质，扁平，外部顶端之下有短尖头，熟时张开，最下面 1 对型小，微向外反曲，不生种子，中间 1 对各具 2 粒种子，最上面 1 对结合而生，不具种子。种子上部具一长一短的翅；子叶 2 枚。花粉粒无气囊。染色体 $2n$=22。4/2（2）种，**7-3 型**；分布于东亚，北美；中国产云南、贵州、广东、广西、海南及台湾。翠柏 *C. macrolepis* Kurz 是优良的用材及观赏树种。

Calophaca F. E. L. Fischer ex de Candolle **丽豆属，Fabaceae 豆科**。灌木或小灌木。奇数羽状复叶，小叶 5-27 片，托叶大，膜质或草质。总状花序；花萼管状，萼齿 5；花冠黄色，颇大，旗瓣卵形或近圆形，边缘反折，翼瓣倒卵状长圆形，或近镰形，龙骨瓣内弯，与翼瓣近等长；雄蕊二体（9+1）；子房无柄，花柱丝状，柱头小。荚果圆筒状或线形，被柔毛及腺毛，2 瓣裂，具宿存花萼。染色体 n=8。5/3（2）种，**11 型**；分布于俄罗斯，中亚地区，以及中国新疆西部、山西和内蒙古。

Calophyllaceae J. Agardh **红厚壳科，木兰亚纲/ 金虎尾目**。常绿乔木或灌木。茎具成对腺体；分泌道或分泌腔具渗出液。叶轮生或对生，全缘，具透明斑点或分泌道。雌雄异株，花 4-5 基数，花瓣覆瓦状排列；雄蕊多少簇生，花药常具腺体；花柱较长，心皮 2-5，顶生或基生胎座，每心皮 1 至多枚胚珠。蒴果、浆果或核果；种子 1 至多枚，外种皮增厚。花粉粒 3 孔沟（稀 4）或无萌发孔，穿孔状或网状纹饰。染色体 $2n$=32-42。14 属，460 种，泛热带分布；中国 3 属，6 种，分布于广东、广西、云南、海南、台湾。

Calophyllum Linnaeus **红厚壳属，Calophyllaceae 红厚壳科**。乔木或灌木，具乳液。无托叶；叶对生，革质，脉间具腺点或分泌道。两性花（或少有单性花）；雄蕊多数，离生，花丝线形，蜿蜒状，基部分离或合生成数束，花药底着，直立，2 室，纵裂；子房 1 室，具单生直立的胚珠，花柱细长，柱头盾形。核果，外果皮薄；种子具薄的假种皮，子叶厚，肉质，富含油脂。花粉粒 3 孔沟，穿孔状至网状纹饰。187/4 种，**2-1 型**；主要分布于亚洲热带地区，南美洲和大洋洲次之；中国产云南、广西、海南及台湾。薄叶红厚壳 *C. membranaceum* Gardner & Champion 的根、叶可药用；红厚壳 *C. inophyllum* Linnaeus 的种子含油，可供工业或医药用；树皮可提制栲胶。

Calopogonium Desvaux **毛蔓豆属，Fabaceae 豆科**。缠绕或平卧草本。羽状 3 小叶，有小托叶。总状花序腋生；花簇生在花序轴的节上；花梗极短；花萼钟状或管状，裂齿 5，上面 2 枚多少合生；花蓝色或紫色；雄蕊二体；子房无柄，胚珠多颗，花柱丝状，无髯毛，柱头头状，小，顶生。荚果线形或长椭圆形，开裂，略扁或两面

C

凸起，种子间有横缢纹。种子圆形，稍扁，无种阜。花粉粒 3 孔沟，细网状或穿孔状纹饰。染色体 2*n*=36。(5-6) /1 种，(**3**) **型**；分布于美洲热带，亚热带地区及安的列斯群岛；中国广东、广西、海南、云南和台湾引入栽培。毛蔓豆 *C. mucunoides* Desvaux 为优良的覆盖植物和绿肥。

Calotis R. Brown **刺冠菊属，Asteraceae 菊科**。草本，叶互生，有齿或羽状裂片。头状花序小，有放射状异型花，总苞半球形或宽钟形；花托无托片；冠毛毛状有（1-）2 层至多数芒，具短髯，刺状，或钝膜片。外围有 1 至多层结果实的雌花，雌花舌状，白色，有时蓝色或紫色，中央常有不育的两性花；花柱分枝附片短而钝。雌花瘦果扁，倒卵圆形或矩圆形。染色体 *x*=4，5，7，8。约 30/1 种，**5 型**；主产大洋洲，少数到东南亚；中国产海南。

Calotropis R. Brown **牛角瓜属，Apocynaceae 夹竹桃科**。灌木，被灰白色绒毛或无毛。叶对生。伞形或近总状聚伞花序，腋外生或顶生；花萼裂片内面基部有腺体；花冠宽钟状或近辐状，裂片芽期镊合状排列或向右覆盖；副花冠贴生于合蕊冠，肉质，其基部成 1 外卷的距；雄蕊着生于花冠管基部；花药顶端具内折膜片；花粉块每室 1 个；子房由 2 枚离生心皮组成；柱头五角形。蓇葖单生。种子卵圆形，顶端具白色绢质种毛。染色体 2*n*=22。3/2 种，**6 型**；分布于非洲北部至热带亚洲地区；中国产南部及西南部。

Caltha Linnaeus **驴蹄草属，Ranunculaceae 毛茛科**。多年生草本。须根。叶片不分裂，稀茎上部叶掌状分裂。花单生，或单歧聚伞花序；萼片 5 或较多，花瓣状；花瓣无；雄蕊多数，花丝狭线形；心皮无柄或具短柄；胚珠多数，2 列。蓇葖果。种子椭圆球形，种皮光滑或具少数纵皱纹。花粉粒 3 沟、散沟或散孔，穿孔状纹饰。染色体 2*n*=16，32，48，56，64，80。12/4（1）种，**8-4 型**；分布于温带或寒温带地区；中国产西藏、云南、四川、青海、新疆、甘肃、陕西、山西、山东、河北、内蒙古、辽宁、吉林、黑龙江及浙江。

Calycanthaceae Lindley **蜡梅科，木兰亚纲/樟目**。落叶或常绿灌木。单叶对生，全缘或近全缘；羽状脉。有叶柄；无托叶。花两性，辐射对称，单生枝顶或腋生，常芳香；花梗短；花被片多数，螺旋状着生，未明显分化成花萼和花瓣；雄蕊 2 轮，外轮能育，5-20 枚，内轮败育，10-25 枚，花丝短而离生，药室外向，2 室，纵裂，药隔伸长或短尖；心皮离生，子房上位，1 室，倒生胚珠 2 枚，或 1 枚不发育，花柱丝状，伸长；花托杯状。聚合瘦果着生于坛状的果托之中。种子无胚乳，胚大，具 2 枚旋卷状子叶。花粉粒 2 沟。甲虫、蜂类和蝇类传粉。染色体 2*n*=22。瘦果含蜡梅碱，有毒性。3 属，10 种，分布于亚洲东部，美洲北部和澳大利亚昆士兰；中国 2 属，7 种，主产华东至西南地区。

Calycanthus Linnaeus **夏蜡梅属，Calycanthaceae 蜡梅科**。落叶灌木。小枝二歧分枝，叶柄内芽或鳞芽。叶对生全缘或具稀疏浅锯齿。花单生枝顶，无香气，花梗明显。花被片多数，二型，覆瓦状排列；雄蕊多数，花丝短，退化雄蕊多数；心皮多数，有丝状毛。成熟果托钟状，基部狭缩窄如长柄；瘦果暗褐色，长圆形。花期 5-7 月；果期 9-10 月。花粉粒 2 沟，稀单沟，穿孔状、皱穴状或网状纹饰。蜂类和蝇类传粉。染色体 2*n*=22。3/1（1）种，**9 型**；分布于北美的亚热带地区，中国东部。夏蜡梅 *C. chinensis* Cheng & S. Y. Chang 仅见浙江临安和天台。国家 II 级保护野生植物；花大而美丽，于夏初开花观赏。

Calymmodon C. B. Presl **荷包蕨属，Polypodiaceae 水龙骨科**。小型附生植物。根状茎斜生，密被鳞片。叶簇生，叶柄短，紧贴根状茎，基部不具关节；叶片线形，单叶呈羽状深裂或一回羽状分裂，软纸质，被柔毛或近无毛；叶脉单一，很少分

叉，常不明显，在羽片或裂片上的叶脉为1枚小脉。孢子囊群圆形或椭圆形，生叶片上部，每羽片或裂片1枚，着生小脉中部或顶部上，在主脉两侧各成1行，裂片基部一半反卷包被孢子囊群；无囊群盖，无隔丝。孢子球形，较小，不具周壁。染色体 x=37。约25/2种，**7型**；分布于亚洲热带地区；中国产华南、台湾。短叶荷包蕨 *C. asiaticus* Copeland 可供观赏。

Calypso Salisbury **布袋兰属，Orchidaceae 兰科。**地生草本，地下具假鳞茎或珊瑚状根状茎。叶1枚，生于假鳞茎顶端，具较长的叶柄。花葶生于假鳞茎近顶端处；花单朵；唇瓣深凹陷而呈囊状，多少3裂；中裂片基部有毛；蕊柱有翅，多少呈花瓣状，倾覆于囊口之上；花粉团4个，成2对，蜡质，粘盘柄很小，有1个方形的粘盘。约2/1种，**8-2型**；分布于亚洲亚热带至北温带山地；中国产东北至四川西部和西藏湿润地区。

Calyptocarpus Lessing **金腰箭属，Asteraceae 菊科。**草本。叶对生，有柄，边缘有锯齿。头状花序辐射状，单生或多数聚生；花托平或凹，有托片；冠毛有2个芒；总苞钟形，总苞片约5，1-2层；缘花5-8，雌性，黄色，中央花结实，管状，4-5裂，黄色。果同型，有棱或翅，背腹压扁，倒圆锥形。染色体2n=24。3/1种，**（9-2）型**；产南美至北美；中国台湾已归化。

Calystegia R. Brown **打碗花属，Convolvulaceae 旋花科。**多年生缠绕或平卧草本。叶箭形或戟形。花腋生，单一或稀为少花的聚伞花序；苞片2，叶状，卵形或椭圆形，包藏着花萼，宿存。萼片5，近相等，卵形至长圆形，锐尖或钝，草质，宿存；花冠钟状或漏斗状，外面具5条明显的瓣中带；雄蕊及花柱内藏；花盘环状；子房1室或不完全的2室，胚珠4，花柱1，柱头2，长圆形或椭圆形，扁平。蒴果卵形或球形，4瓣裂。种子4。花粉粒散孔（20-40），穿孔纹饰，有小刺。染色体2n=22。25/6种，**2型**；主要分布于南北半球温带地区，少数延伸至热带；中国南北均产。

Camchaya Gagnepain **凋缨菊属，Asteraceae 菊科。**一年生草本。叶互生，具柄，边缘波状或具锯齿，羽状脉。花托平，中央具圆形窝孔，无托毛；冠毛有1-10个易脱落或部分脱落的毛，或无冠毛；花全部结实，紫色或淡紫色，管状，管部细，檐部具5个三角形或线状披针形裂片，外面常有腺毛。果倒卵形或长圆状卵形，稍扁，顶端圆形，无毛，具10条纵肋。染色体2n=20。5/1种，**7型**；分布于老挝，泰国，越南及中国云南。

Camelina Crantz **亚麻荠属，Brassicaceae 十字花科。**一年生或二年生草本，常具单毛与分枝毛。茎生叶基部心形，无柄。花小，萼片直立，内轮的基部不呈囊状，近相等；花瓣黄色，爪不明显；雄蕊分离，花丝扁，无齿；雌蕊花柱长，柱头钝圆。短角果倒卵形，2室，果瓣极膨胀，中脉多明显，隔膜膜质，透明。种子每室2行，多数。花粉粒3沟，网状纹饰。染色体2n=26，32，40。8/2种，**10（12）型**；分布于亚洲西南部和欧洲南部；中国产西北地区。

Camellia Linnaeus **山茶属，Theaceae 山茶科。**常绿灌木或小乔木。花两性，单生或2-5朵簇生叶腋或近顶生；花瓣5-12枚，基部多少连生；雄蕊多数，排成2-6轮；子房3-5室，倒生胚珠，双孢8核葱型胚囊。蒴果。种子球形、半球形或多面体形，种脐圆形，细小，种皮角质，子叶富含油脂，留土萌发，无胚乳。花粉粒3孔沟（或拟孔沟），皱波状、颗粒状或网状纹饰。染色体 x=15。120/97（76）种，**7a（14）型**；分布于东亚，东南亚的亚热带和热带地区，少数达朝鲜半岛和日本南部；中国产秦岭淮河以南，西至藏东南，东至台湾，以广西、云南尤盛。茶 *C. sinensis* (Linnaeus) O. Kuntze 可作饮料；油茶 *C. oleifera* Abel

是重要的木本油料植物；山茶 *C. japonica* Linnaeus 是著名花卉。

Cameraria Linnaeus **鸭蛋花属，Apocynaceae 夹竹桃科。**乔木或灌木。叶对生，二级脉多而平行。聚伞状伞形花序有花 1 至多朵；花萼裂片基部无腺体；花冠漏斗形或高脚碟状，花冠管基部或顶部一边肿胀，喉部无鳞片，裂片边缘不等，芽时向左覆盖；雄蕊贴生于花冠管中上部，伸出或内藏，药隔延伸成长的具刚毛的附属物；子房 2 室，胚珠多数；柱头圆锥形，2 裂。蓇葖 2，翅果状，反折或平展。种子卵球形。4/1 种，**6 型**；原产加勒比地区；中国广东有引种。

Campanula Linnaeus **风铃草属，Campanulaceae 桔梗科。**草本，根状茎横走。基生叶常莲座状；茎生叶互生。顶生单花或聚伞花序圆锥状或近头状；花萼与子房贴生，5 裂；花冠常钟状，5 裂；雄蕊离生；子房下位，3-5 室，柱头 3-5 裂，裂片弧状反卷或螺旋状卷曲。蒴果侧面孔裂，花萼裂片宿存。种子椭圆状，平滑。花粉粒 3-6 孔，皱波状或颗粒纹饰。染色体 $2n$=14-102。420/22（11）种，**8 型**；分布于北温带和极地；中国产西南山区。西南风铃草 *C. pallida* Wallich 的根可药用。

Campanulaceae Jussieu **桔梗科，木兰亚纲/菊目。**多草本，有乳汁。单叶互生，无托叶。花序多样；花两性，辐射或两侧对称，具花托；花萼筒 5 裂；花冠常 5 裂，管状或钟状，或二唇形到一唇形；雄蕊常 5；心皮 2-5，合生，子房下位、半下位；花蜜盘在子房之上，环状或管状；花柱近顶部有收集花粉的毛，胚珠多数。蒴果或浆果，室背开裂或孔裂。花粉粒 3-12 孔。84 属，2380 种，世界广布，分布于温带和亚热带；中国 14 属，159 种，广布各省区。

Campanulorchis Brieger 钟兰属，**Orchidaceae 兰科。**附生植物，根状茎发达。假鳞茎肉质，基部或多或少肿胀，顶生 1-4 枚叶。花序着生于假鳞茎顶端，密被红棕色绵毛。花梗和子房长密被红棕色绵毛；萼片外面密被红棕色绵毛；侧萼片基部与蕊柱足合生成萼囊；唇瓣 3 裂；蕊柱具蕊柱足。约 5/1 种，**5 型**；分布于亚洲热带地区；中国产华南地区。

Camphorosma Linnaeus **樟味藜属，Amaranthaceae 苋科。**半灌木。叶互生，单生或密集成簇。花序穗状，紧密，具苞片，无小苞片，被毛；花两性，花被筒状，被毛，4 裂，裂齿等长或两侧裂齿较中间裂齿长，果时不变化；雄蕊 4，花丝条状，伸出花被外，无花盘，花柱长，柱头 2，丝状。胞果直立，背腹扁，果皮膜质，不与种皮联合。种子直立，种皮革质；胚马蹄形。约 10/1 种，**10 型**；分布于欧洲东南部，亚洲中部和西部；中国产新疆。

Campsis Loureiro **凌霄属，Bignoniaceae 紫葳科。**木质藤本；具攀援性气生根。一回奇数羽状复叶。花大，红色或橙红色，顶生短圆锥花序；花萼钟状，近革质，不等长 5 裂；花冠钟状漏斗形，二强雄蕊；子房 2 室，基部以 1 大花盘围绕。蒴果，室背开裂，由隔膜上分裂为 2 果瓣。种子扁平，有半透明的膜质翅。花粉粒 3 沟，网状纹饰。虫媒。染色体 $2n$=40。约 2/1 种，**9 型**；1 种分布于北美，1 种在日本和中国；中国南方各省区均产。凌霄 *C. grandiflora*（Thunb.）K. Schumann、厚萼凌霄 *C. adrepens* Loureiro 栽培可作庭园观赏。

Camptotheca Decaisne **喜树属，Cornaceae 山茱萸科。**乔木。单叶互生，卵形，羽状脉。头状花序近球形，苞片肉质；花杂性；花萼杯状，上部裂成 5 齿状的裂片；花瓣 5，卵形，覆瓦状排列；雄蕊 10，排列成 2 轮，花药 4 室；子房下位，1 室，胚珠 1 枚，下垂，花柱的上部常分 2 枝。果实为矩圆形翅果，顶端截形，有宿存的花盘，每室 1 粒种子，无果梗，着生成头状果序。花粉粒 3 孔沟，穿孔状-颗粒纹饰。染色体 $2n$=44。2/2（2）种，**15 型**；中国产长

江以南地区。喜树 *C. acuminate* Decaisne 可用于园林绿化；含树碱，可药用。

Campylandra Baker **开口箭属，Asparagaceae 天门冬科**。多年生草本，具根状茎，单轴分枝；根茎升序，稀匍匐，粗厚，有时稍木质化。茎常很短。叶基生或生于短茎上，常 2 列抱生，具柄或无。顶生穗状花序，数至多朵花。花被 6 片，下部 1/2-2/3 联合形成管状，肉质，有时具环状体。雄蕊 6，花丝多贴生于花被筒上，离生部分短到长；花药背着，着生位置与柱头等高。子房 3 室；每室 2-4 个胚珠；花柱不明显，花柱 1 枚，柱头小，3 裂。浆果具 1-3 枚种子。花粉粒单沟，网状纹饰。染色体 $2n$=38。16/16（13）种，**14SH 型**；分布于不丹，印度锡金，尼泊尔及中国长江以南各省区。

Campylospermum Tieghem **赛金莲木属，Ochnaceae 金莲木科**。灌木或小乔木。侧脉近平行且于叶缘处弯拱连接而成明显的边脉；托叶小，基部于叶腋内连合。总状花序或圆锥花序，顶生或腋生；花萼 5，宿存；花瓣 5，黄色或白色，常旋转排列；雄蕊 10，1 轮排列，花药顶孔开裂；子房深裂，5 室，每室有弯生胚珠 1 枚，花柱单生，柱头锥尖。核果 1-2 个，或 5 个，环生于扩大的花托上；种子弯生，无胚乳。染色体 n=10，12，24。65/2 种，**6 型**；主要分布于热带非洲和马达加斯加，少数到南亚和东南亚；中国产海南。齿叶赛金莲木 *C. serratum*（Gaertner）Bittrich & M. C. E. Amaral、赛金莲木 *C. striatum*（Tieghem）M. C. E. Amaral 可药用。

Campylotropis Bunge **杭子梢属，Fabaceae 豆科**。灌木或亚灌木，稀亚灌木状草本。羽状 3 小叶。总状花序腋生或组成圆锥花序顶生；苞片腋内仅具 1 花；花梗在顶端具关节；花萼钟状，5 裂，上面 2 裂片近完全合生；花冠长为花萼的 2 倍及以上，龙骨瓣向上呈直角弯曲，顶端渐尖，常呈喙状；雄蕊单体；子房具短柄，1 室 1 胚珠。荚果扁平，不开裂，顶端具短尖头。花粉粒 3 孔沟，网状纹饰。染色体 $2n$=22。约 37/32（20）种，**11 型**；分布于亚洲温带地区；中国广布，以西南部尤盛。杭子梢 *C. macrocarpa*（Bunge）Rehder 可营造防护林，可固氮和改良土壤。

Cananga (de Candolle) J. D. Hooker & Thomson **依兰属，Annonaceae 番荔枝科**。灌木或乔木。花序聚伞状、总状，或数朵簇生于总花梗上。萼片 3，镊合状排列；花瓣 6，2 轮，每轮 3 片，内外轮花瓣近相等或内轮的较小；雄蕊多数，药室外向，药隔延伸为披针形的尖头；心皮多数，离生，每心皮有胚珠多颗，2 列；柱头花期时粘连在一起。成熟心皮浆果状，有柄或无柄；种子灰黑色，有斑点。松散四合花粉，具沟，穴状纹饰。染色体 $2n$=16。2/1 种，**（5）型**；分布于热带亚洲和大洋洲；中国引入栽培。依兰 *C. odorata* (Lamarck) J. D. Hooker & Thomson 的花可提取芳香精油。

Canarium Linnaeus **橄榄属，Burseraceae 橄榄科**。常绿乔木，稀灌木或藤本。树皮常光滑，灰色。奇数羽状复叶螺旋状排列，常集中于枝顶。花序常为聚伞圆锥花序；花 3 数，单性，雌雄异株；萼杯状，常一半以上合生；花瓣 3，分离；雄蕊 6，1 轮，在雌花中不育且不甚发育；花盘 6 浅裂；子房 3 室，每室有 2 胚珠。核果，核 3 室，其中 1-2 室常退化；子叶掌状分裂至 3 小叶。花粉粒 3 沟，光滑、皱波状、条纹或条网状纹饰。染色体 $2n$=26，46，48，78，104。约 120/7 种，**4 型**；分布于热带非洲，亚洲至大洋洲东北部和太平洋群岛；中国产福建、广东、广西、海南、台湾和云南。

Canavalia Adanson **刀豆属，Fabaceae 豆科**。草本，缠绕、平卧或近直立。羽状 3 小叶，具小托叶。总状花序腋生；花单生或 2-6 朵簇生于花序轴隆起的节上；萼钟状，顶部二唇形；花冠伸出萼外，旗瓣大，

C

近圆形，外反，翼瓣镰刀状；雄蕊单体；子房具短柄。荚果大，带形至长椭圆形，扁平或略膨胀，近腹缝线的两侧常有隆起的纵脊，2 瓣裂。种子椭圆形或长圆形，种脐线形。染色体 *n*=11。花粉粒 3 孔沟，网状纹饰。约 50/5 种，**2 型**；广布热带和亚热带地区；中国产西南至东南部。刀豆 *C. gladiata* (Jacquin) de Candolle 的嫩荚和种子可食用。

Cancrinia Karelin & Kirilov **小甘菊属，Asteraceae 菊科**。草本或小半灌木。叶常羽状分裂。头状花序同型，单生；花托半球状凸起或近于平，无托毛或稀具疏托毛，稍有点状小瘤，有时蜂窝状；总苞片草质，覆瓦状；全部小花两性，黄色，管状，檐部 5 齿裂。果三棱状圆筒形，基部收狭，有 5-6 条凸起的纵肋，冠状冠毛膜质，5-12 浅裂或裂达基部，顶端稍钝或多少有芒尖，边缘撕裂状。30/5 种，**13 型**；分布于中亚，蒙古国，俄罗斯，以及中国西北、内蒙古和西藏。

Canna Linnaeus **美人蕉属，Cannaceae 美人蕉科**。特征描述同科。（10-20）/1 种，**3 型**；产美洲的热带和亚热带地区；中国各地均有栽培。

Cannabaceae Martynov **大麻科，木兰亚纲/蔷薇目**。乔木、藤本或草本，直立或缠绕，无乳汁细胞。叶互生或对生，具腺毛，全缘或掌状分裂。聚伞花序单生于叶腋；花单性，雌雄同株或异株，不显著。雄花：花被片 5，雄蕊 5，与花被片对生。雌花：子房上位，1 室，具 2 个干柱头和 1 个胚珠，倒生。核果，翼果或花萼包被的瘦果。胚弯曲。花粉粒 3（-2）孔。染色体 2*n*=14，16，17，18，20，21，22，26，28，30，40，84，120。具倍半萜内脂。约 10 属，180 种，间断分布于新旧世界（除南极洲外）热带至温带地区；中国 7 属，25 种，各省区广布。

Cannabis Linnaeus **大麻属，Cannabaceae 大麻科**。一年生直立草本。叶互生或在茎基部对生，掌状复叶，边缘具锯齿。雌雄异株，稀同株；雄花序为松散圆锥花序，腋生或顶生，雌花序莲座状，腋生。雄花：花被片 5，雄蕊 5，花丝极短，退化雌蕊小。雌花：每花具 1 枚叶状小苞片，花被退化，紧贴子房，花柱 2。瘦果单生于宿存的苞片内。胚卷曲。花粉粒 3 孔，颗粒状纹饰。染色体 2*n*=20。（1-2）/1 种，**11（13）型**；原产中亚，现世界各地栽培；中国新疆原生或归化，各地栽培。大麻 *C. sativa* Linnaeus 可作为油料、纺织、造纸、建材等重要原料；含有多种酚类化合物，可作麻醉剂。

Cannaceae Jussieu **美人蕉科，木兰亚纲/姜目**。多年生草本，具块茎。叶互生，基部具鞘。总状或圆锥花序顶生；花两性；萼片 3，宿存；花瓣 3，基部合生成管状；雄蕊 2 轮，外轮（2 或）3 退化成花瓣状；内轮退化雄蕊和可育雄蕊各 1，可育雄蕊的花丝呈花瓣状；子房下位，柱头花瓣状。蒴果 3 裂。种子多数，胚乳丰富。花粉粒球状，无萌发孔，外壁具刺。染色体 *x*=9。1 属，10-20 种，产美洲的热带和亚热带地区；中国引种 1 属，1 种，各地均有栽培。

Canscora Lamarck **穿心草属，Gentianaceae 龙胆科**。一年生草本。叶对生。花萼筒形，深裂；花冠筒形或钟形，浅裂；雄蕊着生于冠筒上部与裂片互生，1-2 个具有长的花丝和发育的花药，2-3 个具有短的花丝和不发育的、小的花药；子房 1 室，无柄；花柱细长，线形。种子扁平，近圆形，表面具网纹。花粉粒 3 沟，条网状纹饰。30/3（1）种，**4（7）型**；分布于非洲，亚洲及大洋洲的热带和亚热带地区；中国产华南地区。穿心草 *C. lucidissima*（H. Léveillé & Vaniot）Handel-Mazzetti 可药用。

Cansjera Jussieu **山柑藤属，Opiliaceae 山柚子科**。直立或攀援灌木，有时具刺。叶互生，具短柄。花两性，排成稠密的腋生穗状花序，每朵花具 1 枚苞片；单花被，具柔毛，下部合生，上部 4-5 裂，裂片镊

合状排列；雄蕊 4-5 枚，与花被裂片对生，花丝无毛，花药长圆形，药室纵裂；腺体 4-5 枚，卵状或近三角形，肉质；子房上位，卵球形或圆筒状，1 室，柱头头状，4 浅裂。核果椭圆状，中果皮肉质。种子 1，胚小，子叶 3-4 枚。3/1 种，**5 型**；分布于亚洲和澳大利亚的热带地区；中国产云南、广西、广东。山柑藤 *C. rheedei* J. F. Gmelin 具根寄生习性，是低海拔疏林或灌木林的重要组成成分。

Canthium Lamarck **鱼骨木属，Rubiaceae 茜草科。**灌木或乔木，具成对直刺或无刺。叶对生；托叶基部合生。花单生或簇生，或排成伞房花序式的聚伞花序，腋生；花 4 或 5 基数；萼裂片极短，或极度发育；花冠漏斗形、坛状或管状，裂片 4-5，镊合状排列；雄蕊伸出；子房 2-5 室，每室胚珠 1 颗。核果，肉质，小核骨质或脆壳质。种子长圆形或圆柱形，种皮膜质。花粉粒 3 孔，细孔状或孔状纹饰。染色体 $2n$=22，44。约 30/4（1）种，**4 型**；分布于亚洲热带地区，非洲和大洋洲；中国产广东、广西、海南、云南和台湾。

Capillipedium Stapf **细柄草属，Poaceae 禾本科。**多年生草本。秆实心。总状花序常排列成圆锥状；小穗孪生，或 3 枚同生于每一总状花序顶端；无柄小穗两性，第一颖约等长于小穗，第二颖舟形，第一外稃透明膜质，第二外稃退化成线形，先端延伸成 1 膝曲的芒，无内稃；有柄小穗内稃无或极小。约 14/5（1）种，**4 型**；分布于非洲东部，亚洲热带和澳大利亚；中国产华东、华中至南部。绿岛细柄草 *C. kwashotense* (Hayata) C. C. Hsu 可作饲料。

Capparaceae Jussieu **山柑科，木兰亚纲/十字花目。**灌木、乔木或木质藤本。单叶或掌状复叶，多互生，托叶刺状或无。花两性或单性，单生或聚成总状等花序；花萼 4（-8）；花冠（0-）4（-8），花托常延伸成雌雄蕊柄，具蜜腺；雄蕊（4-）6 至多数；心皮 2（-8），1 室，侧膜胎座。浆果或蒴果。种子胚弯曲。花粉粒 3 沟或为孔沟和拟孔沟。染色体 $2n$=（14-）20（-30+）。约 28 属，650 种，广布热带和亚热带地区，少数到温带；中国 2 属，42 种，产西南和华南地区。

Capparis Linnaeus **山柑属，Capparaceae 山柑科。**灌木、乔木或藤本。单叶互生，螺旋排列或形成假 2 列。花序多种，或（1-）2-10 朵花沿花枝向上排成 1 短纵列；花萼 4，排成 2 轮；花冠 4，常形成稍不对称的 2 对，基部包着花盘；雄蕊 7-120；子房 1 室，胎座 2-6（-8）。浆果。花粉粒 3 孔沟或为孔和带状拟孔沟，粗糙、网状或穴状纹饰。染色体 $2n$=18，20，24，36（-160）。约 250（-400）/37（10）种，**2 型**；分布于热带和亚热带；中国产西南至台湾地区。独行千里 *C. acutifolia* Sweet 可入药。

Caprifoliaceae Jussieu **忍冬科，木兰亚纲/川续断目。**草本、灌木、小乔木或藤本。常具星散的分泌细胞，毛被多样。单叶对生，稀羽状分裂或复叶，具羽状脉。花两性，两侧对称；萼片和花瓣常 5 数，合生；雄蕊（1-）4 或 5；心皮 2-5，合生，子房下位，中轴胎座，花柱伸长，胚珠每室 1 到多数。果为蒴果、浆果、核果或瘦果。花粉粒大，多刺，3 孔沟或 3 孔。36 属，810 种，世界广布，主产北温带；中国 20 属，约 144 种，各省区广布，主产西南地区。

Capsella Medikus **荠属，Brassicaceae 十字花科。**一年生或二年生草本；茎直立或近直立。总状花序伞房状，花疏生；萼片近直立，长圆形，基部不呈囊状；花瓣白色或带粉红色，匙形；子房 2 室，有 12-24 胚珠，花柱极短。短角果倒三角形或倒心状三角形，扁平，开裂，无翅，无毛。种子每室 6-12 个，椭圆形，棕色。花粉粒 3 沟，网状纹饰。染色体 $2n$=16，32。5/1 种，**1 型**；原产亚洲西南部和欧洲，现为世界性杂草；中国各地均产。荠 *C. bursa-pastoris* (Linnaeus) Medikus 为重要

C

蔬菜，亦可供药用。

Capsicum Linnaeus **辣椒属，Solanaceae 茄科**。灌木、一年生或多年生草本。茎多分枝。叶全缘或具齿。花单生或簇生，俯垂或直立；花萼宽钟状至杯状，有 5（-7）小齿或近全缘，花后稍膨大宿存；花冠辐状；子房 2-（稀 3）室。果实为无汁浆果，果皮肉质或革质，直立至下垂生。种子圆盘形；胚弯曲。花粉粒 3（-4）孔沟，浅穴状、颗粒状或网状纹饰。染色体 $2n$=24，36。（20-27）/1 种，**3 型**；产南美洲；中国引种栽培。辣椒 *C. annuum* Linnaeus 的果实可作蔬菜和调味品；或可药用。

Caragana Fabricius **锦鸡儿属，Fabaceae 豆科**。灌木，稀为小乔木。偶数羽状复叶或假掌状复叶，叶轴顶端常硬化成针刺，托叶宿存并硬化成针刺。花梗单生、并生或簇生叶腋，具关节；苞片 1 或 2，有时退化成刚毛状或不存在；花萼管状或钟状，基部偏斜；花冠黄色，稀淡紫色、浅红色，各瓣均具瓣柄，翼瓣和龙骨瓣常具耳；雄蕊二体（9+1）。荚果筒状或稍扁。花粉粒 3 孔沟，网状纹饰。染色体 n=8，16。约 100/66（32）种，**11（14）型**；分布于亚洲和欧洲的干旱和半干旱地区；中国产东北、华北、西北和西南各省区。可绿化荒山和保持水土，也是良好的蜜源植物。

Carallia Roxburgh **竹节树属，Rhizophoraceae 红树科**。灌木或乔木。树干基部有时具板状根。叶对生，下面常有黑色或紫色小点；托叶披针形。聚伞花序，腋生；小苞片 2，分裂而早落，或基部合生而宿存；花萼 5-8 裂；花瓣与花萼裂片同数；雄蕊为花萼裂片的 2 倍，分离，生于花盘的边缘，花药 4；子房下位，花柱柱状。果实肉质，有种子 1 至多颗，种子椭圆形或肾形，胚直或弯曲。花粉粒 3 孔沟，穿孔状至网状纹饰。10/4 种，**5（7d）型**；分布于东半球热带地区；中国产广东、广西、云南。可作家具用材。

Cardamine Linnaeus **碎米荠属，Brassicaceae 十字花科**。一、二年生或多年生草本。地下根状茎直生或匍匐延伸，肉质，具鳞片，偶有球状块茎；无毛或单毛。基生叶莲座状，具柄。茎生叶互生。总状花序，常无苞片，花初开时排列成伞房状；花瓣白色、粉色、淡紫色或紫色；雄蕊柱状。长角果线形，果瓣成熟时常自下而上开裂或弹裂卷起。种子每室 1 行，4-80 粒；果皮纸质，无脉或近端具隐脉。子叶扁平，通常缘倚胚根。花粉粒 3 沟，细网状纹饰。染色体 x=7，8。200/48（24）种，**1 型**；世界分布；中国各地均产。紫花碎米荠 *C. tangutorum* O. E. Schulz 可药用。

Cardiandra Siebold & Zuccarini **草绣球属，Hydrangeaceae 绣球花科**。亚灌木至灌木。叶互生或 4-8 片聚生于茎。花二型，不育花少而大，孕性花多而小；萼片 2-3 片，具脉纹；花瓣 5；雄蕊多数，花药倒心形，药隔宽，药室 2，纵裂；子房近下位，具不完全的 2-3 室；花柱 2-4，粗短。蒴果卵球形，近下位，顶端冠以宿存的萼齿和花柱，成熟时于花柱基部间孔裂。种子扁平，表面具脉纹，两端具翅。花粉粒 3 孔沟，穿孔状纹饰，偶具颗粒。3/2 种，**14（SJ）型**；分布于亚热带亚洲东部；中国产东南部至西南部。草绣球 *C. moellendorffii* (Hance) Migo 的根茎可治疗跌打损伤。

Cardiocrinum（Endlicher）Lindley **大百合属，Liliaceae 百合科**。多年生草本。鳞茎由基生叶的叶柄基部膨大而成。茎高大，无毛。叶基生和茎生，叶脉网状，具叶柄。花序总状；花狭喇叭形，白色；花被片 6，离生，条状倒披针形；雄蕊 6，花丝扁平，花药背着，丁字形；子房圆柱形，柱头微 3 裂。蒴果矩圆形。种子扁平，红棕色，有窄翅。花粉粒单沟，网状纹饰。染色体 $2n$=24。3/2（1）种，**14 型**；分布于日本及中国秦岭以南各省区。大百合

C. giganteum (Wallich) Makino、荞麦叶大百合 *C. cathayanum*（Wilson）Stearn 的果可药用。

Cardiopteridaceae Blume **心翼果科，木兰亚纲/冬青目 Aquifoliales**。攀援草本、灌木或小乔木，有乳汁。单叶互生，具齿，二级脉掌状。花两性，或单性而雌雄异株或雄花两性花同株；花序聚伞状、穗状或总状；萼片 4-6，基部合生；花瓣 4-5，合生，覆瓦状；雄蕊（4）5，常贴生花冠，花药背着；子房 1 室，具胚珠 1 枚，花柱较长，柱头平截或头状。核果。种子子叶叶状。花粉粒 3 孔或 3 孔沟，网状纹饰。染色体 2*n*=28。5 属，43 种，分布于热带地区，太平洋岛屿；中国 2 属，3 种，产云南、台湾、广西和海南。

Cardiopteris Wallich ex Royle **心翼果属，Cardiopteridaceae 心翼果科**。草质藤本，具白色乳汁。叶螺旋状排列，无托叶。聚伞花序先端蝎尾状；花两性或杂性，无梗；花萼（4）5 深裂，宿存；花瓣（4）5，基部连合，早落；雄蕊（4）5，着生于花冠管喉部；花丝极短；无花盘；子房上位，卵圆状长圆形，略成 4 棱，1 室，具胚珠 2 枚，花柱异型，1 枚柱头头状，早落，1 枚在果时伸长，宿存。翅果圆形或倒心形，不裂。种子 1 枚，线形，有纵槽纹。花粉粒 3 孔沟或拟孔沟，网状纹饰。2/1 种，**7 型**；分布于热带东南亚至澳大利亚东北部；中国产海南、广西和云南。

Cardiospermum Linnaeus **倒地铃属，Sapindaceae 无患子科**。草质藤本。叶轮生，二回三出叶，托叶小。雌雄同株；聚伞圆锥花序腋生；最下 1 对分枝发育成卷须；花小，左右对称，单性；萼片 4-5，不对称，覆瓦状排列；花瓣 4，基部之上有 1 凹头的鳞片；花盘偏于一侧，2 浅裂；雄蕊 8；子房 3 室，胚珠单生，室裂为 3 果瓣。蒴果囊状；种子黑色，有 1 个假的心形的假种皮包围着珠孔。花粉粒 3 孔沟，穿孔状至网状纹饰。染色体 *x*=10，11。15/1 种，**2（3）型**；分布于热带，亚热带；中国产南部各省区。倒地铃 *C. halicacabum* Linnaeus 可药用。

Carduus Linnaeus **飞廉属，Asteraceae 菊科**。直立草本。茎有翼。叶互生，常下延，有刺状锯齿或羽状分裂。头状花序同性，单生而具长柄，或近无柄，散生或聚生；花托有刺毛；冠毛刚毛糙毛状，多列；总苞卵状、半球形或球形，总苞片刺状；花全部两性而结实，冠管纤细，冠檐 5 裂。瘦果倒卵状，不明显的四角形。花粉粒 3 孔沟，具圆锥形刺。染色体 2*n*=16，18，22，40。95/3 种，**10（12）型**；分布于非洲，亚洲及欧洲；中国产西南、西北至东北地区。

Carex Linnaeus **薹草属，Cyperaceae 莎草科**。多年生草本，具地下根状茎。秆三棱形。花单性，由 1 朵单性花组成 1 个支小穗，雌性支小穗外面包以边缘完全合生的先出叶（果囊）；小穗由多数支小穗组成，小穗 1 至多数，单一顶生或排列成穗状、总状或圆锥花序。雄花具（2-）3 雄蕊；雌花具 1 雌蕊，花柱有时基部增粗，柱头 2-3。果囊三棱形、平凸状或双凸状，具喙。小坚果包于果囊内。花粉 1 远极孔，4-5 侧孔，小槽状、穿孔状和颗粒纹饰。染色体 2*n*=18-112 等。2000/527（260）种，**1 型**；全球广布；中国广布，西南尤盛。

Carica Linnaeus **番木瓜属，Caricaceae 番木瓜科**。小乔木或灌木。茎含乳汁。叶互生，聚生于茎顶，掌状分裂。总状花序腋生，花单性或两性。雄花：花萼 5 裂；花冠管细长；雄蕊 10 枚。雌花：花瓣 5；无退化雄蕊；子房 1 室或 5 室，具假隔膜，侧膜胎座，柱头 5。浆果，肉质，种子具肉质假种皮。花粉粒 3 孔沟，细网状纹饰。染色体 2*n*=18。约 1/1 种，**3d 型**；产美洲热带和亚热带地区；中国栽培于南部地区。番木瓜 *C. papaya* Linnaeus 是著名的热带水果；也可作蔬菜和药用。

Caricaceae Dumortier **番木瓜科，木兰亚纲/**

C

十字花目。小乔木或灌木；茎具乳汁。叶常聚生于茎顶。花单性或两性，雌雄同株、雌雄异株、雄全同株或雌全同株。雄花常组成总状或圆锥花序，雌花单生或为聚伞花序；花被5基数；雄花雄蕊10，2轮；雌花子房上位，1室或由假隔膜分成5室，侧膜胎座；两性花雄蕊5或10。浆果，肉质。种子被黏液。花粉粒3孔沟，网状纹饰。染色体2*n*=14，16，18。6属，34种，分布于中美洲，南美洲和非洲中部地区；中国1属，1种，引入栽培。

Carissa Linnaeus **假虎刺属，Apocynaceae 夹竹桃科**。灌木，具刺。叶对生。聚伞花序，顶生或腋生；花萼裂片基部内面具有离生腺体或无腺体；花冠高脚碟状，花冠喉部无鳞片，花冠裂片芽期向右或向左覆盖；雄蕊内藏；花药顶端钝或药隔具细尖头；子房2室，胚珠每室常1-4枚，2列；柱头顶端短2裂。浆果，球形或椭圆形，2室或仅有1室发育。种子盾状。花粉粒3萌发孔，穿孔纹饰。染色体2*n*=22，66。7/3种，**4型**；分布于亚洲，大洋洲及非洲的热带和亚热带地区；中国产台湾、广东、云南和贵州。

Carlemannia Bentham **香茜属，Carlemanniaceae 香茜科**。草本。单叶对生，不等大，不对称；叶缘具齿。二歧聚伞花序，顶生或腋生；花4基数；花冠裂片覆瓦状排列；雄蕊2；雌蕊1，柱头2裂，子房4心皮，合生成2室，胚珠多数，着生于近基底的胎座上。蒴果，具4棱，成熟时纵向缝裂成2果瓣。种子很小。花粉粒5-6（拟）沟，细网状纹饰。染色体2*n*=30。3/1种，**7-1型**；分布于越南，缅甸，印度锡金，不丹，印度尼西亚及中国西藏和云南。

Carlemanniaceae Airy Shaw **香茜科，木兰亚纲/唇形目**。多年生草本或亚灌木。单叶对生，无托叶。聚伞花序，顶生或腋生；花两性，二型或单型；花萼裂片4-5，不等大；花冠裂片4-5枚，裂片覆瓦状排列或内向镊合状排列；雄蕊2，着生于花冠管中部或以下；花药侧向开裂；子房下位，2室，胚珠多数，生于中轴胎座上或近基底着生，柱头2裂。蒴果干燥或肉质，成熟时开裂为2或5果瓣。种子卵球形。花粉粒3-6沟，网状纹饰。2属，5种，分布于亚洲南部和东南部热带地区；中国2属，2种，产西藏、云南。

Carlesia Dunn **山茴香属，Apiaceae 伞形科**。草本。根粗厚，圆锥形。茎直立。基生叶羽状全裂；有叶鞘；茎生叶羽状全裂。复伞形花序；总苞片数枚，小总苞片钻形至线形；萼齿明显；花瓣倒卵形，基部渐狭，先端长而内折；雄蕊长于花瓣；花柱基隆起，圆锥形，花柱在花后与果实近等长。果实长倒卵形或长椭圆状卵形，表面被短糙毛，主棱钝；每棱槽内油管3。胚乳腹面平直。1/1（1）种，**15型**；中国产东北地区。

Carlina Linnaeus **刺苞菊属，Asteraceae 菊科**。草本或灌木。叶基生或茎生，羽状浅裂、半裂或有锯齿，稀全缘不分裂而边缘有针刺状缘毛。花托平；冠毛1层，膜片状；总苞片多层边缘有刺齿，中层边缘有分枝的针刺，内层顶端彩色，膜质，伸展，长于小花；全部小花两性，管状，黄色或紫色；花药基部箭形，附属物边缘有长尾状的长缘毛。瘦果被稠密的顺向贴伏的长直毛。花粉粒3孔沟，具短刺，刺间蠕虫状。28/1种，**10型**；分布于非洲，亚洲，欧洲，加那利群岛等；中国产新疆。

Carpesium Linnaeus **天名精属，Asteraceae 菊科**。多年生草本。叶互生。头状花序盘状，常下垂；花托秃裸而有细点，扁平，无冠毛；苞片干膜质或外层草质，呈叶状；花黄色，外围的雌性，辐射状，结实，盘花两性，筒状或上部扩大呈漏斗状；柱头2深裂，先端钝。果细长，有纵条纹，先端收缩成喙状，顶端具软骨质环状物。染色体2*n*=40。20/16（6）种，**10型**；产亚洲和欧洲；主要分布于中国南方地区，

少数产北方及青藏地区。天名精 *C. abrotanoides* Linnaeus 全草可入药。

Carpinus Linnaeus **鹅耳枥属，Betulaceae 桦木科**。乔木或小乔木，稀灌木。芽顶端锐尖，具多数芽鳞。叶边缘具重锯齿或单齿，叶脉羽状。花单性，雌雄同株。雄花序下垂、柔荑状，每初级苞片内具 1-3 朵雄花；雄花无花被，花丝短，顶端分叉，花药 2 爿分离，顶端有簇毛。雌花序单生、穗状，直立或下垂；每初级苞片内具 2 朵雌花，具花被，子房下位，不完全 2 室，每室具 2 枚倒生胚珠，花柱 2。果苞叶状，3 裂或 2 裂。种子 1 枚。花粉粒 3-4 孔，极少为 2 或 5 孔。50/33（27）种，**8 型**；分布于北温带及北亚热带地区；中国广布。木材可制作农具、家具；种子含油，可制皂或滑润油。

Carrierea Franchet **山羊角树属，Salicaceae 杨柳科**。乔木。单叶，互生，有钝锯齿；基出脉 3 条；有长柄。圆锥花序顶生或腋生；花单性，雌雄异株；花梗基部有苞片；花萼 5 片，长而反卷；花瓣缺；雄花大，雄蕊多数，着生于花托上，花药基部联合，有退化雌蕊；雌花小，子房 1 室，侧膜胎座 3-4 个，胚珠多数，花柱 3-4，极短，柱头 3 裂，有退化雄蕊。蒴果大，羊角状披针形，有绒毛；种子扁平，有翅。花粉粒 3 孔沟（或拟孔沟），网状纹饰。2/2（1）种，**7-4 型**；分布于越南北部，以及中国西南、湖南、湖北。

Carthamus Linnaeus **红花属，Asteraceae 菊科**。一年生草本。叶互生，无柄，革质，具刺状利齿。头状花序为具刺的苞叶所包围；冠毛缺或鳞片状；总苞片多层，外层具绿色叶质附属物；小花全部管状，花冠 5 裂。瘦果光滑，有 4 棱，具侧生着生面。花粉粒 3 孔沟，有刺，刺间具小穿孔。染色体 2*n*=24。47/2 种，**12 型**；分布于亚洲，欧洲及地中海；中国新疆等栽培。红花 *C. tinctorius* Linnaeus 可药用；也可食用、榨油和观赏。

Carum Linnaeus **葛缕子属，Apiaceae 伞形科**。草本。直根肉质。茎具纵条纹。叶具鞘，有柄，羽状分裂。复伞形花序常无萼齿；花瓣有内折的小舌片；花柱基圆锥形，短于花柱。果实长卵形或卵形，两侧扁压，果棱明显；棱槽内油管常单生，稀为 3，合生面油管 2-4。胚乳腹面平直或略凸起；心皮柄 2 裂至基部。花粉粒 3 孔沟，皱波状-条纹状纹饰。（25-30）/4（2）种，**8 型**；分布于欧洲，亚洲，北非及北美；中国广布东北、华北及西北，向南至西藏东南部、四川西部和云南西北部。

Carya Nuttall **山核桃属，Juglandaceae 胡桃科**。落叶乔木。枝条髓部实心。奇数羽状复叶。雌雄同株。雄性柔荑花序下垂，常 3 条成 1 束；雌性穗状花序直立顶生，具少数雌花；雌花苞片、小苞片愈合而形成 1 个 4 浅裂的壶状总苞，贴生于子房；子房下位。假核果，外果皮干后革质或木质，常 4 瓣裂开；内果皮骨质，坚硬。花粉粒 3 孔，颗粒状纹饰。染色体 2*n*=32，64。约 15/4（3）种，**9 型**；主要分布于北美，亚洲东部；中国产东南和西南部。山核桃 *C. cathayensis* Sargent 的果仁可食；油芬香可口；木材优质。

Caryodaphnopsis Airy Shaw **檬果樟属，Lauraceae 樟科**。灌木或乔木。叶对生或近对生，三出脉或离基三出脉。花两性，排列成横出、狭而细长的腋生圆状花序。花被裂片 6，外轮细小，内轮大得多，脱落。能育雄蕊 9，花药 4 室，偶有 2 室；退化雄蕊 3；花柱短，柱头不明显的 2-3 裂。果大，梨果状，坚硬，外果皮薄膜质，中果皮肉质，内果皮软骨质；果梗增厚，顶端膨大。花粉粒无萌发孔，瘤状凸起。14/3（1）种，**3 型**；6 种产热带亚洲地区，其余 8 种产中至南美洲的热带地区；中国产云南东南部至南部。

Caryophyllaceae Jussieu **石竹科，木兰亚纲/石竹目**。草本，稀亚灌木。茎节常膨大。叶对生，全缘；托叶膜质或无。花两性，单生或排成聚伞花序；萼片（4）5；花瓣（4）5，稀无；雄蕊（2）5-10；子房上位，1室，稀2-5室，胚珠1至多数；花柱（1）2-5。果为蒴果，稀为浆果。种子1至多枚，肾形、卵形。花粉粒3沟、散沟或散孔。蛾类、蜂类、甲虫类等传粉。染色体*x*=5-17，19。97属，约2200种，世界广布，主产北半球的温带和暖温带，地中海地区，亚洲西部至中国西部与喜马拉雅地区种类最多，少数在非洲，大洋洲和美洲；中国33属，396种，广布各地，主产北部和西部。

Caryopteris Bunge **莸属，Lamiaceae 唇形科**。草本或半灌木。聚伞花序腋生或顶生，再排列成伞房状或圆锥状；萼5裂，宿存，钟状；花冠5裂，4/1式二唇形，上唇4裂片近等大，下唇1裂片较大；雄蕊4，伸出花冠管外，花丝着生于冠筒喉部，子房不完全4室，每室具1胚珠，胚珠下垂或倒生。蒴果球形，成熟后分裂为4个具翼的果瓣。瓣缘锐尖或内弯，腹面内凹成穴而包裹种子。花粉粒3沟（稀3孔，6散孔），瘤状、网状至穿孔状纹饰。染色体2*n*=26，40，52。7/7（5）种，**14型**；分布于东亚；中国主产西南地区，西北和华中也有。

Caryota Linnaeus **鱼尾葵属，Arecaceae 棕榈科**。矮小至乔木状。叶大，聚生于茎顶，二回羽状全裂；羽片先端极偏斜而有不规则的齿缺，状如鱼尾。花序生于叶腋间，有长而下垂的分枝花序。花单性，雌雄同株，常3朵聚生；雄花具雄蕊6-150；雌花具退化雄蕊0-6；子房3室，柱头2-3裂。果实近球形，种子1-2。种子直立，胚乳嚼烂状，胚侧生。花粉粒单沟，瘤棒状或刺状纹饰。约13/4种，**5型**；分布于亚洲南部至澳大利亚热带地区；中国产南部至西南部。

Casearia Jacquin **脚骨脆属，Salicaceae 杨柳科**。小乔木或灌木。单叶，互生，常有透明的腺点和腺条。花小，两性稀单性，形成团伞花序，稀退化为单生；花梗短，在基部以上有关节，被数枚鳞片状的苞片所包被；萼片4-5片；花瓣缺；雄蕊（6-）8-10（-12）枚，花丝基部和退化雄蕊联合成1短管；退化雄蕊和雄蕊同数而互生。蒴果，种子成熟后有槽纹，为1层膜质假种皮所包围，假种皮常流苏状。花粉粒3孔沟（稀4），穿孔状、网状或光滑纹饰。染色体2*n*=42。约160/11种，**2型**；分布于美洲，非洲，亚洲和澳大利亚的热带和亚热带，以及太平洋岛屿；中国产云南和海南。

Cassia Linnaeus **决明属，Fabaceae 豆科**。乔木或灌木。叶螺旋状排列，偶数羽状复叶，小叶对生，叶柄和叶轴上不具腺体。总状花序构成圆锥状顶生或生于短枝；小苞片2；萼裂片5，花期反折；花瓣5片，两侧对称；雄蕊10枚，下部3个雄蕊的花丝较长，弯曲，上部7个短而直，花药常从基部孔裂开。荚果圆柱形或扁平，不开裂。种子多数，种脐丝状。花粉粒3（-4）孔沟，网状纹饰。约30/2种，**2型**；分布于热带地区；中国产广西和云南。腊肠树*C. fistula* Linnaeus、爪洼决明*C. javanica* Linnaeus为优良观赏绿化树种。

Cassiope D. Don **锦绦花属，Ericaceae 杜鹃花科**。常绿矮小灌木或半灌木。叶小，互生或交互对生，鳞片状，无柄。花单一，腋生稀顶生，常弯垂；萼裂片4-5枚；花冠钟形，裂片4-5枚；雄蕊8-10枚，着生于花冠内侧基部，花药卵形，顶部有2芒，芒常反折；子房4-5室，花柱柱状，每室有多数胚珠，具双孢子胚囊。蒴果圆球形，室背开裂。种子细小，长椭圆形。花粉四合体，3拟孔沟，光滑、疣突或皱波状纹饰。17/11（6）种，**8-2（14SH）型**；分布于北半球的环极地区，南经俄罗斯，日本，喜马拉雅地区，克什米尔及中国西南。

Cassytha Linnaeus **无根藤属，Lauraceae 樟科**。多黏质的寄生缠绕草本，借吸盘状吸根攀附于寄主植物上。叶退化为很小的鳞

片。花两性，生于鳞片状苞片之间，每花下有紧贴于花被下方的2枚小苞片，排成穗状、头状或总状花序。花被筒花后顶端紧缩，花被片6，排成2轮，外轮3枚很小。能育雄蕊9，花药药室2。子房被增大的花被筒所封闭。果包藏于花后增大的肉质花被筒内，顶端开口，并有宿存的花被片。花粉粒无萌发孔，光滑或微粗糙。200/1 种，**2（5）型**；主产澳大利亚，少数到非洲和亚洲，1种为泛热带分布；中国产南部至台湾。

Castanea Miller **栗属，Fagaceae 壳斗科。**落叶乔木。小枝无顶芽。叶互生，具锯齿状裂齿。花单性同株；雄花序穗状；花被6裂，雄蕊10-20，中央有被长绒毛的不育雌蕊，花丝长于花被4-6倍；雌花2-3朵聚生于有刺的总苞内，生于上部花序的基部，花被6裂；子房下位，花柱与子房均6或9，每室有2枚胚珠。壳斗密被针刺，具坚果1-3（5）枚。花粉粒3孔沟，颗粒状纹饰。染色体 x=12。约12/4（2）种，**8（9）型**；分布于亚洲，欧洲南部及其以东地区，北美东部；中国产华东、中南、西南和河北。

Castanopsis（D. Don）Spach **锥属，Fagaceae 壳斗科。**常绿乔木，枝有顶芽，具多数芽鳞。叶2列，互生或螺旋状排列，叶背被毛或鳞腺。花单性同株；雄花序为直立的穗状或圆锥花序；花被5-6（-8）裂，雄蕊（8-）9-12，花药近圆球形，退化雌蕊小；雌花单朵或数朵聚生于1壳斗内，子房3室，花柱3，柱头小圆点状或浅窝穴状。果翌年成熟，坚果1-4枚包于有刺总苞内。花粉粒3孔沟，不规则条纹状纹饰。约120/58（30）种，**9（7）型**；分布于亚洲热带和亚热带地区；中国产长江以南各地，主产西南和南部。

Castilleja Mutis ex Linnaeus f. **火焰草属，Orobanchaceae 列当科。**半寄生草本，稀为灌木。叶互生或最下部的对生。穗状花序顶生；苞片常比叶大；花萼管状，基部常膨大，顶端2裂；花冠筒藏于萼内，上唇狭长，倒舟状，全缘，下唇短而开展，3裂；雄蕊4，2强，花药藏于上唇下。蒴果卵状，稍侧扁，室背开裂。种子多数，外种皮透明膜质，蜂窝状。花粉粒3沟，疣状纹饰。染色体 2n=20，46，48，72，96，120。190/1 种，**8型**；主要分布于北美，欧洲东部和亚洲北部也有；中国产东北地区。

Casuarina Linnaeus **木麻黄属，Casuarinaceae 木麻黄科。**乔木。小枝轮生，具节。叶鳞片状，轮生呈环状，下部连合为鞘。花单性；雄花组成顶生的穗状花序，每朵雄花由1枚雄蕊和1-2花被片组成，小苞片2；雌花组成球形或椭圆状的头状花序，无花被，小苞片2，子房上位，花柱短，胚珠2枚，侧膜胎座。果序球果状，小坚果具膜质薄翅；种子无胚乳。花粉粒3孔，颗粒状纹饰。风媒。染色体 2n=18。18/3 种，**5型**；产大洋洲，少数到亚洲东南部，马来西亚；中国引入栽培。

Casuarinaceae R. Brown **木麻黄科，木兰亚纲/壳斗目。**乔木或灌木。小枝轮生，具节。叶鳞片状，轮生，下部连合为鞘。花单性，同株或异株；雄花序顶生穗状，雄花花被片1或2，雄蕊1枚，花药2室，纵裂；头状雌花序顶生，雌花无花被，雌蕊2心皮，子房上位，胚珠2枚。果序球果状，小坚果扁平，具膜质翅；种子单生，无胚乳，子叶1对。花粉粒3孔，颗粒状纹饰。风媒。染色体 x=8-10。4属，96种，分布于澳大利亚，东南亚和太平洋群岛；中国1属，3种，引入栽培。

Catabrosa P. Beauvois **沿沟草属，Poaceae 禾本科。**多年生草本，常具匍匐地面或沉水的茎。圆锥花序；小穗含（1-）2（-3）小花；颖膜质，短于小花，顶端截平或呈蚀齿状；外稃草质，顶端钝，干膜质，无芒，具3明显的脉，内稃具2脊，平滑无毛；鳞被2；雄蕊3。颖果椭圆形。染色体 x=5。（2-4）/2 种，**8型**；分布于南北

半球的温带地区；中国产西北、东北、华北和西南地区。沿沟草 *C. aquatica* (Linnaeus) P. Beauvois 可作饲草。

C

Catalpa Scopoli **梓属，Bignoniaceae 紫葳科。**落叶乔木。单叶对生，揉之有臭气味，脉腋间常具紫色腺点。顶生圆锥花序、伞房花序或总状花序；花萼二唇形或不规则开裂；花冠钟状，二唇形；能育雄蕊 2 枚，退化雄蕊 3 枚；花盘明显；子房 2 室，有胚珠多颗。蒴果长柱形，2 瓣开裂。种子圆形，薄膜状，两端具束毛。花粉四合体，无萌发孔，网状纹饰。虫媒。染色体 2*n*=40。约 13/4（3）种，**9 型**；分布于美洲和东亚；中国除南部外，各地均产。梓树 *C. ovata* G. Don 为优良家具及装饰用材；其树皮可药用，有利尿之效，亦可作杀虫剂。

Catha Forsskål ex Schreber **巧茶属，Celastraceae 卫矛科。**灌木或乔木。叶在老枝上对生，幼枝上互生；具钝齿。花小，两性，聚伞花序腋生；花部 5 数；花盘薄，浅杯状，微 5 裂；子房 3 室，每室 2 胚珠，直立。蒴果窄圆柱状，橙红色，顶端开裂。种子 1-3，细长倒卵形，具膜，基部有翅。1/1 种，**（6）型**；分布于非洲东部和北部，阿拉伯半岛及亚洲热带有栽培；中国南部有栽培。巧茶 *C. edulis* Forssk 嫩叶含有单胺类生物碱，可作兴奋剂；也可作茶饮。

Catharanthus G. Don **长春花属，Apocynaceae 夹竹桃科。**草本，有水液。叶对生，叶腋内和叶腋间有腺体。花单生或 2-3 朵组成聚伞花序，顶生兼腋生；花萼基部内面无腺体；花冠高脚碟状，花冠喉部紧缩，内面具刚毛，花冠裂片芽期向左覆盖；雄蕊着生于花冠管中部之上，内藏；子房由 2 个离生心皮组成，胚珠多数。蓇葖双生，圆筒状具条纹。种子长圆状圆筒形，两端截形，具颗粒状小瘤。花粉粒 3 沟，表面光滑，密布小孔。染色体 2*n*=16，24，32。8/1 种，**6 型**；分布于马达加斯加，印度和斯里兰卡；中国南方引种栽培。

Cathaya Chun & Kuang **银杉属，Pinaceae 松科。**常绿乔木；冬芽无树脂。叶条形，微曲或直，螺旋状着生呈辐射伸展，在枝节间的顶端排列紧密，呈簇生状，上面中脉凹陷，下面中脉隆起，每边有 1 条粉白色气孔带。雌雄同株；雄球花基部围有数列覆瓦状排列的膜质鳞片状苞片，穗状，小孢子叶多数，螺旋状着生；雌球果当年成熟，常多年不脱落，成熟时卵圆形，无梗，起初直立，逐渐下垂；种鳞远较苞鳞为大，初时覆瓦状紧贴，熟时张开，木质，较坚硬，不脱落。种子卵形，有膜质翅。花粉粒 2 个气囊，在近极端有显著的帽冠。染色体 2*n*=24。1/1（1）种，**15 型**；分布于广西、湖南、重庆和贵州。银杉 *C. argyrophylla* Chun & Kuang 的木材可供家具及建筑用。

Cathayanthe W. Y. Chun **扁蒴苣苔属，Gesneriaceae 苦苣苔科。**草本，具根状茎。叶基生，全缘。花萼左右对称，萼筒短，上唇 1 裂，下唇 4 浅裂；花冠筒状，檐部二唇形，上唇 2 裂，下唇 3 裂，裂片近等大。能育雄蕊 4 强，内藏，花药狭长圆形，成对连着；退化雄蕊不存在；花盘筒状；子房狭椭圆形，花柱细长，柱头 1，半圆形。蒴果狭椭圆形，扁平，稍长于花萼，室背开裂而不分裂成 2 分离的果瓣。种子椭圆状纺锤形，顶端无附属物。1/1（1）种，**15 型**；特产中国海南。

Catunaregam Wolf **山石榴属，Rubiaceae 茜草科。**灌木或小乔木，常具刺。叶对生或簇生于短缩的侧生短枝上。花单生或 2-3 朵簇生，生于侧生短枝顶部；花萼裂片 5；花冠钟状，裂片常 5，扩展或外反，旋转状排列；雄蕊常 5 枚，稍伸出；子房 2 室，胚珠多数，柱头常 2 裂，伸出。浆果，果皮厚，顶冠以宿存的萼裂片。种子椭圆形或肾形。花粉粒 3 或 4 孔，穴状纹饰。染色体 2*n*=22。约 10/1 种，**6-2 型**；分布于亚洲南部和东南部至非洲；中国产华南至西南地区。山石榴 *C. spinosa* (Thunberg) Tirvengadum 可药用。

Caulokaempferia K. Larsen **大苞姜属，Zingiberaceae 姜科。**多年生草本。花序顶生，苞片显著，1-10 枚，2 列，具花 1-4 朵，边缘离生至基生。花萼管状，顶端 2-3 齿裂；花冠管狭长，口部变宽，裂片 3，后方的 1 枚较大；侧生退化雄蕊花瓣状，唇瓣大，全缘或 2 裂；子房 3 室。花粉粒无萌发孔，刺状纹饰。染色体 $2n$=20，24，42。约 10/1（1）种，**7-1 型**；广布印度锡金，缅甸，泰国及中国广东和广西。黄花大苞姜 *C. coenobialis* (Hance) K. Larsen 可治疗蛇咬伤、蚊虫叮咬和疮疖肿毒。

Caulophyllum Michaux **红毛七属，Berberidaceae 小檗科。**多年生草本。根状茎，结节状，极多须根。叶互生，二至三回三出复叶；小叶片卵形，倒卵形或阔披针形，边缘无齿。复聚伞花序顶生，花 3 数；小苞片 3-4。萼片 6，花瓣状；花瓣 6，蜜腺状；雄蕊 6，离生，花药瓣裂；心皮单一，子房含基生胚珠 2 枚。浆果。种子熟时蓝色，微具白霜。花粉粒 3 沟，网状纹饰。染色体 $2n$=16。3/1 种，**9 型**；分布于北美和东亚；中国产东北、中部、东部地区。红毛七 *C. robustum* Maximowicz 可入药。

Cautleya J. D. Hooker **距药姜属，Zingiberaceae 姜科。**根茎极短。花单生于苞片内，穗状花序顶生。花冠管裂片近相等，中间 1 枚内凹，侧面的合生为唇瓣；侧生退化雄蕊花瓣状，唇瓣阔楔形，花药室狭，花药隔于基部延伸成 2 个弯曲、较药室为长的距；子房球形，3 室，中轴胎座。蒴果球形，果瓣革质。假种皮小或无。花粉粒无萌发孔，具刺。染色体 $2n$=24，26，34。5/3 种，**14SH 型**；分布于喜马拉雅地区，缅甸，泰国，越南，以及中国西南地区。

Cavea W. W. Smith & J. Small **葶菊属，Asteraceae 菊科。**多年生草本，近葶状。雌雄同株或异株。花托有縫状托毛，冠毛 1 层，糙毛状，紫色，有光泽；缘花雌性、多层、结实，花冠管状，上端有 3-4 细小裂片，中央花两性、少数、不结果实（常称为雄花），花冠长管状，5 深裂；缘花花柱不分枝，中央花花柱分枝。果圆柱形或不明显四角形，被密毛。花粉粒 3 孔沟，具近圆柱形的刺。1/1 种，**14 型**；分布于喜马拉雅山脉；中国产西藏、四川西南部。

Cayratia Jussieu **乌蔹莓属，Vitaceae 葡萄科。**木质藤本。卷须常 2-3 叉分枝。3 或 5 小叶，互生。聚伞花序腋生或假腋生，稀对生；花 4 数，两性或杂性同株；花瓣展开，各自分离脱落；雄蕊 5；花盘发达；花柱明显，柱头不分裂，子房 2 室各 2 胚珠。浆果球形。种子 1-4，腹侧明显，与种子近等长，胚乳横切半月或 T 形。染色体 $2n$=20。约 60/17（9）种，**4 型**；分布于亚洲，大洋洲和非洲；中国南北均产。角花乌蔹莓 *C. corniculata* (Bentham) Gagnepain、乌蔹莓 *C. japonica* (Thunberg) Gagnepain 可入药。

Cedrela P. Browne **洋椿属，Meliaceae 楝科。**落叶大乔木。常为奇数羽状复叶，无托叶。花小，两性，排列成顶生大圆锥花序；花萼 4-5 裂；花瓣 5，分离，但与长柄状花盘合生；雄蕊 5，与花瓣互生，着生于花盘顶端；子房着生于花盘之顶，5 室，每室常有胚珠 12 枚。蒴果，5 室，开裂为 5 果爿，隔膜遗留于宿存的中轴上。种子扁平，多数，下端具翅。花粉 4 孔沟，平滑或网状纹饰。染色体 $2n$=50，60。约 17/1 种，**3 型**，分布于热带美洲；中国广东引种栽培。

Cedrus Trew **雪松属，Pinaceae 松科。**常绿乔木。枝有长枝及短枝，枝条基部有宿存的芽鳞。叶针状，三棱形，或背脊明显呈四棱形，叶在长枝上螺旋状排列、辐射伸展，在短枝上呈簇生状。雌雄同株；雄球花具多数螺旋状着生的小孢子叶，花丝极短，小孢子囊 2；雌球花有多数螺旋状着生的珠鳞，珠鳞背面托短小苞鳞，腹面基部有 2 枚胚珠。球果第二年（稀三年）成熟，直立，顶端及基部的种鳞无种子；种鳞木质，宽大，排列紧密，腹面有 2 粒种子，鳞背密生短绒毛；苞鳞短小，熟时与种鳞一同从宿存的中轴上脱落。种子有宽大膜质的种翅；子叶 6-10。花粉粒 2 个气囊，穿孔状纹饰。染色体 $2n$=24。3/1 种，**10-2 型**；间断分布于非洲北部，亚洲西部及喜马拉雅山西部；中国引种栽培。雪松 *C. deodara* (Roxburgh ex Lambert) G. Don 可作园林观赏。

Ceiba P. Miller **吉贝属，Malvaceae 锦葵科。** 落叶乔木，树干膨胀，基部具板根，树干和枝常具刺。掌状复叶。花白色或玫瑰色，先叶开放，单生或 2-15 簇生，下垂；花萼不规则 3-5（-12）裂，厚肉质，宿存；花瓣 5，基部合生并贴生于雄蕊柱；雄蕊柱短，花丝 3-15，分离或成 5 束，每束花丝顶端有 1 室、扭旋的花药 1-3 枚；子房 5 室，每室多胚珠。蒴果下垂。种子多数，藏于绵毛内，具假种皮。花粉粒 3-5 孔沟，网状纹饰。染色体 $2n$=72，74，75，76，80，84，86，88，92。17/1 种，**（2）型**；分布于热带美洲，至非洲西部和亚洲；中国海南引入栽培。吉贝 *C. pentandra* (Linnaeus) Gaertner 可作行道树；种子的绵毛可作填充或隔音绝缘材料。

Celastraceae R. Brown **卫矛科，木兰亚纲/卫矛目。** 乔木或灌木；偶具刺。单叶对生或互生。花常两性，辐射对称；花被 4-5；雄蕊 3-5，与花瓣互生，着生于花盘上；子房上位至半下位，中轴胎座，（1）2-5（10）室，与花盘分离或藏于其内；胚珠 1 至多数。蒴果、分果、核果或浆果；常具橙色至红色翅或假种皮。花粉粒 3 孔沟，网状至穿孔状纹饰。染色体 $2n$=16，24，28。叶和茎含单宁、卫矛醇，部分种含卡西酮。94 属，1400 种，分布于热带和亚热带，少数至温带；中国 15 属，257 种，各地均产。

Celastrus Linnaeus **南蛇藤属，Celastraceae 卫矛科。** 藤状灌木，具皮孔。叶互生。花小，常单性，圆锥状、总状聚伞花序腋生或顶生；花部 5 数，花盘膜质或肉质，环状至杯状，全缘或浅 5 裂；雄蕊 5；子房上位，与花盘离生，稀微连合，3 室，每室 1-2 胚珠，胚珠基部具假种皮，柱头 2-3 裂。蒴果黄色，球状，顶端常宿存花柱，基部宿存花萼，果轴宿存。种子 1-6，假种皮肉质红色，全包种子。花粉粒 3 孔沟，网状纹饰。昆虫传粉。染色体 $2n$=46。31/25（16）种，**2（14）型**；分布于亚洲，澳大利亚，南美，北美，马达加斯加的热带和亚热带及温带；中国均产，以长江以南尤盛。美洲南蛇藤 *C. scandens*、南蛇藤 *C. orbiculatus* 栽培可作园林观赏。

Celosia Linnaeus **青葙属，Amaranthaceae 苋科。** 灌木、半灌木或草本。叶互生，具柄；全缘或近全缘。穗状花序顶生或腋生。花两性。花被片 5，光滑无毛；雄蕊 5，花丝在基部合生为杯状，顶端离生；无退化雄蕊；子房 1 室，胚珠 2 至多个；花柱 1，宿存，柱头头状，或 2-3 裂。胞果具薄壁，卵形或球形，盖裂。种子黑色凸镜状。花粉粒散孔，穿孔状-颗粒纹饰。染色体 n=18，36。（45-60）/3（1）种，**2 型**；分布于非洲亚热带及温带地区，美洲南部及北部，亚洲；中国广布。青葙 *C. argentea* Linnaeus、鸡冠花 *C. cristata* Linnaeus 的种子可药用。

Celtis Linnaeus **朴属，Cannabaceae 大麻科。** 乔木。叶互生，具锯齿或全缘，基出 3 脉，次级脉在到达叶缘前联合成脉环。圆锥花序、聚伞花序或单生。花小，单性或两性；花被片 4 或 5，基部稍合生，早落；雄花雄蕊与花被片数目相等；雌花雌蕊花柱短，柱头 2，子房单室，具 1 倒生胚珠。核果内果皮骨质。胚乳稀少或无，胚弯曲，子叶宽。花粉粒 3 孔，颗粒状纹饰。染色体 $2n$=20，30，40。约 109/11（4）种，**2 型**；分布于热带和温带地区；中国广布。树皮可用于制绳和造纸；种子可制肥皂和润滑油。

Cenchrus Linnaeus **蒺藜草属，Poaceae 禾**

本科。一年生或多年生草本。穗形总状花序顶生；小穗：刚毛部分愈合成球形刺苞，具总梗；刺苞内含小穗 1 至数个；总梗、小穗与刺苞一起脱落；第一颖短小或缺；第二颖短于小穗。小花：第一小花雄性或中性，第二小花两性，外稃成熟时变硬，肿胀，包同质内稃。23/4 种，**2（3，17）型**；分布于热带和温带地区，主产美洲和非洲温带的干旱地区；中国产东北、华东、华南地区。倒刺蒺藜草 *C. setigerus* Vahl 可作为牧草引入。

Cenocentrum Gagnepain **大萼葵属，Malvaceae 锦葵科**。灌木或亚灌木，全株被黄色星状糙伏毛状刺毛。叶近圆形，掌裂。花大，黄色，单生或在顶端聚成伞房花序；副萼 4，较大，阔三角形；花萼钟形，5 裂；花瓣 5；雄蕊柱具着生到顶的花药，花药螺丝状；子房 10 室，花柱枝被毛，柱头 10。蒴果中心凹陷，10 室，室背开裂。种子肾形，平滑，具细点。1/1 种，**7-4 型**；分布于越南，老挝，泰国及中国南部。大萼葵 *C. tonkinense* Gagnepain 可作园林观赏。

Cenolophium Koch **空棱芹属，Apiaceae 伞形科**。草本。根粗壮，宿存枯鞘纤维。茎有纵槽，常为紫色。基生叶有长柄，基部为宽阔叶鞘；叶片羽状全裂。复伞形花序；无总苞片，小伞形花序有多数花，小总苞片多数、线形；萼齿不显著；花瓣白色，阔卵形。顶端有内折小舌片。分生果卵形，两侧压扁，果棱均有翅，棱下中空，每棱槽油管 1，合生面油管 2。1/1 种，**10 型**；分布于欧洲，西伯利亚，西亚和中亚地区；中国产新疆。

Centaurea Linnaeus **矢车菊属，Asteraceae 菊科**。草本。茎直立或匍匐，极少无茎。叶不裂至羽状分裂。头状花序异型，在茎枝顶端排成圆锥、伞房或总状花序；冠毛 2 列，外列糙毛状，内列膜片状，短于外列；总苞片多层覆瓦状排列，顶具附属物，其边缘具缘毛或小刺，或为膜质；全部小花管状，边花无性，中央盘花两性，黄色、白色、粉色或紫色。花粉粒 3 孔沟，具瘤状凸起或具短刺，刺间有穿孔。染色体 $2n$=18，20，22，36。（300-450）/7 种，**8 型**；分布于亚洲和地中海地区；中国产新疆，引进栽培 1 种。

Centaurium Hill **百金花属，Gentianaceae 龙胆科**。一年生草本；茎纤细。叶对生，无柄。花多数；花萼筒形，深裂；花冠高脚杯状，冠筒细长，浅裂；雄蕊着生于冠筒喉部，与裂片互生，花丝短，丝状，花药初时直立，后卷作螺旋形；子房半 2 室，无柄，花柱细长，线形。蒴果内藏。种子极小，表面具浅蜂窝状网隙。花粉粒 3 孔沟，有些为散孔沟，条形或条网状纹饰。（40-50）/2 种，**8-4 型**；除非洲外，世界广布；中国各省区均产。小百金花 *C. minus* Moench 可观赏和药用。

Centella Linnaeus **积雪草属，Apiaceae 伞形科**。草本。茎纤细、横走，节生根。单叶聚生于节；叶柄基部有叶鞘。单伞形花序，聚集呈头状，单生或 2-4 个簇生于叶腋；苞片 2；花瓣覆瓦状排列，顶端向内弯折；花柱与花丝等长。果实肾形或球形，基部心形或截形，两侧压扁，合生面收缩；分果棱间有 7-9 条横脉；中果皮内果皮之间有晶体细胞层。种子侧扁。花粉粒 3 孔沟，条网状纹饰。染色体 $2n$=18，20/1 种，**2 型**；分布于热带，亚热带，主产非洲南部；中国产华东、华南、西南地区。

Centipeda Loureiro **石胡荽属，Asteraceae 菊科**。匍匐小草本。叶互生。头状花序近盘状；花托裸露，半球形；无冠毛；总苞半球形，2 层；缘花雌性能育，顶端 2-3 齿裂，盘花两性，能育；花药短；花柱分枝短，顶端钝或截形。果四棱形，有毛。花粉粒柱状层有囊腔，无内部穿孔。染色体 x=10。10/1 种，**2 型**；主产澳大利亚和新西兰，少数到南美，巴布亚新几内亚，亚洲和太平洋群岛；中国产南方地区。石胡荽 *C. minima* (Linnaeus) A. Braun &

C

Ascherson 可药用。

Centotheca Desvaux **假淡竹叶属，Poaceae 禾本科**。一年生或多年生草本。顶端圆锥花序；小穗两侧压扁，含1-4小花；两颖不相等，短于第一小花，顶端尖或渐尖，背部有脊；外稃背部圆形，两侧边缘贴生疣基硬毛，顶端无芒或有小尖头，内稃边缘内折成2脊，脊生纤毛或平滑；雄蕊2。染色体 x=12。（3-4）/1 种，**4 型**；分布于非洲西部，热带亚洲和澳大利亚；中国产南部。假淡竹叶 *C. lappacea* (Linnaeus) Desvaux 是优良的饲料。

Centranthera R. Brown **胡麻草属，Orobanchaceae 列当科**。半寄生草本，多为一年生。叶对生或偶有互生。花具短梗，单生叶腋，小苞片2枚；萼单面开裂，呈佛焰苞状，顶端全缘或具3-5小齿或裂片；花冠筒状，向上逐渐扩大或在喉部以下多少膨胀；花冠裂片5枚，略呈二唇形；雄蕊4，2强，花丝常有毛，花药背着，药室横置，有距或凸尖；花柱顶端常舌状扩大。蒴果室背开裂，卵圆形或球形，具全缘的裂片。种子多数，有螺纹或网纹。花粉粒3沟，基柱网纹状纹饰。2n=30。9/3 种，**5 型**；分布于热带至亚热带亚洲；中国产华中至华南地区。

Centrolepidaceae Endlicher **刺鳞草科，木兰亚纲/禾本目**。小草本。叶从生于秆基部或覆瓦状着生于茎上，线形、披针形或刚毛状，基部具叶鞘。穗状或头状花序顶生；颖状苞片2至多个；花两性或单性；雄蕊1，花药背着，丁字药，1室；子房胞囊状，单心皮，1室；花柱单一。果实小，纵向开裂，果皮膜质。种子具薄种皮和粉质胚乳，胚小。花粉粒单孔，穿孔状、穴状和颗粒纹饰。染色体 n=10。5 属，约 35 种，分布于大洋洲，少数到亚洲东南部及南美洲；中国1属，1种，产海南。

Centrolepis Labillardière **刺鳞草属，Centrolepidaceae 刺鳞草科**。一年生或多年生草本。叶基生或2列，线形或丝状。头状花序含1-13朵花，苞片2枚；花两性，无梗；每朵花由1-3枚小苞片、1枚雄蕊和2-20枚心皮组成；小苞片膜质透明，不等长，顶端啮蚀状；花柱顶生，分离或基部联合，末端扭曲或卷缩，柱头有乳突。花粉粒单孔，穿孔状和穴状纹饰。染色体 n=10。约 25/1 种，**5 型**；分布于大洋洲，东亚；中国产海南。

Centroplacaceae Doweld & Reveal **裂药树科，木兰亚纲/金虎尾目**。常绿乔木，叶互生，叶缘有锯齿，具托叶。花序分枝，总状花序，花梗具关节；花两性，单性或雌雄异株；花小，5基数花，具单轮雄蕊，雌花与花萼对生，花柱分离或合生；心皮合生，2-3室，每室2-3胚珠，蒴果沿背缝线开裂，每室1枚种子，被具鲜艳颜色的肉质假种皮包被，胚乳肉质，胚小。花粉粒3孔沟，条纹状或皱波状纹饰。2属，6种，分布于非洲西部，印度到马来西亚；中国1属，1种，产广西合浦。

Centrosema (de Candolle) Bentham **距瓣豆属，Fabaceae 豆科**。灌木或草本，匍匐或攀援。羽状复叶具3小叶，稀5-7，小托叶小。花常向上翻转，单生或2至多朵组成腋生的总状花序；花萼短钟状，5裂；旗瓣背面近基部具短距；雄蕊二体（9+1）；子房无柄，柱头顶端具1圈小刚毛。荚果线形，扁平，果瓣近背腹2荚缝均凸起为脊状。种子近球形或椭球形，种脐线形或椭圆形，种阜小或无。花粉粒3孔沟，网状纹饰。染色体 2n=18，20，22 或 24。约 36/1 种，**（3）型**；主要分布于美洲大陆泛热带地区，少数引种于旧大陆；中国广东、海南、台湾、江苏和云南等引种栽培。有距瓣豆 *C. pubescens* Bentham 为优良饲料和地被。

Cephalanthera Richard **头蕊兰属，Orchidaceae 兰科**。地生或菌类寄生草本。叶互生，折扇状，菌类寄生种类则退化为鞘。总状花序顶生，具数朵花；花两侧对称，近直立或斜展，多少扭转，常不完全开放；

萼片离生，相似；花瓣有时与萼片合成筒状；唇瓣基部凹陷呈囊状或有短距；蕊柱直立，近半圆柱形；退化雄蕊 2 枚；花粉团 2 个，粒粉质，不具花粉团柄，亦无粘盘；柱头凹陷，位于蕊柱前方近顶端处；蕊喙短小，不明显。约 16/9（3）种，**9（10）型**；主产欧洲，北美，少数向南到北非，印度锡金，缅甸和老挝；中国广布。

Cephalanthus Linnaeus **风箱树属，Rubiaceae 茜草科**。灌木或乔木。叶轮生或对生。花序具多个头状花序，顶生或腋生；花 4 基数；花萼管筒状；花冠高脚碟状或漏斗状；雄蕊稍伸出；子房 2 室，每室胚珠 1 枚，柱头伸出。聚合果，由多数不开裂的小坚果聚合而成。种子有海绵质假种皮。花粉粒 3 孔沟，孔状或细网状纹饰。染色体 $2n$=44。约 6/1 种，**2（3）型**；分布于亚洲，非洲和美洲；中国产广东和海南等。风箱树 *C. tetrandrus* (Roxburgh) Ridsdale 全株可入药。

Cephalomanes C. B. Presl **厚叶蕨属，Hymenophyllaceae 膜蕨科**。草本，土生。根状茎直立，粗壮。叶簇生；叶柄坚硬，密被刺毛；叶片披针形，一回羽状分裂或罕见羽裂，羽片两侧不对称，向顶一边常为浅裂或撕裂状，厚纸质；叶脉近似扇形分枝，粗壮，小脉突出叶缘以外，形成毛刺状。孢子囊群生于叶片顶端的狭缩裂片上或羽片上侧叶缘；囊苞管状或倒圆锥状；囊托长而突出；孢子近圆形，外壁具刺状纹饰。染色体 x=8。约 10/1 种，**7 型**；分布于亚洲热带地区，向南达新几内亚；中国产台湾和海南。

Cephalomappa Baillon **肥牛树属，Euphorbiaceae 大戟科**。乔木。叶互生，全缘或具细齿。花序总状，腋生；雌雄同株，无花瓣，花盘缺，雄花密集排成团伞花序，位于花序轴顶部或花序短分枝顶部；雌花 1 至数朵生于花序基部。雄花：花萼花蕾时陀螺状或近球形，开花时 2-5 浅裂，镊合状排列，雄蕊 2-4，不育雌蕊小。雌花：萼片或花萼裂片 5-6，覆瓦状排列，凋落，子房 3 室，每室胚珠 1 颗，花柱基部合生，上部 2 浅裂。蒴果具 3 个分果爿，果皮具小瘤体或短刺；种子近球形，种皮脆壳质具斑纹。花粉粒 3 孔沟，网状纹饰。约 5/1 种，**7 型**；分布于东南亚热带地区；中国产广西。

Cephalostachyum Munro **空竹属，Poaceae 禾本科**。小型乃至大型竹类。粗型地下茎；秆丛生，梢头下垂，有时为半攀援状；节间极长，秆壁甚薄，每节分枝多数，近等粗。秆箨脱落性；箨片外翻，有时直立。续次发生花序；假小穗在花枝各节排列成球形的簇丛；每小穗含 1 朵小花；颖片 2 或 3；鳞被 3；雄蕊 6；子房卵圆球形，花柱长，柱头 2 或 3，羽毛状。果实呈坚果状，长圆形。9/6 种，**6 型**；分布于南亚和东南亚地区；中国产云南、西藏墨脱。

Cephalotaxus Siebold & Zuccarini ex Endlicher **三尖杉属，Taxaceae 红豆杉科**。常绿乔木或灌木，髓心中部具树脂道。叶条形或披针状条形，在侧枝上基部扭转排列成 2 列，上面中脉隆起，下面有 2 条宽气孔带。球花单性，雌雄异株，稀同株；雄球花 6-11 聚生成头状花序，花粉粒无气囊；雌球花具长梗，胚珠生于珠托之上。种子核果状，全部包于由珠托发育成的肉质假种皮中；子叶 2 枚。$2n$=24。(8-11) /6（3）种，**14 型**；分布于日本，印度，泰国，缅甸，越南及中国秦岭以南和台湾。木材可为器具、家具及细木工用材；可药用；树皮可提取栲胶；种子榨油可供工业用。

Cerastium Linnaeus **卷耳属，Caryophyllaceae 石竹科**。草本，多数被柔毛或腺毛。叶对生，叶片卵形或长椭圆形至披针形。二歧聚伞花序顶生；萼片（4）5，离生；花瓣（4）5，白色，顶端 2 裂，稀全缘或微凹；雄蕊（5）10；子房 1 室，胚珠多数，花柱（3）5，与萼片对生。蒴果圆柱形，露出宿萼外。种子多数，近肾形。花粉粒 3 孔，颗粒纹饰。染色体 $2n$=30，34，

C

36，38，40，48，52，54，72，82-86，90，94-96，108，126，144。100/23（9）种，**8-4 型**；全球广布，主产温带和寒带地区；中国产北部至西南部。达乌里卷耳 *C. dahuricum* Fischer 可供观赏。

C

Ceratocarpus Linnaeus **角果藜属，Amaranthaceae 苋科**。草本。茎直立，分枝多呈二歧式，被星状毛。叶互生，无柄，全缘。花单性，雌雄同株。雄花无柄或具短柄；花被管膜质，顶端二唇裂；雄蕊 1，内藏。雌花无花被；具苞片及小苞片，连合成管，两角各具 1 针状附属物；花柱短，柱头 2。胞果扁平，包藏于合生的小苞片内。种子与胞果同形，褐色，直立。胚马蹄形，胚乳较少。花粉粒散孔，穿孔状-颗粒纹饰。1/1 种，**12 型**；分布于亚洲中部和中亚地区的荒漠和沙漠中，中国见于新疆北部。

Ceratocephala Moench **角果毛茛属，Ranunculaceae 毛茛科**。一年生草本。主根明显。叶基生，不分裂至 3 全裂，被绢状长柔毛。花葶多数，单花；花辐射对称；萼片 5，脱落；花瓣 3-5，基部有窄爪，蜜槽呈点状凹穴；雄蕊少数，花丝线状；心皮多数；花托果期伸长。聚合果圆柱形，瘦果扁卵形，密生绢状柔毛，果皮厚，基部有 2 凸起，喙长，硬，直或呈镰刀状弯曲。花粉粒散沟，穿孔状纹饰。染色体 $2n$=14，40。4/2 种，**8-4（13）型**；分布于欧洲和亚洲西部；中国产新疆。

Ceratonia Linnaeus **长角豆属，Fabaceae 豆科**。灌木或乔木。偶数羽状复叶，小叶常对生或近对生。花小，常单性，雌雄同株或异株，有时两性；排成单生或簇生的总状花序生于老枝；萼管陀螺状，裂片 5，短，齿状，早落；花瓣缺；雄蕊 5 枚，花丝丝状，花药卵形，丁字形着生；子房具短柄，胚珠多数。荚果长形，扁平，革质。种子多数，种子间充满肉瓤状物质。花粉粒 3-5 孔沟，网状纹饰。2/1 种，**（6-2）型**；长角豆 *C. siliqua* Linnaeus 原产地中海东部地区，阿拉伯半岛及非洲北部，引种于热带和亚热带地区；豆荚常作食物；种子可提取树胶；木材可作器具。

Ceratophyllaceae Gray **金鱼藻科，木兰亚纲/金鱼藻目**。多年生沉水草本，无根。叶 3-11 枚轮生，叶片 1-4 次二叉状分歧，边缘一侧有锯齿或微齿。花序缩小成单花或具有退化分枝；花单性，雌雄同株，1 至多个生于茎节，腋外生，藏于 8-15 枚基部合生的叶状苞片中，无花被。雄花：雄蕊 3 至多数，螺旋状排列。雌花：单心皮，子房上位，1 室，胚珠 1，花柱宿存。瘦果革质，基部 0-2 刺，上部 0-2 刺，边缘 1-8 刺。种子 1 枚，种皮单层。花粉粒无萌发孔，外壁近无。染色体 $2n$=12-72。1 属，6 种，世界广布；中国 1 属，3 种，广布各省区。

Ceratophyllum Linnaeus **金鱼藻属，Ceratophyllaceae 金鱼藻科**。特征描述同科。6/3 种，**1 型**；世界广布；中国各地均产。用于园艺景观、水体修复及鱼草等，如金鱼藻 *C. demersum* Linnaeus。

Ceratopteris Brongniart **水蕨属，Pteridaceae 凤尾蕨科**。一年生多汁水生植物。根状茎短而直立。叶簇生，二型；叶柄绿色，多少膨大，半圆柱形，肉质；不育叶片为椭圆状三角形或卵状三角形，二至三回羽状深裂；叶脉网状，无内藏小脉；能育叶片分裂较深和较细，羽片基部上侧常有小芽胞，裂片线形，裂片的侧脉不明显。孢子囊群布满于能育叶中，无囊群盖。孢子四面体，无周壁。染色体 x=13（39）。（4-7）/2 种，**2 型**；分布于热带和亚热带地区；中国产西南、华南和华东地区。均为国家重点保护野生植物。水蕨 *C. thalictroides* (Linnaeus) Brongniart 的嫩叶可食用；全草可药用。

Ceratostigma Bunge **蓝雪花属，Plumbaginaceae 白花丹科**。草本或灌木。茎直立，开散。叶互生。花常排成稠密、顶生、有苞片的花束或头状花序；萼管状，5 深裂，

具5脉；花冠高脚碟状，筒部细长，裂片5；雄蕊下位，生于花冠筒上；子房长圆状卵形至椭圆形，先端圆锥状渐细成花柱，花柱1，柱头5。蒴果盖裂。花粉粒3沟，粗棒状纹饰。染色体x=8，9。8/5种，**6型**；分布于亚洲至非洲东部；中国产西藏至西南各省区，1种见于大别山东至舟山群岛，北沿伏牛山、太行山至北京山区。小蓝雪花 *C. minus* Stapf ex Prain f.、岷江蓝雪花 *C. willmottianum* Stapf可药用。

Ceratostylis Blume **牛角兰属，Orchidaceae 兰科**。附生草本，具根状茎。茎丛生，较纤细，基部具干膜质鳞片状鞘，鞘红棕色。叶1枚。花序顶生，花簇生；花较小；萼片相似，离生，侧萼片与蕊柱足合生成萼囊，包围唇瓣下部；花瓣常比萼片小；唇瓣基部变狭并多少弯曲，无距；蕊柱短，顶端有2个直立的臂状物；蕊柱足明显；花药顶生，4室，花粉块8，蜡质，无蕊喙柄，具小粘盘。100/3（1）种，**7型**；主要分布于东南亚，向西北到达喜马拉雅地区，向东南到达新几内亚岛和太平洋岛屿；中国产海南、西藏、云南。

Cerbera Linnaeus **海杧果属，Apocynaceae 夹竹桃科**。乔木，具乳汁。叶螺旋状互生。聚伞花序，顶生；花萼裂片内面基部无腺体；花冠高脚碟状，花冠管喉部具5枚被短柔毛的鳞片，花冠裂片芽期向左覆盖；雄蕊着生在花冠管喉部，内藏；子房由2枚离生心皮组成，每心皮有胚珠4枚；柱头顶端2裂。核果，双生或单个，外果皮纤维质或木质。花粉粒3孔沟，外壁粗糙，穿孔，或为皱状或微网状纹饰。染色体2n=40，44。3/1种，**6型**；分布于亚洲和非洲热带和亚热带地区，澳大利亚及太平洋群岛；中国产南部海岸。

Cercidiphyllaceae Engler **连香树科，木兰亚纲/虎耳草目**。落叶大乔木。叶在长枝上对生或近对生，短枝上单生，单叶，托叶小。雌雄异株；花序先叶出现，簇生；花着生在短枝上，花被无；雄花序近无柄，花4或多数，无柄；雄蕊1-13，花药4室，基底着生，侧向开裂；雌花序具肉质梗，花2-6（-8），无柄，心皮1，具胚珠15-30枚；柱头红色。蓇葖果。种子扁平，具翅，胚乳薄，油质，胚大。花粉粒3沟，穿孔-细网状纹饰。染色体2n=38。1属，2种，产中国和日本；中国1属，1种，广布亚热带地区。

Cercidiphyllum Siebold & Zuccarini **连香树属，Cercidiphyllaceae 连香树科**。特征描述同科。2/1种，**14SJ型**；分布于中国和日本；中国产山西、河南、陕西、甘肃、安徽、浙江、江西、湖北及四川。连香树 *C. japonicum* Siebold & Zuccarini是国家Ⅱ级重点保护野生植物，可栽培供观赏；树皮及树叶可提制栲胶。

Cercis Linnaeus **紫荆属，Fabaceae 豆科**。灌木或乔木。单叶互生，具掌状脉，托叶小、早落。花两性，两侧对称，常先叶开放，紫红、粉红或白色，排成总状花序单生于老枝上或聚生成花束簇生于老枝或主干上；苞片鳞片状；花萼阔钟状，先端5裂；花瓣5，近蝶形，但旗瓣最小且位于最里面。荚果狭长圆形，扁平，沿腹缝线常有狭翅。种子2至多颗，无胚乳。花粉粒3孔沟，网状纹饰。染色体2n=14。9/5（5）种，**8（9）型**；分布于地中海，中亚及北美；中国产西南至东南部。多数种类可作园林观赏；紫荆 *C. chinensis* Bunge的树皮可入药。

Ceriops Arnott **角果木属，Rhizophoraceae 红树科**。灌木或小乔木。具支柱根。叶交互对生，密集于小枝顶端；具托叶。聚伞花序；花萼5-6深裂；花瓣与花萼裂片同数，顶端有2-3枚棒状附属体或分裂成流苏状；雄蕊为花瓣的2倍，生于花盘的裂片间，花药4；子房下位，心皮3，每心皮有胚珠2枚，花柱圆柱形。果实1室，种子1颗，中部围绕宿存的花萼，胎生。花粉粒3孔沟，穿孔状纹饰。染色体2n=36。2/1种，**4（6）型**；分布于亚洲及

非洲热带海岸；中国产广东、海南、台湾。角果木 *C. tagal* (Perrottet) C. B. Robinson 用作木材、染料或可入药。

C

Ceriscoides (Bentham & J. D. Hooker) Tirvengadum **木瓜榄属，Rubiaceae 茜草科。**灌木或小乔木；腋生小枝常硬化成刺。叶对生。花 1-3 朵生于枝顶或茎生；花单性、两性或假杂性，雌雄异株；雄花 2 或 3 个呈聚伞状，雌花常单生；花冠钟形或漏斗状，裂片 5（-7），在芽时旋转状排列；雄蕊 5（-7），内藏；子房 1 室，胚珠多数，着生于 2-4（-6）个侧膜胎座上，柱头顶端 2（-6）裂，内藏。浆果，球形或椭圆状球形，光滑。种子椭圆球形或扁圆形，嵌生于肉质果皮中。花粉粒 3 孔沟，穴状纹饰。约 11/1（1）种，**7ab 型**；分布于亚洲热带；中国产海南。

Ceropegia Linnaeus **吊灯花属，Apocynaceae 夹竹桃科。**多年生草木，常具块茎；叶对生。花单生或形成伞状聚伞花序，常腋外生；花萼裂片基部具许多腺体；花冠管状，基部近漏斗状，裂片舌状，常弧形，顶端经常黏合，具缘毛；副花冠 2 轮，外轮 5 裂，合生成杯状，全缘或再深 2 裂成 10 齿裂，内轮裂片 5；花丝合生成合蕊柱；花药顶端无膜片；花粉块每室 1 个，具膜边。蓇葖果，平滑。种子顶端具种毛。花粉无萌发孔，平滑有穿孔。染色体 2*n*=22，44，66。约 200/18（12）种，**4 型**；分布于亚洲东南部，经印度，澳大利亚，马达加斯加到非洲；中国产西南各省区。

Cestrum Linnaeus **夜香树属，Solanaceae 茄科。**灌木或乔木。叶全缘。花顶生或腋生，伞房式或圆锥式聚伞花序，有时簇生于叶腋；花萼钟状或漏斗状，5 齿或 5 浅裂；花冠长筒状或高脚碟状，5 浅裂，裂片镊合状；雄蕊着生于花冠筒中部，花丝在着生位置下端有时具毛或附属物，胚珠少数，常 3-6 枚。浆果常少汁液。种子少数或因败育而仅 1 枚；胚直或略弓曲。花粉粒 3 孔沟，光滑、浅穴状或皱波状纹饰。染色体 2*n*=16。（150-160）/ 3 种，**3 型**；分布于南美和北美；中国引种栽培。夜香树 *C. nocturnum* Linnaeus 南方栽培可作园林绿化；叶可药用。

Chaenomeles Lindley **木瓜属，Rosaceae 蔷薇科。**落叶或常绿灌木、亚灌木或小乔木，有刺。单叶，互生，具齿稀全缘，有短柄与托叶。花簇生，先于叶开放或与叶同时开放；萼片 5，全缘或近全缘，早落；花瓣 5；雄蕊 20 或更多，2 轮；花柱 2-5，基部合生，子房 5 室，每室胚珠多数，排成 2 行。梨果大型，萼片脱落，花柱常宿存。种子多数，褐色，种皮革质，无胚乳。花粉粒 3 孔沟，条纹状纹饰。染色体 2*n*=34。4/4（2）种，**14 型**；分布于东亚；中国产西南、华南、华中、西北等地区。重要观赏植物和果品，世界各地均有栽培。

Chaerophyllopsis H. Boissieu **滇藏细叶芹属，Apiaceae 伞形科。**草本。主根纤细。茎直立，纤细，少分枝。叶柄长，叶鞘长方形，叶片三至四回羽状分裂或羽状半裂；上部茎生叶较小，叶柄全叶鞘化。复伞形花序；苞片不存在或 1，伞辐近等长，小苞片狭窄，比花梗短。花两性，萼齿突出；花瓣背面具短柔毛，先端内折；花柱基宽矮圆锥形，花柱极短，早落。果实小，每棱槽油管 1-2，合生面油管 2；果瓣柄先端 1 裂。1/1（1）种，**15 型**；特产中国西藏和云南。

Chaerophyllum Linnaeus **细叶芹属，Apiaceae 伞形科。**草本；根纺锤形或结节。茎直立，分枝；叶具鞘状叶柄，叶片二至多回羽状分裂。复伞形花序；苞片常无，小苞片 2-6；花瓣、倒卵圆形，顶端内折。果长圆形，侧面压扁，合生面窄，无毛；具 5 棱，钝状，有时不明显；双悬果横截面近圆柱状；每棱槽油管 1，合生面油管 2。种子表面凹，或具 1 宽浅沟。花粉粒 3 孔沟，穿孔。染色体 *x*=11。40/2 种，**8 型**；分布于欧洲，北美及东亚；中国产西藏、四川、云南、新疆。

Chaetocarpus Thwaites **刺果树属，Euphorbiaceae 大戟科**。乔木或灌木。叶互生，全缘；叶柄短。雌雄异株；花小，无花瓣，簇生于叶腋，花梗短，中部具关节。雄花：萼片 4-5，覆瓦状排列，腺体小，与萼片互生，雄蕊 5-15，花丝合生成柱状，上部离生，基部具短绒毛，花药 2 室，不育雌蕊 3 裂，被长柔毛。雌花：萼片 4-8；子房 3 室，每室胚珠 1 颗，花柱 3 枚，离生，2 深裂，柱头密生流苏状乳头。蒴果近球形，密生刺状刚毛或小瘤体，内果皮骨质；种子卵球形，种皮黑色，有光泽，具假种皮。花粉粒 3 孔沟，穿孔状纹饰。约 17/1 种，**2-2 型**；分布于西非，热带亚洲，马达加斯加，南美和西印度群岛；中国产云南南部。

Chaiturus Willdenow **鬃尾草属，Lamiaceae 唇形科**。草本，全株灰绿色。叶卵形、圆形至披针形。腋生轮伞花序多花密集成圆球形；小苞片刺状；花萼管状，10 脉，果时显著，5 齿等大，先端刺尖；花冠小，不伸出于萼筒，外被极细微柔毛，冠檐上下唇近等大，上唇直伸，卵圆形，下唇 3 裂，中裂片较大，倒卵形，侧裂片卵圆形；雄蕊 4，近等长，不伸出于冠筒，药室 2，叉开；花柱丝状，先端 2 浅裂。小坚果椭圆状三棱形。花粉粒 3 孔沟，穿孔状纹饰。染色体 $2n$=24。1/1 种，**10 型**；分布于中欧，西伯利亚西南部及中国新疆。

Chamabainia Wight **微柱麻属，Urticaceae 荨麻科**。多年生草本。叶对生，边缘有牙齿，基出脉 3 条；托叶分生，膜质，宿存。团伞花序单性，雌雄同株或雌雄异株；苞片小，膜质。雄花：花被片 3-4，镊合状排列。雌花：花被管状，子房包于花被内，柱头近无柄，小，近卵形，有密毛。瘦果近椭圆球形，包于宿存花被内，果皮硬壳质，稍带光泽。染色体 n=11，12。1/1 种，**7 型**；分布于东亚热带和亚热带地区；中国产西藏东南部至台湾的热带地区。全草或根可药用。

Chamaeanthus J. J. Smith **低药兰属，Orchidaceae 兰科**。小型附生草本。茎短。叶多少肉质。花序短，具多数花；侧萼片的基部贴生于蕊柱足，花瓣比萼片短；唇瓣着生于蕊柱足末端并且形成活动关节，3 裂；侧裂片直立，质地薄，中裂片肉质；无距，有时基部囊状；蕊柱具向前弯曲的蕊柱足；花粉团蜡质，2 个，近球形，每个具半裂的裂隙，有短而狭的粘盘柄，粘盘不明显。约 6/1 种，**7ab 型**；分布于喜马拉雅至东南亚和太平洋岛屿；中国产台湾。

Chamaecrista Moench **山扁豆属，Fabaceae 豆科**。草本、灌木和小乔木。偶数羽状复叶，小叶对生，叶常具腺体。小苞片 2；花黄色或红色；萼裂片 5；花瓣 5 片；雄蕊 5-10 枚能育，花丝直形，花药缝线处具短柔毛，花药常从顶部孔或狭缝裂开。荚果弹裂，瓣膜卷曲。种子光滑或具麻点。花粉粒 3 孔沟，穿孔状纹饰。约 330/3 种，**2（3）型**；主要分布于美洲，少数到非洲和亚洲热带地区；中国产安徽、福建、广东、广西、台湾、海南、云南、四川、贵州。山扁豆 *C. mimosoides* (Linnaeus) Greene 引入栽培于南部地区，耐干旱和贫瘠，用于土壤改良。

Chamaecyparis Spach **扁柏属，Cupressaceae 柏科**。常绿乔木；生鳞叶的小枝扁平。叶鳞形，常二型，稀同型，交叉对生，小枝上面中央的叶卵形或菱状卵形，下面的叶有白粉或无，侧面的叶对折呈船形。雌雄同株；球花单生于短枝顶端；雄球花具小孢子叶 3-4 对，交叉对生。雌球果圆球形，很少矩圆形，当年成熟，种鳞 3-6 对，木质，盾形，顶部中央有小尖头，发育种鳞有种子 1-5（常 3）粒。染色体 $2n$=22。花粉粒无气囊。6/2 种，**9 型**；分布于北美，日本及中国台湾；另引入栽培 4 种。台湾扁柏 *C. obtusa* var. *formosana* (Hayata) Rehder 是重要的造林树种。

Chamaedaphne Moench **地桂属，Ericaceae**

杜鹃花科。灌木；小枝被毛。叶背光滑、具银白色或褐色鳞片，成熟后有裂纹。总状花序，苞片叶状；花萼卵圆形至宽三角形；花冠白色，花瓣近 1/4 处裂开，裂片微反卷；雄蕊 10，内藏；花丝扁平锥状，基部收缩，花药具 2 芒；心皮 5，花柱在远离子房一端膨大，柱头截平状；蒴果干燥，种子扁平无翅。花粉四合体，3 拟沟，疣状或皱波状纹饰。染色体 $2n=22$。约 1/1 种，**8-1 型**；广布欧亚大陆和北美洲；中国产东北黑龙江、吉林、内蒙古。

Chamaegastrodia Makino & F. Maekawa **叠鞘兰属，Orchidaceae 兰科。**菌类寄生植物，矮小。根肥厚、肉质，排生于根状茎上。茎无绿色叶，具多数鞘状膜质鳞片，鞘状鳞片彼此多少套叠。总状花序具几朵至 10 余朵花；子房不扭转；花较小；唇瓣前部扩大，2 裂，呈 T 字形，罕前部不扩大不裂；基部多少扩大并凹陷呈囊，而其中脉两侧近基部处各具 1 枚突出的胼胝体；蕊柱前面两侧各具 1 枚三角状镰形的附属物；柱头 2 个，离生，隆起，位于蕊前面两侧。约 5/4（1）种，**14（7-4）型**；分布于日本至亚洲热带地区，以及中国湖北、四川、云南和西藏东南部。

Chamaerhodos Bunge **地蔷薇属，Rosaceae 蔷薇科。**草本或亚灌木。叶互生，3 裂或二至三回全裂；托叶膜质，贴生于叶柄。花小，聚伞、伞房或圆锥花序，少有单生；萼筒钟形、筒形或倒圆锥形；萼片 5，直立，宿存；花瓣 5，白色或紫色；雄蕊 5，和花瓣对生；花盘围绕萼筒喉部，边缘肥厚，具长刚毛；心皮 4-10 或更多，花柱基生，基部有关节，脱落，柱头头状，胚珠 1，着生在子房基部。瘦果卵形，无毛，包裹在宿存花萼内。种子直立。花粉粒 3 孔沟。染色体 $2n=14$。8/5 种，**11 型**；分布于亚洲和北美；中国产北部和西北部。地蔷薇 *C. erecta* (Linnaeus) Bunge 全草可供药用，治风湿性关节炎。

Chamaesciadium C. A. Meyer **矮伞芹属，Apiaceae 伞形科。**草本，茎常较短。叶片羽状分裂。复伞形花序有总苞及小总苞，萼齿不明显，花瓣有内折小舌片；花柱基短圆锥形，较花柱短。果实长卵形，光滑，果棱 5，隆起；每棱槽中有油管 3-4；胚乳腹面平直；心皮柄紧贴于合生面上，仅顶端 2 裂。3/1 种，**1 型**；分布于高加索向东南至阿富汗，土耳其，伊朗，印度；中国产新疆、西藏。

Chamaesium Wolff **矮泽芹属，Apiaceae 伞形科。**矮。茎有纵棱；基部常残留黑紫色膜质叶鞘。叶片羽状分裂。复伞形花序，总苞片少数；伞辐不等长，小苞片少数或无。萼齿小；花瓣常不反折；花柱基压扁。果实卵形至椭圆形，合生面收缩，光滑；5 条主棱及 4 条次棱均显著隆起呈狭翅状；每棱槽油管 1，合生面油管 2。胚乳腹面凹陷，心皮柄自基部分叉。8/7（4）种，**14 型**；分布于喜马拉雅地区，尼泊尔，印度锡金，不丹，以及中国四川、云南、西藏。

Chamaesphacos Schrenk ex Friedrich & C. A. Meyer **矮刺苏属，Lamiaceae 唇形科。**小草本。叶边缘具齿，延伸为刺尖状。轮伞花序 2-6 花；向上渐密集；苞片钻形。花萼管状钟形，10-11 脉，果时增大，5 齿，上唇 3 齿稍长；花冠紫色，冠筒纤细，伸出于萼筒，冠檐短，上唇直伸，先端微缺或全缘，下唇 3 裂片近等大；雄蕊 4，前对稍长，花丝插生于花冠喉部，均比上唇短，花药 2 室，室极叉开；花柱先端 2 浅裂。小坚果长圆形，黑色，有时具鳞片状小斑点，顶端及两侧边缘具狭翅。花粉粒 3 沟，复网状纹饰，网眼内具穴。1/1 种，**13 型**；分布于中亚，自伊朗经哈萨克斯坦延伸至中国新疆。

Chamerion Séguier **柳兰属，Onagraceae 柳叶菜科。**草本或亚灌木。叶披针形，螺旋状互生，稀近对生或轮生。花两性，稍两侧对称，为顶生的总状花序；萼裂片 4，线形，排成十字形；花瓣 4，全缘；雄蕊

8，不等长，花丝基部宽，弯曲；子房 4 室，下位；花柱基部弯曲，开花时反折；柱头深 4 裂。蒴果圆柱形，具 4 棱；种子多数，纺锤形，顶端有白色簇毛。花粉粒 4-5 孔，多具 3 带状孔，外壁光滑。染色体 $2n$=18，36，54。约 8/4 种，**8 型**；分布于北半球温带与寒带地区；中国广布长江流域以北及喜马拉雅山脉。

Champereia Griffith **台湾山柚属，Opiliaceae 山柚子科**。直立灌木或小乔木。叶互生，全缘。花小，杂性，两性花或雌花均排成圆锥花序状聚伞花序，苞片小，早落；单花被，花被片 5，镊合状排列；雄蕊 5，约与花被片等长，花丝丝状，药室平行；花盘环状，具 5 浅裂；子房上位，圆锥状，半埋在花盘中，花柱无，柱头垫状；雌花具不育雄蕊，花盘分裂。核果椭圆状，外果皮壳质，中果皮肉质。胚近圆柱状，胚根小，子叶长，3 枚。1/1 种，**7a-d 型**；分布于亚洲南部和东南部热带地区；中国产台湾。台湾山柚 *C. manillana* (Blume) Merrill 用以雕印、农具和薪炭材。

Changiostyrax C. T. Chen **长果安息香属，Styracaceae 安息香科**。树干无茎刺，具鳞芽。总状花序伞形，花无苞片；花 4 基数，花槽管顶端平截；花冠 4 深裂；雄蕊 8，等长，药隔不突出；子房半下位，柱头不分裂。果实特长，密被长柔毛，上部果喙细长，中部倒卵形，具 8 条纵棱，下部渐狭，延长成柄状。1/1（1）种，**15 型**；特产中国湖南石门、桑植及湖北秭归。

Changium Wolff **明党参属，Apiaceae 伞形科**。草本。主根粗壮，纺锤形或不规则膨大。茎直立，上部具少数分枝，基部有薄膜质枯残叶鞘。叶柄长，有膜质叶鞘；叶片羽状全裂。复伞形花序；总苞片少数或无；小苞片少数。萼齿小；花瓣内折；花柱基扁圆锥形，花柱向外反折。果实卵球形或卵状椭圆形，合生面收缩，表面光滑，有 10-12 条纵纹；油管多数，在中果皮中散生。胚乳腹面强烈内凹；心皮柄二叉状。花粉粒具 3 孔沟，条纹状纹饰。1/1（1）种，**15 型**；特产中国华东地区。

Changnienia S. S. Chien **独花兰属，Orchidaceae 兰科**。地生植物，具假鳞茎，顶端生 1 叶及花葶。叶大，纸质。花单朵；花瓣比萼片略短而宽；唇盘上具 5 枚纵褶片，基部有粗大、角状的距；蕊柱长，无蕊柱足；花粉块 4，成 2 对，蜡质，黏着于方形粘盘上。约 2/2（2）种，**15 型**；中国产华东到西南地区。

Chassalia Commerson ex Poiret **弯管花属，Rubiaceae 茜草科**。灌木或小乔木。叶对生或 3 片轮生；托叶分离或合生成鞘。聚伞花序再组成各式花序，顶生；花两性，二型，5 基数；花冠管常弯曲，喉部无毛或有须毛，裂片镊合状排列；雄蕊内藏或伸出；子房 2 室，每室有基生直立的胚珠 1 颗，柱头 2。核果，稍肉质，分核有时腹面具 2 条沟槽。花粉粒 3 沟。染色体 $2n$=22，44。约 40/1 种，**6（5/7）型**；分布于热带亚洲，非洲，马达加斯加岛和马斯克林群岛；中国产华南、西南地区。弯管花 *C. curviflora* (Wallich) Thwaites 可治疗风湿、肺炎、喉痛。

Cheilanthes Swartz **真碎米蕨属，Pteridaceae 凤尾蕨科**。草本，土生。根状茎直立，少有斜生或横卧。叶簇生或疏生；叶柄棕色至栗黑色；叶片披针形或三角状长圆状披针形或卵状五角形，一至三回羽状，向基部渐变狭或基部一对羽片最大，末回小羽片或裂片小，无柄或具短柄；叶脉分离，小脉单一或分叉。孢子囊群圆形，生小脉顶端，成熟时往往汇合；囊群盖无或由羽片边缘反折而成，边缘全缘、多少啮蚀状或有锯齿，或有睫毛；孢子球状四面体形，周壁有颗粒状、拟网状、鸡冠状，罕具褶皱。染色体 x=28，29，30。约 100/17（7）种，**1 型**；世界分布；中国主产西南地区，少数达华北和东北。毛旱蕨 *C. trichophylla* Baker 可供观赏。

C

Cheiropleuria C. B. Presl **燕尾蕨属，Dipteridaceae 双扇蕨科**。草本，土生。根状茎长而横走，密被锈棕色柔毛。叶疏生，二型，单叶；不育叶卵形或圆形，顶端分叉成2裂或不分叉，全缘；能育叶片阔线形，光滑无毛；叶脉网状，主脉4-5条，从叶片基部呈放射状向叶片顶端延伸，内藏小脉单一或分叉。孢子囊群小，圆形，无盖，布满于能育叶叶背面的小脉上；孢子囊球状梨形。染色体 x=11。约3/2种，**7型**；主要分布于亚洲热带，向北可至日本南部；中国产海南和台湾。

Cheirostylis Blume **叉柱兰属，Orchidaceae 兰科**。草本。根状茎呈莲藕状或毛虫状。茎下部互生2-5枚叶。叶片卵形或心形，具柄。总状花序顶生；萼片膜质，在中部或以上合生成筒状；唇瓣基部扩大呈囊状，囊内侧脉上具胼胝体，少数基部平坦而无胼胝体；中部收狭成爪；前部扩大，常2裂，边缘具流苏状裂条或锯齿或全缘；蕊柱短，顶部前侧具2枚臂状直立的附属物，其多数几与叉状的蕊喙等高；柱头2个，离生，较大，位于蕊喙的基部两侧。约20/17（10）种，**4（6）型**；分布于热带非洲，热带亚洲和太平洋岛屿；中国产西南。

Chelidonium Linnaeus **白屈菜属，Papaveraceae 罂粟科**。草本，具黄色液汁。花多数，排列成腋生的伞形花序；萼片2；花瓣4；花柱明显，柱头2裂。蒴果近念珠状，成熟时自基部向先端开裂成2果瓣。种子表面具网纹，有鸡冠状种阜。花粉粒3沟，穿孔状纹饰，具小刺。1/1种，**10型**；分布于旧世界温带，从欧洲到日本均有；中国广布。

Chelonopsis Miquel **铃子香属，Lamiaceae 唇形科**。草本或灌木。叶片卵圆形至披针形，边缘具锯齿。轮伞花序2-10花，花大，艳丽；花萼膜质，钟形，花后增大，裂片5，三角形；花冠筒伸出，冠檐二唇形，上唇短小，下唇较长，3裂，中裂片最大；雄蕊4，前对较长，花丝扁平，具微柔毛，花药成对靠近，2室，明显叉开，花药上具髯毛；花柱先端2等浅裂。小坚果扁平，顶端具斜向伸长的翅。花粉粒3沟，复网状纹饰，网眼内具穴。染色体2n=32。18/13（10）种，**14型**；中国—喜马拉雅和中国—日本间断分布；中国主产西南干热河谷地区。

Chengiopanax C. B. Shang & J. Y. Huang **人参木属，Araliaceae 五加科**。落叶乔木，无刺。叶互生，掌状复叶，小叶3-7（9），边缘具细锯齿，托叶与叶柄连生；叶柄长。花序顶生，由伞形花序组成伞房状圆锥花序；花梗无关节；两性花；花萼杯状，具5萼齿；花瓣5，芽时镊合状排列；雄蕊5，花丝短；子房下位，2室，花柱2，合生成柱状。浆果，扁球形；种子2枚，胚乳均一。2/1（1）种，**14型**；分布于日本及中国重庆（万县）和湖南西南部（新宁）。

Chenopodium Linnaeus **藜属，Amaranthaceae 苋科**。草本，具腺体或腺毛，有强烈的气味。叶互生，有柄，扁平，全缘或具锯齿或浅裂。花两性或兼有雌性，无苞片和小苞片，团伞花序再排成穗状、圆锥状或复二歧式聚伞状的花序。花被5，稀3-4，背面中央具纵隆脊，果时花被开展或不变化；雄蕊5或较少；花柱极短。胞果不开裂。种子横生，稀斜生或直立。胚环形或马蹄形，胚乳丰富。约250/19种，**1型**；分布于世界各地；中国广布。刺藜 *C. aristatum* Linnaeus 可作蔬菜；种子可代粮食。

Cherleria Linnaeus **车勒草属（新拟），Caryophyllaceae 石竹科**。草本。茎常丛生。叶线形尖锥状。花1-3朵顶生（中国种）；萼片5，离生，线状长圆形至卵状长圆形，顶端钝，具脉；花瓣5，白色，与萼片近等长或明显长于萼片，或无花瓣；雄蕊10；子房1室；花柱3。蒴果长于萼片，3瓣裂。种子肾形或肾形近球状，光滑或具条纹，或种脊具模糊的疣状凸起。花粉粒散孔。染色体 x=13。19/2种，**8型**；分布于

北极—欧亚，中亚，北美西部及高加索山脉；中国产吉林长白山、新疆博格达山。

Chesneya Lindley ex Endlicher **雀儿豆属，Fabaceae 豆科**。多年生草本。茎基部常木质，短缩呈无茎状。奇数羽状复叶，稀3小叶，托叶草质，下部与叶柄基部贴生。花单生于叶腋，极少组成1-4花的总状花序；花萼管状，基部的一侧膨大，萼齿5，先端常具褐色腺体；花冠紫色或黄色，旗瓣下面密被短柔毛；雄蕊二体；子房无柄。荚果扁平，1室。种子肾形。花粉粒3孔沟，不规则条纹状纹饰。染色体 n=8。约21/7（2）种，**12 型**；分布于地中海，西亚至中亚，集中产中亚；中国产四川西南部、西藏、云南西北部、内蒙古、新疆和甘肃。大花雀儿豆 *C. macrantha* S. H. Cheng ex H. C. Fu 可供观赏。

Chesniella Linnaeus **旱雀豆属，Fabaceae 豆科**。多年生草本。根粗壮，木质。茎基部木质，纤细，平卧。奇数羽状复叶，小叶5-11，全缘，托叶膜质，与叶柄分离。花单生于叶腋；花萼钟状；花冠淡黄色、粉红色或紫色，旗瓣圆形，下面密被短柔毛，与翼瓣及龙骨瓣近等长；雄蕊二体，花药同型；子房无柄，柱头头状，顶生。荚果卵形或长圆形。种子圆状肾形。染色体 n=8。6/2（1）种，**13 型**；分布于中亚及中国内蒙古和甘肃。

Chikusichloa Koidzumi **山涧草属，Poaceae 禾本科**。多年生，水生草本。圆锥花序大而疏散；小穗含1枚两性小花，稍两侧压扁，成熟时连同柄状基盘一起脱落；颖不存在；外稃膜质，具5脉，顶端有芒或无芒，内稃稍短于外稃，具2-3脉；雄蕊仅1枚。染色体 x=12，2n=24。3/2 种，**14SJ 型**；分布于亚洲东部；中国产广东、广西、海南、江苏。

Chiloschista Lindley **异型兰属，Orchidaceae 兰科**。附生草本，无明显的茎，具多数长而扁的根。常无叶或至少在花期无。侧萼片和花瓣均贴生在蕊柱足上；唇瓣3裂，基部以1个活动关节着生在蕊柱足末端，具明显的萼囊；中裂片其上面具密布绒毛的龙骨脊或胼胝体；蕊柱很短，具长约2倍于蕊柱的蕊柱足；药帽两侧各具1条附属物，稀无；花粉团蜡质，2个，近球形，每个劈裂为不等大的2爿，或4个且每不等大的2个为1对；粘盘柄狭长而扁，上下等宽；粘盘近圆形。约10/3（3）种，**5（7e）型**；分布于热带亚洲和大洋洲；中国产南方热带地区。

Chimaphila Pursh **喜冬草属，Ericaceae 杜鹃花科**。多年生常绿小灌木。叶对生或轮生。花聚生于茎之顶端，为伞形花序或伞房花序，有时单生；萼片5；花瓣5；雄蕊10，花丝短，顶孔开裂；花柱极短或近无花柱，柱头宽圆呈盾状；花盘盘状。蒴果直立，由顶部向下5纵裂，裂瓣的边缘无毛。种子多数，细小。花粉粒由多数四分体黏合在一起形成多分体，多为3或4孔沟。染色体 2n=26。约5/3（1）种，**8-1 型**；广布北温带；中国从东北至西南及台湾均产。

Chimonanthus Lindley **蜡梅属，Calycanthaceae 蜡梅科**。落叶、常绿或半常绿灌木。小枝四方柱形至近圆柱形；鳞芽裸露。叶纸质或近革质，对生。花腋生，芳香；花被片10-27，黄色、黄白色，有紫红色条纹；雄蕊5-6，着生于杯状花托边缘，花丝丝状，基部宽而连生，常被毛；不育雄蕊少数至多数，长圆形，被微毛；心皮5-15，离生，每心皮有胚珠2个或1个败育。果托坛状，被毛。花期10月至翌年2月；果期5-6月。花粉粒2沟，穿孔状、皱穴状或网状纹饰。甲虫、蜂类和蝇类传粉。染色体 2n=22。6/6（6）种，**15 型**；见于华东至西南，并广泛栽培。蜡梅 *C. praecox* (Linnaeus) Link 可供观赏。

Chimonobambusa Makino **方竹属，Poaceae 禾本科**。灌木状竹类。地下茎细型；秆散生，中部以下或仅近基部数节的节内环生有刺状气生根或无；不具分枝的节间圆筒

形或在秆基部者略呈四方形；每节 3（-7）分枝。箨鞘宿存或脱落性；箨耳不发达；箨片常退化。续次发生花序，假小穗细长；雄蕊 3，柱头 2；坚果状颖果，果皮肉质。花粉粒颗粒纹饰。染色体 2*n*=48。37/34（31）种，**14（SJ）型**；分布于日本，越南，缅甸及中国秦岭以南，主产西南部。

Chimonocalamus Hsueh & T. P. Yi **香竹属，Poaceae 禾本科**。灌木状至乔木状竹类。粗型地下茎；秆丛生，空腔内常具芳香油液；中下部各节均有 1 圈刺状气生根；秆中部每节常为 3 分枝。秆箨脱落性；箨鞘一般较其节间为长；箨片常发达。单次发生花序，圆锥花序位于具叶小枝的顶端；小穗含 4-12 朵小花；颖片 2；鳞被 3；雄蕊 3；子房无毛；花柱 1，柱头 2，羽毛状。颖果细长纺锤形。约 11/9（8）种，**7-2 型**；分布于喜马拉雅东部，缅甸及中国云南南部和西藏东南部。

Chionachne R. Brown **葫芦草属，Poaceae 禾本科**。一年生或多年生草本。总状花序腋生，常聚生为复合圆锥花序；小穗对生，雄小穗位于花序上部，雌小穗位于下部，序轴节间和小穗柄沿边缘愈合；雌小穗无柄，第一颖包围小穗，中部缢缩成葫芦状，上部有宽翼，顶端钝，中部具内卷的边缘，抱序轴节间，第二颖嵌生于第一颖内；第一小花不育，第二小花可育。9/1 种，**5-1 型**；主要分布于印度，斯里兰卡至东南亚的菲律宾，澳大利亚也产；中国产海南。

Chionanthus Linnaeus **流苏树属，Oleaceae 木犀科**。灌木或乔木。单叶对生，具柄。圆锥花序，有时伞状、聚伞、头状或总状花序。两性花或单性雌雄异株。花萼小，4 裂；花冠白色或黄色，裂片 4 枚，深裂，或基部联合成短管，花蕾时呈内向镊合状排列；雄蕊 2 枚，着生于花冠管上；子房每室具下垂胚珠 2 枚，花柱短，柱头完整或 2 裂。核果，内果皮硬骨质。种子 1 枚。花粉粒 3 或 2 沟，微细网状纹饰，具基柱。染色体 2*n*=46。80/7 种，**9 型**；分布于美洲，非洲，亚洲和大洋洲热带及亚热带；中国产甘肃、陕西、山西、河北、河南、云南、四川、广东、福建、台湾。流苏树 *C. retusus* Lindley & Paxton 为著名的观赏树种。

Chionocharis Johnston **垫紫草属，Boraginaceae 紫草科**。多年生垫状草本。叶互生，覆瓦状排列。单花顶生，有细花梗；花萼 5 深裂；花冠钟状，喉部附属物 5，檐部裂片钝，开展；雄蕊 5，着生喉部附属物之下，内藏，花丝很短，花药卵形，先端钝；子房 4 裂，花柱内藏，胚珠直立；雌蕊基短圆锥形。小坚果卵形，背面鼓状，有短毛，着生面居腹面基部。1/1 种，**14SH 型**；分布于中国西南部至印度东北部（锡金）。

Chionographis Maximowicz **白丝草属，Melanthiaceae 黑药花科**。多年生草本；根状茎粗短。叶基生，近莲座状，矩圆形、披针形或椭圆形。花葶从叶丛中央抽出，常具几枚苞片状叶。花杂性同序，两侧对称；花被片 3-6 枚，不等大；雄蕊 6，较短；花药基着，2 室，两侧开裂，较少顶端汇合为 1 室；子房球形，3 室，每室 2 枚胚珠，花柱 3，离生，柱头位于内侧。蒴果室背开裂。种子近梭形，一边有短尾。花粉粒 4 孔，棒状纹饰。5/3 种，**14-2 型**；分布于日本，朝鲜，韩国，以及中国广西、广东和台湾。白丝草 *C. japonica* (Willdenow) Maximowicz 的根状茎含有甾体皂苷。

Chirita Buchanan-Hamilton ex D. Don **唇柱苣苔属，Gesneriaceae 苦苣苔科**。草本。单叶，多对生或簇生。花萼 5 裂；花冠筒状漏斗形、筒状或细筒状，檐部二唇形；能育雄蕊 2，花丝常中部宽，并常膝状弯曲，花药常被髯毛；退化雄蕊 2 或 3；花盘环状；雌蕊常无柄；子房线形，1 室，柱头 1。蒴果线形，室背开裂。种子椭圆形。花粉粒 3 拟孔沟，网状至穿孔状纹饰。染色体 2*n*=18，20，32，34，36。约 130/81 种，**7-1 型**；分布于亚洲南部和东南部；中国产西南、华南和华东地区。蚂蝗七

C. fimbrisepala Handel-Mazzetti 可药用。

Chiritopsis **W. T. Wang 小花苣苔属，Gesneriaceae 苦苣苔科。**草本，仅具根状茎。叶基生。花小；花萼 5 裂达基部；花冠粗筒状或筒状，檐部二唇形；2 雄蕊能育，花丝稍膝状弯曲，花药狭椭圆球形，腹面连着；上（后）侧方退化雄蕊 2；花盘环状或间断；子房卵球形，比花柱短，2 枚侧膜胎座内伸，反曲极叉开，花柱细，柱头 1，片状，2 浅裂或不分裂。蒴果长卵球形，室背 2 瓣裂。种子椭圆球形。约 7/7（7）种，**15 型**；分布于中国广西和广东西部。

Chisocheton **Blume 溪桫属，Meliaceae 楝科。**乔木。叶互生，为大型羽状复叶。花两性或杂性异株，组成腋生的圆锥花序或近穗状花序；萼杯状或管状，全缘或稍具齿裂；花瓣 4-6，分离；雄蕊管稍短于花瓣，花药着生于雄蕊管内面而与管裂片互生；子房 2-4 室，外面被粗毛，每室有 1-2 胚珠。果为蒴果，2-5 室，室背开裂；种子厚，盾状。花粉扁球形至球形，3-5 孔沟，网状、皱状、平滑或粗糙纹饰。染色体 $2n$=46，92。约 53/1 种，**7 型**；分布于热带亚洲和西太平洋；中国产广东、广西和云南。

Chloranthaceae R. Brown ex Sims 金粟兰科，木兰亚纲/金粟兰目。草本、灌木或小乔木。单叶对生，具羽状叶脉，边缘有锯齿；叶柄基部常合生；托叶小。花小，两性或单性，排成穗状花序、头状花序或圆锥花序，无花被或在雌花中有浅杯状 3 齿裂的花被；两性花具雄蕊 1 或 3，着生于子房的一侧，花丝不明显，药隔发达，花药 2 室或 1 室，纵裂；雌蕊 1，由 1 心皮所组成，子房上位或半下位，1 室，含 1 胚珠；单性花其雄花多数，雄蕊 1；雌花少数，具 3 齿萼状花被。核果卵形或球形，外果皮多少肉质，内果皮硬。种子含丰富的胚乳和微小的胚。花粉无萌发孔或 1 至多数，为孔、沟或合沟状，粗网状纹饰。4 属，约 75 种，分布于热带和亚热带（不含非洲大陆）及马达加斯加；中国 3 属，16 种，南北分布。

Chloranthus **Swartz 金粟兰属，Chloranthaceae 金粟兰科。**多年生草本或半灌木。叶对生或呈轮生状，边缘有锯齿；叶柄基部相连接；托叶微小。花序穗状或分枝排成圆锥花序状，顶生或腋生。花小，两性；无花被；雄蕊 3，稀为 1，花药 1-2 室；如为 3 枚雄蕊时，则中央的花药 2 室或偶无花药，两侧的花药 1 室，如为单枚雄蕊时，则花药 2 室；子房 1 室，有下垂、直生的 1 胚珠，常无花柱，少有具明显的花柱，柱头截平或分裂。核果球形、倒卵形或梨形。花粉 4、5、6、或 7 沟（孔），有时被刺。染色体 x=15。约 17/13 种，**2 型**；分布于亚洲温带和热带；中国产西南至东北。

Chloris **Swartz 虎尾草属，Poaceae 禾本科。**一年生或多年生草本。穗状花序呈指状簇生于秆顶；小穗含 2-4 小花，第一小花两性，上部其余诸小花退化不孕而包卷成球形；颖宿存；第一外稃两侧压扁，先端尖或钝，全缘或 2 浅裂，中脉延伸成直芒，基盘被柔毛，内稃 2 脊，脊上具短纤毛；不孕小花仅具外稃，无毛，常具直芒。染色体 x=10。约 55/5 种，**2 型**；分布于热带至温带，美洲尤盛；中国南北均产。虎尾草 *C. virgata* Swartz 为优良牧草。

Chlorophytum **Ker-Gawler 吊兰属，Asparagaceae 天门冬科。**多年生草本，根状茎粗短或稍长。根常稍肥厚或块状。叶基生，亚 2 列或束状，有柄或无。花葶直立或弧曲；花序顶生总状花序或圆锥花序；花梗具关节；花被片 6，离生，具 3-7 脉；雄蕊 6，花药近基着，内向纵裂；花丝丝状，中部常多少变宽；子房 3 室，每室具 1 至几枚胚珠；花柱细长，柱头小。蒴果锐三棱形，室背开裂。种子扁平，具黑色种皮。花粉粒舟形，单沟，颗粒纹饰。染色体 $2n$=16。（100-150）/4（1）种，**2 型**；

主产非洲和亚洲的热带地区，少数见于南美洲和澳大利亚；中国主产西南、广东、广西，少数从非洲引入栽培。

Choerospondias B. L. Burtt & A.W. Hill **南酸枣属，Anacardiaceae 漆树科。**落叶乔木。奇数羽状复叶；小叶对生，具柄。杂性或雌雄异株；花5数，单性；雄花排成腋生的或近顶生的聚伞圆锥花序；雌花单生；雄蕊10，花药长圆形，背着药；花盘10裂；子房5室，每室1胚珠悬垂于子房室顶，花柱5，柱头头状。核果椭圆形或倒卵形，中果皮肉质，内果皮骨质，顶端有5个小孔；种子无胚乳；子叶厚。1/1种，**14型**；分布于印度东北部至尼泊尔，泰国，越南，日本及中国南部。南酸枣 *C. axillaris* (Roxburgh) B. L. Burtt & A. W. Hill 可作用材树种；果实可食用。

Chondrilla Linnaeus **粉苞菊属，Asteraceae 菊科。**草本，常扫帚状分枝叶异形。头状花序少数，集生于枝端；花托平，无托毛；冠毛白色，单毛状或糙毛状，2-4层，等长；总苞片2-3层，近等长，边缘膜质；全部小花舌状，舌片顶端5齿裂，黄色；花药基部附属物极短，全缘或撕裂。果近圆柱状，主肋5条，间肋3条，中上部有疣状或鳞片状凸起，顶端有细喙。花粉粒3孔沟，有刺脊，小刺短呈锥形。染色体 $2n=15$，20。30/10种，**10-1型**；分布于中亚，西南亚和地中海地区；中国产新疆。

Chonemorpha G. Don **鹿角藤属，Apocynaceae 夹竹桃科。**木质藤本，具乳汁。叶对生，叶柄间具连线和腺体。总状或圆锥状聚伞花序，顶生或近腋生；花萼裂片基部内面具腺体；花冠漏斗状，花冠喉部无副花冠；花冠裂片芽期向右覆盖；雄蕊着生于花冠管内面中部或近基部，内藏；子房为2个离生心皮所组成，胚珠多数。蓇葖双生，伸长，并行或略分叉，端部具短喙。种子扁平，具长尖喙，被毛。染色体 $2n=20$。约15/8（3）种，**7型**；分布于亚洲热带和亚热带地区；中国产西南和华南。

Chorispora R. Brown ex de Candolle **离子芥属，Brassicaceae 十字花科。**一年生至多年生草本。茎直立至开展。叶片羽状深裂或具浅齿，具柄，茎上部的叶近无柄，多数在基部簇生。总状花序在果轴上疏展或为具单花的花葶；萼片直立，内轮2轮基部呈囊状；花瓣紫色、紫红色或黄色，有时带白色；雄蕊6，花丝无附属物。长角果近圆柱形，种子间收缩呈念珠状或具横节。种子每室1行。花粉粒3沟，网状纹饰。染色体 $2n=14$。11/8（1）种，**12（13）型**；分布于亚洲中部和西南部；中国产北部。

Christensenia Maxon **天星蕨属，Marattiaceae 合囊蕨科。**土生，草本。根状茎横走，肉质；叶近生。叶具肉质粗壮柄，长而粗，基部有两片肉质托叶。叶片为三出复叶或五个羽片的掌状复叶，少为单叶。羽片或叶片的中肋粗壮，两面隆起，小脉网状，网孔内藏小脉。孢子囊聚合为圆环形的孢子囊群，散生于叶片下面小脉的连接点，由10-15个肉质的孢子囊合成为1个中空的原型钵体。孢子为椭圆形，外壁具刺状纹饰。染色体 $x=10$。约1/1种，**7型**；分布于亚洲热带；中国产云南东南部。天星蕨 *C. assamica*（Griffith）Ching 为国家Ⅱ级重点保护野生植物。

Christia Moench **蝙蝠草属，Fabaceae 豆科。**直立或披散草本或亚灌木。羽状三出复叶或单小叶，具小托叶。花小，组成顶生总状花序或圆锥花序，少数为腋生花序；花萼膜质，钟状，结果时增大，5裂，裂片卵状披针形；旗瓣宽，基部渐狭成瓣柄，翼瓣与龙骨瓣贴生，龙骨瓣钝；雄蕊二体；子房有胚珠数颗，花柱线形，内弯。荚果包藏于宿萼内，具数个荚节，反复折叠，有脉纹。染色体 $2n=22$。约13/5（1）种，**5型**；分布于热带亚洲和大洋洲；中国产南部至东南部。蝙蝠草 *C. vespertilionis*（Linnaeus f.）Bakh. f. ex Meeuwen 全草可

药用。

Christiopteris Copeland **戟蕨属，Polypodiaceae 水龙骨科。**草本，附生或少土生。根状茎横走。叶二型，远生；叶柄基部以关节着生于根状茎上；不育叶片掌状3裂或羽状半裂，边缘全缘；能育叶亦为掌状3深裂，裂片收缩，狭窄；叶革质。孢子囊群圆形，布满于能育叶下面；孢子圆形，周壁具颗粒、刺状纹饰。约2/1种，**7型；**分布于亚洲热带地区；中国产海南。

Christisonia G. Gardner **假野菰属，Orobanchaceae 列当科。**低矮全寄生草本，常数株簇生在一起。茎短，不分枝。叶鳞片状，螺旋排列于茎基部。花簇生茎端或排列成总状或穗状花序；有小苞片或无；花萼筒状，顶端4-5浅裂。花冠筒状钟形或漏斗状，顶端5裂，裂片近等大；雄蕊4，花药1室发育，另1室不存在或退化成距状；子房1室，侧膜胎座2；花柱无毛或被腺毛，柱头盘状，常2浅裂。蒴果卵形或近球形，室背开裂。种子多数，极小，种皮网状。花粉粒3沟，基柱网纹状纹饰。16/1种，**7型；**分布于亚洲热带地区；中国产南部和西南部。

Christolea Cambessèdes **高原芥属，Brassicaceae 十字花科。**多年生草本，具木质茎或基部。被单毛或叉状白色毛，很少无毛。基生叶无；茎生叶单叶，匙形、菱形或卵状长圆形。萼片近直立，长圆形，顶端钝。花瓣卵状长圆形或篦形，常紫色，稀白色或黄色，或在基部近紫色；雄蕊6枚；雌蕊常条形，柱头呈压扁头状。长角果条形、披针形或倒披针形，开裂。种子每室1-2行；果皮纸质，中脉明显，侧脉不明显。子叶背倚胚根。花粉粒3沟，粗网状纹饰。染色体2*n*=14。2/2（1）种，**13-2型；**分布于阿富汗，克什米尔，尼泊尔，巴基斯坦，塔吉克斯坦，以及中国西藏、新疆、青海。

Chroesthes R. Bennoist **色萼花属，Acanthaceae 爵床科。**灌木，具钟乳体。叶对生。聚伞圆锥花序顶生；苞片1，小苞片2。花萼5裂，裂片不等大，基部联合；花冠二唇形，上唇2裂，下唇3裂；雄蕊4，2强，花药2室，药室基部具芒状附属物；子房2室，每室具胚珠2，具珠柄钩。蒴果开裂时胎座不从基部弹起。种子4，被柔毛。花粉粒3孔沟，网状纹饰。3/1种，**7-3型；**分布于缅甸，泰国，老挝，越南，马来西亚及中国云南和广西。

Chromolaena de Candolle **飞机草属，Asteraceae 菊科。**草本。根茎粗壮，横走。茎直立，有细条纹，分枝粗壮。叶对生。头状花序常成伞房或复伞房花序；花托无毛，有时有托片；冠毛细长；总苞片覆瓦状排列；花冠外有腺体；花柱被乳突。果棱柱形，3-5肋，有毛，果柄显著。染色体2*n*=58，60。165/1种，**（3b）型；**分布于热带，亚热带，1种为泛热带杂草；中国云南、华南有1归化种。飞机草 *C. odorata* (Linnaeus) R. M. King & H. Rob是入侵种。

Chrozophora Necker ex A. Jussieu **沙戟属，Euphorbiaceae 大戟科。**一年生草本或亚灌木。叶互生，叶片基部常具2个腺体。雌雄同株；总状花序，腋生，雄花位于上部，雌花1-6，生于花序下部。雄花：萼片5，镊合状排列，花瓣5；稀具5枚腺体，雄蕊5-15，花丝合生成柱状，花药2室，无不育雌蕊。雌花：萼片5，镊合状排列，花瓣5，稀无，腺体5枚，小，子房3室，每室胚珠1颗，花柱3枚，2裂，宿存。蒴果具3个分果爿，果皮具小瘤体或无，被星状毛或具鳞片；种子卵状，无种阜。花粉粒6-9孔沟，穿孔状纹饰。约12/1种，**12型；**分布于欧洲地中海地区，非洲，亚洲；中国产新疆。

Chrysanthemum Linnaeus **菊属，Asteraceae 菊科。**多年生草本或亚灌木。叶互生。头状花序；总苞片4-5层，边缘膜质或羽裂；花托凸起，半球形，或圆锥状，无托毛；缘花雌性、1层、假舌状、舌片长或短，

1.5-25mm 或更长，黄色、白色或红色，中央花两性、管状，顶端5齿裂，黄色；花柱分枝线形，顶端截形。瘦骨近圆柱状且向下部收窄，有5-8条均匀分布的肋，顶端无冠状边缘。花粉粒3孔沟，具刺，刺间有穿孔。染色体 x=9。37/22（13）种，**10（14）型**；分布于温带亚洲；中国广布。野菊 *C. indicum* Linnaeus 是著名花卉。

Chrysoglossum Blume **金唇兰属，Orchidaceae 兰科**。地生草本，具圆柱状假鳞茎。叶1枚，具长柄和折扇状脉。花葶从根状茎上发出；总状花序疏生多数花；唇瓣基部两侧具耳，中部3裂；中裂片凹陷；唇盘上面具褶片；蕊柱基部具粗短的蕊柱足，内侧具1胼胝体，两侧具翅；翅具2个向前伸展的臂；蕊喙短而宽；花粉团2个，蜡质，圆锥形，附着于松散的黏质物上。5/2种，**7e型**；分布于热带亚洲和太平洋岛屿；中国产华南和西南地区。

Chrysogrammitis Parris **金禾蕨属，Polypodiaceae 水龙骨科**。小型附生植物。根状茎背腹性，叶柄分2列着生；上被红褐色或黄褐色鳞片，鳞片不为窗格状，光滑或边缘具腺状毛。叶柄不具关节，无叶足。叶片深度羽裂成沿叶轴分布的狭翅；羽片上的叶脉羽状分枝，叶脉分离；叶脉末端具水囊。孢子囊群生于羽片表面，每羽片多于1个。孢子囊光滑。毛淡黄棕色，具简单的腺体和一至二回分叉。约2/1种，**7型**；分布于斯里兰卡，太平洋岛屿及中国台湾。金禾蕨 *C. glandulosa*（J. Smith）Parris 可供观赏。

Chrysophyllum Linnaeus **金叶树属，Sapotaceae 山榄科**。灌木或乔木。叶互生；无托叶。花簇生叶腋；花萼具5（6）裂片；花冠管状钟形；能育雄蕊（4）5-10，1轮排列，着生于花冠喉部并与花瓣对生；无退化雄蕊；常无花盘；子房被长柔毛或无毛，1-10室，每室1胚珠。果具厚至很薄的果皮。种子1-8，种皮厚至纸质，脆壳质，瘢痕狭或宽，侧生或几乎覆盖种子表面，胚乳无至丰富。花粉粒3或4孔沟，皱波-穿孔状纹饰。80/1种，**3型**；分布于美洲热带亚热带，非洲和亚洲热带及马达加斯加；中国产广东和广西。金叶树 *C. lanceolatum* (Blume) A. de Candolle var. *stellatocarpon* P. Royen 的根和叶可入药；果实可食用。

Chrysopogon Trinius **金须茅属，Poaceae 禾本科**。多年生草本。圆锥花序；小穗常3枚顶生，1无柄者为两性，另2枚有柄者为雄性或中性，成熟时3枚一同脱落；无柄小穗第一颖上部具脊，边缘内卷，第二颖常具短芒；第一小花具外稃，无内稃，第二小花外稃线形，常具1膝曲的芒，内稃缺，或小而膜质。约44/4种，**2-1（6）型**；分布于欧亚大陆的温带和暖温带地区；中国产华北以南地区。常用于绿地、公园、运动场跑道等的草坪建植，如竹节草 *Ch. aciculatus* (Retzius) Trinius 等。

Chrysosplenium Linnaeus **金腰属，Saxifragaceae 虎耳草科**。多年生小草本，常具鞭匐枝或鳞茎。单叶，无托叶。聚伞花序，稀单花，围有苞叶；花小型；萼片4，稀5；无花瓣，花盘有或无；雄蕊8（-10）或4，花丝钻形；心皮2，中下部合生，子房近上位、半下位或近下位，1室，胚珠多数，具2侧膜胎座，花柱2，离生，柱头具斑点。蒴果。种子多数，卵球形至椭圆球形。花粉粒3（拟）孔沟，细网状纹饰。染色体 n=11。65/35种，**8-4型**；分布于亚洲，欧洲，非洲，美洲，主产亚洲温带；中国南北均产，主产陕西、甘肃、四川、云南和西藏。

Chuanminshen Sheh & Shan **川明参属，Apiaceae 伞形科**。多年生草本。茎中空。叶片三出式二至三回羽状分裂。复伞形花序；总苞片和小苞片无或偶有1-3片，早落；伞辐4-8萼齿显著；花瓣紫色；花柱长为花柱基的2倍以上，向下弯曲，花柱基圆锥形。果实长椭圆形，顶部狭窄，背腹扁压，背棱和中棱线形凸起，侧棱稍宽，

增厚；棱槽内油管 2-3，合生面油管 4-6。胚乳腹面平直。1/1（1）种，**15 型**；分布于四川和湖北。

Chukrasia A. Jussieu **麻楝属，Meliaceae 楝科**。落叶乔木。叶为偶数羽状复叶，幼叶有奇数羽状复叶和二回羽状复叶。花两性，组成腋生的圆锥花序；花萼 4-5 齿裂；花瓣 4-5；雄蕊管圆筒形，近顶端全缘或有 10 齿裂，花药 10；花盘不甚发育或缺；子房 3-5 室，每室胚珠多数，柱头头状。果为木质蒴果，室间开裂为 3-5 个果爿，果爿 2 层；种子每室多数，2 行覆瓦状排列于中轴上，顶端有翅，有胚乳，子叶近环形。花粉近长球形，扁长-球形，4 孔沟，外壁平滑。染色体 2*n*=26。约 1/1 种，**7 型**；分布于热带亚洲；中国产福建、广东、广西、海南、西藏和云南。

Chunia H. T. Chang **山铜材属，Hamamelidaceae 金缕梅科**。常绿乔木。叶 3 浅裂或全缘，具掌状脉，托叶 2，早落，在每节留下环形托叶痕。密集穗状花序，具花 12-16 枚；花两性；萼片和花瓣无；雄蕊 8，花药卵形，2 室；子房下位，2 室，每室胚珠 6 枚。蒴果卵球形，上半部 2 爿裂，外果皮木质，内果皮厚且坚硬。种子椭球状，种皮厚且坚硬。花粉粒 3 沟，细网状纹饰。1/1（1）种，**15 型**；特产中国海南。

Chuniophoenix Burret **琼棕属，Arecaceae 棕榈科**。植株小，丛生，茎直立具环状叶痕。叶掌状深裂。花两性，多次开花结实。花序生于叶腋，穗状或二回分枝；花单生，或由 1-7 朵花缩合成的蝎尾状聚伞花序花萼管状，2-3 浅裂；花冠基部长梗状，顶部 2-3 裂片，肉质；雄蕊 6，花丝延长，基部变宽，丁字形着药；心皮 3，子房稍具梗，胚珠倒生。果实小，种子 1。胚乳嚼烂状或均匀，胚基生。3/2（2）种，**7-4 型**；分布于越南北部及中国海南。

Cibotiaceae Korall **金毛狗蕨科，水龙骨亚纲/桫椤目**。木本或草本，土生。根状茎粗壮，木质，直立或平卧，密被长柔毛；叶一型；叶片卵形，多回羽状分裂，末回裂片线形，边缘有锯齿；叶脉分离，侧脉羽状。孢子囊群着生叶边，囊群盖两瓣状，革质，形如蚌壳；孢子囊梨形；孢子球状四面体。1 属，约 11 种，分布于亚洲热带和美洲热带，夏威夷群岛尤盛；中国 1 属，2 种，产西南、华南、华东地区和台湾。金毛狗蕨 *C. barometz* (Linnaeus) J. Smith 的根状茎可药用。

Cibotium Kaulfuss **金毛狗蕨属，Cibotiaceae 金毛狗蕨科**。木本或草本，土生。根状茎粗壮，木质，直立或平卧，密被长柔毛；叶一型；叶片卵形，多回羽状分裂，末回裂片线形，边缘有锯齿；叶脉分离，侧脉羽状。孢子囊群着生叶边，囊群盖两瓣状，革质，形如蚌壳；孢子囊梨形；孢子球状四面体。染色体 *x*=17。11/2 种，**3 型**；分布于亚洲热带和美洲热带，以夏威夷群岛尤盛；中国产西南、华南和华东地区。金毛狗蕨 *C. barometz* (Linnaeus) J. Smith 是国家Ⅱ级保护野生植物。根状茎可药用。

Cicer Linnaeus **鹰嘴豆属，Fabaceae 豆科**。一年生或多年生草本，常有刺，明显具腺毛。奇数羽状复叶或叶轴末端变为卷须或刺，小叶 3 至多数，边缘具锯齿。花单生或 2-5 朵组成腋生总状花序；花萼具 5 齿，基部稍凸起；翼瓣与龙骨瓣分离；雄蕊二体；花柱圆柱形，无毛，弯曲，柱头顶生。荚果膨胀，含种子 1-10 粒，被腺毛。种子具喙，2 裂至近球形。花粉粒 3 孔沟，网状纹饰。染色体 *n*=8（7）。约 43/2（1）种，**12 型**；分布于地中海至中亚，部分延伸至加那利群岛和非洲东南部热带地区；中国产新疆、西藏。鹰嘴豆 *C. arietinum* Linnaeus 引入栽培于新疆、青海、甘肃、陕西、山西、山东、河北、内蒙古及台湾。

Cicerbita Wallroth **岩参属，Asteraceae 菊科**。多年生草本。叶不分裂、羽状分裂。头状花序沿茎排成总状、圆锥或伞房花序；总苞圆柱状或钟状，总苞片多层；花托平，无托毛；冠毛白色或红褐色；小花

常蓝色或紫色，极少黄色，5-30 枚；花药基部附属物箭头状；花柱分枝细。果黑褐色，有 5 条主肋，长椭圆形，压扁或不明显压扁，顶端截形或近顶端有收缢，无喙。花粉粒 3 孔沟，具圆锥形短刺。染色体 2*n*=16，18。（20-30）/7（5）种，**12 型**；分布于中亚和西南亚；中国产西南部至西北部。

Cichorium Linnaeus **菊苣属，Asteraceae 菊科**。草本。基生叶莲座状，倒向羽裂或不裂而边缘有锯齿。冠毛膜片状，极短，2-3 层；全部小花舌状，蓝色、紫色或淡白色；花药基部附属物箭头形，顶端附属物钝三角形；花柱分枝细长。果倒卵形或椭圆形或倒楔形，外层常压扁，紧贴内层总苞片，有 3-5 条高起的棱，顶端截形。染色体 2*n*=18。7/2 种，**12 型**；分布于南非，西南亚和南欧；中国引种栽培 1 种。菊苣 *C. intybus* Linnaeus 的叶可食用；根可提取菊糖及芳香族物质。

Cicuta Linnaeus **毒芹属，Apiaceae 伞形科**。草本，高大、直立、无毛。叶有柄；叶片二至三回羽状分裂。复伞形花序；伞辐多数，细长，上升开展；小总苞片多数。花白色；萼齿 5；花瓣顶端有内折的小舌片；花柱基幼时扁压，圆盘状，花柱短，向外反曲。分生果卵形至卵圆形；每棱槽内油管 1，合生面油管 2。胚乳腹面平直或微凹；心皮柄 2 裂。约 20/1 种，**8 型**；分布于北温带地区；中国产西北至东北。

Cinchona Linnaeus **金鸡纳属，Rubiaceae 茜草科**。灌木或乔木。叶对生；托叶常脱落。圆锥状聚伞花序，顶生和腋生；花二型，两性，5 基数；花冠高脚碟状或喇叭状，花冠裂片镊合状排列；雄蕊内藏或稍伸出；子房 2 室，胚珠多数，胎座线形，柱头 2 裂，内藏或稍伸出。蒴果，室间开裂为 2 果爿。种子稍扁平，周围具膜质的翅。花粉粒小孔状纹饰。染色体 2*n*=34，68。23/2 种，**（3）型**；原产中南美洲，现世界热带地区广泛引种；中国海南、广西和云南有引种。根茎枝的皮部含有特有成分奎宁，是治疗恶性疟疾的特效药，也是常用的解热药。

Cinna Linnaeus **单蕊草属，Poaceae 禾本科**。多年生高大草本。叶片扁平；叶舌膜质。圆锥花序开展；小穗含 1 小花，脱节于颖之下，小穗轴延伸于内稃之后如 1 短刺，有时顶端着生 1 个不育的小花；颖相等长或近于等长，具 1-3 脉；外稃等长或稍短于颖，具 3 脉，顶端之下着生短芒，内稃稍短于外稃，两侧压扁，似具 1 脊；雄蕊 1 或 2；子房长圆形，花柱基部联合。约 4/1 种，**8 型**；分布于北半球温带，以及墨西哥至秘鲁地区；中国产东北。

Cinnamomum Schaeffer **樟属，Lauraceae 樟科**。常绿乔木或灌木；枝、叶具芳香。叶互生，或近对生，离基三出脉或三出脉，亦有羽状脉。圆锥花序腋生，或近顶生，由 3 至多花的聚伞花序组成。花两性。花被筒杯状或钟状，花被裂片 6，近等大，脱落，或下部留存；能育雄蕊 9，花药 4 室，第一、二轮内向，第三轮外向；退化雄蕊 3；花柱与子房等长，柱头头状或盘状。果肉质，有果托；果托杯状、钟状或圆锥状，截平或边缘波状，或有不规则小齿。花粉粒无萌发孔，穿孔-刺状纹饰。350/49（30）种，**3 型**；主要分布于亚洲的热带和亚热带地区，极少数到澳大利亚和太平洋岛屿，中南美洲也有；中国产南方各省区。

Cipadessa Blume **浆果楝属，Meliaceae 楝科**。灌木或小乔木，小枝有灰白色皮孔。叶为奇数羽状复叶。花杂性，组成腋生的圆锥花序；花萼 5 裂；花瓣 5（6），分离；雄蕊 10，花丝线形，基部或下端结合成浅杯状的雄蕊管，上端分离，顶端 2 齿裂，花药着生于花丝顶端 2 齿裂间；花盘短，与雄蕊管基部合生；子房 5（6）室，每室有胚珠 1（2）颗。果为浆果状核果，球形，具 5 棱，5 室，每核内有种子 1-2 颗。花粉粒扁长-球形，4（5）孔沟，外壁平滑。

染色体 $2n=28$，56。1/1 种，**6 型**；分布于热带和亚热带亚洲；中国产广东、广西、四川和云南。

Circaea Linnaeus **露珠草属，Onagraceae 柳叶菜科**。草本；叶对生，膜质，卵形，有波状齿缺，花序轴上的叶则互生并呈苞片状；花小，白色或粉红色，为顶生和侧生、具柄的总状花序，最后疏散；萼片 2；花瓣 2，倒心形或菱状倒卵形，顶端有凹缺；雄蕊 2；子房下位，1-2 室；胚珠单生或罕为 2 颗上下叠置；果为蒴果，不开裂，外被硬钩毛；有时具明显的木栓质纵棱。花粉粒 3 孔，细皱波状纹饰。染色体 $2n=22$。8/7（1）种，**8 型**；分布于北半球温带；中国产西南、华南至东北部。

Circaeaster Maximowicz **星叶草属，Circaeasteraceae 星叶草科**。一年生小草本。茎短。叶膜质，菱状倒卵形、匙形或楔形，先端具齿，叶脉二叉状分枝。花小，两性；萼片 2-3，狭卵形，宿存；无花瓣；雄蕊 1-2（-3），与萼片互生，花药椭圆形，花丝线形，扁平；心皮稍长于雄蕊，1-3 枚，离生，无花柱，子房长圆形，柱头近椭球形。瘦果狭长，有钩毛。种子具有细胞型胚乳。花粉粒 3 沟，条网状纹饰。染色体 $2n=30$。2/1 种，**13-2 型**；分布于不丹，尼泊尔，印度锡金和西北部；中国产西藏、云南、四川、陕西、甘肃、青海和新疆。星叶草 *C. agrestis* Maximowicz 为国家 II 级重点保护野生植物。

Circaeasteraceae J. Hutchinson **星叶草科，木兰亚纲/毛茛目**。小草本。叶无毛，菱状倒卵形、匙形、楔形或心形，边缘有小齿，叶脉呈开放的二叉分枝，与银杏和某些蕨类植物的叶脉相似。单花，两性；萼片卵形；花瓣缺；单珠被，珠心薄。瘦果。种子具有细胞型胚乳。花粉粒 3 沟，条网状纹饰。染色体 $2n=18$，30。2 属，2 种，分布于亚洲高海拔地区，主产喜马拉雅山西北部至中国，不丹，尼泊尔和印度锡金和西北部也有；中国 2 属，2 种，中国产西北部至西南部。

Cirsium Miller **蓟属，Asteraceae 菊科**。直立草本，极少无茎。叶互生，有锯齿或羽状分裂，裂片常有刺。总苞片多层覆瓦状排列，边缘全缘；花托有托毛；冠毛长羽毛状；花冠管部纤细，檐部 5 深裂；花药基部矢形，有尾，花丝一般有长毛。瘦果秃净，倒卵形或长椭圆形。染色体 $2n=16$，20，22，34，68。（250-300）/46（23）种，**8 型**；分布于非洲，亚洲及中美洲，北美洲；中国广布，青藏高原尤盛。

Cissampelopsis (de Candolle) Miquel **藤菊属，Asteraceae 菊科**。藤状多年生草本或亚灌木，以叶柄攀援。单叶互生，离基 3-7 掌状脉，叶柄旋卷，基部明显增厚。头状花序辐射状或盘状；总苞片草质，具干膜质边缘；冠毛毛状；辐射花 5-8 或不存在，管状花 8-20；花药线形或线状长圆形，基部具明显的尾，颈部近圆柱形或略柱杆状。果圆柱形，具肋，无毛。10/6（3）种，**7a 型**；产热带亚洲；中国产中西部地区。

Cissampelos Linnaeus **锡生藤属，Menispermaceae 防己科**。藤本或灌木。叶柄痕不明显。雄花：萼片 1 轮，离生，花瓣合生成碟状或杯状，聚药雄蕊盾状；雌花序上的小聚伞花序生于大型叶状苞片内；雌花苞片大，萼片 1 轮，顶端全缘，心皮 1，胎座迹常近球形。种子马蹄形，有胚乳，非嚼烂状，子叶扁平。花粉粒 3 孔沟，网状纹饰。染色体 $2n=24$。（20-25）/1 种，**2 型**；分布于美洲，非洲和亚洲；中国产云南、贵州和广西。锡生藤 *C. pareira* Linnaeus var. *hirsute* (Buchanan-Hamilton ex de Candolle) Forman 全株可药用。

Cissus Linnaeus **白粉藤属，Vitaceae 葡萄科**。木质藤本。卷须常不分枝或二叉分枝。叶互生。花序为复二歧聚伞花序或二级分枝集生成伞形，与叶对生；花 4 数；雄蕊 4；花盘发达，显呈杯状围绕子房；花柱明显，柱头不分裂或 2 裂，子房 2 室各 2 胚珠。浆果。种子 1-2，椭圆形，种脐在

种背近基部，种子腹侧极短，仅处于种子基部或下部。花粉粒3孔沟，粗糙纹饰。染色体2*n*=22，24或26。约350/15（2）种，**2型**；分布于非洲，亚洲，澳大利亚，中南美洲；中国产南部各省区。

Cistaceae Jussieu **半日花科，木兰亚纲/锦葵目**。草本、灌木或半灌木。单叶，常对生，稀互生，具托叶或无。花两性，整齐；萼片5；花瓣5（稀3），早落；雄蕊多数，花丝分离，花药2室，纵裂。雌蕊由3-5枚或10枚心皮构成；子房上位，侧膜胎座，胚珠2至多数，花柱1，具3柱头。蒴果革质或木质，室背开裂。种子小，具棱角。花粉粒3（拟）孔沟（孔），穿孔状、网状到条网纹饰。8属，170种，分布于东非，亚洲西南部和欧洲，主产地中海，亚洲中部，美洲亦有；中国1属，1种，产新疆、甘肃、内蒙古。

Cistanche Hoffmannsegg & Link **肉苁蓉属，Orobanchaceae 列当科**。多年生全寄生草本。茎肉质，圆柱状。叶鳞片状，螺旋状排列。穗状花序；苞片1枚；小苞片常2枚。花萼筒状或钟状，顶端5浅裂，裂片常等大；花冠筒状钟形或漏斗状，顶端5裂，裂片几等大；雄蕊4，2强，着生于花冠筒上，花药2室；子房上位，1室，侧膜胎座4（稀6或2），花柱细长，柱头近球形，稀稍2浅裂。蒴果卵球形或近球形，2瓣裂，稀3瓣裂，常具宿存柱头。种子多数，极细小，近球形，表面网状。花粉粒3沟，基柱网纹状纹饰。染色体2*n*=20，40。20/5（1）种，**12型**；分布于欧洲，亚洲干旱地区；中国产西北地区。

Cithareloma Bunge **对枝菜属，Brassicaceae 十字花科**。一年生草本。具分叉毛。基生叶非莲座状。茎直立，子叶叶腋常有两相反的基底分枝，其他分枝交替。总状花序，无苞片，果期时延长。萼片狭长圆形，侧对的基部强烈呈囊状。花瓣紫色，粉红色或者白色；雄蕊6，4强雄蕊；花蜜腺体2，位于雄蕊内。果实为开裂长角果或短角果。种子单列，具宽翅。子叶缘倚胚根。花粉粒3沟，网状纹饰。染色体2*n*=26。2/1种，**13（→12）型**；分布于亚洲中部和西南部；中国产甘肃、新疆。

Citrullus Schrader ex Ecklon & Zeyher **西瓜属，Cucurbitaceae 葫芦科**。蔓生草本。单叶圆形或三角形-卵形，3-5深裂。雌雄同株。雄花：花萼裂片5；花冠深5裂；雄蕊3，药室线形，折曲；退化雌蕊腺体状。雌花：花萼和花冠同雄花；退化雄蕊3；子房卵球形，3胎座，胚珠多数，花柱短，柱头3。果实大，球形至椭圆形，肉质，不开裂；种子多数，平滑。花粉粒3孔沟，不规则网状纹饰。染色体 *n*=11。4/1种，**（6）型**；分布于地中海东部，非洲热带，亚洲西部；中国引种1种，各地有栽培。西瓜 *C. lanatus* (Thunberg) Matsumura & Nakai 为重要水果；果皮可药用，有清热、利尿和降血压之效。

Citrus Linnaeus **柑橘属，Rutaceae 芸香科**。小乔木；枝具刺。叶互生；单身复叶，仅1种具单叶；叶缘具细钝裂齿，稀全缘；叶密生具芳香气味的透明油点。单花腋生或数花簇生，稀总状花序；花两性或因发育不全趋于单性；花萼杯状，3-5浅裂；花瓣5；雄蕊20-25，少数多达60；子房7-15或更多，每室4-8胚珠或更多；柱头大，花盘明显，具蜜腺。柑果，种子多数或无。花粉粒4（-5）孔沟，穴状、网状纹饰。染色体2*n*=18。（20-25）/11（3）种，**7a型**；原产亚洲东南部及南部，现热带及亚热带地区广为栽培；中国长江以南栽培。多数种类的果可食，如柚 *C. maxima* (Burman) Merrill、柑橘 *C. reticulata* Blanco等；一些种类可入药，如香橼 *C. medica* Linnaeus。

Cladium P. Browne **克拉莎属，Cyperaceae 莎草科**。多年生草本，根状茎短。叶状苞片具鞘；圆锥花序；小穗常聚集成小头状花序，有鳞片4-11，覆瓦式螺旋状排列，具1-7花，最下面1-4鳞片无花，其上面

或最上面 1-2 片具两性花，常仅有 1 朵结实，其余为雄花。雄蕊 2-3；花柱细长，线形，初期基部膨大，柱头（2-）3。小坚果圆柱状，无肋或具 3 肋而呈三棱形，平滑。花粉无萌发孔或 1 远极孔 4 侧孔或沟，穿孔状、颗粒纹饰。染色体 $2n=36$, 78。4/1 种，**1 型**；全球广布；中国产西南至华南。

Cladogynos Zippelius ex Spanoghe **白大凤属，Euphorbiaceae 大戟科**。灌木；小枝被白色星状短柔毛。叶互生，具锯齿，具掌状脉。雌雄同株；花序总状，1-2 个生于叶腋，无花瓣，雄花密集排成团伞花序，位于花序轴顶部，雌花 1-2，生于花序下部。雄花：雄蕊 4，花丝离生，顶部内弯，不育雌蕊柱状，花盘缺。雌花：萼片 5-7，宿存，腺体与萼片互生，子房 3 室，每室具胚珠 1 颗，花柱基部合生，上部 3-4 裂，裂片 2 叉裂。蒴果具 3 个分果爿，被星状柔毛，内果皮壳质；种子球形。花粉粒 3 孔沟，穿孔状纹饰。1/1 种，**7 型**；分布于热带东南亚；中国产广西东部及东南部。

Cladopus Möller **川苔草属，Podostemaceae 川苔草科**。草本。根扁平，呈叶状体，多分枝。茎短，极少分枝。可育枝上的叶呈莲座状，线形或 3-9 片指状分裂；可育枝具鳞片状叶，2 裂或指状分裂，覆瓦状排列。佛焰苞卵形，尖端乳头状，常不规则开裂；单花顶生，两侧对称，具柄，开放前藏于佛焰苞内；花被片 2，生于花丝基部两侧；雄蕊 1，稀 2，花药 2 室，基着；子房 2 室，花柱 2。蒴果平滑，2 爿，不等大，较大的 1 枚裂爿宿存。6/2（1）种，**7 型**；分布于南亚和东南亚；中国产广东、福建、海南。

Cladrastis Rafinesque **香槐属，Fabaceae 豆科**。乔木，稀攀援灌木，树皮灰色。芽叠生，无芽鳞，被膨大的叶柄基部包裹。奇数羽状复叶，小叶互生或近对生。圆锥花序或近总状花序，顶生；花萼钟状，萼齿 5，近等大；花冠白色；雄蕊 10，花丝分离或近基部稍连合；子房线状披针形。荚果压扁，两侧具翅或无翅，边缘明显增厚，迟裂，种子 1 至多数。种子长圆形，压扁，种皮褐色。花粉粒 3 孔沟，网状纹饰。8/6（5）种，**9 型**；分布于东亚和北美洲东部的温带和亚热带地区；中国产华东、华南和西南。多数种类可作木材或提取黄色染料，也可作庭园观赏，如香槐 *C. wilsonii* Taked。

Claoxylon A. Jussieu **白桐树属，Euphorbiaceae 大戟科**。乔木或灌木叶互生，边缘具齿或近全缘；羽状脉。雌雄异株，稀同株；总状花序，腋生，雄花 1 至多朵簇生于苞腋，雌花常 1 朵生于苞腋，无花瓣。雄花：雄蕊 10-200，常 20-30，花药 2 室；腺体细小，众多，散生于雄蕊的基部，无不育雌蕊。雌花：萼片 2-4，常 3；花盘具浅裂或为离生腺体，子房 2-3（-4）室，每室具胚珠 1 颗，花柱短，离生或基部合生。蒴果，具 2-3（-4）个分果爿；种子近球形，无种阜。花粉粒 4 孔沟（稀为 3 或 5），穿孔状纹饰。约 75/6 种，**4 型**；分布于旧世界热带；中国产台湾、广东、海南、广西和云南。

Clarkella J. D. Hooker **岩上珠属，Rubiaceae 茜草科**。草本，具块根。叶对生，常不等大。聚伞花序，顶生；花两性；萼裂片 5-7 裂；花冠管细长，裂片镊合状排列；雄蕊内藏；子房 2 室，胚珠多数，胎座生于中轴的中部稍下，柱头 2 裂，内藏。果干燥，倒圆锥形，冠以扩大的宿存萼檐。种子近椭圆形。1/1 种，**14SH 型**；分布于亚洲南部和东南部；中国产华南至西南地区。

Clausena N. L. Burman **黄皮属，Rutaceae 芸香科**。乔木或灌木；小枝常兼有丛状短毛。叶互生，奇数羽状复叶，小叶两侧不对称。圆锥花序，花序轴常兼有丛状短毛，花两性；花萼 5 或 4 裂；花瓣 5 或 4；雄蕊 8 或 10，花丝顶端钻尖，下部常增粗；子房 5 或 4 室，每室 2 胚珠，稀 1，中轴

胎座；花柱短于子房。浆果，种子 4-1；种皮膜质，棕色。花粉粒 3 孔沟，细条纹-网状纹饰。染色体 $2n$=18，36。(15-30) /10 (5) 种，**4-1 型**；分布于东半球热带及亚热带地区；中国产长江以南，以广东、广西、云南尤盛。黄皮 *C. lansium* (Loureiro) Skeels 为南方著名果品。

Clausia Kornuch-Trotzky **香芥属，Brassicaceae 十字花科**。一年生至多年生草本，具单毛及有柄腺毛或无毛。萼片直立，内轮基部呈囊状；花瓣紫色、堇色或白色。有长爪；侧蜜腺近环状，无中蜜腺。长角果圆柱状或侧扁，迟裂，果瓣具明显中脉及侧脉，花柱短，柱头 2 裂，裂片直立，离生。种子每室 1 行。染色体 $2n$=14，28。4/2 种，**12-1 型**；分布于亚洲中部和东部，欧洲东南部；中国产新疆和华北地区。

Claytosmunda (Yatabe, Murakami & Iwatsuki) Metzgar & Rouhan **绒紫萁属，Osmundaceae 紫萁科**。草本，土生，夏绿中型植物。根状茎直立或斜生。叶簇生，一型(但羽片为二型)；幼时密生黏质灰白色或带灰棕色腺状绒毛。叶柄通常禾秆色或棕禾秆色；叶片一回羽状复叶，羽片羽状深裂，不以关节着生叶轴；能育羽片常生于叶片中下部；叶草质；裂片上的侧脉通常二叉。孢子囊密生于羽轴或中肋两侧的背面，黑棕色；孢子为球状四面体，辐射对称，具短棒状纹饰。染色体 x=11。1/1 种，**9 型**；东亚-北美间断分布；中国产西南和华南地区。绒紫萁 *O. claytoniana* Linnaeus 的根茎入药，可舒筋活络、治肋骨疼痛。

Cleghornia Wight **金平藤属，Apocynaceae 夹竹桃科**。攀援灌木。叶对生。二至三歧圆锥状或伞房状聚伞花序，腋生或顶生；花萼裂片内面具腺体；花冠高脚碟状，花冠裂片芽期向右覆盖；雄蕊内藏，花药腹部与柱头粘连，顶部被长柔毛；子房由 2 枚离生心皮组成，胚珠多数。蓇葖双生，长圆柱形。种子顶端具白色绢质种毛。4/1 种，**7 型**；分布于亚洲东南部；中国产云南南部和贵州。

Cleidiocarpon Airy Shaw **蝴蝶果属，Euphorbiaceae 大戟科**。乔木。叶互生，全缘，羽状脉；叶柄具叶枕。圆锥状花序，顶生，雌雄同株；花无花瓣，花盘缺，雄花多朵在苞腋排成团伞花序，稀疏排列在花序轴上；雌花 1-6 朵，生于花序下部。雄花：雄蕊 3-5，花药背着，4 室，药隔不突出，不育雌蕊柱状。雌花：萼片 5-8，覆瓦状排列，宿存，副萼小，与萼片互生，早落，子房 2 室，每室具胚珠 1 枚，花柱下部合生，顶部 3-5 裂。果核果状，近球形或双球形，具宿存花柱基；种子近球形，胚乳丰富。花粉粒 3 孔沟，穿孔状纹饰。2/1 种，**7-3 型**；分布于缅甸北部，泰国西南部，越南北部，以及中国贵州、广西和云南。

Cleidion Blume **棒柄花属，Euphorbiaceae 大戟科**。乔木或灌木。叶互生，边缘具腺齿；羽状脉。雌雄异株，稀同株；无花瓣和花盘；雄花序常穗状，雄花多朵于苞腋簇生或排成团伞花序，稀单生于苞腋；雌花序总状或仅 1 朵，腋生。雄花：雄蕊 35-80，稀更多，花丝离生，花药 4 室，药隔稍突出，无不育雌蕊。雌花：萼片 3-5，覆瓦状排列，子房 2-3 室，每室具胚珠 1 枚，基部常合生，各 2 深裂，柱头密生小乳头。蒴果具 2-3 个分果爿；果梗长且硬，棒状；种子近球形，无种阜，种皮具斑纹。花粉粒 3 孔沟，穿孔状纹饰。约 25/3 种，**2 型**；分布于热带，亚热带地区；中国产广东、海南、广西、贵州、云南和西藏(墨脱)。

Cleisostoma Blume **隔距兰属，Orchidaceae 兰科**。附生草本。叶质地厚。总状花序或圆锥花序侧生，具多数花；花较花梗和子房短；花小，肉质，侧萼片常歪斜；唇瓣贴生于蕊柱基部或蕊柱足上，基部具囊状的距，3 裂；距内具纵隔膜，在内面背壁上方具 1 枚形状多样的胼胝体；蕊柱粗短，

常金字塔状，具短的蕊柱足或无；花粉团蜡质，4个，每不等大的2个为1对，具形状多样的粘盘柄和粘盘。约100/17（5）种，**5（7e）型**；分布于热带亚洲至大洋洲；中国产南方各省区。

Cleisostomopsis Seidenfaden **拟隔距兰属，Orchidaceae 兰科。**附生草本。叶片圆柱状，基部具鞘，具节。总状花序侧生；苞片小，花梗和子房长于苞片。花小，侧萼片比中萼片略大。花瓣比萼片小；唇瓣贴生于蕊柱基部，具距，3裂；距明显长于萼片，内部后壁上具1个Y形胼胝体，无隔膜。蕊柱短，无蕊柱足；蕊喙大；柱头凹陷；花粉块4，2对，蜡质，近球形，每对具1个共同的粘盘柄，其末端附着1个大的粘盘。1/1种，**7-4型**；分布于越南及中国广西。

Cleistanthus Blume **闭花木属，Phyllanthaceae 叶下珠科。**乔木或灌木。单叶互生，2列，全缘。花单性，雌雄同株或异株，团伞花序或穗状花序腋生；雄花萼片4-6，镊合状排列，花瓣鳞片状，与萼片同数，雄蕊5，花丝中部以下合生，基部与退化雌蕊合生，药室2，退化雌蕊顶端3裂；雌花萼片和花瓣与雄花的相同，子房3-4室，每室胚珠2，花柱3，一至二回2裂；花盘环状或圆锥状，稀无花盘。蒴果开裂成2-3个分果爿，中轴宿存；每分果爿种子2或1。染色体 x=11。约141/7种，**4型**；分布于东半球热带及亚热带地区，主产亚洲东南部；中国产广东、海南、广西和云南。

Cleistogenes Keng **隐子草属，Poaceae 禾本科。**多年生草本。叶片与鞘口相接处有1横痕，易自此处脱落；叶鞘内常有隐生小穗。圆锥花序，具少数分枝；小穗含1至数小花，两侧压扁，具短柄；二颖不等长，质薄，近膜质；外稃常具3-5脉，被深绿色的花纹，先端具细短芒或小尖头，两侧具2微齿，内稃具2脊；雄蕊3。约13/10（5）种，**10型**；分布于欧洲南部，亚洲中部和北部；中国主产北方，南方偶见。糙隐子草 *C. squarrosa* (Trinius) Keng 为优良牧草。

Clematis Linnaeus **铁线莲属，Ranunculaceae 毛茛科。**多年生藤本，少灌木。叶对生，少簇生或轮生。聚伞花序或总状、圆锥状聚伞花序，有时单生或1至数朵与叶簇生；苞片2；萼片4或5（-8），花瓣状，直立呈钟状、管状或开展；花瓣缺；雄蕊多数；心皮多数，有1下垂胚珠。瘦果，宿存花柱伸长呈羽毛状，或不伸长而呈喙状。花粉粒3沟、散沟或散孔，穿孔状纹饰。染色体 $2n$=16，32，48。300/147（93）种，**1（8-4）型**；各大洲均有分布，主产热带及亚热带，寒带地区也有；中国广布，西南地区尤盛。

Clematoclethra Maximowicz **藤山柳属，Actinidiaceae 猕猴桃科。**落叶木质藤本，小枝被毛。单叶，互生，革质到纸质。花两性，单生或组成聚伞花序；萼片5，覆瓦状排列，宿存；花瓣5，覆瓦状排列；雄蕊10；子房球形，5室，每室胚珠8-10枚，花柱合生，宿存。果实浆果状或为蒴果，干燥后出现5棱。种子常5粒，倒三角形，光滑，具有胚乳。花粉粒3孔沟，皱波-穿孔状纹饰。染色体 x=12，$2n$=48。1/1（1）种，**15型**；分布于横断山以东，秦岭以南的亚热带和温带地区。藤山柳 *C. scandens* Maximowicz 的果实可食，可入药，可治肠痈、背痈等。

Cleomaceae Berchtold & J. Presl **白花菜科，木兰亚纲/十字花目。**草本，稀灌木。叶互生，掌状复叶，小叶（1）3-7（-11）。花两性或单性，单生或聚生成总状、伞形花序；花萼4，分离或基部联合；花冠4，离生；花盘常存在，有蜜腺；雄蕊6（-32）；子房上位，2心皮，侧膜胎座，花柱1，柱头头状。蒴果。种子具细疣状或瘤状凸起。花粉粒3孔沟，刺状纹饰。染色体 $2n \geq 18$。约17属，150种，广布热带及温带地区；中国5属，5种，其中引入3种。

C

Cleome Linnaeus **白花菜属，Cleomaceae 白花菜科**。一年生草本，无刺。叶互生，羽状复叶，小叶（1）3-7（-11），小叶柄基部具叶枕状盘。总状花序；花萼 4，基部合生，每个萼片基部具 1 蜜腺；花冠 4，离生；雄蕊 4（-6），离生；心皮 1，雌蕊柄在果期伸长或向外弯曲，有时退化。蒴果。花粉粒 3 孔沟，小刺状、疣状或细网状纹饰。染色体 $2n$=18-60。约 20/1 种，**2 型**；分布于旧世界热带，暖温带地区；中国引入 1 种，主产安徽、广西、海南、台湾和云南。皱子白花菜 *C. rutidosperma* de Candolle 可药用。

Cleoserrata Iltis **西洋白花菜属，Cleomaceae 白花菜科**。一年生草本，无毛。叶互生，掌状复叶，小叶柄基部合生成叶枕状盘。总状花序；花萼 4，每个萼片基部具 1 蜜腺；花冠 4，离生；雄蕊 6，花丝与雌蕊柄基部贴生成雌雄蕊柄；心皮 1，雌蕊柄细长，在果期伸长或向外弯曲。蒴果，开裂，无假种皮。染色体 $2n$=24，48。5/1 种，**3d 型**；分布于热带美洲，北美洲南部和南美洲；中国引入 1 种，主产广东、台湾和云南。西洋白花菜 *C. speciose* (Rafinesque) Iltis 栽培可供观赏。

Clerodendrum Linnaeus **大青属，Lamiaceae 唇形科**。灌木或小乔木。单叶对生。聚伞花序或由聚伞花序组成伞房状或圆锥状花序；花萼有色泽，顶端近平截或有 5 钝齿至 5 深裂，宿存，包被果实；花冠高脚杯状或漏斗状，顶端 5 裂，裂片近等长或 2 片较短；雄蕊 4，着生花冠管上部；子房 4 室；花柱线形，柱头 2 浅裂。浆果状核果，外面常有 4 浅槽或成熟后分裂为 4 分核。种子长圆形，无胚乳。花粉粒 3 沟或 6 散沟，具刺，穿孔状纹饰。$2n$=22-108（48，52 常见）。约 400/34（13）种，**2 型**；主要分布于热带和亚热带，少数至温带；中国产西南、华南地区。

Clethra Linnaeus **桤叶树属，Clethraceae 桤叶树科**。灌木或乔木。单叶互生，叶缘具锯齿，集生枝端。花两性，稀单性，常成顶生稀腋生的单总状花序或分枝成圆锥状或近于伞状的复总状花序；花萼碟状，5（-6）裂，萼片覆瓦状排列，宿存；花瓣 5（-6），离生，覆瓦状排列，与萼片互生；雄蕊 10（-12），排成 2 轮，花药 2 室，倒箭头形，裂缝状顶孔开裂；子房上位，3 室，每室有多数倒生胚珠，中轴胎座。果为蒴果。种子多而小，有 1 层疏松而透明的种皮，无翅或有翅。花粉粒 3 孔或 3 沟孔，外壁光滑，偶具皱波-穿孔状纹饰。65/7 种，**3 型**；分布于东亚，东南亚及美国东南部，中南美洲的热带和亚热带地区；中国产长江以南。

Clethraceae Klolzsch **桤叶树科，木兰亚纲/杜鹃花目**。灌木或乔木。具内外生菌根。单叶互生，叶缘具锯齿，叶表皮气孔为平列型；叶柄束有弓状或环形的髓质。总状花序或分枝成圆锥状或近于伞状的复总状花序或无花序，顶生，稀腋生；花萼 5 基数；花瓣 5（-6）或无；雄蕊 10（-12），排列成 2 轮，花药 2 室，倒箭头形；子房上位，具胚珠 1 枚，柱头浅裂或不裂。蒴果，萼宿存。种子多而小，有 1 层疏松而透明的种皮，无翅或有翅。花粉粒小型，3 孔沟。染色体 x=8。2 属，75 种，分布于东亚至马来西亚，以及美国东南部至中美洲；中国 1 属，7 种，产西南、长江流域及东南沿海各省区。

Cleyera Thunberg **红淡比属，Pentaphylacaceae 五列木科**。常绿灌木或乔木。嫩枝和顶芽无毛。花两性，单生或 2-3 朵簇生叶腋；花梗顶端粗壮；小苞片 2，早落；萼片 5，宿存；花瓣 5；雄蕊 25-30，离生，花药疏被丝毛；子房常无毛，2-3 室，每室胚珠 8-16，花柱单一，宿存，顶端 2-3 浅裂。浆果，球形或卵形。种子暗褐色，胚弯曲，胚乳稀少。花粉粒 3 孔沟，穴状纹饰。24/9（7）种，**9 型**；分布于东亚，东南亚和热带美洲；中国长江以南广布，广东、广西尤盛。

Clibadium Allamand ex Linnaeus **苏利南野菊属，Asteraceae 菊科。**灌木或小乔木。叶对生。头状花序近盘状，圆锥花序或聚伞花序状排列；总苞片 2-6 层，内层包裹外围小花；花托平或锥形，有托片，包裹小花，似内层总苞片或膜质，无冠毛；缘花辐射状，1-2 层，中央花结实，管状，5 裂；花药黑色，尾状附属物具腺毛；花柱分枝尖。果压扁，无翅，顶部多被毛。染色体 x=16。24/1 种，**（3b）型**；分布于新热带；中国台湾归化 1 种。

Clinacanthus Nees **鳄嘴花属，Acanthaceae 爵床科**。多年生草本或亚灌木；具钟乳体。叶对生，具羽状脉。聚伞圆锥花序顶生或腋生；苞片和小苞片小。花萼 5 深裂至近基部；花冠扭曲，花冠管狭窄，二唇形，上唇直立 2 浅裂，下唇 3 裂；雄蕊 2，花药 1 室，药室基部无附属物；子房 2 室，每室具胚珠 2，具珠柄钩。蒴果棒状，基部具不育的实心短柄，开裂时胎座不从基部弹起。种子 4。花粉粒 2 孔沟。3/1 种，**7a 型**；分布于东亚和东南亚的热带地区；中国产南部至西南部。鳄嘴花 *Clinacanthus nutans*（N. L. Burman）Lindau 可入药。

Clinopodium Linnaeus **风轮菜属，Lamiaceae 唇形科**。草本。轮伞花序集成紧缩圆锥花序或多头圆锥花序，或彼此远离；苞叶叶状；苞片线形或针状。花萼管状，13 脉，具 5 齿，齿尖均为芒尖，齿缘均被睫毛；花冠筒超出花萼，内面在下唇片下方喉部常具 2 列毛茸，冠檐上唇直伸，下唇 3 裂；雄蕊 4，有时后对退化，花药 2 室，多少偏斜；花柱先端极不等 2 裂；花盘平顶；子房 4 裂，无毛。小坚果卵球形或近球形。花粉粒 6 沟，网状纹饰。染色体 2n=16，18，20，22，24，48。约 100/11（5）种，**8 型**；分布于欧洲，中亚及东亚东部温带地区；中国广布。

Clintonia Rafinesque **七筋菇属，Liliaceae 百合科**。多年生草本；根状茎短。叶基生，全缘。花葶直立；顶生的总状花序或伞形花序，较少具单花；花序轴和花梗在后期显著伸长；花被片 6，离生；雄蕊 6，着生于花被片基部，花丝丝状，花药背着，半外向开裂；子房 3 室，每室有多颗胚珠，花柱明显，柱头浅 3 裂。浆果或蒴果状开裂。种子棕褐色。花粉粒单沟，网状纹饰。染色体 2n=14，28。5/1 种，**9 型**；分布于亚洲和北美洲温带地区；中国产东北和西南。

Clitoria Linnaeus **蝶豆属，Fabaceae 豆科**。缠绕草本、近直立灌木或乔木。奇数羽状复叶具小叶 3-9。花大，腋生；苞片托叶状；花萼膜质，管状，5 裂；旗瓣大，近平直伸展或呈兜状，背面被毛，翼瓣和龙骨瓣短；雄蕊二体；子房具柄，基部常为鞘状花盘所包围，花柱扁，长而弯曲，有髯毛。荚果线形，线状长圆形，具果颈。种子近球形或椭球形，种脐小，无种阜。染色体 2n=24（16）。约 62/5 种，**2（3）型**；广布热带和亚热带地区，主产美洲；中国产西南至东南。蝶豆 *C. ternatea* Linnaeus 可作观赏；全株可作绿肥。

Clusiaceae Lindley **藤黄科，木兰亚纲/金虎尾目**。乔木，灌木和藤本；分泌道和分泌腔具有色渗出液。叶常对生或轮生，单叶，全缘，具透明或黑色斑点和（或）分泌道。有限花序；花两性或单性；萼片 2-5，分离；花瓣 4-5，常不对称；雄蕊多数，常簇生；心皮常 2-5，合生，子房上位，常具中轴胎座，每心皮 1 至多枚胚珠。开裂的蒴果、浆果、核果。种子有或无假种皮。花粉粒 3 孔沟（稀 4-7），穿孔状、网状或光滑纹饰。14 属，595 种，泛热带分布；中国 1 属，20 种，产台湾南部、福建、广东、海南、广西、云南、西藏、贵州和湖南。

Cnesmone Blume **粗毛藤属，Euphorbiaceae 大戟科**。藤本或攀援状灌木，被柔毛和螯毛。叶互生，羽状脉。雌雄同株；总状花序，顶生或与叶对生，无花瓣，无花盘。雄花：雄蕊 3，花丝离生，花药近基部背着，药室纵裂，药隔肉质，突出成线形反

折的附属物，不育雌蕊缺。雌花：花萼裂片 3 或 6，子房 3 室，每室有 1 胚珠，花柱 3，基部合生，上部开展。蒴果由 3 个分果爿组成。花粉粒 3-4 孔沟（稀无萌发孔），穿孔状至瘤状纹饰。种子球形，外种皮稍肉质，内种皮脆壳质。约 11/3 种，**7 型**；分布于亚洲南部和东南部；中国产广东、海南、广西和云南。

Cnestis Jussieu **螯毛果属，Connaraceae 牛栓藤科**。藤本或攀援灌木。奇数羽状复叶，全缘。圆锥或总状花序。花两性；萼片 5，在芽中呈覆瓦状或镊合状；花瓣 5；雄蕊 10，完全发育，异长；心皮，离生，子房被短柔毛；胚珠 2，并生，直立。蓇葖果 1-5，无柄，具喙，沿腹缝线开裂，花萼宿存，不扩大；种子 1 枚，扁平呈豆状，黑色或深棕色，基部被假种皮包裹，有胚乳。花粉粒 3 孔沟。（13-40）/1 种，**6 型**；分布于热带非洲和马达加斯加及亚洲东南部；中国产海南。

Cnidium Cusson **蛇床属，Apiaceae 伞形科**。一年生或多年生草本。茎直立，多从基部分枝。基生叶有柄，叶片常二至三回羽裂，末回裂片线形、披针形至倒卵形。复伞形花序顶生或侧生，总苞片少数，线形至披针形，小总苞片线形；花白色，稀带粉红色；萼齿不发达。分生果卵形至长圆形，果棱翅状且木栓化，剖面近五角形，每棱槽油管 1，合生面油管 2。染色体 $2n=20$。（6-8）/5（1）种，**10 型**；分布于欧洲和亚洲；中国广布。

Coccinia Wight & Arnott **红瓜属，Cucurbitaceae 葫芦科**。攀援草本。单叶。雌雄异株，稀同株。雄花：单生或为伞房状、总状花序；花萼裂片 5；花冠钟形，裂片 5；雄蕊 3，花丝联合成柱，花药合生，药室折曲；无退化雌蕊。雌花：单生，花萼花冠同雄花；退化雄蕊 3；子房卵球状、长圆状或线形，柱头 3 裂；胚珠多数，水平着生。果实浆果状，不开裂，种子多数；种子卵形。花粉粒 3 孔沟，网状纹饰。染色体 $2n=22$。约 20/1 种，**4 型**；分布于热带非洲；中国产广东、广西和云南。红瓜 *C. grandis* (Linnaeus) Voigt 的嫩叶可作蔬菜。

Cocculus de Candolle **木防己属，Menispermaceae 防己科**。木质藤本。叶柄痕不明显。聚伞花序或聚伞圆锥花序；雄花花瓣顶端 2 裂，雄蕊 6 或 9，花丝分离，药室横裂；雌花萼片 2 轮，心皮 6 或 3，花柱残迹近基生。果核背肋有雕纹，胎座迹穿孔。种子马蹄形，胚乳少，非嚼烂状，子叶线形。花粉粒 3 孔沟，网状纹饰。染色体 $2n=26$，39，52，78。8/2 种，**2 型**；分布于美洲，非洲，亚洲；中国产西南、东南至东北。樟叶木防己 *C. laurifolius* de Candolle 的根或全株可药用。

Cochlianthus Bentham **旋花豆属，Fabaceae 豆科**。草质藤本，干后植株变黑。羽状 3 小叶，具小托叶。花红色至紫红色，总状花序腋生；花序轴纤细而具结节；花萼钟状，二唇形；旗瓣宽卵形，基部具内弯的耳，龙骨瓣上部成环状卷曲；雄蕊二体；子房具短柄，花柱卷曲，柱头盾状，顶生。荚果线形，内弯，2 瓣裂。种子数颗，种脐短小，种阜不明显。花粉粒 3 孔沟，网状纹饰。2/2（1）种，**14SH 型**；分布于尼泊尔，中国西南部至南部。

Cocos Linnaeus **椰子属，Arecaceae 棕榈科**。乔木状。叶羽状全裂，簇生于茎顶。花序生于叶丛中，圆锥花序式。花单性，雌雄同株；雄花具雄蕊 6，退化雌蕊极小或缺；雌花子房 3 室，每室有胚珠 1 枚，常仅 1 室发育。果实近基部有 3 个萌发孔；种子 1，胚乳坚实，中央有 1 空腔，内藏丰富的浆液，胚基生。花粉粒单沟，极少 3 歧沟，穿孔状纹饰。1/1 种，**2 型**；广布热带沿海地区；中国产福建、台湾、广东、海南和云南。椰子 *C. nucifera* Linnaeus 是重要的热带水果。

Codiaeum Rumphius ex A. Jussieu **变叶木属，Euphorbiaceae 大戟科**。灌木或小乔

木。叶互生，全缘，稀分裂。雌雄同株，稀异株；花序总状，雄花数朵簇生于苞腋，花萼（3-）5（-6）裂，花瓣细小，5-6，稀缺，花盘分裂为 5-15 个离生腺体，雄蕊 15-100，无不育雌蕊；雌花单生于苞腋，花萼 5，无花瓣，花盘近全缘或分裂，子房 3 室，每室有 1 枚胚珠，花柱 3，不分裂，稀 2 裂。蒴果；种子具种阜。花粉粒无萌发孔，巴豆状纹饰。约 15/1 种，**(5) 型**；分布于亚洲东南部至大洋洲北部；中国南方热带地区及北方温室栽培。

Codonacanthus Nees **钟花草属，Acanthaceae 爵床科**。多年生草本；具钟乳体。叶对生。总状花序或圆锥花序；花在花序上互生，每一节上常仅 1 朵花；苞片和小苞片钻形，短于花萼。花萼 5 深裂至近基部；花冠钟形，花冠管短，长不足 1cm，二唇形，上唇 2 裂，下唇 3 裂；雄蕊 2，内藏；花药 2 室，药室基部无芒状附属物；不育雄蕊 2；子房 2 室，每室 2 胚珠。蒴果基部具实心的短柄，开裂时胎座不从基部弹起。种子 4，表面光滑或具皱纹，无毛。花粉粒 3 沟。2/1 种，**7-1（→14SJ）型**；分布于东亚；中国产台湾、广东、广西、海南、贵州和云南。

Codonopsis Wallich **党参属，Campanulaceae 桔梗科**。多年生草本，常恶臭。根粗，常肉质。叶互生、对生或簇生。聚伞花序或单花；花萼 5 裂；花冠管明显，5（6）裂；雄蕊 5，花丝基部常扩大；子房下位或半下位，3-6 室，胚珠多数，柱头常 3-6 裂，裂片较短，不卷曲。蒴果或浆果，蒴果室背 3 瓣裂。种子多数。花粉粒 7-9 沟，光滑或皱波状纹饰，具小刺。染色体 $2n$=16。46/44（25）种，**14 型**；分布于中亚，东亚，南亚；中国产西南。大多数种类的根可药用。

Codoriocalyx Hasskarl **舞草属，Fabaceae 豆科**。直立灌木。羽状三出复叶，侧生小叶很小或有时缺而为单叶。总状花序或圆锥花序顶生或腋生；小苞片缺；花萼膜质，宽钟形，5 裂；花冠紫色或紫红色，旗瓣常偏斜，龙骨瓣镰刀状；雄蕊二体；雌蕊线形，胚珠 6-13 枚。荚果具荚节 5-9 节，腹缝线直，背缝线稍缢缩，成熟时沿背缝线开裂，被毛，无网脉。种子具假种皮。子叶出土萌发。染色体 $2n$=（20）22。2/2 种，**7 型**；分布于印度，斯里兰卡，东南亚及中国西南部至东南部。舞草 *C. motorius*（Houttuyn）H. Ohashi 全株可药用，有舒筋活络、祛瘀之效；小叶会按椭圆形轨道急促舞动，可供观赏。

Coelachne R. Brown **小丽草属，Poaceae 禾本科**。柔弱的直立或匍匐草本。叶片披针形，短而扁平。圆锥花序狭窄；小穗具柄，无芒，含 2 小花，均为两性，或第二小花为雌性，脱节于颖之上，两颖几等长，先端钝；小花外稃纸质或硬纸质，内稃和外稃同质、等长，边缘内卷，背部有凹槽；雄蕊 2-3；花柱 2，柱头帚状。颖果卵状椭圆形。染色体 $2n$=18。11/1 种，**4（5）型**；分布于旧世界热带和亚热带地区；中国产广东、贵州、四川、云南。

Coelogyne Lindley **贝母兰属，Orchidaceae 兰科**。附生草本。假鳞茎顶生 1-2 枚叶。叶长圆形，具柄。总状花序直立或俯垂；花苞片舟状；萼片相似，背面有龙骨状凸起；花瓣线形；唇瓣具斑纹，基部着生于蕊柱基部，3 裂，侧裂片直立并围抱蕊柱，唇盘上有纵褶片；蕊柱较长，上端两侧具翅，翅围绕蕊柱顶端；柱头凹陷；花药内倾，花粉团 4 个，成 2 对，蜡质，附着于 1 个黏质物上。200/31（6）种，**7 型**；分布于亚洲热带和亚热带南缘至大洋洲；中国产西南、华南。

Coelopleurum Ledebour **高山芹属，Apiaceae 伞形科**。草本。茎中空。叶羽状全裂或分裂，叶鞘膨大。复伞形花序；萼齿不明显；花瓣顶端有内折小舌片；花柱基扁平。双悬果横切面近圆形或背部稍扁，果棱肥厚，三角形或翅状，常木栓质化，油管多数，紧贴种子周围。棱槽中有油管

1，合生面油管 2，分生果成熟时，果皮与种皮仅部分相连。种子核果状。染色体 $2n=28$。4/2 种，**11 型**；产日本，朝鲜北部，俄罗斯及中国吉林长白山。

Coffea Linnaeus **咖啡属，Rubiaceae 茜草科**。灌木或乔木。叶对生；托叶阔。头状或数花簇生而成聚伞花序，腋生；萼裂片 4-6，里面常具腺体，宿存；花冠高脚碟形或漏斗形，裂片 5-9，芽时旋转状排列；雄蕊 4-8，伸出；子房 2 室，胚珠每室 1 枚，柱头 2 裂，伸出。核果球形或长圆形；小核背部凸起，若为革质时腹面有纵槽，膜质时则无纵槽。种子腹面凹陷或具纵槽。花粉粒 3（-4）孔沟型、4 环沟型、6 散沟型、合沟型等。染色体 $2n=22$，44，66，88。约 103/5 种，**6（4?）型**；原产热带非洲，马达加斯加等；中国华南至西南地区引种栽培。

Coix Linnaeus **薏苡属，Poaceae 禾本科**。一年生或多年生草本。总状花序腋生成束，具较长总梗；小穗单性，雄序排列于花序上部，伸出念珠状总苞外，雄小穗含 2 小花，2-3 枚生于 1 节；雌序生于花序基部，包于骨质或近骨质念珠状总苞内，雌小穗 2-3 枚生于 1 节，仅 1 枚发育，孕性小穗第一颖下部膜质，上部质厚。颖果大，近圆形。花粉粒外壁粗糙。染色体 $2n=20$。4/2 种，**7e 型**；分布于热带亚洲；中国广布。薏苡 *C. lacryma-jobi* Linnaeus 总苞坚硬，美观，具工艺价值。

Colchicaceae de Candolle **秋水仙科，木兰亚纲/百合目**。草本，具球茎。叶互生，螺旋状排列，全缘，具平行脉，基部常具鞘。无限花序或有限花序，有时退化成 1 个单花，顶生或腋生。花两性，辐射排列；花被片 6，离生至合生，U 形，覆瓦状排列；雄蕊 6，花丝分离，贴生于花瓣上；心皮 3，合生，子房上位，柱头 3，胚珠多数。果实蒴果。种子有棱角至球形，有时具假种皮。花粉粒单沟，稀为 2 沟、4 沟到多孔，网状纹饰。染色体 $x=6$，7，8，9，10，11，13 等。15 属，246 种，广布北美洲，非洲，欧洲，亚洲，澳大利亚和新西兰；中国 3 属，17 种，产南北各省区。

Coldenia Linnaeus **双柱紫草属，Boraginaceae 紫草科**。一年生草本，多分枝。叶被糙毛，两侧不对称。花常单生腋外；花萼 4 裂；花冠筒状，白色，冠檐 4，喉部具附属物或不明显；雄蕊 4-5，内藏，花丝着生于花冠筒中部；子房具 4 沟槽，2 室各含 2 枚胚珠，或假 4 室各含 1 枚胚珠，花柱 2，顶生，基部离生或合生至中部，柱头 2，常分裂。果实肉质或干燥，分裂为 4 个不易分离、各具 1 粒种子的骨质小坚果。花粉粒 3 孔沟和 3 拟假沟交替排列，外壁近光滑。1/1 种，**2（3）型**；分布于亚洲南部，非洲，大洋洲和美洲；中国产海南和台湾。

Coleanthus Seidel **莎禾属，Poaceae 禾本科**。矮小的一年生草本。叶片短，呈镰刀形。圆锥花序小型，小穗含 1 小花；颖完全退化；外稃透明膜质，卵形，顶端具短芒，内稃宽，顶端具 2 齿裂，每裂齿顶端具芒状小尖头，其上微具刺毛；无鳞被；雄蕊 2，花柱 2。颖果长圆形，长于外稃。花粉粒负网状纹饰。染色体 $x=7$。约 1/1 种，**8 型**；分布于欧亚大陆的寒温地带，北美有引种；中国产东北和江西。

Colebrookea Smith **羽萼木属，Lamiaceae 唇形科**。灌木，全株几密被绵状绒毛。圆锥花序顶生；小苞片线形；雌花及两性花异株；花萼钟形，萼齿 5，羽毛状，果时延长呈长刺状，与小坚果相连；花冠细小，雌花冠筒几等于花萼或略超出，两性花冠筒明显伸出，冠檐二唇形，上唇微凹，下唇 3 裂；雄蕊 4，花丝丝状；花盘平顶，全缘；花柱在两性花中略超出花冠，在雌花中伸出，先端 2 裂。小坚果倒卵珠形，顶端具柔毛。花粉粒 3 沟，复网状纹饰，网眼内具穴。染色体 $2n=32$。1/1 种，**7 型**；分布于东喜马拉雅地区；中国产西南地区。

Coleus Loureiro **鞘蕊花属，Lamiaceae 唇形科**。草本或灌木。轮伞花序多花，排成总状花序或圆锥花序；花萼钟形，具5齿或呈二唇形，后齿增大，果时花萼增大；花冠伸出花萼，冠檐唇3或4裂，外反，下唇全缘，伸长，凹陷呈舟状；雄蕊4，内藏于下唇片，花丝在基部或至中部合生成鞘包围花柱基部，与花冠筒离生，药室常汇合；花柱先端2浅裂。花盘前方膨大。小坚果卵圆形至圆形，光滑，具瘤或点。花粉粒6沟。染色体 $2n$=12，16，24。(90-150) /6 (4) 种，**4 型**；主产东半球热带及澳大利亚；中国产西南及华南地区。

Collabium Blume **吻兰属，Orchidaceae 兰科**。地生草本，具假鳞茎。假鳞茎细圆柱形或貌似叶柄，具1节，顶生1枚叶。叶基部具关节。总状花序疏生数朵花；侧萼片基部彼此连接，并与蕊柱足合生而形成狭长的萼囊或距；唇瓣贴生于蕊柱足末端；唇盘上具褶片；蕊柱基部具长的蕊柱足，两侧具翅；花粉团2个，蜡质，近圆锥形，附着于较松散的黏质物上。11/3 (1) 种，**7d 型**；分布于热带亚洲和新几内亚岛；中国产华南和西南地区。

Colocasia Schott **芋属，Araceae 天南星科**。多年生草本植物。具块茎。叶柄延长，下部鞘状；叶片盾状着生，卵状心形。花序柄常多数；佛焰苞管部短，卵圆形，檐部长圆形；肉穗花序短于佛焰苞；雌花序短，中性花序短而细，雄花序长圆柱形，不育附属器直立；花单性、无花被，能育雄花为合生雄蕊；不育雄花合生假雄蕊扁平；雌花心皮3-4，子房卵圆形，柱头扁头状。浆果绿色。花粉粒无萌发孔，光滑或刺状纹饰。20/6 种，**7 型**；分布于亚洲热带及亚热带地区；中国产江南各省区。芋 *C. esculenta* (Linnaeus) Schott 栽培可供食用。

Colona Cavanilles **一担柴属，Malvaceae 锦葵科**。乔木或灌木。单叶互生。花两性，簇生或排成顶生的圆锥花序；具副萼；花萼5；花瓣5，基部具腺体；雌雄蕊柄极短；雄蕊着生于隆起的花盘上；子房3-5室，每室2-4胚珠；柱头尖细，不裂。蒴果近球形，有3-5直翅。花粉粒3孔沟，粗网状纹饰。20/2 种，**7 型**；分布于热带亚洲；中国产云南。

Colpodium Trinius **小沿沟草属，Poaceae 禾本科**。多年生草本。圆锥花序疏松开展，稀紧缩；小穗含1-4小花；颖膜质，顶端钝或渐尖；外稃草质，约1/2以上为膜质，沿脉的下部或所有表面被柔毛，顶端钝或渐尖，内稃具2脊，脊上被柔毛或光滑；鳞被2，2浅裂；雄蕊3。染色体 x=2，4，5，6，7，9。约 22/5 种，**10 型**；分布于土耳其以东，高加索，喜马拉雅及西伯利亚东部，非洲高山地区也有；中国产新疆和西藏。

Colquhounia Wallich **火把花属，Lamiaceae 唇形科**。灌木。叶被毛。轮伞花序紧密排成穗状花序或为簇状、头状至总状花序；苞片细小；花萼管状钟形，5齿近等大，喉部无毛；花冠筒伸出，弯曲，喉部增大，下唇3裂；雄蕊4，前对较长，花丝丝状，略被毛，花药2室，室叉开；花柱先端不等2浅裂；花盘平顶，具圆齿；子房无毛。小坚果长圆形或倒披针形，背腹压扁，一面隆起，先端具膜质的翅。花粉粒3沟，复网状纹饰（网眼内具穴）。染色体 $2n$=34。约 6/5 (3) 种，**14 型**；中国—喜马拉雅分布；中国产西藏东南部、云南、四川、贵州、广西西部及湖北西部。

Colubrina L. C. Richard ex A. T. Brongniart **蛇藤属，Rhamnaceae 鼠李科**。乔木、灌木或藤状灌木。叶互生，托叶小，早落。花两性；腋生聚伞花序；花萼5裂，萼筒半球形；花瓣5，基部具爪；雄蕊5；花盘厚，与萼筒合生；子房3室，每室1胚珠，花柱3浅裂或3半裂，柱头反折。蒴果状核果，近球形，与果愈合的萼筒包围果实基部至中部，3室，每室种子1粒，

C

成熟时沿室背开裂。花粉粒3孔沟，网状纹饰。染色体 $2n=24$，32，48。23/2种，**2型**；分布于亚洲南部，大洋洲，太平洋岛屿，南美洲热带地区；中国产广东、广西、台湾和云南。

Colutea Linnaeus **鱼鳔槐属，Fabaceae 豆科**。灌木或小灌木。奇数羽状复叶，稀3小叶。总状花序腋生；总花梗长；花萼钟状；花冠黄色或淡褐红色，旗瓣近圆形，瓣柄上部具2胼胝体，翼瓣狭镰状长圆形，龙骨瓣内弯，先端钝；雄蕊二体；子房具胚珠多数，花柱内弯，沿内弯面有髯毛，柱头内卷或钩曲。荚果膨胀如膀胱状，先端尖或渐尖，具长果颈。种子多数，肾形，无种阜。花粉粒3孔沟，穿孔状纹饰。约28/4（1）种，**10-2型**；分布于欧洲南部，非洲东北部及亚洲中部及西南部；中国产西藏西部、青海西部、四川西南部和云南西北部。辽宁、北京、山东、陕西、江苏等引入栽培。鱼鳔槐 *C. arborescens* Linnaeus 的花鲜艳美丽，果似鱼鳔，可供庭园观赏。

Comanthosphace Spencer Moore **绵穗苏属，Lamiaceae 唇形科**。多年生草本或半灌木。轮伞花序6-10花，组成长穗状花序，密被绒毛；苞片叶状或鳞片状；花萼管状钟形，10脉不明显，外被星状绒毛，萼齿5；花冠淡红色至紫色，内面在冠筒近中部具1圈不规则的柔毛环，冠檐上唇常2裂，下唇3裂；雄蕊4，远伸出花冠，花丝无毛，花药卵珠形，1室，横向开裂；花盘平顶。子房无毛，具腺点。小坚果卵珠形或长圆形，褐色，具金黄色腺点。花粉粒3沟，复网状纹饰（网眼内具穴）。约6/3（2）种，**14型**；中国—日本分布；中国产四川、贵州、湖南、广东、江西、安徽、浙江、江苏及台湾。

Comarum Linnaeus **沼委陵菜属，Rosaceae 蔷薇科**。多年生草本或亚灌木。羽状复叶，互生。花两性，聚伞花序；萼筒平坦或微呈碟状，果期增大，海绵质，萼片5，宿存；副萼5，宿存；花瓣5，红色、紫色或白色；雄蕊15-25，花丝丝状，宿存，花药扁球形，侧面裂开，基部心形；心皮多数，花柱侧生，丝状。瘦果。花粉粒3孔沟，负网状纹饰。染色体 $2n=28$，42。5/2种，**10型**；分布于北半球温带；中国产北部和西北部。西北沼委陵菜 *C. salesovianum* (Stephan) Ascherson & Graebner 羊食后可致中毒。

Comastoma (Wettstein) Toyokuni **喉毛花属，Gentianaceae 龙胆科**。草本。基生叶常早落；茎生叶无柄。花萼深裂，萼筒极短，无萼内膜；花冠4-5裂，裂片间无褶，裂片基部有白色流苏状副冠，流苏内无维管束，冠筒基部有小腺体；雄蕊着生冠筒上；花柱短，柱头2裂。种子光滑。花粉粒3或4孔沟，网状纹饰。12/11（6）种，**8（14SH）型**；分布于亚洲，欧洲和北美洲；中国产西南、西北及北部地区。柔弱喉毛 *C. tenellum* Toyokuni 的花可药用。

Combretaceae Robert Brown **使君子科，木兰亚纲/桃金娘目**。乔木或灌木，稀木质藤本；单叶具柄，无托叶，叶基、叶柄或叶下缘齿间具腺体；花多组成花序状；花瓣4-5或不存在；花萼裂片4-5（8），萼管与子房合生；雄蕊与萼片同数，或为后者2倍；花粉粒长球形；常有花盘；子房下位，1室，胚珠倒生。果革质或核果状，常具翅或棱；种子1枚，无胚乳。花粉粒3孔沟（或沟），稀为4，多为异沟。14-20属，约500种，产热带非洲和热带亚洲；中国4属，23种，产长江以南各省区。

Combretum Loefling **风车子属，Combretaceae 使君子科**。藤本，或近直立灌木，偶为乔木。叶具柄，常被鳞片，或脉腋具小窝穴或簇毛。花两性或杂性，4-5数；苞片早落；花瓣着生于萼管上或与萼齿互生；雄蕊为花瓣数之2倍；花盘多与萼管贴生，上部偶分离，分离部分常具粗毛环。果革质，不裂，具翅或棱。花粉粒3沟，细网状至皱波状纹饰。250/12种，**2型**；

除大洋洲外，分布于热带地区；中国产长江以南地区。可药用。

Commelina Linnaeus **鸭跖草属，Commelinaceae 鸭跖草科**。草本；无根状茎。叶互生。花序总苞片基部开口或合缝而呈漏斗状、僧帽状。能育雄蕊 3，退化雄蕊 2-3 枚，顶端 4 裂，花丝均长而无毛。蒴果常 2-3 爿裂至基部。种子具网纹或近于平滑。花粉粒单沟，刺状纹饰。染色体 $2n$=16-180，约 40 种不同数目。170/8 种，**2 型**；产热带和亚热带地区；中国产南方各省区。饭包草 *C. benghalensis* Linnaeus、鸭跖草 *C. communis* Linnaeus、节节草 *C. diffusa* N. L. Burman 可药用或作染料。

Commelinaceae Mirlbel **鸭跖草科，木兰亚纲/鸭跖草目**。草本。叶无柄或有明显的叶鞘，叶鞘基部闭合；聚伞花序单生或集成圆锥花序；萼片 3，常为舟状或龙骨状；无蜜腺；花瓣 3；雄蕊 6，花丝有念珠状长毛或无毛；子房上位，中轴胎座，3 室，或退化为 2 室。蒴果室背开裂；种子大，富含胚乳。花粉粒多为单沟。蜜蜂和双翅目昆虫传粉。40 属，650 种，主产热带，少数到亚热带，稀见于温带；中国 15 属，59 种，产云南、广东、广西和海南。

Commersonia J. R. Forster & G. Forster **山麻树属，Malvaceae 锦葵科**。乔木或灌木。叶微歪斜，有锯齿。花小，排成顶生或腋生的聚伞花序；花萼 5；花瓣 5，基部扩大且凹入，顶端延长成带状的附属体；退化雄蕊 5，披针形，与萼片对生，发育雄蕊 5，与花瓣对生；子房无柄，5 室合生，每室 2-6 胚珠。蒴果圆球形，具刚毛，5 室，每室种子 1-2。种子无翅。花粉粒 3 带状孔沟，网状纹饰。9/1 种，**5 型**；分布于热带亚洲和澳大利亚；中国产海南。山麻树 *C. bartramia* (Linnaeus) Merrill 的韧皮纤维可作制纸原料。

Commicarpus Standley **粘腺果属，Nyctaginaceae 紫茉莉科**。多年生草本或半灌木。叶对生，近相等，常肉质。花小，两性，成伞形花序；花被筒在子房之上缢缩，上部漏斗状，顶部浅 5 裂；雄蕊 2-6，常 3，花丝不等长，基部合生；子房具柄，花柱线形，柱头盾状。掺花果棒槌状或倒圆锥形，具瘤状腺体，有黏质或钩状毛；种子 1 粒，直立，子叶围绕少量胚乳。约 25/2 种，**2 型**；分布于热带和亚热带，主产非洲和阿拉伯半岛南部；中国产海南、四川、云南和西藏。

Conandron Siebold & Zuccarini **苦苣苔属，Gesneriaceae 苦苣苔科**。草本，具根状茎。叶基生，椭圆状卵形。聚伞花序 2-3 回分枝；花辐射对称。花萼宽钟状，裂片狭披针形，宿存。花冠紫色，辐状，檐部 5 深裂；雄蕊 5，花药底着；花盘不存在；雌蕊稍伸出花药筒之外，子房狭卵球形，1 室，侧膜胎座 2，内伸，2 裂，柱头扁球形。蒴果长椭圆球形，室背开裂成 2 瓣。种子纺锤形，表面光滑。染色体 $2n$=32。1/1 种，**14SJ 型**；分布于日本，以及中国浙江、福建等。

Conchidium Griffith **蛤兰属，Orchidaceae 兰科**。附生植物。植株细小，根状茎细长。假鳞茎圆球形或稍扁，外面有时被白色网格状的膜质鞘。叶从对生的假鳞茎之间发出。花序着生于假鳞茎顶端；侧萼片与蕊柱足形成萼囊；唇瓣 3 裂，具爪；花粉团 8 个，卵状。10/4（1）种，**7（1）型**；分布于热带亚洲和新几内亚岛；中国产华南和西南地区。

Congea Roxburgh **绒苞藤属，Lamiaceae 唇形科**。攀援状灌木。小枝近圆柱形，常被毛。单叶对生，全缘；聚伞花序头状，有花 3-9，常为 3-4 枚分离或基部连合的花瓣状苞片所围绕，有花序梗，常再排成圆锥状；花萼漏斗状或管状，5 齿。花冠管细长，顶端二唇形；雄蕊 4，2 强，着生于花冠喉部；子房倒卵形，顶端有腺点，为不完全的 2 室，每室有胚珠 2；花柱丝状，柱头头状或短 2 裂；核果倒卵形，成熟时革质，近干燥，种子 1。染色体 $2n$=34。

C

约 10/2 种，**7 型**；分布于东南亚至印度，马来西亚及中国云南。

Coniogramme Fée **凤了蕨属，Pteridaceae 凤尾蕨科**。草本，土生。根状茎横卧或横走。叶近生或远生。叶柄禾秆色、棕色或栗色；叶片卵状长圆形或卵状三角形，一至二回奇数羽状，罕为三出或三回羽状；羽片披针形或椭圆状披针形，基部圆形或楔形，偶为心形，边缘具软骨质边，叶脉分离或网状，侧脉 1-2 回分叉。孢子囊群线形，无囊群盖，有隔丝。孢子四面体型，无周壁。染色体 *x*=30。（25-30）/22（11）种，**2 型**；分布于非洲，东亚，东南亚和北美；中国产长江以南和西南亚热带温凉山地。凤丫蕨 *C. japonica* (Thunberg) Diels 可供观赏；嫩叶可作蔬菜；根茎可提取淀粉；全草可入药。

Conioselinum Fischer ex Hoffmann **山芎属，Apiaceae 伞形科**。草本。茎圆柱形，中空，具纵条纹。叶柄基部扩大成鞘；叶片羽状全裂。复伞形花序；总苞片少数或无；小总苞片多数，线形；萼齿不发育；花瓣卵形至倒卵形，具内折小舌片；花柱基隆起至圆锥状。分生果背腹扁压，长圆状卵形至卵形，背棱狭翅状，侧棱成宽翅；每棱槽内油管 1-3，合生面油管 2-6。胚乳腹面平直或微凹。染色体 *x*=22。12/3（1）种，**10 型**；分布于北半球；中国产新疆、安徽、江西及台湾。

Conium Linnaeus **毒参属，Apiaceae 伞形科**。二年生草本。根直立粗大。茎具斑点。叶二回羽状全裂。复伞形花序腋生和顶生，分枝二歧式，有膜质的总苞片和小总苞片；伞辐多数，开展，直立。萼片无齿；花瓣倒心形白色，基部楔形，顶端内折，有小舌片；花柱基平压圆锥形，花柱外折。阔卵形果实，侧面扁压光滑，果棱线形，平钝、带波状弯曲。油管沿胚乳排成 1 环，胚乳腹面深陷。6/1 种，**10-3 型**；分布于欧洲，亚洲，北非，北美洲；中国产新疆。

Connaraceae R. Brown **牛栓藤科，木兰亚纲/酢浆草目**。灌木、小乔木或藤本。叶互生，奇数羽状复叶，无托叶。花两性，辐射对称；总状或圆锥花序；萼片 5（4），常宿存，包被果实基部；花瓣 5（4），离生；雄蕊 10 或 5，2 轮；心皮 5（-3）或 1，离生，子房上位，1 室。蓇葖果，成熟后常沿腹缝线开裂；种子常有肉质假种皮。花粉粒 3 孔沟（拟孔沟），网状至穿孔状纹饰。染色体 *x*=14，16。12 属，180 种，分布于泛热带，非洲和旧世界尤多；中国 6 属，9 种，产云南、广东、广西、福建和台湾。

Connarus Linnaeus **牛栓藤属，Connaraceae 牛栓藤科**。藤本、灌木或小乔木。奇数羽状复叶或 3 小叶，全缘，常具透明腺点。总状或圆锥花序；花两性；萼片 5，宿存，常较厚或肉质，花后不膨大；雄蕊 10，2 轮，与花瓣对生雄蕊，常不育；心皮 1，具 2 并列胚珠。果为荚果状，沿腹缝线或背缝线开裂，花萼宿存，果皮木质或革质；种子 1 枚，具杯状或条裂状假种皮，无胚乳。花粉粒 3 孔沟，网状至穿孔纹饰。染色体 *n*=16。（80-120）/2 种，**2（3）型**；泛热带分布，产美洲热带，非洲热带及亚洲东南部；中国产华南及西南。

Conoclinium de Candolle **锥托泽兰属，Asteraceae 菊科**。多年生草本。总苞片开展，2-3 层；花托无毛，稀有毛，锥形；冠毛刺毛状，1 层，约 30，顶端多少扩大；头状花序含小花 50-70，花冠蓝色或白色，狭漏斗状，花冠外表面有腺体；花柱基部无毛，不扩大，分枝狭线形至丝状，顶端略膨大，密被乳突。果棱柱形，5 肋，无毛或具腺体，稀上部有毛，果柄不显著，稀明显。染色体 *x*=10。4/1 种，**（9-2）型**；产美国，墨西哥；中国引种栽培。

Conringia Heister ex Fabricius **线果芥属，Brassicaceae 十字花科**。一年生，少数二年生草本。叶卵形或卵状椭圆形，全缘，上部叶常心形，抱茎。总状花序疏松；萼片直立，内轮基部呈囊状；花瓣白色或带

黄色，倒卵状长圆形，基部具爪；子房有12-50胚珠。长角果线形，果瓣具1或3脉，或近无脉，具4棱或扁压，2室，开裂，有扁平喙或无，隔膜无脉。种子1行。花粉粒3沟，网状-皱状纹饰。染色体$2n=14$，28。6/1种，**12型**；分布于亚洲中部和西南部，高加索和欧洲；中国产新疆、西藏。

Convallaria Linnaeus **铃兰属，Asparagaceae 天门冬科**。多年生草本，有短根状茎，常发出1-2条匍匐茎。根较细。叶常2枚（或3），具长叶柄，鞘互相套叠成茎状，外面有几枚膜质鞘状鳞片。花葶顶端多为总状花序；苞片膜质；花俯垂，偏向一侧，短钟状，花被顶端6浅裂；雄蕊6，着生于花被筒基部，内藏；花丝短；花药基着；子房3室，卵球形，每室有胚珠数颗。浆果球形，肉质，具数颗较小的种子。花粉粒单沟，微穿孔纹饰。染色体$2n=38$。1/1种，**8型**；广布北温带；主产中国北方。

Convolvulaceae Jussieu **旋花科，木兰亚纲/茄目**。草本、亚灌木或灌木，或为寄生，稀为乔木。植物体常有乳汁；具双韧维管束。茎缠绕或攀援，平卧或匍匐，偶有直立。单叶互生，螺旋排列，寄生种类无叶或退化。花单生于叶腋，或少至多花组成腋生聚伞花序。花整齐，两性，5数；花萼分离或仅基部连合，外萼片常比内萼片大，宿存，或在果期增大；花冠合瓣，漏斗状、钟状、高脚碟状或坛状，冠檐近全缘或5裂，极少每裂片又具2小裂片，蕾期旋转折扇状或镊合状至内向镊合状，花冠外常有5条明显的被毛或无毛的瓣中带；雄蕊着生花冠管基部或中部稍下，花药2室；子房上位，由2（稀3-5）心皮组成，常1-2室，中轴胎座，花柱1-2。蒴果，室背开裂、周裂、盖裂或不规则破裂，或为不开裂的肉质浆果，或果皮干燥坚硬呈坚果状。花粉粒3沟、5-6沟、12沟或具散孔，平滑、穿孔或网状纹饰，或有刺或颗粒状凸起。58属，1650种，广布热带至温带地区，主产美洲和亚洲的热带和亚热带；中国20属，128种，全国广布，华南和西南地区尤盛。

Convolvulus Linnaeus **旋花属，Convolvulaceae 旋花科**。一年生、多年生直立或缠绕草本，直立亚灌木或有刺灌木。叶全缘。花腋生，由1至少数花组成聚伞花序或成密集具总苞的头状花序，或为聚伞圆锥花序；萼片5，等长或近等长，钝或锐尖；花冠钟状或漏斗状，具5条常不太明显的瓣中带，冠檐浅裂或近全缘；雄蕊及花柱内藏；花盘环状或杯状；子房2室，胚珠4，花柱1，柱头2，线形或近棒状。蒴果2室，4瓣裂或不规则开裂。种子1-4。花粉粒3、4、6沟或散沟，穿孔或网状纹饰，有小刺或小芽孢状凸起或无。染色体$2n=18$，20，22，24，26，30，40，44，48，50，60，78。250/8种，**1型**；世界广布（除南极洲外）；中国产北方。田旋花 *C. arvensis* Linnaeus 全草可入药。

Coptis Salisbury **黄连属，Ranunculaceae 毛茛科**。多年生草本。根状茎。叶基生，3或5全裂，或一至三回三出复叶。花葶1-2条，直立；聚伞花序或单花；花辐射对称；萼片5，花瓣状；花瓣5-10或更多，具爪；雄蕊多数，花丝丝状；心皮8-14，有柄。蓇葖果具柄，在花托顶端伞状排列，宿存花柱短。种子少数，长椭圆球形，褐色，有光泽，具不明显的条纹。花粉粒散孔，穿孔状纹饰。染色体$2n=18$。15/6（5）种，**8（9）型**；分布于北温带，多见于亚洲东部；中国产西南、中南、华东和台湾。

Coptosapelta Korthals **流苏子属，Rubiaceae 茜草科**。藤本或攀援灌木。叶对生；托叶生于叶柄间。花单生于叶腋或为顶生的圆锥状聚伞花序；花5基数；花萼裂片宿存；花冠高脚碟状，裂片旋转排列；雄蕊伸出；子房2室，胚珠多数，中轴胎座，柱头伸出。蒴果，近球形，室背开裂。种皮膜质，

周围具翅。花粉粒 3-5 复合型萌发孔，光滑或网状纹饰，内嵌球形小颗粒。染色体 n=11。13/1 种，**7b 型**；分布于亚洲南部和东南部；中国产长江以南。

Corallodiscus Batalin **珊瑚苣苔属，Gesneriaceae 苦苣苔科**。草本。叶基生，莲座状；叶片革质，近叶缘呈叉状分枝。聚伞花序 2-3 次分枝。花冠筒状，内面下唇一侧具髯毛和 2 条带状斑纹，檐部二唇形，上唇 2 浅裂，下唇 3 裂至中部；雄蕊 4，2 强，花丝弧状；子房长圆形，柱头头状。蒴果长圆形。种子纺锤形。染色体 2n=40。（3-5）/3 种，**14SH 型**；分布于不丹，尼泊尔，印度北部，以及中国西南部、广西、青海、甘肃、陕西、山西、河南、河北。

Corallorhiza Gagnebin **珊瑚兰属，Orchidaceae 兰科**。菌类寄生草本；肉质根状茎常呈珊瑚状分枝。茎无绿叶。总状花序具数朵至 10 余朵花；花小；侧萼片稍斜歪，基部合生而形成短的萼囊并多少贴生于子房上；唇瓣贴生于蕊柱基部，无距；蕊柱无蕊柱足；花药顶生；花粉团 4 个，分离，蜡质，近球形，无明显的花粉团柄，附着于 1 个黏质物或粘盘上。7/1 种，**8 型**；主要分布于北美洲和中美洲，也见于欧亚温带地区；中国产北部至新疆。

Corchoropsis Siebold & Zuccarini **田麻属，Malvaceae 锦葵科**。一年生草本。茎被星状柔毛或平展柔毛。叶基出三脉。花黄色，单生于叶腋；花部 5 数；雄蕊 20，5 枚败育，匙状条形，与花萼对生，余下雄蕊每 3 枚 1 束；子房被短绒毛或无毛，3-4 室，每室多胚珠；花柱近棒状。蒴果角状长圆筒形，具星芒状柔毛。花粉粒 3 孔，具刺。染色体 2n=20。1/1 种，**14SJ 型**；分布于日本，韩国及中国南北各地。田麻 *C. tomentosa* (Thunberg) Makino 茎皮纤维可代麻，编制绳索或麻袋；全草亦可入药。

Corchorus Linnaeus **黄麻属，Malvaceae 锦葵科**。一年生草本或亚灌木。叶基部三出脉，两侧有线状小裂片。花两性，单生或数朵排成短的聚伞花序；花部 5 数，无腺体；雄蕊多数，着生于雌雄蕊柄上，无退化雄蕊；子房 2-5 室，每室多胚珠，花柱短，柱头盾状。蒴果长筒形或球形，有棱或短角，室背开裂为 2-5 果爿。种子多数，有胚乳。花粉粒 3 沟（或孔沟），皱波状、网状或皱网状纹饰。染色体 2n=14，26，28，42。（40-100）/4 种，**2 型**；产热带地区；中国产长江以南各省区。黄麻 *C. capsularis* Linnaeus 广为栽植，为重要的纤维作物；种子内含黄麻碱，有毒。

Cordia Linnaeus **破布木属，Boraginaceae 紫草科**。乔木，稀灌木。叶互生，全缘或具锯齿；常具叶柄。聚伞花序无苞片，呈伞房状排列；花两性及雄性；花萼花后增大，宿存；花冠钟状或漏斗状，5 裂，稀 4-8 裂，裂片伸展或下弯；雄蕊与花冠裂片同数，花丝基部被毛；子房 4 室，无毛，每室有 1 枚胚珠，花柱基部合生，先端 2 次 2 裂，各具 1 匙形或头状的柱头。核果。种子无胚乳。花粉粒 3 孔（或沟、孔沟或拟孔沟），条纹形、条网状或穿孔纹饰。染色体 2n=18，28，30，32 等。约 325/6 种，**2（3）型**；分布于美洲热带；中国产西南、华南及台湾，海南尤甚。破布木 *C. dichotoma* G. Forster 的果实可榨油；果可入药；木材可供建筑和农具用材。

Cordyline Commerson ex R. Brown **朱蕉属，Asparagaceae 天门冬科**。乔木状或灌木状。茎多少木质，分枝很少，叶痕明显。叶密集在茎先端，具叶柄或无；叶柄 10-30cm，基部抱茎；叶脉基本上平行，但从中脉下部 1/2 具侧脉分枝。花序常圆锥状，大，多分枝。花梗常短，在先端或近先端有节。雄蕊 6，着生于花被的筒部或喉部；花药丁字形着生。子房 3 室，每室胚珠 2 至多数。花柱纤细；柱头头状，小。蒴果，革质，1 至数枚种子；种皮黑色。花粉粒单沟，网状纹饰。染色体 x=3，6，19。约 15/1 种，**2 型**；分布于南亚和东南亚，澳大利亚，太平洋岛屿，南美洲

等；中国引种，广泛栽培。

Coreopsis Linnaeus **金鸡菊属，Asteraceae 菊科**。草本。叶对生或上部互生。花托有条纹；无冠毛或有 2 尖齿或 2 鳞片或芒；总苞片 2 层；外层有 1 层无性或雌性结实的辐射花，棕红色至紫色，或粉色至白色，中央有多数结实的两性管状花；花药基部全缘；花柱分枝顶端截形或钻形。果扁，长圆形、倒卵形或纺锤形。花粉粒 3 孔沟，有刺，刺基具穿孔。染色体 $2n=24$，26。35/3 种，**2 型**；主产北美温带地区，少数到北半球热带地区；中国均为引种栽培。两色金鸡菊 *C. tinctoria* Nuttall 为栽培花卉。

Corethrodendron F. E. L. Fischer & T. F. J. Basiner **山竹子属，Fabaceae 豆科**。小灌木。茎明显。奇数羽状复叶，托叶 2，膜质，与叶对生。花序总状，腋生；苞片脱落；花萼下方具 2 个小苞片；花萼钟状，萼齿 5；花冠紫色或粉紫色，宿存，旗瓣长于翼瓣，龙骨瓣具耳，耳长于龙骨瓣的一半；雄蕊二体（9+1）；子房无柄，具毛。荚果节荚状，不开裂，背缝线具沟，节荚扁平或凸起，具绒毛或光滑。5/5（1）种，**13 型**；分布于蒙古国，哈萨克斯坦，俄罗斯，以及中国西北、华北和东北的干旱沙漠地区。红花山竹子 *C. Multijugum* (Maximowicz) B. H. Choi & H. Ohashi 的根可入药。

Coriandrum Linnaeus **芫荽属，Apiaceae 伞形科**。草本，有强烈芳香气味。直根细长。茎直立。叶柄有鞘；叶片一至二回羽状分裂；末回裂片形状多样。复伞形花序顶生或与叶对生；无苞片或稀具 1 苞片；伞辐少数，小总苞线形。萼齿短，常不等大；花瓣白色或玫瑰粉色，有辐射瓣；花柱基圆锥形，花柱直立。果实球形，成熟时不分离；无油管或仅具 1 不明显油管。胚乳内侧凹陷。子房柄深裂。花粉粒 3 孔沟，颗粒状纹饰。1/1 种，**2 型**；原产地中海；中国各地广泛栽培。

Coriaria Linnaeus **马桑属，Coriariaceae 马桑科**。特征描述同科。15/3 种，**8-6 型**；环太平洋分布；中国产西南、西北及华南地区。

Coriariaceae de Candolle **马桑科，木兰亚纲/葫芦目**。灌木或亚灌木状草本。小枝具棱角。单叶，对生或轮生，无托叶。花两性或单性，辐射对称；萼片 5；花瓣 5，肉质，花后增大而包于果外；雄蕊 10，花药大，2 室，纵裂；心皮 5-10，分离，子房上位，每心皮有 1 个自室顶下垂的倒生胚珠，花柱顶生，柱头外弯。核果状瘦果。种子无胚乳，胚直立。花粉粒 3 孔，内孔圆形，颗粒状纹饰。1 属，约 15 种，环太平洋分布，主产中国，喜马拉雅及地中海；中国 1 属，3 种，产西南、西北及华南地区。

Corispermum Linnaeus **虫实属，Amaranthaceae 苋科**。草本，植株全体被星状毛。叶互生，无柄，全缘。花序穗状；花两性，无柄；具苞片，苞片叶状，具宽或窄的膜质边缘，全缘；花被片 1-3，不等大，膜质；雄蕊 1-5，下位，花丝常长于花被片，花药纵裂；子房上位，花柱短，柱头 2。胞果直立，背腹扁，边缘具翅或无翅，果皮与种皮相联。种子直立，胚马蹄形，胚根向下，胚乳丰富。约 60/26 种，**8 型**；分布于北半球温带地区，中国产东北、华北、西北和青藏高原。

Cornaceae Berchtold & J. Presl **山茱萸科，木兰亚纲/山茱萸目**。乔木或灌木，毛常钙化，呈 Y 形或 T 形着生。叶对生，稀互生和螺旋状排列，单叶，常全缘，但是有时有锯齿，羽状脉至掌状脉，二级脉序常平滑弧形伸向叶缘或形成一系列的环；无托叶。花两性或单性（雌雄同株或异株），辐射对称。萼片 4 或 5，离生或合生，常具小齿，有时缺；花瓣 4 或 5，离生，覆瓦状或镊合状排列；雄蕊 4-10，花丝离生；心皮 2 或 3，合生，有时看似单心皮，子房下位，中轴胎座，胚珠 1，着生于顶端；蜜腺盘位于子房顶部。花粉粒 3 孔沟，

C

稀 4。染色体 x=8-11，13，21，22。约 7 属，115 种，世界广布，北温带常见；中国 7 属，47 种，产西南、华南和华东等地区。

Cornopteris Nakai **角蕨属，Athyriaceae 蹄盖蕨科**。草本，土生。根状茎横卧、斜升或横走。叶近生、簇生或远生；叶片椭圆形至卵状三角形，一至三回羽状深裂，羽片披针形、阔披针形，叶轴有阔纵深沟，两侧有隆起狭边，相交处有 1 肉质角状扁粗刺或无。叶脉分离，小脉单一或二叉至羽状。孢子囊群短线形、椭圆形或圆形，无囊群盖。孢子椭圆形、半圆形或肾形。染色体 x=40。约 16/12（6）种，**6 型**；主要分布于亚洲热带和亚热带，向北达亚洲东北部温带，向南到达非洲东部（马达加斯加）；中国产长江以南各省区。角蕨 *C. decurrenti-alata* (Hooker) Nakai 可供观赏。

Cornulaca Delile **单刺蓬属，Amaranthaceae 苋科**。草本或小灌木。茎及小枝无节。叶互生；叶腋内具丛生绒毛。花两性，单生或簇生，具小苞片 2。花被片 5，顶端各具 1 个离生的膜质裂片，果期花被片膨大变硬，背面生出 1 个刺状附属物，刺状附属物与花被合成细圆锥状刺；雄蕊 5；子房卵圆形，柱头 2，丝状。胞果包于花被内；果皮膜质。种子直立，种皮膜质。约 6/1（1）种，**12 型**；分布于非洲西北部，亚洲西南部；中国产甘肃、内蒙古西部。阿拉善单刺蓬 *C. alaschanica* C. P. Tsien & G. L. Chu 为优良牧草。

Cornus Linnaeus **山茱萸属，Cornaceae 山茱萸科**。落叶乔木或灌木。叶对生，纸质，卵形、椭圆形或卵状披针形，全缘。花两性；花序伞形，有总花梗；总苞片 4，2 轮排列，开花后脱落；花萼管陀螺形，上部有 4 枚齿状裂片；花瓣的数量与雄蕊的数相同，4 基数，被大的碳酸盐结晶毛；花盘垫状；子房下位，2 室，倒生胚珠，花柱短。核果长椭圆形。花粉粒 3 孔沟，穿孔状-颗粒纹饰。染色体 2n=18，20，22。约 55/25 种，**8 型**；主要分布于北半球温带和亚热带地区，极少数至非洲热带地区和南美高山地区；中国秦岭以南广布。山茱萸 *C. officinalis* Siebold & Zuccarini 可药用。

Corsiaceae Beccari **白玉簪科，木兰亚纲/百合目**。腐生草本。茎直立；植株呈白色、粉红色或肉色；具根状茎或块茎。叶互生，3-7 主脉。花单生，两性或单性，两侧对称；花被片 6，2 轮，外轮 1 片直立或反卷，另 2 片及内轮 3 片特化成线形或狭披针形；雄蕊 6；3 心皮合生子房，下位，柱头 3；侧膜胎座，胚珠多数。蒴果 3 瓣裂或孔裂。种子纺锤形，多而细小。花粉粒单沟，网状纹饰。3 属，28 种，间断分布于南美，巴布亚—澳大利亚；中国 1 属，1 种，产广东。

Corsiopsis D. X. Zhang, R. M. K Saunders & C. M. Hu **白玉簪属，Corsiaceae 白玉簪科**。多年生腐生草本，具根状茎，全株白色。茎单生，不分枝。叶互生，膜质，卵状三角形，鞘状，抱茎，多脉，先端锐尖。花单生，单性，具对生苞片；花被片 2 轮，外轮中间 1 片椭圆形，囊状，直立，基部无胼胝质，另 2 枚下垂；内轮 3 花被片下垂，与外轮 2 片同形；雄花 6 枚雄蕊，花丝短，花药近卵状，药室 2，外向开裂，药隔具 1 钝状顶端附属体；雌花具 3 枚愈合的柱头，无花柱，子房下位，侧膜胎座，胚珠多数。花粉粒单沟，网状纹饰。1/1（1）种，**15 型**；仅见于广东封开。

Cortaderia Stapf **蒲苇属，Poaceae 禾本科**。多年生，雌雄异株。秆直立，高大苇状，丛生。圆锥花序大型，稠密，具有银色光泽或带粉红色；雄花序呈广金字塔形，雌花序较狭窄；小穗单性；颖长于其下部小花，狭窄；外稃顶端延伸成长芒；雄小穗无毛，含雄蕊 3；雌小穗的稃体下部密生长柔毛；鳞被毛。花粉粒颗粒纹饰。染色体 x=12。约 27/1 种，**3 型**；主要分布于南美洲，偶见于新西兰和新几内亚；中国

各地引种栽培。蒲苇 *C. selloana* (Schultes & J. H. Schultes) Ascherson & Graebner 栽培可供观赏。

Cortia de Candolle **喜峰芹属，Apiaceae 伞形科**。草本。根圆锥形、粗壮，上部宿存多数枯鞘纤维。茎退化。叶呈莲座状，叶鞘和叶柄内侧有短柔毛；叶片羽状深裂或全裂。复伞形花序无花梗，故以单伞形花序从根茎处抽生，伞辐不等长，总苞片少数；小总苞片多数；萼齿显著；花瓣白色。果实背腹压扁，背棱狭翅状，侧棱宽翅状，每棱槽内油管 1-2，合生面油管 2-4。(3-4) /1 种，**14 型**；分布于喜马拉雅山区；中国产西藏和四川。

Cortiella C. Norman **栓果芹属，Apiaceae 伞形科**。多年生垫状草本。主根粗壮、圆锥形，根颈宿存枯鞘纤维。主茎退化或缩短。叶片二至三回羽裂，末回裂片线形；复伞形花序的花序梗退化而近于单伞花序，总苞片数个、叶状，一至二回羽裂，伞辐 10-15，小总苞片多数，线形或 3 裂；萼齿显著；花瓣卵形，全缘会微缺；分生果近圆形，背腹压扁，果棱均为宽翅状且木栓化、不等长，每棱槽油管 1，合生面油管 2。3/3（1）种，**14 型**；分布于喜马拉雅山区；中国产西藏。

Cortusa Linnaeus **假报春属，Primulaceae 报春花科**。草本。叶基生，具长柄。伞形花序，花葶直立；花萼 5 深裂，宿存；花冠漏斗状钟形，红色或黄色，5 裂达中部以下；雄蕊 5，着生于冠筒基部，花丝基部连合成环，花药顶端具小尖头；子房卵珠形，胚珠半倒生，花柱丝状。蒴果，5 瓣裂；种子具皱纹。花粉粒 3 合孔沟，穿孔状纹饰，微皱波状。染色体 2*n*=24。4/1 种，**10 型**；分布于欧洲中部至亚洲北部；中国产内蒙古大兴安岭、新疆北部及天山、陕西、山西和河北。

Corybas Salisbury **铠兰属，Orchidaceae 兰科**。地生小草本，地下有块茎和细长根状茎。叶 1 枚。花单朵，顶生，扭转；中萼片有爪，爪的边缘内卷并围抱唇瓣基部形成管状；侧萼片和花瓣狭小或丝状；唇瓣基部有深槽并与中萼片联合成管状，上部扩大，展开或反折，内表面常有小乳突或毛；距 2 个，角状，或无距而具 2 个耳状物；花粉团 4 个或 2 个而又 2 裂，粒粉质，无花粉团柄，有黏质物或粘盘。100/5（4）种，**5（7e）型**；主要分布于大洋洲和热带亚洲；中国产南部地区。

Corydalis de Candolle **紫堇属，Papaveraceae 罂粟科**。草本，或草本状半灌木。萼片 2，常小，膜质；花冠两侧对称；雄蕊 6，合生成 2 束；柱头上端常具数目不等的乳突，乳突有时并生或具柄。种阜常紧贴种子。花粉粒 6 或多沟，穿孔或网状纹饰。约 465/357（262）种，**8 型**；除北极地区外，广布北温带地区；中国南北均产，西南尤盛。

Corylopsis Siebold & Zuccarini **蜡瓣花属，Hamamelidaceae 金缕梅科**。落叶或半常绿灌木或小乔木。叶膜质或革质，卵形至倒卵形，边缘具锯齿，羽状脉。总状或密集聚伞圆锥花序下垂；花两性；萼片 5；花瓣黄色；雄蕊 5，花药 2 室，有时具 1-5 枚退化雄蕊；子房近上位至近下位，每室 3 枚胚珠，2 枚败育，柱头头状，果期宿存。蒴果卵球形。花粉粒 3（-4）沟，网状纹饰。染色体 2*n*=24，48，72。29/20（19）种，**14 型**；产东亚；中国南部广布，西南尤盛。

Corylus Linnaeus **榛属，Betulaceae 桦木科**。落叶灌木或小乔木，稀乔木。芽具芽鳞。叶边缘具重锯齿或浅裂；叶脉羽状。花单性，雌雄同株；雄花序下垂，柔荑状，每初级苞片内具 1-3 朵雄花，雄花无花被，花丝短，花药 2 爿分离，顶端被毛；雌花序头状，每初级苞片内具 2 枚雌花，雌花具花被，子房下位，2 室，每室具 1 枚倒生胚珠，花柱 2，柱头钻状。果苞钟状或管状，或果苞的裂片硬化呈针刺状；坚果球形，大部或全部为果苞包被；种子 1 枚。

花粉粒 3 孔，颗粒状纹饰。20/7（4）种，**8 型**；分布于亚洲，欧洲及北美洲；中国产东北、华北、西北及西南。种子含油丰富，可作油料；坚果可食用。

Corymborkis Thouars **管花兰属，Orchidaceae 兰科**。地生草本。茎长可达 2-3m，不分枝。叶多枚，摺扇状摺叠式，基部收狭成抱茎的鞘。圆锥花序生于叶腋，短于叶；花 2 列排列；萼片与花瓣较狭长，基部靠合；花瓣稍宽于萼片；蕊柱细长；花粉团 2 个，粒粉质，由许多可分的小团块组成；粘盘存在，近盾状。约 10/1 种，**2（3）型**；广布热带地区；中国产西南地区。

Cosmianthemum Bremekamp **秋英爵床属，Acanthaceae 爵床科**。多年生草本或亚灌木；具钟乳体。叶对生，具羽状脉。聚伞圆锥花序顶生或腋生，有时为 1 至多数花的聚伞花序；苞片小；小苞片 2。花萼 5 裂至近基部；花冠钟形，二唇形，上唇 2 浅裂或有时不裂，下唇 3 深裂；雄蕊 2，花药 2 室，药室基部无附属物；不育雄蕊 2；子房 2 室，每室具 2 胚珠，具珠柄钩。蒴果棒状，基部具实心的短柄，开裂时胎座不从基部弹起。种子 2 或 4，表面具皱纹，无毛。花粉粒 3 沟。10/3（2）种，**7-3 型**；分布于亚洲东南部热带和亚热带地区；中国产海南、广东和广西。

Cosmos Cavanilles **秋英属，Asteraceae 菊科**。草本。叶对生。花托托片膜质；冠毛 2-4 个，芒刺状，具倒刺毛；外围有 1 层无性的辐射花，全缘或近顶端齿裂，白色至粉色或紫色，或黄色至橙红色，中央有多数结果实的两性花，管状；花柱分枝细，顶端膨大，具短毛或伸出短尖的附器。果狭长，有 4-5 棱，背面稍平，有长喙。染色体 2*n*=24，48。26/2 种，**3 型**；主要分布于热带及亚热带美洲，特别是墨西哥广泛引种栽培；中国引种栽培。秋英 *C. bipinnatus* Cavanilles 为广泛栽培花卉。

Cosmostigma Wight **荟蔓藤属，Apocynaceae 夹竹桃科**。藤状灌木。叶对生。总状或伞形聚伞花序，腋外生；花萼裂片内面基部具腺体；花冠近辐状或短钟状，裂片镊合状排列或向右覆盖；副花冠裂片贴生于合蕊冠背部，顶端 2 裂或全缘；花药顶端膜片内弯；花粉块每室 1 个；子房由 2 枚离生心皮组成；柱头盘状。蓇葖果大，狭长圆形。种子顶端具白色绢质种毛。染色体 2*n*=22。3/1（1）种，**7 型**；分布于亚洲热带和亚热带地区；中国产海南。

Costaceae Nakai **闭鞘姜科，木兰亚纲/姜目**。草本，无芳香味。叶螺旋状排列，叶鞘闭合呈管状。花序穗状；花萼管状；退化雄蕊 5，联合，呈唇瓣状，3 裂；可育雄蕊 1；子房顶部无蜜腺，具陷入子房的隔膜腺，子房下位，中轴胎座。蒴果，顶端具宿存花萼。花粉粒 2 沟、混合沟孔、多孔或螺旋孔，外壁光滑。染色体 2*n*=18-36。7 属，120 种，泛热带分布；中国 1 属，5 种，产云南、广西、福建和台湾。

Cotinus Miller **黄栌属，Anacardiaceae 漆树科**。灌木或小乔木，木材黄色，树汁有刺激性气味。叶互生，无托叶，全缘或略具齿。杂性；聚伞花序或圆锥花序；花梗纤细，被长柔毛；花萼 5 裂，宿存；花瓣 5，长为萼片的 2 倍；雄蕊 5，短于花瓣，花药短于花丝；子房偏斜，压扁，1 室，1 胚珠，花柱 3。核果小，暗红色至棕色，肾形，压扁，无毛或短柔毛；种子肾形，无胚乳；种皮薄；子叶扁平。花粉粒 3 孔沟，条纹状纹饰。染色体 *n*=15。5/3（2）种，**8（9）型**；分布于亚洲，欧洲和北美；中国除东北外，均产。黄栌 *C. coggygria* Scopoli 可作园林观赏植物。

Cotoneaster Medikus **栒子属，Rosaceae 蔷薇科**。灌木，有时为小乔木。单叶互生，全缘，托叶细小，早落。花单生、簇生或成聚伞花序；萼筒钟状或陀螺状，极少筒状，萼片 5；花瓣 5，芽时覆瓦状排列；雄蕊 10-20（-22）；心皮 2-5，花柱 2-5，子房下位或半下位，2-5 室，每室胚珠 2。梨果核果状，先端有宿存内弯肉质萼片，

含（1-）2-5 骨质小核，常具 1 种子。种子扁平，子叶平凸。花粉粒 3 沟（或为孔沟和拟孔沟），光滑、颗粒状、负网状或网状纹饰。染色体 2*n*=34，51，68，85，136。90/59（37）种，**8 型**；分布于亚洲（日本除外），中美洲，欧洲和北非的温带地区；中国产西部和西南部。可供观赏；匍匐散生的种类可用于岩石园和护堤岸。

Cotula Linnaeus **山芫绥属，Asteraceae 菊科**。一年生草本。叶互生，羽裂。头状花序异型，假盘状，单生枝端或叶腋或与叶对生；花托无托毛；总苞片 2-3 层；边花雌性，数层，无花冠或为极小的二齿状，能育，中央花两性，能育，筒状，冠檐 4-5 裂。瘦果矩圆形或倒卵形，被腺点，边缘小花瘦果有果柄。染色体 2*n*=20。55/2 种，**8 型**；主产南半球，尤其是南非，新西兰，也到大洋洲及南美，少数产东非与新几内亚；中国产华南、西南地区。

Courtoisina Soják **翅鳞莎属，Cyperaceae 莎草科**。一年生草本，具须根。秆散生，下部具叶。长侧枝聚伞花序复出；小穗多数，密聚于辐射枝上端，常具 1-3 朵两性花；小穗轴基部有 2 空鳞片，具关节，后期小穗轴即从关节处脱落；鳞片 2 列，宿存，背面的龙骨状凸起具较宽的翅；无下位刚毛和鳞片状花被；雄蕊 3；花柱基部不膨大，脱落，柱头 3。小坚果三棱形。花粉 1 远极孔 4 侧孔或沟，穿孔状、小槽状和颗粒纹饰。3/1 种，**6 型**；分布于非洲，马达加斯加，印度洋诸岛和亚洲；中国产云南和西藏。

Cousinia de Candolle **刺头菊属，Asteraceae 菊科**。草本。叶互生，齿状或羽状分裂，齿端刺状。头状花序同型，单生茎顶，或排成总状、圆锥状或伞房花序；花托有托毛；冠毛糙毛状，等长，基部不连合成环，极易分散脱落，极少无冠毛；总苞球形或长椭圆形，苞片多列，先端刺状；花全部两性，管状，黄白色至紫色。瘦果秃净，压扁，5 至多棱。花粉粒 3 孔沟，粗糙的、具瘤状凸起的纹饰。染色体 2*n*=22，24，26。600/11（2）种，**12 型**；分布于中亚，南亚，西南亚；中国主产新疆，少数到西藏。

Craibiodendron W. W. Smith **假木荷属，Ericaceae 杜鹃花科**。灌木或乔木。小枝无毛；幼芽常重叠，被 2-4 覆瓦状排列的芽鳞。叶柄幼时常为红色。总状或圆锥花序腋生；花梗短，花小，5 基数；花冠钟状，或坛状至管状；雄蕊较花冠短，花丝近顶部下弯成曲膝状；花药多少呈卵状，通过内向顶端的椭圆形孔开裂；子房 5 室。蒴果干燥，扁球形，室背开裂。种子较大，单侧有翅。花粉四合体，3 拟沟，皱波状纹饰。约 5/4 种，**7-3 型**；分布于亚洲东南部；中国产广东、广西、贵州、云南、西藏。

Craigia W. W. Smith & W. E. Evans **滇桐属，Malvaceae 锦葵科**。落叶乔木或灌木。叶革质，基出脉 3 条；具长柄。花两性，排成腋生的短圆锥花序，花柄具节；花萼片 5，肉质；无花瓣；无雌雄蕊柄；退化雄蕊 10 枚，每对包藏 4 枚能育雄蕊；子房 5 室，每室 6 胚珠，花柱 5。翅果椭圆形，具 5 条膜质具脉纹的薄翅，室间开裂，每室种子 1-4。种子长圆形，外种皮光滑。花粉粒 3 孔沟，细网状纹饰。染色体 2*n*=160。2/2（1）种，**7-4 型**；分布于越南及中国云南和广西。

Crambe Linnaeus **两节荠属，Brassicaceae 十字花科**。一年生或多年生草本。根纺锤形，粗长。茎高，多分枝。下部叶大，羽状深裂，基生叶微小。圆锥花序，花白色或浅黄色，芳香；萼片直立开展；花瓣倒卵形，基部楔形或成短爪；内轮雄蕊具齿；子房 2 室，成 2 节，上节瓶状或球形，1 可孕胚珠，下节极短，1 不成熟胚珠；子房柄发达。短角果不裂。花粉粒 3 沟，网状纹饰。染色体 2*n*=30，60，120，150。35/1 种，**12 型**；分布于非洲，亚洲和欧洲；中国产新疆、西藏。

C

Craniospermum Lehmann **颅果草属，Boraginaceae 紫草科**。草本。叶互生。镰状聚伞花序；花萼5深裂，裂片具长硬毛，直伸并包住果实；花冠长筒形，冠檐5裂，喉部无附属物；雄蕊5，有长花丝，外伸；子房4裂，花柱伸出花冠，先端不裂；雌蕊基狭金字塔形。小坚果长圆形，无毛，背面有碗状凸起，凸起的边缘狭翅状，全缘或有齿，着生面位于腹面中部之下。（4-5）/2种，**11型**；分布于中亚及西伯利亚；中国产新疆、内蒙古。

Craniotome Reichenbach **簇序草属，Lamiaceae 唇形科**。多年生直立分枝草本。聚伞花序具梗，多花，蝎尾状或偶为二歧状，多数密集排列成腋生或顶生下部常分枝的聚伞圆锥花序；花萼卵珠状，果时近壶状球形，喉部略收缩，5齿近相等；花冠伸出花萼，冠檐上唇直伸，短小，全缘，内凹，下唇较长，3裂，中裂片最大；雄蕊4，前对略长，花药2室，室平叉开；花柱先端近等2浅裂。小坚果球状三棱形，细小，有光泽。花粉粒3沟，复网状纹饰，网眼内具穴。染色体2*n*=20，34。1/1种，**14型**；分布于中国—喜马拉雅；中国产云南和四川。

Craspedolobium Harms **巴豆藤属，Fabaceae 豆科**。攀援灌木。小叶3枚。花聚集于短缩的圆柱状生花节上，呈团，伞花序状，再排列成伸长的总状花序式；萼齿5，近等长，上方2齿几连合；花冠红色，无毛，旗瓣先端稍凹缺，无胼胝体；雄蕊二体（9+1），花药同型；子房被细柔毛，胚珠5-8粒。荚果扁平，厚纸质，瓣裂，腹缝具狭翅状边，种子间无横隔，种子3-5（-7）粒。种子肾形。染色体2*n*=22。1/1种，**15型**；分布于东南亚和中国；中国产广西、贵州、四川和云南。

Crassocephalum Moench **野茼蒿属，Asteraceae 菊科**。草本。叶互生。头状花序盘状或辐射花；花托无毛，具蜂窝状孔；冠毛多数，白色；总苞片1层，基部有数枚不等长的外苞片；全部小花两性，管状；花药颈栏杆状，基部全缘，或具小耳；花柱分枝细长，被乳头状毛。果狭圆柱形，具棱条，顶端和基部具灰白色环带。染色体*x*=5，10，12，16，20，24，ca. 45。21/2种，**6型**；主产热带非洲；中国各地广泛栽培。野茼蒿 *C. crepidioides* (Bentham) S. Moore 可入药；可食用。

Crassula Linnaeus **东爪草属，Crassulaceae 景天科**。草本或半灌木。叶交互对生，稀轮生，基部合生成对。聚伞圆锥花序具1至多二歧聚伞花序，有时花序聚成球形、单歧聚伞花序或退化为单花；花冠瓮形至管状或辐状；花（2-）5（-12）基数；花萼基部稍联合；花瓣基部稍合生，外侧具乳突和附属物，常白色；花丝基部与花瓣合生；心皮常离生。蓇果，稀坚果状不开裂。花粉粒3孔沟，条纹状纹饰。染色体2*n*=14，16，32，42，48。约195/5（2）种，**1型**；主要分布于非洲南部，撒哈拉沙漠以南地区和阿拉伯半岛西南部，一些草本种世界广布；中国产北部。

Crassulaceae Jaume Saint-Hilaire **景天科，木兰亚纲/虎耳草目**。肉质草本至（亚）灌木。叶常互生或螺旋状排列，常集成基部莲座叶，单叶，稀复叶，全缘或具圆锯齿至浅裂，稀深裂，无托叶。花序常顶生，多花，常为聚伞圆锥花序；常雌雄同株；萼片4或5；花瓣常4或5；雄蕊4-10，4室；子房上位，心皮常4或5，包被鳞片状蜜腺，每心皮具几至多枚胚珠，侧膜胎座或中轴胎座。聚合蓇葖果，稀为蒴果。花粉粒3孔沟，网状纹饰或皱波状纹饰，常具条纹。染色体多样化。具景天酸代谢（CAM）。35属，1500种，广布热带至温带地区；中国12属，约232种，各省区广布，主产西南地区。

Crataegus Linnaeus **山楂属，Rosaceae 蔷薇科**。落叶稀半常绿灌木、亚灌木或小乔木，常具刺。单叶互生，有锯齿，深裂或浅裂，稀全缘，有托叶。伞房花序，有时为单花；

萼筒钟状；萼片 5；花瓣 5，白色，极少数粉红色；雄蕊 5-25；心皮 1-5，子房下位至半下位，每室胚珠 2，其中 1 个常不发育。梨果，先端有宿存萼片，心皮熟时骨质，各具 1 种子。花粉粒 3 沟或孔沟、拟孔沟，条纹状或网状纹饰。染色体 $2n$=24，32，34，48，51，68，72。1000/18（10）种，**8 型**；广布北半球，北美尤盛；中国广布，北方尤盛。果实可食用、入药；嫩叶可作茶叶代用品；栽培可供观赏；或作果树的砧木。

Crateva Linnaeus **鱼木属，Capparaceae 山柑科**。乔木或灌木。掌状复叶互生，3 小叶。花多为两性，总状或伞房状花序；花萼 4；花冠 4，有爪；雄蕊（8-）15-20，花丝基部联合成雌雄蕊柄，雌蕊柄在雄花中退化；子房 1 室，侧膜胎座 2。浆果。种子多数。花粉粒 3 孔沟，细网状纹饰。染色体 $2n$=26。8/5 种，**2（3）型**；广布热带和亚热带；中国产西南、华南至台湾。树头菜 *C. unilocularis* Buchanan-Hamilton 的嫩叶可食用；果皮可作染料。

Cratoxylum Blume **黄牛木属，Hypericaceae 金丝桃科**。灌木至小乔木。叶对生，全缘。花排成顶生或腋生的聚伞花序；萼片与花瓣均 5 枚，革质，宿存；花瓣基部有时有鳞片；雄蕊 3-5 束，有肉质、下位的腺体与雄蕊束互生；子房 3 室，每室有胚珠数至多颗，花柱 3，分离，柱头头状。果为蒴果，成熟时室背开裂；种子有翅。花粉粒 3 孔沟，网状纹饰。6/2 种，**7ab 型**；分布于印度，缅甸，泰国，经中南半岛及中国南部至马来西亚，印度尼西亚及菲律宾；中国产广东、广西及云南。黄牛木 *C. cochinchinense* (Cloureiro) Blume 为名贵雕刻木材；也可作行道树。

Crawfurdia Wallich **蔓龙胆属，Gentianaceae 龙胆科**。多年生缠绕草本。叶对生。花常为聚伞花序，5 数；花萼钟形，萼筒具 10 条脉，无翅；花冠裂片间具褶；雄蕊着生于冠筒上，整齐、直立，两侧向下逐渐加宽成翅；子房 1 室，含多数胚珠，子房柄的基部有 5 个小的腺体。种子扁平、盘状具宽翅。花粉粒条网状纹饰。16/14（9）种，**14SH 型**；分布于亚洲南部；中国西南、华南和华东均产。穗序蔓龙胆 *C. speciosa* Wallich 可药用。

Cremanthodium Bentham **垂头菊属，Asteraceae 菊科**。多年生草本。根茎极短，基部具肉质、须状的根系。茎丛生。叶常基生，心形或肾形，有齿缺，稀羽状分裂。头状花序单生或排成总状花序，下垂；花托裸露；冠毛糙毛状，稀缺如；总苞半球形，个别种为宽钟形；边花假舌状，雌性，中央花两性，管状。瘦果无喙，光滑，具肋。花粉粒 3 孔沟，具刺，刺长，刺基膨大，刺间粗糙或皱波状。染色体 $2n$=58，稀 60，116。69/69（46）种，**14SH 型**；产不丹，印度，克什米尔，缅甸，尼泊尔，巴基斯坦及中国西南部至西北部。

Cremastra Lindley **杜鹃兰属，Orchidaceae 兰科**。地生草本，假鳞茎。鳞茎球茎状或近块茎状，基部密生根。叶 1-2 枚，生于鳞茎顶端，基部收狭成叶柄。花葶从假鳞茎上部一侧节上发出；唇瓣下部或上部 3 裂，基部有爪并具浅囊；蕊柱较长，上端略扩大，无蕊柱足；花粉团 4 个，成 2 对，两侧稍压扁，蜡质，共同附着于粘盘上。约 5/4（2）种，**14 型**；分布于东亚；中国产华东到西南地区。

Crepidiastrum Nakai **假还阳参属，Asteraceae 菊科**。亚灌木，茎单生或分枝。叶不分裂或羽状浅裂，小叶披针形、线形或纤维丝状，常抱茎。头状花序呈伞房花序式排列于枝顶；花托平，无托毛；冠毛白色，1 层，糙毛状，总苞片近顶端有胶状或鸡冠状附属物；小花黄色或白色，5 齿裂。果圆柱形，微扁，有 10 条高起纵肋，顶端明显渐尖或有喙。花粉粒 3 孔沟，有刺脊，小刺短。染色体 $2n$=10，15，20，42。22/9（2）种，**14SJ 型**；产中亚，东亚，北太平洋的小笠原群岛；中国南

C

北均产。

Crepidium Blume **沼兰属，Orchidaceae 兰科**。地生，常具多节的肉质茎，外面常被有膜质鞘。叶基部收狭成明显的柄。总状花序具数朵或数十朵花；萼片离生；花瓣一般丝状或线形；唇瓣常位于上方，基部常有 1 对向蕊柱两侧延伸的耳；蕊柱短，直立，顶端常有 2 齿；花粉团 4 个，成 2 对，蜡质，无明显的花粉团柄和粘盘。约 280/17（5）种，**1 型**；广布热带和亚热带地区，少数见于北温带；中国产西南、华南地区。

Crepidomanes C. B. Presl **假脉蕨属，Hymenophyllaceae 膜蕨科**。草本，附生，少有土生。根状茎横走，无根。叶远生；叶柄细，两侧常有狭翅；叶片多回羽裂或扇状裂，裂片全缘；叶脉羽状分枝或为扇状分枝，末回裂片有 1 条小脉，叶脉间有厚壁细胞形成的假脉或无假脉。孢子囊群生于末回裂片的腋间或裂片顶端；囊苞漏斗状或钟状，口部膨大，大多呈二唇状，有的呈喇叭状；囊托突出；孢子四面体，具短棒状、疣状或刺状纹饰。染色体 x=12。约 30/11 种，**2 型**；主要分布于旧世界热带和亚热带地区，向南达波利尼西亚；中国产西南、华南和华东地区。

Crepis Linnaeus **还阳参属，Asteraceae 菊科**。草本。有直根或根状茎。叶基生或在茎上互生。头状花序排成伞房状、圆锥状或单生；总苞钟状或圆柱状，2-4 层，外层为内层的 1/4-2/3，内层常沿中脉被腺毛或（及）单毛；冠毛 1 层，白色；小花舌状，两性，结实；花丝基部有箭头状附属物；花柱分枝细。果有 10-20 条纵肋。花粉粒 3 孔沟，有刺脊，小刺短。染色体 2n=8，10，12。200/18（5）种，**8 型**；分布于非洲，亚洲，欧洲和北美；中国产华北、东北、西北和西南。万丈深 *C. phoenix* Dunn 可药用。

Crinitina Soják **麻菀属，Asteraceae 菊科**。草本。根状茎细长。茎有分枝。叶互生，长圆形至狭线形。头状花序在茎、枝顶端排列成伞房花序，稀单生；花托微凸出，不规则蜂窝状；冠毛 2 层，长于瘦果，基部常联结成环状；总苞片多层，覆瓦状；管状花 5-40 个，两性全部结实，无舌状花，花冠管状，黄色；花药多少内弯，顶端有披针形的附片，基部钝。瘦果长圆形，具 1-2 条侧棱。染色体 x=9。5/2 种，**10 型**；分布于欧洲和亚洲；中国产新疆。

Crinum Linnaeus **文殊兰属，Amaryllidaceae 石蒜科**。多年生草本，具鳞茎。叶基生，带形或剑形。花茎实心；伞形花序，稀单生，下有佛焰苞状总苞片 2 枚；花被高脚碟状或漏斗状；花被管长，圆筒状；雄蕊 6，着生于花被管喉部，花丝丝状，花药线形，丁字形着生；子房下位，3 室，每室有胚珠数枚至多枚，有时仅 2 枚，花柱细长。蒴果近球形，不裂。种子大，圆形或有棱角。花粉粒 2 沟，刺状纹饰。染色体 2n=18，19，20，20+1B，22，24，30，32，33，44，50，60，66，72，87。约 106/4 种，**2 型**；原产南非，遍布热带地区；中国产云南、贵州、广西、广东、台湾、福建等。引入栽培 2 种。

Crocus Linnaeus **番红花属，Iridaceae 鸢尾科**。多年生草本。球茎圆球形或扁圆形，外具膜质的包被。叶条形，丛生，与花同时生长或于花后伸长，不互相套叠，叶基部包有膜质的鞘状叶。花茎甚短，不伸出地面；苞片舌状或无；花多色；花被管细长，花被裂片 6，2 轮排列；雄蕊 3；花柱 1，上部 3 分枝，柱头楔形或略膨大，子房下位，3 室，中轴胎座，胚珠多数。蒴果小，卵圆形，成熟时室背开裂。染色体 2n=6-64。花粉粒球形，无萌发孔，稀为螺旋状萌发孔，外壁光滑或穿孔状。约 80/2 种，**12 型**；主要分布于欧洲，地中海，中亚；中国产新疆西北部。栽培 1 种。番红花 *C. sativus* Linnaeus 可作香料；也可栽培药用。

Croomia Torrey **黄精叶钩吻属，Stemonaceae 百部科**。草本，具横走根状茎。茎直立，不分枝，基部被膜质鞘，具数枚叶。叶互生。花小，腋生，单朵或2-4朵排成总状花序；花梗丝状，中部具关节；花被片4，2轮；雄蕊4；花丝粗短；花药无药隔附属物；雌蕊2，心皮1室，子房上位，胚珠数枚悬垂于室顶，柱头无柄，头状。蒴果卵圆形，2瓣裂。种子近球形，具纵皱纹，一端丛生增厚的流苏状附属物。花粉粒单沟，网状纹饰。染色体2*n*=24。3/1种，**9型**；东亚和北美东南部间断分布；中国产浙江和江西。金刚大 *C. japonica* Miquel 的根可入药。

Crossostephium Lessing **芙蓉菊属，Asteraceae 菊科**。半灌木。叶互生，全缘或2-5裂。头状花序假盘状，在枝端排成总状或圆锥花序；花托半球形，蜂窝状；总苞半球形，3层，外层叶质，内层边缘宽膜质；缘花1层，雌性，管状，压扁，顶端2-3齿裂，具腺点，盘花两性，均能育，花冠5裂，具腺点；花柱分枝顶端截形。瘦果矩圆形，具5凸起的棱，顶端冠状边缘约0.5mm，撕裂状。1/1种，**14SJ型**；中国—日本间断分布；中国产华南。

Crotalaria Linnaeus **猪屎豆属，Fabaceae 豆科**。草本或灌木。单叶或三出复叶。总状花序顶生、腋生、与叶对生或密集枝顶形似头状；花萼二唇形或近钟形，二唇形时，上唇2萼齿宽大，合生或稍合生，下唇3萼齿较窄小，近钟形时，5裂，萼齿近等长；花冠黄色或深紫蓝色；雄蕊连合成单体，花药二型；花柱长，基部弯曲。荚果，膨胀，种子2至多数。花粉粒3孔沟，网状纹饰。约700/42种，**2型**；分布于热带和亚热带，主产非洲东部和南部及马达加斯加；中国主产南方地区，少数延伸至东北地区。一些种类含有吡咯烷类生物碱，可药用，如假地蓝 *C. ferruginea* Graham ex Bentham。

Croton Linnaeus **巴豆属，Euphorbiaceae 大戟科**。常乔木或灌木，常被星状毛或鳞腺。叶互生，稀对生或近轮生；羽状脉或具掌状脉；叶柄顶端或叶片近基部常有2枚腺体。雌雄同株（或异株）；花序顶生或腋生，总状或穗状；雄花：花瓣与萼片同数，腺体常与萼片同数且对生，雄蕊10-20，无不育雌蕊。雌花：花萼5，宿存；花瓣细小或缺；子房3室，每室有1枚胚珠，花柱3，常2或4裂。蒴果具3个分果爿；种子平滑，种皮脆壳质，种阜小。花粉粒无萌发孔，巴豆状纹饰。约1300/23种，**2型**；广布热带，亚热带地区，多数在热带地区；中国产南部各省区。

Crucihimalaya Al-Shehbaz, O'Kane & R. A. Price **须弥芥属，Brassicaceae 十字花科**。一、二年生草本，少有多年生木本。茎生叶无柄或近无柄。总状花序数朵到多朵花；萼片椭圆形，直立，被柔毛，基部呈囊状。花瓣白色、粉红色，或者紫色；匙状，圆形。雄蕊6，四强雄蕊。开裂长角果，鲜无柄或近无柄角果。种子单列，无翅。花粉粒3沟，细网状纹饰。染色体2*n*=14，16。11/6种，**11（→14SH）型**；分布于亚洲中部和西南部，喜马拉雅，蒙古国，俄罗斯；中国产甘肃、四川、云南、新疆、西藏。

Crupina Cassini **半毛菊属，Asteraceae 菊科**。一年生草本。叶羽裂，无刺。花托有易脱落长托毛；冠毛基部不连合成环，不脱落，2列，外列多层，由外向内渐长，边缘糙毛状至羽毛状，内列1层，极短，膜片状；总苞片多层，绿色，顶尖，外面有多数纵条纹；全部小花管状，花冠外面有白色柔毛，边花无性，中央盘花两性。瘦果圆柱状，有果缘，基底着面或侧生着生面。染色体2*n*=30。（2-4）/1种，**13型**；分布于非洲，亚洲及欧洲；中国产新疆。

Crypsis Aiton **隐花草属，Poaceae 禾本科**。一年生。斜生或平卧。圆锥花序紧密成穗形，花序下托以苞片状叶鞘；小穗含1小花，两侧压扁；颖顶端钝，具1脉；外稃

略长于颖，具1脉，顶端无芒，内稃与外稃同质，具2条脉纹，成熟时自中部裂开；鳞被无；雄蕊2-3。果实成熟时自稃内脱出。(9-12) /2种，**12型**；分布于地中海地区和亚洲西南部，延伸至非洲中部，欧洲至中国西北和东北。隐花草 *C. aculeata* (Linnaeus) Aiton 为盐碱土指示植物；牲畜可食。

Crypteronia Blume **隐翼属，Crypteroniaceae 隐翼科**。乔木。叶纸质至革质。花白色或乳白绿色；苞片线形或锥形；萼齿4-5，宿存；雄花的雄蕊花丝着生于萼筒喉部，与萼齿互生，长于雌花；子房球形，密被柔毛，花柱长或短，柱头头状，近2裂。蒴果密被柔毛，成熟后自顶端裂为2瓣，柱头、花柱及中隔亦随之一分为二。种子多数，椭圆形，其先端一侧及基部有膜状翅，无胚乳；子叶柱状；胚根钝，达脐的基部。花粉粒2孔沟，近光滑至穴状纹饰。约4/1种，**7型**；分布于东南亚热带地区；中国产云南。

Crypteroniaceae A. de Candolle ex de Candolle & A. de Candolle **隐翼科，木兰亚纲/桃金娘目**。常绿乔木或灌木。小枝四棱形或扁平，富集铝。单叶对生，全缘，羽状脉，二级脉和网状脉明显，叶柄短，托叶细小、退化或缺。圆锥、总状或穗状花序顶生或腋生；小花梗短；花极小，两性或单性，辐射对称，周位；花托宽钟形；萼片4或5，通常宿存，镊合状排列；花瓣多少退化或缺；雄蕊或退化雄蕊为花萼数2倍，与萼片互生；子房上位或下位，心皮2-4（或5），1-6室，每室胚珠1-3或多数，中轴胎座，花柱1，柱头1。蒴果纸质或木质，2-6室背开裂，先端通常由宿存花柱而联合。种子小，扁平，具膜质翅，胚乳缺，胚直。花粉粒2孔沟，近光滑至穴状纹饰。染色体 $n=8$。3属，10种。分布于印度东北部至越南，菲律宾等东南亚热带地区；中国1属，1种，产云南南部。

Cryptocarya R. Brown **厚壳桂属，Lauraceae 樟科**。常绿乔木或灌木。叶互生，少近对生，羽状脉，少离基三出脉。花两性，组成腋生或近顶生短的圆锥花序。花被筒陀螺形或卵形，宿存，花后顶端收缩；花被裂片6；能育雄蕊9，花药2室。子房无柄，为花被筒包藏；花柱近线形。果核果状，球形、椭圆形或长圆形，外面平滑或有数条纵棱，全部包藏于肉质或硬化并增大的花被筒内，顶端有1小开口。花粉粒无萌发孔，皱穴状纹饰，有时被刺。(200-250) /21 (15) 种，**2型**；分布于热带至亚热带地区，但非洲中部未见，主产马来西亚，南至澳大利亚和智利；中国产东南、华南及西南地区。

Cryptochilus Wallich **宿苞兰属，Orchidaceae 兰科**。附生草本；假鳞茎聚生。叶1-3枚，生于假鳞茎顶端或近顶端处。总状花序具多数花；花苞片钻形，规则地排成2列，宿存；花较密集；中萼片与侧萼片合生成筒状或坛状，两侧萼片基部一侧略有浅萼囊；花瓣小，离生，包藏于萼筒内；唇瓣贴生于蕊柱足末端，基部略弯曲，不裂，整个包藏于萼筒之内；蕊柱短，顶端稍扩大，有短的蕊柱足；花粉团8个，每4个为1群，无花粉团柄，共同附着于1个粘盘上。约10/3 (1) 种，**14SH型**；分布于亚洲热带地区；中国产华南和西南地区。

Cryptocoryne Fischer ex Wydler **隐棒花属，Araceae 天南星科**。多年生草本。根茎常分枝。叶柄具长鞘，叶片心形，椭圆形。花序柄短；佛焰苞管部藏于地下或水中，管内花序之上方有1钟形隔片覆盖着雄花序；檐部披针形；肉穗花序极纤细，附属器短，与佛焰苞管隔片相连；雌花序常具少花；雄花序具多花；花单性，无花被；雄花有雄蕊1-2；雌花心皮1，轮生，彼此靠合。果由浆果合生而成。花粉粒无萌发孔，外壁光滑。50/1种，**7型**；分布于印度至马来西亚；中国产广东、广西、贵州、云南。

Cryptogramma R. Brown **珠蕨属，Pteridaceae 凤尾蕨科。**草本，石生。根状茎短而斜生。叶簇生或罕为远生，二型，能育叶高于不育叶，二至四回奇数羽状，羽片有具狭翅的短柄；不育叶片的末回裂片有小脉 1 条，顶端具膨大的水囊；可育裂片线形或狭长圆形，形如荚果；叶脉羽状，小脉单一或分叉。孢子囊群圆形或长圆形；囊群盖由反折叶边形成；孢子球状四面体形，外壁表面具疣状纹饰。染色体 x=30。9/3 种，**8 型**；分布于亚洲，欧洲和美洲温带及亚热带的高山地区；中国产西南、西北山区和台湾。珠蕨 *C. raddeana* Fomin、稀叶珠蕨 *C. stelleri* (S. G. Gmelin) Prant 可供观赏。

Cryptolepis R. Brown **白叶藤属，Apocynaceae 夹竹桃科。**木质藤本，具乳汁。叶对生。聚伞花序，顶生或腋生；花萼裂片双盖覆瓦状排列，内面基部有 5-10 个腺体；花冠高脚碟状，花冠管圆筒状或钟状，花冠裂片向右覆盖；副花冠为 5 个鳞片组成；雄蕊着生于花冠管中部，内藏；每室具 1 花粉块；子房由 2 枚离生心皮所组成，胚珠多数。蓇葖双生。种子长圆形，顶端具白色绢质种毛。四合花粉，4-6 萌发孔。染色体 2n=22。约 12/2 种，**6 型**；分布于亚洲和非洲热带地区；中国产南部和西南部。

Cryptomeria D. Don **柳杉属，Cupressaceae 柏科。**常绿乔木，树皮红褐色，裂成长条片脱落。冬芽小。叶螺旋状略排列成 5 列，腹背隆起呈钻形，两侧略扁，先端尖，直伸或向内弯曲，有气孔线，基部下延。雌雄同株；雄球花单生小枝上部叶腋，常密集成短穗状花序状，无梗，具多数螺旋状排列的小孢子叶。雌球果近球形，无梗，单生枝顶，种鳞不脱落，木质，盾形，上部边缘有 3-7 裂齿，背面中部或中下部有 1 个三角状分离的苞鳞尖头，球果顶端的种鳞形小，无种子。种子边缘有极窄的翅。花粉粒无气囊，具 1 个乳头状凸起。染色体 2n=22。1/1 种，**14（SJ）型**；分布于日本，以及中国福建、江西、四川、云南和浙江。柳杉 *C. japonica* (Linnaeus f.) D. Don 可作房屋建筑、造船、桥梁、家具；也是优美的园林树种。

Cryptospora Karelin & Kirilov **隐子芥属，Brassicaceae 十字花科。**一年生草本。茎直立，多从基部分枝。叶披针形，边缘有锯齿，无柄。总状花序短，花微小，花梗极短；萼片近直立，内轮不呈囊状；花瓣倒卵形，顶部明显微缺，有脉纹；子房有 3-7 胚珠。长角果圆柱形，较短，渐尖，向外弯，不裂，具 3-6 个种子，在种子间断裂。种子每室 1 行，种子大，长圆形。染色体 2n=14。4/1 种，**13（→12）型**；分布于亚洲中部和西南部；中国产新疆西部。

Cryptostylis R. Brown **隐柱兰属，Orchidaceae 兰科。**地生草本。叶基生，1-2 或数枚，具长柄。花葶直立，总状花序顶生，常具多数密生的花；花不倒置；萼片和花瓣均甚狭窄，近相似，张开；花瓣常较萼片稍短小；唇瓣直立，不裂，上部收狭，基部无距，宽阔，围抱蕊柱；蕊柱极短，具侧生的耳；柱头 1 个，凸出，肉质；蕊喙直立，宽而厚，渐尖；花药直立，位于蕊柱的背面；花粉团 4 个，成 2 对，粒粉质。约 20/1 种，**5（7e）型**；分布于大洋洲和热带亚洲；中国产台湾、广东、广西。

Cryptotaenia de Candolle **鸭儿芹属，Apiaceae 伞形科。**草本。茎直立，圆柱形。叶柄有叶鞘；叶片三出式分裂，边缘有重锯齿，缺刻或不规则的浅裂。复伞形花序或呈圆锥状；伞辐少数，不等长。萼齿细小；花瓣白色，顶端内折；花丝短于花瓣，花药卵圆形；花柱基圆锥形，花柱短。分生果长圆形，主棱 5 条，圆钝，光滑；胚乳腹面平直，每棱槽内油管 1-3，合生面油管 4。（7-8）/1 种，**8 型**；分布于欧洲，非洲，北美洲及东亚；中国产华东、中南和西南地区。

C

Ctenitis (C. Christensen) C. Christensen **肋毛蕨属，Dryopteridaceae 鳞毛蕨科**。草本，土生。根状茎直立或斜升，与叶柄基部均密被鳞片。叶簇生；叶片披针形、椭圆披针形、卵状三角形或近五角形，一至四回羽状；叶脉分离，单一或分叉；小羽轴及主脉密被红棕色或灰白色多细胞有关节的粗毛。孢子囊群圆形；囊群盖通常细小、隐于成熟孢子囊后（有时缺如）；孢子卵形至椭圆形，表面有疣状凸起或刺状纹饰。染色体 x=41。约 150/10（4）种，**2 型**；分布于热带和亚热带地区；中国主产西南及华南，向北达贵州及四川南部。亮鳞肋毛蕨 *C. subglandulosa* (Hance) Ching 可药用。

Ctenopterella Parris **小蒿蕨属，Polypodiaceae 水龙骨科**。小型至中型附生植物。根状茎呈背腹性，叶柄分 2 列着生；被红褐色至淡褐色的鳞片，光滑。叶柄不具关节。叶片羽状至深度羽裂成沿叶轴分布的狭翅；叶脉羽状分枝，分离；叶脉末端具水囊，有时不明显。每羽片多于 1 个孢子囊群，圆形至卵形，着生于叶表面或多少下陷于叶肉中。孢子囊光滑。毛不分枝无腺体，或一至二回分叉、具无腺体的分枝。约 12/1 种，**6 型**；分布于非洲至太平洋岛屿；中国产台湾。小蒿蕨 *C. Blechnoides* (Greville) Parris 可供观赏。

Cucumis Linnaeus **黄瓜属，Cucurbitaceae 葫芦科**。攀援或蔓生草本；全株被糙硬毛。常雌雄同株；雄花常簇生，花萼 5 裂，花冠 5 裂，雄蕊 3，离生，药室线形，折曲或稀弓曲，退化雌蕊腺体状；雌花单生或稀簇生；花萼和花冠同雄花，子房纺锤形或近圆筒形，具 3-5 胎座，柱头 3-5，胚珠多数，水平着生。果实肉质或质硬，常不开裂，平滑或具瘤状凸起；种子多数，扁压，光滑。花粉粒 3 孔（沟），微网状至穿孔状纹饰。染色体 n=7 或 12。约 55/4 种，**4 型**；分布于非洲，亚洲和澳大利亚；中国引种并广泛栽培。甜瓜 *C. melo* Linnaeus、黄瓜 *C. sativus* Linnaeus 是重要的水果和蔬菜。

Cucurbita Linnaeus **南瓜属，Cucurbitaceae 葫芦科**。一年生蔓生草本。叶具浅裂。雌雄同株，花单生。雄花：花萼筒钟状，裂片 5，叶状，花冠合瓣，钟状，5 裂仅达中部，雄蕊 3，花药靠合呈头状，药室线形，折曲，无退化雌蕊。雌花：花萼和花冠同雄花，退化雄蕊 3，子房具 3 胎座，柱头 3，胚珠多数。果实常大型，肉质，不开裂；种子多数，扁平，光滑。花粉粒散孔，刺状纹饰。染色体 n=20。约 15/3 种，**（3）型**；分布于热带，亚热带美洲；中国引种栽培。南瓜 *C. moschata* (Duch. ex Lam.) Duch. ex Poiret、西葫芦 *C. pepo* Linnaeus 的果实可作为蔬菜。

Cucurbitaceae Jussieu **葫芦科，木兰亚纲/葫芦目**。攀援或匍匐草本，稀灌木。具卷须或稀无，卷须侧生叶柄基部。叶互生，常单叶，常掌状分裂。花单性（稀两性），雌雄同株或异株；萼片常 5；花瓣常 5；雄蕊 5 或 3，花丝分离或合生成柱状；子房下位或稀半下位，常 3 心皮，具侧膜胎座。果常为肉质浆果状或果皮木质，不开裂或成熟后盖裂或 3 瓣纵裂。种子多数。花粉粒 3 至多（孔）沟，条纹状或网状纹饰。染色体 n=7-24。95 属，960 种，主要分布于热带和亚热带，少数至温带；中国 30 属，147 种，主产西南部和南部，少数至北部。

Cullen Medikus **补骨脂属，Fabaceae 豆科**。草本或灌木，常具腺体。指状或羽状复叶具 1-5 小叶，小叶全缘或锯齿状，常具腺点。头状、总状或穗状花序腋生；每苞片内具 2-3 花；花萼 5 裂，常具明显腺点；花冠紫色、蓝色或黄白色，各瓣近等长，具瓣柄；雄蕊单体，上部分离；子房无柄或具短柄，具 1 胚珠。荚果卵形，不开裂，果实成熟时常具黑色疣状腺体，果皮与种子不易分离。染色体 2n=22。约 33/1 种，**4 型**；主产澳大利亚，部分到菲律宾，印度尼西亚，印度，索马里，亚洲西南部，

地中海，非洲南部，以及中国贵州、四川、云南。补骨脂 *C. corylifolium* (Linnaeus) Medikus 的种子可入药，有补肾壮阳、补脾健胃之功效。

Cuminum Linnaeus **孜然芹属，Apiaceae 伞形科。**草本，全株粉绿色或绿色泛白，无毛。基生叶有叶鞘；叶片全裂；茎上部叶无柄。复伞形花序，总苞片 3-6，小总苞片 3-5。萼齿明显；花瓣有内折的小舌片。双悬果瓣不易分离，灰褐色，分生果长圆形，果棱略钝圆，凸起，有白色短刚毛，棱间有明显的次棱，被密集星状长刚毛；每棱槽内油管 1，合生面油管 2。胚乳腹面微凹。2/1 种，**6 型**；分布于地中海和中亚地区；中国新疆栽培。

Cunninghamia R. Brown ex Richard & A. Richard **杉木属，Cupressaceae 柏科。**常绿乔木；冬芽圆卵形。叶螺旋状着生，披针形或条状披针形，基部下延，边缘有细锯齿，上下两面均有气孔线，上面的气孔线较下面为少。雌雄同株；雄球花多数簇生枝顶。雌球果单生或 2-3 个集生枝顶，种鳞复合体螺旋状排列；苞鳞革质；种鳞小，着生于苞鳞的腹面中下部与苞鳞合生，上部分离、3 裂，裂片先端有不规则的细缺齿，种鳞腹面着生 3 粒种子。种子扁平，两则边缘有窄翅。花粉粒无气囊。染色体 $2n=22$。2/2（1）种，**15 型**；分布于越南，老挝北部及中国秦岭以南和台湾。台湾杉木 *C. konishii* Hayata 是重要的用材树种。

Cupressaceae Gray **柏科，松亚纲/柏目。**多为乔木，稀灌木；常绿或落叶。树皮常为红棕色，脱落时都是竖条形。叶螺旋状排列。雌雄同株，稀异株。球花的小孢子叶及具胚珠的种鳞复合体螺旋状着生或交互对生，很少 3 个轮生；雄球花的小孢子叶具 2-6 小孢子囊；雌球花种鳞常具有 1 至多数胚珠，苞鳞和种鳞结合。雌球果卵形或圆球形；果实干燥开裂，也有浆果；种鳞木质扁平或盾形，可育种鳞具 1 至多个种子。花粉粒无气囊。染色体 $2n=22$，44，66。29 属，130 种，世界广布；中国 17 属，49 种，广布。

Cupressus Linnaeus **柏木属，Cupressaceae 柏科。**常绿乔木，稀灌木状；生鳞叶的小枝四棱形或圆柱形。叶鳞形，交叉对生，排列成 4 行，同型或二型，叶背有明显或不明显的腺点，边缘具极细的齿毛，仅幼苗或萌生枝上之叶为刺形。雌雄同株；球花单生枝顶；雄球花具多数小孢子叶。雌球球形或近球形；种鳞 4-8 对，熟时张开，木质，盾形，顶端中部常具凸起的短尖头，能育种鳞具 5 至多粒种子。种子稍扁，有棱角，两侧具窄翅。花粉粒无气囊。染色体 $2n=22$。8/5（4）种，**10-2 型**；分布于亚洲东部，喜马拉雅山及地中海；中国产秦岭以南及长江流域以南。巨柏 *C. gigantea* Cheng & L. K. Fu 是藏香的主要原料。

Curculigo J. Gaertner **仙茅属，Hypoxidaceae 仙茅科。**多年生草本，具块状根状茎。叶基生，数枚，具折扇状脉。花茎从叶腋抽出，直立或俯垂；花两性，黄色，单生或排列成总状或穗状花序，有时花序强烈缩短，呈头状或伞房状；花被管若存在则延伸成近实心的喙；花被裂片 6；雄蕊 6，着生于花被裂片基部，一般短于花被裂片；花药 2 室，纵裂；柱头 3 裂，子房下位，常被毛，顶端有喙或无喙，3 室，每室胚珠 2 至多数。果实为浆果，不开裂。种子小，表面有纵凸纹，具明显凸出的种脐。花粉粒单沟，网状纹饰。染色体 $2n=18$。约 20/7（2）种，**2 型**；分布于亚洲，非洲，南美洲和大洋洲的热带至亚热带地区；中国产华南与西南。可作为园林观叶花卉。仙茅 *C. orchioides* Gaertner、大叶仙茅 *C. capitulate* (Loureiro) Kuntze 可药用。

Curcuma Linnaeus **姜黄属，Zingiberaceae 姜科。**根状茎肉质、芳香。顶生穗状花序苞片基部合生，呈囊状。花冠漏斗状；侧

生退化雄蕊花瓣状，基部与花丝合生，唇瓣中心部分加厚；花丝短宽，花药丁字形，基部有距，无药隔附属体；子房 3 室。蒴果椭圆形。花粉粒无萌发孔，近光滑。染色体 2*n*=20-92。50/12（6）种，**5（7）型**；分布于东南亚，1 种产澳大利亚；中国产东南部至西南部。姜黄 *C. longa* Linnaeus、郁金 *C. aromatica* Salisbury 的根茎可入药；可提取食用染料。

Cuscuta Linnaeus **菟丝子属，Convolvulaceae 旋花科**。寄生草本；不被毛。无根。茎缠绕，不为绿色，借助吸器固着寄主。无叶，或退化成小的鳞片。花序呈穗状、总状或簇生成头状。花小，4-5 数；萼片近于等大，基部连合；花冠管内面基部具有边缘分裂或流苏状的鳞片；雄蕊着生于花冠喉部或花冠裂片相邻处，常稍微伸出；子房 2 室，每室 2 枚胚珠，花柱 2。蒴果稍肉质。种子 1-4。花粉粒 3-7 沟，光滑、穿孔、皱波状、微网或网状纹饰，具小刺或无。染色体 2*n*=8，10，14，16，18，20，26，28，30，32，34，38，42，56，60。170/11 种，**2 型**；主要分布于南北美洲，少数到亚洲和欧洲；中国南北均产。菟丝子 *C. chinensis* Lamarck 的种子可入药。

Cyamopsis de Candolle **瓜儿豆属，Fabaceae 豆科**。一年生草本，具平贴丁字毛。奇数羽状复叶、羽状三出复叶或单叶，托叶钻形，小叶全缘、有锯齿或深裂，两面或下面被白色平贴丁字毛。总状花序腋生；疏花，有或无总花梗；花萼 5 裂，下萼齿最长；花冠旗瓣近阔倒卵形，龙骨瓣不卷曲，多少呈囊状；雄蕊 10，单体，花丝结合成管，花药顶端具硬尖，基部无鳞片；子房无柄。荚果近四棱形，扁平而阔，顶端尖细成喙。种子立方形，表面有细微瘤状凸起。花粉粒 3 孔沟，穿孔状纹饰。4/1 种，**（6）型**；产非洲和南亚热带地区；中国云南西部有栽培。瓜儿豆 *C. tetragonoloba* (Linnaeus) Taubert 可为饲料和绿肥；种子胚乳中含瓜儿胶，是石油工业中优质的凝胶材料、食品中重要的黏稠剂。

Cyananthus Wallich ex Bentham **蓝钟花属，Campanulaceae 桔梗科**。矮小草本。叶互生或有时花梗下 4-5 枚叶轮生。单花顶生，稀二歧聚伞花序；花萼筒状或筒状钟形，（4）5 裂；花冠筒状钟形，（3-）5 裂；雄蕊 5，常聚药；子房上位，（3、4）5 室。蒴果室背开裂。种子多数，棕红色或棕黑色。花粉粒 6-12 沟，网状、穿孔状或刺状纹饰。染色体 2*n*=14。18/17（9）种，**14（SH）型**；分布于喜马拉雅—横断山地区；中国产西藏、云南、四川、甘肃和青海。可种植到岩石园中供观赏。

Cyanotis D. Don **蓝耳草属，Commelinaceae 鸭跖草科**。草本，直立或匍匐；无根状茎。叶互生。花序为佛焰苞状总苞片所托。花瓣中部连合成筒，两端分离；雄蕊 6，花丝被念珠状长绒毛。蒴果 3 室，3 爿裂，每室种子 1-2。种子柱状金字塔形。花粉粒单沟，皱波纹饰。染色体 2*n*=16-78。50/5 种，**4 型**；产亚洲，非洲的热带和亚热带地区；中国产南方各省区。蛛丝毛蓝耳草 *C. arachnoidea* C. B. Clarke 的根可入药。

Cyanus Miller **蓝花矢车菊属，Asteraceae 菊科**。草本。叶互生，常下延。头状花序生于茎或枝顶；花托有托毛；冠毛刚毛毛状，多层，内层显著短于外层；总苞片覆瓦状排列，附属物边缘被毛或具齿，下延至基部；全部小花管状，多蓝色；边花显著增大，无性，无退化雄蕊，中央花两性。瘦果被毛。染色体 2*n*=24，48。（25-30）/1 种，**10 型**；分布于西南亚，欧洲及地中海地区；中国引种栽培。蓝花矢车菊 *C. segetum* Hill 可供观赏和药用。

Cyatheaceae Kaulfuss **桫椤科，水龙骨亚纲/桫椤目**。木本，大型陆生树形常绿植物，常有高大而粗的主干或短而平卧。叶一型或二型，叶柄粗壮，基部具鳞片，鳞片坚硬或薄，有或无特化的边缘；叶片大，二至三回羽状分裂，末回裂片线形，边缘全缘或有锯齿；叶脉分离，单一或二叉。孢子囊群圆形，生于叶下面隆起的囊托上，有盖或无盖，有丝状隔丝；孢子囊梨形，有短柄，环带斜生；孢子球状四面体，辐射对称，3裂缝，周壁具颗粒状、刺状或条纹状纹饰。4属，600-650种，分布于热带和亚热带；中国3属，15种，产西南、华南地区。均为国家I级重点保护野生植物。

Cyathopus Stapf **杯禾属，Poaceae 禾本科**。多年生草本，丛生。秆斜生，较粗壮，不分枝。叶片线形，扁平；叶舌膜质。圆锥花序开展；分枝轮生，下部裸露；小穗两侧压扁，含1小花，无或几乎无穗轴延伸，脱节于颖之上；颖片等长，披针形，纸质，明显3脉，先端有尖头；外稃膜质，微短于颖片，两侧具不明显的脊，5脉，先端近锐尖，无芒，内稃等长于外稃，2脊。雄蕊3。约1/1种，**14型**；分布于不丹，印度及中国云南西部。

Cyathula Blume **杯苋属，Amaranthaceae 苋科**。草本或亚灌木。茎直立或横卧。茎形成层成环生长。叶对生，全缘，具柄。聚伞状花序，每丛有1-3朵花；花两性，部分伴生着不育花；苞片膜质，常具刺；花被片5；雄蕊5，于齿状或撕裂状的退化雄蕊间生，花药2室；花柱丝状，宿存；胚珠1，垂生。胞果包被于宿存花被，膜质，果皮不开裂。花粉粒散孔，穿孔状-颗粒纹饰。染色体2*n*=34，48。约27/4种，**2型**；分布于亚洲，太平洋岛屿，非洲，南美洲和北美洲；中国产广东、广西、海南、台湾、云南、四川、西藏、贵州、河北、陕西及浙江。杯苋 *C. prostrate* (Linnaeus) Blume、头花杯苋 *C. capitata* Moquin-Tandon、川牛膝 *C. officinalis* K. C. Kuan 等可药用。

Cycadaceae Persoon **苏铁科，苏铁亚纲/苏铁目**。乔木，棕榈状。茎直立或为地下茎，不分枝，或二叉分枝。叶有鳞叶和一至多回分裂的羽状营养叶；叶基宿存；幼叶拳卷。雌雄异株。雄球花生于茎顶，由多数扁平的小孢子叶组成，每一小孢子叶下面有多数球形的小孢子囊，小孢子囊常3-5个聚生；雌球花单生于树干顶部羽状叶与鳞叶之间，由1束扁平的大孢子叶组成；大孢子叶叶状，边缘呈裂片或有齿，每个大孢子叶着生胚珠2-10枚，胚珠直立。种子两侧对称，子叶2。花粉粒无气囊，单沟，穿孔状纹饰。染色体2*n*=22。1属，100种，主要分布于澳大利亚和中南半岛，马来西亚，日本，印度，延伸至新喀里多尼亚，汤加，密克罗尼西亚，波利尼西亚和非洲东部；中国1属，24种，产西南和华南地区。

Cycas Linnaeus **苏铁属，Cycadaceae 苏铁科**。特征描述同科。100/24（8）种，**5型**；分布于澳大利亚，中南半岛，马来西亚，日本，印度，并延伸至新喀里多尼亚，汤加，密克罗尼西亚，波利尼西亚和马达加斯加；中国产云南、广西、四川、贵州、广东、福建、海南和台湾，云南东南部和广西西南部尤盛。是重要的园林植物。攀枝花苏铁 *C. panzhihuaensis* L. Zhou & S. Y. Yang、苏铁 *C. revoluta* Thunberg 的茎干含淀粉，可食用。

Cyclanthera Schrader **小雀瓜属，Cucurbitaceae 葫芦科**。攀援草本。叶不裂或鸟足状5-7小叶。雌雄同株。雄花：总状花序或圆锥花序，花萼筒碟状或杯状，花冠辐状，5深裂，雄蕊1，花药水平生，1室，环状。雌花花萼和花冠同雄花，子房斜卵状，有小喙。果实偏斜，开裂，中心轴柱或侧膜胎座外露；种子扁平，常2裂或具2尖头。花粉粒4-11孔沟，穿孔状纹饰或具皱状凸起。染色体*n*=16。40/1种，**3型**；分布于热带美洲；中国西藏、云南引种栽培。小雀瓜 *C. pedata* H. A. Schrader 的幼苗及果实可作蔬菜。

Cyclea Arnott ex R. Wight **轮环藤属，Menispermaceae 防己科**。藤本。叶柄痕不明显。萼片1轮，合生；花瓣合生；雄

C

蕊合生成盾状聚药雄蕊；雌花萼片合生成坛状钟形，心皮1，花柱残迹近基生。果核背肋二侧各有2-3列小瘤体，具马蹄形腔室，胎座迹常为1-2空腔。种子胚乳非嚼烂状，子叶半柱状。花粉粒3孔沟，网状纹饰。染色体 $2n=48$。29/13（5）种，**7型**；分布于东南亚及中国南部至西南部。粉叶轮环藤 *C. hypoglauca* (Schauer) Diels、轮环藤 *C. racemosa* Oliver 可入药。

Cyclobalanopsis Oersted **青冈属，Fagaceae 壳斗科**。常绿乔木。冬芽芽鳞多，覆瓦状排列。叶互生，全缘或具齿。花单性同株；雄花序为下垂柔荑花序；花被5-6深裂，雄蕊与花被裂片同数，花丝细长，花药2室，退化雌蕊细小；雌花单生或排成穗状，花被5-6裂，子房3室，每室胚珠2，花柱2-4。壳斗上的小苞片合成同心环带，坚果1枚。花粉粒3拟孔沟。染色体 $2n=24$。150/69（43）种，**7型**；分布于亚洲热带，亚热带；中国产秦岭、淮河流域以南各省区。

Cyclocarya Iljinskaja **青钱柳属，Juglandaceae 胡桃科**。落叶乔木。小枝髓部片状分隔。奇数羽状复叶。雌雄同株；雌、雄花序均柔荑状；雄花序，3条或稀2-4条成束下垂，雌花序单独顶生；雄花花托圆形，扁平；雌花几乎无梗或具短梗；子房下位。果实具短柄，为苞片及小苞片形成的水平向圆盘状翅所围绕，顶端具4枚宿存的花被片。花粉粒（3-）4-5（-6）孔，颗粒状纹饰。染色体 $2n=56$。1/1（1）种，**15型**；分布于长江以南各省区。

Cyclocodon W. Griffith ex J. D. Hooker & T. Thompson **轮钟花属，Campanulaceae 桔梗科**。草本。茎多分枝。叶常对生。花单生或二歧聚伞花序；小苞片丝状、叶状，或缺失；萼筒裂片4-6，条形或条状披针形；花冠4-6裂；雄蕊4-6；子房相对于花冠下位，而对花萼为半下位至上位，3-6室，胚珠多数。浆果。种子多数。花粉粒3孔沟，具小刺。3/3种，**14型**；分布于喜马拉雅至日本，菲律宾，巴布新几内亚；中国产华南、华中、西南地区。轮钟花 *C. lancifolius* (Roxburgh) Kurz 的根有益气补虚、祛瘀止痛之效。

Cyclogramma Tagawa **钩毛蕨属，Thelypteridaceae 金星蕨科**。草本，土生，中型常绿植物。根状茎直立或长而横走。叶簇生、近生或远生，一型。叶片一回羽状；羽片基部与叶轴着生处的下面有疣状凸起的气囊体；叶脉分离，小脉单一，均伸达缺刻以上的叶边。孢子囊群圆形，背生于侧脉中部以上，在主脉两侧各成1行，无囊群盖；孢子椭圆形，周壁明显具褶皱或形成刺状凸起，外壁光滑。染色体 $x=9$。约10/9种，**14型**；亚洲分布，从喜马拉雅经中国至日本和菲律宾；中国产长江流域各省区。耳羽钩毛蕨 *C. auriculata* (J. Smith) Ching、小叶钩毛蕨 *C. flexilis* (Christ) Tagawa 可供观赏。

Cyclopeltis J. Smith **拟贯众属，Lomariopsidaceae 藤蕨科**。草本，土生。根状茎短而斜升。叶簇生，一型，一回羽状分离，羽片基部以关节着生于叶轴，披针形；叶脉分离，多回二叉或羽状，叶轴被线形鳞片。孢子囊群圆形，在主脉两侧各有1-4行；囊群盖圆形，盾状着生；孢子椭圆形。染色体 $x=41$。约6/1种，**3型**；分布于亚洲热带和美洲热带；中国产海南。拟贯众 *C. crenata* (Fée) C. Christensen 可供观赏。

Cyclorhiza M. L. Sheh & R. H. Shan **环芹属，Apiaceae 伞形科**。草本。主根短粗，近茎处形成胡萝卜状木质根，老时具环纹状凸起，每层环纹具整齐的条状纵裂，但不剥落。茎直立，中空，被叶鞘。叶柄具叶鞘；叶片羽状全裂。复伞形花序。萼齿小；花瓣黄色至黄绿色，不规则矩形、倒卵形至长圆形，中肋深色，先端稍反折。果实卵形至椭圆形，果棱5。心皮柄自基部分叉。2/2（2）种，**15型**；特产中国四川、云南、西藏。

Cyclosorus Link **毛蕨属，Thelypteridaceae 金星蕨科。**草本，土生。根状茎横走、斜升或直立。叶远生、近生或簇生；叶柄禾秆色至褐色，被单细胞的灰白色针状毛或柔毛。叶片一回羽状或二回羽裂；叶脉为羽状，小脉单一或部分联结成网或为新月蕨型。孢子囊群大，圆形，有盖或无盖。囊群盖圆肾形；孢子圆形或圆肾形，周壁具脊状隆起或表面有小刺状或瘤状纹饰。染色体 x=36。约 280/121（68）种，**2 型**；泛热带分布；中国产长江流域及其以南各省区，北达秦岭。毛蕨 *C. interruptus* (Willdenow) H. Itô 可药用；根状茎淀粉可食用。

Cyclospermum Lagascay Segura **细叶旱芹属，Apiaceae 伞形科。**草本。茎纤细，多分枝。基生叶叶柄有叶鞘；叶片羽状分裂。茎生叶向上退化，叶柄完全变为叶鞘。复伞形花序；总苞片和小苞片无；伞辐很少，纤细；小伞形花序花很少。萼齿不明显。花瓣先端反折，中肋突出；花柱短。果卵球形至球形，无毛；果棱圆钝，突出，有些木栓质；每棱槽内油管 1，合生面油管 2；胚乳腹面平直。3/1 种，**9-1 型**；分布于美洲热带，温带地区；中国已归化。

Cydonia Miller **榅桲属，Rosaceae 蔷薇科。**落叶灌木或小乔木；枝条无刺。单叶互生，全缘；有叶柄与托叶。花单生于小枝顶端；萼片 5，全缘、反折；花瓣 5，倒卵形，白色或粉红色；雄蕊 20，花柱 5，离生，基部具毛，子房下位，5 室，每室胚珠多数。梨果具宿存反折萼片。花粉粒 3 沟，颗粒状纹饰。染色体 2n=34。1/1 种，**12 型**；原产中亚；中国有栽培。榅桲 *C. oblonga* Miller 可作果树及砧木；果实可入药。

Cymaria Bentham **歧伞花属，Lamiaceae 唇形科。**灌木。多分枝，密被卷曲平伏毛。聚伞花序腋生，二歧状，或有时再分歧成蝎尾状；花萼钟形，10 脉不明显，萼齿 5，三角形，果时花萼膨大，脉纹明显；花冠白色，冠筒内在喉部下方有须状硬毛束，冠檐上唇直伸，微内凹，全缘，下唇 3 裂，中裂片最大；雄蕊 4，花药 2 室，室叉开；花柱先端不相等 2 浅裂；子房顶端被毛，微 4 裂。小坚果倒卵状，有明显粗糙窝孔。花粉粒 3 沟，穿孔状纹饰。约 3/2 种，**7 型**；分布于东南亚至马来西亚；中国产广东、海南。

Cymbaria Linnaeus **芯芭属，Orobanchaceae 列当科。**多年生半寄生草本。根茎直入地下或横行。茎多数，丛生。基部多少密被鳞片。叶无柄，对生，长圆状披针形至线形，先端有 1 小尖头。花序总状，顶生；花大，每茎 1-4 朵；具梗；小苞片 2；萼管筒状，被毛，齿 5 枚，长为管部的 2-3 倍；花冠大，黄色，喉部扩大，二唇形，上唇 2 裂，下唇 3 裂；雄蕊 4，2 强。蒴果革质，长卵圆形。种子周围有 1 圈狭翅。花粉粒 3 沟，基柱网纹状纹饰。（4-5）/2（1）种，**11 型**；分布于欧洲至中亚和东亚；中国产北方各省区。

Cymbidium Swartz **兰属，Orchidaceae 兰科。**附生或地生草本，罕有菌类寄生，具假鳞茎。假鳞茎包藏于叶基部的鞘之内。叶 2 列，常带状，基部一般有宽阔的鞘并围抱假鳞茎，有关节。总状花序具数花或多花；唇瓣 3 裂，基部有时与蕊柱合生达 3-6mm；蕊柱较长，两侧有翅，腹面凹陷或有时具短毛；花粉团 2 个，有深裂隙，或 4 个而形成不等大的 2 对，蜡质，以很短的、弹性的花粉团柄连接于近三角形的粘盘上。50/30 种，**5（7，14）型**；主要分布于亚洲热带和亚热带地区，向南到达新几内亚岛和澳大利亚；中国产秦岭山脉以南地区。

Cymbopogon Sprengel **香茅属，Poaceae 禾本科。**一年生或多年生草本。总状花序由佛焰苞中伸出；小穗成对着生，序基部有 1-2 个同性对，序上部为异性对；无柄小穗两性，第一颖边缘内折成 2 脊，第二颖具中脊；第一外稃膜质，第二外稃顶端 2 裂，具芒，内稃很小或不存在；有柄小穗

C

无芒。花粉粒负网状纹饰。染色体 x=10，20，40，60。约 70/24（7）种，**4（6）型**；分布于非洲，亚洲和澳大利亚的热带和亚热带地区；中国产华南和西南地区。辣薄荷草 *C. jwarancusa* (Jones) Schultes 的叶片可提取芳香油。

Cymodocea K. D. Koenig **丝粉藻属，Cymodoceaceae 丝粉藻科**。海生沉水草本。根状茎单轴分枝，节上生 1-5 分枝状的根和 1 条短缩的直立茎，茎上生 2-7 叶片。叶扁平，线形，全缘或微锯齿，具 7-17 平行叶脉。花单性，雌雄异株，花单生于茎顶，无花被。雄花具梗，花药 2，花粉丝状。雌花无梗或近无梗，柱头 2 裂，丝状。果实侧扁，椭圆形，外果皮骨质，具喙。染色体 2n=14，28，30。4/1 种，**2 型**；广布东半球的热带和亚热带海域；中国产海南。

Cymodoceaceae Taylor **丝粉藻科，木兰亚纲/泽泻目**。多年生海生草本，具单轴或合轴分枝的根状茎。根常分枝，具根毛。叶无柄，互生至近对生，或簇生于节间，线形，中脉显著，基部具鞘。花小，单性，单一或形成聚伞花序，具叶状苞片。雄花具梗，被片 3（或缺失），小鳞片状；雄蕊 1-3，花药联合，纵裂。雌花无梗，被片 3（或缺失），心皮 2，离生，花柱单一或顶端裂成 2（-4）丝状柱头，胚珠 1。瘦果不裂。种子无胚乳。花粉丝状，无萌发孔，外壁近无。染色体 n=7，8，10，12，14-16。5 属，16 种，广布热带到亚热带海域；中国 3 属，4 种，产东南沿海地区。

Cynanchum Linnaeus **鹅绒藤属，Apocynaceae 夹竹桃科**。灌木或多年生草本，直立或攀援。叶常对生。常伞形聚伞花序，腋外生，偶顶生或腋生；花萼裂片 5，基部内面有腺体 5-10 个或更多，有时无腺体，裂片常双盖覆瓦状排列；花冠辐状，比花冠管长，向左或右覆盖；副花冠杯状、筒状或 5 深裂，膜质或肉质，生于合蕊冠基部；花药顶端的膜片内弯；花粉块每室 1 个；柱头全缘或 2 裂。蓇葖双生或 1 个不发育，外果皮平滑，有时具软刺或狭翅。种子顶端具种毛。染色体 2n=22。约 200/60（42）种，**1 型**；分布于非洲，美洲，亚洲和欧洲的热带，亚热带及温带地区；中国产西南、西北及东北各省区。

Cynara Linnaeus **菜蓟属，Asteraceae 菊科**。直立草本。叶羽状分裂，裂片具尖刺。头状花序大，常单生于茎、枝之顶，具同形两性管状花；花托肉质，肥厚，密被硬毛；冠毛羽毛状，下部稍微扩大成膜片状，多层，基部连合成环；总苞片多列，革质；花药基部箭形，具尾。瘦果具 4 棱，顶端截平。花粉粒 3 孔沟，具刺，刺间穿孔状-网状。染色体 2n=34。14/1 种，**（12）型**；分布于欧洲；中国引种栽培。菜蓟 *C. scolymus* Linnaeus、刺苞菜蓟 *C. cardunculus* Linnaeus 可供观赏和食用。

Cynodon Richard **狗牙根属，Poaceae 禾本科**。多年生草本，常具根茎及匍匐枝。穗状花序 2 至数枚指状着生；小穗无芒，含 1-2 小花；颖狭窄，先端渐尖，近等长；第一小花外稃舟形，具 3 脉，内稃膜质，具 2 脉，与外稃等长；鳞被甚小；花药黄色或紫色；子房无毛，柱头红紫色。花粉粒负网状纹饰。染色体 x=9，10。约 10/2 种，**2 型**；分布于旧世界热带地区，尤其是非洲；中国产黄河以南各省区。狗牙根 *C. dactylon* (Linnaeus) Persoon 可固堤保土；可作草坪。

Cynoglossum Linnaeus **琉璃草属，Boraginaceae 紫草科**。草本，被毛。叶全缘。镰状聚伞圆锥花序顶生及腋生；花具梗；花萼 5 裂，钟状；花冠筒部短，不超过花萼，喉部有 5 个梯形或半月形的附属物；雄蕊 5，内藏；柱头不伸出花冠外，子房 4 裂，胚珠倒生，雌蕊基金字塔形或金字塔状圆锥形。小坚果 4，卵形，有锚状刺，着生面居果的顶部，近胚根一端，花粉粒 6 异沟，光滑，两极有穿孔纹饰。染色体 2n=24，48。约 75/12 种，**8-4（5-6）型**；

除北极地区外，世界广布；中国产云南、贵州、四川及西藏。

Cynomoriaceae Lindley **锁阳科，木兰亚纲/虎耳草目**。多年生根寄生肉质草本，全株红棕色，无叶绿素，无毛。茎圆柱形，肉质，具螺旋状排列的鳞片叶。花杂性，极小，由多数雄花、雌花与两性花密集形成顶生的肉穗花序；花被片常（1-）4-6（-8）；雄花雄蕊 1，贴生花被片上；雌花雌蕊 1，子房下位，1 室，顶生悬垂胚珠 1；两性花雄蕊 1 和雌蕊 1。果坚果状。种子具胚乳，壁厚。花粉粒 3 沟，网状纹饰。染色体 $2n$=28。含三萜。1 属，2 种，分布于地中海沿岸，北非，中亚及中国；中国 1 属，1 种，产西北、北部沙漠地带。

Cynomorium Linnaeus **锁阳属，Cynomoriaceae 锁阳科**。特征描述同科。2/1 种，**12 型**；分布于地中海沿岸，西南亚，中亚，蒙古国及中国北方；中国产新疆、青海、甘肃、宁夏、内蒙古、陕西等省区。锁阳 *C. songaricum* Ruprecht、欧洲锁阳 *C. coccineum* Linnaeus 可药用，或作保健食品。

Cynosurus Linnaeus **洋狗尾草属，Poaceae 禾本科**。一年生或多年生草本。圆锥花序紧缩成穗形或近头状；小穗二型，一为孕性，一为不育，孕性者无柄在上方，不育者具短柄在下部；不育小穗具 2 颖，外稃狭窄，具 1 脉；孕性小穗含 2-5 花，两侧压扁；外稃较宽，背部圆形，顶端具芒尖，内稃具 2 脊，顶端 2 裂齿。花粉粒颗粒纹饰。染色体 x=7。约 8/1 种，**12 型**；分布于非洲北部，亚洲西南部和欧洲；中国江西引种栽培。洋狗尾草 *C. cristatus* Linnaeus 可作牧草和草坪草。

Cyperaceae Jussieu **莎草科，木兰亚纲/禾本目**。草本，有根状茎，秆常三棱形。叶常基生，呈 3 列互生，叶鞘闭合，普遍无叶舌。花序小穗复合排列，常有苞片包被。花均生于鳞片的腋内。花被片缺如或退化为 3-6 个鳞片、刚毛或丝毛；雄蕊 1-3（6）；心皮 2-3，合生，子房上位，胚珠 1，柱头 2-3。花粉多为假单粒，多为远极单孔和数个侧孔或沟，也包含无萌发孔、单孔和多孔类型。小坚果光滑或具横皱、网纹等纹饰，同刚毛状花被相连。106 属，5400 种，全球广布，主产北温带；中国 33 属，865 种，广布，主产西南和南部地区。

Cyperus Linnaeus **莎草属，Cyperaceae 莎草科**。一年生或多年生草本，具根状茎或匍匐茎。秆直立，常为三棱形。叶 3 列基生。花序顶生，由 1 个或多个多级辐射枝组成，或聚缩为头状；小穗轴常有窄翅，宿存。鳞片 2 列，很少螺旋覆瓦状排列，基部 1-2 无花，其余每个鳞片内含 1 两性小花。花柱基部不膨大，柱头 2-3，果期脱落。小坚果三棱形，具细点或瘤，或纹状网眼。花粉 1 远极孔 4-5 侧孔或沟，光滑、穿孔状、皱波和颗粒纹饰。染色体 $2n$=20-112 等。600/62（8）种，**1 型**；世界广布；中国各省区均产。

Cypholophus Weddell **瘤冠麻属，Urticaceae 荨麻科**。灌木或小乔木。叶交互对生，边缘有锯齿，具羽状脉，稀三基出脉；托叶分生，早落。花单性，雌雄同株或异株，团伞花序紧缩成半球状或球状；雄花被片 4-5，镊合状排列，雄蕊 4-5；雌花花被片合生成管状，顶端紧缩成口，子房直立，柱头丝形。瘦果被肉质的花被所包裹，果皮硬壳质。种子有胚乳，子叶椭圆形。30/1 种，**7e 型**；分布于印度尼西亚，菲律宾和夏威夷及中国台湾。茎皮纤维可制绳索和麻袋。

Cyphotheca Diels **药囊花属，Melastomataceae 野牡丹科**。灌木。茎钝四棱形。单叶，对生，5 基出脉，具叶柄。聚伞花序或退化成假伞形花序，或伞房花序，顶生；花萼漏斗状钟形；花瓣广卵形；雄蕊 8，4 长 4 短，短者常内藏，药隔基部不膨大，中部常膨大，弯曲，长者具短喙，药隔后方微微隆起，顶孔开裂；子房坛状，4 室，半下位。蒴果坛形，4 纵裂，为宿存萼所

包。1/1（1）种，**15 型**；特产中国云南南部及西南部。

Cypripedium Linnaeus **杓兰属，Orchidaceae 兰科**。地生草本。叶 2 至数枚；叶片常椭圆形至卵形。花序常具单花或少数具 2-3 花；中萼片直立或俯倾于唇瓣之上；2 枚侧萼片合生，仅先端分离，极罕完全离生；唇瓣为深囊状，球形、椭圆形或其他形状，一般有宽阔的囊口；蕊柱短，常下弯，具 2 枚侧生的能育雄蕊，1 枚退化雄蕊位于上方，柱头 1 个位于下方的；花药 2，具很短的花丝；花粉粉质或带黏性；柱头不明显的 3 裂，表面有乳突。约 50/32（26）种，**8 型**；分布于东亚，北美，欧洲等温带地区和亚热带山地，向南可达喜马拉雅地区和中美洲的危地马拉；中国产东北地区至西南山地和台湾高山。

Cyrtandra J. R. Forster & G. Forster **浆果苣苔属，Gesneriaceae 苦苣苔科**。灌木或亚灌木。叶对生或互生。花冠漏斗状筒形，檐部常二唇形。能育雄蕊 2，常内藏，花药连着或分生；子房卵球形或长圆形，1 室，侧膜胎座 2；柱头近球形或 2 裂。浆果肉质或革质，卵球形或长圆形，不开裂，具宿存花柱。种子椭圆球形，光滑。花粉粒 3 拟孔沟，网状纹饰。染色体 2*n*=34（多数）。约 350/1 种，**5 型**；分布于缅甸南部，马来西亚，印度尼西亚，菲律宾，大洋洲及中国台湾南部。

Cyrtandromoea Zollinger **囊萼花属，Gesneriaceae 苦苣苔科**。多年生草本或半灌木。茎直立，稍四棱形，有翅或无翅。花序腋生或从茎基部木质部生出。花萼管状，果时膨大呈坛状，具 5 齿；花冠漏斗状，檐部稍二唇形，裂片圆形；雄蕊 4，2 强；子房圆锥形或圆柱形，花柱丝状，柱头 2 片状。蒴果包藏于花萼内。种子多数，椭圆形。约 12/2 种，**7-1 型**；分布于爪哇，苏门答腊，西马来，印度，泰国北部，缅甸及中国云南。

Cyrtococcum Stapf **弓果黍属，Poaceae 禾本科**。一年生或多年生草本。秆下部多平卧，节上生根。叶片线状披针形至狭卵形。小穗两侧压扁，倒卵形，具 2 小花，第一小花不育，第二小花两性；颖片短于小穗，不等长，3-5 脉；第一颖小；小花：外稃与小穗等长；第一内稃短小或缺；第二外稃花后变硬，背部隆起成驼背状，包裹着同质而背部微凸的内稃。染色体 *x*=9。11/2 种，**4 型**；分布于旧世界热带地区；中国主产长江以南部分省区。

Cyrtomium C. B. Presl **贯众属，Dryopteridaceae 鳞毛蕨科**。草本，土生。根状茎直立或斜升，连同叶柄基部，密被鳞片。叶簇生，一型；叶片线状披针形至三角卵形，奇数一回羽状，顶生羽叶基部略分裂（偶单叶）。侧生羽片卵形、卵状披针形或披针形，基部斜形；主脉明显，侧脉网状，主脉两侧各有 2-6 行多边形的网眼，有内藏小脉。孢子囊群圆形，背生于内含小脉上，在主脉两侧各 1 至多行；囊群盖圆形，盾状着生。孢子椭圆形，周壁具折皱，形成片状凸起。染色体 *x*=41。约 35/31（21）种，**11 型**；分布于东亚，欧洲，夏威夷和北美，非洲东部，南部，西部和马达加斯加；中国产西南。有刺齿贯众 *C. caryotideum* (Wallich ex Hooker & Greville) C. Presl 可供观赏；全缘贯众 *C. falcatum* (Linnaeus f.) C. Presl、*C. fortunei* J. Smith 可入药。

Cyrtosia Blume **肉果兰属，Orchidaceae 兰科**。菌类寄生植物，具肉质根膨大而成的块根。茎肉质，黄褐色至红褐色，无绿叶，节上具鳞片。花序轴被短毛或粉状毛；花中等大，不完全开放；萼片与花瓣靠合；萼片背面常多少被毛；唇瓣直立，基部多少与蕊柱合生，两侧近于围抱蕊柱；蕊柱上部扩大，无蕊柱足；花药生于蕊柱顶端背侧；花粉团 2 个，粒粉质。果实肉质，不裂。种子具厚的外种皮。约 5/3 种，**7 型**；分布于东南亚和东亚，西至斯里兰卡和印度；中国产华南和云南东南部。

Cystacanthus T. Anderson **鳔冠花属，Acanthaceae 爵床科。**灌木或多年生草本，具钟乳体。叶对生，具羽状脉。聚伞圆锥状花序顶生，稀聚伞花序或总状花序腋生；苞片1，小苞片2。花萼5深裂至近基部，常被腺毛或无腺毛；花冠在中部90°弯曲，一侧膨大肿胀，二唇形，上唇2裂，下唇3裂；雄蕊2，内藏，花药2室，药室基部无芒状附属物；退化雄蕊2；子房2，每室具4-6胚珠，具珠柄钩。蒴果棒状，开裂时胎座不从基部弹起。种子8-12，被毛。花粉粒具3孔沟及假沟，网状纹饰。15/8（3）种，**7-2型**；分布于热带亚洲；中国产西藏、云南、四川、广西和海南。

Cystopteridaceae Schmakov **冷蕨科，水龙骨亚纲/水龙骨目。**草本，土生或岩石生。根状茎细长或短而横走；叶远生，近生或簇生；叶片一至三回羽状分离，阔披针形，长圆形，卵形三角形或近五角形；羽片对生或近对生；叶脉分离，羽状分枝或叉状。孢子囊群圆形，短线形或杯形，小羽片两侧各1行；囊群盖有或无；孢子椭圆形或圆肾形，表面具刺状、疣状或网状纹饰。3属，约30种，分布于热带高山，温带和寒温带；中国3属，20种，产大部分省区。

Cystopteris Bernhardi **冷蕨属，Cystopteridaceae 冷蕨科。**草本，土生。根状茎细长横走或短而横卧，黑褐色。叶远生、近生或簇生，卵状披针形、卵状三角形或近五边形，二回羽裂、或二至三回羽状分离；小羽片与羽轴多少合生；叶脉分离，二叉或羽状。孢子囊群圆形，生裂片基部上侧小脉的背部；囊群盖卵形或近圆形；孢子肾形，表面具尖刺凸起或皱纹纹饰。染色体 x=42。约20/12（7）种，**8型**；主要分布于北温带，寒温带和热带高山；中国产东北、华北、西北、西南高山，台湾山地也有。冷蕨 *C. fragilis* (Linnaeus) Bernhardi、光叶蕨 *C. chinense* Ching 可供观赏。

Cystorchis Blume **鳔唇兰属，Orchidaceae 兰科。**自养或菌类寄生植物，具肉质根膨大而成的块根。花序轴被短毛；花小，不完全开放；萼片与花瓣靠合；唇瓣基部凹陷成鱼鳔状，内部各具1胼胝体；花粉团2个，粒粉质。约29/1种，**7型**；分布于东南亚；中国产海南和云南南部。

Czernaevia Turczaninow ex Ledebour **柳叶芹属，Apiaceae 伞形科。**草本。叶羽状全裂，边缘有不整齐的粗锯齿。复伞形花序；总苞片无或有1片，早落；小总苞片3-5；萼齿不明显；花瓣顶端有内卷的小舌片。双悬果近圆形或阔卵圆形；分生果横切面近半圆形，常5条棱为翼状，稀成肋状，背棱狭翅状，侧棱宽翅状，约比背棱宽1倍，棱槽中各具油管3-5，心皮柄2裂，分离。染色体 x=11。1/1种，**11型**；单属种，分布于朝鲜，俄罗斯（西伯利亚）；中国产东北和华北。

Dacrycarpus de Laubenfels **鸡毛松属，Podocarpaceae 罗汉松科。**常绿乔木或灌木。叶和球果中有树脂道。叶三型，小鳞叶、刺叶和扁平的条形叶，螺旋状排列，基部下延；叶两面生气孔。雌雄异株，稀同株；雄球花单个或成对生于腋生短枝上；雌球果单生于腋生短枝上；短枝上有鳞叶，常由总苞状刺叶包围；种鳞复合体螺旋状排列，仅顶部1枚可育并发育出1个倒生的种子，其余种鳞合生，或多或少膨大，形成具疣状隆起的种托，成熟时红色或紫色，肉质。花粉粒2个气囊。染色体 $2n$=20。9/1种，**7-4型**，分布于缅甸，中南半岛，马来西亚，新喀里多尼亚，瓦努阿图，斐济，新西兰，以及中国广西、云南和海南。鸡毛松 *D. imbricatus* (Blume) de Laubenfels 是重要用材和观赏树种。

Dacrydium Solander ex G. Forster **陆均松属，Podocarpaceae 罗汉松科。**常绿乔木或灌木。叶和树皮中有树脂道。树皮硬，具大量皮孔。叶螺旋状排列，二型，鳞状或钻形，常内弯，具龙骨，两面具气孔。雌雄异株，稀同株；雄球花单生或数个聚生；小孢子叶基部具2小孢子囊；雌球果

D

在小枝上顶生，由螺旋状排列的鳞片状或叶状的种鳞复合体构成，可育种鳞腹面着生1个或多或少倒生的胚珠，多数种类的种鳞膨大变红色形成种托。每个种鳞有种子1-2枚。花粉粒2个气囊，皱波纹饰。染色体2*n*=20。22/1种，**2-1型**；分布于中南半岛（缅甸除外），马来西亚，所罗门群岛，新喀里多尼亚，斐济和新西兰及中国海南。陆均松 *D. pectinatum* de Laubenfels 的木材可用于建筑和造船。

Dactylicapnos Wallich **紫金龙属，Papaveraceae 罂粟科**。草质藤本。叶多回羽状分裂，顶生小叶卷须状。萼片2；花瓣4，大部合生，背部具鸡冠状凸起，爪线形，远长于瓣片；雄蕊6，合成2束，基部各具1蜜腺体并伸入花瓣基；柱头上端两角各具1小乳突，基部两侧各具1大乳突。蒴果常呈念珠状。种子具种阜。花粉粒6沟，穿孔状纹饰。12/10（3）种，**14SH型**；分布于喜马拉雅地区至中国西南部。

Dactylis Linnaeus **鸭茅属，Poaceae 禾本科**。多年生。圆锥花序；小穗含2-5花，两侧压扁，几无柄；颖几相等，短于第一小花，具1-3脉，顶端尖或渐尖；外稃硬纸质，具5脉，顶端具短芒，脊粗糙或具纤毛，内稃短于外稃，脊具纤毛；雄蕊3，花柱顶生分离，颖果长圆而略呈三角形。花粉粒负网状纹饰。约1/1种，**10型**；分布于欧亚大陆温带和北非；中国主产西南和西北各省区，在河北、河南、山东、江苏等有栽培或逸生。鸭茅 *D. glomerata* Linnaeus 是优良的牧草。

Dactyloctenium Willdenow **龙爪茅属，Poaceae 禾本科**。一年生或多年生草本。穗状花序短而粗，2至数个指状排列秆顶，稀单生；小穗无柄，两侧压扁，成2行紧贴的覆瓦状排列；颖不等长，背具1脉呈脊状；外稃具3脉，中脉成脊，顶端渐尖或具短芒，内稃较短，具2脊，脊上有翼；鳞被2；雄蕊3，花柱2，基部联合。种子表面具皱纹。染色体*x*=9，10。约13/1种，**2型**；分布于非洲至印度；中国产南部各省区。龙爪茅 *D. aegyptium* (Linnaeus) Willdenow 全草可药用，可补虚益气。

Dactylorhiza Necker ex Nevski **掌裂兰属，Orchidaceae 兰科**。地生草本。块茎掌状分裂。总状花序。中萼片直立，常凹陷；侧萼片展开或反折。花瓣常与中萼片靠合呈盔状；唇瓣全缘，或3-4裂，基部具距；距圆柱状，圆锥状或囊状，短于子房或等长。蕊柱粗短；花药直立，2室，平行或叉状；花粉块2，粒粉质，基部具细长花粉团柄，粘盘位于花粉团柄末端；具粘囊；柱头裂片黏合，凹陷，位于蕊喙下方。约50/6种，**8型**；主要分布于欧洲和俄罗斯，向东延伸至韩国，日本和北美洲，向南至亚洲亚热带的高寒地区；中国产西南和西北地区。

Daemonorops Blume **黄藤属，Arecaceae 棕榈科**。茎直立或攀援。叶羽状全裂，叶轴顶端常延伸为具爪状刺的纤鞭。雌雄异株，多次开花结实。雄花单生，雄蕊6；雌花序圆锥状；雌花大于雄花，退化雄蕊6；子房不完全3室，胚珠3，倒生。种子1，胚乳深嚼烂状，胚基生。花粉粒多2沟，稀2孔，刺状和瘤棒状纹饰。约100/1种，**7型**；分布于中南半岛至马来群岛，巴布亚新几内亚，以及中国广东、海南和广西。龙血藤 *D. draco* Blume 的果实分泌出红褐色树脂，可作染料和中药血竭。

Dahlia Cavanilles **大丽花属，Asteraceae 菊科**。草本，有块根。叶对生。花托托片宽大，膜质；冠毛缺或为不明显的小齿；总苞片2层；外围有无性或雌性小花，白色、红色或紫色，中央有多数两性花，管状；花药基部钝；花柱分枝顶端有线形或长披针形且具硬毛的长附器。果长圆形或披针形，有不明显的2齿。染色体2*n*=32，34，36，64。40/1种，**（3）型**；产墨西哥，中美洲及哥伦比亚；中国引种栽培。大丽花 *D. pinnata* Cavanilles 可供观赏。

Dalbergia Linnaeus f. **黄檀属，Fabaceae 豆科**。乔木、灌木或木质藤本。奇数羽状复叶互生，无小托叶。圆锥花序顶生或腋生，分枝有时呈二歧聚伞状；花萼钟状，裂齿5，上方2枚部分合生；花冠白色、淡绿色或紫色；雄蕊10或9枚，常合生为一上侧边缘开口的鞘，或鞘的下侧亦开裂而组成5+5的二体雄蕊。荚果不开裂，长圆形或带状，翅果状，有1至数粒种子。种子肾形。花粉粒3孔沟，穿孔状纹饰。约250/29（14）种，**2型**；泛热带分布；中国产西南部、南部和中部。降香黄檀 *D. odorifera* T. C. Chen 是国家Ⅱ级重点保护野生植物。具行气活血、止痢功效；一些种类为紫胶虫寄主树，如钝叶黄檀 *D. obtusifolia* (Baker) Prain。

Dalechampia Linnaeus **黄蓉花属，Euphorbiaceae 大戟科**。灌木或亚灌木，缠绕或攀援，被毛，有时具螫毛。叶互生，全缘或3-5裂。雌雄同株，无花瓣，排成顶生或腋生总状花序或头状花序；具长的花序梗；总苞片2枚全缘或3裂；花序下部具3朵雌花，花序上部具3或2朵雄花。雄花：花萼裂片4-6，无花盘；雄蕊常15-30，稀90或少至10枚，花药2室，无不育雌蕊。雌花：萼片5-12，常羽状分裂，稀全缘，花后增大变硬，包被果实，花盘缺，稀环状，子房3（-4）室，每室有胚珠1颗。蒴果由3个分果爿组成；种子球形，无种阜。花粉粒3孔沟（稀为4或5），网状纹饰。约120/1种，**2型**；主要分布于美洲热带地区，少数产热带非洲，亚洲南部和东南部热带地区；中国产云南。

Damnacanthus C. F. Gaertner **虎刺属，Rubiaceae 茜草科**。灌木；枝具针状刺或无刺；根肉质，念珠状或不规律缢缩。叶对生；托叶上部常具2-4锐尖。花单生或聚伞花序，假腋生、腋上生或顶生；花萼裂片4（-5），宿存；花二型或单型，花冠管漏斗形，裂片4；雄蕊4；子房2或4室，每室具胚珠1枚，柱头2或4裂。核果，球形；分核平凸或钝三棱形。种子角质，腹面具脐。花粉粒3-5沟孔或散沟。染色体2*n*=38。约13/11（6）种，**14型**；分布于东亚温带地区；中国产南岭山脉至长江流域和台湾。

Danthonia de Candolle **扁芒草属，Poaceae 禾本科**。多年生草本。根粗。具木质化的根茎。圆锥花序开展或紧缩，有时退化儿成总状；小穗大型，含4至数小花；颖膜质，几相等，具3-7脉，其长度大都超越于顶花之上；外稃质硬，草质兼纸质，具数脉，顶端2裂，裂片先端锐尖或延伸成芒，裂齿间具1扁平而扭转之芒，基盘硬而具长柔毛，内稃等于或短于外稃；鳞被2。约20/2种，**8型**；分布于非洲，大洋洲；中国产西南地区。

Danxiaorchis J. W. Zhai, F. W. Xing & Z. J. Liu **丹霞兰属，Orchidaceae 兰科**。菌类寄生草本。根状茎块状。无叶；总状花序具少数花；花黄色；唇瓣3裂，唇盘基部具囊和1个Y形的胼胝体；花粉团4个，成2对，粒粉质。种子肉质。约1/1（1）种，**15型**。特产中国广东。

Daphne Linnaeus **瑞香属，Thymelaeaceae 瑞香科**。灌木。单叶互生，稀对生；常无柄。总状、伞形或头状花序，顶生或腋生，有时为茎生；常具苞片。花两性，稀单性；花萼筒漏斗形，早落，稀宿存；花萼4(5)；无花瓣；雄蕊8（10），2轮；子房1室；花盘环状偏斜或杯状，边缘全缘或浅裂至深裂，或一侧发达呈鳞片状。花粉粒12-22孔，疣状或网状-巴豆型纹饰。染色体2*n*=18，27，28，30，36。95/52（41）种，**10型**；分布于亚洲至地中海；中国各省区广布，主产西南和西北。瑞香 *D. odora* Thunberg 可供观赏。

Daphniphyllaceae Müller Argoviensis **交让木科，木兰亚纲/虎耳草目**。常绿乔木或灌木。单叶互生，无托叶，全缘，具羽状脉。雌雄异株或杂性异株；总状花序腋生，稀近顶生；花单性，下位，无花瓣，具梗；

雄花：雄蕊 5-12（-18），花药 4 室，稀具退化雌蕊。雌花：子房 2（-4）室，每室（1）2 枚胚珠，倒生，悬垂，双珠背，厚珠心，花柱 2 叉，具干的、乳头状下延柱头，退化雄蕊无或 5-10。核果。种子胚小。花粉粒 3 沟（稀为拟孔沟），光滑至疣状纹饰。染色体 $2n$=32。1 属，10 种，分布于东亚至马来西亚；中国 1 属，10 种，产长江南以南各省区。

Daphniphyllum Blume **虎皮楠属，Daphniphyllaceae 交让木科**。特征描述同科。10/10（3）种，**7 型**；分布于东亚至马来西亚；中国产长江以南各省区。交让木 *D. macropodum* Miquel 的叶和种子可药用。

Dapsilanthus B. G. Briggs & L. A. S. Johnson **薄果草属，Restionaceae 帚灯草科**。多年生草本。叶几乎由叶鞘组成，无叶片和叶舌。雌、雄小穗状花序具覆瓦状的苞片，常密集成簇；花常单性，雌雄异株；花被片 4-6。雄花：雄蕊 3 或 2，稀 1，花丝舌状至丝状，分离，花药 1 室，背着内向。雌花：子房上位，1 室，胚珠 1，花柱 3；两性花具雌蕊 1 和雄蕊 1-3。风媒传粉。4/1 种，**5 型**；分布于东南亚，新几内亚，澳大利亚及中国的海南和广西。

Dasiphora Rafinesque **金露梅属，Rosaceae 蔷薇科**。灌木。羽状复叶，小叶 2（3）对，稀 3 小叶；具叶柄和托叶；小叶全缘，与叶柄结合处具关节。单花或数朵顶生；萼片 5，宿存，镊合状；副萼片 5；花瓣 5，黄色或白色；心皮多数，着生在微凸起的花托上，彼此分离，花柱近基生，柱头扩大，子房密被柔毛。瘦果多数，着生在干燥的花托上。种子 1，种皮膜质。花粉粒 3 孔沟，条纹状纹饰染色体 $2n$=14，28。3/3 种，**8 型**；分布于亚洲，欧洲和北美；中国产东北、西北、西南地区。可作庭园观赏灌木；叶与果可提制栲胶；花、叶可代茶叶饮用或入药。

Dasygrammitis Parris **毛禾蕨属，Polypodiaceae 水龙骨科**。小型至中型附生植物。根状茎呈放射状，叶柄螺旋着生；上被红褐色至暗红褐色鳞片，鳞片不为窗格状，边缘具毛。叶柄不具关节，无叶足。叶片深度羽裂成沿叶轴分布的狭翅；叶脉羽状分枝，分离；叶脉末端无水囊。每羽片多于 1 个孢子囊群，圆形至卵形，着生于叶表面或多少下陷于叶肉中。孢子囊光滑。约 6/1 种，**7 型**；分布于斯里兰卡至太平洋岛屿；中国产台湾。毛禾蕨 *D. Mollicoma* (Nees & Blume) Parris 可供观赏。

Dasymaschalon (J. D. Hooker & Thomson) Dalla Torre & Harms **皂帽花属，Annonaceae 番荔枝科**。小乔木，被单细胞毛。花单朵，腋生。花两性；萼片 3；花瓣（2-）3，1 轮，与花萼互生，顶端边缘黏合呈尖帽状覆盖于雌蕊和雄蕊上面，基部瓣片之间常有小孔；雄蕊多数，药室外向，药隔顶端盘状或稍凸起；心皮多数，离生；子房被粗毛，每心皮有胚珠 1 至数颗，1-2 列。单心皮具柄，念珠状，顶端较尖。种子圆球形或椭球形。花粉粒无萌发孔或具沟，表面具刺突。约 30/6（2）种，**7a 型**；分布于亚洲热带和亚热带地区；中国产西南至华南地区。

Datura Linnaeus **曼陀罗属，Solanaceae 茄科**。灌木、一年生或多年生草本。叶全缘或具缺刻状齿。花单生于叶腋或分枝处，大型；花萼长筒状，筒部五棱形或圆筒形，近基部周裂；花冠长漏斗状，檐部具折襞，裂片常具尖头；子房 2 室，由于假隔膜而分成假 4 室。干燥蒴果，4 瓣裂或无规律开裂，具刺或稀无刺，基部常被断裂宿存萼包围。种子扁肾形；胚弯曲。花粉粒 3（带状）孔沟，稀具 4 孔沟，条纹状、皱状或网纹-皱波状纹饰。染色体 $2n$=24。约 11/3 种，**2 型**；产北美和南美洲；中国南北均产。洋金花 *D. metel* Linnaeus 可作麻醉药，全株有毒，种子毒性大。

Daucus Linnaeus **胡萝卜属，Apiaceae 伞形科**。草本。根肉质。茎具糙硬毛。叶柄具

鞘，叶片羽状分裂。复伞形花序；伞辐多数，开花后伸展或弯曲，果期紧实。总苞片和小苞片多数；萼齿不明显；花瓣有内折顶点；花柱基圆锥形，花柱短。果椭圆形；主棱丝状，具刚毛，次棱成翅，其上有刺。胚乳腹面浅凹直。花粉粒 3 孔沟。染色体 $2n$=18，20，22，44。21/1 种，**8 型**；分布于非洲北部，亚洲和欧洲；在温带地区广泛引入栽培；中国产西南、华中、华东。

Davallia J. Smith **骨碎补属，Davalliaceae 骨碎补科**。草本，附生。根状茎横走、攀援或少直立。叶远生，叶柄以关节着生根状茎上；叶片三角形，五角形至卵形，一型或少为近二型，二至四回羽状分裂。叶脉分离，小脉分叉。孢子囊群生小脉顶端；囊群盖呈管状，杯状，圆形，半圆形或阔肾形；孢子椭圆形，外壁具疣状纹饰。染色体 x=40，41。约 65/17（4）种，**2 型**；分布于热带和亚热带地区，亚洲南部达马来西亚，北达日本，以马来西亚尤盛；中国主产南部及西南部，少数到东部，仅有 1 种到河北及辽东半岛。骨碎补 *D. trichomanoides* Blume、大叶骨碎补 *D. divaricate* Blume 可药用。

Davalliaceae M. R. Schomburgk **骨碎补科，水龙骨亚纲/水龙骨目**。草本，附生，少为土生。根状茎横走、攀援或少直立。叶远生，叶柄以关节着生根状茎上；叶片三角形，二至四回羽状分裂；叶脉分离。孢子囊群为叶缘内生或叶背生，着生于小脉顶端，有囊群盖；囊群盖基部或两侧着生；孢子椭圆形或长椭圆形，不具周壁。1 属，约 65 种，主要分布于亚洲热带及亚热带地区，少数到非洲和欧洲；中国 1 属，17 种，主要分布于西南部及南部，少数到东部，仅有 1 种达华北和东北。

Davidia Baillon **珙桐属，Cornaceae 山茱萸科**。落叶乔木。叶互生。头状花序，顶生，花序下面有大型乳白色的总苞，由 2-3 枚花瓣状的苞片组成。花杂性；雄花无花被；雄蕊 1-7。雌花或两性花仅 1 枚，或不发育；雌花的花被小，子房下位，与卵形的花托合生，6-10 室，每室 1 胚珠，柱头锥形。两性花的雄蕊较短。果实为矩圆状卵圆形、倒卵圆形或椭圆形的核果，具 3-5 室，每室 1 粒种子。花粉粒 3 孔沟，穿孔状-颗粒纹饰。染色体 $2n$=42。1/1（1）种，**15 型**；产湖北西部、湖南西部、四川、贵州和云南。珙桐 *D. involucrate* Baollon 是新近纪古热带植物区系的孑遗种，为国家Ⅰ级重点保护野生植物。

Dayaoshania W. T. Wang **瑶山苣苔属，Gesneriaceae 苦苣苔科**。草本，具根状茎。叶基生。花萼钟状，5 裂达基部；花冠淡紫色或白色，近钟状，筒与檐部近等长，檐部二唇形，上唇 2 裂，下唇与上唇近等长，（2-）3 裂；下（前）方（1-）2 枚雄蕊能育，稍伸出，分生，花丝着生于花冠近基部处，花药背着，长圆形；退化雄蕊 2 或不存在；花盘环状；雌蕊稍伸出，子房线形，2 侧膜胎座不分裂，花柱纤细，柱头 2。蒴果线形。约 2/2（2）种，**15 型**；特产中国广西。

Debregeasia Gaudichaud-Beaupré **水麻属，Urticaceae 荨麻科**。灌木或小乔木。叶互生，边缘具细牙齿或细锯齿，基出脉 3，下面被白色或灰白色毡毛；托叶柄内合生，顶端 2 裂。雌雄同株或异株，雄的团伞花簇常由 10 余朵花组成，雌花序球形，成对生于叶腋；雄蕊 3-4（-5）；雌花被合生成管状，柱头画笔头状。瘦果浆果状，常梨形或壶形，宿存花被增厚变肉质。染色体 n=14。6/6 种，**6 型**；分布于东亚的热带和亚热带地区；中国产长江流域以南各省区。茎皮纤维可作代麻原料；果实可食及酿酒。

Decaisnea J. D. Hooker & T. Thomson **猫儿屎属，Lardizabalaceae 木通科**。落叶直立灌木。芽鳞片 2 枚。奇数羽状复叶，小叶对生。总状花序或圆锥花序；功能性单性花，雌雄同株；萼片 6，2 轮；无花瓣；雄蕊 6，花丝合生成筒；心皮 3，离生，

每心皮胚珠多数。肉质蓇葖果，开裂。种子多数。花粉粒3沟，穿孔状纹饰。染色体2*n*=30。1/1种，**14型**；分布于尼泊尔，不丹，印度北部，缅甸及中国西南和华中地区。猫儿屎 *D. insignis* (Griffith) Hooker & Thomson 的果皮含橡胶；根和果实可入药。

D

Decaschistia Wight & Arnott **十裂葵属，Malvaceae 锦葵科**。多年生草本或灌木，具绒毛。叶具叶柄和托叶。花聚生于叶腋内或枝顶；副萼10，线形或披针形；花萼5裂；花瓣5，着生于雄蕊管基部；雄蕊柱在顶部以下具多数花药；子房6-10室，每室1胚珠；花柱的分枝与子房室同数。蒴果扁球形，为宿萼所包，分果爿10。种子肾形，光滑。10/1种，**5（7）型**；分布于热带亚洲；中国产海南。

Decaspermum J. R. Forster & J. G. A. Forster **子楝树属，Myrtaceae 桃金娘科**。灌木或乔木。叶对生，羽状脉，具柄；托叶小，早落。二歧聚伞、总状、聚伞圆锥或圆锥花序；两性花与雄花异株；花3-5，芳香；萼筒球形、坛状或倒圆锥形，萼片宿存；花瓣有油点；雄蕊多数花药背着；子房3-13室，胚珠每室1-2（-4），柱头头状或盾状。浆果球形，纵棱；子被纵向假隔膜分开，种皮硬骨质，胚马蹄形或圆柱形。花粉粒3孔沟，颗粒状到具疣纹饰。30/8（5）种，**7型**；分布于东南亚，澳大利亚，太平洋岛屿；中国产广东、广西、云南、贵州。

Decumaria Linnaeus **赤壁木属，Hydrangeaceae 绣球花科**。常绿攀援状灌木，常具气生根。叶对生，易脱落。花两性、小，花冠一型，无不孕花；萼筒与子房贴生，裂片7-10，细小；花瓣7-10，离生；雄蕊20-30，花丝线形，花药2室，药室纵裂；子房下位，5-10室，胚珠多数，生于中央胎座上，花柱粗短，柱头扁盘状，7-10裂。蒴果室背棱脊间开裂，果瓣除两端外，与中轴分离。种子两端有膜翅。花粉粒3孔沟，网状纹饰。2/1种，**9型**；分布于北美东部，以及中国陕西、甘肃、湖北、四川和贵州。赤壁木 *D. sinensis* Oliver 全草可入药。

Deeringia R. Brown **浆果苋属，Amaranthaceae 苋科**。直立或攀援草本或攀援灌木。叶互生，具柄。总状花序或穗状花序腋生或顶生；花两性或单性异株；每花有1苞片及2小苞片；花被片5；雄蕊5，花丝基部联合成杯状，无退化雄蕊，花药2室；花柱2或3，条状或圆柱状，基部联合；胚珠少数或多数。浆果，不开裂。种子少数或多数，表面平滑或具极微小疣。花粉粒散孔，穿孔状-颗粒纹饰。染色体2*n*=16。约7/2种，**5型**；分布于非洲（马达加斯加），亚洲及澳大利亚；中国产广东、广西、贵州、海南、四川、台湾、西藏及云南。浆果苋 *D. amaranthoides* (Lamarck) Merrill 可药用。

Dehaasia Blume **莲桂属，Lauraceae 樟科**。灌木至小或中乔木。树皮白色，光滑，易脱落。枝条白色，纤细而坚硬，叶痕明显。叶聚生于小枝梢端，羽状脉，网脉细致而近蜂窝状。圆锥花序腋生；苞片及小苞片脱落。花两性。花被片常不相等，外轮常较小。能育雄蕊9，花药2室，第一、二轮花药药室内向，第三轮外向；退化雄蕊小，无柄；子房卵珠形，花柱短。果卵球形，黑色光亮，中果皮肉质；果梗肉质膨大，深红色，具疣，顶端近扁平。花粉粒无萌发孔，被刺。35/3（2）种，**7型**；分布于缅甸，老挝，泰国，柬埔寨，越南，马来西亚，印度尼西亚，菲律宾，以及中国海南、广东和台湾。

Deinanthe Maximowicz **叉叶蓝属，Hydrangeaceae 绣球花科**。多年生草本。具木质、平卧的根状茎，地上茎不分枝。叶膜质，对生或4片聚集于茎顶部。花二型，不育花较小，孕性花较大；花萼5齿，花蕾时覆瓦状排列，宿存；花瓣5-8；雄蕊极多数，着生于环状花盘的周缘，花

药阔椭圆形，基部着生；子房半下位，侧膜胎座，花柱 5，柱头细小。蒴果半下位，室间开裂。种子两端具翅。花粉粒 3 孔沟，粗网状纹饰。2/1 种，**14（SJ）型**；分布于日本及中国湖北西部。叉叶蓝 *D. caerulea* Stapf 的根和根状茎可入药。

Deinocheilos W. T. Wang **全唇苣苔属，Gesneriaceae 苦苣苔科。**多年生无茎草本，具根状茎。叶基生。花萼钟状，5 裂达基部；花冠筒状或漏斗状，上唇正三角形或半圆形，不分裂，下唇 3 浅裂；能育雄蕊 2，伸出，花丝狭线形，花药底着，在腹面顶端连着或分生；退化雄蕊 3；花盘杯状；雌蕊内藏，子房线形，花柱比子房短。蒴果线形，室背开裂。种子纺锤形，光滑。约 2/2（2）种，**15 型**；中国产四川东部和江西南部。

Deinostema T. Yamazaki **泽蕃椒属，Plantaginaceae 车前科。**沼生草本。叶对生。单花腋生，无小苞片。花萼管状钟形，5 深裂达到近基部，裂片在花蕾中镊合状排列；花冠二唇形，上唇深 2 裂，下唇 3 裂，裂片开展，比上唇长；雄蕊 2，位于后方，前方 2 枚退化，花丝顶端扭曲，花药被毛。蒴果 4 裂。种子椭圆形，具网纹。花粉粒 3（拟）孔沟，穿孔纹饰。2/2 种，**14SJ 型**；分布于亚洲东部和东北部；中国产东北部和江苏。

Delavaya Franchet **茶条木属，Sapindaceae 无患子科。**乔木或灌木。叶轮生，三出复叶，小叶有锯齿，无托叶。聚伞圆锥花序；花单性，花萼辐射对称，萼片 5，覆瓦状排列，外 2 层较小；花瓣 5，有鳞片；花盘下部短柱状，上部杯状；雄蕊 8；子房 2 室或 3 室，胚珠每室 2 颗，钻形。蒴果倒心形，2 或 3 裂，裂片倒卵形；种子无假种皮。花粉粒 3 孔沟，条纹状纹饰。染色体 $2n=28$。1/1 种，**7 型**；分布于越南北部及中国广西和云南。茶条木 *D. toxocarpa* Franchet 的种子可榨油；可药用。

Delonix Rafinesque **凤凰木属，Fabaceae 豆科。**高大乔木，无刺。二回偶数羽状复叶，小叶小而多。花两性，大，白色、橙红和鲜红色，组成顶生或腋生伞房状总状花序；萼片 5，具瓣，倒卵形，镊合状排列；花瓣 5，与萼片互生，近圆形，具柄，边缘皱波状；雄蕊 10，离生，伸出花瓣之外；子房无柄，胚珠多颗。荚果带形，下垂，2 瓣裂。种子多颗，有胚乳。花粉粒 3 孔沟，网状纹饰。染色体 $2n=28$。11/1 种，**（6）型**；分布于马达加斯加，肯尼亚北部，索马里和埃塞俄比亚，阿拉伯半岛，印度；中国引入栽培。凤凰木 *D. regia* (Bojer ex Hooker) Rafinesque 栽培于广东、广西、福建、云南和台湾，是优良的庭园观赏树木。

Delphinium Linnaeus **翠雀属，Ranunculaceae 毛茛科。**草本。单叶互生，掌状分裂。花序总状或伞房状；花两侧对称；萼片 5，花瓣状，上萼片有距；花瓣 2，无柄，有距，伸到萼距中，有分泌组织；退化雄蕊无或 2，分化成瓣片和爪，基部常有 2 鸡冠状凸起；雄蕊多数，花丝披针状线形；心皮 1、3-5（-10），胚珠多数，2 列。蓇葖果有脉网。种子四面体形或近球形，具翅。花粉粒 3 沟，穿孔状纹饰。染色体 $2n=14$，16，18，20，24，48。390/175（150）种，**8-4 型**；广布北温带地区；中国除台湾和海南外，各省区均产。

Dendrobium Swartz **石斛属，Orchidaceae 兰科。**附生草本。茎丛生，具节，有时节间膨大。叶互生，基部有关节和具抱茎的鞘。总状花序或伞形花序，生于茎的中部以上节上；萼片近相似，离生；侧萼片宽阔的基部着生在蕊柱足上，与唇瓣基部共同形成萼囊；唇瓣着生于蕊柱足末端，3 裂或不裂，基部收狭为短爪或无爪；蕊柱粗短，顶端两侧各具 1 枚蕊柱齿，基部具蕊柱足；花粉团蜡质，4 个，离生，每 2 个为 1 对，几无附属物。约 1000/85（20）种，**5（7e）型**；广布亚洲热带和亚热带地区至大洋洲；中国产秦岭以南各省区，

云南南部尤盛。细茎石斛 *D. moniliforme* (L.) Swartz、钩状石斛 *D. aduncum* Lindley 等可药用。

Dendrocalamus Nees **牡竹属，Poaceae** 禾本科。乔木状竹类。地下茎粗型；秆丛生；秆壁厚；节内常被密绒毛。箨鞘脱落性，革质；箨耳不明显或缺；箨舌明显；箨片常外翻。叶舌发达；叶片常大型。续次发生花序；假小穗多枚时常密集呈头状或球形；苞片 1-4；顶生小花常不孕；小穗轴很短，无关节；颖 1-3；鳞被缺；雄蕊 6；子房被柔毛，柱头 1，羽毛状。果囊果状或坚果状。花粉粒颗粒纹饰。40/27（15）种，**6 型**；分布于亚洲热带和亚热带地区；中国产西南地区。

Dendrochilum Blume **足柱兰属，Orchidaceae** 兰科。附生草本。假鳞茎顶生 1 枚叶。叶近革质，具柄。总状花序具 2 列排列的花；萼片离生，侧萼片着生于蕊柱基部；花瓣小于萼片；唇瓣基部无爪并略肥厚，不裂或 3 裂而具很小的侧裂片，上面有 2-3 条肥厚的短纵脊；蕊柱短，多少弓曲，两侧边缘具翅；翅围绕蕊柱顶端并在两侧各伸出 1 个臂状物；花药俯倾；粘盘很小；柱头凹陷；蕊喙舌状。270/1 种，**7 型**；分布于东南亚至新几内亚岛，以菲律宾和印度尼西亚为最多；中国产台湾。

Dendrocnide Miquel **火麻树属，Urticaceae** 荨麻科。乔木或灌木，具刺毛。叶螺旋状互生，具柄，全缘、波状或有齿，常具羽状脉；托叶常较大，在叶柄内完全合生。花序聚伞圆锥状，单生于叶腋，雌的团伞花序常具多少膨大的肉质的序梗；雄花 4 或 5 基数；雌花 4 基数；花被片多少合生，裂片近等大，两面有疣状凸起物；宿存柱头向下弯；果期花梗腊肠状。36/6（1）种，**5（7）型**；分布于东南亚，大洋洲和太平洋岛屿的热带地区；中国产台湾、广东南部、海南、广西西南部、云南西部、西南部至东南部、西藏东南部。

Dendrolirium Blume **绒兰属，Orchidaceae** 兰科。附生植物，根状茎发达。假鳞茎肉质，具 2-4 节，顶端着生 3-4 枚叶。叶较厚，2 列着生。花序粗壮，密被绒毛（果时毛变疏）；花苞片卵形或卵状披针形，背面被较密的绒毛，上面被疏的短柔毛；花梗和子房密被黄棕色绒毛；萼片背面密被绒毛；侧萼片基部与蕊柱足合生成萼囊；唇瓣具各种附属物；蕊柱半圆柱状，具蕊柱足；花粉团 8，成 2 组。约 12/2 种，**7（1）型**；分布于亚洲热带地区；中国产华南和西南地区。

Dendrolobium (Wight & Arnott) Bentham **假木豆属，Fabaceae** 豆科。灌木或小乔木。羽状 3 小叶或稀 1 小叶，侧生小叶基部常偏斜。花序腋生，近伞形、伞形至短总状花序；花单生于每一苞片；花萼钟状或筒状，5 裂，上部 2 裂片完全合生或稍 2 裂；花冠白色或淡黄色；雄蕊单体；子房无柄，花柱细长。荚果不开裂，有 1-8 荚节，多少呈念珠状。种子宽长圆状椭圆形或近方形。花粉粒 3 孔沟。染色体 $2n=22$。18/5（1）种，**5 型**；分布于亚洲和大洋洲热带和亚热带地区；中国产海南、广东、广西、贵州、云南、贵州及台湾。假木豆 *D. triangulare* (Retzius) Schindler 的根可入药，有强筋骨之效。

Dendropanax Decaisne & Planchon **树参属，Araliaceae** 五加科。无刺灌木或乔木。单叶，叶片不分裂或掌状 2-5 深裂，常有半透明红棕色或红黄色腺点；托叶无或与叶柄基部合生。伞形花序单生或数个聚生成复伞形花序，顶生；花梗无关节；花两性或杂性；萼筒全缘或具 5 齿；花瓣 5，镊合状排列；雄蕊 5；子房 5 室，稀 2 室，花柱离生至全部合生。核果。种子近球形，胚乳均一。花粉粒 3 孔沟，网状纹饰。80/14（7）种，**3 型**；热带（亚热带）亚洲与热带美洲间断分布；中国产西南至东南。

Dendrophthoë C. F. P. Martius **五蕊寄生属，Loranthaceae** 桑寄生科。灌木。嫩枝叶

和花常被毛。叶互生或近对生。花序总状或穗状（中国不产）。花具苞片1；两性，5数。花瓣合生为管状花冠，开花时顶部5裂，裂片反折或稍扭卷；雄蕊着生于裂片基部；花柱线状，具5棱；子房1室，基生胎座。浆果卵球形。花粉粒3合沟，颗粒状或疣状纹饰。染色体 x=9。（30-35）/1种，**4-1型**；分布于亚洲和大洋洲的热带地区；中国产广西、广东和云南南部。

Dendrotrophe Miquel **寄生藤属，Santalaceae 檀香科**。半寄生木质藤本。叶革质，互生，全缘，叶脉基出。花小，腋生。雄花：单生，或集成聚伞或伞形花序；花被5-6裂，与花盘离生，内面在雄蕊后面有疏毛1撮或有舌状物1条，雄蕊5-6；花盘上位。雌花稍大于雄花，花被管与子房贴生，具退化雄蕊；花盘覆盖子房，子房下位；胚珠2-3。核果顶端冠以宿存花被裂片，粗糙或有疣瘤，较大的疣瘤常形成约10条纵列。种子有纵向的槽。10/6种，**5（7）型**；分布于东南亚至澳大利亚南部；中国产南部至云南。寄生藤 *D. frutescens* (Champ. ex Benth.) Danser 有疏风解热、除湿之功效。

Dennstaedtia Bernhardi **碗蕨属，Dennstaedtiaceae 碗蕨科**。草本，土生。根状茎长而横走。叶一型；叶片三角形至长圆形，常二至四回羽状分离；羽片细裂，基部不对称；叶脉分离，羽状分枝，小脉不达叶边。孢子囊群圆形；囊群盖碗形，由2层（内瓣和外瓣）融合而成，质厚；孢子囊具细长柄；孢子半圆形或钝三角形，周壁有瘤状或带状纹饰。染色体数目多样。约45/8（2）种，**2型**；分布于热带和亚热带地区，向北可达北美洲；中国产西南、华南和华东地区。

Dennstaedtiaceae Lotsy **碗蕨科，水龙骨亚纲/水龙骨目**。草本，土生。根状茎长而横走，被多细胞灰白色刚毛或黄色长柔毛；叶同型，远生；叶片1-4回羽状细裂，卵形或三角形，叶两面被毛或光滑；叶脉分离，羽状分枝。孢子囊群圆形或线形，生小脉顶端、叶缘或裂片缺刻处；囊群盖有或无，碗状、半杯状或为由膜质叶边反折形成的线状假盖；孢子囊为梨形；孢子四面形，周壁具颗粒状、刺状或瘤状纹饰。11属，约265种，分布于热带和亚热带；中国7属，52（16）种，产大部分省区。

Dentella J. R. Forster & G. Forster **小牙草属，Rubiaceae 茜草科**。草本，茎平卧，多分枝。托叶与叶柄合生。花单生，腋生或生于小枝分叉处；花两性，5基数；花萼裂片宿存；花冠漏斗状，裂片芽时镊合状排列；雄蕊内藏；子房2室，胚珠多数，柱头2裂，内藏。果近球形，不开裂，被长腺毛和宿存萼裂片。种子小而有棱角，覆有网纹或斑点。花粉粒3或4孔沟，网状纹饰。染色体 $2n$=18，36。约10/1种，**5型**；原产亚洲东南部，也到大洋洲及北美洲南部；中国产广东、海南、台湾和云南。

Deparia W. J. Hooker & Greville **对囊蕨属，Athyriaceae 蹄盖蕨科**。草本，土生。根状茎斜升、直立或横走。叶簇生或远生；叶片基部最阔或渐变狭；单叶、一至三回羽状；羽片披针形或狭披针形，先端渐尖，基部截形；叶脉羽状或网状，小脉单一或分叉；叶两面多细胞节毛。孢子囊群呈短新月形、线形或长圆形双生；孢子椭圆形或近圆形。染色体 x=40。约70/53（31）种，**11型**；主要分布于亚洲大陆，西达西喜马拉雅，北达俄罗斯远东地区；中国产西南和华南各省区。

Derris Loureiro **鱼藤属，Fabaceae 豆科**。木质藤本，稀直立灌木或乔木。奇数羽状复叶，小叶对生，无小托叶。总状或圆锥花序腋生或顶生；花萼钟状或杯状；花冠白色、紫红色或粉红色；雄蕊10，合生成单体，有时对旗瓣的1枚分离而成二体，花药丁字形着生。荚果薄而硬，扁平，不开裂，沿腹缝线有狭翅或腹、背2缝线均有狭翅，种子1至数粒。种子肾形，扁平。花粉粒3孔沟，网状纹饰。约50/16（9）

种，**2 型**；分布于非洲，亚洲和澳大利亚的亚热带和热带地区，以及太平洋岛屿；中国产西南至台湾。鱼藤 *D. trifoliata* Loureiro 全株可入药，有散瘀止痛的功效。

Deschampsia P. Beauvois **发草属，Poaceae 禾本科。**多年生草本。圆锥花序紧缩呈穗状或疏松且开展；小穗常含 2-3（-5）小花；小穗轴脱节于颖以上，具柔毛，并延伸于顶生内稃之后；颖膜质；外稃膜质，顶端常为啮蚀状，基盘具毛，芒自稃体背部伸出，直立或膝曲，内稃薄膜质，几等于外稃；鳞被 2；雄蕊 3；花柱短而不显著，柱头帚刷状。约 40/3 种，**8 型**；分布于温寒带；中国主产西北、西南地区，台湾也有。发草 *D. cespitosa* (Linnaeus) P. Beauvois 可作饲料。

Descurainia Webb & Berthelot **播娘蒿属，Brassicaceae 十字花科。**一年生或二年生草本。叶二至三回羽状分裂。花序伞房状，无苞片；萼片近直立，早落；花瓣黄色，卵形，具爪；雄蕊 6，花丝基部宽，无齿；花柱短。长角果长圆筒状，果瓣有 1-3 脉，隔膜透明。种子每室 1-2 行，无翅。花粉粒 3 沟，网状-皱状纹饰。染色体 $2n$=14，21。35/1 种，**8-4 型**；分布于北美和南美，1 种为世界广布种；中国除广东、广西、海南、台湾外，各地均产。

Desmanthus Willdenow **合欢草属，Fabaceae 豆科。**灌木或多年生草本。二回羽状复叶，常在最下 1 对羽片着生处有腺体。花小，聚合成头状花序，单生于叶腋，花 5 数，两性或下部为雄花或中性花且常无花瓣而具短的退化雄蕊；花萼钟状，具短齿；花瓣分离或基部稍连合；雄蕊 10 或 5，分离，花药顶端无腺体；子房近无柄。荚果线形，沿缝线开裂为 2 瓣。种子纵列或斜列，卵形至椭圆形。花粉粒 3 孔沟，不规则条纹状纹饰。约 24/1 种，**（3）型**；分布于美洲热带和亚热带地区；中国引入栽培于云南、广东和台湾。

Desmodium Desvaux **山蚂蝗属，Fabaceae 豆科。**草本、亚灌木或灌木。羽状 3 小叶或退化为单小叶，托叶常干膜质。总状花序腋生或顶生组成圆锥花序，稀单生或成对生于叶腋；花萼钟状，4-5 裂；各瓣均有瓣柄；雄蕊二体或稀单体；子房常无柄，胚珠数颗。荚果扁平，不开裂，背腹两缝线稍缢缩或腹缝线劲直，荚节数枚，常具钩状毛。花粉粒 3 孔沟，网状纹饰。约 280/32（4）种，**2 型**；分布于热带和亚热带地区，美洲尤多；中国主产西南经中南部至东南部，仅 1 种产陕西、甘肃。广东金钱草 *D. styracifolium* (Osbeck) Merrill 全株可供药用。

Desmos Loureiro **假鹰爪属，Annonaceae 番荔枝科。**灌木，被单细胞毛。花序具花 1-2 朵，腋生、腋上生或与叶对生。花两性；花萼裂片 3；花瓣 6，2 轮，近等大或外轮常较内轮大，内轮花瓣基部收缩成 1 个覆盖于雌蕊和雄蕊之上的小室；雄蕊多数；心皮多数，离生，子房被毛，每室具胚珠 1-8；柱头弯曲。心皮多数，具短柄，呈念珠状。种子近球形或椭球形。花粉粒无萌发孔或具沟，具刺突。染色体 $2n$=16，20。（23-28）/3 种，**7 型**；分布于亚洲热带和亚热带地区；中国产广东、广西、云南、海南、贵州等。假鹰爪 *D. chinensis* Loureiro 的根和叶可入药。

Desmostachya (Stapf) Stapf **羽穗草属，Poaceae 禾本科。**多年生。秆硬，叶多集生于基部。圆锥花序狭长呈穗状，被短硬毛；小穗线形，含数小花，无芒，脱节于颖之下，两侧压扁，无柄或几无柄，于穗轴的一侧排列为 2 行；颖膜质，背具 1 脉成脊；外稃先端尖或近锐尖，厚膜质，无毛，内稃具 2 脊。约 1/1 种，**6 型**；分布于北非到西南亚，印度，东南亚及中国海南。羽穗草 *D. bipinnata* (Linnaeus) Stapf 可固沙或作牧草。

Deutzia Thunberg **溲疏属，Hydrangeaceae 绣球花科。**落叶灌木。叶对生，边缘具锯齿，被星状毛。花两性，顶生或腋生；萼

筒钟状，与子房壁合生，木质化，裂片 5；花瓣 5；雄蕊 10（-15），常成 2 轮，花丝常具翅，先端 2 齿，花药常具柄，近球形；子房下位，稀半下位，3-5 室，中轴胎座，花柱 3-5，柱头常下延。蒴果 3-5 室，室背开裂。种子具短喙和网纹。花粉粒 3 孔沟，网状纹饰。染色体 x=13。约 60/50 种，**14 型**；分布于东亚温带地区，墨西哥及中美；中国产各省区，以西南部最多。

Deutzianthus Gagnepain **东京桐属，Euphorbiaceae 大戟科**。乔木，小枝有明显叶痕。叶互生，基出脉 3 条，侧脉明显；叶柄顶端有 2 枚腺体。雌雄异株；伞房状圆锥花序顶生，雌花序较雄花序短且狭。雄花：花瓣 5，与萼片互生，内向镊合状排列，花盘 5 深裂，雄蕊 7，2 轮，外轮 5 枚离生，内轮 2 枚常合生达中部，无不育雌蕊。雌花：萼片三角形，花瓣与雄花同，花盘杯状，5 裂，子房被毛，3 室，每室有 1 颗胚珠，花柱 3，仅基部合生。果近圆球状，外果皮壳质，内果皮木质；种子椭圆形，种皮硬壳质，胚乳海绵质。花粉粒无萌发孔，巴豆状纹饰。2/1 种，**7-4 型**；分布于亚洲东南部；中国产广西、云南。

Deyeuxia Clarion ex P. Beauvois **野青茅属，Poaceae 禾本科**。多年生草本。圆锥花序；小穗常含 1 小花，稀含 2 小花，小穗轴延伸于内稃之后而常被丝状柔毛；颖近等长或第一颖较长，先端尖或渐尖；外稃稍短于颖，先端 2-4 齿裂状，中脉自稃体之基部或中部以上延伸成 1 芒，基盘两侧的毛短于外稃，内稃质薄，具 2 脉；雄蕊常 3。约 200/34（15）种，**8 型**；主要分布于温带，在热带地区高山上也有；中国南北都有，主产西南地区。大叶章 *D. purpurea* (Trinius) Kunth 可作饲料。

Dianella Lamarck ex A. L. Jussieu **山菅属，Asphodelaceae 独尾草科**。多年生常绿草本；根状茎常分枝。叶近基生或茎生，2 列，狭长，中脉在背面隆起。花常排成顶生的圆锥花序，有苞片，花梗上端有关节；花被片离生，有 3-7 脉；雄蕊 6；花药基着，顶孔开裂；子房 3 室，每室有 4-8 枚胚珠。浆果蓝色。花粉粒 3 歧沟，网状纹饰。染色体 2n=16。约 20/1 种，**2（3）型**；分布于亚洲和大洋洲的热带地区及太平洋岛屿；中国产云南、四川、贵州、广西、广东南部、海南、江西南部、浙江、福建和台湾。山菅 *Dianella ensifolia* (Linnaeus) Redouté 的根可入药。

Dianthus Linnaeus **石竹属，Caryophyllaceae 石竹科**。草本。根有时木质化。茎多丛生。叶对生，禾草状。花美丽，单生或成聚伞花序；花萼圆筒状，5 齿裂，具 7、9 或 11 脉，基部贴生苞片 1-4 对；花瓣 5，具长爪，瓣片边缘具齿或縫状细裂，稀全缘；雄蕊 10；子房 1 室，胚珠多数，花柱 2。蒴果圆筒形或长圆形，顶端 4 齿裂或瓣裂。种子多数，圆形或盾状。花粉粒散孔，网状纹饰。染色体 2n=14，30，60，90。600/18（4）种，**10 型**；广布北温带，主产欧洲和亚洲，少数产美洲和非洲；中国主产北方草原和山区草地。石竹 *D. chinensis* Linnaeus、香石竹 *D. caryophyllus* Linnaeus 等可供观赏；瞿麦 *D. superbus* Linnaeus 可药用。

Diapensia Linnaeus **岩梅属，Diapensiaceae 岩梅科**。常绿垫状平卧亚灌木。叶小，互生。花单生枝顶，直立，花梗几无（果期伸长）。萼片 5，宽卵形，先端钝或具短尖头。花冠漏斗状钏形或高脚状碟形，5 浅裂；雄蕊 5，生于花冠筒喉部，花丝宽短，花药钝尖，2 室，纵裂；退化雄蕊无或极小；子房 3 室，胚珠多数，倒生；花柱直立，柱头 3 浅裂。蒴果近球形，3 室，室背开裂，每室具多数种子。种子近方体形，种皮海绵状，胚乳丰富。花粉粒 3 孔沟，网状纹饰。4/3（1）种，**8-2 型**；分布于亚洲，欧洲北部和北美；中国产西南部。

Diapensiaceae (Link) Lindley **岩梅科，木兰亚纲/杜鹃花目**。多年生草本或常绿亚灌木。无次级木射线。叶互生或对生，单叶，无托叶；叶柄束弓形至环形。花两性，腋生，辐射对称，单生或排成总状花序；萼5裂；花冠5裂；雄蕊5，着生于花冠上，与花瓣对生，常有退化雄蕊5枚，花药纵裂，多少弯曲，花丝扁平；子房上位，3室，有多数胚珠生于中轴胎座上，珠被具5-7层细胞，胚乳丰富；柱头短，3裂。蒴果。花粉粒3孔沟。染色体n=6。6属，18种，环北极和北温带分布，主产东亚和美国东部；中国3属，6种，中国产西南部和台湾。

Diarrhena P. Beauvois **龙常草属，Poaceae 禾本科**。多年生。顶生圆锥花序；小穗含2-4小花，上部小花退化，小穗轴脱节于颖之上与各小花间；颖微小，远短于小穗，具1（3）脉；外稃厚纸质，具3脉，无芒，基盘无毛，内稃等长或略短于外稃，脊具纤毛或粗糙；雄蕊2枚。颖果顶端具圆锥形之喙。叶片无花环结构，无纺锤细胞，有臂细胞。染色体x=10，19；2n=38，60。4/3种，**9型**；3种分布于东亚，1种到北美；中国产东北。

Diarthron Turczaninow **草瑞香属，Thymelaeaceae 瑞香科**。一年生或多年生草本，或亚灌木。单叶互生；具短柄。总状或穗状花序顶生，花期伸长；无总苞片。花两性；花萼筒壶状，在子房上部收缩，成熟后环裂，上部脱落，下部宿存；花萼4；无花瓣；雄蕊4，1轮，或8枚，2轮；子房1室，几无柄；花盘杯状，边缘有时偏斜。坚果干燥，果皮膜质。花粉粒10-24孔，网状-巴豆型纹饰。染色体2n=18。19/4种，**11型**；分布于亚洲北部；中国产西北至东北地区。

Dicercoclados C. Jeffrey & Y. L. Chen **歧笔菊属，Asteraceae 菊科**。多年生草本。叶互生。头状花序盘状；花托具窝孔；冠毛糙毛状，多层；总苞圆柱形，具外层小苞片，总苞片1层；小花两性，管状，结实，黄色；花药内壁细胞壁增厚两极排列，花药颈部狭长，无增大基生细胞，与花丝等宽而短于花药尾部；花柱分枝具汇合柱头区，顶端稍凸，具长乳头状毛，毛在顶端叉分为二歧画笔状。1/1（1）种，**15型**；特产中国贵州。

Dichanthium Willemet **双花草属，Poaceae 禾本科**。多年生草本。总状花序呈指状；序轴节间及小穗柄纤细，无纵沟；小穗成对着生于穗轴各节，1无柄，1具柄；无柄小穗两性，背腹压扁，两颖近等长，薄革质，第一颖边缘窄，内折成2脊，第二颖舟形，第一小花常退化，第二小花两性，外稃透明膜质，内稃微小或不存在；有柄小穗雄性或中性，无芒。染色体x=10。约20/3种，**4型**；分布于东半球热带和亚热带地区；中国产西部和南部。

Dichapetalaceae Baillon **毒鼠子科，木兰亚纲/金虎尾目**。小乔木或灌木。单叶互生，托叶早落。花小，两性或单性；辐射对称或稍两侧对称，腋生聚伞花序，总花梗有时和叶柄或叶片的中脉贴生；萼片5，分离或稍合生；花瓣常2裂；雄蕊与花瓣互生；花盘分裂为5枚与花瓣对生的腺体或腺体合生成1波状浅环；子房上位或下位，2-3室，每室具2枚倒垂的胚珠，花柱单生，顶部2-3裂。果为核果。花粉粒3孔沟（或5-6孔），穿孔状、网状和皱波状纹饰。染色体x=12。常含有氟乙酸。3属，165种，分布于热带地区；中国1属，2种，产广东、广西、云南。

Dichapetalum Thouars **毒鼠子属，Dichapetalaceae 毒鼠子科**。小乔木、直立或攀援灌木。单叶互生，全缘，叶柄短，托叶2，早落。花小，两性或稀单性，腋生聚伞花序；花梗顶端处具关节；萼片5，基部稍联合或合生成管状；花瓣5，分离，多少匙形，顶端2裂或近全缘；雄蕊5，等大，花药常丝状；腺体5枚，或具浅波状边缘的花盘；子房上位，2-5室。果为核果，常被柔毛，外果皮薄，带肉质，内果皮硬壳质；种子1粒。花粉粒3孔沟（或5-6孔），网状纹饰。染色体x=12。130/2种，

2（6）型；分布于热带和亚热带地区；中国产广东、广西和云南。

Dichocarpum W. T. Wang & Hsiao **人字果属，Ranunculaceae 毛茛科**。多年生草本。根状茎。鸟趾状或一回三出复叶。单歧或二歧聚伞花序；苞片 3 浅裂至 3 全裂；花辐射对称；萼片 5，花瓣状；花瓣 5，具细长的爪；雄蕊 5-25，花丝狭线形；心皮 2，基部合生；胚珠多数，2 列。蓇葖二叉状或近水平状展开。种子圆球形，罕椭圆球形，光滑，偶有小疣状凸起，或粗糙状或有少数纵脉。花粉粒 3 沟或散沟。染色体 2*n*=12，24，36。15/11（11）种，**14 型**；分布于亚洲东部和喜马拉雅山区；中国产秦岭以南。

Dichondra J. R. & G. Forster **马蹄金属，Convolvulaceae 旋花科**。匍匐小草本。叶小，具柄，肾形或心形至圆形，全缘。花单生叶腋；苞片小；花小；萼片 5，分离，近等长，常匙形，草质；花冠宽钟形，深 5 裂，裂片内向镊合状，或近覆瓦状排列；雄蕊较花冠短；花盘小，杯状；子房深 2 裂，2 室，每室有胚珠 2 枚，花柱 2 枚，基生。蒴果，分离成 2 个直立果瓣。种子近球形，光滑。花粉粒 3 沟，外壁平滑。染色体 2*n*=28。14/1 种，**2 型**；分布于南北美洲；中国产长江以南各省区。马蹄金 *D. micrantha* Urban 全草可入药。

Dichotomanthes S. Kurz **牛筋条属，Rosaceae 蔷薇科**。灌木至小乔木。单叶互生，全缘，稀有锯齿，柄短；托叶细小，早落。顶生复伞房花序；萼筒钟状；花萼肉质，果期增大；花瓣 5，白色；雄蕊（15-）20；花丝长短交互排列，着生在萼筒边缘；心皮 1，花柱近顶生至侧生，柱头盘状，边缘不规则，子房上位，1 室，有 2 并生胚珠。果干燥，常突出在肉质萼筒的顶端，萼片宿存，心皮革质。种子 1，扁，子叶平凸。花粉粒 3 孔沟，细条纹-穴状纹饰。染色体 2*n*=34。1/1（1）种，**15 型**；特产中国西南部。

Dichroa Loureiro **常山属，Hydrangeaceae 绣球花科**。灌木或亚灌木。叶对生，稀上部互生。花全为孕性花；花萼裂片不增大。萼筒倒圆锥形，贴生于子房上，裂片 5（-6）；花瓣 5（-6），颜色鲜艳；雄蕊 4-10（-20），花丝线形或钻形，花药卵形或椭圆形，2 室；子房近下位或半下位，具不完全的 3-5 室，侧膜胎座，花柱 2-6，分离或仅基部合生，开展。浆果，略干燥，不开裂。种子无翅，具网纹。花粉粒 3 孔沟，穿孔状纹饰。12/6 种，**7 型**；主要分布于亚洲东南部的热带和亚热带地区，仅少数至太平洋岛屿；中国产西南部至东部。常山 *D. febrifuga* Loureiro 的干燥根茎、枝叶等均可入药。

Dichrocephala de Candolle **鱼眼草属，Asteraceae 菊科**。草本。叶互生或大头羽状分裂。头状花序异型，在枝端和茎顶排成小圆锥或总状花序，稀单生；花托凸起，无托片；无冠毛或两性花瘦果有 1-2 个极短的刚毛状冠毛；总苞片近 2 层；全部花管状，结实，边花雌性多层，中央两性花紫色或淡紫色；花药基部楔形，有尾。瘦果压扁，边缘脉状加厚。4/3 种，**4 型**；产亚洲及非洲；中国产西南、东南、华中、华东及台湾。鱼眼草 *D. integrifolia* (Linnaeus f.) Kuntze 可药用。

Dickinsia Franchet **马蹄芹属，Apiaceae 伞形科**。一年生或二年生草本。根状茎短粗，根丛生；茎直立，光滑，不分枝，叶少数。叶柄长；基生叶叶柄基部有鞘；叶片圆形或肾形。单伞形花序顶生；总苞 2。花瓣卵形，平展，顶端圆钝；花柱基圆锥状，花柱短。果实近四棱形，背负压扁；背棱丝状，凸出，中棱不发达，侧棱扩展成翅状；无油管或油管不发达。种子扁平。心皮柄在顶端稍裂，宿存。花粉粒 3 孔沟，拟脑纹-网状。1/1（1）种，**15 型**；特产中国西南地区。

Dicliptera Jussieu **狗肝菜属，Acanthaceae 爵床科**。草本；具钟乳体。叶对生，具羽

状脉。聚伞花序，常再组成聚伞状或圆锥状；苞片 2，叶状，对生，小苞片 2。花萼 5 深裂；花冠扭曲，花冠管细长，喉部扩大，檐部上唇全缘或 2 浅裂，下唇 3 浅裂；雄蕊 2，花药 2 室，药室卵形，斜叠生或一上一下，基部无附属物；无退化雄蕊；子房 2 室，每室 2 胚珠，具珠柄钩。蒴果基部具不育的实心短柄，开裂时胎座从基部弹起。种子 4，具小疣点或小乳突，无毛。花粉粒 3 孔沟（两侧各 1 条假沟），网状纹饰。染色体 2*n*=26。100/4（2）种，**2 型**；分布于热带和亚热带地区；中国产秦岭、淮河以南地区。狗肝菜 *D. chinensis* (Linnaeus) Jussieu 可入药。

Dicranopteris Bernhardi **芒萁属，Gleicheniaceae 里白科**。中大型土生植物。根状茎长而横走，被鳞片或多细胞红棕色长毛。叶远生，直立或蔓生，一型；叶片一回羽状分离，主轴分枝处有休眠芽；顶生羽片一至二回羽状；末回裂片线形，篦齿状排列，裂片边缘全缘，顶端钝状或微凹；叶脉分离，2-3 回分枝。孢子囊群圆形，无囊群盖，生于裂片下小脉背面，常 1 行排列于主脉与叶边之间；孢子近圆形，四面体，无周壁，白色透明。染色体 *x*=39。约 12/5（2）种，**2 型**；分布于热带和亚热带地区；中国产长江以南。多为酸性土壤指示植物。铁芒萁 *D. linearis* (N. L. Burman) Underwood 和芒萁 *D. pedata* (Houttuyn) Nakaike 可编制手工艺品；也可药用。

Dicranostigma J. D. Hooker & Thomson **秃疮花属，Papaveraceae 罂粟科**。草本，常具黄色液汁。花单生或几朵于茎或分枝先端排成聚伞花序。蒴果圆柱形或线形，2 瓣自顶端开裂至近基部。种子具网纹，无种阜。花粉粒 3 沟，穿孔状纹饰，具小颗粒。3/3（2）种，**14SH 型**；分布于亚洲温带地区；中国产西南部至热带以外的喜马拉雅地区和黄土高原。

Dictamnus Linnaeus **白鲜属，Rutaceae 芸香科**。草本，具浓烈特殊气味。叶互生，奇数羽状复叶，小叶对生，具透明油点。总状花序，花梗基部具苞片 1 枚，花两性；萼片 5，基部合生；花瓣 5；雄蕊 10；雌蕊 5 心皮，每心皮胚珠 3 或 4，子房被粗硬毛。蓇葖果，成熟果裂为 5 个分果瓣，分果瓣 2 瓣裂，顶部具尖长的喙，内具种子 2-3，内果皮近角质；种子近球形。花粉粒 3 孔沟，网状纹饰。染色体 2*n*=30，36。（1-5）/1 种，**10 型**；分布于亚洲，欧洲；中国产西北部至东北部，向南至江西北部。白鲜 *D. dasycarpus* Turczaninow 的根皮可药用。

Dictyospermum Wight **网籽草属，Commelinaceae 鸭跖草科**。多年生草本，根状茎长。茎直立或上升。叶互生。聚伞花序组成顶生圆锥花序。能育雄蕊 3，位于花后方，退化雄蕊 3 或缺，位于花前方，顶端 2 裂，横叉开；子房 3 室，每室有胚珠 1。蒴果圆球状，稍三棱形，果皮常硬壳质而光滑，有时被毛。种子具网纹或否。染色体 2*n*=28。（4-5）/1 种，**7A 型**；分布于亚洲热带；中国产海南和云南西南部。

Didymocarpus Wallich **长蒴苣苔属，Gesneriaceae 苦苣苔科**。草本，稀灌木或亚灌木。叶对生、轮生、互生或簇生。花冠筒细筒状或漏斗状筒形，比筒短；能育雄蕊 2，花药腹面连着；子房线形，1 室，2 侧膜胎座内伸，极叉开，柱头盘状。蒴果线形或披针状线形，室背开裂为 2 瓣。种子椭圆形或纺锤形。花粉粒 3 拟孔沟，网状纹饰。约 180/31 种，**6 型**；分布于亚洲热带地区（可到非洲和澳大利亚）；中国由西藏南部、云南、华南向北达四川、贵州、湖南和安徽南部。

Didymochlaena Desvaux **翼囊蕨属，Didymochlaenaceae 翼囊蕨科**。中型土生植物。根状茎短而斜生或直立，连同叶柄基部密被狭长型鳞片。叶簇生。叶柄长，禾秆色，叶柄上有纵沟，不具关节，叶柄横切面具 3 或多个维管束围成半圆。叶片椭圆至卵

圆形，二回羽状，顶端羽状分裂。叶轴和羽轴上有纵沟，被狭小鳞片；小羽片近长形，近无柄。叶脉分离，羽状分枝，末端增大。孢子囊群椭圆-长圆形，生于小脉顶端，常稍下限于叶片内，叶面微凸起；囊群盖长形；孢子椭圆形至球形，单裂缝，周壁褶皱，表面具小刺状、瘤状凸起。染色体 x=41。1/1 种，**7 型**；泛热带广布（澳大利亚除外）；中国产云南。翼囊蕨 *D. sinuosa* Desvaux 可供观赏。

Didymochlaenaceae Ching ex L. B. Zhang & L. Zhang **翼囊蕨科，水龙骨亚纲/水龙骨目**。中型土生植物。根状茎短而斜生或直立，连同叶柄基部密被狭长型鳞片。叶簇生。叶柄长，禾秆色，叶柄上有纵沟，不具关节，叶柄横切面具 3 或多个维管束围成半圆。叶片椭圆至卵圆形，二回羽状，顶端羽状分裂。叶轴和羽轴上有纵沟，被狭小鳞片；小羽片近长形，近无柄。叶脉分离，羽状分枝，末端增大。孢子囊群椭圆-长圆形，生于小脉顶端，常稍下限于叶片内，叶面微凸起；囊群盖长形；孢子椭圆形至球形，单裂缝，周壁褶皱，表面具小刺状、瘤状凸起。染色体 x=41。1 属/1 种，泛热带广布（澳大利亚除外）；中国 1 属/1 种，产云南。

Didymoglossum Desvaux **毛边蕨属，Hymenophyllaceae 膜蕨科**。极小型附生或石生植物。根状茎纤细，长而横走，密被短绒毛。叶远生，极细小，单叶；叶柄很短，常被柔毛；叶片边缘浅裂或全缘，卵圆形或线状卵圆形；叶脉单一、二叉、扇形或羽状分枝，叶肉的薄壁组织间常有断续的假脉。孢子囊群生于叶缘或叶片小脉顶端，通常不突出或稍突出于叶缘外；囊苞管状，伸长，口部常膨大，全缘，或浅裂为两瓣唇状；囊托突出于囊苞口外。染色体 x=17。约 19/5 种，**2-2 型**；主要分布于亚洲和美洲热带，少数产非洲；中国产云南、海南和台湾。

Didymoplexiella Garay **锚柱兰属，Orchidaceae 兰科**。菌类寄生草本。根状茎块茎状，肉质，具少数根。茎无绿叶，具少数鳞片状鞘。总状花序具数朵或更多的花；花梗明显伸长；萼片和花瓣多少合生成浅杯状或管状；唇瓣贴生于蕊柱基部，具胼胝体；蕊柱长，上端扩大并具 2 个长的、镰刀状的翅，貌似锚的一侧，无明显的蕊柱足；花药药帽具乳突；花粉团 4 个，2 对，无花粉团柄，着生于 1 个黏质物上。约 20/1 种，**6 型**；分布于亚洲热带地区；中国产华南地区。

Didymoplexiopsis Seidenfaden **拟锚柱兰属，Orchidaceae 兰科**。菌类寄生草本。根状茎块茎状，肉质，具少数根。茎无绿叶，具少数鳞片状鞘。总状花序具数朵或更多的花；花梗在花后明显伸长；萼片和花瓣分离；唇瓣贴生于蕊柱基部，具胼胝体；蕊柱长，上端扩大并具 2 个长的、镰刀状的翅，貌似锚的一侧，无明显的蕊柱足；花药药帽具乳突；花粉团 4 个，2 对，无花粉团柄，着生于 1 个黏质物上。约 3/1 种，**6 型**；分布于亚洲热带地区；中国产海南和云南。

Didymoplexis Griffith **双唇兰属，Orchidaceae 兰科**。菌类寄生草本，较矮小，地下具根状茎。根状茎肉质。茎纤细，无绿叶。总状花序具 1 或数朵花；花梗在果期常延长；花小；萼片和花瓣在基部合生成浅杯状；唇瓣基部着生于蕊柱足上，常有疣状凸起或胼胝体；蕊柱长，上端有时扩大而具 2 个短耳，基部有短的蕊柱足；花粉团 4 个，成 2 对，粒粉质，无花粉团柄，附着于黏质物上。约 20/1 种，**6 型**；分布于亚洲热带地区；中国产华南地区。

Didymostigma W. T. Wang **双片苣苔属，Gesneriaceae 苦苣苔科**。一年生草本，具茎。叶对生。花萼狭钟状，5 裂达基部；花冠淡紫色，筒细漏斗状，檐部二唇形，比筒短，上唇 2 浅裂，下唇 3 浅裂。下（前）方 2 雄蕊能育，着生于花冠筒中部之上，花药基着，顶端连着；退化雄蕊 2。花盘

环状。雌蕊内藏，子房线形，侧膜胎座 2，花柱细，柱头 2，等大，片状。蒴果线形，室背纵裂。种子椭圆形。1/1（1）种，**15 型**；特产中国广东和福建南部。

Dienia Lindley **无耳沼兰属，Orchidaceae 兰科**。地生草本，具肉质茎。肉质茎圆柱形，在叶枯萎后多少外露。叶基部收狭成柄；叶柄鞘状。花葶长具很狭的翅；总状花序具数十朵或更多的花；花密集，较小；花瓣线形；唇瓣近宽卵形，凹陷。约 19/2 种，**5 型**；分布于大洋洲和亚洲；中国产华南、西南地区。

Digitalis Linnaeus **毛地黄属，Plantaginaceae 车前科**。草本。叶互生，下部的常密集而伸长。花顶生、朝向一侧的总状花序；萼 5 裂；花冠倾斜，冠筒一面膨大成钟形，子房以上处收缩，裂片近二唇形，上唇短，微凹缺或 2 裂，下唇 3 裂；雄蕊 4，2 强，药室叉开，顶端汇合。蒴果室间开裂。种子多数，微小，种皮有蜂窝状网纹。花粉粒 3 孔沟或沟，网状纹饰。染色体 $2n$=56，112。19/1 种，**10-2 型**；分布于欧洲，亚洲中部和西部；中国广泛栽培。

Digitaria Haller **马唐属，Poaceae 禾本科**。一年生或多年生草本。秆直立或基部横卧地面。总状花序，2 至多枚呈指状排列于秆、枝顶端；小穗 2 或 3-4 枚着生于穗轴之各节；穗轴扁平具翼或狭窄呈三棱状线形；第一外稃具毛，第二外稃顶端尖，背部隆起，贴向穗轴，边缘膜质扁平，覆盖同质的内稃而不内卷。染色体 x=9。250/22（3）种，**2（8-4）型**；分布于热带和暖温带地区；中国大多省区均产。马唐 *D. sanguinalis* (Linnaeus) Scopoli 可作饲料。

Diglyphosa Blume **密花兰属，Orchidaceae 兰科**。地生草本，具假鳞茎。假鳞茎狭长，顶生 1 枚叶。叶具长柄和折扇状的脉。总状花序密生许多花；侧萼片下弯，基部贴生于蕊柱足而形成萼囊；唇瓣稍肉质，具 2 条褶片或龙骨状凸起；蕊柱两侧具翅，基部蕊柱足；药帽顶端呈圆锥状凸起，前缘先端 2 尖裂；花粉团 2 个，蜡质，压扁的三角形。2/1 种，**7d 型**；分布于热带喜马拉雅至东南亚和新几内亚岛；中国产云南。

Dillenia Linnaeus **五桠果属，Dilleniaceae 五桠果科**。乔木或灌木。叶互生，羽状叶脉密而平行，叶柄基部膨大，有翅。花大型，单生或数朵排成总状花序；萼片常 5，果时宿存呈厚革质或硬肉质；花瓣 5，早落；雄蕊（60-）100-700（-900），离生；心皮（4）5-15（-20），1 轮，每心皮 5-80 枚胚珠。果实圆球形，外由宿存的肥厚萼片包被。种子有假种皮。花粉粒 3 沟，网状或皱波状纹饰。染色体 $2n$=24，26。约 65/3 种，**5 型**；分布于从马达加斯加到斐济，马来西亚，澳大利亚；中国产华南和云南。木材坚硬，可作建筑和家具及工艺；果可食。

Dilleniaceae Salisbury **五桠果科，木兰亚纲/五桠果目**。乔木、灌木，稀木质藤本或草本。叶互生、稀对生。花两性，少数单性，单生或排成聚伞花序或总状花序，辐射对称或极少左右对称；萼片（3-）5（-15），宿存；花瓣 5 或稍少；雄蕊多数，花丝联合成束，离心发育；雌蕊群心皮 1-20，离生或各式合生，每心皮 1 至多胚珠，胚珠倒生、横生或弯生。浆果或蓇葖果。种子具各式假种皮，胚乳丰富。花粉粒 3 沟（或 4），稀 3 孔沟。染色体 $2n$=8，10，16，18，20，24，26。10 属，约 500 种，泛热带分布，主产亚洲和美洲热带，澳大利亚，少数到非洲热带；中国 2 属，5 种，产华南和云南。

Dilophia Thomson **双脊荠属，Brassicaceae 十字花科**。多年生草本。根肉质，圆锥状，顶部具鳞片。茎多数，多从基部分枝。基生叶莲座状，无柄，肉质，渐狭成叶柄；总状花序密集，花多数，近头状或伞房状；萼片常宿存，有膜质边缘，基部不呈囊状；花瓣白色、紫色；柱头截平或近 2 裂，无花柱。短角果近倒心形，2 室，开裂，果

瓣背部浅囊状，常有2脊，无毛，隔膜常不完全。种子小，2行，无翅，长圆形，棕色；子叶背倚胚根。2/2（1）种，**13-2型**；分布于不丹，印度锡金，克什米尔，吉尔吉斯斯坦，尼泊尔，塔吉克斯坦，以及中国青海、新疆、西藏、甘肃。

Dimeria R. Brown **鳞茅属，Poaceae 禾本科**。一年生或多年生细弱草本。总状花序单生或数枚着生于秆顶呈指状；小穗含1两性小花和1退化小花，两侧压扁，单生于各节而偏于一侧；序轴三棱形，或一面较扁平，延续而不逐节断落；颖背面有1脉成脊；稃均透明膜质；第一小花外稃小，无内稃，第二小花外稃先端2裂，裂齿间伸出1芒或无。颖果线形。约40/6（3）种，**5型**；分布于热带亚洲和大洋洲；中国主产南部地区。一些种类秆叶幼嫩时可作饲料。

Dimetia (Wight & Arnott) Meisner **藤耳草属（新拟），Rubiaceae 茜草科**。攀援性藤状灌木或亚灌木，有时为近直立的草本。托叶全缘呈三角形或顶端撕裂成刺毛状。圆锥状、头状、聚伞状或伞状花序，顶生或腋生，具花梗，或近无梗且腋生的聚伞状；花两性，二型；花冠裂片4；雄蕊4，内藏或伸出；子房2，胚珠多数，柱头2裂。蒴果，不开裂或室间或室背开裂。种子边缘具不规则的狭翅或呈三角锥形，表面窝孔状。花粉粒（3-）4沟。10/1种，**4型**；主要分布于亚洲，少数到非洲，太平洋群岛（密克罗尼西亚）和澳大利亚；中国产华南和西南地区。

Dimocarpus Loureiro **龙眼属，Sapindaceae 无患子科**。乔木或灌木。偶数羽状复叶，轮生，极少仅单一叶片，末端小叶退化。雌雄同株。聚伞圆锥花序；花辐射对称，单性；花萼5-6；花瓣5（6）或无，无鳞片；花盘环状，5浅裂，被绒毛；雄蕊（6-）8（-10）；子房2或3室，每室1枚胚珠。果（1）2具疣，平滑或有刺的双悬果；种子近球形或椭圆形，具薄而半透明的白色肉质假种皮。花粉粒3孔沟，条纹纹饰，有时密覆小瘤体，小瘤体上有成束的绒毛。染色体 $2n$=30。6/4（1）种，**5（7）型**；分布于南亚和东南亚从斯里兰卡，印度至马来西亚东部与澳大利亚；中国产南部。龙眼 *D. longan* Linnaeus 是重要的经济果树。

Dimorphocalyx Thwaites **异萼木属，Euphorbiaceae 大戟科**。乔木或灌木，无毛，叶互生，全缘，羽状脉。雌雄异株，稀同株；花序总状或聚伞状，顶生或腋生。雄花：花瓣5，离生；腺体5枚，与花瓣互生；雄蕊10-15，外轮5枚离生，其余合生成柱状；无不育雌蕊。雌花：花萼5深裂，覆瓦状排列，花后增大，宿存，花瓣5；花盘环状，子房3室，每室有1颗胚珠，花柱3，基部合生，顶端各2裂。蒴果具3个分果爿，内果皮壳质；种子具肉质胚乳，子叶宽且扁。花粉粒无萌发孔，巴豆状纹饰。约15/1种，**5型**；主要分布于热带亚洲（印度，斯里兰卡到中国南部和婆罗洲）延伸至澳大利亚；中国产海南。

Dinebra Jacquin **弯穗草属，Poaceae 禾本科**。一年生草本。总状圆锥花序顶生，由若干穗状花序不规则排列而成；小穗含（1-）2至多数小花，两性，无柄，成2行覆瓦状排列于穗状花序轴之一侧；小穗轴具关节，且延伸至上部花内稃之后；颖片2，长于小花，具短芒，背具1脉成脊；外稃具3脉，无芒，内稃具2脉成脊；雄蕊3。约3/1种，**6型**；分布于非洲和马达加斯加至印度；中国福建和云南引种栽培。弯穗草 *D. retroflexa* (Vahl) Panzer 可作草料。

Dinetus Buchanan-Hamilton ex Sweet **飞蛾藤属，Convolvulaceae 旋花科**。一年生或多年生缠绕草本。茎具条纹。叶柄圆柱形，或扁平，有时具叶枕；叶片心形，薄纸质，掌状脉。总状或圆锥花序，1或2个生叶腋；苞片叶状，抱茎，宿存；小苞片2（或3），鳞片状；萼片5，分离或基部稍连合，

相等或不相等，果时极增大；花冠漏斗状或近管状；雄蕊 5，内藏；花盘环状或缺；子房 1 室，胚珠 2，基着，花柱 1，柱头椭圆形，顶端微凹或 2 裂。种子 1。花粉粒 3 沟，穿孔或穴状纹饰，具小刺或颗粒或无。染色体 2*n*=28。8/6 种，**7 型**；分布于热带亚洲；中国产长江流域以南各省区。飞蛾藤 *D. racemosus* (Wallich) Sweet 全草可入药。

Diodia Linnaeus **双角草属，Rubiaceae 茜草科**。草本。叶对生；托叶合生成鞘，鞘的顶部有刚毛。花单生或 2-3 朵组成，腋生，部分被托叶鞘包围；花两性，单型；萼裂片常 2 或 4；花冠漏斗状，裂片 4，镊合状排列；雄蕊 4，伸出；子房 2（3-4）室，胚珠每室 1 颗，生于隔膜中部，柱头 2，伸出。果不开裂，肉质或干燥；种子长圆形，平凸状，腹面有纵槽。花粉粒 8-18 孔沟，穿孔状纹饰，偶具刺。染色体 *n*=14。约 50/2 种，**2 型**；分布于美洲和非洲的热带和亚热带；中国产山东、安徽、福建、广东和台湾。为外来入侵植物。

Dioscorea Linnaeus **薯蓣属，Dioscoreaceae 薯蓣科**。藤本。地下有根状茎或块茎。单叶或掌状复叶，互生，或中部以上对生，基出脉，侧脉网状。叶腋有珠芽，或无。雌雄异株。3 枚雄蕊退化。蒴果三棱形，棱翅状，顶端开裂；种子有膜质翅。花粉粒 2 沟，稀单沟，穿孔状、条纹、网状、颗粒和皱波状纹饰。染色体 *x*=9 或 10，染色体倍性有 2，4，6，8，10。（350-800）/52（21）种，**2 型**；泛热带分布；中国产长江以南。薯蓣 *D. polystachya* Turczaninow 可食用；黄独 *D. bulbifera* (Linnaeus) Kunth 可药用；*D. cirrhosa* Loureiro 可提取栲胶。

Dioscoreaceae R. Brown **薯蓣科，木兰亚纲/薯蓣目**。缠绕藤本。有块状或根状的地下茎。地上茎直立。叶互生或在上部对生，单叶或复叶，掌状脉或网脉。雌雄异株。雄花雄蕊 6 或 3 枚；雌花具退化雄蕊，子房下位，3 室。果实为蒴果、浆果或翅果，有 3 个翅状的棱，顶端开裂。种子有翅或无翅，有胚乳，胚细小。花粉 2 沟，稀单沟。4 属，约 870 种，广布热带和亚热带地区；中国 2 属，58 种，产长江以南各地。地下茎可入药。

Diospyros Linnaeus **柿属，Ebenaceae 柿树科**。落叶或常绿乔木或灌木。叶互生，偶或有微小的透明斑点。花单性；雄花常较雌花小，组成聚伞花序；雌花常单生叶腋；花萼 4（3-7）深裂，果期膨大；花冠壶形、钟形或管状，4-5（3-7）裂，裂片向右旋转排列；雄蕊 4 至多数，常 16 枚，常 2 枚连生成对而形成 2 列；子房 2-16 室，花柱 2-5，常顶端 2 裂。浆果肉质，基部常有增大的宿存萼。种子较大，常两侧压扁。花粉粒 3 孔沟，皱波-穿孔状纹饰。染色体 2*n*=30，60，90，135。约 485/60 种，**2 型**；泛热带分布，少数到温带；中国产西南和东南地区。

Dipelta Maximowicz **双盾木属，Caprifoliaceae 忍冬科**。灌木，冬芽有数枚鳞片。花单生叶腋或由 4-6 朵花组成带叶的聚伞花序生于侧枝顶端；4 小苞片交互对生，较大 2 枚紧贴萼筒；萼筒长柱形，萼檐 5 裂；花冠筒钟形，稍二唇形；雄蕊 4，上面 1 对较长；子房 4 室，2 室不育，另 2 室各含 1 枚能育的胚珠。果为肉质核果，萼片宿存，外有 2 宿存增大的膜质翅状小苞片。花粉粒 3 孔沟，具刺。染色体 2*n*=18。3/3（3）种，**15 型**；产甘肃以南。

Dipentodon Dunn **十齿花属，Dipentodontaceae 十齿花科**。半常绿或落叶灌木或小乔木。叶互生，有柄，托叶细少。聚伞花序排列成多花圆头状伞形花序；花序梗及小花梗均较长；花小，5-7 数；萼片与花瓣近同形，等大，花盘较薄；雄蕊 5，着生花盘裂片下的杯状边缘上；子房 3 心皮，基部着生花盘上，不完全 3 室。蒴果，被毛，花柱宿存；种子 1，周围有败育 5 胚珠，无假种皮。花粉粒 3 孔沟，网状纹饰。

1/1 种，**7-2（14SH）型**；分布于缅甸北部，印度东北部，以及中国广西、云南、贵州。

Dipentodontaceae Merrill **十齿花科，木兰亚纲/十齿花目**。乔木或灌木。单叶互生，有托叶。花序聚伞状，花多排成圆头状伞形花序，被短密柔毛；花小，黄绿色或白色，5-7 数；花盘与花被贴合成杯状；子房不完全 3 室，每室胚珠 2，仅 1 室 1 胚珠发育。蒴果或浆果，具宿存花萼和花冠，宿存花柱成喙状。种子黑色。花粉粒 3 孔沟，网状纹饰。2 属，16 种，主要分布于热带亚洲，美洲，澳大利亚和太平洋岛屿，并延伸到东亚温带地区；中国 2 属，3 种，产广西、云南、贵州。

Diphylleia Michaux **山荷叶属，Berberidaceae 小檗科**。多年生草本。根状茎粗壮，多须根，具节，节处有 1 碗状小凹。叶互生，呈 2 半裂，边缘具齿，掌状脉。聚伞花序或伞状花序。花 3 数；萼片 6，2 轮；花瓣 6，2 轮，白色；雄蕊 6，与花瓣对生，花药纵裂；子房上位，1 室，胚珠 2-11。浆果，暗紫黑色，被白粉。种子红褐色，无假种皮。花粉粒 3 沟，刺状纹饰。染色体 $2n$=12。3/1 种，**9 型**；东亚和北美东部间断分布；中国产东北和西南部。山荷叶 *D. sinensis* H. L. Li 可入药。

Diplacrum R. Brown **裂颖茅属，Cyperaceae 莎草科**。一年生细弱草本，具较纤细的须根。叶秆生，具鞘，不具叶舌。聚伞花序短缩成头状，从叶鞘中抽出；小穗较小，花单性，雌雄异穗；雌小穗生于分枝顶端，具 2 鳞片和 1 朵雌花，鳞片对生，顶端常 3 裂，中裂片较大，具硬尖；雄小穗侧生于雌小穗下面，约具 3 鳞片和 1-2 雄花；雄蕊 1-3；柱头 3。小坚果，表面具纵肋或网纹，基部具下位盘。6/2 种，**1 型**；全球广布；中国产华东至华南。

Diplarche J. D. Hooker & Thomson **杉叶杜属，Ericaceae 杜鹃花科**。常绿矮小灌木。叶聚生，革质，具芒刺状细锯齿。总状花序，花小，密集排列于小枝顶端，或缩短成近头状花序；萼片 5，具腺状缘毛；花冠管圆筒状，裂片 5；雄蕊 10，内藏，2 轮排列；花药小，纵裂；子房圆球形，5 室，花柱短，柱头头状。蒴果球形，包藏于宿存萼内，室间开裂。种子倒卵状楔形，种皮具网纹，两端无翅。花粉四合体，3 孔沟。2/2 种，**14SH 型**；分布于东喜马拉雅山；中国产横断山区。

Diplaziopsidaceae X. C. Zhang & Christenhusz **肠蕨科，水龙骨亚纲/水龙骨目**。草本，土生。根状茎粗短。叶簇生；叶片奇数一回羽状分离，先端渐尖或短渐尖，草质至薄草质，小羽片基部对称；叶脉网状，主脉两侧各形成 1-4 行无内藏小脉的网孔。孢子囊群大多为线形或短线形，单生或双生；囊群盖灰白色或棕色膜质，成熟时较厚，腊肠形，全缘，常被紧压于发育中的孢子囊群下；孢子椭圆形或圆肾形，周壁具阔翅状皱褶或网。2 属，4 种，分布于美洲热带和温带，亚洲热带和亚热带；中国 1 属，3 种，产西南部、南部和台湾。

Diplaziopsis C. Christensen **肠蕨属，Diplaziopsidaceae 肠蕨科**。草本，土生。根状茎粗短。叶簇生；叶片椭圆形，奇数一回羽状分离；叶脉网状，主脉粗壮，侧脉形成 1-4 行无内藏小脉的网孔，呈六角形。孢子囊群为粗线形或有时短线形，单生；囊群盖腊肠形；孢子椭圆形或圆肾形，周壁皱褶表面与边缘具小刺状纹饰，外壁光滑。染色体 x=41。约 3/3 种，**2 型**；广布亚洲热带和亚热带，西达印度，南至波利尼西亚，东到日本南部；中国产西南、华南和台湾。肠蕨 *D. javanica* (Blume) C. Christensen 可供观赏。

Diplazium Swartz **双盖蕨属，Athyriaceae 蹄盖蕨科**。草本，土生。根状茎直立或斜升，少为横走。叶簇生或近生；叶片椭圆形，一至四回羽状；叶脉羽状。叶下面沿中肋有极稀疏的线形小鳞片或小节毛。孢子囊群线形或椭圆形，在叶背面双生于一

D

脉两侧或单生于一脉内侧；囊群盖与孢子囊群同形；孢子圆肾形或半圆形，具各种纹饰。染色体 x=41。（300-400）/86（29）种，**2 型**；广布热带和亚热带地区；中国产长江以南各省区。双盖蕨 *D. donianum* (Mettenius) Tardieu 可药用。

Diplazoptilon Ling **重羽菊属，Asteraceae 菊科**。多年生莲座状草本。无茎。全部叶基生。头状花序单生；花托平，蜂窝状，窝缘有易脱落的大小不等的钻状凸起；冠毛长羽毛状，2 层，污白色，等长，基部连合成环，整体脱落；总苞钟状，总苞片多层；花全部两性，紫色。瘦果倒圆锥状，压扁，有 4 条椭圆状纵肋，顶端有平或撕裂果缘，基底着生面平。1/1（1）种，**15 型**；分布于中国西藏、云南等。

Diplectria Blume ex Reichenbach **藤牡丹属，Melastomataceae 野牡丹科**。攀援灌木或藤本。叶对生，3-5 基出脉；常具短柄。花 4 数，由聚伞花序组成的圆锥花序；花萼管状钟形或钟形；花瓣卵形或长圆形，无毛；雄蕊 8，异型，4 长 4 短，短者基部前面具 2 片状体或刚毛，后面具尾状长距；子房下位，卵形。浆果近球形或卵形，不开裂；种子小，楔形，具棱。花粉粒 3 带状孔沟，光滑或微皱纹饰。（6-11）/1 种，**7a-c 型**；分布于印度，缅甸，中南半岛至马来西亚及中国海南。

Diploblechnum Hayata **扫把蕨属，Blechnaceae 乌毛蕨科**。土生中型草本。根状茎在地面上呈细圆柱形的直立主轴，高达 50cm 以上主轴上部密被鳞片；鳞片披针形，深棕色，质厚，全缘，先端钻形。叶簇生；叶片椭圆披针形，渐尖头，向下部渐变狭，二回羽状，羽片多数，披针形，渐尖头，基部以沿叶轴两侧的狭翅相连，翅上有三角形的小凸起，中部羽片深羽裂几达羽轴。叶脉分离，羽状，侧脉二至三叉，小脉不达叶边。叶草质；叶轴和羽轴上面有纵沟，彼此不相通。能育叶与不育叶同形，略较狭。孢子囊群线形，生于主脉与叶边之间，成熟时覆盖叶片下面；囊群盖边生，干膜质，与小羽片等长，幼时覆盖孢子囊群，以后被成熟的孢囊群推向外边，开向主脉，宿存。孢子肾形。染色体 x=27，28。1/1 种，**7 型**；分布于太平洋岛屿（新西兰，加里曼丹，苏门答腊，菲律宾）；中国产台湾。扫把蕨 *B. fraseri* (A. Cunningham) Luerssen 可供观赏。

Diploclisia Miers **秤钩风属，Menispermaceae 防己科**。木质藤本。叶柄痕不明显。叶全缘。萼片和花瓣明显分异；雄花花瓣 6，两侧有内折的小耳抱着花丝，雄蕊 6，分离，花丝上部肥厚，药室横裂；雌花萼片 2 轮，花瓣 2 裂，心皮 3，花柱残迹近基生。果核背部有棱脊，胎座迹隔膜状。种子马蹄形，具少量胚乳，非嚼烂状，子叶非叶状。花粉粒 3 孔沟，穿孔状纹饰。（2-3）/2（1）种，**7 型**；分布于亚洲；中国产西南部至东部。苍白秤钩风 *D. glaucescens* (Blume) Diels 的藤茎可入药。

Diplocyclos (Endlicher)T. Post & O. Kuntze **毒瓜属，Cucurbitaceae 葫芦科**。攀援草本。单叶掌状 5 深裂。花小型，雌雄同株；雄花和雌花簇生于同一叶腋。雄花：雄蕊 3，离生，花丝短，无退化雌蕊。雌花：退化雄蕊 3，子房球形或卵形，3 胎座，胚珠少数，柱头 3，深 2 裂。果实为浆果，小型，球形或卵球形；种子边缘有环带，两面隆起。花粉粒 3 孔（沟），网状纹饰具刺状覆盖层。染色体 n=12。4/1 种，**4（6）型**；分布于热带非洲，亚洲和澳大利亚；中国产台湾、广东和广西。果实有剧毒。

Diplodiscus Turczaninow **海南椴属，Malvaceae 锦葵科**。乔木或灌木。叶具基出脉 5-7 条；有长柄；背面密被星状毛。花小，两性，排成顶生圆锥花序；花萼 2-5 裂；花瓣 5 片；雄蕊 20-30 枚，分离或合生成 5 束；花药药室不连合；退化雄蕊 5 枚，披针形，与花瓣对生；子房 5 室，每室 5 胚珠。蒴果倒卵形，凸起 5 棱，背开

裂为 5 片，每室 1-3 种子。种子密生长绒毛。花粉粒 3 孔沟，皱网状纹饰。（9-10）/1（1）种，**7-4（15）型**；分布于热带亚洲；中国产海南和广西。海南椴 *D. trichospermus* (Merrill) Y. Tang, M. G. Gilbert & Dorr 为国家Ⅱ级重点保护野生植物。

Diploknema Pierre **藏榄属**，**Sapotaceae 山榄科**。乔木。叶互生，簇生枝顶，叶柄在基部增粗；托叶宿存。花序簇生；花萼裂片外面 2 片镊合状排列，里面覆瓦状；花冠裂片 7-16；能育雄蕊 16-80，2-4 列，有时雄蕊群退化，有时多数花瓣状的退化雄蕊；子房圆锥体，无毛或被绒毛，5-14 室，无或具小花盘。浆果。种子大，瘢痕宽，种皮木质至壳质，子叶厚。花粉粒 3-5 孔沟，皱波-穿孔状纹饰。10/2（1）种，**7 型**；分布于南亚次大陆，中南半岛，印度尼西亚，菲律宾及中国云南和西藏。云南藏榄 *D. yunnanensis* D. D. Tao & Z. H. Yang & Q. T. Zhang 为珍稀濒危物种。

Diplomeris D. Don **合柱兰属**，**Orchidaceae 兰科**。地生草本。植株具块茎，块茎 1 或 2 枚，肉质。花葶顶生 1-2 朵花；花大，白色；花瓣较萼片宽大；唇瓣极宽，不裂，具长距；距贴生于蕊柱基部；蕊柱极短；蕊喙大，膜质；花粉团 2 个，粒粉质，具极长而细的花粉团柄和粘盘，裸露；柱头 2 个，极为伸长，在唇瓣的基部上面向下和向前突出，其下半部合生，上部分离；子房被毛。染色体 2*n*=42。4/2 种，**7 型**；分布于东南亚和南亚地区；中国产西南、华东等地区。

Diplopanax **Handel-Mazzetti 马蹄参属**，**Cornaceae 山茱萸科**。乔木。单叶，叶片下面沿中脉常有毛，无托叶。花两性，无花梗，聚生成顶生穗状圆锥花序，花序上部的花单生，下部的排成无总梗或有短总梗的伞形花序；苞片早落；花萼下面有关节，有 5 齿；花瓣 5，在花芽中镊合状排列；雄蕊 10，5 个常不育；子房 1 室，有 1 个胚珠，花柱单生。果实较大，长圆状卵形或卵形。种子 1 粒。1/1（1）种，**15 型**；特产中国中南部。马蹄参 *D. stachyanthus* Handel-Mazzetti 是国家Ⅱ级重点保护野生植物。

Diploprora J. D. Hooker **蛇舌兰属**，**Orchidaceae 兰科**。附生草本。总状花序侧生于茎，下垂，具少数花；萼片相似，伸展，背面中肋呈龙骨状隆起；花瓣比萼片狭；唇瓣基部牢固地贴生在蕊柱的两侧，舟形，为尾状 2 裂，上面纵贯 1 条龙骨状的脊，基部无距；蕊柱短，无蕊柱足；花粉团蜡质，4 个，近球形，每不等大的 2 个为 1 对；粘盘柄从基部向顶端变狭；粘盘小，卵状三角形。2/1 种，**7-1 型**；分布于南亚的热带地区；中国产南方。

Diplopterygium (Diesl) Nakai **里白属**，**Gleicheniaceae 里白科**。草本，土生植物。根状茎长而横走，被红棕色披针形鳞片。叶远生，蔓生，有长柄；主轴粗壮，单一，分叉点的腋间具大的休眠芽，边缘有睫毛，外包有一对羽裂的苞片；顶生羽片二回羽状；小羽片多数，披针形，渐尖，先端常微凹；叶脉一次分叉，伸达叶边，基部一组脉的小脉伸达软骨质底部。孢子囊群圆形，无囊群盖，生于裂片下小脉背面，通常 1 行排列于主脉与叶边之间；孢子近圆形。染色体 *x*=7。约 25/9（4）种，**3 型**；广布亚洲和美洲热带和亚热带地区；中国产长江以南，以西南和华南地区最多。光里白 *D. laevissimum* (Christ) Nakai 的根茎可入药，主治胃脘胀痛、跌打骨折。

Diplospora A. de Candolle **狗骨柴属**，**Rubiaceae 茜草科**。灌木或小乔木。叶对生；托叶合生。聚伞花序、簇生或头状，腋生和腋上生；花 4（-5）数，两性或单性，单型，雌雄同株或杂性异株；花冠高脚碟状，花冠裂片旋转排列；雄蕊伸出；雌花具退化雄蕊；子房 2 室，具胚珠 1-3（-6）枚，中轴胎座；雄花子房中无胚珠，花柱 2 裂。果实浆果状，常具宿存萼；种子近

球形或椭球形，具角。花粉粒3孔沟，网状纹饰。约20/3（1）种，**7a-c（←14）型**；分布于亚洲的热带和亚热带地区；中国产长江流域以南和台湾。根有清热解毒、消肿散结的功效。

Diplotaxis de Candolle **二行芥属，Brassicaceae 十字花科**。草本。茎直立，下部分枝，常具单毛。叶羽状深裂或浅裂，具牙齿或全缘。总状花序伞房状；萼片伸展，内轮不呈或稍呈囊状；花瓣黄色、乳黄色或紫色，基部有爪。长角果长圆形或线形，开裂，有短喙，子房柄短或无。种子多数，2行，卵形或椭圆形，浅棕色，子叶对折。花粉粒3沟，网状-皱状纹饰。染色体2*n*=16，18，22。25/1种，**10型**；分布于非洲西北部，伊比利亚半岛和马卡罗尼西亚，亚洲中部；中国产辽宁。

Dipoma Franchet **蛇头荠属，Brassicaceae 十字花科**。多年生草本；根茎细，匍匐有分枝；茎多数。基生叶莲座状，全缘或上部有数个粗锯齿，具叶柄。总状花序花疏生，果期延长；花大，花梗短，有糙硬毛；萼片直立，具膜质边缘；花瓣白色，具紫色细纹；子房具4-6垂生胚珠。短角果短卵形，压扁，开裂，果瓣膜质，凸出，有龙骨凸起及细脉。种子大，卵形，压扁，无边缘。1/1（1）种，**15型**；特产中国四川、云南。

Dipsacus Linnaeus **川续断属，Caprifoliaceae 忍冬科**。草本。茎直立，具棱和沟，棱上常具短刺或刺毛。基生叶不分裂，3裂或羽状深裂，叶缘常具齿或浅裂；茎生叶对生，常被刺毛。头状花序呈卵圆形，顶生，叶状总苞片1-2层；花萼顶端4裂；花冠白色、淡黄色、紫红色或黑紫色，顶端4裂；子房下位，1室。瘦果藏于革质的囊状小总苞内，小总苞具4-8棱，瘦果顶端具宿存萼。花粉粒3沟，二型刺状-网状、二型刺状-穴纹、二型刺状-皱波或较平滑纹饰。染色体2*n*=16，18。20/7（2）种，**10型**；分布于北非，欧洲至亚洲；中国南北皆有，主产西南。

Dipteracanthus Nees **楠草属，Acanthaceae 爵床科**。多年生草本；具钟乳体。叶对生，具羽状脉。花单生或3朵簇生叶腋；小苞片叶状，基部具柄，长于花萼。花萼5深裂；花冠钟状或筒状，檐部5裂；雄蕊4，2强，花药2室，药室基部叉开呈剑形，无芒状附属物，药隔顶端具方形附属物；子房2室，每室3-8胚珠；具珠柄钩。蒴果棒状，基部具实心的短柄，开裂时胎座不从基部弹起。种子6-16，圆形，边缘具膜质的薄翅，边缘被毛，其余部分无毛。花粉粒3孔沟，网状纹饰。染色体2*n*=24。150/1种，**4型**；分布于亚洲东南部和非洲东部；中国产华南和西南地区。

Dipteridaceae Seward ex E. Dale **双扇蕨科，水龙骨亚纲/里白目**。土生。根状茎长而横走，密被刚毛状鳞片或长柔毛。叶为单叶，一型或二型，疏生或远生；叶柄直立，基部与根状茎相连处无关节；叶片扇形或卵形，浅裂或全缘；叶脉网状，小脉明显，内藏小脉单一或分叉。孢子囊群小，圆形，无盖，点状或近汇生，布满能育叶叶背面的小脉上；孢子囊球形，具柄，环带垂直或稍斜；孢子椭圆形或三角形。2属，约11种，分布于亚洲热带地区；中国2属，5种，产西南、华南和台湾。

Dipteris Reinwardt **双扇蕨属，Dipteridaceae 双扇蕨科**。草本，土生。根状茎长而横走，密被刚毛状鳞片。叶为单叶，一型，远生；叶柄直立，光滑，上面有纵沟；叶片扇形，多回两歧分叉，裂片浅裂；叶脉网状，网眼内有反折而分叉的内藏小脉。孢子囊群小，圆形，无盖，点状生，布满于能育叶叶背面的小脉上；孢子囊球状梨形；孢子椭圆形。染色体*x*=11。约8/3种，**2型**；主要分布于亚洲热带和亚热带，向北可到日本南部；中国产西南和华南。双扇蕨*D. conjugata* Reinwardt、中华双扇蕨*D. chinensis* Chris可供观赏。

Dipterocarpaceae Blume **龙脑香科，木兰亚纲/锦葵目。**乔木。叶互生，常 2 列，单叶，全缘，具羽状脉；具托叶。花序腋生；花两性，辐射对称；萼片 5，合生，覆瓦状排列；花瓣 5，离生，覆瓦状或旋卷状；雄蕊 10（5）至多数，花药 2 室，具从药隔发育的顶端附属物；心皮 2-4（5），合生，子房上位，中轴胎座。坚果，花萼宿存，2-5 枚延伸并常形成翅状。花粉粒 3 沟或 3 孔沟型。17 属，680 种，分布于亚洲及非洲热带；中国 5 属，13 种，产云南、广西、海南及西藏（墨脱）。

Dipterocarpus C. F. Gaertner **龙脑香属，Dipterocarpaceae 龙脑香科。**大乔木。叶革质，全缘或具波状圆齿；托叶大，包藏顶芽，脱落后留下环状托叶痕。总状花序；萼片呈罐状或杯状，仅基部合生；花瓣常旋转状排列，被短柔毛或星状毛；雄蕊多数，花药线形，药隔附属体芒状或丝状；心皮 3，每心皮胚珠 2 枚，柱头稍膨大。坚果，种子 1 枚，宿存萼裂片中有 2 枚增大成翅状。花粉粒 3 孔沟，粗糙到网状纹饰。染色体 n=11。69/3 种，**7a 型**；分布于东南亚；中国产云南东南部至西部、西藏东南部（墨脱）。羯布罗香 *D. turbinatus* C. F. Gaertner 可提取树脂油工业用或药用；东京龙脑香 *D. retusus* Blume 可用于房屋建筑。

Dipteronia Oliver **金钱枫属，Sapindaceae 无患子科。**乔木。奇数羽状复叶，对生，小叶 9-17，边缘具锯齿，无托叶。聚伞圆锥花序顶生，花单性，辐射对称；花萼 5，花瓣 5，乳白色或绿色，具爪；花盘环形，浅裂；雄蕊 6-8；子房 2 室，胚珠每室 2 颗，有 2 气孔。果实近似梨果，由 2 近圆形双悬果组成，每一个有 1 完整的翅包裹着种子。花粉粒 3 孔沟，条纹纹饰。2/2（2）种，**15 型**；分布于甘肃、贵州、河南、湖北、山西、四川及云南。金钱枫 *D. sinensis* Oliver 可供观赏。

Diptychocarpus Trautvetter **异果芥属，Brassicaceae 十字花科。**一年生草本。具单毛。基生叶非莲座状，单叶，倒披针至近匙形，边缘羽状浅裂或呈微波状具齿，具叶柄；茎上部的叶条形，全缘。总状花序疏散，少花，花梗短，果期增粗；萼片直立，内轮萼片基部呈囊状；花瓣白色或淡红紫色，条形至长圆形，具爪；子房条形，有多数胚珠。果瓣有明显中脉。种子单列，具宽翅，近圆形，扁平。花粉粒 3 沟，网状-皱状纹饰。子叶缘倚胚根。染色体 $2n$=14。1/1 种，**12 型**；分布于亚洲中部和西南部，欧洲东南部；中国产新疆。

Disanthus Maximowicz **双花木属，Hamamelidaceae 金缕梅科。**落叶灌木。叶具长柄，叶片全缘，5-7 掌状脉。花序具 2 枚对生花；花两性，无柄；萼筒短，被毛，萼片 5；花瓣 5，红色，细披针形；雄蕊 5，花丝短，花药外向，2 室；子房上位，每室胚珠 5 或 6，花柱短，柱头微小。蒴果木质，室背 2 爿裂。种子椭球状。花粉粒 3 沟，网状纹饰。染色体 $2n$=16。1/1 种，**14SJ 型**；分布于日本，以及中国湖南、江西和浙江。

Dischidanthus Tsiang **马兰藤属，Apocynaceae 夹竹桃科。**草质藤本。叶对生。聚伞花序，腋外生；花萼裂片内面基部有腺体 5 枚；花冠坛状，花冠喉部紧缩，裂片略向右覆盖，基部加厚；副花冠生于合蕊冠背部，裂片 5，肉质、两侧扁平、镰刀状、直立；花药顶端具膜片；花粉块每室 1 个；子房由 2 枚离生心皮组成。蓇葖双生。种子顶端具白色绢质种毛。1/1 种，**7 型**；分布于越南及中国华南和西南地区。

Dischidia R. Brown **眼树莲属，Apocynaceae 夹竹桃科。**藤本或攀援半灌木，具乳汁。叶对生，肉质。聚伞花序，腋生；花萼裂片内面基部有 5 个腺体；花冠坛状，花冠喉部紧缩，裂片短而厚，镊合状排列；副花冠由 5 枚锚状片组成，着生于合蕊冠上，顶端 2 裂或全缘；合蕊冠极短；花粉块每室 1 个；花药顶端具膜片；子房由 2 枚离生心皮组成。蓇葖双生或单生。种子顶端

具白色绢质种毛。约 80/7（2）种，**5 型**；分布于亚洲和大洋洲的热带和亚热带地区；中国产南部及西南部。

Discocleidion (Müller Argoviensis) Pax & K. Hoffmann **丹麻杆属，Euphorbiaceae 大戟科**。灌木或小乔木。叶互生，边缘有锯齿，基出脉 3-5 条。总状花序或圆锥花序，顶生或腋生；雌雄异株，无花瓣；雄花 3-5 朵簇生，花萼裂片 3-5，雄蕊 25-60，花丝离生，花药 4 室；花盘具腺体，无不育雌蕊；雌花 1-2 朵生于苞腋，花萼裂片 5，花盘环状，子房 3 室，每室有胚珠 1 枚，花柱 3，2 裂。蒴果具 3 个分果爿；种子球形，具疣状凸起。花粉粒 3 孔沟，穿孔状纹饰。2/2 种，**14（SJ）型**；分布于中国和琉球群岛；中国产安徽、福建、甘肃、广东、广西、贵州、湖北、湖南、江西、陕西、山西、四川、浙江。

Disepalum J. D. Hooker **异萼花属，Annonaceae 番荔枝科**。乔木或灌木，被单毛。花序具花 1-3 朵，顶生或与叶近对生。花萼（2 或）3，较大呈叶状，开始将花芽包被，最后呈反卷状。花瓣（4-）6，（1 或）2 轮，近等大，常离生，偶合生成杯状，顶端在幼时常为覆瓦状；花托常宽大于高，在果期膨大；雄蕊多数，药隔垫状；心皮多数，被毛，每心皮有胚珠 2 枚，侧生胎座；花柱顶端被毛。心皮不开裂；种子光滑，近椭球形。花粉粒八分体，具沟，穿孔状纹饰。染色体 $2n$=16。9/2 种，**7a 型**；分布于亚洲东南亚部；中国产广东、广西、海南、贵州、云南。

Disperis Swartz **双袋兰属，Orchidaceae 兰科**。地生草本，地下具根状茎和块茎。茎纤细，基部有 2-3 枚鳞片状鞘。叶很小。花单朵或 2-3 朵生于茎端叶腋中萼片常直立，较狭窄，与宽阔的花瓣合生或靠合而呈盔状；侧萼片基部合生，中部向外凹陷成袋状或距状；唇瓣基部有爪，上部常 3 裂；花药 2 室，药室分开；花粉团 2 个，粒粉质，由小团块组成，每个花粉团各具 1 个花粉团柄和粘盘；柱 2 个；蕊喙较大，两侧各具 1 条臂状物。74/1 种，**4 型**；主要分布于热带非洲和南非，少见于热带亚洲，澳大利亚和太平洋岛屿；中国产香港和台湾南部。

Disporopsis Hance **竹根七属，Asparagaceae 天门冬科**。多年生草本，根状茎肉质，圆柱状或连珠状，横走。茎多拱形，无毛。叶茎生，常互生。花两性，单朵或几朵簇生于叶腋，常俯垂；花梗在顶端具关节；花被片下部合生成筒，上部离生；近花被筒口部具 1 副花冠，副花冠裂片 6，肉质或膜质；雄蕊 6，与花被裂片对生；花药线形或基部稍宽，纵裂；花丝极短；子房 3 室；花柱短，柱头头状。浆果。染色体 $2n$=40。6/6（4）种，**7-4 型**；分布于老挝，菲律宾，泰国，越南及中国长江流域和南方各省区。

Disporum Salisbury **万寿竹属，Colchicaceae 秋水仙科**。多年生草本，具根状茎。纤维根肉质。茎下部各节有鞘，上部常有分枝。叶互生，叶柄短或无。伞形花序具 1 至数花，着生于茎和分枝顶端，无苞片；花被狭钟形或近筒状，多少俯垂；花被片 6，离生，基部囊状或距状；雄蕊 6，着生于花被片基部，花丝扁平，花药矩圆形；子房 3 室。浆果，熟时黑色。种子近球形。花粉粒单沟，网状纹饰。染色体 x=6，7，8，9。21/15（9）种，**14 型**；东亚分布，向南到达中南半岛；中国产南北各省区。

Distephanus Cassini **黄花斑鸠菊属，Asteraceae 菊科**。灌木，被毛及无柄的腺。叶互生，3 脉，全缘。头状花序于茎枝顶端排成圆锥花序状；冠毛 2 层，外层短，糙毛状，内层扁平，糙毛状、刺毛状或羽毛状；总苞钟形或半球形，总苞片 6 层，覆瓦状排列，顶急尖或长渐尖；小花金黄色，多数；花药具硬化的尾；花柱分叉处膨大，扫粉毛钝。果具 5-12 肋。约 40/2 种，**6-2 型**；分布于非洲，印度和亚洲，集中产马达加斯加岛；中国产西南地区。

Distyliopsis P. K. Endress **假蚊母树属，Hamamelidaceae 金缕梅科**。常绿乔木。叶倒披针形，全缘或近全缘，羽状脉，有时具基出 3 脉。雄全同株；密集圆锥花序或总状花序，每花序轴终止于 1 朵花；雄花无柄，具退化心皮；两性花具长柄；花托坛状至杯状；萼片和花瓣无；雄蕊（1-）5-6（-15），花药 2 室；子房上位，每室胚珠 1 枚。蒴果沿果序轴 2 列。6/5（4）种，**7a/d 型**；分布于东亚至东南亚；中国产南部。

Distylium Siebold & Zuccarini **蚊母树属，Hamamelidaceae 金缕梅科**。常绿灌木或小乔木。叶革质，全缘或顶端具浅锯齿，羽状脉。密集圆锥花序或总状花序腋生；花雄性或两性；花杯无；萼片和花瓣无；雄花雄蕊 1-8，花药 2 室；两性花雄蕊 5-8，子房上位，每室 1 枚胚珠。蒴果卵球形。每室种子 1 枚。花粉粒 4 至多沟，网状纹饰。染色体 $2n$=24。18/12（11）种，**7-1 型**；分布于东亚，南亚和东南亚；中国南部广布，西南尤盛。

Diuranthera W. B. Hemsley **鹭鸶兰属，Asparagaceae 天门冬科**。多年生草本；根状茎较短。叶基生，簇生或排在莲座内。花葶常不分枝，比叶长，下部有几个不育苞片；花两性，常成对，具短梗；花梗具关节或无；花被片 6，离生，具 3-5 脉；雄蕊 6，稍短于花被片；花丝丝状，花药在近基部背着，较长，多少弧曲，基部有 2 个平行的尾状附属物；子房 3 室；蒴果三棱形。种子黑色，圆形，压扁，基部有 2 小耳。染色体 $2n$=56。4/4（4）种，**15 型**；分布于中国西南各省区。

Dobinea Buchanan-Hamilton ex D. Don **九子母属，Anacardiaceae 漆树科**。灌木或多年生草本植物。叶互生或对生，具齿。雌雄异株；圆锥花序或总状花序顶生或腋生；花二型；雄花苞片小，线形，具花梗，花萼钟状，4-5 裂，花瓣 4-5，椭圆形或匙形；雄蕊 8-10；存在退化的雌蕊；雌花花梗与苞片中脉的下半部合生，苞片大，膜状，无花萼和花瓣，无不育雄蕊，花盘环状，花柱 1。果凸镜状，为花后扩展的膜质苞片所托。花粉粒 3 带状孔沟，网状纹饰。染色体 x=7。2/2（1）种，**14 型**；分布于喜马拉雅东部至中国西南。羊角天麻 *D. delavayi* (Baillon) Baillon 的根茎可作药。

Docynia Decaisne **移𣏾属，Rosaceae 蔷薇科**。常绿或半常绿乔木。单叶互生，全缘或具齿，有时浅裂，有叶柄与托叶。花 2-5 朵丛生，与叶同时开放或先叶开放；花梗短或近于无梗；苞片小，早落；萼筒钟状，外被绒毛，萼片 5，披针形；花瓣 5，基部有短爪，白色；雄蕊 30-50，2 轮；花柱 5，基部合生，子房下位，5 室，每室具 3-10 胚珠。梨果近球形、卵形或梨形，具宿存萼片。花粉粒 3 孔沟，条纹状纹饰。5/2（1）种，**14（SH）型**，分布于亚洲；中国产西南各地。栽培可供观赏用；果实可食或入药。

Dodartia Linnaeus **野胡麻属，Mazaceae 通泉草科**。多年生草本，直立。茎多分枝。叶少而小，对生或互生，无柄，条形或为鳞片状，全缘或有疏齿。总状花序，花稀疏；花萼钟状，宿存，萼齿 5；花冠二唇形，上唇短而伸直，端凹入，下唇较上唇长而宽，有隆起的褶襞，被毛，3 裂；雄蕊 4 枚，2 强，无毛，药室分离而叉分；柱头浅 2 裂。蒴果近圆球形，不明显的开裂；种子多数。花粉粒 3 沟，网状纹饰。1/1 种，**12 型**；分布于亚洲西部；中国产西部和西北部。

Dodecadenia Nees **单花木姜子属，Lauraceae 樟科**。常绿乔木，叶互生，羽状脉。假伞形花序单独或簇生于叶腋，仅包含 1 花。4 或 5 枚总苞片覆瓦状排列。花单性。花被片 6，近相等，排列成 2 轮。雄花：12 枚雄蕊排列成 4 轮，每轮 3 个；花药 4 室，内向瓣裂。雌花：子房上位，花柱伸长，柱头膨大。果实着生于盘状果托上。

1/1 种，**7 型**，分布于喜马拉雅南部地区；中国产四川西部、西藏东南部和云南。

Dodonaea Miller **车桑子属，Sapindaceae 无患子科**。乔木或灌木，全株有胶液，腺毛。单叶或羽状复叶，轮生，稀互生，无托叶。雌雄同株或异株；花单性或两性，单生叶腋或组成总状伞房或圆锥花序；萼片（3-）5（-7）；无花瓣，无花盘或仅有退化的雄蕊；雄蕊 5-15，花丝极短；子房（2）3-5（6）室，每室 2 胚珠，丝状，柱头分裂。蒴果开裂，2-3（-6）室，室背常延伸为半月形或扩展纵翅。无假种皮，胎座大。花粉粒 3 孔沟，粗糙、网状、颗粒或皱波状纹饰。染色体 2*n*=28，30，32。59/1 种，**2（5）型**；分布于亚洲及附近岛屿；中国产西南部、南部至东南部。车桑子 *D. viscosa* Jacquin 可护坡保水。

Dolicholoma D. Fang & W. T. Wang **长檐苣苔属，Gesneriaceae 苦苣苔科**。草本，具根状茎。叶基生，椭圆形。花萼 5 裂达基部；花冠淡红色，筒细筒状，檐部大，比筒稍长，二唇形，上唇 2 裂几达基部，下唇 3 深裂，所有裂片狭三角形；下（前）方 2 雄蕊能育，内藏，花丝狭线形，花药近背着，连着；退化雄蕊 2；花盘环状；雌蕊内藏，子房狭卵球形，花柱细，柱头盘状。蒴果长椭圆球形，纵裂成 4 瓣。种子长椭圆形，两端尖，光滑。花粉粒 3 孔沟，网状纹饰。约 1/1（1）种，**15 型**；特产中国广西西南部。

Dolichopetalum Tsiang **金凤藤属，Apocynaceae 夹竹桃科**。藤状灌木。茎和叶被有黄色长柔毛。叶对生，基脉掌状 5 出；叶柄顶端具有 10 个丛生的小腺体。总状聚伞花序，腋生；花萼裂片双盖覆瓦状排列，内面基部具有许多小腺体；花冠管盆状，裂片镊合状排列，下部宽卵形而上部退化成为极长钻状的尾；副花冠贴生于合蕊柱的背面；花丝合生；花药顶端线状；着粉腺比花粉块略长；离生心皮 2 枚，胚珠多数；柱头短锥形，顶端微凹。蓇葖单生，平滑。种子椭圆形，顶端具丝状的种毛。1/1（1）种，**15 型**；特产中国广西西部和贵州。

Dolichos Linnaeus **镰扁豆属，Fabaceae 豆科**。草本或灌木。根茎大，木质。羽状或稀指状 3 小叶，或单小叶，常在开花时始发叶。总状花序腋生或顶生，稀近伞形花序；花萼具 5 齿；花冠苍白至黄色或紫色，旗瓣近圆形，常具耳及附属体，龙骨瓣具喙；雄蕊 2 体；花柱膨胀增厚，常向基部弯曲，柱头顶生，周围常有 1 圈毛。荚果直或弯曲，扁平。种子扁，种脐短且常居中。花粉粒 3（-6）孔沟，网状纹饰。染色体 2*n*=20。约 60/4 种，**6 型**；分布于非洲和亚洲；中国产云南、海南和台湾。

Dolomiaea de Candolle **川木香属，Asteraceae 菊科**。草本，常为莲座状。头状花序同型；花托平，蜂窝状；冠毛锯齿状、粗毛状或短羽毛状，多层，基部连合成环；全部小花两性花冠紫色或红色，外面有腺点；花药基部附属物尾状，有乳突；花丝分离，无毛。瘦果 3-4 棱形或几圆柱状，顶端有果缘，基底着生面平。染色体 2*n*=36，34。13/12（10）种，**14S 型**；分布于印度，尼泊尔，缅甸，克什米尔及中国西北部。川木香 *D. souliei* (Franchet) C. Shih 的根可入药。

Donax Loureiro **竹叶蕉属，Marantaceae 竹芋科**。多年生、亚灌木状草本；有根茎，茎常分枝。花成对生于苞片内。萼片披针形；花冠管短；外轮退化雄蕊较内轮长，硬革质退化雄蕊楔形，兜状退化雄蕊一侧浅裂达中部；子房 2-3 室，每室有胚珠 1。果实不开裂，具瓤。种子具槽，有不规则的疣状凸起，无假种皮。花粉粒无萌发孔。3/1 种，**7 型**；分布于亚洲东南部；中国产台湾。叶柄纤维用作编织手工品和乐器的弦。

Dontostemon Andrzejowski ex C. A. Meyer **花旗杆属，Brassicaceae 十字花科**。草本。茎分枝或单一。叶多数，全缘或具齿，草

质或肉质。总状花序顶生或侧生，萼片直立，扁平，或内轮 2 枚基部略呈囊状；花淡紫色、紫色或白色，基部具爪；长雄蕊花丝成对联合。长角果圆柱形至长线形，或果瓣与假隔膜呈平行方向压扁成带状。种子 1 行，褐色而小。染色体 $2n$=14，28。11/11（1）种，**11 型**；分布于东亚和喜马拉雅地区；中国广布。

Dopatrium Buchanan-Hamilton ex Bentham **虻眼属，Plantaginaceae 车前科**。一年生、纤细草本。叶对生，全缘，肉质，有时退化为鳞片状。花小，淡紫色，单生叶腋或排成 1 顶生、疏散的总状花序；萼 5 深裂；花冠管上部扩大，二唇形，其 2 裂的上唇显著短于 3 裂而伸展的下唇；雄蕊上部 2 枚发育，下部 2 枚极小而不发育。蒴果小，卵形，室背开裂。种子细小，有节结或略有网脉。染色体 $2n$=14，28。10/1 种，**5（7a-c）型**；产于非洲，亚洲和大洋洲的热带地区；中国产河南、陕西（南部）、江西、江苏、云南、广西、广东和台湾。

Doronicum Linnaeus **多榔菊属，Asteraceae 菊科**。多年生草本。叶互生，基生叶具长柄；茎叶疏生，常抱茎或半抱茎。头状花序；冠毛白色或淡红色，具疏细齿；总苞片 2-3 层；缘花辐射状，中央花两性，管状；花柱 2 裂，分枝短线形柱头乳突在花柱分枝近轴面连续分布。瘦果长圆形，具 10 条等长的纵肋。花粉粒 3 孔沟，具刺，刺间微网状-穿孔状。染色体 $2n$=30，40，60。40/7（4）种，**10（12）型**；分布于温带北非，亚洲和欧洲；中国产北方、西北及青海、西藏。阿尔泰多郎菊 *D. altaicum* Pallas 可药用。

Doryopteris J. Smith **黑心蕨属，Pteridaceae 凤尾蕨科**。草本，土生。根状茎横走。叶簇生或散生，一型或轻度二型；叶柄基部鳞片披针形，中央有 1 条厚的栗黑色中肋，两侧浅棕色；叶片五角形，掌状分裂或 3 出，有时为单叶，全缘。叶脉分离或少为网状，侧脉分叉；叶轴、中肋和主脉背面均为栗黑色。孢子囊群沿边脉着生，线形，囊群盖由反折变质的叶边形成，连续，仅在裂片顶端及基部中断；孢子球状四面体形，有褶皱和颗粒状纹饰。染色体 x=29，30。约 35/1 种，**4 型**；分布于非洲，亚洲，澳大利亚和北美，巴西尤盛；中国产广东、广西、海南和台湾。黑心蕨 *D. concolor* (Langsdorff & Fischer) Kuhn 可药用。

Draba Linnaeus **葶苈属，Brassicaceae 十字花科**。草本，植株矮小。叶为单叶。总状花序。内轮萼片较宽，基部不呈或略呈囊状；花瓣黄色或白色，稀玫瑰色或紫色，倒卵楔形，顶端常微凹，基部大多成狭爪；雄蕊 6（偶有 4）；雌蕊瓶状，罕有圆柱形，无柄。果实为短角果。种子小，2 行，每室数粒至多数，卵形或椭圆形。花粉粒 3 沟，粗网状纹饰。染色体 $2n$=16，32，48。390/50（16）种，**8-5 型**；分布于北半球北部高山地区；中国广布，主产西南、西北地区。

Dracaena Vandelli ex Linnaeus **龙血树属，Asparagaceae 天门冬科**。乔木状或灌木亚灌木状。茎木质。叶常聚生于茎或枝的顶端或最上部，基部抱茎。花序顶生，多分枝；花被圆筒状、钟状或漏斗状；花被片 6，花梗有关节；雄蕊 6，花丝着生于裂片基部，下部贴生于花被筒，花药背着，常丁字形，内向开裂；子房 3 室，每室 1-2 枚胚珠；花柱丝状，柱头头状，3 裂。浆果近球形，具 1-3 颗种子。花粉粒单沟，穴状、皱波状、网状和瘤棒状纹饰。染色体 x=20。约 170/6 种，**2-1 型**；分布于亚洲和非洲的热带和亚热带地区；中国产南部。

Dracocephalum Linnaeus **青兰属，Lamiaceae 唇形科**。草本。茎直立。叶心状卵形或长圆形、披针形。轮伞花序密集成头状、穗状或稀疏排列；花常蓝紫色；苞片倒卵形，常具锐齿或刺；花萼管形，15 脉，5 齿，每两齿之间具瘤状的胼胝体；冠筒喉部变宽，冠檐二唇形；雄蕊 4，后

对较前对为长，花药常无毛，2 室；子房 4 裂；花柱细长，先端等 2 裂。小坚果长圆形，光滑。花粉粒 6 沟，复网状纹饰（网眼内具穴）。染色体 2*n*=10，12，14，18，20，36，72。约 70/35（21）种，**10 型**；分布于旧世界温带；中国产东北、华北、西北及西南。

Dracontomelon Blume **人面子属，Anacardiaceae 漆树科**。乔木。奇数羽状复叶；叶全缘，稀锯齿。圆锥花序腋生或顶生；花 5 数，两性，具花梗；雄蕊 10，与花瓣等长，花丝线状钻形；花盘碟状，不明显浅裂；子房 5 室，每室 1 胚珠，花柱 5，上部合生。核果近球形，中果皮肉质，内果皮横切面五角形，略扁平，形如人面，有 5 个小腔；种子椭圆状三棱形。花粉粒 3-4 孔沟，粗糙、网状或条纹状纹饰。染色体 *x*=18。8/2（1）种，**5 型**；分布于印度至马来西亚和斐济；中国产西南及南部。人面子 *D. sinense* Stapf 的果核可作工艺品；也是良好的木材树种。

Dregea E. Meyer **南山藤属，Apocynaceae 夹竹桃科**。攀援木质藤本。叶对生。伞状聚伞花序，腋生；花萼裂片内面有腺体；花冠辐状至浅碗状，裂片深 5 裂，向右覆盖；副花冠 5 裂，裂片肉质，外角钝或矩形，内角延长成 1 尖齿紧靠花药；雄蕊着生于花冠的近基部；花药具膜片；花粉块每室 1 个；子房由 2 枚离生心皮组成，胚珠多数。蓇葖双生，外果皮厚，具纵棱条或横皱褶片状，或平滑。种子顶端具白色绢质种毛。花粉无萌发孔。染色体 2*n*=22。约 12/4（3）种，**6 型**；分布于亚洲南部和非洲南部；中国产南部地区。

Drepanostachyum P. C. Keng **镰序竹属，Poaceae 禾本科**。灌木状竹类。粗型地下茎；丛生，秆末梢下垂；节间圆筒形，光滑，腔内无髓，节隆起；秆中部芽宽卵形；分枝多，小枝轮生，近等粗，纤细。秆箨脱落性，箨鞘纸质，长三角形而上部急尖；箨片钻形。单次发生花序，圆锥花序呈镰形簇生于花枝上；每小穗含 2-6 朵小花；颖片 2；鳞被 3；雄蕊 3；花柱 1，柱头 2，羽毛状。颖果长圆形。10/4（4）种，**7-2 型**；分布于不丹，印度，尼泊尔及中国西南地区。

Drimycarpus J. D. Hooker **辛果漆属，Anacardiaceae 漆树科**。乔木。单叶轮生，常绿，全缘，总状花序，腋生或顶生。花 5 数。雄蕊花丝钻形，花药卵形至心形，多种形状；花盘环状；子房下位，1 室，1 胚珠，花柱 1。核果横断面椭圆形，1 小腔，松脂状中果皮，内果皮革质；种子具直胚芽。3/2（1）种，**7 型**；分布于印度至婆罗洲；中国产云南。辛果漆 *D. racemosus* (Roxburgh) J. D. Hooker 可药用。

Droguetia Gaudichaud-Beaupré-Beaupré **单蕊麻属，Urticaceae 荨麻科**。草本。茎渐升。叶互生或对生，有柄，边缘有齿，基出脉 3；托叶分生。团伞花序腋生，外围以钟状或管状、具齿的总苞。雄花较多，生于花序的周围，花被片 1，常有 3 齿，雄蕊 1 枚；雌花 1-2 朵生于两性花序的中央或生于单性花序的总苞中，柱头丝形。瘦果包于总苞内，卵形。种子有胚乳。花粉粒 3 孔，颗粒状纹饰。染色体 *n*=9。7/1 种，**6 型**；主产非洲，1 种星散分布于非洲东北部及亚洲的热带地区；中国产云南。

Drosera Linnaeus **茅膏菜属，Droseraceae 茅膏菜科**。草本，常多年生。具根状茎。叶互生或基生，常莲座状密集，被头状黏腺毛。聚伞花序；花萼常 5 裂；花瓣 5，分离，宿存；雄蕊 5，与花瓣互生；子房上位，1 室，侧膜胎座 2-5，胚珠常多数；花柱常 3-5，宿存。蒴果，室背开裂。种子小，多数，外种皮具网状脉纹。四合花粉，多孔（10-30），刺状纹饰。染色体数目变异较大，染色体 *n*=10。约 100/6（1）种，**1 型**；主要分布于大洋洲，各大洲均产；中国产长江以南及台湾等沿海岛屿，少数到东北地区。

Droseraceae Salisbury **茅膏菜科，木兰亚纲/石竹目。**食虫植物。草本，陆生或水生。叶互生，常莲座状密集，稀轮生，常被头状黏腺毛。有限花序；花两性；萼5裂；花瓣5，分离，旋转式排列；雄蕊5，花丝分离；子房上位，侧膜或基生胎座，心皮2-5，合生，胚珠3至多数。果实为室背开裂蒴果，稀不裂。花粉粒四合花粉，3孔或多孔。染色体 x=5-24。3属，115种，主要分布于热带，亚热带和温带地区，少数到寒带；中国2属，7种，主产长江以南及台湾等沿海岛屿，少数到东北地区。

Dryas Linnaeus **仙女木属，Rosaceae 蔷薇科。**矮小常绿半灌木。茎丛生或稍匍匐地面。单叶互生，边缘外卷，全缘至近羽状浅裂，下面白色；托叶贴生于叶柄，宿存。花茎细，直立，仅生1朵两性花，少为杂性花；萼筒短，凹下，有腺毛；萼片（6-）8（-10），宿存；花瓣（6-）8（-10），倒卵形；雄蕊多数，离生，2轮；花盘和萼筒结合；心皮多数，离生，花柱顶生。瘦果多数，顶端有白色羽毛状宿存花柱。花粉粒3孔沟，条纹状纹饰。染色体 $2n$=18。3-14（1）种，**8-2型**；分布于北半球及极地高山；中国产吉林和新疆。根部与放线菌可形成根瘤固氮。

Drymaria Willdenow ex Schultes **荷莲豆草属，Caryophyllaceae** 石竹科。草本。茎匍匐或近直立。叶对生，叶片圆形或卵状心形，具3-5基出脉；托叶小，刚毛状，常早落。花单生或成聚伞花序；萼片5，绿色，草质；花瓣5，顶端2-6深裂；雄蕊5，与萼片对生；子房卵圆形，1室，胚珠少数，花柱2-3，基部合生。蒴果卵圆形，3瓣裂，含种子1-2。种子卵圆形或肾形，稍扁。花粉粒散孔，颗粒状纹饰。染色体 $2n$=24，36，44，72。49/2种，**2型**；分布于墨西哥，西印度群岛至南美；中国见于长江以南及台湾。荷莲豆草 *D. diandra* Blume 全草可入药。

Drynaria (Bory) J. Smith **槲蕨属，Polypodiaceae 水龙骨科。**草本，附生。根状茎粗肥横走，肉质。叶二型：不育叶短而基生，为腐殖质叶，无叶绿素；能育叶为营养叶，绿色，羽状深裂，裂片或羽片披针形，以不明显的关节与叶轴合生；叶脉连接成大小四方形网眼，单一或二叉内藏小脉，为槲蕨型脉系。孢子囊群圆形，不具囊群盖，也无隔丝；孢子椭圆形，具刺状纹饰。染色体 x=37。约15/9（1）种，**2型**；分布于泛热带和亚热带；中国产长江以南，向西达西藏，向北到秦岭。槲蕨 *D. roosii* Nakaike、川滇槲蕨 *D. delavayi* Chris、石姜莲槲蕨 *D. propinqua* (Wallich ex Mettenius) J. Smith 的根状茎均可入药。

Dryopteridaceae Herter **鳞毛蕨科，水龙骨亚纲/水龙骨目。**根状茎短而直立、斜升、横走或有时攀援；密被鳞片。叶簇生或散生；叶片一型或二型，一至五回羽状或单叶、偶奇数羽状；薄纸质、纸质或革质。中轴腹面有纵沟。叶脉羽状或分离，或各种程度网结、形成1至多行网眼，内具（或不具）内藏小脉。孢子囊群圆形，圆肾形或卤蕨型，背生于小脉或近顶生；有盖（偶无盖）；囊群盖圆形、肾形，偶为椭圆形等。孢子单裂缝、无色、具显著周壁。染色体 x=41。约26属，2100余种，世界广布，主产东亚和新世界；中国12属，约500种，广布。

Dryopteris Adanson **鳞毛蕨属，Dryopteridaceae 鳞毛蕨科。**草本，土生。根状茎直立或斜升，少有横卧。叶簇生，一型或少数二型。叶柄基部密被卵形、卵状披针形至狭披针形鳞片；叶片一回至四回羽状或四回羽裂；叶脉分离，小脉单一或分叉，叶背及叶轴、羽轴常被狭披针形、钻形或泡状鳞片，或被纤维状鳞毛。孢子囊群圆形，囊群盖圆肾形、半球形（或偶无盖）；孢子卵形、椭圆形。染色体 x=41。约400/167（60）种，**1型**；世界广布，以亚洲大陆（特别是东亚）尤盛；中国产西南地区。

香鳞毛蕨 *D. fragrans* (Linnaeus) Schott、粗茎鳞毛蕨 *D. crassirhizoma* Nakai 可药用。

Drypetes Vahl **核果木属，Putranjivaceae 假黄杨科**。乔木或灌木。单叶互生，羽状脉，托叶 2。花单性，雌雄异株；无花瓣；雄花簇生或组成团伞、总状或圆锥花序，萼片 4-6，雄蕊 125，排成 1 至数轮，花药 2 室，退化雌蕊极小或无；雌花单生于叶腋内或侧生老枝上，萼片与雄花的相同，花盘环状；子房 1-2 室，稀 3 室，每室有 2 胚珠。核果或蒴果，1-2 室，稀 3 室，每室有种子 1；种子无种阜。花粉粒 3 孔沟，穿孔状至网状纹饰。约 200/12（2）种，**2 型**；分布于亚洲，非洲和美洲的热带及亚热带地区；中国产台湾、广东、海南、广西、贵州和云南。

Duabanga Buchanan-Hamilton **八宝树属，Lythraceae 千屈菜科**。大乔木，略具板根；树皮灰白色，不裂；树干通直；枝四角形，下垂。叶对生，全缘，长椭圆形，先端尖，基部浅心形；羽状脉，侧脉多数，近平行；叶柄短。大型伞房花序顶生；萼片 5；花瓣 5，倒卵形，白色，有波纹；雄蕊多数；子房半下位，4-8 室，胚珠多数。蒴果球形，略具 4 棱，4-8 瓣裂，宿萼厚革质；种子小，两端有星状突出物。花粉粒 3 孔，疣状纹饰。染色体 n=12。（2-3）/2 种，**7 型**；分布于东南亚热带雨林；中国产云南，海南有引种。

Dubyaea de Candolle **厚喙菊属，Asteraceae 菊科**。莲座状草本，茎上半部及花梗常被黑色硬毛。叶常大头羽状分裂。头状花序；冠毛黄色或棕褐色，锯齿状，2 层，易断折；总苞片 3-4 层，常被黑色的多细胞长节毛或糙硬毛；小花紫红色或蓝色。果淡黄色或褐色，棒状、纺锤状或椭圆状等，稍压扁，有 6-17 条不等粗的纵肋，顶端截无喙。花粉粒 3 孔沟，有刺脊，小刺长。染色体 2n=16。15/12（8）种，**14SH 型**；产不丹，印度北部，缅甸北部，尼泊尔及中国西南地区。

Duhaldea de Candolle **羊耳菊属，Asteraceae 菊科**。灌木或草本。叶互生。头状花序辐射状或假盘状；花托无苞片；冠毛多数，刺毛状；边缘小花 1 层，舌片长 1-15mm，雌性，中央花两性，裂片短；花药顶端附片截形，药室内壁组织两极化排列；花柱分叉以上具尖扫粉毛。果被毛。染色体 2n=18，20，40。15/7（2）种，**14SH 型**；分布于中亚，东亚及东南亚；中国产西南及南方地区。翼茎羊耳菊 *D. pterocaula* (Franchet) Anderberg 可入药。

Dumasia de Candolle **山黑豆属，Fabaceae 豆科**。缠绕草本或攀援状亚灌木。羽状 3 小叶。总状花序腋生；花黄色，中等大小；花萼圆筒状，筒口斜截形，萼齿不明显；各瓣均具长瓣柄，旗瓣具耳，龙骨瓣常较翼瓣稍短；雄蕊二体；子房线形，具短柄，胚珠数颗，花柱细长，弯曲处膨大。荚果线形，扁平或近念珠状，基部有宿存花萼。种子多为黑色或蓝色。花粉 6 孔，网状纹饰。染色体 2n=20，22。10/9（5）种，**4 型**；分布于亚洲，非洲南部及大洋洲的巴布亚新几内亚地区；中国产西南至东南部，西南部尤盛。小鸡藤 *D. forrestii* Diels 的果可药用，有止痛、松弛肌肉之效。

Dunbaria Wight & Arnott **野扁豆属，Fabaceae 豆科**。藤本。羽状 3 小叶，小叶下面有明显的腺点，小托叶常缺。花单生于叶腋或排成总状花序；花萼钟状，裂齿披针形或三角形，上面 2 枚合生；花冠常黄色，旗瓣和翼瓣基部都具耳，龙骨瓣弯曲，有时具喙；雄蕊二体；子房具柄或无柄，有胚珠数颗，花柱丝状，内曲，无毛。荚果线形或线状长圆形，开裂。种脐长或短，有薄或细小的种阜。花粉粒 3 孔沟，网状纹饰。20/8 种，**5（7）型**；分布于热带亚洲和大洋洲；中国产西南、中南及东南部。

Dunnia Tutcher **绣球茜属，Rubiaceae 茜草科**。灌木。叶对生；托叶常 2 裂。伞房状聚伞花序，顶生；花两性，二型，4-5 基

数；花萼裂片可变态成白色花瓣状；花冠高脚碟状或漏斗状，裂片镊合状排列；雄蕊内藏或伸出；子房 2 室，胚珠多数，柱头 2 裂，伸出或内藏。蒴果，近球形，室间开裂为 2 果爿。种子多数，扁平，周围有膜质撕裂状的阔翅。1/1（1）种，**15 型**；特产中国广东中部至西部。绣球茜 *D. sinensis* Tutcher 为国家 II 级重点保护野生植物。

Duperrea Pierre ex Pitard **长柱山丹属，Rubiaceae 茜草科**。灌木或小乔木。叶对生；托叶基部合生成鞘状。伞房状聚伞花序，顶生和腋生；花萼裂片 5-6，长过萼管近 2 倍；花冠高脚碟形，冠管外面被粗毛，裂片 5-6，芽时旋转状排列；雄蕊 5-6，着生于冠管喉部，稍伸出；子房 2 室，每室有胚珠 1 枚，生于盾形的胎座上，柱头长伸出，远超花冠裂片。浆果，近球形，室间有浅槽。种子腹面常凹陷。2/1 种，**7-2 型**；分布于印度，中南半岛，以及中国广西、海南和云南。

Duranta Linnaeus **假连翘属，Verbenaceae 马鞭草科**。有刺或无刺灌木。单叶对生或轮生。无限花序，顶生或腋生；花萼顶端有 5 齿，宿存，结果时增大；花冠二唇形；雄蕊 4，内藏，2 强雄蕊；子房由 4 个 2 室的心皮组成 8 室，花柱短，不外露，柱头为近偏斜的头状。核果藏在宿萼内，有 4 核，每核 2 室，每室有 1 种子。花粉粒 3 孔沟，穿孔纹饰。染色体 $2n=16$。约 20/1 种，**3 型**；分布于热带美洲和中美洲热带；中国引进 1 种，在南方栽培。

Duthiea Hackel **毛蕊草属，Poaceae 禾本科**。多年生。叶片常纵卷。具顶生而常偏于一侧的总状花序；小穗较大，两侧压扁或背部稍呈圆形，含 1-3 小花，小穗轴脱节于颖之上及各小花之间；颖等于或短于小穗；外稃背部圆形，被硬毛或柔毛，先端深 2 裂；芒较粗壮，宿存，自外稃裂片间伸出，下部扭转，上部直如针状，内稃具 2 脊，顶端延伸成 2 尖齿；无浆片；雄蕊 3；柱头 2 或 3。3/1 种，**14SH 型**；分布于克什米尔，阿富汗及中国西南地区。

Dysolobium (Bentham) Prain **镰瓣豆属，Fabaceae 豆科**。草质或灌木状攀援植物。羽状 3 小叶。总状花序腋生，具肿胀的节；萼钟状，上方 2 裂齿合生，下方裂片较长；花冠蓝紫色，旗瓣较大，龙骨瓣有时明显向上弯，有喙；雄蕊二体；子房无柄，有绢毛，花柱纤细，上弯，在柱头下方环生须毛。荚果带状，木质，略扁，被短绒毛，2 裂。种子黑褐色或黑色，种脐长圆形，假种皮为 2 裂片组成。4/2 种，**7a-c 型**；分布于印度，东南亚，以及中国云南、贵州和台湾。

Dysosma Woodson **鬼臼属，Berberidaceae 小檗科**。多年生草本。根状茎粗短，多须根；茎直立，单生，基部覆被大鳞片。叶大，盾状。花数朵簇生或组成伞形花序，花两性。萼片 6，膜质；花瓣 6，暗紫红色；雄蕊 6，花药内向开裂；雌蕊单生，柱头膨大，子房 1 室，胚珠多数。浆果，红色。种子多数，无肉质假种皮。花粉粒 3 沟，穿孔或网状纹饰。染色体 $2n=12$。约 7/7（6）种，**14SH 型**；分布于越南北部及中国南方。八角莲 *D. versipoellis* (Hance) M. Cheng ex T. S. Ying 可入药。

Dysoxylum Blume **樫木属，Meliaceae 楝科**。乔木或灌木。羽状复叶，小叶基部常偏斜。花雌雄异株，偶见两性花；萼常 3-6 齿裂，或为分离的 3-5 萼片；花瓣 3-6，分离或有时下部与雄蕊管合生；雄蕊管圆筒形，花药 6-16，生于雄蕊管喉部；花盘管状；子房 2-6 室，每室有胚珠 1-2 颗。果为蒴果，2-6 瓣裂，每室有种子 1-2 颗；种子常具假种皮。花粉粒扁球形至球形，3-5 沟，以 4 沟为主，带状孔沟，穿孔，网状，平滑或粗糙纹饰。染色体 $2n=80$。约 80/11（1）种，**7 型**；分布于热带亚洲，热带和亚热带大洋洲及太平洋群岛；中国产广东、广西、海南、台湾和云南。

Dysphania R. Brown **刺藜属，Amaranthaceae 苋科**。草本，常芳香。茎直立、上升或匍匐。单叶互生。花序顶生及腋生，简单或复合聚伞花序、穗状花序，密集聚伞花序或密集腋生聚伞花序；无苞片。花两性（稀功能性单性）；花被片 1-5；雄蕊 1-5；子房上位，单室，胚珠 1，花柱及柱头 1-3，柱头丝状。胞果 1，常包被于花被片内，果皮膜质。花粉近球形，具散孔。染色体 $2n$=16，18，32，36 或 48。约 30/4 种，**1 型**；世界广布，主产热带，亚热带至暖温带地区；中国主产北方，四川、云南、西藏也有。土荆芥 *D. ambrosioides* (Linnaeus) Mosyakin & Clemants 全草可入药；果实含挥发油，可驱虫。

Ebenaceae Gücke **柿树科，木兰亚纲/杜鹃花目**。乔木或灌木。植物组织中都含有黑色萘醌，有时含生氰化合物。叶互生，常 2 列，单叶，全缘，羽状脉，下表面含有蜜腺；无托叶。有限花序，常退化为单花，腋生；花常为单性花（雌雄异株），辐射对称；萼片 3-7，合生，常宿存且随着果实的发育而不同程度地增大；花瓣 3-7，合生，呈壶状，有覆瓦状或镊合状裂片，常卷旋。雄蕊（3-）6 至多数，花丝常贴生于花冠，花药偶从顶端开裂；心皮 3-8，合生，胚珠每室 1 或 2。浆果。花粉粒 3 孔沟。4 属，548 种，泛热带分布，少数到温带；中国 1 属，60 种，产西南部至东南部。

Eberhardtia Lecomte **梭子果属，Sapotaceae 山榄科**。常绿乔木。单叶互生；托叶极早落，留痕迹。花簇生，具短柄；花萼裂片覆瓦状排列；花冠管近圆筒形，裂片 5，每裂片背面有 2 个附属物；能育雄蕊 5，与花冠裂片对生；退化雄蕊 5，与花冠裂片互生，比能育雄蕊长，边缘具细齿；子房上位，柱头不明显。核果，先端具残存花柱。种子 5，室背开裂，瘢痕长圆形，具油质胚乳。3/2 种，**4 型**；分布于越南，老挝，以及中国云南东南部、广西和广东交界处。梭子果 *E. tonkinensis* Lecomte 是重要油料作物。

Ecballium A. Richard **喷瓜属，Cucurbitaceae 葫芦科**。蔓生草本。无卷须。叶片心形。花雌雄同株极稀异株；雄花序总状，花萼裂片 5，花冠 5 深裂，雄蕊 3，花药宽，药室折曲，无退化雌蕊；雌花单生，花萼和花冠同雄花，退化雄蕊 3，子房长圆形，胎座 3，花柱短，柱头 3，2 裂，胚珠多数。果实长圆形，肉质，成熟后从果梗脱落，种子喷射散播；种子小，长圆形，扁平。花粉粒 3 孔沟，网状纹饰。染色体 n=9。1/1 种，**12 型**；分布于地中海沿岸地区和小亚细亚；中国产新疆。喷瓜 *E. elaterium* (Linnaeus) A. Richard 可作泻下剂用。

Echinacanthus Nees **恋岩花属，Acanthaceae 爵床科**。多年生草本或灌木；具钟乳体。叶对生，具羽状脉。聚伞花序顶生或腋生；苞片近叶状；小苞片无。花萼 5 深裂至近基部；花冠漏斗形或钟状，5 裂，裂片等大；雄蕊 4，2 强，内藏，花丝基部成对合生，花药 2 室，药室基部均具 2 个芒刺状距；子房 2 室，每室 4-8 胚珠；具珠柄钩。蒴果圆柱形，开裂时胎座不从基部弹起。种子 8-16，表面具吸湿性柔毛。花粉粒 3 沟。5/4（3）种，**14SH 型**；分布于越南，不丹，印度，尼泊尔，以及中国广东、广西、贵州和云南。

Echinochloa P. Beauvois **稗属，Poaceae 禾本科**。一年生或多年生草本。圆锥花序，花序密集；小穗单生或 2-3 个聚轴的一侧；背腹压扁；颖具锐尖芒；第一颖小，三角形，第二颖近等长或稍短于小穗；外稃等长或短于小穗，革质，常具喙或短芒；第二小花两性，顶端游离，外稃成熟时变硬。花粉粒细网状纹饰。染色体 x=9。35/8 种，**2（8-4）型**；分布于亚热带和暖温带地区；中国产各省区。湖南稗子 *E. frumentacea* Link、紫穗稗 *E. esculenta* (A. Braun) H. Scholz 可作饲料或粮食。

Echinocodon D. Y. Hong **刺萼参属，Campanulaceae 桔梗科**。多年生草本。根胡萝卜

状。叶互生，羽状深裂。花单生或2-3花成聚伞花序；花萼2-5裂，裂片具2-4刺状小裂片；花冠管状，3-5裂；雄蕊3-5；子房几乎完全下位，3-5室，胚珠多数，柱头3-5裂，裂片条形反卷。蒴果球形，顶部圆锥形，室背开裂。种子多数，椭圆形，具3肋。花粉粒4（5）沟，皱波状和具刺纹饰。染色体 $2n=16$。1/1（1）种，**15型**；特产中国湖北。

Echinops Linnaeus **蓝刺头属，Asteraceae 菊科**。草本。叶互生，常有刺。头状花序仅含有1个小花，多数头状花序在茎枝顶端排成球形或卵形的复头状花序；冠毛刚毛膜片状，线形或钻形，边缘糙毛状，或边缘平滑，无糙毛，上部或中部以上或分离；总苞由刺状外苞片和线形或披针形的内苞片组成。瘦果常被长柔毛，顶端有短鳞片多枚。花粉粒3孔沟，具短刺或颗粒状纹饰。染色体 $2n=14$，26，28，30，32，36。120/17（5）种，**10型**；分布于非洲，亚洲，欧洲；中国产各省区，新疆尤盛。

Echium Linnaeus **蓝蓟属，Boraginaceae 紫草科**。草本，被糙硬毛。叶披针形。镰状聚伞花序圆锥状，有苞片；花萼深5裂，裂片近轴的2片较小；花冠左右对称，常被毛，裂片不等大，喉部无附属物，基部具环；雄蕊5，不着生在花冠筒的同一平面上，花丝伸出花冠；子房4裂，花柱伸出，被毛，2裂；雌蕊基平。小坚果卵形或狭卵形，淡褐色，有疣状凸起或平滑，着生面居果的基部，花粉粒3孔沟，网状纹饰，有芽孢状凸起或为平滑、穿孔纹饰。染色体 $2n=16$，24，32。约40/1种，**10-3型**；分布于非洲，欧洲及亚洲西部；中国产新疆。

Eclipta Linnaeus **鳢肠属，Asteraceae 菊科**。草本。叶对生。花托托片芒状；冠毛不存在或为2短芒。外围的雌花2层，结实，舌片短而狭，中央花两性，多数结实，花冠管状，白色，顶端具4齿裂；花药基部具极短2浅裂；花柱分枝扁，顶端钝，有乳头状凸起。果三角形或扁四角形，顶端截形，有1-3个刚毛状细齿，两面有粗糙的瘤状凸起。花粉粒3孔沟，具刺，刺间有穿孔或光滑。染色体 $x=11$。5/1种，**2型**；分布于暖温带至亚热带；1种广泛入侵中国各地。鳢肠 *E. prostrata* (Linnaeus) Linnaeus 可入药。

Edgeworthia Meisner **结香属，Thymelaeaceae 瑞香科**。灌木。单叶互生，常簇生于枝顶。头状花序顶生或腋生；苞片数枚组成1总苞；小苞片早落。花两性；花梗基部具关节；花萼筒漏斗形，密被银色长柔毛，基部宿存；花萼4；无花瓣；雄蕊8，2轮；子房1室，无柄，被毛，柱头棒状，具乳突；花盘杯状，浅裂。果干燥或稍肉质。花粉粒6-10孔，网状-巴豆型纹饰。染色体 $2n=18$，36，72。5/4（3）种，**14型**；分布于亚洲；中国产长江流域以南。韧皮纤维坚韧，可造纸和人造棉；结香 *E. chrysantha* Lindley 可供观赏。

Egeria Planchon **水蕴草属，Hydrocharitaceae 水鳖科**。多年生沉水草本。无根状茎和匍匐茎。茎细长，直立。叶3-6片轮生于茎上，无柄，线形或披针形。佛焰苞无柄，内含1朵花。花单性，雌雄异株，雄花和雌花漂浮于水面，借助水流传粉。雄花萼片3；花瓣3，白色；花丝明显，花药线形；雌花子房1室；花柱3，不2裂。果实卵形，平滑，不规则开裂。种子梭形，有黏液。花粉粒无萌发孔，刺状纹饰。染色体 $2n=46$。3/1种，**3d型**；原产南美；欧洲，南非，亚洲，澳大利亚及北美等为入侵物种；中国见于广东。

Ehretia P. Browne **厚壳树属，Boraginaceae 紫草科**。乔木或灌木。叶互生或簇生，卵形至披针形，平滑或粗糙，边缘全缘，圆齿状或齿状。聚伞花序呈伞房状或圆锥状，顶生或腋生。花两性，有时为两型，花萼圆筒形，浅到深裂，很少增大，夏日覆瓦状排列；花冠白色、淡黄色、淡粉色或蓝色，管极短或长度超过裂片；无毛，

E

裂片扩展或反折；花药常外露，有时内藏，离生；花柱顶生，中部以上2裂，柱头2，头状或伸长。核果近圆球形，常无毛，内果皮成熟时分裂为2个具2粒种子或4个具1粒种子的分核。花粉粒6异沟，穿孔、条形-皱状或网状-皱状纹饰。染色体 n=9。约40/18种，**2（6）型**；主要分布于热带地区，以非洲和东亚为分布中心；中国产长江以南各省区。厚壳树 *E. acuminate* R. Brown 的树皮可作染料；基及树 *E. microphylla* 可作盆景。

Ehrharta Thunberg **皱稃草属，Poaceae 禾本科。**一年生或多年生草本。花序总状。小穗具3朵小花，下部2小花退化仅余不育外稃，顶生小花可育，两侧压扁，颖片宿存；不育外稃常具横皱纹，上部的不育外稃常在基部呈钩状，有时具芒；可育外稃骨质到革质，无芒；雄蕊1-4或6。染色体 x=12，2n=24，48。（27-38）/1种，**6d 型**；分布于旧世界暖温带，主产澳大利亚和南非；中国产云南。皱稃草 *E. erecta* Lamarck 可作牧草，广泛引种栽培。

Eichhornia Kunth **凤眼蓝属，Pontederiaceae 雨久花科。**浮水草本，节上生根。叶柄常膨大，基部具鞘。顶生穗状或圆锥花序，2至数花；花被漏斗状，中、下部连合呈筒状；雄蕊6，3长3短。花粉粒2沟，疣状纹饰。染色体 n=8。7/1种，**3型**；分布于热带美洲，1种见于热带非洲；中国引入长江、黄河流域及华南各省区。凤眼蓝 *E. crassipes* (Martius) Solms 全草可作饲料；花和嫩叶可作蔬菜和药用；也用于园艺水体布景及污染监测和治理。

Elaeagnaceae Jussieu **胡颓子科，木兰亚纲/蔷薇目。**直立灌木或攀援藤本；被银白色或褐色至锈色盾形鳞片或星状绒毛。单叶互生，稀对生，全缘。花两性或单性，具香气；花萼常连合成筒，顶端4裂，稀2裂，在子房上面常明显收缩；无花瓣；雄蕊着生于萼筒喉部；花柱单一；子房上位，1心皮，1室，1胚珠。瘦果或坚果核果状，红色或黄色。种皮骨质或膜质。花粉粒3（4）孔沟，穿孔状或颗粒状纹饰。虫媒花。3属，90种，分布于北温带及热带地区；中国2属，74种，广布各地。

Elaeagnus Linnaeus **胡颓子属，Elaeagnaceae 胡颓子科。**直立或攀援灌木，具刺，全体被银白色或褐色鳞片或星状绒毛。单叶互生，全缘。花两性，单生或伞形总状花序；花萼筒状，上部4裂，下部紧包围子房；雄蕊4；花柱单一，无毛或具星状柔毛。坚果核果状，红色或橙色，果核具8肋，内具白色丝状毛。花粉粒3-4孔沟，穿孔状纹饰。90/67（55）种，**8-4（14）型**；主产亚洲东部及东南部，少数到欧洲温带地区，北美也有；中国各地均产，以长江流域以南地区更多。果实可作果品加工原料或药用；在庭园中栽培可供观赏或作绿篱。

Elaeocarpaceae Jussieu **杜英科，木兰亚纲/酢浆草目。**常绿或半落叶木本。单叶，互生或对生，具柄。花单生或排成总状或圆锥花序，两性或杂性；萼片4-5，常镊合状排列；花瓣4-5，镊合状或覆瓦状排列，或不存在；雄蕊多数，分离，生于花盘上或花盘外，花药2室，顶端常有药隔伸出呈喙状或芒状；花盘环形或分裂成腺体状；子房上位，2至多室，花柱连合或分离，胚珠每室2至多数。果为核果或蒴果，有时果皮外侧有针刺；种子椭圆形，胚乳丰富，胚扁平。花粉粒3孔沟，穿孔状至网状纹饰。12属，605种，分布于除非洲外的热带和亚热带地区；中国2属，52种，产云南、广西、广东、四川、贵州、湖南、湖北、台湾、浙江、福建、江西和西藏。

Elaeocarpus Linnaeus **杜英属，Elaeocarpaceae 杜英科。**乔木。叶互生，下面或有黑色腺点，常有长柄；托叶存在，线形，或不存在。总状花序，花两性，或杂性；萼片4-6，分离；花瓣4-6，白色，分离，顶端常撕裂；雄蕊10-50，花丝极短，花

药2室，顶孔开裂，药隔有时突出成芒刺状，或顶端有毛丛；花盘分裂为5-10个腺状体，稀为环状；子房2-5室，每室有胚珠2-6。核果，1-5室，内果皮硬骨质，表面常有沟纹；种子每室1颗。花粉粒3孔沟，穿孔状纹饰。200/38（14）种，**5（7d）型**；分布于东亚，东南亚及西南太平洋和大洋洲；中国产华南及西南地区。杜英 *E. decipiens* Hemsley 为绿化或观赏树种；种子油可作肥皂和润滑剂；树皮可作染料。

Elaphoglossum Schott ex J. Smith **舌蕨属，Dryopteridaceae 鳞毛蕨科**。草本，附生。根状茎直立或横走。叶簇生、少为远生，二型；叶柄圆柱状；叶柄与膨大的叶足间有关节相连或无明显关节；不育叶片单叶，全缘，多为厚革质；能育叶较狭，有长柄；叶脉分叉，小脉平行。孢子囊群为卤蕨型，满布于能育叶背面，无囊群盖，不具隔丝；孢子椭圆形，有周壁，具不明显的小刺或颗粒，表面光滑。染色体 x=41。约400/6（1）种，**2型**；分布于热带及温带的潮湿地区，以南美安第斯山脉尤盛；中国产西南和华南。华南舌蕨 *E. yoshinagae* (Yatabe) Makino 可药用。

Elatinaceae Dumortier **沟繁缕科，木兰亚纲/金虎尾目**。矮小，半水生或陆生草本或亚灌木。单叶，对生或轮生；有成对托叶。花小，两性，辐射对称，单生、簇生或组成腋生的聚伞花序；萼片2-5；花瓣2-5，分离；雄蕊与萼片同数或为其2倍，分离，花药背着，2室；子房上位，2-5室，花柱2-5，分离，短，柱头头状。蒴果，膜质、革质或脆壳质，果瓣与中轴及隔膜分离，为室间开裂；种子多数，小，种皮常有皱纹，无胚乳。花粉粒3孔沟，网状纹饰。染色体 n=6，9。2属，34-40种，分布于温带和热带；中国2属，约6种，产东北、东南至西南。

Elatine Linnaeus **沟繁缕属，Elatinaceae 沟繁缕科**。水生草本植物；茎纤细，匍匐状，节上生根。叶小型，对生或轮生，全缘，具短柄。花极小，腋生，每节只有1花；萼片2-4，基部合生；花瓣2-4，比萼片长，钝头；雄蕊与花瓣同数或为其2倍；子房上位，2-4室，胚珠多数，花柱2-4，柱头头状。蒴果膜质，2-4瓣裂，隔膜于果开裂后脱落或附着于中轴上；种子多数，直、弯曲或呈马蹄形，具棱和网纹。花粉粒3孔沟，网状纹饰。（10-15）/3种，**2型**；分布于热带，亚热带和温带地区；中国产黑龙江、吉林、广东、台湾、云南。

Elatostema J. R. Forster & G. Forster **楼梯草属，Urticaceae 荨麻科**。小灌木，亚灌木或草本。叶互生，两侧不对称，具三出脉、半离基三出脉或羽状脉。雄花序有时分枝呈聚伞状；苞片常沿花序托边缘形成总苞，在花之间有小苞片；雄花被片（3-）4-5；雌花被片3-5，短于子房，柱头画笔头状。瘦果狭卵球形或椭圆球形，光滑或不光滑。钟乳体纺锤形或线形，稀点状或不存在。花粉粒2孔，刺状纹饰。染色体 n=10，12，13，14，16。500/234（205）种，**4型**；分布于亚洲，大洋洲和非洲的热带地区；中国分布于西南、华南至秦岭，主产云南、广西、四川和贵州。可供药用、观赏，或可作饲料。

Eleocharis R. Brown **荸荠属，Cyperaceae 莎草科**。一年生或多年生草本。根状茎不发育，常具匍匐根状茎。叶退化一般只有叶鞘而无叶片。苞片缺如；小穗1，顶生，直立，有多数两性花；鳞片螺旋状排列，极少近2列，最下的1-2片鳞片中空。下位刚毛一般存在，4-8条，其上有倒刺；雄蕊1-3；花柱细，花柱基膨大，不脱落，柱头2-3。小坚果，三棱形或双凸状，平滑或有网纹，很少有洼穴。花粉无萌发孔或1远极孔5侧沟，负网状、穿孔状和颗粒纹饰。染色体 $2n$=16-56。250/35（9）种，**1型**；全球广布；中国南北广布。

Elephantopus Linnaeus **地胆草属，Asteraceae 菊科**。多年生草本。叶互生。头状

花序密集成团球状复头状花序，基部被数个叶状苞片，复头状花序在茎和枝端单生或排列成伞房状花序；花托无毛；冠毛 1 层，具 5 条硬刚毛，基部宽扁；总苞片 2 层，覆瓦状，交叉对生；花两性，结实，管状。瘦果长圆形，顶端截形，具 10 条肋，被短柔。花粉粒 3 孔沟，网状纹饰，具短刺。染色体 $2n$=22。30/2 种，**2（3）型**；泛热带分布，南美较集中；中国产南方地区。地胆草 *E. scaber* Linnaeus 可药用。

Elettariopsis Baker **地豆蔻属，Zingiberaceae 姜科。**多年生草本。根状茎匍匐，纤细。花序生于假茎基部，花沿花序轴着生或密集呈头状；苞片具 1 或 2 花；小苞片展开，非管状。花冠管细，裂片 3；侧生退化雄蕊无或极短，花丝短宽，药隔附属体多少呈正方形，侧面裂片不开展；子房 3 室，柱头具缘毛，花柱裂片 2。蒴果球形，无毛。染色体 $2n$=48。12/1 种，**7a 型**；分布于印度尼西亚，老挝，马来西亚，泰国，越南及中国海南。

Eleusine Gaertner **䅟属，Poaceae 禾本科。**一年生或多年生草本。穗状花序，常数个呈指状或近指状排列于秆顶；小穗无柄，两侧压扁，无芒；颖不等长，颖和外稃背部都具强压扁的脊；外稃顶端尖，具宽而凸起的脊，内稃具 2 脊；鳞被 2；雄蕊 3。囊果宽椭圆形。染色体 x=9。约 9/2 种，**2 型**；主要分布于东非和非洲东北部，1 种产泛热带，另 1 种作为谷物广泛栽培；中国南北都有。牛筋草 *E. indica* (Linnaeus) Gaertner 全株可作饲料；可保土或入药。

Eleutharrhena Forman **藤枣属，Menispermaceae 防已科。**木质藤本。嫩枝上有直线纹。叶革质，非盾状，羽状脉。雄花萼片 12，4 轮，覆瓦状排列，花瓣 6，雄蕊 6，分离，花药小，横裂；雌花未见。果序梗粗壮，心皮 6，放射状排列、带粗壮心皮柄；核果，基部呈柄状，花柱残迹近顶生，果核薄木质，外面平滑或微有皱纹，无胎座迹。种子椭圆形，无胚乳，胚弯曲，子叶肥大。花粉粒 3 孔沟，网状纹饰。1/1 种，**7 型**；分布于印度东北部及中国云南。

Eleutheranthera Poiteau **离药金腰箭属，Asteraceae 菊科。**一年生草本。叶对生，3 脉，有叶柄。头状花序盘状，单生叶腋，下垂；花托平，有托片，内卷包围小花；无冠毛。小花两性，黄色；总苞钟形，总苞片 2-3 层，草质；花药离生黑色或金黄色；花柱分枝渐细，顶有乳突。果同型，压扁，四边形至圆柱形，有瘤状凸起。染色体 x=10，15。2/1 种，**（3b）型**；新热带分布；中国台湾已归化。

Eleutherococcus Maximowicz **五加属，Araliaceae 五加科。**灌木，直立或蔓生，枝有刺。叶为掌状复叶或 3 小叶，托叶不明显。伞形或头状花序组成顶生复伞形或圆锥花序；花梗有不明显关节；花两性或杂性；萼筒边缘全缘或具 5 小齿；花瓣 5，镊合状排列；雄蕊 5，花丝细长；子房 2-5 室，花柱 2-5，宿存。核果近球形。种子扁平；胚乳光滑。花粉粒 3 孔沟，网状纹饰。40/18（14）种，**14 型**；分布于喜马拉雅及东亚地区；中国南北均有。刺五加 *E. senticosus* (Ruprecht & Maximowicz) Maximowicz 的根皮可药用。

Ellipanthus J. D. Hooker **单叶豆属，Connaraceae 牛栓藤科。**灌木或小乔木，叶为单小叶，全缘。圆锥或聚伞花序；花两性，或单性，雌雄异株；萼片 4-5，在芽中镊合状排列，花后不膨大；花瓣 4-5，在芽中覆瓦状排列；雄蕊 10，2 轮，5 枚不育；心皮单生，偏斜，花柱被长柔毛，胚珠 2。果为蓇葖果，果皮木质，萼宿存，在果期不膨大；种子 1 枚，椭圆形，具黄色或橘黄色假种皮，胚乳少量。花粉粒 3 孔沟。（7-13）/1（1）种，**6 型**；分布于亚洲东南部，非洲热带；中国产广东、海南。

Ellisiophyllum Maximowicz **幌菊属，Plantaginaceae 车前科。**柔弱、匍匐草本。叶互生，具长柄，羽状深裂。花单朵腋生，

柄延长；苞片小，钻形；花小，白色；萼5裂，结果时稍增大；花冠钟状；5裂，裂片有脉3条，覆瓦状排列；雄蕊4，着生于冠喉部，2室；子房扁球形，2室，顶部被毛，每室有胚珠4颗；花盘发达；花柱顶生。蒴果包藏于萼内，1室，膜质。种皮革质，有胶黏质。1/1种，**7d（14）型**；分布于东亚及南亚；中国产台湾、江西、贵州、云南、西藏、四川、甘肃、河北。

Elsholtzia Willdenow **香薷属，Lamiaceae 唇形科**。草本至灌木。轮伞花序组成穗状或球状花序，穗状花序圆柱形或偏向一侧；下部苞叶与茎叶同形，上部苞叶苞片状，覆瓦状排列；花萼钟形，萼齿5；花冠小，外常被毛及腺点，冠筒自基部向上渐扩展，冠檐上唇先端微缺或全缘，下唇3裂；雄蕊4，花丝无毛，花药2室；花盘前方呈指状膨大；花柱先端2裂；子房无毛。小坚果卵珠形或长圆形，具瘤状凸起或光滑。花粉粒6沟。染色体 $2n=16$，18，20，32。约40/33（18）种，**10型**；分布于东亚；中国各地均产。

Elymus Linnaeus **披碱草属，Poaceae 禾本科**。多年生丛生草本。穗状花序顶生，直立或下垂；小穗常1-2（-4）枚生于穗轴的每节，无柄，含2-10或更多小花；颖锥形，线形以至披针形，先端尖以至形成长芒，具1-9（-11）脉；外稃先端延伸成长芒或短芒以至无芒，芒多少反曲，内稃短于或等长于外稃，先端浅凹、近圆形或急尖。花粉粒颗粒纹饰。染色体 $x=7$。约170/88（62）种，**8型**；分布于南北半球温带地区，主要产亚洲；中国产温带各省区。披碱草 *E. dahuricus* Turczaninow ex Grisebach 为优质饲草。

Elytranthe (Blume) Blume **大苞鞘花属，Loranthaceae 桑寄生科**。灌木。全株无毛。叶对生。花序穗状，花序轴短，在花着生处凹陷。花具苞片1，小苞片2，苞片具脊；两性，6数。花瓣合生为管状花冠，中部具6棱，开花时顶部6裂；雄蕊6，花药基着；花柱线状，基部具关节；子房为不完全3室，特立中央胎座。浆果顶端具宿存副萼及花柱基。花粉粒3合沟，细条状或刺状纹饰。染色体 $x=12$。10/2种，**7a型**；分布于亚洲南部和西南部热带地区；中国产云南和西藏。

Elytrigia Desvaux **偃麦草属，Poaceae 禾本科**。多年生草本。穗状花序直立或下垂；小穗含3-10小花，两侧压扁，无柄，单生于穗轴之两侧；无芒或具短芒，成熟时常自穗轴上整个脱落；颖无脊，具（3）5-7彼此接近的脉，基部具横沟；外稃披针形，具5-7脉，无毛或被柔毛，内稃两脊上具纤毛。颖果顶端有毛，腹面具纵沟。染色体 $x=7$。约40/2种，**10型**；分布于亚热带和寒温带地区；中国产西南、西北和东北。多为优良牧草，如长穗偃麦草 *E. elongata* (Host) Nevski。

Elytrophorus P. Beauvois **总苞草属，Poaceae 禾本科**。一年生直立草本。穗状圆锥花序顶生，圆柱形；由多个小穗组成圆球状的小穗簇，密生或间断着生于延长的花序轴上，每小穗簇托以3至数枚颖状苞片组成的总苞；小穗两侧压扁，无柄或近无柄，含3-5小花；颖膜质，具1脉，常呈脊状，顶端延伸成短尖头；外稃具3脉，内稃具2脊，脊上具宽翼；鳞被1-2；雄蕊1-3。染色体 $x=13$。约2/1种，**4型**；分布于热带非洲，亚洲和大洋洲；中国产云南和海南。

Embelia Burman f. **酸藤子属，Primulaceae 报春花科**。攀援灌木或藤本。单叶互生或2列或近轮生。总状花序、圆锥花序、伞形花序或聚伞花序；花常单性，同株或异株；花萼基部连合；花瓣分离或仅基部连合；雄蕊在雄花中常超出花瓣，在雌花中退化，花药2室；雌蕊在雄花中退化，花柱常超出花瓣；胚珠4。浆果核果状。133/14种，**4型**；分布于太平洋诸岛，亚洲南部及非洲等热带及亚热带地区；中国

东南至西南地区均产。酸藤子 *E. laeta* (Linnaeus) Mez 的幼嫩部分可作蔬菜；果实对驱蛔虫、绦虫有良效。

Emilia Cassini **一点红属，Asteraceae 菊科。**草本，常有白霜。叶互生。头状花序盘状；花托无毛，具小窝孔；冠毛细软，雪白色，刚毛状；总苞筒状，1层，在花后伸长；小花多数，全部管状，两性；花药基部钝；花柱分枝长。果近圆柱形，5棱或具纵肋。染色体 $2n=10$，20。100/5 种，**4（→2-2）型**；泛热带分布；中国产华中、华南、华东和西南地区。绒缨菊 *E. coccinea* (Sims) G. Don 为栽培花卉；一点红 *E. sonchifolia* (Linnaeus) de Candolle 为常用草药。

Emmenopterys Oliver **香果树属，Rubiaceae 茜草科。**乔木。叶对生。圆锥状聚伞花序，顶生；花5基数；花萼裂片覆瓦状排列，有些花的萼裂片中有1片变成叶状，白色且宿存；花冠漏斗形，裂片覆瓦状排列；雄蕊内藏；子房2室，胚珠多数，柱头头状或不明显2裂，内藏。蒴果室间开裂为2果爿，有或无1片花瓣状、具柄、扩大的变态萼裂片。种子不规则覆瓦状排列，有翅，具网纹。染色体 $2n=76$。1/1 种，**7-3 型**；分布于缅甸，泰国，以及中国西北、西南、东南和华南地区。香果树 *E. henryi* Oliver 为古老孑遗植物，国家Ⅱ级重点保护野生植物；也是珍贵的油料树种。

Empetrum Linnaeus **岩高兰属，**Ericaceae 杜鹃花科。常绿匍匐状小灌木。叶密集，轮生或近轮生或交互对生，椭圆形至线形。叶无柄；无托叶。花单性同株或异株，1-3朵生于上部叶腋，苞片2-6，多为4-5，鳞片状，边缘具细睫毛；萼片3-6，覆瓦状排列；无花瓣；雄蕊3（稀4-6）；子房6-9室，每室1胚珠；花柱短，柱头辐射状6-9（-12）裂。果球形，肉质，成熟时黑色或红色，每室具1种子。花粉四合体，3沟或拟沟，微皱波状纹饰或具疣突。约2（-4）/1 种，**8-1 型**；间断分布于北温带至北极，南美安第斯山，马尔维纳斯群岛和特里斯坦-达库尼亚群岛；中国产东北。东北岩高兰 *E. nigrum* Linnaeus var. *japonicum* K. Kocih 的嫩枝叶可药用。

Endiandra R. Brown **土楠属，Lauraceae 樟科。**乔木。叶互生，羽状脉，细脉呈蜂巢状小窝穴。圆锥花序腋生，生于小枝基部，具梗，多花，或退化成1聚伞花序。花两性，细小。花被裂片6，近相等或外轮稍大。能育雄蕊3，属于第三轮，花药稍增厚，无柄，在中部或顶端下方有外向的2药室；第一、二轮的6枚雄蕊不存在或退化成腺体；最内轮的退化雄蕊无或稀为3；子房无柄，花柱短。果长圆形，圆柱形或卵珠形；果梗几不增大；花被全部脱落或为盘状，或近于宿存。花粉粒无萌发孔，被刺。30/3（2）种，**5 型**；分布于自印度经东南亚至澳大利亚和太平洋岛屿；中国产台湾、海南和广西。

Endospermum Bentham **黄桐属，Euphorbiaceae 大戟科。**乔木。叶互生，叶片基部与叶柄连接处有腺体。雌雄异株；无花瓣；雄花几无梗，组成圆锥花序，花萼杯状，3-5浅裂，雄蕊5-12，2-3轮，花药2室，花盘边缘浅裂，不育雌蕊缺；雌花排成总状花序或圆锥花序，花萼4-5齿裂，花盘环状，子房2-3（-6）室，每室有胚珠1颗，柱头呈2-6浅裂。果实核果状，果皮干燥稍近肉质，成熟时分离成2-3个不开裂的分果爿；种子无种阜。花粉粒3孔沟，巴豆状纹饰。约20/1 种，**4 型**；分布于亚洲东南部和大洋洲热带地区；中国产福建南部、广东、广西、海南、云南南部。

Enemion Rafinesque **拟扁果草属，Ranunculaceae 毛茛科。**多年生草本。根状茎短而不明显，生多数细长的根。叶基生和茎生，二回三出复叶。花单生或数朵组成伞形花序，有总苞；花辐射对称；萼片5，花瓣状；花瓣无；雄蕊多数，花丝丝形，上部宽；心皮3-6。蓇葖椭圆形，花柱宿存，形成短喙。种子少数，卵形至椭圆形，

种皮具皱褶。花粉粒 3 沟。染色体 $2n=14$。5/1 种，**8（9）型**；分布于北美，亚洲东北部；中国产辽宁、吉林及黑龙江。

Engelhardia Leschenault ex Blume **黄杞属，Juglandaceae 胡桃科。**落叶或半常绿乔木。枝条髓部实心。偶数羽状复叶。雌雄同株稀异株；雌雄性花序柔荑状，长而具多数花，俯垂；雌花苞片 3 裂，基部贴生于子房下端；子房下位，2 心皮合生。果序长而下垂；果实坚果状，外侧具 3 裂膜质果翅，果翅基部与果实下部愈合，中裂片长。花粉粒 3 孔，颗粒状纹饰。染色体 $2n=32$。约 8/6（1）种，**7ab 型**；分布于亚洲东部热带及亚热带地区；中国产南部和西南部。一些种类的树皮和叶可药用或提制栲胶。

Enhalus Richard **海菖蒲属，Hydrocharitaceae 水鳖科。**海生沉水草本，根茎粗壮，常被有纤维状残存叶鞘。叶 2-6，窄线形或带形，基部具鞘。花单性，雌雄异株；雄花序具短梗，藏于 2 枚佛焰苞内；雄花多数，花小，具短花梗，早断落，成熟花浮在水面开放；花萼 3；花瓣 3；雄蕊 3，与花瓣互生，花药 2 室。雌花序具长梗，花后呈螺旋状扭曲，包藏于互相叠抱的 2 枚佛焰苞片内；雌花 1 朵；萼片窄椭圆形；花瓣线形；心皮 6，合生；花柱 6，2 裂。果实卵形，不规则开裂。种子少。花粉粒无萌发孔，网状纹饰。1/1 种，**4 型**；广布印度洋和西太平洋海岸；中国产东部、南部沿海。海菖蒲 *E. acoroides* (Linnaeus f.) Royle 的果实可蔬食。

Enkianthus Loureiro **吊钟花属，Ericaceae 杜鹃花科。**落叶灌木或稀为小乔木。枝轮生。叶互生，全缘或具锯齿。花为单花或顶生、下垂的伞形花序或伞形花序状的总状花序，花梗细长，常下弯，果时直立或上弯；萼 5 裂，宿存；花冠钟状或壶状，5 短裂；雄蕊 10，顶孔开裂；子房 5 室，每室有胚珠数枚。蒴果椭圆形，5 棱，室背开裂为 5 果爿。种子少数，长椭圆形，常有翅或有角。花粉单粒，3-5 沟或拟沟，颗粒状或皱波状纹饰。约 12/7（4）种，**14 型**；分布于东喜马拉雅，经中国到日本，向南到印度；中国产长江流域以南地区。

Enneapogon Desvaux ex P. Beauvois **九顶草属，Poaceae 禾本科。**多年生直立草本，偶为一年生。圆锥花序；小穗含 2-3（-6）小花，最下部小花两性，第二小花雄性，其余小花退化，仅余外稃组成刷子状；颖近等长，具 1 至数脉，无芒；外稃短于颖，具 9 至多数脉，于顶端形成 9 至多数芒，呈冠毛状，内稃具 2 脊，脊上具纤毛；鳞被 2；雄蕊 3。花粉粒负网状纹饰。约 28/2 种，**2 型**；分布于热带和亚热带地区，非洲和澳大利亚尤盛，向东亚延伸；中国产西南和西北。九顶草 *E. borealis* (Grisebach) Honda 可作饲料。

Ensete Horaninow **象腿蕉属，Musaceae 芭蕉科。**单茎草本；假茎高大，基部稍膨大或十分膨大呈坛状。花序初时呈莲座状，后伸长成柱状，下垂。苞片绿色，常宿存，每一苞片内有花 2 列。合生花被片常 3 深裂成线形；离生花被片较宽，具 3 尖头或全缘。浆果厚革质。花粉粒无萌发孔，外壁平滑。染色体 $2n=18$。约 10/2（1）种，**6 型**；分布于非洲，印度，泰国，印度尼西亚，菲律宾及中国云南。象腿蕉 *E. glaucum* (Roxburgh) Cheesm 可作猪饲料。

Entada Adanson **榼藤属，Fabaceae 豆科。**木质藤本、乔木或灌木。二回偶数羽状复叶，顶生的 1 对羽片常变为卷须。穗状花序，单生于上部叶腋或再排成圆锥花序；花小，两性或杂性；花萼钟状，5 齿裂；花瓣 5；雄蕊 10，药隔顶端常具腺体；子房近无柄，胚珠多数。荚果大而长，扁平，木质，瓣膜逐节脱落。种子大，扁圆形，无胚乳。花粉单粒或为 8，12，16。染色体 $n=14$。约 30/3 种，**2（6）型**；泛热带分布；中国产福建、广东、广西、云南、西藏和台湾。眼镜豆 *E. rheedei* Sprengel 的树皮和种子可作肥皂的代用品。

Enterolobium Martius **象耳豆属，Fabaceae 豆科**。无刺大乔木。二回羽状复叶，羽片及小叶多对，叶柄有腺体。花两性，同型或异型，组成球形的头状花序，簇生于叶腋或呈总状花序式排列；花萼钟状，具5短齿；花冠漏斗形，中部以上具5裂片；雄蕊多数，突出，基部连合成管；子房无柄。荚果卷曲或弯作肾形，厚而硬，不开裂，种子间具隔膜。种子横生，扁平，具马蹄形痕，珠柄丝状。花粉粒32（28）合体，3-4孔。11/1种，**2（-2）型**；分布于美洲热带地区；中国引入栽培于广东、广西、福建、浙江和江西。

Enteropogon Nees **肠须草属，Poaceae 禾本科**。多年生草本，稀一年生。穗状花序数枚指状着生或单独1枚顶生；小穗无柄，狭披针形，含1-2小花，2行覆瓦状排列于穗轴之一侧；第二小花若存在，则常为雄性或退化，颖膜质，短于或等长于第一外稃；第一小花外稃多少背腹压扁，具3脉，先端具2微齿，中脉延伸成细芒，边缘及侧脉上无毛，内稃具2脊。染色体*x*=10。约19/2种，**2型**；广布热带地区；中国产台湾、云南和海南。

Enydra Loureiro **沼菊属，Asteraceae 菊科**。沼生草本。叶对生，无柄。总苞片4个，叶状；花托托片包裹小花；无冠毛；外缘雌花多层，结实，辐射状，顶端3-4裂，中央两性花较少数，结实或内面的有时不结实，管状，檐部钟状，5裂或稀有多于5裂；雄蕊5个，花药基部钝、全缘或有不明显的短耳。果长圆形，隐藏于坚硬的托片中，外面的背部压扁，中央的两侧压扁，平滑无毛。5/1种，**2型**；分布于热带，亚热带地区；中国产云南、海南。

Eomecon Hance **血水草属，Papaveraceae 罂粟科**。多年生草本，具红黄色液汁。叶全部基生，叶片心形。花排列成聚伞状伞房花序；萼片2，合生成1佛焰苞状；花瓣4，白色；雄蕊70枚以上。种子具种阜。花粉粒多萌发孔，网状纹饰。1/1（1）种，**15型**；中国产长江以南和西南山区。

Epaltes Cassini **鹅不食草属，Asteraceae 菊科**。草本。叶互生。头状花序假盘状，单生叶腋；花托裸露；无冠毛；总苞半球形，总苞片1-2层，干膜质；缘花雌性，多数，多层，能育，管状，花冠细长，下部扩大，中央花两性，少数，雄性，管状，4-5裂；花药基部箭形，药室内壁辐射状；花柱2裂，分叉以上着生钝扫粉毛。果圆柱形，细长，10肋，基部有毛。染色体*x*=10。14/2种，**2（←2-2）型**；分布于非洲，亚洲，大洋洲，中美洲和南美；中国产南方地区。

Ephedra Linnaeus **麻黄属，Ephedraceae 麻黄科**。特征描述同科。55/16种，**2型**，分布于欧洲地中海区，北非，温带亚洲，北美洲和南美安第斯山区；中国产西北、华北和西南。草麻黄 *E. sinica* Stapf、中麻黄 *E. intermedia* Schrenk & C. A. Meyer、木贼麻黄 *E. equisetina* Bunge 中含麻黄碱，是传统中药；也用于荒漠地区固沙。

Ephedraceae Dumortier **麻黄科，买麻藤亚纲/麻黄目**。小乔木、灌木、亚灌木、藤本或草本状。二歧分枝，具节和节间，节部常膨大；小枝节间具很多细纵条纹。叶交互对生或轮生，条形，离生至基部合生为鞘状，具2条平行脉。雌雄异株，稀同株；雄球花生枝顶或具短梗至无梗在节上对生或簇生，具多对/轮苞片；雌性生殖单位单生或组成复轴型雌球花，生枝顶或具短梗至无梗而生于节上；复轴型的雌球果2或3基数，1至多轮。种子具1层外盖被和1层珠被，珠被先端延伸形成珠孔管。花粉粒无萌发孔，具5-18条纵肋。染色体2*n*=14，28。1属，55种，分布于欧洲，非洲北部，温带亚洲，北美洲和南美洲；中国1属，16种，产西北、华北和西南地区。

Epigeneium Gagnepain **厚唇兰属，Orchidaceae 兰科**。附生草本。根状茎匍匐，密被栗色或淡褐色鞘。假鳞茎单节间，顶生1-2枚叶。叶革质，基部收狭，有关节。花单生于假鳞茎顶端或总状花序具少数

至多数花；侧萼片基部歪斜，贴生于蕊柱足，与唇瓣形成明显的萼囊；唇瓣贴生于蕊柱足末端，中部缢缩而形成前后唇或3裂；侧裂片直立，中裂片伸展，唇盘上面常有纵褶片；蕊柱短，具蕊柱足，两侧具翅；蕊喙半圆形，不裂；花粉团蜡质，4个成2对。约35/7（5）种，**7d型**；分布于亚洲热带地区；中国产西南。

Epigynum Wight **思茅藤属，Apocynaceae 夹竹桃科**。攀援灌木，具乳汁。叶对生。近伞房状或近圆锥状的聚伞花序，顶生；花萼裂片披针形，内面基部无腺体或稀有腺体；花冠高脚碟状，花冠管伸长，在雄蕊着生处膨大，花冠喉部具长柔毛；花冠裂片在花蕾中及花开时其基部向右覆盖；雄蕊着生在花冠管中部以下，内藏；子房由2枚离生心皮组成，胚珠多数。蓇葖双生，圆柱状。种子顶端具种毛。5/1种，**7型**；分布于亚洲南部和东南部及马来群岛；中国产云南南部。

Epilasia (Bunge) Bentham & J. D. Hooker **鼠毛菊属，Asteraceae 菊科**。一年生草本。叶常禾叶形。花序头状；花托无托毛；冠毛稠密，鼠灰色或褐色，其中有5或更多的冠毛易脆折，上部为细锯齿状，其余冠毛全为长羽毛状；总苞2层，外层草质，一般长于或等长于内层总苞片，内层常5枚。果黑色或灰色，向基部稍扩大成中空的果柄，有5-10条纵肋或无纵肋，肋上有弯刺毛或无刺毛，顶端或中部有胼胝体环。染色体 $2n=12$，24。3/2种，**12型**；分布于西南亚，中亚；中国产新疆。

Epilobium Linnaeus **柳叶菜属，Onagraceae 柳叶菜科**。一年生或多年生草本，有时为亚灌木，具根出条、匍匐枝、多叶的莲座状芽或近球状肉质的鳞芽。茎无毛或周围被毛，常自叶柄边缘下延至茎上成棱线。叶对生，茎上部花序上的常互生，具柄或无，无托叶，无小苞片。花单生或排成总状花序、穗状花序、圆锥花序或伞房花序。花瓣4，常雄蕊先熟，在花柱基部产花蜜。花瓣粉红到玫瑰紫或白色（稀米色或橙红），倒卵形或倒心形，先端有凹缺。雄蕊8，二轮不等。花柱直立；柱头不裂或深4裂。蒴果长而狭；种子多数，有束毛。花粉四合体。染色体 $2n=18$，20，24，26，28，30，32，36，38，60。约165/33（9）种，**8-4型**；广布寒带，温带与热带高山，北半球与南半球均有；中国除海南外，各省区均产。

Epimedium Linnaeus **淫羊藿属，Berberidaceae 小檗科**。多年生草本。根状茎横走，多须根。单叶或一至三回羽状复叶；小叶常卵形，叶缘具刺毛状细齿。花两性；总状花序或圆锥花序。萼片8，2轮；花瓣4，有距或囊；雄蕊4，与花瓣对生，药室瓣裂，裂瓣外卷；子房上位，1室，胚珠6-15，侧膜胎座。蒴果背裂。种子具肉质假种皮。花粉粒3沟，网状纹饰。染色体 $2n=12$。约50/41种，**10-2型**；分布于北非，意大利北部至黑海，西喜马拉雅，中国，朝鲜和日本；中国产秦岭长江以南，南岭以北为主。淫羊藿 *E. brevicornu* Maximowicz 可入药。

Epipactis Zinn **火烧兰属，Orchidaceae 兰科**。地生植物。叶茎生，多枚；总状花序顶生，具多朵常俯垂或多少下倾的花；花梗较长，弯曲；花瓣与萼片张开；唇瓣分为前后唇，基部无距；蕊柱短；花粉块2或每个又纵裂为2，粒粉质，不具花粉块柄。约20/7种，**8-4（9-10）型**；分布于北非，亚洲，欧洲；中国广布。

Epiphyllum Haworth **昙花属，Cactaceae 仙人掌科**。附生肉质灌木，茎分枝，叶状扁平，具两面凸起的中肋；小窠无刺；叶退化；花单生于枝侧的小窠，无梗，两性，夜间开放；花托与子房合生；花被片多数；外轮花被片萼片状，常反曲；内轮花被片花瓣状；雄蕊多数；子房下位，1室；花柱圆柱状，柱头8-20；浆果，种子多数。花粉粒3沟，穿孔状-颗粒纹饰。约13/1种，**（3）型**；产热带美洲；中国引入昙花

E. oxypetalum (de Candolle) Haw，已归化。

Epipogium J. F. Gmelin ex Borkhaysen **虎舌兰属，Orchidaceae 兰科。**菌类寄生草本，地下具珊瑚状根状茎或肉质块茎。茎无绿叶，常黄褐色，疏被鳞片状鞘。总状花序具数朵或多数花；花常下垂；萼片与花瓣相似；唇瓣较宽阔，凹陷，基部具宽大的距；唇盘上常有带疣状凸起的纵脊或褶片；花药向前俯倾，肉质；花粉团 2 个，有裂隙，松散的粒粉质，由小团块组成，各具 1 个纤细的花粉团柄和 1 个共同的粘盘。3/3 种，**4（10）型；**分布于欧洲，亚洲温带与热带地区，大洋洲和非洲热带地区；中国产华南、西南、华东地区。

Epipremnum Schott **麒麟叶属，Araceae 天南星科。**藤本，生于石上或树上。叶大，全缘或羽状分裂，沿中肋两侧常有小孔，叶柄具鞘，上端有关节。花序柄粗壮；佛焰苞卵形，多少渐尖；肉穗花序无柄，全部具花；花两性，无花被；雄蕊 4-6；子房顶部截平，多边形，1 室，胚珠 2-4，着生于侧膜胎座的基部，倒生，珠孔朝向基底。浆果小。种子肾形，多数者有棱，种皮厚，壳状，胚弯曲。花粉粒带状萌发孔，穿孔状到穴状纹饰。20/1 种，**5 型；**分布于印度至马来西亚；中国产广东、广西、海南、云南、台湾。麒麟叶 *E. pinnatum* (Linnaeus) Engler 可药用。

Epiprinus Griffith **风轮桐属，Euphorbiaceae 大戟科。**乔木或灌木；嫩枝被糠粃状的短星状毛。叶互生，常聚生于枝顶。圆锥状花序；雌雄同株，无花瓣，无花盘；雄花多朵在苞腋排成团伞花序，雌花数朵生于花序基部。雄花：雄蕊 4-15，花丝离生，花药近基着，药隔突出呈细尖，不育雌蕊小。雌花：萼片 5-6，外向镊合状排列，副萼鳞片状，子房 3 室，每室具胚珠 1 枚，花柱基部合生，上部分离。蒴果具 3 个分果爿，近球形，具毛，内果皮厚，近木质；种子近球形，种皮具斑纹。花粉粒 3 孔沟或拟孔沟，穿孔状至网状纹饰。(4-6）/1 种，**7 型；**分布于热带东南亚，从阿萨姆到马来西亚；中国产海南和云南南部。

Epirixanthes Blume **寄生鳞叶草属，Polygalaceae 远志科。**寄生小草本，无叶绿素，通过真菌获取养分。叶鳞片状。穗状花序顶生。萼片 5，宿存；花瓣 3，中间 1 枚龙骨瓣状，无鸡冠状附属物；雄蕊 2-5，花丝联合成鞘，并与花瓣贴生，花药侧裂；子房 2 室，胚珠 1，倒生。花盘半环状。蒴果，具肉质果皮，不开裂，边缘无齿或刺。种子无毛，几无胚乳。花粉粒 15-18 孔沟。染色体 2*n*=24。6/1 种，**5 型；**分布于热带亚洲至所罗门群岛；中国产福建、海南、台湾和云南。

Epithema Blume **盾座苣苔属，Gesneriaceae 苦苣苔科。**肉质小草本。茎不分枝或有短分枝。叶 1 或少数。蝎尾状聚伞花序生茎上部叶腋；苞片 1；花密集。花冠筒状，檐部短，二唇形；能育雄蕊 2，花药近球形，连着；子房卵球形，花柱丝形，柱头近头状，胎座具柄，盾状，全部生胚珠。蒴果球形，被宿存花萼包着，周裂。种子两端尖。花粉粒 3 拟孔沟，皱波状纹饰。染色体 2*n*=16，18，24。约 10/1 种，**6 型；**分布于亚洲南部及东南部热带地区和非洲；中国产云南、贵州、广西和广东。

Equisetaceae Michaux ex de Candolle **木贼科，木贼亚纲/木贼目。**土生或沼泽生。根状茎横走，有节，节上有具齿的鞘。叶二型：不育叶鳞片状，轮生于节上，筒状或漏斗状并具齿的鞘，先端形成膜质的鞘齿；能育叶特化为六角盾状体，密集轮生排成具尖头或钝头的孢子叶球，生于无色或褐色的能育茎顶端。孢子囊长圆形，轮生于能育叶。孢子同形异性，圆球形，绿色。孢子较大，具不均匀的颗粒状纹饰。1 属，约 15 种，除大洋洲和南极洲外，广布热带，亚热带和温带；中国 1 属，10 种，各地均产。

Equisetum Linnaeus **木贼属，Equisetaceae 木贼科**。土生或沼泽生。根状茎横走，有节，节上有具齿的鞘。叶二型：不育叶鳞片状，轮生于节上，筒状或漏斗状并具齿的鞘，先端形成膜质的鞘齿；能育叶特化为六角盾状体，密集轮生排成具尖头或钝头的孢子叶球，生于无色或褐色的能育茎顶端。孢子囊长圆形，轮生于能育叶。孢子同形异性，圆球形，绿色。孢子较大，具颗粒状纹饰。染色体 $x=9$。约 15/10 种，**1 型**；除北极和南极洲及大洋洲外，广布世界各地；中国主产东北、华东和西南，少数达西北。问荆 *E. arvense* Linnaeus 可入药；也用于矿藏的勘探。

Eragrostiella Bor **细画眉草属，Poaceae 禾本科**。多年生。叶片呈线形，坚硬。穗状花序直立；小穗卵形或带矩形，含多数小花，两侧压扁，无柄或近乎无柄；颖近等长，或第二颖较长，具 1-3 脉；外稃卵形或披针形，具 3 脉，主脉具脊，侧脉细弱，成熟后自下而上逐渐脱落，内稃与外稃近等长或稍短，具 2 脊，脊上多少具翼，其上常具小纤毛，脱落迟缓。果实为囊果。约 6/1（1）种，**4 型**；分布于印度至东南亚及北澳大利亚；中国产云南。

Eragrostis Wolf **画眉草属，Poaceae 禾本科**。一年生或多年生草本，在叶鞘和花序上常具腺点。圆锥花序；小穗两侧压扁，有数个至多数小花，小花常覆瓦状排列；小穗轴常作之字形曲折；颖不等长，常短于第一小花，具 1（-3）脉；外稃无芒，具 3 条明显的脉，或侧脉不明显，内稃具 2 脊，常作弓形弯曲。花粉粒颗粒纹饰。约 350/32（11）种，**2 型**；分布于热带与亚热带区域；中国产南方各省区。大画眉草 *E. cilianensis* (Allioni) Vignolo-Lutati ex Janchen 可作青饲料或牧草。

Eranthemum Linnaeus **可爱花属，Acanthaceae 爵床科**。多年生草本或灌木；具钟乳体。叶对生，具羽状脉。穗状花序顶生或腋生，有时圆锥状；苞片叶状，有时具不同颜色，小苞片 2。花萼 5 深裂至近基部；花冠高脚碟状，花冠管细长，喉部稍扩大，檐部 5 裂；雄蕊 2，花药 2 室，药室基部无附属物；不育雄蕊 2；子房 2 室，每室具 2 胚珠；具珠柄钩。蒴果棒状，具种子 4，开裂时胎座不从基部弹起。种子具吸湿性白色柔毛。花粉粒 3 孔沟，网状纹饰。染色体 $2n=42$。30/3（1）种，**7a-c 型**；分布于亚洲热带地区；中国产华南和西南地区。可爱花 *Eranthemum pulchellum* Andrews 可供观赏。

Eranthis R. A. Salisbury **菟葵属，Ranunculaceae 毛茛科**。多年生草本。块状根状茎。基生叶 1-2 枚或不存在，有长柄，掌状分裂。花葶不分枝；苞片数个，轮生，形成总苞；单花顶生，辐射对称；萼片 5-8，花瓣状；花瓣小，筒形，有短柄，顶端微凹或 2 裂；雄蕊 10 枚至多数，花丝狭线形；心皮 4-9 枚，稀较多，常有柄，胚珠多数。蓇葖果。种子多数，扁球形，光滑或有脉网。花粉粒 3 沟，穿孔状纹饰，具小刺。染色体 $2n=16$，48。8/3（2）种，**10 型**；分布于欧洲和亚洲；中国产四川西部和东北。

Erechtites Rafin **菊芹属，Asteraceae 菊科**。草本。叶互生。头状花序假盘状；花托具小窝孔或隧状；冠毛多层，近等长，细毛状；总苞圆柱状，基部具少数外苞片，总苞片 1 层；小花全部管状，结实，外围的小花雌性，细管状，中央的小花细漏斗状；花药基部钝；花柱分枝伸长，被微毛。果近圆柱形，具 10 条细肋。花粉粒 3 孔沟，具刺，刺间穿孔状-微网状。染色体 $2n=40$。5/2 种，**2 型**；分布于美洲；中国逸生于华南、西南、福建、台湾。梁子菜 *E. hieraciifolius* (Linnaeus) Rafinesque ex de Candolle 的幼叶可食用。

Eremochloa Buse **蜈蚣草属，Poaceae 禾本科**。多年生草本。总状花序，背腹压扁，序轴节间常作棒状；小穗单生；无柄小穗：扁平，常覆瓦状排列于穗轴一侧；有 2 小花，均无芒；第一颖两侧常具栉齿状刺，

E

第二颖略呈舟形；第一小花两稃膜质，第二小花两性或雌性，外稃全缘，内稃较狭窄；有柄小穗退化至仅有柄的痕迹。染色体 x=5。约 11/5 种，**5（14）型**；分布于印度至东南亚和澳大利亚；中国产华南和西南。假俭草 *E. ophiuroides* (Munro) Hackel 可作牧草或草坪。

E

Eremogone Fenzl **老牛筋属，Caryophyllaceae 石竹科。**多年生草本，常密丛生或垫状。叶钻形至线形或禾草状，顶端钝至具尖或刺状。花序顶生，单生或成聚伞花序；苞片叶状或干膜质；花托浅杯状；萼片 5，离生或基部稍合生，线状披针形至卵形，边缘干膜质；花瓣 5；雄蕊 10；花丝离生；花柱 3，长 2-3mm；子房 1 室，多为倒卵形、卵球形至近球形；柱头 3，近头状，光滑或具乳突。蒴果 6 裂。种子 1-10 粒，两侧稍扁。花粉粒散孔。染色体 x=11。约 90/26（15）种，**8 型**；分布于北温带地区，亚洲中部，西南部与北美西部，以及喜马拉雅—横断山地区尤盛；中国产北方和西南地区。雪灵芝 *E. brevipetala* Y. W. Cui & L. H. Zhou 可药用。

Eremopyrum (Ledebour) Jaubert & Spach **旱麦草属，Poaceae 禾本科。**一年生草本。穗状花序，穗轴具关节而逐节断落；小穗无柄，单生于穗轴的每节，排列于穗轴的两侧呈篦齿状，两侧压扁，具短芒或无芒，含 3-6 小花；颖具脊，2 颖基部多少相连；外稃背部有脊，先端渐尖或具短芒，具基盘；鳞被边缘须状；雄蕊 3。染色体 x=7。约 8/4 种，**13 型**；分布于北非和地中海到印度西北部；中国产西北。东方旱麦草 *E. orientale* (Linnaeus) Jaubert & Spach 是优良的春季牧草。

Eremosparton Fischer & C. A. Meyer **无叶豆属，Fabaceae 豆科。**矮灌木。叶不发育，鳞片状。花多数，总状花序细长，稀疏；花萼钟状，萼齿 5 裂，长为龙骨瓣长的 1/2；旗瓣圆形或圆肾形，先端微缺，具短瓣柄，龙骨瓣较翼瓣短；雄蕊二体，花药同形；子房无柄，花柱内弯，上部背面被纵髯毛。荚果圆形或圆卵形，扁平稍膨胀，2 瓣，不开裂，具 1-2（3）颗种子，果瓣膜质。种子肾状，无种阜。3/1 种，**13 型**；分布于俄罗斯东南部至中亚；中国产新疆。准噶尔无叶豆 *E. songoricum* (Litvinov) Vassilczenko 为优良先锋固沙植物。

Eremurus M. Bieberstein **独尾草属，Asphodelaceae 独尾草科。**多年生草本；有粗短的根状茎；根肉质，肥大。茎不分枝。叶基生，条形，基部有膜质鞘和纤维状残存物。花极多，在花葶上排成多少稠密的总状花序；苞片常锥形或针状锥形；花被钟形；花被片 6，离生，有 1-5 条脉；雄蕊 6，近等长，花丝常基部稍扩大，花药基部 2 深裂；花柱细长，丝状；柱头极小；子房 3 室。蒴果近球形，表面平滑或有横皱纹，室背开裂。种子每室 3-4 粒，三棱形，棱锐尖或有翅。花粉粒单沟，网状纹饰。染色体 2n=14。约 45/4（1）种，**12 型**；分布于中亚及西亚的山地和平原沙漠地区；中国产西南、新疆。异翅独尾草 *Eremurus anisopterus* (Kar. & Kir.) Regel、粗柄独尾草 *E. inderiensis* (M. Bieb.) Regel 是沙生短命植物。

Eria Lindley **毛兰属，Orchidaceae 兰科。**附生植物。茎常膨大成假鳞茎，顶生数枚叶。总状花序被绵毛或无毛；花较小；萼片背面与子房被绒毛或无毛；萼片离生，侧萼片多少与蕊柱足合生成萼囊；花瓣与中萼片相似；唇瓣生于蕊柱足末端，无距，常 3 裂，上面有纵脊；蕊柱短或长；花药为不完全的 4 室；花粉团 8 个，每 4 个成 1 群，蜡质，基部收狭成柄状，附着于粘盘上。15/7（1）种，**5 型**；分布于亚洲，马来群岛，东到新几内亚；中国南方各省区均产。

Eriachne R. Brown **鹧鸪草属，Poaceae 禾本科。**一年生或多年生草本。圆锥花序；小穗轴极短，含 2 两性小花；颖片近等长，透明纸质或边缘膜质；外稃具柔毛，顶端

常具芒，内稃质地和毛被常与外稃相似，边缘透明且包裹颖果；雄蕊 3，极少 2。颖果近椭圆形，背部压扁。约 40/1 种，**5（7a）型**；分布于澳大利亚，少数至东南亚，印度和斯里兰卡；中国产福建、广东、广西、江西。鹧鸪草 *E. pallescens* R. Brown 是优良的饲草。

Ericaceae A. L. de Jussieu **杜鹃花科，木兰亚纲/杜鹃花目**。乔木，灌木，藤本，稀草本。叶互生，螺旋排列，有时对生或轮生，单叶，全缘至锯齿状；无托叶。花序多样。花常为两性花，稀单性；辐射对称至稍两侧对称。萼片常 4 或 5，离生至稍合生；花瓣 4 或 5，合生，有从小到大的覆瓦状至镊合状排列的裂片，有时为钟状或漏斗状。雄蕊 8-10，或 2 或 3 枚；花丝离生或贴生于花冠，有时合生；花药倒垂，2 或 1 室，通过 2 个顶孔开裂，有时有 2 凸出物（芒）或顶端变狭窄，形成 1 对小管；心皮 2-10，花柱 1，中空，内部有沟。蒴果室间开裂或室背开裂，或为浆果，或为具 1 至数个果核的核果。花粉粒常呈四合花粉，为 3 孔沟。约 124 属，4100 种，世界广布；中国 23 属，837 种，广布，西南地区尤盛。

Erigeron Linnaeus **飞蓬属，Asteraceae 菊科**。草本或半灌木。叶互生。头状花序辐射状；花托平或稍凸起，具窝孔，无托片；冠毛 1-2 层或脱落，外层极短，或等长；总苞片 2-5 层；雌花多层，舌片紫色、蓝色或白色，两性花可育，管状。瘦果长圆形至披针形。染色体 x=9。约 400/39（14）种，**1 型**；分布于欧亚大陆及北美，少数至非洲和大洋洲；中国产新疆和西南地区。短葶飞蓬 *E. breviscapus* (Vaniot) Handel- Mazzetti 可入药。

Eriobotrya Lindley **枇杷属，Rosaceae 蔷薇科**。常绿乔木或灌木。单叶互生，边缘有锯齿或全缘；常有叶柄；托叶多早落。顶生圆锥花序，常有绒毛；萼筒杯状或倒圆锥状；萼片 5，宿存；花瓣 5，倒卵形或圆形，基部具爪；雄蕊 20；花柱 2-5，基部合生，常有毛，子房下位，2-5 室，每室胚珠 2。梨果肉质或干燥，萼片宿存，内果皮膜质，有 1-2 粒大种子。花粉粒 3 孔沟或拟孔沟，颗粒状纹饰。染色体 2n=34，51，68。30/14（3）种，**14 型**；分布于东亚；中国产亚热带地区。

Eriocaulaceae Martinov **谷精草科，木兰亚纲/禾本目**。一年生或多年生草本。叶狭窄，叶质薄，半透明，具方格状的“膜孔”。头状花序；总苞片覆瓦状排列；花单性，花被 2 轮；雄花花萼常合生成佛焰苞状；雄蕊 1-2 轮，每轮 2-3 枚；子房上位，1-3 室。蒴果小，果皮薄。种子具六角形网纹。花粉粒具螺旋状或带状萌发孔，小刺或颗粒纹饰。染色体 n=8，9，15，20，25。11 属，约 1400 种，广布热带和亚热带地区，美洲热带尤盛；中国 1 属，约 35 种，除西北外，各地均产。

Eriocaulon Linnaeus **谷精草属，Eriocaulaceae 谷精草科**。沼泽生，稀水生草本。头状花序；花单性，混生。雄花：花萼常合生成佛焰苞状；花冠下部合生成柱状，内面近顶处常有腺体；雄蕊常 2 轮，6 枚。雌花：花瓣离生，3 或 2 内面顶端常有腺体。蒴果，室背开裂。种子表面具皮刺。花粉粒螺旋状萌发孔，具小刺或颗粒纹饰。染色体 n=8，9，15，20，25。约 400/35（13）种，**2 型**，广布热带，亚热带；中国产西南部和南部。

Eriochloa Kunth **野黍属，Poaceae 禾本科**。一年生或多年生草本。圆锥花序，由数枚总状花序组成；小穗单生或孪生，成 2 行覆瓦状排列于穗轴一侧；背腹压扁；有 2 小花；第一颖极退化，与第二颖下之穗轴愈合膨大，形成环状或珠状的小穗基盘；稃片膜质，外稃包藏内稃或内稃缺；外稃革质，具小乳突，内卷。染色体 x=9。30/2 种，**2（8-4）型**；分布于热带和暖温带地区，热带非洲和美洲尤盛；中国产黄河以南地区。

E

Eriocycla Lindley **绒果芹属，Apiaceae 伞形科**。草本。茎基部多木质化。叶羽状分裂。复伞形花序，伞辐 2-10，不等长；小伞形花序有线形的小苞片。萼齿小；花瓣顶端内折；子房密被柔毛，花柱基扁压或为短圆锥状，花柱近直立或反卷。分生果卵状长圆形至椭圆形，密被柔毛，果棱细，每棱槽内有油管 1，合生面油管 2，胚乳腹面平直或稍凹入。染色体 x=11。约 8/3（2）种，**11 型**；分布于伊朗北部至中国新疆、西藏、内蒙古、辽宁和河北。

Eriodes Rolfe **毛梗兰属，Orchidaceae 兰科**。附生草本。假鳞茎在根状茎上近聚生，近球形，顶生 2-3 枚叶。叶折扇状。花葶侧生于假鳞茎的基部，密布短柔毛；萼片背面密布长柔毛；侧萼片基部较宽而歪斜，贴生于蕊柱足上而形成明显的萼囊；花瓣比萼片狭；唇瓣舌形或卵状披针形；蕊柱上端扩大，具翅，基部具近直角弯曲的蕊柱足；花粉团 8 个，蜡质，近球形，等大，每 4 个为 1 群，无明显的粘盘和粘盘柄。1/1 种，**7-2（14SH）型**；分布于喜马拉雅地区，缅甸，泰国，老挝，越南及中国华南和西南地区。

Eriolaena de Candolle **火绳树属，Malvaceae 锦葵科**。乔木或灌木。叶心形。花单生或数朵聚生，稀为多花的总状花序；花萼幼时佛焰苞状；花瓣 5，下部收缩成扁平的有绒毛的爪；雄蕊多数，连合为单体雄蕊；子房无柄，5-10 室，每室多胚珠；花柱线形。蒴果木质。种子具翅，膜质，翅长为全长的一半。花粉粒散孔，具小刺。染色体 2n=120。17/6（1）种，**7a 型**；分布于不丹，印度，缅甸，泰国，老挝，越南，以及中国云南、贵州、四川、广西。火绳树 *E. spectabilis* de Candolle 为紫胶虫的主要寄主；其树皮纤维可编绳。

Eriophorum Linnaeus **羊胡子草属，Cyperaceae 莎草科**。多年生草本，具根状茎。秆钝三棱柱状，具基生叶和秆生叶。苞片叶状、佛焰苞状或鳞片状；长侧枝聚伞花序顶生，具 1 至多数小穗；花两性；鳞片螺旋状排列，下面几个鳞片内无花；下位刚毛多数，丝状，极少只有 6 条，开花后延长为鳞片的许多倍；雄蕊 2-3；花柱基部不膨大，柱头 3。小坚果三棱形。花粉 1 远极孔 4 侧沟，穿孔状和颗粒纹饰。染色体 2n=26，54，58，60 等。25/7（1）种，**8 型**；分布于北温带的高寒地区；中国产东北和西部，主产东北。

Eriophyton Bentham **绵参属，Lamiaceae 唇形科**。矮小多年生草本，具木质根茎。花萼膜质，10 脉，5 齿近等大，三角形；花冠长 2-4cm，冠筒远比花萼长，内不具毛环或有时具有毛环，上唇外部密被毛，但不沿边缘被毛，下唇 3 裂，中裂片较大，近全缘，侧裂片明显，圆形或微凹；雄蕊 4，前对较长，均延伸至上唇片之下，花柱先端 2 浅裂。小坚果顶端平截或近截形。花粉粒 3 沟，复网状纹饰，网眼内具穴。（5-6）/（4-5）（1）种，**13 型**；分布于自阿富汗经印度西北部，俄罗斯至中国西北、西南部。

Eriosema (de Candolle) Desvaux **鸡头薯属，Fabaceae 豆科**。草本或亚灌木，直立或近直立，常有块根。具小叶 1 或 3（-6）片，国产种具小叶 1 片，小叶下面常有腺点。花 1-2 朵簇生于叶腋或组成总状花序；花萼钟状，5 裂；旗瓣基部具瓣柄和耳，背面常被丝质长柔毛；雄蕊二体；子房无柄，有胚珠 2 颗。荚果菱状椭圆形或长圆形，膨胀，有种子 1-2 颗。种子偏斜，种柄着生于长线形种脐的一端。花粉粒 3 孔沟，网状纹饰。染色体 2n=22。约 130/1 种，**2（6）型**；广布热带和亚热带地区，非洲尤盛；中国产云南、贵州、西藏、湖南、江西、广东、广西、海南、台湾。鸡头薯 *E. chinense* Vogel 的块根可食用和提取淀粉；可入药。

Eriosolena Blume **毛花瑞香属，Thymelaeaceae 瑞香科**。灌木。单叶互生；具短柄。头状花序腋生；总苞片 2-4 枚，包被

着花芽，早落。花两性，无梗；花萼筒漏斗形，外面被毛；花萼4；无花瓣；雄蕊8枚，2轮；花药基着，外轮稍伸出；子房1室，顶部被毛，胚珠1，柱头头状，无毛；花盘鳞片膜质，杯状，一侧较长；浆果。花粉粒4-8孔，网状-巴豆型纹饰。1/1种，**7型**；分布于热带亚洲；中国产云南。

Erismanthus Wallich ex Müller Argoviensis **轴花木属，Euphorbiaceae 大戟科。**乔木或灌木。叶对生，羽状脉。雌雄同株；花雌雄同序或异序，雄花序总状，腋生，短，呈球穗花序状；雌花单朵腋生或生于雄花序的基部。雄花：萼片（4-）5，花瓣（4-）5，无花盘，雄蕊12-15枚，花药2室，不育雌蕊伸长。雌花：萼片5，不等大，花后稍增大，花瓣无，无花盘，子房3室，每室具胚珠1颗，花柱基部合生，上部各2裂。蒴果具3个分果爿；种子近球形，无种阜，种皮具斑纹。花粉粒3沟，穿孔状纹饰。2/1种，**7型**；分布于亚洲东南部热带地区；中国产海南。

Eritrichium Schrader ex Gaudin **齿缘草属，Boraginaceae 紫草科。**草本，被毛。茎生叶互生。镰状聚伞花序顶生，或为圆锥状，稀花单生；花萼5裂至基部；花冠钟状或漏斗状，裂片5，喉部常具附属物；雌蕊基金字塔状或半球状，高等于或小于宽。小坚果4枚，陀螺状，或呈卵状、三角卵状和背腹压扁的两面体型；棱缘具翅、齿、刺或锚状刺，稀无。花粉粒哑铃型，6异沟，外壁光滑，具有极疏的小穿孔，或穴状纹饰。染色体 n=12。约50/40种，**8（14）型**；主要分布于中亚至喜马拉雅和北美西部，欧洲和南美也有；中国产西北、西南、东北和华北地区。少花齿缘草 *Eritrichium pauciflorum* (Ledebour) de Candolle 可入药，有清热解毒之功效。

Erodium L'Héritier de Brutelle ex Aiton **牻牛儿苗属，Geraniaceae 牻牛儿苗科。**草本。茎分枝或无茎，常具膨大的节。叶对生或互生，羽状分裂；托叶淡棕色干膜质。总花梗腋生，常伞形花序；花对称或稍不对称；萼片5，花瓣5；蜜腺5；可育和退化雄蕊各5枚；子房5裂，5室，花柱5。蒴果具长喙，成熟后分裂成5果瓣，每果瓣具1种子；种子无胚乳。花粉粒3孔沟；网状-条状纹饰。染色体 x=8-10。约74/4种，**12-3型**；分布于欧亚温带，地中海，非洲，澳大利亚和南美洲；中国产东北、华北、西北、四川和西藏。

Eruca Miller **芝麻菜属，Brassicaceae 十字花科。**草本。叶羽状浅裂。花黄色，有棕色或紫色纹，成总状花序；萼片稍直立，内轮基部稍呈囊状；花瓣短倒卵形，有长爪；外轮雄蕊比内轮的短；侧蜜腺凹陷，棱柱状，中蜜腺半球形或近长圆形。长角果长圆形或近椭圆形，有4棱，具扁平喙，果瓣有1脉；种子近2行，子叶对折。花粉粒3带状沟，网状纹饰。染色体 $2n$=22。1/1种，**12型**；分布于非洲西北部，亚洲和欧洲；中国各地均产。芝麻菜 *E. vesicaria* (Linnaeus) Cavanilles subsp. *sativa* (Miller) Thellung 可食用；可榨油；可药用。

Erycibe Roxburgh **丁公藤属，Convolvulaceae 旋花科。**木质大藤本或攀援灌木，极少为小乔木。叶卵形或狭长圆形，全缘，革质；叶柄短。花序总状或圆锥状，顶生或腋生；苞片很小，早落；花小；萼片5，近相等，圆形或椭圆形，革质，宿存且贴近果的基部；花冠钟状，深5裂，每裂片具1近于三角形的外面被毛的瓣中带和2片质地较薄的小裂片；雄蕊5，近内藏；花盘不明显；子房球形或椭圆形，1室，胚珠4，花柱几无，柱头半球形、球形或圆锥状，贴生于子房，或冠状、漏斗状贴近子房。浆果稍肉质，含1粒种子。花粉粒3沟或散沟，外壁穿孔，有刺或平滑。67/10种，**5型**；主要分布于热带亚洲，少数至澳大利亚，日本；中国产广东、广西、海南、台湾和云南。丁公藤 *E.*

obtusifolia Bentham 的茎可入药。

Eryngium Linnaeus **刺芹属，Apiaceae 伞形科**。草本。茎直立。单叶全缘或稍有分裂，有时呈羽状或掌状分裂，边缘有刺状锯齿，叶脉平行或网状。头状花序单生或成聚伞状或总状花序；萼齿 5，直立，硬而尖，有脉 1 条；花瓣 5，狭窄，中部以上内折成舌片；果卵圆形或球形，侧面略扁，表面有鳞片状或瘤状凸起。花粉粒 3 沟孔，穴网状、脑纹-网状纹饰。（220-250）/2 种，**2 型**；分布于热带和温带地区，特别是南美洲；中国产广东、广西、云南、新疆。

Erysimum Linnaeus **糖芥属，Brassicaceae 十字花科**。草本，有时呈灌木状。叶宽线形至椭圆形，全缘、有齿至羽状浅裂。总状花序伞房状；花中等大，黄色或橘黄色，少数白色或紫色；萼片直立，内轮基部稍呈囊状；花瓣具长爪；花丝基部的中央和侧面有蜜腺。长角果稍具 4 棱或圆筒状，果瓣有 1 明显中脉；种子 1 行，长圆形，常有棱角。花粉粒 3 沟（4-8 沟），粗网状，网状-皱状纹饰。染色体 $2n$=12-36。200/17（5）种，**10（→12）型**；分布于亚洲和欧洲，美洲北部和中部，非洲北部；中国各地均产。

Erythranthe Spach **新沟酸浆属（新拟），Phrymaceae 透骨草科**。草本为主，时有腺毛。茎圆柱形或四方形而具窄翅。叶对生。花单生于叶腋内或为顶生总状花序；花萼筒状或钟状，果期时常膨大，具 5 肋，萼齿 5；花冠二唇形，喉部常具 2 瓣状褶襞；雄蕊 4，2 强；子房 2 室，胚珠多数，花柱分离 2 片状。蒴果 3，包于宿存的花萼内。种子多数而小，种皮光滑或具网纹。花粉粒 3 沟。染色体 x=14，15，16。111/9 种，**8-4（6d，9）型**。广布各大洲，以美洲西北部最多；中国产西南部。

Erythrina Linnaeus **刺桐属，Fabaceae 豆科**。乔木或灌木。小枝常有皮刺。羽状 3 小叶；小托叶呈腺状体。总状花序腋生或顶生；花大而美丽，常红色或橙色；花萼佛焰苞状，或钟状而成二唇形；花瓣极不相等，旗瓣大或伸长，翼瓣最短，有时缺；雄蕊二体；子房具柄，胚珠多数。荚果具果颈，多为带形，镰刀形，在种子间收缩，开裂，稀不裂。种子卵球形，种脐侧生，无种阜。花粉粒 3 孔，网状纹饰。染色体 $2n$=42。约 120/4 种，**2（6）型**；广布热带和亚热带地区；中国产西南部至东南部。刺桐 *E. variegata* Linnaeus 可供观赏；根和树皮亦可入药。

Erythrodes Blume **钳唇兰属，Orchidaceae 兰科**。地生草本。叶稍肉质，互生，具柄。总状花序顶生，直立，具多数密生的花；花倒置；萼片离生；侧萼片张开；唇瓣基部常多少贴生于蕊柱，上部张开或向下反曲，基部具距；距圆筒状，向下伸出于侧萼片基部之外，不裂或 2 浅裂，内面无胼胝体或毛；花粉团 2 个，每个纵裂为 2，为具小团块的粒粉质，具花粉团柄，共同具 1 个粘盘；蕊喙直立，2 裂；柱头 1 个，位于蕊喙之下。约 100/1 种，**3 型**；主要分布于南美洲和亚洲热带地区，也见于北美，中美，新几内亚岛和太平洋岛屿；中国产台湾、广东、广西和云南。

Erythronium Linnaeus **猪牙花属，Liliaceae 百合科**。多年生草本，具圆筒状的鳞茎。茎不分枝。2 枚对生叶，或多或少有网状脉，具柄。花单朵顶生或几朵排成疏松的总状花序；花被片 6，离生，披针形，具多脉，反折，基部靠合成杯状；雄蕊 6；花药基着，2 室，向两侧开裂；子房 3 室，花柱丝状或向上端增粗，柱头 3 裂。蒴果近球形或椭圆形，有 3 棱，具多数种子。花粉粒单沟，网状纹饰。染色体 $2n$=24。30/2 种，**8 型**；分布于北半球温带地区，主产北美地区；中国产东北、新疆。新疆猪牙花 *E. sibiricum* (Fischer & Mey) Krylov 可食用和药用。

Erythropalum Blume **赤苍藤属，Olacaceae 铁青树科**。木质藤本，有腋生卷须。叶互

生，基出三出脉或近于五出脉。花排成疏散的二歧聚伞花序；花萼筒状，顶端4-5齿，花后增大；花冠宽钟形，具5枚深裂齿；雄蕊5，与花冠裂片对生；子房半埋于花盘内，3心皮、1室，顶生胎座，胚珠2-3枚，悬垂于子房室顶端；花柱极短，顶端3浅裂。核果，成熟时为增大的花萼筒所包围。种子1枚。花粉粒3孔沟，小穴状纹饰。染色体2*n*=32。1/1种，**7型**；分布于南亚和东亚；中国产华南和西南。

Erythrophleum Afzelius ex R. Brown **格木属，Fabaceae 豆科**。乔木。叶互生，二回羽状复叶，羽片数对，对生，小叶互生，革质。花小，两性，黄绿色或白色，具短梗；穗状花序在枝顶排成圆锥状；萼钟状，裂片5，覆瓦状排列；花瓣5；雄蕊10，分离；子房具柄，外面被毛，胚珠多颗。荚果长圆形，熟时2瓣裂，果瓣厚革质。种子横生，种子间有肉质组织，长圆形或倒卵形，扁平，有胚乳。3孔沟，穿孔状纹饰。染色体2*n*=24。约10/1种，**4-1型**；分布于非洲的热带地区，亚洲东部的热带和亚热带地区和澳大利亚北部；中国产广西、广东、福建、台湾、浙江等。格木 *E. fordii* Oliver 的木材用于造船或建房。

Erythrorchis Blume **倒吊兰属，Orchidaceae 兰科**。菌类寄生草本。茎攀援，多分枝，红褐色或淡黄褐色，无绿叶。总状花序或圆锥花序顶生或侧生，具有多数花；唇瓣中央有1条肥厚的纵脊，纵脊两侧有许多横向伸展的、由小乳突组成的条纹；蕊柱基部具短蕊柱足；花粉团2个，粒粉质，无附属物；柱头大，凹陷；蕊喙小。果实圆筒状蒴果，干燥；开裂。种子具厚的外种皮，周围有宽翅。约3/11种，**5型**；主要分布于东南亚，自越南，柬埔寨，泰国，缅甸，马来西亚，印度尼西亚至菲律宾，向北可达日本琉球群岛，向西可达印度东北部；中国产海南南部和台湾。

Erythroxylaceae Kunth **古柯科，木兰亚纲/金虎尾目**。灌木或乔木。单叶互生，稀对生；托叶常生于叶柄内侧。花簇生或聚伞花序，两性，稀单性雌雄异株，辐射对称；萼片5，基部合生，近覆瓦状排列或旋转排列，宿存；花瓣5，分离，脱落或宿存，内面有舌状体贴生于基部，稀无；雄蕊5、10或20，2轮或1轮，花丝基部合生，花药2室；子房2-3室，中轴胎座，每室有悬垂胚珠1-2颗，具花蜜盘，花柱3-1或5枚，分离或多少合生，花柱异长。核果或蒴果，具宿存萼片。种子很少具有假种皮。花粉粒3孔沟，穿孔状至网状纹饰。染色体*x*=12，稀*x*=18。含芽子碱。4属，250种，分布于热带及亚热带，主产南美洲；中国1属，2种，其中1种为栽培种，产西南至东南。

Erythroxylum P. Browne **古柯属，Erythroxylaceae 古柯科**。灌木或小乔木，常无毛。叶互生，托叶生于叶柄内侧。花小，白色或黄色，单生或3-6朵簇生或腋生，常为异长花；萼片基部合生；花瓣有爪，内面有舌状体贴生于基部；雄蕊10，不等长或近等长，花丝基部合生成浅杯状，有腺体或无腺体；子房3室，2室不育，可育的1室有胚珠1-2枚，花柱分离或合生。核果；种子1粒，有胚乳或无胚乳。花粉粒3孔沟，穿孔状至网状纹饰。染色体*x*=12，稀*x*=18。约200/2种，**2（3）型**；分布于热带及亚热带，主产南美洲；中国1种为引入栽培，长江以南多数省区均产。

Escalloniaceae Dumortier **南鼠刺科，木兰亚纲/南鼠刺目**。乔木、灌木或一年生草本。叶互生，稀螺旋排列，简单，无托叶；叶面常具腺体和树脂，边缘有锯齿，有时密集。圆锥花序顶生或腋生、总状花序、聚伞花序或单生。花两性，花被和雄蕊上位，稀下位，具托杯，萼片宿存，（4）5（-9），下部常联合；花瓣（4）5（-9），雄蕊（4）5（-9），与花瓣互生。花丝着生于花盘边缘，花药丁字形着生或基着；雌蕊1(2-5)，具心皮；子房上位或下位，（1）2（-5）室，柱头1（2）。蒴果。种子20-100。花粉粒 3 孔沟，穿孔状、网状或皱褶状纹饰。7 属，135 种，主要分布于拉丁美洲，印度洋群岛和澳大利亚；中国 1 属，1 种，产西南部至台湾。

Eschenbachia Moench **白酒草属，Asteraceae 菊科**。草本，稀灌木。茎直立或斜升。叶互生，全缘或具齿，或羽状分裂。头状花序异型，常排成总状，伞房状或圆锥状花序；花托半球状；冠毛白色或红色；总苞半球形至圆柱形，3-4 层，常草质；花全部结实，外围的雌花退化至丝管状。瘦果长圆形或披针形，极扁，2 肋。不确定/6（3）种，**6 型**；分布于非洲及亚洲；中国产东南、西南部及台湾。白酒草 *E. japonica* (Thunberg) J. Koster 的根或全草可药用。

Eschscholzia Chamisso **花菱草属，Papaveraceae 罂粟科**。草本，稀为亚灌木，具微透明的液汁。叶互生，三出多回羽状深裂。花大，单生于长花梗上；萼片 2，在花蕾时边缘连合而成帽状；花瓣 4。蒴果长圆柱形，10 脉，2 瓣自基部向顶端开裂，并抛出种子，开裂后常弯曲。种子有网纹，具小瘤状凸起。花粉粒 3 沟，穿孔或网状纹饰，具小刺。约 12/1 种，**9 型**；广布北美太平洋沿岸的荒漠和草原区；中国引种栽培。

Ethulia Linnaeus **都丽菊属，Asteraceae 菊科**。草本。叶互生，叶脉羽状。头状花序排成伞房状圆锥花序；花托无苞片；无冠毛；总苞钟形或半球形，总苞片 4 层，覆瓦状，边缘常膜质；小花淡紫或淡红色，管状，顶 5 裂。果圆柱形或倒圆锥形，具 2-6，常 4-5 肋，肋间有腺，顶截形，有胼胝质环。花粉粒 3 孔沟，具刺，刺间穿孔状。19/2 种，**2 型**；主产热带非洲，菲律宾和印度尼西亚等，1 种入侵世界各地；中国产西南及南方地区。

Etlingera Giseke **茴香砂仁属，Zingiberaceae 姜科**。多年生草本，具匍匐状根茎。花序头状或穗状，花生于花托上。苞片具 1 花；小苞片长管状。无侧生退化雄蕊，唇瓣舌形，3 浅裂，基部和花丝连合成管；雄蕊短于唇瓣，花药无药隔附属体；子房 3 室。蒴果肉质，不裂。花粉粒无萌发孔，短条纹纹饰。染色体 $2n$=48，50。70/3（1）种，**5（7）型**；分布于印度，印度尼西亚，马来西亚，泰国，澳大利亚北部及中国云南和海南。可栽培观赏或药用。

Eucalyptus L'Héritier de Brutelle **桉属，Myrtaceae 桃金娘科**。乔木或灌木。叶片多型。伞形花序或圆锥花序；花两性；萼片不明显；花瓣与萼片合生成 1 帽状体或彼此不结合而有 2 层帽状体，花开放时帽状体整个脱落；雄蕊多数，多轮，外轮常不育；子房与萼管合生，2-7 室，胚珠多数，花柱宿存。蒴果全部或下半部藏于扩大的萼管里；花盘发育明显；种子多数，种皮坚硬，有时扩大成翅。花粉粒（2-）3 孔沟，光滑、粗糙或网状纹饰。染色体 $2n$=22，44，99。700/25 种，**5 型**；分布于澳大利亚及其附近岛屿；中国热带、亚热带地区引种。

Euchresta J. J. Bennett **山豆根属，Fabaceae 豆科**。灌木。叶互生，小叶 3-7 枚，下面常被柔毛或绒毛。总状花序；花萼膜质，钟状或管状，边缘 5 裂，萼齿短；花冠伸出萼外，常白色，翼瓣和龙骨瓣有瓣柄；雄蕊（9+1）二体；子房有长柄，胚珠 1-2 枚，花柱 1，线形。荚果核果状，肿胀，不裂，椭圆形，果壳常亮黑色，具果颈，有种子 1 枚。种皮白色，膜质。花粉粒 3 沟。染色体 n=9。约 4/4（1）种，**7-1（14SJ）型**；分布于喜马拉雅区至日本；中国产西南、中部、南部和台湾。山豆根 *E. japonica* J. D. Hooker ex Regel 有清热、解毒、镇痛等功效。

Euclidium R. Brown **鸟头荠属，Brassicaceae 十字花科**。一年生草本，被二叉毛。基生叶具柄，非莲座状，全缘具齿；茎生叶稍小。总状花序，无苞片；花瓣淡黄色或白色；雄蕊分离，花丝无齿；子房无柄，

花柱圆锥形，2裂，向外弯曲。短角果小，卵形，呈坚果状，2室，果皮与隔膜均木质化，无脉，被短粗毛；果梗粗短，几乎与茎相贴。种子每室1粒，无翅，长圆形；子叶扁平，缘倚胚根。花粉粒3沟，网状纹饰。染色体2*n*=14。1/1种，**12型**；分布于亚洲中部和西南部，欧洲东部；中国产新疆。

Eucommia Oliver **杜仲属，Eucommiaceae 杜仲科**。特征描述同科。1/1（1）种，**15型**；分布于陕西、甘肃、河南、湖北、四川、云南、贵州、湖南，国内外普遍栽培。杜仲 *E. ulmoides* Oliver 的树皮可药用；可作园林观赏树和行道树。

Eucommiaceae Engler **杜仲科，木兰亚纲/绞木目**。落叶乔木，植株各部有胶质，乳管；枝有片状髓心。单叶互生，叶片撕裂有胶丝，无托叶。花雌雄异株；无花被，先叶开放；雄花密集成头状花序生于短枝上；雄蕊（4）5-10（12），花丝很短，花药线形，药隔伸出；雌花单生于苞腋内；雌蕊2，心皮合生，其中1心皮败育，具胚珠2枚，1个不育。坚果，扁平，周围环以薄革质翅。种子具膜质种皮，胚乳丰富，胚大。花粉粒3（拟）孔沟，具刺。染色体2*n*=34。含环烯醚萜类化合物。1属，1种，中国特产，分布于陕西、甘肃、河南、湖北、四川、云南、贵州、湖南。世界普遍栽培。

Eugenia Linnaeus **番樱桃属，Myrtaceae 桃金娘科**。乔木或灌木。叶对生，具柄，羽状脉。花序腋生或叶下侧生；花两性，单生或数朵簇生；萼管短，萼齿4；花瓣4；雄蕊多数；子房2-3室，每室有多数横列胚珠；浆果，顶部有宿存萼片；种子常1枚，胚直，2枚子叶完全或部分合生。花粉粒3（-4）孔沟，光滑、粗糙、颗粒状或网状纹饰。染色体2*n*=22，33，44，66。1000/1种，**2型**；分布于热带美洲，非洲，南亚，东南亚，澳大利亚，马达加斯加，马斯克林群岛，新喀里多尼亚和太平洋岛屿；中国福建、四川、云南、台湾有栽培。红果仔 *E. uniflora* Linnaeus 可作观果盆景；果肉可食。

Eulalia Kunth **黄金茅属，Poaceae 禾本科**。多年生草本。总状花序数枚呈指状排列于秆顶，花序轴节间易断；小穗每节具2同形小穗，1无柄，1有柄，基盘短钝，具毛；第一颖背部微凹或扁平，第二颖两侧压扁，具脊；第一小花退化仅存1外稃，或具内稃，第二小花两性，第二外稃狭窄，先端微2裂，芒膝曲，伸出小穗外，内稃披针形、长圆形或无。染色体2*n*=18，20。30/14（5）种，**4（6）型**；分布于欧亚大陆热带和亚热带地区；中国产华南到西南。

Eulaliopsis Honda **拟金茅属，Poaceae 禾本科**。多年生草本。总状花序指状或近圆锥状；小穗孪生，1无柄，1有柄，基盘密被淡黄色丝状柔毛；颖片背面中部以下密生长柔毛，第一颖先端钝，常有2-3齿，第二颖先端尖或具2齿；小花第一外稃先端钝，无芒，第二外稃先端全缘或具2齿，有芒。2/1种，**7ab（14SH）型**；分布于阿富汗，印度，菲律宾及中国亚热带地区。拟金茅 *E. binata* (Retzius) C. E. Hubbard 是优质纤维原料。

Eulophia A. Brown **美冠兰属，Orchidaceae 兰科**。地生草本或极罕菌类寄生。具球茎状、块状或其他形状假鳞茎，常具数节。叶数枚，基生，有长柄，花葶从假鳞茎侧面节上发出；总状花序极少减退为单花；唇瓣唇盘上常有褶片、鸡冠状脊、流苏状毛等附属物，基部大多有距或囊；蕊柱长或短，常有翅；药帽上常有2个暗色凸起；花粉团2个，多少有裂隙，蜡质，具短而宽阔的粘盘柄和圆形粘盘。约200/13（2）种，**2（5，6/3）型**；主要分布于非洲，其次是亚洲热带与亚热带地区，美洲和澳大利亚也产；中国产西南、华南地区。

Euonymus Linnaeus **卫矛属，Celastraceae 卫矛科**。灌木或乔木，或藤本。叶对生；花两性，聚伞圆锥花序；花部4-5数；雄

蕊 4-5；花盘肥厚扁平；子房 3-5 室，藏于花盘内，每室 2-12 胚珠，轴生或室顶角垂生。蒴果近球状、倒锥状，常不分裂或浅裂，或深裂，或延展成翅；果皮平滑或有凸起；种子每室常 1-2 枚。种子外被红色或黄色肉质假种皮，全包或仅局部包围成杯状、舟状或盔状。花粉粒 3 孔沟，网状纹饰。染色体 2*n*=16，32，48，64。130/90（50）种，**1（8-4）型**；分布于亚洲，澳大利亚，欧洲，北美及马达加斯加；中国广布。卫矛 *E. altus* (Thunb.) Siebold、扶芳藤 *E. fortunei* (Turcz.) Handel-Mazzetti 栽培可作园林观赏或树篱。

Eupatorium Linnaeus **泽兰属，Asteraceae 菊科**。草本。叶常对生。头状花序；花托无托片；冠毛刚毛状，多数，1 层；总苞片 1 至多层，覆瓦状排列，绿色，宿存，开展；花两性，结实，紫色、红色或白色，管状；花药基部钝，顶端有附片；花柱基部被毛，分枝伸长，线状半圆柱形，顶端钝或微钝。果 5 棱，顶端截形。花粉粒 3 孔沟，具刺。染色体 2*n*=20，30，31，39，40，50。45/14（6）种，**8（9）型**；分布于亚洲，欧洲和北美；中国除新疆、西藏外，各地均产。佩兰 *E. fortunei* Turczaninow 是常用中药。

Euphorbia Linnaeus **大戟属，Euphorbiaceae 大戟科**。草本，灌木，或乔木；植物体具乳状液汁。叶常互生或对生，少轮生；托叶无。杯状聚伞花序，单生或组成单歧或二歧或多歧花序；每个杯状聚伞花序由 1 枚位于中间的雌花和多枚位于周围的雄花组成，称大戟花序；雄花无花被，仅有 1 枚雄蕊；雌花常无花被，子房 3 室，每室 1 个胚株，花柱 3，常分裂或基部合生。蒴果，成熟时分裂为 3 个 2 裂的分果爿；种子每室 1 枚，种皮革质，深褐色或淡黄色。花粉粒 3 孔沟，穿孔状至网状纹饰。约 2000/78（11）种，**2 型**；世界广布，热带干旱地区尤盛；中国南北均产，以西南和西北较多。

Euphorbiaceae Jussieu **大戟科，木兰亚纲/金虎尾目**。乔木、灌木或草本。叶螺旋状着生，互生，或对生，叶脉羽状，背面成对的近基部腺体有或无，叶柄先端常叶枕状；萼片（2-）3-6（-12）；蜜腺盘状（或缺）。雄花：雄蕊花药内向开裂，退化雌蕊无。雌花：退化雄蕊无，雌蕊（2）3（-多数）心皮合生，柱头显著，常分枝或具近轴的沟；珠孔为外（或双）珠孔式，有珠心喙及胎座式珠孔塞；种子内胚乳丰富，胚绿色或白色；花粉单粒（稀四合体），3 孔沟或拟孔沟，偶有 3 以上、3 沟或无萌发孔，穿孔状、巴豆状、皱波状和网状纹饰。染色体 2*n*=（10-）18（-22+）。217 属，6745 种，泛热带分布，（寒）温带也有；中国 56 属，253 种，各地均产，主产南部、西南部及台湾。

Euphrasia Linnaeus **小米草属，Orobanchaceae 列当科**。一年生或多年生半寄生草本。叶自下而上逐渐增大，苞叶比叶大，叶和苞叶均对生，掌状叶脉，边缘具齿。穗状花序，花无小苞片；花萼管状或钟状，4 裂，前后两方裂得较深；花冠筒管状，上部稍扩大，檐部二唇形，上唇直而盔状，顶端 2 裂，下唇 3 裂；雄蕊 4 枚，2 强。蒴果矩圆状，多少侧扁，室背 2 裂。种子多数，椭圆形，具多数纵翅，翅上有细横纹。花粉粒 3 沟，基柱网纹状纹饰。染色体 2*n*=22，44。约 200/14（8）种，**1 型**；世界广布；中国产北部和西南地区。

Euptelea Siebold & Zuccarini **领春木属，Eupteleaceae 领春木科**。特征描述同科描述。2/1 种，**14 型**；分布于东亚至印度北部；中国产北部、华东至西南。领春木 *E. pleiospermum* J. D. Hooker & Thomson 的树皮和花可药用；亦广泛栽培作园林观赏。

Eupteleaceae K. Wilhelm **领春木科，木兰亚纲/毛茛目**。落叶灌木或小乔木。树皮紫黑色或棕灰色；枝有长、短枝之分。单叶螺旋状排列，羽状脉，先端尾状渐尖。花先叶开放，两性，6-12 个生于芽苞叶腋中，无花被；雄蕊 6-19，花药长于花丝，药隔伸出；心皮 8-31，离生，子房歪斜，无花柱，柱头鸡冠状，具乳头状凸起，倒生胚珠 1-3。翅果棕色，周围具翅，顶端圆，下端渐细成子房柄。种子 1-3，内胚乳丰富。花粉粒 3 沟，稀为 4、5 和 6，穿孔或网状纹饰。染色体 2*n*=28。1 属，2 种，东亚分布；中国 1 属，1 种，产北部、华东至西南。

Eurya Thunberg **柃木属，Pentaphylacaceae 五列木科**。常绿灌木或小乔木。叶排成 2 列。花较小，1 至数朵簇生于叶腋，单性，雌雄异株；小苞片 2；萼片 5；花瓣 5；雄花雄蕊 5-35，排成 1 轮，花丝无毛，花药 2 室，药隔顶端具小尖头，退化子房常显著；雌花常无退化雄蕊，子房 2-5 室，每室胚珠 3-60 枚，花柱 2-5。浆果球形至卵形。种子黑色，胚弯曲。花粉粒 3 孔沟，光滑到粗糙纹饰。130/83（63）种，**3 型**；分布于热带和亚热带亚洲及西南太平洋诸岛；中国产秦岭淮河以南，西南和华南尤盛。

Euryale Salisbury **芡属，Nymphaeaceae 睡莲科**。水生草本，常具尖刺。根状茎直立，不分枝。叶二型：浮水叶盾状，叶脉分枝处有尖刺；沉水叶小，无刺。花梗粗壮，具刺；花单生；萼片 4，外面绿色被硬刺，内面略紫色；花瓣多数，紫色，呈多轮排列，向内渐变成雄蕊；雄蕊较萼片和花瓣短，嵌生于子房顶部，花丝线形；子房下位，无花柱，柱头盘凹入，心皮 8，8 室，每室胚珠少许。浆果球形，不整齐开裂。种子多数，有白色假种皮。花粉粒单沟，具小刺。染色体 2*n*=58。1/1 种，**14 型**；分布于东亚；中国大部分省区均产。芡实 *E. ferox* Salisbury 可作园艺观赏；其种子富含淀粉，可作为食物、酿酒或入药。

Eurybia (Cassini) Cassini **北美紫菀属，Asteraceae 菊科**。草本。具地下根状茎。茎直立或斜升。叶互生。头状花辐射状，多数成伞房花序，极少单花；花托平至微凸；总苞圆柱状至钟状或宽钟状，3-7 层，不等长，边缘膜质；舌状花紫色或白色，管状花可育黄色，冠檐漏斗形或钟形。瘦果圆柱状或纺锤状，扁平，光滑或微被毛。7-12（-18）肋。冠毛红色至黄色，4 层，不等长，刚毛状。染色体 *x*=9。23/1 种，**8 型**；分布于欧亚，北美；中国产黑龙江。

Eurycorymbus Handel-Mazzetti **伞花木属，Sapindaceae 无患子科**。乔木。偶数羽状复叶轮生，小叶锯齿，末端小叶退化。雌雄异株；聚伞圆锥花序腋生；花单性，辐射对称，萼片 5；花瓣 5，狭匙形，无鳞片；花盘环状；雄蕊 8 枚；子房 3-4 室，3 浅裂，每室有胚珠 2 颗。蒴果球形，深 3 裂；种子球形，密被小绒毛，无假种皮。花粉粒 3 孔沟，条状凸起。染色体 *n*=26。1/1（1）种，**15 型**；分布于福建、广东、广西、贵州、湖南、江西、四川、台湾及云南。伞花木 *E. cavaleriei* (H. Léveillé) Rehder & Handel-Mazzetti 为优良的用材树种。

Euryodendron H. T. Chang **猪血木属，Pentaphylacaceae 五列木科**。常绿乔木。顶芽细小，被短柔毛。叶排成多列，网脉明显。花两性，具短梗；小苞片 2，宿存；萼片 5，宿存；花瓣 5，白色；雄蕊 20-28，花丝离生，花药卵形，顶端尖，基部着生，被长丝毛；子房上位，3 室，每室胚珠 6-8，花柱单一，柱头不裂。浆果，球形。种子圆肾形，褐色。花粉粒 3 孔沟，细皱波状纹饰。1/1（1）种，**15-2 型**；分布于广东阳春、广西平南。

Eurysolen Prain **宽管花属，Lamiaceae 唇形科**。小灌木。叶具长柄，纸质。穗状花序顶生于短枝上；苞片小；花萼管状钟形，10 脉，齿 5，前 2 齿稍长，果时花萼稍呈壶形；花冠筒伸出，前面中部囊状膨大，内面具毛环，冠檐二唇形，下唇较长，3 裂；雄蕊 4，花药 1 室，纵裂；花柱丝状，先端等 2 浅裂；花盘近环状，裂片极浅；子房 4 裂，具半透明的粉囊状小凸起。小

坚果扁倒卵形，黑褐色，背部具细皱纹，腹部具长硬毛及腺状小凸起。花粉粒3沟，复网状纹饰，网眼内具穴。1/1种，**7型**；分布于印度，缅甸，马来西亚，以及中国云南西南部、南部及东南部。

Euscaphis Siebold & Zuccarini **野鸦椿属，Staphyleaceae 省沽油科**。落叶灌木或小乔木，平滑无毛，芽具2鳞片。奇数羽状复叶，对生，小叶2-5对，有细锯齿。大型圆锥花序顶生；花两性；萼片5，宿存；花瓣5，花盘环状，具圆齿；雄蕊5，着生于花盘基部外缘，花丝基部扩大；子房上位，心皮3（-2），仅在基部稍合生。蓇葖果3（-1），基部有宿存的花萼，展开，革质；种子1-3，具假种皮，白色，近革质，子叶圆形。花粉粒3孔沟，穴状纹饰。1/1种，**14SJ型**；分布于亚洲东部；中国产西南部。野鸭椿 *E. japonica* (Thunberg) Kanitz 可供观赏；种子可榨油制皂；树皮可提栲胶；根及干果可入药。

Eustachys Desvaux **真穗草属，Poaceae 禾本科**。多年生草本。穗状花序2至数枚指状着生于秆顶；小穗无柄，含2小花，1-2行覆瓦状排列于穗轴之一侧；颖具1脉，无芒或第二颖具短芒，宿存；第一小花两性，外稃棕色或红棕色，两侧压扁，先端钝或具小尖头，内稃与外稃近等长；第二小花不育，外稃质薄，较小，先端截平或呈棒状，陷于第一小花腹面的凹槽中。约11/1种，**2型**；分布于热带和亚热带地区；中国产广东、海南和台湾。

Eustigma Gardner & Champion **秀柱花属，Hamamelidaceae 金缕梅科**。常绿灌木或小乔木。叶互生，革质，全缘或在顶部具锯齿，羽状脉。总状花序；花两性；萼片5；花瓣5，小，黄色，鳞片状；雄蕊5，与萼片对生，花药2室；退化雄蕊无；子房近下位，每室1枚胚珠，柱头极大，铲状，具乳头状凸起，深紫色。蒴果卵球形，木质，内果皮与木质外果皮分离。花粉粒3孔沟（或拟孔沟）。3/3（2）种，**7-4型**；分布于越南及中国南部。

Eutrema R. Brown **山萮菜属，Brassicaceae 十字花科**。一年生、二年生或多年生草本，根肉质，纺锤形。不具毛或具单毛。基生叶卵形或心形，具鞘状叶柄，茎生叶无或有柄。总状花序；萼片直立，外轮宽长圆形或卵形，内轮宽卵形；花瓣白色，少数玫瑰红色，倒卵形，具短爪；雄蕊花丝基部变宽；花柱短，柱头凹陷，稍2裂。长角果线形、披针形、棒状或圆筒状，开裂。种子单列或2列，无翅，长圆形或卵形，大，椭圆形，子叶背倚或斜缘倚胚根。染色体2*n*=18，28，42，56。26/21（4）种，**8-2（9）型**；分布于东亚，中亚和喜马拉雅，1种延伸到北美；中国产西南、西北地区。

Eversmannia Bunge **刺枝豆属，Fabaceae 豆科**。小灌木，具刺。奇数羽状复叶。总状花序，腋生；花萼钟管状，萼齿5；旗瓣长卵形，与龙骨瓣等长，基部锥形，翼瓣，约为旗瓣的1/4长，龙骨瓣偏斜；雄蕊二体（9+1）；子房无毛，花柱丝状，顶端内卷，柱头小。荚果宽线形，扁平，弯曲，革质，无毛；每节荚具1粒种子，成熟时由腹缝线处脱落。花粉粒3沟，网状纹饰。4/1种，**12型**；分布于中亚，东欧和俄罗斯；中国产新疆北部。

Evolvulus Linnaeus **土丁桂属，Convolvulaceae 旋花科**。一年生或多年生草本，亚灌木或灌木，平卧、上升或直立，但不缠绕。茎常被毛。叶小，全缘。花单生叶腋，或多花形成聚伞花序，或为穗状或头状花序；花小；萼片5，相等或近相等，渐尖，锐尖或钝，果期不增大；花冠辐状、漏斗状、钟状，或高脚碟状；雄蕊5；花盘杯状，或无；子房2室，每室有2枚胚珠，稀1室，4胚珠，花柱2，每1花柱2尖裂。蒴果2-4瓣裂。种子1-4。花粉粒散沟（15-21），穿孔纹饰，有小刺或平滑。染色体2*n*=26。100/2种，**2型**；分布于南北美洲，2种在东半球热带及亚热带地区

归化；中国产长江流域及以南各省区。土丁桂 *E. alsinoides* Linnaeus 全草可入药。

Exacum Linnaeus **藻百年属，Gentianaceae 龙胆科**。草本。茎分枝。聚伞花序顶生及腋生；花近辐状，4-5 数；花萼分裂至近基部，萼筒甚短，裂片背面具龙骨状凸起；花冠深裂，冠筒短，圆柱形；雄蕊着生于花冠裂片弯缺处，与裂片互生，花丝短而细；花柱极长，线形。种子多数。花粉粒 3 或 4 孔沟，条纹形或条网状纹饰。44/3 种，**4（-6）型**；分布于亚洲热带，马达加斯加和非洲热带；中国产云南、贵州、广西、广东和江西。无梗藻百年 *E. sessile* Linnaeus、藻百年草 *E. tetragonum* Roxburgh 可供观赏。

Exbucklandia R. W. Brown **马蹄荷属，Hamamelidaceae 金缕梅科**。常绿乔木。叶互生，托叶大，革质，椭圆形，合生，早落，在节上留下环形瘢痕，叶片全缘或掌状 3-5 浅裂，具掌状脉。头状花序，7-16 花；花两性；花瓣无或 2-5 枚；雄蕊 10-15，花药 1 室；子房半下位，每室胚珠 5 或 6 枚。蒴果室背 4 瓣裂，每室种子 5-7 枚，顶部 4 或 5 枚不育或不具翅，基部 1 或 2 枚可育并具窄翅。花粉粒 3 沟，网状纹饰。染色体 2*n*=32。4/3（1）种，**7-1 型**；产东亚，南亚和东南亚；中国南部广布。

Excoecaria Linnaeus **海漆属，Euphorbiaceae 大戟科**。乔木或灌木，具乳状汁液。叶互生或对生，具羽状脉。雌雄异株或同株；花雌雄同株时常异序，无花瓣，聚集成腋生或顶生的总状花序或穗状花序；雄花萼片 3，稀为 2；雄蕊 3，无退化雌蕊；雌花子房 3 室，每室具 1 胚珠，花柱粗，基部多少合生。蒴果自中轴开裂成具 2 瓣裂的分果爿，分果爿常坚硬而稍扭曲，中轴宿存，具翅。种子球形，无种阜，种皮硬壳质，胚乳肉质，子叶宽而扁。花粉粒 3 孔沟，穿孔状纹饰。约 40/5（2）种，**4 型**；分布于非洲，亚洲，大洋洲及太平洋诸群岛；中国产西南部、南部至台湾。

Exochorda Lindley **白鹃梅属，Rosaceae 蔷薇科**。落叶灌木。单叶，互生，全缘或有锯齿，有叶柄，不具托叶或小而早落。花大型，总状花序顶生；萼筒浅钟状；萼片 5，短而宽；花瓣 5，白色，椭圆形至宽倒卵形，有爪，覆瓦状；雄蕊 15-30，花丝短，着生在花盘边缘；心皮 5，合生，花柱分离，子房上位，5 室。蒴果具 5 脊，倒圆锥形，沿背腹 2 缝开裂，每室具种子 1-2。种子扁平有翅。花粉粒 3 孔沟，条纹状纹饰。染色体 2*n*=16，18。1/1 种，**11 型**；分布于亚洲中部到东部；中国产中部地区。白鹃梅 *E. racemosa* (Lindley) Rehder 栽培可供观赏。

Fabaceae Lindley **豆科，木兰亚纲/豆目**。木本或草本。具含固氮菌的根瘤。叶常互生，多为一回或二回羽状复叶，较少为 3 小叶或掌状复叶，极少为单小叶、单叶或特化为叶状柄，常有托叶。花两性，稀单性；辐射或两侧对称，为总状、聚伞、穗状、头状或圆锥花序；萼片（3-）5（6）；花瓣（0-）5（6），常与萼片同数；雄蕊多数至定数，常 10 枚；雌蕊由单心皮组成，稀较多。荚果。胚乳常缺失。花粉粒 3 孔沟，网状纹饰。约 751 属，19 500 种，世界广布；中国 167 属，1673 种，各省区均产。

Faberia Hemsley **花佩菊属，Asteraceae 菊科**。葶状草本。叶大头羽状分裂或不裂，质地厚。头状花序含多数小花；花托无托毛；冠毛褐色或淡黄白色，或红色，1-3 层，等长，糙毛状；总苞钟状；全部小花紫红或淡蓝色；花药基部附属物尖耳状或箭头形；花柱分枝细长，有乳突或小刺毛。果长椭圆形，扁压，每面有 7-10 条纵肋或脉纹，有小刺毛，顶端截形，无喙。染色体 2*n*=34。8/8（8）种，**15 型**；中国产中部和东南部。花佩菊 *F. sinensis* Hemsley 全草可入药。

Fagaceae Dumortier **壳斗科，木兰亚纲/壳斗目**。乔木或灌木。单叶互生。花单性同株；

花被 1 轮，4-8 枚，基部合生；球状或穗状雄花序下垂或直立，雄蕊 4-20；雌花序穗状直立，花单生或聚生成于 1 壳斗内，子房下位。壳斗被形状多样的壳斗包着，每壳斗有坚果 1 或多枚；种子无胚乳。花粉粒 3 孔沟或 3 沟。风媒传粉为主。染色体 x=11，12，22。7 属，900 余种，广布北半球热带，亚热带和温带地区，亚洲尤盛；中国 7 属，约 295 种，南北广布。

Fagopyrum Miller **荞麦属，Polygonaceae 蓼科**。一年生、多年生草本，稀为灌木。茎直立，无毛或具短柔毛。叶变化大；托叶鞘膜质，偏斜，顶端急尖或截形。花两性，花序总状或伞房状；花被 5 深裂，果时不增大；雄蕊排成 2 轮，外轮 5，内轮 3；花柱 3，柱头头状，花盘腺体状。瘦果具 3 棱，比宿存花被长。花粉粒 3 孔沟，细网状纹饰。染色体 x=8。16/11（8）种，**10（14）型**；广布亚洲和欧洲；中国南北均产。荞麦 *F. esculentum* Moench、苦荞 *F. tataricum* (Linnaeus) Gaertner 是重要的粮食作物；金荞麦 *F. dibotrys* (D. Don) H. Hara 的块状根可药用。

Fagraea Thunberg **灰莉属，Gentianaceae 龙胆科**。乔木或灌木。叶对生；托叶合生成鞘。花常较大，单生或少花组成顶生聚伞花序，有时花较小而多朵组成二歧聚伞花序；花冠漏斗状或近高脚碟状，裂片 5 枚，在花蕾时螺旋状向右覆盖；子房具柄，胚珠多颗，花柱细长。浆果肉质，不开裂。种子藏于果肉中。花粉粒 3 孔沟或孔，网状或条网状纹饰。染色体 x=11。37/1 种，**5（7e）型**；分布于亚洲东南部，大洋洲及太平洋岛屿；中国产广西、广东、海南、台湾和云南南部。灰莉 *F. ceilanica* Thunberg 可供观赏。

Fagus Linnaeus **水青冈属，Fagaceae 壳斗科**。落叶乔木。芽有鳞片。叶互生，具锯齿。花先叶开放；雄花排成具柄、下垂的头状花序，花被 5-7 裂，雄蕊 8-16；雌花成对生于具柄的总苞内，花被 5-6 裂，与子房合生，子房下位，3 室，花柱 3。坚果 2，包藏于 1 木质、具刺或具瘤凸的总苞内，成熟时 4 瓣开裂；坚果卵状三角形，有 3 条脊状棱。花粉粒 3 孔沟，颗粒状纹饰。染色体 x=12。约 10/4（3）种，**8（9）型**；分布于北半球温带及亚热带高山；中国产西南部至东部。

Falcataria (I. C. Nielsen) Barneby & J. W. Grimes **南洋楹属，Fabaceae 豆科**。无刺乔木。二回羽状复叶，羽片 6-20 对，叶柄常有腺体，小叶对生，多数，近无柄。穗状花序单生或数个组成圆锥花序；花 5-6 数，同型；花萼钟状或半球形，具齿；花瓣密被短柔毛，仅基部 1/4 连合；雄蕊多数。荚果直，带形，硬纸质，腹线侧具狭刺，两侧开裂。种子多数，外种皮橄榄绿色，具马蹄形痕。染色体 2n=26。3/1 种，**（5）型**；分布于澳大利亚（昆士兰），印度尼西亚（马鲁古群岛），新几内亚及太平洋西南诸岛；中国引种栽培于福建、广东、广西、海南和云南。南洋楹 *F. moluccana* (Miquel) Barneby & J. W. Grimes 可供观赏。

Falconeria Royle **异序乌桕，Euphorbiaceae 大戟科**。乔木或灌木；树汁白色。叶互生，端部聚生；叶柄远短于叶片，顶端具 2 腺体；叶片边缘具锯齿，下面具边缘腺体。雌雄同株；雄花和雌花生于各自的花序，组成顶生伸长的总状花序状的聚伞圆锥花序；苞片背面基部具 2 大的腺体；雄花小，黄色，9-15 成簇生于苞片腋部，花梗极短，花瓣和花盘缺，雄蕊 2，花药 2 室，纵向开裂，退化雌蕊无；雌花大于雄花，每苞腋仅 1 朵雌花，花梗极短，花瓣和花盘缺，子房 2 或 3 室，每室 1 胚珠，花柱 2 或 3，柱头外卷。果实为蒴果，近无柄，球形，2 或 3 室，不规则开裂，果轴宿存；种子近球形，灰白色，覆盖假种皮，无种阜。1/1 种，**7 型**；分布于亚洲南部和东南；中国产海南、四川和云南。

Fallopia Adanson **首乌属，Polygonaceae 蓼科**。一年生或多年生草本，稀半灌木。茎缠绕；叶互生、卵形或心形，具叶柄；托叶鞘筒状，顶端截形或偏斜。花序总状或圆锥状，顶生或腋生；花两性，花被 5 深裂，外面 3 片具翅或龙骨状凸起，果时增大，稀无翅无龙骨状凸起；雄蕊 8，花丝丝状，花药卵形；子房药卵形，具 3 棱，花柱 3，较短，柱头头状。瘦果卵形，具 3 棱，包于宿存花被内。花粉粒 3 孔沟，细网状纹饰。20/7（3）种，**8（14）型**；分布于北温带；中国东北至西北、西南各地均产。何首乌 *F. multiflora* (Thunberg) Haraldson 的干燥块根可入药。

Farfugium Lindley **大吴风草属，Asteraceae 菊科**。草本。叶基生，叶柄基部膨大成鞘状，叶片肾形或近圆肾形，叶脉掌状。头状花序；花托浅蜂窝状，小孔边缘有齿；冠毛白色，糙毛状，多数；总苞钟形，基部有少数小苞片，总苞片 2 层，覆瓦状排列；边花雌性，假舌状，1 层，中央花两性，管状。果圆柱形，被成行的短毛。花粉粒 3 孔沟，具刺，刺间穿孔状或网状。染色体 $2n$=60。2/1 种，**14SJ 型**；分布于日本及中国东北和广东。大吴风草 *F. japonicum* (Linnaeus) Kitamura 庭园栽培可供观赏。

Fargesia Franchet **箭竹属，Poaceae 禾本科**。灌木或小乔木状竹类。粗型地下茎；秆柄粗短，两端不等粗；秆丛生或近散生，直立，节间圆筒形；分枝多，近等粗。秆箨迟落或宿存，箨耳、叶耳和隧毛有或无，箨片易脱落。叶片小型。单次发生花序，圆锥状或总状，具佛焰苞；小穗柄细长；颖片 2；鳞被 3；雄蕊 3；花柱 1-2，柱头 2-3，羽毛状。花粉粒颗粒纹饰。约 90/78（77）种，**14SH 型**；分布于喜马拉雅东部地区，越南及中国西南地区。

Fatoua Gaudichaud-Beaupré **水蛇麻属，Moraceae 桑科**。草本，无乳汁。叶互生，2 列，边缘具锯齿；托叶离生，早落。花单性同株，雌雄花混生，聚伞花序、总状花序或穗状花序腋生，具小苞片。雄花：花萼钟状，4 裂，裂片镊合状排列；雄蕊 4，花丝在花芽时内折，退化雌蕊很小。雌花：花萼 4-6 裂，裂片镊合状排列；子房离生，花柱侧生，柱头 2 裂，丝状；胚珠倒生。瘦果小，为宿存花被包围。种皮膜质，无胚乳。2/2 种，**4-1 型**；分布于亚洲，澳大利亚，太平洋岛屿；中国主产东南、南部和中部，西南部少见。

Fatsia Decaisne & Planchon **八角金盘属，Araliaceae 五加科**。常绿无刺灌木或小乔木。单叶，叶片掌状分裂，边缘有锯齿，托叶与叶柄基部合生，基部具鞘。花两性或杂性，聚生为伞形花序，再组成顶生圆锥花序；苞片大，膜质，早落；花梗无关节；萼筒全缘或 5 齿；花瓣 5，镊合状排列；雄蕊 5；子房 5 或 10 室，花柱 5 或 10，离生。核果近球形。种子扁平，胚乳光滑。花粉粒 3 孔沟，网状纹饰，网脊上有瘤状或棒状凸起。3/1（1）种，**14 型**；分布于日本及中国台湾。八角金盘 *F. japonica* (Thunberg) Decaisne & Planchon 可供观赏。

Fernandoa Welwitsch ex Seemann **厚膜树属，Bignoniaceae 紫葳科**。乔木。一回奇数羽状复叶。聚伞花序顶生或腋生，具柔毛；花萼钟状，被腺点，宿存；花冠漏斗状或钟状，裂片 5；二强雄蕊，退化雄蕊小；花盘环状；子房伸长，侧膜胎座，胎珠多数。蒴果长圆柱形，具棱，室背开裂，果瓣 2。种子极多，薄片状方形，两端具狭长的膜质翅。花粉粒 3 沟，网状纹饰。虫媒。约 14/1（1）种，**6 型**；分布于热带非洲和东南亚地区；中国产广西和云南。广西厚膜树 *F. guangxiensis* D. D. Tao 可供观赏。

Ferrocalamus Hsueh & P. C. Keng **铁竹属，Poaceae 禾本科**。小乔木状竹类。地下茎细型；秆节间圆筒形，甚长；秆壁厚，基部近实心；秆每节单分枝，与主秆近

F

等粗。秆箨宿存性；箨耳小或无，鞘口縫毛发达。叶片大型；叶耳无或者与鞘口縫毛共存。单次发生花序呈大型圆锥状；每小穗含 3-10 朵小花，最上方 1 朵小花不育；颖片 2，小穗轴脱节于颖上；鳞被 3；雄蕊 3；花柱 1，柱头 2，羽毛状。果实浆果状。染色体 2*n*=46。3/2（2）种，**7-4 型**；分布于越南东北部和中国云南南部。

F

Ferula Linnaeus **阿魏属，Apiaceae 伞形科**。草本，有特殊气味。根粗壮、肉质，纺锤、圆锥或圆柱形。茎有白色胶质分泌物。基生叶莲座状、有叶鞘，叶片全裂或羽裂。复伞形花序组成总状花丛，中央两性花，侧生为雄花与杂性花；常无总苞片，小苞片少数或无；萼齿较小；花瓣黄色或淡黄色，稀为暗黄绿色；果实卵形或椭圆形。花粉粒 3 沟孔，皱波状-条纹状纹饰。染色体 2*n*=22。150/26（7）种，**12 型**；分布于地中海地区的南欧和北非及亚洲中部和西南部；中国产西北、西南、华北和华中地区。

Festuca Linnaeus **羊茅属，Poaceae 禾本科**。多年生草本。圆锥花序；小穗多少两侧压扁，含 2 至多数小花，顶花常退化；外稃披针形，先端或其裂齿间具芒或无芒，常具 5 脉，内稃等长或略短于外稃；雄蕊 3；子房先端有毛或无毛。花粉粒颗粒纹饰。染色体 2*n*=14。约 450/55（25）种，**1 型**；分布于寒温带，温带及热带高山地区；中国产寒温带、温带和亚热带高山草甸。*F. ovina* Linnaeus 为优良的牧草。

Fibigia Medikus **单盾荠属，Brassicaceae 十字花科**。多年生被柔毛草本，很少半灌木。茎生叶无柄，全缘或具齿。总状花序，常无苞片；萼片直立，常靠合；花瓣黄色或紫色；雄蕊有时外露，4 强；花药长圆形，侧丝往往附着，中间花药常具翅；胚珠 4-20，果实倒卵形或长圆形至圆形，角果；隔膜完全或很少缺乏，种子双列，具翅。花粉粒 3 沟，网状纹饰。染色体 2*n*=16。14/1 种，**（12）型**；分布于欧洲，中东，北非邻近区域；中国产新疆。

Fibraurea Loureiro **天仙藤属，Menispermaceae 防己科**。藤本。根和茎的木质部均鲜黄色，茎部叶柄痕不明显。圆锥花序；花单被；雄蕊 6 或 3，花丝肥厚，药室叉开纵裂；雌花花被和雄花相似，心皮 3，花柱残迹近顶生。果核近椭圆形，腹面平坦，具 1 条纵沟，外面无雕纹，胎座迹深沟状。种子与室近同形；胚乳非嚼烂状；子叶细长，叶状。花粉粒 3 孔沟，穿孔状纹饰。（2-5）/1 种，**7 型**；分布于东南亚及中国南部。天仙藤 *F. recisa* Pierre 的干燥藤茎可药用。

Ficus Linnaeus **榕属，Moraceae 桑科**。乔木，灌木，有时为攀援状，或附生。叶互生，稀对生或轮生，全缘或分裂，极少掌状；托叶合生，叶痕环状。花雌雄同株或异株，生于肉质壶形花序托内壁，苞片 3。雌雄同株的花序托内有雄花、瘿花和雌花；雌雄异株雄花、瘿花同生于花序托内，雌花生于另一花序托内。雄花：花萼裂片 2-6；雄蕊 1-3，稀更多；退化雌蕊有或无。雌花：花被片 0-6；子房离生；花柱 1 或 2。瘿花：相似于雌花，但不产种子。榕果腋生或生于老茎。种子下垂，胚乳缺失。花粉粒 1-4 孔，光滑或细纹状纹饰。染色体 2*n*=24，26，28，39，40。1000/99（16）种，**2 型**；分布于热带和亚热带地区，东南亚尤盛；中国产西南部至东部和南部。榕果可食用或药用；为紫胶虫良好的寄主树；印度榕 *F. elastica* Roxburgh 可制橡胶。

Filago Linnaeus **絮菊属，Asteraceae 菊科**。草本。叶互生，全缘。头状花序；花托锥状或平，中央小花常无托片；两性花或有时内部雌花的冠毛有 2-3 层细糙毛，外部雌花的冠毛有较少的毛；总苞片多层；外围有多数结果实的雌花，细管状，中央有少数两性花，管状，有 4-5 细齿。果小，

近圆柱形，或稍扁。花粉粒3孔沟，具刺，刺间穿孔状。染色体 x=9，13，14。46/2种，**8型**；分布于北非，西南亚，大西洋群岛及欧洲；中国产新疆和西藏。

Filifolium Kitamura **线叶菊属，Asteraceae 菊科**。草本。基生叶莲座状，茎生叶互生，羽状全裂，末次裂片线形。头状花序盘状，在茎枝顶端排成伞房花序；花托蜂窝状；总苞片边缘膜质，背部厚硬；边花雌性，1层，能育，扁筒状，顶端稍收狭，2-4裂，盘花两性，常不育，筒状；花柱2裂，顶端截形。瘦果球状倒卵形，稍压扁，腹面有2条纹，顶端无冠状边缘。染色体 x=9。1/1种，**11型**；分布于日本，韩国，俄罗斯西伯利亚，以及中国东北、华北地区。

Filipendula P. Miller **蚊子草属，Rosaceae 蔷薇科**。多年生草本。根茎短而斜走。叶常羽状复叶或掌状分裂，常顶生小叶扩大；托叶近心形至卵状披针形。聚伞花序圆锥状或伞房状；花多而小，两性，极稀单性而雌雄异株；萼片5，花后宿存反折；花瓣5，基部有爪；雄蕊20-40；心皮5-15，着生在扁平或微凸起的花托上，离生，花柱顶生，柱头头状。瘦果离生，压扁，花柱宿存。种子1，下垂，胚乳极少。花粉粒3孔沟，颗粒状纹饰。染色体 $2n$=14，16，28。约10/7（1）种，**8型**；分布于北半球温带至寒温带；中国主产东北和西北，华北、云南及台湾也有。可提制栲胶；也可供观赏。

Fimbristylis Vahl **飘拂草属，Cyperaceae 莎草科**。一年生或多年生草本，很少有匍匐根状茎。秆较细。花序顶生，为简单、复出或多次复出的长侧枝聚伞花序，少有集合成头状或仅具1小穗。小穗单生或簇生；鳞片常为螺旋状或下部为2列，最下面1-2（-3）片鳞片内无花；无下位刚毛；雄蕊1-3；花柱基部膨大，柱头2-3，全部脱落。小坚果倒卵形、三棱形或双凸状，表面有网纹或疣状凸起。花粉无萌发孔，负网状和颗粒纹饰。染色体 $2n$=10-32。200/53（10）种，**8型**；全球广布；中国南北广布。

Firmiana Marsili **梧桐属，Malvaceae 锦葵科**。乔木，树皮淡绿色。单叶掌状3-5裂。花单性或杂性，常排成顶生的圆锥花序；花萼5；无花瓣；雄蕊合生成柱，柱顶有花药10-15，聚成头状；具退化雌蕊；子房基部围绕着不育的花药，5室，每室2至多胚珠；柱头与心皮同数而分离。蓇葖果，具柄，果瓣膜质，在成熟前甚早就开裂成叶状，每果瓣具1至多枚种子，着生于果瓣的内缘。花粉粒3（-4）带状孔沟，颗粒状纹饰。16/7（5）种，**14SJ型**；分布于亚洲的热带，亚热带及温带；中国各省区均有栽培。梧桐 *F. simplex* (Linnaeus) W. F. Wight 为行道树。

Fissistigma Griffith **瓜馥木属，Annonaceae 番荔枝科**。攀援灌木，常被单毛。花单生或多朵组成密伞、团伞或圆锥花序，常与叶对生或顶生；萼片3，被毛；花瓣6，2轮，外轮稍大于内轮，外轮的常扁平三角形或外面扁平而内面凸起，内轮的上部三角形，下部较宽而内面凹陷；雄蕊多数，药隔卵形或三角形；心皮多数，分离，常被毛，每心皮有胚珠1-14颗，着生于腹缝线的胎座上，柱头顶端2裂或全缘。心皮卵圆状或圆球状或长圆状，被短柔毛或绒毛，有柄；种子光滑。花粉粒无萌发孔。染色体 $2n$=16。约75/23（8）种，**5（7）型**，分布于亚洲，非洲，大洋洲热带和亚热带地区；中国产西南至华南。瓜馥木 *F. oldhamii* (Hemsley) Merrill 的根和藤茎可入药，具活血散瘀、消炎止痛等作用。

Flacourtia Commerson ex L'Heritier **刺篱木属，Salicaceae 杨柳科**。乔木或灌木，常有刺。单叶，互生。花小，单性，雌雄异株稀杂性，总状花序或团伞花序，顶生或腋生；萼片小，4-7片，覆瓦状排列；花瓣缺；花盘肉质，全缘或有分离的腺体；

雄花的雄蕊多数；退化子房缺；雌花的子房基部有围绕的花盘，为不完全的 2-8 室，每个侧膜胎座上有叠生的胚珠 2 颗，花柱和胎座同数，分离或基部稍联合。浆果球形。花粉粒 3 孔沟，稀 4，网状纹饰。染色体 2*n*=20，22。（15-17）/5（1）种，**6 型**；主产热带亚洲和非洲，东达澳大利亚北部，美拉尼西亚至斐济；中国产福建、广东、海南、广西、贵州和云南。

F

Flagellaria Linnaeus **须叶藤属，Flagellariaceae 须叶藤科**。特征描述同科。4/1 种，**4 型**；分布于热带亚洲，非洲和澳大利亚；中国产台湾、广东、广西和海南。

Flagellariaceae Dumortier **须叶藤科，木兰亚纲/禾本目**。半木质藤本。茎实心，茎端常假二叉分枝。叶 2 列，顶端卷须状。圆锥花序顶生；花小，两性，稀为单性；花被片 6，近呈花瓣状，白色，排成 2 轮，宿存；雄蕊 6，2 轮；雌蕊心皮 3，子房上位，3 室，中轴胎座。核果红色或黑色，具种子 1。花粉粒单孔，具孔。风媒传粉。染色体 2*n*=38。1 属，4 种，广布热带亚洲，非洲，澳大利亚和太平洋岛屿；中国 1 属，1 种，产台湾、广东、广西和海南。

Flaveria Jussieu **黄顶菊属，Asteraceae 菊科**。草本或亚灌木。叶对生，有油腺。头状花序辐射状或盘状，伞房花序状排列；花托锥形，无苞片；无冠毛或有 2-4 个膜质鳞片；总苞片 1 层，有油腺；缘花 0 或 1，雌性，黄色或发白，中央花两性，能育，黄色，5 裂。果黑色，略压扁，有肋，无毛。花粉粒 3 孔沟，具短刺，刺间具穿孔。染色体 2*n*=36。23/1 种，**1 型**；产印度，墨西哥，美国，非洲，大洋洲，加勒比海地区，中美洲和南美；中国产河北。黄顶菊 *F. bidentis* (Linnaeus) Kuntze 是有毒的入侵杂草。

Flemingia Roxburgh ex W. T. Aiton **千斤拔属，Fabaceae 豆科**。灌木或亚灌木，稀草本。茎直立、卧地或缠绕。叶为指状 3 小叶或单叶，下面常有腺点。总状或复总状花序，稀圆锥或头状花序腋生或顶生；苞片 2 列；花萼 5 裂，萼管短，裂片狭长，下面 1 枚最长；各瓣近等长；雄蕊 2 体；子房近无柄，有胚珠 2 颗。荚果椭圆形，膨胀，有种子 1-2 颗。种子近圆形，无种阜，种柄位于种子中央。花粉粒 3 沟，穿孔状纹饰。约 30/15（2）种，**4（6）型**；分布于热带亚洲，非洲及大洋洲；中国产西南部、中南和东南各省区。千斤拔 *F. prostrata* Roxburgh 的根可药用。

Floscopa Loureiro **聚花草属，Commelinaceae 鸭跖草科**。多年生草本，根状茎长。聚伞花序组成单圆锥花序或复圆锥花序；苞片小；雄蕊 6，全育而相等，花丝无毛，药室连合，下部稍叉开，椭圆状。蒴果小，每面有 1 条沟槽，2 室，每室具种子 1，室背 2 爿裂；种子半球状，半椭圆状。染色体 2*n*=12-54。20/2（1）种，**2 型**；广布热带和亚热带；中国产南方。聚花草 *F. scandens* Loureiro 全草可药用。

Flueggea Willdenow **白饭树属，Phyllanthaceae 叶下珠科**。灌木或乔木。单叶互生，常 2 列。雌雄异株，稀同株，花单生、簇生或为聚伞花序，无花瓣；雄花萼片 4-7，覆瓦状排列，雄蕊 4-7，着生在花盘基部，花丝分离，2 室，花盘腺体 4-7，退化雌蕊小，2-3 裂；雌花萼片与雄花的相同，花盘碟状或盘状，子房 3（稀 2 或 4）室，每室有横生胚珠 2，花柱 3，顶端 2 裂或全缘。蒴果 3 爿裂或不裂而呈浆果状，基部有宿存萼片，中轴宿存；种子三棱形，平滑或有疣状凸起。花粉粒 3 孔沟，网状纹饰。约 13/4（1）种，**4 型**；分布于亚洲，美洲，欧洲及非洲的热带至温带地区；中国除西北外，各省区均产。毛白饭树 *Flueggea acicularis* (Croizat) Webster 为中国特有。

Foeniculum Miller **茴香属，Apiaceae 伞形科**。草本，有强烈香味。茎光滑。叶鞘边

缘膜质；叶片多回羽状分裂。复伞形花序；无总苞片和小苞片；伞辐多数，开展，不等长；萼齿不明显；花瓣黄色，顶端有内折的小舌片；花柱基圆锥形，花柱短，向外反折。果实长圆形，光滑，主棱5条，尖锐或圆钝；每棱槽内有油管1，合生面油管2。胚乳腹面平直或微凹；心皮柄2裂至基部。1/1种，**12型**；分布于地中海地区，世界广泛栽培；中国大部分地区栽培。

Fokienia A. Henry & H. H. Thomas **福建柏属，Cupressaceae 柏科**。常绿乔木；生鳞形叶的小枝扁平，三出羽状分枝，排成1平面。鳞叶交叉对生，二型，小枝上下中央之叶紧贴，两侧之叶对折、瓦覆于中央之叶的边缘，小枝下面中央之叶及两侧之叶的背面有粉白色气孔带。雌雄同株；球花单生于小枝顶端。雌球果种鳞6-8对，熟时张开，木质，盾形，基部渐窄，顶部中央微凹，有1凸起的小尖头，能育的种鳞各具2粒种子。种子卵形，具明显的种脐，有大小不等的薄翅。花粉粒无气囊。染色体2*n*=22。1/1种，**7-4型**；分布于越南，以及中国浙江、福建、江西、湖南、广东、贵州、云南、四川。福建柏 *F. hodginsii* (Dunn) A. Henry & H. H. Thomas 可作造林树种；根可提炼芳香油。

Fontanesia Labillardière **雪柳属，Oleaceae 木犀科**。落叶灌木。单叶对生。花小具梗，组成圆锥或总状花序。花萼4裂，宿存；花冠深4裂，基部合生；雄蕊2枚，着生于花冠基部，花丝细长；子房2室，每室胚珠2枚，花柱短，柱头2裂，宿存。翅果，扁平，环生窄翅，每室种子1枚。种子线状椭圆形。花粉粒3孔沟，细网状纹饰。染色体2*n*=26。1/1种，**10型**；分布于亚洲西南部；中国产河北、陕西、山东、江苏、安徽、浙江、河南及湖北东部。雪柳 *F. fortunei* Carriere 的嫩叶可代茶，枝叶可编筐，亦可栽培作绿篱。

Foonchewia R. J. Wang **宽昭茜属，Rubiaceae 茜草科**。亚灌木。叶对生；托叶边缘具毛。聚伞花序，顶生。花二型，5基数；花冠漏斗状，管喉部密被短毛，裂片镊合状排列；雄蕊伸出或内藏；子房2室，胚珠多数，生于中轴胎座上；柱头2裂，内藏或伸出。蒴果，近球形，成熟时顶端开裂。种子表面具网状凸起。花粉粒4沟，细网状纹饰。1/1（1）种，**15型**；产中国广东东部。

Fordia Hemsley **干花豆属，Fabaceae 豆科**。灌木。芽生叶腋上方，具多数针刺状开展的芽苞片。奇数羽状复叶聚集枝梢，托叶丝状，小托叶钻形，均宿存，小叶多至12对，全缘。总状花序着生老茎上或当年生枝的基部，细长；萼齿5；旗瓣基部无胼胝体；雄蕊二体（9+1），花药同型；子房被柔毛，花柱无毛，胚珠2粒。荚果棍棒状，扁平，革质，瓣裂，种子1-2粒。种子圆形，扁平。8/2（2）种，**7a型**；分布于东南亚；中国产广东、广西、贵州和云南。干花豆 *F. cauliflora* Hemsley 的根或枝可入药。

Fordiophyton Stapf **异药花属，Melastomataceae 野牡丹科**。草本或亚灌木。叶片（3-）5-7（-9）基出脉；具叶柄或几无。单一的伞形花序或由聚伞花序组成的圆锥花序，顶生；花萼倒圆锥形或漏斗形；花瓣长圆形或倒卵形；雄蕊8，4长4短，花药线形，较花丝长，基部伸长呈羊角状；子房下位，近顶部具膜质冠。蒴果倒圆锥形，顶孔4裂，宿存萼与果同形；种子长三棱形，有数行小凸起。花粉粒3孔沟，条纹状或条网状纹饰。9/9（8）种，**7-4型**；分布于越南，以及中国四川、云南、贵州、湖南、广西、广东、浙江、江西和福建。

Formania W. W. Smith & J. Small **复芒菊属，Asteraceae 菊科**。小灌木。叶互生，羽状锐裂。头状花序顶生，排成伞房状；花托平，有具縫状边缘的小窝；冠毛刚毛

状，3 层；总苞片 4 层，外层较短，内层较长，干膜质；边缘舌状雌性 1 层，盘花两性；花药基部箭头形，具短尖耳，顶端有长急尖的附片；盘花花柱不分裂，截形。瘦果有微柔毛，3 肋。1/1（1）种，**15 型**；特产中国四川、云南。

Forsythia Vahl **连翘属，Oleaceae 木犀科**。落叶灌木。枝中空或具片状髓。单叶对生。两性花，先叶开放。花萼深 4 裂，宿存；花冠黄色，钟状，深 4 裂；雄蕊 2 枚，着生于花冠管基部；子房 2 室，每室具下垂胚珠多枚，柱头 2 裂；花柱异长，具长花柱的花，雄蕊短于雌蕊，具短花柱的花，雄蕊长于雌蕊。蒴果，2 室，室间开裂，每室具种子多枚。种子一侧具翅。花粉粒 3 孔沟，网状纹饰。染色体 2*n*=28。11/6 种，**10 型**；分布于欧亚大陆的温带，除 1 种产欧洲东南部外，其余产亚洲东部。连翘 *F. suspensa* (Thunberg) Vahl 可入药。

Fortunearia Rehder & E. H. Wilson **牛鼻栓属，Hamamelidaceae 金缕梅科**。落叶灌木或小乔木。叶边缘有锯齿，羽状脉，2 个基生侧脉常具三级脉。常雌雄同株；穗状花序；功能性单性花；雄花的花药稍大，雌花的心皮稍大；萼片 5；花瓣 5，细小，鳞片状；雄蕊 5，花药 2 室；子房半下位，每室 1 胚珠。蒴果先端尖锐。种子窄卵形，胚乳少。花粉粒 3 沟，稀多沟或孔，网状纹饰。染色体 2*n*=24。1/1（1）种，**15 型**；中国产中部至东部。

Fosbergia Tirvengadum & Sastre **大果茜属，Rubiaceae 茜草科**。乔木或灌木。叶对生但有时聚生于茎顶端；托叶基部合生。花单生或 2-7 朵形成聚伞花序花序，顶生或假腋生；花两性，单型，5 基数；花冠高脚碟状，裂片芽时旋转状排列；雄蕊内藏；子房 2 室，胚珠多数，中轴胎座，柱头 2 浅裂，部分伸出。浆果状，肉质，球形至椭球状，萼裂片宿存并渐落。种子卵球形或扁球形，嵌生于果肉中。染色体 2*n*=22。至少有 5/3（1）种，**7-4 型**；分布于缅甸，泰国，越南及中国云南。

Fragaria Linnaeus **草莓属，Rosaceae 蔷薇科**。多年生草本。具纤匍枝。三出或羽状 5 小叶；托叶基部与叶柄合生，鞘状。花两性或单性，杂性异株；聚伞花序，稀单花；萼筒倒圆锥形或陀螺状，萼片 5，宿存；副萼片 5，宿存；花瓣 5，白色，稀淡黄色；雄蕊多数；心皮多数，着生在凸出的花托上，离生，花柱自心皮腹面侧生，宿存。聚合果浆果状，瘦果小，硬壳质，成熟时着生在肥厚肉质花托凹陷内。种子 1，种皮膜质，子叶平凸。花粉粒 3 沟，或为孔沟和拟孔沟，条网状、负网状和颗粒状纹饰。染色体 2*n*=14，21，28，35，42，56，70。约 20/9（3）种，**8 型**；分布于北半球温带和亚热带地区，个别种延伸至南美；中国各省区广布，西南尤盛。草莓 *F.×ananassa* (Weston) Duchesne 广泛栽培。

Frankenia Linnaeus **瓣鳞花属，Frankeniaceae 瓣鳞花科**。特征描述同科。约 70/1 种，**12-5 型**；分布于热带和温带地区；中国产新疆、内蒙古和甘肃。

Frankeniaceae Desvaux **瓣鳞花科，木兰亚纲/石竹目**。草本或半灌木，茎节上具关节。单叶，对生或轮生。花两性，辐射对称，单生或集成聚伞花序；花萼筒状，具 4-7 齿，齿镊合状排列；花瓣与萼齿同数，有瓣片与长爪，瓣片向外张开，覆瓦状排列，爪内侧有鳞片状附属物；雄蕊 4-6，或多数，花丝分离或基部微合生；雌蕊 1，子房上位，花柱单生，柱头与心皮同数。蒴果包藏在宿存的萼筒内，室背开裂。种子多数，有薄壳质种皮。花粉粒 2-6 沟，小穴纹饰。染色体 *n*=10，15 等。1 属，约 70 种，分布于热带和温带地区；中国 1 属，1 种。

Fraxinus Linnaeus **衿属，Oleaceae 木犀科**。落叶乔木。叶对生，奇数羽状复叶；叶柄

基部常增厚或扩大。圆锥花序顶生或腋生；花单性、两性或杂性；苞片线形至披针形，早落或缺失；花萼小，萼齿4枚或不规则裂片状，或无；花冠4裂至基部或无花冠；雄蕊2，着生花冠基部，花丝短，在花期伸长；花柱短，柱头多少2裂，子房2室。单翅果，前端伸长成翅。花粉粒3（拟）孔沟，网状纹饰。染色体2*n*=46。60/22种，**8型**；分布于北半球温带及亚热带地区；中国广布。白蜡树 *F. chinensis* Roxburgh 放养白蜡虫，雄虫分泌的白蜡为工业重要原料；水曲柳 *F. mandschurica* Ruprecht 是著名的木材和造林树种。

Freycinetia Gaudichaud-Beaupré **藤露兜树属，Pandanaceae 露兜树科**。攀援藤本或灌木，稀草本，具气生根。叶线形或披针形，基部具膜质叶鞘，叶片全缘或有锯齿，叶脉平行，中脉突出。花序顶生或腋生，由2-5枚具柄的肉穗花序组成，排列呈伞状或总状，佛焰苞数枚，肉质，常具颜色。花单性，稀两性，花被缺失。雄花由数枚具短花丝的雄蕊组成；雌花有退化雄蕊，子房成束，1室，胚珠多数，花柱2或多数，离生或聚合。浆果。种子多数。花粉粒单孔，光滑或具颗粒纹饰。染色体*n*=25，28，30。180/1种，**5型**；分布于斯里兰卡，非洲东南部，大洋洲和太平洋岛屿；中国产台湾。

Friesodielsia Steenis **尖花藤属，Annonaceae 番荔枝科**。木质藤本，具单毛。花单朵，与叶对生、腋外生或腋上生。花两性；萼片3；花瓣6，2轮，离生，外轮花瓣扁平或具3脊，窄长，革质，基部加宽并收缩形成小室；内轮的短而小，基部狭窄并常在瓣片之间具缝隙，形成的小室覆盖于雌蕊和雄蕊之上；雄蕊多数，花药外向，药隔截形，顶端膨大并遮住药室；心皮多数，胚珠每室1-5颗，侧生。心皮离生，具柄，种子多粒时呈念珠状。花粉粒无萌发孔或具沟，疣状纹饰。染色体2*n*=16。（50-60）/1（1）种，**6型**；分布于非洲和亚洲热带地区；中国产海南。

Fritillaria Linnaeus **贝母属，Liliaceae 百合科**。多年生草本；鳞茎外有鳞茎皮，由2（-3）枚白粉质鳞片组成。茎直立，不分枝。花单朵顶生或多朵排成总状花序或伞形花序，具叶状苞片；花被片内面近基部有1凹陷的蜜腺窝；雄蕊6，花药近基着或背着，2室，内向开裂；子房3室，中轴胎座。蒴果具6棱，室背开裂。种子多数，扁平，边缘有狭翅。花粉粒单沟，网状纹饰。染色体2*n*=24。140/24（15）种，**8型**；分布于北半球温带地区，地中海，北美洲和亚洲中部尤盛；中国广布，以四川和新疆尤盛。浙贝母 *F. thunbergii* Miguel 治外感咳嗽；川贝母 *F. cirrhosa* D. Don 治虚劳咳嗽。

Frolovia (Candolle) Lipschitz **齿冠属，Asteraceae 菊科**。多年生草本。头状花序大，单生或少数，具长花梗；冠毛羽毛状，1层，基部联合，整体脱落；总苞杯形，总苞片多层，顶渐尖，多反折；全部小花管状，花冠蓝色或红紫色，无毛；花药尾部撕裂。瘦果具皱纹及钝4棱，顶具齿冠。染色体2*n*=36。5/1种，**11型**；分布于阿富汗，哈萨克斯坦，吉尔吉斯斯坦，巴基斯坦，俄罗斯，塔吉克斯坦，乌兹别克斯坦及中国新疆。

Fuirena Rottbøll **芙兰草属，Cyperaceae 莎草科**。一年生或多年生草本；植物体被毛，秆近丛生。长侧枝聚伞花序组成狭圆锥花序；小穗聚生成圆簇，具少数至多数两性花；鳞片螺旋状排列；下位刚毛3-6条，外轮3条，钻状，或缺如，内轮3条花瓣状，膜质或肉质，下部常收缩成爪或柄；雄蕊3；花柱不膨大，柱头3。小坚果三棱形。花粉1远极孔4侧沟，穿孔状、小槽状和颗粒纹饰。染色体2*n*=26，38，46等。30/3（1）种，**8型**；全球广布，主产热带非洲和热带美洲；中国南北均产，主产华南。

Fumaria Linnaeus **烟堇属，Papaveraceae 罂粟科**。一年生草本。茎被灰色腊质霜。萼片 2；花瓣 4，上面 1 枚花瓣前部扩大成花瓣片，瓣片近半圆筒形，边缘膜质，背部常具鸡冠状凸起，后部成距，里面 2 枚花瓣先端黏合；雄蕊 6，合成 2 束，具延伸入距的蜜腺体；柱头具 2（-3）个大乳突。花粉粒 6 孔，穿孔状纹饰。约 50/2 种，**12-1 型**；分布于欧洲西南部，经地中海沿岸至亚洲中部和喜马拉雅；中国产新疆。

G

Funtumia Stapf **丝胶树属，Apocynaceae 夹竹桃科**。乔木或灌木，具乳汁。叶对生，叶缘波状或反卷；聚伞花序，腋生或顶生；花萼裂片基部内面具腺体；花冠高脚碟状，花冠管中部一侧肿胀，喉部紧缩，无鳞片，裂片芽期向右覆盖；雄蕊生于花冠管中部，内藏，花药与柱头粘连，裂片具 1 空尾；子房 2 室，离生，胚珠多数。蓇葖 2，分叉。种子具朝向果实基部的长喙，被毛。花粉单粒，多萌发孔，赤道面分布。染色体 2*n*=24。2/1 种，**6 型**；原产热带非洲；中国云南引种栽培。

Gagea Salisbury **顶冰花属，Liliaceae 百合科**。多年生草本。鳞茎常卵球形，较小。茎不分枝。叶基生或互生。花常排成伞房花序、伞形花序或总状花序；花被片 6，黄色或绿黄色，离生，在果期花被片宿存，增大，变厚；雄蕊 6，花药卵形或矩圆形，基着；子房 3 室，柱头头状或 3 裂。蒴果倒卵形至矩圆形，室背开裂。种子多数，卵形或狭椭圆形，扁平。花粉粒单沟，网状纹饰。染色体 2*n*=24。90/17（1）种，**8 型**；分布于欧洲和亚洲温带地区；中国产东北及新疆地区。

Gahnia J. R. Forster & G. Forster **黑莎草属，Cyperaceae 莎草科**。多年生草本，匍匐根状茎坚硬。秆圆柱状，有节。叶席卷呈圆柱状或线形。圆锥花序大而松散或紧缩呈穗状；小穗具 1-2 朵花，仅上面 1 朵两性花可育；鳞片覆瓦式螺旋状排列，最上部的 2-3 鳞片常异形，其下面 1 鳞片内具雄花，中间者具两性花；无下位刚毛；雄蕊 3-6，常 4；花柱基部宿存，柱头 3-5。小坚果骨质，卵球形或近纺锤形。花粉粒多孔，穿孔状、小槽状和颗粒纹饰。30/3 种，**7 型**；分布于南亚和东南亚；中国产华东、华南至西南。

Gaillardia Fougeroux **天人菊属，Asteraceae 菊科**。草本。茎直立。叶互生，或基生。头状花序；花托凸起或半球形，托片长刚毛状；冠毛 6-10 个，鳞片状，有长芒；总苞宽大，2-3 层，覆瓦状，基部革质；缘花辐射状，中央管状花两性，顶端浅 5 裂，裂片顶端被节状毛；花药基部短耳形；两性花花柱分枝顶端画笔状。瘦果长椭圆形或倒塔形，有 5 棱。染色体 2*n*=34。20/1 种，**（8-4）型**；产北美和南美；中国引种栽培。天人菊 *G. pulchella* Fougeroux 为栽培花卉。

Galactia P. Browne **乳豆属，Fabaceae 豆科**。平卧或缠绕草本或亚灌木。羽状复叶具 3 小叶，稀 1-7 片，小托叶宿存。花小，单生、孪生或簇生于总状花序疏离而微肿胀的节上；萼深裂，上面 2 裂片完全合生；花冠稍伸出萼外，各瓣近等长，翼瓣与龙骨瓣贴生，龙骨瓣钝而稍直；雄蕊二体（9+1）；子房近无柄，基部有鞘状腺体。荚果线形，扁平，2 瓣裂。种子小，两侧压扁，无种阜。花粉粒 3 孔沟，网状纹饰。染色体 *n*=10。约 60/2 种，**2-1（5）型**；广布美洲，亚洲，非洲热带和亚热带地区及澳大利亚；中国产西南部至东南部。琉球乳豆 *G. tashiroi* Maxim 可作牧草。

Galatella Cassini **乳菀属，Asteraceae 菊科**。草本。根状茎粗壮。茎直立或基部斜升。叶互生。头状花序辐射状；花托稍凸；总苞片 3-5 层，覆瓦状，草质，具白膜质的边缘；头状花序具异形花，外围 1 层雌花舌状，不结实，舌片开展，淡紫红色或蓝紫色，5-20 个，或无，中央两性花黄色 5-60（-100）朵，有时淡紫色。瘦果长圆

形，无肋，冠毛 2（-3）层，不等长，长于瘦果。染色体 x=9。（40-50）/11 种，**10 型**；广布欧洲和亚洲大陆；中国产新疆、内蒙古及东北。

Galearis Rafinesque **盔花兰属，Orchidaceae 兰科**。地生草本。根状茎较短；叶生于基部或茎生，1-2 枚，互生，罕对生，基部收缩成抱茎的鞘。总状花序具少数花；侧萼片与花瓣常与中萼片靠合呈盔状；唇瓣全缘或 3 浅裂；蕊柱粗短，花药直立，紧密贴生于蕊柱顶端，具 2 室，平行或叉状；花粉块 2，粒粉质，具细长的花粉团柄，柄的末端具粘盘；粘盘具粘囊；柱头凹陷，位于蕊喙下方；蕊喙略凸，蕊喙臂 2；退化雄蕊 2，翅状，位于蕊柱两侧。约 10/5（2）种，**9 型**；主要分布于在北温带，延伸至亚洲亚热带的高寒地区和北美洲；中国产西南、华北。

Galeola Loureiro **山珊瑚属，Orchidaceae 兰科**。菌类寄生植物，多年生草本，直立；根状茎粗厚，具褐色鳞片。茎红褐色，具卵状或卵状披针形鳞片。圆锥花序由总状或复总状花序组成，具多数花；花黄或白色；花粉团粒粉质，裸露。果实荚果状，开裂；种子具厚的假种皮，周围有宽翅。约 10/4 种，**5 型**；分布于印度洋岛屿，南亚，东南亚；中国产热带和亚热带地区。

Galeopsis Linnaeus **鼬瓣花属，Lamiaceae 唇形科**。一年生草本。轮伞花序多花，彼此远离；小苞片线形或披针形；花具斑纹，无梗；花萼管状钟形，5-10 脉，5 齿，先端呈坚硬的锥状刺尖；花冠筒直伸出于萼筒，冠檐二唇形，上唇直伸，下唇开张，3 裂，中裂片在与侧裂片弯缺处有向上的齿状凸起（盾片）；雄蕊 4，上升至上唇片之下，花药 2 室；花柱先端 2 裂，裂片钻形。小坚果宽倒卵珠形，近扁平，先端钝，光滑。花粉粒 3 沟，复网状纹饰，网眼内具穴。染色体 2n=16，30，32。约 10/1 种，**10 型**；分布于欧洲及亚洲；中国各地均产。

Galinsoga Ruiz & Pavon **牛膝菊属，Asteraceae 菊科**。一年生草本。叶对生。头状花序；花托圆锥状，托片质薄；总苞片 1-2 层，膜质；盘花冠毛膜片状或流苏状，雌花无冠毛或冠毛短毛状，盘花结实，两性，黄色，管状，缘花结实或不育，缘花雌性，1 层，辐射状。果有棱，倒卵圆状三角形，常背腹压扁，被微毛。染色体 2n=16，32，48，64。15/2 种，**1 型**；分布于加勒比海至百慕大群岛地区，中美洲，北美和南美；中国西南、西北等地区已归化。

Galitzkya V. V. Botschantzeva **翅籽荠属，Brassicaceae 十字花科**。多年生草本。茎常多分枝，具宿存叶柄。茎直立。基部叶多数，具叶柄，单叶，全缘，宿存。茎生叶很少，无柄，非耳形，全缘。总状花序数朵花，无苞片。花瓣黄色或白色；雄蕊 6，花丝在基部稍膨大，花药狭长圆形，先端钝。短角果，具强烈宽隔膜。种子 2 列，具宽翅。染色体 2n=16。3/2 种，**13-1 型**；分布于哈萨克斯坦，蒙古国，以及中国甘肃、内蒙古、新疆。

Galium Linnaeus **拉拉藤属，Rubiaceae 茜草科**。直立、攀援或匍匐草本。茎常 4 棱，具小皮刺。叶常 3 至多片轮生；托叶叶状。聚伞花序再排成圆锥花序式；花两性，常 4 基数；花冠辐状，稀钟状或短漏斗状；雄蕊伸出；子房 2 室，每室有胚珠 1 枚，柱头 2 裂。坚果，不开裂，常为双生、稀单生的分果爿，平滑或有小瘤状凸起。种子附着在外果皮上，外种皮膜质。花粉粒 5-9 沟，小孔状-具刺纹饰。染色体 2n=20，22，24，40，44，66，48，96。约 600/64（23）种，**1（12）型**；分布于温带和亚热带地区；中国广布。

Gamblea C. B. Clarke **萸叶五加属，Araliaceae 五加科**。常绿无刺灌木。掌状复叶，小叶 3-5，近无柄，边缘全缘至有锯齿，常具有纤毛状硬齿，背面脉腋有簇毛；托叶不明显。花序顶生，单伞形花序或复伞形花序，或再组成单一或多个圆锥花序；

花梗无关节；花两性或杂性；萼筒全缘或4-5齿；花瓣4-5，镊合状排列；雄蕊4-5；子房2-5室，花柱离生或合生。果实核果。种子2-5，胚乳光滑。4/2种，**7型**；分布于喜马拉雅，东亚及东南亚；中国产南方。

Gamochaeta Weddell **合冠鼠麹草属，Asteraceae 菊科**。草本。叶互生，全缘，两面被绒毛。头状花序假盘状，多数排成团伞花序、穗状花序或圆锥花序；花托平，无苞片；冠毛毛状，联合成环；总苞片淡褐色，纸质；缘花紫色，细管状，中央花两性，紫色；花药顶端附属物平；花柱分枝顶端截形，有毛。果椭圆形，被毛。染色体2*n*=28，56。43/7（1）种，**3型**；分布于加勒比海地区，中美洲，南美及北美；中国主产南方地区，少数在新疆。

Gaoligongshania D. Z. Li, Hsueh & N. H. Xia **贡山竹属，Poaceae 禾本科**。灌木状竹类，有时附生于树干上。粗型地下茎；秆丛生，下部直立，上部下垂或攀援，节间圆筒形；分枝1枚，与主秆近等粗。箨鞘宿存，革质；箨耳大，镰形，具长緣毛；箨片外翻。小枝具叶7-9，叶片大型。单次发生花序，大型圆锥花序；小穗柄长，具4-9小花，顶生1小花不孕；雄蕊3；子房无毛，柱头3，羽毛状。1/1（1）种，**15型**；特产中国云南高黎贡山。

Garcinia Linnaeus **藤黄属，Clusiaceae 藤黄科**。乔木或灌木，具黄色树脂。叶革质，对生，全缘。花杂性，稀单性或两性；同株或异株，聚伞花序或圆锥花序；萼片和花瓣常4或5；雄花的雄蕊多数，花丝分离或合生，1-5束；雌花的退化雄蕊（4-）8至多数，分离或合生，子房（1-）2-12室，花柱短或无花柱，胚珠每室1个。浆果，外果皮革质，光滑或有棱；种子具多汁瓢状的假种皮。花粉粒3孔沟（稀4-7），穿孔状、网状或光滑纹饰。450/20（13）种，**6或4型**；分布于热带亚洲，非洲南部及波利尼西亚西部；中国产台湾南部、福建、广东、海南、广西、云南、西藏、贵州及湖南。莽吉柿 *G. mangostana* Linnaeus是热带著名的果树；种子富含油脂；黄色树脂可供药用；*G. hanburyi* Hooker是药用藤黄和高级黄色颜料。

Gardenia J. Ellis **栀子属，Rubiaceae 茜草科**。灌木。叶对生；托叶基部常合生。花单生、簇生或组成伞房状的聚伞花序，腋生或顶生；花两性或单性，雌雄同株或异株；花萼管管状或佛焰苞状，裂片常宿存；花冠高脚碟状、漏斗状或钟状，裂片旋转排列；雄蕊内藏或伸出；子房1室，或因胎座沿轴粘连而为假2室，胚珠多数，2列，侧膜胎座，柱头全缘或2裂。浆果，椭球形或近球状，平滑或具纵棱。种子常与肉质的胎座结成球状体。花粉粒四合体，3孔，皱穴状、瘤状到穿孔状纹饰。染色体2*n*=22。约200/5（1）种，**4（7e）型**；分布于亚洲，大洋洲，非洲和太平洋群岛热带和亚热带地区；中国产中部以南各省区。栀子 *G. jasminoides* J. Ellis的果实可入药。

Gardneria Wallich **蓬莱葛属，Loganiaceae 马钱科**。木质攀援藤本。单叶对生，羽状脉；叶柄间具托叶线。花单生、簇生或组成二至三歧聚伞花序；花4-5基数；花萼裂片覆瓦状排列；花冠辐状，裂片在芽时镊合状排列；花药基部2裂，背着，2或4室，伸出；子房2室，每室胚珠1-4枚，柱头头状或浅2裂。浆果，圆球状；种子椭圆形或圆形。5/5（1）种，**7ab（15）型**；分布于亚洲东部及东南部；中国产长江以南各省区。狭叶蓬莱葛 *G. angustifolia* Wallich的根或茎藤可入药。

Garhadiolus Jaubert & Spach **小疮菊属，Asteraceae 菊科**。一年生草本。叶边缘有锯齿或羽状分裂。头状花序；花托平，无托毛；冠毛小锯齿状或流苏状冠状，有时内层果实冠毛毛状；总苞短圆柱状，2层，外层极小，内层较长，果期坚硬变厚，向内弯曲包围外层呈星状开展的瘦果；小花黄色，稍长于总苞片，花药基部箭头状，

花柱分枝细。果异型，内层的果实顶端渐狭成细长的喙，外层果实顶端渐细。花粉粒3孔沟，有刺脊，网状纹饰，具短刺。染色体 $2n$=10。4/1种，**12型**；分布于中亚和西南亚；中国产新疆。

Garnotia Brongniart **耳稃草属，Poaceae 禾本科**。一年生或多年生草本。叶片扁平或内卷，常被疣状长柔毛。圆锥花序；小穗含1两性小花，背腹压扁，基部多具短毛；颖几等长，具3脉，先端渐尖或具芒；外稃先端渐尖或具2齿，顶端或齿间常有芒，内稃短于外稃，两侧边缘在中部以下具耳。染色体 $2n$=20。约30/5（2）种，**5（7a）型**；分布于印度和尼泊尔，经东南亚至波利尼西亚，夏威夷和澳大利亚（昆士兰），塞舌尔群岛；中国产华南各省区，广东、云南尤盛。

Garrettia Fletcher **辣莸属，Lamiaceae 唇形科**。灌木。叶对生，单叶或具3小叶。聚伞花序二歧或三歧分枝，腋生或集成带叶的顶生圆锥花序；花萼钟形，有5齿或几全缘，结果时增大；花冠二唇形，上唇2裂，下唇3裂，裂片全缘；雄蕊4；子房上位，初为2室，以后成4室，每室具胚珠1枚。蒴果成熟时球形，4瓣裂成4分核，外包以膜质宿萼，极易从果梗上脱落。花粉粒3沟，网状至穿孔状纹饰。1/1种，**7-3型**；分布于东南亚地区，泰国的北部及印度尼西亚的爪哇和邻近岛屿；中国产云南东南部。

Garryaceae Lindley **绞木科，木兰亚纲/绞木目**。乔木或灌木，雌雄异株。单叶对生，全缘或有齿。花序顶生，圆锥状或总状；花4基数，雄蕊与花瓣互生，花丝极短，具退化雄蕊，腺盘4角肉质；雌花柄常有关节，腺盘肉质，子房下位，心皮1室，胚珠1，下垂。浆果或核果。种子具肉质种皮，胚乳丰富。花粉粒3沟或3孔沟（稀4），疣状-网状纹饰，一些属无覆盖层。染色体 $2n$=16，22，32。2属，17种，分布于北美洲，中美洲，加勒比海群岛及东亚；中国1属，10种，产黄河流域以南各省区。

Garuga Roxburgh **白头树属，Burseraceae 橄榄科**。落叶乔木或灌木。奇数羽状复叶；小托叶常宿存。复合圆锥花序，常多数集于枝顶附近，先叶出现；花两性，辐射对称，5数；萼片几分离；花盘与花托合生，球状，有10个凹槽；雄蕊10，分离，着生于花盘的凹槽上；子房4-5室，每室有2个下垂的胚珠。核果近球形，1-5核。花粉粒3沟，光滑或皱波状纹饰。染色体 $2n$=26。约4/4（1）种，**5型**；分布于东南亚，马来西亚东部和北部至大洋洲北部及西太平洋群岛；中国产广东、广西、海南、四川和云南。

Gastrochilus D. Don **盆距兰属，Orchidaceae 兰科**。附生草本。叶扁平，先端不裂或2-3裂。花序比叶短；花小至中等大，多少肉质；萼片和花瓣近相似，多少伸展成扇状；唇瓣分为前唇和后唇（囊距），前唇垂直于后唇而向前伸展；后唇牢固地贴生于蕊柱两侧，盔状、半球形或近圆锥形，少有长筒形；蕊柱无蕊柱足；药帽半球形；花粉团蜡质，2个，近球形，具1个孔隙；粘盘厚，一端2叉裂。约47/28（20）种，**7ab（14）型**；分布于亚洲热带和亚热带地区；中国产南部，台湾和西南尤盛。

Gastrocotyle Bunge **腹脐草属，Boraginaceae 紫草科**。一年生草本。茎平卧，被具疣状基盘的白色刺毛。叶互生。花单生叶腋；花萼5裂至近基部；花冠筒状，冠檐5裂，喉部有5个附属物，具柔毛；雄蕊5，内藏；子房4裂，雌蕊基突出，高达小坚果的1/2。小坚果4，肾形，直立，背面有龟裂状皱褶及稠密的小乳头凸起，腹面有长圆形的着生面，着生面的边缘增厚而凸起呈球状。花粉粒5或8孔沟，穴状或穿孔纹饰。染色体 n=8，12。2/1种，**12或12-4型**；分布于地中海东部至中亚，印度及巴基斯坦；中国产新疆南部。腹脐

草 *G. hispida* (Forsskal) Bgeun 的叶入可药。

Gastrodia R. Brown **天麻属，Orchidaceae 兰科**。菌类寄生草本，地下具根状茎。根状茎块茎状、圆柱状或有时多少呈珊瑚状。茎常为黄褐色，无绿叶，一般在花后延长。总状花序顶生；花近壶形、钟状或宽圆筒形；萼片与花瓣合成生成筒，仅上端分离；花被筒基部有时膨大成囊状，偶见 2 枚侧萼片之间开裂；唇瓣贴生于蕊柱足末端，藏于花被筒内；蕊柱长，具狭翅；花粉团 2 个，粒粉质，无花粉团柄和粘盘。约 30/20 种，**5（7）型**；分布于东亚，东南至大洋洲；中国广布。

Gaultheria Kalm ex Linnaeus **白珠树属，Ericaceae 杜鹃花科**。常绿灌木。碾碎后具有浓烈的冬青油（水杨酸甲酯）气味。单花，或总状/圆锥花序，花芽有时秋季萌出；小苞片常 2，对生，稀互生；花萼 4 或 5 裂，合生；花托和花萼花后肉质膨大，稀纸质。近球状蒴果或浆果。花粉四合体，3 沟（或拟沟），光滑、颗粒或皱波状纹饰。染色体 x=11，12。约 135/34（14）种，**3 型**；环太平洋分布，广布亚洲东部和南部，大洋洲，北美洲及南美洲；中国产长江以南地区，喜马拉雅—横断山地区多见。滇白珠 *G. leucocarpa* var. *crenulata* (Kurz) T. Z. Hsu 全株可药用。

Gaura Linnaeus **山桃草属，Onagraceae 柳叶菜科**。一年生或多年生草本，有时近基部木质化；叶互生；花白色或粉红色，为穗状花序或总状花序；花常 4 数，稀 3 数，两侧对称，花瓣水平地排向一侧，雄蕊与花柱伸向花的另一侧，花常在傍晚开放，开放后 1 天内就凋谢；雄蕊 8，花丝基部有 1 鳞片状的附属体；子房下位，1 室，有倒垂的胚珠 1 颗，柱头 4 裂，为 1 杯状体所围绕；果坚果状，有棱。花粉粒 3 孔，颗粒状纹饰。染色体 2n=14，28，42，56。21/1 种，**9 型**；产北美洲墨西哥；中国栽培并逸生，见于北京、山东、南京、浙江、江西、香港。

Geissaspis Wight & Arnott **睫苞豆属，Fabaceae 豆科**。一年生草本。偶数羽状复叶，小叶 2 对，托叶膜质，无小托叶。花紫色，排成腋生、具长总花梗的总状花序；苞片大，覆瓦状排列，常覆被花、果；花萼膜质，管状，深裂为二唇形；花冠比萼长 2-3 倍；雄蕊单体（10），花药一式；子房无柄。荚果有荚节 1-2，荚节中部膨胀，具显著扁平的边缘，有网状脉，不开裂，种子 1-2 颗，具果颈。3/1 种，**7a-c 型**；分布于非洲和亚洲热带；中国产广东。

Gelidocalamus T. H. Wen **短枝竹属，Poaceae 禾本科**。灌木状竹类。地下茎细型；秆每节分枝 7-12，可多达 20，枝纤细，无二级分枝。秆箨宿存性，远短于节间；箨耳无或显著；箨片短锥状或狭披针形。每小枝顶端多仅具 1 叶。单次发生花序呈大型圆锥状，顶生于叶枝之上；小穗形小，淡绿色；每小穗 3-5 朵小花；颖片 2；鳞被 3；雄蕊 3；花柱 1，柱头 2，羽毛状，或仅为 1 柱头。9/9（9）种，**15 型**；分布于中国江西、浙江、广西。

Gelsemiaceae Struwe & V. A. Albert **胡蔓藤科，木兰亚纲/龙胆目**。木质藤本，无乳汁。单叶对生；托叶生于叶柄间，线形。聚伞花序顶生或腋生；花两性，二型，5 基数；花萼裂片覆瓦状排列；花冠裂片覆瓦状排列，边缘向右覆盖；雄蕊着生于花冠管内壁上，花药 2 室，纵裂；子房上位，2 室，每室有胚珠多枚，中轴胎座，柱头 2 裂。蒴果，2 室，室间开裂。种子具膜质的翅。花粉粒 3 孔沟，沟膜光滑或具颗粒状凸起，条网状或孔状纹饰。染色体 2n=16，20。2 属，11 种，分布于亚洲东部，美洲和非洲；中国 1 属，1 种，产南部地区。

Gelsemium Jussieu **钩吻属，Gelsemiaceae 胡蔓藤科**。灌木或木质藤本。叶对生；托叶线形。花单生或组成聚伞花序，顶生或腋生；花冠裂片芽时覆瓦状排列，开放后

边缘向右覆盖；花药2室，纵裂；子房2室，每室有胚珠多枚；花柱等长或异长；柱头2裂。蒴果，卵球形至狭椭球形，室间开裂为2个2裂的果瓣。种子扁平，边缘具有不规则膜质翅。染色体2*n*=16。花粉粒3沟，条网状纹饰。3/1种，**9型**；分布于亚洲东南部和北美洲；中国产华东、华南、西南等地区。钩吻 *G. elegans* (Gardner & Champion) Bentham 具毒性。

Genianthus J. D. Hooker **须花藤属，Apocynaceae 夹竹桃科**。攀援木质藤本。叶对生。聚伞花序，分枝总状或穗状，被棕色或锈色毛，腋外生；花萼裂片内面基部有腺体；花冠辐状，裂片多少镊合状排列，内面被长柔毛；副花冠5裂，生于合蕊冠基部，有时具舌状膜片；花粉块每室2个；子房由2枚离生心皮组成。蓇葖双生，向端部渐狭。种子长圆形，顶端具白色绢质种毛。15/3种，**7型**；分布于亚洲热带和亚热带地区；中国产云南。

Geniostoma J. R. Forster & G. Forster **髯管花属，Loganiaceae 马钱科**。乔木或灌木。单叶对生；叶柄间具托叶线。花单生或多朵组成圆锥状聚伞花序；花5基数；花冠钟状，花冠管内面喉部被髯毛，花冠裂片在花蕾时覆瓦状排列，开放后具边缘向左覆盖；花药2室；子房2-3室，每室有胚珠多枚，柱头头状或椭圆状。蒴果，开裂为2-3个果瓣。种子椭球状至近球状，具小疣点凸起。花粉粒3-7孔。染色体*x*=10。约20/1种，**5（7e）型**；分布于亚洲东部及南部，马达加斯加岛至大洋洲各岛屿；中国产台湾。

Gennaria Parlatore **怒江兰属，Orchidaceae 兰科**。地生草本。块茎圆球形，肉质。叶在最下面的1枚常最大，往上具2至几枚苞片状小叶。花序具几朵至10余朵花，花常偏向一侧；花绿白色；萼片和花瓣基部合生；唇瓣和萼片近等长，常向前伸展且向下弯，3裂，基部具距；花药直立；花粉团2个为具小团块的粒粉质；柱头1个大，隆起；蕊喙臂较长；退化雄蕊2个，具长柄，线形、长方形、卵圆形或倒卵形，大，位于花药的基部两侧。1/1种，**10（1）型**；分布于印度东北部，阿富汗，巴基斯坦及中国云南。

Gentiana Linnaeus **龙胆属，Gentianaceae 龙胆科**。草本。茎四棱形，直立或斜升。叶对生。花两性；花萼筒形或钟形，浅裂，萼筒内面具萼内膜；花冠筒形、漏斗形或钟形，常浅裂，冠筒与裂片等长或较短；雄蕊着生于冠筒上，与裂片互生；子房1室，花柱短或细长；腺体轮状着生于子房基部。种子无翅。花粉粒3或4孔沟，条形、条网状-网状、平滑或穿孔纹饰。392/239（169）种，**1（14SH）型**；分布于欧洲，亚洲，澳大利亚北部，新西兰，北美和非洲北部；中国产西南地区。黄龙胆 *G. lutea* Linnaeus 可药用。

Gentianaceae Jussieu **龙胆科，木兰亚纲/龙胆目**。草本或木本。茎直立或斜升，有时缠绕。单叶，对生，全缘，基部合生；无托叶。花两性，辐射状或两侧对称，4-5数；花冠基部全缘，裂片在蕾中右向旋转呈覆瓦状排列；雄蕊着生于冠筒上与裂片互生，子房上位，侧膜胎座，柱头全缘或2裂，胚珠多数。蒴果2瓣裂，稀浆果。种子小，无种毛，多数，具丰富的胚乳。花粉多为单粒，常为3孔沟，稀3或4孔沟，条状，网状或条网状纹饰，也有穿孔或皱状纹饰。80属，700余种，世界广布（除南极洲外），主产北半球温带和寒温带；中国22属，约420种，产西南地区。

Gentianella Moench **假龙胆属，Gentianaceae 龙胆科**。一年生草本。茎单一或有分枝。叶对生；基生叶早落；茎生叶无柄或有柄。花4-5数；花萼深裂，萼筒短，裂片间无萼内膜；花冠筒状或漏斗状，冠筒上着生有小腺体，裂片间无褶，裂片基部常光裸，稀具有维管束的柔毛状流苏；雄蕊着生于冠筒上。种子表面光滑或有疣状凸起。花粉粒3-4孔沟或拟孔沟，网状、

条网状或条纹形纹饰。125/9（3）种，**8-4（9）型**；除非洲外，分布于南北温带；中国大部分省区均产。田野假龙胆 *G. campestris* (Linnaeus) Böerner 可药用。

Gentianopsis Ma **扁蕾属，Gentianaceae 龙胆科**。草本。茎直立，多少近四棱形。叶无柄。花蕾稍扁压，具明显的 4 棱；花 4 数；花萼筒状钟形，上部 4 裂，裂片 2 对，内对宽而短，外对狭而长，萼内膜位于裂片间稍下方，三角形；花冠上部 4 裂，裂片间无褶，腺体 4 个，着生于花冠筒基部；雄蕊较冠筒稍短；子房有柄，柱头 2 裂。种子表面有密的指状凸起。花粉粒 3-4 孔沟，网状纹饰。24/5（2）种，**8（9）型**；分布于亚洲，欧洲和北美洲；除华南外，中国各省区均产。扁蕾 *G. barbata* (Fröel) Ma 可入药。

Geodorum Jackson **地宝兰属，Orchidaceae 兰科**。地生草本。茎膨大成球茎状或块状假鳞茎。叶基生，有长柄；叶柄常互相套叠成假茎。花葶生于假鳞茎侧面的节上，顶端为缩短的总状花序；总状花序俯垂；唇瓣不分裂或不明显的 3 裂，基部着生于短的蕊柱足上，与蕊柱足共同形成各种形状的囊；蕊柱短或中等长；具短的蕊柱足；药帽平滑；花粉团 2 个，有裂隙，蜡质，具宽阔的粘盘柄和较大的粘盘。10/5（2）种，**4（5）型**；分布于亚洲热带地区至澳大利亚和太平洋岛屿；中国产华南、西南地区。

Geophila D. Don **爱地草属，Rubiaceae 茜草科**。匍匐草本。叶对生；托叶全缘或有时 2 裂。花序聚伞状，具花 1 至数朵，顶生或假腋生；花两性；花萼裂片 4-7；花冠管漏斗形，喉部被毛，裂片 4-7；雄蕊内藏或略伸出；子房 2 室，每室具 1 枚胚珠，柱头 2 裂。核果，球形至椭球形，萼裂片宿存。分核 2；种皮膜质。花粉粒无萌发孔、具沟或散沟型，具孔盖。染色体 $2n$=44。约 30/1 种，**2（3）型**；分布于热带非洲，亚洲和美洲；中国产华南和西南地区。

Geraniaceae Jussieu **牻牛儿苗科，木兰亚纲/牻牛儿苗目**。草本。叶互生或对生，叶片常掌状或羽状分裂，具托叶。聚伞花序，稀花单生；花两性，常辐射对称；萼片 5；花瓣 5；可育雄蕊 5 或 10，2 轮；蜜腺 5；子房上位，心皮 5，每室具 1-2 倒生胚珠，花柱与心皮同数。果为蒴果，顶端具喙，常室间开裂，每果瓣具 1 种子，成熟时果瓣常爆裂。花粉粒 3 孔沟，网状、条网状或条纹状纹饰。6 属，780 种，广布温带，亚热带和热带山地；中国 2 属，59 种，广布。

Geranium **Linnaeus 老鹳草属，Geraniaceae 牻牛儿苗科**。草本。茎具明显的节。叶对生或互生，具托叶；叶片常掌状分裂，稀二回羽状或仅边缘具齿。聚伞状花序或单生；花整齐，花萼和花瓣 5；雄蕊 10，稀 5，2 轮；子房 5 室，每室具 2 胚珠，柱头 5 裂。蒴果具长喙，成熟后分裂成 5 果瓣，每果瓣具 1 种子；种子具胚乳或无。花粉粒 3 孔沟，网状纹饰。染色体 x=9，10，11，13，14。约 430/55 种，**1 型**；世界广布，主产温带及热带山区；中国广布，主产西南。

Gerbera Linnaeus **火石花属，Asteraceae 菊科**。多年生草本。叶基生，莲座状。头状花序单生于花葶之顶，异性，放射状；花托平，无毛；冠毛多层，粗糙，刚毛状；小花均结实，花冠二唇形，白色或带淡黄色，边花 1 层，雌性，中央花多数，两性；花药基部箭形，具长尾；花柱分枝短，背面被柔毛。瘦果圆柱状或纺锤形，具纵棱，被柔毛或无毛。染色体 $2n$=46，50。约 30/7（4）种，**6 型**；分布于非洲，亚洲；中国产西南地区。火石花 *G. delavayii* Franchet 全草可入药。

Germainia Balansa & Poitrasson **吉曼草属，Poaceae 禾本科**。多年生或一年生草本。总状花序顶生，短缩呈头状；花序基部具 4-6 雄小穗，轮生成总苞状，其上有 2-3

对小穗，每对中有1具柄雌小穗及1-2无柄雄小穗，或仅具3有柄雌小穗；含2小花，每花有2雄蕊；第一颖硬革质，顶端截平或微下凹；雄小穗无芒，第二颖膜质，具3脉；第一、二小花外稃皆透明膜质；雌小穗较小，有芒，基盘尖锐而有毛。9/1种，**5（7a）型**；分布于东南亚至大洋洲；中国产广东、云南。

Gesneriaceae Dumortier **苦苣苔科，木兰亚纲/唇形目**。草本、灌木或木质藤本。聚伞花序腋生。花两性，常两侧对称。花冠钟状或管状，冠檐二唇形；能育雄蕊2-5；花盘位于花冠及雌蕊之间，环状或杯状；雌蕊由2枚心皮构成，子房上位、半下位或完全下位，胚珠多数，倒生；花柱1。果为蒴果或浆果；种子多数。花粉粒3沟、孔沟或拟孔沟，网状、穿孔状、瘤状或皱波状纹饰，偶具颗粒。染色体 n=8-18（20，22，30，34，48）。约140属，2000种，世界分布；中国60属，421种，产华中以南地区。

Getonia Roxburgh **萼翅藤属，Combretaceae 使君子科**。常绿蔓生大藤本，枝纤细下垂；叶柄短，被柔毛；花小，绿色，无柄；花萼管具5条棱，5裂，宿存并在果时扩大；花瓣缺；雄蕊10，5个着生于萼齿上部，其他5个与萼齿互生；子房下位；花柱单一；胚珠3；假翅果被柔毛，具5棱；种子为伸长的萼所包，子叶卷曲。花粉粒3孔，光滑纹饰。1/1种，**7型**；分布于中南半岛，缅甸，印度，马来西亚及中国云南。萼翅藤 *G. floribunda* 的叶可药用；果可作兴奋剂。

Geum Linnaeus **路边青属，Rosaceae 蔷薇科**。多年生草本。基生叶为单叶或奇数羽状、掌状复叶，托叶常与叶柄合生。花两性稀单性，单生或伞房、聚伞花序；萼筒陀螺形或半球形，萼片5，镊合状；副萼片5，较小；花瓣5；雄蕊多数；花盘在萼筒上部；心皮多数，着生在凸出花托上，彼此分离，花柱丝状，果时宿存或在关节处脱落，每心皮胚珠1。瘦果小，干燥或稍肉质。种子直立。花粉粒3孔沟（或拟孔沟），光滑、条纹状、条纹状或负网状纹饰。染色体 $2n$=14，21，28，42，70，84。约100/11（5）种，**8-4型**；广布南北两半球温带；中国产南北各省区。可供药用；含鞣质，可提制栲胶。

Gigantochloa Kurz ex Munro **巨竹属，Poaceae 禾本科**。乔木状竹类。粗型地下茎；秆丛生，梢端可下垂，常被毛；分枝习性高，每节多分枝，主枝显著。秆箨早落性；箨耳常不明显；箨片直立或外翻。续次发生花序；假小穗可聚集成球形簇团；小穗常有能孕与不孕二型；鳞被常不存在；雄蕊6，花丝幼时连合成1较粗短的花丝管；花柱1，柱头常单一。约30/6（2）种，**6型**；分布于东南亚及南亚的热带雨林中；中国产云南，香港和台湾有栽培。

Ginkgo Linnaeus **银杏属，Ginkgoaceae 银杏科**。特征描述同科。1/1（1）种，**15型**；可能存在东、西两个冰期“避难所”居群，以浙江天目山和西南的重庆金佛山、贵州务川、三峡库区等地为代表。银杏 *G. biloba* Linnaeus 广泛应用于园林、绿化和材用；种仁是食用干果；银杏叶的提取物可用于预防心脑血管疾病。

Ginkgoaceae Engler **银杏科，银杏亚纲/银杏目**。落叶乔木分枝繁茂。枝分长枝与短枝。叶扇形，有长柄，叶脉二歧状分叉，在长枝上螺旋状排列散生，在短枝上呈簇生状。球花单性，雌雄异株，生于短枝顶部鳞片状叶的腋内，呈簇生状；雄球花具梗，柔荑花序状，雄蕊多数，螺旋状着生，排列较疏，具短梗，花药2；雌球花具长梗，梗端常分2叉，稀不分叉或分成3-5叉，叉顶生珠座，各具1枚直立胚珠。种子核果状，具长梗，下垂，胚乳丰富；子叶常2枚，发芽时不出土。花粉粒无气囊，皱状纹饰。染色体 $2n$=24。1属，1种，世界广泛栽培；中国华东和西南可能有野生居群，全国各地栽培。

Girardinia Gaudichaud-Beaupré **蝎子草属，Urticaceae 荨麻科**。高大草本，具刺毛。茎呈之字形。叶互生，边缘有齿或分裂，基出脉 3；托叶柄内合生，先端 2 裂。花序成对生于叶腋，雄花序穗状，二叉状分枝或圆锥状，雌团伞花序呈蝎尾状着生于序轴上，排列成穗状、圆锥状或蝎尾状；雄花被片镊合状排列；雌花被片 3-4，子房花后渐变偏斜，柱头线形。瘦果。花粉粒 2-3 孔，刺状纹饰。染色体 n=10，12。2/1 种，**6 型**；分布于亚洲和非洲北部及马达加斯加；中国产华东、西南至东北地区。茎皮纤维可供纺织和制绳索用；或供药用；种子刺毛有毒，触及皮肤可引起红肿。

Girgensohnia Bunge **对叶盐蓬属，Amaranthaceae 苋科**。草本或半灌木。茎多分枝，枝具关节。叶对生，无柄，全缘或有细锯齿。花两性，具 2 小苞片；花被片 5，纸质，具 1 脉，果时背部具下弯的翅状附属物；雄蕊 5，花丝钻状；花盘 5 裂；子房背腹扁，卵形或近圆形，胚珠近无柄，柱头头状，2 裂。胞果包藏于花被内，果皮膜质。种子直立，种皮膜质；胚螺旋或平面螺旋状，无胚乳。约 6/1（1）种，**12 型**；分布于中亚；中国产新疆。

Gironniera Gaudichaud-Beaupré **白颜树属，Cannabaceae 大麻科**。常绿乔木或灌木。枝条不具刺或翅。叶互生，全缘或具浅锯齿，羽状脉，次级脉在到达叶缘前结成脉环。花单性，雌雄异株，稀雌雄同株；腋生聚伞花序，或雌花单生于叶腋。雄花：花被片 5 深裂，雄蕊 5，子房退化，毛状。雌花：花被片 5，子房无柄，花柱短，柱头 2。核果卵形或近球形。种子具胚乳或无，胚卷曲。花粉粒 3 孔，颗粒状纹饰。染色体 2n=84。6/1 种，**7e 型**；分布于东南亚，太平洋岛屿和斯里兰卡；中国产云南、海南、广西和广东。白颜树 *Gironniera subaequalis* Planchon 的木材供制家具、木鼓等；枝皮纤维可制人造棉；叶可药用，治寒湿。

Gisekia Linnaeus **吉粟草属，Gisekiaceae 吉粟草科**。特征描述同科。约 7/2 种，**6 型**；分布于热带，亚热带非洲和亚洲；中国产广东和海南。

Gisekiaceae Nakai **吉粟草科，木兰亚纲/石竹目**。铺散草本。茎多分枝，常有白色的针晶条纹。叶对生或假轮生，叶片稍肉质，匙形，富有针状结晶体；托叶不存在。聚伞花序或伞形花序，腋生；花小，两性或杂性，淡绿色或淡紫色；花被片 5，近离生，宿存；雄蕊 5-20；心皮（3-）5（-15），离生；子房 1 室，有 1 基生胚珠。瘦果肾形，果皮脆壳质，有针状结晶体。种子有胚乳。花粉粒 3 沟，穿孔状-颗粒纹饰。染色体 2n=18。1 属，7 种，分布于热带，亚热带非洲和亚洲，主产非洲；中国 1 属，2 种，产广东和海南。

Glaucium Miller **海罂粟属，Papaveraceae 罂粟科**。草本。基生叶基部扩大成鞘；茎生叶互生，心形抱茎。花单个顶生或腋生；萼片 2；花瓣 4。蒴果成熟时自顶端向基部或稀自基部向顶端开裂成 2 狭长的果瓣。种皮蜂窝状，无种阜。花粉粒 3 沟，穿孔状纹饰，具小刺。（21-25）/3 种，**12 型**；分布于欧洲温带和地中海，亚洲西南部至中部；中国产新疆。

Gleadovia J. S. Gamble & D. Prain **藨寄生属，Orobanchaceae 列当科**。肉质全寄生草本。茎圆柱状，不分枝。叶鳞片状，螺旋状排列。花常 3 至数朵簇生于茎端成近头状花序，或排列成近伞房花序；苞片 1 枚，小苞片 2 枚；花近无梗，或具短或长的梗；花萼筒状或筒状钟形，向上稍稍膨大或漏斗状膨大，顶端 5 浅裂，裂片近等大；花冠二唇形，上唇龙骨状，下唇 3 裂；雄蕊 4 枚，内藏，花药 2 室，等大均发育；子房 1 室，侧膜胎座 2。蒴果近卵球形。种子多数，种皮网状。2/2（1）种，**14（SH）型**；分布于喜马拉雅的西北部地区（至印度）；中国产西南地区。

G

Glebionis Cassini **茼蒿属，Asteraceae 菊科**。草本。叶互生。头状花序异型；花托凸起，无托毛；缘花雌性，假舌状，中央花两性，管状；花柱分枝线形。辐射花瘦果有3条或6条凸起的硬翅肋及明显或不明显的2-6条间肋；两性花瘦果有6-12条等距排列的肋，其中1或2条强烈凸起成硬翅状。染色体 $2n=18$。3/3种，**10（12）型**；原产地中海，世界各地引种栽培或入侵成为杂草。蒿子杆 *G. carinata* (Schousboe) Tzvelev、南茼蒿 *G. segetum* (Linnaeus) Fourreau 可作蔬菜。

Glechoma Linnaeus **活血丹属，Lamiaceae 唇形科**。多年生草本。茎上升或匍匐状。叶具长柄，常为圆形、心形或肾形；轮伞花序2-6花；苞叶与茎叶同形，苞片、小苞片钻形；花两性，为雌花两性花异株或同株。花萼管状或钟状，15脉，5齿，上唇3齿略长；花冠管状，冠檐二唇形，上唇直立，下唇平展，3裂；雄蕊4；花柱先端近等2裂；花盘杯状，前方呈指状膨大。小坚果长圆状卵形，深褐色，光滑或有小凹点。花粉粒6沟、稀8，复网状纹饰，网眼内具穴。染色体 $2n=18$，24，36。约8/5（2）种，**8型**；广布欧亚大陆温带地区；中国产东北部沿海一带至西南各省区。

Gleditsia Linnaeus **皂荚属，Fabaceae 豆科**。落叶乔木或灌木。茎和枝常具分枝的粗刺。叶互生，常簇生，一回或二回偶数羽状复叶，叶轴和羽轴具槽，小叶边缘常具细齿或钝齿。花小，杂性或单性异株；淡绿色或绿白色，常组成腋生穗状或总状花序，稀圆锥花序；萼裂片3-5；花瓣3-5；雄蕊6-10；子房无柄或具短柄，胚珠1至多数。荚果扁，不裂或迟开裂；种子1至多颗，珠柄丝状。花粉粒3孔沟，网状纹饰。染色体 $2n=28$。（13-16）/6（3）种，**9型**；分布于北美东部和南美南部，亚洲中部和东南部；中国广布南北各省区。皂荚 *G. sinensis* Lamarck 的木材可作家具和器物；荚果可代替肥皂；种子可入药。

Glehnia Fr. Schmidt ex Miquel **珊瑚菜属，Apiaceae 伞形科**。草本，全株被柔毛。根粗壮，深入土中，茎短或近无。叶片革质羽状分裂。复伞形花序顶生；总苞片少数或无；小总苞片多数；小伞形花序近头状；萼齿细小，薄膜质；花瓣倒卵状披针形；花柱基扁圆锥形。果实椭圆形至圆球形，果棱有木栓翅，每棱槽内有油管1-3，合生面油管2-6。胚乳腹面微凹陷。染色体 $x=11$。2/1种，**9型**；分布于亚洲东部及北美洲太平洋沿岸；中国产沿海各省区。

Gleicheniaceae (R. Brown) C. B. Presl **里白科，水龙骨亚纲/里白目**。草本，土生。根状茎长而横走，被鳞片或多细胞节状毛。叶为一型，远生；叶片一回羽状，主轴常为多回两歧或假两歧分枝，分枝处腋间有休眠芽；顶生羽片一至二回羽状；末回裂片为线形；叶轴下面被星状毛或鳞片，叶脉分离，小脉分叉。孢子囊群小，圆形，无盖，生于叶下面小脉背上，成1-2排列于主脉和叶边间；孢子囊陀螺形，环带横绕；孢子四面体或两面体。6属，约150种，分布于热带和亚热带地区；中国3属，15种，产南部热带和亚热带地区。

Glinus Linnaeus **星粟草属，Molluginaceae 粟米草科**。一年生草本。茎铺散，常多分枝，密被星状柔毛或无毛。单叶，互生、对生或假轮生，全缘。花腋生成簇，为聚伞花序；具梗或近无梗；花被片5，离生，草质，宿存；雄蕊（3-）5（-20），离生或成束，有退化雄蕊；心皮3（-5），合生，子房宽椭圆形或长圆形，3（-5）室，胚珠多数；花柱3（-5），直立，宿存。蒴果卵球形，3（-5）瓣裂。种子肾形，多数，具环形种阜和假种皮，种皮具小瘤或平滑。花粉粒3沟，穿孔状-颗粒纹饰。染色体 $2n=18$。约10/2种，**2型**；分布于热带，亚热带和暖温带气候区；中国产云南、海南、台湾。

Globba Linnaeus **舞花姜属，Zingiberaceae 姜科。**根状茎匍匐，纤细。聚伞圆锥花序或总状花序，顶生。花冠管裂片近等长；侧生退化雄蕊瓣状，唇瓣反折，基部和花丝相连成管状，花药无药隔附属体或每边有1-2个翼状的附属体；子房1室。蒴果果皮薄。种子具白色撕裂状假种皮。花粉粒无萌发孔，刺状纹饰。染色体2*n*=16-96。100/5（2）种，**5（7）型**；分布于亚洲热带，1种产澳大利亚；中国产西南部至南部。舞花姜 *G. racemosa* Smith 的根和果实可入药。

Glochidion J. R. Forster & G. Forster **算盘子属，Phyllanthaceae 叶下珠科。**乔木或灌木。单叶互生，2列，全缘。雌雄同株，稀异株，聚伞花序或簇生成花束；花无花瓣；常无花盘；雄花萼片5-6，雄蕊3-8，合生呈圆柱状，顶端稍分离，花药2室，药隔凸起呈圆锥状，无退化雌蕊；雌花萼片与雄花的相同但稍厚，子房圆球形，3-15室，每室胚珠2，花柱合生。蒴果具多条纵沟，成熟时开裂为3-15个2瓣裂的分果爿；种子无种阜。花粉粒4-6孔沟，网状纹饰。约200/28（7）种，**2（5）型**；主要分布于热带亚洲至波利尼西亚，少数在热带美洲和非洲；中国产西南部至台湾。

Gloriosa Linnaeus **嘉兰属，Colchicaceae 秋水仙科。**多年生草本，根状茎块状。茎直立或攀援，上部常分枝。叶互生、对生或轮生，无柄，先端常延长成卷须。花艳丽，具长梗，有时呈伞状花序；花被片6，离生，平展或向背面反折，宿存；雄蕊6，着生于花被片基部，花丝丝状，花药背着，丁字形，外向开裂；子房3室，花柱细长，丝状，上部3裂。蒴果较大，室间开裂。种子近球形。花粉粒单沟，网状纹饰。5/1种，**6型**；分布于热带非洲及亚洲；中国产云南南部。嘉兰 *G. superba* Linnaeus 可供观赏。

Glossocardia Cassini **鹿角草属，Asteraceae 菊科。**草本。叶互生或下部叶对生。头状花序；总苞钟形，2-3层；花托扁平；冠毛为2个宿存的被倒刺毛的芒；全部小花结实，外围有1层雌性辐射花，舌片全缘或上端3裂，中央有多数两性花，管状，上端具4裂片；花药基部钝或近全缘；花柱分枝顶端具被毛的长附器。瘦果无毛，背部压扁。染色体2*n*=24。11/1种，**5型**；分布于北非，热带亚洲，大洋洲南部和太平洋群岛；中国产西藏及南方地区。

Glyceria R. Brown **甜茅属，Poaceae 禾本科。**多年生，水生或沼泽地带草本，具匍匐根茎。叶鞘全部或部分闭合。圆锥花序开展或紧缩；小穗含数个至多数小花，两侧压扁或多少呈圆柱形；颖常具1脉，稀第二颖具3脉，均短于第一小花；外稃草质或兼革质，具平行且常隆起的脉5-9条；基盘钝；雄蕊2-3。花粉粒颗粒纹饰。染色体 *x*=10，2*n*=20，28，40，56。40/10（1）种，**1（8-4）型**；分布于温带，见于亚热带，热带山地；中国广布，湿生环境常见。

Glycine Willdenow **大豆属，Fabaceae 豆科。**草本。常具根瘤。羽状复叶常3小叶，稀4-5（-7）。总状花序腋生，植株下部的常单生或簇生；小苞片成对，着生于花萼基部；花萼膜质，钟状，有毛，深裂为近二唇形；花常紫色、淡紫色或白色，各瓣均具长瓣柄；雄蕊单体或二体；子房近无柄，胚珠数颗。荚果线形或长椭圆形，具果颈，种子间有隔膜，果瓣于开裂后扭曲。种子1-5颗。花粉粒3孔沟，网状纹饰。染色体2*n*=40。约20/6（2）种，**5型**；分布于亚洲至大洋洲，澳大利亚种类尤多；中国南北各省区均产。大豆 *G. max* (Linnaeus) Merrill 为重要的粮食作物。

Glycosmis Corrêa **山小橘属，Rutaceae 芸香科。**灌木或小乔木，芽、有时嫩枝密被锈色短柔毛。叶互生，单小叶或小叶2-7，稀单叶。有限花序，花两性；萼片5或4；花瓣5或4；雄蕊10，稀8或更少，药隔顶部常具1油点；子房5室，稀4或3，每室胚珠1。浆果，半干质或富水液，含黏胶质液；种子1-2，稀3，种皮薄膜质。花粉粒3孔沟，细条纹纹饰。染色体2*n*=18，54，72。约50/11（2）种，**5（7a-e）型**；分布于亚洲东部，南部及东南部，澳大利亚东北部；中国产南岭以南、云南南部及西藏东南部。海南山小橘 *G. montana* Pierre 的果可鲜食；小花山小橘 *G. parviflora* (Sims) Kurz 的根可行气消积、化痰止咳，叶可散瘀消肿。

Glycyrrhiza Linnaeus **甘草属，Fabaceae 豆科**。多年生草本或半灌木，常有腺毛及鳞片状腺体。奇数羽状复叶，小叶（3）5-17枚。总状或穗状花序腋生；花萼钟状或筒状，具5齿，上部2齿部分合生；旗瓣具短爪，翼瓣短于旗瓣；雄蕊二体，花丝长短互生，花药二型，药室于顶端联合。荚果卵形、椭圆形或线状长圆形等，直或弯曲成镰刀形或环形，具刺或瘤状凸起，极少光滑。种子肾形或圆形。花粉粒3孔沟，穿孔状纹饰。约20/8（2）种，**8-4型**；主要分布于欧亚大陆，部分种类延伸至澳大利亚及南北美洲；中国产黄河以北省区。甘草 *G. uralensis* Fischer ex de Candolle 的根和根状茎可供药用。

Glyptopetalum Thwaites **沟瓣属，Celastraceae 卫矛科**。常绿灌木或乔木。单叶对生。聚伞花序，对生，1-4分枝；花部4数，萼片肾形；雄蕊4；花盘3裂，杯状或盘状，常与子房融合，子房陷入花盘内，4室，每室1胚珠，自室顶垂悬。蒴果近球形，背缝开裂，果瓣常向内弯卷露出种子，种子和果瓣相继脱落后，中轴仍宿存果梗上。种子1-4；种脊线状，稍凸起并在近合点处有分枝；假种皮红色，包围种子。27/9（7）种，**7a型**；分布于亚洲热带及亚热带；中国产云南、贵州、广西和广东。

Glyptostrobus Endlicher **水松属，Cupressaceae 柏科**。半常绿性乔木；冬芽型小。叶螺旋状着生，基部下延，有3种类型：鳞形叶较厚；条形叶扁平，薄，常成二列状；条状钻形叶辐射伸展列成三列状；鳞形叶宿存，条形或条状钻形叶均连同侧生短枝一同脱落。雌雄同株；雄球花椭圆形，小孢子叶15-20枚，螺旋状着生。雌球果直立，苞鳞与种鳞几全部合生，仅苞鳞的先端与种鳞分离，三角状，向后反曲，位于种鳞背面的中部或中上部；中部种鳞的上部边缘有6-10个三角状尖齿，顶部的种鳞多棱、长条形，能育种鳞有2粒种子；种子椭圆形。花粉粒无气囊。染色体2*n*=22。1/1种，**14（SH）型**；分布于老挝，越南，以及中国广东、广西、福建、江西、四川、重庆、贵州、湖南、浙江和云南。水松 *G. pensilis* (Staunton ex D. Don) K. Koch 可能在越南北部有野生分布。

Gmelina Linnaeus **石梓属，Lamiaceae 唇形科**。乔木或灌木，幼时常呈攀援状。小枝被绒毛，有时具刺。单叶对生，基部常有大腺体。花由聚伞花序排列成顶生或腋生的圆锥花序，稀单生于叶腋；花萼钟状，宿存，先端截平或4-5裂，具腺点；花冠两侧对称，略呈二唇形，花冠管下部管状，上部变大呈漏斗形；雄蕊4，2长2短，着生于花冠管下部，多少伸出管外；花药2室，2分叉。核果肉质，内果皮质硬，具1-4粒种子。花粉粒3沟，网状至穿孔状纹饰。染色体2*n*=36，38，40。约35/7（3）种，**4型**；主产热带亚洲至大洋洲，少数产热带非洲；中国产福建、江西、广东、广西、贵州、四川、云南。

Gnaphalium Linnaeus **鼠麴草属，Asteraceae 菊科**。草本。叶互生。花托无毛；冠毛1层，白色或污白色；总苞片2-4层，覆瓦状排列，黄色或黄褐色，稀红褐色，顶端膜质或几全部膜质；小花全部结实，黄色或淡黄色，外围雌花多数，细管状，顶端3-4齿裂，中央两性花少数，管状，5浅裂，两性花花柱分枝近圆柱形，顶端截平或头状，有乳头状凸起。果无毛或罕

有疏短毛或有腺体。花粉粒 3 孔沟，具刺，刺间穿孔状。染色体 2*n*=14，28。80/6 种，**1 型**；世界广布；中国南北均产。

Gnetaceae Blume **买麻藤科，买麻藤亚纲/买麻藤目。**常绿木质大藤本，稀为直立灌木或乔木；茎分节，节部膨大。单叶对生，有叶柄，无托叶；叶片具羽状叶脉，极似双子叶植物。雌雄异株，稀同株；球花伸长成细长穗状，具多轮合生环状总苞；雄球花穗单生或数穗组成顶生及腋生聚伞花序；雌球花穗单生或数穗组成聚伞圆锥花序，常侧生于老枝上，每轮总苞腋生雌性生殖单位 4-12，雌性生殖单位具 2 层囊状外盖被和 1 层珠被；珠被的顶端延长成珠孔管。种子核果状，包于红色或橘红色肉质假种皮中；子叶 2 枚。花粉粒无萌发孔，具刺。染色体 2*n*=22。1 属，35 种，泛热带分布；中国 1 属，9 种，产长江流域以南各省区。

Gnetum Linnaeus **买麻藤属，Gnetaceae 买麻藤科。**特征描述同科。35/9（6）种，**2 型**；泛热带分布，产亚洲，非洲与南美洲等热带亚热带地区，亚洲南部及东南部较多；中国产福建、广东、广西、贵州、云南、江西和湖南。多数种类的茎中纤维丰富，捶打可编草鞋，种子炒熟可食。

Gnomophalium Greuter **垫头鼠麹草属，Asteraceae 菊科。**一年生草本。叶互生。花托平，无苞片；冠毛糙毛状，不联合成环；总苞假盘状，总苞片纸质，透明，加固组织分叉；缘花黄色，细管状，中央花两性，黄色；花药顶端附属物平；花柱分枝顶端截形，被毛。果椭圆形，有短棍棒状毛。1/1 种，**6 型**；分布于北非和亚洲；中国产西藏东南部。

Goldbachia de Candolle **四棱荠属，Brassicaceae 十字花科。**一年生或二年生草本植物。茎分枝。叶倒披针形或长圆状椭圆形；基生叶下部渐狭，上部叶无柄，基部楔形至耳状抱茎。总状花序；花瓣白色或浅粉红色。短角果四棱状椭圆形或长圆状椭圆形，在中部常变细且稍弯曲，常横裂成 2 瓣，或在种子间横裂，裂瓣革质，增厚。种子 2-3 个，每室常仅 1 个成熟。花粉粒 3 沟，中网状纹饰。染色体 2*n*=14，28。7/4 种，**10 型**；分布于亚洲中部和西南部，欧洲东部；中国产西北部。

Gomphandra Wallich ex Lindley **粗丝木属，Stemonuraceae 金檀木科。**乔木或灌木。单叶互生，全缘，无托叶。雌雄异株，花小，排列成腋生、顶生或对叶生的 2-3 歧聚伞花序，雄花序多花，雌花序少花；花萼合成杯状，4-5 裂；花瓣 4-5，合生成短管，镊合状排列。雄花：雄蕊 4-5，下位着生，花丝肉质而阔，长为花药的 2-3 倍，具棒状髯毛，与花冠管分离，顶部内侧稍凹陷，花药内向开裂；花盘垫状，与子房或退化子房融合。雌花：雄蕊不发育或无花粉，子房圆柱状至倒卵形，1 室，胚珠 2 枚，柱头头状至盘状。核果顶部常有宿存的柱头；种子 1，下垂，胚乳肉质。花粉粒 3 或 6 孔沟，瘤状纹饰。约 33/2 种，**5（7d）型**；分布于印度，马来西亚，菲律宾，新几内亚岛至澳大利亚东北部（昆士兰东北）及中国华南和西南地区。

Gomphocarpus R. Brown **钉头果属，Apocynaceae 夹竹桃科。**灌木或半灌木，具乳汁。叶对生或轮生，叶缘常反卷。聚伞花序，顶生或腋生；花萼裂片内面基部有腺体；花冠裂片辐状，裂片在芽期镊合状排列；副花冠兜状，顶端 2 裂齿；花药顶端具膜片；花粉块每室 1 个；子房由 2 枚离生心皮组成，柱头顶端五角状。蓇葖肿胀，外果皮总具软刺。种子长圆形，顶端具白色绢质的种毛。染色体 2*n*=22。约 50/2 种，**6 型**；原产热带非洲；中国引种栽培于南方地区。

Gomphogyne W. Griffith **锥形果属，Cucurbitaceae 葫芦科。**攀援草本。叶鸟足状，具小叶 5-7 枚。花小，雌雄同株，淡绿色；总状花序或圆锥花序；雄蕊 5，花丝短，基部联合，花药近球形，1 室，直立，纵

裂，无退化雌蕊；子房下位，棍棒形或倒圆锥形，1 室，花柱 3，胚珠 3，无退化雄蕊。蒴果陀螺形或近三棱状钟形，具纵肋，顶端截形，顶端开裂，种子 1-3 枚；种子具皱纹及乳突，边缘具齿。花粉粒 3 孔沟，条纹状纹饰。染色体 n=16。2（8）/1 种，**7a/b（14SH）型**；分布于不丹，印度，尼泊尔及中国云南。

Gomphostemma Bentham **锥花属，Lamiaceae 唇形科**。多年生草本或灌木。茎常被星状毛。花大。花萼钟形或狭钟形，倒圆锥状钟形至管形，10 脉，萼齿 5；花冠筒常在中部以上突然扩展或渐膨大成喉部；雄蕊 4，均上升至上唇片之下；花丝扁平，花药成对接近，药室平行，横生；花柱丝状，先端 2 浅裂；花盘杯状；子房 4 裂。小坚果倒卵形，卵形，稀圆球形，有皱纹，核果状，1-4 枚成熟，种脐斜，果皮肉质。花粉粒 3 沟，网状或皱波状纹饰，上覆盖层偶具刺。染色体 2n=34。（36-40）/15（8）种，**7 型**；分布于南亚，东南亚热带雨林地区；中国产云南、广西、广东、江西、福建及台湾。

Gomphrena Linnaeus **千日红属，Amaranthaceae 苋科**。草本或亚灌木。茎形成层成环生长。叶对生，被绒毛。头状花序；花两性；小苞片末端有冠；花被片 5，有长柔毛或无毛；雄蕊 5，花丝基部联合成管状或杯状，具侧裂片，顶端 3 裂，无退化雄蕊，花药 1 室；胚珠 1，柱头 2 或 3，条状或 2 裂。胞果侧扁，果皮不开裂。种子凸镜状，有光泽。花粉粒散孔，网状纹饰。染色体 2n=18，26，38。约 100/2 种，**2-1（3）型**；分布于美洲及太平洋岛屿；中国 1 种产于海南及台湾，1 种引入种植于福建、广西、贵州、河北、陕西、四川、新疆及浙江等。千日红 *G. globosa* Linnaeus 可供观赏及药用。

Gongronema (Endlicher) Decaisne **纤冠藤属，Apocynaceae 夹竹桃科**。木质藤本。叶对生。伞形或总状式聚伞花序，腋生；花萼裂片双盖覆瓦状排列，内面基部有 5 个腺体或缺；花冠常坛状或钟状，花冠裂片卷曲向右覆盖或近镊合状排列，较花冠管长；副花冠裂片鳞片状，着生于合蕊冠的基部，与雄蕊对生；雄蕊着生于花冠管的基部；花药顶端具膜片，与柱头等长或稍长；花粉块每室 1 个；子房由 2 枚离生心皮组成；柱头圆锥形，凸起。蓇葖双生。种子顶端具有白色绢质种毛。约 16/2 种，**6 型**；原产非洲，大洋洲和亚洲热带和亚热带地区；中国引种栽培于西南及华南地区。

Goniolimon Boissier **驼舌草属，Plumbaginaceae 白花丹科**。多年生草本。根端具肥大的茎基。叶基生，呈莲座状。小穗 2-5 花，2 至多个小穗组成穗状花序；萼漏斗状或狭漏斗状，干膜质，具 5 脉，沿脉被毛，5 裂；花冠淡紫红色，由 5 枚基部联合；雄蕊着生于花冠基部；子房长圆形或卵状长圆形，花柱 5，分离，柱头扁头状。蒴果长圆形或卵状长圆形。花粉粒 3 沟，粗网状到颗粒纹饰。染色体 x=8。20/4 种，**12 型**；分布于北非，亚洲，欧洲；中国产新疆，1 种见于黑龙江。

Goniophlebium (Blume) C. B. Presl **棱脉蕨属，Polypodiaceae 水龙骨科**。草本，附生。根状茎长而横走，黑色，常被白粉。叶远生，有长柄，基部以关节着生于叶足上；叶片大，椭圆形，奇数一回羽状，羽片多数，以关节着生于叶轴，披针形或线形；叶脉明显，在侧脉间网结成网眼，具内藏小脉 1 条。孢子囊群圆形，多少陷入于穴孔；孢子椭圆形，具小疣状纹饰。染色体 x=37。约 20/2 种，**5 型**；分布于亚洲热带地区和大洋洲；中国产云南和海南。棱脉蕨 *G. persicifolium* (Desvaux) Beddome、穴果棱脉蕨 *G. subauriculatum* (Blume) C. Presl 可供观赏。

Goniostemma Wight **勐腊藤属，Apocynaceae 夹竹桃科**。藤状灌木。叶对生。圆锥状聚伞花序；花萼裂片双盖覆瓦状排

列，内面基部具有5个小腺体，腺体顶端有2个小齿；花冠裂片向左覆盖，花冠管内面有5枚与花冠裂片对生的鳞片；副花冠着生于合蕊冠背部，顶端短5裂；雄蕊腹部与雌蕊贴生，花丝合生成合蕊冠；花药顶端无膜片；花粉块在每个药室内藏2个，相邻2药室的4个花粉块连接在微小的着粉腺上；子房由2枚离生心皮所组成；柱头顶端短2裂。2/1（1）种，**7型**；分布于印度及中国云南。

G

Goniothalamus (Blume) J. D. Hooker & Thomson **哥纳香属，Annonaceae 番荔枝科。**小乔木或直立灌木。花单生或数朵簇生，腋生或腋外生。花萼裂片3；花瓣6，2轮，每轮3片，外轮较厚，内轮比外轮小，具短爪，彼此黏合成1帽状体而覆盖着雌雄蕊；雄蕊多数；心皮多数，每心皮有胚珠1-10颗，1-2列；柱头顶端全缘或2裂。心皮长椭圆形或卵圆形。松散四合花粉，具沟，穴状纹饰。染色体x=7，8；n=8；2n=16。（130-140）/11（5）种，**7d型**；分布于亚洲热带及亚热带地区；中国产西南、华南至台湾。可药用。

Gonocarpus Thunberg **小二仙草属，Haloragaceae 小二仙草科。**草本或亚灌木，具主根或匍匐茎。叶常在下部对生，上部互生，单叶或深裂。雌雄同株；二歧聚伞花序3-7花，腋生；花2（-4）基数；萼片宿存；花瓣盔状，龙骨状，常具短爪，早落；雄蕊花丝短，花药4室；子房2-4室，柱头2或4。果实光滑，具肋或翅，或瘤状纹饰，具坚固隔膜，木质内果皮。种子（1-）4。花粉（3-）4-5（-6）沟（孔），粗糙、皱波或疣状纹饰。染色体2n=12，14。约35/2种，**2-1（3）型**；分布于东南亚，澳大利亚和新西兰；中国南部广布。

Gonocaryum Miquel **琼榄属，Cardiopteridaceae 心翼果科。**灌木或小乔木。单叶互生，有柄，全缘，革质。花两性或杂性异株，组成1或数个腋生密集、间断的短穗状或总状花序；花萼至少上部3/4分离，萼片5-6；花冠管状，5裂；雄蕊5（在雌花中萎缩）；花丝比花药长3-5倍，贴生于花冠管上，与花瓣互生；子房（在雄花中退化不育）圆锥状，1室，花柱钻形或圆柱形，柱头厚而盾形。核果椭圆形，顶端近截平，外果皮厚，栓皮状海绵质，内果皮薄，木质。花粉粒3孔，网状纹饰。（9-10）/2种，**7型**；分布于南亚和东南亚；中国产云南、海南和台湾。琼榄 *G. lobbianum* (Miers) Kurz 的种子油可供制皂及润滑油。

Gonostegia Turczaninow **糯米团属，Urticaceae 荨麻科。**多年生草本或亚灌木。叶对生或互生，全缘，基出脉3-5；有托叶。团伞花序生于叶腋。雄花：花被片镊合状排列，花蕾顶部截平，呈陀螺形，退化雌蕊极小。雌花：花被管状，有2-4小齿，在果期有数条至12条纵肋，有纵翅，子房卵形，柱头丝形，有密柔毛，脱落。瘦果卵球形，果皮硬壳质，常有光泽。染色体n=13。3/3种，**5（7）型**；分布于亚洲热带和亚热带地区及澳大利亚；中国产西南、华南至秦岭。糯米团 *G. hirta* (Blume ex Hassk.) Miquel 的茎皮纤维可制人造棉；全草可入药或作饲料。

Goodenia Smith **离根香属，Goodeniaceae 草海桐科。**草本。茎直立或披散。叶形多样。花单生叶腋；花萼筒部与子房贴生，5裂；花冠后方开裂过半，裂片前展，具宽翅，后2枚具不对称翅；雄蕊5枚；子房下位，胚珠数颗，花柱2-3分枝，集粉杯浅2裂，柱头片状。蒴果与隔膜平行开裂。种子扁平。花粉粒3孔沟，具小刺。180/1种，**2型**；泛热带分布，主产亚洲东部至东南部，大洋洲；中国产福建、广东、广西和海南。离根香 *G. pilosa* subsp. *chinensis* (Bentham) D. G. Howarth & D. Y. Hong 全草可入药。

Goodeniaceae R. Brown **草海桐科，木兰亚纲/菊目。**草本或灌木。单叶常互生，无托叶。花两性，左右对称，单生或排成总状至圆锥花序；萼管与子房合生，5裂片；花冠合瓣，一边分裂至基部，裂片5；雄蕊5；子房常下位，1-2（-4）室，花柱单生或3裂，柱头顶部扩大成1杯状体。常为蒴果。种子小而扁，胚直，胚乳丰富。花粉粒3孔沟，具小刺。雄蕊先熟，甲虫和蝴蝶传粉。12属，400种，主产大洋洲，少数到其他热带地区海岸；中国2属，3种，产东南部至南部海岸。

Goodyera R. Brown **斑叶兰属，Orchidaceae 兰科**。地生草本。根状茎常伸长。叶互生，上面常具斑纹。萼片离生，中萼片直立，与较狭窄的花瓣黏合呈兜状；花瓣较萼片薄，膜质；唇瓣倒置，围绕蕊柱基部，不裂，无爪，基部凹陷呈囊状，前部渐狭，先端多少向外弯曲，囊内常有毛；花粉团2个，狭长，每个纵裂为2，为具小团块的粒粉质，无花粉团柄，共同具1个大或小的粘盘；蕊喙直立，长或短，2裂；柱头1个，较大，位于蕊喙之下。蒴果直立，无喙。约40/29（13）种，**8-4（3，5）型**；主要分布于东南亚，澳大利亚和大洋洲岛屿，非洲的马达加斯加也有；中国广布。

Gossypium Linnaeus **棉属，Malvaceae 锦葵科**。一年生或多年生亚灌木，偶乔木状。叶掌状分裂，常有紫色斑点。花大，两性，单生于叶腋；副萼3-7枚，有腺点；花萼浅碟状，边全缘或5齿裂；花瓣5；雄蕊柱有多数具花药的花丝；子房上位，3-5室，每室2至多胚珠。蒴果室背开裂。种子球形，密被长绵毛或混生短的纤毛，贴着种皮不易剥离，或无纤毛。花粉粒散孔，具刺。染色体2*n*=26或52。20/4种，**（2）型**；分布于热带和亚热带地区；中国引入栽培。棉花*G. hirsutum* Linnaeus种子的绵毛为纺织工业的主要原料。

Gouania N. J. Jacquin **咀签属，Rhamnaceae 鼠李科**。攀援灌木，有卷须，无刺。叶互生，羽状脉或基生三出脉，托叶早落。花杂性，顶生或腋生聚伞总状或聚伞圆锥花序；花萼5裂，萼筒短；花瓣5，匙形；雄蕊5，为花瓣所抱持；花盘厚，五边形或5裂，包围子房；子房下位，3室，每室具1胚珠，花柱3半裂或深裂。蒴果近球形，两端凹陷，顶端有宿存的花萼，有3个具圆形翅的分核。种子3粒，红褐色，有光泽，胚乳薄。花粉粒3孔沟，网状纹饰。染色体2*n*=48。20/2种，**2型**；分布于热带和亚热带地区；中国产西南和华南。

Grangea Adanson **田基黄属，Asteraceae 菊科**。草本。叶互生。头状花序有异形花，常顶生或与叶对生；花托凸起，半球形或倒圆锥形，无托毛；冠毛缺失；总苞宽钟状，2-3层，草质，稍不等长，内层苞片顶端膜质；外围有1至多层雌花，中央有两性花，全结实，花冠全部管状，雌花线形，外层顶端常2齿裂，内层顶端3-4齿裂，两性花钟状，顶端4-5齿裂。瘦果扁或圆柱形，顶端平截形。9/1种，**6型**；分布于亚洲及非洲；中国产华南及西南。

Graphistemma (Champion ex Bentham) Champion ex Bentham **天星藤属，Apocynaceae 夹竹桃科**。木质藤本，具乳汁。叶对生，常退化呈托叶状。单歧或二歧总状聚伞花序，腋生；花萼裂片双盖覆瓦状排列，内面基部具腺体；花冠近辐状，花冠裂片向右覆盖；副花冠生于合蕊冠上，环状5深裂，裂片侧向外卷；雄蕊生于花冠基部，花丝合生成筒；花药顶端具膜片贴盖着柱头；花粉块每室1个；子房由2枚离生心皮组成；柱头五角状，顶端凸起。蓇葖常单生，披针状，果皮厚。种子有薄边，顶端具白色绢质种毛。1/1种，**7型**；分布于越南及中国华南地区。

Gratiola Linnaeus **水八角属，Plantaginaceae 车前科**。肉质草本。叶对生，全缘或有齿缺。花腋生，单生，小苞片2；萼5深裂；花冠管圆柱形，唇开展，上唇全缘或2裂，下唇3裂；雄蕊2，内藏，花丝丝状，药室分离；退化的雄蕊2，线状或缺；花柱丝状，柱头扩大或2片状；胚

珠多数。蒴果卵状，室背和室间开裂成4裂片，裂片边缘内折。种子多数，种皮表面具条纹和横网纹。花粉粒3，4（拟）孔沟，稀3沟，穿孔纹饰，偶有颗粒。染色体2*n*=16，32。25/3（1）种，**8-4型**；分布于温带和亚热带地区；中国产东北至西南。

Grewia Linnaeus **扁担杆属，Malvaceae 锦葵科。**灌木或乔木，直立或攀援状。叶具基出脉，叶基微歪斜。花两性或单性异株，腋生，簇生或排成伞形花序；花萼5；花瓣5，短于萼片，基部常有鳞片状腺体；具雌雄蕊柄，雄蕊生于短的花托上；子房2-4室，每室2-8胚珠，花柱柱头盾形。核果肉质，常有沟槽，裂为2-4分核。种子间具假隔膜。花粉粒3孔沟，网状纹饰。染色体2*n*=18，26。90/27（13）种，**4型**；分布于东半球热带地区；中国主产西南、西北，东部至东北也有。扁担杆 *G. biloba* D. Don 为观果树种；其枝叶可药用；茎皮纤维可作人造棉；去皮茎秆可作编织用。

Grindelia Willdenow **胶菀属，Asteraceae 菊科。**草本或亚灌木。茎常直立，常有腺点或黏液。叶互生。头状花序排成伞房花序至圆锥花序或单生；冠毛（1）2-8（15），常脱落；总苞常圆球形至半球形或坛形，总苞片多层；舌状花无或多数，花冠黄色或橘黄色，管状花黄色多数。瘦果椭球形至倒卵球形，有时多少具3-4棱，顶端平滑、冠状或具瘤状凸起。染色体*x*=6。约30/1种，**3型**；分布于北美西部及南美，欧洲有引种；见于中国辽宁，已归化。

Grosourdya H. G. Reichenbach **火炬兰属，Orchidaceae 兰科。**附生草本。叶狭长圆形至披针形，先端不等侧2尖裂。花序柄纤细，密被皮刺状的毛，花序轴明显较粗，多少缩短，具少数花；花小，开展；萼片相似，离生；唇瓣以1个活动关节与蕊柱足连接，3裂；侧裂片直立；距宽阔；蕊柱伸长，与柱头基部交成钝角向前弯，具较长的蕊柱足；蕊喙长喙状，2裂；花粉团蜡质，2个，近球形，不裂；粘盘柄楔形或三角状楔形。约10/1种，**7ab型**；分布于东南亚，向北到达越南及中国台湾。

Grossulariaceae de Candolle **茶藨子科，木兰亚纲/虎耳草目。**落叶，稀常绿或半常绿灌木，稀小乔木。小枝具刺或无刺。叶互生，稀簇生，无托叶，叶片掌状分裂，稀全缘。总状，稀伞房或近无柄的伞状花序；花两性，或单性而雌雄异株；花瓣5（4），有时无；雄蕊5（4），常退化或在雌花中具不发育孢粉；子房下位，稀半下位，1室，在雄花中退化或缺失，胚珠多数。多汁浆果，花萼宿存。种子多数。花粉粒5-15孔、5-6带状孔沟或多孔，外壁近乎光滑，具微皱或具刺。染色体2*n*=16，24。1属，150种，分布于北温带高山和高海拔地区及南美洲安第斯山脉；中国1属，59种，产温带地区。

Gueldenstaedtia Fischer **米口袋属，Fabaceae 豆科。**多年生草本，植株呈莲座状。奇数羽状复叶，稀1小叶，托叶分离，于叶柄基部贴生。伞形花序具3-8（-12）朵花；花萼钟状，密被长柔毛，稀无毛，萼齿5，上方2齿分离，较长而宽；旗瓣卵形或近圆形，龙骨瓣钝头，极短小，为旗瓣的1/3-1/2；雄蕊二体；子房无柄，花柱上端内卷。荚果圆筒形，1室，无假隔膜，种子多数。种子三角状肾形。花粉粒3孔沟，棒状纹饰。染色体2*n*=14。约12/3（2）种，**11（14）型**；分布于西伯利亚至中国—喜马拉雅地区；中国除福建、广东、海南、台湾外，广布各省区。少花米口袋 *G. verna* (Geogri) Borissova 全草可药用，可清热解毒。

Guettarda Linnaeus **海岸桐属，Rubiaceae 茜草科。**灌木或乔木。叶常对生，有时3枚丛生或轮生。聚伞花序，花序轴常二叉状或蝎尾状，腋生；花两性、杂性或杂性异株；花冠高脚碟形，裂片4-9，芽时双覆瓦状排列；雄蕊内藏；子房4-9室，每室有胚珠1枚，倒生，柱头近头状或微2

裂，内藏。核果，有木质或骨质的小核；小核具 4-9 个角或槽并具 4-9 室。种子倒垂，种皮膜质。花粉粒 3 孔或孔沟，穿孔状、穴状或网状纹饰。染色体 $2n$=44，88。约 150/1 种，**2（3）型**；分布自非洲东部经印度洋和太平洋至热带美洲地区；中国产广东、海南和台湾。

Guihaia J. Dransfield **石山棕属，Arecaceae 棕榈科**。植株矮，从生，茎短或很短。叶掌状分裂，裂片外向折叠，具单折。雌雄异株，多次开花结实；花序单生于叶腋间。雄花小；雄蕊 6，花丝不形成雄蕊管，但完全贴生于花冠上；雌花与雄花相似，心皮 3，分离，胚珠基部着生。果实仅由 1 心皮发育而成，蓝黑色。种子一侧稍扁平，具侧生种脐和明显的圆形的珠被侵入物；胚乳均匀，胚侧生。2/2 种，**7-4 型**；分布于越南，以及中国广东、广西和云南。

Guizotia Cassini **小葵子属，Asteraceae 菊科**。草本、亚灌木或灌木。叶对生。头状花序辐射状，单生或伞房花序状排列；花托锥形或半球形；无冠毛；总苞钟形或半球形，2 层；全部小花结实，缘花雌性，黄色，中央花两性，黄色，管状，管部筒状，长于管部，5 裂。果略压扁，3-5 棱，无毛。染色体 x=15。6/1 种，**（6b）型**；产非洲；中国南方地区引种栽培并归化。小葵子 *G. abyssinica* (Linnaeus f.) Cassini 作为油料植物广泛栽培。

Gymnaconitum (Stapf) W. Wang & Z. D. Chen **露蕊乌头属，Ranunculaceae 毛茛科**。一年生草本，具直根。单叶掌状全裂，一回裂片细裂。花序总状；花两侧对称；萼片 5，花瓣状，具长爪，上萼片 1，船形，侧萼片 2，近圆形，下萼片 2，狭披针形或椭圆形；花瓣 2，有爪，瓣片的顶部有分泌组织，无距，唇大，扇形，边缘有小齿；退化雄蕊无；雄蕊多数；心皮 6-13，胚珠多数，2 列。蓇葖果有脉网。种子亚球形，密生横狭翅。花粉粒 3 沟。染色体 $2n$=16。1/1 种，**14SH 型**；分布于中国青藏高原地区。

Gymnadenia R. Brown **手参属，Orchidaceae 兰科**。地生草本。块茎 1 或 2 枚，肉质，下部成掌状分裂，裂片细长。茎具 3-6 枚互生的叶。花序顶生；花较小；萼片离生，中萼片凹陷呈舟状；侧萼片反折；花瓣与中萼片多少靠合；唇瓣宽菱形或宽倒卵形，明显 3 裂或几乎不裂，基部凹陷，具距；花药先端钝或微凹，2 室，花粉团 2 个，为具小团块的粒粉质，具花粉团柄和粘盘，粘盘裸露；退化雄蕊 2 个，位于花药基部两侧，近球形。约 10/5（3）种，**10 型**；分布于欧洲与亚洲温带及亚热带山地；中国产西南地区。

Gymnanthera R. Brown **海岛藤属，Apocynaceae 夹竹桃科**。本质藤本，具乳汁。叶对生。聚伞花序，枝顶生或叶腋；花 5 数，花萼裂片双盖覆瓦状排列，内面具有腺体；花冠高脚碟状，花冠管圆筒状，花冠裂片向右覆盖；副花冠肉质，着生于花冠管喉部；雄蕊伸出，花药每室具 2 花粉块；子房由 2 枚离生心皮组成，胚珠多数；柱头盘状，5 棱，顶端 2 裂。蓇葖 2，叉生。种子顶端具白色绢质的种毛。四合花粉，又疏松地结合成花粉块。2/1 种，**5 型**；分布于亚洲南部及东南部和澳大利亚；中国产广东。

Gymnanthes O. Swartz **裸花树属，Euphorbiaceae 大戟科**。灌木至乔木，具白色树汁。叶互生，叶片边缘全缘或稀具锯齿，下面有边缘腺体。雌雄同株或雄花缺如；花序顶生或腋生，伸长的总状花序状的聚伞圆锥花序；雄花 1-3，花梗短但明显，萼片 2，花瓣和花盘缺，雄蕊 3-12，退化雌蕊缺；雌花花梗显著且果期伸长，花瓣和花盘缺，子房 3 室，光滑或由于 3 对芒刺耳边粗糙，每室 1 胚珠，花柱 3，不分叉。蒴果近球形；种子干燥，常不具种阜。约 25/1 种，**2 型**；分布于热带地区；中国产云南南部。

Gymnema R. Brown **匙羹藤属，Apocynaceae 夹竹桃科。**木质藤本或藤状灌木，具乳汁。叶对生。伞状聚伞花序，腋生；花萼裂片内面基部常有 5-10 个腺体；花冠钟状，裂片略向右覆盖或近镊合状排列，与花冠管近等长；花冠管内部具 5 条纵脊，有时更为突出为肉质裂片，在脊两侧或可具毛；副花冠缺失；雄蕊着生于花冠的基部，花丝合生成筒；花药顶端具膜片；花粉块每室 1 个；子房由 2 枚离生心皮组成。蓇葖双生，渐尖，基部膨大。种子顶端具白色绢质种毛。染色体 2*n*=22。约 25/7（4）种，**7 型**；分布于亚洲热带和亚热带地区，非洲南部和大洋洲；中国产西南和南部地区。

Gymnocarpium Newman **羽节蕨属，Cystopteridaceae 冷蕨科。**草本，土生。根状茎细长而横走；叶远生，叶柄基部以上禾秆色；叶片三角状卵形或五角状卵形，单叶或一至三回羽状分离，先端羽裂渐尖；羽片有柄或无柄，以关节着生于叶轴；叶脉分离。孢子囊群大，圆形或长圆形，无囊群盖；孢子圆肾形，表面具皱褶状或网状纹饰。染色体 *x*=40。约 10/5 种，**11 型**；分布于北温带地区和亚洲亚热带高山；中国产西南、华中华北和东北各省区。

Gymnocarpos Forsskål **裸果木属，Caryophyllaceae 石竹科。**亚灌木。茎粗壮，多分枝。叶对生或簇生，叶片线形；托叶膜质，透明。花两性，小型，呈聚伞花序，具苞片；萼片 5，顶端具芒尖，宿存；无花瓣；雄蕊 10，排列 2 轮，外轮 5 枚退化，内轮 5 枚与萼片对生；雌蕊由 3 心皮合生，子房上位，1 室，具 1 胚珠，花柱短，基部连合。果为瘦果，包于宿存萼内。花粉粒散孔，颗粒状纹饰。染色体 2*n*=28。10/1 种，**12 型**；从马卡罗尼西亚至蒙古国，主产东非热带地区；中国产西北部。裸果木 *G. przewalskii* Bunge ex Maximowicz 可固沙。

Gymnocladus Lamarck **肥皂荚属，Fabaceae 豆科。**落叶乔木，无刺。二回偶数羽状复叶。总状或圆锥花序顶生；花绿白色，杂性或雌雄异株；辐射对称；花萼管状，5 裂；花瓣 4 或 5，长圆形，稍长于萼片；雄蕊 10，分离，5 长 5 短，花丝粗，被长柔毛，花药背着，药室纵裂；子房无柄，花柱直，稍粗而扁，胚珠 4-8 颗。荚果无柄，肥厚，近圆柱形，2 瓣裂。种子大，外种皮硬而革质。染色体 2*n*=28。（4-5）/1 种，**9 型**；分布于北美东部及亚洲东部和南部；中国产西南部经中部至东部和南部。肥皂荚 *G. chinensis* Baillon 为肥皂的代用品；果可药用。

Gymnocoronis de Candolle **裸冠菊属，Asteraceae 菊科。**草本，半水生。叶对生。头状花序聚伞状；花托略凸起，具窝孔，窝孔之间具松软组织；无冠毛；总苞片狭长圆形，约 2 层，非覆瓦状排列；花冠狭漏斗状，花冠裂片三角形；花丝顶端略扩大，花药顶端附属物小；花柱分枝顶端狭长卵形。瘦果棱柱状，4-5 肋，肋间具腺体。5/1 种，**（3b）型**；分布于美洲热带和亚热带地区，日本；中国云南、广西、台湾等地归化。

Gymnogrammitis Griffith **雨蕨属，Polypodiaceae 水龙骨科。**草本，附生。根状茎横走。叶远生，螺旋状排列，叶柄基部以关节与明显的叶足着生；叶片卵状三角形，基部近心脏形，三回羽状分裂，末回小羽片深裂，有单一小脉 1 条，不达叶边，叶轴栗褐色；孢子囊群小并无盖；孢子椭圆形，外壁表面具细长的棒状纹饰。1/1 种，**14 型**；分布于东亚和东南亚；中国产西南和华南地区。雨蕨 *G. dareiformis* (Hooker) Ching ex Tardieu & C. Christensen 可供观赏。

Gymnosiphon Blume **腐草属，Burmanniaceae 水玉簪科。**小型腐生无色菌养植物。叶退化呈鳞片状。花被管管状，花被裂片 6，外轮的花被裂片较内轮的大，花后沿雄蕊着生处连同雄蕊、花柱一齐脱落，其余则残留于蒴果上。雄蕊 3，着生于花被

管的喉部或以下，无花丝，药隔无附属物，药室横裂；子房1室，侧膜胎座3，每一胎座的顶部两侧有1个球形腺体，花柱具3分枝，柱头上常有附属物。蒴果纵裂。种子具网纹。花粉粒无萌发孔，外壁光滑。27/1种，**2-2型**；分布于热带亚洲，热带非洲，热带美洲及新几内亚地区；中国产台湾。

Gymnospermium Spach **牡丹草属，Berberidaceae 小檗科**。多年生草本。根状茎块根状；地上茎直立，不分枝。1叶生茎顶，一回三出或二至三回羽状三出复叶，裂片薄质。总状花序顶生，单一。花黄色；萼片6，花瓣状；花瓣6，蜜腺状；雄蕊6，分离，与花瓣对生，2瓣开裂；雌蕊单生，子房1室，胚珠2-4枚，基底着生。蒴果，瓣裂。种子2-4枚，具薄假种皮。花粉粒3沟，网状纹饰。染色体 $2n$=16。(6-8) /3种，**10-1型**；分布于北温带；中国产东北、西北和华东。牡丹草 *G. microrrhynchum* (S. Moore) Takhtajan 可作饲料。

Gymnosphaera Blume **黑桫椤属，Cyatheaceae 桫椤科**。大型陆生乔木或灌木，茎干直立。叶大，一型；叶柄粗壮，乌木色或棕色；叶片常为二回羽状，大多革质，叶轴与叶柄同色；叶脉分离，小脉单一。孢子囊群圆形，无囊群盖，具隔丝；孢子囊梨形，外壁光滑。染色体 x=23。约30/7种，**7型**；分布于亚洲热带和亚热带地区；中国产西南和华南地区。树形美观，园艺观赏价值极高。均为国家重点保护野生植物。

Gymnosporia (Wight & Arnott) J. D. Hooker **裸实属，Celastraceae 卫矛科**。灌木或小乔木；小枝常刺状。叶互生（刺上对生）或簇生。花单性，稀两性，单生或聚伞花序簇生于刺枝叶腋；花部5（6）数；花盘环状肉质，4-5裂；雄蕊着生于花盘周围；子房基部与花盘融合，2-4室，每室2-3胚珠。蒴果卵球形或近球形，革质，背缝开裂；种子1-4，椭球体，假种皮不包或包裹种子。花粉粒3孔沟，网状纹饰。染色体 $2n$=20，24，36，56。80/11（7）种，**（4）型**；分布于新旧世界的热带和亚热带，主产亚洲和非洲的热带；中国产南部、西南部及福建、海南、台湾沿海地区。

Gymnostachyum Nees **裸柱草属，Acanthaceae 爵床科**。多年生草本或亚灌木；具钟乳体。叶对生，具羽状脉。总状花序、穗状花序或聚伞圆锥花序顶生；苞片及小苞片短于花萼。花萼5深裂至近基部；花冠二唇形，上唇2齿裂，下唇3裂；雄蕊2，内藏，花药2室，药室平行，1或2室基部具短芒状附属物；无退化雄蕊；子房2室，每室3至多数胚珠，具珠柄钩。蒴果棒状，开裂时胎座不从基部弹起。种子多数，具吸湿性白色短柔毛。花粉粒3孔沟，网状纹饰。染色体 $2n$=56。30/4（2）种，**7ab型**；分布于亚洲热带地区；中国产广西和云南。

Gymnotheca Decaisne **裸蒴属，Saururaceae 三白草科**。多年生匍匐草本，无毛，具根状茎。茎具沟槽。叶柄与叶片近等长；托叶膜质，与叶柄基部边缘合生成鞘，先端游离；叶纸质，全缘或具不明显圆齿，基部心形，先端急尖；基出脉5-7。总状花序与叶对生。花小，白色；雄蕊常6，短于花柱，花丝与花药近等长，花药长圆形，纵裂。雌蕊由（2-3）4个心皮合生而成，子房半下位，1室，侧膜胎座4，每胎座具9-13胚珠，花柱4，线形，外弯。蒴果纺锤形，顶端开裂。花粉近球形至长球形，远极单沟，具穴状至皱穴状纹饰。染色体 x=9；$2n$=18。2/2（1）种，**15型**；分布于越南北部，以及中国中部、西南部。

Gynandropsis de Candolle **羊角菜属，Cleomaceae 白花菜科**。多为一年生草本。叶螺旋排列，互生；叶柄基部或顶端膨大为叶枕；掌状复叶，小叶3或5，小叶柄基部合生成枕状盘。总状花序；花萼4，每个萼片基部具1蜜腺；花冠4；雄蕊6，

花丝与雌蕊柄下部合生为明显的雌雄蕊柄。蒴果，无假种皮；雌雄蕊柄上残留花丝和萼片脱落后的痕迹。花粉粒3孔沟，条纹网状纹饰。2/1 种，**2 型**；泛热带和暖温带分布；中国1种，产于华东、华南、西南和华中等省。羊角菜 *G. gynandra* (Linnaeus) Briquet 可供观赏、食用和药用。

Gynocardia Roxburgh **马蛋果属，Achariaceae 钟花科**。乔木。单叶，全缘，有短柄。花序呈簇生状，生于枝干上或叶腋；花单性，雌雄异株；花萼杯状，近截形，有5齿或3-5裂；花瓣5，联合，有1个鳞片，彼此对生；雄花的雄蕊多数，花药线形，底着药；雌花退化雄蕊10-15；子房有侧膜胎座5，胚珠多数。浆果大，近球形。种子多数，倒卵形，种皮厚而脆，胚乳油质和肉质；子叶扁平。1/1 种，**7-2 型**；分布于印度锡金，缅甸，以及中国云南、西藏。蜜源植物；种子含油。

Gynostemma Blume **绞股蓝属，Cucurbitaceae 葫芦科**。攀援草本。复叶，鸟足状，具3-9小叶，稀单叶，卷须2歧。雌雄异株，圆锥花序。雄花：花萼5，花冠5深裂，雄蕊5，花丝合生成柱，药室直立。雌花：花萼与花冠同雄花，具退化雄蕊，花柱3，稀2，分离，柱头2。浆果，不开裂，或蒴果，顶端3裂，顶部具鳞脐状凸起或3枚冠状物；种子阔卵形、压扁，具乳突状凸起或具小凸刺。花粉粒3孔沟，条纹状纹饰。染色体 n=11。约 17/14（9）种，**7ab（14）型**；分布于热带亚洲至东亚；中国产陕西南部和长江以南，以西南地区最多。绞股蓝 *G. pentaphyllum* (Thunberg) Makino 含有与人参皂苷相似的达玛烷型皂苷，有抗肿瘤、抗衰老等作用。

Gynura Cassini **菊三七属，Asteraceae 菊科。草本**。叶互生。头状花序盘状；花托平，有窝孔或短流苏状；冠毛白色绢毛状；总苞钟状或圆柱形，基部有多数小苞片；小花两性，结实，管状；花药基部全缘或近具小耳；花柱被乳头状微毛。果圆柱形，具10条肋。染色体 2n=20，40，52。44/10（1）种，**4 型**；分布于非洲，亚洲，大洋洲；中国产南部、西南部及东南部。菊三七 *G. japonica* (Thunberg) Juel 为常用中药；白子菜 *G. divaricata* (Linnaeus) de Candolle、红凤菜 *G. bicolor* (Roxburgh ex Willdenow) de Candolle 广泛栽培，可入药或作蔬菜。

Gypsophila Linnaeus **石头花属，Caryophyllaceae 石竹科**。草本。茎直立或铺散，有时被白粉。叶对生。花两性，小型，成疏散或头状的聚伞花序；苞片干膜质，少数叶状；花萼钟形或漏斗状，5脉，脉间白色，5齿裂；花瓣5，长于花萼，顶端圆、平截或微凹；雄蕊10；子房1室，胚珠多数，花柱2。蒴果球形或卵球形，4瓣裂。种子数颗，扁圆肾形。花粉粒散孔，穿孔状-颗粒纹饰。染色体 2n=24，26，28，30，34，36，48，68。150/17（4）种，**12-2 型**；主要分布于欧亚大陆温带地区，少数到非洲东北部，大洋洲与北美；中国见于东北、华北和西北地区。

Gyrocheilos W. T. Wang **圆唇苣苔属，Gesneriaceae 苦苣苔科**。草本，具根状茎。叶基生。花萼宽钟状，5裂至基部或2-5深裂；花冠粗筒状，檐部二唇形，上唇半圆形，不分裂，下唇3深裂；下（前）方2雄蕊能育，花丝不膝状弯曲，花药宽椭圆球形；退化雄蕊2；花盘环状；雌蕊自花冠口伸出甚高，子房线形，侧膜胎座2，柱头头状。蒴果线形或披针状线形，室背开裂为2瓣。种子小，扁，纺锤形。花粉粒3拟孔沟，穿孔状纹饰。约 4/4（4）种，**15 型**；特产中国广西和广东西部。

Gyrogyne W. T. Wang **圆果苣苔属，Gesneriaceae 苦苣苔科**。草本，具根状茎。茎直立。叶对生，每1对叶稍不相等。聚伞花序顶生。花萼斜宽钟状；花冠白色，筒短而粗，基部囊状，檐部二唇形，稍短于筒，上唇2深裂，下唇比上唇长约2倍；

雄蕊4，分生，内藏，钻形，药隔顶端突出成小尖头；退化雄蕊1；花盘环状；雌蕊与花冠筒近等长，子房扁球形，侧膜胎座2，柱头扁球形。花粉粒3拟孔沟，皱波状纹饰。染色体 $2n$=34，68。1/1（1）种，**15型**；特产中国广西西部。

Habenaria **Willdenow 玉凤花属，Orchidaceae 兰科**。地生草本。块茎肉质，椭圆形或长圆形。茎直立。花序具少数或多数花；中萼片常与花瓣靠合呈兜状；唇瓣一般3裂，基部常有长或短的距，有时为囊状或无距；花粉团2个，粒粉质，常具长的花粉团柄，柄的末端具粘盘；粘盘裸露，较小；柱头2个，分离，凸出或延长，成为“柱头枝”，位于蕊柱前方基部；蕊喙有臂，厚而大，臂伸长的沟与药室伸长的沟相互靠合呈管围抱着花粉团柄。染色体 $2n$=28-168。（600-800）/54（19）种，**1型**；分布于热带，亚热带至温带地区；中国主产长江流域及其以南，以西南部，特别是横断山脉地区为多。

Hackelia Opiz ex Bercht **假鹤虱属，Boraginaceae 紫草科**。草本，被糙毛或柔毛。叶基生及茎生，茎生叶互生。镰状聚伞花序顶生，或呈圆锥状。花具梗；花萼5裂近基部，裂片果时增大，常反折；花冠钟状或筒状，冠檐具5裂片，开展；雄蕊生于花冠筒，内藏；雌蕊基矮塔形。小坚果背腹扁，背面盘状，边缘具扁平锚状刺；果柄反折。花粉粒6异沟，外壁光滑。染色体 n=12。约47/4种，**14SH型**；分布于北半球温带，中美洲及南美洲；中国产新疆、云南、西藏、四川、甘肃、黑龙江、吉林、河北。

Hackelochloa Kuntze **球穗草属，Poaceae 禾本科**。一年生草本。总状花序较短小，串珠形；小穗孪生，序轴易逐节脱落；无柄小穗几呈球形，两性，第一颖革质，背面具蜂窝状浅穴，腹面具半圆形的凹口，第二颖厚纸质，紧贴于序轴节间，而一同嵌入第一颖腹面的凹口中，内、外稃均为透明膜质，无脉；有柄小穗卵形，雄性或中性，颖厚纸质。染色体 x=7。2/2种，**2（7-1）型**；热带地区均有分布；中国产东南部至西南部。球穗草 *H. granularis* (Linnaeus) Kuntze 可作饲料。

Haematoxylum Linnaeus **采木属，Fabaceae 豆科**。无刺乔木或灌木。一回或二回羽状复叶，小叶倒心形至倒卵形，托叶刺状。花小，黄色，组成腋生、短而稀疏的总状花序；萼5裂；花瓣5，长圆形，不相等；雄蕊10枚，离生，花丝基部被毛，花药同型，药室纵裂；子房具短柄，胚珠2-3颗。荚果膜质，扁平，长圆形或披针形，在果瓣中部而非沿缝线开裂。种子横生，长圆形，无胚乳。3/1种，**（2-2）型**；分布于非洲纳米比亚，美洲热带地区及西印度群岛；中国引种栽培于云南、广东和台湾。采木 *H. campechianum* Linnaeus 的木材和花可提取染料苏木精。

Hainanecio Y. Liu & Q. E. Yang **海南菊属，Asteraceae 菊科**。多年生草本。叶莲座状，羽状脉。头状花序辐射状，顶生；无冠毛；总苞半球形，总苞片13；缘花白色，13，假舌状，常具2齿，中央花多数，白色；花药顶端附片卵形，基部钝圆，药室内壁组织细胞壁增厚，两极或辐射花排列，花丝颈部圆柱状；花柱分枝截形。果倒卵球形。花粉粒3孔。染色体 $2n$=58。1/1（1）种，**15型**；产中国海南。

Haldina Ridsdale **心叶木属，Rubiaceae 茜草科**。大乔木。叶对生。每节1或2（-5）个单生的头状花序，腋生，托叶苞片状；花5基数；花冠高脚碟状，裂片镊合状排列，但在顶部覆瓦状；雄蕊着生于花冠管的上部，伸出；子房2室，胎座位于隔膜上部1/3处，胚珠多数，柱头伸出。蒴果，先室间再室背开裂成4果爿，萼裂片宿存。种子卵圆形，两侧略压扁，具短翅。花粉粒3孔沟，细网状纹饰。染色体 $2n$=44。1/1种，**7-1型**；分布于印度，缅甸，尼泊尔，斯里兰卡，泰国，越南及中国西

南地区。

Halenia Borkhausen **花锚属，Gentianaceae 龙胆科**。草本。茎直立，常分枝或单一不分枝。叶全缘。花4数；花萼深裂，萼筒短；花冠钟形，深裂，裂片基部有窝孔并延伸成1长距，距内有蜜腺；雄蕊着生于冠筒上，与裂片互生；子房1室，胚珠多数。种子多数，常褐色。花粉粒3孔沟，网状纹饰。100/2 种，**8-4（3）型**；主要分布于北美和南美，少数至亚洲及欧洲东部；中国西南、西北、华北和东北地区均产。花锚 *H. corniculata* (Linnaeus) Cornaz 是药材。

Halerpestes E. L. Greene **碱毛茛属，Ranunculaceae 毛茛科**。多年生草本。匍匐茎节处生根和簇生叶。单叶基生。花葶单一或上部分枝；单花顶生，辐射对称；萼片绿色，5，脱落；花瓣黄色，5-12，基部有爪，蜜槽位于爪的上端；雄蕊多数，花丝细长；心皮多数，胚珠1。聚合果球形至长圆形；瘦果多数，斜倒卵形，两侧扁或稍鼓起，有3-5（-7）条分歧的纵肋，边缘有窄棱，果皮薄，无厚壁组织，喙短。花粉粒3沟。染色体 $2n$=16，32，48。约10/5（1）种，**8-4 型**；分布于温寒地带和热带高山地区；中国产西藏、四川、西北、华北和东北。

Halesia Ellia ex Linnaeus 银钟花属，**Styracaceae 安息香科**。落叶灌木或乔木，多少被星状柔毛。总状花序或丛生花束；萼4裂；花冠4深裂；雄蕊8，花丝基部合生；子房下位，2-4室，每室有胚珠4枚；核果，有纵翅2-4条，顶冠有宿存的花柱和萼齿。花粉粒3孔沟，穴状或脑纹状纹饰，具颗粒。染色体 $2n=3x$=24。（4-5）/1（1）种，**9 型**；分布于美国；中国产浙江、福建、广东、广西。

Halimocnemis C. A. Meyer **盐蓬属，Amaranthaceae 苋科**。草本。叶互生。花两性，单生，具小苞片；花被片4或5，有毛或稀无毛；花盘全缘；雄蕊4或5数，花丝丝状，花药矩圆形，基部分离，顶端具囊状附属物；子房卵形，两侧扁，花柱细长，柱头2。胞果卵状至球形，果皮膜质，与种子离生。种子直立，球形，两侧扁，种皮稍肉质；胚平面螺旋状，无胚乳。花粉粒长球形，具散孔。约12/3 种，**12 型**；分布于黑海，里海地区至中亚；中国产新疆。

Halimodendron Fischer ex de Candolle **铃铛刺属，Fabaceae 豆科**。落叶灌木。偶数羽状复叶，叶轴在小叶脱落后延伸并硬化成针刺状，托叶宿存并为针刺状。总状花序生于短枝上；花萼钟状，基部偏斜；花冠淡紫色至紫红色；旗瓣圆形，边缘微卷，翼瓣的瓣柄与耳儿等长，龙骨瓣近半圆形，先端钝；雄蕊二体（9+1）；子房膨大，有长柄，花柱向内弯，柱头小。荚果膨胀，果瓣较厚。染色体 n=8。1/1 种，**12 型**；分布于蒙古国，俄罗斯，以及中国甘肃、新疆和内蒙古。可固沙和改良盐碱土。

Halocnemum Marschall von Bieberstein **盐节木属，Amaranthaceae 苋科**。半灌木，多分枝。小枝对生，具关节。叶鳞片状，不发育，对生。穗状花序，无柄；苞片盾状，对生；无小苞片。花两性，腋生，每2（或3）朵花生于1个苞片内。花被3裂；雄蕊1；子房卵形，稍扁，具倒生胚珠，柱头2，钻状，具乳头状小凸起。果实为胞果。种子直立；胚半环形，具胚乳。花粉粒散孔，颗粒状纹饰。染色体 $2n$=18。1/1 种，**12 型**；分布于非洲北部，亚洲和欧洲南部；中国产甘肃西北部、新疆。

Halodule Endlicher **二药藻属，Cymodoceaceae 丝粉藻科**。海生沉水草本，根状茎单轴分枝，节生数条须根。直立茎短，基部有2枚鳞片，茎上着生叶1-4，互生，扁平，线形，全缘或尖端具齿，具3平行叶脉。雌雄异株，花单生茎顶或侧枝顶端，幼时常藏于叶内。雄花具梗，雄蕊2，无花丝，花药2室，外向纵裂。雌花无梗，心皮2，离生，花柱不裂。果实侧扁，椭

圆形，外果皮骨质，具喙。花粉丝状，无萌发孔，外壁近于无。染色体 $2n$=16，44。6/2 种，**2 型**；广布热带海域；中国产海南和台湾。

Halogeton C. A. Meyer **盐生草属，Amaranchaceae 苋科**。一年生草本。茎直立，无毛或蛛丝状毛。叶互生，无柄，圆柱状，肉质，基部膨大，顶端钝或具刺毛。花两性或兼有雌性，簇生于苞腋；小苞片 2；花被片 5，果时自背面的近顶部横生膜质翅；雄蕊 2-5，花药椭圆无附属物；子房卵形，柱头 2。胞果。种子圆形，种皮膜质或拟革质；胚螺旋状，无胚乳。花粉粒具散孔，孔膜和孔间具小刺，穿孔状-颗粒纹饰。虫媒传粉为主。染色体 $2n$=18。约 3/2 种，**12 型**；分布于中亚和西亚，南欧和北非；中国产西北、华北和西藏。

Halopeplis Bunge ex Ungern-Sternberg **盐千屈菜属，Amaranchaceae 苋科**。一年生或多年生草本。茎多分枝，枝互生。叶轮生，基部叶有时互生，肉质，卵形或近球形。穗状花序；花两性，腋生；每苞片内具 3 朵花。苞片鳞片状，螺旋状排列；花被合生，两侧扁，顶端具 3 小齿；雄蕊 1-2。胞果。种子卵形或球形，无毛或密生小凸起。胚半圆形，具胚乳。花粉粒具散孔，孔膜和孔间具小刺。风媒传粉为主。染色体 $2n$=18。约 3/1 种，**12-1 型**；分布于北非，中亚，亚洲西南部和欧洲南部；中国产新疆。

Halophila Thouars **喜盐草属，Hydrocharitaceae 水鳖科**。海生沉水草本。具茎匍匐，节生须根并具鳞片 2 枚。叶常对生，有柄，叶片线形、披针形或椭圆形。花单性，雌雄同株或异株；佛焰苞由 2 枚膜质苞片组成，无梗，常含 1 朵花。雄花具柄；花被片 3；雄蕊 3，无花丝，花药 2-4 室。雌花无柄或近无柄；子房 1 室，顶端伸长成喙，上面生有 3 枚极小的退化花被片；胚珠 2 至多数，花柱（2 或）3-5，丝状。果实顶端具喙，果皮膜质。种子少到多数，球形或近球形。花粉粒无萌发孔，外壁近于无。染色体 $2n$=18。9/4 种，**2 型**；分布于印度洋和西太平洋沿岸；中国产南部沿海。

Haloragaceae R. Brown **小二仙草科，木兰亚纲/虎耳草目**。小乔木、灌木、亚灌木或草本。单叶对生、互生或轮生，无托叶。雌雄同株或异株；聚伞圆锥或总状花序；花两性或单性同株，上位，4（-2）基数；萼片宿存，稀无；花瓣有或稀无；花药 4 室；雌蕊 4（-2）心皮，花柱分离，子房 4（-2）室。坚果或双悬果。花粉粒 4-6（-20）沟或孔。染色体 $2n$=12，14，21，24，28，36，42。8-10 属，120 种。全球广布，南半球尤盛；中国 2 属，13 种，南部地区广布。

Halostachys C. A. Meyer ex Schrenk **盐穗木属，Amaranchaceae 苋科**。灌木。茎直立，多分枝，枝对生，小枝肉质，具密乳头状凸起。叶互生，发育不完全，鳞状。穗状花序，互生；苞片互生鳞状，无小苞片。花两性，腋生，每苞片内生 3 朵花。花被片 3 浅裂，裂片内弯；雄蕊 1；子房扁卵形，柱头 2。胞果。种子扁卵形；胚半圆形，具胚乳。花粉粒散孔，孔膜和孔间具小刺，穿孔状-颗粒纹饰。风媒传粉。染色体 x=8，$2n$=72。约 1/1 种，**12 型**；分布于亚洲和欧洲东南部；中国产新疆和甘肃。

Halothamnus Jaubert & Spach **新疆藜属，Amaranchaceae 苋科**。草本或半灌木。茎直立，多分枝。叶互生，半圆柱形或条形。花两性，穗状花序，腋生，小苞片 2。花被 5 深裂，果时自背面中部横生膜质的翅，在翅以下部分增大，木质化，具 5 棱；雄蕊 5，花药无附属物；子房球形，顶基扁，柱头 2。胞果。种子横生。胚螺旋状。花粉粒具散孔，孔膜和孔间具小刺。风媒传粉为主。染色体 x=6，$2n$=54。约 6/1 种，**12 型**；分布于中亚和亚洲西南部地区延伸至蒙古国及中国新疆。

Haloxylon Bunge **梭梭属，Amaranchaceae 苋科。**灌木或小乔木。茎直立，多分枝，具关节。叶对生，退化成鳞片状，或几无叶，基部合生，先端钝或具短芒尖。花单生于叶腋，两性。小苞片 2；花被片 5，果时背部上方具横翅状附属物；雄蕊 5，花药椭圆，无附属物；柱头 2-5。胞果。种子横生，胚绿色，螺旋状，无胚乳。花粉粒散孔，穿孔状-颗粒纹饰。虫媒、风媒为主。染色体 2*n*=18。约 11/2 种，**12 型**；分布于地中海至中亚地区；中国主产西北部。

H

Hamamelidaceae R. Brown **金缕梅科，木兰亚纲/虎耳草目。**灌木或乔木，被星状毛。叶互生，全缘至有锯齿，羽状脉或掌状脉。花序常穗状、总状或头状；花两性或单性，雄全同株，或雌雄同株；花瓣无或 4-5；雄蕊 4 或 5，或多数；子房半下位至下位。果实为木质或革质蒴果。花粉粒 3 沟，或 3 孔沟，稀为 4，网状纹饰。染色体 2*n*=16，24，30，32。27 属，106 种，分布于热带至温带，东亚至澳大利亚尤盛；中国 15 属，61 种，各省区广布，南部地区尤盛。

Hamamelis Linnaeus **金缕梅属，Hamamelidaceae 金缕梅科。**落叶灌木或小乔木。叶不对称，全缘或具波状锯齿，羽状脉，2 基部侧脉常具三级脉。头状或短穗状花序，3-4 花；花两性；萼片 4；花瓣 4；雄蕊 4，花药 1 室；退化雄蕊 4，鳞片状；子房半下位，每室 1 枚胚珠。蒴果木质。花粉粒 3 沟，网状纹饰。染色体 2*n*=24。6/1（1）种，**9 型**；分布于东亚和北美东部；中国南部广布。金缕梅 *H. mollis* Olive 栽培可作为园艺观赏。

Hamelia Jacquin **长隔木属，Rubiaceae 茜草科。**灌木或草本。叶对生或 3-4 片轮生；托叶多裂或刚毛状。二或三歧聚伞花序，分枝蝎尾状，顶生；花两性，单型，5 基数；萼裂片宿存；花冠管具 5 纵棱；雄蕊内藏或伸出，花药药隔顶端有附属体；子房 5 室，胚珠多数；柱头稍扭曲。浆果小，冠以肿胀的花盘，5 裂；种子不规则，种皮膜质，有网纹。花粉粒 3 孔。染色体 2*n*=24。约 16/1 种，**（3）型**；分布于美洲中部地区；中国华南地区引种栽培。希茉莉 *H. patens* Jacquin 可作园林绿化。

Hancea Seemann **粗毛野桐属，Euphorbiaceae 大戟科。**灌木或乔木，毛被为单毛，或为具腺尖的毛，或星状鳞片。叶互生或多为对生，叶片单个，基部无腺体，全缘，羽状叶脉或掌状三出脉。雌雄同株或雌雄异株；花序顶生或腋生；雄花：萼片 2-4，镊合状，花瓣缺，花盘缺，花药 2 室，外向，退化雌蕊缺；雌花：萼片（3 或）4-6（或 7）覆瓦状或镊合状，花瓣缺，花盘缺，子房 3 室，每室 1 胚珠，花柱短。果实为蒴果，具刺，刺有时具腺尖；种子球形，具 3 棱，无假种皮。约 17/1 种，**6 型**；分布于马达加斯加，马斯克林群岛，马来西亚，印度尼西亚到新几内亚，以及中国广东、广西和海南。

Hanceola Kudô **四轮香属，Lamiaceae 唇形科。**一年生或多年生草本，后者具匍匐根茎。叶基部常楔状下延成具翅的柄，具齿。轮伞花序 2-6 花；花萼 5 齿，先端均尾尖。冠筒伸出花萼，向上渐宽大，冠檐偏向二唇形，上唇 2 裂，下唇 3 裂；雄蕊 4，在冠筒中部以上着生，花丝扁平，花药卵圆形，2 室，室极叉开，其后汇合；花柱与雄蕊等长或略长；花盘前方呈指状膨大，其长度超过子房。小坚果长圆形，先端浑圆，基部有 1 白痕。花粉粒 6 沟。8/8（8）种，**15 型**；产中国长江以南各省区。

Hancockia Rolfe **滇兰属，Orchidaceae 兰科。**地生草本，具假鳞茎。假鳞茎肉质，多少貌似叶柄，疏生于根状茎上，圆柱形，顶生 1 枚叶。叶具关节。花葶顶生单朵花；萼片和花瓣相似；唇瓣基部贴生于蕊柱中部以下两侧的蕊柱翅上而形成长距；距圆筒状；蕊柱顶端扩大，基部无蕊柱足，具翅；花粉团 8 个，蜡质，稍压扁，每 4 个为 1 群，附着于 1 个黏质物上。1/1 种，

14SJ 型；分布于从热带喜马拉雅经中国西南到缅甸，泰国，老挝，越南，日本；中国产华南和西南地区。

Handelia Heimerl **天山蓍属，Asteraceae 菊科**。多年生草本。茎下部密被绵毛，上部无毛。头状花序同型，集成伞房花序；花托强烈凸起，蜂窝状，托片干膜质，狭矩圆形或倒披针形；总苞片 3 层，矩圆形，边缘宽膜质；全部小花两性，管状，黄色，倒圆锥形。果楔形，背面圆，腹面有 5 条不明显的小肋，顶端斜截形，有极短的白色膜质的齿状冠状边缘。染色体 x=9。1/1 种，**13 型**；产阿富汗，哈萨克斯坦，巴基斯坦，乌兹别克斯坦及中国新疆。

Handeliodendron Rehder **掌叶木属，Sapindaceae 无患子科**。乔木。叶对生，指状复叶。花两性；萼片 5，明显，覆瓦状排列；花瓣 4，有时 5，具爪，有 2 鳞片位于爪上方，花盘偏于一侧，不规则分裂；雄蕊（7）8，花丝不等长，药室基部有小腺体；子房具长柄，纺锤形，3 室，每室有胚珠 2 颗。蒴果棒状或近梨状，成熟时室背开裂为 3 果瓣，果皮厚革质；种子有 2 重假种皮。花粉粒 3 孔沟，条状纹饰加厚。染色体 n=40。1/1（1）种，**15 型**；分布于中国广西和贵州。掌叶木 *H. bodinieri* (Léveillé) Rehder 的种子富含油脂；也是优良的园林树种。

Hapaline Schott **细柄芋属，Araceae 天南星科**。纤弱矮小草本。块茎小。叶和花序同时出现，叶片长，心状箭形。花序柄常比叶柄长；佛焰苞狭窄，管部短，席卷；檐部线状披针形，比管长，反折；肉穗花序纤细，下部雌花序紧贴于佛焰苞上；雄花序与雌花序以不育花序相间，花密；花单性，无花被；雄蕊 3；子房 1 室，花柱短，柱头扁圆形，胚珠单生，倒生，珠孔朝向基底。花粉粒无萌发孔，刺状纹饰。6/1（1）种，**7 型**；分布于亚洲东南部；中国产云南。

Haplophyllum A. Jussieu **拟芸香属，Rutaceae 芸香科**。草本或灌木；茎基木质，具油点。单叶互生，叶全缘。聚伞花序顶生，稀单花顶生，花两性；萼片 5，基部合生；花瓣 5；雄蕊 10 或 8，花丝中部以下增宽，被疏长毛，药隔顶端有 1 油点；子房 5-2 心皮，常 2-4 室，每室 2 胚珠。蓇葖果，成熟果裂为 2-5 个分果瓣，每瓣种子 2；种子肾形或马蹄铁形，具网状纹。花粉粒扁长-球形至近长球形，少数为扁球形，3 孔沟，条纹-网状纹饰。染色体 2n=18。约 65/3（1）种，**12 型**；分布于非洲北部，亚洲及欧洲南部；中国产西北及东北的西部。北芸香 *H. dauricum* (Linnaeus) G. Don 可饲用家畜。

Haplopteris C. B. Presl **书带蕨属，Pteridaceae 凤尾蕨科**。禾草型附生植物。根状茎横走或近直立。叶近生，单叶；叶片狭线形，全缘；叶脉中脉明显或几无侧脉，侧脉羽状，单一，形成 1 列狭长的网眼，无内藏小脉。孢子囊群为线形的汇生囊群，无盖，着生于叶中肋两侧各 1 条或每叶片 1 枚，有隔丝；孢子长椭圆形或椭圆形，具不明显的颗粒状纹饰。染色体 x=15。约 40/15 种，**7 型**；主要分布于亚洲热带和亚热带；中国产长江以南各省区。书带蕨 *H. flexuosa* (Fée) E. H. Crane 全草可入药。

Haplosphaera Koch **单球芹属，Apiaceae 伞形科**。草本。茎直立。基生叶具长柄，叶鞘膜质；叶片三回羽裂；花序顶生或侧生，伞形花序花密集近球形，总苞片数个，线状披针形，全缘；萼齿细小、三角形；花瓣深褐色或紫褐色，卵形，尖端锐；花柱基压扁。分生果椭圆形至长圆形，背腹稍压扁，果棱显著、狭翅状，每棱槽油管 1-3，合生面油管 3-6。2/2（1）种，**14 型**；分布于不丹，印度，以及中国西藏、青海、云南、四川。

Haplospondias Kostermans **单叶槟榔青属，Anacardiaceae 漆树科**。中等乔木。叶具柄，单生轮生，全缘。圆锥花序顶生。花 4 或 5 数，两性；花萼为具微小牙状结构

的浅杯状；花冠有瓣，成熟时翻转；具花梗；雄蕊2轮，数量10；花丝无毛，背着药；花盘无毛浅杯状，有10个浅裂；心皮具1，柱头长，由花柱延伸至2裂。1/1种，分布于缅甸和中国云南南部。

Haraella Kudô **香兰属，Orchidaceae 兰科。**附生草本。茎短。叶扁平，常镰刀状倒披针形，先端钝并且稍钩转。花序从叶腋长出，常2-3个；花中等大；唇瓣比萼片和花瓣大，中部缢缩而形成近等大的前后唇；后唇不为距囊状或盆状，基部具1个指向后方的三角形肉质胼胝体；前唇近圆形，边缘不整齐，上面被毛；蕊柱无蕊柱足；蕊喙2尖裂；花粉团蜡质，2个，球形，每个具1个孔隙；粘盘柄线形，粘盘近马鞍形。1/1（1）种，**15型**；特产中国台湾。

Harpachne A. Richard **镰稃草属，Poaceae 禾本科。**多年生密丛禾草。总状花序顶生，瓶刷状；小穗柄纤细，开展或悬垂，基部尖而常弯曲，且自该处断落；小穗含少数至多个小花，两侧压扁，上部1-2小花常不育；颖不等长，常第一颖较短，具1脉，脊上稍粗糙；外稃有脊，先端急尖至长渐尖，内稃浅囊状，背部内曲呈镰刀状，有脊，脊上有翼。颖果两侧压扁，斜椭圆形。约3/1（1）种，**6型**；分布于热带非洲及中国四川和云南。

Harpullia Roxburgh **假山萝属，Sapindaceae 无患子科。**灌木或乔木，密被星状毛。偶数羽状复叶，互生，无托叶，叶柄与叶轴具翅或无。聚伞圆锥花序复总状或总状腋生；花两性或单性，辐射对称；萼片5，覆瓦状排列；花瓣5，具爪，内面有2个耳状小鳞片；花盘环形；雄蕊5-8；子房（雌花）两侧扁，2（3-4）室，花柱短或长而旋扭。蒴果常两侧扁，2（3-4）室，果皮纸质或脆壳质；种皮薄壳质，有光泽，有白色或橙色肉质假种皮；胚弯拱，子叶厚叠生。花粉粒3孔沟，条纹状、条纹-皱波状、皱波状、网状或条网状纹饰。染色体2*n*=30。26/1种，**5（7）型**；分布于印度，斯里兰卡，马来西亚，澳大利亚至新喀里多尼亚及汤加；中国产广东、海南及云南。假山萝 *H. cupanioides* Roxburgh 是良好的用材树种和园林树种。

Harrisonia R. Brown ex A. Jussieu **牛筋果属，Rutaceae 芸香科。**灌木，具刺，直立或攀援。1-3小叶或奇数羽状复叶，叶轴具狭翅。总状花序或聚伞花序，花两性；花萼4-5裂；花瓣4-5；雄蕊8-10，为花瓣数2倍，花丝基部具小鳞片；花盘半球形或杯状；子房4-5室，每室1胚珠，花柱4-5，合生，柱头头状，具4-5浅槽纹。果为浆果状，肉质，近球形，具小核2-5。种子球形，单生。约3/1种，**4型**；分布于热带非洲，亚洲东南部，印度—马来西亚和澳大利亚北部；中国产福建、广东、海南。牛筋果 *H. perforate* (Blanco) Merrill 的根可入药，清热解毒，可防治疟疾。

Harrysmithia Wolff **细裂芹属，Apiaceae 伞形科。**草本。叶羽状全裂，上部偶为异型叶。常无总苞片；小苞片少数；花两性，少数不育；萼齿不发育；花柱基扁圆锥形，花柱长，叉开。果实卵状圆球形，合生面轻微收缩，果棱明显凸起或呈狭翅状，翅等宽，棱槽较宽，果实表皮散生疣状毛或乳头状毛；每棱槽内有油管1，合生面油管2。分生果横剖面近五角形。胚乳腹面近于平直；心皮柄近顶端2裂。2/2（2）种，**15型**；特产中国四川、云南和西藏南部。

Hedera Linnaeus **常春藤属，Araliaceae 五加科。**常绿无刺攀援木质藤本，有气生根。单叶，不育枝上的常有裂片或裂齿，花枝上的常不分裂，叶柄细长，无托叶。伞形花序组成顶生短圆锥花序；苞片小；花梗无关节；花两性或杂性；萼筒近全缘或有5齿；花瓣5，镊合状排列；雄蕊5；子房5室，花柱合生成短柱状。核果球形。种子卵圆形，胚乳嚼烂状。花粉粒3孔沟，

网状纹饰。15/2 种，**12 型**；分布于亚洲，欧洲和非洲北部；中国广布。常春藤 *H. nepalensis* K. Koch var. *sinensis* (Tobler) Rehder 栽培可供观赏。

Hedychium J. König **姜花属，Zingiberaceae 姜科**。陆生或附生草本，具块状根茎。穗状花序顶生；小苞片管状。花冠管裂片在花期反折，线形；侧生退化雄蕊瓣状，唇瓣先端常 2 裂；花丝较长，花药无药隔附属体；子房 3 室，中轴胎座。蒴果球状。种子假种皮撕裂状。花粉粒无萌发孔。染色体 $2n$=34，51，68。50/28（18）种，**6-2（7）型**；分布于非洲马达加斯加，亚洲热带到暖温带；中国产西南部至南部。姜花 *H. coronarium* J. Koenig 可药用和观赏。

Hedyosmum Swartz **雪香兰属，Chloranthaceae 金粟兰科**。乔木或直立半灌木，枝有结节。叶对生，边缘常有锯齿，叶柄基部合生成 1 鞘。花有香气，单性，雌雄同株或异株；花序腋生或近顶生。雄花聚集成穗状花序；雄蕊 1，几无花丝，花药 2 室，药隔顶部有短附属物。雌花组成各式的头状花序或圆锥花序；萼状花被管 3 齿裂，与子房贴生，花柱极短或无。核果小，球形或卵形，有时为三棱形，外果皮薄，肉质，内果皮常坚硬。花粉粒单沟或多沟，具刺。染色体 x=8。约 45/1 种，**3 型**；分布于热带美洲，仅雪香兰 *H. orientale* Merrill & Chun 产越南，马来西亚，印度尼西亚及中国广东南部和海南。

Hedyotis Linnaeus **耳草属，Rubiaceae 茜草科**。草本至灌木。叶对生；托叶全缘，边缘常具腺齿。聚伞花序、圆锥花序、头状花序或伞形花序，顶生或腋生；萼管 4(-5) 裂；花两性，二型或同型；花冠管状或漏斗状；雄蕊内藏或伸出；子房 2 室，胚珠多数，柱头 2 裂。蒴果，成熟时先顶部室背开裂，然后室间再完全开裂，形成 2 分果爿。种皮背面扁平，腹面凸起，有窝孔。花粉粒 3 沟，孔状纹饰。染色体 n=11。约 100/65（43）种，**5 型**；分布于亚洲热带及亚热带地区至太平洋群岛；中国产华东、华南和西南地区。

Hedysarum Linnaeus **岩黄耆属，Fabaceae 豆科**。一年生或多年生草本，稀为半灌木或灌木。奇数羽状复叶。花序总状，腋生；花萼钟状或斜钟状，萼齿 5；花冠紫红色、玫瑰红色、黄色或淡黄色，旗瓣倒卵形或卵圆形，翼瓣线形或长圆形，龙骨瓣长于旗瓣；雄蕊 9+1 两体。果实为节荚果，具明显隆起的脉纹，有时具刺、刚毛或瘤状凸起，不开裂。花粉粒 3 孔沟，网状纹饰。染色体 $2n$=14，16，28（48）。约 160/41（17）种，**8（13）型**；分布于北温带的欧洲，亚洲，北美和北非；中国产内陆干旱和高寒地区及中国—喜马拉雅山地。多序岩黄耆 *H. polybotrys* Handel-Mazzetti 的根可入药。

Helianthemum Miller **半日花属，Cistaceae 半日花科**。灌木、半灌木，稀草本。叶对生或上部互生。花单生或蝎尾状聚伞花序；萼片 5，2 轮，内轮 3 片，具 3-6 棱脉，结果时扩大；花瓣 5，淡黄色、橙黄色或粉红色；雄蕊多数；雌蕊花柱丝状，柱头大，头状。蒴果具 3 棱，3 瓣裂，1 室或不完全的 3 室。种子多数。花粉粒 3 孔沟，条网状纹饰。110/1 种，**12 或 12-2 型**；分布于北非，亚洲西南部及欧洲，主产地中海区，延伸至亚洲中部，南北美洲也有；中国产新疆伊犁、内蒙古鄂尔多斯平原西部。

Helianthus Linnaeus **向日葵属，Asteraceae 菊科**。草本，高大。叶对生，有柄，常有离基三出脉。头状花序；花托托片包围两性花；冠毛膜片状，具 2 芒、有时附有 2-4 个较短的芒刺，脱落；外围有 1 层无性的辐射花，黄色，不结实，中央有极多结果实的两性花，管状。果长圆形或倒卵圆形，稍扁或具 4 厚棱。花粉粒 3 孔沟，具刺。染色体 $2n$=34，102。52/3 种，**（9）型**；原产北美；中国各地引种栽培。向日葵 *H. annuus* Linnaeus 是主要农作物；菊芋 *H. tuberosus* Linnaeus 作为蔬菜广泛栽培。

Helichrysum Miller **拟蜡菊属，Asteraceae 菊科**。草本或小灌木。叶互生。头状花序单生或多数排成伞房状；花托平，无苞片，稀有托片；冠毛毛状，结合或分离；总苞片狭窄，顶尖，褐色、黄色、粉色或白色，纸质；缘花少数，细管状，黄色，或不存在，中央花多数，两性，黄色；花药顶端附属物平；花柱分枝顶端截形，具毛。果椭圆形，无毛或被棍棒状的毛。花粉粒 3 孔沟，具刺。染色体 2*n*=28，56。600/3（1）种，**10-3 型**；产非洲，亚洲，欧洲，马达加斯加岛；中国产新疆。

H

Helicia Loureiro **山龙眼属，Proteaceae 山龙眼科**。乔木或灌木。叶互生，稀对生或轮生。总状花序腋生；花两性；苞片小，凿形或叶状；萼管细长而直，花蕾时檐部稍胀大呈卵形或长圆形，裂片 4，线形，开放时反卷；花药生于萼片的扩大部，药隔延长而突出，无花丝；下位腺体 4 枚，离生或合生成环状或杯状；子房上位，无柄，1 室，胚珠 2。坚果近球形或长圆形，不开裂或有时呈不规则的开裂。种子无翅，种皮粗糙。花粉粒 3 孔。染色体 2*n*=28。97/20（10）种，**5（7）型**；分布于亚洲东南部和大洋洲；中国产西南部至台湾，海南尤盛。小果山龙眼 *H. cochinchinensis* Loureiro 的种子可榨油、制肥皂；网脉山龙眼 *H. reticulata* W. T. Wang 的种子可食或作饲料。

Heliciopsis Sleumer **假山龙眼属，Proteaceae 山龙眼科**。乔木，雌雄异株。叶互生。花序总状；花单性，辐射对称；花梗常双生。雌花：花被管基部稍膨胀，开花时花被片分离，外卷，雄蕊着生在花被片檐部，不育，腺体 4，离生或紧靠，子房无柄，胚珠 2；雄花具不育雌蕊。核果，外果皮革质，中果皮肉质，干后具残留辐射状排列软纤维或海绵状纤维，内果皮木质，表面具小洼。种子 1-2，球形或半球形，种皮膜质。花粉粒 3 孔，网纹纹饰。10/3（2）种，**7ab 型**；分布于亚洲南部及东南部；中国产云南、广西和广东。痄腮树 *H. terminalis* (Kurz) Sleumer 的根皮和叶有清热解毒功效。

Helicteres Linnaeus **山芝麻属，Malvaceae 锦葵科**。灌木或小乔木，多少被星状柔毛。花两性，腋生、单生、簇生或排成聚伞花序；花萼 5 裂；花瓣 5，具柄，柄常有耳；雄蕊位于伸长而合生的雌雄态柄顶端；退化雄蕊 5 枚，位于发育雄蕊之内；子房生于柱顶，有 5 棱，5 室，每室多胚珠，花柱 5 枚，线形。蒴果长椭圆形或螺旋状扭曲，侧裂，密被毛。种子有多数瘤状凸起。花粉粒（2）-3-（4）孔，疣状纹饰。染色体 2*n*=18。60/10（1）种，**2-1（3）型**；分布于亚洲和美洲热带；中国产西南部至东部，南部尤盛。山芝麻 *H. angustifolia* Linnaeus 的茎皮纤维可供编织和制纸用；其根或全株可入药。

Helictotrichon Besser ex Schultes & J. H. Schultes **异燕麦属，Poaceae 禾本科**。多年生草本。具有光泽的顶生圆锥花序；小穗含 2 至数小花；颖几相等，等长于或短于小花，边缘宽膜质；外稃常浅裂为 2 尖齿，常于中部附近着生扭转膝曲的芒，基盘钝而具毛，内稃 2 脊具纤毛；雄蕊 3；子房有毛。约 100/14（7）种，**8 型**；从欧洲东至日本，北美均产，偶见于热带高山；中国主产西南和西北，东北、华北和华中也有。异燕麦 *H. hookeri* (Scribner) Henrard subsp. *schellianum* (Hackel) Tzvelev 可作饲料。

Heliotropium Linnaeus **天芥菜属，Boraginaceae 紫草科**。草木，稀亚灌木，被糙伏毛。叶互生。镰状聚伞花序；花 2 行排列于花序轴一侧；花梗短或近无梗；花萼 5 裂；花冠裂片 5，喉部无附属物；雄蕊 5，内藏；子房 4 室，或不完全 4 裂，花柱顶生，基部环状膨大，柱头不分裂。核果干燥，中果皮不明显，开裂为 4 个含单种子或 2 个含双种子的分核。花粉粒 6-8 异沟，穿孔或皱状纹饰，有颗粒状凸起。染色体

n=8，14。约 250/10 种，**2（3，12）型**；广布热带及温带地区；中国主产南部至东南部，新疆也有。南美天芥菜 *H. arborescens* Linnaeus、大尾摇 *H. indicum* Linnaeus 全草可入药。

Helixanthera Loureiro **离瓣寄生属，Loranthaceae 桑寄生科**。灌木。嫩枝和叶无毛或被毛。叶对生或互生，稀近轮生。花序总状或穗状；花具苞片 1；两性，4-6 数，辐射对称。花瓣离生；雄蕊着生于花瓣中部，花药椭圆形；花柱柱状，具 4-6 棱，常在中部具缢痕；子房 1 室，基生胎座。浆果卵球状或椭圆状，外果皮平滑或被毛。花粉粒等极、3 沟；或异极花粉一面为 3、4 或 5 沟，另一面仅在角的顶端有 3 短沟，颗粒状纹饰。染色体 x=9。约 50/7（2）种，**6 型**；分布于亚洲和非洲热带和亚热带地区；中国产福建至云南及西藏东南部（墨脱）。

Helleborus Linnaeus **铁筷子属，Ranunculaceae 毛茛科**。多年生草本。根状茎。单叶鸡足状全裂或深裂。花 1 朵顶生或少数组成顶生聚伞花序；萼片 5，花瓣状，常宿存；花瓣小，筒形或杯形，有短柄，顶端多少呈唇形；雄蕊多数，花丝狭线形；心皮 2-10 枚，离生或合生；胚珠多数。蓇葖果革质，有宿存花柱。种子数个，椭圆球形。花粉粒 3 沟，穿孔或网状纹饰，具小刺。染色体 2n=32。20/1（1）种，**10-1 型**；分布于欧洲东南部和亚洲西部；中国产四川西部、甘肃南部和陕西南部。

Hellenia Retzius **大唇闭鞘姜属，Costaceae 闭鞘姜科**。植株高大，1.5m 以上，营养体腋下分枝，季节性落叶。花序松果状，或头状，苞片坚硬，木质，先端尖锐，有时撕裂为纤维状，红色，或紫红色；唇瓣开放，大，白色，红色或黄色，无斑纹；子房 3 室；果实为木质蒴果，一侧开裂，种子黑色，有棱。7/5（2）种，**2 型**；分布于中国南部，东南亚及新几内亚地区；中国主要分布于云南、广西、福建和台湾。

Helminthostachys Kaulfuss **七指蕨属，Ophioglossaceae 瓶尔小草科**。土生。根状茎短，横走，有不分枝肉质粗根。叶二型，不育叶掌状或鸟足状，基部有 2 片圆形肉质托叶，裂片矩圆状披针形，基部不对称，边缘全缘或浅锯齿，叶脉分离，主脉明显，侧脉羽状。能育叶长 20-30cm，出自不育叶片基部，有柄，孢子囊穗聚生成圆柱状，顶部有鸡冠状的不育附属物，无叶绿素。孢子囊球圆形或卵形，无柄。孢子为四面体，辐射对称。染色体 x=47。1/1 种，**5 型**；广布亚洲和大洋洲热带，向北可达日本琉球地区；中国产西南热带地区和台湾。七指蕨 *H. zeylanica* (Linnaeus) Hooker 为国家 II 级重点保护野生植物。幼叶可作蔬菜食用或药用。

Heloniopsis A. Gray **胡麻花属，Melanthiaceae 黑药花科**。多年生草本；根状茎粗短。叶基生，近莲座状，矩圆形至倒披针形，向基部渐狭成柄。花葶从叶簇中央抽出，具膜质的苞片，顶端为总状花序或伞形花序，稀单花。花被片 6，2 轮，离生，宿存；雄蕊 6，2 轮，比花被片长，花药背着，近两侧开裂；子房 3 裂，胚珠多数，花柱生于子房顶端凹缺中央，单一，细长，柱头头状。蒴果 3 深裂，在裂片末端的缝线开裂。种子细小，多数，狭条形，两端有尾。花粉粒 4 孔，棒状纹饰。染色体 2n=34。4/2 种，**14-2 型**；分布于日本，朝鲜，韩国及中国台湾。

Helwingia Willdenow **青荚叶属，Helwingiaceae 青荚叶科**。特征描述同科。4/4 种，**14 型**；分布于东喜马拉雅地区和越南北部，中国和日本；中国除东北外，各省区均产。

Helwingiaceae Decaisne **青荚叶科，木兰亚纲/冬青目**。落叶或常绿灌木，稀小乔木。冬芽小，卵形，鳞片 4，外侧 2 枚较厚。单叶，互生；托叶 2，幼时可见，后即脱落。花单性，雌雄异株；花萼小；花瓣三角状卵形，镊合状排列；花盘肉质；雄花4-20枚呈伞形或密伞花序，生于叶上面中脉上或幼枝上部及苞叶上；雄蕊3-4(-5)；雌花1-4朵呈伞形花序，着生于叶上面中脉上；花柱短，柱头3-4裂，子房3-4(-5)室。核果状浆果。种子1-4（或5），种子干后有槽和脊。花粉粒3孔沟，小穴状纹饰。染色体 n=19。1属，4种，分布于东喜马拉雅地区和越南北部，中国和日本；1属，4种，中国除东北外，各省区均产。

Hemarthria R. Brown **牛鞭草属，Poaceae 禾本科。**多年生草本。秆直立丛生或铺散斜升。总状花序，稍扁，不易逐节断落；小穗孪生，同型，有柄小穗较窄小；无柄小穗嵌生于序轴凹穴中；第一颖先端钝或渐尖，第二颖多少与序轴贴生，先端渐尖至具尾尖；第一小花仅存膜质外稃，第二小花两性。花粉粒负网状纹饰。染色体 x=9，10。约14/6（1）种，**4（3）型**；分布于旧世界热带和亚热带，美洲有引种；中国产南方地区。大牛鞭草 *H. altissima* (Poiret) Stapf & C. E. Hubbard 的嫩叶可作饲料。

Hemerocallis Linnaeus **萱草属，Asphodelaceae 独尾草科。**多年生草本，具很短的根状茎；根常多少肉质，或纺锤状膨大。叶基生，2列，带状。花葶从叶丛中央抽出，顶端具总状或假二歧状的圆锥花序，较少花序缩短或只具单花；苞片存在，花梗一般较短；花近漏斗状，下部具花被管；花被裂片6，明显长于花被管，内3片常比外3片宽大；雄蕊6；花药背着或近基着；子房3室，每室具多数胚珠；花柱细长，柱头小。蒴果钝三棱状椭圆形或倒卵形，室背开裂。种子黑色，约十几个，有棱角。花粉粒单沟，网状或疣状纹饰。染色体 2n=22，33。约15/11（4）种，**10型**；分布于亚洲温带至亚热带地区，少数见于欧洲；中国各地均产。黄花菜 *H. citrina* Baroni 的花可供食用和观赏。

Hemiboea Clarke **半蒴苣苔属，Gesneriaceae 苦苣苔科。**多年生草本，直立。叶对生。总苞球形。花冠筒内多具1毛环。能育雄蕊2，1对花药以顶端或腹面连着。子房线形，2室，1室发育，另1室退化成小的空腔，2室平行并于子房上端汇合成1室，柱头截形或头状。蒴果极偏斜。种子具6条纵棱及多数网状凸起。花粉粒3拟孔沟，网状纹饰。染色体 2n=32。约21/21种，**14SH型**；分布于中国，越南北部和日本的琉球群岛；中国产陕西南部、甘肃南部及华东、华中、华南和西南。

Hemiboeopsis W. T. Wang **密序苣苔属，Gesneriaceae 苦苣苔科。**亚灌木。叶对生。聚伞花序腋生，有少数密集的花；苞片2，对生，形成1近球形的总苞。花萼5裂达基部；花冠漏斗状筒形，檐部二唇形；下（前）方2雄蕊能育，内藏，花丝在中部最宽，花药背着，腹面连着药隔有1附属物；退化雄蕊2；雌蕊内藏，子房线形，2室，具中轴胎座，柱头2，不等大。蒴果狭线形。种子椭圆形，光滑。1/1种，**7-4型**；分布于老挝及中国云南东南部。

Hemidiodia K. Schumann **鸭舌癀舅属，Rubiaceae 茜草科。**直立或匍匐草本；茎基部常木质化。托叶鞘状，顶端具刚毛。花序多花簇生，单侧腋生于茎轴上，交互排列；花萼裂片4裂；花冠漏斗形，花冠裂片4；雄蕊伸出；子房2室，每室具1颗胚珠，柱头2裂，伸出。蒴果，长圆球形，成熟时由2个仅基部相连的分果爿组成，果爿不开裂，表面光滑或被毛。种子长圆形，背面具多数的横肋纹。花粉粒6沟。1/1种，**2型**；原产墨西哥至南美洲热带和亚热带地区，也见于亚洲东南部；中国台湾已归化。

Hemilophia Franchet **半脊荠属，Brassicaceae 十字花科。**多年生草本。茎多数，平卧或上升。叶小，卵形或长椭圆形，全缘，有短柄。总状花序有苞片；萼片开展，宽卵形；花瓣蓝紫色、淡黄色或白色，倒

卵形，有短爪；长雄蕊外侧加厚，有 1 钝齿；短角果卵形，侧扁，开裂，果瓣舟形，有脊，边缘及脊上具齿状凸起。种子大，1-2 个，卵形，扁平，无边缘。4/4（4）种，**15 型**；特产中国西南部。

Hemiphragma Wallich **鞭打绣球属，Plantaginaceae 车前科**。平卧、披散草本，被柔毛。叶二型，茎生叶对生，有短柄，圆心形至肾形，有钝齿，小枝上的叶簇生，针状。花腋生，无柄，玫瑰红色；萼片 5，狭窄；花冠管短，裂片 5，圆形，近相等；雄蕊 4，生于冠管基部，花药箭头形，药室顶端结合。果肉质，卵状，光亮，纵缝线开裂。种子小，多数，卵形，光滑。1/1 种，**14SH 型**；分布于亚洲亚热带地区；中国产云南、西藏、四川、贵州、湖北、陕西、甘肃及台湾。

Hemipilia Lindley **舌喙兰属，Orchidaceae 兰科**。地生草本，具块茎。茎常具 1 枚叶。叶片心形或卵状心形。总状花序具数朵或 10 余朵花；中萼片与花瓣靠合成兜状；侧萼片斜歪；唇瓣在基部近距口处具 2 枚胼胝体；距内面常被小乳突；蕊柱明显；花药近兜状，药隔宽阔；蕊喙甚大，3 裂，中裂片舌状，长可达 2mm，侧裂片三角形；花粉团 2 个，粒粉质；粘盘着生于蕊喙的侧裂片顶端并被由侧裂片前部延伸出的膜片所包；柱头 1 个，稍凹陷，前部稍突出。约 13/9（8）种，**14SH 型**；分布于喜马拉雅地区至泰国及中国西南山地。

Hemiptelea J. E. Planchon **刺榆属，Ulmaceae 榆科**。落叶乔木。小枝有棘刺。叶互生，具短柄，边缘钝锯齿，托叶早落。花杂性，1-4 朵簇生于枝叶腋；花被杯状，4-5 裂；雄蕊与花被片同数，对生；雌蕊具短花柱，柱头 2，子房 1 室侧向压扁，倒生胚珠。小坚果偏斜，两侧扁，上半部具鸡头状翅，基部具宿存花被。花粉粒 4-7 孔，疣状纹饰。染色体 $2n$=84。1/1 种，**14（SJ）型**；分布于朝鲜半岛及中国中部和北部。可固沙及绿篱；树皮可作人造棉、绳索等；种子可榨油。

Hemisteptia Bunge **泥胡菜属，Asteraceae 菊科**。一年生草本。叶大头羽状分裂。头状花序；花托有托毛；冠毛 2 层，异型，外层羽毛状，基部连合成环，整体脱落，内层冠毛刚毛鳞片状，3-9 个，极短，着生一侧，宿存；总苞片多层，覆瓦状排列，质地薄，外层与中层外面上方近顶端直立鸡冠状凸起的附属物；全部小花两性，管状，花冠红色或紫色，檐部短，细管部长。瘦果有纵棱。染色体 $2n$=36。1/1 种，**14（5）型**；分布于亚洲和大洋洲；中国南北均产。

Hemsleya Cogniaux ex Forbes & Hemsley **雪胆属，Cucurbitaceae 葫芦科**。攀援草本。根具膨大块茎。鸟足状复叶，（3-）5-9（-11）小叶。雌雄异株，聚伞总状花序至圆锥花序。雄花：花冠形态多样，5 裂，雄蕊 5，花丝短。雌花：花冠同雄花，花柱 3，柱头 2 裂，子房近圆形至楔形。果实球形、圆锥形或圆筒状椭圆形，具 9-10 条纵棱，具小瘤突或平滑，花柱常宿存；种子椭圆形至宽卵形，少数种类具膜质或木栓质翅。花粉粒 3 孔沟，条纹状纹饰。染色体 n=14。约 27/25（21）种，**14SH 型**；分布于喜马拉雅，印度东部，越南北部及中国西南部至中南部。块茎可供药用，可提取雪胆素或用作生药。

Hepatica P. Miller **獐耳细辛属，Ranunculaceae 毛茛科**。多年生草本。短根状茎。单叶基生，有长柄，3-5 浅裂。花葶不分枝；苞片 3，轮生，形成萼片状总苞；花单生花葶顶端；萼片 5-10，稀更多，花瓣状；花瓣不存在；雄蕊多数，花丝狭线形；心皮多数，有短花柱，胚珠 1。瘦果卵球形。花粉粒 3 沟或散沟，穿孔状纹饰，具小刺。染色体 $2n$=14，28，42。7/2（1）种，**8 型**；分布于北温带；中国产四川、湖北。

Heptacodium Rehder **七子花属，Caprifoliaceae 忍冬科**。落叶灌木或小乔木，冬芽具鳞片。叶对生，三出脉。由多轮紧缩聚

伞花序组成顶生圆锥花序，每轮含1对具3朵花的聚伞花序及1顶生单花，共7花；总苞大，内含10枚密被绢毛的鳞片状苞片和小苞片；萼筒密被刚毛，萼檐5裂；花冠白色；子房3室，其中含多数胚珠的2室不育，花柱被毛，柱头圆盘形。瘦果状核果长椭圆形，萼片增大宿存。种子近圆柱形。花粉粒3孔沟，具刺。染色体 $2n$=28。1/1（1）种，**15型**；中国产中部至东部。

H

Heracleum Linnaeus **独活属，Apiaceae 伞形科**。草本。根纺锤形或圆柱形。叶片羽状多裂。复伞形花序，顶生伞形花序有两性花，外侧常只有雄花，总苞片少或缺，小苞片数个；萼齿细小；花瓣白色；花柱基圆锥形，花柱短。果实背棱和中棱丝状，侧棱常翅状；每棱槽油管1（-2），合生面油管2（-6）或无。胚乳腹面平直；心皮柄深裂。花粉粒3孔沟，皱块状或短条网状纹饰。染色体 x=11，12，22，23。91/29（21）种，**8型**；分布于亚洲，北美和地中海地区；中国广布，主产横断山区。

Herissantia Medikus **泡果苘属，Malvaceae 锦葵科**。草本，茎直立或披散；枝被粘毛。叶基部常心形；托叶线状镰刀形，被柔毛。花单生于叶腋；花梗纤细，中部有关节；无副萼；花萼杯状，5裂；花瓣5，倒卵形；雄蕊柱上部密集花药；子房10-14室，每室2-3胚珠，花柱分枝与子房室同数。蒴果圆球状或扁球形，膨胀呈灯笼状，疏被粗毛，顶端无芒；分果爿10-14，每室种子1-3。种子肾形、粗糙、黑色。花粉粒球形，3孔沟，具刺。染色体 $2n$=12，14。6/1种，**3型**；分布于新热带，仅1种在泛热带；中国海南有栽培。

Heritiera W. Aiton **银叶树属，Malvaceae 锦葵科**。乔木，干基常板状。叶背面密被银灰色的鳞片。花单性，排成腋生的圆锥花序；花萼4-6浅裂；无花瓣；雄蕊花药4-15枚，环状排列在雌雄蕊柄的顶端，具不育雌蕊；心皮3-5室，相互黏合，不育花药贴生于子房基部，每室1胚珠。蓇葖果木质或革质，不开裂，有龙骨状凸起或翅。种子光滑。花粉粒3带状（拟）孔沟，网状纹饰。染色体 $2n$=40，32，30，28。35/3种，**4型**；分布于热带非洲，亚洲及澳大利亚；中国产南部。银叶树 *H. littoralis* Dryander 为树林树种之一，为海岸防风树种及庭园树。

Herminium Linneanus **角盘兰属，Orchidaceae 兰科**。地生草本。块茎球形或椭圆形，不分裂。花序顶生；萼片离生，近等长；花瓣较萼片狭小，一般增厚而带肉质；唇瓣贴生于蕊柱基部，前部3裂（罕5裂）或不裂，基部多少凹陷，常无距；花药生于蕊柱顶端，2室，药室并行或基部稍叉开；花粉团2个，为具小团块的粒粉质，裸露；蕊喙较小；柱头2个，隆起而向外伸，分离，几为棍棒状；退化雄蕊2个，较大，位于花药基部两侧。约40/30（20）种，**10型**；主要分布于东亚，少数见于欧洲和东南亚；中国产西南地区。

Hernandia Linnaeus **莲叶桐属，Hernandiaceae 莲叶桐科**。常绿乔木。雌雄同株。单叶互生，具叶柄，叶片宽卵形、盾形或近圆形。花单性，具梗，有总苞，生于圆锥花序的分枝顶端，中央的为雌花，基部具1杯状小总苞；侧生的为雄花，具短梗。雄花：花萼裂片6-8，成2轮，近镊合状；雄蕊与萼裂片同数，对生，花丝具腺体。雌花：萼裂片8-10，成2轮，近镊合状；花柱短，被4个或更多腺体包围，柱头扩大成锯齿状或裂片；无退化雄蕊。果实包藏于膨大的肉质总苞内。种子圆球形或卵球形，种皮厚而硬，具棱；胚厚，分裂或嚼烂状。花粉粒无萌发孔，具刺。染色体 n=20。（22-24）/1种，**2型**；分布于亚洲东南部，美洲中部，非洲西部；中国产台湾南部、海南东部及东北部。

Hernandiaceae Blume **莲叶桐科，木兰亚纲/樟目**。乔木、灌木，或攀援藤本。单叶或掌状复叶，具叶柄，部分卷曲攀援，无托叶。花辐射对称，排列成腋生或顶生的伞房花序或聚伞状圆锥花序。萼片 3-5，花瓣与萼片相同；雄蕊 5-3，花药 2 室，瓣裂；子房下位，1 室，胚珠 1，垂生。核果，具纵肋，有 2-4 个阔翅或无翅包藏于膨大的总苞内；种子 1 粒，无胚乳，外种皮革质。花粉粒无萌发孔。染色体 n=15，17，18，20。约 5 属，62 种，分布于亚洲东南部，澳大利亚东北部，中南美洲及非洲东西部的热带地区；中国 2 属，约 16 种，产西南部、南部及东南部至台湾。

Herniaria Linnaeus **治疝草属，Caryophyllaceae 石竹科。**草本。茎铺散或俯卧，多分枝。叶对生或互生，近无柄；托叶膜质，早落。花两性，单生或成聚伞花序；苞片膜质；萼片 5，顶端无芒尖；无花瓣；雄蕊（4）5；子房卵圆形，由 2 心皮合生，1 室，胚珠 1 至多数，花柱极短，基部连合，顶端 2 裂。果为瘦果。种子卵圆形或扁圆形，两面凸起。花粉粒 3-6 孔，光滑、皱波或颗粒状纹饰。染色体 2n=18，36，54，72，108，126，144。45/3 种，**10-3 型**；分布于非洲，欧洲，地中海地区至中亚；中国主产新疆，1 种见于四川。

Herpetospermum Wallich ex Bentham & J. D. Hook **波棱瓜属，Cucurbitaceae 葫芦科。**攀援草本。叶全缘或 5-7 裂。雌雄异株。雄花：总状花序或稀单生，花萼裂片 5，花冠宽钟状或近辐状，5 深裂，雄蕊 3，花丝离生，花药合生，药室直或 3 回折曲。雌花：单生，花被同雄花，子房 3 室，花柱丝状，伸长，柱头 3。果实阔长圆状，成熟时 3 瓣裂至近基部；种子水平或下垂生。花粉粒大，3 孔。染色体 n=11。3/3 种，**14SH 型**。分布于印度，缅甸，尼泊尔及中国西藏和云南。

Herpysma Lindley **爬兰属，Orchidaceae 兰科。**地生草本。叶互生于整个茎上，叶片纸质。总状花序密生多数花；花倒置；中萼片与花瓣黏合呈兜状；唇瓣较萼片短，贴生于蕊柱两侧，呈提琴形，中部反折，基部具狭长的距；距从两侧萼片之间基部伸出，与子房（连花梗）近等长，末端稍 2 裂，内侧无胼胝体和毛，近末端处具少数不规则的小瘤；蕊柱短，无附属物；蕊喙短，直立，2 裂；柱头 1 个，位于蕊喙之下。2/1 种，**7-2（7ab）型**；分布于喜马拉雅地区至菲律宾；中国产云南和海南。

Hesperis Linnaeus **香花芥属，Brassicaceae 十字花科。**二年生或多年生草本植物。叶为全缘有深锯齿至羽状分裂，下部叶具有柄。总状花序；花大，美丽，白色、粉红色、紫色或带黄色，花瓣多有深脉纹，具长爪；子房有多数胚珠，柱头 2 裂，常直立，近无花柱。长角果线状长圆形，圆柱状，常稍扭曲，2 室，不易开裂，果瓣稍坚硬，具 1 显明中脉。花粉粒 3 沟，中网状纹饰。染色体 2n=12，14，24，28。34/2 种，**10-1 型**；分布于亚洲中部，西南部和欧洲东南部；中国产华北、新疆。

Hetaeria Blume **翻唇兰属，Orchidaceae 兰科。**地生草本。根状茎伸长。叶上面绿色或沿中肋白色条纹。花茎直立，常被毛；花序顶生，具多数花；子房不扭转，花不倒置；萼片离生，侧萼片包围唇瓣基部的囊；唇瓣基部凹陷，呈囊状或杯状，内面基部具各种形状的胼胝体；蕊柱短，前面两侧具翼状附属物；花药 2 室；花粉团 2，为具小团块的粒粉质，具花粉团柄，呈短棒状，共同具 1 个粘盘；蕊喙叉状 2 裂；柱头 2 个，突出，位于蕊喙之基部两侧。约 20/5 种，**2（5）型**；主要分布于亚洲热带地区，也见于大洋洲；中国产东南部至西南部。

Heteracia Fischer & C. A. Meyer **异喙菊属，Asteraceae 菊科。**一年生草本。茎叶无柄，基部箭头状抱茎。花托无托毛；冠毛糙毛状，白色，外层瘦果无冠毛或有退化的冠毛，内层瘦果有冠毛；总苞片 2 层，二型，外层小，少数，2-5 枚，内层披针形，草

质，彼此连合；小花黄色，两性，结实。果二型，外层瘦果顶端渐尖成短喙，侧面加宽成翅状，内层瘦果顶端有长喙。染色体 $2n=8$。1/1 种，**12（13）型**；产中亚，西南亚和欧洲东南部；中国产新疆。

Heterocaryum A. de Candolle **异果鹤虱属，Boraginaceae 紫草科**。一年生草本，被具疣状基盘的长糙毛。茎有分枝。聚伞花序有苞片。花萼 5 裂至基部；花冠漏斗状或钟状，喉部具 5 个梯形附属物；雄蕊 5，内藏；子房 4 裂，柱头头状，雌蕊基细柱状。小坚果同型或异型，背腹扁，以腹面全长与雌蕊基结合，不易分离，背面盘状，边缘具刺状或其他形状的附属物。花粉粒 6 异沟，光滑，萌发沟周围有颗粒状纹饰。染色体 $n=12$。约 7/1 种，**12 型**；分布于亚洲中部及西南部；中国产新疆北部。

Heterolamium C. Y. Wu **异野芝麻属，Lamiaceae 唇形科**。直立草本。叶心形且具长柄。花序为顶生狭窄的开向一面的总状圆锥花序；花萼管状，15 脉，内面近喉部具毛环，上唇中齿大，侧齿小，下唇 2 齿长；花冠筒伸出萼外，上唇直立，2 裂，裂片平展，下唇 3 裂，中裂片大而张开，外面近中央部分被白色髯毛，雄蕊 4，后对雄蕊自花冠上唇伸出甚多，前对内藏，花药 2 室，极叉开，后期于顶部汇合。小坚果三棱状卵球形，光亮，无毛，顶端圆。花粉粒 6 沟，复网状纹饰，网眼内具穴。1/1（1）种，**15 型**；分布于中国湖北、湖南、陕西、四川和云南。

Heteropanax Seemann **幌伞枫属，Araliaceae 五加科**。常绿无刺灌木或乔木，被星状毛。叶大，二至五回羽状复叶，全缘；托叶和叶柄基部合生。花杂性，伞形花序组成顶生圆锥花序；苞片和小苞片宿存；花梗无关节；萼筒边缘常有 5 齿；花瓣 5，镊合状排列；雄蕊 5；子房 2 室，花柱 2，离生或合生至中部。果实侧扁，核果。种子扁平，胚乳嚼烂状。花粉粒 3 孔沟，网状纹饰。8/6（2）种，**7 型**；分布于亚洲南部和东南部；中国南方广布。幌伞枫 *H. fragrans* (Roxburgh ex de Candolle) Seemann 可药用和栽培供观赏。

Heteroplexis C. C. Chang **异裂菊属，Asteraceae 菊科**。攀援或直立草本。叶互生。头状花序盘状，单生或 2-4 个簇生，具异形花；花托平，具蜂窝状小孔；冠毛黄白色，1 层，近等长；总苞钟状圆柱形，覆瓦状排列；花全部结实，外围的雌花 1 层，4-7 朵，中央的两性花少数 4-6 朵，顶端具不等长的 5 齿裂，外面的裂片较长，花冠管状向基部多少增粗。雌花瘦果稍扁，3 肋，两性花的瘦果两面具 2 肋被疏短柔毛。3/3（3）种，**15 型**；特产中国广西。

Heteropogon Persoon **黄茅属，Poaceae 禾本科**。一年生或多年生草本。总状花序；小穗下部常具 1 至数对同性小穗，上部具异性小穗；无柄小穗两性或雌性，基盘尖，成熟时偏斜脱落，第一颖边缘内卷，包着第二颖，第一小花退化至仅具 1 外稃，第二小花的外稃退化为芒基部，芒常粗壮，内稃小或不存在；有柄小穗雄性或中性。染色体 $x=10$。6/3 种，**2（5）型**；分布于热带和亚热带地区；中国产西南和华南地区。黄茅 *H. contortus* (Linnaeus) P. Beauvois ex Roemer & Schultes 的秆可供造纸、编织。

Heteropolygonatum M. N. Tamura & Ogisu **异黄精属，Asparagaceae 天门冬科**。多年生草本，具根状茎，合轴，附生。根茎常具分枝，呈念珠状，肉质。茎直立或下垂，不分枝。叶互生，叶柄短或不明显，全缘。花序顶生和多数腋生，排列成总状或近伞形，常 1-2 朵花。两性花，下垂，无苞片。花被浅桃色或白色，管状或钟状；花瓣无副花冠；雄蕊 6，2 轮，外轮短于或等于内轮；花丝纤细，光滑或多疣，近似贴生在花冠上；子房椭圆形，3 室；花柱细长；柱头平整或 3 浅裂，细小。浆果橙色。染色体 $x=16$。6/6（6）种，**15 型**；中国产西南地区和台湾。

Heterosamara Kuntze **异翅果属，Polygalaceae 远志科**。草本、灌木或小乔木。单叶互生；明显具柄。总状花序顶生或腋生。萼片 5，早落，侧面 2 枚大，花瓣状；花瓣 3，中间 1 枚龙骨瓣状，顶部具 2 裂的鸡冠状附属物；雄蕊 8，花丝联合成鞘，与花瓣贴生，花药孔裂；子房 2 室，胚珠 1，倒生。蒴果。种子被毛，具种阜或无，另端具附属体或无。花粉粒肾形，24-33 孔沟。17/3（2）种，**6 型**；主产热带非洲和亚洲，延伸至亚热带；中国产西南、华南至华中地区。

Heterostemma Wight & Arnott **醉魂藤属，Apocynaceae 夹竹桃科**。木质藤本，具乳汁。叶对生，常在叶基有 3-5 条脉。伞状或总状聚伞花序，腋生；花萼裂片内面基部有 5-10 个小腺体；花冠裂片向左覆盖，或镊合状排列；副花冠 5 片，着生于合蕊冠的顶端；雄蕊着生于花冠管的基部；花药顶端具膜片；花粉块每室 1 个；子房由 2 枚离生心皮组成，胚珠多数；柱头基部 5 棱。蓇葖果圆柱状，光滑。种子顶端具有白色绢质种毛。染色体 2*n*=24。约 30/11（6）种，**7 型**；分布于亚洲热带和亚热带地区；中国产西南和华南地区。

Hevea Aublet **橡胶树属，Euphorbiaceae 大戟科**。乔木；有丰富乳汁。叶互生或近对生，叶柄顶端有腺体，具小叶 3（-5）片，全缘。雌雄同株，同序；无花瓣，由多个聚伞花序组成圆锥花序；雄花花萼 5 齿裂或 5 深裂；花盘分裂为 5 枚腺体，雄蕊 5-10，花丝合生成 1 超出花药的柱状物，花药 1-2 轮；雌花的花萼与雄花同，子房 3 室，每室有 1 胚珠，常无花柱，柱头粗壮。蒴果大，常具 3 个分果爿，外果皮近肉质，内果皮木质；种子具斑纹，无种阜。花粉粒 3 沟，巴豆状纹饰。约 10/1 种，**（3）型**；分布于南美洲亚马孙地区；中国南部栽培。

Hewittia Wight & Arnott **猪菜藤属，Convolvulaceae 旋花科**。缠绕或平卧草本；全体被短柔毛。叶具柄，全缘或稍裂。花序腋生，为 1 至少花的聚伞花序；苞片 2；萼片 5，革质，外面的 3 枚大，卵形，果时膨大，里面的 2 枚很小；花冠辐射对称，钟状至漏斗状，浅 5 裂；雄蕊内藏；花盘环状；子房被毛，1 室或上部不完全的 2 室，胚珠 4，花柱 1，柱头 2 裂，裂片卵状长圆形。蒴果球形，4 瓣裂。种子 4 或较少。花粉粒无刺。染色体 2*n*=30。1/1 种，**6 型**；分布于热带非洲和亚洲；中国产广东、广西、海南、台湾和云南。

Heynea Roxburgh **鹧鸪花属，Meliaceae 楝科**。乔木。奇数羽状复叶螺旋状着生，小叶对生，全缘。花小，两性，组成腋生或顶生、具长梗的圆锥花序；花萼短，4-5 裂，裂片覆瓦状排列；花瓣 4-5，彼此分离；雄蕊管 8-10 深裂，顶端 2 齿裂，花药 8-10，着生 2 齿裂间；花盘环状，肉质；子房 2-3 室，每室有并生的胚珠 2 颗，柱头 2-3 裂。果为蒴果，1 室，2 瓣裂，有种子 1 枚或 2 枚。花粉近球形至长球形，3-4（5）孔沟，外壁平滑，少数具疣状或粗糙。染色体 2*n*=28。2/2 种，**7 型**；分布于亚洲热带和亚热带；中国产广东、广西、贵州、海南和云南。

Hibiscus Linnaeus **木槿属，Malvaceae 锦葵科**。亚灌木、灌木或乔木，稀草本。叶互生，不分裂或多少掌状裂，有托叶。花大，单生或排成总状花序；副萼 5 或多数；花萼 5，浅裂或深裂；花瓣 5，基部与雄蕊柱合生；雄蕊柱顶端截平或 5 齿裂；花药多数，生于柱顶；子房 5 室，每室 3 至多胚珠，花柱 5 裂。蒴果卵球形或椭球形，室背开裂。种子肾形，光滑或被毛。花粉粒散孔，具长刺。染色体数目变化较大。200/25（12）种，**2 型**；分布于热带和亚热带地区；中国南北均产。大麻槿 *H. cannabinus* Linnaeus、木槿 *H. syriacus* Linnaeus、黄槿 *H. tiliaceus* Linnaeus 为优良的纤维植物。

Hieracium Linnaeus **山柳菊属，Asteraceae 菊科**。多年生草本。花托平，蜂窝状，有

窝孔，孔缘有明显的小齿或无小齿，或边缘缘毛状；冠毛单毛状或糙毛状，污黄白色、污白色、淡黄色、白色、褐色，1-2层；易折断小花多数，黄色，极少淡红色或淡白色。果长2.5-5mm，有8-14条椭圆状高起的等粗的纵肋，在顶部聚成1个不明显的环。染色体x=9，有二倍体、三倍体、四倍体、五倍体。800/6（1）种，**8型**；分布于非洲北部，亚洲，欧洲，南美和北美；中国产新疆。

Himalaiella Raab-Straube **须弥菊属，Asteraceae 菊科**。草本。叶互生，基生叶多羽裂。花托有托片；冠毛刚毛羽毛状，1层，基部连合成环，整体脱落；总苞钟状，总苞片多层，覆瓦状排列，革质或坚硬；小花长于内层总苞片。瘦果顶具齿冠，无毛，具4-5棱。染色体2n=34，58。13/7（1）种，**7型**；分布于阿富汗，不丹，印度，老挝，尼泊尔，缅甸，巴基斯坦，泰国，越南，伊朗，克什米尔；中国广布，主产西北部。

Himalayacalamus P. C. Keng **喜马拉雅筱竹属，Poaceae 禾本科**。灌木状至小乔木状竹类。粗型地下茎；丛生，秆上部下垂，节间圆筒形；秆中部芽宽卵形；分枝多，主枝明显。箨鞘脱落性；箨片钻形。单次发生花序，总状花序簇生于花枝顶端；每小穗含1（或2）朵小花；颖片2；鳞被3；雄蕊3；花柱1，花柱2，羽毛状。颖果长圆形。8/2种，**7-2型**；分布于不丹，印度，尼泊尔及中国西藏。

Himalayopteris W. Shao & S. G. Lu **锡金假瘤蕨属，Polypodiaceae 水龙骨科**。小型附生植物。根状茎长而横走，被二色鳞片。叶远生；叶柄禾秆色，叶片羽状深裂或基部达全裂，叶轴具狭翅或下部无翅；裂片椭圆披针形，顶端尖，主脉和侧脉明显，小脉网结成1-2行网眼，每网眼末端具1水囊。叶薄革质，两面密被多细胞柔毛，叶顶端部分可育。孢子囊群圆形，在裂片中脉两侧的下方的网眼内各1行。孢子囊上具刚毛。染色体x=37。1/1种，**7型**；分布于不丹，印度北部，尼泊尔及中国西藏。

Himalrandia T. Yamazaki **须弥茜树属，Rubiaceae 茜草科**。灌木。叶常聚生于缢缩的侧生短枝上；托叶有刚毛。花单朵，顶生于短缩的侧生短枝顶端；花5基数；花冠管高脚碟状，裂片旋转排列；雄蕊稍伸出；子房无毛，2室，每室有胚珠2颗，柱头常2裂，伸出。浆果，球形，不开裂，近肉质，花萼裂片宿存。种子椭球形。花粉粒3-5孔沟，网状纹饰。约3/1（1）种，**14SH型**；分布于喜马拉雅东部地区；中国产云南和四川。

Hippobroma G. Don **马醉草属，Campanulaceae 桔梗科**。多年生草本。根簇生，粗壮。叶互生，叶缘具波状齿或波状。单花腋生，芳香；花梗基部具2丝状小苞片；萼筒钟形、倒圆锥形或椭圆形，裂片线形；花冠高脚碟形，白色；花丝联合成管状，贴生花冠。蒴果2室，顶端2瓣裂。种子宽椭圆形或圆柱形，表面网状。花粉粒3孔沟，网状纹饰。染色体2n=28。1/1种，**2型**；原产牙买加；中国广东、台湾引种。马醉草 *H. longiflora* (Linnaeus) G. Don 的白色乳汁有毒。

Hippolytia Pojark **女蒿属，Asteraceae 菊科**。多年生草本、半灌木、垫状或无茎草本。叶互生，羽状分裂或3裂。头状花序同型，常2-15个或更多排成伞房、束状伞房或团伞花序；花托无托毛；全部小花管状，两性；花柱分枝线形，顶端截形。瘦果几圆柱形，基部收窄，有4-7条椭圆形脉棱，顶端无冠状边缘，但常有环边。染色体x=9。19/11（6）种，**13型**；分布于中亚，喜马拉雅山脉，蒙古国，以及中国西北、西南和内蒙古。垫状女蒿 *H. kennedyi* (Dunn) Y. Ling 可药用。

Hippophae Linnaeus **沙棘属，Elaeagnaceae 胡颓子科**。落叶直立灌木或小乔木，具刺。单叶互生，对生或3叶轮生，线形或线状

披针形，两面具鳞片或星状柔毛。花单性，雌雄异株；雌株花序轴发育成小枝或棘刺，雄株花序轴花后脱落；雄花先开放，花萼 2 裂，雄蕊 4；雌花单生叶腋，花萼囊状，顶端 2 齿裂，子房上位，1 心皮，1 室，1 胚珠。核果状坚果为肉质化的萼管包围。种子 1，骨质。花粉粒 3-4 孔沟，颗粒状纹饰。染色体 $2n=24$。7/7（4）种，**10 型**；分布于亚洲和欧洲温带地区；中国产北部、西部和西南高海拔地区。为防风、固沙、防水土流失的优良树种；果实可制饮料和食品。

Hippuris Linnaeus **杉叶藻属，Plantaginaceae 车前科。**水生植物，有匍匐状的根茎和直立、粗厚、不分枝的茎，上部常突出水面。叶长椭圆形或线形，（4-）6-12（-16）枚轮生，生于水中的较长而脆。花小，单生，无柄，两性或单性，无花瓣；雄蕊 1 枚；子房下位，1 室，有倒生胚珠 1 枚。瘦果。花粉粒 4-6 沟。染色体 $2n=16$，30，32。2/2 种，**8 型**；温带广布，主产北温带；中国产东北、华北、西北、西南及台湾。

Hiptage Gaertner **风筝果属，Malpighiaceae 金虎尾科。**木质藤本或藤状灌木。叶对生；无腺体或背面具腺体。花两性，两侧对称，总状花序腋生或顶生；花梗有 2 小苞片，中部以上具关节；花萼 5 裂，基部有大腺体 1 枚或无；花瓣 5，具爪；雄蕊 10，不等长，其中 1 枚最大，花丝分离或下部结合，花药 2 室；子房 3 浅裂，每室 1 胚珠，花柱单生。果有 3 翅，中间者最长；种子呈多角球形。花粉粒 3（-4）孔沟，疣状纹饰。昆虫传粉。染色体 $2n=56$，58，60。（20-30）/10（7）种，**7e 型**；分布于毛里求斯，印度，孟加拉，中南半岛，马来西亚，菲律宾，印度尼西亚，斐济等；中国产西南部和南部至台湾。风筝果 *H. benghalensis* (Linnaeus) Kurz 在热带广泛栽培，可供观赏；可作杀虫剂。

Histiopteris (J. G. Agardh) J. Smith **栗蕨属，Dennstaedtiaceae 碗蕨科。**大型土生蔓性植物。根状茎长而横走。叶远生，叶柄栗色，基部有时瘤状凸起；叶片卵状三角形，通常二至三回羽状分离；羽片对生，有托叶状小羽片；叶脉网结，网眼内无内藏小脉。孢子囊群线形，沿叶缘着生；囊群盖线形，外层叶边反卷成假囊群盖；孢子两侧对称，椭圆形，周壁有颗粒状纹饰，外壁表面具疣状纹饰。染色体 $x=12$。约 7/1 种，**2 型**；分布于泛热带地区；中国产西南，华南和台湾地区。栗蕨 *H. Incisa* (Thunberg) J. Smith 可供观赏。

Hodgsonia J. D. Hooker & T. Thomson **油渣果属，Cucurbitaceae 葫芦科。**木质藤本。叶片厚革质；卷须粗壮。雌雄异株。雄花：总状花序，花萼筒伸长，裂片短，花冠辐状，5 深裂，裂片具长流苏，雄蕊 3，花丝不明显，花药合生，药室折曲。雌花：单生，花萼和花冠同雄花，子房球形，1 室，花柱长，柱头 3，胎座 3。果实大，扁压，具 12 条纵沟，能育和不发育种子各 6 枚；种子大型，扁平，椭圆形。花粉粒 3 孔沟，粗网状纹饰。染色体 $n=9$。2/1 种，**7ab 型**；分布于热带亚洲；中国产广西、西藏东南部和云南南部。油渣果 *H. heteroclita* (Roxburgh) J. D. Hooker & T. Thomson 的种子可榨油食用。

Holarrhena R. Brown **止泻木属，Apocynaceae 夹竹桃科。**乔木或灌木，含乳汁。叶对生。伞房状聚伞花序，顶生或腋生；花萼裂片内面基部具腺体；花冠高脚碟状；花冠管圆筒形内面无鳞片也无副花冠，花冠裂片在花蕾时向右覆盖；雄蕊着生在花冠管近基部，内藏；子房由 2 枚离生心皮组成，胚珠多数；柱头顶端全缘或 2 裂。蓇葖 2，略叉开，内弯，圆柱状。种子线形或长圆形，顶端具绢质种毛。花粉粒 3 孔，光滑或具稀疏的穿孔纹饰。染色体 $2n=22$。4/1 种，**6 型**；分布于亚洲东南部和热带非洲；中国产云南，在广东、广西、海南和台湾栽培。

Holcoglossum Schlechter 槽舌兰属，Orchidaceae 兰科。 附生草本。茎被宿存的叶鞘所包。叶圆柱形或半圆柱形，近轴面具纵沟，或横切面为V字形的狭带形。花较大；侧萼片较大，常歪斜；花瓣稍较小，或与中萼片相似；唇瓣3裂；侧裂片直立，中裂片较大，基部常有附属物；距细长而弯曲，向末端渐狭；蕊柱具翅；蕊喙短而尖，2裂；花粉团蜡质，2个，球形，具裂隙。16/15（9）种，**14SJ型**；分布于亚洲大陆热带高山地区；中国产云南、四川、海南、广西、台湾。

Holcus Linnaeus 绒毛草属，Poaceae 禾本科。 一年生或多年生草本。圆锥花序开展或紧缩；小穗两侧压扁，含2小花，第一小花两性，第二小花雄性，小穗轴脱节于颖下，亦不延伸于第二小花之后；颖几相等，且超过第二小花，第一颖具1脉，第二颖具3脉；第一外稃果时硬化，无芒，内稃与外稃等长，第二外稃背部有芒，内稃较短；雄蕊3；花柱短。约8/1种，**12型**；分布于北非和西南亚；中国产江西、台湾和云南。绒毛草 *H. lanatus* Linnaeus 有毒。

Holocheila (Kudô) Shuan Chow 全唇花属，Lamiaceae 唇形科。 匍匐或矮小直立草本。茎单一。叶心形，具长柄，叶片中央常具1白斑；花萼斜钟形，10脉，二唇形，后齿最高，其余各齿几不相等。花冠较小，紫红色，自狭窄的基部逐渐向上扩大成宽展的喉部，冠檐上唇全缘，下唇稍大，匙形内凹；雄蕊4，前1对稍长，着生于花冠筒近顶部，药极叉开，药室贯通；子房顶端浅4裂。小坚果常仅1枚发育成熟，外具蜂巢状纹饰，果脐位于基部中央，凹陷。花粉粒3沟，复网状纹饰，网眼内具穴。1/1（1）种，**15型**；特产中国云南。

Hololeion Kitamura 全光菊属，Asteraceae 菊科。 多年生草本。叶线状披针形，禾草状。头状花序少数至多数，排成圆锥或伞房花序，花期直立；花托无苞片，冠毛糙毛状，易脆，淡黄色；总苞圆筒形，总苞片多层，无毛；小花黄色。果黑褐色，有浅黄色斑点，近圆柱形，基部渐尖，顶截形，主肋5条，细弱，间肋不明显。花粉粒3孔沟，有刺脊，小刺短。染色体 $2n=16$。3/1种，**14SJ型**；分布于东亚；中国产东北、华北。

Holostemma R. Brown 铰剪藤属，Apocynaceae 夹竹桃科。 藤状灌木，具乳汁。叶对生，卵状心脏形。单歧或二歧总状或伞状聚伞花序，腋外生；花萼裂片双盖覆瓦状排列，内面基部无腺体；花冠近辐状，花冠裂片向右覆盖；副花冠10裂；雄蕊腹部粘生于雌蕊上；花药黏合呈柱状，具10翅，顶端内弯；花粉块每室1个，花粉块柄长；子房由2枚离生心皮所组成，胚珠多数。蓇葖双生或因1个不发育而成单生，果皮厚，无毛。种子卵圆形，扁平，顶端具白色绢质种毛。2/1种，**7型**；分布于亚洲南部和东南部；中国产云南、贵州、广东和广西。

Holosteum Linnaeus 硬骨草属，Caryophyllaceae 石竹科。 一年生草本。茎上部常具腺状柔毛。叶对生，叶片狭线形。花两性，成伞形花序；萼片5，披针形；花瓣5，白色或淡红色，全缘，稀微凹缺或具齿；雄蕊3-5，稀10；子房1室，具多数胚珠；花柱3。蒴果圆柱形，6齿裂。种子盾状，粗糙。花粉粒散孔，穿孔状-颗粒纹饰。染色体 $2n=20$，40。4/1种，**10型**；分布于欧洲，地中海至中亚；中国产新疆。

Homalanthus A. Jussieu 澳杨属，Euphorbiaceae 大戟科。 乔木或灌木。叶互生，全缘。雌雄同株或异株；花无花瓣和花盘，聚集成顶生的总状花序；雄花在每一苞片内多数，花萼于蕾期两侧压扁，裂片2，或1裂片退化，雄蕊5-50，花丝极短，花药外露，无退化雌蕊；雌花在每一苞片内少数或单生，花萼不扁压，裂片2-3，子房2室或稀有3室，每室具1胚珠，花柱短或近无花柱，柱头伸长，不分裂或顶端不同深浅 2 裂。蒴果近球形，不开裂或为 2 裂的分果爿；种子卵形，种皂肉质，有时包裹着一半种子，种皮硬壳质。花粉粒 3 孔沟，穿孔状至网状纹饰。约 35/1 种，**4 型**；分布于亚洲东南部和大洋洲及太平洋诸群岛，也广泛栽培；中国产海南和台湾。

Homalium Jacquin **天料木属，Salicaceae 杨柳科**。乔木或灌木；叶互生；边缘有具腺体的钝齿，稀全缘；花排成腋生或顶生的总状花序或顶生的圆锥花序，很少单生，有时数朵簇生；花柄在中部以上或以下有节；萼管陀螺形，与子房的基部合生，裂片 4-12；花瓣与萼片同数；雄蕊 1 枚或成束与每一花瓣对生，且有 1 腺体与每一萼片对生；花柱 5-7；蒴果中部为宿存的萼片和花瓣所围绕。花粉粒 3 孔沟，网状纹饰。染色体 $2n$=20，22。（180-200）/12（6）种，**2 型**；广布热带地区；中国主产海南、广东、广西和云南，少数达湖南、江西、福建和台湾。

Homalomena Schott **千年健属，Araceae 天南星科**。亚灌木状草本，具地上茎。叶柄大都比叶片长，下部具鞘；叶片膜质或纸质，披针形、椭圆形，基部心形，渐尖。花序柄比叶柄短；佛焰苞直立，浅绿色，下部席卷，上部展开，向上收缩，渐过渡为渐尖的檐部；肉穗花序下部雌花序圆柱形，上部雄花序与雌花序紧接，全部花能育；花单性，无花被；雄蕊 2-4；心皮 2-4。浆果。种子椭圆形。花粉粒单沟，颗粒纹饰。110/4（2）种，**3 型**；分布于热带亚洲和美洲；中国产广东、广西、海南、云南、台湾。千年健 *H. occulta* (Loureiro) Schott 可药用。

Homocodon D. Y. Hong **同钟花属，Campanulaceae 桔梗科**。一年生匍匐草本。茎具 3 翼。叶互生。花无梗，1 或 2 朵生于极端缩短的侧生分枝上；花萼 5 裂，裂片具齿；花冠管状钟形，5 裂；雄蕊 5，离生，花丝基部稍扩大，疏生缘毛；子房下位，3 室，花柱长；柱头 3 裂，条形反卷。蒴果，基部不规则撕裂或孔裂。种子椭圆状，无棱，表面浅网状。染色体 $2n$=68。2/2（1）种，**15 型**；分布于不丹及中国西南部。

Homonoia Loureiro **水柳属，Euphorbiaceae 大戟科**。灌木或小乔木；全株被柔毛或鳞片。叶互生，下面具鳞片；羽状脉。雌雄异株；花无花瓣，花盘缺，雄花排成狭的总状花序，腋生；雌花排成穗状花序，腋生。雄花：雄蕊多数，花丝合生成多个雄蕊束，各雄蕊束基部依次合生成柱状，花药 2 室，无不育雌蕊。雌花：萼片 5-8，覆瓦状排列，花后几不增大，子房 3 室，每室具 1 胚珠，花柱 3，柱头密生羽毛状凸起。蒴果具 3 个分果爿，果皮被短柔毛；种子卵球形，无种皂，外种皮肉质或膜质，内种皮厚壳质。花粉粒 3 孔沟、稀为 4，皱波状纹饰。约 2/1 种，**7 型**；分布于热带南亚和东南亚；中国产南部和西南部。

Hopea Roxburgh **坡垒属，Dipterocarpaceae 龙脑香科**。乔木。叶全缘，侧脉羽状；托叶小，早落。圆锥花序或圆锥状总状花序；萼管极短，裂片 5，覆瓦状排列；花瓣 5 枚，旋转排列；雄蕊 15，花药卵形，药隔附属体芒状或丝状；心皮 3，每心皮胚珠 2 枚，花柱短，具明显的花柱基。果壳一般较薄，外面常被蜡质，种子 1 枚，2 枚花萼裂片增大为翅状或均不为翅状。花粉粒 3 孔沟、带状孔沟或 5 沟，粗糙到网状纹饰。染色体 n=7。104/5 种，**7a-c 型**；分布于东南亚；中国产海南、广西、云南。为制漆工业的主要原料；木材可造桥梁、造船、家具。

Horaninovia Fischer & C. A. Meyer **对节刺属，Amaranchaceae 苋科**。一年生草本，无毛或有短硬毛；枝对生。叶对生或互生，圆柱状，顶端具针刺。花两性，单生或成簇，腋生，具小苞片。花被片 4-5，果时增厚，背面常具硬的横翅；雄蕊 5，花丝钻状；花盘杯状；子房圆形，基部陷入花

盘内，柱头 2-3。胞果圆形，顶基扁。种子横生；胚螺旋状，无胚乳。花粉粒散孔。风媒为主。染色体 x=9，2n=18。约 7/1 种，**13 型**；分布于中亚，从里海地区到中国新疆。

Hordeum Linnaeus **大麦属，Poaceae 禾本科**。多年生或一年生草本。穗状花序，每节着生 3 枚小穗称之三联小穗，三联小穗同型者皆无柄，均能育，异型者中央小穗无柄，能育，两侧小穗有柄，能育或不育；小穗含 1（-2）小花；颖片线状钻形至披针形，有芒；外稃披针形，先端有芒或否，内稃具 2 脊。颖果先端有毛。花粉粒负网状纹饰。染色体 x=7。(30-40) /10（1）种，**8 型**；主要分布于温带地区，在亚热带高山地区也有；中国产西北。短芒大麦草 *H. brevisubulatum* (Trinius) Link 是优良牧草。

Hornstedtia Retzius **大豆蔻属，Zingiberaceae 姜科**。根茎匍匐，分枝，木质。穗状花序；外部总苞片革质，内无花，内部苞片膜质，内贮黏液，有 1 朵花；小苞片展开，非管状。花冠管纤细，顶端常呈直角弯曲；侧生退化。雄蕊呈齿状，或无，唇瓣肉质，药隔附属体圆或无。柱头漏斗状，腺体 2-8。蒴果果皮平滑，膜质。种子基部具白色假种皮。花粉粒无萌发孔，皱波纹饰。染色体 2n=42。60/2（2）种，**5（7）型**；分布于亚洲热带；中国产广东、海南和西藏东南部。

Hornungia Reichenbach **薄果荠属，Brassicaceae 十字花科**。一年生小草本植物。叶远离，匙形、椭圆形或倒披针形，羽状半裂至全缘，常无毛。总状花序有数花至多花；花极小，白色；萼片微小，具白色边缘，基部不呈囊状；子房 2 室，有多数胚珠，柱头短，头状。短角果椭圆形，果瓣有 1 显明中脉，隔膜窄椭圆形，膜质。种子数个，微小，浅棕色。染色体 2n=12。3/1 种，**12-5 型**；分布于欧洲，1 种延伸到亚洲和北美；中国产新疆。

Horsfieldia Willdenow **风吹楠属，Myristicaceae 肉豆蔻科**。常绿乔木。叶分散或 2 裂，纸质或薄革质，常无毛。雌雄同株或异株；雄花序腋生，常呈复合的圆锥状；花常聚集成簇；苞片早落，小苞片缺；具花梗；花被 2（3-5）裂；花药 4-30，花丝联合成球形或棒状无柄或具柄的聚药雄蕊；子房卵状，花柱缺。果皮较厚，外面近光滑。假种皮完整，稀顶端微撕裂状。花粉粒单沟，网状纹饰。染色体 n=26。约 100/3 种，**5 型**；分布于南亚，从印度到菲律宾，巴布亚新几内亚；中国产广东、广西、云南。种子含油量高，可作为工业用油，如风吹楠 *H. amygdalina* (Wallich) Warburg 等。

Hosiea W. B. Hemsley & E. H. Wilson **无须藤属，Icacinaceae 茶茱萸科**。攀援藤本。茎不具卷须。单叶互生，纸质，具长柄，边缘具齿。聚伞花序腋生；花两性，绿色；花萼小，5 裂；花瓣 5，基部连合，远较花萼长，外面被柔毛，里面被微柔毛；雄蕊 5，与花瓣互生，花丝粗；肉质腺体 5，位于雄蕊之间；子房上位，1 室，胚珠 1-2 枚，花柱显著，柱头 4 裂。核果扁椭圆形，宿萼不增大。种子 1 枚。2/1（1）种，**14（SJ）型**；分布于日本，以及中国湖北、湖南和四川。

Hosta Trattinnick **玉簪属，Asparagaceae 天门冬科**。多年生草本，具大的根状茎。叶基生，成簇，叶柄长。花葶顶生，常生有 1-3 枚苞片状叶，顶端具总状花序；花常单生，极少 2-3 朵簇生；花被管状、钟状或近漏斗状；雄蕊 6，离生或下部贴生于花被管上；花丝纤细；花药背着，内向，纵向开裂；子房 3 室，每室具多数胚珠；花柱细长，柱头头状，小。蒴果室背开裂。种子多数，黑色。花粉粒单沟，颗粒状纹饰。染色体 2n=60。约 40/4 种，**14SJ 型**；分布于亚洲温带与亚热带地区，主产日本；中国产长江流域各省区，一些种类从国外引入栽培。

Houpoëa N. H. Xia & C. Y. Wu **厚朴属，Magnoliaceae 木兰科**。落叶乔木或灌木。叶膜质或厚纸质，互生，假轮生，全缘，稀先端2浅裂；托叶膜质，贴生于叶柄，叶柄具托叶痕，幼叶在芽中直立，对折。花单生枝顶，两性；花被片9-12，雄蕊早落，花丝扁平，药隔延伸成短尖；无雌蕊群柄，心皮分离，多数或少数，每心皮具胚珠2（很少在下部心皮3-4枚）。聚合果圆柱形，蓇葖互相分离，沿背缝线开裂。花粉粒单沟，穿孔或皱穴状纹饰。染色体2*n*=38。9/3（1）种，**9型**；分布于北美东部及亚洲东南部温带地区；中国产西北、华中、西南地区。

Houttuynia Thunberg **蕺菜属，Saururaceae 三白草科**。多年生草本。具根状茎。茎下部伏地，上部直立，无毛或节被柔毛，有时紫色。茎有纵向的棱和槽。托叶膜质，与叶柄基部合生成鞘，先端游离；叶柄具槽；叶片基部心形，先端渐尖，边缘全缘，叶脉掌状，基出5（7）脉，无毛或脉腋有时具毛，背面常紫色。穗状花序顶生或与叶对生，基部有4（6或8）个白色花瓣状的苞片，呈总苞状。花小，白色；雄蕊3，稀4，长于花柱；花丝下部与子房合生，花药长圆形；雌蕊由3个基部合生的心皮组成，子房1室，侧膜胎座3，每胎座具6-9胚珠；花柱3，外弯。蒴果近球形，顶端开裂，花柱宿存。花粉粒单沟或3歧沟，穴状纹饰。染色体2*n*=24；*x*=12。1/1种，**14型**；分布于亚洲东部及东南部；中国产华东、华南、华中、西南、甘肃、陕西和台湾。

Hovenia Thunberg **枳椇属，Rhamnaceae 鼠李科**。落叶乔木，稀灌木。叶互生，边缘有锯齿，基生3出脉。顶生或兼腋生聚伞圆锥花序；萼片5，中肋内面凸起；花瓣5，两侧内卷，基部具爪；雄蕊5，为花瓣抱持；花盘厚，肉质，盘状，有毛；子房上位，1/2-2/3藏于花盘内，仅基部与花盘合生，3室，每室具1胚珠，花柱3浅裂至深裂。浆果状核果顶端有残存的花柱，基部具宿存的萼筒；花序轴果时膨大，扭曲，肉质。种子3粒，扁圆球形，褐色或紫黑色。花粉粒3孔沟，网状或条纹状纹饰。染色体2*n*=24。3/3种，**14（SJ）型**；分布于朝鲜，日本，不丹，缅甸，尼泊尔和印度；中国除东北、内蒙古、新疆、宁夏、青海和台湾外，各省区均产。木材可制造各种家具。

Hoya R. Brown **球兰属，Apocynaceae 夹竹桃科**。灌木或半灌木，附生或卧生。叶对生，常肉质、革质或硬纸质。伞形聚伞花序；花萼裂片的内面基部经常具有腺体；花冠肉质，辐射状，裂片开放后扁平或反折；副花冠5裂，着生于合蕊冠背部且呈星状开展，两侧反折致使背面中空，其内角经常成1小齿靠近在花药上；花药顶端具膜片；花粉块在每个药室有1个；子房由2个离生心皮组成。蓇葖细长，先端渐尖，平滑；种子顶端具有白色绢质种毛。花粉无萌发孔，穿孔或具槽纹饰。染色体2*n*=22，44。至少200/40（24）种，**5型**；分布于亚洲东南部至大洋洲各岛；中国产南部省区。

Hsenhsua X. H. Jin, Schuiteman & W. T. Jin **先骕兰属，Orchidaceae 兰科**。地生草本。块茎球形，肉质。叶片位于基部，近对生，基部收缩成抱茎的鞘。花序无毛；花苞片极大；子房扭转；花瓣常与中萼片靠合呈盔状；距常与子房等长；子房具长的花梗，蕊柱粗短；花药直立，基部紧密贴生于蕊柱顶端，2室，平行；花粉块2，粒粉质，具细长的花粉团柄与粘盘；柱头凹陷，位于蕊喙下方；蕊喙明显，蕊喙臂2；退化雄蕊2，位于蕊柱两侧，常明显。约1/1种，**13（2）型**；分布于喜马拉雅地区；中国产云南和西藏。

Hubera Chaowasku **网脉木属（新拟），Annonaceae 番荔枝科**。灌木或乔木。花序常有花1-2朵，常腋生。花萼3；花瓣6，2轮，近等长，直立或平展，干后具黄

色粉点；雄蕊多数，药隔顶端平截形；心皮多数，胚珠每室1颗，近基生。心皮具柄，极少无柄，球状、椭圆状或圆柱状，顶端有时稍尖。种子近球形、椭圆状或圆柱形；种皮平滑，种脊平或稍凸起。花粉粒无萌发孔或萌发孔隐生，皱波或窝孔状纹饰。染色体 $2n$=18。约27/2种，**4型**；分布于非洲东部，马达加斯加至南亚，东南亚，马来西亚，太平洋西南群岛；中国产海南。

Humulus Linnaeus **葎草属，Cannabaceae 大麻科**。一年生或多年生草本，缠绕。茎粗糙，6棱。单叶对生，基部叶近心形并3-7（-9）裂，顶生叶卵形。雌雄异株；雄花序为松散圆锥花序；雌花序为圆锥穗状聚伞花序。雄花：花被片5裂，雄蕊5，苞片宿存并在果期膨大。雌花：子房近被压扁的花萼包被，花柱2分裂。瘦果宽卵形，花萼宿存，果皮坚硬。胚旋卷。花粉粒3（-4）孔，颗粒状纹饰。染色体 $2n$=16，17，18，20，21，40。约5/3（1）种，**8（9）型**；分布于亚洲，欧洲和北美的温带至亚热带；中国产大部分省区。啤酒花 *H. lupulus* Linnaeus 是啤酒酿造的重要原料。

Hunteria Roxburgh **仔榄树属，Apocynaceae 夹竹桃科**。乔木，具乳汁。叶对生，侧脉密而近平行。近圆锥状或伞房状的聚伞花序，顶生或腋生；花萼裂片内面无腺体；花冠高脚碟状，花冠管圆筒形，花冠喉部膨大，裂片在花蕾时向左覆盖；雄蕊内藏；子房由2枚离生或基部合生的心皮组成，每心皮有胚珠2-4颗；柱头顶端浅2裂。浆果，卵形或球形，肉质。染色体 $2n$=22。10/1种，**6型**；分布于热带非洲，仅1种至热带亚洲；中国产海南。

Huodendron Rehder **山茉莉属，Styracaceae 安息香科**。乔木或灌木。圆锥花序常呈伞房状；花小，有长梗；萼管与子房合生，萼齿5，长约为萼管之半；花瓣5，开始基部靠合，后分离，花后常反卷；雄蕊8-10，与花瓣近等长，1列，花丝分离；子房半下位，3-4室，每室多胚珠，着生于中轴上，柱头头状。蒴果卵形，下部约2/3与萼管合生，外果皮薄，内果皮较厚。种皮薄，两端延伸成流苏状的翅。花粉粒3孔沟，穴状或网状纹饰。4/3（1）种，**7型**；分布于亚洲东南部；中国产西南和湖南。

Huperzia Bermhardi **石杉属，Lycopodiaceae 石松科**。小型或中型土生蕨类。茎直立或斜生；二叉分枝，茎和小枝上部常有芽苞。叶为小型叶，仅具中脉，一型；线形或披针形，螺旋状排列，常纸质，全缘或具锯齿。能育叶仅比不育叶略小。孢子囊生在全枝或枝上部孢子叶腋，肾形，2瓣开裂。孢子球状四面形，极面观钝三角形，三边内凹，赤道面观扇形。染色体 x=11。约55/27（18）种，**8型**；温带和寒带分布；中国主产西南，其他地区有少量分布。蛇足石杉（千层塔）*H. serrata* (Thunberg) Trevisan 可全草入药。

Hura Linnaeus **响盒子属，Euphorbiaceae 大戟科**。乔木，树干和枝条具粗刺，毛被为简单多细胞的毛；树汁白色，叶互生，近全缘或有波状粗齿；叶柄长，顶端具2腺体。雌雄同株；花无花瓣和花盘。雄花：多数，密集成顶生、具长花序梗的穗状花序；花萼膜质，雄蕊8-20，排成2-3轮或多轮，花丝和药隔联合成柱状体，药室分离，无退化雌蕊。雌花：于枝顶的叶腋内单生，且与雄花序毗邻，花萼革质，全缘，包围子房，子房5-20室，每室具1胚珠。蒴果大，扁圆盒状，顶端凹陷，分果爿木质，轮生状；种子侧向压扁，无种阜。花粉粒3孔沟，网状纹饰。2/1种，**（4）或3型**；分布于美洲热带地区；中国引入栽培。

Hyalolaena Bunge **斑膜芹属，Apiaceae 伞形科**。草本。具块根。基生叶有长柄，有宽阔叶鞘；叶片羽状全裂。复伞形花序有总苞片和小苞片各5；伞辐不等长；萼齿

不显著；花瓣倒卵形，有内折的小舌片；花柱基圆锥状，花柱短，叉开或弯曲。分生果长圆形或长圆状椭圆形，背腹略扁压，有宽阔的合生面，外果皮紧贴，果棱丝状凸起；每棱槽内油管 1-4，合生面油管 2-10。心皮柄 2 深裂至基部。（6-10）/2 种，**2 型**；分布于中亚地区；中国产新疆。

Hybanthus Jacquin **鼠鞭草属，Violaceae 堇菜科**。草本或半灌木，稀灌木。单叶互生。花常单生叶腋，橙色或紫色，两性，两侧对称；萼片近相等，基部不下延；花瓣 5，下面一片最大，基部囊状或成距；花丝细短，其中 2-4 枚的背部有短距，药隔顶端延伸成膜质的附属物；子房侧膜胎座，胚珠多数。蒴果 3 瓣裂；种子椭圆形，具纵条纹。花粉粒 3 孔沟，穿孔状至网状纹饰。虫媒。染色体 $2n$=32。约 150/1 种，**2 型**；分布于热带和亚热带地区；中国产海南。鼠鞭草 *H. enneaspermus* (Linnaeus) F. Muelle 可入药。

Hydnocarpus Gaertner **大风子属，Achariaceae 钟花科**。乔木。单叶，互生，革质，全缘或有齿，羽状叶脉；托叶小，早落。圆锥花序、聚伞花序或簇生状，稀为单花；花单性，雌雄异株；雄花萼片 4-5，花瓣 4-5，分离，基部内侧有鳞片 1 枚，雄蕊 5 至多数，花丝短，花药肾形，退化子房有或无；雌花退化，雄蕊 5 至多数，子房 1 室，侧膜胎座 3-6，每个胎座上胚珠多数，花柱短或近无，柱头 3-6 浅裂。浆果果皮坚脆；种子数粒，种皮有条纹，胚乳油质，子叶宽大，叶状。花粉粒 3 孔沟，网状至皱波状纹饰。40/4 种，**7ab 型**；分布于热带亚洲，东至菲律宾；中国产云南、广西、广东和海南。海南大风子 *H. hainanensis* (Merrill) Sleumer 的种子油富含大风子酸和晁横酸，药用。

Hydrangea Linnaeus **绣球属，Hydrangeaceae 绣球花科**。亚灌木、灌木或小乔木。茎多分枝。叶常对生，稀轮生。花二型，不育花少或缺，孕性花多而小，具短柄；苞片早落；萼片大，2 或 5 片，顶端 4-5 裂；花瓣 4-5；雄蕊 10（或 8 或 25）枚，花药长圆形或近圆形；子房 2/3 上位，2-4（-5）室，花柱 2-4（或 5），具顶生或内斜的柱头。蒴果 2-5 室，于顶端花柱基部间孔裂。种子细小，种皮膜质，具脉纹。花粉粒 3 孔沟，网状纹饰。73/33 种，**9 型**；分布于亚洲东部至东南部，北美洲东南部至中美洲和南美洲西部；中国除海南、黑龙江、吉林、新疆外，各地均产，西南部至东南部尤盛。可作庭园观赏。

Hydrangeaceae Dumortier **绣球花科，木兰亚纲/山茱萸目**。灌木，草本或藤本，稀小乔木。叶常对生，单叶，无托叶。花两性或兼具不孕花，辐射对称，二型或一型；萼片 4 或 5，合生；花瓣 4 或 5，离生；雄蕊为 8 或 10 至多数；柱头 2-5；心皮 2-5，合生；子房半下位至下位，具肋；蜜腺盘常在子房顶部。蒴果，室背开裂或室间开裂。种子常具翅。花粉粒 3（孔）沟。染色体 x=13-18。17 属，190 种，分布于北半球温带至亚热带地区；中国 11 属，125 种，主产南部和东部地区。

Hydrilla **Richard 黑藻属，Hydrocharitaceae 水鳖科**。沉水草本。茎细长。叶 3-8 片轮生，近基部偶有对生，无柄，叶缘具锯齿。花单性，腋生，雌雄异株或同株。雄花序佛焰苞近无柄，膜质，近球形，顶端平截，具数个短凸刺，内含 1 朵雄花；雄花具短梗；萼片 3；花瓣 3；雄蕊 3；成熟时与佛焰苞脱离浮于水面。雌花序佛焰苞管状，无柄，先端 2 裂，内含 1 朵雌花；萼片和花瓣与雄花相似；子房柱形，顶端伸长成喙，花柱（2）3，胚珠少数。果实圆柱形或线形。种子 2-6 粒。花粉粒无萌发孔，刺状纹饰。染色体 $2n$=16。1/1 种，**5 型**；广布温带，亚热带和热带地区；中国各省区均产。黑藻 *H. verticillata* (Linnaeus f.) Royle 可作为鱼、河蟹的饵料；也是园艺水体布景的好材料，可用于水污染治理。

Hydrobryum Endlicher **水石衣属，Podostemaceae 川苔草科。**多年生草本。根展开，呈叶状，紧贴于石上而似地衣。叶鳞片状，2 列覆瓦状排列，早落或缺失。单花顶生，花蕾时藏于佛焰苞内，开花时佛焰苞的腹面纵裂，花伸出，具小花梗；花被片 2（稀 1、3 或 4），线形；雄蕊 1 或 2（3），花丝基部联合，花药 2 室；子房 2 室，柱头 2。蒴果 2 爿，等大，每爿有明显的 5 或 6（或 9）条肋；种子多数。12/1 种，**7 型**；分布于南亚和东南亚；中国产云南。

H

Hydrocera Blume **水角属，Balsaminaceae 凤仙花科。**水生或沼生草本。茎中空，5 棱。叶互生。花单生叶腋，具 1-5 花。萼片 5，侧生萼片 4；花瓣 5，全部离生，旗瓣半兜形，长圆形或圆形，翼瓣 4 枚；雄蕊 5，顶端开裂；子房 5 室，每室具 2-3 枚倒生胚珠，柱头 5。果为肉质假浆果，球形，不开裂，果皮硬骨质，5 室，每室具 1 种子。花粉粒 3 沟，网状纹饰。染色体 $2n=16$。1/1 种，**7 型**；产印度和东南亚；中国产海南。

Hydrocharis Linnaeus **水鳖属，Hydrocharitaceae 水鳖科。**多年生淡水草本，具横生匍匐茎。叶基生，具柄和托叶；叶片卵形、圆形或肾形，全缘，常在叶背面具有广卵形的垫状贮气组织；叶脉弧形，5 或 5 条以上。花单性，雌雄同株。雄花序具梗，佛焰苞 2 枚，内含雄花数朵；萼片 3；花瓣 3，白色；雄蕊 6-12 枚，花药 2 室，纵裂。雌花序无梗，佛焰苞内生 1 朵花；萼片 3；花瓣 3，白色，较大；子房椭圆形，胚珠多数；花柱 6，2 裂。果实椭圆形至圆形，有 6 肋。种子多数。花粉粒无萌发孔，刺状纹饰。染色体 $2n=16$。3/1 种，**4-1 型**；分布于欧洲，北美，亚洲，大洋洲和非洲中部；中国各省区均产。水鳖 *H. dubia* (Blume) Backer 的幼茎可蔬食；全株可作饲料；也用于水体园艺布景。

Hydrocharitaceae A. L. de Jussieu **水鳖科，木兰亚纲/泽泻目。**水生草本，常具根状茎和通气组织。叶基生或茎生，互生、对生或轮生，无托叶，基部常具鞘。聚伞花序，有时单生，腋生，包藏于 2 枚合生或对生苞片内。花单性或两性，雌雄同株或异株；萼片 3，离生；花瓣 3，离生，有时缺失；雄蕊（0-）1 至多数，1 至多轮，内轮常退化，花药 1-4 室；子房下位，1 室，心皮 2-15，合生，胚珠少至多数。浆果或瘦果。种子多数，小，无胚乳，胚直立。花粉粒无萌发孔，光滑、皱波状、刺状或网状纹饰。18 属，140 种，世界广布；中国 11 属，34 种。

Hydrocotyle Linnaeus **天胡荽属，Araliaceae 五加科。**草本。茎匍匐或直立，节上生根。托叶膜质；叶片心形、圆形或肾形。花序常为单伞形花序，有时密集呈头状。果实心状圆形，两侧压扁，表面无网纹，内果皮木质。天胡荽属所含化学成分有三萜皂苷类、黄酮类和香豆素类等。花粉粒 3 孔沟，网状纹饰。（75-100）/14（5）种，**2 型**；分布于热带和温带地区；中国产华东、中南及西南各省区。天胡荽 *H. sibthorpioides* Lamarck、肾叶天胡荽 *H. wilfordii* Maximowicz 可全草入药；*H. wilfordii* Maximowicz 可作草坪。

Hydrolea Linnaeus **田基麻属，Hydroleaceae 叶藏刺科。**特征描述同科。约 12/1 种，**2 型**；分布于美洲，非洲和亚洲的热带和暖温带；中国产福建、广东、广西和海南等。田基麻 *H. zeylanica* (Linnaeus) Vahl 可作药。

Hydroleaceae Edwards **田基麻科，木兰亚纲/茄目。**草本或灌木。叶互生，全缘或有锯齿。花中等大小，4 基数；花萼基部连合；花冠合瓣，后成管状；雄蕊丁字形着生，花丝基部突然膨大或浅裂；蜜腺盘有或无；子房 2-4 室，胎座 2 裂，花柱离生，稍扩展，柱头微漏斗状或头状；胚珠常侧转，无纤维束，珠被具 6-8 层细胞，反足细胞早期退化；蒴果多少有隔膜，不规则开裂。种子具不规则纵向皱纹，外种皮细胞壁薄，内种皮细胞含单宁，具角质层。花粉粒 3 孔沟，网状至具穴-网状纹饰。染色体 *n*=（9）10（12）。1 属，12 种，广布热带和暖温带；中国 1 属，1 种，产华南地区。

Hygrophila R. Brown **水蓑衣属，Acanthaceae 爵床科**。草本，稀亚灌木；具钟乳体。茎具 4 棱。叶对生。穗状花序顶生，或 2 至数朵花簇生于叶腋内；花萼圆筒状，5 裂至中部；花冠一侧膨大，上唇 2 浅裂，下唇 3 浅裂；雄蕊 4，2 强，或 2，花丝基部有膜相连，花药 2 室，药室基部无附属物；退化雄蕊 2 或无；子房 2 室，每室具胚珠 4 至多数；具珠柄钩。蒴果长圆柱形，开裂时胎座不从基部弹起。种子 8 至多数，具吸湿性的螺旋状长柔毛。花粉粒 4 孔沟，复网状纹饰，网眼内具穴。染色体 2*n*=32。100/6（1）种，**2 型**；分布于热带或亚热带水湿或沼泽地区；中国产长江流域以南地区。水蓑衣 *Hygrophila ringens* (Linnaeus) R. Brown ex Sprengel 可入药。

Hygroryza Nees **水禾属，Poaceae 禾本科**。多年生水生漂浮草本。叶鞘肿胀；叶片卵状披针形，基部圆心形。圆锥花序疏散；小穗含 1 两性花，两侧压扁，脱节于柄状基盘之下；颖不存在；外稃厚纸质，具 5 脉，脉被纤毛，顶端延伸成细长直芒；内稃具 3 脉，侧脉为外稃的边脉所握，脊具纤毛；雄蕊 6。染色体 *x*=12，2*n*=24。1/1 种，**7-1 型**；分布于亚洲热带东南部地区；中国产华南。水禾 *H. aristata* (Retzius) Nees 是重要的杂草。

Hylocereus (A. Berger) Britton & Rose **量天尺属，Cactaceae 仙人掌科**。攀援肉质灌木，茎多分枝，枝延伸呈三棱柱状或三角柱状；小窠具粗短硬刺；叶不存在；花单生无梗，两性，夜间开放；花托与子房合生；花被片多数，螺旋状聚生于花托筒上部，外轮萼片状，常反曲；内轮花瓣状，开展。雄蕊多数；子房下位，1 室；花柱圆柱形，柱头 20-24。浆果，种子多数。约 15/1 种，**3 型**；分布于中美洲，西印度群岛及南美洲；中国均为引种栽培。

Hylodesmum H. Ohashi & R. R. Mill **长柄山蚂蝗属，Fabaceae 豆科**。多年生草本或亚灌木。羽状复叶，小叶 3-7，全缘或浅波状。总状花序顶生或腋生，稀为圆锥花序，每节常着生 2-3 花；花萼宽钟状，4 裂；旗瓣宽椭圆形或倒卵形，具短瓣柄；雄蕊单体；子房明显具柄。荚节 2-5，腹缝线直或微波状，背缝线于荚节间深缢至腹缝线，荚节常为斜三角形或略宽的半倒卵形。种子常较大，无假种皮，子叶留土萌发。14/10（3）种，**9 型**；分布于东亚和北美；广布中国各省区。云南长柄山蚂蝗 *H. longipes* (Franchet) H. Ohashi & R. R. Mill 的根和果可入药。

Hylomecon Maximowicz **荷青花属，Papaveraceae 罂粟科**。多年生草本，具黄色液汁。根茎密盖鳞片，果期呈肉质、橙黄色。叶片羽状全裂，裂片 2-3 对。花 1-3 朵，组成伞房状花序，顶生或腋生；萼片 2；花瓣 4，黄色，具短爪。蒴果。种子具种阜。花粉粒 3 沟。1/1 种，**14SJ 型**；分布于日本，朝鲜，俄罗斯东西伯利亚，以及中国东北、华北、华中、华东地区。

Hylophila Lindley **袋唇兰属，Orchidaceae 兰科**。地生草本。根状茎伸长，茎状，匍匐，肉质，具节，节上生根。叶在茎上互生，具柄，柄基部扩大成抱茎的鞘。花序总状，顶生，具多数较密生的花；花倒置（唇瓣位于下方）；萼片离生，中萼片和花瓣黏合呈兜状；侧萼片斜歪，围抱唇瓣；唇瓣几乎呈囊状；蕊柱短，有时具 2 枚平行的狭翅，在中部呈臂状伸出；花药长，披针形；花粉团 2 个，为具小团块的粒粉质，具长的花粉团柄，共同具 1 个长的粘盘；蕊喙直立，2 裂；柱头 1 个，隆起，位于蕊喙之下。约 6/1（1）种，**7d 型**；分布于亚洲热带；中国产台湾。

Hylotelephium H. Ohba **八宝属，Crassulaceae 景天科**。多年生草本。根纤维状或

块茎状。茎生叶互生、对生，或3-5轮生，叶片扁平，边缘具齿。聚伞圆锥或伞状花序密集多花；花两性或单性，常（4）5基数，有时退化；萼片常短于花瓣，基部近合生；花瓣常离生，紫色、红色、粉红色或白色；雄蕊数目为花瓣的2倍；心皮离生，有柄。蓇葖果直立；种子多数，具窄翅。花粉粒3孔沟，条网状纹饰。染色体2*n*=24，30，36，48，50。约33/16（6）种，**8型**；分布于亚洲，欧洲和北美洲；中国产亚热带至温带地区，西南尤盛。八宝*H. erythrostictum* (Miquel) H. Ohba全草可药用。

H

Hymenachne P. Beauvois **膜稃草属，Poaceae 禾本科**。多年生湿生草本，具长匍匐茎。圆锥花序；小穗簇生于穗轴一侧，披针形，背腹压扁，柄极短；第一小花雄性或中性，第二小花两性；第一颖微小，第二颖与第一外稃草质，顶端尖或渐尖呈锥状乃至短芒状，第二外稃膜质或薄纸质，顶端尖或渐尖，覆盖同质的内稃，花成熟时，内稃不被覆盖。染色体*x*=10。5/3（1）种，**2（7，14）型**；分布于热带地区；中国产南方地区，以海南尤盛。膜稃草*H. amplexicaulis* (Rudge) Nees为优良饲料。

Hymenaea Linnaeus **孪叶豆属，Fabaceae 豆科**。乔木。小叶1对，孪生，全缘，厚革质，具透明腺点。花白色，排成顶生的伞房状圆锥花序；花萼管状，上部膨大呈钟状，4裂，裂片厚革质；花瓣5或3，近等大或前方2片小而呈鳞片状；雄蕊10枚，全育；子房具短柄，胚珠数颗。荚果核果状，斜倒卵形或长圆形，表面粗糙或具疣状凸起，不开裂。种子少数，无胚乳和假种皮。花粉粒3孔沟，网状纹饰。染色体2*n*=24。约26/2，**（2-2）型**；分布于美洲和非洲热带地区；中国广东和台湾引入栽培。为建筑、造船和家具用材；孪叶豆*H. courbaril* Linnaeus的树脂为重要的油漆原料。

Hymenasplenium Hayata **膜叶铁角蕨属，Aspleniaceae 铁角蕨科**。草本，石生或附生植物，少土生。根状茎长而横走。叶远生或近生；叶柄栗棕色或绿色；叶片一回羽状，少有单一；羽片大多为半开式不等边四边形；叶脉羽状分离，少有网结，二叉或二回二叉分枝。孢子囊群线形、椭圆形，单一，偶有双生；囊群盖线形；孢子椭圆形或圆肾形，表面光滑。染色体*x*=36，38，39。约30/18（8）种，**2型**；广布泛热带，尤其东南亚热带为多；中国产长江流域各省区，西南部尤盛。

Hymenodictyon Wallich **土连翘属，Rubiaceae 茜草科**。落叶灌木或乔木。叶对生；托叶常有腺体状锯齿。花序圆锥状、总状或穗状，顶生或兼腋生；苞片1-4枚，叶状，大，有柄；花两性，5基数；花冠漏斗形或钟形，裂片镊合状排列；雄蕊内藏；子房2室，胚珠多数，着生在隔膜上，柱头纺锤形或头状，长伸出。蒴果，室背开裂成2果爿。种子扁平，具膜质阔翅。花粉粒3孔沟、稀4，孔状或细网状纹饰。染色体2*n*=44。22/2种，**6（14SH-7a-c）型**；分布于亚洲和非洲的热带与亚热带地区；中国产广西、四川和云南。

Hymenophyllaceae Link **膜蕨科，水龙骨亚纲/膜蕨目**。草本，大多为附生，少数土生。根状茎长而横走，少数短而直立。叶通常较小，叶片膜质，多为一层细胞组成，少数较厚，有3-4层细胞组成，无气孔；叶脉分离，二叉分枝或羽状分枝，末回裂片仅有一条小脉，部分沿叶缘有连续不断或有断续的假脉。孢子囊苞坛状、管状或唇瓣状；孢子囊群近球形，位于末回裂片顶端或边缘，着生圆柱状囊托周围，不露出或部分露出囊苞外，环带斜生或横生，纵裂；孢子四面体。世界9属，约600种，分布于热带和温带地区；中国7属，50余种，产西南、华南和华东地区。

Hymenophyllum J. E. Smith **膜蕨属，Hymenophyllaceae 膜蕨科**。草本，附生或

石生。根状茎纤细，横走，被短毛或近光滑。叶远生；柄纤细，有翅或无翅；叶片多回羽状分裂，裂片边缘具锯齿或全缘；叶轴上面被毛，少为无毛；叶脉羽状分枝或二叉分枝，无假脉。孢子囊群生于末回裂片的顶端；囊苞深裂或浅裂为两唇瓣状；囊托内藏或突出于囊苞口外；孢子近圆形，外壁具短棒状纹饰。染色体 x=11，13，18，21，22。约 250/22（4）种，**2 型**；主要分布于旧世界热带和亚热带地区，向南达波利尼西亚；中国产西南、华南和华东地区。华东膜蕨 *H. barbatum* (Bosch) Baker 含芹菜素，可化瘀止血。

Hymenopyramis Wallich ex Griffith **膜萼藤属，Lamiaceae 唇形科**。灌木、藤本或小乔木。叶对生。聚伞圆锥花序顶生或腋生；花萼具 4 齿，透明状膜质，具网状脉，果期膨大成膀胱状；花冠近漏斗状，4 裂，裂片不等大；雄蕊 4，着生于花冠喉部；子房 2 室，每室 2 胚珠；花柱伸出花冠，柱头 2 裂。蒴果球形。约 6/1 种，**7 型**；分布于东南亚；中国产海南。

Hyoscyamus Linnaeus **天仙子属，Solanaceae 茄科**。一年生、二年生或多年生草本，被腺毛。叶具短柄或无柄。花在茎下部单独腋生，向茎上部聚生成蝎尾式、总状或穗状花序；花具极短梗或无梗；花萼筒状钟形、坛状或倒圆锥形；花冠钟状或漏斗状，花冠裂片不等大。果萼包被蒴果，有明显纵脉，裂片先端成硬针刺；蒴果盖裂。种子密布凹穴痕。花粉粒 3（-4）孔沟，皱波状、网状或条纹状纹饰。染色体 $2n$=28，34，68。约 20/2 种，**10-2（8）型**；分布于亚洲，欧洲和非洲北部；中国产北部地区。天仙子 *H. niger* Linnaeus 可药用，有大毒。

Hyparrhenia Andersson ex Fournier **苞茅属，Poaceae 禾本科**。一年生或多年生粗壮草本。伪圆锥花序，由总状花序组成，最上一节着生 3 小穗，其下每节生 2 小穗，最下 1-2 对小穗常为无芒同性对；无柄小穗两性或偶为雌性，基盘密生髯毛，第一颖背部扁圆，有时具 1 浅沟，第二颖舟状，第一外稃与第一颖几等长，第二外稃顶端 2 裂，具芒，芒被短硬毛；有柄小穗雄性或中性，常长于无柄小穗。花粉粒负网状-颗粒纹饰。约 64/5 种，**2-2（6）型**；分布于非洲及其他热带地区；中国产西南和华南地区。

Hypecoum Linnaeus **角茴香属，Papaveraceae 罂粟科**。一年生草本，具微透明的液汁。基生叶近莲座状，二回羽状分裂。花排列成二歧式聚伞花序；花萼 2；花瓣 4，2 轮。蒴果长圆柱形，大多具节，节内有横隔膜。种子表面具小疣状凸起。花粉粒 2 沟，穿孔状纹饰，具小刺。染色体 n=8。18/4（1）种，**10-2 型**；分布于地中海至中亚，以及中国北部、西北部至西南部。

Hypericaceae Jussieu **金丝桃科，木兰亚纲/金虎尾目**。草本、灌木或乔木；植株具腺体或管，常具黏液毛。叶对生、稀轮生或互生，全缘，无托叶。花序顶生，聚伞状，稀腋生为单花；花对称，完全花；萼片离生，常 4-5；花瓣 4-5，离生；雄蕊多数，离生或不同方式的成束或合生，药隔时常具腺体；子房上位，3-5 室，中轴胎座至侧膜胎座；花柱离生，基部多少合生，或花柱单一，柱头膨大，黏滑。浆果或蒴果，极少为核果。种子细小，有翅或无翅；胚直生或极少弯生。花粉粒 3 孔沟，穿孔状、网状或皱波状纹饰。9 属，540 种，世界广布；中国 4 属，69 种，遍布各地。

Hypericum Linnaeus **金丝桃属，Hypericaceae 金丝桃科**。草本或灌木。叶对生，有时轮生，无柄或具短柄，有透明的腺点。花两性，多为黄色，单生或聚伞花序，顶生或腋生；萼片 5；花瓣 5，常偏斜；雄蕊极多数，分离或基部联合成束；子房上位，1 室、具侧膜胎座，或 3-5 室、具中轴胎座；胚珠极多数；花柱 3-5。蒴果，很少浆果；种子小，表面具各种雕纹，无假种皮。花粉粒 3 孔沟，网状纹饰。460/64

（33）种，**1（8-4）型**；除南北两极地或荒漠地及大部分热带低地外，世界广布；中国产各地，西南尤多。

Hypochaeris Linnaeus **猫儿菊属，Asteraceae 菊科**。多年生草本。茎、叶及总苞具硬单毛。花托平，托片长膜质，基部包围小花；冠毛羽毛状，1 层；总苞片多层，覆瓦状排列；全部小花黄色；花药基部箭形；花柱分柱纤细，顶端微钝。果圆柱形或长椭圆形，有具刺的肋。染色体 2*n*=6，8，10，12，20。60/6（4）种，**8 型**；分布于亚洲，地中海地区和南美；中国产东北、华北和西北地区。猫儿菊 *H. ciliata* (Thunberg) Makino 为栽培花卉。

H

Hypodematiaceae Ching **肿足蕨科，水龙骨亚纲/水龙骨目**。草本，土生或岩石生。根状茎横卧或横走；叶簇生。叶柄基部明显膨大呈纺锤形，被鳞片覆盖；叶片卵状三角形，三至四回羽状分裂。叶轴和羽轴有纵沟；叶脉分离，羽状分枝。孢子囊群圆形；囊群盖圆肾形或马蹄形，灰白色膜质，囊群盖上有刚毛或短柔毛。孢子囊椭圆形，周壁褶皱，表面具小刺状或颗粒状纹饰，表面光滑。3 属，约 20 种，旧世界热带至暖温带各地广布；中国 2 属，约 13 种，除东北和西北外，产各省区。

Hypodematium Kunze **肿足蕨属，Hypodematiaceae 肿足蕨科**。草本，岩石缝生。根状茎横卧，粗壮，连同叶柄基部密被重叠覆盖的红棕色大鳞片；叶簇生。叶柄基部明显膨大呈纺锤形；叶片卵状三角形，三至四回羽状分裂，基部一对最大；叶脉分离，羽状分枝。遍体密被灰白色单细胞长柔毛或细长针状毛。孢子囊群肾形或马蹄形；囊群盖圆肾形或马蹄形，囊群盖灰白色膜质，囊群盖上有刚毛或短柔毛。孢子囊椭圆形，周壁褶皱，表面具小刺状或颗粒状纹饰，或光滑。染色体 *x*=40，41。约 18/12 种，**6 型**；分布于亚洲和非洲亚热带；中国除东北和西北外，产各省区。肿足蕨 *H. crenatum* (Forsskål) Kuhn & Decken 入药，可用于治疗风湿关节痛。

Hypoestes Solander ex R. Brown **枪刀药属，Acanthaceae 爵床科**。多年生草本或亚灌木；具钟乳体。叶对生，具羽状脉。聚伞花序组成穗状花序或圆锥花序，每一聚伞花序常仅 1 朵花发育；苞片叶状，具柄，小苞片 4 或 2，离生或合生成管状。花萼 5 深裂；花冠扭曲上唇全缘或 2 浅裂，下唇 3 浅裂；雄蕊 2，花药 1 室，药室基部无芒状附属物；无退化雄蕊；子房 2 室，每室具 2 胚珠，具珠柄钩。蒴果基部具不育的实心短柄，开裂时胎座不从基部弹起。种子 4，有小疣点，无毛。花粉粒 3 孔沟，网状纹饰。染色体 2*n*=30。40/3 种，**4 型**；分布于东半球的热带地区；中国产广东、广西、海南和云南。枪刀药 *H. purpurea* (Linnaeus) R. Brown 可入药。

Hypolepis Bernhardi **姬蕨属，Dennstaedtiaceae 碗蕨科**。草本，土生或石生。根状茎长而横走。叶一型，叶柄有毛，粗糙直立，少为蔓生；叶片通常一至三回羽状分离，两面和叶轴均被与根状茎相同的短毛；叶脉分离，羽状分枝。孢子囊群圆形，着生叶缘的一条小脉顶端，位于裂片缺刻处，无囊群盖；孢子囊梨形；孢子两侧对称，椭圆形，周壁有刺状纹饰，外壁表面光滑。染色体基数多样。约 40/8（2）种，**2 型**；分布于泛热带地区，尤以西半球热带较多；中国产西南、华南和华东地区。姬蕨 *H. punctata* (Thunberg) Mettenius 可药用。

Hypolytrum Persoon **割鸡芒属，Cyperaceae 莎草科**。多年生草本，具匍匐根状茎。基生叶两行排列，互相稍紧抱，近革质。小苞片鳞片状；穗状花序排列为圆锥花序、伞房花序或头状花序，具多数鳞片和小穗；小穗具 2 小鳞片、2 雄花和 1 雌花。雄花具 1 雄蕊，小鳞片舟状，具龙骨状凸起。雌花具 1 雌蕊，生在小穗顶端，无小鳞片；柱头 2。小坚果双凸状，骨质，顶端具喙。花粉粒单孔，网状纹饰。60/4（2）

种，**2 型**；分布于热带和亚热带地区；中国见于西南至华南，主产海南。

Hypoxidaceae R. Brown **仙茅科，木兰亚纲/天门冬目。**草本植物，叶根生或基生，常有显著的平行叶脉或具折扇状叶脉；花生在花茎上；变形绒毡层、小孢子依次发生；子房下位，蜜腺无，柱头融合或具辐射状3裂；果实为蒴果或浆果；具有块茎或球茎。种子球形，表面光滑或具小刺。花粉粒单沟，网状纹饰。染色体 x=6-9，11。7-9 属，100-200 种，主要分布于非洲南部，北美南部和中南美洲，少数见于中国和澳大利亚；中国 2 属，8 种，产西南至华南及东南各省区。

Hypoxis Linnaeus **小金梅草属，Hypoxidaceae 仙茅科。**多年生草本。具球茎或近球形的根状茎，有时具块茎。基生叶 3-20 枚，狭长，无柄。花茎纤细，短于叶；花1至数朵，单生或呈顶生的近伞形花序或总状花序；无花被管，花被片 6，宿存；雄蕊着生于花被片基部，花丝短，花药近基着；子房下位，3 室，花柱较短，柱头3裂。蒴果。花粉粒单沟，网状纹饰。染色体数变化极大，2n=14-200。(50-100)/1 种，**2 型**；主要分布于热带地区，也见于东南亚及日本；中国产西南、华南及东南各省区。小金梅草 *H. aurea* Loureiro 可药用。

Hypserpa Miers **夜花藤属，Menispermaceae 防己科。**木质藤本。叶柄痕不明显，叶全缘。花被不规则排列；雄花萼片 7-12，螺旋状着生，雄蕊 9 至多数，分离或黏合，花丝顶端肥厚，药室纵裂；萼片 2 轮，花瓣 4-5，无退化雄蕊，心皮 3，花柱残迹近基生。核果，胎座迹外面穿孔或不穿孔，胚乳非嚼烂状，子叶非叶状。花粉粒 3 孔沟，穿孔状纹饰。6/1 种，**5 型**；分布于东南亚，马来西亚，大洋洲，波利尼西亚及中国南部至东部。夜花藤 *H. nitida* Miers 可供药用。

Hyptianthera Wight & Arnott **藏药木属，Rubiaceae 茜草科。**灌木或小乔木。叶对生；托叶宿存。密伞花序，腋生；萼裂片 5，等大或不等大；花冠裂片 4-5，旋转排列；雄蕊 4-5，内藏，花药基部和背部有柔毛；子房 2 室，胚珠每室 6-10 颗，柱头具长硬毛，内藏。浆果，卵形或球形。种子覆瓦状排列，扁平，具角，种皮厚，纤维状及有皱褶。2/1 种，**7-2 型**；分布于亚洲南部至东南部地区；中国产云南和西藏。

Hyptis Jacquin **山香属，Lamiaceae 唇形科。**草本至灌木，常具强烈香气。花萼管状钟形或管形，10 脉，萼齿 5，近相等，具短尖，果时花萼增大。花冠筒圆筒形或一边稍膨胀，冠檐二唇形，上唇 2 裂，裂片直伸、平展或外反，下唇 3 裂，中裂片囊状，花时反折，基部收缩，具胼胝体边缘或两边向前的齿，侧裂片相似；雄蕊 4，前对较长，下倾，花药汇合成一室。小坚果卵形或长圆形。花粉粒 6 沟，网状纹饰。染色体 2n=16，28，30，32，40-46，64，96。约 280/4 种，**3 型**；产美洲热带至亚热带及西印度群岛地区；中国产南部沿海。

Hyssopus Linnaeus **神香草属，Lamiaceae 唇形科。**多年生草本至半灌木，帚状。叶多线形至长圆形，全缘，中肋在下面显著。轮伞花序多偏于一侧，腋生，组成顶生穗状花序；花萼管状钟形，15 脉，齿间凹陷处有小瘤状凸起，外被毛及腺点，萼齿 5；花冠外被毛及腺点，冠檐二唇形，上唇几扁平，下唇开张，3 裂；雄蕊大多伸出，前对稍长，花药卵圆形，2 室，室叉开；花柱先端 2 浅裂。小坚果长圆形或长圆状卵形。花粉粒 6 沟，网眼内具穴或复网状纹饰，网眼内具穴。染色体 2n=12。约 15/3（1）种，**12 型**；分布于亚洲中部，经西亚至南欧及北非；中国产新疆。

Hystrix Moench **猬草属，Poaceae 禾本科。**多年生高大草本。穗状花序；小穗常孪生，稀单生，各含 1-3（-4）小花，顶端小花多不育，小穗轴脱节于颖上，延伸于内稃

之后而成细柄；颖退化成短小之芒或缺如；外稃披针形，背圆形，具 5-7 脉，顶端延伸成长芒，内稃具 2 脊，脊具小纤毛；雄蕊 3；花柱极短。颖果顶端具毛。染色体 *x*=7。约 10/4（1）种，**9 型**；分布于亚洲暖温带和北美；中国产东北、西北、华中和西南。猬草 *H. duthiei* (Stapf) Bor 可作饲料。

Ianhedgea Al-Shehbaz & O'Kane **葶芥属，Brassicaceae 十字花科**。一年生草本。茎直立，纤细。总状花序有少数花至数朵花，无苞片；花轴强烈或轻微弯曲。萼片椭圆形，直立，基部不呈囊状；花瓣白色或粉红色；瓣片倒披针形，顶端钝；雄蕊 6，四强雄蕊，花丝丝状，花药卵圆形，顶端钝。每室（6-）10-20 胚珠。开裂长角果。种子单列，无翅，椭圆形。染色体 2*n*=28。1/1 种，**13（→12）型**；分布于亚洲中部和西南部；中国产西藏。

Icacinaceae Miers **茶茱萸科，木兰亚纲/茶茱萸目**。乔木或藤本。单叶全缘，无托叶。花两性或单性，小，辐射对称；穗状或总状花序；花梗具关节；花萼 4-5，合生；花瓣 4-5，分离或合生，先端内折，稀无；雄蕊与花瓣同数互生，花丝常于药室下有毛；子房上位，1 室，少 3-5 室，花柱短，纤细；胚珠 2 枚，倒垂于子房室之顶。核果，1 室，有种子 1 粒，花萼宿存，稀为翅果。花粉粒无萌发孔或 3-7 孔，具刺。染色体 2*n*=24，48。24-25 属，149-150 种，泛热带分布；中国 10 属，19 种，产西南和华南各省区。

Ichnanthus P. Beauvois **距花黍属，Poaceae 禾本科**。一年生或多年生草本。秆伏地。圆锥花序；小穗单生或基部孪生，着生于小穗一侧，小穗柄不等长，脱节于颖之下或第二小花先落，背腹扁压，颖草质；第一小花雄性或中性，第二小花两性，外稃革质，基部两侧有附属物或凹痕，边缘包裹同质内稃；鳞被 2，具 5 脉。种脐点状。染色体 *x*=10。30/1 种，**2（3）型**；分布于热带和亚热带地区；中国产华南地区。大距花黍 *I. pallens* var. *major* (Nees) Stieber 的秆叶可作饲料。

Ichnocarpus R. Brown **腰骨藤属，Apocynaceae 夹竹桃科**。木质藤本或亚灌木，具白色乳汁。叶对生。总状或圆锥状聚伞花序，二歧状分枝；花萼裂片内面的腺体有或无；花冠高脚碟状，花冠管短柱形，光滑或被向上的柔毛，花冠裂片在芽期向右覆盖；雄蕊内藏或伸出；子房由 2 枚离生心皮组成，被毛，胚珠多数。蓇葖近圆柱状或纺锤形，沿腹缝线开裂。种子线形至线状长圆形，顶端具棕色种毛。染色体 2*n*=22。15-17/4（1）种，**5 型**；分布于喜马拉雅西部，斯里兰卡，印度，马来西亚，大洋洲，以及中国广东、广西和云南。

Ichtyoselmis Lidén & T. Fukuhara **黄药属，Papaveraceae 罂粟科**。多年生草本。茎基部生 2-4 片膜质的宽鞘。叶二至三回三出全裂；叶片三角形。总状花序有 4-6 花。果实坚硬，开裂。种子表面密生网状的洼陷。花粉粒 3 沟，穿孔状纹饰。1/1（1）种，**15 型**；产贵州、湖北、四川、云南。

Idesia Maximowicz **山桐子属，Salicaceae 杨柳科**。落叶乔木；叶互生，基部 5 脉，大型，边缘有锯齿；叶柄和叶基常有腺体；花单性异株，排成顶生的圆锥花序；萼片 5，有时 3-6；无花瓣；雄花有雄蕊极多数，着生在花盘上；雌花的子房球形，1 室，有胚珠极多数，生于 5（3-6）个侧膜胎座上，花柱 5，很少 3-6；果为浆果，成熟时红色，种子多数，红棕色，外种皮膜质。花粉粒 3 孔沟（稀 6），网状纹饰。1/1 种，**14SJ 型**；分布于日本，朝鲜及中国大部分省区。

Ikonnikovia Linczevski **伊犁花属，Plumbaginaceae 白花丹科**。矮小灌木，分枝粗短。叶集生枝端呈莲座状，边缘波状。小穗含 3（2-4）花，成圆锥花序；萼管状，5 脉，萼檐狭钟状，裂片 5；花冠紫红色，由 5 枚基部联合而下部以内曲边缘接合的

花瓣组成，上端分离而外展；雄蕊略与花冠基部联合；子房线状圆柱形，花柱5，分离，柱头扁头状。蒴果长圆状线形。花粉粒3沟。染色体2*n*=18，20。1/1种，**13型**；分布于中国与哈萨克斯坦；中国产新疆。

Ilex Linnaeus **冬青属，Aquifoliaceae 冬青科**。特征描述同科。约420/204（149）种，**3型**；分布于中南美洲和热带亚洲；中国产秦岭、长江流域及其以南地区。扣树 *I. kaushue* S. Y. Hu可用作苦丁茶。

Iljinia Korovin **戈壁藜属，Amaranchaceae 苋科**。半灌木。多分枝。叶互生，肉质，圆柱状，顶部稍膨成棒状。花两性，单生于苞腋，无柄；小苞片2；花被球形，花被片5，卵形，边缘膜质，果时稍变硬，背面上部横生翅状附属物；雄蕊5，着生于花盘上，花丝短；子房扁球形，花柱极短，柱头2。胞果半球形，稍扁。种子横生，顶基扁；胚螺旋状，无胚乳。花粉粒具散孔。风媒为主。约1/1种，**13-1型**；分布于中亚，巴基斯坦，蒙古国；中国产新疆、内蒙古、甘肃的戈壁荒漠地区。

Illicium L. Linnaeus **八角属，Schisandraceae 五味子科**。灌木或乔木。叶互生，常聚集生在枝顶；单叶，全缘，叶片具透明油点；无托叶。有限花序，1-3朵花，腋生；花两性，辐射对称，具花托；花被片多数，离生；雄蕊7至多数，花丝短而粗，与花药不易分开；心皮7至多数，离生，单轮排列；每心皮胚珠1枚。星状的蓇葖果聚合果；每蓇葖果种子1枚。花粉粒3（合）沟，网状纹饰。染色体2*n*=26，28。约40/27（18）种，**9型**；分布于亚洲东南部和美洲；中国产西南部至东部。八角 *I. verum* J. D. Hooker的果实为调味香料。

Illigera Blume **青藤属，Hernandiaceae 莲叶桐科**。常绿藤本。叶互生，有3小叶（稀5小叶），具叶柄，有的卷曲攀援；小叶全缘，具小叶柄。花序为腋生的聚伞花序组成的圆锥花序。花5数，两性；萼片长圆形或长椭圆形，稀卵状椭圆形，具3-5条脉；花瓣5，与萼片同形，具1-3脉，镊合状排列；雄蕊5，花丝基部有1对附属物，膨大，膜质；子房下位，1室，1胚珠，花盘上有腺体5枚，小。果具2-4翅。花粉粒无萌发孔，具刺。染色体 *n*=18。约30/15（7）种，**6型**；分布于亚洲和非洲热带地区；中国产云南、四川、贵州、广西、广东、湖南、福建及台湾。

Impatiens Linnaeus **凤仙花属，Balsaminaceae 凤仙花科**。草本，常肉质。单叶常互生。花两侧对称；萼片3-5，下面1枚萼片花瓣状，基部常具距；花瓣5枚，分离，位于背面的1枚花瓣离生，下面的侧生花瓣成对合生成2裂的翼瓣；雄蕊5枚；子房上位，4或5室，柱头1-5。假浆果或蒴果。花粉粒3孔（沟）或4沟，网状纹饰。染色体2*n*=6-66。约1000/270（187）种，**2-2型**；分布于旧大陆热带，亚热带山区和非洲；中国产西南部和西北部山区。可供观赏和药用。

Imperata Cirillo **白茅属，Poaceae 禾本科**。多年生草本。具发达多节的长根状茎。圆锥花序，穗状；小穗孪生于花序轴上，基部围以丝状柔毛，具长短不一的小穗柄，两颖近相等，背部被长柔毛，有1两性小花；小花内、外稃膜质，具裂齿和纤毛，无芒，第一内稃无，第二内稃较宽，包围着雌、雄蕊；雄蕊2或1。染色体2*n*=20。10/3（1）种，**2（8-4）型**；分布于热带和亚热带；中国广布。白茅 *I. cylindrica* (Linnaeus) Raeuschel是良好的牧草；其根茎味甜，可供食用或酿酒；也可入药。

Incarvillea Jussieu **角蒿属，Bignoniaceae 紫葳科**。一年生或多年生草本。叶基生或互生，单叶或一至三回羽状复叶。总状花序顶生；花萼钟状，萼齿5，三角形渐尖或圆形突尖，稀基部膨大成腺体；花冠漏斗状，二唇形，裂片5；二强雄蕊，丁字着药，基部具距；花盘环状；子房2室，

胚珠多数，柱头2裂，扁平扇状。蒴果长圆柱形，有时有4-6棱。种子细小，扁平，具透明膜质翅或丝状毛。花粉粒6-10沟，网状或穴状纹饰，有小刺。虫媒。染色体2*n*=22。约16/12种，**13型**；分布于喜马拉雅，中亚和东亚地区；中国产西南。黄波罗花*I. lutea* Bur. & Franch可作观赏花卉；两头毛*I. arguta* (Royle) Royle全草入药，可治跌打损伤；藏波罗花*I. younghusbandii* Sprague的根药用，具有滋补强壮作用。

Indigofera Linnaeus **木蓝属**，**Fabaceae 豆科**。灌木或草本，稀小乔木，多少被白色或褐色平贴丁字毛，少数具二歧或距状开展毛及多节毛，有时被腺毛或腺体。奇数羽状复叶，偶为掌状复叶、三小叶或单叶。总状花序腋生，少数呈头状、穗状或圆锥状；萼齿5；龙骨瓣常呈匙形，常具距突与翼瓣钩连；雄蕊二体。荚果多线形或圆柱形。种子肾形、长圆形或近方形。花粉粒3孔沟，网状、穿孔状或不规则条纹状纹饰。染色体2*n*=14，16，32，36或48。约750/79（45）种，**2型**；分布于泛热带，非洲和马达加斯加尤盛；中国主产西南部和南部，少数延伸至东北地区。野青树*I. suffruticosa* Miller、木蓝*I. tinctoria* Linnaeus的根、茎或叶可供药用或提取染料。

Indocalamus Nakai **箬竹属**，**Poaceae 禾本科**。灌木状竹类。地下茎细型；节下方有1圈宿存的黄褐色绒毛或刚毛。单分枝，与主秆近等粗。秆箨宿存性；箨耳常发达；箨片披针形。叶片大型。单次发生花序，呈总状或圆锥状；每小穗含数朵乃至多朵小花；颖片2或3；鳞被3；雄蕊3；花柱1，柱头2（但在鄂西箬竹*I. wilsonii*为3），羽毛状。颖果成熟时黑褐色。染色体2*n*=48。约23/22（22）种，**14-2型**；分布于日本；中国产长江以南各省区。

Indofevillea Chatterjee **藏瓜属**，**Cucurbitaceae 葫芦科**。木质攀援状藤本。单叶全缘。雌雄异株；雄花序圆锥状，苞片线形，渐尖，花萼裂片5，花冠裂片5，较花萼裂片短，雄蕊5，4枚成对靠合，1枚分离，花丝几无，花药1室，有柔毛，退化雌蕊缺；雌花未见。果实长圆形，不开裂，果皮较厚，近木质，种子多数。花粉粒3孔沟，网状纹饰。1/1种，**7-2（14SH）型**；分布于印度东北部及中国西藏东南部（墨脱）。

Indosasa McClure **大节竹属**，**Poaceae 禾本科**。乔木状竹类。地下茎细型；秆散生；节间在有分枝一侧具沟槽；分枝常3枚；节膨大，秆环甚隆起。秆箨脱落性，背面常被簇生、密集排列或稀疏小刺毛；箨片大，呈三角形或披针形。叶片较大。续次发生花序，呈圆锥状或总状；小穗无柄，在花序基部具先出叶及数枚逐渐增大的苞片；颖常2；鳞被3；雄蕊6；花柱1，柱头3，羽毛状。花粉粒疣状纹饰。约15/13（13）种，**7-4型**；分布于越南北部及中国南部和西南部。

Inula Linnaeus **旋覆花属**，**Asteraceae 菊科**。草本，稀灌木。叶互生。头状花序；花托无托片；冠毛有细毛；总苞内层干膜质，外层叶质，革质或干膜质；外缘有1至数层雌花，中央花两性，管状；花药有细长渐尖的尾部，药室内壁组织辐射状排列；两性花花柱顶端较宽。瘦果近圆柱形，有棱、纵肋或细沟。花粉粒3孔沟，具刺，刺间穿孔状或瘤状凸起。染色体2*n*=16，20，24，32。100/14（2）种，**10型**；产非洲，亚洲和欧洲；中国主产北方，少数到西北和青藏地区。土木香*I. helenium* Linnaeus、旋覆花*I. japonica* Thunberg可药用。

Iodes Blume **微花藤属**，**Icacinaceae 茶茱萸科**。木质藤本。叶间具卷须。单叶对生，稀近对生，全缘，纸质，具柄。聚伞状圆锥花序腋生或腋上生。雌雄异株。雄花：花萼杯状，5齿裂；花冠（3-）4-5深裂，基部连合，外面密被毛；雄蕊3-5，与花

冠裂片互生；退化子房无或极小。雌花：花萼与雄花相似；花冠4-5裂，下部管状，常扩大。无退化雄蕊；子房1室，有2枚悬垂胚珠；柱头厚盾状。核果斜倒卵形，外果皮薄壳质，中果皮薄，内果皮外面具网状多角形陷穴，极稀平滑。种子1枚，具肉质胚乳。花粉粒3孔，网状纹饰，有小刺。19/4（1）种，**6型**；分布于非洲，热带亚洲；中国产西南至华南地区。瘤枝微花藤 *I. seguinii* (H. Léveillé) Rehder 的果肉可食；大果微花藤 *I. balansae* Gagnepain、微花藤 *I. cirrhosa* Turczaninow 可药用。

Iphigenia Kunth **山慈菇属，Colchicaceae 秋水仙科**。多年生草本。球茎小，具膜质外皮。茎直立，叶状。叶散生，线形，无柄。花小，单朵或多朵排成顶生伞状花序；花梗较长；苞片叶状；花被6，离生，外向展开，较狭，基部具爪，早落；雄蕊6，着生于花被片基部，花丝较短，稍扁平；子房3室，每室具多数胚珠，花柱短，上部3裂。蒴果室背开裂。种子小，近球形。花粉粒单沟，穴状、刺状和网状纹饰。染色体 x=10，11，13等。10/1种，**4型**；分布于非洲，大洋洲至亚洲热带地区；中国产云南、海南。

Ipomoea Linnaeus **番薯属，Convolvulaceae 旋花科**。草本或灌木，常缠绕。叶常具柄。花序多为腋生的聚伞花序，1至多花，少为圆锥花序；苞片各式；萼片5，宿存，相等或不等，果时多少增大；花漏斗状、钟状或高脚碟状，瓣中带以2明显的脉清楚分界；花盘环状；子房2-4室，胚珠4或6，花柱1，柱头头状，或裂成2-3球状。蒴果球形或卵形，4或6瓣裂。种子4（-6）或较少。花粉粒散孔，外壁为网状纹饰，有刺。染色体 $2n$=28，30，32，38，60。500/29种，**2型**；广布热带至暖温带地区，南北美洲种类尤盛；中国南北均产。番薯 *I. batatas* (Linnaeus) Lamarck、蕹菜 *I. aquatica* Forskal 可食用；茑萝 *I. quamoclit* Linnaeus 可供观赏。

Iresine Patrick Browne **血苋属，Amaranthaceae 苋科**。直立草本或攀援亚灌木。叶对生，全缘或有锯齿。花单生或簇生成穗状花序，再排列成复圆锥花序；花两性或单性异株，微小。花被片5，被长柔毛或无毛；雄蕊5，在雌花中退化成极短不育雄蕊或消失，花药1室；子房扁平，花柱极短或不存，柱头2；胚珠1，垂生。胞果果皮不开裂。种子有光泽。花粉粒散孔，穿孔状-颗粒纹饰。染色体 $2n$=30。约70/1种，**2-1（3）型**；分布于热带亚洲，北美洲，南美洲及太平洋岛屿；中国栽培于广东、广西、海南、江苏、上海及云南。血苋 *I. herbstii* Hooker ex Lindley 具有观赏、药用及工业价值。

Iridaceae Jussieu **鸢尾科，木兰亚纲/天门冬目**。多年生、稀一年生草本。具根状茎、球茎或鳞茎。叶多基生，少为互生，基部呈鞘状，具平行脉，叶片扁平，在同一平面上。花两性，单生、数朵簇生或多花排列成总状、穗状、聚伞及圆锥花序；花或几花序下有1至多个苞片；花被裂片6，两轮排列，内轮裂片与外轮裂片同形等大或不等大，花被管常为丝状或喇叭形；雄蕊3，花药多外向开裂；花柱1，上部多有3分枝，分枝圆柱形或扁平呈花瓣状，柱头3-6，子房下位，3室，中轴胎座，胚珠多数。蒴果，成熟时室背开裂。种子多数，表面光滑或皱缩，常有附属物或小翅。花粉粒单沟，稀为3沟、带状、螺旋状和无萌发孔，皱波状、穿孔状、负网状和网状纹饰。染色体 $2n$=6-64。66属，2035-2085种，广布热带，亚热带及温带地区，非洲南部及美洲热带尤多；中国2属（引种8属）/61（21）种，产西南、西北及东北部。

Iris Linnaeus **鸢尾属，Iridaceae 鸢尾科**。多年生草本。根状茎长条形或块状，横走或斜伸。叶多基生，相互套叠，排成2列，叶剑形、条形或丝状，基部鞘状，顶端渐尖。大多数的种类只有花茎而无明显的地

上茎；花序生于分枝的顶端或仅在花茎顶端生1朵花；花及花序基部着生数枚苞片；花较大，多色；花被管喇叭形、丝状或甚短而不明显，花被裂片6，2轮排列，外轮花被裂片3枚，常较内轮的大，上部常反折下垂，基部爪状，多数呈沟状，平滑，无附属物或具有鸡冠状及须毛状的附属物，内轮花被裂片3；雄蕊3，着生于外轮花被裂片的基部，花药外向开裂；雌蕊的花柱单一，上部3分枝，拱形弯曲，有鲜艳的色彩，呈花瓣状，顶端再2裂，柱头生于花柱顶端裂片的基部，子房下位，3室，中轴胎座，胚珠多数。蒴果，顶端有喙或无，成熟时室背开裂；种子有附属物或无。花粉粒单沟，稀为带状和无萌发孔，穿孔状、疣状和网状纹饰。染色体 $2n$=22，42。约 300/59（21）种，**8 型**；分布于北温带；中国产西南、西北及东北地区。

Isachne R. Brown **柳叶箬属，Poaceae 禾本科**。一年生或多年生草本。圆锥花序疏散，顶生；小穗小，卵圆形或卵状球形，无芒，含2小花，均为两性或第一小花为雄性，第二小花为雌性，常与小花一起脱落，两颖近等长，草质，迟缓脱落；小花背部拱凸，腹面扁平，两小花的内外稃均为革质；鳞被2，小；雄蕊3；花柱二叉裂，柱帚状。颖果椭圆形或近球形，与稃分离。约 90/18（4）种，**2（14）型**；分布于热带地区，主产亚洲；中国产长江以南各省区。

Isatis Linnaeus **菘蓝属，Brassicaceae 十字花科**。一年生至多年生草本。茎生叶全缘，基部箭形抱茎。总状花序排成圆锥花序状；萼片近直立；花瓣黄色或白色，长圆状倒卵形或倒披针形。短角果长圆形或近圆形，侧扁，1室，不裂，至少在上部有翅。种子1个，长圆形。花粉粒3沟，粗网状或网状-皱状纹饰。染色体 $2n$=14，28。86/7 种，**10（→12）型**；分布于亚洲中部和西南部；中国产东北、西北地区，其中2种各地栽培。菘蓝 *I. tinctoria* Linnaeus、靛青 *I. tinctoria* var. *indigotica* (Fortune) T. Y. Cheo & K. C. Kuan 可供药用，也可作蓝色染料。

Ischaemum Linnaeus **鸭嘴草属，Poaceae 禾本科**。一年生或多年生草本。总状花序2枚贴生，呈圆柱形，或数枚指状排列于秆顶；序轴节间与小穗柄具关节；小穗孪生，各含2小花；无柄小穗第一颖顶端常扁平呈鸭嘴状；第二颖舟形，质薄；第一小花雄性或中性，第二小花两性，外稃顶端常2齿裂，齿间常具芒；有柄小穗全为雄花。染色体 x=10。约 70/12（1）种，**2（8-4）型**；分布于热带地区；中国产东南部至西南部。粗毛鸭嘴草 *I. barbatum* Retzius 可作饲料。

Ischnogyne Schlechter **瘦房兰属，Orchidaceae 兰科**。附生草本。假鳞茎下部平卧，上部直立，顶生1枚叶。花单一；萼片离生，侧萼片基部延伸而呈囊状；花瓣与萼片相似，狭于萼片；唇瓣狭倒卵形，近顶端3裂，基部有短距，距一部分包藏于两枚侧萼片基部之内；蕊柱细长，无蕊柱足，两侧边缘具翅，翅自下向上渐宽；花药向前倾；柱头凹陷，位于蕊柱前上方；蕊喙较大，宽舌状。1/1（1）种，**15 型**；中国产亚热带地区。

Isodon (Schrader ex Bentham) Spach **香茶菜属，Lamiaceae 唇形科**。草本至半灌木；根茎常肥大木质。聚伞花序3至多花，常排列成总状、圆锥状花序；花萼钟形，或呈管状或管状钟形，萼齿5；花冠筒伸出，冠檐二唇形，上唇外反，先端具4圆裂，下唇全缘，常较上唇长，常呈舟状；雄蕊4，2强，花丝分离，花药1室；花柱丝状，先端等2浅裂。小坚果近圆球形、卵球形或长圆状三棱形，无毛或顶端略具毛，光滑或具小点。花粉粒6沟，穿孔状纹饰。染色体 $2n$=24，42，48。约 100/80（65）种，**7 型**；产非洲南部，热带非洲至热带亚热带亚洲；中国各地皆产，以西南地区为盛。

I

Isoëtaceae Dumortier **水韭科，石松亚纲/水韭目**。水生、两栖生或土生。茎较短小，块状，极少似根状茎斜生，肉质，基部具须根，向上丛生螺旋形排列的叶。叶呈线状或为圆柱形，具4条纵行的气孔道和中央背生的维管束，叶基膨大，膜质。孢子囊大，卵形或球形，表面有小凹，一室，同形，不开裂，位于叶基膨大的穴内，外轮叶的为大孢子囊，内轮叶的为小孢子囊。大孢子圆球形，小孢子椭圆形。1属，130余种，广布全球，主产北半球亚热带和温带，极少数到热带；中国1属，5种，产西南、华南和华东地区。

Isoëtes Linnaeus **水韭属，Isoëtaceae 水韭科**。水生、两栖生或土生。茎较短小，块状，极少似根状茎斜生，肉质，基部具须根，向上丛生螺旋形排列的叶。叶呈线状或为圆柱形，具4条纵行的气孔道和中央背生的维管束，叶基膨大，膜质。孢子囊大，卵形或球形，表面有小凹，一室，同形，不开裂，位于叶基膨大的穴内，外轮叶的为大孢子囊，内轮叶的为小孢子囊。大孢子圆球形，小孢子椭圆形。染色体 x=10，11。约130/5种，**1型**；广布全球，主要分布于北半球亚热带和温带，极少数达热带；中国产西南、华南和华东地区。均为国家II级重点保护野生植物。

Isoglossa Oersted **叉序草属，Acanthaceae 爵床科**。亚灌木或多年生草本；具钟乳体。叶对生。聚伞圆锥花序或圆锥花序；苞片小，短于花萼，无小苞片。花萼5深裂至近基部；花冠长漏斗状，二唇形，上唇2浅裂，下唇3浅裂；雄蕊2，内藏，花药2室，药室基部无芒状附属物；无退化雄蕊；子房2室，每室具胚珠2，具珠柄钩。蒴果棒状，基部具不育的实心短柄，开裂时胎座不从基部弹起。种子4，具小疣点，无毛。花粉粒2沟。染色体 $2n$=34。50/3(2)种，**6型**；分布于亚洲和非洲的热带地区；中国产广西、广东、云南、西藏。

Isolepis R. Brown **细莞属，Cyperaceae 莎草科**。矮小丛生草本。秆无节，圆柱形。叶多数，全为基生。总苞叶状，伸展。头状花序假侧生，简单或复出，具1个至少数小穗；每个鳞片内含1小花，有的基部为空。花两性；下位刚毛不存在；雄蕊1-3；柱头2-3。小坚果小，倒卵球形，双凸，三棱形，表面具横长圆状网纹。花粉粒1远极孔，4-6侧孔或沟，穿孔状和颗粒纹饰。染色体 $2n$=28，54，66。70/1种，**1型**；除非洲和澳大利亚外，全球广布；中国产江西和西部各省区。

Isometrum Craib **金盏苣苔属，Gesneriaceae 苦苣苔科**。草本，具根状茎。叶基生。聚伞花序腋生；苞片2(-3)。花萼钟状，5裂至基部；花冠钟状、细筒状，紫色，檐部稍二唇形，上唇2裂至近中部，下唇3裂；能育雄蕊4，内藏花丝近平行，花药卵圆形，顶端成对连着；退化雄蕊1枚；花盘环状；子房狭长圆形，柱头2，扁球形。蒴果线状长圆形或倒披针形。种子多数。花粉粒3拟孔沟，网状纹饰。约13/13(13)种，**15型**；特产中国四川西北部至东部、秦岭、大巴山及鄂西山地。

Isopyrum Linnaeus **扁果草属，Ranunculaceae 毛茛科**。多年生草本。根状茎。二回三出复叶基生及茎生。圆锥或聚伞花序；苞片3裂；花辐射对称；萼片5，花瓣状；花瓣5，具极短的柄，较萼片小，下部席卷状或合生，呈管状，基部浅囊状；雄蕊20-30，花丝狭线形；心皮1-5，分生；胚珠多数，2列。蓇葖椭圆状卵形，扁平，表面具横脉，顶端具内弯的细喙。种子数枚，种皮黑色或近黑色，有光泽，表面平滑。花粉粒3沟，穿孔状纹饰，具小刺。染色体 $2n$=14。4/1种，**10型**；分布于亚洲和欧洲；中国产西部和东北部。

Itea Linnaeus **鼠刺属，Iteaceae 鼠刺科**。特征描述同科。27/15(10)种，**9型**；分布于东南亚，喜马拉雅地区至中国和日本，北美东部有1种；中国产南部。

Iteaceae J. Agardh **鼠刺科，木兰亚纲/虎耳草目**。乔木或灌木。叶互生，边缘具腺状或具刺锯齿，稀全缘，羽状脉。圆锥花序或总状花序多花；花 5 基数，两性或杂性，小；萼片宿存；花瓣宿存；雄蕊与花瓣互生；子房上位或半下位，心皮 2，2 室，中央胎座，胚珠多数，两列，厚珠心，柱头头状。蒴果，室间开裂，具宿存花被。种子具大而弯曲的胚。花粉粒 2 孔，稀为 3 孔沟，光滑或穿孔纹饰。染色体 2*n*=22，44。1 属，27 种，主要分布于东南亚，喜马拉雅地区至中国和日本，北美东部有 1 种；中国 1 属，15 种，南部广布。

I

Iteadaphne Blume **单花山胡椒属，Lauraceae 樟科**。小乔木或灌木，常绿。叶互生，明显的三出脉或离基三出脉。2-8 个仅有一花的假伞形花序生于腋生短枝上，呈总状；每个假伞形花序有苞片 1 枚，总苞片 2 枚。花单性或杂性；花被片 6，近相等。雄花：具雄蕊 6-9，花药 2 室，药室内向。雌花：子房卵形或近球形，花柱纤细，柱头裂膨大、盾状。核果状果实生于盘状果托上。3/1 种，**7 型**；分布于印度，缅甸，老挝，泰国，越南，马来西亚及中国云南南部和广西西部。

Itoa Hemsley **栀子皮属，Salicaceae 杨柳科**。乔木；叶互生，薄革质，大型叶，长椭圆形，边缘有锯齿；花单性，雌雄异株；雄花排成顶生、直立的圆锥花序，花梗短；雌花常单独顶生，花梗在果期延长，中间有关节；萼 3 裂，很少 4 裂；无花瓣；雄蕊极多数，花丝极短；花柱 6-8，柱头短，6-8 裂。蒴果木质。种子多数，扁平，有膜质翅包围，内层的种子呈辐射状，外层的种子排列整齐。花粉粒 3 孔沟，网状纹饰。约 2/1 种，**7-1 型**；分布于越南北方，马来西亚，以及中国四川、云南、贵州和广西。

Ixeridium (A. Gray) Tzvelev **小苦荬属，Asteraceae 菊科**。多年生草本。头状花序在茎枝顶端排成伞房状花序；冠毛白色或褐色，糙毛状；总苞圆柱状，总苞片 2-4 层；舌状小花（5）7-27 枚，黄色，极少白色或紫红色；花药基部附属物箭头形；花柱分枝细。果压扁或几压扁，有 8-10 条高起的钝肋，顶端急尖成细丝状的喙，褐色，少黑色，上部常有上指的小硬毛。花粉粒球形，3 孔沟，网状纹饰，有刺脊，小刺短。染色体 2*n*=14。15/8（3）种，**7e 型**；分布于东亚和东南亚；中国各地均产。

Ixeris Cassini **苦荬菜属，Asteraceae 菊科**。草本。头状花序多数或少数在茎枝顶端排成伞房状花序；冠毛白色，微粗糙，2 层，纤细，不等长，宿存或脱落；小花 10-26 枚，黄色，舌片顶端 5 齿裂；花药基部附属物箭头形；花柱分枝细。果压扁，有 10 条尖翅肋，顶端渐尖成细喙，无毛。花粉粒球形，3 孔沟，网状纹饰，有刺脊，小刺短。染色体 2*n*=16，48。8/6 种，**7d 型**；产东亚和南亚；中国广布。苦荬菜 *I. polycephala* Cassini ex de Candolle 全株可入药。

Ixioliriaceae Nakai **鸢尾蒜科，木兰亚纲/天门冬目**。多年生草本。具鳞茎，茎直立，中空，叶状。叶片扁平线条状，互生，叶基部鞘状，尖端圆柱形至锥形。聚伞圆锥花序或假伞形花序，花多数至少数。花梗常具侧生先出叶；花两性，辐射状，3 基数，子房下位；花被 6，离生至基部，蓝色、紫色或白色，花被尖端具显著突出物；雄蕊 6，着生在花被基部，花药 4 室基着；花柱细长直立；子房下位，3 室，中轴胎座，具胚珠多数，胚珠倒生。蒴果，顶部开裂。种子多数，黑色，子叶萌出见光后，仍保持白色。花粉粒单沟具沟盖，网状纹饰。染色体 *x*=12，常为二倍体。1 属，2-4 种，分布于埃及到中亚；中国 1 属，2 种，产新疆北部。

Ixiolirion Fischer & Herbert **鸢尾蒜属，Ixioliriaceae 鸢尾蒜科**。特征描述同科。（2-4）/2（1）种，**13-1 型**；分布于西亚，中亚及中国新疆北部。鸢尾蒜 *I. tataricum*（Pallas）Herbert 可用于观赏。

Ixonanthaceae Planchon ex Miquel **粘木科，木兰亚纲/金虎尾目**。乔木或灌木。单叶，互生。聚伞花序、总状花序或圆锥花序，顶生或腋生；花常两性，辐射对称；花萼裂片 5，分离或稍合生；花瓣 5，覆瓦状或旋转排列，宿存且常变硬；雄蕊 5、10、15 或 20，轮生，花丝基部合生，花药 2 室，纵裂；子房上位或稍下位，2-5 室，每室有胚珠 1-2，中轴胎座。蒴果室间或室背开裂；种子基部具翅或假种皮。花粉粒 3 孔沟，皱波状至穿孔状纹饰。染色体 2*n*=28。4 属，约 23 种，分布于热带美洲，非洲和亚洲；中国 1 属，1 种，产福建、广东、海南、广西、湖南、云南和贵州。

Ixonanthes Jack **粘木属，Ixonanthaceae 粘木科**。乔木。叶互生。二歧或三歧聚伞花序，腋生；花两性；花萼裂片 5，基部合生，宿存，木质化；花瓣 5，旋转排列，宿存，环绕蒴果的基部；雄蕊 10 或 20，着生于环状或杯状花盘的外缘；子房上位，5 室，每室胚珠 2，中轴胎座；柱头头状或盘状。蒴果，革质或木质，室间开裂，或被假隔膜分开；种子有翅或顶部冠以僧帽状的假种皮。花粉粒 3 孔沟，穿孔状纹饰。3/1 种，**7a-c 型**；分布于热带亚洲；中国产福建、广东、海南、广西、湖南、云南和贵州。粘木 *I. reticulata* Jack 的木材可用于建房和家具。

Ixora Linnaeus **龙船花属，Rubiaceae 茜草科**。灌木或小乔木。叶常对生；托叶在叶柄间常合生成鞘，顶端延长或芒尖。伞房花序式或三歧分枝的聚伞花序，顶生；花萼裂片 4（-5），宿存；花冠高脚碟形，裂片 4（-5），芽时旋转状排列；雄蕊伸出；子房 2 室，每室有胚珠 1 枚，柱头 2，伸出。核果，有 2 纵槽；小核革质。种子与小核同形，种皮膜质。花粉粒 3 环孔沟，穿孔状至细网状纹饰。染色体 2*n*=22。约 500/18（9）种，**2（4）型**；分布于热带亚洲，美洲及附近岛屿，斐济群岛，非洲大陆和马达加斯加；中国产华东、华南和西南地区。龙船花 *I. chinensis* Lamarck 可用于园林绿化；全株可入药。

Jacquemontia Choisy **小牵牛属，Convolvulaceae 旋花科**。缠绕或平卧，稀直立草本，或木质藤本。叶具柄，多全缘。花腋生，伞形或头状聚伞花序，稀单生；苞片小，线形或披针形，或较大而叶状。花小；萼片 5，等长或稍不等长，常外面的较宽大；花冠漏斗状或钟状；雄蕊及花柱内藏；雄蕊 5；花盘小或无；子房 2 室，每室 2 枚胚珠，花柱 1，柱头 2，裂片大多椭圆形，或长圆形，或扁平，稀线形或球形。蒴果球形，2 室，4 或 8 瓣裂。种子 4 或较少，背部边缘常具 1 狭的干膜质的翅。花粉粒散沟 3、6、9、15、约 20 或约 30，穿孔、微网状或穴状纹饰，有刺或无。染色体 2*n*=18。120/1 种，**2 型**；主要分布于南北美洲，少数到非洲和亚洲；中国产广东、广西、海南、台湾和云南。

Jaeschkea Kurz **口药花属，Gentianaceae 龙胆科**。一年生草本。花 4-5 数；花萼深裂近基部，萼筒极短；花冠筒状，分裂至近中部，冠筒基部有腺体裂片间无褶，不重叠或彼此以 1/3 的宽度互相覆盖，右旋呈深地覆瓦状排列；雄蕊着生于裂片一侧的基部，也即相当于裂片间的弯缺处的稍下方，与裂片互生，花丝短，或极短；花柱短，胚珠较少。种子表面光滑。花粉粒 3 孔沟，条纹形-网状、皱状或穿孔纹饰。3/2（1）种，**14SH 型**；喜马拉雅山区特有，分布于克什米尔，印度锡金及中国西藏。

Jasminanthes Blume **黑鳗藤属，Apocynaceae 夹竹桃科**。藤状灌木，具乳汁。叶对生。一至二歧伞状聚伞花序，腋生；花萼裂片近叶状，双盖覆瓦状排列，内面基部常无腺体；花冠高脚碟状或近漏斗状，花冠管圆筒状，内面基部具有 5 行两列柔毛，裂片向右覆盖；副花冠缺失或 5 裂；花丝合生，呈筒状；花药顶端具膜片；花粉块每室 1 个；子房由 2 枚离生心皮组成。蓇葖粗厚，钝头或渐尖。种子顶端具白色

绢质种毛。约 5/4（3）种，**7 型**；分布于泰国，以及中国云南、广西、广东、湖南、福建、浙江和台湾。

Jasminum Linnaeus **茉莉属，Oleaceae 木犀科**。小乔木或攀援状灌木。两性花，初级聚伞花序排列成圆锥状、总状、伞房状、伞状或头状；苞片常呈锥形或线形。花常芳香；花萼钟状、杯状或漏斗状，具齿 4-12 枚。花冠高脚碟状或漏斗状，裂片 4-12 枚，花蕾时呈覆瓦状排列，栽培时常为重瓣；雄蕊 2 枚，内藏，着生于花冠管近中部，花丝短；花柱常异长，丝状，子房 2 室，每室胚珠 1-2 枚。浆果双生或单生。花粉粒 3-5（拟）孔沟，粗网状纹饰，部分具棍棒状基柱。染色体 2*n*=26。200/43 种，**2 型**；分布于非洲，亚洲，大洋洲，南太平洋群岛，1 种分布于地中海地区；中国产秦岭山脉以南各省区。一些种类花姿优美且多芳香，园林应用广泛。

Jatropha Linnaeus **麻疯树属，Euphorbiaceae 大戟科**。乔木、灌木、亚灌木或多年生草本。叶互生，常掌状或羽状分裂；托叶全缘或分裂为刚毛状，或为有柄的 1 列腺体。雌雄同株，稀异株；伞房状聚伞圆锥花序，顶生或腋生，在二歧聚伞花序中央的花为雌花，其余花为雄花；花瓣 5，覆瓦状排列；腺体 5 枚，离生或合生成环状花盘。雄花：雄蕊 8-12，或较多，排成 2-6 轮，花丝多少合生，有时最内轮花丝合生成柱状。雌花：子房 2-3（-4-5）室，每室有 1 胚珠，花柱 3 枚，基部合生，不分裂或 2 裂。蒴果；种子有种阜，种皮脆壳质，胚乳肉质。花粉粒无萌发孔，巴豆状纹饰。约 175/3 种，**2 型**；产美洲热带，亚热带地区，非洲，广泛栽培；中国南方常见栽培或逸为野生。

Jeffersonia Barton **鲜黄连属，Berberidaceae 小檗科**。多年生草本。根状茎细瘦，密生须根；地上茎缺如。单叶，基生，叶片近圆形，基部深心形，掌状脉；叶柄长，无毛。花单生，淡紫色；萼片 6，花瓣状；花瓣 6；雄蕊 6，与花瓣对生，花丝扁平；雌蕊 1，柱头浅杯状，胚珠极多数，生于腹部。蒴果革质，纵斜开裂。种子多数，黑色。花粉粒 3 沟，条状纹饰。染色体 2*n*=12。约 2/1 种，**11 或 9 型**；分布于北美和东亚；中国产西北至东北。鲜黄连 *J. dubia* (Maxim.) Benth. & J. D. Hooker ex Baker & Moore 可入药。

Juglandaceae de Candolle ex Perleb **胡桃科，木兰亚纲/壳斗目**。落叶或半常绿乔木，具树脂，有芳香。奇数或稀偶数羽状复叶。花雌雄同株或杂性同株；雄花序常为柔荑状，单生或数条成束；雌花序穗状，顶生，或集束成下垂的柔荑花序；心皮 2，合生，子房下位（*Rhoiptelea* 为上位，双珠被）。果实为假核果或坚果状；外果皮肉质、革质或膜质，成熟时不开裂、4-9 瓣开裂或不规则破裂；内果皮坚硬，骨质。花粉粒多为 3 孔，颗粒状纹饰。风媒。9 属，约 71 种，**8-4 或 8-5 型**；分布于北半球热带到温带；中国 8 属，27 种，各地广布。

Juglans Linnaeus **胡桃属，Juglandaceae 胡桃科**。落叶乔木。小枝髓部薄片状分隔。奇数羽状复叶。雌雄同株；雄性柔荑花序单生；雌花序穗状，直立，顶生于当年生小枝，具多数至少数雌花；雌花无梗，苞片与 2 枚小苞片愈合成一壶状总苞并贴生于子房；花被片 4，下部联合并贴生于子房；子房下位，2 心皮，柱头 2，内面具柱头面。果为假核果，无翅，外果皮肉质完全成熟时常不规则裂开；果核不完全 2-4 室，内果皮（核壳）硬，骨质。花粉粒 6-18 孔，颗粒状纹饰。染色体 2*n*=32。约 20/5 种，**8-5（9）型**；分布于北半球温带和亚热带；中国南北均产。胡桃 *J. regia* Linnaeus 是著名的坚果类经济植物。

Juncaceae Jussieu **灯心草科，木兰亚纲/禾本目**。多年生草本，稀一年生，极少灌木状。叶基生成丛。花序圆锥状、聚伞状或头状；花小型，常两性；花被片 6，排成

2 轮；雄蕊 6，有时内轮退化，仅 3 枚；子房上位，1 室或 3 室；柱头 3 分叉。蒴果，室背开裂。种子有时两端（或一端）具尾状附属物。染色体 $2n$=6-84，130。花粉四合体，单孔，外壁光滑或具小颗粒。7 属，约 450 种，广布温带和寒带地区，热带山地也有；中国 2 属，92 种，各地均产，主产西南地区。

Juncaginaceae Richard **水麦冬科，木兰亚纲 / 泽泻目**。一年生或多年生草本，水生或沼生，具根茎、块茎或稀有球茎。叶基生，无叶柄，条形，基部具鞘，鞘缘膜质。总状花序；花两性或单性，雌雄同株或异株。花被片 2-6（-8），常 6，离生，两轮；雄蕊 6，3 或 4，离生，常附生于花被片基部，花药 2 室，向外，纵裂，几无花丝。心皮 6，3 或 4，离生或部分合生，每心皮 1 胚珠。离心皮果或合心皮果。种子无胚乳，胚直立。花粉粒无萌发孔，网状纹饰。染色体 n=6，8，9 等。3 属，25-35 种，全球广布，主产寒温带沿海地区，热带地区较少；中国 1 属，2 种，产东北及西南。

Juncus Linnaeus **灯心草属，Juncaceae 灯心草科**。多年生、稀一年生草本。茎圆柱形或压扁，具纵沟棱。叶片披针形，线形或毛发状。花序为复聚伞花序或头状花序；花被片 6，2 轮，颖状，外轮常有明显背脊；雄蕊 6，稀 3；子房 3 或 1 室，或具 3 个隔膜。蒴果常为三棱状卵形或长圆形。种子多数，表面常具条纹，或具尾状附属物。花粉四合体，单孔，外壁光滑或具小颗粒。染色体 $2n$=18-130。约 240/76（27）种，**1（8-4）型**；广布世界各地，主产温带和寒带；中国南北均产，以西南地区尤盛。

Juniperus Linnaeus **刺柏属，Cupressaceae 柏科**。常绿乔木或灌木。小枝近圆柱形、四棱形或六棱形。冬芽显著。叶交互对生排成 4 列，或 3 叶轮生；刺形或鳞形。雌雄同株或异株；球花单生叶腋；雄球花卵圆形或矩圆形，小孢子叶 3-7 对（轮）；雌球花近圆球形至卵球形。球果闭合而不开裂；种鳞宿存，1-5 对或（轮）；常有白粉，厚肉质或纤维状至木质。种子常 1-3 粒，卵圆形，具棱脊，有树脂槽，无翅；子叶 2-6 枚。花粉粒无气囊。染色体 $2n$=22。67/23（10）种，**8 型**；主要分布于北半球，沿东非裂谷进入南半球；中国产西北部、西部及西南部的高山地区。各地广泛栽植为行道树、庭园树和行道树；木材可用于建筑、家具。

Jurinea Cassini **苓菊属，Asteraceae 菊科**。无刺草本。叶全缘、齿状或羽状分裂，稀有刺，多少被绒毛。花托有托片；冠毛刚毛糙毛状或羽毛状，多层，不等长，不脱落；总苞片多列，外面的较短；花全部两性，紫色，冠管纤细，冠檐 5 裂达中部或以下；花丝离生，秃净。瘦果有 4 条椭圆状高起的纵肋，基底着生面，平或稍见偏斜，顶端有果缘。花粉粒 3 孔沟，具刺，刺间穿孔状-粗糙或穿孔状-小瘤状。染色体 $2n$=30，32，34，36。250/5（1）种，**12 型**；产非洲，亚洲及欧洲；中国产新疆。

Justicia Linnaeus **爵床属，Acanthaceae 爵床科**。多年生草本、亚灌木或灌木，稀小乔木；具钟乳体。叶对生，具羽状脉。花序多样；苞片形状多样；小苞片 2。花萼 4 或 5 深裂；花冠上唇全缘或 2 裂，下唇 3 裂；雄蕊 2；花药 2 室，药室不等高或平行，或叉开，有时斜生，1 室或全部基部具距状附属物；无退化雄蕊；子房 2 室，每室具 2 胚珠，具珠柄钩。蒴果基部具不育的实心短柄，开裂时胎座不从基部弹起。种子 2 或 4，无毛。花粉粒多为 2 孔沟（稀 3），网状纹饰。染色体 $2n$=22，24，28，32，36，56。600/44（26）种，**2 型**；分布于热带地区；中国产秦岭-淮河以南各省区。白苞爵床 *J. bentonica* Linnaeus、虾衣花 *J. brandegeeana* Wasshausen & L. B. Smith 等可供观赏；爵床 *J. procumbens* Linnaeus、小驳骨 *J. gendarussa* N. L. Burman 等可入药。

Kadsura Jussieu **南五味子属，Schisandraceae 五味子科**。木质藤本。叶互生，全缘或有锯齿，有油腺点。花单性同株或异株，单生或 2-4 朵聚生于叶腋；花被片 7 至多数；雄蕊 13 至多数，分离或连合成球状的蕊柱，药隔圆形或棒状；心皮 20 至多数，离生，每心皮胚珠 2-5 枚，极少 11 枚。果皮肉质，每浆果种子 2-5 枚；浆果聚集于一短棒状的花托上成一圆头状或椭圆状聚合果。花粉粒 6 沟为主，网状纹饰。染色体 2*n*=28。约 16/8（4）种，**7a/c 型**；分布于亚洲的热带，亚热带地区；中国产西南至东南部。

Kaempferia Linnaeus **山柰属，Zingiberaceae 姜科**。多年生低矮草本，根茎肉质块状，须根常膨大。花序顶生，头状，螺旋排列；苞片有 1 花。侧生退化雄蕊瓣状，唇瓣艳丽，常 2 裂；药隔延伸成全缘、2 裂或鱼尾状附属体，露出于花冠管的喉部。子房 3 室。种子假种皮撕裂状。花粉粒无萌发孔，光滑、颗粒、穴状或疣状纹饰。染色体 2*n*=22-54。50/6（1）种，**7a 型**；分布于亚洲热带；中国产西南部至南部。山柰 *K. galanga* Linnaeus 可入药；亦可作调味香料。

Kalanchoe Adanson **伽蓝菜属，Crassulaceae 景天科**。二年生至多年生草本，或（亚）灌木。叶常交互对生，常扁平，叶片常具齿，有时具珠芽，稀全缘。伞状或聚伞圆锥花序顶生，多花；花两性，4 基数；花萼分离或基部合生，或形成长而肿胀的管；花冠艳丽，裂片长于花管；雄蕊数目 2 倍于花瓣；心皮分离至基部多少合生。蓇葖果种子多数。花粉粒 3 孔沟，条纹-皱波状纹饰。染色体 2*n*=34，36，40，68，约 102，126-135，155-165。125/4（2）种，**6（4）型**；分布于非洲和亚洲；中国产亚热带地区。伽蓝菜 *K. ceratophylla* Haworth 全草药用。

Kalidium Moquin-Tandon **盐爪爪属，Amaranchaceae 苋科**。小灌木。枝互生，小枝无关节，圆柱状或不发育，肉质，基部下延。穗状花序；花两性或兼具雌性；每一苞片内具 3 朵花，稀 2；苞片肉质，螺旋状排列，无小苞片。花被合生至顶部，具 4-5 小齿，果时呈海绵状。胞果包藏于花被内，果皮膜质，具小凸起。种子直立。胚马蹄形，有胚乳。花粉粒散孔，穿孔状-颗粒纹饰。风媒。染色体 2*n*=16，18，36；*x*=8，9。约 5/5 种，**12 型**；分布于中亚和西南亚，欧洲东南；中国产东北、华北和西北地区。

Kalopanax Miquel **刺楸属，Araliaceae 五加科**。有刺落叶灌木或乔木。单叶，掌状分裂，在长枝上疏散互生，在短枝上簇生，边缘有锯齿；托叶和叶柄合生。花两性，聚生为伞形花序，再组成顶生伞房状圆锥花序，无毛；花梗无关节；萼筒边缘有 5 小齿；花瓣 5，在花芽中镊合状排列；子房 2 室，花柱 2，合生成柱状，柱头离生。果实近球形，核果。种子扁平，胚乳均一。花粉粒 3 孔沟，网状纹饰。1/1 种，**14 型**；分布于东亚；中国广布。刺楸 *K. septemlobus* (Thunberg) Koidzumi 可供观赏或可作木材及可药用。

Kandelia (de Candolle) R. Wight & Arnott **秋茄树属，Rhizophoraceae 红树科**。灌木或小乔木，具支柱根。叶交互对生。二歧分枝聚伞花序，腋生；花萼基部与子房合生并为一环状小苞片所包围；花瓣 2 裂，每一裂片再分裂为数条丝状裂片；雄蕊极多，花药 4；子房下位，幼时心皮 3，结实时心皮 1，仅 1 颗胚珠发育，柱头 3 裂。果实近卵形，中部围绕宿存的花萼；种子胎生。花粉粒 3 孔沟，穿孔状纹饰。染色体 2*n*=36。2/2 种，**7a 型**；分布于亚洲东部至东南部的热带地区；中国产广东、广西、福建、台湾浅海和盐滩。秋茄树 *K. candel* Druce 可作车轴。

Karelinia Lessing **花花柴属，Asteraceae 菊科**。多年生草本。叶互生。头状花序较假盘状，常排列成伞房状聚伞花序；花托平，

边缘收缩，有托毛；冠毛白色，多层，基部多少结合，雌花的冠毛纤细，两性花的冠毛上端较粗厚；总苞长圆形或短圆柱形，总苞片多层，卵圆形至卵圆披针形，宽阔，坚韧，厚质；外缘雌花细管状，中央有多数不结果实的两性花（雄花），花冠狭长管状。果圆柱形，有4-5棱，无毛。1/1种，**12型**；分布于中亚，西南亚及里海地区；中国产西北及青藏地区。

Kaschgaria Poljakov **喀什菊属，Asteraceae 菊科**。半灌木。头状花序异型，排成束状伞房花序；花托圆锥状凸起，无托毛；无冠状冠毛；总苞狭杯状，总苞片2-4层，覆瓦状排列；全部小花结实，花冠外面散生星状毛，缘花雌性，1层，花冠狭管状，向基部扩大，顶端2-3齿，盘花两性，花冠管状，11-17个；花柱分枝线形，顶端截形，有画笔状。瘦果卵形，具钝棱，上部有细纹。染色体 x=9。2/2种，**13型**；分布于哈萨克斯坦，蒙古国及中国新疆。

Keenania J. D. Hooker **溪楠属，Rubiaceae 茜草科**。草本或亚灌木。叶对生；托叶常下部阔，上部钻状。花序头状，顶生；萼裂片4-5（-6），不等大，覆瓦状排列；花冠与花萼裂片等长或较长，裂片4-5（-6），芽时镊合状排列；雄蕊5，内藏或稍伸出；子房2室，胚珠多数，柱头2裂。约5/2（1）种，**7-2型**；分布于印度，中南半岛及中国广西。

Keiskea Miquel **香简草属，Lamiaceae 唇形科**。多年生草本。轮伞花序2花，排列成总状花序，苞片宿存；花萼钟形，5裂片近等大或后齿稍小，萼齿线状锥形至三角形，果萼增大，喉部常具毛环；花冠筒内面在中部附近有毛环，冠檐上唇2裂，下唇3裂，中裂片较长，平伸，侧裂片近相等；雄蕊4，花药2室，室略叉开，先端贯通；花盘斜环状，后面呈指状膨大，其长常超出子房。小果近球形，无毛。花粉粒6沟，复网状纹饰，网眼内具穴。6/5（5）种，**14型**；东亚特有属，分布于中国和日本；中国产江苏、浙江、安徽、江西、湖南、广东、湖北、四川及云南东北部。

Kelloggia Torrey ex Bentham & J. D. Hooker **钩毛草属，Rubiaceae 茜草科**。草本，有时基部木质化。叶对生。聚伞或伞形花序，顶生和腋生；花萼管外部密被白色钩毛，裂片4-5，宿存；雄蕊伸出；子房2室，胚珠每室1枚，从基部直立；花柱有2条短线形的刺。分果，近球形，密被钩毛，分裂为两个平凸形的分果瓣；种子长圆形，外果皮薄。花粉粒3沟。染色体 $2n$=22。2/1种，**9型**；产北美和东喜马拉雅地区；中国产西南地区。

Kengyilia C. Yen & J. L. Yang **以礼草属，Poaceae 禾本科**。多年生草本。穗状花序稠密；小穗无柄，1（-2）个着生于每节，穗轴脱落于颖之上；颖背部无脊，先端无芒或具短芒；外稃常具5脉，糙涩或被毛，先端无芒或具短芒，内稃先端钝、浅凹，或2裂。颖果顶端被毛。染色体 x=7。约30/24（21）种，**15（13-1）型**；分布于亚洲中部及青藏高原地区；中国产西北。多数种是高原地区草场、牧场引种栽培的好材料，也是麦类作物杂交育种的重要种质资源，如大颖以礼草 *K. grandiglumis* (Keng) J. L. Yang。

Kerria de Candolle **棣棠花属，Rosaceae 蔷薇科**。落叶灌木。单叶，互生，具重锯齿；托叶钻形，早落；花两性，大而单生；萼筒短，碟形；萼片5；花瓣5，黄色，具短爪；雄蕊多数，排列成数组；花盘环状，被疏柔毛；心皮5，分离，生于萼筒内，花柱顶生，直立，丝状，顶端截形，胚珠2，侧生于缝合线中部，1枚败育。瘦果侧扁，无毛。花粉粒3拟孔沟，条纹状纹饰。染色体 $2n$=18。1/1种，**14（SJ）型**；分布于日本和中国中部，欧美各地引种栽培。棣棠花 *K. japonica* (Linnaeus) de Candolle 供庭园绿化和药用。

Keteleeria Carrière **油杉属，Pinaceae 松科**。常绿乔木；树皮纵裂，粗糙。小枝基部有

宿存芽鳞；冬芽无树脂。叶条形或条状披针形，扁平，螺旋状着生，在侧枝上排列成两列，下面有两条气孔带。雌雄同株；雄球花单生叶腋，小孢子叶多数，螺旋状着生；雌球果当年成熟，直立，圆柱形，成熟时种鳞张开；种鳞木质，宿存，上部边缘内曲或向外反曲；苞鳞长及种鳞的1/2-3/5，常外露。种子上端具宽大的厚膜质种翅，种翅几与种鳞等长。花粉粒2个气囊。染色体2*n*=24。3/3（2）种，**14（SH）型**；分布于中国，老挝和越南；中国产秦岭以南、雅砻江以东、长江下游以南及台湾、海南等。可作建材及木纤维工业原料等用；树皮可提栲胶。

Khaya A. Jussieu **非洲楝属，Meliaceae 楝科**。大乔木。叶为偶数羽状复叶，小叶全缘。花单性，雌雄同株，组成大型圆锥花序；花萼4-5裂，裂片几达基部，覆瓦状排列；花瓣4或5，分离；雄蕊管坛状或杯状，花药8-10，着生于雄蕊管内面近顶端；花盘杯状；子房4-5室，每室有胚珠12-18颗。果为蒴果，木质，成熟时顶端4-5瓣裂，每室有种子8-18颗；种子边缘膜质翅。花粉粒4孔沟，外壁平滑。染色体2*n*=50。约5/1种，**6型**；分布于非洲热带地区和马达加斯加；中国广东、广西、福建、海南、台湾等地引种栽培。重要的用材树种，常作为桃花心木的替代品。

Kibatalia G. Don **倒缨木属，Apocynaceae 夹竹桃科**。灌木或小乔木。叶对生。伞房状聚伞花序，腋生；花萼裂片基部内面有腺体；花冠高脚碟状或近漏斗状，花冠裂片向右覆盖，花冠管圆筒状；雄蕊着生于花冠喉部；花药包围柱头并紧贴其上，伸出或内藏；子房为2个离生心皮所组成，顶端有长柔毛，胚珠多数。蓇葖2枚，宽展像“人”字。种子狭长圆形，顶端裸露，基部具长喙，种毛沿种子的长喙而向上轮生。花粉粒3-4孔，光滑-穿孔纹饰。15/1种，**7型**；分布于亚洲东南部；中国产云南。

Kingdonia I. B. Balfour & W. W. Smith **独叶草属，Circaeasteraceae 星叶草科**。多年生小草本。根状茎细长。叶1枚，基生，具长柄，心状圆形，掌状全裂，顶部边缘有小齿，叶脉二叉状分枝。花两性，单生于花茎顶端；萼片5，卵形，花瓣状；花瓣缺；退化雄蕊8-11（-13），雄蕊（3-）5-8，花药椭圆形，花丝线形；心皮3-7(-9)，子房内有下垂的胚珠，花柱钻形。瘦果，狭倒披针形。种子白色，扁椭圆形，具有细胞型胚乳。花粉粒3沟，条网状纹饰。染色体2*n*=18。1/1（1）种，**15型**；产云南西北部、四川西部、甘肃南部、陕西南部。独叶草 *K. uniflora* I. B. Balfour f. & W. W. Smith 是国家Ⅰ级重点保护野生植物；全草可药用。

Kirengeshoma Yatabe **黄山梅属，Hydrangeaceae 绣球花科**。多年生草本。叶对生，纸质。花两性，花冠一型，无不育花；萼筒半球形，上部5裂；花瓣5，离生；雄蕊15枚，排成3轮，外面一轮最长，其余的较短，花丝着生于花瓣基部，向上渐狭，花药2室，药室纵裂；子房半下位，3-4室，中轴胎座，花柱3-4，离生，柱头截形。蒴果椭圆形，室背开裂。种子扁平，周围具斜翅。花粉粒3孔沟，穿孔状纹饰。2/1种，**14（SJ）型**；分布于日本，韩国及中国东部和东南部。黄山梅 *K. palmata* Yatabe 可药用。

Klasea Cassini **麻花头属，Asteraceae 菊科**。多年生草本。叶互生，多有齿或羽状分裂。头状花序排列成伞房花序；花托有托毛；冠毛羽毛状，多层，近等长，不联合成环；总苞卵状或球形，总苞片4-10层，硬，中层多具尖头，内层线形，顶端密被短毛；全部小花两性，紫色到粉红色；花丝有乳突；柱头2裂，分枝短。瘦果无毛，顶具近全缘的冠。花粉粒3孔沟，具刺。染色体2*n*=30，60。49/8种，**10（12）型**；分布于非洲，亚洲，欧洲；中国产西南、西北及东北部。

K

Kleinhovia Linnaeus **鹧鸪麻属，Malvaceae 锦葵科**。乔木。叶阔卵状心形。花两性，排成圆锥花序；副萼披针形；花萼 5；花瓣 5，互不相等；雄蕊柱顶部 5 裂；退化雄蕊尖齿状，与具花药的花丝束互生；子房着生在雌雄蕊柄顶端，5 室，5 裂，每室 3-4 胚珠；蒴果倒卵形，膜质，膨胀，每室种子 1-2。种子圆球形，有瘤状小凸起。花粉粒 3 带状孔，网状纹饰。染色体 2*n*=20。1/1 种，**4 型**；分布于热带非洲，亚洲和澳大利亚；中国主产海南和台湾。鹧鸪麻 *K. hospita* Linnaeus 的树皮纤维可制绳索，织麻袋；全草可入药。

Knema Loureiro **红光树属，Myristicaceae 肉豆蔻科**。常绿乔木。叶坚纸质至革质，背面被白粉或锈色绒毛。花梗脱落后留有瘢痕。花密总状或假伞形排列；苞片早落；小苞片着生于花梗上；雌雄异株。花丝合生成盾状的盘，花药 8-20，短；子房被短柔毛，花柱短而肥厚，柱头合生成具 2 浅裂、边缘牙齿状或撕裂状的盘。果皮肥厚，常被绒毛；假种皮完整或先端撕裂。花粉粒单沟（孔），皱穴状或网状纹饰。染色体 *n*=22。约 85/6 种，**7d 型**；分布于南亚，从印度东部到菲律宾，巴布亚新几内亚；中国产云南南部和西南部。种子含油量较高，可作重要工业用油，如小叶红光树 *K. globularia* (Lamarck) Warburg。

Knoxia Linnaeus **红芽大戟属，Rubiaceae 茜草科**。草本或亚灌木。叶对生；托叶与叶柄合生成 1 短鞘，全缘或顶端有刺毛数条。聚伞花序、伞房花序或近头状花序，顶生；花两性，二型，4 基数；花萼裂片有时不等大，宿存；花冠漏斗形、高脚碟状或管状；雄蕊生于花冠喉部或近花冠管中部；子房 2 室，每室有倒垂的胚珠 1 枚，柱头 2 裂，伸出或内藏。裂果，果爿 2，不开裂。种子长椭球形，扁平，种皮薄。花粉粒 3 孔沟，网状纹饰。染色体 2*n*=20，44。（7-9）/2 种，**6（7）型**；分布于亚洲热带地区和大洋洲；中国产华东、华南和西南地区。

Kobresia Willdenow **嵩草属，Cyperaceae 莎草科**。秆密丛生，基部具宿存叶鞘。小穗单 1 顶生，或多数组成穗状或穗状圆锥花序，含多支小穗。雄花具 1 枚鳞片，雄蕊 2-3 枚生于鳞片腋内。雌花亦具 1 枚鳞片，两枚小苞片愈合而成的先出叶生于鳞片腋内并与之对生，雌蕊 1 枚被先出叶所包；柱头 2-3。果为小坚果，三棱形、双凸状或平凸状，不完全为先出叶所包。花粉粒 1 远极孔，4 侧孔，穿孔状和颗粒纹饰。染色体 2*n*=36-122 等。54/44（16）种，**8 型**；分布于北温带；中国各省区广布，以西南部尤盛。

Koeleria Persoon **溚草属，Poaceae 禾本科**。多年丛生草本。圆锥花序紧缩，有光泽，分枝常简短，被毛；小穗两侧压扁，含 2 至数小花，小穗轴延伸于顶生内稃之后而呈刺状；颖不等长或等长，具 1-3（-5）脉；外稃纸质，边缘及先端膜质，披针形至卵披针形，有脊，有芒或否，具不明显的 5 脉，内稃较狭，具 2 脊，先端 2 浅裂。约 35/4 种，**8 型**；分布于温带，偶见于热带高山；中国产西北至西南。多为山地草原上的牧草，如溚草 *K. macrantha* (Ledebour) Schultes。

Koelpinia Pallas **蝎尾菊属，Asteraceae 菊科**。一年生草本。头状花序；花托无托毛或有少数托毛，无冠毛。小花黄色；总苞片 1-2 层，草质；花药基部附属物箭头状；花柱分枝细，顶端微钝。果线形，圆柱状，蝎尾状内弯，背面沿肋有坚硬的针刺，顶端有极短的、星状开展的钩状刺毛，5-7 肋。花粉粒 3 孔，具刺，刺间穿孔状。染色体 2*n*=14，36，40，42，54，56。5/1 种，**12 型**；分布于北非，南欧，西亚，南亚和中亚；中国产新疆、西藏西南部。

Koelreuteria Laxmann **栾树属，Sapindaceae 无患子科**。乔木。奇数羽状复叶，轮生，小叶缘具齿，末端小叶发育良好。雌雄同株或异株；聚伞圆锥花序顶生，稀腋生；

花两侧对称；萼片 5，分裂；花瓣 4，黄色，具爪，瓣片内面基部有 2 深裂的小鳞片；花盘环形，上端常有圆齿；雄蕊常（5-）8 枚；子房 3 室；每室 2 胚珠。蒴果膨胀，室背裂为 3 果瓣，果瓣膜质，有网状脉纹；每室 1 种子，无假种皮，种皮脆壳质，黑色。花粉粒 3 孔沟，条状纹饰加厚。染色体 $2n$=22，30，32。4/3（2）种，**14SJ 型**；分布于日本，斐济及中国大部分省区。复羽叶栾树 *K. bipinnata* Franchet 为广泛种植的园艺树种。

Koenigia Linnaeus **冰岛蓼属，Polygonaceae 蓼科**。一年生草本。茎细弱，分枝。叶互生，具叶柄；托叶鞘短，2 裂。花两性，花被 3，深裂；雌蕊 3，与花被片互生；花柱 2，极短，柱头头状。瘦果卵形，双凸镜状。花粉粒具散孔，孔数 12 或 15，具长刺状纹饰。1/1 种，**8-2(s.s.)，8-4(s.s.) 型**；分布于北极，亚北极及欧、亚高山地区，南至喜马拉雅山区；中国产西北至西南地区。冰岛蓼 *K. islandica* Linnaeus 是高山生态系统的重要物种。

Koilodepas Hasskarl **白茶树属，Euphorbiaceae 大戟科**。乔木或灌木；嫩枝被星状短柔毛。叶互生；托叶宿存。花序穗状，腋生，雌雄同株或异株，无花瓣，花盘缺；雄花多朵在苞腋排成团伞花序，稀疏排列在花序轴上，雌花数朵，生于花序基部。雄花：雄蕊 3-8，花丝厚，基部合生，花药小，药室稍叉开；不育雌蕊小。雌花：子房 3 室，每室具 1 胚珠，花柱短粗，基部合生，上部 2 至多裂具羽毛状凸起。蒴果具 3 个分果爿，被星状短柔毛；种子种皮壳质，具斑纹。花粉粒 3 孔沟，穿孔状至网状纹饰。约 10/1 种，**7 型**；分布于印度，印度尼西亚，马来西亚，泰国，越南及中国海南。

Kolkwitzia Graebner **蝟实属，Caprifoliaceae 忍冬科**。灌木，冬芽具数对明显被柔毛的鳞片。叶对生，具短柄。聚伞花序；苞片 2；萼檐 5 裂，被疏柔毛；花冠钟状，5 裂；二强雄蕊，着生于花冠筒内，花药内向；相近两朵花的二萼筒相互紧贴，其中一枚着生于另一枚的中部，密被长刚毛，顶端各具 1 狭长的喙，基部与小苞片贴生；子房 3 室，仅 1 室发育，含 1 枚胚珠。两枚瘦果状核果合生，外被刺刚毛，萼片宿存。花粉粒 3 孔沟，具刺。染色体 $2n$=32。1/1（1）种，**15 型**；特产华中。

Kopsia Blume **蕊木属，Apocynaceae 夹竹桃科**。乔木或灌木，具乳汁。叶对生。聚伞花序，顶生；花萼裂片双盖覆瓦状排列，内面基部无腺体；花冠高脚碟状，花冠管细长，顶端裂片向右覆盖；雄蕊着生在花冠管中部以上，内藏；子房由 2 枚离生心皮所组成，每心皮有胚珠 2 颗。核果，双生，内有种子 1-2 颗。种子长圆形。花粉 3 孔沟，穿孔或微网状纹饰。染色体 $2n$=36，72。23/3（1）种，**7 型**；分布于亚洲东南部；中国产广东、广西和云南。

Korthalsella van Tieghem **栗寄生属，Santalaceae 檀香科**。寄生小灌木；茎常扁平，相邻节间排在同一平面；枝对生或二歧分枝。叶对生，鳞片状。聚伞花序腋生，初具一朵花，后呈团伞花序；花小，单性，雌雄同株，无苞片，基部有毛，花被萼片状；雄花：花托辐状，萼片 3，聚药雄蕊球形，无花丝，花药 2 室，药室内向，纵裂。雌花：花托卵球形，萼片 3，子房 1 室，特立中央胎座，花柱缺，柱头乳头状。浆果具宿萼，外果皮平滑，中果皮具黏胶质。种子 1。25/1 种，**2（3）型**；分布于非洲东部，亚洲南部和东南部，大洋洲热带，古巴；中国东南至西南均产。栗寄生 *K. japonica* (Thunberg) Engler 寄生于常绿阔叶林内的优势树种。

Krascheninnikovia Gueldenstaedt **驼绒藜属，Amaranchaceae 苋科**。灌木或亚灌木。叶互生，顶端钝或锐尖。花单性。雄花数朵成簇，集聚成穗状花序或近头状花序，无苞片；花被片 4，基部合生；雄蕊 4。雌花腋生，1 或 2 朵聚生，小苞片 2，

K

在近半处或基部联合，果时管外具4束长毛或短毛；花被缺失；子房椭圆，柱头2。胞果。种子垂立；胚半环形或马蹄形。花粉粒具28-50散孔，具小刺。1/1种，**8型**；分布于欧亚大陆和美国西北部；中国产东北、华北、西北和青藏高原。

Krasnovia Popov ex Schischkin & Bobrov **块根芹属，Apiaceae 伞形科**。草本；块茎球形。茎具棱。叶二至四回三出式羽状分裂/羽状全裂。苞片无或早落；伞辐明显不等长；小苞片5；萼齿退化；花瓣凹口具内折先端，外花瓣略有放大；花柱基短圆锥形，花柱下弯，是花柱基的3倍长，早落。果卵圆球形，侧面稍亚扁，表面光滑，先端收缩，棱明显，每宽棱槽油管1，合生面油管2。种子稍侧扁，表面具深槽。1/1种，**13型**；分布于哈萨克斯坦及中国新疆。

Kudoacanthus Hosokawa **银脉爵床属，Acanthaceae 爵床科**。草本；茎平卧，下部节上生根；具钟乳体。叶对生，具羽状脉，叶脉常银白色。穗状花序顶生，有时再组成圆锥花序；苞片1，小苞片2。花萼5深裂至基部；花冠管短，上部稍扩大成喉部，冠檐二唇形，上唇2浅裂，下唇3裂；雄蕊2，花药2室，药室基部无芒状附属物；无不育雄蕊；子房2室，每室2胚珠，具珠柄钩。蒴果和种子未见。花粉粒3沟。1/1（1）种，**15型**；特产中国台湾。

Kuhlhasseltia J. J. Smith **旗唇兰属，Orchidaceae 兰科**。地生小草本。叶小。花小，倒置；萼片在中部以下或多或少合生，钟状；唇瓣呈T字形或Y字形，基部扩大成具2浅裂的囊状距，中部爪细长；距其内具隔膜，分隔为2室，每室中具1枚突出的胼胝体；蕊喙叉状2裂，裂片不等大；柱头2个，具细乳突，位于蕊喙之下。约10/1种，**14SJ（7b）型**；分布于印度尼西亚，马来西亚，新几内亚，菲律宾，日本，韩国及中国西南部。

Kummerowia Schindler **鸡眼草属，Fabaceae 豆科**。一年生草本。羽状3小叶，托叶膜质，大而宿存，小叶侧脉笔直且直达叶缘。花常1-2朵生于叶腋，稀3朵或更多；小苞片4枚生于花萼下方；花常二型：一种有正常花冠，另一种为闭锁花；花小，粉红或紫色，旗瓣与翼瓣近等长，较龙骨瓣短；雄蕊二体，胚珠1。荚果扁平，不开裂，种子1。花粉粒3孔沟，网状纹饰。染色体2*n*=22。2/2种，**11型**；分布于西伯利亚，朝鲜，日本及中国各省区。可药用；也可作饲料和绿肥。

Kungia K. T. Fu **孔岩草属，Crassulaceae 景天科**。多年生草本，具匍匐茎。基部叶片形成近无柄莲座，交互对生或常互生。总状花序或聚伞圆锥花序顶生，多花；花两性，5基数；花萼披针状三角形，远比花瓣短，无距；花瓣基部合生，披针形，红色或紫色；雄蕊5，与花瓣互生，比花瓣短；心皮近离生，基部变细或具梗，花柱长。蓇葖果直立。种子多数，具细小乳突。2/2（2）种，**15型**；产四川北部、甘肃和陕西。

Kydia Roxburgh **翅果麻属，Malvaceae 锦葵科**。乔木。叶掌状脉，中脉有显著腺点。雌雄异株。圆锥花序；副萼4-6，叶状，基部合生，果时扩大为翅；萼片5，下部合生；花瓣5。雄花：雄蕊管5裂，每裂具无柄花药3-5枚；败育子房圆球形，不孕花柱内藏。雌花：不孕花药5，着生于短雄蕊柱上；子房2-3室，每室2胚珠，花柱3裂。蒴果扁球形；分果爿3，密被柔毛。种子肾形，有槽。染色体2*n*=98。2/2种，**7-2型**；分布于印度锡金，不丹，缅甸，柬埔寨，越南及中国云南。翅果麻 *K. calycina* Roxburgh 的叶、皮入药，其皮层纤维可供制绳索；还是放养紫胶虫的寄主树。

Kyllinga Rottbøll **水蜈蚣属，Cyperaceae 莎草科**。多年生草本。秆稍细，基部具叶。穗状花序1-3，头状，无总花梗；小穗压

扁，常具 1-2（-5）两性花；小穗轴基部上面具关节；鳞片 2 列，宿存于小穗轴上，后期与小穗轴一齐脱落。最上面 1 鳞片内无花，极少具 1 雄花；无下位刚毛；雄蕊 1-3；花柱基部不膨大，脱落，柱头 2。小坚果扁双凸状。花粉粒 1 远极孔，4-7 侧孔或沟，穿孔状和微刺纹饰。染色体 $2n$=12，14，18 等。75/7 种，**1 型**；全球广布；中国广布，以南部边缘地区多见。

Lablab Adanson **扁豆属，Fabaceae 豆科**。缠绕藤本或近直立。羽状 3 小叶，托叶反折。总状花序腋生，具肿胀的节；花萼钟状，裂片二唇形，下唇 3 裂；花冠紫色或白色，旗瓣圆形，常反折，具附属体及耳，龙骨瓣弯成直角；雄蕊二体；子房具多胚珠；花柱弯曲，近顶部内缘被毛。荚果斜长圆状镰形，有时边缘具疣状体，具海绵质隔膜。种子卵形，具白色假种皮。染色体 $2n$=22。1/1 种，**1（6）型**；原产非洲和印度，现热带地区均有栽培；中国广泛栽培。扁豆 *L. purpureus* (Linnaeus) Sweet 的嫩荚可作蔬菜；花和种子可入药；植株可作饲料和绿肥。

Lachnoloma Bunge **绵果荠属，Brassicaceae 十字花科**。一年生草本。茎直立，分枝或不分枝。总状花序稀疏；花中等大，浅红色；萼片直立，有长柔毛；花瓣长圆形或宽卵形，有长爪；内雄蕊花药比外雄蕊花药大；子房有 2 胚珠，花柱长，有很厚的脱落性长单毛或分叉绵毛几达顶端，柱头深裂，具极叉开的分枝。短角果坚果状，卵形，稍侧扁，4 棱，未成熟时密生黄色绵毛。种子倒卵形。染色体 $2n$=14。1/1 种，**13（→12）型**；分布于亚洲中部和西南部；中国产新疆。

Lactuca Linnaeus **莴苣属，Asteraceae 菊科**。草本或亚灌木。头状花序在茎顶端排成伞房或圆锥花序；花托裸露；冠毛白色，纤细 2 层，微锯齿状或几成单毛状；总苞果期长卵球形；小花黄色。果椭圆形或倒卵球形，压扁，有细肋，有时翅状，顶端具短而粗壮或细长的喙。花粉粒球形，3 孔沟，网状纹饰，有刺脊，小刺短。染色体 $2n$=16，18。（50-70）/12（1）种，**10 型**；主产中亚和西南亚；中国广布，以西南地区为主。莴苣 *L. sativa* Linnaeus 可作蔬菜。

Lagarosolen W. T. Wang **细筒苣苔属，Gesneriaceae 苦苣苔科**。多年生草本，无茎。根状茎圆柱形。叶基生。花序聚伞状，有 2 苞片。花萼钟状，5 裂达基部；花冠细筒形，檐部二唇形，上唇 2 裂，下唇 3 裂，裂片狭三角形，顶端长渐狭；下（前）侧方 2 雄蕊能育，内藏，花药长圆形，腹面连着；退化雄蕊 3，位于上（后）方。花盘杯状。雌蕊内藏，子房线形，侧膜胎座 2，花柱细长，柱头 2。蒴果卵圆形。约 5/5（5）种，**15 型**；特产云南东南部，广西西南及北部。

Lagascea Cavanilles **单花葵属，Asteraceae 菊科**。草本。叶对生。头状花序盘状，仅 1 花，稀 2-3 花，聚生成复头状花序，单一、聚伞花序或圆锥花序状排列；冠毛冠状，有缺刻，或芒状；花两性，管状，檐部下漏斗状，5 裂，黄色、白色、粉色或红色；花药黄色、黑色、粉色、棕色或红色；花柱 2 裂，分枝渐细。果棕色至黑色，狭圆筒状至倒卵球形，具细沟。染色体 x=17。9/1 种，**（3b）型**；主产墨西哥及中美洲，1 种世界广布；中国香港已归化。

Lagenaria Seringe **葫芦属，Cucurbitaceae 葫芦科**。攀援草本；植株被粘毛。单叶。雌雄同株；雄花花梗长，花萼 5，花瓣 5，雄蕊 3，花丝离生，花药内藏，药室折曲，退化雌蕊腺体状；雌花花梗短，花萼和花冠同雄花，子房卵状或圆筒状或中间缢缩，3 胎座，柱头 3，胚珠多数。果实不开裂，嫩时肉质，成熟后果皮木质，中空；种子多数。花粉粒 3 孔沟，穿孔状或网状纹饰。染色体 n=11。6/1 种，**6 型**；分布于热带非洲；中国各地均有栽培。葫芦 *L. siceraria*（Molina）Standley 的果实幼

L

嫩时可作蔬菜，成熟后外壳可作容器。

Lagenophora Cassini **瓶头草属，Asteraceae 菊科。**草本。叶全部根生，或有极少茎生叶。头状花序有异形花，辐射状或盘状；花托无托毛；总苞小，2-4 层，不等长；外围有雌花，结实，中央有少数两性花，常不育，雌花花冠常舌状，或细管状而有多少开展的短舌片，两性花管状黄色；花药顶端无附片。瘦果极扁，边缘 2 肋，顶端有短喙或无。染色体 x=9。18/1 种，**2 型**；分布于亚洲东南部，澳大利亚，新西兰，南美洲；中国产东南沿海各省区及台湾。

Lagerstroemia Linnaeus **紫薇属，Lythraceae 千屈菜科。**灌木或乔木。叶对生或上部的互生，全缘。圆锥花序；花两性，辐射对称，常艳丽；花萼半球形或陀螺形，常有棱，或棱增宽成翅，5-9 裂；花瓣常 6，或和花萼裂片同数，常具皱，基部有细长的爪；雄蕊 6 枚至极多数；子房 3-6 室，每室有胚珠多颗，花柱长，柱头头状。蒴果木质，基部为宿存的花萼包围，多少和花萼黏合，成熟时室背开裂为 3-6 果瓣；种子多数，顶端有翅。花粉粒 3 孔沟，皱波状、网状、小槽状或穿孔状纹饰。约 55/15（8）种，**5 型**；分布于热带和亚热带亚洲和澳大利亚及日本北部；中国主产西南部至台湾。可作庭园观赏。

Laggera Schultz Bipontinus ex Bentham & J. D. Hooker **六棱菊属，Asteraceae 菊科。**草本。叶互生，基部沿茎下延成茎翅。头状花序盘状；花托扁平，无托片；冠毛 1 层，刚毛状，白色；总苞片多层，内层狭窄，干膜质；外围雌花多层，结实，细管状，顶端常 4 齿裂，中央两性花略少，结实，管状；花药基部 2 浅裂或箭形，小耳钝或急尖，不呈明显的尾状。果圆柱形，有 10 棱。花粉粒 3 孔沟，具刺，刺间微穿孔状。染色体 2n=20。17/2 种，**6 型**；分布于热带非洲，阿拉伯半岛和亚洲；中国产南方地区。

Lagochilus Bunge ex Bentham **兔唇花属，Lamiaceae 唇形科。**多年生草本或矮小灌木。根茎粗厚，木质。茎四棱形，被疏硬毛。叶常菱形，深裂至羽状深裂，裂片先端常具刺状尖头。轮伞花序 2-10 花，具刺状苞片；花萼钟形至管状钟形，5 脉，齿 5，先端针刺状；花冠内面近基部有疏柔毛毛环，冠檐二唇形；雄蕊 4，前对较长，花丝扁平，花药 2 室，边缘具睫毛；花柱丝状，先端近等 2 浅裂；花盘杯状。小坚果顶端截平或圆形。花粉粒 3 沟，复网状纹饰（网眼内具穴）。染色体 2n=22，34。约 40/11（2）种，**13 型**；分布于伊朗，阿富汗，经中国和苏联至蒙古国；中国产内蒙古、宁夏、甘肃、陕西及新疆。

Lagopsis Bunge **夏至草属，Lamiaceae 唇形科。**多年生小草本。叶掌状浅裂或深裂。轮伞花序腋生；小苞片针刺状；花小，白色、黄色至褐紫色；花萼管形或管状钟形，10 脉，5 齿，其中 2 齿稍大；花冠筒内无毛环，冠檐二唇形；雄蕊细小，前对较长，均内藏于花冠筒内，花丝短小，花药 2 室，叉开；花盘平顶；花柱内藏，先端 2 浅裂。小坚果卵圆状三棱形，具鳞粃细网纹。花粉粒 3 沟，皱波状纹饰。4/3 种，**10 型**；分布于亚洲北部（自西伯利亚至日本）；中国南北皆产。

Lagotis Gaertner **兔耳草属，Plantaginaceae 车前科。**多年生、肉质草本。叶基生及茎生，全缘、钝齿状或分裂。花蓝色或紫色，穗状花序或头状花序，无小苞片；苞片阔，覆瓦状排列；萼佛焰苞状或为 2 萼片；花冠管弯曲，裂片二唇形，上唇全缘或 2 裂，下唇 2-4 裂；雄蕊 2，着生于冠喉部，花药极大，肾状；子房 2 室。核果小而不开裂，或裂为 2 枚小坚果，有种子 1-2 颗。花粉粒 3 孔沟（稀 4），网状或条网状纹饰，网脊光滑或有颗粒或刺状凸起。染色体 2n=22。30/17（10）种，**8-2 型**；分布于北半球，集中于喜马拉雅，帕米尔，喀喇昆仑，祁连山和横断山脉地区；中国主产

西南。

Lallemantia Fischer & Meyer **扁柄草属，Lamiaceae 唇形科**。一年生草本，最下部的叶具长柄。轮伞花序常 6 花腋生，花梗直立，常扁平；花萼管状，喉部在花后因齿靠合而关闭，15 脉，在齿缺处脉会合成小疣，5 齿近相等，后齿较宽；花冠筒内藏或微伸出，冠檐上唇直立，略凹，内面具 2 纵向的褶襞，下唇平展，3 裂，中裂片肾形，扁而宽，侧裂片圆形，极小；雄蕊 4，后对较长，花药 2 室，室最后叉开。小坚果长圆形，腹面具棱。花粉粒 6 沟，复网状纹饰，网眼内具穴。染色体 2*n*=14。5/1 种，**13 型**；分布于俄罗斯，伊朗，阿富汗，巴基斯坦及中国新疆。

Lamiaceae Martinov **唇形科，木兰亚纲/唇形目**。多为草本至灌木，稀乔木。茎多四棱形。叶常交互对生，偶为轮生，极稀互生。花序聚伞式，或再形成轮伞花序、穗状、圆锥状的复合花序；花萼宿存，果时常增大，多为二唇形；花冠二唇形，蜜腺发达，冠檐常 5 裂，常成 2/3 式二唇形或 4/1 式二唇形，偶为单唇，雄蕊常 4 枚，2 强，有时退化为 2 枚；花盘下位明显，其裂片有时呈指状增大；花柱顶端常 2 裂。果实多为 4 小坚果。花粉粒 3 或 6 沟。含二萜类化合物。236 属，7173 种，世界广布，地中海及中亚尤盛；中国 96 属，970 种，各省区广布，主产西南地区。

Lamium Linnaeus **野芝麻属，Lamiaceae 唇形科**。草本。轮伞花序 4-14 花；苞片披针状钻形或线形；花萼管状钟形至钟形，具 5 肋及其间不明显的副脉或 10 脉，喉部微倾斜或等齐，萼齿 5，近相等；花冠紫红、粉红、浅黄至污白色，冠檐上唇直伸，多少盔状内弯，下唇向下伸展，3 裂，中裂片较大，侧裂片边缘常有 1 至多个锐尖小齿；雄蕊 4，前对较长，花丝被毛；子房裂片先端截形，无毛或具疣，少数有膜质边缘。花粉粒 3 沟，皱波状或复网状纹饰，网眼内具穴。染色体 2*n*=14，18，36。约 30/4 种，**10 型**；分布于欧洲，亚洲温带和非洲的热带以外部分；中国产各省区。

Lamprocapnos Endlicher **荷包牡丹属，Papaveraceae 罂粟科**。草本，根状茎，具叶状茎。总状花序，花朵下坠。萼片花瓣状。花冠具 2 个对称面，扁平，轮廓宽心形。雄蕊多离生，只是于花药下部稍稍聚合。种子黑色，具鸡冠状种阜。花粉粒 3 沟，穿孔或网状纹饰。约 1/1 种，**12 型**；分布于朝鲜，俄罗斯东南部及中国东北。

Lancea J. D. Hooker & Thomson **肉果草属，Mazaceae 通泉草科**。矮小草本，近于无毛。根状茎细长，有纤维状须根。叶少，羽状脉，在茎基部叶为鳞片状。总状花序顶生，少花；苞片披针形；花萼钟状，萼齿 5，近相等；花冠二唇形，上唇 2 直立或稍开展，下唇较上唇长而宽，有隆起的褶襞，被毛，3 裂；雄蕊 4，2 强，药室分离而叉分。果实球形，浆果状，近肉质而不裂。种子多数。花粉粒 3 沟，网状纹饰。2/2 种，**14SH 型**；分布于喜马拉雅山地区；中国产西南、西北部。

Landoltia Les & D. J. Crawford **兰氏萍属，Araceae 天南星科**。飘浮草本。茎不发育，以叶状体形式存在，叶状体扁平或凸起，上表面绿色，下表面红色；在叶状体边缘的侧囊中形成小的叶状体及花，囊的基部被膜质鳞片包裹。根 2-7，基部被管状鞘包裹，顶端具圆形或尖形帽状结构。新叶状体与母体通过白色条带联在一起。花被囊状膜质鳞片包裹，与母体在一侧分离；雄蕊 2，4 室。种子具纵肋。花粉粒单孔，刺状纹饰。1/1 种，**5 型**；分布于热带亚洲至热带大洋洲；中国产福建、河南、湖北、四川、台湾、西藏、云南、浙江。

Lannea A. Richard **厚皮树属，Anacardiaceae 漆树科**。乔木。奇数羽状复叶，小叶对生，全缘。雌雄异株；圆锥花序或总状花序顶生；花 4 数；雄蕊 8，花药卵圆形，在雌花中雄蕊极短，花药不育；花盘

杯状；子房4室，每室1胚珠于室顶端下垂；花柱3或4，短，柱头近球形；雄花的子房退化。核果小，似肾形，扁平，中果皮薄，内果皮木质化，壳盖有1-2孔。花粉粒条纹状纹饰。染色体 *n*=（14）15（20）。40/1种，**6型**；分布于热带非洲，亚洲南部和东南部；中国产南部。厚皮树 *L. coromandelica* (Houttuyn) Merrill 有较高的园艺价值。

Lantana Linnaeus **马缨丹属，Verbenaceae 马鞭草科**。直立或半藤状灌木，有强烈气味。茎四方形，有或无皮刺与短柔毛。单叶对生，有柄，边缘有圆或钝齿。无限花序，顶生或腋生；花萼小，顶端截平或具短齿；花冠4-5浅裂，几近辐射状；雄蕊4，二强雄蕊；子房2室，每室有1胚珠；柱头偏斜，盾形头状。核果成熟后常为2骨质分核。花粉粒3孔沟，网状纹饰。染色体2*n*=22，33，44，55，66。约100/2种，**2-2（3）型**；主产热带美洲；中国在南方均栽培，有逸生。

Laportea Gaudichaud-Beaupré **艾麻属，Urticaceae 荨麻科**。草本或半灌木，稀灌木，有刺毛。叶互生，边缘有齿，基出脉3或羽状脉；托叶于叶柄内合生，先端2裂。花单性，雌雄同株，花序聚伞圆锥状，稀总状或穗状；雄花被片近镊合状排列，雄蕊4或5；雌花被片4，极不等大，子房直立，不久偏斜，柱头钻形、舌形，稀分枝。瘦果偏斜。钟乳体点状或短杆状。花粉粒2-4孔，颗粒状纹饰。染色体 *n*=10，13。28/7（2）种，**2（9）型**；主要分布于热带，亚热带，少数产温带地区；中国产长江流域以南各省区。茎皮纤维可制绳索和作代麻原料。

Lappula Moench **鹤虱属，Boraginaceae 紫草科**。草本，被毛。茎生叶互生。镰状聚伞花序，有苞片。花萼5深裂；花冠筒短，檐部5裂，喉部附属物5；雄蕊5，内藏；子房4裂；雌蕊基棱锥状，长于小坚果或与小坚果等长，稀较短，与小坚果腹面整个棱脊相结合或仅与其棱脊基部相结合。小坚果4，背面边缘具1-2（-3）行锚状刺，刺基部相互离生或邻接亦或联合成翅，稀退化成疣状凸起。花粉粒6异沟，或孔沟，外壁光滑，两极有穿孔，萌发沟周围有颗粒状纹饰。染色体 *n*=11，12。约70/36种，**8-4（12）型**；分布于亚洲，欧洲温带，非洲和北美；中国产西北、华北、内蒙古及东北地区。鹤虱 *L. myosotis* Moench 的果实入药，有消炎杀虫之效。

Lapsanastrum Pak & K. Bremer **稻槎菜属，Asteraceae 菊科**。莲座状草本。叶羽状深裂或全裂。头状花序果期下垂；花托无苞片；无冠毛；总苞花期狭圆筒形，果期增粗，不到7mm，总苞片多层，无毛；小花黄色。果狭椭圆形，稍压扁，有5主肋，肋间1-2条次肋，顶截形，有1-4条由肋延伸形成的钩刺。染色体2*n*=44。4/4（2）种，**10型**；产日本，韩国及中国南方地区。

Lardizabalaceae Brown **木通科，木兰亚纲/毛茛目**。缠绕或攀援藤本，稀直立灌木。木质部有宽大的髓射线。复叶互生，无托叶。总状花序腋生；功能性单性花，辐射对称；萼片6，花瓣状；花瓣6，蜜腺状，较萼片小，有时无花瓣；雄蕊6；心皮3（-9），离生，子房上位，胚珠多数或仅1枚。肉质蓇葖果或浆果。种皮脆壳质，细胞型胚乳。花粉粒3沟，穿孔或穴状纹饰。7属，约40种，东亚-南美间断分布；中国5属，约34种，南北均产，多见于长江以南地区。

Larix Miller **落叶松属，Pinaceae 松科**。落叶乔木。枝条二型，有长枝和由长枝上的腋芽长出而生长缓慢的距状短枝。冬芽近球形。叶在长枝上螺旋状散生，在短枝上呈簇生状，倒披针状窄条形，扁平，稀呈四棱形，柔软，下面中脉隆起，两侧各有数条气孔线。雌雄同株；雄球花具多数小孢子叶，药室纵裂；球果当年成熟，直立，具短梗，熟时球果的种鳞张开；种鳞革质，宿存；苞鳞短小，不露出或微露出，或苞

L

鳞较种鳞为长，显著露出，露出部分直伸或向后弯曲或反折，背部常有明显的中肋，中肋常延长成尖头；种鳞腹面有两粒种子，种子上部有膜质长翅。花粉粒无气囊。染色体 $2n$=24。15/11（4）种，**8 型**；分布于北半球的亚洲，欧洲及北美洲的温带；中国产东北、华北、西北和西南地区。

Lasia Loureiro **刺芋属，Araceae 天南星科**。湿生草本。茎粗壮，匍匐于地下。叶柄长，基部具鞘，疏具皮刺。幼叶箭形，不裂，成年叶为鸟足至羽状分裂。花序柄具皮刺；佛焰苞伸长，下部张开，内含短肉穗花序；肉穗花序短圆柱形，钝，无柄，花密；花两性，花被片 4，拱形，早花期覆瓦状，先端近截平；雄蕊 4-6；子房卵圆形，渐狭为粗短的花柱，1 室。浆果。胚乳缺。花粉粒无萌发孔，网状纹饰。2/1 种，**7 型**；分布于热带亚洲；中国产广东、广西、海南、云南、台湾、西藏。刺芋 *L. spinosa* (Linnaeus) Thwaites 可作蔬菜食用。

L

Lasianthus Jack **粗叶木属，Rubiaceae 茜草科**。灌木。叶对生，排列两行，等大或不等大。聚伞状或头状花序，腋生；花两性；花萼裂片 3-6；花冠漏斗状、高脚碟状或坛状，喉部被长柔毛，裂片 4-6；雄蕊 4-6；子房 3-9 室，每室有 1 枚基生、直立、线形的胚珠，柱头 3-9 裂。核果，外果皮肉质，内含 1-9 分核，分核具 3 棱，软骨质或革质；种皮膜质。花粉粒（3-）4（-5）孔，孔状或网状纹饰。染色体 $2n$=44。约 184/34（9）种 **2（7←14）型**；分布于亚洲的热带和亚热带地区，大洋洲和非洲；中国产长江流域以南各省区。

Lasiocaryum Johnston **毛果草属，Boraginaceae 紫草科**。草本，被柔毛，茎生叶互生。镰状聚伞花序，无苞片；花萼 5 裂至基部，花冠筒状，筒部与萼近等长，檐部 5 裂，喉部附属物 5；雄蕊 5，内藏；子房 4 裂，花柱短，不伸出，柱头头状，雌蕊基钻状。小坚果狭卵形，有横皱纹和短伏毛，着生面狭长，居于果的腹面中下部。（5-6）/4 种，**13-2 型**；分布于伊朗及中国西南部。

Lasiococca J. D. Hooker **轮叶戟属，Euphorbiaceae 大戟科**。小乔木或灌木。叶互生或近轮生，倒披针形、倒卵形或近琴形。花雌雄同株，无花瓣，花盘缺；雄花排成总状花序，腋生；雌花单朵腋生，有时为近伞房花序；雄花：雄蕊多数，花丝合生成多个雄蕊束，花药 2 室，无不育雌蕊。雌花：萼片 5-7，不等大，覆瓦状排列，花后稍增大，宿存，子房 3 室，每室具 1 胚珠，花柱 3，基部合生，顶部不叉裂。蒴果具 3 个分果爿，果皮密生具刚毛的小瘤或鳞片；种子近球形，无种阜。花粉粒 3 孔沟，穿孔状纹饰。3/1 种，**7 型**；分布于印度东部（锡金），马来西亚，越南及中国海南和云南。

Lastreopsis Ching **节毛蕨属，Dryopteridaceae 鳞毛蕨科**。草本，土生。根状茎横走或斜升。叶远生或少近生；叶片椭圆至五角形，三至五回羽裂；羽片下先出，基部一对羽片最大，两面密被有关节长毛；叶脉羽状分离，小脉单一或分叉。孢子囊群圆形，在裂片主脉两侧各有 1 行；囊群盖圆肾形或盾形；孢子椭圆形。染色体 x=41。35/3（2）种，**2 型**；分布于泛热带，延伸至南温带地区，主产大洋洲；中国产云南、海南及台湾。海南节毛蕨 *L. subrecedens* Ching 可供观赏。

Lathraea Linnaeus **齿鳞草属，Orobanchaceae 列当科**。寄生肉质草本。叶鳞片状，螺旋状排列。总状或穗状花序；苞片 1 枚，无小苞片，花有短梗或几无梗；花萼钟状，顶端 4 裂；花冠二唇形，筒部近直立，上唇盔状，下唇短于上唇，截形或 3 裂；雄蕊 4 枚，2 强，花药 2 室能育；子房 1 室，胎座 2，柱头盘状。蒴果 2 瓣开裂。种子球形或近球形，外面网状或沟状。花粉粒 3 沟，基柱网纹状纹饰。染色体 $2n$=18，36，42。5/1 种，**10 型**；分布于欧洲西部，

俄罗斯高加索地区，喜马拉雅，日本及中国西南和西北部。

Lathyrus Linnaeus **山黧豆属，Fabaceae 豆科**。草本，具根状茎或块根。茎直立、上升或攀援，有翅或无翅。偶数羽状复叶，叶轴末端具卷须或针刺，小叶具羽状脉或平行脉，托叶半箭形，稀箭形，偶叶状。总状花序腋生，具1至多花；花紫色、粉红色、黄色或白色，有时具香味；雄蕊二体（9+1）；花柱先端扁平，近轴一面被刷毛。荚果常压扁，开裂。种子2至多数。花粉粒3孔沟，网状、穿孔状或不规则条纹状纹饰。160/18（3）种，**8-4型**；分布于欧、亚及北美的北温带地区，南美及非洲也有；中国主产东北、华北、西北及西南地区，华东也有。可作饲料。

Latouchea Franchet **匙叶草属，Gentianaceae 龙胆科**。多年生矮小草本。叶大部分基生，匙形。轮生聚伞花序，花下有2小苞片；花4数；花萼深裂，萼筒短；花冠钟形，半裂，裂片间无褶；雄蕊着生于花冠裂片间弯缺处，与裂片互生，花丝短，花药小；花柱明显而短，腺体轮状着生于子房基部。蒴果上半部扭曲，具宿存的喙状花柱；种子表面具纵脊状凸起。花粉粒穿孔纹饰，具小刺。1/1（1）种，**15型**；中国产西南部至东南部，沿南岭分布。匙叶草 *L. fokiensis* Franchet 可入药。

Launaea Cassini **栓果菊属，Asteraceae 菊科**。草本或半灌木。茎柔弱，匍匐或攀援，或直立多分枝。叶常边缘有刺齿。头状花序单生或少数簇生于茎顶，或排成伞房状、圆锥状或总状或头状花序；花托无托毛；冠毛极纤细，单毛状，白色，整体脱落或不脱落；小花黄色或红紫色。果同型，甚少压扁，有3-6纵肋，顶端截形，无喙。花粉粒3孔沟，有刺脊，穴状纹饰，具刺。染色体 $2n$=18。555/4（11）种，**10型**；分布于非洲，中亚，南亚，西南亚和南欧；中国产西南、华南地区。

Lauraceae A. L. Jussieu **樟科，木兰亚纲/樟目**。常绿或落叶的乔木或灌木，稀缠绕的寄生草本。叶互生，偶有对生、近对生或轮生，为羽状脉，或离基三出脉或三出脉，叶下面常为粉绿色；无托叶。花常腋生，花序为圆锥状、总状，或为假伞形花序，其下承有总苞片。花两性或单性，雌雄同株或异株，常3基数，亦有2基数。花被片6或4，呈两轮排列，或为9而呈3轮排列。雄蕊排列呈4轮，每轮3枚，最内一轮败育成退化雄蕊，第3轮的花丝基部常有1对腺体；花药4室或2室，花药4室时，常2室在上，2室在下，药室自基部向顶部瓣裂；子房上位，胚珠单一；花柱明显。果为浆果或核果，由增大的花被筒所包藏，或生于一裸柄上，基部有坚硬而紧抱于果的花被片，或基部或大部分陷于果托中，有时基部有1扁平的盘状体，若有果托时，果托边缘或为全缘或为波状或具齿裂；果托常肉质，具疣点。种子具大的胚，无胚乳。花粉粒无萌发孔，具小刺状纹饰。约45属，2000-2500种，分布于热带至亚热带地区，东南亚和美洲热带地区尤盛；中国25属，445种，产长江以南各省区。

Laurus Linnaeus **月桂属，Lauraceae 樟科**。常绿小乔木。叶互生，羽状脉。花为雌雄异株，组成具梗的假伞形花序；花序在开花前由4枚交互对生的总苞片包裹，腋生。花2基数；花被裂片4，近等大。雄花有雄蕊8-14；花药2室，药室内向；雌花有退化雄蕊4，与花被片互生；子房1室，花柱短。果卵球形。花粉粒无萌发孔，具刺。2/1种，**12型**；分布于地中海沿岸地区，大西洋的加那利群岛和马德拉群岛；中国引种栽培。

Lavandula Linnaeus **薰衣草属，Lamiaceae 唇形科**。半灌木或小灌木。叶线形至披针形或羽状分裂。轮伞花序2-10花，常于枝顶组成顶生的穗状花序；花蓝色或紫色。花萼管状，二唇形，13-15脉；花冠筒外伸，冠檐上唇2裂，下唇3裂；雄蕊

4，内藏，前对较长，花药汇合成1室；子房4裂；花柱着生在子房基部，顶端2裂，裂片常黏合；花盘等4裂，裂片与子房裂片对生。小坚果光滑，有光泽。花粉粒6沟，穿孔状纹饰。染色体2*n*=18，24，30，36，42，54。约30/2种，**12型**；分布于大西洋群岛及地中海至索马里，巴基斯坦及印度；中国有栽培。

Lavatera Linnaeus **花葵属，Malvaceae 锦葵科**。草本或灌木。叶有棱角或分裂。花各色，漏斗形，腋生或排成顶生的总状花序；副萼3-6，合生或分离；花萼5裂；花瓣5，花后外弯，有爪；雄蕊柱顶部分裂具药花丝；心皮7-25，环绕中轴合生，中轴顶部伞状而突出心皮外，每室1胚珠，花柱基部扩大，柱头丝状。蒴果盘状，分果爿7-25，侧面观C形；不完全包裹种子。种子肾形，平滑无毛。花粉粒散孔，具长刺。染色体2*n*=28，42，84，112。25/1种，**12-5型**；分布于美洲，亚洲，澳大利亚，欧洲；中国产新疆。花葵 *L. trimestris* Linnaeus 盆栽可供观赏。

Lecanorchis Blume **盂兰属，Orchidaceae 兰科**。菌类寄生草本。茎疏生鳞片状鞘，无绿叶。总状花序顶生，具数朵至10余朵花；花苞片小，膜质；花小或中等大，常扭转；在子房顶端和花序基部之间具1个杯状物（副萼），杯状物上方靠近花被基部处有离层；唇瓣基部有爪，爪的边缘与蕊柱合生成管，罕有不合生，上部3裂或不裂；唇盘上常被毛或具乳头状凸起，无距；蕊柱较细长，向顶端稍扩大，略呈棒状；花药顶生，2室；花粉团2个，粒粉质，无花粉团柄，亦无明显的粘盘。约10/5种，**7e型**；分布于东南亚至太平洋岛屿，向北到达日本；中国产南部。

Lecanthus Weddell **假楼梯草，Urticaceae 荨麻科**。草本，无刺毛。叶对生，具柄，边缘有锯齿，三出脉；托叶柄内合生。花单性，花序盘状，花生于多少肉质的花序托上；总苞片呈1或2列生于花序托盘的边缘；雄花被片4-5，雄蕊4-5；雌花被片不等大，柱头头状。瘦果顶端或在上部的背腹面边缘有1隆起呈马蹄形或鸡冠状的棱，表面常有疣状凸起。花粉粒2孔，刺状纹饰。染色体*n*=12。3/3（1）种，**6型**；分布于亚洲东南部和非洲东部热带和亚热带地区；中国产长江流域以南省区。可作饲料或观赏。

Lecythidaceae A. Richard **玉蕊科，木兰亚纲/杜鹃花目**。常绿乔木或灌木。叶螺旋状排列，具羽状脉。花单生、簇生；花上位或周位，萼筒与子房贴生；花瓣基部与雄蕊管连生；雄蕊极多数，数轮，最内轮常小而无花药，外轮不发育或呈副花冠状，花丝基部合生，花药基生或背部着生；花盘整齐或偏于一边，有时分裂；子房下位或半下位，中轴胎座。浆果、核果或蒴果，具棱角或翅，宿萼。种子无胚乳。花粉粒3沟。染色体*x*=13，16，17。约25属，340种，广布热带和亚热带地区；中国1属，3种，产云南、广东、海南和台湾。

Leea van Royen ex Linnaeus **火筒树属，Vitaceae 葡萄科**。直立灌木，无卷须。叶一至四回羽状复叶，互生。聚伞或伞形花序；花两性，4-5数；花瓣基部联合，与不育的雄蕊管贴生形成花冠雄蕊管，成熟时分离脱落；不育雄蕊形成顶部浅裂的管；能育雄蕊插生在不育的雄蕊管的基部；子房盘状，4-10室各1胚珠，花柱短。浆果。种子4-10，胚乳横切嚼烂状。花粉粒3孔沟，外壁光滑。染色体2*n*=22。约34/10（2）种，**4型**；分布于热带及亚热带亚洲地区；中国产云南、贵州、广东、广西、海南。

Leersia Solander ex Swartz **假稻属，Poaceae 禾本科**。多年生水生或湿生沼泽草本。秆下部伏卧地面或漂浮水面。圆锥花序；小穗含1小花，两侧极压扁，无芒，自小穗柄的顶端脱落；两颖完全退化；外稃硬纸质，舟状，脊上生硬纤毛，内稃与外稃同质，脊上具纤毛；雄蕊6或1-3。染色体

x=12，2n=24，48 和 60。20/4 种，**2（7，14）型**；分布于热带至温暖地带；中国主产长江以南。李氏禾 *L. hexandra* Swartz、蓉草 *L. oryzoides* (Linnaeus) Swartz 是水湿环境常见杂草；*L. hexandra* Swartz 可作饲料。

Legazpia Blanco **三翅萼属，Linderniaceae 母草科**。草本，无毛或被短硬毛。茎伸长，匍匐，具分枝，下部节上生根。叶具梗，对生，具齿。伞形花序腋生；总梗短，具 2 枚很小的总苞片或不具总苞片；花具梗和苞片；萼具 3 枚半圆形的宽翅，顶端具 3 枚小齿；花冠小，裂片成二唇形；雄蕊 4 枚，2 强，前方 1 对花丝各有 1 枚丝状附属物，药室叉开，成一直线。萼宿存，蒴果室间开裂。1/1 种，**7 型**；星散分布于东南亚至大洋洲；中国产广东、广西。

Leibnitzia Cassini **大丁草属，Asteraceae 菊科**。多年生草本。叶基生，莲座状。头状花序单生；花托无毛；冠毛 2-3 层，细刚毛状；花春秋二型，春型小花管状，雌性，中央小花多数，两性，秋型小花细管状；花药基部箭形，具长尾，顶端具披针形附片。花柱分枝短，背面具乳突。瘦果纺锤形，有时具喙，具纵棱，被柔毛。染色体 2n=46。6/4 种，**9 型**；主要分布于东亚，或间断分布于北美洲西南部；中国广布。大丁草 *L. anandria* (Linnaeus) Nakai 可全草入药。

Leiospora (C. A. Meyer) Dvořák **光籽芥属，Brassicaceae 十字花科**。多年生草本。根状茎或茎上留有前一年的叶柄。总状花序无苞片，果期不延长，或莲座状基部中心衍生的花单生；花瓣粉红或紫色，倒卵形，顶端钝，花爪强烈分化；雄蕊 6，四强雄蕊。开裂长角果，无柄，与花梗分离。种子单列或 2 列，具宽翅，或无翅，扁平。染色体 2n=14。6/4 种，**12 型**；分布于印度，克什米尔，哈萨克斯坦，吉尔吉斯斯坦，内蒙古，俄罗斯，塔吉克斯坦及中国新疆和西藏。

Lemmaphyllum C. B. Presl **伏石蕨属，Polypodiaceae 水龙骨科**。草本，附生。根状茎细长而横走。单叶，疏生，叶柄与根状茎之间有关节；叶一型或二型：不育叶倒卵形、卵形或椭圆形，近肉质；叶脉网状，主脉明显，无明显的侧脉；能育叶线形或线状披针形。能育叶线形或线状披针形，与主脉平行，隔丝盾状；孢子椭圆形。染色体 x=12，(36)。约 6/5（2）种，**7 型**；分布于东亚，东南亚，喜马拉雅至远东地区；中国产长江以南各省区。肉质伏石蕨 *L. carnosum* C. Presl 可药用。

Lemna Linnaeus **浮萍属，Araceae 天南星科**。飘浮或悬浮水生草本。根 1 条，无维管束。叶状体扁平，2 面绿色，具 1-5 脉，基部两侧具囊，囊内生营养芽和花芽。营养芽萌发后，新的叶状体常脱离母体，也有数代不脱离的。佛焰苞膜质；花单性，雌雄同株；每花序有雄花 2，雄蕊花丝细，花药 2 室；雌花 1，子房 1 室，胚珠 1-6，直立或弯生。果实卵形。种子 1，具肋突。花粉粒单孔，刺状纹饰。13/（5-6）种，**1 型**；世界广布；中国南北均产。

Lens Miller **兵豆属，Fabaceae 豆科**。直立或披散的一年生草本，或半藤本状。偶数羽状复叶，小叶 4 至多片，全缘，顶端 1 枚变为卷须、刺毛或缺，倒卵形、倒卵状长圆形或倒卵状披针形，托叶斜披针形。花小，单生或数朵排成总状花序；旗瓣倒卵形，翼瓣、龙骨瓣有瓣柄和耳；雄蕊二体（9+1）；花柱近轴面具疏髯毛。荚果短，扁平，种子 1-2 粒。种子双凸镜形。花粉粒 3 孔沟，网状纹饰。染色体 2n=14。(4-6）/1 种，**12 型**；分布于地中海至西亚地区。兵豆 *L. culinaris* Medikus 在我国西北、西南有栽培，可食用。

Lentibulariaceae Richard **狸藻科，木兰亚纲/唇形目**。草本。茎常变态成假根、匍匐枝或根状茎。无托叶。叶互生，或基部莲座状。总状花序或单花；花两侧对称；花萼 2-5 裂；花冠合生，具距；雄蕊 2，花丝线状；花药背着，2药室，无退化雄蕊，无花盘。心皮2，合生，子房上位，1室，特立中央胎座或基地胎座，胚珠2或多数，倒生，花柱1或无，柱头2裂。蒴果背室开裂或周裂，稀不开裂。种子无胚乳。花粉粒3孔沟至多孔沟。染色体 n=7-32。3属，约290种，世界广布，主产热带地区；中国2属，约27（4）种，南北广布。

Leontice Linnaeus **囊果草属，Berberidaceae 小檗科**。多年生草本。块状根茎；地上茎直立，草质，不分枝。茎生叶常2（-5）枚，互生，二至三回羽状深裂。总状花序单一，顶生；花黄色；萼片6，花瓣状；花瓣6，蜜腺状，黄色；雄蕊6，离生；心皮1，子房膨大，柱头小，胚珠2-4，基底胎座。瘦果囊状，不开裂或仅顶端不整齐撕裂状。种子2枚，压扁状，无假种皮。花粉粒3沟，网状纹饰。染色体 $2n$=16。（3-4）/1种，**12型**；分布于北温带，主产欧东南，东北和西南亚；中国产新疆。

Leontopodium R. Brown **火绒草属，Asteraceae 菊科**。草本或亚灌木。叶互生，苞叶数个，围绕花序，稀无。雌雄同株或异株，头状花序有单性小花；花托无毛，无托片；冠毛二型，雄花上部增粗，雌花不增粗；总苞半球状或钟状，数层；雄花管状，花药基部有尾状小耳；花柱2浅裂，顶端截形。果长圆形或椭圆形，稍扁。染色体 x=7，12，13，14，22，24，25，26，52。58/37（17）种，**8型**；产亚洲，欧洲；中国主产北方及青藏地区。火绒草 *L. leontopodioides* (Willdenow) Beauverd 全草可入药。

Leonurus Linnaeus **益母草属，Lamiaceae 唇形科**。草本。叶3-5裂，或近掌状分裂，上部茎叶及花序上的苞叶渐狭。轮伞花序多花密集，排成长穗状花序；小苞片钻形或刺状；花萼倒圆锥形或管状钟形，5脉，齿5，下唇2齿较长，上唇3齿直立；花冠粉红至淡紫色，冠檐上唇全缘，直伸，有斑纹，3裂；雄蕊4，前对较长，花药2室，室平行；花柱先端2裂，裂片钻形；花盘平顶。小坚果锐三棱形，顶端截平，基部楔形。花粉粒3孔沟，复网状纹饰，网眼内具穴。染色体 $2n$=18，20。约25/12（5）种，**10型**；分布于欧洲，亚洲及美洲；中国广布。

Lepidagathis Willdenow **鳞花草属，Acanthaceae 爵床科**。多年生草本或亚灌木，具钟乳体。叶对生。穗状花序顶生或腋生，常数个聚生呈头状；苞片1，小苞片2；花萼5裂，裂片不等大，前方2裂片不同程度合生；花冠二唇形，上唇2浅裂，下唇3裂；雄蕊4，2强，花药2室，基部无芒状附属物；子房2室，每室2胚珠，具珠柄钩。蒴果开裂时胎座不从基部弹起。种子4，近圆形，被毛。花粉粒3孔沟，网状纹饰。染色体 $2n$=22，40，42。100/7（3）种，**2型**；分布于热带地区；中国产台湾、广东、广西、海南和云南。

Lepidium Linnaeus **独行菜属，Brassicaceae 十字花科**。一年生至多年生草本或半灌木。叶楔状钻形至宽椭圆形，全缘或具锯齿至羽状深裂，有叶柄或深心形抱茎。花微小，排成总状花序；萼片长圆形，基部不呈囊状；花瓣白色，少数带粉红色，有时退化或无；雄蕊6，常退化成2或4，有窄隔膜，顶端有翅或无翅。种子卵形或椭圆形，无翅或有翅。花粉粒3沟，粗网状到网状-皱状纹饰。染色体 $2n$=16，24，32。250/21（2）种，**1型**；除南极外均有分布；中国各地均产。

Lepidomicrosorium Ching & K. H. Shing **鳞果星蕨属，Polypodiaceae 水龙骨科**。草本，附生。根状茎铁线状，攀援。叶疏生，近一型；叶披针形或戟形，基部楔形或心脏形；侧脉不明显，曲折，网状，有内藏小脉。孢子囊群圆形，密而星散生背面，隔丝盾状，幼时覆盖孢子囊群；孢子圆肾形，周壁具网状纹饰。3/3种，**14型**；分布于越南北部，印度北部和锡金，不丹，缅甸北部，日本及中国西南和华中地区。

L

鳞果星蕨 *L. buergerianum* (Miquel) Ching & K. H. Shing ex S. X. Xu 可供观赏。

Lepidosperma Labillardière **鳞籽莎属，Cyperaceae 莎草科**。多年生草本，匍匐根状茎粗壮。秆圆柱状。叶基生，有叶鞘，叶片圆柱状。圆锥花序；小穗密聚，具鳞片 5-10，最下面的数片鳞片无花，上面有 2-3 朵花，全部花均能结实，最下面的 1 花常具不完全的雌、雄蕊；鳞片 6，稀 3；雄蕊 3；柱头 3。小坚果三棱形，无喙，基部为硬化的鳞片所包。染色体 2*n*=108。100+/1 种，**6 型**；主产澳大利亚，太平洋诸岛和东南亚；中国产华东至华南。

Lepidostemon J. D. Hooker & Thomson **鳞蕊芥属，Brassicaceae 十字花科**。一年生或多年生丛生草本。基生叶具叶柄，单叶全缘或具齿；茎生叶似基生，有时羽状分裂。总状花序，无苞片，少具苞片；萼片长圆形，边缘膜质；花瓣黄色，白色，淡紫色或紫色；雄蕊 6，四强雄蕊，花丝具翅，少无翅，花药肾形，少长圆形，先端钝；每子房 8-28 胚珠。开裂长角果。种子单列，无翅，长圆形或卵形。6/3（2）种，**14SH 型**；分布于不丹，尼泊尔，印度锡金及中国西藏。

Lepionurus Blume **鳞尾木属，Opiliaceae 山柚子科**。灌木。叶薄革质，无毛。花两性，排成腋生的总状花序，每个苞片内花 3 朵，花序轴纤细，无毛；苞片阔，鳞片状，具短缘毛，密集覆瓦状，开花前脱落；花（3-）4（-5）数，花被合生，深裂；雄蕊短于花被，花丝扁平；花盘杯状，边缘裂缺；子房卵球状圆锥形，花柱常缺，柱头不裂或 4 浅裂。核果椭圆状，中果皮肉质，内果皮壳质。胚几与种子等长，胚根小，子叶线形，3-4 枚。1/1 种，**7a-d 型**；分布于尼泊尔，印度锡金，马来西亚及中国云南。鳞尾木 *L. sylvestris* Blume 可作蔬菜。

Lepironia Persoon **石龙刍属，Cyperaceae 莎草科**。多年生草本，具木质匍匐根状茎。秆圆柱状，中具横隔，干时秆呈多节状。叶缺如。苞片为秆的延伸，圆柱状钻形；穗状花序单一，假侧生；小穗两性，具 2 片舟形小鳞片和多数线形小鳞片，有 8 朵以上雄花和 1 朵雌花；舟形小鳞片成 2 列，背部具龙骨状凸起，各具 1 雄花，雌花顶生；柱头 2。小坚果扁，无喙。花粉粒单孔或 1 远极孔，4-5 侧孔，穿孔状和颗粒纹饰。1/1 种，**6 型**；分布于热带亚洲，澳大利亚，太平洋诸岛和马达加斯加；中国产广东、海南和台湾。

Lepisanthes Blume **鳞花木属，Sapindaceae 无患子科**。乔木，直立或攀援性灌木。偶数羽状复叶，轮生，有时仅具单一叶片，表面粗糙，稀平滑。雌雄同株；聚伞圆锥花序；花单性，两侧对称；萼片 5，外面 2 片明显偏小；花瓣（2-）4（5），内面爪之顶部有鳞片；花盘碟状或半月形，5 浅裂或具齿；雄蕊（雄花）（4-）8（-18）；子房 2-3 室，胚珠每室 1 枚，花柱短，顶端肿胀。果横椭圆形或近球形，2 或 3 室，室间常有凹槽，果皮革质或稍肉质；种子椭圆形，两侧稍扁，种皮薄革质或脆壳质，无假种皮。花粉粒 3 孔沟，稀为合孔沟，皱状至网状纹饰，少数平滑。染色体 2*n*=26，28，30。24/8（4）种，**4 型**；分布于热带非洲，马达加斯加，亚洲南部和东南部；中国产海南、广东及云南。赤才 *L. rubiginosa* (Roxburgh) Leenhouts 可药用。

Lepisorus (J. Smith) Ching **瓦韦属，Polypodiaceae 水龙骨科**。草本，附生。根状茎粗短横走。单叶，疏生或近生，一型；叶片披针形或线状披针形；主脉明显，小脉连结成多数网眼，具分叉内藏小脉。孢子囊群圆形或椭圆形，分离，在主脉与叶缘之间排成 1 行，隔丝圆盾形；孢子囊梨形；孢子椭圆形，外壁轮廓线为不整齐的波纹状。染色体数目多样。约 80/49（23）种，**6 型**；主要分布于东亚，少数到非洲；中国各地均产。瓦韦 *L. thunbergianus* (Kaulfuss) Ching 全草可入药。

Lepistemon Blume **鳞蕊藤属，Convolvulaceae 旋花科**。缠绕草本；常被毛。叶具柄，卵形至圆形，基部常心形，全缘或3-5裂。花序为腋生密集的、无柄或具短柄的聚伞花序；苞片小，早落；萼片5，近等长，草质或近革质，锐尖或钝，被毛或无毛；花冠稍小，坛状，冠檐5浅裂；雄蕊及花柱内藏；雄蕊着生于花冠基部1大而凹形的鳞片背面；花盘大，环状或杯状；子房2室，每室有胚珠2枚，花柱1，柱头头状，2裂。蒴果球形，4瓣裂。种子4或较少。花粉粒具刺。6/2 种，**4 型**；分布于热带非洲，亚洲和大洋洲；中国产福建、广东、广西、海南、浙江和台湾。

Leptaleum de Candolle **丝叶芥属，Brassicaceae 十字花科**。一年生小草本。茎直立至伸展，从基部分枝。叶丝状，多裂至全缘。花单生或呈短总状花序；萼片直立，基部不呈囊状；花瓣白色或粉红色；雄蕊6，四强雄蕊，花药有时退化或仅具1室；子房2裂。长角果线形，稍压扁，2室，稍开裂；果瓣无毛或稍有毛，亚革质，具1脉，隔膜近海绵质，完全。种子每室2行，无翅。花粉粒3沟，网状纹饰。染色体 $2n$=14。1/1 种，**13（→12）型**；分布于中亚与西南亚；中国产新疆。

Leptaspis R. Brown 囊稃竹属，**Poaceae 禾本科**。多年生草本。叶片有横脉，具假叶柄。圆锥花序，小枝基部常有线形的苞片；小穗单性，含1小花；雄小穗着生于花序分枝顶端，早落，颖小，外稃大，具5-9脉，鳞被缺，雄蕊6枚，花丝短；雌小穗1至多枚着生于花序分枝下部，外稃大而质厚，呈囊状，成熟时肿胀，扩大而变硬，颜色呈白色、粉色或紫色，柱头3。染色体 x=12。（4-6）/1 种，**4（5，6）型**；分布于东半球热带，亚洲东南部；中国产台湾。

Leptoboea Bentham **细蒴苣苔属，Gesneriaceae 苦苣苔科**。亚灌木。茎分枝和叶均对生；叶常密集于当年生短枝上。花萼钟状；花冠钟状，黄色，檐部不明显二唇形，筒稍长于檐部；能育雄蕊4，生于花冠近基部，内藏，分生，药室2；退化雄蕊1；无花盘；子房椭圆形，稍长于花柱，柱头1，不裂，头状。蒴果线形，室间开裂，不扭曲。种子椭圆形，无附属物。花粉粒3沟，穿孔状纹饰，具颗粒。约3/1种，**7-2 型**；分布于缅甸，印度东北部，不丹，加里曼丹及中国云南南部和西南部。

Leptochilus Kaulfuss **薄唇蕨属，Polypodiaceae 水龙骨科**。草本，土生或附生。根状茎横走或攀援。叶远生，一型或二型，单叶；叶柄与根状茎关节不明显；不育叶片卵状长圆形或披针形，基部楔形；叶脉网状，小脉联结成不规则多数网眼，内藏小脉单一或分叉。能育叶狭线形；孢子囊群线形，在每对侧脉间有一条和侧脉平行，或成熟时布满能育叶下面，不具隔丝。孢子椭圆形，外壁具有较短的刺状或颗粒纹饰，侧脉间各1条。约33/13（2）种，**7 型**；分布于亚洲热带地区；中国主产西南、华南及台湾。似薄唇蕨 *L. decurrens* Blume、断线蕨 *L. hemionitideus* (C. Presl) Nooteboom 可供观赏。

Leptochloa P. Beauvois **千金子属，Poaceae 禾本科**。一年生或多年生草本。圆锥花序开展，由多数偏向一侧的总状花序沿主轴排列而成；小穗含1至数小花，两侧压扁；颖片近等长或不等长，常短于外稃，具1脉；外稃膜质，具3脉，背部有脊，沿脉之下部有毛，先端急尖或钝，全缘或微凹，常无芒，内稃具2脊。染色体 x=10。约32/3 种，**2 型**；分布于美洲和大洋洲的热带，暖温带地区；中国产南部。千金子 *L. chinensis* (Linnaeus) Nees 可作牧草。

Leptodermis Wallich **野丁香属，Rubiaceae 茜草科**。灌木。叶对生。花序聚伞状或簇生，顶生或腋生；小苞片膜质，合生成具2凸尖的管；花两性，二型，5基数；花冠漏斗形，裂片镊合状排列；雄蕊伸出或内藏；子房5室，每室有胚珠1颗；柱头3-5裂。蒴果，圆柱形或卵形，5爿裂至

L

基部。种子具网状假种皮，与种皮分离或粘贴。花粉粒环沟型具 3-5 沟或散沟，网状纹饰。染色体 $2n=22$。约 40/33（30）种，**14 型**；分布于喜拉雅地区至日本，以及中国西南、华北和华南部，以西南地区尤盛。

Leptomischus Drake **报春茜属，Rubiaceae 茜草科**。草本至亚灌木。叶对生，有时聚生或莲座状；托叶大。聚伞花序头状、伞状或钟状，顶生或假腋生；花二型，5 基数；花冠漏斗状或高脚碟状；雄蕊伸出或内藏；子房 2 室，胚珠多数，柱头 2 裂。蒴果，成熟时由于顶盖脱落而开裂。种子表面网状或穴状。7/5（3）种，**7-4 型**；分布于亚洲南部和东南部；中国产云南、海南和广西。

Leptopus Decaisne **雀舌木属，Phyllanthaceae 叶下珠科**。灌木或草本。单叶互生，全缘。雌雄同株或异株，花单生或簇生于叶腋；雄花萼片 5-6，花瓣鳞片状，与萼片同数，雄蕊 5，花丝中部以下合生，基部与退化雌蕊合生，药室 2；花盘杯状或垫状；雌花萼片和花瓣与雄花的相同，子房 3 室，每室胚珠 2，花柱 3，2 裂；花盘环状或圆锥状，稀无花盘。蒴果成熟时开裂成 3 个 2 裂的分果爿，每爿内种子 2 或 1，中轴宿存；种子无种阜。花粉粒 3 孔沟，网状纹饰。染色体 $x=11\text{-}13$。9/6（3）种，**5 型**；分布于东半球热带及亚热带地区，主产亚洲东南部；中国产广东、海南、广西和云南。

Leptopyrum H. G. L. Reichenbach **蓝堇草属，Ranunculaceae 毛茛科**。一年生草本。直根不分枝。一至二回三出复叶，小叶一至二回细裂，基生叶具长柄，茎生叶的柄较短。单歧聚伞花序；苞片叶状；花辐射对称；萼片 5，花瓣状；花瓣 2-3，近二唇形；雄蕊 10-15，花丝丝形；心皮 6-20。蓇葖果线状长椭圆形，表面具凸起的网脉。种子 4-14 粒，深褐色或近黑色，表面具小疣状凸起。花粉粒 3 沟。染色体 $2n=14$。1/1 种，**11 型**；分布于亚洲北部和欧洲；中国产东北至西北。

Leptorhabdos A. Schrenk **方茎草属，Orobanchaceae 列当科**。草本。叶下部的对生，上部的互生。总状花序；花萼管状钟形，5 裂；花冠筒管状漏斗形，檐部 5 裂，裂片又 2 裂几乎达到基部；雄蕊 4 枚，稍 2 强，着生于花冠筒上，药室分离而并行；柱头头状，子房每室有 2 胚珠。蒴果扁，室背 2 裂。种子矩圆状或有棱角，两种子的接触面斜截形，种皮多皱。1/1 种，**13-2 型**；分布于伊朗，高加索至中亚及喜马拉雅山西部；中国产西北部。

Leptosiphonium F. v. Mueller **拟地皮消属，Acanthaceae 爵床科**。草本；具钟乳体。叶对生。花单生或 2-3 簇生于枝近顶端的叶腋；苞片及小苞片短于花萼。花萼 5 深裂至近基部；花冠高脚碟状，基部具细长花冠管，喉部扩大呈漏斗状，檐部 5 裂，裂片相等；雄蕊 4，2 强，花药 2 室，蝴蝶形，药室基部无芒状附属物；无不育雄蕊；子房 2 室，每室具胚珠 10-20，具珠柄钩。蒴果圆柱形，开裂时胎座不从基部弹起。种子多数，具吸湿性的长柔毛。花粉粒 3 沟。10/1（1）种，**7d 型**；间断分布于中国和巴布亚新几内亚及附近地区；中国产江西、福建、湖南、广东和广西。

Leptostachya Nees **纤穗爵床属，Acanthaceae 爵床科**。多年生草本；具钟乳体。叶对生，具羽状脉。穗状花序顶生，有时再组成圆锥花序；苞片 1，小苞片 2。花萼 5 深裂至近基部；花冠二唇形，上唇 2 浅裂，下唇 3 浅裂；雄蕊 2，花药 2 室，平行，药室基部无附属物；无退化雄蕊；子房 2 室，每室具胚珠 2，具珠柄钩。蒴果基部具不育的实心短柄，开裂时胎座不从基部弹起。种子 4，无毛。花粉粒 2 孔沟，网状纹饰。1/1 种，**7-1 型**；分布于印度，泰国，越南，菲律宾及中国南部和西南部。

Leptunis Steven **里普草属，Rubiaceae 茜草科**。草本。叶和叶状托叶 8-16 枚，轮生，

L

无柄。聚伞状圆锥花序，顶生；花两性，4 基数；花萼裂片缺失；花冠漏斗状，裂片 4；雄蕊 4，内藏或部分突出；子房 2 室，胚珠每室 1 枚；柱头 2 裂，部分突出。果为裂果，分果爿倒卵形，不开裂。1/1 种，**12（13）型**；分布于高加索地区，中亚至中国新疆。

Lepturus R. Brown **细穗草属，Poaceae 禾本科**。多年生草本，稀一年生。秆匍匐或横走。圆柱形穗状花序；小穗于穗轴的每节上单生，含 1-2 小花，嵌生于圆柱形而逐节断落之穗轴的凹穴中，且与其穗轴节间一齐脱落，背腹压扁；颖革质，坚硬，除顶生小穗外，第一颖常极退化，第二颖具 5-12 脉；外稃较短，以其背部贴向穗轴，具 3 脉；鳞被 2，楔形或浅裂；雄蕊 1-3。颖果狭窄，光滑。（8-15）/1 种，**4 型**；分布于印度洋及西太平洋海岸；中国产台湾。

Lepyrodiclis Fenzl **薄蒴草属，Caryophyllaceae 石竹科**。一年生草本。茎上升或铺散，分枝。叶对生，叶片线状披针形或披针形，具 1 条中脉；无托叶。花两性，小型，集为圆锥状聚伞花序；萼片 5（稀 6）；花瓣 5，全缘或顶端凹缺；雄蕊（7-）10（14）；花柱 2，稀 3。蒴果扁球形，2-3 瓣裂，具 1-2 粒种子。种子小，种皮厚，表面有凸起。花粉粒散孔，穿孔状-颗粒纹饰。染色体 2*n*=34，68。3/2 种，**12 型**；分布于亚洲地区；中国产西部。薄蒴草 *L. holosteoides* (C. A. Meyer) Fenzl ex Fischer & C. A. Meyer 全草可药用。

Lerchea Linnaeus **多轮草属，Rubiaceae 茜草科**。小灌木或草本。叶常仅存于上部的节上；托叶多少叶状，里面基部有黏液毛。花序由聚伞花序组成，或分枝呈伞房状，分枝上的花呈蝎尾状、穗状或头状排列，顶生或假腋生；花两性，二型，5 基数；花萼裂片基部有黏液毛；花冠管状或漏斗状；花药具端毛，伸出或内藏；子房 2 室，胚珠多数，着生在盾状中轴胎座上，柱头 2 浅裂。果浆果状，近球形，具宿存萼片。种子小而有棱。约 10/1（1）种，**7a 型**；分布于印度尼西亚，越南北部及中国云南。

Lespedeza Michaux **胡枝子属，Fabaceae 豆科**。多年生草本、亚灌木或灌木。羽状 3 小叶。总状或圆锥花序，或数朵簇生于叶腋；每苞片内具两花；花常二型：一种有正常花冠，另一种为闭锁花，花冠退化；花萼钟形，5 裂，上方 2 裂片常合生至中上部；花瓣具瓣柄，翼瓣常短于旗瓣和龙骨瓣，龙骨瓣先端钝；雄蕊二体；子房具 1 胚珠。荚果双凸镜状，种子 1 颗，不开裂。花粉粒 3 孔沟，网状纹饰。染色体 2*n*=20，22。约 40/24（9）种，**9 型**；东亚北美间断分布；中国除新疆外，各省区广布。可用作固氮和水土保持；叶和嫩枝可作绿肥和饲料，也可作为蜜源植物，如胡枝子 *L. bicolor* Turczaninow、兴安胡枝子 *L. daurica* (Laxmann) Schindler。

Leucaena Bentham **银合欢属，Fabaceae 豆科**。无刺灌木或乔木；二回羽状复叶，小叶对生，不敏感，总叶柄常具腺体。花常两性，5 数，无梗，组成稠密的球形头状花序，单生或簇生于叶腋；萼管钟状，具短裂齿；花瓣分离；雄蕊 10；子房具柄。荚果劲直，带状，革质，2 瓣裂，无横隔膜。种子多数，横生，卵形，扁平。花粉粒 3 孔沟，颗粒状纹饰。染色体 *n*=14。近扁球形，极面观 3 裂圆形。约 22/1 种，**2（3）型**；产美洲，银合欢 *L. leucocephala* (Lamarck) de Wit 广泛引种至旧大陆；中国福建、广东、广西、海南、云南和台湾引种和归化。木材可用于建筑，荚果和种子可食。

Leucanthemella Tzvelev **小滨菊属，Asteraceae 菊科**。沼生草本。头状花序异型；花托无毛，极凸起；总苞碟状，总苞片 2-3 层，边缘膜质；缘花假舌状，1 层，雌性，不育，白色，盘状花两性，管状，顶端 5 齿裂，黄色；花柱分枝线形，顶端截形。果圆柱状，基部收窄，有 8-12 条椭圆形

凸起的纵肋，纵肋延伸于瘦果顶端。染色体 x=9。2/1 种，**10 型**；分布于欧洲和亚洲的日本，韩国，俄罗斯及中国内蒙古和东北。

Leucanthemum Miller **滨菊属，Asteraceae 菊科**。多年生草本。头状花序异型；花托无托毛，稍凸起；总苞碟状，总苞片 3-4 层，边缘膜质；缘花雌性、假舌状、1 层，结实，白色，中央花两性，管状，顶端 5 齿裂，黄色；花药顶端附片卵状披针形，基部钝；花柱分枝线形，顶端截形。果有 8-12 条纵肋，纵肋光亮，顶端有时有果肋延伸形成的冠状边缘。染色体 x=9。44/1 种，**（10-1）型**；分布于欧洲；中国引种栽培。滨菊 *L. vulgare* Lamarck 广泛栽培。

Leucas Robert Brown **绣球防风属，Lamiaceae 唇形科**。草木或半灌木。花萼管状至管状钟形，10 脉，齿 8-10；花冠常白色，冠檐上唇直伸，盔状，外密被长柔毛，下唇 3 裂，中裂片最大。雄蕊 4，前对较长，花药 2 室；花柱先端不等 2 裂，后裂片极短，近于消失；小坚果卵珠形，三棱状，几不截平。花粉粒 3 沟，复网状纹饰，网眼内具穴。染色体 2n=20，22，24，26，28，30。约 100/8（1）种，**2 型**；分布于非洲，亚洲，澳大利亚和太平洋岛屿；中国产热带及亚热带地区。

Leucomeris D. Don **白菊木属，Asteraceae 菊科**。灌木或小乔木。头状花序同性，盘状，在枝顶排成密集的聚伞或团伞花序；花托平；小花少数，全两性，白色，结实，花冠管状，檐部 5 深裂，外卷；花药基部箭形，具长尾；花柱分枝短，无毛，顶端钝。瘦果圆柱形，具纵棱，被绢毛；冠毛多层，粗糙，刚毛状。染色体 2n=54。2/1 种，**7-3 型**；分布于东南亚中南半岛及邻近地区；中国产云南西部和南部。白菊木 *L. decora* Kurz 是国家Ⅱ级重点保护野生植物。

Leucosceptrum Smith **米团花属，Lamiaceae 唇形科**。灌木至小乔木，密被细绒毛。叶密被星状绒丛毛或丛卷毛。花两性，短柄，成顶生穗状花序；苞片近肾形，密覆瓦状，小苞片线形；花萼钟形，外密被绒毛，具 15 脉，萼齿 5（-7），三角形，短小；花冠冠檐上唇顶端微凹，下唇 3 裂；雄蕊 4，前对较长，花时明显伸出，花药 1 室，肾形，横裂；子房 4 裂，有半透明的小凸起及粉囊状小凸起。小坚果长圆状三棱形，顶端平截，胚小，有胚乳。花粉粒 3 沟，复网状纹饰，网眼内具穴。染色体 2n=44。1/1 种，**14 型**；分布于不丹，尼泊尔，印度东北部，缅甸北部，老挝，越南，以及中国云南、四川和西藏。

Leucostegia C. B. Presl **大膜盖蕨属，Hypodematiaceae 肿足蕨科**。草本，土生。根状茎粗而横走，被卵形鳞片，腹部盾状着生。叶远生，叶柄基部以关节着生于叶足；叶片长卵状三角形，多回羽裂；叶轴和羽轴上有纵沟。孢子囊群大，生于小脉的顶端；囊群盖大，圆阔肾形，基部着生或两侧下部也稍附着。孢子椭圆形，外壁具不规则的疣状纹饰。染色体 x=41。2/1 种，**7 型**；分布于南亚，东南亚热带和太平洋岛屿；中国产云南、广西和台湾。大膜盖蕨 *L. immersa* C. Presl 药用，用于治跌打损伤。

Leucosyke Zollinger & Moritzi **四脉麻属，Urticaceae 荨麻科**。小乔木或灌木。叶对生或互生，常 2 列，具柄，有钝锯齿，基出脉 3（-4），背面灰白色；托叶柄内合生，先端 2 裂或全缘。雌雄异株，花序常二叉状分枝，每分枝的顶端有 1 头状团伞花序，或簇生在叶腋；雄花被片镊合状排列，雄蕊 4-5 枚；雌花被片短，在子房基部合生成杯状，子房斜卵形，柱头头状。瘦果小。花粉粒 3 孔，刺状纹饰。35/1 种，**7e 型**；分布于东亚的热带地区及太平洋岛屿；中国产台湾。茎皮纤维可供制麻袋、绳索原料。

Leucothoë D. Don **木藜芦属，Ericaceae 杜鹃花科**。灌木。茎无银白色鳞片附着。叶表面无白霜和银白色鳞片。成束或

单个总状花序腋生；小苞片 2 枚，部分包裹花梗，中或上部着生；花萼裂片披针形至宽卵状；花冠白色，裂片极小；雄蕊 8-10，花药顶孔开裂；心皮 5，子房假 10 室，花柱在雄蕊之下，柱头头状或盾状。蒴果干燥，近球形。种子扁平有乳突或狭翅。花粉四合体，3 沟或拟沟，颗粒或皱波状纹饰。染色体 *x*=11。约 5/1 种，**9 型**；东亚-北美间断分布；中国产贵州、云南和西藏东南部。

Levisticum Hill **欧当归属，Apiaceae 伞形科**。多年生高大草本。叶片大，二至三回羽状分裂。复伞形花序；萼齿不明显；花瓣黄绿色至黄色，椭圆形，顶端短而反折。果实卵形至椭圆形，略侧扁，分生果的侧棱厚翅状，背棱钝翅状，棱槽内有油管 1，合生面油管 2（稀为 4）。染色体 *x*=11。3/1 种，**12 型**；产亚洲和欧洲；中国北部引种栽培。

Leycesteria Wallich **鬼吹箫属，Caprifoliaceae 忍冬科**。落叶小灌木；小枝常中空。单叶对生。由 2-6 朵花的轮伞花序合成的穗状花序顶生或腋生，有时紧缩成头状，常具显著的叶状苞片；萼片 5；花冠白色、粉红色或带紫红色，有时橙黄色，漏斗状，整齐，裂片 5；雄蕊 5，花药丁字形背着；子房 5-8（-10）室，每室有多数胚珠，花柱细长，柱头盾状或头状。果实为浆果，具宿存萼；种子微小，多数。花粉粒 3 孔沟，具刺。染色体 2*n*=18。5/5 种，**14 型**；分布于喜马拉雅地区；中国产西南。

Leymus Hochstetter **赖草属，Poaceae 禾本科**。多年生。秆直立。圆锥花序穗状，线形；小穗常以（1-）2-3（-6）枚簇生于穗轴每节，小穗含（1-）3-7 小花；颖自披针形变至窄披针形或锥刺状，具 3-5 脉，为锥刺状者仅具 1 脉；外稃披针形，先端渐尖，无芒或具小尖头，具 3-7 脉；鳞被披针形至卵形。颖果扁长圆形，附着于稃片上。约 50/24（11）种，**8 型**；分布于北半球温寒地带；中国产西北、东北和华北。毛穗赖草 *L. paboanus* (Claus) Pilger 为重要牧草；可护堤岸及固沙。

Lianthus N. Robson **惠林花属，Hypericaceae 金丝桃科**。小灌木，无毛，具透明腺体。叶对生，无柄，全缘，近轴面具点状腺体，远轴面具线状腺体。花序具 5-7 朵花；花白色，雄蕊 3-6 或成束，花丝基部合生；心皮 3，胚珠多数。1/1（1）种，**15 型**；特产云南西北部。

Libanotis Haller ex Zinn **岩风属，Apiaceae 伞形科**。草本，稀小灌木。茎有尖锐凸起，稀贴地生长。基生叶柄有叶鞘；叶片羽状分裂或全裂。复伞形花序；总苞片有时近无；小苞片多数；花瓣小舌片内折。萼齿显著；花柱长，花柱基短圆锥形。果棱线形或尖锐凸起；每棱槽中油管 1，少数 2-3，合生面油管 2-4，稀为 6-8。胚乳腹面平直。30/18（8）种，**10 型**；分布于亚洲，欧洲；中国产西北、东北、华东、华中。

Licuala Wurmb **轴榈属，Arecaceae 棕榈科**。灌木。叶片呈圆形或扇形，掌状深裂成单折至数折的楔形截状的裂片或不分裂。花序生于叶腋；花两性；雄蕊 6，花丝分离或下部合生成一个明显的管，顶端具等长的 6 齿或具 3 裂的雄蕊环；子房 3 心皮，离生。核果小。种子腹面光滑或有大裂片状的种皮侵入物，胚乳角质，均匀，胚侧生。花粉粒单沟，穿孔状、穴状和网状纹饰。约 150/3（2）种，**5 型**；分布于亚洲热带地区，澳大利亚和太平洋群岛；中国产南部和西南部。多数种类为绿化观赏树种。

Ligularia Cassini **橐吾属，Asteraceae 菊科**。多年生草本。叶丛生或茎生，幼时外卷，基部膨大成鞘。头状花序；花托浅蜂窝状；冠毛糙毛状，稀无；总苞狭筒形、钟形、陀螺形或半球形；边花雌性，假舌状或管状，中央花两性，管状；花丝光滑，近花药处膨大；花柱分枝细。果光滑，有肋。花粉粒 3 孔沟，具刺，刺长，刺基膨大，刺间粗糙或皱波状。染色体 *n*=15，16，

24，25，26，27，29，30，31。140/123（89）种，**10（14）型**；分布于亚洲，欧洲；中国产西南部至东北部。鹿蹄橐吾 *L. hodgsonii* J. D. Hooker、蹄叶橐吾 *L. fischer* (Ledebour) Turczaninow 可入药。

Ligulariopsis Y. L. Chen **假橐吾属，Asteraceae 菊科**。多年生草本。叶互生，纸质，具长叶柄，叶柄基部扩大，半抱茎，但无鞘。头状花序盘状；花托具小窝孔；冠毛1层，紫褐色，具细齿，易折；总苞片4，1层，边缘狭干膜质，无外苞片；小花两性，4，管状，明显超出花盘，黄色，5裂；花药基部钝，花药颈部圆柱形；花柱分枝外弯，顶端钝或截形，被乳头状微毛。果圆柱形，无毛，具肋。花粉粒3孔沟，具刺，刺渐尖，刺基不膨大，刺间具穿孔状。染色体 x=29。1/1（1）种，**15型**；特产陕西、甘肃。

Ligusticum Linnaeus **藁本属，Apiaceae 伞形科**。草本。根茎发达或生不定根。茎基部有枯鞘纤维。叶片羽状全裂；复伞形花序，总苞片少数或缺，小总苞片多数；花瓣先端具内折小舌片；分生果椭圆形至长圆形，背腹扁压或不压扁，背棱凸起至狭翅状，侧棱翅状至宽翅状，每棱槽油管1-4，合生面油管6-8，胚乳腹面平直或微凹。花粉粒3孔沟，皱波状或条网状纹饰。染色体 2n=22 或 44。60/40（35）种，**8型**；分布于亚洲，欧洲和北美洲；中国广布，以西南地区尤盛。

Ligustrum Linnaeus **女贞属，Oleaceae 木犀科**。灌木、小乔木或乔木。单叶对生。聚伞花序常排列成圆锥花序；花两性；花萼钟状，先端4齿或不规则；花冠白色，近辐状、漏斗状或高脚碟状，花冠管长于裂片或近等长，裂片4枚；雄蕊2枚，着生于近花冠管喉部，内藏或伸出；花柱丝状，长或短，柱头肥厚，常2浅裂，子房2室，每室胚珠2枚。果为浆果状核果。花粉粒（2-）3（拟）孔沟，具粗网状纹饰。染色体 2n=46。45/27种，**10型**，分布于亚洲温暖地区，向西北延伸至欧洲，经马来西亚至新几内亚，澳大利亚，东亚；中国主产西南地区。女贞 *L. lucidum* W. T. Aiton 可供观赏。

Liliaceae Jussieu **百合科，木兰亚纲/百合目**。多年生草本。具鳞茎或根状茎。叶基生或茎生。单花顶生或排成总状、伞形花序；花被片6，分离，基部具蜜腺；雄蕊6，花药基着或丁字形着生，药室2，纵裂；心皮3，合生，子房上位，中轴胎座，柱头1，3裂。浆果或蒴果背缝开裂或室间开裂。种子扁平、盘状或球状。花粉粒单沟，稀2沟和3沟，多为网状纹饰，稍为负网状、具疣和颗粒状。虫媒传粉。染色体 2n=14，16，24，26，28，32。16属，635种，世界广布，主要分布于北半球的温带；中国13属，148种，南北均产，以西南地区尤盛。

Lilium Linnaeus **百合属，Liliaceae 百合科**。多年生草本。鳞茎卵形或近球形；鳞片多数，肉质。茎圆柱形。叶散生，较少轮生。花单生或排成总状花序；苞片叶状；花被片6，离生，喇叭形、钟形或反卷，基部有蜜腺；雄蕊6，花药椭圆形，丁字状着生；子房圆柱形，柱头膨大，3裂。蒴果矩圆形，室背开裂。种子多数，扁平，周围有翅。花粉粒单沟，稀2沟，网状纹饰。染色体 2n=24。110/55（35）种，**9型**；分布于北温带；中国南北均产，尤以西南和华中最多。川百合 *L. davidii* Duchartre、卷丹 *L. lancifolium* Thunberg 的鳞茎含淀粉，可食用；也可药用。

Limnocharis Bonpland **黄花蔺属，Alismataceae 泽泻科**。水生草本。挺水叶丛生，叶具柄，叶片卵形至圆形。花茎直立，伞形花序顶生，基部具苞片。花两性；萼片3，绿色，宿存；花瓣3，黄色，质薄易落；雄蕊多数，外围一轮为不育的退化雄蕊，花丝扁平。心皮多数，扁平，离生，无花柱。果多环形，聚集成头状，背壁厚。种子多数，强烈弯曲，马蹄形。花粉粒散孔，

颗粒纹饰，有时穿孔状。染色体 $2n=20$。1/1 种，**3 型**；分布于北美南部到南美热带和亚热带地区，以及马来群岛，东南亚；中国产云南（西双版纳）和广东沿海岛屿。黄花蔺 *L. flava* Bonpland 用于水体园艺布景；嫩花序可食用。

Limnophila R. Brown **石龙尾属，Plantaginaceae 车前科。**水生或沼生草本。叶有齿缺或分裂，沉水的轮生，羽状细裂。花无柄或具柄，单生或排成穗状花序或总状花序；萼片筒状，萼齿 5，近相等或后方 1 枚较大；花冠管筒状，5 裂，二唇形，上唇全缘或 2 裂，下唇 3 裂；雄蕊 4，内藏。蒴果卵形或长椭圆形，为宿萼所包，室间开裂。种子小，多数。花粉粒 3 孔沟。染色体 $2n=30$，34，68。35/10（1）种，**4（7e）型**；分布于旧大陆热带亚热带地区；中国产辽宁、河南及南方各省区。

L

Limonium Miller **补血草属，Plumbaginaceae 白花丹科。**多年生草本或半灌木。叶基生，少有互生或集生枝端。花承托以鳞片状的苞片，排成聚伞花序、穗状花序或圆锥花序。萼漏斗状、倒圆锥状或管状，具 5 脉，裂片 5；花冠由 5 个花瓣基部联合而成；雄蕊着生于花冠基部；子房倒卵圆形，花柱 5，分离，柱头丝状圆柱形或圆柱形。蒴果倒卵圆形。花粉粒 3 沟，粗网状纹饰。染色体 $x=6-9$。300/22 种，**1 型**；世界广布，主产地中海沿岸；中国大多省区均产，主产新疆。补血草 *L. sinense* (Girard) Kuntze、二色补血草 *L. bcolor* (Bunge) Kuntze 等可药用；大叶补血草 *L. gmelinii* (willdenow) Kuntze 的根部可作鞣料。

Limosella Linnaeus **水茫草属，Scrophulariaceae 玄参科。**矮小草本，水生或湿生，丛生，匍匐或浮水。无茎或具有节部生根的匍匐茎。叶片细条形，具长叶柄，簇生，对生或互生。花腋生，短花梗，无小苞片；花萼钟状，5 浅裂。辐射花冠钟状，花冠筒短，裂片 5，近等长；雄蕊 4，等长，着生于近花冠筒的中部；花丝丝状；雌蕊子房在基部 2 室；花柱短，柱头头状。蒴果不明显开裂。种子小，多数，卵圆形，具皱纹。花粉粒 3 孔沟，网状纹饰。染色体 $2n=40$，48，120。7/1 种，**1 型**；世界广布；中国产东北、青海、西藏、云南、四川。

Linaceae de Candolle ex Perleb **亚麻科，木兰亚纲/金虎尾目**。草本或灌木。单叶，全缘，互生或对生。聚伞花序或总状花序；花两性，4-5 数；萼片宿存，分离；花瓣辐射对称或螺旋状，分离或基部合生；雄蕊与花被同数或为其 2-4 倍；子房上位，2-3（5）室，心皮常具假隔膜，每室具 1-2 胚珠，花柱与心皮同数。果实为室背开裂的蒴果或核果。花粉粒无萌发孔，覆盖层缺失。染色体 $n=6-43$。13 属，约 255 种，世界广布，主要分布于温带；中国 4 属，14 种，广布。

Linaria Miller **柳穿鱼属，Plantaginaceae 车前科。**草本。叶对生或轮生或上部的互生，羽状脉，全缘、齿状或分裂。花颜色丰富，总状花序或穗状花序；萼 5 裂，几达基部；花冠管长，基部有长距，裂片二唇形，上唇直立，2 裂，下唇中央向上唇隆起并扩大，3 裂，在隆起处密被腺毛；雄蕊 4，2 强，药室并行，裂后叉开。蒴果于顶部下孔裂或纵裂。花粉粒 3 孔沟，网状纹饰。染色体 $2n=12$，24。150/10（4）种，**8（12）型**；分布于北温带，主产欧亚两洲；中国产云南、四川、西藏及北方各省区。

Lindelofia Lehmann **长柱琉璃草属，Boraginaceae 紫草科。**多年生草木，被柔毛。叶全缘；基生叶具叶柄；茎生叶互生。镰状聚伞花序无苞片；花萼 5 裂至近基部；花冠漏斗状，筒部长于花萼，喉部有附属物；雄蕊着生喉部之下；花柱丝形，伸出花冠外，果期增粗宿存；雌蕊基短圆锥形。小坚果背腹扁，背面具盘状凸起，有锚状刺，着生面在腹面靠上部，与雌蕊基的组织贴合牢固。花粉粒 6-8 异沟，小瘤状纹

饰。染色体 n=12。约 10/1 种，**13-2 型**；分布于亚洲中部和西部；中国产甘肃、新疆及西藏西北部。

Lindenbergia J. G. C. Lehmann **钟萼草属，Orobanchaceae 列当科。**草本，草质或基部木质，多分枝，被毛。叶对生或上部的互生，有锯齿。穗状或总状花序；花萼钟形，5 裂，被毛；花冠二唇形，花冠筒圆筒形，上唇在外方，短而阔，下唇较大，3 裂，常有褶襞；雄蕊 4 枚，2 强，花丝无毛；柱头不裂。蒴果常被包于宿萼之内，室裂，有 2 沟纹，果瓣全缘；种子多数，极小，矩圆形或圆柱形。花粉粒 3 沟，网状纹饰。染色体 2n=28，30，32。12/3 种，**6 型**；分布于热带非洲和热带亚洲，印度尤盛；中国产西南部。

Lindera Thunberg **山胡椒属，Lauraceae 樟科。**常绿或落叶的乔木、灌木。叶互生，全缘或 3 裂，羽状脉或离基三出脉。花单性，雌雄异株；假伞形花序在叶腋单生或在腋生缩短短枝上 2 至多个簇生；总苞片 4，交互对生。花被片 6，脱落。雄花：能育雄蕊 9，排列成 3 轮，花药 2 室，内向瓣裂。雌花：退化雄蕊 9，第 3 轮退化雄蕊两侧具 2 枚无柄腺体。浆果或核果呈圆形或椭圆形；花被筒稍膨大成果托于果实基部，或膨大成杯状包被果实基部以上至中部。花粉粒无萌发孔，穿孔-刺状纹饰。100/38（23）种，**3 型**；分布于亚洲温带至热带地区，北美有 2 种，澳大利亚 1 种；中国主产长江以南各省区。

Lindernia Allioni **母草属，Linderniaceae 母草科。**草本。花常对生，腋生或在茎枝顶端形成总状花序。萼 5 齿，齿相等或微不等；花冠二唇形，上唇直立，微 2 裂，下唇较大，3 裂；雄蕊 4 枚，均能育，偶有前方 1 对退化而无花药，其花丝常有附属物，花药互相贴合或下方药室顶端有刺尖或距；花柱顶端常膨大，片状 2 裂。蒴果多为球形或圆形。花粉粒 3 沟，或 4-6 沟，网状纹饰。染色体 2n=14，16，18，24，28，42。30/5（1）种，**2 型**；主要分布于亚洲热带和亚热带，少数至美洲和欧洲；中国南北均有。

Linderniaceae Borsch, Kai Müller & Eberhard Fischer **母草科，木兰亚纲/唇形目。**常为多年生小草本。茎常四棱形。叶常交互对生，基部常合生。花序多为总状，或单花腋生，无小苞片；花两侧对称；花冠内部常具腺毛；雄蕊 4，2 枚雄蕊基部具 Z 字形附属物，或有时具 2 枚雄蕊（另 2 枚退化），雄蕊基部具毛；胚珠具匙形胚囊。种子具嚼烂状胚乳，种皮具蜂窝状或皱状纹饰至光滑。花粉粒 3-5 沟。染色体 2n=16，18，24-28 等。约 17 属，253 种，分布于暖温带和热带，以美洲最多；中国 4 属，19 种，各省区均产，主产西南地区。

Lindsaea Dryanderex Smith **鳞始蕨属，Lindsaeaceae 鳞始蕨科。**草本，土生。根状茎短或长而横走；叶柄禾秆色或栗黑色；叶片通常一回羽状或二回羽状分离，羽片或小羽片为对开式或扇形；叶脉分离，少有网状联结，不具主脉，无内藏小脉，二叉。孢子囊群近叶缘汇生，生于小脉的结合线上或顶生于小脉端，圆形、长圆形；囊群盖线形，2 层，内层膜质，外层为绿的叶边，以基部着生，向叶边开口；孢子钝三角形或椭圆形，周壁具颗粒状或小穴状纹饰。染色体 x=40，44，47。约 150/13（1）种，**2-1 型**；主要分布于泛热带地区，向北达日本，向南可至巴西南部，澳大利亚和新西兰；中国产长江以南各省区。团叶鳞始 *L. orbiculata* (Lamarck) Mettenius ex Kuhn 可药用。

Lindsaeaceae C. B. Presl ex M.R.Schomburgk **鳞始蕨科，水龙骨亚纲/水龙骨目。**草本，土生或少附生。根状茎短而横走，或长而蔓生；叶同型，一至多回羽裂；羽片或小羽片圆形、对开形，线形或三角形；叶脉分离，叉状分枝或网状。孢子囊群边沿生，有盖；孢子囊为水龙骨型；孢子多为钝三角形或椭圆形，周壁具颗粒状或瘤状纹饰。7属，约200种，分布于泛热带和亚热带；中国4属，18种，产西南、华南和华东地区。

Linnaea Linnaeus **北极花属，Caprifoliaceae 忍冬科**。亚灌木。叶小，对生，有叶柄，无托叶。花具细长花梗，成对着生于小枝顶端；苞片1对，着生于两花梗基部，小苞片1-2对，紧贴萼筒基部；萼筒密被具柄的腺毛和短柔毛，萼檐5裂；花冠钟状，整齐5裂；二强雄蕊，着生于花冠筒内，花药内向，内藏；子房3室，仅1室发育，花柱细长，柱头头状。瘦果状核果，不开裂，内含种子1枚。花粉粒3孔沟，稀疏具刺。染色体2*n*=32。1/1种，**8型**；广布北半球高寒地带；中国产东北至西北。

Linum Linnaeus **亚麻属，Linaceae 亚麻科**。草本或茎基部木质化。单叶，全缘，无柄，1或3-5脉。聚伞花序或蝎尾状聚伞花序；花5数；萼片全缘或边缘具腺睫毛；花瓣长于萼；雄蕊5，与花瓣互生，花丝下部具睫毛，基部合生；退化雄蕊5；子房5室（或被假隔膜分为10室），每室具2胚珠，花柱5。蒴果卵球形或球形，开裂，果瓣10，常具喙；种子扁平。花粉粒3沟，覆盖层缺失。约180/9种，**8-4型**；主要分布于温带和亚热带山地，地中海地区较为集中；中国产西北、东北、华北和西南地区。亚麻 *L. usitatissimum* Linnaeus为重要的纤维、油料和药用植物；野亚麻 *L. stelleroides* Planchon的茎皮纤维可作人造棉、麻布和造纸原料。

Liparis Richard **羊耳蒜属，Orchidaceae 兰科**。地生或附生草本，具假鳞茎或有时具多节的肉质茎。叶1至数枚。花葶顶生；总状花序疏生或密生多花；花扭转；萼片相似平展，反折或外卷；蕊柱一般较长，多少向前弓曲，罕有短而近直立的，上部两侧常多少具翅，无蕊柱足；花药俯倾；花粉团4个，成2对，蜡质，无明显的花粉团柄和粘盘。约250/60种，**1（8-4）型**；广布热带与亚热带地区，少数见于北温带；中国广布。

Lipocarpha R. Brown **湖瓜草属，Cyperaceae 莎草科**。一年生或多年生草本。苞片叶状；穗状花序2-5个簇生，呈头状，少有1个单生；穗状花序具多数鳞片和小穗；小穗具2片小鳞片和1朵两性花；雄蕊2；柱头3。小坚果三棱形、双凸状或平凸状，为小鳞片所包。花粉粒1远极孔，4-5侧孔，穿孔状和微刺纹饰。染色体2*n*=26，38，58。35/4种，**8型**；分布于温带和亚热带地区；中国南北广布，以华南多见。

Liquidambar Linnaeus **枫香树属，Altingiaceae 蕈树科**。特征描述同科。15/10（6）种，**3型**；分布于亚洲，中美洲和北美洲热带和亚热带地区；中国南部广布，西南尤盛。

Lirianthe Spach **长喙木兰属，Magnoliaceae 木兰科**。乔木或灌木，常绿。托叶膜质，贴生于叶柄，具托叶痕；叶膜质或厚纸质，互生，全缘；幼叶在芽中直立，对折。花洁白芳香，单生于顶生短枝，两性；花被片9-12，雄蕊早落，花丝扁平，药隔延伸成短尖；无雌蕊群柄，心皮分离，每心皮胚珠2（-4）枚。聚合果椭球形，两端尖，成熟蓇葖互相分离，沿背缝线开裂。花粉粒单沟，穿孔状纹饰。甲虫和蜂类传粉。染色体2*n*=38。约12/8（5）种，**7型**；产亚洲东南部温带及热带；中国产华南和西南。

Liriodendron Linnaeus **鹅掌楸属，Magnoliaceae 木兰科**。落叶乔木。冬芽卵形，为2片黏合的托叶所包围；幼叶在芽中对折，向下弯垂。叶互生，托叶与叶柄离生，叶片先端平截或微凹，近基部具1对或2对侧裂。花无香气，单生枝顶，与叶同时开放，两性；花被片9；药室外向开裂；雌蕊群无柄，心皮多数分离，最下部不育，每心皮具胚珠2，自子房顶端下垂。聚合果纺锤状，成熟心皮木质，顶端延伸成翅状。种子1-2颗。花粉粒单沟，穿孔状、

皱穴状或网状纹饰。主要由蜜蜂、蚂蚁和食蚜蝇传粉。染色体 $2n$=38。2/1 种，**9 型**；分布于亚洲东部和北美东部；中国产安徽、河南、福建、广西、贵州、云南。

Liriope Loureiro **山麦冬属，Asparagaceae 天门冬科**。多年生草本。根状茎很短，常具匍匐茎。叶基生，密集成丛，禾叶状，基部常为具膜质边缘的鞘所包裹。花葶从叶丛中央抽出，常较长，总状花序具多数花；花梗直立，具关节；花被片 6，分离，两轮；雄蕊 6，着生于花被片基部；花丝狭条形；花药基着；子房上位，3 室，每室具 2 胚珠；花柱三棱柱形，略具 3 齿裂。果实发育早期外果皮即破裂，露出种子。种子浆果状。花粉粒单沟，皱波状到穿孔状纹饰。染色体 x=18。约 8/6 种，**14SJ 型**；分布于越南，菲律宾，日本及中国秦岭以南各省区，华北也有。

Litchi Sonnerat **荔枝属，Sapindaceae 无患子科**。乔木；偶数羽状复叶，互生，无托叶。聚伞圆锥花序顶生，腋生；花两性或单性，雌雄同株，辐射对称；萼杯状，4 或 5 浅裂；无花瓣；花盘碟状，全缘；雄蕊（6）7（-11）；子房 2 室，每室 1 枚胚珠，花柱着生在子房裂片间，柱头 2 裂。果深裂，果皮革质，外面有龟甲状裂纹，散生圆锥状小凸体；假种皮肉质，包裹种子的全部或下半部。花粉粒 3 孔沟，条状纹饰加厚。染色体 $2n$=28，30。1/1 种，**7 型**；分布于印度尼西亚，马来半岛，爪哇，婆罗洲，菲律宾及中国东南部。荔枝 *L. chinensis* Sonnerat 是重要的经济果树。

Lithocarpus Blume **柯属，Fagaceae 壳斗科**。常绿乔木；枝有顶芽。叶互生全缘或具齿；托叶宿存。花单性同株；穗状花序直立；雄花 3-7 朵聚生，花被 4-6 裂，雄蕊 10-12，退化雌蕊细小；雌花 3-7 朵簇生于雄花序之下或生于雌花序上，子房下位，3 室，每室有 2 枚胚珠，花柱 3，柱头窝点状。壳斗外壁无刺，壳斗的鳞片分离或覆瓦状合成一同心环，具坚果 1 枚。花粉粒 3 孔沟，颗粒状-不规则条纹状纹饰。约 300/123（69）种，**9 型**；分布于亚洲热带和亚热带地区；中国产秦岭以南，以广东、广西和云南尤多。

Lithosciadium Turczaninow **石蛇床属，Apiaceae 伞形科**。多年生草本。直根有分叉，根颈部残留枯鞘纤维。茎多分枝。基生叶有长柄，叶片一至二回羽裂，末回裂片宽卵形至椭圆形，茎生叶向上逐渐简化。复伞形花序顶生或侧生，总苞片少，小总苞片多数，线形、全缘；萼齿退化；花瓣绿色；花柱基扁平；果实长圆形，背腹稍压扁，果棱凸起、近等长，合生面较窄，每棱槽油管 1，合生面油管 2。2/1 种，**13 型**；分布于中亚和亚洲北部；中国产新疆北部。

Lithospermum Linnaeus **紫草属，Boraginaceae 紫草科**。草本，被毛。叶互生。花单生叶腋，或顶生镰状聚伞花序具苞片；花萼 5 裂至基部；花冠喉部具附属物，或在附属物的位置上有 5 条向筒部延伸的毛带或纵褶，檐部 5 浅裂；雄蕊 5，内藏，花药长圆状线形，有小尖头；子房 4 裂，花柱丝形，不伸出花冠筒；雌蕊基平。小坚果卵形，着生面在腹面基部。花粉粒 4-8 孔沟，外壁光滑或具皱状纹饰。染色体 n=14，18。约 60/5 种，**8（8-3）型**；主要分布于墨西哥，美国西南部和非洲，欧洲及亚洲也产；中国除青海、西藏外，均产。紫草 *L. erythrorhizon* Siebold & Zuccarini 可入药。

Litostigma Y. G. Wei, F. Wen & M. Möller **凹柱苣苔属，Gesneriaceae 苦苣苔科**。低矮草本。叶基生。聚伞花序腋生，1-2 花，苞片 1。花萼 5 深裂；花冠蓝紫色，筒部漏斗状，檐部短，二唇形，上唇 2 裂至近基部，下唇 3 深裂近基部，裂片圆形至卵圆形；能育雄蕊 2，退化雄蕊 3；花盘环状；子房卵状椭圆形，1 室，侧膜胎座 2；柱头漏斗状或盘状。蒴果长卵状椭圆球形，室背开裂，4 瓣裂。种子椭圆形，表

面有网状凸起。花粉粒3沟，网状纹饰，具颗粒。约2/2（2）种，**15型**；特产云南（麻栗坡）和贵州（兴义）。

Litsea Lamarck **木姜子属，Lauraceae 樟科**。落叶或常绿，乔木或灌木。叶互生，鲜对生或轮生，羽状脉。花单性，雌雄异株；假伞形花序排列呈聚伞状或圆锥状，单生或簇生于叶腋；苞片4-6，交互对生，迟落。花3基数；花被裂片常6，排成2轮，每轮3片，早落。雄花：花药4室，内向瓣裂。雌花：花柱明显。果着生于多少增大的浅盘状或深杯状的果托上，或无盘状或杯状果托。花粉粒无萌发孔，穿孔-刺状纹饰。约200/74（47）种，**3型**；主要分布于亚洲热带至亚热带地区，少数见于澳大利亚和太平洋岛屿，北美至南美的亚热带地区；中国产南方和西南温暖地区。

L

Littledalea Hemsley **扇穗茅属，Poaceae 禾本科**。多年生草本，有短根茎。圆锥花序开展、疏松，有时小穗数目较少而呈总状；小穗大，楔形至椭圆形，扁平；颖不等长，远比第一小花短，披针形，先端尖或钝，第一颖具1-3脉，第二颖具3-5脉；外稃边缘及上部膜质或干膜质，具7-9脉，无芒，先端具缺刻或钝圆，内稃比外稃短和窄，脊上具纤毛或微粗糙；雄蕊3。约4/4（3）种，**13型**；分布于青藏高原，喜马拉雅高海拔山地；中国产西北和西南。

Litwinowia Woronow **脱喙荠属，Brassicaceae 十字花科**。一年生草本。萼片直立，基部略呈囊状；花瓣白色或紫色；花柱短于子房，圆柱状，基部缢缩，微具毛。短角果球状，不开裂，2室，花柱细，长于果实，短角果成熟时极易掉落。种子2粒，每室1粒。染色体2*n*=14。1/1种，**13（→12）型**；分布于中亚与西南亚；中国产新疆北部。

Livistona R. Brown **蒲葵属，Arecaceae 棕榈科**。乔木状，有环状叶痕。叶大，扇状折叠，辐射状（或掌状）分裂成许多具单折或单肋脉的裂片。花序生于叶腋；花小，两性，单生或簇生；雄蕊6，花丝下部合生成1肉质环，顶部短钻状，离生；心皮3，离生。果实常由1心皮发育而成，果皮平滑。种子腹面有凹穴，胚乳均匀，胚侧生。花粉单沟，网状纹饰。约33/3种，**5型**；分布于亚洲和大洋洲热带地区；中国产西南部至东南部。蒲葵 *L. chinensis* (Jacquin) R. Brown ex Martius 在南方广泛栽培供庭园观赏。

Lloydia Salisbury ex Reichenbach **洼瓣花属，Liliaceae 百合科**。多年生草本。鳞茎常狭卵形，上端延长成圆筒状。茎不分枝。叶1至多枚基生。花单朵顶生或2-4朵排成近二歧的伞房状花序；花被片6，离生，近基部常有凹穴、毛或褶片；雄蕊6，花药基着；子房3室，柱头近头状或短3裂。蒴果狭倒卵状矩圆形至宽倒卵形，室背上部开裂。种子多数，三角形至狭卵状条形。花粉粒单沟，网状纹饰。染色体2*n*=24。20/8（2）种，**8型**；分布于北半球温带地区；中国产西南、西北、华北和东北地区。

Lobelia Linnaeus **半边莲属，Campanulaceae 桔梗科**。乔木，灌木或草本。叶互生。单花，或顶生总状、圆锥花序；花常两性；花萼裂片宿存；花冠两侧对称，背面常深纵裂；雄蕊合生包围花柱；子房常下位或半下位，2室，胚珠多数，柱头2裂。蒴果或浆果。种子多数，有时具翅。花粉粒3（孔）沟，网状纹饰。染色体2*n*=12，14，16，18，20，22，24，26，28，32，38，42，48。414/23（6）种，**1型**；分布于热带和亚热带地区；中国产长江流域以南各省区。半边莲 *L. chinensis* Loureiro 可药用。

Lobularia Desvaux **香雪球属，Brassicaceae 十字花科**。多年生草本或半灌木，被丁字毛。叶全缘。萼片基部不呈囊状；花瓣白色，具爪；雄蕊花丝分离，无齿；侧蜜腺丝状，位于短雄蕊两侧，中蜜腺分裂为2个，位于长雄蕊两内侧，与侧蜜腺汇合；

子房无柄，花柱短，柱头2浅裂。短角果压扁，椭圆形。种子每室1粒，有边。花粉粒3带状沟，外壁具基柱。染色体 2*n*=22，36，42，46，94。4/1种，（**12**）**型**；分布于地中海沿岸；中国各地均产。一些种类可供观赏。

Loeseneriella A. C. Smith **翅子藤属**，**Celastraceae 卫矛科**。木质藤本；枝对生或近对生，具皮孔。叶对生或近对生。花两性，聚伞花序或圆锥花序腋生或生于小枝顶端；花梗和花柄被毛，具小苞片；花瓣5，覆瓦状排列；花盘明显，环状肉质，高突；雄蕊3；子房3室，每室4-15（或22）枚胚珠，花柱圆柱形。蒴果常3枚聚生，扁平，中缝开裂；外果皮薄，具纵线条纹。种子多数，基生膜质翅。染色体 2*n*=56。20/5（5）种，**5（7）型**；分布于亚洲及非洲热带地区；中国产广东、广西、云南和海南。

Loganiaceae R. Brown ex Martius **马钱科**，**木兰亚纲/龙胆目**。乔木、灌木或藤本。单叶常对生或轮生；叶基部、苞片或萼片具黏液毛；托叶存在或缺，分离或连合成鞘，或为连接2个叶柄间的托叶线。花单生、双生或为各式花序；花常两性；花萼裂片4-5，覆瓦状或镊合状排列；雄蕊与花冠裂片同数且互生；花药常2室，基部2裂；子房常上位，1-4室，中轴或侧膜胎座，每室胚珠多枚。蒴果或肉质核果。种子扁平或椭圆状球形，有时具翅。花粉粒3孔沟或数个萌发孔，具孔沟、孔和沟等形式，具沟膜，光滑，网状、条形-网状或穿孔纹饰。染色体 2*n*=32，40，44，80。约15属，400种，分布于热带至温带地区；中国5属，28（10）种，产西南至华东地区，少数至西北。

Lolium Linnaeus **黑麦草属**，**Poaceae 禾本科**。一年生或多年生草本。花序穗状，常单一，两侧压扁；小穗含3至多数小花，单生，无柄，两侧压扁；小穗轴脱节于颖之上及各小花之间；颖片革质，第一颖除顶生小穗之外均退化，第二颖存在；外稃具5-9脉，无芒或有芒，内稃与外稃等长或稍短；雄蕊3。颖果紧贴于稃片。花粉粒颗粒纹饰。染色体 *x*=7。约8/6种，**10型**；分布于欧亚大陆和北非温带地区，尤其是地中海区域；中国南北都有。大多种类为优良的牧草。

Lomagramma J. Smith **网藤蕨属**，**Dryopteridaceae 鳞毛蕨科**。大型或中型攀援蕨类。根状茎长而横走、粗壮，有背腹之分，腹面生根，背面有叶2-4行。叶远生，二型；叶一回羽状分离或罕为二回羽状分裂，羽片以关节着生叶轴；能育羽片狭缩；叶脉网状，主脉两侧连接成2-3行网眼，无内藏小脉。孢子囊群布满于能育羽片的背面，无盖；孢子椭圆形，透明。染色体 *x*=41。15/2（2）种，**3型**；分布于南亚，东南亚和波利尼西亚；中国产华南、云南和西藏。网藤蕨 *L. matthewii* (Ching) Holttum 可供观赏。

Lomariopsidaceae Alston **藤蕨科**，**水龙骨亚纲/水龙骨目**。草本，土生。根状茎攀援树干或斜升。叶远生或簇生，叶一型或二型，一回羽状分离，羽片基部以关节着生于叶轴；叶脉分离或网结而不具内藏小脉，如为二型叶，能育叶羽片狭缩。孢子囊群布满能育羽片背面（卤蕨型），或在中肋两侧各1行排列，囊群盖圆形或无。孢子囊大，环带由12-14个增厚细胞组成。孢子椭圆形。4属，约69种，分布于泛热带。中国2属，4种，产西南及华南。

Lomariopsis Fée **藤蕨属**，**Lomariopsidaceae 藤蕨科**。草本，土生，攀援植物。根状茎扁平，有腹背之分。叶二型；柄禾秆色，上面有纵沟下延于根状茎上而形成棱脊；叶为一回羽状分裂，侧生羽片基部以关节着生于叶轴；不育羽片披针形，能育羽片狭缩线形；叶脉分离，小脉单一或二叉。孢子囊群布满能育羽片背面；孢子椭圆形，褐色。染色体 *x*=41。约20/3种，**6-1型**；分布于亚洲热带和非洲热带及南太平

洋岛屿；中国产云南、海南及台湾。藤蕨 *L. cochin-chinensis* Fée、美丽藤蕨 *L. spectabilis* (Kunze) Mettenius 为大型攀援植物，可供观赏。

Lomatogoniopsis T. N. Ho & S. W. Liu **辐花属，Gentianaceae 龙胆科**。一年生草本。花辐状，5 数；花萼深裂；花冠深裂，冠筒甚短，裂片在蕾中向右旋转排列，互相重叠着生，开放时呈二色，一侧色深，一侧色浅，无腺窝，具 5 个与裂片对生的膜质附属物，片状或盔状，无脉纹；雄蕊着生于冠筒上与裂片互生；子房 1 室，花柱不明显，柱头 2 裂，自雌蕊顶端沿心皮的缝合线下延。3/3（3）种，**15 型**；特产青藏高原。辐花 *L. alpina* T. N. Ho & S. W. Liu 可入药。

Lomatogonium A. Braun **肋柱花属，Gentianaceae 龙胆科**。草本。花 5 数；花萼深裂，萼筒短；花冠辐状，深裂近基部，冠筒极短，裂片开放时呈明显的二色，一侧色深，一侧色浅，基部有 2 个腺窝；雄蕊着生于冠筒基部与裂片互生，花药蓝色或黄色；无花柱，柱头沿着子房的缝合线下延。种子小，常光滑。花粉粒 3 孔沟（稀 4）、3 沟或 3 拟孔沟，穿孔或条形-网状纹饰，有时具刺。24/20（11）种，**8-4（←9）型**；主要分布于亚洲，仅少数至欧洲和北美洲；中国产西南山地。肋柱花 *L. carinthiacum* (Wulfen) Reichbach 可药用。

Lonicera Linnaeus **忍冬属，Caprifoliaceae 忍冬科**。灌木或缠绕藤本；小枝髓部白色或黑褐色，或中空。叶多对生，有时花序下的 1-2 对叶连成盘状。花常成对生于总花梗顶端，或无柄而呈轮状排列于枝顶，每轮 3-6 朵；萼檐 5 裂，很少向下延伸成帽边状凸起；花冠白色、黄色、淡红色或紫红色，(4-) 5 裂，或二唇形，花冠筒基部常一侧肿大成囊，很少有长距。果实为浆果，红色至黑色。花粉粒 3 孔沟，粗糙状纹饰或具刺。染色体 $2n=18$。180/57（23）种，**8 型**；分布于北非，欧洲，亚洲和北美；中国南北广布。

Lophanthus Adanson **扭藿香属，Lamiaceae 唇形科**。多年生草本。叶边缘具齿或齿裂。苞叶较小；花萼管状或管状钟形，筒顶部整齐或斜形，5 齿，齿近等大或呈二唇形，具 15 脉，稀 12-13 脉，内面在中部或中部以上具毛环；花冠筒外伸，向上增大，扭转，冠檐二唇形，倒扭 90°-180°，上唇（实为下唇）3 裂，中裂片较大，下唇（实为上唇）2 裂；雄蕊 4，药室近平行或几不叉开；花盘前面隆起。小坚果长圆状卵圆形，稍压扁，光滑，褐色。花粉粒 6 沟，复网状纹饰，网眼内具穴。染色体 $2n=16$。约 20/4（1）种，**13 型**；分布于从伊朗至俄罗斯，蒙古国及中国新疆和西藏。

Lophatherum Brongniart **淡竹叶属，Poaceae 禾本科**。多年生草本。圆锥花序顶生，开展，由数枚小穗多少偏生于一侧的总状花序沿主轴稀疏排列而成；小穗近圆柱状，几无柄；颖先端钝圆，具 5-7 脉；第一小花能育，外稃硬纸质，具 7-9 脉，先端钝或具小尖头，内稃脊上部具狭翼；雄蕊 2 或 3；鳞被 2；上部小花均不育，其外稃相互包卷呈球状，先端具短芒。约 2/2 种，**5 型**；分布于亚洲暖温带和热带地区；中国产南部各省区。淡竹叶 *L. gracile* Brongniart 可药用。

Lophostemon Schott **红胶木属，Myrtaceae 桃金娘科**。乔木。叶互生或假轮生，枝顶簇生，极少对生。二歧聚伞花序腋生；苞片早落或宿存；花两性；萼筒卵形或倒圆锥形，被毛；萼片 5，覆瓦状排列，宿存；花瓣 5，白色或黄色，被毛；雄蕊多数，花丝基部常联合成 5 束与花瓣对生；子房半下位，3 室，胚珠多数，花柱比雄蕊短，柱头轻微扩大。蒴果半球形或杯状，顶端平截，3 裂；种子很少，线形，有时有翼。花粉粒 3 孔沟，光滑纹饰。4/1 种，**5 型**；澳大利亚，新几内亚南部；中国南部、西南部引种栽培。

L

Loranthaceae Jussieu **桑寄生科，木兰亚纲/檀香目**。兼性半寄生灌木，多寄生于种子植物的茎或枝，具“吸器”。单叶，全缘，对生或互生。花两性，稀单性，4-6 数。副萼壳斗状，或无；花瓣离生或合生成冠管；雄蕊与花瓣等数；子房下位，无胚珠。多为浆果，中果皮具黏胶质。种子 1。花粉多为 3 合沟（或沟）。染色体 x=8-12；稀 2n=16。60-73 属，700 余种，分布于热带和亚热带地区；中国 8 属，51 种，产热带和亚热带至暖温带地区。

Loranthus N. J. Jacquin **桑寄生属，Loranthaceae 桑寄生科**。灌木。全株无毛。叶对生或近对生。花序穗状，花序轴在花着生处常凹陷。花具苞片 1；两性或单性（雌雄异株），5-6 数，辐射对称，无花梗。花瓣离生，花冠长不及 1cm，白色至黄绿色；雄蕊着生于花瓣，花药近球形或近双球形；花柱柱状；子房 1 室，基生胎座。浆果卵球状或近球状，外果皮平滑。花粉粒萌发孔存在两种类型，等极花粉为 3 沟（或合沟）或两套合半沟，异极花粉为一面为 3 副合半沟或 4 合沟，光滑到颗粒状纹饰。染色体 x=9。8-10/6（3）种，**10 型**；分布于欧洲至亚洲南部的温带至热带地区；中国产暖温带至热带地区。

Loropetalum R. Brown **檵木属，Hamamelidaceae 金缕梅科**。常绿或半常绿灌木或小乔木。叶卵形，全缘，具羽状脉。头状花序，短穗状花序，或总状花序，3-25 花；花两性，常 4 或 5（或 6）基数；萼片常 4 或 5（或 6）；花瓣白色或红色，带状；雄蕊 4 或 5（或 6），周位花，花药 2 室；子房下位或半下位，每室 1 枚胚珠。蒴果卵圆形，下部包被于花杯。每心皮 1 枚种子，卵圆形。花粉粒 3 孔沟，网状纹饰。3/3（2）种，**14 型**；东亚分布；中国南部广布。

Lotononis (de Candolle) Ecklon & Zeyher **罗顿豆属，Fabaceae 豆科**。多年生草本。掌状三出复叶，托叶小，叶状。花序与叶对生，近伞状；花小，几无梗；花萼狭筒形，上方 4 齿多少成对合生，最下 1 齿离生；旗瓣和翼瓣常较窄，龙骨瓣阔，先端钝圆，急弯；雄蕊 10 枚合生成雄蕊筒，花药二型，长短交互，底着和背着；花柱上弯，柱头顶生。荚果长圆形至线形，常扁平，先端略上弯，二瓣裂，有多数种子。约 150/1 种，**（10-3）型**；主要分布于非洲南部，延伸至地中海区域和西亚至阿拉伯，巴基斯坦；中国台湾有栽培。罗顿豆 *L. bainesii* Baker 可作为优良牧草。

Lotus Linnaeus **百脉根属，Fabaceae 豆科**。草本或亚灌木，稀灌木。小叶常 5 枚，稀更多或 3-4 枚，托叶缺或退化为黑色腺点。伞形花序腋生，稀单花；苞片 1-3，叶状；萼钟状或微二唇状；花冠黄色、白色或紫色，旗瓣阔，瓣柄边缘常增厚；雄蕊 2 体，花丝长短互生，长者顶端膨大；子房无柄，胚珠多数。荚果圆筒状或稍扁压，2 瓣裂，有隔膜，种子多数。种子近球形或凸镜形。花粉粒 3 孔沟，穿孔状或不规则条纹状纹饰。约 125/8 种，**10-3 型**；主要分布于欧亚大陆，地中海，非洲和大洋洲温带和亚热带；中国主产西北地区，少数到西南和台湾。百脉根 *L. corniculatus* Linnaeus 为优良牧草或饲料；也是优良蜜源植物。

Lowiaceae Ridley **兰花蕉科，木兰亚纲/姜目**。多年生草本，茎极短。叶基生，2 列，具明显的方格网脉；叶柄基部具鞘。花两性，排成聚伞花序或单生；花萼 3；花瓣 3，不等大，唇瓣（中间 1 枚）大而有色彩，雄蕊 5，花药 2 室，纵缝开裂，子房下位 3 室，中轴胎座，胚珠 2-4 或多数。蒴果背室间开裂。种子具假种皮。甲虫传粉。花粉粒豆形，无萌发孔，外壁近无。染色体 2n=18。1 属，10 种，分布于南亚及中国南部；中国 1 属，2 种，产广东、广西、海南。

Loxocalyx Hemsley **斜萼草属，Lamiaceae 唇形科**。多年生草本。多分枝。花萼长陀螺状，5 脉，居间脉有时完全不明显，有时后 2 居间脉消失而呈 8 脉，有时全部居

间脉显著突出而呈 10 脉，齿 5，前 2 齿靠合，向前增大，后 3 齿均较前齿小，萼檐明显呈二唇形；花冠玫瑰红至暗紫红色，内面在冠筒近基部具柔毛环，冠檐上唇片盔状，下唇片开张，3 裂；雄蕊 4，等长，花药成对接近，2 室，室极叉开。小坚果卵珠状三棱形，顶端平截，被微柔毛。花粉粒 3 沟，网状纹饰。2/2（2）种，**15 型**；中国产西南、西北、中南部及河南。

Loxogramme (Blume) C. B. Presl **剑蕨属，Polypodiaceae 水龙骨科**。草本，附生，少有土生。根状茎长而横走或短而横卧。单叶，一型，少有二型，簇生或散生，叶片线形、披针形或倒披针形，多少呈肉质；叶脉网状，网眼大，呈六角形，不具内藏小脉。孢子囊群线形，位于中肋两侧；无囊群盖及隔丝；孢子外壁有小瘤块或疣状纹饰。染色体 *x*=7，（35）。约 33/12（1）种，**2 型**；分布于热带及亚热带地区，东至墨西哥，西到非洲；中国产秦岭以南各省区。匙叶剑蕨 *L. grammitoides* (Baker) C. Christensen 的切叶可作装饰材料；中华剑蕨 *L. chinensis* Ching 可入药。

Loxostigma Clarke **紫花苣苔属，Gesneriaceae 苦苣苔科**。草本或亚灌木。叶对生，每对不等大。花萼 5 裂至近基部；花冠粗筒状，筒长于檐部，上部下侧肿胀；雄蕊 4，花药肾形，顶端成对连着，两对雄蕊又紧密靠合；子房长圆形，柱头 2。蒴果线状长圆形，种子两端具毛状附属物。花粉粒 3 拟孔沟，网状纹饰。染色体 2*n*=34。约 7/7 种，**14SH 型**；分布于尼泊尔，印度锡金，不丹，缅甸及越南北部；中国产广西、贵州、云南及四川，以云南东南部尤盛，北至四川峨眉山。

Luculia Sweet **滇丁香属，Rubiaceae 茜草科**。灌木或乔木。叶对生。伞房状聚伞或圆锥花序，顶生；花二型，5 基数；花萼裂片近叶状；花冠高脚碟状，裂片覆瓦状排列，有时在每一裂片间的内面基部有 2 个片状附属物；雄蕊内藏或顶端伸出；子房 2 室，胚珠多数，柱头 2 裂。蒴果 2 室，室间开裂为 2 果爿。种子两端延长为狭翅。花粉粒 3 孔沟，网状纹饰。染色体 2*n*=44。约 5/5（3）种，**14SH 型**；分布于亚洲南部至东南部；中国产广西、云南和西藏。滇丁香 *Luculia pinceana* Hooker 可作园林观赏。

Ludisia A. Richard **血叶兰属，Orchidaceae 兰科**。地生兰。根状茎伸长，匍匐，肉质，肥厚。叶上面常黑绿色或暗紫红色，常具金红色或金黄色的脉，具柄。花小或较小，倒置；萼片与花瓣黏合呈兜状；花瓣较萼片狭；唇瓣扭转，顶部往往扩大成横长方形，下部与蕊柱的下部合生成短的小管，基部具 2 浅裂的囊，囊内具 2 枚较大的胼胝体；蕊柱在花药下收缩成为 1 蕊柱柄，以顺时针方向扭转；蕊喙不为 2 裂，扭曲，把粘盘卷起来；柱头 1 个，位于蕊喙之下。约 4/1 种，**7a 型**；分布于印度，缅甸，中南半岛至印度尼西亚及中国南部至云南南部。

Ludwigia Linnaeus **丁香蓼属，Onagraceae 柳叶菜科**。湿生草本，水生植物的茎常膨胀成海绵状，节上生根，常束生白色海绵质根状浮水器。叶互生或对生；花单生于叶腋或簇生，或为顶生的穗状或头状花序；萼片 4-6；花瓣小，4-6 或缺，黄色，稀白色，先端全缘或微凹；雄蕊与萼片同数；花盘位于花柱基部，隆起成锥状；子房下位，4-5 室，胚珠多颗。蒴果长形。花粉粒 3 孔，皱波状纹饰。染色体 2*n*=16，32，48，64，80，96，128。约 82/9（1）种，**2 型**；广布泛热带，多数产新世界，少数达温带；中国主产华东、华南与西南热带和亚热带，少数达北方。

Luffa P. Miller **丝瓜属，Cucurbitaceae 葫芦科**。攀援草本。单叶浅裂。雌雄异株或同株；雄花总状花序，花萼裂片 5，花冠裂片 5，雄蕊 3 或 5，离生，药室线形，多回折曲；雌花单生，花被与雄花同，退化雄蕊常为 3，子房圆柱形，柱头 3，胚珠

多数，水平着生。果实长圆形或圆柱状，未成熟时肉质，熟后变干燥，里面呈网状纤维，熟时由顶端盖裂；种子多数。花粉粒大，3孔沟，穿孔或网状纹饰。染色体 n=13。8/2种，**2型**；分布于东南亚，澳大利亚，波利尼西亚，非洲及热带和亚热带地区；中国栽培。广东丝瓜 *L. acutangula* (Linnaeus) Roxb 果嫩时可作菜蔬，成熟后丝瓜络可药用；丝瓜 *L. cylindrica* (Linnaeus) Roemer 可作蔬菜，可药用。

Luisia Gaudichaud **钗子股属，Orchidaceae 兰科。**附生草本。茎簇生。叶肉质，细圆柱形。总状花序侧生，远比叶短，密生少数至多数花；侧萼片在背面中肋常增粗或向先端变成翅，有时收狭呈细尖或变为钻状；唇瓣着生于蕊柱基部，中部常缢缩而形成前后（上下）唇；后唇常凹陷，基部常具围抱蕊柱的侧裂片（耳）；前唇上面常具纵皱纹或纵沟；蕊柱无蕊柱足；花粉团蜡质，球形，2个，具孔隙。约50/14（4）种，**7e型**；分布于热带亚洲至大洋洲；中国产南部热带地区。

Lumnitzera Willdenow **榄李属，Combretaceae 使君子科。**灌木或小乔木；叶稍肉质，具极短的柄。花两性；萼管状，延伸于子房之上，近基部具2枚小苞片，裂齿5；花瓣5片；雄蕊10个或更少；子房下位，1室，胚珠倒悬。果实木质，长椭圆形，近于平滑或具纵皱纹；种子1颗。花粉粒3孔沟，穿孔状纹饰。2/2种，**4型**；分布于非洲东部至马达加斯加，大洋洲北部，亚洲热带及太平洋地区；中国产台湾、广东和海南。

Luvunga Buchanan-Hamilton ex Wight & Arnott **三叶藤橘属，Rutaceae 芸香科。**木质攀援藤本，常具腋生单刺。指三出叶及单叶，小叶全缘或具细小裂齿。聚伞圆锥花序或总状花序，花两性；萼片4-5；花瓣4-5，具散生油点；雄蕊10或8；子房2-4室，每室2胚珠，子房具柄；柱头头状。浆果，圆或椭圆形，果皮厚，果肉具黏液；种子卵形，皮膜质，具脉络。花粉粒4-5孔沟，细穿孔状，或颗粒状纹饰。约10/1种，**7a-c型**；分布于亚洲南部及东南部；中国产广东、海南、云南。

Luzula de Candolle **地杨梅属，Juncaceae 灯心草科。**多年生草本。叶鞘闭合，常呈筒状包茎，无叶耳。花序多为复聚伞状、伞状或伞房状；花单生或簇生，花下具2枚小苞片；花被片6枚，2轮，内、外轮等长；雄蕊6，稀3；子房1室；胚珠3。蒴果1室，3瓣裂。种子3。花粉四合体，单孔，外壁光滑或具小颗粒。染色体 $2n$=6-84。约75/16（6）种，**1（8-4）型**；广布温带和寒带地区，北半球尤盛；中国产东北、华北、西北和西南部。

Lychnis Linnaeus **剪秋罗属，Caryophyllaceae 石竹科。**多年生草本。茎直立。叶对生；无托叶。花两性，成二歧聚伞花序或头状花序；花萼筒状棒形，具10脉，萼齿5，比萼筒短；萼、冠间雌雄蕊柄显著；花瓣5，白色或红色，具长爪，瓣片2裂或多裂，稀全缘；花冠喉部具副花冠；雄蕊10；子房1室，胚珠多数，花柱5。蒴果5齿裂或5瓣裂。种子多数，肾形。花粉粒散孔，穿孔状-颗粒纹饰。染色体 $2n$=24，36。25/6种，**10型**；分布于非洲，亚洲，欧洲的温带地区；中国产东北、华北、西北（东部）和长江流域。多数种类作庭园观赏花卉；剪春罗 *L. coronate* Thunberg、剪红纱花 *L. senno* Siebold & Zuccarini 可入药。

Lycianthes (Dunal) Hassler **红丝线属，Solanaceae 茄科。**灌木、亚灌木，少数为草本或匍匐草本。无刺；被多细胞的单毛或2至多歧分枝毛。叶全缘。数朵花成簇生于叶腋，无总花梗，稀单生；花萼杯状，截形，常具10齿，齿线形至近钻形；花冠辐状或星状；雄蕊生于花冠喉部，花药顶孔偏斜开裂。浆果球状，光滑。种子表面具网纹。染色体 $2n$=24。约180/10种，**3型**；分布于中南美洲热

带地区；中国产西南部和南部。红丝线 *L. biflora* (Loureiro) Bitter、单花红丝线 *L. lysimachioides* (Wallich) Bitter 全草可药用。

Lycium Linnaeus **枸杞属，Solanaceae 茄科**。灌木，常具刺。叶常簇生于短枝，有柄或近无柄。花单生或簇生于侧枝，花具梗；花萼钟状，裂片 2 或 5 齿状或瓣状；花冠漏斗状或近钟状，常具 5（或 4）裂片。浆果肉质，多汁。果萼略膨大。种子表面网纹状凹穴。花粉粒 3（带状）孔沟，皱波状、条纹状或条纹-网状纹饰。染色体 $2n$=24，48。约 80/7 种，**8-4（3）型**；温带和亚热带间断分布；中国产北部。宁夏枸杞 *L. barbarum* Linnaeus 的果实药食均用；枸杞 *L. chinense* Miller 的根皮可入药。

L

Lycopersicon Miller **番茄属，Solanaceae 茄科**。一年生或多年生草本，无刺；被单毛或腺毛。叶多为羽状复叶，小叶不等大。圆锥式聚伞花序，腋外生；花 5-6 数；花萼辐状；花冠辐状，檐部有折襞；花丝短，花药靠合，纵缝开裂；子房 2-3 室。果萼稍膨大。浆果多汁光滑。种子扁圆形；胚极弯曲。花粉粒 3（-4）孔沟，外壁具小刺。染色体 $2n$=24。9/1 种，**3 型**；分布于中南美洲；中国引种并广泛栽培。番茄 *L. esculentum* Miller 为重要经济作物，果实可作蔬菜和水果。

Lycopodiaceae Lamarck & Mirbel ex Mirbel **石松科，石松亚纲/石松目**。土生、附生。直立、悬垂或攀援。主茎二岐分枝。叶小，螺旋状排列或不规则轮生，无叶脉或仅具单一主小脉。能育叶与不育叶同型或异型，质厚，线形或钻形。孢子囊肾形或近圆球形，叶腋单生，生于茎的中上部，或在枝顶聚生成囊穗，棍棒状、圆柱状。孢子近圆球形至四面体，3 裂缝。5 属，约 400 种，广布全球，主产泛热带；中国 4 属，67 种，分布于各地，主产西南和华南地区。

Lycopodiella Holub **小石松属，Lycopodiaceae 石松科**。土生、沼泽生。主枝圆柱状，细长，匍匐蔓生于地面，侧枝上的小枝一至二回不等二岐分枝，有气生茎。叶一型，钻形。孢子囊穗单生，卵形至椭圆形，无柄，成熟后下垂，浅黄色。孢子叶卵形，上部急尖或尾尖，排列紧密，边缘具锯齿。孢子囊椭圆形，横生，少有圆球状肾形，孢子壁具皱褶，拟网状纹饰。染色体 x=13。约 40/3 种，**2 型**；广布热带和亚热带，大多种类在南美洲和南太平洋岛屿；分布于中国长江以南各省区。垂穗石松 *L. inundata* (Linnaeus) Holub 全草可入药，可祛风除湿、消肿止痛等。

Lycopodium Linnaeus **石松属，Lycopodiaceae 石松科**。土生。主茎圆柱形，粗线形或近扁平形，侧枝二至多岐分枝。叶交互对生、轮生或螺旋状着生于茎上，钻形或披针形，全缘，少有锯齿，能育叶与不育叶不同形，能育叶阔卵形或阔披针形。孢子囊穗圆柱状单生于顶枝，有柄或无柄。孢子囊圆球状肾形，黄色，顶端开裂，裂片同形。孢子钝三角形，四面体球形至圆形。染色体 x=17，23，34。约 40/15 种，**1 型**；世界各地广布，少数产北温带；中国主产华南和西南，少数达东北和西北。石松 *L. japonicum* Thunberg 为酸性土壤指示植物；全草入药，可通筋活络、祛风散寒；孢子可作脱模剂。

Lycopus Linnaeus **地笋属，Lamiaceae 唇形科**。多年生草本，常具肥大的根茎。叶具齿或羽状分裂。花萼钟形，萼齿 4-5，等大或有 1 枚特大，内面无毛；花冠钟形，内面在喉部有交错的柔毛，冠檐上唇全缘或微凹，下唇 3 裂，中裂片稍大；前对雄蕊能育，稍超出花冠，花丝无毛，花药 2 室，室平行，其后略叉开，后对雄蕊退化消失，或呈丝状，先端棍棒形，或呈头状。小坚果背腹扁平，先端截平。花粉粒 6 沟，网状纹饰。染色体 $2n$=22。约 14/4（1）种，**8 型**；广布东半球温带及北美；中国

各地均产。

Lycoris Herbert **石蒜属，Amaryllidaceae 石蒜科**。多年生草本。具地下鳞茎。叶带状。花茎单一，直立，实心；总苞片 2 枚；顶生一伞形花序，有花 4-8 朵；花被漏斗状，上部 6 裂，裂片倒披针形或长椭圆形；雄蕊 6 枚，着生于喉部，花丝丝状，花丝间有 6 枚极微小的齿状鳞片，花药丁字形着生；雌蕊 1 枚，花柱细长，柱头头状，子房下位，3 室，每室胚珠少数。蒴果具 3 棱，室背开裂。种子近球形，黑色。花粉粒单沟，网状纹饰。染色体 $2n$=12，16，22，33。约 24/15（10）种，**14 型**；主要分布于中国和日本，少数产缅甸和朝鲜；中国产长江以南，尤以温暖地区较多。

Lygisma J. D. Hooker **折冠藤属，Apocynaceae 夹竹桃科**。缠绕性草本或灌木；小枝具单行贴毛。叶缘毛顶端具丛生小腺体。假伞形聚伞花序，腋上生或生于枝顶；花萼裂片内面基部有腺体；花冠近钟状，花冠管较花冠裂片短很多，裂片芽时内折，开放后向右覆盖，边缘反卷；副花冠在合蕊冠背部贴生；花药顶端有膜片；花粉块每室 1 个；子房无毛；柱头浅 2 裂。蓇葖果单生。种子顶端具白色绢质种毛。约 3（-6）/1 种，**7 型**；分布于亚洲东南部；中国产华南地区。

Lygodiaceae M. Roemer **海金沙科，水龙骨亚纲/莎草目**。草本，土生。根状茎长而横走，密被毛。叶远生或近生；叶轴无限生长，细长攀援，顶端具休眠芽；羽片一至二回掌状分叉或一至二回羽状；小羽片或裂片披针形，长圆形或三角状卵形；叶脉大多分叉，少为网状，不具内藏小脉；能育羽片边缘具流苏状的孢子囊穗。孢子囊生于小脉顶端，椭圆形，有一个反折的小瓣包裹，形如囊群盖，孢子囊具柄，环带位于远基一端，纵缝开裂；孢子四面体，周壁具瘤状或网穴状纹饰。1 属，约 26 种，分布于热带和亚热带地区；中国 1 属，9 种，产西南和华南地区。

Lygodium O. Swartz **海金沙属，Lygodiaceae 海金沙科**。草本，土生。根状茎长而横走，密被毛。叶远生或近生；叶轴无限生长，细长攀援，顶端具休眠芽；羽片一至二回掌状分叉或羽状；小羽片或裂片披针形，长圆形或三角状卵形；叶脉大多分叉，少为网状，不具内藏小脉；能育羽片边缘具流苏状的孢子囊穗。孢子囊生于小脉顶端，椭圆形，有一个反折的小瓣包裹，形如囊群盖，孢子囊具柄，环带位于远基一端，纵缝开裂；孢子四面体，周壁具瘤状或网穴状纹饰。染色体 x=7，8，15，29。26/9 种，**2 型**；分布于热带和亚热带地区，中国主产西南和华南。海金沙 *L. japonicum* (Thunberg) Swartz、网脉海金沙 *L. merrillii* Copeland 可供观赏。

Lyonia Nuttall **珍珠花属，Ericaceae 杜鹃花科**。灌木或乔木，有时具树节。叶表面具多细胞盾鳞片状或短柄腺毛，一般中脉和背面具单细胞毛，环结型或网结型脉序。总状花序，有时单花；小苞片 2，基生；花冠白至红色；雄蕊 10，内藏，花丝膝曲状，粗糙或具毛，花药无芒；常 5 心皮，柱头截平状。蒴果干燥，缝线增厚。种子有时具短尾。花粉四合体，3 沟（或拟沟），光滑、颗粒或皱波状纹饰。染色体 x=12。约 6/5（2）种，**9 型**；分布于东亚至马来半岛，北美至大安的列斯群岛；中国产华东、华南及西南地区。

Lysidice Hance **仪花属，Fabaceae 豆科**。灌木或乔木。一回偶数羽状复叶，小叶对生，3-5 对。花艳丽，紫红色或粉红色，排成圆锥花序常顶生；苞片及小苞片较大，红色或白色；萼管喇叭状，肉质，萼裂片 4；花瓣 5 片，上面 3 片发达，具长柄，下面 2 片退化；能育雄蕊 2，花丝很长，退化雄蕊 3-8 枚。荚果长圆形或倒卵状长圆形，革质至木质，2 瓣开裂。种子扁平，有光泽。花粉粒 3 孔沟，网状纹饰。染色体 $2n$=16。2/2（1）种，**7-4 型**；分布于越南及中国南部和西南部。仪花 *L. rhodostegia*

L

Hance 为优良庭园观赏树种，根、茎、叶有微毒，可用于消肿止痛和治疗风湿关节炎。

Lysimachia Linnaeus **珍珠菜属，Primulaceae 报春花科**。草本。叶互生、对生或轮生，全缘。花单出腋生或排成顶生或腋生的总状花序或伞形花序；花萼 5 深裂，宿存；花冠 5 深裂；雄蕊与花冠裂片同数对生，花丝分离或基部合生；花药基部或中部着生；子房球形，花柱丝状或棒状。蒴果。种子具棱或有翅。花粉粒 3（4）孔沟，网状纹饰。染色体 $2n$=28，30，34，40，42，84，102。163/139 种，**1 型**；分布于北半球温带和亚热带地区；中国产江西、福建、台湾、广东、广西及云南。耳叶珍珠菜 *L. auriculata* Hemsley 为常用草药。

Lysionotus D. Don **吊石苣苔属，Gesneriaceae 苦苣苔科**。灌木，常附生。叶对生或轮生。花冠筒细漏斗状；雄蕊下（前）方 2 枚能育，内藏，花丝常扭曲，花药连着；雌蕊内藏，子房线形，柱头盘状或扁球形。蒴果线形。种子纺锤形，每端各有 1 枚附属物。花粉粒 3 沟，网状纹饰。染色体 $2n$=30，32。约 30/28 种，**14 型**；自印度北部，尼泊尔向东经中国，泰国及越南北部到日本南部；中国分布于秦岭以南各省区，主产云南、广西、四川等。吊石苣苔 *L. pauciflorus* Maximowicz 等可供药用。

Lythraceae Jaume Saint-Hilaire **千屈菜科，木兰亚纲/桃金娘目**。草本、灌木或乔木。叶对生，稀轮生或互生，全缘，叶片下面有时具黑色腺点。穗状花序、总状花序或圆锥花序；花两性，常辐射对称，稀左右对称；花萼筒状或钟状；花瓣与萼裂片同数或无花瓣，花瓣如存在，则着生萼筒边缘，在花芽时呈皱褶状；雄蕊常为花瓣的倍数，位于花瓣的下方；花柱单生，长短不一，柱头头状，稀 2 裂。蒴果革质或膜质；种子多数，形状不一。花粉粒多为 3（-4）孔沟（孔或沟）。染色体 n=5，8，11 等。32 属，约 602 种，广布热带和亚热带地区；中国 11 属，45 种。

Lythrum Linnaeus **千屈菜属，Lythraceae 千屈菜科**。草本，稀灌木。小枝常具 4 棱。叶交互对生或轮生，稀互生，全缘。花单生叶腋或组成穗状花序、总状花序或歧伞花序；花辐射对称或稍左右对称，4-6 基数；萼筒长圆筒形，稀阔钟形，有 8-12 棱，裂片 4-6；花瓣 4-6，稀 8 枚或缺；雄蕊 4-12，成 1-2 轮，长、短各半，或有长、中、短三型；子房 2 室，无柄或几无柄，花柱线形，亦有长、中、短三型。蒴果完全包藏于宿存萼内，常 2 瓣裂，每瓣或再 2 裂；种子 8 至多数，细小。花粉粒 6 或 8 个带状异孔沟，皱波状、条纹或穿孔状纹饰。约 35/2 种，**1 型**；广布全世界；中国分布于西南部至北部。多数种类栽培于花坛；有些种类根含单宁，可提制栲胶，或药用作为收敛剂。

M

Maackia Ruprecht **马鞍树属，Fabaceae 豆科**。乔木或灌木。芽单生叶腋，芽鳞数枚，覆瓦状排列。奇数羽状复叶，互生，小叶对生或近对生，无小托叶。总状花序单一或在基部分枝；花萼膨大，钟状，5 齿裂；花冠白色，旗瓣反卷；雄蕊 10，花丝基部稍联合，着生于花萼筒上；子房密被毛。荚果扁平，长椭圆形至线形，无翅或沿腹缝延伸成狭翅，有种子 1-5 粒。种子长椭圆形，压扁。花粉粒 3 孔沟，网状纹饰。12/7（6）种，**14SJ 型**；分布于东亚地区；中国南北地区均产。朝鲜槐 *M. amurensis* Ruprecht 除可作为观赏树外，还可作农具和枕木用；树皮作黄色染料。

Macadamia F. Mueller **澳大利亚坚果属，Proteaceae 山龙眼科**。乔木或大灌木。叶轮生或近对生。花序总状；花两性；花梗双生，离生或基部贴生；花被管花蕾时直立或稍弯，开花时下半部先分裂，后花被片分离，外弯；雄蕊着生于花被片的中部或檐部，药隔突出成 1 腺体或短附属物；腺鳞或腺体 4，离生或连生成环状；子房无柄，顶生胎座，胚珠 2，直生，并列悬

垂。坚果球形，果皮硬革质，不开裂或沿腹缝线纵裂。种子 1-2，球形或半球形。花粉粒 3 孔，穿孔状纹饰。10/2 种，(**5**) 型；分布于大洋洲和亚洲东南部；中国华南引入栽培。

Macaranga Du Petit-Thouars **血桐属，Euphorbiaceae 大戟科**。乔木或灌木。叶互生，下面具颗粒状腺体，具掌状脉或羽状脉，近基部具斑状腺体。雌雄异株，稀同株；花序总状或圆锥状，腋生，无花瓣，无花盘；雄花序苞腋具花数朵至多朵；雌花序苞腋具花 1 朵，稀数朵；雄花：雄蕊 1-3 或 5-15，稀 20-30，花药 4（-3）室，无不育雌蕊；雌花：子房（1-）2（-6）室，具软刺或无，每室具 1 胚珠，花柱不叉裂，分离，稀基部合生。蒴果具（1-）2（-6）个分果爿，果皮平滑或具软刺或具瘤体，常具颗粒状腺体；种子近球形，种皮脆壳质。花粉粒 3 孔沟（或拟孔沟），穿孔状纹饰。约 260/10 种，**4 型**；分布于非洲，亚洲和大洋洲；中国产台湾、福建、广东、海南、广西、贵州、四川、云南、西藏。

Machaerina Vahl **剑叶莎属，Cyperaceae 莎草科**。多年生草本，常具多鳞的长根状茎。秆丛生，扁三棱形或圆柱状。叶 2 列；叶片圆柱形或稍两侧压扁，有时退化仅余叶鞘。花序圆锥状，由数个至多个小圆锥花序组成，主轴常扭曲。鳞片 2 列，基部 1-2 小花两性，顶生小花为雄性。下位刚毛缺如。雄蕊 3；花柱基部明显增厚，宿存，柱头 3。小坚果先端具喙。花粉粒 3 孔，穿孔状和颗粒纹饰。50/3（2）种，**1 型**；分布于温带和热带地区，澳大利亚种类较多；中国产云南、香港和海南。

Machilus Rumphius ex Nees **润楠属，Lauraceae 樟科**。常绿乔木或灌木。叶互生，全缘，羽状脉。圆锥花序顶生或近顶生。花两性；花被筒短；花被裂片 6，近等大或外轮的较小，花后宿存不脱落；能育雄蕊 9，花药 4 室，第一、二轮药室内向，第三轮药室外向或侧向，第四轮为退化雄蕊，箭头状；子房无柄，柱头小、盘状或头状。果肉质，球形，果下有宿存、反曲的花被裂片；果梗不增粗或略微增粗。花粉粒无萌发孔，穴状或穿孔状纹饰，被刺。100/82（63）种，**7 型**；分布于亚洲热带至亚热带地区；中国产西南、南部至东部的亚热带地区。

Mackaya Harvey **太平爵床属，Acanthaceae 爵床科**。多年生草本；具钟乳体。叶对生，具羽状脉。总状花序顶生，花常偏向一侧；苞片线形到尖三角形，小苞片 2。花萼 5 深裂至近基部；花冠钟状，近二唇形，上唇 2 裂，下唇 3 裂；雄蕊 2，内藏，花药 2 室，药室基部无芒状附属物；退化雄蕊 2；子房 2 室，每室 2 胚珠，具珠柄钩。蒴果椭圆形，基部具明显的实心柄，开裂时胎座不从基部弹起。种子 2 或 4，有皱纹，无毛。花粉粒 3 孔沟，穿孔状纹饰。染色体 $2n=42$。3/1 种，**6-1 型**；非洲南部与喜马拉雅地区间断分布；中国产云南。

Macleaya R. Brown **博落回属，Papaveraceae 罂粟科**。直立草本，基部木质化，具黄色乳状浆汁，有剧毒。茎中空，草质，具白粉。花多数，于茎和分枝先端排列成大型圆锥花序；萼片 2；花瓣无；雄蕊 8-12 或 24-30。蒴果 2 瓣裂。种子 1 枚基着或 4-6 枚着生于缝线两侧，卵珠形。花粉粒散孔。2/2（1）种，**14SJ 型**；分布于日本及中国淮河以南和西北部。

Maclura Nuttall **柘属，Moraceae 桑科**。乔木、灌木、攀援灌木或木质藤本。枝刺腋生。叶螺旋状排列或 2 列，全缘，羽状脉；托叶离生。雌雄异株。球形头状花序具苞片；每枚具 2 黄色腺体。花被片（3）4（5），离生或基部合生，每枚具 2-7 腺体。雄花：雄蕊与花被片同数，芽时直立；退化子房有或无。雌花：花萼离生或下部合生；子房离生或陷入花序托内；花柱短；柱头 1 或 2，不等。聚花果球形，肉质。核果卵形，表面壳状。种子细小，肉质。花粉粒 2-3 孔，外壁粗糙。染色体 $2n=28$，56。

12/5 种，**2 型**；分布于非洲，亚洲，大洋洲，北美，太平洋岛屿，南美；中国产西南至东南部，1 种达华北。构棘 *M. cochinchinensis* (Loureiro) Corner 木材煮汁可作染料；茎皮及根皮可药用。

Maclurodendron T. G. Hartley **贡甲属，Rutaceae 芸香科**。常绿乔木。叶对生，单小叶。总状或聚伞圆锥状花序，花单性；萼片 4；花瓣 4；雄花的雄蕊 8，花丝分离，细小退化的雌蕊；雌花具退化的雄蕊，心皮 4，合生，子房 4 室，每室 2 胚珠。核果，外果皮肉质，内果皮软骨质，具 4 小核，每核 1 种子；种子卵圆形至肾形。约 6/1 种，**7ab 型**；分布于亚洲东南部；中国产广东、海南。

Macropanax Miquel **大参属，Araliaceae 五加科**。无刺常绿灌木或乔木。单叶掌裂或掌状复叶，小叶 3-7，边缘全缘或具锯齿；托叶和叶柄基部合生或不存在。花两性，聚生为伞形花序，再组成顶生圆锥花序；花梗有关节；萼筒边缘有 5 小齿，或全缘；花瓣 5，在花芽中镊合状排列；雄蕊 5；子房 2-3 室，花柱合生成柱状，或先端离生。果实近球形，核果。种子扁平，胚乳均一或嚼烂状。花粉粒 3 孔沟，网状纹饰。20/7（5）种，**7 型**；分布于南亚及东南亚；中国广布，南方尤盛。

M

Macropodium R. Brown **长柄芥属，Brassicaceae 十字花科**。多年生草本，沿叶边缘及花序轴有短卷曲叉状毛。总状花序或近穗状花序；花中等大，白色；萼片直立，基部不呈囊状；花瓣线状匙形，基部成窄爪；雄蕊比花瓣长；子房基部具单毛及具柄 2 叉毛，有 6-14 胚珠。长角果垂生，宽线形，扁平，具显明线状长雌蕊柄。种子 1 行，近圆形，压扁，边缘有翅。染色体 $2n=30$。2/1 种，**11 型**；分布于日本，哈萨克斯坦，蒙古国，俄罗斯及中国新疆。

Macroptilium (Bentham) Urban **大翼豆属，Fabaceae 豆科**。直立或攀援草本。羽状 3 小叶或稀 1 小叶，托叶基部不延伸。总状花序长；花萼狭钟状或圆柱形，裂齿 5，深度近相等；旗瓣反折，具 2 耳，翼瓣圆形，大，较旗瓣及龙骨瓣为长，翼瓣及龙骨瓣均具长瓣柄，龙骨瓣旋卷；雄蕊二体；子房近无柄，花柱的增厚部分 2 次作 90° 弯曲。荚果细长，近圆柱形或扁，2 瓣裂。种子多或少，种脐短。花粉粒 3 孔沟，网状、穿孔或不规则条纹状纹饰。染色体 $2n=22$。约 20/2 种，**（3）型**；分布于美洲；中国引入栽培于福建、广东和台湾。紫花大翼豆 *M. atropurpureum* (Mocino & Sessé ex Candolle) Urban、大翼豆 *M. lathyroides* (Linnaeus) Urban 为高产牧草和优良覆盖作物。

Macrosolen (Blume) H. G. L. Reichenbach **鞘花属，Loranthaceae 桑寄生科**。灌木。全株无毛。叶对生。花序总状、伞形或穗状。花具苞片 1，短于萼片；小苞片 2，常合生；两性，6 数。花瓣合生为管状花冠，中部具 6 棱，喉部收缩；花丝短，花药基着；花柱线状，基部具关节；子房为不完全 3 室，特立中央胎座。浆果顶端具宿存副萼或花柱基。花粉粒 3 合沟，刺状或短条纹状纹饰。染色体 $x=12$。（25-40）/5 种，**7d 型**；分布于亚洲南部和东南部至新几内亚；中国产热带、亚热带地区，少数到青藏高原。

Macrothelypteris (H. Itô) Ching **针毛蕨属，Thelypteridaceae 金星蕨科**。草本，土生。根状茎短粗，直立或斜升。叶簇生；叶柄禾秆色或浅红色；叶片卵状三角形，三至四回羽状；叶脉分离，小脉单一。两面沿各回羽轴多少被灰白色多细胞针状毛和狭披针形厚鳞片，罕为无毛。孢子囊群圆形，无盖或有极小而易早落的盖。孢子椭圆形，细网状纹饰。染色体 $x=31$。约 10/7（1）种，**5 型**；分布于亚洲热带和亚热带地区，大洋洲东北部和太平洋岛屿；中国产西南、华南、华中和华东地区。针毛蕨 *M. oligophlebia* (Baker) Ching 可供观赏。

Macrotyloma (Wight & Arnott) Verdcourt **硬皮豆属，Fabaceae 豆科**。攀援、匍匐或直立草本。羽状3小叶或稀为单小叶。花常簇生叶腋或组成假总状花序；花萼钟状，4-5裂；花冠黄色或微白至淡黄绿色，稀红色，旗瓣常具耳及2枚长片状附属体，翼瓣狭，龙骨瓣不旋卷；雄蕊二体；花柱细长，不增粗，柱头顶生，头状，其下常有1圈毛。荚果线状长圆形，扁。种子扁，种脐短，居中。染色体 $2n=20$。花粉粒3孔或3孔沟，网状或刺状纹饰。24/1种，**6型**；分布于亚洲和非洲；中国产台湾南部。一些种类可作豆类作物，用作食物和饲料，如硬皮豆 *M. uniflorum* (Lamarck) Verdcourt。

Madhuca Hamilton ex J. F. Gmelin **紫荆木属，Sapotaceae 山榄科**。乔木，具乳汁。单叶互生，全缘；托叶极早落，稀宿存。花单生或簇生，具长梗；花萼裂片4；花冠管圆筒形；能育雄蕊着生于花冠喉部，与花冠裂片互生，花丝无或极短；无退化雄蕊；子房被毛，花柱宿存。浆果，具宿存增大的萼。种子1-4，瘢痕线形或长圆形，子叶肥厚。花粉粒3-4（-6）沟，穿孔状纹饰。染色体 $x=12$，13。100/2种，**5型**；分布于中国，斯里兰卡，印度，中南半岛，印度尼西亚和澳大利亚及马来西亚与加里曼丹岛；中国产云南、广东、广西。紫荆木 *M. pasquieri* (Dubard) H. J. Lam 的种子含油；果可食用；木材可作建筑材料。

Maesa Forssk **杜茎山属，Primulaceae 报春花科**。灌木。叶全缘或具齿。总状花序或圆锥花序；花5数，两性或杂性；花萼漏斗形，宿存；花冠白色或浅黄色；雄蕊着生于花冠管上，与裂片对生；花丝分离，花药2室，纵裂；子房半下位或下位；胚珠多数。肉质浆果或干果，宿存萼包果一半以上。染色体 $2n=20$。34/29种，**4型**；分布于东半球热带地区；中国产长江流域以南。杜茎山 *M. japonica* (Thunberg) Moritzi & Zollinger 的根和叶药用，可祛风、解疫毒、消肿胀。

Magnolia Linnaeus **木兰属，Magnoliaceae 木兰科**。常绿乔木或灌木。小枝具环状托叶痕。叶互生，全缘；叶柄具托叶痕或无；幼叶在芽中对折，直立。花单生枝顶，两性；花被片9-12；药隔延伸成短尖或长尖；无雌蕊群柄，心皮分离，每心皮胚珠2（或下部心皮具3-4枚）；聚合果卵球形，蓇葖互相分离，沿背缝线开裂。花粉粒单沟，穿孔或皱穴状纹饰。甲虫和蜂类传粉。染色体 $2n=38$，76，114。约20/1种，**9型**；分布于美洲中部，北美东部和南部，包括墨西哥和安的列斯；中国产南方地区。

Magnoliaceae Jussieu **木兰科，木兰亚纲/木兰目**。乔木或灌木。芽为盔帽状托叶所包围。单叶互生，具托叶痕。花单生，顶生或腋生，稀2-3朵（聚生）成聚伞花序；花被下具1或数枚佛焰苞状苞片。花被片6至多数；雄蕊多数，离生，螺旋状排列在花托下部；花药2室，药隔常伸出呈尖头；心皮对折；子房上位，侧膜胎座。聚合果背轴面开裂，或为翅果。花粉粒单沟。虫媒传粉。染色体 $x=19$。具芳香萜类和苄基异喹啉类。17属，300种，分布于亚洲东部及东南部，中美洲，北美东部及南部和南美北部；中国13属，112（66）种。

Maharanga A. de Candolle **胀萼紫草属，Boraginaceae 紫草科**。草本。镰状聚伞花序顶生；具苞片。花萼5裂至中部，裂片三角形；花冠筒膨胀，末端缢缩，骤开展，喉部宽大，冠檐裂片下具褶及沟槽，喉部无附属物，蜜腺环状，稀被毛；花药线形；花柱内藏或稍伸出，雌蕊基宽塔形。小坚果卵形，腹面龙骨状，着生面位于果基部。花粉粒3孔沟，具小刺。染色体 $n=7$。约9/5种，**14SH型**；分布于不丹，印度，尼泊尔，泰国及中国云南和西藏。

Mahonia Nuttall **十大功劳属，Berberidaceae 小檗科**。常绿灌木或小乔木。枝无刺。奇数羽状复叶，互生；小叶边缘具粗疏或细锯齿或具牙齿。总状花序或圆锥花

序。萼片 3 轮，9 枚；花瓣 2 轮，6 枚，基部具 2 枚腺体或无；雄蕊 6 枚，花药瓣裂；子房含基生胚珠，花柱极短，柱头盾状。浆果。花粉粒螺旋状萌发孔或合沟，穿孔状纹饰。染色体 2*n*=14。约 60/31 种，**9 型**；分布于东亚，东南亚，北美，中美和南美西部；中国产四川、云南、贵州和西藏。阔叶十大功劳 *M. bealei* (Fortune) Carrière 可入药。

Maianthemum F. H. Wiggers **舞鹤草属，Asparagaceae 天门冬科**。多年生草本，具根状茎。茎直立，不分枝。基生叶 1 枚，早凋萎；茎生叶互生，心状卵形，有柄至无柄。总状或圆锥花序顶生；花小，两性或单性；花被片 4 或 6，2 轮；雄蕊 4 或 6，着生于花被片基部，花药背着，花丝丝状；子房 2 或 3 室，每室有 1 或 2 胚珠；花柱粗短，柱头小。浆果球或亚球形。种子球形至卵形，1-3 颗。花粉粒舟形，单沟，细网状纹饰。染色体 *x*=18，2*n*=36，72。约 35/19（9）种，**8 型**；主要分布于东亚和北美和南亚，中美洲和北欧也产；中国除新疆、内蒙古、青海和宁夏外，各地均产。

Malaisia Blanco **牛筋藤属，Moraceae 桑科**。攀援灌木。叶互生，不对称，羽状脉，全缘或具不明显钝齿；托叶侧生，早落。雌雄异株；雄花序腋生，穗状或似柔荑状；雌花序近球形，为肉质苞片围绕，每花序内仅 1-2（-5）花结实可育。雄花：花被片 3-4 裂，镊合状排列；雄蕊 3-4，芽时内折；退化雌蕊小。雌花：花被壶形；子房内藏；花柱顶生，2 深裂，线形。聚花果近球形，被肉质宿存花被包被，果皮略与种皮黏合。花粉粒 1-2 孔，光滑纹饰。1/1 种，**5 型**；分布于亚洲，澳大利亚；中国产华南和西南。

Malania Chun & S. K. Lee **蒜头果属，Olacaceae 铁青树科**。乔木。叶互生，叶脉羽状。花两性，蝎尾状聚伞花序；花萼筒杯状，顶端 4（5）裂齿；花瓣 4（5），内面下部有毛；雄蕊为花瓣数的 2 倍，花丝丝状；子房上位，下部 2 室、顶端 1 室，特立中央胎座，每室有胚珠 1 枚，悬垂于胎座顶端，花柱粗短，柱头微 2 裂。浆果状核果，内果皮木质。成熟种子 1 枚，球形或扁球形，胚乳丰富。染色体 2*n*=26。1/1（1）种，**15 型**；特产广西西部和西南部、云南东南部。

Malaxis Solander ex O. Swartz **原沼兰属，Orchidaceae 兰科**。地生，具假鳞茎，外面常被有膜质鞘。叶草质或膜质，近基生，基部收狭成明显的柄。总状花序具数十朵花，花瓣一般丝状或线形；唇瓣位于上方；蕊柱一般很短，直立，顶端常有 2 齿；花粉团 4 个，成 2 对，蜡质，无明显的花粉团柄和粘盘，仅在基部黏合。约 1/1 种，**9 型**；分布于北温带；中国广布。

Malcolmia R. Brown **涩芥属，Brassicaceae 十字花科**。一年生，少数二年生草本。茎直立或开展。叶倒披针形或椭圆形，羽状深裂至近全缘。总状花序；花梗短，果期增粗；萼片直立，内轮基部囊状；花瓣白色、粉红色至紫色，线形至倒披针形；雄蕊全部离生或内轮成对合生；子房有多数胚珠，近无花柱。长角果圆筒状或近圆筒状，2 室。种子每室 1-2 行。花粉粒 3 沟，细至粗网状、网状-皱状纹饰。染色体 2*n*=14，28，32。11/4 种，**12 型**；分布于中亚，西南亚及地中海；中国产西北、华北地区。

Mallotus Loureiro **野桐属，Euphorbiaceae 大戟科**。灌木或乔木；常被星状毛。叶下面常有颗粒状腺体，近基部具 2 至数个斑状腺体，掌状脉或羽状脉。花单性，雌雄异株或稀同株；无花瓣，无花盘；花序顶生或腋生，总状花序，穗状花序或圆锥花序；雄花在每一苞片内有多朵，雄蕊多数，花药 2 室，无不育雌蕊；雌花在每一苞片内 1 朵，花萼 3-5 裂或佛焰苞状，子房 3 室，稀 2-4 室，每室具 1 胚珠。蒴果具（2-）3（-4）个分果爿，常具软刺或颗粒状腺

M

体；种子卵形或近球形，种皮脆壳质。花粉粒 3 孔沟(稀 4)，穿孔状纹饰。约 150/28 种，**4 型**；主要分布于亚洲热带和亚热带地区，少数到非洲和大洋洲；中国产南部。

Malpighiaceae Jussieu **金虎尾科，木兰亚纲/金虎尾目。**乔木、灌木、藤本或稀草本。单叶对生，叶柄和叶背常具腺体。聚伞状、总状花序顶生或腋生；花两性，辐射或近左右对称；萼片 5，远轴端具 2 腺体；花瓣 5，分离，爪状；雄蕊 10，花丝分离或基部合生；子房 3 室，合生，每室 1 胚珠，下垂半倒生，中轴胎座。翅果状分果或肉质核果，或蒴果；种子 3，具脊纹孔或坚果状。花粉粒常 3-5 孔沟。染色体 n=6，10。68 属，1250 种，主要分布于热带和亚热带，南美尤盛；中国 4 属，21 种，产西南、华南和台湾。

Malus Miller **苹果属，Rosaceae 蔷薇科。**落叶或半常绿乔木或灌木，不具刺。单叶互生，有齿或分裂，在芽中呈席卷状或对折状，有叶柄和托叶。伞形总状花序；萼筒碗状，萼片 5；花瓣 5；雄蕊 15-50；花柱 3-5，基部合生，子房下位，3-5 室，每室胚珠 2。梨果，常不具石细胞或少数种类有石细胞，内果皮软骨质，3-5 室，每室有 1-2 粒种子。种皮褐色或黑色，子叶平凸。花粉粒 3 沟，条纹状纹饰。染色体 2n=24，34，51，68。55/25（15）种，**8 型**；北温带广布；中国产西南地区。为重要果树及砧木或观赏用树种。

Malva Linnaeus **锦葵属，Malvaceae 锦葵科。**一年生或多年生草本。叶卵圆形。花单生或簇生于叶腋，或在顶端成束；副萼 3；花萼 5 裂，果期增大；花瓣 5，顶部凹入；雄蕊柱的顶部有花药；子房 6-15 室，每室 1 胚珠，柱头与心皮同数。蒴果扁球形，分果爿 6-15，成熟时各心皮彼此分离且与中轴脱离，具毛或光滑。花粉粒散孔，外壁具长刺。染色体 2n=42，76，84，112。30/3 种，**10 型**；分布于非洲北部，亚洲及欧洲；中国产各地，引入 1 种。锦葵 *M. sylvestris* Linnaeus 为常见栽植花卉；冬葵（葵菜）*M. verticillata* Linnaeus 可供蔬食。

Malvaceae Jussieu **锦葵科，木兰亚纲/锦葵目。**乔木、灌木、藤本或草本；具黏液道。叶常掌裂或掌状；具托叶。聚伞状至圆锥状花序；花辐射对称；常具副萼；花萼 5，离生至合生；花瓣 5，稀缺失；雄蕊 5 至多数，花丝离生或合生成柱，花药 1 或 2 室；子房上位，中轴胎座，2 至多室。室背开裂的蒴果、分果、坚果、不开裂荚果、聚合蓇葖果、核果或浆果。种子 1。花粉粒 3 孔沟、3 孔至多孔。含环丙烯脂肪酸。约 243 属，4300 种，分布于热带和南北半球的温带；中国 51 属，246 种，各地均产。

Malvastrum A. Gray **赛葵属，Malvaceae 锦葵科。**直立草本或亚灌木。叶掌状分裂或齿缺。单花腋生或排成顶生总状花序；副萼 3，钻形或线形，分离；花萼杯状，5 裂，果时叶状；花瓣 5，长于萼片；雄蕊柱顶部无齿；子房 5 至多室，每室 1 胚珠，花柱与心皮同数。蒴果扁球形，不开裂；分果爿马蹄形，具凹槽，有刚毛或柔毛，成熟心皮由中轴上分离；每心皮有短芒 3 条。种子光滑。花粉粒散孔，外壁具刺。染色体 2n=12，24，36，48。14/2 种，**3 型**；分布于美洲北部，中部及南部；中国东南部和南部引入栽培。赛葵 *M. coromandelianum* (Linnaeus) Güreke 全草可入药。

Malvaviscus Fabricius **悬铃花属，Malvaceae 锦葵科。**灌木或亚灌木。叶 3-5 裂或不分裂。花管状，腋生或呈聚伞状花序簇生，下垂；副萼 5-9；花萼钟状，5 裂；花瓣永不展开，基部耳钩直立；雄蕊柱突出于花冠外，顶端 5 齿，近顶端具药；子房 5 室，每室 1 胚珠，花柱分枝 10 枚，柱头呈头状。果实扁球形，肉质浆果状，红色，干后分裂；分果爿 5，每室 1 种子。花粉粒散孔，具刺。染色体 2n=28，56，86。5/2 种，**(3) 型**；分布于美洲热带；中国引入栽培。悬铃花 *M. arboreus* Cavanilles 可供观赏。

Mammea Linnaeus **格脉树属，Calophyllaceae 红厚壳科**。乔木。叶革质，网脉明显。束状花序；花杂性或单性，同株或异株；萼片脱落；雄蕊多数，分离或基部联合成1轮，花药直立，长圆形或线形，底着，2室，两侧垂直开裂；子房2室，每室有胚珠2，花柱短，柱头盾形，3裂。浆果大，不开裂；种子1-4。花粉粒3孔沟（稀4）或无萌发孔，穿孔状纹饰。80/1（1）种，**2-2（3）型**；主要分布于热带亚洲，其次是热带非洲，大洋洲及南美洲；中国产云南南部。格脉树 *M. yunnanensis* (H. L. Li) Kostermans 的果成熟时假种皮可食。

Mandevilla Lindley **文藤属，Apocynaceae 夹竹桃科**。藤本，常具乳汁。叶对生，托叶线状。总状花序，腋生；萼裂片内面基部具许多腺体；花大，花冠漏斗形，花冠管狭窄，钟状，裂片向右覆盖；雄蕊贴生于花冠管肿胀处，内藏；花药与柱头粘连，药室具尾尖；子房离生，胚珠多数；柱头2裂。蓇葖长，纤细。种子狭长圆形，被丛毛。花粉单粒，3孔，穿孔或轻微皱状纹饰。染色体 $2n=16$。约120/1种，**3型**；原产中美洲和南美洲；中国广东有引种。

Mandragora Linnaeus **茄参属，Solanaceae 茄科**。多年生草本，被柔毛。根肉质粗壮。茎短缩或有时伸长。叶几无柄，基生叶莲座状；叶片全缘，皱波状，或缺刻状齿。花单生于叶腋或苞片腋处；花萼和花冠辐状钟形，5中裂或浅裂；花丝具软毛；花药矩圆形；花盘明显，具浅裂。果萼稍膨大；果球状或卵圆状，多汁浆果。种子表面具网状凹穴；胚极弯。花粉粒无萌发孔或4-6孔沟，具刺、瘤状或网状纹饰。染色体 $2n=24$，48，96。4/2种，**10-2型**；分布于地中海至喜马拉雅；中国产青藏高原。茄参 *M. caulescens* C. B. Clarke、青海茄参 *M. chighaiensis* Kuang & A. M. Lu 的根含莨菪碱和东莨菪碱，有毒，药用。

Mangifera Linnaeus **杧果属，Anacardiaceae 漆树科**。常绿乔木。叶具柄，单叶，全缘。花序为顶生聚伞圆锥花序；花小，4或5瓣，具覆瓦状的花被卷叠式；萼片有时基部合生；花瓣上有1-5条显著凹陷的纹理；雄蕊5，分离或与花盘合生，常1（或2）枚发育；花盘有5个独立的腺体；子房无毛，1室，1胚珠，花柱1，顶生。核果，中果皮肉质或纤维状，内果皮厚，骨质，扁平；胚1至多数。花粉粒3孔沟，网状或条纹状纹饰。染色体 $n=20$ 或30，常多倍体。大约69/5（1）种，**7型**；分布于热带亚洲，马来西亚尤盛；中国产东南至西南。芒果 *M. indica* Linnaeus 为知名水果。

Manglietia Blume **木莲属，Magnoliaceae 木兰科**。常绿乔木。叶柄具托叶痕；叶全缘，幼叶在芽中对折。花两性，单生枝顶。花被片9-13；花药线形，内向开裂，药隔伸出呈短尖；雌蕊群无柄，心皮多数，离生，腹面与花托愈合，每心皮具胚珠4或多颗。聚合果圆柱形、卵球形或球形，蓇葖沿背缝线开裂或同时沿腹缝线开裂，每个果实1-10粒种子。花粉粒单沟，穿孔状纹饰。染色体 $2n=38$。约40/27（或29）种，**7型**；分布于亚洲热带和亚热带；中国主产长江流域以南。

Manihot P. Miller **木薯属，Euphorbiaceae 大戟科**。灌木或乔木，稀为草本。有乳状汁，有时具肉质块根；茎、枝有大而明显叶痕。叶互生，掌状深裂或上部的叶近全缘。雌雄同株；花排成顶生总状花序或狭圆锥花序，花序下部的1-5朵花为雌花，上部的为雄花；花萼钟状，有彩色斑，呈花瓣状，5裂，花瓣缺；雄花：花盘10裂；雄蕊10，2轮，生于花盘裂片间，花药2室，不育雌蕊小或缺。雌花：花盘全缘或分裂，子房3室，每室有1胚珠，顶端3裂。蒴果具3个分果爿；种子有种阜，种皮硬壳质，胚乳肉质。花粉粒无萌发孔，巴豆状纹饰。约60/2种，**3型**；分布于美

洲热带地区，尤其是巴西，广泛栽培于热带地区；中国有栽培。

Manilkara Adanson **铁线子属，Sapotaceae 山榄科**。乔木或灌木。叶革质或近革质；托叶早落。花簇生；花萼 6 裂，2 轮排列；花冠裂片 6，每裂片的背部有 2 枚等大的花瓣状附属物；能育雄蕊 6，着生于花冠裂片基部或冠管喉部；退化雄蕊 6，与花冠裂片互生，不规则的齿裂、流苏状或分裂，有时鳞片状；子房 6-14 室，每室 1 胚珠，胚乳少，子叶薄，叶状。浆果。种子 1-6，侧向压扁，种脐侧生而长，种皮脆壳质。花粉粒 4-5 孔沟，穿孔状纹饰。染色体 $2n$=26。65/1 种，**7 型**；分布于热带地区；中国产广西和海南。铁线子 *M. hexandra* (Roxburgh) Dubard 的种子含油，果可食用或入药。

Mannagettaea H. Smith **豆列当属，Orobanchaceae 列当科**。矮小寄生草本。茎粗短。叶少数，鳞片状。花常簇生于茎顶端，呈近头状或伞房状花序；苞片 1 枚，长卵形；小苞片 2 枚，线形；花萼筒状，顶端 5 裂，后面 1-2 枚裂片极小，其余裂片近等大；花冠黄色或紫色，二唇形，上唇大，5 浅裂，下唇 3 裂，裂片之间无褶；雄蕊 4 枚，内藏，花药 2 室；雌蕊由 2 心皮组成，子房 1 室，胎座 4，花柱伸长，柱头近球形。果实长圆形或卵状球形。种子多数，微小，种皮网状。2/2（1）种，**11 型**；分布于东西伯利亚地区（萨彦岭）至中国；中国产甘肃西南部、青海东南部及四川西北部。

Maoutia Weddell **水丝麻属，Urticaceae 荨麻科**。灌木或小乔木，无刺毛。叶互生，边缘有牙齿或圆齿状锯齿，基出脉 3；托叶干膜质，在叶柄内合生，先端 2 裂。雌雄同株或异株，聚伞花序腋生；雄蕊 5；雌花被片合生成不对称的浅兜状，或无花被，子房直立，柱头画笔头状，宿存。瘦果三角状卵形或稍压扁，果皮稍肉质或硬壳质，宿存花被稍肉质。种子具少量胚乳。花粉粒 2（-3）孔，刺状纹饰。15/2 种，**7e 型**；分布于亚洲，太平洋诸岛的热带和亚热带地区；中国产西南、广西和台湾。

Mapania Aublet **擂鼓芳属，Cyperaceae 莎草科**。多年生粗壮草本。秆三棱形。叶基生成丛，近革质。穗状花序聚生成头状，少有 1 个单生；小穗两性，具 5-6 小鳞片和 3-4 单性花；小鳞片轮生；下面一轮 2-3，其中 2 片位于两侧，舟状，各具 1 朵由 1 个雄蕊构成的雄花；上面的一轮 3，顶端仅有 1 无小鳞片的雌花；花柱宿存，柱头 3。小坚果干骨质或多汁。花粉粒近球形，单孔，小槽状、穿孔状、刺状和网状纹饰。85/3 种，**1 型**；分布于温带和热带地区；中国产云南、湖南和华南各省区，主产华南。

Mappianthus Handel-Mazzetti **定心藤属，Icacinaceae 茶茱萸科**。木质藤本。卷须粗壮，与叶轮生。叶对生或近对生，全缘，革质，具柄。雌雄异株；聚伞花序两侧交替腋生；雄花：花萼杯状，5 浅裂；花冠钟状漏斗形，肉质，5 裂至 1/3 或个别超过 2/3，裂片镊合状排列，两面被毛；花盘无；雄蕊 5，分离，比花冠稍短，花丝扁平，基部稍细，向上逐渐扩大；退化子房被毛，柱头厚，先端钝。雌花：与雄花相似，较小；退化雄蕊宿存。核果长卵圆形，压扁，外果皮薄肉质，被黄红色硬伏毛，内果皮具下陷网纹和一些纵槽。2/1 种，**7 型**；分布于热带亚洲；中国产南岭以南。定心藤 *M. iodoides* Handel-Mazzetti 的果肉味甜可食；根或老藤可药用。

Maranta Linnaeus **竹芋属，Marantaceae 竹芋科**。直立或匍匐状分枝草本，有茎或无茎；地下茎块状。总状花序或圆锥花序；苞片迟落。萼片 3，披针形；花冠管圆柱形，基部常肿胀，裂片 3；雄蕊管短，外轮 2 退化雄蕊倒卵形，长于花瓣，内轮 1 呈风帽状，硬革质退化雄蕊 1，倒卵形；发育雄蕊 1；子房 1 室，胚珠 1。果实坚果状，不开裂；种子 1。32/1 种，**3 型**；产热带美洲；中国引入栽培。竹芋 *M. arundinacea* Linnaeus 的地下茎富含淀粉，

可食用和药用。

Marantaceae R. Brown **竹芋科，木兰亚纲/姜目。**草本，地上茎有或无，有块茎或根茎。叶常2列，有叶枕。有限花序；花两性；花萼3，离生；花瓣3，合生；退化雄蕊2轮，外轮花瓣状，内轮兜状或硬革质；发育雄蕊1，花瓣状；子房下位，3室。蒴果或浆果。种子具假种皮。花粉粒无萌发孔，外壁近无。蜂类传粉。种子由鸟、蚂蚁和水流散布。植株含迷迭香酸。31属，525种，广布热带和亚热带地区；中国4属，8种，各省区广布，主产西南地区。

Marattiaceae Kaulfuss **合囊蕨科，合囊蕨亚纲/合囊蕨目。**土生，草本。根状茎直立或横走，肉质。叶柄粗大，大多有膨大的关节，叶片一至四回羽状复叶，小羽片披针形或卵状长圆形。叶脉分离，单一或分二叉状，少有网状。孢子囊群线形、椭圆形或圆形，无囊群盖，沿叶脉两侧排列或散生叶片下面小脉连接点；孢子囊船形或圆形，顶端无环带或有不发育的环带。孢子四面体形，椭圆形。6属，约300种，分布于泛热带地区；中国3属，30种，产西南、华南和华东地区。

Margaritaria Linnaues f. **蓝子木属，Phyllanthaceae 叶下珠科。**乔木或灌木。叶互生，常2列，全缘。花单性异株，簇生或单生于叶腋内或短枝上；无花瓣。雄花萼片4，2轮，不等大；花盘环状，全缘或浅裂；雄蕊4，花丝离生，无退化雌蕊；雌花萼片和花瓣与雄花的相同，子房2-6室，花柱2-6，顶端2裂，胚珠横生，每室2。蒴果分裂成3个2裂的分果爿或多少不规则裂开，外果皮肉质，内果皮木质或骨质；种子每室2枚，蓝色或淡蓝色。花粉粒3孔沟，网状纹饰。约14/1种，约**2-2型**；分布于美洲，非洲，大洋洲及亚洲东南部；中国产台湾和广西。

Markhamia Seemann ex Baillon **猫尾木属，Bignoniaceae 紫葳科。**乔木。一回奇数羽状复叶，对生。花大，顶生总状聚伞花序；花萼在花期成佛焰苞状，外面密被灰褐色绵毛；花冠筒短，钟状，裂片5；二强雄蕊，两两成对；子房长圆形，胚珠多数，花盘环形至杯形。蒴果长柱形，外面被灰黄褐绒毛，似猫尾状。种子长椭圆形，薄膜质，两端具白色透明膜质阔翅。花粉粒3沟，网状纹饰。虫媒。染色体$2n$=40。约10/1种，**6型**；分布于热带非洲和东南亚，主产热带非洲；中国产福建、广东、云南、广西和海南。西南猫尾木*M. stipulata* (Wallich) Seemann ex K. Schumann是优良的装饰材用；亦可供庭园观赏。

Marmoritis Bentham **扭连钱属，Lamiaceae 唇形科。**多年生草本，全株被柔毛。茎上部叶密集呈覆瓦状排列，下部叶疏而小或无。叶片近圆形、肾形或肾状卵形。轮伞花序由腋生的聚伞花序组成；花萼管形，15脉，内面在中部具1毛环，齿5，呈二唇形或近二唇形；花冠管状，倒扭，冠檐二唇形，具5裂片，上唇（实为下唇）2裂，下唇（实为上唇）3裂；雄蕊4，常内藏，花药2室。小坚果长圆状卵形，光滑，基部具微小果脐。花粉粒6沟，网状纹饰。约5/5（5）种，**14型**；分布于喜马拉雅地区；中国产西藏、青海、四川和云南。

Marrubium Linnaeus **欧夏至草属，Lamiaceae 唇形科。**多年生草本，全株密被柔毛或绵状毛。叶圆形或卵圆形。轮伞花序腋生，多花密集；苞片钻形；花小，常白色或紫色；花萼管形，5-10脉，齿5-10，等大，针刺状；花冠筒内藏，内面常有毛环；冠檐上唇直伸，先端凹缺或2裂，下唇开张，3裂，中裂片最宽大；雄蕊内藏，前对较长；花药2室，叉开；花柱内藏，先端2浅裂。小坚果卵圆状三棱形，光滑，先端浑圆。花粉粒3沟，穿孔-穴状纹饰。染色体$2n$=20，26，28，34，54。约40/1种，**10型**；主要分布于欧亚大陆温带及非洲北部，以地中海地区为多；中国产新疆伊犁。

Marsdenia R. Brown **牛奶菜属，Apocynaceae 夹竹桃科**。木质藤本。叶对生。伞形聚伞花序，顶生或腋外生；花萼裂片双盖覆瓦状排列，基部内面常有腺体和鳞片；花冠钟状或坛状，裂片向右覆盖，喉部常被毛；副花冠裂片5，肉质，着生在合蕊冠背部；花药顶端具内弯的膜片；花粉块每室1个，具花粉块柄；子房由2个心皮所组成；柱头长喙状或凸起。蓇葖常厚，渐尖，光滑或具纵翅。种子顶端具白色绢质的种毛。花粉块为肾形，无萌发孔。染色体 $2n$=22。约100/25（14）种，**2型**；分布于美洲，亚洲及热带非洲；中国产华东、华南及西南各省区。

Marsilea Linnaeus **蘋属，Marsileaceae 蘋科**。草本，水生或沼泽生。根状茎纤细，长而横走。叶具长柄，羽片4片，呈十字形排列；叶脉从羽片基部呈放射状分叉，伸达叶边。孢子果椭圆状肾形或圆形至长圆形，开裂时呈两瓣；孢子囊线形或椭圆状圆柱形，每个孢子囊群有少数大孢子囊和数个小孢子囊，均无环带；大孢子卵圆形，小孢子近球形。染色体 x=10。(50-70）/3种，**1型**；分布于世界各地，以大洋洲和南非洲地区最多；中国产各省区。蘋 *M. quadrifolia* Linnnaeus、南国田字蘋 *M. crenata* Presl 可供药用。

Marsileaceae Mirbel **蘋科，水龙骨亚纲/槐叶蘋目**。水生或沼泽生小型浅水植物。根状茎纤细，长而横走，被毛，管状中柱。不育叶为单叶，线形或2-4片羽片对生于具长柄的顶端，浮水；叶脉分叉，在顶端连接；能育叶为有柄或无柄的孢子果，球形或椭圆形，坚实，被毛，着生于叶柄上或叶柄基部，常两瓣开裂；孢子囊无环带，异型，大孢子囊内大孢子单生，小孢子囊内小孢子多数。3属，约60种，分布于大洋洲和南非洲热带地区；中国1属，3种，产各省区。

Marsypopetalum Scheffer **囊瓣花属（新拟），Annonaceae 番荔枝科**。乔木。叶缘有时反卷。花单生，腋外生。花单性；花萼3，镊合状排列；花瓣6，2轮，肉质，外轮有时向内弯，内轮总是内弯，覆盖雌雄蕊；雄蕊多数，药隔顶端截形或退化；心皮多数，每心皮有胚珠1颗，基生；柱头状，被毛。心皮离生。花粉萌发孔隐生于两沟中。染色体 x=9；$2n$=16。6/1种，**7型**；分布于亚洲南部和东南部；中国产海南。陵水暗罗 *M. littorale* (Blume)B. Xue & R. M. K. Saunders 的根茎入药，具补气壮阳、固精强肾之功效。

Martynia Linnaeus **角胡麻属，Martyniaceae 角胡麻科**。草本，直立，全株被黏质柔毛。叶对生，阔卵形，具掌状脉。总状花序顶生或近于顶生，苞片早落，具膜质小苞片2枚；萼片5，不等；花冠钟状，檐部裂片5；雄蕊2，退化雄蕊存在，花药极叉开，丁字形着生；子房1室，在下部成假4室融合。蒴果，具纵棱纹，沿缝线开裂，顶端具2枚短钩状凸起。花粉粒无萌发孔，网状纹饰，被凹槽分成六边形或五边形小块。染色体 $2n$=32。1/1种，**9-1型**；原产墨西哥及中美洲，在亚洲热带地区已归化；云南南部有逸生。

Martyniaceae Horaninow **角胡麻科，木兰亚纲/唇形目**。草本，被粘毛，具块根。叶互生或对生，单叶，无托叶。总状花序顶生；花左右对称；萼片5，分离或部分合生，有时为佛焰苞状；花冠筒近筒状，檐部二唇形，裂片5，覆瓦状排列；雄蕊2枚或4枚，药室个字形着生；花盘存在，环状；子房上位，1室，侧膜胎座。蒴果，具喙，外果皮肉质，内果皮木质。种子黑色，具雕纹。花粉粒无萌发孔，外壁被凹槽分成20-40小块，为网状纹饰。5属，18种，分布于美洲热带及亚热带地区；中国1属，1种，云南南部有逸生。

Mastersia Bentham **闭荚藤属，Fabaceae 豆科**。藤本。羽状3小叶，具小托叶。总状花序腋生和顶生，花2-3朵簇生在花序轴的小结上；萼裂齿长于萼管，上部2裂片

合生；旗瓣近圆形，无耳，翼瓣斜长圆形，龙骨瓣阔，与翼瓣近等长，微弯曲；雄蕊二体；子房无柄，花柱内弯，短丝状，无毛。荚果线形，压扁，上部缝线具狭刺，不裂。种子多数，长圆形，横向排列，种脐小，脐带丝状。花粉粒 3 孔沟，网状纹饰。2/1 种，**7a/c 型**；分布于不丹，印度，缅甸，印度尼西亚，马来西亚及中国西藏。

Mastixia Blume **单室茱萸属，Cornaceae 山茱萸科**。常绿乔木。叶互生或对生。圆锥花序顶生或腋生；花两性，较小；花梗基部具 2 枚小苞片；花萼管钟状，萼片 4-5；花瓣 4-5，卵形，镊合状排列，顶端向内反折；雄蕊 4-5，与花瓣互生；子房 1 室，花柱短，锥形，柱头稀 2 浅裂；花盘肉质，环状，微 4-5 裂。核果顶端宿存萼齿及花柱，核木质，具纵槽，种皮膜质，白色。花粉粒 3 孔沟，穿孔状纹饰。约 25/4 种，**7 型**；分布于印度，斯里兰卡，缅甸，泰国，越南，柬埔寨，老挝，马来西亚，印度尼西亚，菲律宾等，南至新几内亚，所罗门群岛及中国南部。长尾单室茱萸 *M. caudatilimba* C. Y. Wu ex T. P. Soong 可作为家具和房屋建筑的板材。

Matricaria Linnaeus **母菊属，Asteraceae 菊科**。一年生草本，常有香味。头状花序成疏松的伞房状花序或在侧枝上单生；花托无托片，圆锥状，中空；缘花白色，假舌状，中央花管状；花柱画笔状。瘦果小，圆筒状无肋，光滑，腹面有 3-5 条细肋，顶端冠状边缘小或无，或耳状。花粉粒 3 孔沟，有孔盖，有刺，刺基膨大，刺间颗粒状-穿孔状、网状-穿孔状和疣状-穿孔状。染色体 $2n$=18。7/2 种，**8 型**；分布于非洲北部，亚洲温带地区；中国产西北、华北和东北地区。母菊 *M. chamomilla* Linnaeus 是重要的药用与观赏植物。

Matteuccia Todaro **荚果蕨属，Onocleaceae 球子蕨科**。草本，土生。根状茎短而直立。叶簇生，二型；营养叶片长圆披针形至卵状三角形，二回羽裂；羽片线状披针形至阔披针形，互生，无柄，下部羽片缩短成小耳形；叶脉羽状分离；能育叶片长圆形至线形，一回羽状，羽片强度反卷成荚果状，深紫色或黑褐色；叶脉分离，羽状或叉状分枝。孢子囊群圆形，囊群盖下位或无盖，外被反卷的变质叶片包被；孢子囊球圆形；孢子两侧对称，表面具小刺状纹饰或光滑。染色体 x=39。1/1 种，**8 型**；分布于北半球亚热带和温带；中国产东北、华北、西北和西南部。荚果蕨 *M. struthiopteris* (Linnaeus) Tadaro 可作为观叶植物露天栽培；其根和根茎可作“贯众”入药。

Matthiola R. Brown **紫罗兰属，Brassicaceae 十字花科**。草本，有时呈亚灌木状，密被灰白色具柄的分枝毛。叶全缘或羽状分裂。花紫色、白色、淡红色或带黄色，总状花序；柱头显著 2 裂，裂片背面常有 1 膨胀处或角状突出物，无花柱。长角果狭条形而扁或为圆筒形，果瓣有明显中脉。种子每室 1 行，具有薄膜质的翅。花粉粒 3 沟，粗网状纹饰。染色体 $2n$=28，32。50/1 种，**10 型**；分布于东非，欧洲，亚洲；中国产新疆。紫罗兰 *M. incana* (Linnaeus) R. Brown 可供观赏。

Mattiastrum Brand **盘果草属，Boraginaceae 紫草科**。草本，常被毛。基生叶具短柄。镰状聚伞花序顶生及腋生，无苞片。花萼 5 裂至近基部，花冠钟形，喉部具 5 个附属物；雄蕊着生花冠筒中部，内藏；子房 4 裂，花柱短柱状，内藏，柱头不分裂；雌蕊柱状。小坚果具宽翅，着生面在靠上部，呈狭卵形。染色体 n=11，12。约 30/1 种，**13-3 型**；分布于亚洲西南部；中国产西藏。

Mayodendron Kurz **火烧花属，Bignoniaceae 紫葳科**。乔木。三出二回羽状复叶。短总状花序；花萼佛焰苞状，一边开裂，外面密被细柔毛；花冠筒状，檐部裂片 5；雄蕊 4，两两成对，花药个字形着生；花盘环状；子房 2 室，长圆柱形，柱头 2 裂，

M

舌状扁平。蒴果线形，细长，2瓣裂，薄革质。种子在胎座每边2列，两端具白色透明的膜质翅。花粉粒3沟，网状纹饰。虫媒。染色体 $2n=40$。1/1种，**7型**；分布于越南，老挝，缅甸，印度及中国南部。火烧花 *M. igneum* (Kurz) Kurz 可供庭园观赏。

Maytenus Molina **美登木属，Celastraceae 卫矛科**。灌木或小乔木，稀倾斜或藤本状；常无刺。叶互生，具柄。花两性或单性，组成二歧或单歧分枝的聚伞花序；花部5（4）数；花盘杯状肉质；雄蕊5枚，着生于花盘上；子房2-3室，直立，每室2胚珠，柱头2-3裂。蒴果球形或卵球形，室背2-3裂；种子1-6，具杯状假种皮，包围种子基部或全包围。花粉粒3孔沟，网状纹饰。染色体 $2n=18$，20，24，26，32，36，40，44，48，52，54，60。220/6（5）种，**2（6）型**；分布于美洲热带，亚热带地区及澳大利亚温带地区；中国产西南至东南部。美登木 *M. hookeri* Loesener 可药用。

Mazaceae Reveal **通泉草科，木兰亚纲/唇形目**。草本，直立或倾卧。基生叶莲座状或无基生叶，对生或互生。总状花序；花萼漏斗状或钟形，萼齿5枚；花冠二唇形，筒上部稍扩大，上唇直立，2裂，下唇较上唇长而宽，有隆起的褶襞，被毛，3裂；雄蕊4枚，2强，着生在花冠筒上；柱头2裂。蒴果或肉果。种子小，多数。花粉粒3沟或2-4沟，网状纹饰。染色体 $2n=20$，40。3属，33种，主要分布于亚洲中部和东部，延伸至大洋洲；中国3属，28种，分布于西北部、中部和东南部。

Mazus Loureiro **通泉草属，Mazaceae** Reveal **通泉草科**。矮小草本，直立或倾卧，着地部分节上常生不定根。叶以基生为主，多为莲座状，上部多为互生。总状花序，花小；苞片小或无；萼齿5枚；花冠2唇形，紫白色，上唇直立，下唇较上唇长而宽，有隆起的褶襞，被毛，3裂；雄蕊4枚，2强，药室极叉开；柱头2片状。蒴果包被于宿存花萼内，室背开裂；种子小，多数。花粉粒3孔沟，或2-4沟，网状、微网状、穿孔或皱状纹饰，有时覆盖层具颗粒。染色体 $2n=20$，40。35/25种，**5（7，14）型**；分布于亚洲东部和东南部，延伸至大洋洲至新西兰；中国除新疆、青海、山西外均有，主产西南至华中地区。

Meconopsis Viguier **绿绒蒿属，Papaveraceae 罂粟科**。草本。主根肥厚而延长或萝卜状增粗。蒴果被刺毛、硬毛或无毛，3-12瓣自顶端向基部微裂或开裂至全长的1/3或更多，稀裂至基部。种子平滑或具纵凹痕，无种阜。约54/43（23）种，**10型**；分布于西欧，中国—喜马拉雅地区；中国产西南部。

Mecopus Bennett **长柄荚属，Fabaceae 豆科**。一年生草本。单小叶，宽倒卵状肾形。花小，组成稠密的顶生总状花序；苞片锥状，宿存；花梗顶部钩状；花萼钟状，裂片披针形，上面2片合生；花冠白色，旗瓣阔，倒卵形，翼瓣镰刀形，龙骨瓣内弯；雄蕊二体；子房具柄，有2胚珠。荚果具长的果颈，荚节1-2，压扁，两面稍凸起，具网纹，先端有喙；果梗长，先端旋扭。种子肾形。1/1种，**7a型**；分布于印度，中南半岛，爪哇岛，马来西亚及中国海南。

Medicago Linnaeus **苜蓿属，Fabaceae 豆科**。草本，稀灌木。羽状复叶，互生，托叶部分与叶柄合生，小叶3，边缘具锯齿，侧脉直伸至齿尖。总状花序腋生，有时呈头状或单生；苞片小或无；萼齿5；龙骨瓣钝头；雄蕊二体，花丝顶端不膨大，花药同型；花柱两侧略扁，无毛。荚果螺旋形转曲、肾形、镰形或近于挺直，背缝常具棱或刺。幼苗出土子叶基部不膨大，也无关节。花粉粒3孔沟，网状、穿孔状或不规则条纹状纹饰。约85/15（1）种，**10-3型**；分布于地中海区域，西南亚，中亚和非洲；中国广布。紫苜蓿 *M. sativa* Linnaeus 可作饲料。

Medinilla Gaudichaud-Beaupré ex de Candolle **酸脚杆属，Melastomataceae 野牡丹科**。直立或攀援灌木，或小乔木。叶对生或轮生，常 3-5 基出脉，稀 9 条。聚伞花序或由聚伞花序组成的圆锥花序；花萼杯形、漏斗形、钟形或圆柱形；花瓣倒卵形至卵形，或近圆形；雄蕊等长或近等长，常同形；花丝丝状，花药基部具小瘤或线状凸起物，药隔微膨大，下延呈短距；子房下位。浆果不开裂；种子倒卵形或短楔形。花粉粒 3 孔沟，光滑或微皱纹饰。染色体 2*n*=36，40，42。（300-400）/11（5）种，**4 型**；分布于热带非洲，马达加斯加，经喜马拉雅，中南半岛，印度—马来西亚，澳大利亚北部，密克罗尼西亚和所罗门群岛，斐济至波利尼西亚；中国产云南、西藏、广西、广东及台湾。酸脚杆 *M. lanceata* (Nayar) C. Chen、北酸脚杆 *M. septentrionalis* (W. W. Smith) H. L. Li 的果可食。

M

Meeboldia H. Wolff **滇芹属，Apiaceae 伞形科**。草本。茎直立，有纵纹。叶柄有鞘；三回羽状复叶。复伞形花序，花序梗长；苞片 1-3 或无；小总苞多数。花杂性，萼齿明显，钻形，急尖；花瓣倒卵形，顶端微凹，有内折小舌片，基部有爪；花柱基圆锥形，与萼齿近等长；花柱短粗，向内微弯。果实狭卵形；果棱丝状；每棱槽 2-3 油管，合生面 4 油管。胚乳腹面凹陷；心皮柄二叉状。3/2（1）种，**14 型**；分布于中国—喜马拉雅区；中国产云南、西藏。

Meehania Britton **龙头草属，Lamiaceae 唇形科**。草本。叶心状卵形至披针形。花大型，成轮伞花序，少花松散，常呈顶生的假总状花序；苞片叶状，向上呈披针形。花萼钟形或管状钟形，15 脉，齿 5，卵状三角形至披针形，上唇 3 齿略高；花冠常为淡紫红色至紫色，冠筒管状，冠檐二唇形；雄蕊内藏或仅 1 对微伸出花冠外，花药 2 室；子房 4 裂，花柱细长，先端 2 浅裂；花盘杯状，前方呈指状膨大。坚果长圆形或长圆状卵形，有毛。花粉粒 6 沟，网状纹饰。染色体 2*n*=18。约 6/5（4）种，**9 型**；东亚—北美间断分布；中国产东北、江南及西南地区。

Megacodon (Hemsley) H. Smith **大钟花属，Gentianaceae 龙胆科**。多年生高大草本。叶对生，基部 2-4 对叶小，膜质，卵形，上部叶草质，较大。花顶生及腋生，组成假总状聚伞花序；花梗长，具 2 个苞片；花大型，5 数；花萼钟形，宿存，萼筒短；花冠钟形，冠筒短，裂片间无褶，裂片有明显网脉；雄蕊着生于冠筒中上部，与裂片互生，花丝扁平；子房一室，花柱粗短，柱头 2 裂，腺体轮状着生于子房基部。蒴果 2 瓣裂，不扭曲；种子多数，表面具纵的脊状凸起或密网隙与瘤状凸起。花粉粒圆球形；具网状、瘤状或窝状纹饰。染色体 2*n*=28，核型为 2A 型。2/2（1）种，**14SH 型**；分布于喜马拉雅地区；中国产西南山地。

Megacarpaea de Candolle **高河菜属，Brassicaceae 十字花科**。多年生粗壮草本，常具粗根。茎直立。基生叶羽状全裂，全缘或有锯齿。总状花序；花两性或单性，雌雄同株（上部为雄花，下部为雌花），或无花被，白色、带黄色或紫色；雄蕊 6-16；子房 2 室，每室有 1 胚珠。短角果，每果瓣包裹 1 种子，有翅无毛，种子大。染色体 2*n*=18。9/3 种，**13-2 型**；分布于中亚及喜马拉雅地区；中国产西南和西北地区。高河菜 *M. delavayi* Franchet 全草可入药或食用。

Megadenia Maximowicz **双果荠属，Brassicaceae 十字花科**。一年生矮小草本。叶基生，呈紧密莲座状，心状圆形。花小，单生叶腋，或成顶生或腋生具少数花的总状花序；萼片宽卵形，开展，具 3 脉；花瓣白色，匙状倒卵形，具爪；在短雄蕊基部有 2 个四角形蜜腺；子房横长，压扁，有 2 矩形室。每室有 1 胚珠。短角果横卵形，不裂，侧壁加厚。种子球形，坚硬。染色体 2*n*=20。1/1 种，**11 型**；分布于俄罗斯，

以及中国甘肃、青海、四川、西藏。

Megistostigma J. D. Hooker **大柱藤属，Euphorbiaceae 大戟科。**缠绕藤本。叶和花序常具螫毛。叶互生，基出脉 3-5 条。雌雄同株，无花瓣；总状花序，腋生。雄花：花盘环状，雄蕊 3，花丝粗短，花药基部着生，无不育雌蕊。雌花：数朵生于花序下部，花萼裂片 5，卵状披针形，花后增大，无花盘，子房 3 室，花柱短，合生，柱头 3 裂。蒴果扁球形，由 3 个分果爿组成，被紧贴绒毛，果皮木质；种子近球形，有斑纹。花粉粒 3 孔沟（稀 4），穿孔状纹饰。约 5/2 种，**7 型**；分布于亚洲东南部；中国产云南。

Meiogyne Miquel **鹿茸木属，Annonaceae 番荔枝科。**乔木或灌木，被单细胞毛。花序具花 1-3 朵，腋生。花两性；花萼 3，镊合状排列，裂片基部合生；花瓣常 6（-12），2 轮，较内轮花瓣稍长或近等长；雄蕊多数，药室截形，药隔顶端菱形；心皮 2-12，常被毛，每心皮有胚珠多颗，2 列，柱头无柄，近头状。心皮 1-5，常无柄，卵球状或椭球状，外果皮有缢缩横纹。花粉粒无萌发孔。15/1（1）种，**7a 型**；分布于亚洲南部和东南亚部，经太平洋群岛至澳大利亚；中国产海南。

Melaleuca Linnaeus **白千层属，Myrtaceae 桃金娘科。**乔木或灌木。叶互生或交互对生，革质。花两性或雌性不育，穗状或头状花序；萼管近球形或钟形；萼片 5，脱落或宿存；花瓣 5；雄蕊多数，绿白色；花丝基部稍联合成 5 束；子房下位或半下位，与萼管稍微合生，3 室，胚珠多数。蒴果半球形或球形，顶端开裂；种子倒卵状椭圆形至倒卵形，种皮薄，胚直。花粉粒 3 孔沟，光滑、粗糙或网状纹饰。染色体 2*n*=22。280/1 种，**5 型**；主要分布于澳大利亚，印度尼西亚，新喀里多尼亚和巴布亚新几内亚亦见；中国产华南、西南部。白千层 *M. cajuputi* Powell subsp. *cumingiana* (Turczaninow) Barlow 可作行道树；树皮及叶可药用；枝叶含芳香油，可供药用或作防腐剂。

Melampyrum Linnaeus **山罗花属，Orobanchaceae 列当科。**半寄生草本。叶对生，全缘。总状花序或穗状花序，花具短梗，单生叶腋中，无小苞片；花萼钟状，萼齿 4 枚，后面 2 枚较大；花冠筒管状，檐部扩大，二唇形，上唇盔状，顶端钝，边缘翻卷，下唇稍长，开展，基部有两条皱褶，顶端 3 裂；雄蕊 4 枚，2 强，位于盔下；子房每室有 2 胚珠；柱头头状，全缘。蒴果卵状，室背开裂，种子 1-4 颗。种子矩圆状，平滑。花粉粒 3 沟，疣状纹饰。染色体 2*n*=18。约 20/3（1）种，**8（12）型**；分布于北温带地区，欧洲尤盛；中国产东部至西南部。

Melanolepis H. G. Reichenbach ex Zollinger **墨鳞属，Euphorbiaceae 大戟科。**乔木，被星状丛卷绒毛。叶互生，掌状脉。花雌雄同株或异株，花瓣缺，总状花序或圆锥花序；雄花在每苞腋 2-4 朵，雄蕊 150-250，花丝离生，花药 2 室，药室下部离生，药隔突出呈悬垂物，无不育雌蕊；雌花在每苞腋 1 朵，花萼裂片 5，花盘环状，子房 2（-3）室，每室具 1 胚珠，花柱 2，离生，密生乳头状凸起。蒴果，具 2（-3）分果爿，无刺；种子近球形，黑色，具薄的假种皮，种皮峰窠状。花粉粒 3 孔沟，网状纹饰。2/1 种，**7 型**；分布于亚洲热带并延伸至太平洋诸群岛；中国产台湾。

Melanosciadium de Boissieu **紫伞芹属，Apiaceae 伞形科。**草本。根长圆锥形。茎直立，带紫色，中上部分枝较多。叶柄长。复伞形花序无总苞；伞辐短，多数，极不等长；小总苞线形；小花柄极不等长。花瓣近圆形，向内弯曲呈兜状，顶端凹陷，有内折小舌片，脉明显，深紫色；花柱基矮圆锥形，与花柱近等长，向两侧弯曲。果实近球形；棱槽内油管 2-4，合生面油管 6。1/1（1）种，**15 型**；主产中国重庆、陕西秦岭、湖北西部、贵州北部。

Melanoseris Decaisne **毛鳞菊属，Asteraceae 菊科**。草本。有时莲座状。花托无苞片；冠毛糙毛状，2层，外层短，或无，内层细长；总苞狭圆柱状至阔钟形，下垂，含3-40小花，最长外层总苞片长于内层1/2，内层总苞片3至多数；花略蓝色、紫色、黄色，稀白色。果压扁，暗褐色，主肋5，间肋0-2。染色体2*n*=16。70/17（9）种，**14SH 型**；分布于喜马拉雅，西南亚，中亚及非洲撒哈拉沙漠附近；中国产重庆、贵州、西藏、云南。

Melanthera Rohr **卤地菊属，Asteraceae 菊科**。草本或近灌木。叶对生，具明显叶柄。头状花序单生茎顶或伞房花序状排列；花托凸起；无冠毛或有1易脱落的短芒；总苞片2层，近等长；缘花雌性，不育，中央花两性；花药黑色，顶端附片具腺毛；花柱分枝渐细至渐尖，顶有乳突。缘花的果倒圆锥形，三角状，盘花的果四棱形。染色体2*n*=16，30，45，50。35/1种，**1型**；分布于非洲，亚洲，中美洲，南美，北美及太平洋岛屿；中国产南方地区。

Melanthiaceae Batsch **黑药花科，木兰亚纲/百合目**。一年生或多年生草本；自养或附生。具根状茎或球茎。叶互生或轮生，单叶。总状花序、圆锥花序或单花；花两性或雌雄异株；花被片6或不定，离生，2轮，辐射对称；雄蕊1-4轮，3基数或不定；子房3心皮，上位或半上位，胚珠多数，单室，稀多室。蒴果开裂，稀不开裂的浆果。种子具胚乳；胚乳油性；胚小，卵形或球形。花粉粒单沟，稀为4孔和无萌发孔，多为网状纹饰，稀为刺状、皱波状、颗粒、疣状和棒状。根状茎、球茎含生物碱或甾体皂苷。11-16属，154-201种，主要分布于北半球的温带和寒温带地区，少数到南美；中国7属，49种，产华中、华南和西南各省区。

Melastoma Linnaeus **野牡丹属，Melastomataceae 野牡丹科**。灌木。叶对生，被毛，全缘，5-7基出脉，稀为9条；具叶柄。花单生或组成圆锥花序顶生或生于分枝顶端；花萼坛状球形；花瓣倒卵形，常偏斜；雄蕊10，5长5短，花药药隔基部伸长，弯曲；子房半下位，5室。蒴果卵形，顶孔最先开裂，宿存萼坛状球形；种子小，近马蹄形，常密布小凸起。花粉粒3孔沟与3假沟相间排列，光滑或微皱纹饰。染色体2*n*=16，24，56。22/5（1）种，**5（7）型**；分布于印度—马来群岛广布至西太平洋群岛，澳大利亚1种；中国产长江流域以南。地菍 *M. dodecandrum* Loureiro 的果可食，亦可酿酒；全株可供药用。

Melastomataceae Jussieu **野牡丹科，木兰亚纲/桃金娘目**。草本、灌木或小乔木。单叶，对生或轮生，叶片基部具3-9脉。聚伞花序，少单生；花两性，花萼与子房基部合生；花瓣与萼片互生；花药2室，常单孔开裂；子房下位或半下位，稀上位；中轴胎座或特立中央胎座，胚珠多数或数枚。蒴果或浆果，常顶孔开裂，与宿存萼贴生；种子近马蹄形或楔形。花粉粒（2-）3（-6）孔沟（拟孔沟），3（-6）沟或3假沟。染色体2*n*=14-36或更多。188属，5055种，世界广布，主产热带，亚热带；中国21属，114种，产西藏至台湾、长江流域以南。

Melhania Forsskål **梅蓝属，Malvaceae 锦葵科**。小灌木或草本。花单生于叶腋；副萼3枚，心形或肾形，常比萼片长；花部5数；雄蕊柄杯状，顶生5枚舌状退化雄蕊，5枚具药雄蕊，与彼此间隔；子房无柄，5室，每室1-12胚珠，柱头5裂。蒴果具柔毛，5室，室背开裂，隔膜具柔毛。花粉粒3孔，网状或皱网状纹饰，具刺。染色体2*n*=60。60/1种，**6（4）型**；分布于非洲，中亚地区，澳大利亚及马达加斯加；中国产云南南部。

Melia Linneaus **楝属，Meliaceae 楝科**。落叶乔木或灌木，小枝有明显的叶痕和皮孔。叶互生，二至三回羽状复叶。花两性，组成腋生的圆锥花序；花萼5-6深裂，覆

M

瓦状排列；花瓣 5-6 片，分离，旋转排列；雄蕊管圆筒形，管顶有 10-12 齿裂，花药 10-12 枚，着生于雄蕊管上部的裂齿间；花盘环状；子房 4-8 室，每室有叠生的胚珠 2 颗，柱头头状，4-8 浅裂。果为核果，核骨质，3-8 室，每室有种子 1 粒。花粉扁圆-长球形、扁长-球形、近长球形，（3）4 孔沟，外壁近光滑至浅穴状纹饰。染色体 $2n=28$。约 3/1 种，**4 型**；分布于印度半岛至马来群岛，热带非洲；中国产黄河以南。

Meliaceae Jussieu **楝科，木兰亚纲/无患子目**。乔木或灌木。叶常互生，常羽状复叶。花两性或杂性异株，辐射对称，常组成圆锥花序；常 5 基数；萼小，4-5 齿裂；花瓣常 4-5；雄蕊 4-10，花丝合生成 1 短于花瓣的管，或分离，花药无柄，内向，着生于管的内面或顶部；花盘生于雄蕊管的内面或缺；子房上位，常 2-5 室，每室有胚珠 1-2 颗或更多，柱头顶部有槽纹或有小齿 2-4 个。果为蒴果、浆果或核果；种子常有假种皮。花粉粒 3、4 或 5 沟，孔沟。染色体 $2n=16$，26，28，36，40，46，48，50，54，56，60，76，约 150，约 360。含四环三萜类化合物。50 属，约 575 种，分布于热带和亚热带，少数至温带地区；中国 17 属，40 种，主产长江以南地区，少数至长江以北。

Melica Linnaeus **臭草属，Poaceae 禾本科**。多年生草本。圆锥花序疏松或紧密呈穗状；小穗柄细长，自弯转处折断，与小穗一同脱落；小穗含孕性小花 1 至数枚，上部 1-3 小花退化，仅具外稃，2-3 枚者相互紧包成球形或棒状，脱节于颖之上，并在各小花之间断落；颖膜质或纸质；外稃下部革质或纸质，顶端膜质，常无芒。花粉粒具颗粒纹饰。染色体 $x=9$，$2n=14$，18，36。90/23（8）种，**8-4 型**；分布于温带或亚热带，热带山区；中国各地均产，北方常见。

Melicope J. R. Forster & J. G. A. Forster **蜜茱萸属，Rutaceae 芸香科**。灌木或乔木。叶对生或轮生，单身复叶或掌状三出叶，具透明油点。聚伞花序或单花，花单性；萼片 4；花瓣 4；雄蕊 4-8，在雌花中退化；雌蕊 4 心皮，在雄花中退化或缺失；子房基部合生，每室 1-2 胚珠。蓇葖果 1-4，基部合生，或蒴果，4 室，室背开裂；种皮褐黑或蓝黑。染色体 $2n=12$，18，36。约 233/8（2）种，**5 型**；分布于亚洲东部，南部及东南部，澳大利亚，印度洋群岛，马达加斯加和太平洋群岛；中国产福建、浙江东南部、江西、广东、广西西南部、云南、西藏东南部、海南和台湾。三桠苦 *M. pteleifolia* (Champion ex Bentham) T. G. Hartley 的根、叶、果均可作消暑清热剂。

Melilotus (Linnaeus) Miller **草木犀属，Fabaceae 豆科**。草本。叶互生，羽状三出复叶，托叶基部与叶柄合生，顶生小叶具较长小叶柄，侧小叶几无柄，边缘具锯齿，无小托叶。总状花序细长，腋生；萼齿 5；花冠黄色或白色，偶带淡紫色晕斑；雄蕊二体，花丝顶端不膨大，花药同型；子房无毛或被微毛，花柱细长，果时常宿存。荚果伸出萼外；果梗在果熟时与荚果一起脱落，种子 1-2 粒。花粉粒 3 孔沟，网状纹饰。约 20/4 种，**10 型**；分布于温带欧洲，地中海地区，非洲和亚洲的亚热带地区；中国广布。白花草木犀 *M. albus* Medikus 是优良的饲料和绿肥；草木犀 *M. officinalis* (Linnaeus) Lamarck 具药用价值。

Melinis P. Beauvois **糖蜜草属，Poaceae 禾本科**。一年生或多年生草本。秆丛生。圆锥花序多分枝，序梗纤细；小穗长圆状椭圆形，侧面压扁，含 2 小花；第一颖片小或无，第二颖片膜质，顶端 2 裂，无芒或裂齿间生 1 短芒；第一小花退化，常仅有外稃；第二小花两性，外稃膜质，内稃与其等长；鳞被 2；雄蕊 3。颖果长圆形。花粉粒颗粒纹饰。染色体 $x=9$。22/2 种，**（17）型**；分布于热带地区和非洲南部；中国台湾和四川引种。糖蜜草 *M. minutiflora* P.

Beauvois 可作牧草。

Meliosma Blume **泡花树属，Sabiaceae 清风藤科**。乔木。单叶或奇数羽状复叶。大型圆锥花序；花两性，稀杂性；萼片（3-4）5；花瓣 5，外面 3 枚大而内面 2 枚极小，2 枚退化花瓣先端常 2 裂；可育雄蕊 2，与退化花瓣贴生，药隔扩大呈杯状；退化雄蕊形态多样，与外面 3 枚花瓣贴生；子房 2（-3）室，每室胚珠 1-2。核果球形、梨形或稍侧扁。胚具弯曲的胚根和折叠的子叶。花粉粒 3 孔沟，网状纹饰。染色体 $2n$=32。70/29（10）种，**3 型**；环太平洋间断分布；中国产华东、华南及西南。

Melissa Linnaeus **蜜蜂花属，Lamiaceae 唇形科**。多年生草本。轮伞花序腋生；苞片叶状；花萼钟形，花后下垂，13 脉，上唇浅 3 齿裂，下唇 2 深齿裂；花冠冠筒稍伸出或不伸出，下唇开展，3 裂，中裂片全缘或微凹；雄蕊 4，前对较长，花丝弓形弯曲，花药 2 室，室略叉开，几成直角，后成水平叉开；花盘平顶，近全缘或 4 裂，裂片与子房裂片互生；花柱先端相等 2 浅裂，裂片钻形，外卷。小坚果卵圆形，光滑。花粉粒 6 沟，网状纹饰。染色体 $2n$=32，34，64。4/3（1）种，**10 型**；分布于欧洲及亚洲；中国产西南地区。

M

Melliodendron Handel-Mazzetti **陀螺果属，Styracaceae 安息香科**。落叶乔木，冬芽卵形，数片鳞片包裹。花单生或成对；萼管倒圆锥形，与子房大部合生，顶端 5 齿；花冠钟状，5 深裂几达基部，花冠管极短；雄蕊 10，1 列，等长，远较花冠短，花丝线形，基部联合成管；子房 2/3 下位，不完全 5 室，每室有胚珠 4 枚。果大，木质，稍具棱或脊，宿存花萼与果实合生，包围果长 2/3 或至近顶端，外果皮和中果皮木栓质，内果皮木质，坚硬。种子椭圆形，扁平，种皮膜质。花粉粒 3 孔沟，皱波-穴状纹饰。1/1（1）种，**15 型**；特产中国长江流域以南。

Melocalamus Bentham **梨簕竹属，Poaceae 禾本科**。秆攀援状，丛生。地下茎粗型；秆表面略具硅质，秆壁极厚；秆芽 1 枚，可增大如空中之笋；每节多分枝簇生，有 1-3 枚粗壮主枝，可取代主秆。箨鞘迟落，革质，坚硬。叶大型。续次发生花序，假小穗多枚呈头状丛生于花枝各节；颖 2；鳞被 3；雄蕊 6。果实大型坚果状，黑褐色，表面呈密集瘤状凸起，果皮厚。种子大，肉质。5/4（3）种，**7 型**；分布于孟加拉国，印度（阿萨姆），缅甸及中国西南地区。

Melocanna Trinius **梨竹属，Poaceae 禾本科**。乔木状竹类。地下茎粗型；秆柄延伸成假鞭；秆散生；秆壁甚薄；每节上多枝簇生。箨鞘宿存；箨耳无；箨片线状三角形。叶耳缺失，鞘口繸毛发达；叶片大型，基部呈不对称楔形。续次发生花序；假小穗作两侧扁，2-4 枚聚生于花枝各节，簇丛基部有苞片；鳞被 2；雄蕊 5-7；花柱 1，柱头 2-4，羽毛状。浆果大，梨形。种子无胚乳，可在母株上发芽。2/1 种，**7-2 型**；分布于孟加拉，印度，缅甸；中国引种栽培。

Melochia Linnaeus **马松子属，Malvaceae 锦葵科**。草本、亚灌木。叶卵形或广心形。花两性，排成腋生的头状花序或聚伞花序；花萼 5；花瓣 5，匙形或长圆形，宿存；雄蕊 5，与花瓣对生，基部连合成管状；无退化雄蕊；子房无柄或短柄，5 室，每室 1-2 胚珠，花柱 5 枚，分离或在基部合生。蒴果扁球形或锥状球形，具柔毛，室背开裂为 5 爿，每室 1 种子。种子倒卵形，偶具翅。花粉粒 3（4）孔沟，网状纹饰。染色体 $2n$=18，14，20，35，36，46，54，60。（50-60）/1 种，**2 型**；分布于马来西亚，太平洋岛屿，中南美洲，少数至泛热带地区；中国产东南部和南部。马松子 *M. corchorifolia* Linnaeus 皮部的纤维可供编织用；根与叶可入药。

Melodinus J. R. Forster & G. Forster **山橙属，Apocynaceae 夹竹桃科**。木质藤本，具乳

汁。叶对生。三歧圆锥状或假总状的聚伞花序，顶生或腋生；花萼裂片双盖覆瓦状排列，内面基部无腺体；花冠高脚碟状，花冠管圆筒状，在雄蕊着生处膨大，花冠裂片向左覆盖；花冠喉部的副花冠成鳞片状，5-10 枚，离生或合生；雄蕊内藏；子房由 2 个心皮合生而成，2 室；柱头顶端 2 裂。浆果肉质。种子多数，无种毛。花粉粒单粒或四合体，3（-4）孔沟，穿孔纹饰。染色体 n=11。19/6（2）种，**5 型**；分布于亚洲热带，亚热带和大洋洲；中国产西南至华南及台湾。

Melothria Linnaeus **美洲马㼎儿属，Cucurbitaceae 葫芦科**。一年生攀援草本。单叶掌状裂。雌雄同株；雄花总状花序或近伞房状花序，花萼 5 裂，花冠辐状，5 裂，雄蕊 3，药室直立或稍折曲，具退化子房；雌花单生，花萼花冠同雄花，子房球状至纺锤状，3 室，胚珠多数，水平生，花柱基部由 1 环状盘围绕，柱头 3。果实球状至椭圆状；种子多数，扁平，光滑。花粉粒 3 孔沟，微网状纹饰。染色体 n=12。12/1 种，**（3）型**；分布于热带美洲；中国台湾引种栽培。

Memecylon Linnaeus **谷木属，Melastomataceae 野牡丹科**。灌木或小乔木。叶片羽状脉，具短柄或无柄。聚伞花序或伞形花序；花萼杯形、钟形、近漏斗形或半球形；花瓣圆形、长圆形或卵形；雄蕊 8，等长，同形；花药纵裂，药隔膨大，伸长呈圆锥形；子房下位，1 室；胚珠 6-12，特立中央胎座。浆果状核果，球形，顶端具环状宿存萼檐；种子 1，光滑。花粉粒 3 带状孔沟，具异沟，光滑或微皱纹饰。染色体 2n=14，24。300/11（6）种，**4 型**；广布热带亚洲，澳大利亚；中国产西藏、云南、广西、广东、福建。蓝果谷木 *M. cyanocarpum* C. Y. Wu ex C. Chen 的果可食。

Menispermaceae Jussieu **防己科，木兰亚纲/毛茛目**。缠绕或攀援藤本。单叶互生，螺旋状排列，常具掌状脉，盾状或近盾状，无托叶。雌雄异株；花瓣常 2 轮；心皮 3-6，较少 1-2 或多数，胚珠 2，1 枚败育。核果，内果皮常骨质或木质，表面较少平坦，常两侧压扁，胎座迹各式。种子和胚常弯，有或无胚乳，呈嚼烂状或平滑。花粉粒 3 沟或 3 孔沟，穿孔或网状纹饰。含多种生物碱。70 属，442 种，分布于泛热带地区；中国 19 属，77 种，主产长江流域或以南，北部稀少。

Menispermum Linnaeus **蝙蝠葛属，Menispermaceae 防己科**。草质藤本。叶柄痕不明显，叶盾状。雄花萼片 4-10，螺旋状着生，雄蕊 12-18，花丝柱状，花药纵裂；雌花萼片和花瓣与雄花的相似，花瓣 6-9，退化雄蕊 6-12，心皮 2-4，具心皮柄，花柱残迹近基生。果核甚扁，背脊隆起，胎座迹双片状。种子胚乳丰富，非嚼烂状，子叶半柱状。花粉粒 3 孔沟，穿孔状纹饰。染色体 2n=52。（3-4）/1 种，**9 型**；分布于欧亚大陆和北美洲；中国产西北、华中至华北地区。蝙蝠葛 *M. dauricum* de Candolle 的干燥根茎可药用。

Mentha Linnaeus **薄荷属，Lamiaceae 唇形科**。草本。轮伞花序多花密集；花梗明显；花两性或单性，雄性花有退化子房，雌性花有退化的短雄蕊，同株或异株；花萼钟形，漏斗形或管状钟形，10-13 脉，萼齿 5，相等或近 3/2 式二唇形；花冠漏斗形，冠筒喉部稍膨大或前方呈囊状膨大，冠檐具 4 裂片；雄蕊 4，伸出，后对着生稍高于前对，花丝无毛，花药 2 室，室平行。小坚果卵形，无毛或稍具瘤，顶端钝，稀于顶端被毛。花粉粒 6 沟，网状纹饰。染色体 2n=18，20，24，36，40，42，48，54，60，66，72，78，84，90，96，108，120，132。约 30/12 种，**8 型**；广布北半球的温带地区，少数至南半球地区；中国各地均产。

Menyanthaceae Dumortier **睡菜科，木兰亚纲/菊目**。草本，水生或湿生。叶互生，稀对生，单叶或三出复叶，无托叶。花单生，或簇生，头状或圆锥状，最后形成总状或聚伞花序。花常5数；萼片5，1轮；花冠5，1轮，合生，花瓣常流苏状；雄蕊5，与花瓣互生；子房上位，1室，花柱线形，柱头2裂。蒴果。种子多数，具胚乳。花粉粒3沟，或具副合沟，条纹或皱波纹饰。染色体 $x=9$，17。5属，约58种，世界广布；中国2属，7种，产各省区。

Menyanthes Linnaeus **睡菜属，Menyanthaceae 睡菜科。**水生或沼生草本；具匍匐根状茎。叶基生，三出复叶；叶柄基部抱茎。总状花序；花5数；花萼5，分裂；花冠5，基部合生成冠筒，上部内面具长流苏状毛；雄蕊5。子房1室，花柱线形。蒴果球形，2裂。种子平滑。花粉粒3沟，条纹或皱波纹饰。染色体 $x=9$。1/1种，**8型**；分布于北温带；中国产西藏、云南、四川、贵州、河北、黑龙江、辽宁、吉林、浙江。睡菜 *M. trifoliate* Linnaeus 可药用和园艺观赏。

Mercurialis Linnaeus **山靛属，Euphorbiaceae 大戟科。**草本、具根状茎。叶对生，羽状脉，叶缘常具锯齿。雌雄异株，稀同株；无花瓣，雄花序穗状，腋生，雄花多朵在苞腋排成团伞花序；雌花簇生于叶腋，或数朵排成穗状或总状花序，有时具雄花。雄花：雄蕊8-20枚，花药2室，花盘缺，无不育雌蕊；雌花：腺体2枚，线状，子房2室，每室具1胚珠，花柱短，不分裂，具乳头状凸起。蒴果具2个分果爿，双球形，内果皮壳质；种皮平滑或具小孔穴，具种阜。花粉粒3孔沟，网状纹饰。约8/1种，**10-1型**；分布于地中海沿岸，欧洲和亚洲温带地区；中国产华东、华中、华南、西南及台湾。

Merremia Dennstedt ex Endlicher **鱼黄草属，Convolvulaceae 旋花科。**草本或灌木，常缠绕。叶常具柄，大小形状多变。花腋生，单生或少至多花成聚伞花序；苞片小；萼片5，近等大或外面2片稍短，椭圆形至披针形，或卵形至圆形，钝头或微缺，常具小短尖头；花冠漏斗状或钟状，瓣中常有5条明显的脉，冠檐浅5裂；雄蕊5，内藏；花盘环状；子房2或4室，胚珠4，花柱1，柱头头状，2裂。蒴果4瓣裂或多少成不规则开裂。花粉粒3、5、6、9-12沟，或散孔，穿孔状纹饰，具颗粒。染色体 $2n=30$，（32，58）。80/19种，**2型**；广布热带地区；中国产华南至西南各省区。北鱼黄草 *M. sibirica* (Linnaeus) Haller f.全草可入药。

Merrillanthus Chun & Tsiang **驼峰藤属，Apocynaceae 夹竹桃科。**木质藤本。叶对生。多歧聚伞花序，腋生；花萼裂片双盖覆瓦状排列，内面基部有5个腺体；花冠浅碗状，裂片与花冠管近等长，向右覆盖；副花冠5裂，裂片直立，肉质，背部隆起，生于合蕊冠上，较花药短；花药顶端具膜片，覆盖着柱头；花粉块每室1个；子房由2枚离生心皮组成；柱头盘状，基部5棱。蓇葖单生，平滑。种子卵圆形，顶端具白色绢质种毛。1/1种，**7型**；分布于缅甸及中国海南和广东。

Merrilliopanax H. L. Li **常春木属，Araliaceae 五加科。**常绿无刺灌木或乔木。叶为单叶，叶片不分裂，边缘全缘或具锯齿；托叶和叶柄基部合生，不明显。花两性，聚生为伞形花序，再组成顶生或腋生圆锥花序；花梗无关节；萼筒边缘有5小齿；花瓣5，在花芽中镊合状排列；雄蕊5；子房2室，花柱2，离生或基部合生。果实椭圆球形，核果。种子2粒，胚乳均一。花粉粒3孔沟，网状纹饰。3/3种，**14型**；分布于不丹，印度东北部，缅甸，尼泊尔及中国西南部。

Mertensia Roth **滨紫草属，Boraginaceae 紫草科。**草本，具根茎。茎生叶互生。聚伞圆锥状花序，无苞片；花具梗；花萼5，半裂至深裂；花冠漏斗状，冠檐5裂，喉部附属物横皱折状或鳞片状；雄蕊5，花丝扁平，花药比花丝长；子房4裂，花柱

长；雌蕊基圆锥状。小坚果四面体形，无毛，背面凸，有皱纹和疣状凸起，稀沿边缘有狭翅，腹面锐，稀呈翅状纵龙骨，着生面在腹面基部。花粉粒哑铃型，6 异沟，穿孔纹饰，有颗粒、小刺或外壁光滑。染色体 n=12。约 45/6 种，**8（9）型**；分布于东欧，北美和亚洲；中国产山西、河北、内蒙古及东北滨海地区。滨紫草 *M. maritima* (Linnaeus) Gray 可药用。

Mesua Linnaeus **铁力木属，Calophyllaceae 红厚壳科**。乔木。叶硬革质，常具透明斑点。顶芽早衰，腋芽陷于茎中。花两性，稀杂性；萼片和花瓣 4；雄蕊多数，分离，花药直立，底着，2 室，垂直开裂；子房 2 室，每室有直立胚珠 2，花柱长，柱头盾状。果实成熟时 2-4 瓣裂。种子 1-4，胚乳肉质，富含油脂。花粉粒 3 孔沟，穿孔状纹饰。5/1 种，**7d 型**；分布于亚洲热带；中国产南部。铁力木 *M. ferrea* Linnaeus 的种子可作工业油料。

Metabriggsia W. T. Wang **单座苣苔属，Gesneriaceae 苦苣苔科**。草本。茎直立。叶对生，不等大。聚伞花序腋生，有近球形总苞。花萼 5 裂至基部。花冠白色，筒漏斗状，檐部二唇形，比筒短；下（前）方雄蕊能育 2，花药基着，顶端连着；退化雄蕊 2-3；雌蕊内藏，子房线形，侧膜胎座 1 个，呈薄片状，花柱比子房长，顶端变粗成扁球形的小柱头。蒴果线形，宿存胎座近圆筒状。种子多宽椭圆形，两端尖。2/2（2）种，**15 型**；特产中国广西西部、海南及云南东南部。

Metadina Bakhuizen f. **黄棉木属，Rubiaceae 茜草科**。乔木。叶对生。花序具多个头状花序，顶生；花 5 基数；花萼裂片三角形或椭圆形，宿存；花冠高脚碟状或窄漏斗状，裂片在芽内镊合状排列，顶部近覆瓦状；雄蕊伸出；子房 2 室，每室有胚珠 4-12 枚，柱头伸出。蒴果，室背室间 4 爿开裂。种子近球形、三角锥形或椭球形，不具翅。花粉粒 3 沟，孔状至细网状纹饰。1/1 种，**7ab 型**；分布于南亚和东南亚；中国产广东、广西、云南和湖南。

Metagentiana T. N. Ho，S. L. Chen & S. W. Liu **狭蕊龙胆属，Gentianaceae 龙胆科**。草本。基生叶不发达；茎生叶愈向上部愈大。花大型或中型；花萼裂片的中脉在背面高高凸起呈龙骨状，并向萼筒下延成翅，褶极偏斜；雄蕊顶端向一侧下弯；花柱长丝状，长于子房。蒴果狭矩圆形，先端及两侧边缘均无翅。花粉粒条形、穿孔或光滑纹饰。11/11（10）种，**14SH 型**；分布于青藏高原及周围地区。报春花龙胆 *G. primuliflora* Franchet 可药用。

Metanemone W. T. Wang **毛茛莲花属，Ranunculaceae 毛茛科**。多年生草本。根状茎短，粗，垂直，下部密生须根。单叶基生，有长柄，不分裂或掌状分裂。花葶直立，单花顶生；萼片约 19，花瓣状；花瓣无；雄蕊约 50，花丝线形；心皮约 18，子房密被长柔毛，有 1 颗下垂的倒生胚珠，花柱钻形，柱头小。花粉粒 3 沟。1/1（1）种，**15 型**；特产中国云南西北部。

Metapanax J. Wen & Frodin **梁王茶属，Araliaceae 五加科**。常绿无刺乔木或灌木。叶为单叶掌裂或掌状复叶，边缘具锯齿；无托叶。花两性，聚生为伞形花序，再组成顶生圆锥花序；花梗有明显的关节；萼筒边缘全缘或有 5 小齿；花瓣 5，在花芽中镊合状排列；雄蕊 5；子房 2-4 室，花柱 2-4，离生或中部以下合生。果实核果，侧扁。种子侧扁，胚乳均一。花粉粒 3 孔沟，网状纹饰。2/2 种，**7 型**；分布于越南北部及中国中部及西南部。梁王茶 *M. delavayi* (Franchet) J. Wen & Frodin 栽培可供观赏。

Metapetrocosmea W. T. Wang **盾叶苣苔属，Gesneriaceae 苦苣苔科**。多年生小草本；根状茎圆柱形。叶基生，椭圆形。聚伞花序腋生。花萼 5 裂达基部；花冠白色，筒状，檐部二唇形，比筒短，上唇 2 深裂，下唇比上唇稍长，3 深裂；下（前）方 2

枚雄蕊能育，内藏，花药近背着，有白色长柔毛；退化雄蕊 2；花盘不存在；雌蕊内藏，子房宽卵球形，侧膜胎座 2，花柱纤细，柱头头状。蒴果近球形，室背开裂成 2 瓣。种子椭圆球形，光滑。1/1（1）种，**15 型**；特产中国海南。

Metaplexis R. Brown **萝藦属，Apocynaceae 夹竹桃科**。草质藤本或藤状半灌木，具乳汁。叶对生，卵状心形。总状聚伞花序，腋生；花萼裂片双盖覆瓦状排列，内面基部具有 5 个小腺体；花冠近辐状，花冠裂片向左覆盖；副花冠环状，着生于合蕊冠基部，5 短裂，裂片兜状；雄蕊腹部与雌蕊粘生；花丝合生成短筒状；花药顶端具内弯的膜片；花粉块每室 1 个，每个花粉块约含单粒花粉数为 800；子房由 2 枚离生心皮组成，胚珠多数；柱头延伸成 1 长喙，伸出，顶端 2 裂。蓇葖叉生。种子顶端具白色绢质种毛。染色体 $2n=24$。约 6/2（1）种，**7 型**；分布于亚洲东部；中国产西南、西北、东北和东南部。

M

Metasequoia Hu & W. C. Cheng **水杉属，Cupressaceae 柏科**。落叶乔木；冬芽有 6-8 对交叉对生的芽鳞。叶交叉对生，基部扭转成 2 列，羽状，条形，扁平，柔软，无柄或几无柄。雌雄同株；球花基部有交叉对生的苞片；雄球花单生叶腋或枝顶，有短梗，球花枝呈总状花序状或圆锥花序状；雌球花有短梗，单生于去年生枝顶或近枝顶，梗上有交叉对生的条形叶，珠鳞 11-14 对，交叉对生，每珠鳞有 5-9 枚胚珠。球果下垂。种子扁平，周围有窄翅，先端有凹缺。花粉粒无气囊。染色体 $2n=22$。1/1（1）种，**15 型**；特产中国四川东部（石柱县）、湖北西南部（利川）和湖南西北部（龙山及桑植）。水杉 *M. glyptostroboides* Hu & W. C. Cheng 为速生造林树种及园林树种。

Metastachydium Airy Shaw ex C.Y. Wu & H.W. Li **箭叶水苏属，Lamiaceae 唇形科**。多年生草本。叶箭形，基部深心形，边缘有大的圆锯齿，下面灰白色，密被贴生星状毛。长圆形穗状花序。花萼管状，10 脉，5 齿钻形，具刺尖头；花冠紫色，冠筒内在近喉部宽大处有疏柔毛毛环，冠檐上唇直伸，下唇 3 裂，中裂片边缘有不规则的小牙齿或呈波状；雄蕊 4，花丝密被成簇的长单毛，且近基部有大小不等的乳突状毛，花药肾形；花柱先端不相等 2 浅裂，裂片线状长圆形。花粉粒 3 沟，穿孔状纹饰。1/1 种，**13 型**；分布于俄罗斯及中国新疆。

Metathelypteris (H. Itô) Ching **凸轴蕨属，Thelypteridaceae 金星蕨科**。中小型陆生草本。根状茎短，被棕色的披针形鳞片和灰白色的短毛，或近光滑。叶近生或簇生；叶柄基部近褐色，向上为禾秆色，光滑或疏被毛；叶片长圆形，披针形或卵状三角形，先端渐尖并羽裂，二回羽状深裂，稀三回羽状；叶草质或薄草质，干后通常绿色，两面多少被有灰白色、单细胞（稀为多细胞）的针状毛，羽轴上面圆形隆起，从不下陷成纵沟。叶脉羽状，侧脉单一，或分叉，斜上，不达叶边。孢子囊群小，圆形，生于侧脉中部以上；囊群盖中等大，圆肾形，以缺刻着生，膜质，宿存。孢子两面型，周壁具褶皱，其上常有小穴状纹饰；外壁表面具细网状纹饰。染色体 $x=35$。约 12/11（5）种，**5 型**；分布于亚洲南部和东部，至马来西亚和马达加斯加；中国产长江流域及以南省区，可至台湾、西藏东南部和海南。

Michelia Linnaeus **含笑属，Magnoliaceae 木兰科**。常绿乔木或灌木。叶互生，全缘；托叶盔帽状两瓣裂，与叶柄贴生或离生；幼叶在芽中直立，对折。花顶生于腋生短枝，具 2-4 枚佛焰苞状苞片。花两性；花被片 6-21；药室伸长，侧向或近侧向开裂，药隔伸出成长尖或短尖；雌蕊群有柄，腹面基部着生于花轴，上部分离，常部分不发育，每心皮具胚珠 2 至多数。果实圆柱形，背缝线或背缝线和腹缝线同时开裂。

每心皮种子 2 至数颗。花粉粒单沟，光滑、穿孔状、皱穴状或网状纹饰。主要由蜂类和甲虫传粉。染色体 $2n$=38。约 70/（37-39）（18-20）种，**7 型**；分布于亚洲热带和亚热带；中国产西南至华东地区。

Micranthes Haworth **小花草属，Saxifragaceae 虎耳草科**。草本。根茎或根状茎具鳞片，有时具珠芽，花茎多少直立。叶基生，罕有茎生，托叶无，叶片形状多样，羽状或掌状脉。聚伞或聚伞圆锥花序，或单花，具苞片；花辐射对称或多少两侧对称；萼片 5；花瓣（1-）5，或缺；雄蕊 10；雌蕊 2（-3）；子房上位或多少下位，2（-3）室，中轴胎座，花柱 2（-3），柱头 2-3。蒴果蓇葖状或具 2（-3）喙。种子棕色。花粉粒外壁条网状纹饰。染色体 n=8。（68-93）/4 种，**8 型**；分布于北美，墨西哥，南美，欧亚，主产北温带，北极高山地区；中国产甘肃、青海、陕西、四川、西藏和云南。

Microcarpaea R. Brown **小果草属，Phrymaceae 透骨草科**。匍匐草本。叶对生。花小，单生叶腋；花萼管状钟形，5 棱，具 5 齿；花冠近于钟状，檐部 4 裂，上唇短而直立，下唇 3 裂，开展；雄蕊 2 枚，位于前方。蒴果卵形，略扁，有两条沟槽，室背开裂。种子少数，纺锤状卵形，近于平滑。花粉粒 3 沟。2/1 种，**5（7，14）型**；分布于亚洲东南部和南部及大洋洲；中国产广东、贵州、台湾、云南、浙江。

Microcaryum Johnston **微果草属，Boraginaceae 紫草科**。一年生小草本，有长柔毛。叶互生。伞形聚伞花序顶生。花具梗；花萼 5 裂至基部，裂片窄；花冠喉部具附属物；雄蕊 5，内藏；子房 4 裂，花柱生裂片之间，胚珠侧生，雌蕊基柱状。小坚果长圆状卵形，直立，背面隆起，有皱纹，无毛，中线纵龙骨状凸起，腹面纵脊上有浅沟，着生面居腹面基部。3/1 种，**14SH 型**；分布于印度东北部（锡金）及中国四川西部。

Microcephala Pobedimova **小花菊属，Asteraceae 菊科**。草本。叶互生，羽裂。头状花序辐射状或近盘状，有梗，常茎顶单生；花托无托片，锥形，中空；总苞片 2-3 层；缘花雌性，能育，舌片白色，中央花两性，能育，黄色或微红，管状，基部膨大，中部收狭。果圆形或轻微压扁，腹面有 3-5 肋，肋间具多细胞毛，小冠撕裂或毛缘状，近轴面略长。染色体 x=7。5/1 种，**13-3 型**；分布于阿富汗，哈萨克斯坦，吉尔吉斯斯坦，巴基斯坦，土库曼斯坦，伊朗及中国新疆。

Microchloa R. Brown **小草属，Poaceae 禾本科**。一年生或多年生草本。秆纤细，稠密丛生。穗状花序常单生于秆顶，线形，稍弯曲；小穗近圆柱形或稍背腹压扁，常含 1 小花，无柄，成两行覆瓦状排列于穗轴之一侧；颖片不等长，第一颖有脊，第二颖背部圆形；外稃短于颖，有脊，薄膜质，先端急尖或具 2 小齿，有时具小凸尖头；鳞被截形。颖果椭圆形。染色体 x=10。约 6/1 种，**2 型**；广布热带地区；中国产广东、海南、云南和福建。

Microcos Linnaeus **破布叶属，Malvaceae 锦葵科**。灌木或小乔木。叶基出脉 3 条。花两性，具柄，常 3 朵排成聚伞花序再组成顶生圆锥花序；花萼 5；花瓣 5 或无，内面基部有腺体；雄蕊着生于短的雌雄蕊柄上；子房常 3 室，每室 4-6 胚珠，花柱锥尖或分裂。核果球形或梨形，果皮肉质，无沟槽，不具分核。花粉粒 3 孔沟，皱网状纹饰。60/3 种，**7e 型**；分布于非洲及亚洲的印度，马来半岛；中国产东南部和南部。布渣叶 *M. paniculata* Linnaeus 的韧皮纤维可编绳；叶可入药。

Microdesmis J. D. Hooker **小盘木属，Pandaceae 攀打木科**。灌木或小乔木。单叶互生，羽状脉。花极小，簇生于叶腋，单性，雌雄异株；雄花花萼 5 深裂，花瓣 5，雄蕊 10 或 5，2 轮，着生于花托上，内轮退化成腺体或不育，花丝离生，花药 2 室，

纵裂；雌花的萼片、花瓣与雄花的相似，稍大，子房 2-3 室，每室 1 胚珠，花柱短，2 深裂。核果；种子具肉质胚乳，种皮膜质。花粉粒 3 孔沟，穿孔状纹饰。染色体 2*n*=30。11/1 种，**6 型**；分布于非洲和亚洲热带及亚热带地区；中国产西南至东南部。小盘木 *M. caseariifolia* Planchon 可药用，具行气止痛的功效。

Microglossa de Candolle **小舌菊属，Asteraceae 菊科**。半灌木。直立或攀援。叶互生，卵状长圆形。头状花序密集成复伞房状花序；花托平或稍凸；冠毛略红色，1-3 层；总苞钟状，多层；花全部结实，外围雌花多数，舌状，中央的两性花少数，管状黄色，具 3-5 齿裂；花药基部钝；花柱分枝披针形。瘦果倒卵球形，长圆形，3 肋；约 10/1 种，**6 型**；分布于亚洲和非洲；中国产华南、西南及台湾地区。舌菊 *M. pyrifolia* (Lamarck) Kuntze 全株解毒，可治痔疮。

M

Microgynoecium Hooker. f. **小果滨藜属，Amaranchaceae 苋科**。一年生草本。叶互生，全缘或具浅裂片。花单性。雄花无小苞片，花被 5 深裂至中部，雄蕊 1-4。雌花 7 朵聚成簇，常 1-3 朵发育良好，无柄，封闭在侧裂片折叠形成的 3 裂苞片中；花被丝状；子房椭圆，凹陷且背腹扁，柱头 2。胞果，果皮膜质，贴伏于种子。种子直立；胚细瘦，马蹄形，胚乳粉质。花粉粒具 94-120 散孔，具小刺。1/1 种，**13-2 型**：分布于尼泊尔，印度锡金和中亚的帕米尔高原，以及中国甘肃、青海和西藏。

Microlepia C. B. Presl **鳞盖蕨属，Dennstaedtiaceae 碗蕨科**。草本，土生植物。根状茎长而横走。叶一型，叶柄粗糙，上面有浅纵沟；长圆形至长圆状卵形，通常一至四回羽状分离，小羽片或裂片偏斜，多呈三角形；叶脉分离，羽状分枝。孢子囊群圆形，着生叶缘的一条小脉顶端，常近裂片间的缺刻；囊群盖半圆形或肾形；孢子钝三角形，周壁有细网状纹饰。染色体 *x*=43。约 45/25（8）种，**5 型**；主要分布于亚洲和大洋洲热带和亚热带地区，向北可达日本；中国产长江以南各省区。粗毛鳞盖蕨 *M. strigosa* (Thungerg) C. Presl 可药用。

Micromeles Decaisne **脱萼花楸属，Rosaceae 蔷薇科**。落叶乔木或灌木。单叶互生，有锯齿或浅裂片，有托叶。花两性，多数成顶生复伞房花序；萼片 5；花瓣 5；雄蕊 15-25；心皮 2-3（-4-5），全部与花托合生，花柱 2-3，稀 4-5，基部合生，子房半下位或下位，2-3（-4-5）室，每室胚珠 2。梨果小形，无宿存萼片，子房壁坚硬，各室具 1-2 种子。染色体 2*n*=34。约 25/20（12）种，**14 型**；东亚分布；中国主产西南，部分至华中、华南地区。

Micromelum Blume **小芸木属，Rutaceae 芸香科**。灌木，稀乔木；枝及叶柄常具油点。奇数羽状复叶，互生，小叶不对称，具透明油点。聚伞圆锥花序或伞房状聚伞花序，两性花；萼片 5，下部合生；花瓣 5，镊合状排列；雄蕊 10，花丝分离；子房常被毛，3-5 室，常扭转，每室 2 胚珠；柱头头状。浆果，含黏胶质液，具油点；种子 1-2，种皮膜质，子叶厚纸质，胚根长。花粉近长球形，3 孔沟，外壁具细条纹。染色体 2*n*=18。约 10/2 种，**5（7e）型**；分布于亚洲南部及东南部，澳大利亚，西南部太平洋群岛；中国产西藏东南部和广东、广西、云南和海南。大管 *M. falcatum* (Loureiro) Tanaka 的根、叶可作药。

Micromeria Bentham **姜味草属，Lamiaceae 唇形科**。半灌木或草本。叶小而全缘。轮伞花序腋生，排成穗状或圆锥花序。花萼管状，13 脉，偶 15 脉，内面在喉部被具节疏柔毛，萼齿 5；花冠外被毛，冠檐上唇直伸，下唇开张，3 裂；雄蕊 4，前对较长，先端弧曲状靠近，常内藏，偶有超出花冠而先端彼此分离，花药 2 室，药隔横向稍加厚；花柱先端 2 裂。小坚果卵珠状或长圆状三棱形，光滑。花粉粒 6 沟，

网状纹饰。染色体 $2n$=20，22，30，50，60。约 70/5（4）种，**1 型**；分布于地中海沿岸；中国主产西南地区，1 种见于台湾。

Micropera Lindley **小囊兰属，Orchidaceae 兰科**。草本，攀援，茎长。总状花序与叶对生，花数朵。萼片与花瓣离生；唇瓣明显具距或囊，3 裂；侧裂片宽阔，直立；中裂片较小，肉质；距口常有附属物，内部常具 1 枚纵向隔膜。蕊柱短，无蕊柱足；蕊喙突出，鸟喙状；花粉块 4，2 对，近相等，着生于共同的长粘盘柄上；粘盘很小。约 15/2（1）种，**5 型**；分布于自喜马拉雅山脉到东南亚，新几内亚，澳大利亚和所罗门群岛；中国产海南和西藏。

Microphysa Schrenk **泡果茜草属，Rubiaceae 茜草科**。直立草本，具根状茎。茎中部的叶和叶状托叶 4 枚轮生。伞房状圆锥花序，顶生；花两性，4 基数；花冠近漏斗状，裂片在芽时呈镊合状排列；雄蕊伸出；子房 2 室，每室有 1 颗直立、基生的胚珠，柱头 2 裂，伸出。果实不开裂或缓慢裂为 2 分果爿，果皮革质且膨大，膀胱状。种子小椭球形或平凸状，腹面有沟槽；种皮膜质。1/1 种，**13 型**；分布于哈萨克斯坦，乌兹别克及中国新疆。

Micropolypodium Hayata **锯蕨属，Polypodiaceae 水龙骨科**。小型附生植物。根状茎斜生或直立，密被鳞片。叶簇生，叶柄无；叶片线形，羽状深裂或一回羽状分裂，软纸质，裂片基部贴生、彼此相连，被柔毛或近无毛；叶脉常单一，小脉不分叉或分叉，不明显。孢子囊群长圆形或圆形，生于叶片上部，每羽片或裂片 1 枚；无囊群盖和隔丝。孢子圆球形，较小，不具周壁。染色体 x=37。约 30/3 种，**3 型**；主要分布于南美洲，亚洲热带和亚热带地区也产；中国产华南、西南和台湾。锯蕨 *M. okuboi* (Yatabe) Hayata、锡金锯蕨 *M. sikkimense* (Hieronymus) X. C. Zhang 可供观赏。

Microsorum Link **星蕨属，Polypodiaceae 水龙骨科**。草本，附生或偶为土生。根状茎粗而横走，肉质。叶远生，叶柄与叶足连接处具关节；叶片为全缘的单叶或为羽状深裂；叶脉网状，网眼有分叉的内藏小脉。孢子囊群圆形，细小而不规则地散布，不具隔丝；孢子椭圆形，外壁轮廓线为小的凹凸不平或波纹状，有时融合形成拟网状、穴状或小沟。染色体 x=36。约 60/5 种，**6 型**；分布于亚洲热带，少数达非洲；中国分布于秦岭以南各地，秦岭南坡为分布北限。江南星蕨 *D. fortunei* (Moore) Ching 可室外栽培观赏；也可药用。

Microstachys A. Jussieu **地杨桃属，Euphorbiaceae 大戟科**。灌木或小乔木，稀为草本。叶互生，稀对生，具羽状脉；托叶小。雌雄同株，稀异株如雌雄同序，则雌花生于花序轴基部，雄花生于花序轴上部，总状花序或穗状花序，无花瓣和花盘；苞片基部具 2 腺体；雄花小，1-3 朵生于苞腋内；雄蕊 2-3，稀为 4，无退化雌蕊；雌花子房 3 室，稀 2 室，每室具 1 胚珠，花柱 3，开展或外卷。蒴果平滑或具刺，开裂为 2-3 个分果爿；种子具种阜。17/1 种，**2 型**；主要分布于热带地区，非洲，亚洲和澳大利亚也产；中国产南部。

Microstegium Nees **莠竹属，Poaceae 禾本科**。多年生或一年生蔓性草本。总状花序指状排列，稀单生；小穗同型，孪生，一有柄，一无柄，无柄小穗同穗轴节间、小穗柄一并脱落，有柄者自柄上掉落；第一颖 4-6 脉，第二颖 1-3 脉；第一小花雄性，第一外稃无，第一内稃稍短于颖或无；第二小花两性，外稃小，芒扭转膝曲或细直。染色体 $2n$=20。20/13（3）种，**6（7，14）型**；分布于东半球热带与暖温带；中国除西北外，各地广泛分布。刚莠竹 *M. ciliatum* (Trinius) A. Camus 可作牧草。

Microstigma Trautvetter **小柱芥属，Brassicaceae 十字花科**。草本。茎直立。叶全缘，生有分枝毛及腺毛。总状花序顶生，

花多数；萼片长圆形，直立，内轮萼片基部囊状；花瓣白色，线形；花柱短，柱头背部不增厚。长角果短，下垂弯曲，果瓣扁平，果实的上部有分隔，下面开裂。种子大，圆形，扁平，有窄翅。染色体 $2n$=12。3/1 种，**13-1 型**；分布于蒙古国，俄罗斯及中国甘肃。

Microtis R. Brown **葱叶兰属，Orchidaceae 兰科**。地生小草本，具小块茎。茎具 1 叶。叶片圆筒状，近轴面具纵槽，细长。总状花序具数朵至多朵花；花小，常扭转；萼片与花瓣离生；中萼片与侧萼片相似或较大；花瓣小于萼片；唇瓣贴生于蕊柱基部，常不裂，较少分裂，基部有时有胼胝体，无距；蕊柱肉质，很短，常有 2 个耳状物或翅；花药前倾；花粉团 4 个，成 2 对，粒粉质，具短的花粉团柄粘盘。约 14/1 种，**5（7a）型**；主要分布于澳大利亚，仅 1 种见于亚洲热带与亚热带地区；中国产华东和华南地区。

Microtoena Prain **冠唇花属，Lamiaceae 唇形科**。草本。聚伞花呈二歧状，腋生或组成顶生圆锥花序。花萼钟形，10 脉，萼齿 5，近相等或后齿较前齿长许多，有时后面 1 齿十分伸长，果时花萼常呈囊状增大。花冠筒自中部以上扩展，冠檐上唇直立，盔状，下唇平展，先端 3 裂；雄蕊 4，均上升至上唇片之下，花丝扁平无毛，花药 2 室；花柱丝状，先端极不等 2 浅裂，后裂片短以至极不明显。小坚果卵圆形，腹面具棱，具很小的合生面，深褐色。花粉粒 3 沟，网状纹饰。约 20/16（13）种，**7 型**；分布于东南亚热带至中国南部。

Microtropis Wallich ex Meisner **假卫矛属，Celastraceae 卫矛科**。灌木或乔木；小枝略四棱。叶对生。花两性，稀单性，排成腋生花束或聚伞花序；花部常 5 数，稀 4 或 6 数；花萼基部合生，边缘具不整齐细齿或缘毛，果期宿存，略增大；花盘环状或无；雄蕊 5（4）；子房卵形，2-3 室，每室 2 胚珠，花柱短粗。蒴果长椭球形，2 裂。种子常 1，直生于稍凸起增大的胎座上，无假种皮，种皮肉质呈假种皮状。（60-70）/27（20）种，**3 型**；分布于亚洲南部和东南部，以及美洲和非洲的热带与亚热带；中国产西南部至台湾。

Microula Bentham **微孔草属，Boraginaceae 紫草科**。二年生草本，常被毛。茎常自基部分枝。茎生叶互生。镰状聚伞花序；具苞片。花萼 5 深裂，果时包住小坚果；花冠蓝色，稀白色，5 裂，喉部附属物 5；雄蕊 5，内藏；子房 4 裂，花柱内藏；雌蕊基近平或低金字塔形。小坚果卵形，常有疣状小凸起，稀被锚状刺毛，背面有背孔，边缘 1 层，稀两层。花粉粒哑铃型，6 异沟，外壁光滑，具密集或稀疏的空穴。染色体 n=12。约 31/31 种，**14SH 型**；分布于不丹，印度东北部（锡金），尼泊尔，克什米尔地区；中国产陕西西南部、甘肃、青海、四川西部、云南北部和西藏。微孔草 *M. sikkimensis* (Clarke) Hemsley 的种子富含油脂，有降脂作用。

Mikania Willdenow **假泽兰属，Asteraceae 菊科**。灌木或攀援草本。花托无托毛；冠毛糙毛状，多数，1-2 层，基部合为环状；总苞片 4 枚，1 层，稍不等长，或另有 5 枚附加的外层小苞片；头状花序含小花 4 枚，全部两性，结实，花冠白色或微黄色，顶端 5 齿裂；花药上端有附片，基部钝，全缘；花柱分枝细长，顶端急尖，边缘有乳突。瘦果有 4-5 棱，顶端截形。花粉粒 3 孔沟，具刺。染色体 $2n$=34，36，38，72。约 430/2（1）种，**2（3）型**；泛热带分布；中国产西南部和南部。

Milium Linnaeus **粟草属，Poaceae 禾本科**。一年生或多年生草本。圆锥花序顶生；小穗同型，含 1 两性小花，稍背腹压扁；颖宿存，近等长，具 3 脉；外稃比颖稍短或几等长，光滑无毛，革质，先端急尖，具 5 脉，无芒，基盘短而钝，无毛，内稃与外稃同质同长；鳞被 2；雄蕊 3；柱头 2。约 5/1 种，**8 型**；分布从欧洲东至日本，

M

以及北美东部；中国南北均产。粟草 *M. effusum* Linnaeus 可作饲料；秆为编织草帽的良好材料。

Miliusa Leschenault ex A. de Candolle **野独活属，Annonaceae 番荔枝科**。乔木或灌木。花单生、簇生或集成密伞花序，腋生或腋上生。花单性或两性；花萼裂片 3，镊合状排列；花瓣 6，2 轮，外轮小，萼片状，内轮大，卵状长圆形，顶端常反曲，初时边缘黏合，基部囊状，有短爪；雄蕊多数，药室毗连，外向，药隔顶端急尖或有小尖头；心皮多数，每心皮有胚珠 1-5 颗，着生于侧膜胎座或基部，1 列；柱头顶端常全缘。成熟心皮圆球状或圆柱状，具柄。花粉粒无萌发孔，疣状纹饰。染色体 n=9，2n=18。约 50/7（3）种，**5（7）型**，分布于亚洲南部至东南部，澳大利亚北部的热带及亚热带地区；中国产西南部和南部。

Millettia Wight & Arnott **崖豆藤属，Fabaceae 豆科**。灌木或乔木。奇数羽状复叶互生，小叶 2 至多对，常对生。圆锥花序大，顶生或腋生，花单生分枝上或簇生缩短的分枝上；小苞片 2 枚，贴萼生或着生于花梗中上部；萼齿 5；旗瓣内面常具色纹；雄蕊二体（9+1），花药同型；胚珠 4-10 粒，花柱基部常被毛。荚果扁平或肿胀，单粒种子时呈卵形或球形，开裂，稀迟裂。种子凸镜形、球形或肾形。花粉粒 3 孔沟，网状/穿孔状纹饰。约 100/18（6）种，**2（6）型**；分布于热带和亚热带的非洲，亚洲和大洋洲；中国产西南部至台湾。大多种类可作观赏，如垂序崖豆 *M. leucantha* Kurz；一些种类的藤茎具有药用价值，如厚果崖豆藤 *M. pachycarpa* Bentham。

Millingtonia Linnaeus **老鸦烟筒花属，Bignoniaceae 紫葳科**。直立乔木。叶对生，二至三回羽状复叶。顶生聚伞状大圆锥花序。花萼小，杯状，顶端近平截，裂齿 5；花冠呈二唇形，花冠筒细长，檐部上唇裂片 2，下唇裂片 3，镊合状排列；二强雄蕊，着生于花冠筒近顶端，花药一室为椭圆形，另一室似 1 尾状附属体；花盘环状杯形；子房无柄，卵形，柱头 2 裂舌状，扁平。蒴果细长，线形。种子多列，细小，扁平具翅。花粉粒 3 沟，邹波状至网状纹饰。虫媒。染色体 2n=30。1/1 种，**7 型**；分布于柬埔寨，老挝，缅甸，泰国，越南等及中国云南。老鸦烟筒花 *M. hortensis* Linnaeus f.的树皮可入药；亦可栽培供庭园观赏。

Mimosa Linnaeus **含羞草属，Fabaceae 豆科**。多年生草本或灌木，稀乔木或藤本，常有刺。二回羽状复叶，常很敏感，触之即闭合而下垂，叶轴上常无腺体（sect. *Mimadenia* 除外）。花小，两性或杂性；常 4 数，常排成头状花序；花萼钟状，具短裂齿；花瓣下部合生；雄蕊 4 或 8，分离，花药顶端无腺体。荚果长椭圆形或线形，有荚节 3-6。种子扁平，卵形或圆形。花粉 4，8，稀 12 合。约 500/3 种，染色体 n=13。**2-2（3）型**；主产美洲热带地区，马达加斯加；中国东南部、南部和西南部栽培。许多种类具有重要的经济价值，如 *M. caesalpiniifolia* Bentham 可造林；*M. scabrella* Bentham 可生产木材；含羞草 *M. pudica* Linnaeus 可供观赏；*M. tenuiflora* (Willdenow) Poiret 可药用。

Mimulicalyx P. C. Tsoong **虾子草属，Scrophulariaceae 玄参科**。多年生草本。茎 4 棱。叶对生，莲座状基生或完全茎生。总状花序腋生，成对，或呈复总状花序。花梗长于花，无小苞片；花萼管状，至果中变为钟状，纵肋 5 条，直达裂片顶端；花冠浅紫色或淡红色，二唇形，上唇 2 裂，下唇 3 裂，裂片边缘有皱缩和缘毛；雄蕊 4，着生于花冠筒上，内藏，2 强；子房上位，柱头 2 裂。蒴果长圆状，稍侧扁，顶有微凹，室背开裂，胎座膨大。种子多数，椭圆形，外有透明之膜。2/2（2）种，**15 型**；特产中国云南和四川。

Mirabilis Linnaeus **紫茉莉属，Nyctaginaceae 紫茉莉科。**一年生或多年生草本；根常肥粗。单叶，对生。花两性；每花基部具1枚5深裂的萼状总苞，裂片直立，花后不扩大；花被颜色多样，花被筒伸长，在子房上部稍缢缩，顶端5裂，凋落；雄蕊2-6；子房1室，胚珠1颗；花柱线形，柱头头状。掺花果球形或倒卵球形；胚弯曲，子叶折叠，包围粉质胚乳。花粉粒散沟，穿孔状-颗粒纹饰。60/1种，**3型**；产热带美洲；中国引种的紫茉莉 *M. jalapa* Linnaeus，列为外来入侵物种。

Miscanthus Andersson **芒属，Poaceae 禾本科。**多年生高大草本。秆粗壮，具髓。顶生圆锥花序；小穗孪生，小穗柄不等长，基盘具丝状柔毛；第一颖背腹压扁，顶端尖，边缘内折成2脊，第二颖舟形；第一小花外稃膜质，内空，第二小花外稃顶端2裂，齿间伸出1扭转膝曲的芒或无芒。染色体 $2n$=20。14/7（2）种，**6（5，7，14）型**；主要分布于东南亚和太平洋群岛，在非洲也有；中国各地广布。芒草 *M. sinensis* Andersson 可作饲料、纤维与建造材料；也是能源植物。

Mischocarpus Blume **柄果木属，Sapindaceae 无患子科。**乔木或灌木。偶数羽状复叶，轮生。雌雄同株或异株；聚伞圆锥花序腋生或近枝顶丛生；花单性，辐射对称；萼杯状，5裂；花瓣无，或有时仅有发育不全的花瓣，内面基部有鳞片或被毛；花盘环状或半环形；雄蕊（5-）8（9）；子房（2）3（4）室，胚珠每室1枚，柱头3裂。蒴果成熟时室背开裂为3果瓣，1-3室，果皮革质；种子全部被肉质、透明的假种皮包裹。花粉粒3合孔沟，合沟，有时为孔沟，光滑、粗糙、皱波状或皱网状纹饰。15/3（1）种，**5型**；分布于东南亚至澳大利亚；中国产西南部至南部。柄果木 *M. sundaicus* Blume 为用材树种。

Mitchella Linnaeus **蔓虎刺属，Rubiaceae 茜草科。**半灌木状草本；茎匍匐。叶对生；托叶全缘或顶端3-5裂。花2朵合生，顶生或假腋生；花两性，二型；花萼裂片3或4；花冠漏斗状，裂片3或4；雄蕊3或4；子房4室，每室具胚珠1枚，着生于子房隔膜上，柱头4裂。核果近球形，常2果合生，肉质，具2个宿存的萼裂片，分核8枚，每室1枚，三棱形；种子椭球形。染色体 $2n$=22。2/1种，**8（9）型**；分布于美洲和亚洲（各产1种）；中国产浙江和台湾。

Mitella Linnaeus **唢呐草属，Saxifragaceae 虎耳草科。**多年生草本，具根状茎。单叶基生，具长柄，心形、卵状心形至肾状心形，具缺刻或浅裂，茎生叶少或无，托叶干膜质。总状花序顶生，具苞片；花小；萼片5；花瓣5，羽状分裂，稀全缘，有时不存在；雄蕊5或10；心皮2，大部合生，子房上位或近下位，1室，具2侧膜胎座，花柱2。蒴果的2果瓣最上部离生。种子多数，卵球形，具小瘤。约15/2种，**9型**；分布于西伯利亚，东亚和北美；中国产黑龙江、吉林、内蒙古和台湾。

Mitracarpus Zuccarini **盖裂果属，Rubiaceae 茜草科。**直立草本；茎四棱形，下部木质。叶对生。头状花序，顶生或腋生；花单型，两性；萼裂片4-5，常2枚略长，宿存；花冠高脚碟形或漏斗形，裂片4，镊合状排列；雄蕊4，内藏或突出；子房2（3-4）室，胚珠每室1枚，生于隔膜中部盾形的胎座上，柱头2裂。蒴果，壁薄，成熟时在近中部环形盖裂。种子椭球形至球形，腹面4裂，沟槽呈x状，表面具网状窝孔。花粉粒5或6环沟，细网状纹饰。染色体 n=16。约50/1种，**2-1（3）型**；主要分布于美洲热带和亚热带地区，到非洲和大洋洲；中国产广东、海南和香港。为外来入侵植物。

Mitragyna Korthals **帽蕊木属，Rubiaceae 茜草科。**乔木。叶对生；托叶有明显或略明显的龙骨，内面基部有黏液毛，有时近叶状。头状花序，二歧或复二歧式分枝，

M

有时排成聚伞状圆锥花序式，顶生；花5基数；花冠漏斗状至狭高脚碟状，裂片芽时镊合状排列；雄蕊伸出或内藏；子房2室，胚珠多数，柱头长棒形至僧帽状，伸出。蒴果2室，先室间开裂再室背纵裂。种子小，两端有短翅。花粉粒3-5孔沟，网状纹饰。染色体 $2n=44$。约10/3种，**6（←7b）型**；分布于非洲和亚洲热带，亚热带地区；中国产云南南部。

Mitrasacme Labillardière **尖帽草属，Loganiaceae 马钱科。**纤细草本。叶在茎上对生或在茎基部莲座式轮生。花单生或多朵组成不规则伞形花序；花4基数；花萼裂片镊合状排列；花冠喉部常带黄色且被毛，花冠裂片镊合状排列；花药2室；子房2室，胚珠多枚；花柱2，初时合生，后基部分离而上部仍合生；柱头头状或浅2裂。蒴果，顶端2裂。种子卵球形、球形或椭球形，种皮网纹或小瘤状凸起。花粉粒3孔沟，网状或条纹形-微网状纹饰。约40/2种，**5（7，14）型**；分布于亚洲南部，东南部及东部和大洋洲，主产澳大利亚；中国产华东、华南及云南。

Mitrastemon Makino **帽蕊草属，Mitrastemonaceae 帽蕊草科。**特征描述同科。2/1种，**3型**；热带亚洲和热带美洲间断分布；中国产云南、广西、福建和台湾。

Mitrastemonaceae Makino **帽蕊草科，木兰亚纲/杜鹃花目。**草本。常寄生于山毛榉科植物的根上。叶蜕化为鳞片状，对生。茎短，顶部只生有1朵花。雄蕊围绕雌蕊群合生。浆果，内含许多微小的种子。花粉粒2-3（4）沟或孔，穿孔状-颗粒纹饰。染色体 $x=10$。1属，2种，分布于东南亚，中美洲热带和亚热带地区；中国1属，1种，产云南、广西、福建和台湾。

Mitreola Linnaeus **度量草属，Loganiaceae 马钱科。**草本。叶对生；托叶生于叶腋内或叶柄间。二至三歧聚伞花序，顶生或腋生；花常生于花序分枝一侧，5基数；花冠裂片在芽时覆瓦状排列，开放后镊合状排列；雄蕊内藏；花药2室，纵裂；子房半下位，2室，胚珠多枚，花柱2，下部分离，上部合生。蒴果，顶端有内弯的2角。种子小。花粉粒条纹形-微网状纹饰。染色体 $x=10$。约14/9（6）种，**2（14）型**；分布于亚洲，大洋洲，美洲和非洲；中国产华南、西南至中部地区。

Mitrephora J. D. Hooker & Thomson **银钩花属，Annonaceae 番荔枝科。**乔木。花单生或数朵集成总状花序，腋生或与叶对生。花常两性，有时单性；萼片3；花瓣6，2轮，外轮花瓣大于内轮花瓣，外轮花瓣卵形或倒卵形，内轮花瓣箭头形或铁铲形，基部有长爪，上部卵形或披针形，向内弯拱而边缘稍黏合呈圆球状；雄蕊多数，药室外向，药隔顶端截形；心皮常多数，每心皮有胚珠4至多颗，2列。心皮有柄或近无柄。四合花粉，无萌发孔，疣状纹饰。染色体 $2n=16$。约47/3种，**7ab型**；分布于亚洲热带及亚热带地区；中国产西南至华南地区。

Mnesithea Kunth **毛俭草属，Poaceae 禾本科。**多年生粗壮草本。秆丛生。总状花序，单生于枝顶；序轴每节间中并生3枚小穗，易逐节断落，节间顶端凹陷；无柄小穗，2个同型，嵌陷于肥厚序轴的各凹穴中，第一颖革质，斜卵形，边缘内折，第二颖舟形，膜质，第一小花常中性，仅存外稃，有时亦具内稃，第二小花两性；有柄小穗退化，仅存棒形小穗柄，位于2无柄小穗间。染色体 $x=9$。约30/4种，**7型**；分布于热带地区；中国产南部地区。

Moehringia Linnaeus **种阜草属，Caryophyllaceae 石竹科。**一年生或多年生草本。茎纤细，丛生。叶线形、长圆形至倒卵形或卵状披针形。花两性，单生或数花集成聚伞花序；萼片5；花瓣5，白色，全缘；雄蕊常10；子房1室，具多数胚珠；花柱3。蒴果椭圆形或卵形，6齿裂。种子平滑，光泽，种脐旁有白色、膜质种阜，有时种阜可达种子周围1/3。花粉粒具散孔，穿

孔状纹饰具颗粒。染色体 $2n=24$，48。28/3 种，**8 型**；分布于北温带；中国各地均产。

Molinia Schrank **麦氏草属，Poaceae 禾本科**。多年生。顶生圆锥花序，分枝较长，粗糙；小穗含 2 至数小花，两侧压扁或呈圆柱形，小穗轴脱节于颖之上及各小花之间，节间具微毛；颖披针形，远短于小穗；外稃厚纸质，具 3（-5）脉，背部圆形，无脊，顶端具短尖而无芒，基盘短，具短毛至柔毛，内稃稍短于外稃，具 2 脊；雄蕊 3。染色体 $x=9$。约 2/1 种，**10 型**；一种从西欧至西伯利亚西部，另一种产东亚；中国产安徽和浙江。

Molluginaceae Bartling **粟米草科，木兰亚纲/石竹目**。草本或亚灌木。单叶互生，很少对生，基生叶莲座丛或在茎上假螺旋，叶边缘全缘。花序顶生或近腋生的聚伞花序；花小，两性，很少单性，辐射下位。花被片（4-）5，离生；花瓣无或 5 至多数；雄蕊 3-5 或多数，排列成几列；子房上位，心皮合生，心皮 2-5 至多数，中轴胎座。蒴果，室背开裂，极少为坚果。花粉粒 3（4）沟。昆虫传粉或自花授粉。染色体 $2n=18$，36。植株含花青素和黄酮碳苷。13 属，120 种，分布于热带和亚热带地区干旱地区，南北半球均产，主产非洲南部；中国 2 属，6 种，产西南至东部。

Mollugo Linnaeus **粟米草属，Molluginaceae 粟米草科**。草本。茎铺散，多分枝，无毛。单叶，全缘，基生叶莲座状，茎生叶近对生或假轮生。花小，具梗，簇生或成聚伞花序、伞形花序。花被片 5，离生；雄蕊常 3（-5），无退化雄蕊；心皮 3（-5），子房上位 3（-5）室，每室胚珠多枚，中轴胎座上花柱 3（-5），线形。蒴果球形，果皮膜质，包于宿存花被内，室背开裂为 3（-5）果瓣。种子多数，肾形，平滑或有颗粒状凸起。花粉粒 3（4-）沟或散孔，穿孔状-颗粒纹饰。染色体 $2n=18$，36。大约 35 种，**2 型**；主要分布于热带和亚热带地区，到欧洲，东亚和北美洲的暖温带地区；中国主产西南部至东部。

Momordica Linnaeus **苦瓜属，Cucurbitaceae 葫芦科**。攀援草本。叶片近圆形或卵状心形。花雌雄异株或同株；雄花单生或总状花序，花梗具兜状苞片，苞片圆肾形，花萼筒短，花冠 5 深裂，雄蕊 3，稀 5 或 2，药室折曲、稀直或弓曲；雌花单生，花萼和花冠同雄花，子房椭圆形或纺锤形，柱头 3，胚珠水平着生。果实不开裂或 3 瓣裂，常具瘤状、刺状凸起；种子少数或多数，平滑或有各种刻纹。花粉粒 3 孔沟，网状纹饰。染色体 $n=11$ 或 14。（45-59）/3 种，**4 型**；分布于热带非洲，亚洲及澳大利亚；中国主产南部和西南部。苦瓜 *M. charantia* Linnaeus 可作蔬菜，或入药，有清热解毒的功效；木鳖子 *M. cochinchinensis* (Lourero) Sprengel 入药，有消肿、解毒止痛之效。

Monachosorum Kunze **稀子蕨属，Dennstaedtiaceae 碗蕨科**。草本，土生。根状茎短而平卧或斜生。叶簇生，一型；叶片常一至四回羽状分裂，叶轴中部以上常有一个或数个珠芽或叶轴先端鞭状；叶脉纤细，分离，不达叶边。孢子囊群小，圆形，有线状隔丝，无囊群盖；孢子囊梨形；孢子四面体形，外壁有疣状、瘤状或不明显的网状纹饰。染色体 $x=56$。约 6/3 种，**7 型**；主要分布于亚洲热带和亚热带地区，向北可达日本；中国分布于长江以南各省区。岩穴蕨 *M. maximowiczii* (Baker) Hayata 可作室内观赏，也可用于盆景和切叶。

Monarda Linnaeus **美国薄荷属，Lamiaceae 唇形科**。草本。苞片常具艳色。轮伞花序密集多花，在枝顶成单个头状花序或多个远离。花萼管状，具 15 脉，萼齿 5，近相等；花冠鲜艳，常具斑点，冠檐上唇狭窄，直伸或弓形，下唇开展，常 3 浅裂，中裂片较大，先端微缺；前对雄蕊能育，常靠上唇伸出，花药线形，中部着生，2 室，后贯通为 1 室，后对雄蕊退化，极小或不存在。小坚果卵球形，光滑。花粉粒 6 沟，

穿孔-网状纹饰。染色体 2*n*=18，22，24，32，34，36。约 20/2 种，**9 型**；分布于北美洲；中国引种栽培。

Moneses Salisbury ex S. F. Gray **独丽花属，Ericaceae 杜鹃花科**。常绿草本状半灌木；具匍匐茎。叶对生或近轮生于茎基部，边缘有锯齿。花单一，生于花葶顶端，下垂；花萼 5，全裂；花瓣 5，花冠呈碟状；无花盘；雄蕊 10，顶孔开裂；子房上位，5 室，每室有胚珠多数，中轴胎座，花柱长而直立，柱头头状，5 裂。蒴果近球形，直立，裂瓣的边缘无蛛丝状毛。种子多数，细小。花粉四分体，3 拟孔沟。染色体 2*n*=26。1/1 种，**8-1 型**；广布北温带；中国产东北、西北、西南及台湾。

Monimopetalum Rehder **永瓣藤属，Celastraceae 卫矛科**。缠绕、无刺灌木。叶互生；托叶 2 枚，锥尖，边缘常略呈流苏状，宿存。花两性，聚伞花序腋生；花部 4 数；花瓣匙形，长于萼片，宿存，果期明显增大呈翅状；花盘扁平环状；雄蕊无花丝；子房大部与花盘合生，4 室，每室 2 胚珠；花柱极短。蒴果深裂成 1-4 瓣，常仅 1-2 室发育；种子 1-2，基部有环状的假种皮。花粉粒 3 孔沟，网状纹饰。1/1（1）种，**15 型**；特产中国安徽、江西。

Monochasma Maximowicz ex Franchet & Savatier **鹿茸草属，Orobanchaceae 列当科**。半寄生草本。茎多数，丛生，多基部倾卧而弯曲上升，被锦毛、腺毛或柔毛。叶对生，无柄，披针形至线形。花具梗，总状花序；小苞片 2 枚；萼筒状，齿 4-5 枚；花冠白色或粉红色，二唇形，上唇多少反卷或略作盔状，下唇 3 裂，常有缘毛；雄蕊 4 枚，2 强，花药 2 室；子房不完全 2 室，胚珠倒生。蒴果卵形，具 4 沟，室背开裂。种子小，多数，种皮上常有微刺毛。花粉粒 3 沟，基柱网纹状纹饰。2/2 种，**14SJ 型**；分布于日本及中国中部和东部。

Monochoria C. Presl **雨久花属，Pontederiaceae 雨久花科**。水生或沼生草本。叶具长柄，基生或单生于茎上。总状或近伞状花序。花无柄或具短柄；花被片 6，2 轮。雄蕊 6，着生于花被片基部，2 型，其中 1 枚较大，花丝的一侧具斜伸的裂齿；其余 5 枚相等。花粉粒 2 沟，疣状纹饰。染色体 2*n*=14，30，40，42。8/4 种，**4 型**；分布于非洲，亚洲和澳大利亚的热带和亚热带地区；中国各省区均产。雨久花 *M. korsakowii* Regel & Maack 可作家禽和家畜饲料；也可药用；可用于园林水体布景。

Monoon Miquel **独子木属（新拟），Annonaceae 番荔枝科**。乔木。花单生或数朵簇生，腋生或生于老枝、块茎、近地面的主干上。花萼 3，覆瓦状或镊合状排列；花瓣 6，2 轮，覆瓦状或镊合状排列，开展或直立，线形、条形、披针形或卵圆形，有时肉质；雄蕊多数；心皮多数，每心皮含 1 胚珠。心皮椭球状、长球形或柱形，常具柄；种子椭球状，具明显纵向环绕凹槽。花粉粒无萌发孔，表面具不明显疣状凸起。染色体 2*n* =18。60/6 种，5 型；分布于亚洲东南部和澳大利亚；中国产海南和云南。

Monotropa Linnaeus **水晶兰属，Ericaceae 杜鹃花科**。多年生草本，腐生，全株无叶绿素。茎肉质不分枝。叶退化成鳞片状，互生。花单生或多数聚成总状花序；花初下垂，后直立；苞片鳞片状；萼片 4-5，鳞片状，早落；花瓣 4-6，长圆形；雄蕊 8-12，花药短，平生；花盘有 8-12 小齿；子房 4-5 室，中轴胎座，花柱直立，短而粗，柱头漏斗状，4-5 圆裂。蒴果直立，4-5 室。种子有附属物。花粉粒 3 孔（或孔沟）或 2-4 沟（或拟沟），光滑或颗粒纹饰。染色体 2*n*=48。2/2 种，**8 型**；北温带广布；中国广布。

Monotropastrum H. Andres **沙晶兰属，Ericaceae 杜鹃花科**。多年生腐生草本，无叶绿素。茎单一，肉质。叶退化为鳞片状，互生。总状花序或单花，顶生；花萼鳞片状；花瓣 3-5；雄蕊 6-10（-12）；花盘 10

M

齿裂，与子房基部贴生；子房葫芦形或球形，1室，侧膜胎座，花柱短，柱头大，漏斗状。浆果卵状球形，下垂。种子多数，圆形。花粉粒3、4孔，偶2或5孔，光滑或颗粒纹饰。2/2（1）种，**7型**；分布于印度东北部，日本，马来半岛及印度尼西亚；中国产四川、贵州、云南、浙江、台湾及东北地区。

Moraceae Gaudichaud **桑科，木兰亚纲/蔷薇目**。乔木、灌木、藤本、稀草本。有乳汁，有时具刺。单叶互生，稀对生，有时具钟乳体；托叶早落。有限花序腋生。花单性，雌雄同株或异株，小，常辐射对称。萼片（1-）2-4（-8），分离至合生，常变成肉质与成熟果实相连合；花瓣缺；雄蕊与萼片同数对生，花药1或2室；子房1（2）室，花柱1-2分枝，柱头丝状，胚珠1，倒生至弯生。核果，稀瘦果，常形成聚花果。种子1，胚弯生至稀直生。花粉粒2-4至多孔。染色体2*n*=20，24，26，28，30，32，39，40，42，50，56，66，84，308。常含丹宁。39属，1125种，广布热带至温带地区；中国9属，144种，各省区广布。

Morina Linnaeus **刺参属，Caprifoliaceae 忍冬科**。多刺灌木。叶为单叶，叶片掌状分裂，有叶柄。花两性或杂性，聚生为伞形花序，再组成圆锥花序；花梗无关节；萼筒近全缘或有明显的齿；花瓣5，在花芽中镊合状排列；雄蕊5；子房2室；花柱2，离生或合生至中部。果实球形。种子扁平。染色体2*n*=34。10/8（4）种，**12型**；分布于巴尔干半岛，中亚至东喜马拉雅地区；中国产西部。

Morinda Linnaeus **巴戟天属，Rubiaceae 茜草科**。藤本、藤状或直立灌木或小乔木。叶常对生；托叶分离或2片合生成筒状，紧贴。头状花序，腋生、对生或顶生；花两性；花冠漏斗状，高脚碟状或钟状，裂片3-7；雄蕊3-7，伸出或内藏；子房2室且每室具2枚胚珠，或为不完全4室且每室具1枚胚珠。聚合果；分核近三棱形；种子与分核同形。花粉粒3或4孔沟，网状纹饰。染色体2*n*=22，44。（80-100）/27（18）种，**2（4）型**；分布于热带和亚热带地区；中国产西南、华南、东南和华中。巴戟天*M. officinalis* How为中国四大南药之一。

Moringa Adanson **辣木属，Moringaceae 辣木科**。特征描述同科。13/1种，**6型**；分布于非洲东北部和西南部，亚洲西南部，印度，马达加斯加岛；中国1属，1种，引进栽培于广东、台湾和云南。辣木*M. oleifera* Lamarck栽培可供观赏；根、叶和嫩果可食用；种子可榨油，作润滑油和定香剂。

Moringaceae Martinov **辣木科，木兰亚纲/十字花目**。落叶乔木、灌木或草本。幼时具块状茎。叶互生，一至三回奇数羽状复叶。圆锥花序；花被5基数；雄蕊2轮，5枚发育完全，5枚退化；子房上位，具柄，1室，侧膜胎座。蒴果，具3-12条棱。种子无胚乳。花粉粒3孔沟，光滑、穿孔状或穴状纹饰。染色体2*n*=28。约1属，13种，分布于非洲东北部和西南部，亚洲西南部，印度，马达加斯加岛；中国1属，1种，引入栽培于广东、台湾和云南。

Morus Linnaeus **桑属，Moraceae 桑科**。落叶乔木或灌木。叶互生，边缘具锯齿、全缘至深裂，基出3-5脉，侧脉羽状；托叶离生，近侧生，早落。雌雄异株或同株，花序穗状。雄花：花被片4，覆瓦状排列；雄蕊4，芽时内折；退化雌蕊陀螺形。雌花：花被片4，覆瓦状排列，果时肉质；子房1室，柱头2裂。聚花果为多数包藏于肉质花被片内的瘦果组成，外果皮肉质，内果皮壳质。种子近球形。花粉粒1-5孔，光滑或粗糙纹饰。染色体2*n*=28，30，42，56，66，84，308。16/11（5）种，**8型**；主产北温带，在热带非洲，印度尼西亚和南美洲山地亦有；中国各地均产。

Mosla (Bentham) Buchanan-Hamilton ex Maximowicz **石荠苎属，Lamiaceae 唇形科**。一年生草本，揉之具香味。叶下面具凹陷腺点。轮伞花序 2 花，成顶生总状花序；花萼钟形，10 脉，果时增大，基部一边膨胀，萼齿 5，近相等或二唇形，下唇 2 齿较长，披针形，内面喉部被毛；花冠冠檐上唇微缺，下唇 3 裂；雄蕊 4，后对能育，花药具 2 室，室叉开，前对退化，药室常不显著。小坚果近球形，具疏网纹或深穴状雕纹，果脐基生，点状。花粉粒 6 沟。染色体 $2n$=18。约 22/12（6）种，**14 型**；分布于印度，中南半岛，马来西亚，南至印度尼西亚及菲律宾，北至中国，朝鲜及日本；中国主产长江流域以南，少数到华北地区。

Mouretia Pitard **牡丽草属，Rubiaceae 茜草科**。草本。叶对生，同一节上的叶稍不等大或极不等大；托叶叶状，上部常反折。花序头状、近头状或为密生的聚伞花序，顶生、假腋生或有时腋生；花 5 基数；萼裂片比管长或与之近等长；花冠裂片在芽时镊合状排列；雄蕊内藏或伸出；子房 2 室，胚珠多数，柱头 2 裂。果实蒴果状，倒圆锥形，成熟时沿宿萼内面环状盖裂。种子有棱角。花粉粒 3 沟，网状纹饰。染色体 $2n$=22。5/1 种，**7-4 型**；分布于亚洲东部和东南部；中国产福建、广东和广西。

Mucuna Adanson **黧豆属，Fabaceae 豆科**。藤本。羽状 3 小叶。花序腋生或生于老茎；复假总状或紧缩的圆锥花序；花大而美丽；花萼钟状，二唇形，上面 2 齿合生；花冠深紫色、红色、浅绿色或近白色，干后常黑色；雄蕊二体，花药二式，常具髯毛。荚果膨胀或扁，边缘常具翅，常被褐黄色螫毛，2 瓣裂，有的种类具隆起的斜向的片状褶襞。种脐短或长，无种阜。花粉粒 3 孔沟，网状纹饰。染色体 $2n$=22。约 100/18（9）种，**2 型**；泛热带分布；中国产西南、中南至东南部。常春油麻藤 *M. sempervirens* Hemsley 可作观赏绿化植物；茎藤可药用。

Muhlenbergia Schreber **乱子草属，Poaceae 禾本科**。多年生草本。圆锥花序开展，紧缩或穗状；小穗稍两侧压扁，常含 1 小花；颖膜质，宿存，比外稃短，常具 1 脉；外稃质地常比颖坚硬，具铅绿色斑纹，下部常疏生柔毛，先端全缘或有 2 小齿，常具顶生或近顶生的芒；芒细弱，劲直或稍弯曲，内稃具 2 脊。染色体 x=10。约 155/6 种，**9 型**；分布于北美西南部和墨西哥，中美，南美及东南亚也有；中国南北都有。多数种类为良好的牧草，如乱子草 *M. hugelii* Trinius。

Mukdenia Koidzumi **槭叶草属，Saxifragaceae 虎耳草科**。多年生草本。根状茎粗壮，被鳞片。叶均基生，具长柄，阔卵形至近圆形，基部心形。聚伞花序无苞片；托杯内壁仅基部与子房愈合；萼片 5-6；花瓣 5-6（-7），披针形，短于萼片；雄蕊 5-6（-7），与花瓣互生，短于花瓣；心皮 2，下部合生，子房半下位，下部 1 室，具 2 顶生状侧膜胎座，顶部 1 室，具边缘胎座。蒴果。种子多数。染色体 $2n$=34。2/1 种，**15 型**；分布于朝鲜，以及中国吉林、辽宁。

Munronia Wight **地黄连属，Meliaceae 楝科**。矮小灌木，茎不分枝。叶奇数羽状复叶、三小叶或单叶，小叶对生。花两性，单生或由少数花排成聚伞圆锥花序；萼 5 深裂，裂片稍微叶状；花瓣 5，中部以下合生成 1 管，上部分离；雄蕊管圆柱状，下部与花冠管合生，上部分离，顶端 10 齿裂，花药 10，与管顶裂齿互生；花盘膜质，管状；子房 5 室，每室有叠生胚珠 2 颗，柱头头状，顶端 5 裂。果为蒴果，具 5 棱，室背 5 裂，每室有种子 1-2 粒。花粉扁圆-球形或球形，（3）4（5）孔沟，外壁粗糙或皱状。染色体 $2n$=50。约 4/2 种，**7 型**；分布于亚洲热带，中国亚热带地区；中国产华中、华南和西南地区。

M

Murdannia Royle **水竹叶属，Commelinaceae 鸭跖草科**。草本。根部常纺锤状加粗。叶互生，主茎常不育，叶密集呈莲座状。花序单生或多个组成圆锥花序；能育雄蕊 3，对萼；退化雄蕊 3，对瓣，花丝常有毛。蒴果 3 室，室背 3 爿裂。花粉粒单沟，穿孔状纹饰。染色体 $2n$=12-80。50/20（6）种，**4 型**；广布全球热带及亚热带地区，主产亚洲；中国产南方。水竹叶 *M. triquetra* (Wallich ex C. B. Clarke) Brückner、裸花水竹叶 *M. nudiflora* (Linnaeus) Brenan 可入药。

Murraya J. G. Koening ex Linnaeus **九里香属，Rutaceae 芸香科**。灌木或小乔木，无刺。奇数羽状复叶，稀单小叶，小叶互生。伞房状聚伞花序；花萼 5，基部合生；花瓣 5，花瓣覆瓦状排列，具油点；雄蕊 8 或 10，花丝分离，花盘明显；子房 2-5 室，每室 2 胚珠，稀 1 胚珠；花柱纤细，柱头头状。浆果，具黏胶质液，种子 1-4；种皮光滑或具绢毛，子叶平凸，深绿色，具油点。染色体 $2n$=18。花粉扁长-球形，3 孔沟，外壁具细条纹，条纹-蜂窝状纹饰。约 12/9（5）种，**7e 型**；分布于亚洲东部，南部和东南部，澳大利亚及西南部太平洋群岛；中国产西南部至台湾。千里香 *M. paniculata* (Linnaeus) Jack 的根、叶可作药。

Musa Linnaeus **芭蕉属，Musaceae 芭蕉科**。多年生丛生草本。假茎基部不膨大或稍膨大。花序直立，下垂或半下垂；苞片扁平或具槽，绿、褐、红或暗紫色，常脱落，每一苞片内有花 1 或 2 列。合生花被片管状；离生花被片与合生花被片对生；雄蕊 5；子房下位，3 室。浆果肉质。花粉粒无萌发孔，外壁近无。染色体 $2n$=14-22。30/11（2）种，**4 型**；分布于亚洲东南部；中国产或栽培于南方各省区。

Musaceae Jussieu **芭蕉科，木兰亚纲/姜目**。草本。叶螺旋状排列，叶鞘层层重叠包成假茎。花单性或两性，簇生于苞片内，雄花生于上部，雌花或两性花生于下部；外轮花被 5，合生成管状，内轮 1 枚离生；雄蕊 5；子房下位，3 室，中轴胎座。浆果或肉质蒴果，不开裂。花粉粒无萌发孔，外壁近无。染色体 $2n$=18，20，22。3 属，40 余种，分布于亚洲和非洲热带地区；中国 3 属，14 种，产秦岭、淮河以南。

Musella (Franchet) C. Y. Wu ex H. W. Li **地涌金莲属，Musaceae 芭蕉科**。多年生丛生草本。假茎矮小，基部不膨大。花序直立，生于假茎上，密集如球穗状；苞片黄色，宿存，每一苞片内有花 1 列；合生花被片先端具 5（3＋2）齿，离生花被片先端微凹，有短尖头；雄蕊 5；子房 3 室。浆果三棱状卵形，被极密硬毛。花粉粒无萌发孔，外壁近无。染色体 $2n$=18。1/1（1）种，**15 型**；中国产云南中部和西部、四川南部。地涌金莲 *M. lasiocarpa* (Franchet) C. Y. Wu ex H. W. Li 用于佛教礼仪；或作猪饲料。

Mussaenda Linnaeus **玉叶金花属，Rubiaceae 茜草科**。乔木、灌木或缠绕藤本。叶对生或偶有 3 枚轮生；托叶全缘或 2 裂。聚伞花序，顶生；花萼裂片 5 枚，有时裂片中有 1 枚极度发育成花瓣状；花冠高脚碟状，花冠管里面喉部密生黄毛，裂片 5 枚，在芽内镊合状排列；雄蕊 5 枚，内藏；子房 2 室，胚珠多数，着生于肉质胎座上，柱头 2 裂，内藏或伸出。浆果，肉质，不开裂，萼裂片宿存或脱落。种子小，种皮有小孔穴状纹。花粉粒 4 孔沟，皱穴状-小穿孔纹饰。染色体 $2n$=22。约 132/32（21）种，**6（7e-14）型**；分布于热带亚洲，非洲大陆和太平洋群岛；中国产华东、华南和西南地区。玉叶金花 *M. pubescens* W. T. Aiton 的藤叶为清热疏风药；也可供园林观赏。

Mycaranthes Blume **拟毛兰属，Orchidaceae 兰科**。附生草本。叶两列互生，套叠。花序顶生，花序柄密生星状毛；花苞片具短星状毛；花奶油色，花梗、子房、萼片背面具绒毛；中萼片椭圆形，侧萼片三角形；花瓣狭长；唇瓣明显 3 裂或不裂，坚硬，

M

垂直于蕊柱足，侧裂片常啮齿状；蕊柱直立，短，蕊柱足长；柱头圆形；花药帽状，腹面扁平，无覆盖物，花粉块裸露；花粉块 8，棍棒状。25/2 种，**7 型**；分布于东南亚至喜马拉雅地区；中国产贵州、广西、海南、云南、西藏。

Mycetia Reinwardt **腺萼木属，Rubiaceae 茜草科**。灌木。叶对生，常不等大；托叶大而叶状。聚伞花序，顶生或腋生；花二型；花萼裂片（4-）5（-6），宿存，裂片间常具腺体；花冠裂片（4-）5（-6），外向镊合状排列；雄蕊（4-）5（-6）枚，伸出或内藏；子房 2 或 4-5 室，胚珠多数，着生在肉质胎座上，柱头 2 或 4-5 裂，内藏或伸出。果浆果状或干燥时蒴果状；种子小而有棱角，有稍密的小凸点。花粉粒 3-4 孔沟，细网状或双网状纹饰。约 45/15（10）种，**7a 型**；分布于亚洲热带和亚热带地区；中国产西南至东南部。

Myosotis Linnaeus **勿忘草属，Boraginaceae 紫草科**。草本，茎细，被毛。茎生叶互生。镰状聚伞花序，果序总状。花蓝色或白色，稀淡紫色；花萼 5；花冠裂片 5，喉部附属物 5，鳞片状；雄蕊 5，内藏；子房 4 深裂，花柱线状，柱头呈盘状，具短尖，雌蕊基平坦或稍凸出。小坚果 4，常卵形，背腹扁，直立，平滑，有光泽，着生面小，位于腹面基部。花粉粒 6-12 异沟（或异孔沟），外壁光滑或有穿孔纹饰，沟周围或沟间区有稀疏的颗粒。染色体 n=9，12，22。约 100/5 种，**8-4（12）型**；分布于欧亚大陆温带，非洲和大洋洲；中国产东北、西北、华北、华东及西南地区。勿忘草 *M. arvensis* (Linnaeus) Hill 可药用和观赏。

Myosoton Moench **鹅肠菜属，Caryophyllaceae 石竹科**。二年生或多年生草本。茎基部匍匐，无毛，上部直立，被腺毛。叶对生。花两性，白色，排列成顶生二歧聚伞花序；萼片 5；花瓣 5，比萼片短，2 深裂至基部；雄蕊 10；子房 1 室，花柱 5。蒴果卵形，比萼片稍长，5 瓣裂至中部，裂瓣顶端再 2 齿裂。种子肾状圆形，种脊具疣状凸起。花粉粒散孔。染色体 $2n$=28。1/1 种，**10 型**；分布于亚洲和欧洲温带地区；中国广布各地。鹅肠菜 *M. aquaticum* (Linnaeus) Moench 全草供药用；幼苗可作野菜和饲料。

Myriactis Lessing **粘冠草属，Asteraceae 菊科**。草本。叶互生。头状花序小，异型，成伞房状或圆锥状花序；花托凸起；无冠毛，顶端有黏质分泌物；总苞半球形，2 或 3 层；边花雌性，舌状，中央两性花管状，花全部结实；花药基部钝；两性花花柱分枝紧贴。瘦果狭倒卵球形，边缘 2 肋，顶端有短喙或钝而无喙。染色体 x=9。约 10/5（1）种，**14（7e）型**；分布于亚洲热带，美洲热带；中国产西南、华南、华中和台湾。圆舌粘冠草 *M. nepalensis* Lessing 的根能解表透疹。

Myrica (Loureiro) Zuccarini **杨梅属，Myricaceae 杨梅科**。芳香乔木或灌木。单叶互生，常密集于小枝上端，无托叶，叶片倒披针形或倒卵形或椭圆形，革质，全缘、有锯齿或分裂，有时叶背面有腺点。花单性或两性，柔荑花序或穗状花序。雄蕊 2-8（-20），花丝短，分离或基部合生；雌花具 2-4 枚小苞片；子房外表面具蜡质腺体或肉质乳头状凸起。核果，外果皮肉质或干燥，内果皮坚硬，种子具膜质种皮。花粉粒 3 孔，颗粒状纹饰。染色体 $2n$=16，48，96，x=8。40/4（2）种，**8-4 型**；分布于南北半球温带至亚热带和热带地区；中国产长江以南至西南地区。杨梅 *M. rubra* Siebold & Zuccarini 为著名亚热带水果。

Myricaceae Blume **杨梅科，木兰亚纲/壳斗目**。芳香灌木或小乔木。根部常共生固氮根瘤菌。单叶互生，羽状脉，全缘或羽状深裂，多无托叶。柔荑花序腋生，有苞片；花单性，多雌雄异株，稀同株及两性花；花被无；雄花单生枝条腋部，有苞片包被；雄蕊 2 至多数（常 4-8），花丝短，分离或基部合生；雌花多单生于苞片腋内，有时2-4枚聚生，具2-4苞片；雌蕊2心皮，1室，1直生胚珠，柱头2裂，子房上位。核果或小坚果，表面平滑或者有囊状凸起，常被蜡质。种子1，几无胚乳。花粉粒3孔，颗粒状纹饰。风媒传粉。3属，50种，分布于温带和亚热带；中国1属，4种，产华东、湖南、广东、广西、贵州。

Myricaria Desvaux **水柏枝属，Tamaricaceae 柽柳科**。落叶（半）灌木，直立或匍匐。单叶、互生，无柄。花两性，总状花序或圆锥花序；苞片具膜质边缘；花有短梗；花萼深5裂，具膜质边缘；花瓣5，宿存；雄蕊10，5长5短相间排列，花丝下部联合达其长度的1/2或2/3左右，稀下部几分离；雌蕊3心皮，基底胎座，胚珠多数，柱头头状，3浅裂。蒴果1室，3瓣裂。种子多数，顶端具芒柱，全部或一半以上被白色长柔毛，无胚乳。花粉粒3沟（稀为拟孔沟），光滑到小穴状纹饰。13/10（4）种，**10型**；分布于亚洲和欧洲；中国主产西藏、新疆，少数至内蒙古、青海、云南、陕西。

Myrioneuron R. Brown ex J. D. Hooker **密脉木属，Rubiaceae 茜草科**。草本或小灌木。叶和托叶均较大。头状花序或伞房状聚伞花序，顶生或腋生；花二型；花萼裂片5，宿存；花冠管状，裂片5，常直立，有时外折，芽时镊合状排列；雄蕊5，内藏或稍伸出；子房2室，胚珠多数，柱头2裂，内藏或稍伸出。浆果，卵球状，干燥或肉质，白色。种子细小，有棱角，表面穴窝状。花粉粒3沟孔，网状纹饰。约14/4（1）种，**7a型**；分布于亚洲热带地区；中国产华南和西南地区。

Myriophyllum Linnaeus **狐尾藻属，Haloragaceae 小二仙草科**。水生或海滨草本。叶常二态，沉水叶羽状分裂，出水叶多不分裂。雌雄同株或异株；花序常为不分枝的穗状花序，着生于出水叶腋；花单性或稀过渡性两性；花（2-）4基数；雄蕊（1-）4或8，子房和柱头退化或不存在；雌花花瓣退化或无，雄蕊无，子房（2-）4心皮。干果，多样化纹饰，在成熟时分裂为1枚种子的双悬果。花粉2-6孔，细皱波状至细疣状纹饰。染色体2n=14，21，28，42。35/11（1）种，**1型**；世界分布，澳大利亚尤盛；中国南部广布。

Myriopteron Griffith **翅果藤属，Apocynaceae 夹竹桃科**。木质藤本，具乳汁。叶对生。圆锥状聚伞花序，腋生；花萼裂片双盖覆瓦状排列，内面基部具5个小腺体；花冠辐状或近辐状，花冠裂片芽期向右覆盖；副花冠为5枚鳞片组成；雄蕊花丝下部相连成1环；花药顶端具膜片，与柱头粘生；子房具2枚离生心皮，胚珠多数；柱头顶端2裂。蓇葖椭圆状长圆形，基部膨大，外果皮具膜质的纵翅。种子顶端具白色绢质种毛。四合花粉，萌发孔有4-6个。1/1种，**7型**；分布于亚洲南部和东南部；中国产西南地区。

Myripnois Bunge **蚂蚱腿子属，Asteraceae 菊科**。灌木。叶互生，或簇生。头状花序少花，同性，雌雄异株；花托小，无毛；雌花的冠毛多数，2层，两性花的冠毛2-4条；总苞圆筒状，总苞片少数，草质，2-3层，略不等长；小花少数，花冠管状，檐部明显不等5深裂，其中内侧最深裂，花冠裂片常偏向一侧，呈近舌状、近二唇状或其他过渡形状。1/1（1）种，**15型**；分布于华北，并延伸到湖北西北部。

Myristica Gronovius **肉豆蔻属，Myristicaceae 肉豆蔻科**。常绿乔木。有时基部具少量气根。叶坚纸质，背面常被白色或锈色毛。花序腋生或从落叶腋生出；花梗瘤状或光滑，顶端为二歧或三歧分枝；花在花梗顶端呈假伞形或总状排列；苞片早落；小苞片少脱落，具花梗；花被2-3裂；花丝合生，花药细长，合生，聚药雄蕊长于雄蕊柱的基生板，花柱几缺，柱头2裂。假种皮红色，撕裂至基部。花粉粒单沟，皱穴状或网状纹饰。染色体n=25。约150/2

种，**5 型**；分布于南亚，从印度东部到菲律宾，新几内亚，太平洋诸岛；中国产台湾南部、云南。肉豆蔻 *M. fragrans* Houttuyn 为著名的香料和药用植物。

Myristicaceae R. Brown **肉豆蔻科，木兰亚纲/木兰目**。常绿乔木或灌木。叶互生，常 2 列叶，单叶，全缘，羽状脉，无托叶，具透明腺点。腋生圆锥、总状、头状花序或聚伞花序。小花总状排列或聚合成团，苞片早落，小苞片着生于花梗和花被基部；花小，单性。花被片合生，2 或 3-5 裂，镊合状；花丝合生，聚药雄蕊，花药 2 室；子房上位，无柄，1 室，近基生倒生 1 胚珠，花柱短或缺。具假种皮。花粉粒单沟，皱穴状至网状纹饰。染色体 n=20，22，25，26。约 20 属，500 余种，分布于热带亚洲，太平洋诸岛，非洲及热带美洲；中国 3 属，11 种，产台湾、广东、海南、广西南部和云南南部。

Myrmechis Blume **全唇兰属，Orchidaceae 兰科**。地生小草本。茎具数枚叶。叶小，互生，长不及 2cm，具短柄。花倒置；萼片离生，中萼片与花瓣黏合呈兜状；侧萼片基部斜歪而凹陷；花瓣较狭；唇瓣基部扩大成为球形的囊，与蕊柱基部贴生，囊内两侧各具 1 枚胼胝体；前部扩大且 2 裂，或仅稍扩大；蕊柱很短，具浅的药床；花药卵形，2 室；蕊喙短而直立，2 裂；柱头 2 个，突出，具细乳突，位于蕊喙基部两侧。约 7/5（3）种，**7a（14）型**；分布于亚洲高山地区；中国产西藏、云南、四川、湖北至台湾。

Myrsine Linnaeus **铁仔属，Primulaceae 报春花科**。灌木或小乔木。叶常具锯齿，无毛；叶柄常下延至小枝上，使小枝成一定的棱角。伞形花序或花簇生，腋生；花萼近分离或连合达全长的 1/2，常具缘毛及腺点，宿存；花瓣具缘毛及腺点；雄蕊着生于花瓣中部以下，与花瓣对生，花药纵裂；雌蕊无毛或几无毛。浆果核果状。花粉粒 3 沟。染色体 2n=46。104/11 种，**6 型**；分布于亚速尔群岛，非洲，马达加斯加，阿拉伯，阿富汗，印度及中国长江流域以南。小铁仔 *M. africana* Linnaeus 可药用。

Myrtaceae Jussieu **桃金娘科，木兰亚纲/桃金娘目**。乔木或灌木，常具有薄片状剥落的树皮。叶全缘，有散生透明斑点；托叶微小或无。有限花序有时退化为单花，或呈无限花序；花常两性，辐射对称；萼片 4 或 5；花瓣 4 或 5，有时缺失；雄蕊多数，分离或基部合生成 4 或 5 束；心皮常 2-5，合生，子房常下位或近半下位，柱头常头状；胚珠在每室 2 至多数，倒生至弯生。浆果或蒴果，稀坚果；种子 1 至多枚。花粉粒（2-）3（-4）孔沟。含萜烯类化合物。131 属，4620 种，世界广布，主产热带温暖地区；中国 10 属，121 种，产广东、广西及云南。

Mytilaria Lecomte **壳菜果属，Hamamelidaceae 金缕梅科**。常绿乔木。叶片先端 3 浅裂或全缘，具掌状脉，托叶早落，在节上留下环形瘢痕。密集穗状花序；花两性；萼筒与子房合生，萼片常 5；花瓣常 5；雄蕊 10-13，花药 2 室，雄蕊与花瓣合生为 1 个管；子房半下位，2 室，每室 6 枚胚珠。蒴果卵球形，中部以上 2 爿裂，外果皮稍肉质，内果皮木质。每心皮种子 1 枚以上。染色体 2n=26。1/1 种，**7-4 型**；分布于越南，以及中国广东、广西和云南。

Myxopyrum Blume **胶核木属，Oleaceae 木犀科**。攀援灌木。小枝四棱形。单叶对生，具叶柄。花两性，圆锥花序。花萼 4 裂；花冠黄色或浅红色，肉质肥厚，呈壶状，花冠管短，裂片 4 枚，短于花冠管；雄蕊 2 枚，着生于花冠管基部，花丝短；花柱极短，柱头微小，2 裂，子房 2 室，每室胚珠 2 枚。浆果。花粉粒 3（拟）孔沟，具微细网状纹饰。染色体 2n=22。4/2 种，**7 型**；分布于南亚和东南亚；中国产海南。

Nabalus Cassini **耳菊属，Asteraceae 菊科。** 多年生草本。叶羽状浅裂，或卵圆形至三角状卵圆形，不分裂。头状花序排成总状或圆锥花序；花托平，无托毛；冠毛 2-3 层，褐色，细锯齿状或糙毛状；总苞钟状，总苞片 3-4 层，三角形或长披针形；小花黄色或白色，25-35 枚；花柱分枝细长；花药基部有渐尖的附属物。果压扁，无喙，每面有多数高起的细肋，顶端截形。花粉粒 3 孔沟，有刺脊，圆锥形小刺长。染色体 $2n=16$。15/2 种，**9 型**；分布于东亚和北美；中国产东北、华北和西部地区。

Nageia Gaertner **竹柏属，Podocarpaceae 罗汉松科。** 常绿乔木，稀灌木。不规则分枝，营养枝条顶部有小芽。叶具多条树脂道，螺旋状排列或近对生，叶柄扭转，叶片大，扁平，阔卵状椭圆形至披针形，无中脉，具多条平行脉。雌雄异株或同株；雄球花单生，或 2-6 个组成穗状，卵状圆柱形，基部具小鳞片；小孢子叶基部有 2 个近球形的小孢子囊；雌球果单生，具长梗。仅顶部 1 个种鳞复合体可育，胚珠倒转，由种托包被；种托显著膨大，形成核果状，肉质，红色或紫色，种子球形。花粉粒 2 个气囊。染色体 $2n=26$。5/3 种，**7 型**；分布于印度，日本，中南半岛，马来西亚地区及中国长江以南各省区。竹柏 *N. nagi* Thunberg 可作为优良的建筑、造船、家具、器具及工艺材用。

Najas **Linnaeus 茨藻属，Hydrocharitaceae 水鳖科。** 一年生沉水草本，生于淡水或盐水。茎细长、脆弱，茎节下部至基部生根。叶近对生或假轮生，无柄，线形，具有 1 中脉，叶缘具锯齿或全缘，叶基部具鞘，常具叶耳。雌雄同株或异株。花小，单性，单生或簇生于叶腋。雄花具匙状佛焰苞，稀无，花被膜质，先端 2 裂；雄蕊 1 枚，花药无柄，1-4 室，顶端开裂。雌花无柄，佛焰苞常缺失，花被宿存，雌蕊 1 枚，花柱短，柱头 2-4 枚，子房 1 室，胚珠 1。瘦果。种子无胚乳。花粉粒无萌发孔，外壁近无。染色体 $2n=12，24，36，48，60，72$。40/11（1）种，**1 型**；全球广布；中国各省区均产。茨藻 *N. marina* Linnaeus 用于水体园艺，净化水质。

Nandina Thunberg **南天竹属，Berberidaceae 小檗科。** 常绿灌木。叶互生，二至三回羽状复叶，叶轴具关节；小叶全缘，叶脉羽状。花两性，3 数，具小苞片；圆锥花序。萼片多数，螺旋状排列；花瓣 6，无蜜腺；雄蕊 6，1 轮，与花瓣对生，花药纵裂；子房倾斜椭圆形，侧膜胎座，柱头全缘或偶有数小裂。浆果球形。种子 1-3 枚，灰色或淡棕褐色，无假种皮。花粉粒 3 沟，网状纹饰。染色体 $2n=20$。1/1 种，**14（14SJ）型**；为东亚特有，分布于日本，印度及中国大多数省区，北美东南部有栽培。

Nannoglottis Maximowicz **毛冠菊属，Asteraceae 菊科。** 草本或亚灌木。具木质化根状茎。基生叶较大，中上部沿茎下沿成翅状。头状花生于顶端成圆锥状、总状或伞房状聚伞花序，或单生；总苞半球形或杯状；总苞片 2-4 层，草质；头状花具三型花，边缘有 2 至多层能育的舌状及丝管状雌花，中央有不育的管状两性花。瘦果长圆形，有数个凸起的纵肋；雌花冠毛 1 层；两性花冠毛较少。花粉粒 3 孔沟，具刺，刺基穿孔状。染色体 $2n=18$。9/9（6）种，**15 型**；分布于不丹，尼泊尔，印度，以及中国西南和西北部。

Nanocnide Blume **花点草属，Urticaceae 荨麻科。** 草本，具刺毛。茎下部常匍匐，丛生状。叶互生，边缘具粗齿或近于浅窄裂，基出脉不规则 3-5，侧脉二叉状分枝；托叶分离。雌雄同株，雄花序聚伞状腋生，雌花序团伞状腋生；雄蕊与花被裂片同数；雌花被片不等 4 深裂，外面 1 对较大，背面具龙骨状凸起，内面 1 对较窄小而平，柱头画笔头状。瘦果宽卵形，有疣状凸起。钟乳体短杆状。花粉粒 2 孔，刺状纹饰。2/2 种，**14SJ 型**；分布于东亚的温带地区；中国产云南、四川、福建、台湾。毛花点草 *N. lobata* Weddell 全草可入药。

Nanophyton Lessing **小蓬属，Amaranchaceae 苋科**。垫状半灌木。叶互生，无柄，三角状卵形，革质，边缘膜质，上面凹，先端钻状或锐尖。花两性，单生于叶（苞）腋，具2小苞片，常1-4朵聚在枝顶端。花被片5，果时明显增大且成为纸质，背面无附属物，先端急尖或渐尖；雄蕊5；柱头2。胞果包藏于增大的花被内。种子直立；胚螺旋状。花粉粒具14-24散孔，具小刺。1/1种，**12型**；分布于中亚扩展到中国，蒙古国和俄罗斯；中国产新疆。小蓬 *N. erinaceum* (Pallas) Bunge 为良好的家畜饲料。

Naravelia Adanson **锡兰莲属，Ranunculaceae 毛茛科**。木质藤本。羽状复叶，顶端3小叶变成3条卷须，仅有基部2小叶存在。圆锥花序顶生或腋生；小苞片2；萼片4-5；花瓣8-12，较萼片长；雄蕊多数，无毛；心皮多数，被毛，1颗悬垂的胚珠。瘦果狭长，具短柄，有宿存的羽毛状花柱。花粉粒散孔，网状纹饰。染色体 $2n$=16。9/2（1）种，**7a型**；分布于亚洲南部及东南部；中国产云南、广东、广西。

Narcissus Linnaeus **水仙属，Amaryllidaceae 石蒜科**。多年生草本。具膜质有皮鳞茎。基生叶线形或圆筒形。花茎实心。伞形花序有花数朵，有时仅1朵；佛焰苞状总苞膜质，下部管状；花被高脚碟状，花被管较短，圆筒状或漏斗状，裂片6，直立或反卷；副花冠长管状；雄蕊着生于花被管内，花药基着；子房每室具胚珠多数，花柱丝状，柱头小，3裂。蒴果室背开裂；种子近球形。花粉粒单沟，网状纹饰。染色体 x=7，10，11。约65/2种，**10-1型**；分布于地中海，在伊比利亚半岛和非洲西北部尤盛；中国引种栽培。

Nardostachys de Candolle **甘松属，Caprifoliaceae 忍冬科**。草本；根状茎粗短，密被老叶鞘，有浓烈气味。叶丛生，长匙形或线状倒披针形，基部渐狭而为柄；茎生叶1-2（-4）对，披针形，向上渐小。顶生聚伞花序密集成头状，花后主轴和侧轴或伸长，花序下有总苞2-3对，每花有苞片1、小苞片2；花萼5齿裂；花冠紫红色，钟状，顶端5裂；雄蕊4；子房下位，3室，其中1室发育为瘦果。花粉粒3沟，稀4沟，具刺。染色体 $2n$=26。2/1种，**14型**；分布于喜马拉雅地区；中国产西部高山。

Nartheciaceae Bjurzon **纳茜菜科，木兰亚纲/薯蓣目**。多年生草本。叶基生，线形至卵形，向基部渐狭成鞘状。花序顶生，穗状或总状，或组成复总状花序。花小，两性，具苞片和小苞片；花被片6，2轮，离生或多少联合成管状，贴生于子房下部，宿存；雄蕊6，2轮，花丝生于花被片基部，无毛或具软毛；心皮3，合生，花柱3裂，子房上位至半下位。蒴果室背开裂。种子椭圆形至梭形。花粉粒单沟，穿孔状、疣状、穴状、颗粒和网状纹饰。染色体 x=13，稀为12，21或22。5属，41种，北温带广布，少数延伸至南美洲北部和马来群岛西部；中国1属，16种，广布，主产西南地区。

Nasturtium R. Brown **豆瓣菜属，Brassicaceae 十字花科**。一年生或多年生草本，具多数分枝，水生或陆生，植株光滑无毛或具糙毛。羽状复叶或为单叶，叶片篦齿状深裂或为全缘。总状花序顶生；花白色或白带紫色。长角果近圆柱形或稍与假隔膜呈平行方向压扁。种子每室1-2行，多数。花粉粒3沟，粗网状纹饰。染色体 $2n$=64。5/1种，**1（←8）型**；分布于非洲西南部（摩洛哥），亚洲，欧洲，北美洲（墨西哥北部与美国）；中国引入各地。豆瓣菜 *N. officinale* R. Brown 可作蔬菜或全草入药。

Nathaliella B. Fedtschenko **石玄参属，Scrophulariaceae 玄参科**。多年生小草本，无茎。叶基生，莲座状，具明显叶柄。花单生，腋生，花梗短；花萼5裂。花冠具不明显二唇形，下唇3裂，上唇2裂；

雄蕊 4，2 强，前面 2 个略长于后面 2 个，药室基部分离，退化雄蕊 1。雌蕊花柱丝状，柱头平面扩张，子房具胚珠多数。蒴果，2 裂。1/1 种，**13 型**；分布于吉尔吉斯斯坦及中国新疆南部。

Natsiatopsis Kurz **麻核藤属，Icacinaceae 茶茱萸科。**攀援灌木。不具卷须。单叶互生，具长柄，边缘波状。雌雄异株。总状花序长而疏花，数个簇生叶腋。雄花：花萼 4 裂；花冠管状，花瓣合生 2/3 以上，4 裂；雄蕊 4，花丝宽线形，扁平，分离；退化子房密被黄褐色硬毛。雌花：花萼、花冠与雄花同；花药小，不发育；子房卵圆形，被长硬毛。核果卵球形，压扁，具多边形网纹。种子 1 枚。1/1 种，**7-3 型**；分布于缅甸及中国云南。

Natsiatum Hamilton ex Arnott **薄核藤属，Icacinaceae 茶茱萸科。**攀援灌木，不具卷须。单叶互生，具柄，边缘疏生细齿。雌雄异株；简单或复合的总状花序腋上生。雄花：花萼深 5 裂，宿存，花后不增大；花瓣 5，基部稍连合；雄蕊与花瓣互生，花丝宽短，基部两侧有 2 扁瓶状附属器；子房不发育。雌花：萼片、花瓣同雄花；退化雄蕊 4-6，与同数、不等大、具圆齿的腺体互生；子房 1 室，被长柔毛，具 2 枚悬垂胚珠，花柱短，先端 2-3 裂，柱头头状。核果斜卵形，扁压，中果皮薄，内果皮壳质。种子 1 枚。花粉粒（3-）6-7 孔。1/1 种，**7-2 型**；分布于热带亚洲；中国产云南。

Nauclea Linnaeus **乌檀属，Rubiaceae 茜草科。**乔木；顶芽常两侧压扁。叶对生；托叶有龙骨。头状花序，顶生或兼腋生，节上有退化叶和托叶；花 4 或 5 基数；萼裂片宿存；花冠漏斗形，裂片覆瓦状排列；雄蕊伸出；子房 2 室，胎座呈 Y 形，胚珠多数，多数败育，柱头伸出。聚花果由小果融合而成，不开裂。种子卵球形至椭圆形，有时两侧略压扁。花粉粒 3 孔沟，孔状至细网状纹饰。染色体 $2n$=88。约 10/1 种，**4（7e）型**；分布于亚洲，非洲，南美洲及澳大利亚；中国产广东、广西和海南。乌檀 *N. officinalis* (Pierre ex Pitard) Merrill & Chun 的枝和树皮均能入药，有清热解毒、消肿止痛之效。

Nayariophyton T. K. Paul **枣叶槿属，Malvaceae 锦葵科。**灌木或乔木，被星状绒毛。叶掌状脉。单花腋生或排成短圆锥花序；副萼 4-6，长圆状披针形，基部近合生；花萼 5 裂，裂片远短于副萼；花瓣 5，多少具流苏状腺体；雄蕊柱多分枝，顶端具 2 花药；子房球状，2 室，每室 2 至多数胚珠；花柱顶部 2 裂，外突，具短柔毛；柱头头状。果实近球形，为增大的花萼包埋，干后不裂。每室 1 种子，肾形。1/1 种，**14SH 型**；分布于不丹，印度，泰国及中国南部。

Neanotis W. H. Lewis **新耳草属，Rubiaceae 茜草科。**草本。叶对生。聚伞或头状花序，腋生或顶生；花二型；花冠漏斗形或管形，裂片 4，镊合状排列；雄蕊 4，内藏或伸出；子房常 2 室，每室胚珠多数，柱头常 2 裂。蒴果，扁椭球形，顶部冠以宿存的萼檐裂片，成熟时室背开裂，每室数粒种子。种子盾形、舟形或平凸形，表面具粗窝孔。染色体 $2n$=72。花粉粒（5-）6-12 沟。有 28/8（2）种，**5（7e）型**；分布于亚洲，澳大利亚和太平洋群岛；中国产华东、华南和西南地区。

Nechamandra Planchon **虾子草属，Hydrocharitaceae 水鳖科。**沉水草本。茎细长，多分枝。叶互生，基部常对生，侧枝顶端叶丛生，叶片线形，叶脉平行，叶缘有细锯齿，基部稍具鞘。花单性，雌雄异株。雄花序佛焰苞卵形，膜质，先端 2 裂；雄花序具梗；雄花多数，小；萼片 3，花瓣状，卵形，白色；花瓣 3；雄蕊 2 或 3，与花瓣对生，花丝短，纤细。雌花序佛焰苞椭圆形，内含 1 朵雌花；雌花与雄花相似；子房椭圆形，1 室，顶端伸长成喙，花柱 3。果实卵状椭圆形或线形。种子多

N

数。花粉粒无萌发孔，外壁光滑。染色体 2*n*=14。1/1 种，**7 型**；分布于南亚和东南亚；中国产华南地区。

Neillia D. Don **绣线梅属，Rosaceae 蔷薇科**。落叶灌木，稀亚灌木。单叶互生，常 2 列，边缘有锯齿、重锯齿或分裂，托叶早落。顶生或腋生总状或圆锥花序，稀伞房花序；萼筒杯状、钟状至筒状；萼片 5，直立，宿存；花瓣 5；雄蕊 10-30，生于萼筒边缘；心皮 1（-5），花柱顶生，直立，具 2-10 胚珠。蓇葖果藏于宿存萼筒内，成熟时沿腹缝线或基部开裂。种子 1 至数粒，种皮有光泽，胚乳丰富，子叶平凸或圆形。花粉粒 3 孔沟，网状纹饰。染色体 2*n*=18。22/17（13）种，**14 型**；分布于中亚，东亚，东南亚；中国产西南部。栽培供观赏用；根入药；部分种类茎皮纤维可作造纸原料。

Nelsonia R. Bremekamp **瘤子草属，Acanthaceae 爵床科**。多年生草本，无钟乳体。单叶对生，具羽状脉。穗状花序；苞片 1，叶状，无小苞片。花萼 4 裂至近基部，前方裂片先端 2 浅裂；花冠二唇形，上唇 2 裂，下唇 3 裂，花冠管纤细，上部弯曲；雄蕊 2，内藏或稍露出，花药 2 室，药室近球形，无芒状附属物；退化雄蕊无；子房 2 室，胚珠 8-28，排列成 2-4 行，无珠柄钩；柱头 2 裂。蒴果开裂时胎座不从基部弹起。种子多数。花粉粒 3 沟。染色体 2*n*=34，36。4/1 种，**2 型**；热带分布；中国产云南南部及广西南部。

Nelumbo Adanson **莲属，Nelumbonaceae 莲科**。特征描述同科。2/1 种，**9 型**；间断分布于东南亚，澳大利亚北部，美洲中部和北部；中国除西藏、青海和内蒙古外，各省区均有。莲 *N. nucifera* Gaertner 有悠久的种植和培育历史，品种多达 200 个以上。全株可入药；可作水体布景。

Nelumbonaceae Richard **莲科，木兰亚纲/山龙眼目**。多年生水生草本，横生根状茎，茎节生不定根。单叶着生于根状茎上，互生，叶柄长，叶片近圆形，盾状，全缘，叶脉放射状。单花腋生，具长柄，常挺出水面，两性，辐射对称；萼片 2-5；花瓣 20-30；雄蕊 200-300；心皮 2-30，嵌生于倒锥形的花托上；子房 1 室，胚珠 1，花柱短，柱头头状。果实坚果状，不开裂。种子无胚乳和外胚乳，具 2 枚肉质子叶。花粉粒 3 沟或偶具螺旋状单萌发沟，网状纹饰。染色体 *n*=8。1 属，2 种，间断分布于东南亚，澳大利亚北部，美洲中部和北部；中国产 1 属，1 种，除西藏、青海和内蒙古外，各省区均产。

Nemosenecio (Kitam) B. Nordenstam **羽叶菊属，Asteraceae 菊科**。草本。叶互生，羽状深裂，叶脉羽状。冠毛毛状，白色，或无冠毛；总苞片 1 层，边缘干膜质，无外层苞片；缘花假舌状，雌性，黄色；中央花管状，两性，黄色；花药颈部狭圆柱形至圆柱形，常稍宽于花丝，具同形细胞，内壁组织细胞壁增厚散生状或辐射花，绝非两极排列。果圆柱形，具肋。染色体 *x*=5，10，20，24。6/5（5）种，**14SJ**；产日本及中国西南部和台湾。

Neoalsomitra Hutchinson **棒锤瓜属，Cucurbitaceae 葫芦科**。攀援灌木或草质藤本。单叶或 3-5 小叶复叶。雌雄异株；圆锥花序或总状花序。雄花：花萼筒杯状，5 深裂，花冠辐状，5 深裂，雄蕊 5，分离，花丝短，花药 1 室。雌花：花萼和花冠同雄花，花柱 3，或稀 4，圆锥形，胚珠多数，下垂。果实棒槌状或圆柱状，顶端阔截形，3 瓣裂；种子压扁，顶端具延长的膜质翅。花粉粒 3 孔沟，条纹状纹饰。11/1 种，**5 型**；分布于印度至波利尼西亚和澳大利亚；中国产华南、西南和台湾。

Neobrachyactis Brouillet **短星菊属，Asteraceae 菊科**。草本。茎常自基部分枝。叶互生，头状花序具异型花，盘状，排成总状或总状圆锥花序；花托平；总苞半球状，总苞生草质，2-4 层，不等长；花全部结实，外围的雌花多数，2 层，花冠管状，

N

无舌片，或舌状具极细的舌片，中央的两性花，常短于冠毛，花冠管状。瘦果倒卵形或长圆形，扁平，基部缩小；冠毛白色或污白色 2 层，糙毛状，外层极短。3/3 种，**13（12）型**；分布于亚洲；中国产新疆及西藏。

Neocheiropteris Christ **扇蕨属，Polypodiaceae 水龙骨科**。草本，土生。根状茎长而横走。单叶，远生，一型；叶柄与根状茎相连处具关节；叶片为鸟足状深裂，基部楔形，两侧呈蝎尾二歧状；叶脉网状，主脉明显而略隆起，两侧的小脉连接为六角形网眼，有分枝的内藏小脉。孢子囊群椭圆形，具盾状或伞状的隔丝覆盖，无囊群盖。孢子椭圆形，外壁具稀疏小瘤。染色体 x=36。2/2（2）种，**15 型**；特产中国西南部。扇蕨 *N. palmatopedata* (Baker) Christ 叶形奇特，具观赏性；根茎亦可入药。

Neocinnamomum H. Liu **新樟属，Lauraceae 樟科**。灌木或小乔木。叶互生，全缘，排成左右两列，三出脉或离基三出脉。有 1 至多花组成的团伞花序。花小，两性。花被裂片 6，近等大；能育雄蕊 9，花药 4 室，上 2 室内向（第一、二轮雄蕊）或外向（第三轮雄蕊）或全部侧向，下 2 室较大，侧向；退化雄蕊具柄；子房梨形，柱头盘状。果为浆果状核果，椭圆形或圆球形；果托大而浅，肉质增厚，高脚杯状，花被片宿存而略增大；果梗纤细。花粉粒无萌发孔，外壁光滑。7/5（3）种，**7 型**；分布于尼泊尔，不丹，印度，缅甸，泰国，越南，印度尼西亚，以及中国海南、广西、云南、四川、西藏。

Neogyna H. G. Reichenbach **新型兰属，Orchidaceae 兰科**。附生草本。假鳞茎顶生 2 枚叶。叶纸质，基部收狭成柄。总状花序下垂；花苞片较大；花下垂，不扭转，花被片几不张开；萼片离生，背面多少有龙骨状凸起，基部呈囊状；花瓣较萼片短而狭，基部无囊；唇瓣顶端 3 裂，围抱蕊柱，基部有囊，包藏于两侧萼片基部囊之内；蕊柱较长，两侧具翅，无蕊柱足；花药内倾；柱头凹陷；蕊喙甚大。1/1 种，**14 型**；分布于老挝，泰国，缅甸，印度，尼泊尔，不丹，以及中国西藏、云南。

Neohymenopogon Bennet **石丁香属，Rubiaceae 茜草科**。灌木。叶对生；托叶具稍肉质腋生的黏液毛。伞房状聚伞花序，顶生；苞片有时变态为大型、白色、叶状；花两性，单型，5 基数；花萼裂片宿存；花冠高脚碟状，裂片中部有髯毛，镊合状排列；雄蕊内藏；子房 2 室，胚珠多数，着生于隔膜上的半球形胎座上，柱头 2 裂。蒴果，椭圆球形或陀螺形，具 2 槽，室间开裂为 2 果爿，果爿 2 裂。种子两端尾状，种脐侧生，种皮膜质。约 3/2（1）种，**14SH 型**；分布于东喜马拉雅地区；中国产云南和西藏。

Neolamarckia Bosser **团花属，Rubiaceae 茜草科**。乔木；顶芽圆锥状。叶对生。头状花序，紧缩成圆球状，顶生；花两性，单型，5 基数；花冠高脚碟状，裂片覆瓦状排列；雄蕊稍伸出；子房基部 2 裂，顶部 2-4 室，胎座呈 Y 形或单一，胚珠多数，柱头顶部 2 裂，长伸出。果实核果状，不开裂或缓裂成 4 果瓣至 4 果爿，花萼裂片宿存。种子小，压扁，纺锤形，有棱角，种皮膜质。花粉粒 3 孔沟，孔状至微皱波状纹饰。2/1 种，**5（7e）型**；分布于亚洲南部，太平洋岛屿及澳大利亚；中国产广东、海南、广西和云南。团花 *N. cadamba* (Roxburgh) Bosser 可作园林绿化。

Neolepisorus Ching **盾蕨属，Polypodiaceae 水龙骨科**。小型至中型陆生或石生植物。根状茎长而横走，密被鳞片；鳞片假盾状或盾状着生，卵形至披针形，偶圆形，边缘全缘或具小齿。叶疏生；叶柄长一般等于或超过叶片长度，被鳞片；叶片单一，有时浅裂或畸状羽裂，少为戟形，纸质或草质。主脉下面隆起，侧脉明显，小脉网状，网眼内有单一或分叉的内藏小脉。孢

子囊群圆形，在主脉两侧排成1-2行，或在两侧脉间呈1行，汇生成椭圆或球形，偶线形或不规则散布；隔丝盾状，具窗格状或有腺状顶端细胞的简单细胞毛。染色体 x=12（36）。约7/5（1）种，**7-2型**；分布于印度东北部至日本，菲律宾群岛；中国产长江以南各省区。盾蕨 *N. ensatus* (Thunberg) Ching 可入药；*N. ovatus* (Wallich ex Beddome) Ching 可供观赏。

Neolitsea (Bentham & J. D. Hooker) Merrill **新木姜子属，Lauraceae 樟科**。常绿乔木或灌木。叶互生或簇生成轮生状，离基三出脉，少数为羽状脉或近离基三出脉。花单性，雌雄异株，假伞形花序单生或簇生；花苞片大，交互对生，迟落。花2基数，花被裂片4。雄花：能育雄蕊6，排成3轮，每轮2枚，花药4室，均内向瓣裂。雌花：退化雄蕊6；花柱明显，柱头盾状。果着生于稍扩大的盘状或内陷的果托上。花粉粒无萌发孔，被刺。约100/45种，**7型**；分布于马来西亚地区，仅3种见于澳大利亚；中国产西南、南部至东部。

Neomicrocalamus P. C. Keng **新小竹属，Poaceae 禾本科**。攀援状或斜倚竹类。粗型地下茎；秆纤细瘦长，节处肿胀；秆壁厚，常可实心；多分枝，短而近等长，一般不再分枝，唯有时1条显著较粗的主枝可替代主秆。秆箨宿存性；箨片锥形。续次发生花序，花枝可再分枝，呈总状或圆锥状；假小穗单生于花枝各节的苞腋内；鳞被3；雄蕊6，花药紫色；花柱1，柱头3，羽毛状。4/1种，**7型**；分布于不丹，印度东北部，越南及中国西藏南部和云南西部。

Neonauclea Merrill **新乌檀属，Rubiaceae 茜草科**。乔木或灌木。叶对生；托叶大。1-9个头状花序排成圆锥花序状，顶生；花5基数；花萼裂片线形，尾尖；花冠高脚碟状至长漏斗状，裂片在芽内覆瓦状排列；雄蕊伸出；子房2室，胚珠多数，柱头伸出。蒴果，自基部向上先室间再室背裂成4果爿。种子椭球形，两侧略压扁，两端具短翅。花粉粒3孔沟，细网状纹饰。约65/4（1）种，**5型**；分布于亚洲东南部至澳大利亚北部，加里曼丹岛，新几内亚，菲律宾和苏拉威西岛；中国产华东、华南至西南地区。枝干、皮入药，具有清热解毒、消肿止痛之功效。

Neopallasia Poljakov **栉叶蒿属，Asteraceae 菊科**。草本。叶栉齿状羽状全裂。头状花序异型，排成穗状或狭圆锥状花序；花托无托毛；边花1层，雌性，能育，常3-4朵，花冠狭管状，全缘，盘花常9-16个，两性，下部4-8个能育，上部的不发育，花冠管状，具5齿；花柱分枝线形，顶端具短缘毛。瘦果在花托下部排列成1圈，椭圆形，稍扁平，黑褐色，具细条纹。染色体 x=9。1/1种，**13型**；分布于哈萨克斯坦，蒙古国，以及中国华北、西北。

Neopicrorhiza D. Y. Hong **胡黄莲属，Plantaginaceae 车前科**。矮小草本，具粗壮、伸长的根状茎。叶均基生成莲座状。花序穗状，无小苞片；花萼深裂几达基部，裂片不等；花冠有长、短二型，短型5枚裂片近相等，长型后方2枚裂片合生为一从而似为4裂片，且二唇形；雄蕊4，短型全伸出花冠甚长，长型后方2枚稍短于上唇，前方2枚伸出于下唇；子房2室，胚珠多数。蒴果在顶端室间和室背开裂。种子具网眼的种皮。染色体 $2n$=34。1/1种，**（13-2）型**；分布于尼泊尔，巴基斯坦，以及中国西藏、云南。

Neoshirakia Esser **白木乌桕属，Euphorbiaceae 大戟科**。乔木或灌木。树汁白色。叶互生，叶柄无腺体；全缘，背面有1排边缘腺体，脉羽状。花序顶生或腋生，雌雄同株，或异株；长总状花序状聚伞圆锥花序，不分枝，无花瓣，无花盘，苞片下面基部有2大的腺体；雄花黄色，每苞腋3朵，雄蕊3；退化雌蕊缺；雌花每苞腋1朵，子房3室，光滑，每室1胚珠，花柱3，柱头外卷，无腺体。蒴果，室间（沿

隔膜）开裂3室，中央（蒴）果轴宿存；种子干燥，无种阜；外种皮坚硬，无蜡质假种皮。（2-3）/2种，**14（SJ）型**；分布于朝鲜，日本，以及中国华东、华中、华南及西南地区。

Neotorularia Hedge & J. Léonard **念珠芥属，Brassicaceae 十字花科**。草本。叶长圆形，具齿。花序中有苞片或否；萼片近直立，展开，基部不呈囊状；花瓣白色、黄色或淡蓝色；雄蕊花丝细，分离，无齿；雌蕊子房无柄，花柱短或近无。长角果柱状，在种子间缢缩成念珠状，直或略弯曲，或扭曲如之字状，2室，每室种子1行，果瓣中脉清楚。花粉粒3沟，细、中网状纹饰。染色体2*n*=14，28，42。6/6（1）种，**8（→12）型**；分布于中亚与西南亚，一种延伸到北美，另一种延伸至北洲和欧洲；中国产西北地区。

Neottia Guettard **鸟巢兰属，Orchidaceae 兰科**。地生小草本，叶对生或无；总状花序顶生，多花；花较小；唇瓣常顶端2裂，呈叉状，基部多少变狭；蕊柱较长，有时极短；花药直立或向前俯倾；蕊喙大，直立或平展；柱头凹陷或呈唇形而伸出；花粉块2，每个又多少纵裂为2，粒粉质，无附属物。约50/35种，**10（14）型**；主要分布于东亚，部分在欧洲和北美；中国产西南地区、华北、东北和台湾。

Nepenthaceae Dumortier **猪笼草科，木兰亚纲/石竹目**。草本或灌木，食肉植物。叶互生，中脉常延长成卷须，卷须上部扩大反卷而成囊状体和卷须末端扩大而成囊盖。花序顶生；花单性，（3-）4基数，雌雄异株；花被片1轮，近轴面具蜜腺；雄花具雄蕊4-24，花丝合生成柱，花药聚生成头状，2室；雌花具1雌蕊，子房（3-）4室，胚珠多数。蒴果，室背开裂。花粉四合体，无萌发孔，刺状纹饰。染色体2*n*=80。单属科，约93/1种，主要分布于加里曼丹岛和苏门答腊岛，少数产太平洋群岛，大洋洲北部，非洲马达加斯加岛及印度半岛；中国产广东、海南和香港。

Nepenthes Linnaeus **猪笼草属，Nepenthaceae 猪笼草科**。特征描述同科。约93/1种，**5（7a）型**；分布同科。由于其奇异的食虫特性，广泛栽培供观赏。

Nepeta Linnaeus **荆芥属，Lamiaceae 唇形科**。草本，稀半灌木。花多为两性。花萼（13）15（-17）脉，管状，倒锥形，稀钟形或瓶形，齿5；花冠筒内无毛环，下部狭窄，常向上骤然扩展成喉，冠檐上唇直或稍向前倾，下唇大于上唇，3裂，中裂片宽大；雄蕊4，沿花冠上唇上升，后对较长，均能育，药室2，常呈水平叉开，不贯通为1室，花丝扁平无毛。小坚果长圆状卵形，椭圆柱形，卵形，或倒卵形，腹面微具棱，光滑或具凸起。花粉粒6沟，穴状-网状纹饰。染色体2*n*=14，16，18，30，32，34，36，54。200以上/42（19）种以上，**10型**；分布于欧亚温带；中国产云南、四川、西藏及新疆。

Nephelium Linnaeus **韶子属，Sapindaceae 无患子科**。乔木，稀为灌木，雌雄同株或异株。偶数羽状复叶，互生；小叶背面蓝绿色。聚伞圆锥花序顶生或腋生；花辐射对称；萼杯状，4-6裂；花瓣无或4-6，具爪，具等长的两裂片；花盘环状；雄蕊4-10；子房（1）2（-4）室，每室1枚胚珠，柱头2裂。果深裂为2，果皮革质，有软刺，假种皮肉质，包裹种子的全部。花粉粒3孔沟，条状或网状纹饰。染色体2*n*=22。16/3（1）种，**7型**；分布于东南亚；中国产云南、广西及广东。红毛丹*N. lappaceum* Linnaeus 是著名的热带水果。

Nephrolepidaceae Pichi Sermolli **肾蕨科，水龙骨亚纲/水龙骨目**。草本，附生或土生。根状茎长而横走。叶一型，簇生或为远生，叶柄基部无关节着生于叶足上；叶片长而狭，披针形或椭圆披针形；一回羽状分裂，羽片多数，无柄，以关节着生于叶轴；叶脉分离，侧脉羽状，小脉先端具明显的水

N

囊。孢子囊群圆形，近叶边以1行排列；囊群盖圆肾形或少为肾形；孢子囊为水龙骨型，椭圆形或肾形。1属，20余种，广布热带；中国1属，5种，产长江以南各省区。

Nephrolepis Schott **肾蕨属，Nephrolepidaceae 肾蕨科。**草本，附生或土生。根状茎短而直立，有簇生的叶丛，匍匐枝横走，并生有许多须状小根和侧枝或块茎，能发育成新的植株。叶长而狭，不以关节着生于根状茎；叶片一回羽状分裂，羽片多数以关节着生叶轴上，披针形或镰刀形，上侧多少为耳形凸起。叶脉羽状，二至三叉。孢子囊群圆形，生于每组侧脉的上侧一小脉顶端；囊群盖圆肾形或少为肾形；孢子圆肾形或肾形，外壁表面具不规则的疣状纹饰。染色体 x=41。约30/5（1）种，**2型**；热带广布；主产长江以南各省区。肾蕨 *N. cordifolia* (Linnaeus) C. Presl 栽培可供观赏；块茎富含淀粉，可食用，块茎和全草可供药用。

Neptunia Loureiro **假含羞草属，Fabaceae 豆科。**多年生草本，有时为漂浮于水面的水生植物。二回羽状复叶，叶轴具腺体或无，小叶小，多对。头状花序；上部为两性花，下部常为雄花或中性花；花5数，花萼、花冠都很小；雄蕊10或稀5，突露于花冠之上，花药顶端有1具柄腺体或无；退化雄蕊花瓣状；子房具柄。荚果长圆形，下垂于果序上，二瓣裂。种子横置，卵形，珠柄丝状。花粉粒3孔沟，不规则条纹状纹饰。约12/1种，**（2）型**；产热带，亚热带地区，以澳大利亚和美洲尤盛；中国福建、广东和台湾引入栽培。

Nerium Linnaeus **夹竹桃属，Apocynaceae 夹竹桃科。**灌木，含水液。叶常轮生。伞房状聚伞花序，顶生；花萼裂片披针形，双覆盖瓦状排列，内面基部具腺体；花冠漏斗状，上部扩大呈钟状；副花冠生于喉部，鳞片状，顶端撕裂；花冠裂片芽期向右覆盖；花药药隔丝状，被长柔毛；子房由2枚离生心皮组成，胚珠多数；花柱丝状；柱头基部膜质环状，顶端具尖头。蓇葖双生，离生。种皮被短柔毛，顶端具种毛。花粉单粒，3至多孔，穿孔、穴状或轻微皱状纹饰。染色体 $2n$=22。1/1种，**1型**；分布于亚洲，欧洲，非洲北部和美洲；中国热带、亚热带和温带地区广为栽培。

Nertera Banks ex Gaertner **薄柱草属，Rubiaceae 茜草科。**匍匐草本。叶对生；托叶全缘或具2齿或合生成一鞘形。花单生，腋生或顶生；花两性，同型；花萼裂片4-6，宿存；花冠管漏斗形，裂片5，芽时镊合状排列；雄蕊4，长伸出；子房2或4室，每室有胚珠1枚，柱头2或4裂，长伸出。核果，卵形或球形；小核平凸形，软骨质。种子与小核同形，种皮膜质。花粉粒3孔沟，孔状纹饰，表面具不规则或瘤状凸起。染色体 $2n$=44。约6/3（1）种，**2-1（3）型**；分布于亚洲热带和亚热带地区，太平洋群岛，澳大利亚和美洲；中国产华东、华南至西南地区。

Nervilia Commerson ex Gaudichaud **芋兰属，Orchidaceae 兰科。**地生植物。块茎圆球形或卵圆形，肉质。叶1枚，在花凋谢后长出。花先于叶；蕊柱细长，棍棒状，无翅；花粉团2个，2裂或4裂，粒粉质，由可分的小团块组成；花粉团柄极短或无，无粘盘；蕊喙短；柱头1个，位于蕊喙之下。约50/8种，**4（5）型**；分布于亚洲，大洋洲和非洲的热带与亚热带地区；中国产长江流域及其以南诸省区，尤以台湾为多。

Neslia Desvaux **球果荠属，Brassicaceae 十字花科。**一年生草本。基生叶有柄，茎生叶无柄，叶基部箭头形。萼片直立，基部不呈囊状；花瓣黄色，具爪；雄蕊分离，花丝无齿；子房无柄，花柱长，子房以隔膜完整与否而成1室或2室。短角果呈小坚果状，不开裂，表面因具网状脉纹而呈蜂窝状。种子1粒，偶为2粒。花粉粒3沟，中网状纹饰。染色体 $2n$=14，42。2/1

种，**10（12）型**；分布于非洲，亚洲，欧洲，后引入北美；中国产辽宁、内蒙古、新疆。

Neuropeltis Wallich **盾苞藤属，Convolvulaceae 旋花科**。高大的缠绕藤本。叶具柄，羽状脉，全缘。腋生总状花序或近于顶生的圆锥花序；苞片最初小，贴生于花梗上，果时极增大，宽椭圆形至圆形，具网脉，干膜质；小苞片小，被毛；花小；萼片 5，近等大，果时几不增大；花冠辐状至宽钟形，深 5 裂；雄蕊 5；子房被毛，完全或不完全 2 室，胚珠 4，花柱 2，柱头盾状、浅裂、肾形或马蹄形。蒴果小，球形，4 瓣裂。种子 1。花粉粒无刺。13/1 种，**6 型**；分布于非洲西部和亚洲；中国产海南和云南。

Neuwiedia Blume **三蕊兰属，Orchidaceae 兰科**。亚灌木状草本，直立，具根状茎和气生根。茎较短。叶折扇状。总状花序顶生；子房 3 室；花近辐射对称；花被片稍靠合，不完全展开；花瓣 3 枚亦大致相似，但中央的 1 枚（唇瓣）常稍大或形态略有不同；能育雄蕊 3 枚，侧生 2 枚的药室有时不等长；花丝明显；花粉不黏合成团块。果实或为浆果状，成熟时果皮腐烂，或为蒴果，成熟时开裂。种子成熟时黑色，有坚硬的外种皮。约有 10/1 种，**7 型**；分布于东南亚至新几内亚岛和太平洋岛屿；中国产华南地区。

Neyraudia J. D. Hooker **类芦属，Poaceae 禾本科**。芦苇状多年生草本。圆锥花序大型，直立而较紧密，或开展而下弯；小穗含数小花，第一小花两性或中性，上部小花能育，或顶生者退化；颖膜质，不等长；外稃比颖长，背部有脊或近圆形，侧脉上有白色长柔毛，先端具 2 微齿，中脉自齿间延伸成短芒，芒常向外反曲，内稃稍短而狭。约 5/4（2）种，**4 型**；分布于旧世界热带地区；中国产南部各省区。类芦 *N. reynaudiana* (Kunth) Keng ex Hitchcock 可作围篱与燃料；又可栽植观赏。

Nicandra Adanson **假酸浆属，Solanaceae 茄科**。草本，被单毛或腺毛。叶具柄，单叶。花单独腋生或单生于分枝处。花萼钟状，5 深裂；花冠钟状，裂片卵圆形；雄蕊生于花冠筒基部；子房 3-5 室，花柱纤细，柱头 3-5 浅裂。果萼显著膨大，包被果实，裂片心形或箭形，基部具 2 尖锐耳片。浆果球状，干燥。种子扁压，表面具小凹穴；胚极弯曲。花粉粒 3 孔沟，穿孔-颗粒状纹饰。染色体 $2n$=18，24，44。1/1 种，**3 型**；原产南美洲秘鲁；中国引种栽培并逸生。假酸浆 *N. Physalodes* (Linnaeus) Gaertner 全草可入药。

Nicotiana Linnaeus **烟草属，Solanaceae 茄科**。草本、灌木或小乔木，被单毛或腺毛。叶具柄或无柄，全缘或稀波状。花序顶生，聚伞花序或单生；花 4-5 数；花萼卵状或筒状钟形；花冠筒状、漏斗状或高脚碟状，檐 5 裂片或近全缘；花盘环形，具花蜜。果萼宿存，略膨大，完全或部分包被果实。果为干燥蒴果，顶部瓣裂。种子多数，胚直立或略弓曲。花粉粒 3（-4）沟孔或 3 带状沟孔，条纹状、点状、穿孔状或皱波状纹饰。染色体 $2n$=18，20，24，32，40，42，46 等。（60-95）/4 种，**（2-1）型**；分布于热带和亚热带美洲与大洋洲；中国引种栽培。烟草 *N. tabacum* Linnaeus 为烤烟原材料；全株可作农药；或可药用。

Nigella Linnaeus **黑种草属，Ranunculaceae 毛茛科**。一年生草本。二至三回羽状复叶互生。花单生，辐射对称；萼片 5，花瓣状，常有爪，脱落；花瓣 5-8，有短柄，唇形，上唇较短，下唇有蜜槽；雄蕊多数，花丝丝形；心皮 3-10，无柄，稍合生；胚珠数枚。蓇果，腹缝线上部开裂。种子有棱，常有皱纹或疣状凸起。花粉粒 3 沟，穿孔状纹饰，具小刺。染色体 $2n$=12。20/2 种，**（10-1）型**；分布于地中海地区；中国引种栽培。

Nitraria Linnaeus **白刺属，Nitrariaceae 白刺科**。灌木。托叶明显；叶互生或簇生，有柄至近无柄；单叶，肉质，全缘或顶端齿裂。花单生或排成聚伞花序；萼片 5；花瓣 5；雄蕊 10-15。子房 2-6 室。浆果状核果，外果皮薄，中果皮肉质多浆，内果皮骨质。花粉粒 3 孔沟，细条纹状纹饰。11/5（1）种，**12-3 型**；分布于北非，亚洲，澳大利亚及欧洲东南部的干旱和半干旱地区；中国产西北各省区，生于盐渍化沙地。

Nitrariaceae Lindley **白刺科，木兰亚纲/无患子目**。灌木，一年生或多年生草本。叶互生或簇生，全缘或羽状分裂。花单生或排成聚伞状花序；萼片 5，有时 4，呈覆瓦状或镊合状排列；花瓣 4-5；雄蕊与花瓣同数，或比花瓣多 1-3 倍，常长短相间。子房 3-5 室，稀为 2-12 室。果实为分裂果、核果或浆果；种子有胚乳或无胚乳。花粉粒 3 孔沟，光滑、穿孔状或细条纹纹饰。3 属，16 种，分布于沿北非到东亚一带及澳大利亚西南部和墨西哥东部的干旱地区；中国 2 属，8 种，产西北各省区。

Noccaea Moench **山菥蓂属，Brassicaceae 十字花科**。二年生或多年生植物。匍匐茎或茎基单一茎数个，常被白霜。基部叶莲座状，具叶柄，全缘，具小齿或齿状；茎生叶全缘或具齿。总状花序；花瓣白色，粉红色或紫色；稍四强雄蕊，花丝基部不膨大；果无柄，光滑，具狭隔。种子不具翅。染色体 2*n*=14，42。85/4 种，**10 型**；分布于欧亚大陆和非洲；中国产黑龙江、吉林、辽宁、内蒙古、河北、甘肃、西藏。*N. caerulescens* (J. Presl & C. Presl) F. K. Mey 用于土壤重金属污染的治理。

Nogra Merrill **土黄芪属，Fabaceae 豆科**。平卧或攀援草质藤本。单小叶。总状花序腋生或圆锥花序顶生；花单生、双生或簇生于花序轴节上；萼管钟状，5 齿裂，上面 2 裂齿中部以下合生；花冠突出，各瓣近等长，具瓣柄；雄蕊二体；子房无柄或近无柄，胚珠多颗，花柱内弯，无毛。荚果狭长圆形或线形，压扁，2 瓣裂，种子间有隔膜。种子圆形或长圆形，种脐小，具种阜。染色体 2*n*=22。约 4/1（1）种，**7-2 型**；分布于印度，缅甸，老挝，泰国及中国广西和云南。

Nomocharis Franchet **豹子花属，Liliaceae 百合科**。多年生草本。鳞茎卵形，白色。叶散生或轮生。花单生或数朵排列成总状花序，张开；花被片 6，离生，外轮的较狭，有细点或斑块，全缘，内轮的较宽大，有斑块或斑点，全缘或边缘具不整齐的锯齿，内面基部具紫红色肉质的垫状隆起；雄蕊 6，花丝下部呈肉质的圆筒状的膨大或不膨大，上部丝状，花药椭圆形，丁字形着生；子房圆柱形，柱头头状，3 浅裂。蒴果矩圆状卵形，褐色。花粉粒单沟，网状纹饰。染色体 2*n*=24。7/6（2）种，**14 型**；分布于印度，缅甸及中国西南部。

Nonea Medikus **假狼紫草属，Boraginaceae 紫草科**。草本，被毛。叶互生。镰状聚伞花序，苞片叶状；花蓝紫色或黄色；花萼筒状 5 裂至 1/3 或中部，果期囊状膨胀，裂齿长三角形；花冠筒直，裂片覆瓦状排列，附属物鳞片状；雄蕊 5，花丝极短，花药长圆形；子房 4 裂，柱头 2，球形或花柱先端短 2 裂，雌蕊基平。小坚果稍弯，具网状皱纹，着生面居腹面稍下方，内凹，有环状边缘和脐状凸起。花粉粒 3-8 孔沟，外壁为穿孔，赤道为网状纹饰有时覆盖层具颗粒。染色体 *n*=7，9，16。约 40/1 种，**12 型**；分布于欧洲，非洲北部和亚洲西部；中国产新疆。假狼紫草 *N. caspica* (Willdenow) G. Don 的种子可作油料和药用。

Nothaphoebe Blume **赛楠属，Lauraceae 樟科**。灌木或乔木。叶互生，羽状脉。花序为聚伞状圆锥花序，腋生或顶生，具梗。花两性，具梗；小苞片细小。花被筒短，花被片 6，不等大，外轮 3 枚小得多。能育雄蕊 9，花药 4 室，第一、二轮雄蕊药

室内向，第三轮药室外向或侧向；退化雄蕊3，位于最内轮，三角状心形，具短柄；子房卵球形，花柱纤细，柱头头状。浆果状核果椭圆形或圆球形。花粉粒无萌发孔，被刺。40/2（2）种，**3型**；分布于东南亚和北美；中国产四川、贵州、云南和台湾。

Nothapodytes Blume **假柴龙树属，Icacinaceae 茶茱萸科**。乔木或灌木。叶互生，稀对生，全缘。聚伞花序或伞房花序顶生，稀腋生；花常有特别难闻的臭味，两性或杂性；花梗在萼下具关节，无苞片；花萼小，杯状或钟状，浅5齿裂，宿存；花瓣5，条形，两面被毛；雄蕊5，分离；花丝丝状，肉质，扁平；花盘叶状，内面被毛，5-10裂；子房被硬毛，稀无毛，1室，有2枚倒生胚珠，花柱丝状至短圆锥形，柱头头状，截形，稀2裂或凹入。核果浆果状，中果皮肉质，内果皮薄。种子1，胚乳丰富。7/6（5）种，**7型**；分布于热带亚洲；中国产西南、华南和华中地区。

N

Notholirion Wallich ex Boissier **假百合属，Liliaceae 百合科**。鳞茎窄卵形或近圆筒形，由基生叶的基部增厚套叠而成，外具黑褐色的膜质鳞茎皮；须根较多，其上生有小鳞茎；茎无毛。叶基生和茎生。花序总状；苞片条形；花梗短，稍弯；花钟形，淡紫色、蓝紫色、红色至粉红色；花被片6，离生；雄蕊6，花药丁字形着生；子房圆柱形或矩圆形，柱头3裂，裂片钻状，稍反卷。蒴果矩圆形。种子多数，扁平，有窄翅。花粉粒单沟，网状纹饰。染色体2*n*=24。5/3种，**14型**；分布于喜马拉雅及邻近地区；中国产西南和西北部。假百合 *N. bulbuliferum* (Lingelsheim) Stearn 的小鳞茎可入药；大叶假百合 *N. macrophyllum* (D. Don) Boissier 全草可供药用。

Nothosmyrnium Miquel **白苞芹属，Apiaceae 伞形科**。多年生草本。有主根和须状的支根。茎直立，近叉式分枝，有纵条纹。叶片羽状分裂；叶柄长，基部有鞘。复伞形花序；总苞数片；小总苞数片；花瓣倒卵形；花柱基短圆锥形，花柱细长开展。果实双球状卵形，光滑，侧面扁平，合生面收缩，背棱和中棱线形，侧棱不明显，油管多数，心皮柄2裂。2/1种，**14（SJ）型**，东亚特有属；分布于日本及中国黄河以南和西藏。

Nothotsuga Hu ex C. N. Page **长苞铁杉属，Pinaceae 松科**。常绿乔木。树皮暗褐色，纵向撕裂。叶条形，具叶柄，针叶光滑，叶上面气孔带7-12条，背面10-16条。雌雄同株；雄球花伞状簇生。雌球果淡紫色或红色，成熟时暗褐色，或多或少直立，整体脱落或分散脱落；种鳞宿存。苞鳞近匙形，先端尖头锐尖或渐尖。种子三角状卵形；种翅卵形至长圆形，先端圆形。花粉粒2个气囊。染色体2*n*=24。1/1（1）种，**14（SH）型**；分布于贵州东北部、湖南西南部、广东北部、广西东北部和福建南部。长苞铁杉 *N. longibracteata* (W. C. Cheng) Hu ex C. N. Page 的木材可用于建筑和家具；也是造林树种。

Notopterygium H. Boissieu **羌属，Apiaceae 伞形科**。草本。根木质化。主茎粗短，具芳香味，中空，圆柱状；叶羽状分裂或全裂；叶鞘抱茎。复合伞形花序；苞片少；小苞片线形或羽状半裂。萼齿小；花瓣淡黄至白色。果椭圆球体或微球体，背腹略压扁；主棱5；每棱槽油管3-4，合生面油管4-6。种子表面凹陷；果瓣柄2裂。染色体2*n*=22。花粉粒异极，3孔沟，网状纹饰。6/6（6）种，**15型**；特产中国四川、云南、贵州、青海、甘肃、湖北。

Notoseris C. Shih **紫菊属，Asteraceae 菊科**。草本。花托平，无托毛；冠毛微糙毛状，同型，2层，白色，纤细，易脆折；总苞狭钟状；小花紫红色，舌片顶端5齿裂，花冠筒喉部有白色柔毛；花药基部附属物箭头形；花柱分枝细。果长倒披针形，压扁，紫色，顶端截形，无喙，每面有6-9条椭圆状高起的纵肋，被糙毛。花粉粒3

孔沟，有刺脊，3 穴腔，刺基膨大。染色体 $2n=18$。6/6（3）种，**15 型**；分布于喜马拉雅地区东部；中国产重庆、广东、广西、贵州、湖北、湖南、四川、台湾、西藏、云南。

Nouelia Franchet **栌菊木属，Asteraceae 菊科**。灌木至小乔木。叶互生，具叶柄，全缘。头状花序放射状，同性异型，单生于枝顶；小花多数，全两性，结实，边花单层，花冠二唇形，中央小花多数，花冠管状或略二唇状，深 5 裂；花药基部箭形，具长尾；花柱分枝短，无毛，顶端钝至圆。瘦果圆柱形，具纵棱，被绢毛；冠毛多层，粗糙，刚毛状。染色体 $2n=54$。1/1（1）种，**15 型**；分布于四川西南部、云南。栌菊木 *N. insignis* Franchet 为国家Ⅱ级重点保护野生植物。

Nuphar Smith **萍蓬草属，Nymphaeaceae 睡莲科**。多年生水生草本，具横生根状茎。叶二型：浮水叶革质，全缘，圆心形或窄卵形，基部箭形；沉水叶膜质，常较浮水叶大。花杯状，挺出或浮于水面；萼片 4-7，常 5，花瓣状；花瓣 7-24，雄蕊状，黄色；雄蕊多数，轮生，花丝短，花药内向，开花时，花丝外曲，使花药外向而朝花瓣；子房卵形到球形，上位，心皮多数，柱头辐射状，形成柱头盘，胚珠多数。浆果不规则开裂。种子多数，有胚乳。花粉粒单沟，具长刺。染色体 $x=17$。（10-25）/2 种，**8 型**；广布北半球温带地区；中国产大部分省区。萍蓬草 *N. pumila* (Timm) de Candolle、欧亚萍蓬草 *N. lutea* (Linnaeus) Smith 可供观赏。

Nyctaginaceae Jussieu **紫茉莉科，木兰亚纲/石竹目**。草本、灌木或乔木，偶为具刺藤状灌木。单叶，具柄，无托叶。花辐射对称，常两性；常具苞片或小苞片；花被单层，5 数，宿存；雄蕊 1 至多数，常 3-5；子房上位，1 室。瘦果状掺花果，常具腺；种子有胚乳；胚直生或弯生。花粉粒 3 沟至多孔。具甜菜红色素。30 属，300 种，分布于热带和亚热带地区，主产热带美洲；中国 6 属，13（1）种，产华南和西南地区。

Nyctocalos Teijsmann & Binnendijk **照夜白属，Bignoniaceae 紫葳科**。藤本，无卷须。羽状复叶。总状花序顶生；花萼钟状，顶端近平截，具有 5 枚短而尖的小齿；花冠白色，花冠筒极长，细圆筒状，檐部微呈二唇形，裂片 5；雄蕊 4-5，微 2 强；花盘垫状；子房短圆柱形，柱头舌状扁平。蒴果长椭圆形，具宿存的花萼。种子扁圆形，具有白色透明的周翅。花粉粒 3 沟，网状纹饰。染色体 $2n=40$。虫媒。约 5/2 种，**7 型**；分布于印度，缅甸，泰国，马来西亚，印度尼西亚及中国云南。

Nymphaea Linnaeus **睡莲属，Nymphaeaceae 睡莲科**。多年生水生草本；有根状茎。叶浮水或稀沉水，圆形或卵圆形，有时呈盾状，基部心形；有托叶；叶缘全缘到具锯齿。花大，浮水或挺出水面；萼片 4；花瓣 8 至多数，多轮，嵌生于子房侧面，常向内渐变成雄蕊；雄蕊多数，嵌生于子房侧边顶部；心皮多数，环生于肉质的花托内，上部延伸形成离生放射状花柱，下部愈合形成子房。果实不规则开裂。种子坚硬，有假种皮。花粉粒带状萌发孔，疣状或颗粒状纹饰。染色体 $x=14$。（40-50）/5 种，**1 型**；广布温带及热带；中国各省区均产。用于观赏和鲜切花。睡莲 *N. tetragona* Georgi 是良好的育种材料。

Nymphaeaceae Salisbury **睡莲科，木兰亚纲/睡莲目**。水生草本，具根状茎。单叶互生，具长柄，叶片常盾状，沉水、浮水或挺水。花两性，单生，花托具环带状维管束；花被离生至合生，覆瓦状排列；萼片 4-6（-12）；花瓣多数，向中心逐渐过渡成雄蕊；雄蕊多数，花丝离生，花药内向，纵裂；心皮 5 至多数，合生成多室子房，胚珠 1 至多数，柱头离生，形成辐射状柱头盘。果实浆果状，常不规则开裂。种子多数，常有假种皮。花粉粒单沟或带状萌发孔，刺状、颗粒状或疣状纹饰。染色体 x=10，12，14-18，29。8 属，70 种，广布热带到温带；中国 3 属，8 种，各省区均产。

Nymphoides Seguier **荇菜属，Menyanthaceae 睡菜科**。水生草本；常具根状茎。茎细长，漂浮水面。叶互生，稀对生，浮于水面。花簇生于茎节上，（4 或）5 数；花萼深裂；花冠常深裂呈辐状，喉部具 5 束长柔毛；雄蕊着生于冠筒上，与裂片互生；子房 1 室，胚珠多数，花柱线形，柱头 2 裂；蜜腺附于子房基部。蒴果。种子压扁或球形。花粉粒具副合沟，条纹或皱波纹饰。染色体 x=9。57/6 种，**1 型**；分布于温带到热带；中国产大部分省区。荇菜 *N. peltatum* (S. G. Gmelin) Kuntze 可药用或园艺。

Nypa Steck **水椰属，Arecaceae 棕榈科**。大型丛生，具匍匐茎。叶羽状全裂。花单性，雌雄同株；雌花聚生于顶部的头状花序上，雄花生于侧边的柔荑状花序上。雄花小，雄蕊 3，花丝和花药合生成 1 实心的梗，无退化雌蕊；雌花心皮 3（-4），离生，胚珠 3，倒生。果实具不整齐的棱角。胚乳均匀，中空，胚基生。花粉粒带状萌发孔，刺状纹饰。1/1 种，**5 型**；分布于亚洲东部，南部至澳大利亚等热带海岸地区；中国产海南东南海岸。水椰 *N. fructicans* Wurmb 花序割取汁液可制糖、酿酒。

Nyssa Linnaeus **蓝果树属，Cornaceae 山茱萸科**。乔木或灌木。叶互生，无托叶。花杂性，花小，小苞片 1-5 个，花序头状或总状。雄花雄蕊 10 或更多，绕花盘成近乎两轮排列。两性花或雌花花冠管紧贴子房，花瓣常 5-10；柱头向外弯曲，不裂或两裂，子房下位，1 室稀 2 室。核果。外种皮厚，骨质，无或有纵肋，种子萌发时有萌发瓣。花粉粒 3 孔沟，穿孔状-颗粒纹饰。染色体 $2n$=44。约 7/3 种，**9 型**；分布于北美洲，哥斯达黎加及东亚；中国产长江流域以南各省区。蓝果树 *N. sinensis* Oliver 常用于园林绿化；根皮的醇提取物对抗肿瘤有一定疗效。

Oberonia Lindley **鸢尾兰属，Orchidaceae 兰科**。附生草本，常丛生，直立或下垂。茎常包藏于叶基之内。叶 2 列，常两侧压扁。花葶从叶丛中央或茎的顶端发出；总状花序一般具多数或极多数花；花常多少呈轮生状；花瓣常比萼片狭；唇瓣 3 裂；蕊柱短，直立，无蕊柱足，近顶端常有翅状物；花粉团 4 个，成 2 对，蜡质，无花粉团柄。约 200/33（11）种，**4 型**；主要分布于热带亚洲，也见于热带非洲至马达加斯加，澳大利亚和太平洋岛屿；中国产西南、华南、华东地区。

Oberonioides Szlachetko **小沼兰属，Orchidaceae 兰科**。地生草本。假鳞茎小，外被白色的薄膜质鞘。叶 1 枚，接近铺地；叶柄鞘状。花葶纤细，两侧具很狭的翅；总状花序长具多花。花很小；唇瓣基部两侧有 1 对横向伸展的耳；蕊柱粗短。约 2/1（1）种，**14 型**；分布于泰国及中国华东地区。

Ochna Linnaeus **金莲木属，Ochnaceae 金莲木科**。灌木或小乔木。单叶互生，常有锯齿；托叶小，脱落。花大，圆锥花序、伞房花序或伞形花序，腋生或顶生；花萼 5，常有颜色，宿存，结果时增大；花瓣 5-10，黄色，1 或 2 轮排列；雄蕊多数，2 或多轮排列，花药常顶孔开裂；子房深裂，3-12 室，每室有直立胚珠 1 颗，生中轴胎座上，花柱合生，柱头常盘状，浅裂。核果 3-10，环生于扩大的花托上；种子直立，无胚乳。花粉粒 3 孔沟（稀 4），瘤状纹饰。85/1 种，**6 型**；主要分布于热带非洲，少数产热带亚洲；中国产广东、广西和海南。金莲木 *O. integerrima* (Loureiro) Merrill 为国家 I 级重点保护野生植物；具观赏和药用价值。

Ochnaceae de Candolle **金莲木科，木兰亚纲/金虎尾目**。乔木或灌木。单叶互生，稀羽状复叶，多为羽状脉，托叶全缘或呈撕裂状。花两性，辐射对称，排成顶生或腋生的总状花序或圆锥花序，有时为伞形花序，具苞片；花萼 5，稀 10，分离或基部合生，常宿存；花瓣 5-10，常 5；雄蕊 5-10 枚或多数，分离，花药条形、基着、纵裂或顶孔开裂，有时具退化雄蕊；子房上位，全缘或深裂，1-12 室。果为蒴果或小核果状环列于花托的周围；种子 1 至多枚，胚伸直。花粉粒 3 孔沟，光滑、瘤状或网状纹饰。染色体 n=10，12-14，19。27 属，500 种，分布于热带和亚热带地区；中国 3 属，4 种，产广东和广西。

Ochrosia Jussieu **玫瑰树属，Apocynaceae 夹竹桃科。**乔木。叶轮生或对生。聚伞花序，生于顶枝的叶腋内；花萼裂片内面腺体有或无；花冠高脚碟状，花冠喉部无鳞片，花冠裂片向右覆盖；子房由 2 个离生心皮所组成，每心皮有胚珠 2-6 枚，2 排；柱头先端短 2 裂。核果近椭球形，双生，多数 1 个不发育，外果皮肉质，内果皮坚硬而厚。花粉粒 3 孔沟，具疣纹饰。染色体 2n=22。约 40/3 种，**5（4-1）型**；分布从马达加斯加到大洋洲的波利尼西亚；中国广东和台湾引种栽培。

Ocimum Linnaeus **罗勒属，Lamiaceae 唇形科。**草本至灌木，极芳香。轮伞花序常 6 花，排成穗状或总状花序；花萼卵珠状或钟状，萼齿 5，上唇 3 齿，中齿卵圆形，边缘呈翅状下延至萼筒，花后反折，下唇 2 齿较狭；花冠筒喉部常膨大呈斜钟形，冠檐上唇近等 4 裂，稀 3 裂，下唇极全缘；雄蕊 4，伸出，花丝离生或前对基部靠合，花药卵圆状肾形，汇合成 1 室，或其后平铺；花盘具齿。小坚果光滑或有具腺穴陷，湿时具黏液，基部有 1 白色果脐。花粉粒 6 沟，网状纹饰。染色体 2n=24-76，88。65/5（1）种，**2 型**；分布于温暖地带，非洲南部尤多；中国产台湾、广东和云南。

Odontites Ludwig **疗齿草属，Orobanchaceae 列当科。**半寄生草本。叶对生。花萼管状或钟状，4 裂；花冠筒管状，二唇形，上唇稍弓曲，呈不明显盔状，边缘不反卷，下唇稍开展，3 裂，两侧裂片全缘，中裂片顶端微凹；雄蕊 4 枚，2 强，药室略叉开，基部突尖；柱头头状。蒴果长矩圆状，稍侧扁，室背开裂。种子多数，下垂，具纵翅，翅上有横纹。花粉粒 3 沟，网状纹饰。染色体 2n=20，24，40。约 32/1 种，**10 型**；分布于欧洲，非洲北部及亚洲温带地区；中国产北部。

Odontochilus Blume **齿唇兰属，Orchidaceae 兰科。**地生草本。叶片偏斜。花瓣常紧贴中萼片，线状舌形到卵形，膜质；唇瓣 3 裂，距为囊状，为两个侧萼片所包；后唇近球形；中唇长；蕊柱膨大，前侧具 2 个片状附属物；花粉块 2，倒卵球状、倒梨形或棒状，常收缩为花粉团柄附着于 1 个小的粘盘；蕊喙三角形，浅或深 2 裂；柱头裂片融合，位于蕊喙之上。约 40/11（2）种，**7 型**；分布于印度北部和喜马拉雅山脉，穿过东南亚北至日本，东至太平洋西南群岛；中国产西南地区。

Odontosoria Fée **乌蕨属，Lindsaeaceae 鳞始蕨科。**草本，土生。根状茎短而横走；叶一型，叶柄禾秆色或深禾秆色；叶片通常为二回羽状至四回羽状分裂，末回小羽片或裂片楔形或线形，对开状；叶脉分离，单一或羽状。孢子囊群叶缘着生，顶生于小脉端，囊群盖卵形或杯形；孢子囊具细柄；孢子椭圆形，周壁有颗粒状纹饰，外壁光滑。染色体 x=47。约 20/2 种，**2 型**；主要分布于泛热带地区，向北可至韩国；中国产长江以南各省区。乌蕨 *O. chinensis* (Linnaeus) J. Smith 全草可药用。

Oenanthe Linnaeus **水芹属，Apiaceae 伞形科。**草本。茎常匍匐性上升或直立。有叶鞘；叶片羽状分裂。复伞形花序；苞片少数或缺；小总苞片多数；萼齿；小伞形花序外缘花的花瓣为辐射瓣；花柱基平压或圆锥形，花柱伸长，宿存。果实圆卵形至长圆形，光滑，果棱钝圆，木栓质。分生

果背部扁压；每棱槽中有油管1，合生面油管2。胚乳腹面平直；无心皮柄。花粉粒3孔沟，条纹状-皱波状纹饰。(25-30)/9种，**8-4型**；分布于非洲，亚洲；中国产西南至华中。

Oenothera Linnaeus **月见草属，Onagraceae 柳叶菜科**。一年生或多年生草本。未成年植株常具基生叶，以后具茎生叶，螺旋状互生，全缘，有齿或分裂。花4数，辐射对称，单生或少成束，常傍晚开放，至次日日出时萎凋；萼片4，外弯，脱落；花瓣4；雄蕊8；子房下位，4室，有胚珠极多数，柱头全缘或4裂。蒴果常具4棱或翅。花粉粒3孔，小槽状-皱波状纹饰。染色体2*n*=14，28，42，56。约121/10种，**3型**；分布于北美洲，南美洲及中美洲温带至亚热带地区；中国各省区均有引种并归化。

Ohbaea V. V. Byalt & I. V. Sokolova **岷江景天属，Crassulaceae 景天科**。多年生草本，无毛。莲座显著，松散，莲座叶互生，扁平，大于茎生叶。花序腋生，聚伞状，具3个蝎尾状分枝，具苞片；花两性，5（或6）基数；萼片近相等，基部近合生；花瓣多少分离，黄色；雄蕊数为花瓣的2倍，2轮；心皮近直立，基部近合生。蓇果直立，种子多数。1/1（1）种，**15型**；特产中国四川西部和西北部。

O

Ohwia H. Ohashi **小槐花属，Fabaceae 豆科**。灌木。羽状3小叶，叶柄具翅。假总状花序或圆锥花序，顶生或腋生；花萼狭钟状，4裂，上部裂片微2裂；花冠白色至淡黄色，花瓣稍拼胝质，具明显脉纹，旗瓣椭圆形，具爪，龙骨瓣长于翼瓣；雄蕊二体；子房具柄，基部具花盘。荚果线形，腹背缝线浅缢缩，节荚狭椭圆形。子叶出土萌发。花粉粒3孔沟，网状或细网状纹饰。2/1（1）种，**7型**；分布于东亚至东南亚；中国产长江以南各省区。小槐花 *O. caudate* (Thunberg) H. Ohashi 的根、叶可供药用；亦可作牧草。

Olacaceae Hoffmannsegg & Link **铁青树科，木兰亚纲/檀香目**。乔木、灌木或藤本。单叶常互生，稀对生，全缘，稀退化为鳞片状。花常两性，辐射对称；花萼筒顶端具（3）4-5（6）枚小裂齿，或截平；花瓣（3）4-5（6）；花盘环状；雄蕊为花瓣数的2-3倍或与花瓣同数并与其对生，退化雄蕊存在或无；子房上位或半下位，1-5室，或基部2-5室、上部1室，每室具胚珠1-4枚。核果或坚果，成熟种子1枚；胚小而直，胚乳丰富。花粉粒3沟。染色体2*n*=24，26，32，40，48。27属，179种，泛热带分布，少数至中国东南部；中国4属，6（2）种，产广东、广西、海南、台湾和云南。

Olax Linnaeus **铁青树属，Olacaceae 铁青树科**。乔木、灌木或藤本。单叶互生，稀对生，全缘，稀叶退化为鳞片状。花常两性，辐射对称，排成各式花序，稀单生；筒顶端截平或具不明显的齿，果期增大；花盘极薄，环绕于子房基部；能育雄蕊3，退化雄蕊5-6，较能育雄蕊长；子房上位，基部3室、上部1室，胚珠3枚，悬垂于特立中央胎座顶端，花柱顶端3裂。核果，部分埋于增大花萼筒内。种子1枚，胚乳丰富。花粉粒3孔，光滑或网状纹饰。染色体2*n*=24，48。约40/3（1）种，**4型**；主要分布于非洲，亚洲和大洋洲热带地区，少数到亚洲的亚热带南部地区；中国产广东、广西、台湾和云南。

Oldenlandia Linnaeus **非洲耳草属（新拟），Rubiaceae 茜草科**。草本，稀为亚灌木。叶对生；托叶顶端常具1至数条撕裂状缘毛。花簇生或单生，顶生或腋生；花两性，多为同型，有时异型；花萼裂片4；花冠管柱状，裂片4，喉部常被毛；雄蕊伸出或内藏；子房2室，胚珠多数；柱头2裂。蒴果，近球形或长球形，常室背开裂；种子具棱，表面穴状。花粉粒3-5孔沟，网状纹饰。染色体2*n*=18，36，54。(70-100) / 1种，**2（6）型**；分布于非洲，仅少数在热

带和亚热带地区广布；中国产华东、华南和西南地区。

Oldenlandiopsis Terrell & W. H. Lewis **微耳草属，Rubiaceae 茜草科**。匍匐草本。茎节上生根。叶对生；托叶小。花可能同型，单生，腋生，4 基数；花萼裂片顶端紫色；花冠近高脚碟状，裂片白色但顶端紫色；雄蕊伸出；子房 2 室，胚珠多数，中轴胎座，柱头 2 裂，伸出。蒴果，狭陀螺状或狭倒卵形，先室背然后再室间开裂成 4 果爿。种子椭球形，平凸状、椭球形或菱形，有时具棱角，种皮网穴状。花粉粒 8 孔沟。染色体 2*n*=22。1/1 种，**2 型**；原产美洲热带和亚热带地区，夏威夷和西印度群岛；在中国台湾归化。

Olea Linnaeus **木犀榄属，Oleaceae 木犀科**。乔木或灌木。单叶对生，常被细小的腺点。圆锥花序顶生或腋生；花小，白色或淡黄色；花萼小，钟状，4 裂；花冠管短，裂片 4 枚，稀无花冠；雄蕊 2 枚，稀 4 枚，内藏，着生于花冠管基部，花丝短；子房 2 室，每室胚珠 2 枚，花柱短或无。核果。种子仅 1 枚发育。花粉粒 3（拟）孔沟，微细网状纹饰，具基柱。染色体 2*n*=46。40/13 种，**12 型**；分布于亚洲南部，大洋洲，南太平洋岛屿及热带非洲和地中海地区；中国产华南、西南至西藏。油橄榄 *O. europaea* Linnaeus 为著名油脂植物。

Oleaceae Hoffmannsegg & Link **木犀科，木兰亚纲/唇形目**。乔木或藤状灌木；叶对生，具叶柄，无托叶。聚伞花序排列成圆锥花序；两性花辐射对称；花萼 4 裂；花冠 4 裂；雄蕊 2，着生于花冠管上或花冠裂片基部，花药纵裂；花柱单一或无花柱，柱头 2 裂或头状，子房上位，心皮 2，2 室，每室胚珠 2，胚珠下垂。翅果、蒴果、核果、浆果或浆果状核果。种子具 1 枚伸直的胚。花粉粒 3 沟，网状纹饰。含环烯醚萜苷类和苯类衍生物。24 属，615 种，广布温带和热带地区，亚洲尤盛；中国 10 属，160 种，南北均产。

Oleandra Cavanilles **条蕨属，Oleandraceae 条蕨科**。草本，附生或土生。根状茎长而横走或少直立；有叶足；叶一型，单叶，疏生或簇生，叶片披针形或线状披针形；叶脉分离，单一或二叉。孢子囊群背生，圆形或近圆形，排列中脉两侧；囊群肾形或圆肾形，红棕色；孢子囊为水龙骨型；孢子椭圆形，周壁表面具大小和疏密不同的刺状纹饰，外壁光滑。染色体 *x*=41。约 40/5 种，**2 型**；分布于热带及亚热带山地，自波利尼西亚北达日本及中国，东至墨西哥，西到非洲；中国产秦岭以南各省区。

Oleandraceae Ching ex Pichi Sermolli **条蕨科，水龙骨亚纲/水龙骨目**。草本，附生或土生。根状茎长而横走或少为直立，具坚硬的细长气生根。叶足螺旋排列于根状茎上；叶一型，单叶，疏生或簇生，叶片披针形或线状披针形；叶脉分离，单一或二叉。孢子囊群背生，圆形或近圆形，排列中脉两侧；囊群盖大，肾形或圆肾形，膜质，红棕色；孢子囊为水龙骨型；孢子椭圆形，周壁表面具大小和疏密不同的刺状纹饰，外壁光滑。1 属，40 余种，分布于热带及亚热带山地，自波利尼西亚北达日本及中国，东至墨西哥，西到非洲；中国 1 属，5 种，主产秦岭以南各省区。

Olgaea Iljin **蝟菊属，Asteraceae 菊科**。直立草本。叶羽状分裂或具齿缺，有小刺尖，基部向茎下延成翼。花托平坦，有托毛；冠毛糙毛状或锯齿状，污黄色，向顶端渐细或内层向顶端稍粗扁，多层，向内层渐长，基部连合成环，整体脱落；总苞片多列，长线形，边缘有小刺；花丝分离。瘦果秃净，稍压扁，基部着生，稍歪斜。染色体 2*n*=26。16/6（2）种，**11 型**；分布于亚洲；中国产北方地区。

Oligochaeta (de Candolle) K. H. E. Kochc **寡毛菊属，Asteraceae 菊科**。一年生草本。叶具浅齿或羽状深裂。头状花序单生茎端；花托被糙毛；冠毛 2 层，外层较长，毛状，基部连合成环，常有 1-2 根超长的

O

冠毛刚毛，内层短，膜片状，3-5 个；总苞矩圆形或矩圆状卵形，总苞片多列。花全部管状，两性。瘦果上端全缘。4/1 种，**12 型**；分布于中亚，高加索及中国新疆。

Oligomeris Cambessèdes **川犀草属，Resedaceae 木犀草科**。草本，一年生、两年生或多年生。叶互生或簇生，线形，全缘。穗状花序，顶生；花萼常 4 深裂；花瓣 2；花盘缺；雄蕊 3-8；子房无柄，具 4 棱，侧膜胎座 4。蒴果有角棱，顶部开裂。种子多数。花粉粒 3 孔沟，网状纹饰。染色体 2*n*=48。3/1 种，**12-3 型**；分布于南非和非洲北部，亚洲南部，北大西洋岛屿，北美洲西南部等；中国产四川。

Oligostachyum Z. P. Wang & G. H. Ye **少穗竹属，Poaceae 禾本科**。灌木至乔木状竹类。地下茎细型；秆散生；节间在具分枝一侧扁平或具沟槽；分枝一般 3 枚，枝常开展。秆箨早落或迟落；箨耳及鞘口縫毛俱缺。每小枝具叶 2-3 片；叶耳及鞘口縫毛俱缺；叶片常较窄。单次发生花序，总状，稀圆锥状，花序着生的小枝覆以鳞片至鞘状的苞片；颖 1-3（5）；鳞被 3；雄蕊 3-5；花柱 1，柱头 3，羽毛状。15/15（15）种，**15 型**；中国产华东及华南地区。

Olimarabidopsis Al-Shehbaz, O'Kane & R. A. Price **无苞芥属，Brassicaceae 十字花科**。一年生草本。茎直立或上升。基生叶具叶柄，全缘；茎生叶无柄，耳形，具齿状。总状花序，无苞片；萼片长圆形，无毛或被短柔毛；花瓣黄色或淡黄白色，无瓣爪；雄蕊 6，花丝在基部不膨大；每子房胚珠 18-60，花柱仅 1mm；柱头头状，全缘。果开裂，长角果，线形，无梗；假隔膜绕行。种子单列，无翅。花粉粒 3 沟，细网状纹饰。染色体 2*n*=32，48。3/2 种，**12 型**；分布于中亚，西南亚，东欧；中国产新疆。

Ombrocharis Handel-Mazzetti **喜雨草属，Lamiaceae 唇形科**。多年生草本，茎单一，根茎短，增粗为疙瘩状或木质球茎状。叶片 4-5 对，近等大，卵圆形，叶柄密被毛；花序顶生，总状，聚伞花序 1-3 花；花梗淡紫红色。花萼钟形，明显二唇形，上唇 3 裂，中齿较短，下唇 2 裂，萼齿略靠合，萼齿具短尖头；花冠白色，略微下倾，冠筒较短，在喉部扩大，二唇形；上唇 2 裂，下唇 3 裂，裂片近等大或下唇中裂片稍大；雄蕊 4，均内藏。小坚果卵珠形，光滑。1/1（1）种，**15 型**；特产中国湖南。

Omphalogramma Franchet **独花报春属，Primulaceae 报春花科**。草本，具木质根茎。叶基生，具柄，两面具褐色小腺点。花深紫色至紫红色，单生于花葶端，无苞片；花萼 5-7 裂达基部；花冠常漏斗状或高脚碟状，5-7 裂；雄蕊 5-7，贴生于花冠筒上，花丝无毛或被毛，花药矩圆形或卵形；子房卵圆形。蒴果，顶端 5-7 浅裂。花粉粒 3 孔沟，网状纹饰。染色体 2*n*=48，72，96。9/9 种，**14SH 型**；分布于喜马拉雅山东段和缅甸北部；中国产云南、西藏和四川西部。独花报春 *O. vinciflorum* (Franchet) Franchet 可供观赏。

Omphalotrigonotis W. T. Wang **皿果草属，Boraginaceae 紫草科**。一年生草本。叶互生，具柄；叶片有短糙伏毛。镰状聚伞花序无苞片；花具短梗；花萼 5 裂至基部，裂片长圆形；花冠钟状，无毛，筒部与檐部近等长，喉部具附属物；雄蕊 5，内藏；子房 4 裂，花柱着生于子房裂片之间，不伸出花冠；雌蕊基平。小坚果四面体形，背面具皿状凸起，着生面居腹面 3 个面的汇合处。花粉粒 3 孔沟，细网状纹饰。2/2（2）种，**15 型**；特产中国长江下游流域。

Omphalotrix Maximowicz **脐草属，Orobanchaceae 列当科**。半寄生草本。叶对生。总状花序集成圆锥状。花萼管状钟形，前后两方裂达 2/5，两侧方裂达 1/4-1/3，具 5 条脉；花冠上唇盔状，顶端微凹，边缘不翻卷，下唇 3 深裂，裂片开展；雄蕊 4 枚，花药箭形，药室基部延伸成距，药室开裂后沿裂口露出须毛；柱头头状。蒴果

矩圆状，侧扁，室背开裂。种子椭圆形，有白色纵翅，翅上有横条纹。花粉粒3沟，不规则基柱网纹状纹饰。1/1种，**11型**；分布于俄罗斯远东地区至朝鲜及中国北部和东北部。

Onagraceae Jussieu **柳叶菜科，木兰亚纲/桃金娘目**。一年生或多年生草本，有时为半灌木或灌木，稀为小乔木。花两性，稀单性，单生于叶腋或排成顶生的穗状、总状或圆锥花序；花常4数，稀2或5数；萼片（2-）4或5；花瓣（0-2-）4或5；雄蕊（2-）4，或8或10；花药丁字形着生，稀基部着生；子房下位，（1-2-）4-5室，每室有少数或多数胚珠，中轴胎座；花柱1，柱头头状、棍棒状或具裂片。蒴果，有时为浆果或坚果。花粉单粒或四分体，花粉粒间以黏丝连接，（2-）3（-6）孔（或为沟和孔沟）。15属，约650种，广布全世界温带与热带地区，以温带为多，大多数产北美西部。中国6属，64种，广布全国各地，其中3属引种并逸生，1属为引种栽培。

Onobrychis Miller **驴食豆属，Fabaceae 豆科**。一年生或多年生草本，有时为具刺的小灌木。奇数羽状复叶。总状花序，腋生或有时呈穗状；花萼钟状；花冠紫红、玫瑰紫色或淡黄色，旗瓣倒卵形或倒心形，翼瓣短小，龙骨瓣等于、短于或长于旗瓣；雄蕊二体（9+1）；子房无柄，花柱丝状，柱头头状。荚果常1节，两侧膨胀，不开裂，脉纹隆起，常具皮刺。花粉粒3孔沟，网状纹饰。染色体 $2n$=14，16，28，32。约130/3种，**12型**；分布于北非，西亚和中亚及欧洲；中国主产新疆。可作为优良的牧草。

Onoclea Linnaeus **球子蕨属，Onocleaceae 球子蕨科**。草本，土生。根状茎长而横走。叶簇生，二型；营养叶片卵状三角形，一回羽状分裂；羽片阔披针形；叶脉网状，连接成长六角形网眼，无内藏小脉；能育叶片强度狭缩，二回羽状，羽片线形，小羽片强度反卷呈分离的小球形。孢子囊群为圆形；囊群盖下位；孢子囊球圆形；孢子长椭圆形，表面具小刺状纹饰。染色体 x=37。1/1种，**9型**；东亚和北美间断分布；中国产东北和华北各省区。球子蕨 *O. sensibilis* Linnaeus 在园林中常作假山石配景，或室内观叶。

Onocleaceae Pichi Sermolli **球子蕨科，水龙骨亚纲/水龙骨目**。草本，土生。根状茎短，斜卧或直立，少横走。叶簇生或近生，二型；营养叶片长圆披针形至卵状三角形，一回羽状分离至二回羽裂；叶脉羽状，分离或连接成网状，无内藏小脉；能育叶片长圆形至线形，一回羽状，羽片荚果状或呈分离小球形；叶脉分离，羽状或叉状分枝。孢子囊群圆形，囊群盖下位或无盖；孢子囊球圆形；孢子球形，表面具小刺状纹饰或光滑。4属，约5种，广布北半球温带或亚热带山区；中国3属，4种，各地均产，西南部尤盛。

Ononis Linnaeus **芒柄花属，Fabaceae 豆科**。草本或灌木。羽状三出复叶，托叶叶片状，大部分贴生叶柄，小叶常具锯齿，侧脉直达齿尖。花单生或2-3朵成短总状花序；基部有叶片，有时叶片呈苞状，形成假顶生佛焰苞状花序；萼齿5；雄蕊单体，花丝顶端膨大，余部连合成闭合的雄蕊筒，花药二型；花柱细长，无毛。荚果包藏于萼中，或伸出萼外2-3倍，2瓣裂。花粉粒3孔沟，网状纹饰。染色体 n=8，或 $2n$=10，12，14。约86/4种，**12型**；分布于非洲北部，欧洲，亚洲西部和南部；中国新疆和西藏有野生。红芒柄花 *O. spinosa* Linnaeus、黄芒柄花 *O. natrix* Linnaeus 可供观赏。

Onopordum Linnaeus **大翅蓟属，Asteraceae 菊科**。一年生或二年生草本。茎粗壮。叶基下延成翅。总苞片常有刺；花托蜂窝状；冠毛土红色，糙毛状、短羽毛状或羽毛状，多层，有1根超长的冠毛，基部连合成环，整体脱落；小花两性，结实，管状，檐部5裂；花丝分离，无毛。瘦果明显或不明

显 3-4 肋棱，肋在果顶伸出成多角形果缘，基底着生面平或稍见偏斜。染色体 $2n$=34。40/1 种，**12 型**；分布于亚洲和欧洲；中国产新疆。

Onosma Linnaeus **滇紫草属，Boraginaceae 紫草科。**草本，稀半灌木。根常含紫色素。单叶全缘。镰状聚伞花序圆锥状，顶生；具苞片；花辐射对称，花萼 5 裂；花冠筒状钟形或高脚碟状，内面基部有腺体，喉部无附属物，花药侧面结合成筒或仅基部连合，先端不育，微缺，常透明；子房 4 裂，花柱内藏或稍伸出；雌蕊基平。小坚果 4，着生面位于基部。花粉粒 3 孔沟（合沟）。染色体 n=7，8，11。约 146/30 种，**10-2 型**；分布于欧洲和亚洲；中国产云南、西藏、四川、甘肃、陕西和新疆。

Onychium Kaulfuss **金粉蕨属，Pteridaceae 凤尾蕨科。**草本，土生。根状茎长而横走。叶远生或近生，一型或近二型，叶柄光滑，禾秆色或红褐色至深褐色；叶片卵状三角形或卵状披针形，二至五回羽状；裂片细而狭，尖头，基部楔形下延；能育裂片形如荚果。叶脉在不育裂片上单一，能育裂片上羽状。孢子囊群圆形，成熟时汇合成线形；囊群盖线形，膜质，由反折的叶边形成，宽几达中脉，形如荚果，无隔丝。孢子球状四面体形，表面具颗粒状纹饰。染色体 x=29。约 10/8（2）种，**6-1 型**；分布于亚洲，非洲热带及亚热带；中国产长江以南，向北达秦岭。野雉尾金粉蕨 *O. japonicum* (Thunberg) Kunze 全草可入药。

O

Operculina S. Manso **盒果藤属，Convolvulaceae 旋花科**。大型缠绕草本。茎、叶柄和花序梗常有翅。叶具柄。花序腋生，为 1 至数花的聚伞花序；苞片早落；花大；萼片 5，干膜质或革质，一侧肿胀，果时增大，以后边缘不规则撕裂；花冠钟状、宽漏斗状或高脚碟状；雄蕊 5；花盘环状或退化；子房 2 室，每室有胚珠 2 枚，花柱 1，柱头球状 2 裂。蒴果大，2 室或不完全的 4 室，外果皮于蒴果中部或上部横裂，上半部（即盖）多少肉质，与下半部和内果皮分离，成熟时脱落，蒴果下半部不规则纵长开裂。花粉粒 3 沟，颗粒状纹饰或平滑。染色体 $2n$=30。15/1 种，**2 型**，广布热带地区；中国产广东、广西、海南、台湾和云南。盒果藤 *O. turpethum*（Linnaeus）S. Manso 的根及叶可入药。

Ophioglossaceae（Martinov）Agardh **瓶尔小草科，瓶尔小草亚纲/瓶尔小草目。**土生或罕见附生。根状茎短，直立或少有横走，肉质。叶二型，同生一总柄。不育叶为单叶或复叶，卵形，椭圆形，三角形或五角形，一至多回羽状分裂，叶脉分离或网状；能育叶具柄，自总柄下部或中部生出，孢子囊穗线形或聚成圆锥状，生于能育茎顶端。孢子囊大，圆球形，壁厚，无环带。孢子为四面体，辐射对称，具 3 裂缝，外壁具网状纹饰或小疣状纹饰。配子体肉质块状，无叶绿素，有菌根。10 属，约 112 种，广布热带，亚热带和温带；中国 3 属，22 种，产各地。

Ophioglossum Linnaeus **瓶尔小草属，Ophioglossaceae 瓶尔小草科**。土生，少有附生，小型夏绿植物（仅带状瓶尔小草为中型带状）。根状茎短，直立，肉质，具无根毛的菌根性肉质粗根。叶二型，不育叶和能育叶同生自一总柄。不育叶为单叶；叶脉网状，中脉不明显。能育叶出自不育叶柄基部，有长柄，孢子囊穗生顶部，短线形，顶端有不育的小突尖。孢子近球圆形，具 3 裂缝，具明显的网状纹饰。染色体 x=45。（25-30）/9（2）种，**8 型**；分布于温带，极少在热带地区；中国主产西南地区，少数达华南和华中地区。多数种类可入药，如瓶尔小草 *O. vulgatum* Linnnaeus。

Ophiopogon Ker Gawler **沿阶草属，Asparagaceae 天门冬科**。多年生草本，具根状茎，有时匍匐茎。根木质或肉质。茎近直立或匍匐。叶基生成丛或散生于茎上，或为禾叶状。花序顶生总状花序或圆锥花

序；小苞片很小；花两性，钟状或漏斗状，常低垂；花被片 6，分离；雄蕊 6，花丝很短；花药基着；子房半下位，3 室，每室 2 胚珠；花柱柱状，柱头微 3 裂。果实发育早期外果皮破裂而露出种子。种子浆果状，成熟后常呈暗蓝色。花粉粒单沟，皱波状或穿孔状纹饰。染色体 x=18。约 65/47（38）种，**14（7a）型**；分布于亚洲温带，亚热带和热带地区；中国产华南、西南，1 种广布秦岭南部、河南、安徽、江苏。

Ophiorrhiza Linnaeus **蛇根草属，Rubiaceae 茜草科**。草本至亚灌木状。叶对生。聚伞花序或头状花序，顶生、假腋生或腋生；花常二型，有时单型，两性或单性；花萼管陀螺状或倒圆锥状，常扁形，裂片 5（-6）；花冠小而近管状，或大而高脚碟状至漏斗状，花冠裂片 5（-6）；雄蕊 5（-6）枚，内藏或伸出；子房 2 室，胚珠多数，柱头 2 裂。蒴果，僧帽状或倒心形，侧扁。花粉粒 3 孔。染色体 2n=22，44。约 200/68（49）种，**7e 型**；分布于亚洲，大洋洲和太平洋群岛的热带和亚热带地区；中国产长江流域以南各省区。蛇根草 *O. mungos* Linnaeus 含有抗癌物质喜树碱。

Ophiorrhiziphyllon Kurz **蛇根叶属，Acanthaceae 爵床科**。草本，无钟乳体。叶对生，具羽状脉。总状花序或穗状花序顶生；苞片 1；小苞片 2；花萼 5 裂至近基部；花冠二唇形，下唇 3 裂，上唇 2 裂；雄蕊 2，外露，花药 2 室，基部无芒状附属物；不育雄蕊 2；子房 2 室，每室 12-18 胚珠，排成 2 列，无珠柄钩。蒴果开裂时胎座不从基部弹起。种子近球形。花粉粒 3 孔沟。3/1 种，**7-3 型**，分布于老挝，缅甸，泰国，越南及中国云南。

Ophiuros C. F. Gaertner **蛇尾草属，Poaceae 禾本科**。多年生粗壮草本。总状花序单生于秆顶；无柄小穗单生于各节，嵌入轴的凹穴中，在序轴的两侧互生，生于序轴同侧的各小穗均排列在一条直线上，第一颖顶端指向一直线方向，第一颖革质，顶端急尖，基部截平，背面圆拱，第二颖纸质，舟形，第一小花常为雄性，第二小花两性；有柄小穗完全退化，其柄与总状花序轴节间愈合。4/1；**4（6）型**；分布于非洲热带东北部，亚洲热带和澳大利亚；中国产东南部。

Ophrestia H. M. L. Forbes **拟大豆属，Fabaceae 豆科**。草本、亚灌木或灌木。羽状复叶具小叶 3-11，稀单叶。总状花序腋生；花萼膜质，钟状，5 裂，上部 2 裂齿多少合生；花冠伸出萼外，旗瓣外部具绢毛，翼瓣及龙骨瓣具瓣柄和耳，旗瓣长度＞翼瓣≥龙骨瓣；雄蕊二体（9+1）；子房近无柄。荚果线状长圆形，扁平，边缘略增厚，2 瓣裂。种子长圆状卵形；种脐短，边缘假种皮展开。染色体 2n=20。约 16/1 种，**6 型**；分布于亚洲和非洲热带地区；中国产海南。

Opilia Roxburgh **山柚子属，Opiliaceae 山柚子科**。攀援灌木或小乔木。叶革质，互生，2 列，全缘；中脉凸起；叶柄短。花两性，排成腋生的总状花序式聚伞花序，苞片早落；花萼细小，环状，或具不明显的齿；花瓣 5，稀 4 或 6，离生，长圆形，顶端伸展外弯；雄蕊 5，离生，与花瓣对生，花药 2 室；腺体 5，肉质，与花瓣互生；子房上位，椭圆状，1 室，胚珠 1，下垂，花柱极短，柱头小，盘状，中央下凹。核果，中果皮肉质，内果皮脆壳质。花粉粒 3 孔沟，小穴状纹饰。2/1 种，**4 型**；分布于非洲，亚洲的热带地区和澳大利亚东北部；中国产云南。山柚子 *O. amentacea* Roxburgh 有凉血止血、清热解毒之效。

Opiliaceae (Bentham) Valeton **山柚子科，木兰亚纲/檀香目**。常绿小乔木、灌木或木质藤本。单叶互生，全缘，无托叶。花小，辐射对称，组成穗状花序、总状花序或圆锥状的聚伞花序；单花被或具花萼和花瓣，花被片 4-5，花蕾时镊合状排列；雄

O

蕊与花被片或花瓣同数、对生，花丝离生或基部与花瓣合生，花药2室，纵裂；花盘位于雄蕊内，环状或杯状，或为分离的腺体；子房上位或半下位，1室，倒生胚珠1，无珠被，花柱短或无，柱头全缘或浅裂。核果。染色体2*n*=20。10属，32-36种，分布于亚洲和非洲热带地区，少数产大洋洲东北部及美洲热带地区；中国5属，5种，产云南、广西、广东及台湾。

Opisthopappus C. Shih **太行菊属，Asteraceae 菊科**。草本。叶羽状分裂。头状花序异型；花托半球形或近圆锥状高起，无托毛；冠毛芒片状，4-6个，分离或仅基部稍结合，不等大，集中在瘦果背面顶端；总苞浅碟状，直径约1.5cm，总苞片4层，草质，边缘宽膜质；边缘花雌性，假舌状，1层，白色或粉红色，舌片线形，中央花两性，管状，多数。瘦果小，有3-5条翅状加厚的纵肋。花粉粒3孔沟，具刺，刺基膨大，刺间颗粒状或穿孔状。1/1（1）种，**15型**；特产太行山地区。太行菊 *O. taihangensis* (Y. Ling) C. Shih 可药用。

O

Opithandra Burtt **后蕊苣苔属，Gesneriaceae 苦苣苔科**。草本，具根状茎。叶基生。花萼5裂达基部；花冠漏斗状筒形；上（后）方侧生2雄蕊能育，内藏，花药分生或顶端连着；花盘环状或杯状；雌蕊内藏，稀伸出花冠之外，子房线形，1室，有2侧膜胎座，柱头2或合生成1枚。蒴果线形，室背开裂为2瓣。种子椭圆形。花粉粒3拟孔沟，网状纹饰。染色体2*n*=34。约9/8种，**14SJ型**；分布于日本，以及中国广西、广东、福建南部、江西南部、湖南、贵州东部和四川东部。

Oplismenus P. Beauvois **求米草属，Poaceae 禾本科**。一年生或多年生草本。秆基部常匍匐。叶片卵形、披针形或线形，常具十字脉。圆锥花序由总状花序组成，狭窄；分枝或不分枝；小穗数枚聚生于穗轴一侧，近无柄，多少两侧压扁，颖近等长，常具柔毛，第一颖具黏的长芒，第二颖具短芒或无芒；第一小花中性，外稃与小穗等长；第二小花顶端游离，后变革质。花粉粒颗粒纹饰。染色体*x*=9。(5-9)/4（1）种，**2（8-4）型**；分布于热带和亚热带地区；中国产南方地区。

Oplopanax (Torrey & A. Gray) Miquel **刺参属，Araliaceae 五加科**。多刺灌木。单叶，掌状分裂，有叶柄，边缘有锯齿；托叶和叶柄基部合生。花两性，聚生为伞形花序，再组成顶生圆锥花序或总状花序；花梗无关节；萼筒有明显的5齿，3个齿如针状；花瓣5，在花芽中镊合状排列；雄蕊5；子房2室，花柱2，离生或基部合生。果实球形，核果，成熟时橘黄色。种子压扁，胚乳均一。花粉粒3孔沟，网状纹饰。3/1种，**9型**；亚洲东部及北美间断分布；中国产吉林长白山。刺参 *O. elatus* (Nakai) Nakai 可药用。

Opuntia Miller **仙人掌属，Cactaceae 仙人掌科**。肉质灌木或小乔木；茎多分枝；小窠具绵毛、倒刺刚毛和刺；具叶，无脉及叶柄，早落，稀宿存。花单生无梗，白天开放；花托大部与子房合生；花被片多数，外轮较小，内轮花瓣状；雄蕊多数；具蜜腺腔；子房下位，胚珠多数至少数；花柱圆柱状或基部上方膨大；柱头5-10，直立至开展；浆果；种子具骨质假种皮。花粉粒散孔，网状纹饰。约90/4种，**3型**；主产美洲；中国引种栽培。

Orchidaceae Jussieu **兰科，木兰亚纲/天门冬目**。多年生草本，稀为藤木。根与菌类形成共生菌根。叶互生。总状或圆锥花序，稀单花，两性，两侧对称；花被片6，2轮；中央1枚花瓣常特化为唇瓣，花梗和子房常扭转或弯曲；子房下位，1室，常侧膜胎座；雌蕊和雄蕊合生（蕊柱）；雄蕊常1枚可育，花粉黏合成团块（花粉团），常具花粉团柄和粘盘；可育柱头位于由1-2枚柱头形成的蕊喙下；蕊柱基部有时延伸成蕊柱足，侧萼片有时与蕊柱足形成萼囊。常为蒴果，种子小，无胚乳，极多。

750 属，28 500 种，世界广布（除南极洲），主产热带和亚热带地区；中国 171 属，约 1350 种，各省区广布，主产西南和华南地区。

Orchidantha N. E. Brown **兰花蕉属，Lowiaceae 兰花蕉科。**特征描述同科。10/2（2）种，**7 型**；分布于南亚热带和亚热带地区；中国产广东、广西、海南。

Orchis Linneaus **红门兰属，Orchidaceae 兰科。**地生草本，基部具细、指状、肉质的根状茎或具 1-2 枚肉质块茎。叶基生或茎生，互生，罕近对生，1-5 枚。总状花序顶生，具 1 至多数花；子房扭转，无毛或被短柔毛；花倒置；唇瓣 3-4 裂，基部有距；距圆筒状或囊状；花粉团 2 个，为具小团块的粒粉质，具花粉团柄和粘盘；粘盘 2 个，突出于蕊柱前面距口之上方；柱头 1 个，凹陷，位于蕊喙之下的凹穴内；退化雄蕊 2 枚，位于花药基部两侧。约 20/1 种，**8 型**；分布于北温带，亚洲亚热带山地及北非的温暖地区；中国产新疆。

Oreocharis Bentham **马铃苣苔属，Gesneriaceae 苦苣苔科。**草本，无直立茎。叶基生。聚伞花序腋生；花冠钟状或筒状，檐部二唇形，裂片近圆形、长圆形至长圆状披针形；能育雄蕊 4，分生，花丝着生于花冠筒近基部，花药长圆形，稀马蹄形；退化雄蕊 1-2 枚；花盘环状；子房长圆形，花柱比子房短，柱头 1。蒴果长圆形。种子卵圆形，两端无附属物。花粉粒 3 沟，网状纹饰。染色体 $2n$=34。约 27/26 种，**7-4 型**；分布于越南，泰国及中国华中以南地区，西到西藏及甘肃南部。

Oreocnide Miquel **紫麻属，Urticaceae 荨麻科。**灌木或乔木。叶互生，基出脉 3 或羽状脉；托叶离生。雌雄异株，花序 2-4 回二歧聚伞状分枝、二叉分枝，稀呈簇生状，团伞花序生于分枝的顶端，密集成头状；雄花被片镊合状排列，雄蕊 3-4；雌花被片合生成管状，柱头盘状或盾状，花托肉质透明，盘状至壳斗状，位于果的基部或包被着果的大部分。染色体 n=12，14。18/10 种，**7d 型**；分布于东亚和巴布亚新几内亚的热带和亚热带地区；中国产西南至华东地区。

Oreocomopsis Pimenov & Kljuykov **羽苞芹属，Apiaceae 伞形科。**多年生草本。茎直立，基部宿存枯鞘纤维。叶片二至四回羽裂，末回裂片披针形或菱形，边缘有锯齿；总苞片数个，羽裂，与上部茎生叶相似，小总苞片线形至丝状，常反折；萼齿缺失；花瓣长圆形或倒卵形，基部楔形，先端渐尖。果实椭圆形、无毛，背腹压扁，合生面较窄，果棱翅状，侧棱较宽，每棱槽油管 2-3，合生面油管 4-6。胚乳合生面略凹。2/1（1）种，**14 型**；分布于喜马拉雅地区；中国产西藏南部。

Oreogrammitis Copeland **滨禾蕨属，Polypodiaceae 水龙骨科。**小型附生植物，偶为石生。根状茎背腹生，叶柄分两列着生；被褐色或红褐色鳞片，鳞片不为窗格状，光滑。叶柄具关节或不具关节，叶足有或无。叶片全缘或偶稍具小圆齿；主脉明显，小脉分离，常二叉或有时为多回分叉，末端有时具水囊。孢子囊群生于叶片表面或多少下陷于叶肉，偶深陷叶肉中，在主脉两侧各成 1 行，无囊群盖。约 110/7（2）种，**5 型**；分布于斯里兰卡，中国至澳大利亚和太平洋岛屿；中国产台湾、海南、浙江。

Oreomyrrhis Endlicher **山茉莉芹属，Apiaceae 伞形科。**丛生草本。茎极短，自基部分枝。叶基生，叶鞘；羽状复叶。单伞形花序；总苞 4-10，长于伞辐。花两性；无萼齿；花瓣顶端具短尖；花柱基扁圆锥形至圆锥形。果实长椭圆形至线状椭圆形，顶端渐尖，略微两侧压扁，合生面收缩；主棱 5，钝；每棱槽油管 1，合生面油管 2。胚乳腹面凹陷；心皮柄 2 裂。23/1（1）种，**2-1 型**。分布于印度尼西亚，加里曼丹岛北部，大洋洲，中美洲，南美洲；中国特产台湾。

Oreopteris Holub **假鳞毛蕨属，Thelypteridaceae 金星蕨科**。中型陆生草本。根状茎短，直立或斜升。叶簇生，叶柄深禾秆色，密被大而薄的棕色披针形鳞片，向上渐稀疏；叶片长圆状倒披针形，向基部渐变狭，二回羽状深裂下部羽片逐渐缩短，基部的呈三角状耳形，中部羽片披针形，羽状深裂达羽轴两侧的狭翅；叶脉羽状，分离，伸达叶边。孢子囊群圆形，生于侧脉中部以上，远离主脉；孢子囊顶部近环带和囊柄相连处有具柄的腺体；囊群盖圆肾形，边缘具腺体。孢子两面型，肾形，周壁不明显，易脱落。染色体 x=34。约 3/2 种，**8 型**；分布于欧洲，亚洲东北部及西部，北美；中国产吉林和云南。

Oreorchis Lindley **山兰属，Orchidaceae 兰科**。地生草本，具球茎状的假鳞茎；假鳞茎基部疏生纤维根。叶 1-2 枚，生于假鳞茎顶端，具柄。花葶从假鳞茎侧面节上发出；花小至中等大；两枚侧萼片基部有时多少延伸成浅囊状；唇瓣基部有爪，上面常有纵褶片或中央有具凹槽的胼胝体；蕊柱基部有时膨大并略凸出而呈蕊柱足状，但无蕊柱足；花药俯倾；花粉团 4 个，近球形，腊质，具 1 个共同的粘盘柄和小的粘盘。16/11（7）种，**14 型**；分布于喜马拉雅地区至日本和西伯利亚；中国产华东和西南地区。

Oreosolen J. D. Hooker **藏玄参属，Scrophulariaceae 玄参科**。多年生草本，高不过 5cm。叶对生，下部叶贴伏于地面，呈鳞片状，基出掌状叶脉 5-9 条，上部叶在茎顶端集成莲座状，叶片大而厚。花数朵簇生叶腋，具 1 对小苞片；花萼 5 裂几乎达到基部，花冠黄色具长筒，二唇形，下唇 3 裂，上唇 2 裂，上唇长于下唇；雄蕊 4，退化雄蕊 1，花丝粗壮，花药 1 室；雌蕊 2 心皮合生，子房上位。蒴果卵球状，顶端渐尖，室间 2 裂。种子暗褐色，长 2mm，种皮表面网状。1/1 种，**14-1（SH）型**；分布于喜马拉雅山脉的尼泊尔，不丹，印度锡金及中国西藏中部和青海南部。

Oresitrophe Bunge **独根草，Saxifragaceae 虎耳草科**。多年生草本。根状茎粗壮，被鳞片。叶基生，具柄，卵形至心形，边缘有不规则齿牙。多歧聚伞花序圆锥状，无苞片；托杯内壁之基部与子房愈合；萼片 5-7，花瓣状；花瓣不存在；雄蕊 10-14；心皮 2，下部合生，子房近上位，1 室，具 2 侧膜胎座，胚珠少数。蒴果革质，1 室，具 2 喙。种子 1。1/1（1）种，**15 型**；中国产河北、天津、北京、山西、河南、湖南。

Origanum Linnaeus **牛至属，Lamiaceae 唇形科**。半灌木或多年生草本。叶卵形。常为雌花、两性花异株。小穗状花序组成伞房状圆锥花序；花萼钟形，内面在喉部有柔毛环，13 脉，萼齿 5；花冠冠檐上唇直立，下唇开张，3 裂；雄蕊 4，在两性花中短于上唇或稍超过上唇，在雌性花中则内藏，花药卵圆形，2 室，由三角状楔形的药隔所分隔，花丝无毛；花柱伸出花冠，先端不相等 2 浅裂；花盘平顶。小坚果卵圆形。花粉粒 6 沟，网状纹饰。染色体 $2n$=30，32。约 40/1 种，**10 型**；分布于地中海至中亚；中国广布。

Orinus Hitchcock **固沙草属，Poaceae 禾本科**。多年生草本。圆锥花序由数枝单生的总状花序组成；小穗含（1）2 至数小花；颖质薄，先端尖，无毛或多少被柔毛，第一颖稍短，具 1 脉，第二颖具 3 脉；外稃全部或仅于下部及边缘具柔毛，内稃与外稃等长或稍短，具 2 脊，脊上生纤毛或稍糙涩，脊间及其两侧多少具柔毛；鳞被 2；雄蕊 3。约 4/4（3）种，**15 型**；分布于喜马拉雅地区；中国产西部。固沙草 *O. thoroldii* (Stapf ex Hemsley) Bor 是良好的固沙植物。

Orixa Thunberg **臭常山属，Rutaceae 芸香科**。落叶灌木或小乔木，具顶芽。单叶，互生，具油点。花单性，雌雄异株；雄花组成总状花序下垂，具膜质苞片，萼片 4，

花瓣4，覆瓦状排列，雄蕊4，花丝分离；雌花单生或有限花序，雌蕊4心皮，每心皮1胚珠。蓇葖果，成熟果裂为4个分果瓣，外果皮硬壳质，具横向肋纹，内果皮软骨质，具种子1；种子近圆球形。染色体2*n*=40。约1/1种，**14JS型**；分布于日本，朝鲜及中国华东经中部至四川。臭常山 *O. japonica* Thunberg 的根、茎可入药。

Ormocarpum P. Beauvois **链荚木属，Fabaceae 豆科**。灌木。奇数羽状复叶，托叶三角状针形，无小托叶。花黄色，单朵或成对腋生或排成稀疏的总状花序；苞片成对，宿存；花萼钟状，裂片5，上面2裂片三角形，下面3裂披针形；雄蕊二体，5枚1束；胚珠多颗，花柱丝状。荚果线形或长圆形，膨胀，有节，不开裂，表面有皱纹，无毛或具软刺而粗糙，具果颈。约20/1种，**4型**；分布于非洲，亚洲，太平洋岛屿至澳大利亚北部；链荚木 *O. cochinchinense* (Loureiro) Merrill 在中国广东、海南和台湾有栽培且逸生。

Ormosia Jackson **红豆属，Fabaceae 豆科**。乔木。叶互生，稀近对生，奇数羽状复叶对生，稀单叶或为3小叶。圆锥花序或总状花序顶生或腋生；花萼钟形，5齿裂，或上方2齿连合较多；花冠白色或紫色；雄蕊10，花丝分离或基部有时稍连合；子房具胚珠1至数粒。荚果木质或革质，2瓣裂，稀不裂，果瓣内壁有横隔或无，缝线无翅。种子1至数粒，种皮常为红色。花粉粒3孔沟，穿孔状纹饰。染色体2*n*=16。约130/37（34）种，**3（5）型**；分布于热带美洲，东南亚和澳大利亚西北部；中国主产广东、广西、云南和海南。大部分种类可作优质木材，如红豆树 *O. hosiei* Hemsley & E. H. Wilson、花榈木 *O. henryi* Prain。

Ornithoboea Parish ex Clarke **喜鹊苣苔属，Gesneriaceae 苦苣苔科**。有茎草本。叶对生；叶片膜质，偏斜。花萼5深裂；花冠筒短于檐部，内面具髯毛，檐部二唇形；能育雄蕊2，花丝不分叉，花药椭圆形，顶端连着，两端钝；退化雄蕊2；子房卵球形，花柱上部弯曲，柱头头状。蒴果螺旋状卷曲。种子卵形或卵状纺锤形。花粉粒3沟，穿孔状-刺状纹饰。染色体2*n*=34。约11/5种，**7a型**；分布于中国南部，越南，泰国至缅甸东部，南至马来西亚；中国产广西西南部、贵州南部至云南西南部。

Orobanchaceae Ventenat **列当科，木兰亚纲/唇形目**。草本，极少数灌木；半寄生至全寄生，具吸器，极少数非寄生。叶互生螺旋状或对生、单叶。无限花序；花萼管状；花冠二唇形，上唇呈盔状，伸直或先后翻卷，或延长成喙，下唇3裂；雄蕊4，二强雄蕊，花丝贴生于花冠，花药2室，纵缝开裂；心皮2，合生；子房上位，中轴到侧膜胎座，胚珠2-4或多数，倒生。蒴果室背或室间开裂，裂片2-3。种子具棱角，网状纹饰。花粉粒3孔沟。蜂类和蝇类传粉。种子多由风散布。叶和茎常含列当苷。99属，2060种，世界广布（除南极洲），分布于北温带至非洲大陆和马达加斯加；中国35属，约471种，各省区广布，主产西南地区。

Orobanche Linnaeus **列当属，Orobanchaceae 列当科**。肉质全寄生草本，植株常被毛。叶鳞片状，螺旋状排列。穗状或总状花序；苞片1枚，小苞片常2枚；花萼杯状或钟状；花冠弯曲，二唇形，上唇龙骨状，下唇顶端3裂；雄蕊4枚，2强，花药2室；雌蕊2心皮合生，侧膜胎座4，倒生胚珠。蒴果卵球形或椭圆形，2瓣开裂。种子小，多数，长圆形或近球形，种皮表面具网状纹饰，网眼底部具细网状纹饰或具蜂巢状小穴。花粉粒3沟，基柱网纹状纹饰。染色体2*n*=24，38，48，72，96。约150/23（6）种，**8型**；主要分布于北温带，少数到中美洲南部和非洲东部及北部；中国主产西北部，少数到北部、中部及西南部。

Orophea Blume **澄广花属，Annonaceae 番荔枝科。**乔木或灌木。花单生或为聚伞花序，腋生或腋上生。花萼裂片 3，比外轮花瓣小，镊合状排列；花瓣 6，2 轮，离生，外轮花瓣较内轮花瓣小，且与萼片相似，外轮花瓣阔卵形，内轮花瓣基部有爪，上部卵状三角形，边缘黏合成 1 帽状体；雄蕊 6-14，药室外向，药隔顶端急尖；心皮 3-15，离生，每心皮有胚珠 1-4，侧膜胎座。心皮具短果柄，球形或长圆柱形，种子间有缢痕。花粉单粒或为四合花粉，无萌发孔，表面光滑或疣状凸起。染色体 2*n*=18。约 36/6（3）种，**7 型**；分布于亚洲热带及亚热带地区；中国产海南、广西和云南。

Orostachys Fischer **瓦松属，Crassulaceae 景天科。**二年生草本。第一年生叶片排列为一个基生密集莲座，互生，第二年由莲座中央生出不分枝花茎。总状或聚伞圆锥花序密集，顶生，常具次级分枝，多花；花两性，近无柄或具小柄，5 基数；萼片基部合生；花瓣基部近合生，白色，粉红色，或红色；雄蕊长于花瓣；心皮直立，离生，具柄，胚珠多枚。蓇葖果顶端具喙。种子多数。花粉粒 3 孔沟，条纹-皱波纹饰。染色体 2*n*=24。约 13/8（1）种，**14 型**；分布于亚洲东部；中国产四川西部和西北部。

Oroxylum Ventenat **木蝴蝶属，Bignoniaceae 紫葳科。**小乔木。叶对生，2-3 羽状复叶。顶生总状花序；花萼大，阔钟状，顶端近平截；花冠大，紫红色，钟状；雄蕊 5；花柱丝状，柱头舌状扁平。蒴果长披针形，扁平巨大，木质，2 瓣裂开。种子扁圆形，极薄，周围具白色透明的膜质翅。花粉粒 3 沟，网状纹饰。虫媒。染色体 2*n*=28。1/1 种，**7 型**；分布于柬埔寨，中国，老挝，缅甸，泰国，越南，菲律宾；中国产云南、四川、广东、台湾等。木蝴蝶 *O. indicum* (Linnaeus) Bentham ex Kurz 的种子和树皮可入药。

Orthilia Rafinesque **单侧花属，Ericaceae 杜鹃花科。**多年生常绿草本；茎直立。叶于茎的下部成上下两轮着生，每轮常有叶片 3-4。花小，绿色至白色，排列成花偏向一侧并下倾的总状花序；苞片 1-3；萼片 5；雄蕊 10，花药顶端不呈管状；花柱细长，直立，柱头盘状，子房基部有花盘，花盘基部有 10 小齿。蒴果下垂，果瓣裂缝边缘有蛛网状绒毛。种子多数，细小。花粉粒 3 沟（或拟沟），颗粒或皱波状纹饰。染色体 2*n*=38。2/2（1）种，**8-1 型**；北温带广布；中国产东北、西北和西南地区。

Orthoraphium Nees **直芒草属，Poaceae 禾本科。**多年生草本。圆锥花序；小穗含 1 小花，背腹压扁，小穗轴脱节于颖之上；颖具 5-9 脉，脉间有时具横脉；外稃革质，背贴生短毛或先端具倒刺毛，成熟后变褐色，边缘相互覆盖或成熟后露出内稃，芒自外稃顶端或其 2 微齿间伸出，劲直，基部与稃体连接处延续而无关节，基盘短而钝，具短毛，内稃与外稃同质，具 2 脉；鳞被 3。1/1 种，**14SH 型**；分布于印度，以及中国四川、西藏和云南。

Orthosiphon Bentham **鸡脚参属，Lamiaceae 唇形科。**草本或半灌木。根常粗厚，木质。轮伞花序 4-6 花，组成总状花序；花萼管形或宽管形，常带艳色，上唇宽大，卵形或扁圆形，边缘下延至萼筒，果时反折，下唇具 4 齿，前 2 齿较 2 侧齿长，先端均呈芒尖或针状，果时花萼增大，具 10 脉；花冠白、浅红至紫色，冠檐上唇 3-4 圆裂，下唇全缘；雄蕊 4，前对较长，花丝分离，花药汇合成 1 室；花柱先端球状。小坚果卵珠形或近球形，具极小凸起，无毛。花粉粒 6 沟。染色体 2*n*=22-28，48。约 45/3（3）种，**6 型**；产热带非洲，东南亚至澳大利亚；中国产华南和西南地区。

Orychophragmus Bunge **诸葛菜属，Brassicaceae 十字花科。**一年生或二年生草本。基生叶及下部茎生叶大头羽状分裂，有长

柄，上部茎生叶基部耳状，抱茎。花大，紫色或淡红色，具长花梗，成疏松总状花序；花萼合生；花瓣宽倒卵形，基部成窄长爪；雄蕊全部离生，或长雄蕊花丝成对地合生达顶端；花柱短，柱头2裂。长角果线形，4棱或压扁，熟时2瓣裂。种子1行，扁平。花粉粒3沟，网状纹饰。染色体2*n*=22，24。2/2（1）种，**11（14SJ）型**；分布于韩国及中国各地。

Oryza Linnaeus **稻属，Poaceae 禾本科**。一年生或多年生草本。顶生圆锥花序；小穗含1两性小花，两侧压扁；颖退化；孕性外稃硬纸质，具小疣点或细毛，顶端有长芒或尖头，内稃与外稃同质，边缘为外稃之二边脉所紧握；鳞被2；雄蕊6；柱头2。花粉粒光滑、颗粒、疣状或负网状纹饰。染色体2*n*=24，48，*x*=12。(22-24) /5种，**2（7，14）型**；分布于热带，亚热带；中国产华南和西南地区。主要有2个栽培种，即稻 *O. sativa* Linnaeus、光稃稻 *O. glaberrima* Steudel。

Osbeckia Linnaeus **金锦香属，Melastomataceae 野牡丹科**。草本、亚灌木或灌木。叶对生或3枚轮生，全缘，被毛或具缘毛，3-7基出脉。花序顶生；萼管坛状或长坛状；花瓣倒卵形；雄蕊同型，花药有长喙或略短，药隔下延，向后方微膨大或成短距；子房半下位，4-5室。蒴果卵形或长卵形，4-5纵裂，顶孔最先开裂，宿存萼坛状；种子小，马蹄状弯曲，具密小凸起。花粉粒为3带状孔沟，具异沟，平滑、微皱或条纹状纹饰。染色体2*n*=20，22，24，38，40。约50/5种，**4型**；分布于东半球热带及亚热带至非洲热带；中国产西藏至台湾、长江流域以南各省区。金锦香 *O. chinensis* Linnaeus 全草可入药。

Osmanthus Loureiro **木犀属，Oleaceae 木犀科**。灌木或小乔木。单叶对生，两面常具腺点。花两性，常雌蕊或雄蕊不育而成单性花，雌雄异株或雄花、两性花异株。聚伞花序簇生于叶腋，或再组成圆锥花序。苞片2，基部合生；花萼钟状，4裂；花冠呈钟状，圆柱形或坛状，浅裂、深裂，或深裂至基部，裂片4；雄蕊2，稀4，药隔常延伸呈小尖头；花柱长于或短于子房，不育雌蕊呈钻状或圆锥状。果为核果，常具种子1。花粉粒3沟或3（拟）孔沟，具皱网状纹饰。染色体2*n*=46。30/23种，**9型**；分布于亚洲东南部和美洲；中国产南部和西南地区。桂花 *O. fragrans* Loureiro 是栽培历史悠久的园林观赏植物。

Osmolindsaea (K. U. Kramer) Lehtonen & Christenhusz **香鳞始蕨属，Lindsaeaceae 鳞始蕨科**。草本，土生或附生。根状茎短而横卧或横走；叶近生或远生，叶柄禾秆色，光滑无毛；叶片通常线状披针形，一回羽状，顶端羽裂渐尖，草质，干后有香气；羽片多对，互生或对生，羽片平展；叶脉分离，无主脉，二叉分枝，不达叶边。孢子囊群叶缘着生；囊群盖椭圆形，连续或间断；孢子椭圆形。染色体*x*=75。约2(-6) /2种，**2-2型**；主要分布于非洲东部和亚洲热带地区，向北可达日本，向东达所罗门群岛；中国产长江以南各省区。

Osmorhiza Rafinesque-Schmaltz **香根芹属，Apiaceae 伞形科**。草本。茎有分枝。叶柄鞘状，干膜质；叶三角状卵形，2-3出羽状复叶；裂片锯齿状至羽状半裂。复合伞形花序常超过叶；伞辐少，不等长；小苞片反折。萼齿细长；花瓣顶端有内折舌片；花柱基圆锥形。果狭棍棒状，圆柱状，侧面轻微压扁，先端钝，基部具尾；油管不明显或无。种子横截面近圆柱状，合生面凹。10/1种，**9型**；分布于东亚和北美洲；中国主产东北到南部地区，甘肃和陕西的南部也有。

Osmoxylon Miquel **兰屿加属，Araliaceae 五加科**。常绿无刺灌木或乔木。单叶掌状分裂或掌状复叶，全缘或具小圆齿；托叶和叶柄基部合生成舌状叶鞘，边缘篦齿状或繸状。花两性，伞形花序聚生成顶生圆

锥花序；苞片早落；花梗无关节；萼筒边缘波状或有明显小齿；花瓣 4-8；雄蕊 4-30；子房 4-5 至多室，花柱合生成柱状。核果。种子三角形，胚乳光滑或具皱纹。花粉粒 3 孔沟，网状纹饰。50/1 种，**7 型**；分布于婆罗洲，菲律宾，向东延伸至新几内亚及太平洋中的热带岛屿；中国产台湾。

Osmunda Linnaeus **紫萁属，Osmundaceae 紫萁科**。夏绿中型植物。根状茎斜生，被宿存的叶柄基部。叶簇生，二型，叶柄基部膨大，幼时密生黏质腺状绒毛，成熟后脱落变光滑；不育叶片二回羽状，羽片长圆形，羽状，羽片或小羽片不以关节关着生于叶轴或羽轴；能育羽片生于叶片顶部，或能育叶和不育叶分开。叶脉羽状，侧脉多回二叉分枝。孢子囊密生于紧缩成线形的羽片中肋两侧；孢子球状四面体形，具棒状纹饰。染色体 x=11。4/2（1）种，**2 型**；分布于热带和温带，主产东亚和东南亚；中国产西南和华南地区。紫萁 *O. japonica* Thunberg 可作为酸性土壤的指示植物，其嫩叶可食，根状茎可药用。

Osmundaceae Martinov **紫萁科，水龙骨亚纲/紫萁蕨目**。草本，土生，根状茎直立或斜升，粗壮，无鳞片。叶簇生，幼时被棕色长柔毛，老时脱落；叶柄长，基部膨大，两侧有狭翅，似托叶状，叶片大，一至二回羽状分离，二型或一型，或同一片叶片上的羽片为二型；叶脉分离，侧脉二叉。孢子囊大，圆球形，大多有柄，无囊群盖，着生于强度收缩变态的能育叶的羽片边缘，不形成孢子囊群，成熟后纵裂为二瓣状。孢子四面体形，辐射对称。6 属，约 18 种，分布于泛热带地区；中国 4 属，8 种，产西南、华南和华东地区。

Osmundastrum C. Presl **桂皮紫萁属，Osmundaceae 紫萁科**。草本，土生，夏绿中型植物。根状茎直立或斜生。叶簇生，二型；幼时密生黏质红棕色的腺状绒毛。叶柄通常禾秆色或棕禾秆色；叶片一回羽状复叶，羽片羽状深裂，不以关节着生叶轴；能育叶比不育叶短，叶片强度紧缩，裂片缩成线形；叶草质；裂片上的侧脉通常二叉。孢子囊红棕色；孢子为球状四面体，辐射对称，具短棒状纹饰。染色体 x=11。1/1 种，**9 型**；分布于亚洲和北美；中国产长江以南及东北地区。桂皮紫萁 *O. cinnamomeum* (Linnaeus) C. Presl 叶形优美，栽培可供观赏；根茎入药。

Osteomeles Lindley **小石积属，Rosaceae 蔷薇科**。落叶或常绿灌木。奇数羽状复叶，互生；小叶片全缘，对生，近于无柄；叶轴上有窄叶翼；托叶线形至披针形，早落。顶生伞房花序，多花；苞片早落；萼筒钟状，萼片 5；花瓣 5，白色；雄蕊 20；花柱 5，离生，子房下位，5 室，每室具 1 胚珠。梨果，小型，具宿存直立萼片。种子直立，子叶平凸。花粉粒 3 孔沟，条纹-穴状纹饰。染色体 2n=32。5/3（1）种，**2-1 型**；分布于亚洲东部；中国产西南和华南地区。栽培供观赏，适宜作绿篱和岩石园植物。

Ostericum Hoffmann **山芹属，Apiaceae 伞形科**。草本。茎中空。叶羽状分裂。复伞形花序；总苞片少数，小总苞片数个；萼齿明显。果实卵状长圆形，背棱稍隆起，侧棱有宽翅，外果皮细胞向外凸出，棱槽内油管 1-3，合生面油管 2-8；果实成熟后，内果皮和中果皮结合与外果皮分离。胚乳腹面平直；心皮柄 2 裂。染色体 x=9，11。10/7（3）种，**10 型**；分布于朝鲜，日本和俄罗斯远东地区，少数至东欧和中亚地区；中国产东北、西北、华东和华南地区。

Ostodes Blume **叶轮木属，Euphorbiaceae 大戟科**。灌木或乔木。叶互生，叶缘具锯齿，齿端有腺体，基部明显三出脉；叶柄顶端有 2 枚腺体。雌雄同株或异株；花序生于枝条近顶端叶腋，圆锥状或总状。雄花：花瓣 5，花盘 5 裂或腺体离生，雄蕊 20-40，无不育雌蕊。雌花：花盘环状，子房密被毛，3 室，每室有 1 胚珠，花柱

O

3，2深裂。蒴果具3个分果爿；种皮脆壳质。花粉粒无萌发孔，巴豆状纹饰。3/2种，**7型**；分布于热带亚洲；中国产南部及西南部。

Ostrya Scopoli **铁木属，Betulaceae 桦木科**。落叶乔木或小乔木。芽具多数芽鳞。叶边缘具不规则重锯齿，叶脉羽状。花单性，雌雄同株；雄花序柔荑花序状，着生于上一年枝条的顶端；每初级苞片内具1-3朵雄花，花被无，花丝顶端分叉，花药2爿分离，顶端具毛；雌花序总状，直立，每总苞内有2朵雌花，具花被，子房2，每室具2枚倒生胚珠，花柱2。果序穗状，果苞囊状、封闭，膜质，具网纹，被毛；小坚果卵圆形，稍扁，具数肋。种子1枚。花粉粒多3孔，颗粒状纹饰。8/5（4）种，**8（9）型**；分布于亚洲东部，欧洲，北美洲及中美洲；中国产西部、中部至北部。木材致密可用于制作器具。

Ostryopsis Decne **虎榛子属，Betulaceae 桦木科**。灌木。芽具多数芽鳞。叶脉羽状，叶缘具不规则的重锯齿或浅裂。花单性，雌雄同株。雄花序呈柔荑花序状顶生或侧生；每初级苞片内具1-3朵雄花；雄花无花被，花丝短，顶端分叉，花药2爿分离，顶端具毛。雌花序排成总状，每初级苞片内具2朵雌花，有花被膜质，与子房贴生，子房2室，每室具1枚倒生胚珠，花柱2枚。果苞厚纸质，囊状，顶端3裂。小坚果宽卵圆形，稍扁，完全为果苞所包，外果皮木质。种子1枚。花粉粒3孔，颗粒状纹饰。2/2（2）种，**15型**；分布于北方及西南。种子含油，可供食用或制皂用；常在荒坡聚生成丛，根系盘结，有水土保持之效。

Osyris Linnaeus **沙针属，Santalaceae 檀香科**。灌木或小乔木；枝常三棱形。叶互生，颇密集，薄革质，具羽状脉。花腋生，雄花集成聚伞花序，两性花或雌花单生。两性花：花被管大部与子房贴生，离生部分3（-4）裂；花被裂片内有1撮疏毛；雄蕊3（-4），花药药室离生，平行纵裂；花盘近平坦，边缘弯缺；子房下位，1室，柱头3（-4）裂；胚珠2-4。雄花：雄蕊略长，子房退化。核果顶端常冠以花被残痕或仅留花盘的痕迹。种子球形。花粉粒3孔沟，穴状纹饰。（6-7）/1种，**12-3型**；产地中海地区，非洲和亚洲南部和东南部；中国产四川、云南和广西。多数种类的根和心材含类似檀香油的成分，可代檀香。

Otochilus Lindley **耳唇兰属，Orchidaceae 兰科**。附生草本。假鳞茎相连，顶生2枚叶。花葶生于叶中央；总状花序下垂；花苞片草质；萼片离生，背面常有龙骨状凸起；花瓣比萼片小；唇瓣近基部上方3裂，基部凹陷成囊，侧裂片耳状，位于囊的两侧，直立并围抱蕊柱，中裂片基部收狭，囊内常有脊；蕊柱较长，顶端两侧有翅，翅一般围绕蕊柱顶端；花药俯倾；花粉团4个，成2对，蜡质。4/4种，**14型**；分布于喜马拉雅地区至中南半岛；中国产西藏、云南。

Ottelia Persoon **海菜花属，Hydrocharitaceae 水鳖科**。一年生或多年生淡水草本。根茎短，呈球状。叶基生，具长柄，基部常呈鞘，沉水或浮水，叶片线形至宽卵形，叶脉3-11条，平行或弧形。花两性，或单性且雌雄异株。雄花具有长花梗；两性花和雌花具短柄或无柄；萼片3；花瓣3，比萼片大2-3倍；雄蕊3-15，花丝线形，扁平；雌花中常有退化雄蕊（缺失或1-3枚）。子房3、6或9心皮，胚珠多数，花柱3、6、9，2深裂。果实具纵棱或翅。种子多数。花粉粒无萌发孔，刺状纹饰。染色体2*n*=22，44。21/5（2）种，**2型**；广布热带到温带；中国产广东、海南、广西、四川、贵州、云南。海菜花 *O. acuminata* (Gagnepain) Dandy 作为水体园艺布景；花茎和花苞可蔬食。

Ottochloa Dandy **露籽草属，Poaceae 禾本科**。多年生草本。秆蔓生。圆锥花序开展，

顶生；小穗椭圆形，顶端尖或稍钝，背腹压扁，有短柄，含2小花，成熟时整体脱落；颖长约为小穗的一半，具3-5脉；第一小花不育，外稃膜质，与小穗等长，具7-9脉；第二小花发育，外稃质地坚硬，平滑，极狭的膜质边缘包裹同质的内稃；鳞被薄。染色体 x=9。3/1种，**5（7d）型**；分布于旧世界热带地区；中国产福建、广东、广西、海南、台湾和云南。

Oxalidaceae R. Brown **酢浆草科，木兰亚纲/酢浆草目**。一年生或多年生草本，稀灌木或乔木。根茎或鳞茎状块茎，常肉质，或有地上茎。复叶或单叶，基生或茎生；常全缘。花两性，常单花，或近伞形或伞房花序；萼片5；花瓣5；雄蕊10枚，2轮，5长5短；雌蕊5，合生心皮，子房上位，5室，中轴胎座，花柱5，异长，宿存。室背开裂蒴果或肉质浆果，常具棱（肋）；种子常为肉质外种皮。花粉粒3孔沟或3拟孔沟，网状外壁纹饰。花粉粒3孔沟，穿孔状、皱波状和网状纹饰。染色体2n=（10-）14（-84），14-32，22-24。5属，780种，分布于热带或亚热带地区，温带地区亦产，主产南美洲；中国3属，约13种，产南北各地。

Oxalis Linnaeus **酢浆草属，Oxalidaceae 酢浆草科**。一年生或多年生草本。根具肉质鳞茎状或块茎状地下根茎。叶互生或基生，指状复叶，常3小叶。花基生或为聚伞花序；萼片5；花瓣5；雄蕊10，长短相间；子房5室，每室具1至多数胚珠，花柱5，分离。蒴果室背开裂，果瓣宿存于中轴上；种子具二瓣状的假种皮，种皮光滑。有横或纵肋纹。花粉粒3孔沟，皱波状至网状纹饰。染色体 n=（5-）7（-42）。约700/8种，**1型**；世界广布，分布于南美，南非好望角；中国广布，引种2种作观赏。*O. tuberose* Molina 的幼茎和嫩叶可作蔬食。

Oxybaphus L'Héritier de Brutelle ex Willdenow **山紫茉莉属，Nyctaginaceae 紫茉莉科**。直立或斜升草本，偶具块茎。茎被黏腺毛或几无毛。单叶对生。花小；总苞钟状，5裂，花后增大，具网状脉；花被钟状或短漏斗状，常偏斜，花被筒在子房上缢缩，凋落；雄蕊2-5，常3；花丝毛发状，在子房基部合生；花柱丝状，柱头头状。掺花果小；胚弯，子叶包围粉状胚乳。25/1种，**3（14SH）型**；分布于美洲温暖地区，欧亚稀有；中国产甘肃、陕西、四川、西藏和云南。

Oxygraphis Bunge **鸦跖花属，Ranunculaceae 毛茛科**。多年生草本。根状茎。单叶基生，有柄，叶片几不分裂，仅有三回浅裂或偶三回深裂，全缘或有浅圆齿。花单生，稀单歧聚伞花序；花辐射对称；萼片5-8；花瓣5-19，基部有狭爪，蜜槽位于爪上端呈点状或杯状凹穴；雄蕊多数，花丝细；心皮多数，有1颗直立胚珠。聚合果近球形，瘦果两侧压扁，有4条纵肋，喙短，直伸。花粉粒3沟。染色体2n=16。4/4（2）种，**11（→9）型**；分布自喜马拉雅山区至西伯利亚；中国产西藏、云南西北部、四川西部、陕西、甘肃、青海、新疆。

Oxyria Hill **山蓼属，Polygonaceae 蓼科**。多年生草本。根状茎粗壮。茎直立，少分枝。叶肾形或圆肾形；叶柄较长；托叶鞘筒状。花序圆锥状；花两性或单性，雌雄异株，花被片4，果时内轮2片增大，外轮2片反折；雄蕊6，比花被片短，花药长圆形，子房扁平；花柱2；柱头画笔状。瘦果卵形，双凸镜状，两侧边缘具翅。花粉粒3沟。2/2（1）种，**8-2型**；分布于欧洲，亚洲及美洲北部的高山区及中国西北和西南山区。山蓼 *O. digyna* (Linnaeus) Hill 是高山和极地的标志物种；中华山蓼 *O. sinensis* Hemsley 在干旱河谷区具重要的水土保持作用。

Oxyspora de Candolle **尖子木属，Melastomataceae 野牡丹科**。灌木。单叶对生，5-7基出脉；具叶柄。由聚伞花序组成的

O

圆锥花序，顶生；花萼狭漏斗形，常被星状毛或糠粃状星状毛；花瓣卵形；雄蕊 8，4 长 4 短，长者药隔不伸长，短者内藏，药隔常膨大，基部伸长成短距；子房椭圆形，4 室。蒴果倒卵形或卵形，顶端伸出胎座轴，4 孔裂，宿存萼较果略长；种子近三角状披针形，有棱。花粉粒为 3 带状孔沟，具异沟，光滑、微皱或条纹-皱波状纹饰。染色体 2*n*=30，32。不确定/4（1）种，**7a-c 型**；分布于中南半岛热带至喜马拉雅，以及中国西藏、四川至广西。尖子木 *O. paniculata* (D. Don) de Candolle 全株可药用。

Oxystelma R. Brown **尖槐藤属，Apocynaceae 夹竹桃科。**藤状灌木或草本，具乳汁。叶对生。总状或伞形聚伞花序或花单生，腋生；花萼裂片双盖覆瓦状排列，内面基部具有 5 个或更多的小腺体；花冠骨盆状或坛状，裂片向右覆盖；副花冠 2 轮，5 裂；雄蕊腹部与雌蕊粘生，花丝合生成合蕊冠；花药顶端具有内弯的膜片；花粉块每室 1 个，柄较短；子房由 2 枚离生心皮组成，胚珠多数；柱头基部 5 棱。蓇葖双生或因 1 个不发育而成单生，两侧具纵狭翅。种子顶端具白色绢质种毛。染色体 2*n*=22。2/1 种，**6 型**；分布于亚洲热带，亚热带地区及热带非洲；中国产广东、广西和云南。

Oxystophyllum Blume **拟石斛属，Orchidaceae 兰科。**附生草本。茎不肿胀，生于两列叶的基部。叶套叠，坚硬。花序近顶生或侧生；花苞片宿存；花不完全开放，肉质；中萼片离生，侧萼片倾斜的三角形，与蕊柱足形成一个明显的囊；唇瓣肉质，与蕊柱足顶端连接，囊在基部，液状蜜腺沿基部及蕊柱足腹面沟槽分泌；蕊柱短，花粉块 4，成 2 对，粘在突出的花粉块柄上；子房几无柄。38/1（1）种，**7 型**；分布于东南亚至新几内亚；中国产海南。

Oxytropis de Candolle **棘豆属，Fabaceae 豆科。**多年生草本或垫状亚灌木，常被单毛、腺毛或腺点。奇数羽状复叶，小叶基部多少偏斜，对生、互生或轮生，托叶明显。花序总状、穗状或头状，稀伞形，1 至多花；花萼筒状或钟状；龙骨瓣先端具喙，维管束直达喙先端；雄蕊 2 体；花柱无毛。荚果长圆形或卵形，常膨胀，1 室或腹缝线凹陷呈不完全 2 室或 2 室，沿腹缝二瓣裂，稀不裂。花粉粒 3 孔沟，穿孔状纹饰。约 310/133（74）种，**8（13）型**；分布于亚洲，欧洲，非洲和北美，中亚种类尤多；中国主产西北，西南、华北和东北地区也有。小花棘豆 *O. glabra* de Candolle 可药用。

Oyama (Nakai) N. H. Xia & C. Y. Wu **天女花属，Magnoliaceae 木兰科。**落叶乔木或灌木。叶膜质或纸质，互生，全缘；托叶膜质，贴生于叶柄，叶柄具托叶痕；幼叶在芽中对折，直立。花单生枝顶，两性；花被片 9-12，药室内向开裂，药隔不延伸；无雌蕊群柄，心皮分离，每心皮胚珠 2 枚。聚合果椭球形；蓇葖沿背缝线开裂。主要由蜜蜂和蚜科昆虫传粉。染色体 2*n*=38。4/4 种，**14 型**；分布于亚洲东部及东南部温带地区；中国产吉林、辽宁、华东及华南地区。

Pachira Aublet **瓜栗属，Malvaceae 锦葵科。**乔木。掌状复叶。花白色或淡红色，单生叶腋或 2-3 朵簇生；副萼 2-3 枚；花萼杯状，上部截平或浅裂；花瓣长圆形或线形，开放后常扭转；雄蕊柱基部合生或裂为 5 至多束，每束花丝多数；子房 5 室，每室多胚珠，花柱顶部棍棒状。蒴果近长圆形，木质或革质；分果爿 5，内面具绵毛。种子多数，近梯状模型。花粉粒 3 孔沟，外壁网状纹饰。染色体 2*n*=72，88，92（新热带），144，约 150（古热带）。50/1 种，**（3）型**；分布于美洲热带；中国引种 1 种。瓜栗 *P. macrocarpa* (Chamisso & Schlechtendal) Walperp 可供观赏；其果皮、种子可食。

Pachygone Miers **粉绿藤属，Menispe-**

rmaceae 防己科。木质藤本。叶柄痕不明显，叶柄非盾状着生，叶卵形，掌状脉。总状花序或狭窄的圆锥花序；雄花萼片6-12，覆瓦状排列，花瓣6，抱着花丝，雄蕊6，分离，花药横裂；雌花萼片和花瓣与雄花相似，心皮3，花柱残迹基生。核果稍扁，果核外面平滑或微有皱纹，肾状圆形，两侧凹，胎座迹近匙状。种子弯，无胚乳。花粉粒3孔沟，穿孔状纹饰。(10-12)/3(3)种，**5型**；分布于印度，马来西亚及中国南部。

Pachylarnax Dandy **厚壁木属，Magnoliaceae 木兰科**。常绿乔木。叶互生，全缘，幼叶不对折，平展紧贴幼芽，托叶与叶柄离生，无托叶痕。花单生枝顶，两性；花被片9，花药线形，药隔伸出呈长尖头；雌蕊群下部心皮基部延长，形成粗短柄；心皮2至多数，互相连着，受精后全部合生，胚珠每心皮3-5。聚合果倒卵球形或椭球形；蓇葖厚木质，沿腹缝全裂及顶端开裂；每心皮种子1-3。花粉粒单沟，网状纹饰。染色体2*n*=38。3/1种，**7型**；分布于印度东北部，马来西亚，越南及中国西南地区。

P

Pachyneurum Bunge **厚脉荠属，Brassicaceae 十字花科**。多年生，草本被柔毛。基生叶莲座状，全缘，具叶柄。茎生叶近无柄，全缘。总状花序，无苞片；萼片上升，横向对囊状；花瓣白色，倒卵形，花药长圆形，具细尖；胚珠16-24。角果线形到长圆状线形，不近念珠状，具短柄。阀门脉不明显，室间隔完整。种子单列。1/1种，**11型**；分布于俄罗斯，蒙古国及中国阿尔泰山和萨彦岭地区。

Pachypleurum Ledebour **厚棱芹属，Apiaceae 伞形科**。草本。根粗壮，多分枝。茎基部密被枯鞘纤维。叶片羽裂；复伞形花序顶生或侧生；总苞片数个，披针形，伞辐5-40，小总苞片披针形至线状披针形，全缘或一至二回羽裂；萼齿显著，三角形或披针形；花瓣卵形至长圆形，基部具爪，末端有反折的小舌片。果实长圆形至阔卵形，背腹压扁，果棱均为翅状、近等长，每棱槽油管1-2，合生面油管2-4或缺失。6/5(4)种，**10型**；分布于亚洲，欧洲；中国产西藏和四川。

Pachyrhizus Richard ex de Candolle **豆薯属，Fabaceae 豆科**。缠绕或直立草本，具肉质块根。羽状3小叶，小叶常有角或波状裂片。花常簇生于总状花序肿胀的节上；花萼二唇形；花冠青紫色或白色，旗瓣宽倒卵形，具耳，翼瓣长圆形，镰状，龙骨瓣与翼瓣等长；雄蕊二体；子房无柄，花柱内弯，沿内弯一侧有毛，柱头侧生或近顶生。荚果带形，种子间有下压的缢痕。种子卵形或扁圆形，种脐小。花粉粒3孔沟，网状纹饰。染色体2*n*=22。5/1种，**(3)型**；分布于热带美洲地区；中国东南至西南部引入栽培。豆薯 *P. erosus* (Linnaeus) Urban 的块根生食或熟食或制淀粉；种子含鱼藤酮可作杀虫剂。

Pachysandra Michaux **板凳果属，Buxaceae 黄杨科**。匍匐或攀援常绿亚灌木。叶互生，具粗锯齿，中脉成基生或离基三出脉，具叶柄。花小，单性，雌雄同株；花序穗状；上部为雄，下部为雌。雄花萼片4，雄蕊4，与萼片对生，不育雌蕊1；雌花萼片4-6，子房2-3室，花柱2-3；苞片、萼片边缘均有纤毛。果实近核果状，宿存花柱长角状。种子三角形，黑色。花粉粒散孔，或5孔，网状纹饰。染色体2*n*=24，26，48，54。约3/2种，**9型**；分布于美国，日本及中国长江以南。顶花板凳果 *P. terminalis* Siebold & Zuccarini 可供观赏。

Pachystoma Blume **粉口兰属，Orchidaceae 兰科**。地生草本或罕为菌类寄生植物，地下具肉质根状茎。叶1-2枚，常在花后发出。花葶细长，直立；总状花序具数朵稍疏离的小花；萼片相似；侧萼片与蕊柱足合生而形成萼囊；唇瓣基部稍凹陷，前部3裂；侧裂片直立，中裂片伸展；唇盘肉质，具龙骨状脊突；花粉团8个，蜡质，

近梨形或倒卵形，等大，每4个为一群，无明显的粘盘和粘盘柄。20/2（1）种，**5（7e）型**；分布于热带亚洲至新几内亚岛和太平洋岛屿；中国产南方地区。

Pachystylidium Pax & K. Hoffmann **粗柱藤属，Euphorbiaceae 大戟科**。半灌木，缠绕状或攀援状，毛被为单毛或螯毛。叶互生，托叶显著，宿存，掌状3出叶脉。雌雄同株；花序顶生或与叶对生，不分枝，两性。雄花：花瓣缺，花盘环状，有时不明显，雄蕊2（或3），药室明显，退化雌蕊缺。雌花：萼片6（-8），平展，子房3室，硬刺毛具螯状毛，胚珠每室1枚，花柱3。果实为蒴果，3室，具螯状毛；种子球形，无种阜。花粉粒3沟，穿孔状纹饰。1/1种，**7型**；分布于东南亚热带地区；中国产云南。

Paederia Linnaeus **鸡矢藤属，Rubiaceae 茜草科**。灌木或藤本。叶常对生，揉之发出强烈的臭味。圆锥花序式的聚伞花序，腋生或顶生；花萼裂片4-5裂；花冠管漏斗形或管形，裂片4-5，镊合状排列；雄蕊4-5，内藏；子房2室，每室有胚珠1枚，柱头2，内藏或伸出。果由核果状变成裂果状，球形或扁球形，外果皮膜质，成熟时分裂为2个圆形或长圆形小坚果；小坚果背面压扁。种子与小坚果合生，种皮薄。染色体2*n*=22，44，66，88。花粉粒3沟，网状纹饰。约30/11（4）种，**7a型**；分布于亚洲热带地区，少数达非洲；中国产西南和中南部至东部，以西南地区最多。鸡矢藤 *P. scandens* (Loureiro) Merrill 为传统中草药。

Paeonia Linnaeus **芍药属，Paeoniaceae 芍药科**。特征描述同科。30/15（10）种，**8型**；分布于亚洲，欧洲和北美西部的温带至亚热带地区；中国主产北部地区。牡丹 *P. suffruticosa* Andrews、芍药 *P. lactiflora* Pallas 是著名花卉；根可入药。

Paeoniaceae Rafinesque **芍药科，木兰亚纲/虎耳草目**。多年生草本、半灌木。根肥大。茎基部具宿存鳞片。叶互生，三出或羽状复叶。单花顶生，或每枝2或多朵而兼具顶生和腋生；萼片2-9；花瓣4-13，颜色多样；雄蕊多达230枚；心皮1-5（-8），离生，花柱有或无，柱头内弯，具羽冠，胚珠倒生，具厚珠心。蓇葖果。种子黑色或暗棕色，胚乳丰富。花粉粒3拟孔沟，网状，负网状或不规则瘤状孔穴纹饰。染色体2*n*=10，15，20。1属，30种，分布于亚洲，欧洲和北美西部的温带至亚热带地区；中国1属，15种，产北部地区。

Paesia Jaume Saint-Hilaire **曲轴蕨属，Dennstaedtiaceae 碗蕨科**。草本，土生植物。根状茎长而横走。叶远生；叶片革质，卵状三角形，常二至四回羽状分离；叶轴常呈之字形左右曲折；叶脉羽状分离，侧脉多为二叉。孢子囊群线形；囊群盖线形，有内外两层，外层由叶边反折的膜质假盖；孢子两侧对称，外壁光滑。染色体*x*=13。约12/1（1）种，**2型**；分布于美洲，大洋洲和亚洲热带地区；中国产台湾。台湾曲轴蕨 *P. taiwanensis* W. C. Shieh 可供观赏。

Palaquium Blanco **胶木属，Sapotaceae 山榄科**。乔木，具乳汁。小枝顶端具球果状鳞苞。叶簇生；托叶极早落。花单生或簇生；花梗基部明显具苞片；花萼6裂，2轮排列；花冠裂片4-6，覆瓦状或螺旋排列；能育雄蕊2或3轮生于花冠喉部；无退化雄蕊；子房被长柔毛；花柱1，钻形。浆果，肉质果皮。种子1-3，瘢痕宽为种子的一半，种脐在先端，种皮坚脆或革质，胚在胚乳外，薄层，子叶肥厚，胚根极短。花粉粒4-5孔沟，皱波状纹饰。110/1种，**7型**；分布于亚洲东南部和太平洋岛屿；中国产台湾。台湾胶木 *P. formosanum* Hayata 的木材可供建筑用；果可食。

Paliurus P. Miller **马甲子属，Rhamnaceae 鼠李科**。落叶乔木或灌木。叶互生，基生三出脉，托叶常变成刺。腋生或顶生聚伞花序或聚伞圆锥花序；花萼5裂，中肋在

P

内面凸起；花瓣 5，两侧常内卷；花盘厚，肉质，边缘 5 或 10 齿裂或浅裂；子房上位，大部分藏于花盘内，基部与花盘愈合，3 室（稀 2 室），每室具 1 胚珠；花柱常 3 深裂。核果杯状或草帽状，周围具木栓质或革质的翅，基部有宿存的萼筒。花粉粒 3 孔沟，网状纹饰。染色体 2*n*=24。5/5（3）种，**10-1 型**；分布于欧洲和亚洲东部；中国产西南、中南、华东等省区。铜钱树 *P. hemsleyanus* Rehder ex Schirarend & Olabi 的树皮可提制烤胶；马甲子 *P. ramosissimus* (Loureiro) Poiret 可供药用，种子榨油可制烛。

Panax Linnaeus **人参属，Araliaceae 五加科。**多年生草本。根膨大成纺锤形或圆柱形。茎单生，基部有鳞片。掌状复叶，轮生于茎顶。花两性或杂性，伞形花序单个顶生；萼筒边缘 5 小齿；花瓣 5，覆瓦状排列；雄蕊 5；子房 2-4 室，稀 5 室。核果，球形；种子侧扁，胚乳光滑。花粉粒 3 孔沟，网状纹饰。11/8（3）种，**9 型**；分布于东亚，喜马拉雅地区，中南半岛及北美；中国广布。人参 *P. ginseng* C. A. Meyer、西洋参 *P. quinquefolius* Linnaeus、三七 *P. notoginseng* (Burkill) F. H. Chen ex C. Chow & W. G. Huang 可药用。

Pancratium Linnaeus **全能花属，Amaryllidaceae 石蒜科。**多年生草本。有鳞茎。叶基生，无柄。花葶较叶短，实心；一至数朵于花葶顶端排成伞形花序，有佛焰状总苞片 2，披针形；花被管圆柱形；雄蕊着生于花被管的喉部，花丝上部头状，稍 3 裂或分枝，基部合生成一杯状体，花药线形，丁字形着生；子房下位，每室有上下叠置的胚珠。蒴果，3 裂。种子黑色，有棱角。花粉粒单沟，网状纹饰。染色体 *x*=9，10，11，12，23。约 20/1 种，**4 型**；分布于亚洲，非洲，欧洲的热带和温带地区；中国产广东南部沿海岛屿和香港。

Pandaceae Engler & Gilg **攀打木科，木兰亚纲/金虎尾目。**乔木或灌木，单叶互生，羽状脉。聚伞花序或总状圆锥花序；花小，单性，雌雄异株；萼片 5，覆瓦状排列或张开；花瓣 5，覆瓦状或镊合状排列；雄蕊 1-2 轮着生于花托上，外轮的与花瓣互生，内轮雄蕊退化成腺体或不育，花药 2 室，内向纵裂；子房上位，2-5 室，胚珠每室 1-2，倒生，无珠孔塞。核果；种子无种阜。花粉粒 3 孔沟，穿孔状至网状纹饰。染色体 2*n*=30。3 属，15 种，**6 型**；分布于热带非洲及亚洲，主产非洲新几内亚；中国 1 属，1 种，产广东、海南、广西和云南。

Pandanaceae Brown **露兜树科，木兰亚纲/露兜树目。**常绿乔木、灌木，或木质藤本，常具支柱根。叶常聚生于茎或枝顶端，带状，革质，有锐刺，叶基具鞘。花单性，雌雄异株。雄花序多分枝，总状或圆锥状，末端常呈肉穗状；雄花常无梗，花被缺失，雄蕊多数，簇生成束。雌花序穗状、总状或头状，有时单花，果期下垂；子房上位，1 至多室，胚珠 1 至多数，花柱极短或无，柱头 1 或多数。聚花果卵球形或圆柱状。种子 1 至多数，极小。花粉粒单孔，网状、小槽状、刺状或光滑纹饰。染色体 *n*=25，28，30。5 属，约 700 种，分布于非洲西部，亚洲南部和大洋洲北部；中国 2 属，7 种，产南部和西南部地区。

Pandanus Parkinson **露兜树属，Pandanaceae 露兜树科。**攀援藤本或灌木，稀草本，具气生根。叶线形或披针形，基部具膜质叶鞘，叶片全缘或有锯齿，叶脉平行，中脉突出。花序顶生或腋生，由 2-5 枚具柄的肉穗花序组成，排列呈伞状或总状，佛焰苞数枚，肉质，常具颜色。花单性，稀两性，花被缺失。雄花由数枚具短花丝的雄蕊组成；雌花有退化雄蕊，子房成束，1 室，胚珠多数，花柱 2 或多数，离生或聚合。浆果。种子多数。花粉粒单孔，光滑、刺状、疣状、穿孔状到网状纹饰。染色体 *n*=25，28，30。650/6（1）种，**4 型**；主要分布于东半球热带，个别至亚

热带；中国主产南部和西南部地区。露兜树 *P. tectorius* Parkinson 的叶片柔长坚韧，常作编织材料；叶、根和果实可入药；也可作为海滨绿化。

Panicum Linnaeus **黍属，Poaceae 禾本科。**一年生或多年生草本。圆锥花序顶生；小穗脱节于颖之下，背腹压扁，含 2 小花；第一小花雄性或中性；第二小花两性；第一颖常短小，第二颖与第一颖近等长，稍大，且常同形；外稃硬纸质或革质，有光泽，包裹同质内稃。染色体 x=9，10。约 500/21 种，**2（8-4）型**；分布于热带，亚热带地区，少数至温带；中国大部分省区均产，以南方尤盛。稷 *P. miliaceum* Linnaeus 是重要的粮食作物；光头黍 *P. coloratum* Linnaeus 可作饲料。

Panisea (Lindley) Lindley **曲唇兰属，Orchidaceae 兰科。**附生草本。假鳞茎密集着生于根状茎上，顶生 1-3 叶。总状花序；花苞片基部围绕花序轴；萼片离生，侧萼片常斜歪；花瓣与萼片相似；唇瓣不裂或有 2 个小的侧裂片，基部有爪并呈 S 形弯曲，具或不具附属物；蕊柱两侧边缘具翅；花药俯倾，花粉团 4 个，成 2 对，蜡质；柱头凹陷，位于前方近顶端处；蕊喙较大，伸出于柱头穴之上方。7/5（1）种，**7 型**；分布于喜马拉雅地区至泰国；中国产西南部。

Panzerina Soják **脓疮草属，Lamiaceae 唇形科。**多年生草本。叶掌状分裂，具长柄。轮伞花序腋生多花；苞片针刺状；花萼管状钟形，5 脉，齿 5，基部宽三角形，先端为刺状尖头，前 2 齿较长；花冠白至黄白色，长 2-4cm，上唇直伸，盔状，外密被柔毛，下唇直伸，3 裂，中裂片扁心形，两侧边缘膜质，冠筒约与萼筒等长；雄蕊 4，平行，近于等长或前对稍长，花药卵圆形，2 室，横裂。小坚果卵圆状三棱形，顶端圆形。花粉粒 6 沟。染色体 2n=18。（2-7）/2 种，**13 型**；分布于蒙古国，俄罗斯及中国西北地区。

Papaver Linnaeus **罂粟属，Papaveraceae 罂粟科。**茎具乳白色、恶臭的液汁。叶羽状浅裂、深裂、全裂或二回羽状分裂，表面具白粉，两面被刚毛。花单生，稀为聚伞形总状花序。蒴果于辐射状柱头下孔裂。种子具纵向条纹或蜂窝状。花粉粒 3 沟，穿孔状纹饰，具小刺。100/7 种，**8-4 型**；主要分布于中欧，南欧至亚洲温带，少数到美洲，大洋洲和非洲南部；中国产东北部和西北部，各地栽培。

Papaveraceae Jussieu **罂粟科，木兰亚纲/毛茛目。**草本、稀灌木，有时具刺毛，常有乳汁或有色液汁。主根明显，稀纤维状或形成块根。蒴果，瓣裂或顶孔开裂，稀成熟心皮分离开裂或不裂或横裂为单种子的小节。种皮平滑、蜂窝状或具网纹；种脊有时具鸡冠状种阜。花粉粒 2-3 沟或散沟，穿孔或网状纹饰。染色体 n=6，7，8，稀 5，8-11，16，19。约 38 属，700 余种，产北温带，尤以地中海地区，西亚，中亚至东亚及北美洲西南部为多；中国 19 属，443 种，各省区均产。

Paphiopedilum Pfitzer **兜兰属，Orchidaceae 兰科。**地生草本，具短或长的横走根状茎和许多较粗厚的纤维根。叶 2 至数枚；叶片带形，多少肉质，基部叶鞘相互套叠。花大；中萼片直立或俯倾于唇瓣之上；2 枚侧萼片合生而成合萼片；唇瓣为深囊状，球形、椭圆形或其他形状，一般有宽阔的囊口；蕊柱具 2 枚侧生的能育雄蕊，1 枚位于上方的退化雄蕊和 1 枚位于下方的柱头；退化雄蕊扁平；柱头肥厚，下弯。约 50/32（12）种，**7a-d 型**；产亚洲热带地区；中国产西南山地。

Papilionanthe Schlechter **凤蝶兰属，Orchidaceae 兰科。**附生草本。茎伸长，向上攀援或下垂。叶肉质，细圆柱状，近轴面具纵槽。花序在茎上侧生，不分枝，疏生少数花，少有减退为单朵花的；唇瓣基部与蕊柱足连接，3 裂；侧裂片近直立且与蕊柱平行或围抱蕊柱，中裂片先端扩大而

常 2-3 裂；距漏斗状圆锥形或长角状；蕊柱基部具蕊柱足；蕊喙细长；花粉团蜡质，2 个，具沟；粘盘柄宽三角形或近方形。约 11/2（1）种，**7a 型**；分布于东南亚及中国云南南部和西藏东南部。

Parabaena Miers **连蕊藤属，Menispermaceae 防己科**。藤本。叶柄痕不明显，非盾状着生。叶基心形、戟形或箭形。雄花萼片 6，轮生，2 轮；聚药雄蕊，花药横裂。雌花萼片和花瓣与雄花近似；心皮 3，花柱残迹近顶生。核果，果核骨质，外面有雕纹，常有刺，胎座迹位于腹面正中，盘状。种子新月形，胚乳丰富，子叶卵形，开叉。花粉粒 3 孔沟，网状纹饰。6/1 种，**7 型**；分布于东南亚；中国产云南、广西和贵州南部。连蕊藤 *P. sagittata* Miers 可食用。

Paraboea (Clarke) Ridley **蛛毛苣苔属，Gesneriaceae 苦苣苔科**。草本，或半灌木，幼时被蛛丝状绵毛。叶对生，下面常密被彼此交织的毡毛。聚伞花序腋生或组成顶生圆锥状聚伞花序。花冠斜钟状；雄蕊 2，花药常狭长圆形，两端钝或尖，顶端连着；无明显花盘。蒴果筒形，不卷曲或稍螺旋状卷曲。种子具蜂巢状网纹。花粉粒 3 沟，网状或瘤状纹饰。染色体 $2n$=18，36。约 70/12 种，**7-1 型**；分布于不丹，印度尼西亚，菲律宾，以及中国台湾、广东、海南、广西、云南、贵州、四川和湖北。

Paraderris (Miquel) R. Geesink **拟鱼藤属，Fabaceae 豆科**。木质藤本。奇数羽状复叶，托叶小。总状花序腋生，偶为圆锥花序；苞片短于花瓣，小苞片宿存；花萼 5 浅裂；花冠白色至玫瑰红色，旗瓣椭圆至近圆形，基部内侧具胼胝体；单体雄蕊，有时对旗瓣的 1 枚分离而成二体；子房被毛，胚珠 1-7 粒。荚果不裂，木质或厚木质，沿腹缝线有狭翅或腹、背两缝线均有狭翅。种子 1 至多粒。约 15/6（3）种，**7d 型**；分布于东南亚到新几内亚；中国广东、广西、云南、海南和台湾有野生或栽培。

Paradombeya Stapf **平当树属，Malvaceae 锦葵科**。灌木或小乔木。花两性，丛生于叶腋内，花梗具节；副萼 2-3；花萼 5；花瓣 5，不相等，顶端截形；雄蕊 15 枚，每 3 枚成组并与舌状的退化雄蕊互生，基部连合成环，花药卵形或椭圆形；子房无柄，2-5 室，每室 2 胚珠；花柱延长，有槽。蒴果近圆球形，被星状短柔毛；室背开裂，分果爿长卵形，每室 1 种子。种子矩圆状卵形。花粉粒 3 孔，具刺。染色体 $2n$=20。2/1（1）种，**7-3 型**；分布于缅甸，泰国及中国西南部。平当树 *P. sinensis* Dunn 为国家Ⅱ级重点保护野生植物。

Paragymnopteris K. H. Shing **金毛裸蕨属，Pteridaceae 凤尾蕨科**。草本，土生。根状茎直立或斜升，密被线形或钻形的黄棕色鳞片，并混生细长柔毛。叶簇生，一型；叶柄栗色或棕色，叶片卵状披针形，一至二回奇数羽状复叶，遍体密被黄棕色（老时为灰白色）细长绢毛；叶脉分离，羽状或一至二回分叉，近叶边处连接成狭长网眼。孢子囊群线形，无囊群盖；孢子球状四面形，表面有显著刺状凸起。染色体 x=30。5/5（2）种，**10 型**；分布于旧大陆温带地区；中国产西南和西北。金毛裸蕨 *P. vestita* (Hooker) K. H. Shing 全草可药用。

Parahemionitis Panigrahi **泽泻蕨属，Pteridaceae 凤尾蕨科**。草本，土生。根状茎短而直立。叶簇生或近生，二型或近二型；叶柄栗色或紫栗色，能育叶柄比不育叶柄长；叶片卵形或戟形，基部为深心脏形，顶端钝圆；叶脉网状，网眼长六角形，无内藏小脉。孢子囊群沿能育叶的网脉着生，无盖，成熟时布满叶背面；孢子球状四面形，表面有小刺。染色体 x=30。1/1 种，**7 型**；热带亚洲分布；中国产云南、海南和台湾。泽泻蕨 *P. cordata* (Roxburgh ex Hooker & Greville) Fraser-Jenkins 叶形优美，可作室内观赏。

Paraisometrum W. T. Wang **弥勒苣苔属，Gesneriaceae 苦苣苔科。**草本，无地上茎，根状茎短而粗。叶基生，椭圆形。聚伞花序腋生；苞片 2。花萼 5 裂达基部；花冠筒状，橙黄色或黄白色，檐部二唇形，上唇不等 4 浅裂，下唇不裂。能育雄蕊 4，花药扁球形，顶端成对连着；退化雄蕊 1；花盘环状；子房线形，侧膜胎座 2，花柱短，柱头 1，头部扁平。蒴果长圆状披针形。种子多数。染色体 2*n*=34。1/1（1）种，**15 型**；特产云南中部、贵州（兴义）及广西（隆林）。

Parakmeria Hu & W. C. Cheng **拟单性木兰属，Magnoliaceae 木兰科。**常绿乔木，全株无毛。叶全缘，具骨质半透明边缘下延至叶柄；叶柄上无托叶痕；幼叶在芽中不对折而抱住幼芽。花单生枝顶，两性或杂性（雄花两性花异株）。花被片 9-12；雄花两药室分离，内向开裂；两性花具明显的雌蕊群柄，心皮发育时全部互相愈合，每心皮具 2 胚珠。聚合果椭圆形或倒卵形；蓇葖沿背缝及顶端开裂；种子 1-2 颗。花粉粒单沟，穿孔状纹饰。染色体 2*n*=114。5/5（3）种，**15 型**；分布于缅甸北部及中国西南至东南部。

Paralagarosolen Y. G. Wei **方鼎苣苔属，Gesneriaceae 苦苣苔科。**草本，具根状茎。叶基生。花萼深裂。花冠高脚碟状，檐部上唇 2 深裂，裂片长圆形，下唇 3 深裂；裂片倒卵形，先端圆钝；下（前）侧方 2 雄蕊能育，内藏，花药宽椭圆形，腹面连着；退化雄蕊 2。雌蕊内藏，子房卵球形，1 室，侧膜胎座 2，花柱细长，柱头 2，相等。蒴果宽卵状椭圆球形，具 4 纵沟，顶端钝，果瓣 4，直。种子椭圆球形，具密集的小瘤突，无附属物。1/1（1）种，**15 型**；特产广西西部。

Paralamium Dunn **假野芝麻属，Lamiaceae 唇形科。**多年生直立草本。总状圆锥花序顶生或腋生，由密集的聚伞花序组成。花萼钟形，膜质，10 脉，齿 5，后 1 齿最大，顶端平截，果时明显自两侧边缘外卷，余 4 齿披针形，前 2 齿稍大；花冠二唇形，冠檐上唇直伸，长圆形，稍内凹，下唇 3 裂；雄蕊 4，两对平行靠近，借小缘毛而连接。小坚果扁球状三棱形，细小。花粉粒 3 沟，网状纹饰。1/1 种，**7 型**；产越南，缅甸及中国云南。

Parameria Bentham **长节珠属，Apocynaceae 夹竹桃科。**攀援灌木，具乳汁。叶对生。圆锥状聚伞花序；花萼裂片内面基部具腺体；花冠高脚碟状或近钟状，花冠管短，上部较宽，无鳞片，花冠顶端裂片向左覆盖；花药彼此靠合并粘在柱头上；子房由 2 枚离生心皮组成，胚珠多数；柱头顶端钝而 2 裂。蓇葖双生，长节链珠状，具柄。种子长圆形，种皮被短柔毛，顶端具白黄色绢质的种毛。3/1 种，**7 型**；分布于亚洲南部和东南部；中国产云南和广西。

Paramignya R. Wight **单叶藤橘属，Rutaceae 芸香科。**木质藤本，具弯钩状刺。单小叶或单叶，叶全缘，具油点。花单生或数花簇生，花两性；萼片 4-5，合生至中部；花瓣 4-5，覆瓦状排列；雄蕊 8-10，花丝分离，花药长椭圆形，花盘伸长；子房具短柄，3-5 室，每室 1-2 胚珠。浆果，近球形或卵形，果皮厚，密生油点，果有黏胶质液，无汁胞，种子 1-5；种子两侧压扁，种皮膜质。花粉近长球形，4-5 孔沟，外壁具细条纹或细皱状纹饰。约 15/1 种，**5（7a-c）型**；分布于亚洲南部，东南部及澳大利亚北部；中国产广东、广西、海南和云南南部。

Paramomum S. Q. Tong **拟豆蔻属，Zingiberaceae 姜科。**多年生草本。叶螺旋状排列；叶鞘不封闭。穗状花序卵形；苞片覆瓦状排列；管状小苞片侧裂。花冠管顶端具 3 裂片；雄蕊花瓣状，花药着生于花丝的中部，唇瓣倒卵形，雄蕊基部不与唇瓣愈合成短管，无侧生退化雄蕊；子房 3 室，有上位腺体，柱头漏斗状。蒴果具宿

P

存的花萼。种子黑色，具假种皮。花粉粒无萌发孔，刺状纹饰。1/1（1）种，**15 型**；特产中国云南南部。

Paranephelium Miquel **假韶子属，Sapindaceae 无患子科**。乔木，雌雄同株或异株。奇数羽状复叶，轮生。聚伞圆锥花序腋生或顶生；花单性，辐射对称；萼杯状，5 裂，裂片三角状卵形，镊合状排列；花瓣（4）5（-7），具爪，内面有宽大鳞片，花盘环状，5 浅裂；雄蕊 5-9；子房 3 室，每室 1 胚珠，柱头浅裂。蒴果近球形，室背裂为 3 果瓣，平滑或木质硬刺；种皮革质，种脐横椭圆形。花粉粒有或无孔沟，皱波状纹饰。4/2（1）种，**7 型**；分布于东南亚；中国产广东、海南及云南。海南假韶子 *P. hainanensis* H. S. Lo 的叶片可药用。

Paraphlomis (Prain) Prain **假糙苏属，Lamiaceae 唇形科**。草本或半灌木。轮伞花序多花至少花，有时每叶腋仅 1 花；花萼管状、管状钟形或倒圆锥形，外被单毛或具节毛，齿 5；花冠筒内面具毛环，向上渐增大，冠檐上唇扁平直伸，或盔状内凹，下唇近水平开张，3 裂，中裂片较大；雄蕊 4，前对较长，花丝丝状，扁平，花药 2 室；花柱丝状，超出雄蕊之外，先端近相等 2 浅裂，子房 4 裂，顶部截平；花盘环状或杯状，平顶。小坚果倒卵球形至长圆状三棱形。花粉粒 3 沟，网状纹饰。24/23（20）种，**7 型**；产印度，缅甸，泰国，老挝，越南，马来西亚，印度尼西亚及中国长江以南地区。

Parapholis C. E. Hubbard **假牛鞭草属，Poaceae 禾本科**。一年生草本。穗状花序；小穗含 1 小花，嵌生于穗轴中，成熟后与其穗轴节间一同脱落；颖 2 枚，两侧不对称，如 1 枚对分为 2，先端锐尖；外稃短于颖片，具 1 明显中脉，两侧压扁，内稃略短于外稃；子房先端浅裂，花柱近于缺无。约 6/1 种，**10 型**；分布于中亚，西南亚，地中海区域及沿大西洋欧洲海岸北至波罗的海区域；中国产浙江、福建。假牛鞭草 *P. incurva* (Linnaeus) C. E. Hubbard 是重要的海滨牧草植物。

Paraprenanthes Chang ex Shih **假福王草属，Asteraceae 菊科**。草本。花托无托毛；冠毛同型，白色，微糙毛状，2 层，纤细；总苞圆柱状，花后绝不为卵形；小花淡红色或紫色，舌片顶端截形，5 齿裂，喉部有白色短柔毛。果黑色，纺锤状，不压扁，向上渐窄，顶端白色，无喙或有不明显喙状物，每面有 4-6 条高起的纵肋。花粉粒 3 孔沟，有刺脊，小刺短。染色体 $2n=18$。10/10（8）种，**14 型**；产喜马拉雅地区东部，缅甸，泰国，越南，日本，以及中国西部、中部和南部。

Parapteroceras Averyanov **虾尾兰属，Orchidaceae 兰科**。附生草本。叶狭长，先端不等侧 2 尖裂。花序不分枝；花序柄和花序轴多少肉质，具翅状纵凸纹；中萼片卵状椭圆形；侧萼片倒卵形，较大；唇瓣着生在蕊柱足末端而形成一个可动的关节，3 裂；距多少两侧压扁，中部向前偏鼓，向末端变狭，先端钝并与蕊柱足在同一水平线上，前壁向末端增厚；蕊柱具细长的蕊柱足；蕊喙 2 裂；花粉团蜡质，2 个，近球形，全缘。约 5/1 种，**7-4（7ab）型**；分布于东南亚，向北到泰国，越南及中国云南南部。

Paraquilegia Drummond & Hutchinson **拟耧斗菜属，Ranunculaceae 毛茛科**。多年生草本。根状茎较粗壮。一至二回三出复叶基生，有长柄，外围有数层的老叶柄残基。花葶 1-3 条，直立；花单生，辐射对称；萼片 5，花瓣状；花瓣 5，基部浅囊状；雄蕊多数，花丝丝形；心皮 5（-8），胚珠多数，2 列。蓇葖顶端具细喙，表面有网脉。种子椭圆状卵球形，褐色或灰褐色，一侧生狭窄翼，光滑或有小疣状凸起。花粉粒 3 沟，网状纹饰。染色体 $2n=14$。5/2 种，**13-2 型**；分布于尼泊尔，蒙古国，西伯利亚，中亚地区及中国西南及西北地区。

P

Pararuellia Bremekamp & N. Bremekkamp **地皮消属，Acanthaceae 爵床科**。多年生草本，具钟乳体。叶对生，基生呈近莲座状，具羽状脉。聚伞穗状花序或穗状花序顶生或腋生；苞片叶状；小苞片 2，短于花萼；花萼 5 深裂至近基部；花冠 5 裂；雄蕊 4，2 强，花药 2 室，蝴蝶形，基部无芒状附属物；无不育雄蕊；子房 2 室，每室具 4-8 胚珠；具珠柄钩。蒴果开裂时胎座不从基部弹起。种子 8-16，被螺旋状吸湿性柔毛。花粉粒 3 孔，不规则网状纹饰。10/5（5）种，**7a-c 型**；分布于中南半岛，马来半岛及印度尼西亚；中国产湖北、贵州、四川、云南、广西和海南。

Parasassafras D. G. Long **拟檫木属，Lauraceae 樟科**。常绿乔木。叶互生，离基三出脉，幼叶有时先端开裂。假伞形花序簇生叶腋；总苞片小，互生，早落。花被筒短；花被片 6。花单性。雄花：能育雄蕊 9；花药 4 室，内向瓣裂；退化雌蕊细小。雌花：子房上位，球形，花柱粗壮，柱头盾形。果实生于浅盘状果托上。1/1 种，**14SH 型**；分布于不丹，印度，缅甸及中国云南西部至西南部。

Parasenecio W. W. Smith & J. Small **蟹甲草属，Asteraceae 菊科**。多年生草本。叶具柄，互生，基部无叶鞘。头状花序盘状，排成圆锥或伞房花序；花托平；冠毛细毛状；总苞圆柱状或狭钟形，总苞片 3-12，单层；花管状，5 裂；花药基部箭形或有尾，花丝柱状；花柱分枝顶端截形或膨大，具不等长乳突。果圆柱形，无毛，有肋。染色体 *x*=20，26，29，30，31，45，60。60/52（43）种，**10（14）型**；主产东亚和中国—喜马拉雅地区，俄罗斯和阿留申群岛等也有；中国南北均产。

Parashorea Kurz **柳安属，Dipterocarpaceae 龙脑香科**。大乔木。常具板状根。叶互生，具羽状脉；托叶早落。总状或圆锥花序；萼片 5，覆瓦状排列，基部合生；花瓣 5；雄蕊 12-15，药室顶端具短尖头，药隔附属体短；心皮 3，离生，每心皮具 2 倒悬胚珠。果时花萼裂片全部增大成相等的或 3 长 2 短的翅，且基部狭窄不包围果实。花粉粒 3（孔）沟，细网状纹饰。染色体 *n*=7。15/1 种，**7 型**；分布于东南亚；中国产云南和广西。望天树 *P. chinensis* H. Wang 可作家具用材。

Parastyrax W. W. Smith **茉莉果属，Styracaceae 安息香科**。乔木，冬芽裸露。叶互生，近革质，边全缘或有硬质锯齿。总状花序或聚伞花序，紧缩，腋生；花排列密集，近无梗；花萼杯状，与子房贴生；花冠 5 裂；雄蕊 10-16，内藏，近等长或 5 长 5 短，花丝下部合生，基部不与花冠贴生；花柱延伸成钻状，子房近下位，3 室，每室胚珠多枚，柱头头状。核果，外果皮肉质，无毛，无翅或棱，近顶端具宿存的花萼裂片和环纹，顶端膨大呈脐状凸起。花粉粒 3 孔沟，皱波状纹饰。2/2 种，**14 型**；产缅甸及中国云南。

Parasyncalathium J. W. Zhang, Boufford & H. Sun **假合头菊属，Asteraceae 菊科**。莲座状多年生草本。头状花序多数在茎端莲座状叶丛中集成团伞花序，含 4-6 枚舌状小花；冠毛白色，稍带黄色或污黄褐色，短细糙毛状，联合成环，一起脱落；总苞片狭圆柱状，总苞片 1 层，4-6 枚；小花紫红色或蓝色，顶端截形，5 微齿裂。果长倒卵形，压扁，侧面加宽成翅状，两面各有 1 条高起的细肋，顶端圆形，有极短的喙状物。染色体 2*n*=16。1/1（1）种，**15 型**；特产中国横断山区。

Parathelypteris (H. Itô) Ching **金星蕨属，Thelypteridaceae 金星蕨科**。中小型陆生植物，稀生于沼泽、草甸。叶柄禾秆色或栗色，有时基部近黑色；叶片先端渐尖并羽裂，向基部变狭或否，二回羽状深裂；叶脉羽状，分离，侧脉单一，均伸达叶边。叶草质或纸质，两面多少被柔毛或针状毛，稀干后无毛，下面有时被橙黄色或红紫色的腺体；羽轴上面下陷成纵沟，密被

短刚毛，下面圆形隆起，通常多少被有针状毛或柔毛，罕无毛。孢子囊群圆形，中等大，背生于侧脉中部或近顶部，位于主脉和叶边之间或稍近叶边；囊群盖较大，圆肾形，常宿存。孢子两面形，圆肾形，周壁薄而透明，具皱褶，其上有细网状纹饰，有时周壁表面或皱褶顶部和网脊上具小刺，外壁光滑或具细网状纹饰。染色体 x=8，9，31。约 60/24 种，**2 型**；主要分布于亚洲东南部的热带和亚热带山区；中国主产长江以南各省区。

Parepigynum Tsiang & P. T. Li **富宁藤属，Apocynaceae 夹竹桃科**。藤本。叶对生，叶脉稀。聚伞花序伞房状；花萼裂片基部内面有 5 个钻状腺体；花冠浅高脚碟状，花冠管圆筒状，内面在雄蕊背后的筒壁上具倒生刚毛，花冠裂片向左覆盖；雄蕊着生于花冠管的近基部；子房半下位，心皮 2，胚珠多数。蓇葖 2 枚合生，狭纺锤形，具粗柄。种子线状长圆形，顶端具短且宽的喙，喙缘具黄白色种毛。1/1（1）种，**15 型**；特产中国云南和贵州。

Parietaria Linnaeus **墙草属，Urticaceae 荨麻科**。草本，稀亚灌木。叶互生，全缘，基出脉 3 或离生脉 3；托叶缺。聚伞花序腋生，常由少数几朵花组成；苞片萼状，条形；雄花花被片 4，雄蕊 4；雌花花被片 4，合生成管状，4 浅裂，子房直立，花柱短或无，柱头画笔头状或匙形，退化雄蕊不存在。瘦果卵形，有光泽，包藏于干的宿存花被片内。钟乳体点状。花粉粒 3 孔，刺状纹饰。染色体 n=7，8，10，13，14。20/1 种，**1 型**；分布于温带和亚热带地区；中国产除华东和华南以外的省区。

Paris Linnaeus **重楼属，Melanthiaceae 黑药花科**。多年生草本。根状茎短粗或细长；茎直立，常单出。叶 4（稀 3）至多枚，轮生，叶脉网状。花 1，顶生于叶轮中央；花被片 2 轮，离生，外轮花被片为萼片，内轮为花瓣；萼片叶状，宽长，多为绿色；花瓣狭长，与萼片互生，或缺；雄蕊 2-6 轮，花药基着，2 室，侧向纵裂，药隔突出或不突出；子房心皮多数，为 3 室以上的中轴胎座，或 1 室的侧膜胎座，或上部 1 室、下部多室的不完全的中轴胎座，胚珠多数，倒生。浆果或开裂的蒴果。种子多数，子叶 1 枚。花粉粒单沟，光滑、穴状、颗粒和网状纹饰，稀为皱波状。染色体 $2n$=10，20，40。27/21 种，**8 型**；中国广布，以云贵高原至四川的邛徕山区尤盛。滇重楼 *P. polyphylla* var. *yunnanensis* (Franchet) Handel-Mazzetti、华重楼 *P. polyphylla* var. *chinensis* (Franchet) H. Hara 以根状茎入药。

Parkia R. Brown **球花豆属，Fabaceae 豆科**。无刺乔木。二回偶数羽状复叶。花极多，聚成头状花序；花序上部为两性花，黄色或红色，下部为雄花或中性花，白色或红色；花萼管状，裂齿 5，极短，覆瓦状排列；花瓣 5，线状匙形，分离或连合至中部，镊合状排列；雄蕊 10；子房上位；退化雄蕊呈一长束，具色彩。荚果长圆形，直立或弯曲，2 瓣裂。种子横生。花粉 16 合体或 32 合体。染色体 n=13。约 35/2 种，**2（3，5）型**；分布于美洲，非洲和亚洲热带地区；中国云南和台湾引种栽培。一些种类荚果可作蔬菜，种子及果皮可酿酒，如 *P. speciosa* Hasskarl。

Parkinsonia Linnaeus **扁轴木属，Fabaceae 豆科**。乔木或灌木，具刺或不具刺。二回偶数羽状复叶，叶轴特扁，羽片 2-4 枚，羽轴极长且扁，小叶退化，小且极多。总状或伞房花序腋生；花梗长，无小苞片；花两性；萼片 5，膜质；花瓣 5 片，具短柄，最上面一片较宽具长柄；雄蕊 10 枚，分离；子房具短柄，胚珠多数。荚果扁平，长条形，无翅，不开裂，薄革质。种子长圆形，具胚乳。花粉粒 3 孔沟，网状纹饰。（11-12）/1 种，**（2-2）型**；主要分布于北美和南美，非洲也产；中国海南引种栽培。一些种类可作为观赏物种和树篱，树皮和叶药用，如扁轴木 *P. aculeata* Linnaeus。

P

Parnassia Linnaeus **梅花草属，Celastraceae 卫矛科**。多年生草本；茎常不分枝。叶基生、多呈莲座状；花茎中部以下具无柄叶1枚。花两性，单生茎顶；花萼5，基部多少连合且与子房合生；花瓣5，全缘或睫毛状；雄蕊5枚，与花瓣互生，退化雄蕊5；子房1室，上位或半下位，侧膜胎座3-4枚。蒴果偶带棱，室背开裂；种子多数，倒卵球体或椭球形，沿整个腹缝线着生，有翅；膜质。花粉粒3孔沟，网状纹饰。染色体2*n*=14，18，27，32，36，48。(50-70)/63 (49) 种，**8 (9) 型**；分布于北温带，主产亚洲东部和东南部；中国各地均产，主产西南部。梅花草 *P. palustris* Linnaeus 全草可入药。

Parochetus Buchanan-Hamilton ex D. Don **紫雀花属，Fabaceae 豆科**。多年生柔细草本。掌状三出复叶，托叶基部与叶柄稍连合。花1-3朵组成伞形花序，着生于细长总花梗的顶端；苞片2-4枚，托叶状，分离，无小苞片；萼钟形，具脉纹15-20条，萼齿5，上方2齿连合较高，下方1齿稍长；雄蕊二体(9+1)，花丝先端不膨大，花药同型；胚珠多数，花柱上弯，无毛。荚果线形，膨胀，稍压扁，2瓣裂。种子肾形。2/1种，**6型**；分布于非洲东部，亚洲中部和南部；中国产四川、云南及西藏。紫雀花 *P. communis* Buchanan-Hamilton ex D. Don 可作为园艺观赏。

Paropyrum Ulbrich **疆扁果草属（新拟），Ranunculaceae 毛茛科**。多年生草本。根状茎细长。二回三出复叶多数基生，有长柄。聚伞花序；苞片3深裂或3全裂；花辐射对称；萼片5，花瓣状；花瓣5，长圆状船形，基部筒状；雄蕊约20，花丝狭线形；心皮2-5；胚珠多数，2列。蓇葖扁平，宿存花柱微外弯。种子数枚，种皮近黑色。花粉粒3沟。染色体2*n*=14。1/1 (1) 种，**13-2型**；分布于中亚地区；中国产西藏、青海、甘肃和新疆。

Parrotia C. A. Meyer **银缕梅属，Hamamelidaceae 金缕梅科**。落叶乔木。叶互生，顶端常具锯齿，具平行脉。雄全同株；头状花序，3-7花；苞片大，棕色；花萼7-8(-10)，基部联合，宿存；花瓣无；雄蕊(5-)10-15，花药2室；子房半下位，每室胚珠1，花柱长，柱头下延。蒴果沿花序轴螺旋状排列，密被星状毛。种子椭圆形。花粉粒3沟，稀4沟，网状纹饰。染色体2*n*=24。2/1 (1) 种，**10-1型**；分布于东亚和西亚；中国产安徽、浙江和江苏。

Parrya R. Brown **条果芥属，Brassicaceae 十字花科**。多年生草本，稍呈丛生状。具有木质化根状茎。基生叶呈莲座状，全缘或羽状分裂。无茎，花葶无叶或很少有1叶；花瓣粉红色、紫色或白色；子房线形，胚珠多数，花柱短。长角果2室，开裂；隔膜膜质，有纤维状线条。种子每室2或1行，种子扁压状卵形、圆形或长圆形，边缘有膜质翅或无翅。染色体2*n*=14，28。50/5种，**9 (14SH) 型**；分布于中亚，喜马拉雅地区，北美有2种；中国产甘肃和新疆。

Parsonsia R. Brown **同心结属，Apocynaceae 夹竹桃科**。攀援灌木。叶对生。伞房状聚伞花序；花萼裂片基部内面有腺体；花冠高脚碟状，花冠管喉部紧缩，无鳞片，花冠裂片向右覆盖；雄蕊伸出，花药胶黏成球状且腹面黏合于柱头的中部；子房为2个离生心皮所组成，胚珠多数；柱头顶端2裂或全缘。蓇葖圆筒状。种子线形或长圆形，向顶端渐狭，顶端具种毛。花粉粒3孔，外壁光滑或细皱状纹饰。染色体2*n*=18。约50/2 (1) 种，**5型**；分布于亚洲东南部和太平洋群岛；中国产华南和华东至台湾。

Parthenium Linnaeus **银胶菊属，Asteraceae 菊科**。灌木或草本。叶互生。头状花序小；花托凸起或圆锥状，有膜质托片；冠毛2-3，刺芒状或鳞片状；总苞钟状或半球形，2层；外围雌花1层，结实，中央两性花多数，不结实，全部花冠白色或浅黄

色，雌花辐射状，舌片短宽，顶端凹入，2或3齿裂，两性花管状，顶端4-5裂；雄蕊4-5个；花柱分枝2，两性花花柱不分枝。果常压扁。染色体2n=34。16/1种，(3)型；产北美至南美；1种入侵中国南方地区。

Parthenocissus Planchon **地锦属，Vitaceae 葡萄科**。木质藤本。卷须4-7总状多分枝，遇附着物扩大成吸盘。单叶、3小叶或掌状5小叶，互生。聚伞花序；花两性，5数；花瓣各自分离脱落；雄蕊5；花盘不明显，偶有5蜜腺状花盘；花柱明显，子房2室各2胚珠。果梗顶端增粗，多少有瘤状凸起，浆果球形。种子1-4，种子腹面两侧洼穴达种子顶端，胚乳横切W形。花粉粒3孔沟，穴状至网状纹饰。染色体2n=40。约13/9（1）种，**9型**；分布于亚洲和北美；中国广布。地锦 *P. tricuspidata* (Siebold & Zuccarini) Planchon 可入药。

Paspalidium Stapf **类雀稗属，Poaceae 禾本科**。多年生草本。穗状花序组成狭圆锥花序；穗轴近三棱形，着生小穗的一面有龙骨状凸起；小穗沿凸起呈2行排列，背腹压扁，无芒，近无柄，成熟时脱落，内含2花，第一颖小，第二颖等长或短于小穗；第1小花雄性或中性，外稃、第二颖圆形，内稃有或缺，第2小花两性，外稃骨质，包同质内稃。染色体2n=18。40/2种，**2（3）型**；分布于热带地区，澳大利亚较多；中国产广东、福建、贵州、云南、海南和台湾。

Paspalum Linnaeus **雀稗属，Poaceae 禾本科**。多年生或一年生草本。穗形总状花序，指状或总状排列于茎顶或伸长主轴上；小穗平凸，2-4行互生于扁平的穗轴一侧；第一颖片无或稀很小，第二颖片近等长于小穗；内稃无，第二外稃背部隆起，成熟后变硬，近革质，顶端圆钝，有光泽，边缘狭窄内卷。花粉粒皱波或疣状纹饰。染色体x=10。330/16（2）种，**2（3）型**；分布于热带和暖温带地区，尤其在新大陆地区；中国产大部分省区。两耳草 *P. conjugatum* Bergius 可饲用。

Passiflora Linnaeus **西番莲属，Passifloraceae 西番莲科**。草质或木质藤本。叶互生，叶下面和叶柄常有腺体。聚伞花序腋生，有时退化仅存1-2花；花两性，5数；萼筒钟形到柱形；萼片5，常花瓣状；花瓣5；副花冠呈两轮，外副花冠常由1至数轮组成，内副花冠膜质，扁平或褶状、全缘或流苏状，有时呈雄蕊状，其内或下部具有蜜腺环；雄蕊5（-8），离生；雌蕊具雌蕊柄，子房1室，心皮3（-5），花柱3（-5）。浆果。种子扁平，被假种皮。花粉粒3孔沟（稀6），网状纹饰。染色体x=6，9。520/20（7）种，**2-1型**；分布于热带美洲和热带亚洲；中国产南部和西南部。多数种类为花大而美丽的藤本，用于园林绿化。一些种类为热带水果，如鸡蛋果 *P. edulus* Sims。

Passifloraceae Jussieu ex Roussel **西番莲科，木兰亚纲/金虎尾目**。攀援草本或藤本，稀灌木或小乔木，具腋生卷须。叶互生，叶柄或叶片基部常有1到多个腺体。单花或聚伞花序，腋生，常具3枚苞片。花两性、功能上单性或杂性，（3-）5（-8）数；萼片（3-）5（-6），离生；花瓣（3-）5（-6），稀缺失；常有1至多轮呈丝状或毛状的副花冠；雄蕊（4或）5至多数，花药2室；雌蕊具雌蕊柄，子房1室，（1-）3-5（-6）心皮，胚珠多数，花柱（1-）3（-5）。浆果或3-5瓣蒴果；种子多数，扁平。花粉粒3或6孔沟，网状纹饰。染色体n=5，6，7，9-13。27属，975种，主要分布于热带，尤其是美洲和非洲，暖温带也产；中国2属，23种，产南方。

Pastinaca Linnaeus **欧防风属，Apiaceae 伞形科**。草本；根茎粗大，长圆锥形。茎具棱。叶羽状多裂。伞形花序顶生和侧生，苞片和小苞片无，伞辐众多；萼齿微小；花瓣卵形，黄色，顶点内凹；花柱基短圆锥形，花柱短，叉开。果实

P

广椭圆形，无毛，背部强烈压扁，背棱薄丝状，侧棱宽展成翅；每棱槽油管 1，合生面油管 2-4。胚乳腹面平直。花粉粒 3 孔沟。染色体 *x*=11，2*n*=22，44。14/1 种，**10 型**；分布于欧洲和亚洲；中国产新疆西部地区。

Patrinia A. Jussieu **败酱属，Caprifoliaceae 忍冬科**。草本；地下茎有强烈腐臭。基生叶丛生，茎生叶对生，常羽状分裂或全裂，边缘常具粗锯齿。花序为二歧聚伞花序组成的伞房或圆锥花序，具叶状总苞；花冠钟形或漏斗状，冠筒面具长柔毛，基部一侧常膨大，其内密生蜜腺，裂片 5，蜜囊上端一裂片较大；雄蕊（1-）4，常伸出花冠；子房下位，3 室，柱头头状或盾状。瘦果，果苞翅状，常具 2-3 条主脉。花粉粒 3 沟，稀 4 沟，具刺。染色体 2*n*=22。20/11（5）种，**13 型**；分布于中亚至东亚；中国南北广布。

Pauldopia Steenis **翅叶木属，Bignoniaceae 紫葳科**。灌木或小乔木。叶对生，二至三回羽状复叶，叶轴具有狭翅；小叶上面具鳞片状毛，下面疏生菌状腺体。圆锥花序；花萼钟状，5 浅裂；花冠筒筒状，裂片 5；二强雄蕊；花盘环形。蒴果长圆柱形，隔膜膜质。种子扁圆形，厚而无翅。花粉粒 3 沟，穴状或网状纹饰。虫媒。约 1/1 种，**7 型**；分布于印度，老挝，缅甸，尼泊尔，泰国，越南及中国云南南部。

Paulownia Siebold & Zuccarini **泡桐属，Paulowniaceae 泡桐科**。落叶乔木。单叶对生。顶生圆锥花序，由多数聚伞花序复合而成；花大，花萼被毛，5 裂，稍不等，后方 1 枚较大；花冠紫色或白色，花冠筒基部狭缩并向前弓曲，腹部常有两条纵褶，檐部二唇形，上唇 2 裂，下唇 3 裂；雄蕊 4 枚，2 强，不伸出，花丝近基处扭卷，花药叉分；花柱中空，子房 2 室，中轴胎座。蒴果 2 或 4 裂。种子小而多，有膜质翅，具少量胚乳。花粉粒 3 孔沟，网状纹饰。染色体 2*n*=40。7/6 种，**14SJ 型**；分布于老挝，越南，中国除东北北部、内蒙古、新疆北部、西藏外均产。

Paulowniaceae Nakai **泡桐科。木兰亚纲/唇形目**。落叶乔木、半附生假藤本或附生灌木。单叶对生，有时 3 叶轮生，全缘或 3-5 浅裂。圆锥花序或总状花序；花萼钟形，被毛，5 裂；花冠筒常有弯曲，上唇 2 裂，下唇 3 裂；雄蕊 4 枚，2 强，无退化雄蕊；子房 2 室，中轴胎座。蒴果 2 或 4 裂；种子小而多，具翅，具少量胚乳或无胚乳。花粉粒 3 孔沟，网状或穴状-网状纹饰。2 属，9 种，分布于东亚温带，喜马拉雅，缅甸至马来西亚；中国 2 属，8 种，分布于除东北、西北外的各省区。

Pavetta Linnaeus **大沙叶属，Rubiaceae 茜草科**。灌木或小乔木。叶常对生；托叶常常合生成鞘状。伞房花序式的聚伞花序，顶生或腋生；苞片托叶状；花萼裂片 4-5；花冠高脚碟形，裂片 4，芽时旋转状排列；雄蕊 4-5，伸出或内藏；子房 2 室，每室具胚珠 1 枚，生于肉质胎座上，柱头全缘或 2 裂，常伸出，远超花冠裂片。浆果，球形，肉质，有小核两颗；小核背面凸起，腹面凹陷或平。种子与小核同形，种皮膜质。花粉粒 3-4 孔沟，细网状至孔状纹饰。染色体 2*n*=22，44。约 400/6（2）种，**4 型**；分布于亚洲热带地区，非洲，太平洋岛屿及澳大利亚北部；中国产华南至西南部。大沙叶 *P. crassipes* K. Schumann 可药用。

Pavieasia Pierre **檀栗属，Sapindaceae 无患子科**。乔木或灌木，雌雄异株。偶数羽状复叶，互生。聚伞圆锥花序近枝顶腋生；花辐射对称，两性或单性，萼浅杯状，深 5 裂，覆瓦状排列；花瓣 5，内面基部有 1 个大型鳞片，花盘深杯状，雄蕊 8；子房 3 室，多毛，每室 1 枚胚珠，柱头不明显 3 裂。蒴果 3 室，种子无假种皮。花粉粒 3 孔沟，合孔沟，条纹状纹饰。（2-3）/2（1）种，**7 型**；分布于越南北部，以及中国广西、云南。

Pecteilis Rafinesque **白蝶兰属，Orchidaceae 兰科**。地生草本。块茎长圆形、椭圆形或近球形，肉质，不裂。总状花序顶生；花苞片叶状，较大；花大；萼片宽阔；唇瓣3裂，侧裂片外侧具细的裂条或小齿或全缘，中裂片线形或宽的三角形；距比子房长很多；花粉团2个，为具小团块的粒粉质，具花粉团柄和粘盘，粘盘包藏于蕊喙臂末端筒内；蕊喙较低，具长的蕊喙臂；柱头2个，凸出。约7/3种，**7a型**；分布于亚洲热带至亚热带地区，从日本，马来西亚，印度尼西亚，中南半岛至喜马拉雅；中国产西南部、南部和东部地区。

Pectis Linnaeus **香檬菊属，Asteraceae 菊科**。草本。叶对生。花托略锥形，无苞片；冠毛糙毛状，有少数粗壮的芒、毛或鳞片；总苞片单层，边缘重叠，有腺点；缘花生于总苞片内，与总苞片同数，单层，雌性，黄色或微红，中央花能育，两性，黄色，有时略带紫色；花药灰白色，顶端附片椭圆形至截形，基部短尖；花柱几不分叉。果黑色，肋不明显。染色体2*n*=22，24，36，44，48，72。85/1种，**（3b）型**；产热带及亚热带美洲；中国台湾归化1种。

P

Pedaliaceae Brown **胡麻科，木兰亚纲/唇形目**。草本，稀灌木或乔木，全株（或部分）被黏性腺体。叶对生，单叶，无托叶。花两性，单生叶腋，稀数花簇生或形成总状花序；花梗短，基部常有蜜腺；花萼5（4）深裂；花冠筒状或钟状，先端5裂；雄蕊4（稀2），2强，常有1退化雄蕊；花药2室；花盘肉质；子房上位（稀下位），2或4室，胚珠2至多数，花柱纤细，柱头2裂。果实常有钩刺或翅。花粉粒多沟。染色体*n*=8（13）。15属，70种，分布于旧大陆热带与亚热带，非洲多见；中国1属，1种，中国产北部、中部、南部和西南部。

Pedicularis Linnaeus **马先蒿属，Orobanchaceae 列当科**。半寄生草本。基生叶丛生或脱落，茎生叶互生、对生或轮生；叶片羽状裂。无限花序；花萼管状至钟状，萼齿2-5裂；花冠二唇形，上唇盔状，花药内藏，盔端常具齿或伸长为喙，下唇3裂，依附上唇，锐角或直角开展；花柱细长，常伸出盔端，胚珠4至多数。蒴果室背开裂。种子多数，卵圆形至长椭圆形，外种皮多为网状或蜂窝状纹饰。花粉粒3合沟、3沟或2合沟，疣状纹饰。熊蜂传粉，极少鸟类传粉。染色体2*n*=12，14，16。（600-800）/362（281）种，**8型**；分布于北温带高山和高海拔地区，一些种类延伸到南美洲安第斯山；中国各省区广布，西南尤盛。

Pegaeophyton Hayek & Handel-Mazzetti **单花荠属，Brassicaceae 十字花科**。多年生草本。茎短缩，根多粗壮。叶多数，光滑无毛，少有具白色扁刺毛。花大，多数，单生；萼片宽椭圆形，内轮2枚，无毛或具白色扁刺毛；花瓣白色或淡蓝色，顶端全缘或微凹，基部具短爪；雄蕊6，花丝分离。短角果宽卵形或椭圆形，扁压，肉质，1室，不开裂，具狭翅状边缘。种子2行。7/4（1）种，**14SH（→13-2）型**；分布于喜马拉雅地区；中国产西南和西北地区。单花荠 *P. scapiflorum* (J. D. Hooker & Thomson) C. Marquand & Airy Shaw 全草可入药。

Peganum Linnaeus **骆驼蓬属，Nitrariaceae 白刺科**。多年生草本，全株有特殊臭味。根肥大而长。叶互生，撕裂状；托叶刺毛状。花单生或聚合成花序；萼片常5，稀4；花瓣4或5，白色；雄蕊12或15，3轮；子房2或3室。果实为蒴果和浆果。花粉粒3孔沟，细网状纹饰。6/3（1）种，**12-2型**；分布于北美，亚洲中部与西部，欧洲南部和北美地区；中国产甘肃、新疆、陕西、山西。

Pegia Colebrooke **藤漆属，Anacardiaceae 漆树科**。攀援状木质藤本。奇数羽状复叶，叶对生，有锯齿。圆锥花序顶生或腋生；花瓣5；雄蕊10，花药近球形；花盘在雄蕊内有5缺口；子房5室，仅1胚珠能育，

花柱 5，合生，柱头 3-5 浅裂。核果卵圆形或斜长椭圆形，中果皮红色，内果皮椭圆形，薄，骨质；种子椭圆形，压扁，胚弯曲或直立。3/2 种，**7 型**；分布于印度至马来西亚；中国产南部和西南部。

Pelatantheria Ridley **钻柱兰属，Orchidaceae 兰科**。附生草本。茎多少为扁的三棱形。叶片先端钝并且不等侧 2 裂。总状花序从叶腋长出，很短，具少数花；花小，肉质，开展；唇瓣 3 裂；中裂片上面中央增厚呈垫状；距狭圆锥形，内面具 1 条纵向隔膜或脊，而背壁上方具 1 个骨质的附属物；蕊柱粗短，顶端具 2 条长而向内弯曲的蕊柱齿；花粉团 2 个，近球形，每个劈裂为不等大的 2 爿，或 4 个，以不等大的 2 个为 1 对。约 5/3 种，**7a 型**；分布于热带喜马拉雅经印度东北部，缅甸到东南亚；中国产西南地区。

Pelexia Poiteau ex Lindley **肥根兰属，Orchidaceae 兰科**。地生植物，具成簇的肉质根。叶基生。中萼片常凹陷成兜状，与花瓣靠合呈盔状；侧萼片与蕊柱足合生，常形成明显的萼囊；花瓣基部常斜歪；唇瓣基部常呈戟形或偶见具耳，边缘与蕊柱边缘黏合；蕊柱延长，前方表面常有细短柔毛或疏柔毛，基部有蕊柱足；柱头 2；蕊喙狭长圆形至舌状；花粉团 2 个，近棒状或狭卵形，花粉团，粒粉质，花粉团柄不甚明显，具粗厚的粘盘。约 67/1 种，**3 型**；产美洲热带至亚热带地区；中国产华南地区。

Peliosanthes Andrews **球子草属，Asparagaceae 天门冬科**。多年生草本，具根状茎，根厚。茎常短，较少细长或匍匐。叶常基生，具叶柄；叶条形到椭圆卵形，亚 2 列脉。花单生或 2-5 朵簇生于 1 枚苞片腋内；花被片下部合生成筒；雄蕊 6，花丝短，合生成 1 肉质的环（副花冠）；子房下位到半下位，3 室，每室具 2-4（或 5）胚珠；花柱短，柱头短 3 裂。蒴果在早期开裂暴露幼嫩种子。种子浆果状，成熟时为蓝色。花粉粒单沟，疣状纹饰。染色体 $2n$=36，54。约 16/6（5）种，**7 型**；分布于孟加拉，印度锡金，印度尼西亚，老挝，马来西亚，缅甸，尼泊尔，泰国，越南及中国南部。

Pellacalyx P. W. Korthals **山红树属，Rhizophoraceae 红树科**。乔木。小枝中空。叶对生，托叶外面具星状毛。团伞花序；花萼筒状，花瓣与花萼裂片同数，着生于萼筒边缘，外面密被毛，顶端具齿或为各种深度的撕裂；雄蕊为花瓣的 2 倍，生于萼筒喉部，长短各半，花药 4；子房下位，心皮 5-10，每心皮胚珠多数，花柱柱状，常被毛。果实近球形；种子多数，具胚乳，离母树后始发芽。花粉粒 3 孔沟，穿孔状纹饰。8/1（1）种，**7a 型**；分布于泰国，缅甸，马来西亚，菲律宾及中国云南南部。

Pellaea Link **旱蕨属，Pteridaceae 凤尾蕨科**。草本，土生。根状茎短而横卧或长而横走，密被鳞片。叶簇生或远生，一型或轻微二型；叶柄栗黑色或栗色，有光泽，圆柱形；叶片长圆披针形至三角状披针形，一至四回奇数羽状，叶纸质或革质，光滑或往往有毛或鳞片；叶脉分离或罕为网结，小脉羽状分叉；孢子囊群小，圆形，生于小脉顶端，成熟时汇合成线形，无隔丝，囊群盖线形，囊群盖边缘全缘或啮蚀状。孢子球状四面形，表面具细颗粒状、鸡冠状、褶皱状或偶为瘤状或疣状纹饰。染色体 x=29。约 30/2（1）种，**2-2 型**；分布于南美洲和非洲南部及其附近岛屿；中国产云南和四川。

Pellionia Gaudichaud-Beaupré **赤车属，Urticaceae 荨麻科**。草本或亚灌木。叶互生，2 列，两侧不相等，具三出脉、半离基三出脉或羽状脉；托叶 2。雄花序聚伞状，而雌花序呈球状，并具密集的苞片，偶具花序托；雄花被片外面顶部之下有角状凸起；雌花被片长于子房或与子房等长，柱头画笔头状。瘦果小，卵形或椭圆形，常有小瘤状凸起。钟乳体纺锤形，或不存在。

花粉粒 3 孔，颗粒状纹饰。染色体 n=8，13，16。60/20（9）种，**7e 型**；主要分布于亚洲热带地区，少数到亚洲的亚热带地区及大洋洲岛屿；中国产长江流域及以南各省区。

Peltoboykinia（Engler）H. Hara **涧边草属，Saxifragaceae 虎耳草科**。多年生草本。根状茎粗壮，稍肉质。单叶互生，基生叶具长柄，叶片大型，盾状着生，掌状浅裂，茎生叶少，与基生叶同型，但较小，托叶膜质。聚伞花序顶生；苞片小；萼片 5；花瓣 5，淡黄色，常具疏细齿；雄蕊 10；心皮 2，大部合生；子房半下位，2 室，中轴胎座，胚珠多数，花柱 2，离生。蒴果，成熟时先端 2 裂。种子细小，具小瘤状凸起。花粉粒 3 拟孔沟，光滑、穿孔状或细网状纹饰。染色体 2n=16。2/1 种，**14 型**；分布于日本及中国福建。

Peltophorum (Vogel) Bentham **盾柱木属，Fabaceae 豆科**。落叶乔木，无刺。大型二回偶数羽状复叶，小叶多数，对生，无柄。腋生或顶生的圆锥花序或总状花序；花黄色，两性；萼片 5 深裂，覆瓦状排列；花瓣 5；雄蕊 10 枚，离生，花丝稍伸出花冠外，基部密被簇状粗毛，花药背着；子房无柄，胚珠 3-8 颗。荚果长圆形，不开裂，沿背腹两缝线均有翅。种子 2-8 颗，扁平，无胚乳。花粉粒 3 孔沟，网状纹饰。染色体 2n=26，28。约 12/2 种，**2（5）型**；泛热带分布；中国产福建、广东、海南、云南。盾柱木 *P. pterocarpum* (de Candolle) Backer ex K. Heyne 引种栽培可作庭园观赏；木材可作木器、家具。

Pemphis J. R. Forster & G. Forster **水芫花属，Lythraceae 千屈菜科**。灌木或小乔木。叶对生，全缘，极厚，肉质。花单生叶腋，花梗基部有 2 枚小苞片；花 6 基数，辐射对称；萼筒钟状或浅杯状，有 12 至多数棱，6 裂，裂片短而直立，三角形，裂片间有 6 枚短小的角状附属体；花瓣 6，着生于萼筒顶部；雄蕊 12，2 轮，着生于萼筒近中部；子房小，基部 3 室，每室胚珠多数。蒴果革质，成不规则的周裂；种子多数，种皮常扩大成翅。花粉粒 3-4 孔沟，外壁粗糙。1/1 种，**4 型**；分布于东半球热带海岸，马达加斯加；中国产台湾。

Pennilabium J. J. Smith **巾唇兰属，Orchidaceae 兰科**。小型的附生草本。茎短，具少数密生的叶。叶先端不等侧 2 裂。花序不分枝；花苞片 2 列互生；花瓣边缘常有齿；唇瓣贴生于蕊柱基部，无关节，3 裂；侧裂片前端边缘具齿或流苏；中裂片肉质；距细长，常向末端膨大，内侧无附属物和隔膜；蕊柱无蕊柱足；花粉团蜡质，2 个，近球形，全缘（不裂）；粘盘柄长匙形，上部约为 2 个花粉团直径的宽，下部纤细。约 10/2 种，**7ab 型**；分布于从印度东北部经中国南部，泰国，马来西亚至印度尼西亚和菲律宾；中国产台湾和云南。

Pennisetum Richard **狼尾草属，Poaceae 禾本科**。一年生或多年生草本。圆锥花序穗状；小穗单生或 2-3 簇生，下围有总苞状刚毛，随小穗脱落，小穗脱节于颖下；第一小花雄性或中性，外稃与小穗等长或稍短，第二小花两性，外稃与第一小花外稃等长或短，包同质内稃。染色体 2n=18。80/11（4）种，**2（6，8-4）型**；分布于热带，亚热带地区，非洲尤盛；中国产西南、华南。铺地狗尾草 *P. cladestinum* Hochstetter ex Chiovenda 为优良牧草。

Pentacoelium Siebold & Zuccarini **苦槛蓝属，Scrophulariaceae 玄参科**。常绿灌木。茎直立，稀平卧。叶螺旋状互生，稀对生，叶片具散生半透明腺点。聚伞花序或单花出自叶腋；花萼 5 裂，宿存；花冠近辐射对称，钟状或漏斗状筒形，常 5 深裂，稀 6-7 深裂，裂片白色或粉红色，常具紫斑；雄蕊 4，相等；雌蕊子房 2 室，每室 1-2 胚珠，或 3-10 个分隔室，每室 1 胚珠。核果多少肉质，卵球形至近球形，先端有小尖头，熟时红色或蓝紫色。花粉粒 3 沟，细网状纹饰。1/1 种，**14-2（SJ）型**；东

亚特有，分布于中国东南沿海地区，日本和越南北部；中国产福建、广东、广西、海南、台湾西部、浙江东部。苦槛蓝 *P. bontioides* Siebold & Zuccarini 可作绿篱；或作海滨和河岸多石地带的绿化；也可药用或作精油。

Pentanema Cassini **苇谷草属，Asteraceae 菊科**。草本。叶互生。花托无托毛；冠毛1层，5至多数，极纤细；总苞片外层边缘干膜质，内层干膜质；外围有1-2层雌花，辐射状，中央有多数两性花，管状，黄色；花药基部箭头形，有纤细的尾部，上端稍尖；花柱分枝稍扁，上端较宽，钝或截形。果近圆柱形或稍四角形，无肋或棱。染色体 $2n=18$。18/3种，**10型**；分布于非洲，中亚，南亚和东南亚；中国产青藏地区和南方地区。苇谷草 *P. indicum* (Linnaeus) Y. Ling 全草可入药。

Pentapetes Linnaeus **午时花属，Malvaceae 锦葵科**。一年生草本。叶条状披针形或戟状。花红色，单生或2朵聚生于叶腋；副萼3枚，锥尖状；花萼5，披针形；花瓣5；雄蕊15枚，基部合生成筒状，每3枚成组并与退化雄蕊互生，退化雄蕊5枚，舌状，与花瓣近等长；子房无柄，5室，每室多胚珠；蒴果卵状圆球形，具星状毛和刚毛；室背开裂为5果爿。种子椭圆形。花粉粒3（4-5）孔，具刺。染色体 $2n=76$。1/1种，**7型**；分布于印度，马来西亚；中国引入栽培。午时花 *P. phoenicea* Linnaeus 可供观赏。

Pentaphragma Wallich **五膜草属，Pentaphragmataceae 五膜草科**。特征描述同科。（25-30）/2（1）种，**7型**；分布于东南亚，马来群岛和新几内亚。中国产云南、广西、广东和海南。五膜草 *P. sinense* Hemsley & E. H. Wilson 为阴生植物。

Pentaphragmataceae Agardh **五膜草科，木兰亚纲/菊目**。多年生草本，具根状茎。叶互生，基部不对称，具柄，无托叶。聚伞花序腋生，苞片多数。花两性，辐射对称；花萼合生成萼筒；顶端5裂片常不等宽；花冠5裂，贴生于萼筒；雄蕊5，与花冠裂片互生；子房下位，2室，胚珠多数，柱头头状。浆果不裂。种子多数。花粉粒3孔沟，外壁光滑。染色体 $x=54-56$。1属，25-30种，分布于东南亚，马来群岛和新几内亚。中国1属，2种，产南部和西南部。

Pentaphylacaceae Engler **五列木科，木兰亚纲/杜鹃花目**。常绿灌木或乔木。叶革质，互生，羽状脉。花两性、单性、杂性或单性和两性异株，具明显花梗；花瓣5；雄蕊多数，稀仅5枚，排成1-5轮，花药基部着生；子房上位或半下位。浆果，稀蒴果。胚弯曲，有胚乳。花粉粒3孔沟，光滑、皱波状或穴状纹饰。12属，约350种，分布于热带和亚热带非洲，热带美洲，东亚，南亚和东南亚及太平洋诸岛；中国7属，130种，产秦岭-淮河以南地区。

Pentaphylax G. Gardner & Champion **五列木属，Pentaphylacaceae 五列木科**。常绿灌木。叶全缘。花小，两性，排成腋生假穗状或总状花序；小苞片2，宿存；萼片5，宿存；花瓣5，白色；雄蕊5，花药顶孔开裂；子房上位，5室，每室胚珠2枚，具2层珠被，花柱1，宿存，先端5裂。蒴果椭球形，室背开裂，裂片中部具隔膜。种子长筒状，顶端具翅或无，胚马蹄形，胚乳稀少。花粉粒3孔沟，外壁近光滑。1/1（1）种，**7a型**；分布于东亚和东南亚；中国产长江以南地区。

Pentarhizidium Hayata **东方荚果蕨属，Onocleaceae 球子蕨科**。草本，中型土生植物。根状茎短而直立，顶端密被卵状披针形至披针形的棕色鳞片。叶簇生，具叶柄，二型；营养叶片卵状三角形或椭圆形，二回羽裂，纸质，叶轴上被稀疏的纤维状鳞片，羽片15-25对；叶脉羽状分离，小脉单一或偶分歧，可达叶片边缘；能育叶片椭圆形，一回羽状，羽片强度反卷成荚果状，深紫色或黑褐色；孢子囊群成熟时

为线状的汇生囊群，有囊群盖或无盖。染色体 x=40。2/2 种，**14 型**；分布于东亚和南亚；中国产华北、西北和西南地区。东方荚果蕨 *M. orientale* (Hooker) Hayata 可入药。

Pentas Bentham **五星花属，Rubiaceae 茜草科**。草本或亚灌木。叶对生或轮生；托叶生于叶柄间，或有时与叶柄合生，顶端多裂或刚毛状，边缘常具腺齿，宿存。聚伞花序复合成伞房状，顶生；花二型，两性；花萼裂片 4-5，不等大；花高脚碟状或细杯状，裂片 4-6，镊合状排列；雄蕊 4-6，内藏或伸出；子房 2 室，胚珠多数；柱头 2 裂。蒴果，球形、卵球形或倒卵形，顶端常具延长为倒锥形的果喙，成熟时沿果顶孔室背开裂，花萼裂片宿存。种子细小，具棱或近球形。花粉粒 3，4，或 5 孔沟，穿孔状或细网状纹饰，具小颗粒。染色体 2n=20，40。约 50/1 种，**(6) 型**；原产非洲和马达加斯加；中国华东和华南地区引入栽培。五星花 *P. lanceolata* (Forsskål) Deflers 可作园林观赏。

Pentasachme Wallich ex Wight **石萝藦属，Apocynaceae 夹竹桃科**。直立草本。叶对生。伞状聚伞花序，腋生；花萼裂片双盖覆瓦状排列，内面基部有腺体；花冠近钟状或辐状，花冠裂片向右覆盖；副花冠 5 裂；花药顶端具膜片，内折覆盖着柱头的基部；花丝合生成合蕊冠；花粉块每室 1 个；子房由 2 枚离生心皮组成；柱头盘状五角形，顶端 2 裂。蓇葖双生，圆柱状披针形。种子顶端具白色绢质种毛。4/1 种，**7 型**；分布于亚洲东部和东南部；中国产华南和西南地区。

Pentastelma Tsiang & P. T. Li **白水藤属，Apocynaceae 夹竹桃科**。攀援灌木，具乳汁。叶对生。聚伞花序伞状，腋生；花萼裂片内面基部具腺体；花冠近钟状，裂片在芽期向右覆盖；副花冠裂片 5，与合蕊柱合生，并在其背部直立隆起成侧面平板状；花药顶端具膜片，覆盖着柱头；花药 2 室，每室藏有花粉块 1 个；子房由 2 枚离生心皮所组成，胚珠多数；柱头盘状，五角形，顶端略凸起。1/1（1）种，**15 型**；特产中国海南。

Penthoraceae Rydberg ex Britton **扯根菜科，木兰亚纲/虎耳草目**。多年生草本。茎直立。叶互生，膜质，狭披针形或披针形。花两性，多数，黄色，小型，螺状聚伞花序。萼片 5（-8），花瓣常退化或不存在，雄蕊 2 轮，10（-16）。心皮 5（-8），下部合生，胚珠具厚珠心，珠被 2 层，胚珠多数；花柱短。蒴果 5（-8），浅裂，裂瓣先端喙形，成熟后喙下环状横裂；种子多数，细小。花粉粒 3 孔沟或拟孔沟，光滑至细网状纹饰。染色体 2n=16，18。1 属，2 种，东亚—北美间断分布；中国南北均产。

Penthorum Linnaeus **扯根菜属，Penthoraceae 扯根菜科**。特征描述同科。2/1 种，**9 型**；东亚—北美间断分布；中国南北均产。扯根菜 *P. chinense* Pursh 为苗族传统药物。

Peperomia Ruiz & Pavon **草胡椒属，Piperaceae 胡椒科**。一年生或多年生草本。茎矮小，肉质，常附生于树上或石上；维管束分离，散生。叶互生、对生或轮生，全缘，无托叶。花极小，两性，常与苞片同着生于花序轴的凹陷处，排成顶生、腋生或与叶对生的细弱穗状花序；花序单生、双生或簇生；苞片圆形、近圆形或长圆形，盾状有或否。雄蕊 2 枚，花药圆形、椭圆形或长圆形，有短花丝；子房 1 室，胚珠 1，柱头球形，不分裂或稀有 2 裂。浆果小，不开裂。花粉无萌发孔，疣状纹饰。约 1600/7 种，**2 型**；广布热带和亚热带地区；中国产东南至西南部。

Peplis Linnaeus **荸艾属，Lythraceae 千屈菜科**。一年生柔弱草本，无毛；茎多少有棱。叶对生或互生，无柄。花 3-6 基数，辐射对称，单生于叶腋，无梗或具极短的梗；苞片 2 或缺，干膜质；萼草质，阔钟形或半球形，有脉 8-12 条，裂片与萼筒等长或较短，无或有长的附属体；花瓣缺或 6，

小而早落；雄蕊 6（5-4），或 2；子房无柄，不完全 2 室，花柱极短或无花柱，柱头头状。果实近球形，稍有 2 槽纹，不破裂；种子极小，多数。花粉粒 3 孔沟，条纹状纹饰。约 8/1 种，**8 型**；分布于欧洲；中国产新疆。

Peracarpa J. D. Hooker & T. Thomson **袋果草属，Campanulaceae 桔梗科**。多年生草本。根状茎细长，具鳞片和芽。叶互生。单花腋生，具细长花梗；花萼 5 裂；花冠漏斗状钟形，5 裂达中部或略过半；雄蕊 5，离生，花丝有缘毛；子房下位，3 室，花柱上部有细毛，柱头 3 裂，裂片反卷。蒴果 3 室或其中 1 室退化而为 2 室，不规则撕裂。种子椭圆形，平滑。花粉粒 4-6 孔，平滑或具小刺。染色体 $2n$=30。1/1 种，**14 型**；分布于克什米尔地区至菲律宾及远东地区；中国产中部、西南部。

Pereskia Miller **叶仙人掌属，Cactaceae 仙人掌科**。直立或攀援灌木，稀为小乔木；分枝多数；小窠具绒毛和 1 至多数刺；叶互生，具羽状脉和叶柄；花具梗，白天开放；花托杯状，外面散生小窠及叶状鳞片；花被片多数，外轮萼片状，内轮花瓣状；雄蕊多数。子房上位至下位，1 室；花柱圆柱状，柱头 3-20，直立或近直立；浆果；种子多数至少数。花粉粒散沟，穿孔状-颗粒纹饰。17/1 种，**3 型**；产热带和亚热带美洲。中国无野生种分布。木麒麟 *Pereskia aculeata* Miller 引入，已归化。

Pericallis D. Don **瓜叶菊属，Asteraceae 菊科**。灌木或半灌木。茎生叶互生，掌状脉。头状花序辐射状；花托无苞片；冠毛毛状，易脱落，有时辐射花无冠毛；总苞片 1 层，边缘膜质；缘花假舌状，雌性，颜色多样，但非黄色，中央的小花管状，两性，5 裂，白色或粉色，绝不黄色。果圆柱形或椭圆形，具肋。染色体 x=30。16/1 种，**12 型**；产密克罗尼西亚群岛；中国引种栽培。

Pericampylus Miers **细圆藤属，Menispermaceae 防己科**。木质藤本。叶柄痕不明显，叶全缘。花被轮状排列，萼片和花瓣明显分异；雄花萼片 9，3 轮，中轮和内轮大而凹，雄蕊 6，药室纵裂；雌花萼片 2 轮，顶端全缘，退化雄蕊，心皮 3，花柱残迹近基生。果核背部中肋两侧凸起，胎座迹隔膜状。种子弯成马蹄形，有胚乳，非嚼烂状，子叶柱状。花粉粒 3 孔沟，网状纹饰。（2-3）/1 种，**7 型**；分布于亚洲东南部；中国产西南部至台湾。细圆藤 *P. glaucus* Merrill 的藤或根可药用。

Perilla Linnaeus **紫苏属，Lamiaceae 唇形科**。一年生草本，有香味。叶常带紫色或紫黑色。轮伞花序 2 花，组成偏向于一侧的总状花序，每花有苞片 1 枚，宽卵圆形或近圆形。花萼钟状，10 脉，5 齿，基部一边膨胀，上唇宽大，3 齿，下唇 2 齿披针形，内面喉部有疏柔毛环；花冠白色至紫红色，冠筒短，喉部斜钟形，冠檐上唇微缺，下唇 3 裂；雄蕊 4，药室 2，由小药隔所隔开，其后叉开；花柱先端 2 等裂，裂片钻形。小坚果近球形，有网纹。花粉粒 6 沟。染色体 $2n$=20，40。1/1 种，**14 型**；产东亚；中国各地栽培。

Periploca Linnaeus **杠柳属，Apocynaceae 夹竹桃科**。藤状灌木，具乳汁。叶对生。聚伞花序，顶生或腋生；花萼裂片双盖覆瓦状排列，内面基部有 5 个腺体；花冠辐状，裂片向右覆盖；副花冠环状，着生在花冠的基部；雄蕊着生在副花冠内面不同位置；花药背面被髯毛，与柱头粘连，顶端具内弯的膜片；子房由 2 枚离生心皮所组成，胚珠多数；柱头盘状，顶端 2 裂。蓇葖 2 枚，叉生。种子长圆形，顶端具白色绢质种毛。四合花粉。染色体 $2n$=22。约 10/6（3）种，**1 型**；分布于亚洲温带地区，欧洲南部和非洲热带地区；中国产大部分省区。

Peristrophe Nees **观音草属，Acanthaceae 爵床科**。草本或灌木；具钟乳体。叶对生，具羽状脉。聚伞花序，常 2 至数个聚合成圆锥状；具伞花序苞片 2（1 或 4）枚；小

P

苞片 2 对。花萼 5 深裂；花冠扭曲，基部花冠管细长，圆柱形，檐部上唇全缘或 2 浅裂，下唇 3 裂；雄蕊 2，花药 2 室，药室线形，平行，或球形，斜叠生，基部无芒状附属物；子房 2 室，每室 2 胚珠，具珠柄钩。蒴果开裂时胎座不从基部弹起。种子 4，具小凸点。花粉粒多 3 孔沟，网状纹饰。染色体 $2n$=30，48。40/10（3）种，**6 型**；分布于亚洲，非洲或大洋洲的热带和亚热带地区；中国产秦岭-淮河以南地区。九头狮子草 *P. japonica* (Thunberg) Bremekamp 可入药。

Peristylus Blume **阔蕊兰属，Orchidaceae 兰科**。地生草本。块茎肉质，圆球形或长圆形。总状花序常具多数花；花瓣与中萼片相靠呈兜状；唇瓣 3 深裂或 3 齿裂，基部具距；距常很短，囊状或圆球形，罕为圆筒状，常短于萼片且较子房短很多；花粉团 2 个，粒粉质，具短的花粉团柄和粘盘；蕊喙小；柱头 2 个，隆起而凸出；退化雄蕊 2 个，位于花药基部两侧。蒴果长圆形，常直立。70/10（5）种，**7（4）型**；分布于从亚洲东部，南部和东南部到新几内亚，澳大利亚东北部和太平洋的西南岛屿；中国产西南部、南部、东部等。

Perotis Aiton **茅根属，Poaceae 禾本科**。一年生或多年生草本。叶片扁平且较短，基部较宽而呈心形。总状花序顶生；小穗同型，含 1 枚两性小花，单生，颖片不等长，背部圆形，具 1 脉，脉在先端延伸成细长芒；外稃膜质透明，具 1 脉，比颖片短，无芒，内稃甚小，膜质透明，具 2 脉；鳞被 2；雄蕊 3。约 13/3 种，**4 型**；分布于旧世界热带；中国主产热带各省区。茅根 *P. indica* (Linnaeus) Kuntze 可饲用和药用。

Perovskia Karelin **分药花属，Lamiaceae 唇形科**。半灌木，叶全缘或羽状分裂，满布金黄色圆形腺点。花萼管状钟形，具金黄色无柄腺点，上唇全缘或具 3 齿，下唇具 2 齿；花冠长为花萼 2 倍，冠筒漏斗状，冠檐上唇具 4 裂片，下唇椭圆状卵圆形，全缘；雄蕊 4，后对能育，着生在花冠喉部，前对不育，着生在花冠上唇裂片基部；花柱先端 2 裂，裂片宽而扁平，不等大。小坚果倒卵圆形，顶端钝。花粉粒 6 沟，网状纹饰。染色体 $2n$=20。7/2 种，**12 型**；产伊朗北部，巴基斯坦，阿富汗，印度西部，苏联及中国西藏西部。

Perrottetia Kunth **核子木属，Dipentodontaceae 十齿花科**。小乔木或灌木。叶互生，托叶小。聚伞花序腋生，总状或穗状。花小，5 或 4 数，两性或单性或杂性，同株或异株；花萼基部连合，萼片与花瓣近同形等大；花盘较薄；雄蕊 5 或与花萼同数，着生花盘边缘；子房常 2 室，每室有 2 基生直立胚珠。浆果，种子 2，少为 4；种子外被薄假种皮。花粉粒 3 孔沟，网状纹饰。15/2 种，**5 型**；主产中美洲，东南亚至澳大利亚等也有；中国产湖北、贵州、四川和台湾。核子木 *P. racemosa* (Oliver) Loesener 可作药材。

Persea Miller **鳄梨属，Lauraceae 樟科**。常绿乔木或灌木。叶羽状脉。聚伞状圆锥花序，腋生或近顶生，具苞片及小苞片。花两性。花被裂片 6，近相等或外轮 3 枚略小。花药 4 室，第一、二轮内向，第三轮外向或上 2 室侧向，下 2 室外向；最内轮有退化雄蕊 3，箭头形，具柄。子房卵球形；花柱纤细；柱头盘状。果为肉质核果，小而球形，或硕大至卵球形或梨形；果梗多少增粗呈肉质，或圆柱形。花粉粒无萌发孔，具刺。90/1 种，**3 型**；主要分布于北美至南美洲，少数见于亚洲；中国引种栽培。

Pertusadina Ridsdale **槽裂木属，Rubiaceae 茜草科**。乔木或灌木；树干常有纵沟槽。叶对生。聚伞状或圆锥状花序，有 1-5 个头状花序，腋生或顶生；花 5 基数；花萼裂片宿存；花冠高脚碟状至窄漏斗形，裂片 5；雄蕊伸出；子房 2 室，每室有悬垂胚珠 4-10 枚，柱头伸出。蒴果，先室间开裂再室背开裂，形成 2 或 4 果爿，花萼

裂片宿存。种子卵圆状三角形，略具翅。花粉粒 3 孔沟，细网状纹饰。4/1 种，**7e 型**；原产马来半岛，新几内亚和菲律宾；中国华东和华南地区引种栽培。

Pertya Schultz Bipontinus **帚菊属，Asteraceae 菊科。**灌木或亚灌木。叶在长枝上互生，在短枝上簇生。花托小，平坦，无毛；冠毛多数，2 层，粗糙，刚毛状；总苞片多层，革质；小花数朵，稀多达 20-30 朵或少至 1 朵，两性，稀单性，花冠管状，檐部 5 深裂，近等裂或明显不等裂；花药基部具长尾。瘦果纺锤形，具 10 纵棱，被柔毛。染色体 2*n*=26，28。约 24/18（17）种，**14 型**；广布东亚；中国产华北、西北、西南和东南地区。

Petasites Miller **蜂斗菜属，Asteraceae 菊科。**草本。头状花序近雌雄异株，辐射状或盘状；花托平，无毛，锯盾状；冠毛白色糙毛状；总苞钟状，基部有小苞片；雌花结实，两性花不结实；花柱顶端棒状、锥状，2 浅裂。瘦果圆柱状，具肋。染色体 *x*=10，14，16，26，28，29，30，40，ca. 44，45，60。19/6（2）种，**8 型**；分布于亚洲，欧洲和北美；中国产西南部至东北部。蜂斗菜 *P. japonicus* (Siebold & Zuccarini) Maximowicz、毛裂蜂斗菜 *P. tricholobus* Franchet 可药用。

Petitmenginia Bonati **钟山草属，Orobanchaceae 列当科。**半寄生草本，茎直立。叶近无柄，羽状深裂或全缘。单花腋生或总状花序；小苞片 2 枚；花萼 5 裂；花冠小，二唇形不明显，上唇伸直 2 裂，下唇开展 3 裂；雄蕊 4 枚，多少 2 强，不伸出，药室分离而稍叉开。蒴果侧扁或球状，顶端截形或凹缺短于萼或与之等长，4 片裂。种子多数，金字塔形或矩圆形，种皮有网纹。2/1 种，**7 型**；分布于亚洲东部至东南部；中国产江苏南京。

Petrocodon Hance **石山苣苔属，Gesneriaceae 苦苣苔科。**草本，具根状茎。叶基生，长圆形。花萼 5 裂达基部；花冠白色，坛状粗筒形，筒比檐部稍长，檐部不明显二唇形，上唇比下唇稍短，2 深裂，下唇 3 深裂；下（前）方 2 雄蕊能育，内藏，花丝狭线形或线形，直，花药连着；退化雄蕊 2-3；花盘环形；雌蕊常伸出，子房线形，有 2 侧膜胎座，柱头近球形。蒴果线形，室背开裂成 2 瓣。种子纺锤形，种皮近平滑。花粉粒 3 拟孔沟，网状纹饰。约 1/1（1）种，**15 型**；特产中国南部至中部。

Petrocosmea Oliver **石蝴蝶属，Gesneriaceae 苦苣苔科。**草本根状茎短而粗。叶基生。花萼 5 裂达基部；花冠粗筒状，檐部比筒长，上唇 2 裂；花丝常比花药短，花药底着，2 药室平行；花盘无；雌蕊稍伸出花冠筒，子房卵球形，1 室，柱头近球形。蒴果长椭圆球形，室背 2 瓣裂。种子椭圆形。粉粒 3 沟，瘤状-颗粒纹饰。染色体 2*n*=32，34。约 27/24 种，**7-1 型**；分布于印度阿萨姆，越南，缅甸南部及中国云南、四川、陕西南部、湖北西部、贵州和广西西南部。

Petrorhagia (Seringe) Link **膜萼花属，Caryophyllaceae 石竹科。**草本。茎直立或上升。叶对生，叶片线形或线状锥形；无托叶。花两性，小型，成二歧聚伞圆锥花序；花萼钟形，具 5-15 脉，脉间膜质，萼齿 5；花瓣 5，白色或淡红色，全缘或凹缺；雄蕊 10；子房 1 室，胚珠多数，花柱 2。蒴果长圆形或卵形，4 齿裂或瓣裂。种子圆盾形或卵形，微扁，脊具翅。花粉粒散孔。染色体 2*n*=26，28，30，60。30/1 种，**12 型**；分布于地中海至中亚地区；中国产新疆。膜萼花 *P. saxifraga* (Linnaeus) Link 可供观赏。

Petrosavia Beccari **无叶莲属，Petrosaviaceae 无叶莲科。**腐生草本，常有细长的、覆盖着鳞片的根状茎。茎细弱，直立，不分枝。叶退化成鳞片状，互生。总状花序或伞状花序顶生；花小，两性；花被片 6，2 轮，基部联合，宿存；雄蕊 6，花丝

贴生于花被片基部，花药内向纵裂；心皮3，从基部联合至中部，子房上位或半下位，花柱短，柱头头状或轻微2裂。蒴果内缝开裂。种子有翅或无翅。花粉粒单沟，穴状到网状纹饰。3/2（1）种，**7 型**；分布于东亚至东南亚；中国产四川、广西、台湾。

Petrosaviaceae Hutchinson **无叶莲科，木兰亚纲/无叶莲目**。植株光滑。茎细弱，直立，不分枝。叶退化成鳞片状，螺旋状排列于根状茎上。花小；花被片6，2轮，外轮3片较小；雄蕊6，离生，着生于花被基部；子房上位至半下位，由3枚或多或少离生的心皮组成，具4或多数胚珠，花柱分离，柱头近头状或下延。果实室间开裂。种子偏斜，有翅或无翅。花粉粒单沟，颗粒、穴状到网状纹饰。染色体 x=12，13，15。2属，4种，分布于日本，缅甸，越南，印度尼西亚，马来西亚西部；中国1属，2种，产广西、四川、台湾。

Petroselinum Hill **欧芹属，Apiaceae 伞形科**。二年生草本，很少一年生。叶二至三回羽状分裂。花黄绿色或白色；萼齿不显；花瓣近基部心形，顶端凹入，凹处有内折小舌片；花柱基短圆锥形，花柱有头状柱头。果实卵形，侧面稍扁压，近基部圆形或不明显的心形，合生面稍收缩或呈现双球形；分生果有线形果棱5；每棱槽内油管1，合生面油管2。胚乳腹面平直。3/1种，**10 型**；原产欧洲西部和南部；世界广泛栽培或逸生。

Petrosimonia Bunge **叉毛蓬属，Amaranchaceae 苋科**。一年生草本。茎多分枝，圆柱状。叶条形，圆柱状或半圆柱状，无柄，先端急尖或渐尖。花两性，单生叶（苞）腋；小苞片2。花被片2-5，果时略增大，下半部变成软骨质并内凹，很少无变化，不具附属物；雄蕊1-5，花药药隔突出成厚实的附属物；退化雄蕊不明显；子房宽卵形，柱头2。胞果藏于花被。种子直立；胚平面螺旋状，无胚乳。花粉粒散孔，穿孔状-颗粒纹饰。（11-15）/4种，**10 型**；分布于亚洲中部和西南部，欧洲东南部；中国产新疆北部。叉毛蓬 *P. sibirica* (Pallas) Bunge 可作牧草。

Petunia Jussieu **碧冬茄属，Solanaceae 茄科**。草本，常具腺毛。茎多分枝。叶全缘。花单独腋生；花萼深5裂；花冠漏斗状或高脚碟状，檐部有折襞，对称或偏斜而稍二唇形；雄蕊5，4枚强，1枚短，稀不育或退化；花盘腺质，全缘或缺刻。蒴果干燥2瓣裂。种子表面具网纹状凹穴，胚稍弯或直。花粉粒3（-4）孔沟，平滑、颗粒状或皱波状纹饰。染色体 $2n$=24，48。约35/1种，**3 型**；分布于南美洲；中国引种栽培。碧冬茄 *P. hybrida* (I. D. Hooker) Vilmorin 各地栽培。

Peucedanum Linnaeus **前胡属，Apiaceae 伞形科**。草本。根颈部常存留枯鞘纤维和环状叶痕。基生叶有柄，基部具叶鞘；复伞形花序；总苞片多数或缺，小苞片多数；花常杂生；萼齿不显著；花瓣白色；果实椭圆形或近圆形，中棱和背棱线形凸起，侧棱扩展成较厚的窄翅，合生面契合，棱槽内油管1至数个，合生面油管2至多数。花粉粒3孔沟，短粗条网状或条网状。染色体 $2n$=22。（100-200）/40（33）种，**10 型**；分布于非洲，欧洲和亚洲；中国广布，主产西南地区。

Phacellanthus Siebold & Zuccarini **黄筒花属，Orobanchaceae 列当科**。肉质全寄生草本。茎短，圆柱状，基部不增粗。叶螺旋状排列。花常簇生于茎端，成近头状花序；苞片1枚，舟状卵形，短于花冠；无小苞片；无花萼，或3枚萼片离生；花冠筒状二唇形，白色，筒部近直立，不膨大，上唇顶端微凹或2浅裂，下唇3裂，裂片近圆形或长圆形；雄蕊常4枚，内藏，花药2室，发育；雌蕊3心皮合生为1室，侧膜胎座常6，稀4、5或10；柱头稍2浅裂。蒴果卵形。种子多数，极小，种皮网状。1/1种，**14SJ 型**；分布于亚洲东部

P

至日本岛；中国产东部和台湾。

Phacellaria Bentham **重寄生属，Santalaceae 檀香科。**寄生植物，“无茎”，无叶。花序木质化，常簇生，具纵沟或纵条纹。花生于苞片腋部，常雌雄同株；小苞片常集成总苞。雄花：花被管短筒状，实心，花被裂片 4-6（-8），镊合状排列；雄蕊 4-6（-8）；花盘平坦，边缘弯缺。雌花：花被管圆锥状或杯状，花被裂片（3-）4-8，子房下位，胚珠 3-5。两性花：雄蕊可育。核果，顶端具宿存花被裂片和花盘残痕。种子具 5 条纵沟槽。约 8/6（2）种，**7-2 型**；分布于亚洲东南部热带和亚热带地区；中国产西南和华南。常寄生于桑寄生科的植物，甚至寄生藤上。重寄生 *P. fargesii* Lecomte 寄生于锈毛钝果寄生 *Taxillus levinei* (Merrill) H. S. Kiu 等桑寄生科植物的枝上。

Phacelurus Grisebach **束尾草属，Poaceae 禾本科。**多年生草本。总状花序，指状或伞房状排列于秆顶，稀单生；序轴节间和小穗柄均为三棱形；脱节面平截；小穗孪生，同型，背腹压扁，或有柄小穗近两侧压扁，均无芒；无柄小穗含 2 小花：第一小花雄性或中性，第二小花两性，第一颖边缘内折呈 2 脊，第二颖常为舟形；有柄小穗退化。约 10/3（1）种，**4（5，7→2）型**；分布于欧亚大陆热带至欧洲东南部；中国产南部至东北部。束尾草 *P. latifolius* (Steudel) Ohwi 可作燃料。

Phaenosperma Munro ex Bentham **显子草属，Poaceae 禾本科。**多年生，直立而较高大的草本。叶片宽线形，有小横脉，基部具狭窄假叶柄。圆锥花序开展；小穗有 1 小花，背腹压扁，无芒，两性，脱节于颖之下；外稃草质兼膜质，与第二颖等长，内稃与外稃同质而稍短于外稃；鳞被 3；雄蕊 3。颖果倒卵球形，具宿存的部分花柱，成熟时露出于稃外。染色体 x=12，2n=24。1/1 种，**14SJ 型**；东亚特产；中国产西北、西南、南部地区。

Phagnalon Cassini **绵毛菊属，Asteraceae 菊科。**草本或亚灌木。叶互生，边缘反卷。头状花序假盘状；花托无托片；冠毛基部联合，毛状，1 层；总苞片软骨质，顶端纸质；盘花两性，黄色；花药顶端附片平，基部不延伸，无尾；花柱分枝钝，扫粉毛钝，着生于分叉以上，分枝内表面为半分离型，即基部分离，上部连续。果具 2-3 维管束，表面光滑。花粉粒 3 孔沟，具刺，刺间穿孔状。染色体 2n=18。43/1 种，**10-3 型**；分布于北非，中亚，西南亚，欧洲，密克罗尼西亚群岛等；中国产西藏西部。

Phalaenopsis Blume **蝴蝶兰属，Orchidaceae 兰科。**附生草本。根长而扁。茎短，具少数近基生的叶或无叶。叶扁平。花序侧生于茎的基部；萼片近等大；花瓣基部收狭或具爪；唇瓣基部具爪，3 裂；唇盘在两侧裂片之间或在中裂片基部常有肉突或附属物；蕊柱较长，具翅，基部具蕊柱足；蕊喙狭长，2 裂；花粉团蜡质，2 个，近球形，每个半裂或劈裂为不等大的 2 爿；粘盘柄近匙形，上部扩大，向基部变狭。约 50/10（2）种，**5（7e）型**；分布于热带亚洲至澳大利亚；中国产南方各地。

Phalaris Linnaeus **虉草属，Poaceae 禾本科。**一年生或多年生草本。圆锥花序紧缩成穗状或卵球形；小穗卵形，两侧压扁，含 1 枚两性小花及 2 枚退化至仅具稃体的小花；颖片等长，超过而且包着外稃，背部有脊，脊上有翼；能育小花的外稃软骨质，无芒，有 5 条不明显的脉，内稃与外稃同质，具 2 脉；鳞被 2；子房无毛。约 18/5 种，**8 型**；分布于地中海及暖温带地区；中国产西部。虉草 *P. arundinacea* Linnaeus 为优良的饲料；其秆可用作编织及造纸。

Phaseolus Linnaeus **菜豆属，Fabaceae 豆科。**草本，常被钩状毛。羽状 3 小叶或稀 1。总状花序腋生；花梗着生处肿胀；萼钟状，5 裂；旗瓣圆形，有时具附属体和 1 横向的褶，龙骨瓣延长成一螺旋状长喙；雄蕊二体，花药同型或背着/基着各 5 枚；

P

花柱顶部增粗，常与龙骨瓣同作360°以上的旋卷，柱头偏斜。荚果线形或长圆形，有时具喙，2瓣裂。种子长圆形或肾形，种脐居中。花粉粒3孔沟，网状纹饰。染色体2*n*=22（20）。（60-65）/3种，**3（9）型**；原产于美洲热带，亚热带及温带地区；中国广泛栽培。菜豆 *P. vulgaris* Linnaeus、荷包豆 *P. coccineus* Linnaeus、棉豆 *P. lunatus* Linnaeus 可作为经济作物。

Phaulopsis Willdenow **肾苞草属，Acanthaceae 爵床科**。多年生草本；具钟乳体。叶对生，在同一节上常不等大，具羽状脉。穗状花序偏向一侧；苞片叶状，圆形或肾形，覆瓦状排列；无小苞片。花萼5裂至近基部；花冠二唇形，上唇2浅裂，下唇3裂；雄蕊4，2强，内藏，花丝基部合生，花药2室，药室具短芒或无芒；子房2室，每室2胚珠，具珠柄钩。蒴果棒状，基部具短柄，开裂时胎座自基部弹起。种子4，被吸湿性柔毛。花粉粒3孔沟，网状纹饰。染色体2*n*=32，34，65。20/1种，**6型**；分布于亚洲和非洲的热带地区；中国产云南。

Phedimus Rafinesque **费菜属，Crassulaceae 景天科**。多年生或稀一年生草本。茎基部有时木质化。叶交互对生或互生，叶片扁平，边缘具锯齿或钝锯齿。顶生密集多歧聚伞花序多花；花两性，无梗或近无梗，（4）5-6（7）基数；萼片基部合生；花瓣离生，常伸展，白色、红色、紫色或黄色；雄蕊数是花瓣的2倍，2轮；花柱短，在花期倾斜或舒展。蓇葖果种子多数。种子具肋和乳突。花粉粒3孔沟，条网状纹饰。染色体2*n*=10，12，14，28，30，42。约20/8（2）种，**10型**；分布于亚洲和欧洲；中国产长江以北地区。

Phegopteris (C. Presl) Fée **卵果蕨属，Thelypteridaceae 金星蕨科**。草本，土生。根状茎长而横走或短而直立。叶远生或簇生；叶片三角状卵形或狭披针形，一回至二回羽状；羽片平展或基部1对反折，卵状披针形，基部略缩短；叶脉分离，小脉单一或分叉，两面多少有针状毛，但无腺体。孢子囊群椭圆形，无囊群盖。孢子椭圆形，表面具颗粒状纹饰。染色体 *x*=15（30）。约3/3（1）种，**8型**；分布于北半球亚热带至温带地区；中国产长江以南及华北和东北地区。卵果蕨 *P. connectilis* (Michaux) Watt 可药用。

Phellodendron Ruprecht **黄檗属，Rutaceae 芸香科**。落叶乔木，树皮纵裂；枝具散生小皮孔。叶对生，奇数羽状复叶，叶缘常具锯齿，齿缝具油点。圆锥状聚伞花序，花单性，雌雄异株；花萼5；花瓣5；雄蕊5，花丝基部两侧或腹面常被长柔毛；退化雌蕊，短小，5叉裂；心皮5，子房5室，每室2胚珠。核果，具黏胶质液，近球形，具小核4-10；种子卵状椭圆形。花粉长球形，3孔沟，外壁条纹状。染色体2*n*=76，78，80。（2-4）/2（1）种，**14SJ型**；分布于亚洲东部及东南部；中国主产东北至西南，东南至台湾。黄檗 *P. amurense* Ruprecht 入药，有清热解毒、泻火燥湿之功效。

Philadelphus Linnaeus **山梅花属，Hydrangeaceae 绣球花科**。灌木。叶对生，离基3或5出脉。总状花序，常下部分枝呈聚伞状或圆锥状排列；花全为孕性花，芳香；花萼裂片和花瓣4（-5）；雄蕊13-90，花丝扁平，钻形，有时具齿，花药卵形或长圆形，稀球形；子房下位或半下位，4（-5）室，中轴胎座，花柱（3-）4（-5），柱头棒形或匙形。蒴果4（-5）瓣裂，外果皮纸质，内果皮木栓质。70/22种，**8型**；分布于亚洲东部，北美洲东部，西部至中部及欧洲东南部；中国主产西南部。多数种类供观赏。

Philoxerus R. Brown **安旱苋属，Amaranthaceae 苋科**。匍匐草本，无毛或稍有绒毛。叶对生，全缘。花两性，紧密聚集成球状或圆柱状形顶生或腋生的头状花序。苞片纸质，小苞片具龙骨状凸起，无

远顶端。花被片5，基部具短爪。雄蕊5，花丝钻形，在基部生成杯状，花药1室；无侧面附属物；无退化雄蕊；子房扁平卵形，花柱极短，2裂，胚珠1，垂生。种子光滑，凸镜状。约15/1种，**2（3）型**；分布于非洲西部，亚洲东北，美洲东北及南部，太平洋诸岛；中国产台湾。

Philydraceae Link **田葱科，木兰亚纲/鸭跖草目。**多年生草本。叶基生或拥簇在茎基部，2列，或呈螺旋状排列。穗状花序。花两性，无柄；花被片4，排成2轮，外轮2片大；雄蕊1；子房上位，3室、中轴胎座，或1室、侧膜胎座。蒴果，常室背开裂。种子具顶盖；胚直立，线形。花粉粒单粒或四合体，单沟，皱波到网状纹饰。3属，6种，主要分布于澳大利亚，少数到西太平洋群岛及东南亚大陆；中国1属，1种，产福建、广东、广西和台湾。

Philydrum Banks ex Gaertner **田葱属，Philydraceae 田葱科。**多年生粗壮草本，茎短。叶2列。穗状花序；花被外轮2片离生，内轮的在基部多少连合；雄蕊1；花药常螺旋状扭曲；子房上位，1室，侧膜胎座。蒴果室背开裂。种皮上有螺旋状条纹。花粉粒四合体，单沟，粗网状纹饰。染色体 $2n$=16。1/1种，**5型**；分布于亚洲南部至澳大利亚北部；中国产东部和南部。田葱 *P. lanuginosum* Gaertner 可入药。

Phlegmariurus (Herter) Holub **马尾杉属，Lycopodiaceae 石松科。**中型附生蕨类。茎短而簇生，成熟枝下垂或近直立，多回二叉分枝，茎和小枝上部常有芽苞。叶螺旋状排列，披针形、椭圆形、卵形或鳞片状，革质或近革质，全缘。孢子囊穗比不育部分细瘦或为线形。孢子叶与营养叶明显不同或相似。孢子叶较小，孢子囊生在孢子叶腋。孢子囊肾形；2瓣开裂。孢子球状四面形，极面观近三角状圆形，赤道面观扇形。染色体 x=17。约250/22（8）种，**2型**；广布于热带与亚热带地区；中国产西南、华南和华东地区。马尾杉 *H. phlegmaria* (Linnaeus) Rothmaler 可观赏，亦可药用。

Phleum Linnaeus **梯牧草属，Poaceae 禾本科。**一年生或多年生草本。圆锥花序。小穗含1花，两侧压扁，几无柄，脱节于颖之上；颖近等长，具3脉，边缘重叠，先端具短芒或尖头；外稃膜质，先端截形或钝形，比颖短，具3-7脉，无芒，常有细齿，内稃脊上具小纤毛。约16/4种，**8型**；分布于北半球的温带、寒带地区，在美国沿高山群向南延伸到智利；中国产西部、东北、华北和华东地区。多数种类为优良的饲料，如梯牧草 *P. pratense* Linnaeus。

Phlogacanthus Nees **火焰花属，Acanthaceae 爵床科。**草本、灌木或小乔木；具钟乳体。叶对生，具羽状脉。聚伞花序圆锥花序顶生或聚伞花序腋生；苞片1，小苞片2或无。花萼5深裂；花冠圆筒状或钟状，直或稍弯曲，二唇形，上唇2裂，下唇3裂；雄蕊2，内藏或稍外露，花药2室，药室基部无芒状附属物；不育雄蕊2；子房2室，每室5-8胚珠，具珠柄钩。蒴果棒状，开裂时胎座不从基部弹起。种子8-16，无毛或被毛。花粉粒3孔沟，网状纹饰。染色体 $2n$=50。15/2种，**7a-c型**；分布于亚洲热带地区；中国产广西、贵州、云南和西藏。

Phlojodicarpus Turczaninor ex Besser **胀果芹属，Apiaceae 伞形科。**草本。茎髓部充实。叶鞘边缘膜质；叶片羽状全裂。复伞形花序；萼齿披针形或线形；花瓣淡紫色；花柱初时直立，后向下弯曲，花柱基短圆锥形。分生果椭圆形或近圆形，背棱或中棱粗钝而隆起，侧棱宽翅状，外果皮肥厚，木栓质；每棱槽内有油管1-3，合生面油管2-4，油管有时消失。胚乳腹面平直；心皮柄2裂至基部。花粉粒3孔沟，脑纹网状纹饰。2/2种，**11型**；分布于亚洲远东地区，俄罗斯，蒙古国及中国东北北部和西北部。

P

Phlomis Linnaeus **糙苏属，Lamiaceae 唇形科**。半灌木至灌木，有时为多年生草本。单叶，叶片披针形至长圆状披针形。聚伞花序排列紧密，组成头状或穗状花序；花萼管状钟形，5 或 10 脉，5 齿相等。花冠上唇两侧自基部收缩变狭，平展，镰刀状，边缘不为流苏状或锯齿状，下唇 3 裂，中裂片较大；雄蕊 4，前对较长。小坚果卵状三棱形，先端钝。花粉粒 3 沟，穿孔-网状纹饰。染色体 $2n$=12，14，20，22，40，42。约 90/1 种，**12 型**；产地中海，亚洲中部至东部；中国栽培。

Phlomoides Moench **草糙苏属，Lamiaceae 唇形科**。草本，多具木质根茎。单叶，叶片具深锯齿或羽状全裂，叶心形至三角状卵圆形。聚伞花序多较松散，或紧密；花萼管状钟形，5 或 10 脉，5 齿相等；花冠上唇两侧不收缩变狭，边缘不为流苏状或锯齿状或具髯毛，下唇 3 裂，中裂片较大；雄蕊 4，前对较长。小坚果卵状三棱形，先端钝。花粉粒 3 沟。染色体 $2n$=22。约 95/40（35）种，**12 型**；分布于地中海，亚洲中部至东部；中国产各地，西南地区尤盛。

P

Phoebe Nees **楠属，Lauraceae 樟科**。常绿乔木或灌木。叶聚生于枝顶，互生，羽状脉。聚伞花序圆锥状或近总状花序。花两性；花被裂片 6，相等大或外轮略小，花后变为革质或木质；能育雄蕊 9，花药 4 室，第一、二轮雄蕊药室内向，第三轮外向；子房为卵珠形及球形，柱头盘状或头状。果实卵珠形、椭圆形及球形，极少长圆形，基部为宿存的花被片包围；果梗不增粗或显著增粗。花粉粒无萌发孔，被刺。100/35（27）种，**7 型**；分布于亚洲热带至亚热带地区；中国产长江流域及以南地区，以云南、四川、湖北、贵州、广西和广东为多。

Phoenix Linnaeus **刺葵属，Arecaceae 棕榈科**。灌木或乔木状。叶羽状全裂，基部羽片退化成刺状。花序生于叶间；花单性，雌雄异株；雄花雄蕊 6 或 3（9）；雌花球形，退化雄蕊 6，心皮 3，离生。种子 1，腹面具纵沟，胚乳均匀或稍嚼烂状，胚侧生或近基生。花粉粒单沟，网状纹饰。14/3 种，**6 型**；分布于亚洲，非洲的热带和亚热带地区；中国产台湾、广东、海南、广西、云南。海枣 *P. dactylifera* Linnaeus 果实可食用。

Pholidota Lindley ex Hooker **石仙桃属，Orchidaceae 兰科**。附生草本。假鳞茎顶生 1-2 枚叶。总状花序弯曲；花苞片 2 列；萼片相似，常凹陷，侧萼片背面有龙骨状凸起；花瓣小于萼片；唇瓣凹陷或基部凹陷成浅囊状，不裂或罕有 3 裂，唇盘上有粗厚的脉或褶片，无距；蕊柱短，上端有翅，翅常围绕花药；花药前倾；花粉团 4 个，蜡质，成 2 对，共同附着于黏质物上；蕊喙较大，拱盖于柱头穴之上。30/12（2）种，**5 型**；分布于亚洲热带和亚热带南缘地区，南至澳大利亚和太平洋岛屿；中国产西南、华南至台湾。

Photinia Lindley **石楠属，Rosaceae 蔷薇科**。常绿乔木或灌木。单叶互生，革质，全缘或有锯齿，有托叶。花两性，多数，常复伞房花序，总花梗和花梗不具疣点；萼筒杯状、钟状或筒状；萼片 5；花瓣 5，开展；雄蕊 20，稀较多或较少；心皮 2，稀 3-5，花柱离生或基部合生，子房半下位，部分与萼筒合生，2-5 室，每室 2 胚珠。小梨果 2-5 室，微肉质，有宿存萼片。种子直立，子叶平凸。花粉粒 3 孔沟（或拟孔沟），具光滑、条纹状或负网状纹饰。染色体 $2n$=34。约 30/27（18）种，**9-1 型**；东亚，墨西哥和中美洲；中国产南方各省区。可栽培观赏；根和叶供药用；种子可制肥皂或润滑油。

Phragmites Adanson **芦苇属，Poaceae 禾本科**。多年水生或半水生草本。秆直立，中空，粗壮而高大。圆锥花序大型，稠密多枝，最下分枝的基部密生长髯毛；小穗含数小花，最下的小花雄性或不育，上部的小花亦常退化；颖长圆状披针形，具 3-5

脉；第一小花外稃常不育，有时具雄蕊，能育小花外稃狭披针形，无毛，先端渐尖，具 1-3 脉，基盘细长，两侧有丝状长毛；雄蕊 2-3。花粉粒细网状纹饰。（4-5）/3 种，**2 型**；广布热带，大洋洲，非洲，亚洲；中国广布。

Phreatia Lindley **馥兰属，Orchidaceae 兰科。**附生草本，无茎或具假鳞茎。叶 1-3 枚生于假鳞茎顶端，或多枚近 2 列聚生于短茎上，或疏生于长茎上部，基部有关节。花葶（或花序）侧生；总状花序具多数花；花小；侧萼片常多少着生于蕊柱足上，形成萼囊；花瓣常小于萼片；唇瓣基部具爪，着生于蕊柱足上，基部凹陷或多少呈囊状；蕊柱短，基部具蕊柱足；药帽先端钝；花粉团 8 个，每 4 个一群，蜡质，共同连接一个花粉团柄上，粘盘小。约 200/4（2）种，**5（7e）型**；分布于东南亚至大洋洲；中国产台湾、西藏、海南、云南。

Phryma Linnaeus **透骨草属，Phrymaceae 透骨草科。**直立草本。茎四棱形。单叶对生。穗状花序，具苞片及小苞片，有长梗；花萼合生成筒状，具 5 棱；花冠二唇形，上唇直立，下唇较大开展，裂片在蕾中呈覆瓦状排列；雄蕊 4，2 强；子房上位，1 室，基底胎座，有 1 直生胚珠，柱头二唇形。瘦果，狭椭圆形，包藏于宿存萼筒内，含 1 基生种子。蓼型胚囊；胚长圆形，子叶宽而旋卷；胚乳薄，有 2 层细胞。花粉粒 3 沟，穿孔或微网状纹饰。染色体 $2n$=14，28。1/1 种，**9 型**；间断分布于北美东部及亚洲东部；中国产北部至南部。

Phrymaceae Schauer **透骨草科，木兰亚纲/唇形目。**一年生或多年生草本或木本。叶具齿或全缘。穗状花序或单生；花萼管状，具齿，具棱，萼片果期宿存；花冠合瓣，漏斗状筒形；花药肾形；柱头二唇形，2 心皮，心皮内有两个薄板；胚珠 1 至多枚，直生，珠被 3-7 层细胞构成。蒴果，开裂。种子基生，子叶旋卷，胚乳薄。花粉粒 3 沟，穿孔或网状纹饰。染色体 n=7-12，14-16，22 等。13 属，188 种，分布于温带和热带；中国 3 属，11 种，产南北各省区。

Phrynium Willdenow **柊叶属，Marantaceae 竹芋科。**多年生草本；根茎匍匐。叶基生。穗状花序集成头状。萼片 3；花冠管裂片 3；退化雄蕊管较花冠管长；外轮退化雄蕊 2，倒卵形，内轮 2 较小；发育雄蕊花瓣状；子房 3 室，每室胚珠 1 花柱基部与退化雄蕊管相连合，分离部分钩状，柱头头状。果球形，果皮坚硬，不裂或迟裂。种子具薄膜质假种皮。20/5（1）种，**6 型**；分布于亚洲及非洲热带地区；中国产南部及西南部。一些种类的叶片用于包裹食品。

Phtheirospermum Bunge **松蒿属，Orobanchaceae 列当科。**半寄生草本，全体密被黏质腺毛。茎单出或成丛。叶对生；叶片一至三回羽状开裂。花腋生，成疏总状花序；萼钟状，5 裂；萼齿全缘至羽状深裂；花冠黄色至红色，花冠筒状，具 2 褶襞，上部扩大，5 裂，二唇形，上唇较短，2 裂，裂片外卷，下唇较长而平展，3 裂；雄蕊 4 枚，2 强，花药无毛或疏被绵毛，花药 2 室；子房长卵形，花柱顶部匙状扩大，浅 2 裂。蒴果压扁，具喙，室背开裂。种子具网纹。花粉粒 3 沟，基柱网纹状纹饰。5/（3-4）（1）种，**14 型**；分布于亚洲东部；中国除新疆外各省区均产。

Phuopsis (Grisebach) Bentham & J. D. Hooker **长柱草属，Rubiaceae 茜草科。**草本。叶和叶状托叶 6-10 片轮生，边缘有小刺状细缘毛。头状花序，顶生，被叶状轮生的总苞片包围；花两性，5 基数；花萼裂片缺失；花冠高脚碟状，裂片 5，芽时镊合状排列；雄蕊 5 枚，内藏或突出；子房 2 室，每室具胚珠 1 枚，柱头微 2 裂，长伸出，远超花冠裂片。坚果，具 2 分果爿，椭球形至倒卵球形，坚硬，不开裂。种子椭球形，弯曲，光滑或有条纹。花粉粒 7、8 孔沟。染色体 $2n$=22。1/1 种，**13**

型；原产俄罗斯，土耳其和伊朗；中国陕西引入栽培。

Phyla Loureiro **过江藤属，Verbenaceae 马鞭草科**。匍匐草本。茎四方形，有时多刺，多毛，具腺体。单叶对生。无限花序，在结果时延长；花萼小，膜质，近二唇形；花冠柔弱，呈二唇形；雄蕊 4，着生于花冠管的中部，二强雄蕊；子房 2 室，每室有 1 胚珠，花柱短，柱头头状。果成熟后干燥，分为 2 个分核。花粉粒 3 孔沟。约 10/1 种，**3（→2）型**；分布于亚洲，非洲，美洲；中国主产长江以南地区，西藏也有。

Phylacium Bennett **苞护豆属，Fabaceae 豆科**。缠绕草本。羽状 3 小叶。总状花序腋生；苞片膜质，花后增大，叶状，舟形；花萼膜质，5 裂，上部的 2 裂全合生；花白色，旗瓣近圆形，基部具 1 对小痂体和耳，翼瓣长圆形，有耳，龙骨瓣内弯，有短耳；雄蕊二体；子房近无柄，为环状的花盘所围绕，胚珠 1 颗。荚果宽椭圆形，扁平，具网纹，不开裂。种子 1 颗，无种阜，肾形或圆形。2/1 种，**5 型**；分布于中国，印度，中南半岛，菲律宾至马来西亚，澳大利亚；中国产广西和云南。

Phyllagathis Blume **锦香草属，Melastomataceae 野牡丹科**。草本或灌木。叶片 5-9 基出脉，具叶柄。花序具长总梗；顶生；花萼长漏斗形、漏斗形或近钟形；花瓣卵形或倒卵形，或广卵形；雄蕊等长或近等长，同型，花丝丝状，花药披针形，花丝背着，基部无附属体或呈小疣或呈盘状，药隔基部有距，子房下位，4 室，顶端具膜质冠。蒴果 4 纵裂，与宿存萼贴生；种子小，楔形或短楔形。花粉粒为 3 带状孔沟，光滑或微皱纹饰。染色体 $2n$=18，26，28，32-36。56/24（19）种，**7a 型**；分布于华南经中南半岛至西马来群岛；中国产长江流域以南各省区。叶底红 *P. fordii* (Hance) C. Chen 全株可供药用。

Phyllanthaceae Martynov **叶下珠科，木兰亚纲/金虎尾目**。木本或草本。单叶互生，全缘，稀三出复叶。雌雄异株；花无或具花瓣；有退化雌蕊；雌花具退化雄蕊，雌花萼片、花边常与雄花同数。子房 2-5 室，每室胚珠 2，花柱 3，常 2 裂。果实为蒴果、核果或浆果状，爿裂或不开裂。种子大，具种阜。花粉粒多 3 沟，网状纹饰。染色体 x=6-9，11，14。59 属 1700 余种，热带广布，主产热带亚洲，少数到温带；中国 15 属，128 种，各省区均有，西南尤盛。

Phyllanthus Linnaeus **叶下珠属，Phyllanthaceae 叶下珠科**。灌木或草本，稀乔木。单叶互生，常 2 列。雌雄同株或异株；花单生、簇生或组成各式花序；雄花萼片 3-6，花盘 3-6，与萼片互生，雄蕊 2-6，花丝离生或合生，花药 2 室；雌花萼片与雄花的同数或较多，花盘腺体小，离生或合生，围绕子房，子房常 3 室，每室胚珠 2 枚，花柱与子房室同数。蒴果成熟后常开裂为 3 个 2 裂的分果爿，中轴宿存；种子三棱形，无假种皮和种阜。花粉粒具 3 孔沟、多孔沟、散孔，网状纹饰。染色体 x=13。(750-800)/32（13）种，**2 型**；主要分布于热带及亚热带地区，少数到北温带地区；中国主产长江以南各省区。

Phyllodium Desvaux **排钱树属，Fabaceae 豆科**。灌木或亚灌木。羽状 3 小叶。花 4-15 朵组成伞形花序包藏于对生、圆形、宿存的叶状苞片内，在枝先端排列呈总状圆锥花序状，形如一长串钱牌；花萼钟状，被柔毛，5 裂；花冠白色至淡黄色或稀紫色，龙骨瓣弧曲；雄蕊单体；子房基部具小花盘。荚果无柄，不开裂，有荚节（1-）2-7。种脐周围具明显带边假种皮。花粉粒 3 孔沟，网状纹饰。染色体 $2n$=22。8/4 种，**5 型**；分布于亚洲热带和亚热带地区及澳大利亚北部；中国产福建、广东、海南、广西、江西、贵州、云南及台湾等。一些种类的根、叶供药用，如排钱树 *P. pulchellum* (Linnaeus) Desvaux。

P

Phyllodoce Salisbury **松毛翠属，Ericaceae 杜鹃花科**。常绿灌木。叶互生或交互对生，密集，线形，有细锯齿。花顶生，伞形花序，具苞片；花梗俯垂；花萼小，4-5裂，宿存；花冠球状钟形，坛状或壶状，檐部5裂；雄蕊（8-）10（-12），内藏，花药顶孔开裂；子房近球形，5室，柱头不明显的5裂或头状；蒴果室间开裂。种子小，多数，无翅。花粉四合体，3沟（或拟沟），光滑至皱波状纹饰。7/2种，**8-1型**；分布于北温带至环北极地区；中国产东北地区、内蒙古和新疆。

Phyllolobium Fischer **膨果豆属，Fabaceae 豆科**。多年生草本。茎常发达，具单毛。托叶分离，稀基部合生。花组成腋生的总状花序；总花梗发达；具苞片；有或无小苞片；花萼钟状；旗瓣宽，多少圆形，顶端微凹，瓣柄短，翼瓣与龙骨瓣不粘和；子房有柄，柱头下具画笔状簇毛，有时簇毛下延至花柱上部内侧。荚果1室、不完全假2室或假2室。花粉粒3孔沟，网状纹饰。21/21（17）种，**14SH型**；主要分布于中国，部分到喜马拉雅地区，塔吉克斯坦；中国产云南、四川、甘肃、青海、西藏。

Phyllospadix Hooker **虾海藻属，Zosteraceae 大叶藻科**。海生，多年生沉水草本，根茎单轴分枝，皮层维管2束。叶丛生状，2列，具叶耳和叶舌，叶鞘腐烂后常于植株基部呈丛状深色纤维束。叶片线形，常革质，叶缘有细锯齿。花序腋生，佛焰苞扁平，苞内有1无柄肉穗花序。花单性，雌雄异株，花小；雄花雄蕊1枚，无花丝，花药2室；雌花雌蕊1枚，常有退化雄蕊，柱头2。果实弯曲，外果皮柔软，内果皮硬纤维质。种子椭圆形。花粉无萌发孔，丝状，外壁近无。5/2种，**9型**；广布太平洋北部海岸；中国产辽宁、山东及河北沿海地区。红纤维虾海藻 *P. iwatensis* Makino、黑纤维虾海藻 *P. japonica* Makino 被列为濒危或易危植物。

Phyllostachys Siebold & Zuccarini **刚竹属，Poaceae 禾本科**。乔木或灌木状竹类。地下茎为细型；秆散生；秆在分枝的一侧具浅纵沟；每节2分枝。秆箨早落；箨耳无乃至大型；箨片长三角形或带状。末级小枝具2或3小叶。续次发生花序；花枝呈穗状至头状，具佛焰苞；雄蕊3；柱头3。染色体 $2n$=48。约51/51（49）种，**14（15）型**；分布于中国，仅有少数延伸至印度，越南；中国除东北、内蒙古、青海、新疆外，各地均产，长江流域至五岭山脉尤盛。

Phymatopteris Pichi Sermolli **假瘤蕨属，Polypodiaceae 水龙骨科**。草本，附生或土生。根状茎长或短而横走。单叶，三裂或深羽裂，远生或近生，一型，亚二型或二型；叶柄长2-20cm，禾秆色或棕色；叶片纸质至革质，边缘全缘，具缺刻或锯齿；主脉两侧有明显侧脉，小脉连接成多数不规则的网眼，具有单一或分叉内藏小脉。孢子囊群圆形或椭圆形，分离，很少近汇生，在主脉与叶缘之间排成1行，有时多少下陷于叶肉内。孢子椭圆形，具周壁，上具短的刺状纹饰或小瘤状纹饰。染色体 x=36。约60/47（29）种，**7型**；分布于亚洲热带和亚热带山地；中国产西南、南部和台湾，少数达华北和西北。大果假瘤蕨 *P. griffithiana* (Hooker) Pichi Sermolli 可入药。

Phymatosorus Pichi Sermolli **瘤蕨属，Polypodiaceae 水龙骨科**。草本，附生或土生。根状茎长而横走。叶一型，远生；叶柄基部有关节；叶片羽状深裂，或指状三裂，少一回羽状。侧脉不明显，小脉连接成网状，具内藏小脉。孢子囊群圆形或长卵形，主脉两侧各成1行，多少下陷于叶肉内，不具隔丝。孢子椭圆形。染色体 x=36，37。约10/6（1）种，**4型**；分布于亚洲，大洋洲及非洲的热带地区；中国产西南及南部地区。瘤蕨 *P. scolopendria* (N. L. Burman) Pichi Sermolli 全草可入药。

P

Physaliastrum Makino **散血丹属，Solanaceae 茄科**。多年生草本。茎二歧分枝。叶单生或大小不等 2 叶双生。花单生或 2-3 朵花成簇柄，俯垂。花萼裂片等大或不等大；花冠阔钟状，筒部内面有髯毛，有时具蜜腺；花盘常退化；子房 2 室。果萼膨大，包被浆果，有三角形鳞片状凸起；果为多汁浆果。种子密被凹穴；胚极弯曲。花粉粒 3 孔沟。约 9/7 种，**9 型**；分布于亚洲东部；中国南北均产。江南散血丹 *P. heterophyllum* (Hemsley) Migo 和日本散血丹 *P. echinatum* (Yatabe) Makino 的根可药用。

Physalis Linnaeus **酸浆属，Solanaceae 茄科**。一年生或多年生草本。叶互生或大小不等二叶双生。花单生于叶腋或枝腋；花 5 数；花萼钟状；花冠辐状或辐状钟形；雄蕊生于花冠筒基部；子房 2 室，柱头略 2 裂。果萼膨大，包被果实，远较果实大，基部常向内凹陷；果实为多汁浆果。种子平圆形或肾形，密布凹穴；胚极弯。花粉粒多为 3（-5）孔沟，平滑、穿孔状、颗粒状、疣状或网状纹饰，具小刺。染色体 2*n*=24，48。约 120/5 种，**1（8-4）型**；分布于暖温带和亚热带地区；大多数种类产美洲，墨西哥；中国南北均产。毛酸浆 *P. philadelphica* Lamarck 的果实可食用；酸浆 *P. alkekengi* Linnaeus 可作观赏植物，果萼亦可药用。

Physocarpus (Cambessèdes) Rafinesque **风箱果属，Rosaceae 蔷薇科**。落叶灌木。单叶，互生，基部 3 裂，叶脉三出，有叶柄和托叶。顶生伞房花序；花两性；萼筒杯状；萼片 5，镊合状；花瓣 5，白色或粉红色；雄蕊 20-40；心皮 1-5，基部合生，子房 1 室。蓇葖果膨大，沿背腹两缝开裂。种子 2-5，胚乳丰富。花粉粒 3 孔沟。染色体 2*n*=18。20/1 种，**9 型**；主要分布于北美，东亚也有；中国产湖北和黑龙江。

Physochlaina G. Don **泡囊草属，Solanaceae 茄科**。多年生草本。根肉质粗壮；根状茎短粗。茎多分枝。叶具柄，叶片膜质。花腋生或顶生，常聚成各式聚伞房花序；花萼筒状钟形、漏斗状或筒状坛形；花冠钟状或漏斗状，檐部稍偏斜；花盘肉质。果萼膜质或近革质，包被蒴果，具 10 条纵肋和明显网状纹饰。蒴果自中部以上盖裂。种子肾状，密布凹穴；胚环状弯曲。花粉粒 3-4 沟，具刺或皱波状纹饰。染色体 2*n*=28。约 11/6 种，**11 型**；分布于亚洲东部，喜马拉雅至中亚；中国产西部、中部和北部。华山参 *P. infundibularis* Kuang 的根可药用，含莨菪碱，有毒。

Physospermopsis H. Wolff **滇芎属，Apiaceae 伞形科**。草本。主根圆锥形。茎具棱，基部被叶鞘包裹。叶片羽状分裂。伞形花序；总苞数枚，小苞片全缘或成羽状 3 裂。萼齿小；花瓣基部具爪，先端圆钝或稍反折；花柱基扁平，与花柱近等长。果实卵形至阔卵形，基部稍心形，果棱 5；每棱槽 2-3 油管，合生面 2-4 油管。胚乳腹面平或凹陷；心皮柄在先端分叉。10/8（4）种，**14 型**；分布于印度锡金，不丹，尼泊尔，以及中国云南、四川、西藏。

Phytolacca Linnaeus **商陆属，Phytolaccaceae 商陆科**。草本，根肉质，或为灌木，稀为乔木，常直立，稀攀援；托叶无；花小，常两性，稀退化为单性；总状花序、聚伞圆锥花序或穗状花序，顶生或与叶对生；花被片 5，宿存；雄蕊 5-30，着生花被基部；子房近球形，上位，心皮 5-16，每心皮有 1 粒近于直生或弯生的胚珠；浆果；种子肾形，内种皮膜质。花粉粒 3 沟、散沟或散孔，穿孔状-颗粒纹饰。25/4 种，**2（3）型**；主产南美洲，少数到非洲和亚洲；中国各地广布，南部尤盛。垂序商陆 *P. americana* Linnaeus 的根可入药。

Phytolaccaceae Robert ex Brown **商陆科，木兰亚纲/石竹目**。草本或灌木，稀乔木状。单叶互生，全缘。花两性或有时退化成单性，辐射对称；总状花序或聚伞花序；花被片 4-5，分离或基部连合，覆瓦状排列，宿存；

P

雄蕊4-5或多数，与花被片互生或对生；子房上位，稀下位，心皮3-17，离生或合生，每心皮有1胚珠。浆果或带翅瘦果。花粉粒多为3沟。5属，32种，分布于热带和亚热带，主产美洲热带和南非，仅少数至亚热带边缘及温带地区；中国2属，5种，产辽宁、陕西、甘肃以南各省区。

Picea A. Dietrich **云杉属，Pinaceae 松科。** 常绿乔木。小枝上有显著的叶枕，叶生于叶枕之上；小枝基部有宿存的芽鳞。叶螺旋状着生，四棱状条形或条形，无柄，两面中脉隆起，仅上面中脉两侧有气孔线，树脂道常2个。雌雄同株；雄球花椭圆形或圆柱形，单生叶腋，稀单生枝顶，小孢子叶多数，螺旋状着生；雌球果下垂；种鳞多数，螺旋状着生，腹面基部生2枚胚珠；种鳞宿存；苞鳞短小，不露出；种子有膜质长翅；种翅为种子3倍长，易脱落，常倒卵形。花粉粒具（1）2（3）个气囊。染色体 $2n$=24。38/18（7）种，**8 型**；北半球广布；中国产东北、华北、西北、西南及台湾；引种栽培2种。材质优良，可作为木纤维工业原料等用材和造林的主要树种；树皮可提栲胶。

Picrasma Blume **苦木属，Simaroubaceae 苦木科。** 小乔木或灌木，全株有苦味。叶为奇数羽状复叶，小叶柄基部和叶柄基部常膨大成节，小叶无腺点。聚伞圆锥花序腋生；花单性或杂性，雌雄异株或同株；花萼片4（5），分离或仅下半部结合，宿存；花瓣4（5），镊合状排列；雄蕊4（5），花丝无附属物；心皮2-5，分离，花柱基部合生，上部分离，每心皮有胚珠1颗。果为核果，外果皮薄，肉质。花粉粒3（-4）孔沟，网状纹饰。染色体 $2n$=24。约9/2（1）种，**3 型**；分布于美洲和亚洲的热带和亚热带地区；中国产华南、西南、华中和华北地区。

Picria Loureiro **苦玄参属，Linderniaceae 母草科。** 匍匐或铺散草本。花序总状排列，后随枝伸展变为腋生；花梗细长，顶端膨大，无小苞片；花萼4裂，果时膨大，基部心脏形，均全缘或前方1枚2浅裂，侧方2枚狭；花冠唇基部宽，先端缺刻，下唇较长，3裂；雄蕊后方2枚完全，不伸出，药室叉分而离开，前方2枚常退化为棍棒状；花柱先端柱头2片裂，胚珠多数。蒴果球形，包于萼内，室间开裂，从宽阔的具有胎座的轴上开裂。1/1 种，**7 型**；分布于亚洲东南部和南部；中国产广东、广西、贵州和云南南部。

Picris Linnaeus **毛连菜属，Asteraceae 菊科。** 草本，全部茎枝被钩状硬毛或硬刺毛。花托无托毛；冠毛羽毛状，2层，外层短或极短，糙毛状，内层长，基部连合成环；全部小花黄色。果椭圆形或纺锤形，有5-14条高起的纵肋，肋上有横皱纹，基部收窄，顶端短收窄，但无喙或喙极短。染色体 $2n$=10。50/7（4）种，**10 型**；产非洲，亚洲，大洋洲和欧洲；中国除华南外，各地均产。日本毛连菜 *P. japonica* Thunberg 全草可入药。

Pieris D. Don **马醉木属，Ericaceae 杜鹃花科。** 灌木，具马醉木毒素。小枝或叶被多细胞具柄腺毛。叶有时假轮生；环结型或网结型脉序。圆锥或总状花序；花冠白色；花瓣几乎愈合；雄蕊10，花丝直立或曲膝状，与花药联合处具2枚肥厚的乳突状刺，花药无芒；心皮5，柱头头状。蒴果干燥，缝线不加厚。种子有时具翅，种皮细胞等径或伸长。花粉四合体，3孔沟，颗粒至皱波状纹饰。染色体 x=12。约7/3（1）种，**9 型**；分布于美国东南部，西印度群岛（古巴）和东亚；中国产长江以南各省区。

Pilea Lindley **冷水花属，Urticaceae 荨麻科。** 草本或亚灌木，稀灌木，无刺毛。叶对生，三出脉，稀羽状脉；托叶柄内合生。花序聚伞状、聚伞圆锥状、穗状、串珠状、头状等；雄花被片4-5，稀2，雄蕊与花被片同数；雌花三基数，柱头画笔头状。瘦果卵形或近圆形，表面平滑或有瘤状凸起，稀呈鱼眼状。钟乳体条形、纺锤形或

短杆状，稀点状。花粉粒 2 孔，刺状纹饰。染色体 n=8，12，13，15，18。400/80（31）种，**2-2（3）型**；全球广布，主产热带和亚热带地区，延伸至温带地区；中国主产长江以南各省区，少数到东北、甘肃等。

Pileostegia Hooker & Thomson **冠盖藤属，Hydrangeaceae 绣球花科**。常绿攀援状灌木，常具气生根。叶对生，革质。伞房状圆锥花序，具二歧分枝；花全为孕性花；花萼裂片 4-5；花瓣 4-5，上部联合成冠盖状，早落；雄蕊 8-10；花药近球形，药室纵裂；子房下位，4-6 室，中央胎座，花柱粗短，4-6 浅裂，柱头圆锥状。蒴果陀螺状，具宿存花柱和柱头，沿棱脊间开裂。种子纺锤状，两端具膜质翅。花粉粒 3 孔沟，粗网状纹饰。2/2 种，**14（SH）型**；分布于亚洲东南部，印度东部，日本和越南；中国均产。柔毛冠盖藤 *P. viburnoides* J. D. Hooker & Thomson var. *glabrescens* (C. C. Yan) S. M. Hwang 的根茎中含有黄酮类、有机酸、糖苷类、挥发油及油脂等成分。

Pilosella Hill **细毛菊属，Asteraceae 菊科**。多年生莲座状草本。冠毛糙毛状，白色或污白色；总苞卵形至半球形，总苞片多层，披针形；小花黄色，稀淡黄色或橙红色，外层有时有条纹。果圆柱或倒圆锥形，1-2mm，8-14 条不在顶端汇合的肋，顶截形。染色体 x=9。110/2 种，**10-3 型**；产非洲北部，亚洲和欧洲；中国产新疆。

Piloselloides (Lessing) C. Jeffrey ex Cufodontis **兔儿一支箭属，Asteraceae 菊科**。多年生草本。叶基生，莲座状。头状花序单生于花葶顶；花托平，无毛；冠毛多数，细刚毛状；小花全部可育，花冠二唇形，边花 2 层，雌性，中央小花两性，花冠管状，二唇形；花药基部具长尾，顶端附属物截平；花柱顶端浅 2 裂，花柱分枝短，背面被乳突。瘦果纺锤形，具长喙，具棱，被细刚毛。2/1 种，**6 型**；广布非洲，亚洲，大洋洲；中国产华东南、西南地区。毛大丁草 *P. hirsuta*（Forsskål）C. Jeffrey ex Cufodontis 全草可药用。

Pimpinella Linnaeus **茴芹属，Apiaceae 伞形科**。草本。茎常直立。叶柄有叶鞘；茎生叶向上逐渐变小，常无柄，有叶鞘。复伞形花序；小伞形花序常有多数花；萼齿不明显；花瓣，基部顶端有内折小舌片；花柱基圆锥形、稀垫状，短于花柱。果实卵形、长卵形或卵球形；每棱槽内油管 1-4，合生面油管 2-6。胚乳腹面平直或微凹；心皮柄 2 裂至中部或基部。花粉粒 3 孔沟，脑纹状纹饰。150/44（28）种，**1 型**；分布于欧洲，亚洲和非洲，少数至美洲；中国广布。

Pinaceae Sprengel ex F. Rudolphi **松科，松亚纲/松目**。常绿或落叶乔木，稀为灌木；枝仅有长枝，或兼有长枝与短枝。叶条形或针形，基部不下延生长；条形叶扁平，稀呈四棱形；针形叶 2-5 针（稀 1 针或多至 81 针）成 1 束，着生于极度退化的短枝顶端，基部包有叶鞘。雌雄同株；球花单性；雄球花腋生或单生枝顶，或多数集生于短枝顶端；雌球花球果直立或下垂；种鳞宿存或熟后脱落；苞鳞与种鳞离生（仅基部合生）；种鳞的腹面基部有 2 粒种子。种子常上端具 1 膜质翅。花粉粒具 2 个气囊或无气囊。染色体 $2n$=24，44。11 属，225 种，北半球广布；中国 10 属，102 种，其中引种栽培 24 种，广布。

Pinalia Lindley **苹兰属，Orchidaceae 兰科**。陆生或附生草本。茎互相靠近，顶端生叶。叶革质。总状花序腋生，花序轴具有鳞片状的棕色毛；花苞片明显；花颜色多变；萼片背面背稀疏至密毛，中萼片狭三角形，侧萼片三角形，腹面基部加宽，与蕊柱足合生成萼囊；花瓣与中萼片相似；唇瓣 3 裂，生于蕊柱足末端，上面有纵脊或胼胝体；花粉团 8 个，棍棒状。200/13（2）种，**5 型**；主要分布于喜马拉雅西北部，印度东北部，缅甸，中国南部，越南，老挝，泰国，马来群岛，澳大利亚西北部及太平洋岛

P

屿；中国产西藏、云南、四川、湖北、湖南、广东、广西、海南、台湾。

Pinanga Blume **山槟榔属，Arecaceae 棕榈科**。灌木状，有环状叶痕。叶羽状全裂，上部的羽片合生。花序生于叶丛之下，花雌雄同序，3 朵聚生，排成 2-4 或 6 纵列；雄花斜三棱形，雄蕊 6 枚或更多；雌花远比雄花小，卵形或球形，子房 1 室，胚珠 1。胚乳嚼烂状，胚基生。花粉单沟，穿孔状、瘤棒状、刺状和网状纹饰。约 137/5（1）种，**7 型**；分布于亚洲热带地区；中国产西部（西藏）至南部、海南和台湾。多数种类可作庭园绿化树种；种子可作槟榔的代用品。

Pinellia Tenore **半夏属，Araceae 天南星科**。多年生草本，具块茎。叶柄下部或上部，叶片基部常有珠芽；叶片全缘，3 深裂或鸟足状分裂。花序柄单生，与叶柄等长；佛焰苞宿存，管部席卷，檐部长圆形，舟形；肉穗花序下部雌花序与佛焰苞合生达隔膜，单侧着花，内藏于佛焰苞管部；雄花序位于隔膜之上；花单性，无花被；雄花有雄蕊 2；子房卵圆形，1 室。浆果长圆状卵形。花粉粒无萌发孔，刺状纹饰。9/9（7）种，**14 型**；分布于亚洲东部；中国南北均产。半夏 *P. ternata* (Thunberg) Tenore ex Breitenbach 可药用。

Pinguicula Linnaeus **捕虫堇属，Lentibulariaceae 狸藻科**。草本。具地下茎，无假根、匍匐枝，捕虫囊不存在。根纤维状。叶基生呈莲座状，单叶，叶片上密被分泌黏液的腺体，羽状脉，叶边全缘，常内卷。花单生，稀 2 或 3 朵单花组成总状花序，无鳞片，苞片或小苞片。花萼二唇形，下唇 2 裂，上唇 3 裂；花冠在喉部开放，下唇较大；花距 3 裂。蒴果室背开裂。花粉粒 4 至多孔沟，皱状至网状纹饰或穿孔。染色体 n=8，9，11，12，16，24，32。约 55/2 种，**8-5（8-2）型**，分布于北温带地区，中美洲多样性最高延伸到南美洲地区；中国产秦岭及大兴安岭。

Pinus Linnaeus **松属，Pinaceae 松科**。常绿乔木，稀为灌木。冬芽显著，芽鳞多数，覆瓦状排列。叶有两型：鳞叶单生，螺旋状着生；针叶（次生叶）螺旋状着生，辐射伸展，常 2 针、3 针或 5 针 1 束，基部由叶鞘所包，针叶具 1-2 个维管束。雌雄同株；雄球花生于新枝下部的苞片腋部，多数聚集成穗状花序状，无梗，斜展或下垂；雌球果单生或 2-4 个生于新枝近顶端；种鳞木质，宿存，上部露出部分为“鳞盾”，具瘤状凸起的“鳞脐”。种鳞具 2 粒种子。种子上部具长翅，种翅与种子结合而生。花粉粒具 2 个气囊，皱波或穿孔状纹饰。染色体 $2n$=24。113/39（7）种，**8 型**；主要分布于北半球，南至北非，中美洲及中南半岛至苏门答腊赤道以南；中国广布。华山松 *P. armandii* Franchet、白皮松 *P. bungeana* Zuccarini ex Endlicher 等广泛栽培。

Piper Linnaeus **胡椒属，Piperaceae 胡椒科**。灌木或攀援藤本，稀有草本或小乔木。茎、枝有膨大的节，揉之有香气；维管束外面的联合成环，内面的呈 1 或 2 列散生。叶互生，全缘；托叶多少贴生于叶柄上，早落。花单性，雌雄异株，或稀有两性或杂性，聚集成与叶对生或腋生或稀有顶生的穗状花序，花序宽于总花梗的 3 倍多；苞片离生，少有与花序轴或与花合生，盾状或杯状。雄蕊 2-6 枚，着生于花序轴上，稀着生于子房基部，花药 2 室，2-4 裂；子房离生或嵌生于花序轴中合生，胚珠 1，柱头 3-5，稀 2。浆果倒卵形、卵形或球形、稀长圆形，红色或黄色。花粉粒单沟或无萌发孔，光滑、穿孔或皱穴状纹饰，具刺。约 2000/60 种，**2 型**；主产热带地区；中国产台湾。

Piperaceae Giseke **胡椒科，木兰亚纲/胡椒目**。草本、灌木或攀援藤本，稀为乔木，常有香气；维管束多少散生。叶互生，稀对生或轮生，单叶，两侧常不对称，具掌状脉或羽状脉；托叶与叶柄联生或否，或无托叶。花小，两性、单性雌雄异株或间有杂性，密集成穗状花序或由穗状花序再排成伞形花序，极稀成总状花序，花序与叶对生或腋生，少有顶生；苞片小，常盾状或杯状，少有勺状；花被无；雄蕊 1-10 枚，花丝离生，花药 2 室；雌蕊由 2-5 心皮所组成，连合，子房上位，1 室，胚珠 1，柱头 1-5，无或有极短的花柱。浆果小，具肉质、薄或干燥的果皮。种子具少量的内胚乳和丰富的外胚乳。花粉粒单沟或无萌发孔。5（或 8-15）属，3600 余种，分布于热带和亚热带温暖地区，主产热带美洲；中国 3 属，68 种，产台湾。

Piptanthus Sweet **黄花木属，Fabaceae 豆科**。灌木。掌状三出复叶，互生，托叶大，2 枚合生，与叶柄相对，贴茎生。总状花序顶生，2-3 朵轮生；苞片托叶状，基部连合呈鞘状，脱落，无小苞片；萼齿 5，近等长，上方 2 萼齿合生，老熟时花萼在近基部位于子房同位线作环状关节性脱离；花冠黄色；雄蕊 10 枚，分离；胚珠 2-10 粒。荚果线形，扁平。种子斜椭圆形。花粉粒 3 孔沟，网状纹饰。染色体 2*n*=18。2/2（1）种，**14SJ 型**；分布于喜马拉雅山南坡的印度，不丹，尼泊尔，缅甸及中国西部地区。黄花木 *P. nepalensis* (Hooker) Sweet 可供观赏。

Piptatherum P. Beauvois **落芒草属，Poaceae 禾本科**。多年生草本。圆锥花序开展或窄狭似穗状；小穗含 1 小花；颖几相等长，宿存；外稃质地硬，背腹压扁或近于圆形，果期革质，常显褐色或黑褐色，多被贴生柔毛或无毛，且常发亮而有光泽，具短而钝的基盘，顶端具易早落的芒（稀不断落），内稃或多或少被外稃所包裹；鳞被 3-2。染色体 2*n*=24，*x*=12。30/9（2）种，**8（12）型**；主要分布于北半球温带和亚热带山地；中国产四川、西藏、云南、新疆、甘肃、青海。

Pipturus Weddell **落尾木属，Urticaceae 荨麻科**。乔木、直立或攀援灌木，无刺毛。叶螺旋状互生，边缘全缘或有圆齿，基出脉 3-5；托叶柄内合生，先端 2 裂。雄团伞花序排成穗状或圆锥状，稀簇生于叶腋；雌团伞花序紧缩成头状；雄花被片镊合状排列；雌花多数着生于稍肉质的花序托上，花被片合生成管状，柱头丝形。瘦果小，由肉质的花被所包裹。花粉粒 3 孔，颗粒状纹饰。染色体 *n*=13，14。40/1 种，**5（7）型**；分布于印度尼西亚，日本，马来西亚，澳大利亚北部，马达加斯加，马斯克林群岛和太平洋岛屿及中国台湾。

Pisonia Linnaeus **腺果藤属，Nyctaginaceae 紫茉莉科**。直立灌木或乔木，或木质藤本；叶对生或互生，全缘；花常单性异株，聚伞花序；花萼 5-10 裂，雄花的漏斗状，雌花的管状；雄蕊 6-10 或更多；子房无柄，1 室，胚珠 1 颗；掺花果伸长，且包以宿存的花萼，具极黏性。花粉粒 3 沟或散孔，穿孔-颗粒或网状纹饰。40/3 种，**2（3）型**；主产美洲热带，亚热带和亚洲东南部地区，西印度群岛，美洲中南部及太平洋西南部尤盛；中国产广东南部和台湾。抗风桐 *P. grandis* R. Brown 为西沙群岛地区的主要树种。

Pistacia Linnaeus **黄连木属，Anacardiaceae 漆树科**。乔木或灌木。叶为偶数或奇数羽状复叶，罕有 3 小叶或单叶；小叶全缘。雌雄异株；花序为圆锥花序；雄花退化减少 1 或 2 花被，或无花被，雄蕊 3-5，罕为 7，花丝短，与花盘合生，花药大，卵圆形，退化雌蕊小或无；雌花退化减少 2-5 花被，或无花被，退化雄蕊无；花盘小或无，子房上位，1 室 1 胚珠，柱头短，3 裂。核果成熟期为红色，内果皮骨质。种子无胚乳。风媒传粉。花粉粒 6-8 沟，网状-皱波状纹饰。染色体 *n*=12，14，15。12/2（1）种，**12 型**；分布于地中海至阿富汗，亚洲的东部至东南部，中南美洲；中国除内蒙古及东北外均产。阿月浑子 *P. vera* Linnaeus 的果实是著名的干果。

Pistia Linnaeus **大漂属，Araceae 天南星科**。水生草本，飘浮。叶螺旋状排列，淡绿色；

叶鞘托叶状，几从叶的基部与叶分离，极薄，干膜质。花序具极短的柄；佛焰苞小，叶状，白色，内面光滑，外面被毛，管部卵圆形，檐部卵形，近兜状；肉穗花序背面与佛焰苞合生，花单性同序；下部雌花序具单花，上部雄花序有花 2-8，无附属器；花无花被；雄蕊 2；子房卵圆形。浆果卵圆形。花粉粒无萌发孔，条纹或具褶纹饰。1/1 种，**2 型**；广布热带亚热带地区；中国产福建、广东、广西、台湾、云南。大漂 *P. stratiotes* Linnaeus 可供药用。

Pisum Linnaeus **豌豆属，Fabaceae 豆科**。一年生或多年生柔软草本，茎方形、空心、无毛。叶具小叶 2-6 片，全缘或多少有锯齿，下面被粉霜，托叶大，叶状，叶轴顶端具羽状分枝的卷须。花白色或颜色多样，单生或数朵排成总状花序腋生；萼片多少呈叶片状；翼瓣稍与龙骨瓣连生；雄蕊二体（9+1）；胚珠多粒，花柱内弯，压扁，内侧面有纵列的髯毛。荚果肿胀，长椭圆形。种子球形。花粉粒 3 孔沟，网状纹饰。（2-3）/1 种，**12 型**；分布于地中海至西南亚地区；豌豆 *P. sativum* Linnaeus 广为栽培，其种子、嫩果荚或嫩茎叶可供食用，茎叶可作饲料。

Pithecellobium Martius **牛蹄豆属，Fabaccae 豆科**。乔木或灌木，具托叶刺。二回羽状复叶，小叶对生，总叶柄和叶轴上常有腺体。头状或穗状花序，生于上部叶腋或排成圆锥花序；单型花，常 5 数；花萼具短齿；花瓣合生，上部 5 裂；雄蕊多数，突出，花丝合生成管；单子房。荚果卷曲，果瓣纸质，内部红色，开裂。种子具假种皮，具展开的侧线环。花粉 16 或 32 合体，表面平滑。染色体 n=13。约 18/1 种，**（3）型**；分布于美洲热地和亚热带地区；中国引种牛蹄豆 *P. dulce* (Roxburgh) Bentham 栽培于南部和东南部地区，供观赏绿化；假种皮可食；木材可作建筑材用。

Pittosporaceae R. Brown **海桐花科，木兰亚纲/伞形目**。常绿乔木、灌木或藤本。叶常互生，无托叶。花常两性，单生或伞形、伞房或圆锥花序；萼片常分离；雄蕊与萼片对生，花丝线形，花药 2 室；子房上位，倒生胚珠多数，花柱直，常不分裂。蒴果或浆果。种子常有黏质或油质包在外面。无伞形花子油酸，含丰富的 C_{20} 和 C_{22} 脂肪酸。花粉粒 3 孔沟。6-9 属，200 种，分布于旧大陆热带和亚热带，主产西南太平洋岛屿，大洋洲，东南亚及亚洲东部的亚热带地区；中国 1 属，44 种，产长江流域。

Pittosporopsis Craib **假海桐属，Icacinaceae 茶茱萸科**。灌木至小乔木。叶互生，边缘微波状，软骨质。花较大，两性，腋生聚伞花序花少；花梗短，具关节；小苞片 3-4；花萼 5 深裂，宿存，果时增大；花瓣 5，匙形，外面被微柔毛；雄蕊 5，与花瓣互生，贴生于花瓣基部，花丝扁平，向上突然收缩；花盘与子房合生；子房 1 室，有 2 枚悬垂胚珠，花柱宿存。核果大，近圆形，稍偏斜，中果皮薄，内果皮近骨质。1/1 种，**7-3 型**；分布于老挝，缅甸，泰国，越南北部及中国云南南部和东南部。假海桐 *P. kerrii* Craib 的种子可食；亦可药用。

Pittosporum Banks ex Gaertner **海桐花属，Pittosporaceae 海桐花科**。乔木或灌木。叶互生。花两性，单生或排成伞形、伞房或圆锥花序；萼片 5；花瓣 5；雄蕊 5，花丝无毛，花药背部着生；子房上位，常有子房柄，心皮 2-3，胚珠多数，花柱常不分裂。蒴果。种子有黏质或油状物。花粉粒 3 孔沟。约 300/44 种，**4（5，6）型**；广布大洋洲，西南太平洋各岛屿，东南亚及亚洲东部；中国产西南部至台湾。根及果实常供药用；根皮药用；种子可榨油，为工业用油脂原料。

Pityrogramma Link **粉叶蕨属，Pteridaceae 凤尾蕨科**。草本，土生。根状茎直立或斜升。叶簇生，一型；叶柄紫栗色，有光泽；叶片卵状披针形，二至三回羽状分裂；叶脉分离，单一或分叉；叶草质至近革质，

P

上面光滑，下面密被白色至黄色粉末。孢子囊群沿叶脉着生，不达顶端，无囊群盖，也无隔丝。孢子球状四面形，周壁具不规则脊状隆起。染色体 x=29，30。约 20/1 种，**2-2 型**；分布于热带非洲，美洲和亚洲；中国产海南、台湾及云南南部。

Plagiobasis A. G. Schrenk **斜果菊属，Asteraceae 菊科**。多年生草本。叶互生，有锯齿。头状花序小，具柄，异型；花托有托毛；冠毛锯齿状，2 至多列，基部不连合成环，分散脱落；总苞片数列，覆瓦状排列，顶端有透明的膜质附属物；全部小花紫色，花冠管状，边花无性，不结实，中央盘花两性。瘦果有丝毛。1/1 种，**13 型**；分布于哈萨克斯坦，吉尔吉斯斯坦及中国新疆。

Plagiogyria (G. Kunze) Mettenius **瘤足蕨属，Plagiogyriaceae 瘤足蕨科**。草本，土生。根状茎粗短而直立。叶簇生，二型；有长柄，基部膨大，三角形，基部两侧有疣状凸起的气囊体，幼时叶柄基部具密绒毛覆盖；叶片羽状深裂达叶轴，顶部羽裂合生或为一顶生分离的羽片；羽片多对，披针形或镰刀形；叶脉分离，达叶边或锯齿，单脉或分叉；能育叶直立，具较长的柄；羽片强度收缩成线形。孢子囊群近边生，布满羽片。孢子四面体，外壁有瘤状纹饰。染色体 x=11。约 10/8（1）种，**14 型**；分布于东亚和东南亚，1 种分布达热带美洲；中国产长江以南各省区。镰羽瘤足蕨 *P. falcata* Copeland 可药用。

Plagiogyriaceae Bower **瘤足蕨科，水龙骨亚纲/桫椤目**。草本，土生。根状茎粗短而直立。叶簇生，二型；有长柄，基部两侧有疣状凸起的气囊体，幼时叶柄基部具密绒毛覆盖；叶片一回羽状或羽状深裂达叶轴，顶部羽裂合生或为一顶生分离的羽片；羽片多对，披针形或镰刀形；叶脉分离，达叶边或锯齿，单脉或分叉；能育叶直立，具较长的柄；羽片强度收缩成线形。孢子囊群近边生，布满羽片。孢子四面体，外壁有瘤状纹饰。1 属，约 10 种，主要分布于东亚和东南亚，1 种达中美洲热带；中国 1 属，8 种，产各省区。

Plagiopetalum Rehder **偏瓣花属，Melastomataceae 野牡丹科**。灌木。叶片 3-5 基出脉；具叶柄。由伞形花序组成伞房花序，稀伞形花序；花萼钟形，常被腺毛；花瓣不对称，偏斜；雄蕊 8，长 4 短 4，花药圆柱状披针形或披针形，基部无疣，药隔基部不膨大或微凸起成短距；子房下位，4 室，顶端常具齿，柱头点尖。蒴果球状或卵状坛形，四棱形，顶端常微露出宿存萼；种子长楔形或狭三角形。2/2（1）种，**7-3 型**；1 种缅甸与中国滇西北、西南或川西南间断分布；1 种为越北至中国滇、黔、桂。

Plagiopteron Griffith **斜翼属，Celastraceae 卫矛科**。木质藤木，嫩枝被星状绒毛。叶对生，被绒毛。花两性，圆锥花序生枝顶叶腋，轴被绒毛；花萼 3-5，披针形，被绒毛；花瓣 3-5，呈萼片状，反卷，分离，两面被绒毛；雄蕊多数；子房被褐色长绒毛，3 室，每室 2 侧生胚珠。蒴果三角状陀螺形，顶端有水平排列的翅 3 条。花粉粒 3 孔沟，穿孔状纹饰。1/1 种，**7-3 型**；分布于缅甸，印度，泰国及中国南部。斜翼 *P. suaveolens* Griffith 的枝、叶及根可供药用。

Plagiostachys Ridley **偏穗姜属，Zingiberaceae 姜科**。多年生草本。穗状花序或圆锥花序自茎侧穿鞘而出，苞片稠密，全缘或流苏状。花冠肉质，筒部短或等长于花萼，后方裂片直立、盔状；侧生退化雄蕊齿状或钻状；唇瓣平坦，全缘或 2 裂，花丝加厚且短；子房小，腺体短。蒴果果皮脆薄，每室有 3-4 颗有棱的种子。花粉粒无萌发孔，刺状纹饰。18/1（1）种，**7a 型**；分布于东南亚；中国产广东和广西。

Planchonella Pierre **山榄属，Sapotaceae 山榄科**。乔木或灌木，具乳汁；叶互生、近对生或对生。托叶无或早落。花单生或簇

P

生，具苞片。花两性，稀单性；花萼裂片5，覆瓦状或螺旋状排列，基部连合成短管；花冠两面无毛；能育雄蕊5，着生于花冠管喉部，与花冠裂片对生；退化雄蕊花瓣状，与花冠裂片互生；花盘杯状或环状。浆果。种子1-6，瘢痕狭长圆形，侧生，种脐在顶端，胚乳丰富，子叶薄而叶状。花粉粒3或4孔沟，穿孔状纹饰，偶为皱波状。100/3 种，**2 型**；分布于亚洲南部，马来西亚至澳大利亚，密克罗尼西亚，玻利尼西亚，夏威夷岛及新西兰，塞舌尔和南美，新几内亚岛，澳大利亚和新喀里多尼亚；中国产海南和台湾。山榄 *P. obovata* (R. Brown) Pierre 的木材可供建筑用；叶可入药。

Plantaginaceae Jussieu **车前科，木兰亚纲/唇形目**。草本，稀灌木。叶互生螺旋状，或对生，有时轮生。花序多样。花常两性。萼片4或5，合生。花瓣常5，合生，花冠二唇形。雄蕊4，二强雄蕊，有时为2枚，或有退化雄蕊；花丝贴生于花冠；药室2，室分离、纵裂。心皮2，合生；子房上位，中轴胎座，胎座膨大；柱头2裂。胚珠每室多数。蒴果，室间开裂，孔裂或周裂；种子有角或具翅。花粉粒2-6沟或孔沟，3拟孔沟或无萌发孔，稀为3-15孔（车前属），网状、穿孔、条纹或皱波状纹饰，有时具刺。风媒或虫媒。约90属，1900种，世界广布，主产温带地区；中国21属，165种，产南北各地。

Plantago Linnaeus **车前属，Plantaginaceae 车前科**。草本。叶基生，莲座状。花小，淡绿色，两性或杂性，穗状花序；萼片4，芽时覆瓦状排列，宿存；花冠高脚碟状，干膜质，裂片4，覆瓦状排列；雄蕊4，着生于冠管上，花丝纤细，芽时内弯，花药丁字形着生；子房2-4室，上位；胚珠单生或数颗。蒴果环裂。种子有棱，1至多颗，小，常盾状。花粉粒3-15孔，穿孔纹饰，有疣状凸起或小刺。染色体 x=4，5，6。190/22（3）种，**1（8-4）型**；分布于温带及热带地区，向北达北极圈附近；中国南北各地均产。

Platanaceae T. Lestiboudois **悬铃木科，木兰亚纲/山龙眼目**。落叶乔木。枝叶被枝状及星状绒毛，树皮苍白色，薄片状剥落。单叶互生，叶柄长，具叶柄下芽，托叶明显，基部鞘状。雌雄同株，花序头状；萼片3-8，三角形；雄蕊3-8，花丝短，药隔顶端增大成圆盾状鳞片；心皮3-8，离生，子房1室，有1-2个垂生胚珠，花柱伸长。聚合果由多数狭长倒锥形的小坚果组成，基部围以长毛。种子1，线形，胚乳薄。花粉粒3沟，网状纹饰。染色体 $2n$=32-42。1属，11种，分布于北美，东南欧，西亚及越南北部；中国引入3种，南北各地均有栽培。

Platanthera Richard **舌唇兰属，Orchidaceae 兰科**。地生草本，根棒状和纺锤状。叶互生。唇瓣常为线形或舌状，肉质，基部两侧无耳，罕具耳，下方具距；蕊柱粗短；花药直立，药隔明显；花粉团2个，为具小团块的粒粉质，棒状，具明显的花粉团柄和裸露的粘盘；柱头有3种类型；柱头1个，由3个裂片联合成1垫状加厚的平面，或联合成1凸面且被蕊喙包围，或2个柱头裂片离生，拉伸，位于距口的前方两侧。约200/51（19）种，**8[←2（3）]型**；主要分布于北温带，遍及欧洲和非洲北部，马来群岛和新几内亚及中北美洲；中国产西南、华东等地区。

Platanus Linnaeus **悬铃木属，Platanaceae 悬铃木科**。特征描述同科。11/3 种，**8 型**；分布于北美，东南欧，西亚及越南北部；中国南北各地均有栽培。一球悬铃木 *P. occidentailis* Linnaeus、二球悬铃木 *P. acerifoia* (Aiton) Wildenow 和三球悬铃木 *P. orientalis* Linnaeus 是著名的优良庭荫树和行道树。

Platea Blume **肖榄属，Icacinaceae 茶茱萸科**。大乔木。嫩枝、幼叶背面及花序被锈色星状鳞粃或单毛。叶全缘，革质。花小，

P

杂性或雌雄异株；雄花序间断穗状或圆锥状腋生；雌花序短总状腋生；萼片 5，分离或基部稍连合；花瓣 5，基部合生成极短的管，先端分离，在雌花中早落或无；雄蕊 5，着生于花冠基部，与花冠裂片互生，花丝比花药短；子房（在雄花中退化或无）球形至圆柱形，1 室，具 2 枚悬垂胚珠，柱头阔盘状。核果圆柱状，外果皮蓝黑色，内果皮木质，具网状肋。种子 1 枚。5/2（1）种，**7 型**；分布于热带亚洲；中国产广东、广西和云南。

Platostoma Palisot de Beauvois **龙船草属，Lamiaceae 唇形科**。草本。聚伞花序多为 3 花；花萼管状，钟形或瓮形，二唇形，具 2-8 个裂片（1-3/1-5），裂片不等大；花萼上唇全缘，或 3 裂，下唇全缘或圆形，2-5 裂；花冠二唇形，4 或 5 裂（3-4/1）；冠筒直伸，在喉部位置扩大，有时基部具距；雄蕊 4，前对雄蕊着生在冠筒中部，后对雄蕊着生在喉部或近中部。小坚果卵圆形，具不明显条纹，湿时果皮外具分泌物。花粉粒 6 沟。染色体 $2n$=14，18，28，30，42，48。约 45/4 种，**4 型**；分布于热带非洲和亚洲；中国产华南和西南地区。

Platycarya Siebold & Zuccarini **化香树属，Juglandaceae 胡桃科**。落叶小乔木。小枝髓部实心。奇数羽状复叶。雄花序及两性花序共同形成直立的伞房状花序束，中央顶端的为两性花序，两性花序下部为雌花序，上部为雄花序；两性花序下方为雄性穗状花序；子房 1 室。果序球果状，直立，有多数木质、有弹性、密集成覆瓦状排列的宿存苞片；果为小坚果状，背腹压扁状，两侧具狭翅。种子具膜质种皮。花粉粒 3 孔，颗粒状纹饰。染色体 $2n$=28，30。2/2 种，**14SJ 型**；分布于朝鲜，日本及中国黄河以南各省区。

Platycerium Desvaux **鹿角蕨属，Polypodiaceae 水龙骨科**。草本，附生。根状茎短而粗，分枝，叶成 2 列生于根状茎上。叶较大，二型：不育叶为鸟巢状直立，基部心脏形，质厚且呈肉质，略呈浅二歧分裂，覆瓦状覆盖于根状茎上；能育叶直立或下垂，多回掌状二歧分枝；叶脉网结，在主脉两侧呈多角形长网眼，具内藏小脉。孢子囊群为卤蕨型，生于特化的裂片背面；孢子两侧对称。染色体 x=37。15/1 种，**2-2 型**；分布于东南亚，非洲，马达加斯加，仅 1 种分布于南美洲秘鲁；中国产云南盈江。绿孢鹿角蕨 *P. wallichii* Hooker 为国家Ⅱ级重点保护野生植物，叶形优美可供观赏。

Platycladus Spach **侧柏属，Cupressaceae 柏科**。常绿乔木；生鳞叶的小枝直展或斜展，排成一平面，扁平，两面同型。叶鳞形，二型，交叉对生，排成 4 列，背面有腺点。雌雄同株；球花单生于小枝顶端；雄球花有 6 对交叉对生的小孢子叶，小孢子囊 2-4；雌球花有 4 对交叉对生的珠鳞，仅中间 2 对珠鳞各生 1-2 枚直立胚珠，最下 1 对珠鳞短小。球果当年成熟，熟时开裂；种鳞 4 对，木质，近扁平，背部顶端的下方有 1 弯曲的钩状尖头。种子无翅，稀有极窄之翅；种脐浅褐色。花粉无气囊。染色体 $2n$=22。1/1 种，**14（SH）型**；分布于朝鲜半岛和俄罗斯远东地区；中国广布。侧柏 *P. orientalis* (Linnaeus) Franco 可供建筑、器具等用材和作庭园树。

Platycodon A. de Candolle **桔梗属，Campanulaceae 桔梗科**。草本，有乳汁。主根胡萝卜状。茎直立。叶对生、互生或 3-4 枚轮生。单花顶生；花萼 5 裂；花冠碗状，5 裂；雄蕊 5，离生，花丝基部扩大；无花盘；子房半下位，5 室，柱头 5 裂，裂片常条形。蒴果顶端室背 5 裂，裂片与宿存花萼裂片对生。种子多数。花粉粒 4-6 孔沟，具小刺。染色体 $2n$=18。1/1 种，**14（SJ）型**；分布于亚洲东部；中国广布。桔梗 *P. grandiflorus* (Jacquin) A. de Candolle 的根可药用。

P

Platycrater Siebold & Zuccarini **蛛网萼属，Hydrangeaceae 绣球花科**。落叶灌木。叶薄纸质，对生或交互对生。花二型；不育花少而大，孕性花多而小；苞片宿存；不育花的萼片盾状着生；花瓣 4；雄蕊无限，多轮着生于环状花盘下侧，花丝基部稍合生，花药阔长圆形，基部着生；子房下位，2 室，胚珠多数，花柱 2，直立或扩展，柱头乳头状或向内倾斜。蒴果倒圆锥形。种子两端具翅。花粉粒 3 孔沟，穿孔状纹饰。1/1 种，**14（SJ）型**；分布于日本及中国东南部。蛛网萼 *P. arguta* Siebold & Zuccarini 是国家 I 级重点保护野生植物。

Platystemma Wallich **堇叶苣苔属，Gesneriaceae 苦苣苔科**。小草本。叶无柄，心形。聚伞花序腋生。花萼钟状 5 深裂，裂片相等；花冠斜钟形，筒极短，檐部大，二唇形，上唇 2 裂，下唇 3 裂；雄蕊 4，花药 2 室，退化雄蕊 1 枚；花盘环状；子房卵球形，2 侧膜胎座，具多数胚珠；花柱细，柱头 1，头状。蒴果卵状长圆形，室背开裂，2 裂片不扭曲。种子无附属物。染色体 $2n$=40。1/1 种，**14SH 型**；分布于尼泊尔，不丹至印度北部及中国西藏南部。

Plectocomia Martius ex Schultes & J. H. Schultes **钩叶藤属，Arecaceae 棕榈科**。攀援藤本，一次开花结实。叶鞘管状，有针状刺；叶羽状全裂，叶轴顶端延伸为具爪状刺的纤鞭。雌雄异株；雄花每 2 朵并生于小穗轴上的每个凹痕处；雄蕊 6，具平行的药室；雌花大于雄花，退化雄蕊 6，基部合生；子房被鳞片，3 室，胚珠 3，仅 1 室发育。胚乳均匀，胚基生。花粉粒 2 沟或单沟，穿孔状、穴状和棒状纹饰。约 16/3（1）种，**7 型**；分布于亚洲热带地区和大洋洲；中国产西南部和南部。

Pleioblastus Nakai **苦竹属，Poaceae 禾本科**。灌木或乔木状竹类。地下茎细型；秆散生或稍丛生；节间在分枝一侧微扁平，节下方具白粉环；分枝 3-7（9）枚。秆箨宿存；箨鞘背面之基部密生 1 圈绒毛。每小枝具 3-5 叶。单次发生花序，总状或圆锥状；小穗具数朵小花，小花可逐节脱落；颖 2（5）；鳞被 3；雄蕊 3；花柱 1，柱头 3，羽毛状。花粉粒疣状或颗粒纹饰。约 40/17（15）种，**14SJ 型**；分布于东亚，日本最多；中国产长江中下游。

Pleione D. Don **独蒜兰属，Orchidaceae 兰科**。附生或地生草本。假鳞茎顶生 1-2 枚叶。叶纸质，具折扇状脉。萼片离生；花瓣与萼片等长；唇瓣不裂或不明显 3 裂，基部常多少收狭，贴生于蕊柱基部而呈囊状，上部边缘啮蚀状或撕裂状，上面具纵褶片或流苏状毛；蕊柱细长，稍向前弯曲，两侧具狭翅；花粉团 4 个，蜡质，每 2 个成 1 对。26/23（12）种，**7 型**；分布于喜马拉雅地区，南至缅甸，老挝和泰国的亚热带地区和热带凉爽地区；中国产西南、华中、华东、广东和广西的北部及台湾山地。独蒜兰 *P. bulbocodioides* (Franchet) Rolfe 可供观赏。

Plenasium C. Presl **革紫萁属，Osmundaceae 紫萁科**。常绿中型或树状蕨类植物。根状茎直立，粗壮，树形，高可达 50cm，常密被宿存的叶柄基部，先端簇生叶片，形状如苏铁。叶一型，革质，两面光滑无毛；羽片全缘、波状或有锯齿，线状披针形，以关节着生于叶轴；叶脉羽状分枝，侧脉二叉。能育羽片位于叶片的中部或下部；孢子囊密生于紧缩成线形的能育羽片的中肋两侧。孢子球状四面体形，具棒状纹饰。染色体 x=11。4/4 种，**2 型**；分布于温带和热带；中国产长江以南地区。华南革叶紫萁 *P. vachellii* (Hooker) Presl 可作为酸性土指示植物，且是美丽的庭园观赏植物。

Pleocnemia C. B. Presl **黄腺羽蕨属，Dryopteridaceae 鳞毛蕨科**。中型土生植物。根状茎直立或斜升。叶簇生；叶片近五角形，二回至三回羽状分裂，基部 1 对羽片的基部下侧小羽片明显伸长；叶脉网状，沿小羽轴或沿主脉连接成狭长网眼，无内

藏小脉，小脉及主脉下面疏被黄色圆柱形腺体；叶轴上面及羽轴基部被平展通直的短刚毛；叶纸质。孢子囊群圆形，位于分离的小脉顶端，或少着生于小脉中部，也着生于连接的小脉上，隔丝顶部有黄色的圆柱形大腺体；囊群盖圆肾形或无囊群盖。孢子圆形，具周壁。染色体 x=41。约 17/2 种，**7 型**；主要分布于亚洲热带，少数达西太平洋群岛；中国产华南及西南地区。

Pleurosoriopsis Fomin **睫毛蕨属，Polypodiaceae 水龙骨科**。草本，附生或石生。根状茎纤细横走。叶远生，叶柄纤细，禾秆色；叶片披针形，一回羽状分裂；裂片近舌形，钝头；叶脉羽状分离，每裂片有小脉 1 条；叶片两面均密生棕色节状睫毛，边缘密生睫毛。孢子囊群粗线形，沿叶脉着生无盖；孢子肾形，两侧对称，不具周壁。染色体 x=36。1/1 种，**14 型**；分布于亚洲东部至东北部；中国产东北和西南地区。

Pleurospermopsis C. Norman **簇苞芹属，Apiaceae 伞形科**。芳香草本。根粗壮。茎直立被叶鞘。叶柄基部具骤然开展的叶鞘；羽状复叶，无柄，边缘具粗锯齿。复伞形花序，总苞片数枚，硬纸质，浅裂，顶端具粗齿；伞辐缩短呈簇状；小苞片显著。萼齿小；花瓣深紫红色至黑紫色；花柱基短于花柱。果狭椭圆形，光滑；果棱具狭翅；每棱槽 1-2 油管，合生面 4 油管。胚乳负面凹陷；心皮柄 2 叉。1/1 种，**14-1 型**；分布于印度锡金，不丹，尼泊尔及中国西藏亚东。

Pleurospermum Hoffmann **棱子芹属，Apiaceae 伞形科**。草本。根茎有叶鞘。茎直立。羽状复叶。伞形花序；总苞多数，边缘常白色膜质；小苞片多数，边缘白色；花瓣白色或紫红色；花柱基圆锥形。果实椭圆形至阔卵形，稍两侧压扁，常密生瘤状凸起；果棱，波状、冠状或具狭翅；每棱槽 1（-3）油管，合生面 2（-4-6）油管。胚乳腹面凹陷；心皮柄 2 叉。花粉粒 3 孔沟，皱波状-条纹状。50/39（22）种，**10 型**；分布于亚洲东部，北部至欧洲东部；中国产西南、西北至东北部，西南部尤多。

Pleurostylia Wight & Arnott **盾柱属，Celastraceae 卫矛科**。直立乔木或灌木。叶对生。花两性，数朵排成腋生、极短聚伞花序；花部 5 数；花盘杯状，肉质；雄蕊 5，着生于花盘边缘之下；子房半藏于花盘内，2 室或退化为 1 室，每室 2-8 胚珠，花柱短，柱头阔盾状。核果或蒴果卵球形或椭球形，骨质，不裂。种子 1-2，为假种皮状的内果皮所包围。8/1 种，**4 型**，分布于旧世界热带和亚热带；中国产海南。

Pluchea Cassini **阔苞菊属，Asteraceae 菊科**。灌木或亚灌木，稀草本。叶互生。头状花序假盘状，在枝顶作伞房花序排列或近单生；花托无托毛；冠毛毛状；总苞，多层，外层常阔卵形，内层常狭窄，稍长；外层雌花结实，中央两性花少，不结实。果略扁，4-5 棱。花粉粒 3 孔沟，具刺，刺基膨大，刺间穿孔状。染色体 2n=20，40，60。80/5 种，**2 型**；分布于非洲，东南亚，澳大利亚，加勒比海地区，北美，南美及太平洋群岛；中国产南方地区。阔苞菊 *P. indica* (Linnaeus) Lessing、翼茎阔苞菊 *P. sagittalis* (Lamarck) Cabrera 可药用。

Plumbagella Spach **鸡娃草属，Plumbaginaceae 白花丹科**。一年生草本。叶互生，基部半抱茎。花序生于茎枝顶端，初时近头状，渐延伸成短穗状；萼管状圆锥形，略具 5 棱，裂片 5；花冠具狭钟状的筒部与 5 个近直立而露于萼外的裂片；雄蕊下位，或与花冠筒之基部略接合；子房卵形，先端渐细，花柱 1，柱头 5。蒴果尖长卵形。种子长卵形。染色体 x=6。1/1 种，**13 型**；分布于哈萨克斯坦，吉尔吉斯斯坦，蒙古国，俄罗斯，以及中国甘肃西部和西南部、宁夏、青海、新疆、西藏。一些种

类的叶可治疗癣疾。

Plumbaginaceae Jussieu **白花丹科，木兰亚纲/石竹目**。草本、小灌木或攀援植物。茎直立或垫状。单叶互生或基生。花两性，成聚伞花序、穗状花序或圆锥花序；萼基部有苞片，漏斗状或管状，5 脉，5 齿裂；花冠合瓣，或基部合生，裂片 5；雄蕊 5；子房上位，1 室，胚珠 1，花柱 5，分离或合生。蒴果包藏于萼内。花粉粒 3 沟或散沟。由蜂类、小型甲虫类等传粉。染色体 x=6，7，8，9。27 属，836 种，世界广布，主产地中海和亚洲中部；中国 7 属，46 种，分布于西南、西北、河南、华北、东北和临海各省区，主产新疆。

Plumbago Linnaeus **白花丹属，Plumbaginaceae 白花丹科**。灌木、半灌木或多年生草本，有时藤本。叶互生，基部耳形或半抱茎。花序排成顶生的穗状花序；萼管状，有腺体，具 5 棱；花冠高脚碟状，远较萼长，裂片 5；雄蕊 5，下位；子房椭圆形、卵形至梨形，花柱 1，柱头 5。蒴果基部周裂，先端常有花柱基部残留而成的短尖。种子椭圆形至卵形。花粉粒 3 沟，粗棒状纹饰。染色体 x=7，8。17/2 种，**1 型**；分布于热带；中国产华南和西南各省区，另引进蓝花丹 *P. auriculata* Lamarck 各地栽培。一些种类作庭园观赏；部分种药用，如白花丹 *P. zeylanica* Linnaeus、紫花丹 *P. indica* Linnaeus 等。

Plumeria Linnaeus **鸡蛋花属，Apocynaceae 夹竹桃科**。落叶小乔木，具乳汁，枝具有明显的叶痕。叶互生。二至三歧聚伞花序，顶生，苞片大型；花萼裂片双盖覆瓦状排列，内面基部无腺体；花冠漏斗状，花冠管圆筒形，喉部无鳞片，裂片芽期向左覆盖；雄蕊内藏；离生心皮 2，胚珠多数；柱头顶端 2 裂。蓇葖双生，常长圆形，顶端渐尖。种子长圆形，顶端具膜质的翅，无种毛。花粉单粒，3 孔沟，外壁光滑。染色体 2n=36，54。7/2 种，**（3）型**；原产美洲热带地区，亚洲热带及亚热带地区广泛栽培；中国南部、西南部及东部均有栽培。

Poa Linnaeus **早熟禾属，Poaceae 禾本科**。多年生或一年生草本。叶片先端常成船头形（或风帽状）。圆锥花序；小穗两侧压扁，含（1-）2-8（-10）小花，上部小花常退化或不育。颖有脊；外稃膜质或较厚，背部有脊，先端尖或稍钝，无芒，有膜质边缘，具 5（-7）脉，中脉与边缘常具柔毛；内稃脊上粗糙或具纤毛。花粉粒颗粒或负网状纹饰。染色体 x=7。500/81（14）种，**1 型**；广布温寒带及热带，亚热带高海拔山地；中国产温寒带各省区。重要的牧草资源，如草地早熟禾 *Poa pratensis* Linnaeus。

Poaceae Barnhart **禾本科，木兰亚纲/禾本目**。草本（或木本状）。叶 2 列，由叶鞘、叶片、叶舌、叶耳组成。小穗组成穗状、总状或圆锥状等顶生花序；小穗含颖片与小花；颖片为小穗轴上最下 2 枚苞片；陆续向上为外稃和内稃，与其内含部分构成小花；小花无显著花被，具浆片 2 或 3；雄蕊 3，稀 1、2、4、6 枚或更多；雌蕊 1。颖果。花粉粒多为单孔，具顶盖和孔纹，或无孔纹，刺状、颗粒、皱波、疣状和负网状纹饰。700 属，11 000 种，世界广布；中国 227 属，1797 种，各省区广布。

Podocarpaceae Endlicher **罗汉松科，松亚纲/南洋杉目**。常绿乔木或灌木，稀寄生。叶多型，螺旋状散生、近对生或交叉对生。雌雄异株，稀同株。雄球花穗状；雌球花单生，稀穗状，具多数至少数螺旋状着生的苞片，胚珠由囊状或杯状的套被包围，稀无套被。种子核果状或坚果状，为肉质或较薄而干的假种皮所包，或苞片与轴愈合发育成肉质种托。花粉粒具 2（3）气囊，稀无气囊。染色体 2n=20，22，24，26，30，34，36，38。19 属，180 种，分布于热带非洲，日本至澳大利亚和新西兰，太平洋西南部，南美洲，中美洲和加勒比群岛；中国 4 属，12 种，产长江以南各省区。

Podocarpus L'Héritier ex Persoon **罗汉松属，Podocarpaceae 罗汉松科。**常绿乔木或灌木。叶扁平，螺旋状排列至近对生，为条状披针形或条状椭圆形，无柄或有短柄，具1条中脉，叶背面常具两条气孔带。雌雄异株，稀同株；雄球花腋生，单生或簇生，球花柔荑花序状。小孢子叶螺旋状排列于纤细的主轴上，基部具2个小孢子囊；雌球果腋生，有总梗，具2-5枚贴生的苞鳞，仅上部1-2枚可育。不育的苞鳞愈合并显著膨大形成光滑、肉质且有颜色的种托。种子1，偶2，斜着生于种托上，倒转，核果状，完全由1个肉质、绿色或红色至蓝色的种托。花粉粒具2（3）个气囊。染色体2*n*=24，34，38。约97/7（3）种，**2-1 型**；分布于热带亚热带和南半球温带地区；中国产长江以南各省区。百日青 *P. nerrifolius* D. Don、罗汉松 *P. macrophyllus* (Thunberg) Sweet 等可作为家具、乐器、文具、雕刻等用材和庭园树种。

Podochilus Blume **柄唇兰属，Orchidaceae 兰科。**附生草本，较矮小。茎纤细，丛生，多节，全为叶鞘所包。叶基部常扭转，有圆筒状鞘，具关节。总状花序较短；花小；侧萼片基部宽阔并着生于蕊柱足上，形成萼囊；花瓣常略小于中萼片；唇瓣着生于蕊柱足末端，不裂，近基部处常有附物属；蕊柱较长，具较长的蕊柱足；花粉团4个，蜡质，常为狭倒卵形，分离，下部渐狭为花粉团柄；花粉团柄1-2个，共同附着于一个粘盘上。约60/2（1）种，**7d 型**；分布于热带亚洲至太平洋岛屿，以印度尼西亚，菲律宾和新几内亚岛尤盛；中国产西南和华南地区。

Podospermum de Candolle **柄果菊属，Asteraceae 菊科。**草本或灌木。叶羽裂。花托无苞片；冠毛柔软，羽毛状，顶端糙毛状；总苞圆柱形，果期常显著伸长，总苞片多层，先端常有角状凸起；果柄明显，圆柱状，长为果体的1/5-1/3。染色体2*n*=14，28。约17/1种，**8 型**；产欧洲，非洲北部，中亚与西南亚及中国新疆。

Podostemaceae Richard **川苔草科，木兰亚纲/金虎尾目。**水生草本。根常呈扁平、分枝的叶状体状，或丝状。茎常二态。单叶，全缘、浅裂或深裂，排列成2列、基部呈鞘状。花两性，辐射对称或两侧对称；单花或数花簇生，或形成总状或聚伞花序；佛焰苞有或无；花被片2-5，离生或基部合生；雄蕊1-4；花丝离生或基部合生，花药2-4室；子房上位，2或3室，中轴胎座，胚珠多数，花柱2或3。蒴果；种子多数，小，无胚乳。花粉单粒或二合体，3孔沟（或螺旋萌发孔），穿孔状或光滑纹饰。染色体*x*=8，10，12，14，20等。48属，270种，广布热带地区，少数到温带地区；中国3属，4种，产云南、广东和福建。

Pogonatherum P. Beauvois **金发草属，Poaceae 禾本科。**多年生草本。总状花序，序轴逐节折断；小穗孪生，一有柄，一无柄，无柄小穗1-2小花，第一小花雄性或仅存外稃，第二小花两性；有柄小穗含1小花，两性或雌性；第二颖背具脊，先端2齿裂，齿间伸出1细长曲折的芒；小花第一外稃无芒，第二外稃有芒。雄蕊1-2。4/3（1）种，**7（14）型**；分布于亚洲和大洋洲的热带及亚热带地区；中国产华东、华南、华中和西南地区。金发草 *P. paniceum* (Lamarck) Hackel 全草可入药；也是优良牧草。

Pogonia Jussieu **朱兰属，Orchidaceae 兰科。**地生兰；茎直立，约在基部具1枚叶；叶常为狭椭圆形或矩圆状披针形，基部抱茎；花顶生，1-3朵；唇瓣边缘常有流苏状锯齿；蕊柱长，有明显的花丝；花粉块2，粒粉质，无附属物。约4/3种，**9 型**；分布于东亚，北美；中国产华东和西南地区。

Pogostemon Desfontaines **刺蕊草属，Lamiaceae 唇形科。**草本或半灌木。叶对生或

轮生。轮伞花序多数，组成穗状花序或总状花序或圆锥花序；花小。花萼卵状筒形，漏斗形或钟形，具 5 或 10 脉，具 5 齿，有结晶体，花萼筒外常具腺体；花冠常伸出花萼，冠檐近二唇形或近相等 4 裂；雄蕊 4，外伸，花丝中部常被髯毛，花药球形，1 室，室在顶部开裂。小坚果常卵球形或球形，光滑。花粉粒 3 孔沟，网状纹饰。染色体 2*n*=12，32，34，60，64，72。超过 80/27（11）种，**7 型**；主要分布于热带至亚热带亚洲，热带非洲；中国产云南、贵州、广西、广东、湖南、江西、福建、浙江、台湾。

Poikilospermum Zippelius ex Miquel **锥头麻属，Urticaceae 荨麻科**。木质藤本。叶常革质，螺旋状互生，全缘，羽状脉；托叶柄内合生。花序雌雄异株，常单生于叶腋，聚伞状，二叉分枝或多回二歧分枝，团伞花序球状，生于每个分枝的顶端；雄蕊（2-）4，花丝直立，有时内折；雌花被片合生成管状，柱头舌形、弯头状或盾形头状。瘦果卵形或椭圆形。钟乳体短杆状或近点状。27/3 种，**5（7）型**；分布于喜马拉雅地区经马来西亚至西太平洋群岛；中国产云南南部。

Polemoniaceae Jussieu **花荵科，木兰亚纲/杜鹃花目**。草本、亚灌木或藤本。叶互生或对生，羽状复叶、掌裂深裂或复合型。单花或聚伞状、总状、圆锥状或头状花序；花 4 或 5 基数，两性；花冠裂片芽时扭曲，后开展；雄蕊生于花冠管内，花丝基部常膨大并被毛，花药 2 室，纵裂；子房上位，2-3 室，每室有胚珠 1 至多颗，中轴胎座，柱头 2-3 条裂。蒴果室背开裂或室间开裂，果瓣间常有一半的假隔膜。种子形态多样，具棱或翅，外种皮具一层黏液细胞。花粉粒 4 孔沟至多孔沟，或多孔。染色体 2*n*=14，16，18，32，36。19 属，320-350 种，主要分布于美洲，少数到欧洲和亚洲；中国 1 属，3 种，产西南、西北至东北部。

Polemonium Linnaeus **花荵属，Polemoniaceae 花荵科**。多年生草本，茎直立或匍匐。茎生叶互生，基生叶常莲座状，羽状深裂、深裂或复合型。花序常聚伞状，顶生；萼裂片 5，花后扩大并包住果实；花冠辐射对称；雄蕊 5，花丝基部有髯毛，花药伸出或内藏；子房上位，3 室，每室有胚珠 2-12 颗，柱头 3 裂，开展。蒴果，卵球形。种子具棱角。花粉粒具数十至近百个萌发孔，散孔状排列，条带状或条网状纹饰，或具疣突。染色体 2*n*=14，18。约 25/3 种，**8-5 型**；分布于亚洲，欧洲和美洲温带地区；中国产西南、西北至东北部。

Poliothyrsis Oliver **山拐枣属，Salicaceae 杨柳科**。落叶乔木。单叶，互生，叶缘有浅钝齿，卵形，基部圆形或截形和心形，两侧有腺体，有 3-5 条基出脉；叶柄长。花单性同序，圆锥花序顶生，稀腋生，花多数；雌花在花序顶端，雄花在花序的下部；萼片 5 片；花瓣缺；雄花有多数比萼片短的雄蕊；雌花有多数退化的雄蕊，子房 1 室，花柱 3 个，柱头 2 裂。蒴果 3-4 瓣裂，有毛；种子多数，有翅。花粉粒 3 孔沟，穿孔状至网状纹饰。1/1（1）种，**15 型**；特产中国秦岭以南。

Pollia Thunberg **杜若属，Commelinaceae 鸭跖草科**。多年生草本，根状茎横长。茎直立或上升。叶互生。圆锥花序顶生。雄蕊 6，全育，或仅前方 3 枚能育，另 3 枚不育；花丝无毛。果实不裂，浆果状，3 室，每室有种子 5-8（少 1-2）。种子排成 2 列。染色体 2*n*=10，30，32，38。17/8（1）种，**2（3）型**；分布于亚洲，非洲和大洋洲的热带，亚热带地区；中国产长江流域以南。杜若 *P. japonica* Thunberg 全草可入药。

Polyalthia Blume **暗罗属，Annonaceae 番荔枝科**。乔木。叶常不对称。花单生或数朵成簇，枝生或茎生，腋生或于腋外生；花常两性，有时单性；萼裂片 3，镊合状排列；花瓣 6，2 轮，每轮 3 片，内外轮

花瓣几等大，少数为内轮比外轮的长；雄蕊多数，药室外向，药隔扩大而顶端近圆形；心皮多数，每心皮有胚珠2-6颗，侧生，1列。心皮近球状、短柱状、椭球形或卵形；种子具纵向环绕沟槽。花粉粒无萌发孔，表面具疣状凸起。染色体 n=9；2n=18。约86/8（6）种，**4（6）型**；分布于热带亚洲，非洲至太平洋群岛地区；中国产海南。

Polycarpaea Lamarck **白鼓钉属，Caryophyllaceae 石竹科**。一年生或多年生草本。茎直立或铺散。叶对生或假轮生，叶片狭线形或长圆形；托叶膜质。花多数，排成密聚伞花序；萼片5，膜质，全透明，无脊；花瓣5，小，全缘或2齿裂；雄蕊5；子房1室，具多数胚珠，花柱合生，伸长，顶端不分裂。蒴果3瓣裂。种子肾形稍扁。花粉粒3孔沟，颗粒状纹饰。染色体2n=18，26，36，52。50/2种，**2型**；大多分布于旧世界热带和亚热带地区，少数在新热带地区；中国产南部和西南部。

Polycarpon Loefling ex Linnaeus **多荚草属，Caryophyllaceae 石竹科**。一年生或多年生草本。茎铺散。叶对生或假轮生，叶片卵形或长椭圆形；托叶膜质。花小型，多数，成密聚伞花序；苞片薄膜质；萼片5，白色，边缘透明，背部中央具脊；花瓣5，小型，透明，全缘或2齿裂；雄蕊3-5；子房1室，胚珠多数，花柱3，基部合生。蒴果3瓣裂。种子卵圆形。花粉粒3孔沟，穿孔状-颗粒纹饰。染色体2n=14，16，32，36，64。17/1种，**1型**；分布于热带及亚热带地区；中国产南部和西南部。

Polycnemum Linnaeus **多节草属，Amaranthaceae 苋科**。一年生草本或半灌木。叶互生，无柄，钻形。花两性，小，单生于叶腋；小苞片2，干膜质。花被5，离生；雄蕊（1-）3（-5），插在1个环形、下位的盘状物上；柱头2，花柱极短。果实为1个圆囊，果皮薄，干膜质，不开裂。种子垂直，成熟时呈黑色，种皮革质，具颗粒；胚环形，具胚乳。（6-8）/1种，**12型**；分布于中亚，西伯利亚和欧洲；中国产新疆。多节草 *P. perenne* Litvinor 可作饲料。

Polygala Linnaeus **远志属，Polygalaceae 远志科**。草本、灌木或小乔木。叶无柄或具短柄。总状花序顶生或腋生。萼片5，宿存，侧面2枚大，花瓣状；花瓣3，中间1枚龙骨瓣状，鸡冠状附属物多裂或流苏状；雄蕊8，花丝联合成鞘，花药孔裂；子房2室，胚珠1，倒生。蒴果。种子无毛，常具种阜。花粉粒8-22孔沟。染色体 n=6-13，15-17，19，23。（300-350）/41（19）种，**1型**；除南极洲和新西兰外，世界广布；中国各省区广布，主产西南和华南。瓜子金 *P. japonica* Houttuyn 全草可入药。

Polygalaceae Hoffmannsegg & Link **远志科，木兰亚纲/豆目**。草本、藤本或木本。单叶互生，无托叶。总状或圆锥花序。花两性，两侧对称；萼片5；花瓣5（3），中间1枚内凹，呈龙骨瓣状，顶部常具3裂片或1流苏状附属物；雄蕊（2-）5-8（-10）；心皮2-8，合生，子房上位，具2-8室，偶1室，胚珠1，稀4-40。蒴果。种子常具假种皮。花粉粒3-33孔沟。染色体 n=6-23。26属，965种，除南极洲和新西兰，世界广布，主产热带和亚热带；中国6属，53种，南北均产。

Polygonaceae Jussieu **蓼科，木兰亚纲/石竹目**。草本稀灌木或小乔木。茎具膨大的节，具沟槽或条棱。单叶，互生，全缘；具膜质托叶鞘。花序顶生或腋生；花两性，辐射对称；花梗具关节；花被3-5深裂，覆瓦状或花被片6，成2轮；雄蕊6-9，花药背着，2室，纵裂；花盘环状，腺状；子房上位，1室，心皮3，合生，花柱2-3，离生或下部合生，柱头头状、盾状或画笔状，胚珠1，直生。瘦果卵形或椭圆形，具3棱或双凸镜状；胚直立或弯曲，胚乳丰富。花粉粒多为孔沟，稀为散孔或散沟。

50 属，1150 种，广布北温带，少数到热带；中国 12 属，236 种，产各省区。

Polygonatum P. Miller **黄精属，Asparagaceae 天门冬科**。多年生草本。根状茎丛生，常在地面，很少附生。茎直立，拱起或有时多少攀援，不分枝。叶茎生，互生、对生或轮生。花生叶腋间，常集生似成伞形、伞房或总状花序；花被片 6，下部合生成筒；雄蕊 6，花丝下部贴生于花被筒，花药基部 2 裂，内向开裂；子房 3 室，每室有 2-8 颗胚珠，花柱丝状，柱头小，3 裂。浆果近球形。种子几颗至 10 余颗。花粉粒单沟，具疣到网纹状纹饰。染色体 x=9-11，14，15。约 60/39（20）种，**8（14）型**；广布北温带，主产喜马拉雅到日本；中国广布。

Polygonum Linnaeus **蓼属，Polygonaceae 蓼科**。草本，稀灌木。茎直立、平卧或上升，常节部膨大。叶互生，全缘，稀具裂片；托叶鞘膜质或草质，筒状，顶端截形或偏斜。花序穗状、总状、头状或圆锥状；花两性，簇生；苞片膜质；花梗具关节；花被 5，稀 4，宿存；花盘腺状、环状；雄蕊 8，稀 4-7；子房卵形；花柱 2-3，离生或中下部合生；柱头头状。瘦果卵形，无翅，具 3 棱或双凸镜状，比宿存花被短。花粉粒 3 沟，或 3 孔沟，或散沟及散孔等。230/113（26）种，**8-4 型**；分布于北温带；中国南北均产。酸模叶蓼 *P. lapathifolium* Linnaeus 全草可入药。

Polyosma Blume **多香木属，Escalloniaceae 南鼠刺科**。乔木或灌木。叶对生，具柄，无托叶，全缘或多少具齿，渐尖。顶生总状花序，两性，4 基数，3 枚苞片；萼筒与子房合生，萼片 4 枚，宿存；花瓣 4，长圆形至线形，镊合状排列，黄白色或绿色，有香味，两面有柔毛，花后常反卷；雄蕊 4，花药长圆形，基部着生，子房下位，1 室，花柱圆柱形，胚珠多数，侧膜胎座。浆果。种子 1 枚。花粉粒 3（4）孔沟，穿孔状纹饰。80/1 种，**5 型**；分布于喜马拉雅山东部至热带澳大利亚；中国产南部。

Polypodiaceae J. Presl & C. Presl **水龙骨科，水龙骨亚纲/水龙骨目**。草本，附生，少为土生。根状茎长而横走或短斜升。叶一型或二型，单叶或一至三回羽状分裂；叶脉为各式的网状，槲蕨型或羽状分离。孢子囊群着生叶面，圆形、近圆形、椭圆形或线形，满布于能育叶背面或聚生成线形的汇生囊群；无囊群盖；隔丝有或无；孢子椭圆形或球形，周壁或外壁有各种纹饰或光滑。50 余属，1200 余种，世界广布，主产热带或亚热带地区；中国 36 属，260 余种，主产长江以南各省区。

Polypodiastrum Ching **拟水龙骨属，Polypodiaceae 水龙骨科**。草本，附生。根状茎长而横走，被白粉。叶散生，叶柄以关节着生于叶足上；叶片一回羽状，披针形或线形；叶脉明显，在羽轴两侧各形成 1 行椭圆形大网眼，内藏小脉 1 条，网眼外侧的叶脉分离。孢子囊群圆形，具三角形隔丝。孢子椭圆形，外壁具疣状纹饰。染色体 x=37。约 8/3 种，**5 型**；分布于南亚，中南半岛，日本及大洋洲；中国产西南、华南和台湾。川拟水龙骨 *P. dielseanum* (C. Christensen) Ching 可药用。

Polypodium Linnaeus **多足蕨属，Polypodiaceae 水龙骨科**。草本，土生或石生。根状茎长而横走。叶远生，2 列，叶柄以关节着生于叶足上；叶片椭圆形至披针形，一回羽裂或羽状，裂片对生，彼此接近，线状披针形；叶脉分离或羽轴两侧形成 1 行椭圆形大网眼，有 1 条能育的分离的内藏小脉。孢子囊群圆形，在羽轴两侧各排成 1 行；孢子椭圆形，不具周壁，外壁具疣状纹饰。染色体 x=37。约 30/15 种，**8 型**；广布亚洲大陆亚热带山地，欧洲和北美洲；中国产各省区。多足蕨 *P. vulgare* Linnaeus 的根茎可药用。

Polypogon Desfontaines **棒头草属，Poaceae 禾本科**。一年生或多年生草本。圆锥花序

P

收缩成穗状或金字塔形；小穗含1花，稍两侧压扁；颖近等长，纸质，稍粗糙，上部有脊，先端浅裂或全缘，自裂齿间或先端稍下处伸出1细直芒；外稃膜质透明，光滑，先端截形，近顶部有1易脱落的短芒，内稃与外稃等长或稍短，膜质透明。雄蕊1-3。约25/6（1）种，**8型**；广布暖温带地区及热带高山；中国南北都有。多数种类用作饲料，如长芒棒头草 *P. monspeliensis* (Linnaeus) Desfontaines。

Polyscias J. R. Forster & G. Forster **南洋参属，Araliaceae 五加科**。常绿无刺灌木或乔木一至五回羽状复叶；托叶无或贴生在叶柄内。花两性或杂性，聚生为伞形花序、头状花序、穗状花序，再组成顶生圆锥花序；花梗有关节；萼筒边缘波状或4-8小齿；花瓣4-8，在花芽中镊合状排列；雄蕊4-8；子房4-8室，花柱离生，稀基部合生。果实圆柱状或侧扁，核果。种子压扁，胚乳光滑。花粉粒3孔沟，网状纹饰。150/5种，**4型**；旧世界热带分布；中国南方引种栽培。南洋参 *P. fruticosa* (Linnaeus) Harms 栽培可供观赏。

P

Polyspora Sweet **大头茶属，Theaceae 山茶科**。常绿灌木或小乔木。叶常集生枝顶，革质，全缘或有锯齿。花腋生，有短柄；小苞片2-7片，早落；萼片5；花瓣5-6片，基部略连生；雄蕊多数，着生于花瓣基部，花药背部着生；子房3-5室，柱头3-5裂。蒴果木质，长筒状。种子扁平，顶端有长膜质翅。花粉粒3孔沟，网状至皱网状纹饰。40/6（2）种，**14型**；分布于东亚和东南亚；中国产华南及西南地区。

Polystachya Hooker **多穗兰属，Orchidaceae 兰科**。附生草本。茎短，具1至数枚叶。叶2列。花序顶生，不分枝或分枝，具多数花；中萼片离生；侧萼片基部与蕊柱足合生而形成萼囊；花瓣与中萼片相似或较狭；唇瓣基部着生于蕊柱足末端；蕊柱短，具明显的蕊柱足；花粉团4个，或2个且每个具深的裂隙，蜡质，具短的粘盘柄和小的粘盘。约200/1种，**3型**；分布于热带地区；中国产南方地区。

Polystichum A. W. Roth **耳蕨属，Dryopteridaceae 鳞毛蕨科**。草本，土生。根状茎直立或斜升。叶簇生，一型或少数二型；叶片一回羽状、二回羽裂至二回羽状，少为三回或四回羽状细裂，羽片基部上侧常有耳状凸（偶不明显），边缘有芒状锯齿；叶脉羽状分离。孢子囊群圆形，有囊群盖或偶无盖，中脉两侧各1-2行；囊群盖盾形，宿存或早落；孢子椭圆形，表面有瘤状凸起。染色体 x=41。500/208（139）种，**1型**；全球分布，主产北半球温带及亚热带山地；中国西南和南部，喜马拉雅山区，日本，越南，中南美洲等尤盛。矛状耳蕨 *P. lonchitis* (Linnaeus) Roth 入药可清热解毒、驱虫止痛和凉血止血。

Polytoca R. Brown **多裔草属，Poaceae 禾本科**。多年生草本。小穗单性，雌雄小穗异型；雄序雄小穗成顶生或腋生总状花序，雌小穗位于腋生花序下或顶生花序中部，序轴整个脱落，小穗成对着生，无柄小穗雌性，第一颖革质，围抱序轴节间，有柄小穗退化仅具第一颖；雌序序轴逐节断落，节间与小穗柄愈合，顶端凹陷呈杯状，基部伸入雌小穗基盘内。染色体 $2n$=20。1/1种，**7-2型**；分布于印度东北部至印度尼西亚，新几内亚和菲律宾；中国产南方地区。

Polytrias Hackel **单序草属，Poaceae 禾本科**。匍匐草本。总状花序单生于秆、枝顶端，被有光泽的金黄色或铁锈色柔毛，成熟后花序轴节间易逐节折断；每节常3小穗，中央者具柄，两侧无柄，均含1两性小花；颖膜质，先端钝；第一颖两边内折成2脊，具偶数脉，第二颖1-3脉，主脉几成脊；小花第一外稃无，第二外稃下透明膜质，顶端具钻形齿或全缘，具膝曲扭转芒，内稃小。1/1种，**7型**；分布于东南亚；中国产香港和海南。

Pomatocalpa Breda **鹿角兰属，Orchidaceae 兰科。**附生草本。叶扁平先端钝并且具不等侧 2 裂或不整齐的齿。花序密生许多小花；花不扭转，开展，萼片和花瓣相似；唇瓣 3 裂；中裂片肉质，近圆形或卵状三角形；距囊状，内面前壁肉质状增厚，后壁中部或底部具 1 枚直立、先端 2 裂并且伸出距口的舌状物；药帽前端收狭呈喙状；蕊喙大，锤了形，2 裂；花粉团蜡质，4 个，每不等大的 2 个为 1 对，或 2 个而每个深裂为不等大的 2 个。约 13/2 种，**5（7e）型；**分布于热带亚洲和太平洋岛屿；中国产南方热带地区。

Pomatosace Maximowicz **羽叶点地梅属，Primulaceae 报春花科。**一年生或二年生草本。叶基生，羽状深裂。花 5 基数，在花葶端排成伞形花序；花萼杯状，5 裂；花冠稍短于花萼，冠筒因筒口收缩而呈坛状，喉部具环状附属物，冠檐 5 裂；雄蕊贴生于冠筒中上部，花丝极短，花药卵形；子房扁球形，花柱短于子房。蒴果，由中部以下周裂成上下两半。染色体 $2n$=20。1/1（1）种，**15 型；**特产青海东部、四川西北部和西藏东北部。羽叶点地梅 *P. filicula* Maximowicz 可药用。

Pometia J. R. Forster & G. Forster **番龙眼属，Sapindaceae 无患子科。**乔木，雌雄同株，常有红色液体。偶数羽状复叶，互生，小叶常有锯齿，常伴有 1 对大的圆形腺体在基部。聚伞圆锥花序顶生或腋生；花单性，辐射对称；萼杯状，深 5 裂，花瓣 5，无鳞片；花盘环状或半环形，雄蕊 5（6）；子房 2（3）室，每室 1 枚胚珠，花柱顶部圆形，微裂。果 1（2）室，果皮厚，中层海绵质，里面平滑；种子完全被假种皮包裹。花粉粒 3 孔，具网状凸起。2/1 种，**7 型；**分布于热带亚洲；中国产云南和台湾。番龙眼 *P. pinnata* J. R. Forster & G. Forster 是良好的用材树种。

Pommereschea Wittmack **直唇姜属，Zingiberaceae 姜科。**假茎细长。叶具短柄，叶片基部心形或箭形。穗状花序顶生。花冠管圆柱形，后方裂片较大；唇瓣直立，狭匙形，小，顶端 2 齿裂或裂成 2 瓣，基部与花丝连合，无侧生退化雄蕊；花丝线形，突露于花冠之上，上部槽状；柱头杯状，具缘毛；腺体 2 枚，线形；子房 3 室，中轴胎座。蒴果果皮薄，3 瓣裂或不裂；种子基部有假种皮。2/2 种，**7-3 型；**分布于缅甸，泰国及中国云南南部。

Ponerorchis H. G. Reichenbach **小红门兰属，Orchidaceae 兰科。**地生草本。块茎球形，卵形或椭圆形不分裂，肉质。叶片位于基部或茎生，基部收缩成抱茎的鞘。花倒置；子房扭转；花瓣常与中萼片靠合呈盔状。蕊柱粗短；花药直立，基部紧密贴生于蕊柱顶端，2 室，平行；花粉块 2，粒粉质，具细长的花粉团柄与粘盘；柱头凹陷，位于蕊喙下方；蕊喙明显，蕊喙臂 2；退化雄蕊 2，位于蕊柱两侧，常明显。约 40/35（30）种，**14（1）型；**分布从喜马拉雅到日本；中国产西南、华东等地区。

Pongamia Adanson **水黄皮属，Fabaceae 豆科。**乔木。奇数羽状复叶，小叶对生，无小托叶。花组成腋生的总状花序；苞片小，早落；花萼顶端截平；花冠伸出萼外，旗瓣基部两侧具耳，在瓣柄上有 2 枚附属物，翼瓣具耳，龙骨瓣镰形，先端钝，并在上部连合；雄蕊二体（9+1），花药基着；胚珠 2 粒，花柱上弯，无毛。荚果椭圆形或长椭圆形，扁平，果瓣厚革质或近木质，种子 1 粒。1/1 种，**5 型；**泛热带分布并延伸至亚热带地区；中国产福建、广东、海南和台湾。

Pontederiaceae Kunth **雨久花科，木兰亚纲/鸭跖草目。**水生或沼生草本。具根状茎或匍匐茎。叶具明显叶柄和叶鞘。顶生总状、穗状或聚伞圆锥花序。花两性；花被片 6，2 轮；雄蕊常 6，2 轮；子房上位，3 室，每室胚珠 1 至多数。蒴果，室背开裂，或小坚果。种子小，具纵肋或平滑。花粉粒 2 沟，疣状到皱波纹饰。染色体 n=7，8，

9，14，15，40，42 等。4 属，33 种，广布热带和亚热带地区；中国 2 属，5 种，各省区均产，其中 1 属 1 种为引入栽培。

Popowia Endlicher **嘉陵花属，Annonaceae 番荔枝科**。乔木或灌木。花单生或数朵簇生，与叶对生或腋外生，少数互生。花两性；萼片 3，镊合状排列；花瓣 6，2 轮，每轮 3 片，外轮花瓣比内轮花瓣大，似萼片状，内轮花瓣质厚，凹陷，黏合，顶端内弯而覆盖于雌雄蕊群上；雄蕊多数，药隔突出于药室外，顶端截形；心皮多枚，每心皮有胚珠 1-2 颗，胚珠基生或近基生。心皮圆球状或卵状，有柄。花粉粒无萌发孔，具不明显的疣状凸起。染色体 2*n*=18。约 50/1 种，**5（7）型**；分布于热带非洲，亚洲，大洋洲；中国产广东和香港。

Populus Linnaeus **杨属，Salicaceae 杨柳科**。乔木，材质柔软，白色；冬芽有鳞片；叶互生，常宽阔；花单性异株，无花被，排成柔荑花序，常先叶开放；雄蕊 4-30 或更多，生于撕裂状的鳞片下；雌蕊亦有撕裂状的鳞片；子房 1 室，胚珠极多数生于 2-4 个侧膜胎座上，花柱 2-4；全部花的基部都有 1 杯状的花盘；蒴果 2-4 裂；种子极多数，小，有绵毛。花粉粒无萌发孔，穿孔状纹饰。染色体 2*n*=38。约 100/62（47）种，**8 型**；广布北温带；中国产西南、西北、北部，东部有栽培。

Porandra D. Y. Hong **孔药花属，Commelinaceae 鸭跖草科**。多年生攀援草本，无根状茎。茎细长，下部木质化，上部多分枝。叶互生。花序头状，穿透叶鞘基部而出。雄蕊 6 枚全育，近相等；花丝伸出，具绵状毛，药室大部连合，长矩圆状或滴水状，顶孔开裂。子房球状三棱形。蒴果球状椭圆形，有 3 棱，3 爿裂，每室有种子 2。种子柱状三棱形，多皱，有细网纹。3/3（2）种，**7-4 型**；广布热带及亚热带地区，主产亚洲；中国产南方。

Poranopsis Roberty **白花叶属，Convolvulaceae 旋花科**。藤本。茎下部木质，小枝和顶端草质。叶具叶枕；叶片心状卵形，纸质，掌状脉。圆锥花序腋生或顶生，花簇生于节上；苞片叶状；小苞片 2，鳞片状；花小，多数，白色；萼片 5，分离，果时不等增大，外面的 3 枚极增大，卵形或近圆状，里面的 2 枚只稍增大，镰形；花冠钟形或漏斗形，冠檐 5 裂；雄蕊 5；花盘环状或缺；子房 1 室，胚珠 4，基着，花柱 1，柱头 2 球状。蒴果球形至椭圆形。花粉粒 3 沟，无刺。3/3 种，**7 型**；分布于热带亚洲；中国产四川、西藏和云南。圆锥白花叶 *P. paniculata* (Roxburgh) Roberty 栽培可供观赏。

Porpax Lindley **盾柄兰属，Orchidaceae 兰科**。附生小草本；假鳞茎密集，扁球形，外被白色膜质鞘。叶 2 枚，生于假鳞茎顶端。常只具单花；花近圆筒状，常带红色；3 枚萼片不同程度地合生成萼管；唇瓣很小，完全藏于萼筒之内，基部着生于蕊柱足末端，上部常外弯；蕊柱有明显的蕊柱足；花粉团 8 个，蜡质，每 4 个着生于 1 个粘盘上；蕊喙较大。约 11/（1-2）种，**7a 型**；分布于亚洲大陆热带地区；中国产云南南部。

Portulaca Linnaeus **马齿苋属，Portulacaceae 马齿苋科**。特征描述同科。116/5 种，**2 型**；产热带和亚热带，非洲和南美洲间断分布，少数到温带地区；中国广布。马齿苋 *P. oleracea* Linnaeus 可作蔬菜。

Portulacaceae Jussieu **马齿苋科，木兰亚纲/石竹目**。肉质、平卧或斜生草本。叶互生或对生，扁平或圆柱形，上部的常聚生成总苞状；花单生或簇生；萼片 2，基部合生成 1 管，且与子房合生；花瓣 4-6；雄蕊 5 或更多；子房半下位或下位，1 室，有胚珠极多数；花柱 3-8；蒴果盖裂；种子细小，肾形。花粉粒散沟，穿孔状-颗粒纹饰。1 属，116 种，产热带和亚热带，非洲和南美洲间断分布，少数到温带地区；中国 1 属，5 种，广布。

Posidonia K. D. Koenig **波喜荡草属，Posidoniaceae 波喜荡草科**。特征描述同科。9/1 种，**4 型**；间断分布于地中海和大洋洲南部温带海域；中国产海南三亚。

Posidoniaceae Vines **波喜荡草科，木兰亚纲/泽泻目**。多年生海生草本，沉水，具匍匐根状茎，圆柱形到扁平，藏于老叶鞘的纤维状残留物中。叶互生，基部具很长的叶鞘，完全或部分抱茎，叶耳和叶舌明显，叶片线形，扁平到圆柱形。小的穗状花序总状排列，顶生于 1 个长而扁平的花序梗上；苞片叶状。花辐射对称，两性，无花被或具早落的 3 鳞片；雄蕊 3，无花丝，花药 2 室，外向纵裂；心皮 1，子房上位。浆果不裂。种子无胚乳，胚直立。花粉丝状，无萌发孔，外壁近于无。染色体 n=10。1 属，9 种，间断分布于地中海和大洋洲南部温带海域；中国 1 属，1 种，产海南三亚。

Potamogeton Linnaeus **眼子菜属，Potamogetonaceae 眼子菜科**。草本，生于淡水或咸水。茎短或细长。叶互生，偶有对生，单型或呈两型：沉水叶有柄或无柄，常透明，浮水叶具柄，叶片革质，披针形至宽椭圆形；托叶膜质。穗状花序顶生或腋生。花被 4，离生，苞片状；雄蕊 4，与花被片对生，无花丝，花药 2 室；心皮（1-）4（或 5），离生，花柱短，柱头膨大呈头状或盾状；胚珠 1。果实核果状。种子无胚乳。花粉粒无萌发孔，网状纹饰。染色体 2n=26，28，38，42，52。75/20 种，**1 型**；世界广布；中国各省区均产。眼子菜 *P. distinctus* A. Bennett 为常见稻田杂草；入药，可清热解毒、利尿、消积。

Potamogetonaceae Berchtold & Presl **眼子菜科，木兰亚纲/泽泻目**。一年生或多年生草本，生于淡水或咸水，沉水或叶浮水。具根状茎或缺失。茎短或细长，圆形到扁平。叶基生或互生茎上，偶对生或近对生；托叶离生或贴生于叶基并抱茎。花常聚生呈穗状花序或聚伞花序，稀单生，顶生或腋生。花小，两性或单性，具离生的苞片状花被或缺失；雄蕊（1-）4，花药 2（或 1）室；心皮（1-）4（-9），离生，胚珠 1。果肉质或非肉质，聚合状。种子无胚乳。花粉粒无萌发孔，网状纹饰。染色体 n=7，12，14-18。4 属，102 种，广布全球，温带地区尤盛；中国 3 属，25 种，各省区均产。

Potaninia Maximowicz **绵刺属，Rosaceae 蔷薇科**。小灌木。地下茎粗壮；茎多分枝，老枝刺状。叶为具 3 或 5 小叶的复叶；托叶透明，贴生在叶柄上。花两性，微小，单生叶腋；苞片 3，宿存；萼筒漏斗状；萼片 3，宿存；花瓣 3，约和萼片等长，早落；雄蕊 3，和花瓣对生，着生在肿胀的花盘光滑的边缘；心皮 1，卵形，花柱基生，宿存，柱头头状，胚珠 1，上升。瘦果圆柱形。种子 1，圆柱形，向下渐粗。花粉粒 3 孔沟，条纹状纹饰。1/1 种，**13-1 型**；分布于蒙古国及中国内蒙古。绵刺 *P. mongolica* Maximowicz 可作饲料。

Potentilla Linnaeus **委陵菜属，Rosaceae 蔷薇科**。多年生草本，稀一年生。奇数羽状或掌状复叶；托叶与叶柄合生。花常两性，单生、聚伞花序或聚伞圆锥花序；萼筒下凹，多呈半球形；萼片 5，镊合状排列；副萼片 5；花瓣 5；雄蕊常 20，稀减少或更多（11-30）；雌蕊多数，着生在微凸起的花托上，彼此分离；花柱顶生、侧生或基生；每心皮有 1 胚珠，倒生胚珠，横生胚珠或近直生胚珠。瘦果多数，着生在干燥或海绵质的花托上，萼片宿存。种子 1，种皮膜质。花粉粒 3 沟或孔沟和拟孔沟，条纹状、网状或负网状纹饰。染色体 2n=10，14，18，20，21，28，33，34，35，38，39，42，48，49，56，62，63，64，70，83，84，91。（300-430）/85（22）种，**8 型**；主要分布于北半球温带、寒带及高山地区，极少数接近赤道；中国各地均产，主产东北、西北和西南各省区。有些种类的根由于含淀粉可作代食品；可供药用；根由于含鞣质可提制栲胶。

P

Pothoidium Schott **假石柑属，Araceae 天南星科。**攀援灌木。叶 2 列，叶柄极伸长，叶状平展，扩大，全部脉平行，叶片短三角状披针形，脉与叶柄脉相连。花序柄单生叶腋和苞腋；佛焰苞短或不存在；肉穗花序圆柱形，生于序柄之顶端；花两性和雌性；花被片 6，先端拱状内弯；两性花雄蕊 3；雌蕊扁球状，无花柱；雌花假雄蕊 3，子房 1 室，无花柱。浆果卵圆形。种子长圆形。花粉粒单沟。1/1 种，**7 型**；分布于印度至马来西亚及中国台湾。

Pothos Linnaeus **石柑属，Araceae 天南星科。**附生、攀援灌木或亚灌木。叶柄叶状，平展，上端呈耳状，叶片线状披针形，多少不等侧。花序柄腋生，劲直、反折或弯曲，基部苞片 5-6 枚；佛焰苞卵形；肉穗花序具长梗，球形、卵形或倒卵形；花两性，花被 6 枚，先端拱形内弯；雄蕊 6，花丝短，花药短；子房 3 室，每室有胚珠 1 颗，无花柱。浆果椭圆状，红色。种子扁椭圆形。花粉粒单沟，穿孔状、网状或皱波纹饰。75/4 种，**5 型**；分布于印度至太平洋诸岛，西南至马达加斯加；中国产南部、西南部。石柑子 *P. chinensis* (Rafinesque) Merrill 可药用。

P

Pottsia Hooker & Arnott **帘子藤属，Apocynaceae 夹竹桃科。**木质藤本，具乳汁。叶对生。三至五歧圆锥状聚伞花序，顶生或腋生；花萼裂片内面有腺体；花冠高脚碟状，花冠管圆筒状，喉部紧缩，花冠裂片向右覆盖；无副花冠；雄蕊着生在花冠喉部，伸出，花药腹部粘生在柱头上；子房具 2 枚离生心皮，胚珠多数；柱头圆锥状。蓇葖双生，细而长；种子线状长圆形，无喙，顶端具 1 簇白色绢质种毛。约 4/2（1）种，**7 型**；分布于亚洲东南部；中国产西南、华南至华东。

Pourthiaea Decaisne **老叶儿树属，Rosaceae 蔷薇科。**落叶乔木或灌木。叶互生，纸质，多数有锯齿，有托叶。花两性，顶生伞形、伞房或复伞房花序，稀聚伞花序，总花梗和花梗在果期常具显明疣点；萼筒杯状、钟状或筒状，萼片 5；花瓣 5；雄蕊 20，稀较多或较少；心皮 2，稀 3-5，花柱离生或基部合生，子房半下位，2-5 室，每室 2 胚珠。小梨果 2-5 室，微肉质，成熟时不裂开，先端或 1/3 部分与萼筒分离，有宿存萼片，每室有 1-2 种子。种子直立，子叶平凸。约 33/21（16）种，**7 型**；分布于亚洲东部及南部；中国产亚热带地区。

Pouteria Aublet **桃榄属，Sapotaceae 山榄科。**乔木或灌木，具乳汁。叶互生，或近对生，具叶柄，无托叶。花簇生；花萼基部联合，外面被柔毛，早落或果时宿存；花冠管状或钟状，无附属物；能育雄蕊着生于花冠管喉部上下；退化雄蕊鳞片或花瓣状，着生于花冠管喉部，与花萼裂片对生；子房基部围以杯状花盘。浆果圆球形。种子 1-5，瘢痕占种子表面的一半或覆盖全表面，子叶厚。花粉粒 3-5 孔沟，光滑、皱波状、条纹状或皱波-穿孔状纹饰。染色体 $2n$=28。235/2 种，**2 型**；分布于热带地区；中国产广西、海南和云南。桃榄 *P. annamensis* (Pierre) Baehni 的果实可食用。

Pouzolzia Gaudichaud-Beaupré-Beaupré **雾水葛属，Urticaceae 荨麻科。**灌木、亚灌木或多年生草本。叶互生，稀对生，基出脉 3；托叶分生。团伞花序生于叶腋，稀形成穗状花序；苞片膜质，小；雄花花被片镊合状排列，基部合生；雌花被片管状，常卵形，顶端缢缩，有 2-4 个小齿，果期稍增大，有时具纵翅。瘦果卵球形，果皮壳质，常有光泽。花粉粒 3 孔，刺状纹饰。染色体 n=10，11，12，13，16。37/4（1）种，**2-2（3）型**；泛热带分布；中国产西南、华南至湖北、安徽南部，多数产西南。茎皮及枝皮的纤维是优质代麻用品，可制绳、麻布及麻袋等。

Prangos Lindley **栓翅芹属，Apiaceae 伞形科。**多年生草本。茎直立。羽片三出或羽状分裂，小叶裂片细线形。果实长圆形，

背腹扁压；背棱线状，侧棱有木栓质的翅；棱槽中油管多数，合生面数枚。胚乳腹面平直或稍凹。花粉粒 3 孔沟，皱波状-条纹状纹饰。30/4 种，**12 型**；分布于欧洲地中海地区至中亚；中国产西藏南部及新疆天山地区。

Praxelis Cassini **假臭草属，Asteraceae 菊科**。亚灌木或草本。茎直立。叶对生，卵圆形至菱形，具腺点。头状花序；花托锥形，无毛；冠毛刚毛约 40，宿存；总苞片覆瓦状排列，外层首先脱落；小花 25-30，外表面具腺体，裂内表面密被乳突；花柱分枝长，细线形，上半部扩大。果倒扁形，3-4 肋，被少量毛，果柄显著，粗大，对称。花粉粒 3 孔沟，具刺，刺间颗粒状或穿孔状。染色体 x=10。16/1 种，**（3b）型**；产南美；中国广东、台湾等地有外来种。假臭草 *P. clematidea* R. M. King & H. Robinson 为田地杂草。

Premna Linnaeus **豆腐柴属，Lamiaceae 唇形科**。乔木或灌木，有时攀援。枝条常圆柱形，具圆形或椭圆形黄白色腺状皮孔。单叶对生，无托叶。花序位于小枝顶端，由聚伞花序组成其他各式花序；萼小，钟状，平截或 2 裂；花冠小，圆柱状，喉部被长柔毛，檐部开展，4-5 裂，微呈二唇形；雄蕊 4 枚，常 2 长 2 短。核果，外果皮质薄，多汁，内果皮为坚硬不分裂的 4 室或由于不育而为 2-3 室，中央有 1 空腔。花粉粒 3 沟，网状纹饰。染色体 $2n$=38。约 200/46（32）种，**6 型**；主要分布于亚洲与非洲的热带；中国产南部，集中于云南地区，少数至华中、华东、陕西、甘肃、西藏。

Primula Linnaeus **报春花属，Primulaceae 报春花科**。草本。叶基生，莲座状。花 5 基数，常在花葶端排成伞形花序，少数为总状花序、短穗状或近头状花序，有时花单生；花萼钟状或筒状；花冠漏斗状或钟状，筒部常长于花萼；雄蕊贴生于冠筒上，花药先端钝，花丝短；子房上位，花柱常有长短 2 型。蒴果，顶端常短瓣开裂或不规则开裂。花粉粒 3 合沟、3（4）沟或（5-）6（-8）散孔，光滑、穿孔状或粗网状纹饰。染色体 $2n$=18，22，24，32，34，44，62，156。329/300 种，**8 型**；分布于北半球温带和高山地区；中国产西南和西北地区。多数种类供观赏，如霞红灯台报春 *P. beesiana* Forrest 等。

Primulaceae Batsch ex Borkh **报春花科，木兰亚纲/杜鹃花目**。草本、灌木、乔木或藤本。单叶互生，螺旋状排列，对生或轮生，基部常形成莲座状，全缘有锯齿，具羽状脉。花常两性，常辐射对称。花萼 4 或 5；花瓣 4 或 5，合生，覆瓦状或旋转状排列；雄蕊 4 或 5；与花冠裂片对生；子房上位，特立中央胎座，胚珠倒生至弯生。蒴果，瓣裂或周裂；或浆果，种子嵌入肉质胎座轴中；或核果，种子 1 至数粒。花粉粒多为 3 孔沟。58 属，2590 种，分布于温带至热带地区；中国 17 属，652 种，各省区广布，主产西南地区。

Primulina Hance **报春苣苔属，Gesneriaceae 苦苣苔科**。多年生草本。叶基生，叶片羽状浅裂。花萼 5 深裂；花冠高脚碟状，筒细筒状，檐部平展，不明显二唇形；下（前）方 2 雄蕊能育，内藏，花丝比花药短，花药连着，长圆形，2 室极叉开，顶端汇合；退化雄蕊 3；花盘由 2 腺体组成；雌蕊内藏，子房狭卵形，花柱短，柱头 1，顶端 2 浅裂。蒴果长椭圆球形，室背开裂，最后裂成 4 瓣。种子狭椭圆球形。花粉粒 3 拟孔沟，网状纹饰。1/1（1）种，**15 型**；特产广东北部。

Prinsepia Royle **扁核木属，Rosaceae 蔷薇科**。落叶直立或攀援灌木，有枝刺。单叶互生或簇生，有短柄；托叶小型，早落。花两性，总状花序簇生或单生；萼筒口花盘环形；萼片 5，不等，宿存；花瓣 5，有短爪；雄蕊 10 或多数，数轮；子房上位，花柱侧生，柱头头状，胚珠 2。核果中果皮肉质，内果皮革质。种子 1，直立，

种皮膜质；子叶平凹，含有油质。花粉粒 3 孔沟，条纹状或网状纹饰。染色体 $2n=32$。5/4（3）种，**14（SH）型**；分布于喜马拉雅山区，以及中国西南、西北、东北和台湾等。东北扁核木 *P. sinensis* (Oliver) Oliver ex Bean、蕤核 *P. uniflora* Batalin 的果实可食用；扁核木 *P. utilis* Royle 的种子油可供食用、制皂，全株可药用。

Prismatomeris Thwaites **南山花属，Rubiaceae 茜草科**。灌木至小乔木；小枝具棱或略呈四棱柱形。叶对生；托叶生于叶柄间，顶端 2 裂，加厚，上部锐尖。伞形花序，顶生或兼腋生；花二型，两性；花萼裂片 4-5 或不裂；花冠高脚碟状，裂片 4-5，芽时镊合状排列；雄蕊 4-5；子房 2 室，每室具胚珠 1 枚，柱头 2 裂。核果，近球形，腹面具 1 纵沟纹，顶部常具环状宿萼。种子近球形或半球形，腹面具 1 深凹陷种脐，种皮膜质。花粉粒 3 孔沟，或 5 孔沟，网状纹饰。染色体 $n=11$。约 15/1 种，**7ab 型**；分布于亚洲南部，东南部热带和亚热带地区至太平洋岛屿；中国产华南至西南部。

Pristimera Miers **扁蒴藤属，Celastraceae 卫矛科**。木质藤本，枝常对生，近圆形或四棱形，节间略膨起。叶对生或近对生。花两性，单生或排成腋生聚伞花序；花部 5 数；花瓣直立开展；花盘肉质，不明显，常与子房不易区别；雄蕊 3；子房扁三角形，3 室，每室 2-10 胚珠，并生或上下叠生；花柱短。蒴果狭长椭圆形，常 3 枚聚生于膨大花托上，亦或退化为 1 枚，扁平，沿中缝开裂，果皮薄革质，具条纹；种子 2-10，基部具膜质翅，中间有 1 条明显脉纹；无胚乳。30/4（1）种，**3 型**；分布于亚洲热带地区及中南美洲；中国产云南、广西、广东和海南。

Procris Commerson ex Jussieu **藤麻属，Urticaceae 荨麻科**。多年生草本或亚灌木。叶 2 列，两侧稍不对称，全缘或有浅齿，羽状脉；托叶小，退化叶常存在。雄花簇生，排列成聚伞花序，花梗无苞片；雌花序头状，无梗或有短梗，花序梗顶端膨大形成球状或棒状的花序托；小苞片狭匙形；雄花被 5 深裂；雌花被片 3-4，柱头小，画笔状。瘦果卵形或椭圆形。钟乳体条形，极小。花粉粒 2 孔，刺状纹饰。20/1 种，**6（4）型**；分布于亚洲和非洲的热带地区；中国产西南、华南及台湾。

Prosaptia C. Presl **穴子蕨属，Polypodiaceae 水龙骨科**。小型或中型附生植物。根状茎短，横走或直立，密被狭鳞片，有睫毛。叶簇生，叶柄与根状茎处有假关节；叶片披针形，单叶呈篦齿状羽裂至羽状深裂，肉质至革质，被刚毛或近无毛；叶脉在裂片上为羽状，小脉单一。孢子囊群圆形或椭圆形，无囊群盖，着生于顶生小脉顶端，深陷于叶肉的穴内，向叶缘开口或接近且朝向叶缘，无隔丝；孢子囊柄由 1 行细胞组成；孢子近球形，3 裂缝，不具周壁，外壁表面具颗粒状或小瘤状纹饰。染色体 $x=37$。约 20/3 种，**3 型**；分布于亚洲热带地区，从印度洋南部至波利尼西亚；中国产云南、华南和台湾。缘生穴子蕨 *P. contigua* (G. Forster) C. Presl 可供观赏。

Proteaceae A. L. Jussieu **山龙眼科，木兰亚纲/山龙眼目**。常绿灌木或乔木，稀草本。叶互生、稀对生或轮生，常革质，无托叶。总状、穗状或头状花序；花两性，稀单性；花被片 4，花蕾时花被管细长；雄蕊 4，着生花被片上，花丝短，花药 2 室，药隔常突出，腺体或腺鳞 4，与花被片互生，或连生为各式花盘；子房 1 室，胚珠 1 至多枚，花柱不分裂。蓇葖果、坚果、核果或蒴果。种子扁平，无胚乳。花粉粒（2）3 孔，穿孔或网状纹饰。染色体 $n=5$，7，10-13。77 属，1600 种，分布于南半球的热带和亚热带地区，以澳大利亚和南非种类最多，少数产东亚和南美；中国 3 属，25 种，产西南部至台湾。

Protium N. L. Burman f. **马蹄果属，Burseraceae 橄榄科**。乔木，稀为灌木。奇数

P

羽状复叶互生，无托叶；小叶顶端具小尖头。圆锥花序腋生或假顶生；花小，4-5数；萼小，4-5浅裂；花瓣5；雄蕊为花瓣的2倍或更多，分离，在雌花中显著退化；花盘肥厚，具凹槽；子房4-5室，每室有胚珠2。核果，顶端有突尖的花柱残余，有薄壁骨质的核4-5（稀1-2），其中常有1-2枚完全退化。花粉粒3沟，外壁光滑、皱波状或细条纹纹饰。染色体2*n*=22。约90/2（1）种，**2型**；主产美洲热带，星散见于亚洲热带各地；中国产云南。

Prunella Linnaeus **夏枯草属，Lamiaceae 唇形科**。多年生草本。轮伞花序6花，聚成穗状花序，苞片宽大，覆瓦状排列；花萼管状钟形，近背腹扁平，10脉，二唇形；冠筒向上渐一侧膨大，内面近基部有短毛及鳞片的毛环，冠檐上唇直立，盔状，近龙骨状，下唇3裂，中裂片较大，内凹，侧裂片圆形，反折下垂；雄蕊4，花丝尤其是后对先端2齿，花药成对靠近。小坚果圆形、卵圆形或长圆形，无毛光滑或具瘤。花粉粒6沟，穿孔-网状纹饰。染色体2*n*=28，30，32。7/4种，**8型**；广布欧亚温带地区及热带山区；中国各地均产。

Prunus Linnaeus **李属，Rosaceae 蔷薇科**。落叶或常绿乔木或灌木，无刺。单叶，有托叶。花单生，伞形或总状花序；花瓣常白色或粉红色，稀缺；雄蕊10至多数；心皮1，花柱顶生，稀2-5，子房上位，1室，胚珠2，悬垂。核果外果皮和中果皮肉质，内果皮骨质，成熟时多不裂开或极稀裂开。种子1，稀2。花粉粒3沟（或为孔沟和拟孔沟），条纹状、负网状、颗粒状或条网状纹饰。染色体2*n*=16，24，32，40，43，44，48，53，59，64，96。约400/111（66）种，**8型**；主要分布于北半球温带地区，少数产热带；中国各地均产，主产西南、西北和华南。为温带重要果树之一；木材也可作家具等；全株可入药。

Przewalskia Maximowicz **马尿泡属，Solanaceae 茄科**。多年生草本，具腺毛。根肉质粗壮。茎短缩。叶密集簇生于茎端，基生叶呈鳞片状。花1-3朵成簇腋生，花梗短；花萼筒状钟形；花冠漏斗状；雄蕊5，生于花冠筒喉部，花丝极短；花盘环状。果萼膨大，并具明显网脉，完全包被果实。蒴果球形，远小于果萼，盖裂。种子肾形；胚弯曲成环形。花粉粒3孔沟，网状纹饰。染色体2*n*=44。1/1（1）种，**15型**；特产青藏高原及其周边地区。马尿泡 *P. tangutica* Maximowicz 含莨菪碱及东莨菪碱，有毒，可药用。

Psammochloa Hitchcock **沙鞭属，Poaceae 禾本科**。多年生。具长而横走的根茎。圆锥花序紧缩；小穗具短柄，含1小花，两性，脱节于颖之上；颖草质，几等长，具3-5脉；外稃几等长于颖，纸质，背部密生长柔毛，具5-7脉，顶端微2裂，基盘无毛，芒自裂齿间伸出，直立，早落，内稃几等长于外稃，背部生柔毛，不为外稃紧密包裹；鳞被3。1/1种，**13-1型**；分布于蒙古国及中国内蒙古、甘肃、宁夏、青海、陕西、新疆。

Psammosilene W. C. Wu & C. Y. Wu **金铁锁属，Caryophyllaceae** 石竹科。多年生草本。根倒圆锥形，肉质。茎铺散，多分枝。叶对生，卵形；无托叶。花两性，小型，成聚伞花序；花序密被腺毛；苞片2；花萼筒状钟形，草质，具15脉，萼齿5；花瓣5，紫红色，狭匙形，全缘；雄蕊5，与萼片对生；子房1室，具2倒生胚珠，花柱2。蒴果棒状，几不开裂。种子1，长倒卵形，背平，腹凸。染色体2*n*=28。1/1（1）种，**15型**；分布于中国西南部。金铁锁 *P. tunicoides* W. C. Wu & C. Y. Wu 的根可入药。

Psathyrostachys Nevski **新麦草属，Poaceae 禾本科**。多年生。具根茎或形成密丛。顶生穗状花序紧密，穗轴脆弱，成熟后逐节断落；小穗2-3枚生于1节，无柄，含2-3

小花，均可育或其1顶生小花退化为棒状；颖锥状，具1条不明显的脉，被柔毛或粗糙，外稃被柔毛或短刺毛，顶端具短尖头或芒，内稃等长或稍长于外稃，具2脊。颖果成熟时与稃片紧贴，先端被毛。染色体 x=7。约9/5（2）种，**12型**；主要分布于中亚；中国产华北和西北。多数种类为牧草。

Psephellus Cassini **矮小矢车菊属，Asteraceae 菊科**。多年生草本。叶互生，腹面密被绒毛。头状花序单生茎或枝顶；冠毛糙毛状，2列，外列多层，内列较短，略宽于外列；总苞片顶具干膜质附属物；全部小花管状，边花无性，具退化雄蕊，中央盘花两性；花柱分枝合生，仅最上部分裂。瘦果狭卵形，被少量毛。染色体 $2n$=30。（75-80）/1种，**8型**；分布于中亚，西南亚，欧洲，俄罗斯；中国产新疆。

Pseudanthistiria (Hackel) J. D. Hooker **假铁秆草属，Poaceae 禾本科**。一年生草本。伪圆锥花序，由具佛焰苞的总状花序组成；总状花序由5-9小穗组成，最上一节有3小穗，下部各节为1-3对孪生，无同型对小穗；无柄小穗基盘短而钝，具髯毛，颖硬膜质或硬革质，第一颖边缘内卷，包卷着第二颖，第二颖具脊，第一小花外稃常退化，第二小花外稃呈窄柄状，芒柱常被短毛，第二内稃退化；有柄小穗颖片均披针形，小花均退化。3/1种。**7-2型**；分布于印度至泰国；中国可能为引种。

Pseudechinolaena Stapf **钩毛草属，Poaceae 禾本科**。一年生草本。秆蔓生。圆锥花序；小穗单生于穗轴一侧，斜卵形，两侧压扁；颖片等长或第一颖稍短；第一颖等长于小穗，第二颖舟形，具7脉，脉间排列成纵行的贴生细毛或开展的钩状刺毛；外稃纸质；第二小花两性，外稃软骨质，先端尖，背面极隆起，边缘内卷包裹同质内稃。染色体 x=9。6/1种，**2（5，6）型**；分布于热带地区，马达加斯加特有5种；中国产福建、广东、广西、海南、西藏和云南。

Pseudelephantopus Rohr **假地胆草属，Asteraceae 菊科**。多年生草本。茎直立，稍坚硬。叶互生。头状花序1-6个束生于茎上部叶腋，且密集成团球状，再排成穗状；花托小，无毛；冠毛1层，少数，其中有2条极长且顶端常扭曲；总苞长圆形，总苞片紧贴，4层，每层各有1对，交叉着生，覆瓦状；花两性，结实，管状，5浅裂。果线状长圆形，扁平，具10条肋，被毛。染色体 $2n$=22。2/1种，**3型**；产热带非洲和美洲；中国南方地区归化1种。

Pseuderanthemum Radlkofer **山壳骨属，Acanthaceae 爵床科**。多年生草本或小灌木；具钟乳体。叶对生，具羽状脉。花序多样；苞片和小苞片钻形，宿存，短于花萼。花萼5深裂；花冠高脚碟状，花冠管细长，圆筒状，二唇形，上唇2裂至中部或基部，下唇3裂；雄蕊2，内藏或伸出，花药2室，药室基部无附属物；不育雄蕊2，稀无；子房2室，每室2胚珠，具珠柄钩。蒴果棒状，基部具实心的长柄，开裂时胎座不从基部弹起。种子4，无毛。花粉粒3或2孔沟，网状纹饰。$2n$=28。60/7（2）种，**2型**；分布于热带地区；中国产广西、海南、贵州、云南和西藏。

Pseudoarabidopsis Al-Shehbaz, O'Kane & R. A. Price **假鼠耳芥属，Brassicaceae 十字花科**。二年生或多年生草本，具无柄毛状体。基生叶具叶柄，莲座状，茎生叶无柄。总状花序；花瓣白色或粉红色，瓣爪无。雄蕊6，四强雄蕊，花丝在基部不膨大，花药长圆形；每子房胚珠60-100。长角果，线形，具柄。每子房种子60-100，双列，无翅；种皮网状。染色体 $2n$=12。1/1种，**13-1型**；分布于阿富汗，哈萨克斯坦，俄罗斯，以及中国新疆、西藏。

Pseudobartsia D. Y. Hong **五齿萼属，Orobanchaceae 列当科**。寄生草本。叶对生，掌状全裂的叶片，3深裂。总状花序顶生，花萼10脉，5裂至中部，近轴面1枚略小；花冠二唇形，下唇在芽中外露，

上唇不明显盔状，深裂的稍超过中部；雄蕊4，2强，药室等长，顶部汇合。蒴果室背开裂。种子多数，雕刻，稍弯曲；种皮网状。花粉粒3沟，基柱网纹状纹饰。1/1（1）种，**15型**；特产云南嵩明。

Pseudocerastium C. Y. Wu, X. H. Guo & X. P. Zhang **假卷耳属，Caryophyllaceae 石竹科**。草本，具匍匐茎，分枝单生，直立或倾立。叶对生，无托叶。二歧聚伞花序顶生，多回分枝。萼片5，离生，边缘膜质；花瓣5，白色，深2裂；雄蕊10，花丝下部宽扁，有长柔毛；子房1室；花柱5，对萼。蒴果短，藏于宿萼内，10齿裂，残花柱连同基盘整体成帽状脱落。种子小，表面具瘤状凸起。1/1（1）种，**15型**；特产中国安徽九华山。

Pseudocherleria Dillenberger & Kadereit **假车勒草属（新拟），Caryophyllaceae 石竹科**。多年生草本或亚灌木，植株被多细胞的长毛。茎常多分枝。叶披针形或线形披针状，明显具脉，全缘，靠基部边缘具刚毛。花单生或成聚伞花序；萼片5，顶端钝，多呈线形、长圆状披针形，具3脉，花萼筒圆柱形；花瓣5，明显长于萼片，顶端全缘或微凹；雄蕊10；子房1室；花柱3。蒴果长于花萼筒，3瓣裂。种脊具流苏状齿。花粉粒散孔。染色体$2n$=26，42，44，46，48，72。12/2种，**8型**；分布于北美西部，北极亚洲（南至日本），高加索山脉及邻近地区；中国产东北及内蒙古地区。

Pseudochirita W. T. Wang **异裂苣苔属，Gesneriaceae 苦苣苔科**。多年生草本，茎粗壮。叶对生，羽状脉。花萼钟状，5浅裂，裂片扁三角形；花冠白色，筒漏斗状筒形；下（前）方2雄蕊能育，内藏，花丝狭线形，花药基着，长圆形，顶端连着，2药室平行，药隔背面隆起；退化雄蕊3；花盘杯状；雌蕊内藏，子房线形，2侧膜胎座稍内伸后，极叉开，花柱细，柱头2，不等大。蒴果线形，室背开裂。种子纺锤形，两端有小尖头。花粉粒3沟，网状纹饰。1/1（1）种，**15型**；特产中国广西。

Pseudoconyza Cuatrecasas **假飞蓬属，Asteraceae 菊科**。多年生草本。叶互生。头状花序假盘状，伞房花序状排列；冠毛刺毛状，单层，不联合；总苞片5-6层，披针形至线形；缘花雌性，细管状，多数，盘花两性，少数；花药有尾，药室内壁组织辐射状排列。果椭圆形，有直毛。1/1种，**2-2型**；分布于非洲，亚洲及中美洲；中国产台湾。

Pseudocydonia (C. K. Schneider) C. K. Schneider **中华假榅桲属，Rosaceae 蔷薇科**。灌木或小乔木。小枝无刺。叶片边缘有刺芒状尖锐锯齿，齿尖有腺；托叶草质，边缘具腺齿。花单生叶腋，无毛；萼筒钟状，外面无毛；萼片边缘有腺齿，外面无毛，内面密被浅褐色绒毛，反折；花瓣倒卵形，淡粉红色；雄蕊多数，长不及花瓣之半；花柱3-5，基部合生，柱头头状，分裂不明显。梨果暗黄色，木质，味芳香，果梗短。花粉粒3孔沟，条纹状纹饰。1/1（1）种，**15型**；中国产华东、华南、华中。木瓜*P. sinensis* (Thouin) Schneid栽培可供观赏；可入药。

Pseudognaphalium Kirpicznikov **拟鼠麴草属，Asteraceae 菊科**。草本。叶互生。头状花序多数，聚伞花序状排列；花托无托片，平，冠毛毛状不联合；总苞片污白色、玫瑰色、淡黄色或淡褐色，纸质，加固组织分叉；缘花细管状，黄色，中央花两性，黄色，外层雌花多于中央盘花；花药顶端附片平；花柱分枝顶端截形，有毛。果椭圆形，被毛。花粉粒3孔沟，具刺，刺间有穿孔。染色体$2n$=14，28。90/6（2）种，**1型**；世界广布，主产南美和北美的温带地区；中国产南方及青藏高原地区。

Pseudohandelia Tzvelev **拟天山蓍属，Asteraceae 菊科**。草本，花后干枯。茎具较粗的髓。叶互生，二至三回羽裂。头状

P

花序盘状，具长梗，伞状排列；花托半球形至锥形，无苞片或边缘区域有托片；总苞半球形，总苞片2-3层，边缘干膜质，内层总苞片近似苞片；花黄色，两性，能育；花药顶端附片卵圆状披针形，基部无附属物；花柱分枝线形。果狭圆筒形，不显著4-5肋。1/1种，**13-3型**；产阿富汗，哈萨克斯坦，塔吉克斯坦，土库曼斯坦，伊朗及中国新疆。

Pseudolarix Gordon **金钱松属，Pinaceae 松科。**落叶乔木。枝有长枝与短枝。叶条形，柔软，在长枝上螺旋状散生，叶枕下延，矩状短枝之叶呈簇生状，叶脱落后有密集成环节状的叶枕。雌雄同株；球花生于短枝顶端；雄球花穗状，多数簇生；雌球果当年成熟；种鳞木质，苞鳞小，基部与种鳞结合而生，熟时与种鳞一同脱落，发育的种鳞各有2粒种子。种子有宽大种翅，种子连同种翅几与种鳞等长。花粉粒具2个气囊，穿孔状纹饰。染色体 $2n=44$。1/1（1）种，**15型**；分布于中国中部和东南部。金钱松 *P. amabilis* (J. Nelson) Rehder 为优良的用材树种及庭园树种。

P

Pseudophegopteris Ching **紫柄蕨属，Thelypteridaceae 金星蕨科。**草本，土生。根状茎短而横卧或长而横走。叶近生或簇生；叶柄红棕色或栗色；叶片椭圆形，二至三回羽状；羽片对生，有单细胞的灰白色短毛；叶脉分离，小脉单一；孢子囊群椭圆形或卵圆形，无囊群盖，成熟时不汇合。孢子椭圆形，表面具网状纹饰。染色体 $x=31$。约20/12（4）种，**6-1型**；分布于亚洲热带、亚热带地区，东达太平洋岛屿，西达非洲西部；中国产西南及华南地区。紫柄蕨 *P. pyrrhorhachis* (Kunze) Ching 可供观赏。

Pseudopogonatherum A. Camus **假金发草属，Poaceae 禾本科。**一年生草本。总状花序呈指状排列于秆顶，花序轴节间在成熟时逐节断落或不断落；总状花序每节具2同型小穗，常均具柄，或1有柄1无柄；小穗有2小花，第一颖背圆，第二颖舟形；第一小花常不发育，第二小花两性，第二外稃常极狭长，甚至退化仅为芒的基部，芒1-2回膝曲，芒柱有不同程度的扭转，第二内稃常不存在。（3-5）/3（1）种，**5（7）型**；分布于亚洲东南部，向南延至大洋洲；中国产华东和华南地区。

Pseudopyxis Miquel **假盖果草属，Rubiaceae 茜草科。**草本；根茎匍匐，地上茎直立。叶对生；托叶三角形或顶端具3或5裂片，边缘具腺齿。聚伞花序，顶生，有叶状总苞片；花两性，单型，5基数；花萼裂片果时增大；花冠细管状漏斗形，裂片内向镊合状排列；雄蕊内藏；子房4-5室，每室具1倒生的胚珠，柱头2，4或5裂，伸出。蒴果，倒锥形至半球状，成熟后自萼筒顶盖或孔开裂。种子倒卵形，有纵沟。花粉粒3-4沟。染色体 $2n=22$。3/1（1）种，**14SJ 型**；分布于亚洲东部；中国产浙江。

Pseudoraphis Griffith ex Pilger **伪针茅属，Poaceae 禾本科。**水生或沼生的多年生草本。圆锥花序顶生，穗轴纤细，延伸于顶生小穗之外成1刚毛；小穗披针形，成熟后小穗连同整个穗轴自主轴上脱落；第一颖微小，薄膜质，无脉，第二颖远超出第一颖，先端渐尖或有短尖，具5至多脉。有2小花，第一小花雄性，第二小花雌性。染色体 $x=7$，9。6/3种，**5（14）型**；分布于亚洲热带和温带至大洋洲；中国产华东、华南等地区。伪针茅 *P. brunoniana* (Wallich & Griffith) Pilger 可作草坪。

Pseudoroegneria (Nevski) Á. Löve **假鹅观草属，Poaceae 禾本科。**多年生草本，密丛生。穗状花序疏松，穗轴坚韧，无毛或边缘粗糙，每节着生1个小穗；小穗含3-6小花，小穗轴无毛；颖披针形，具5-7脉，光滑无毛或沿中脉向上具微刺，先端截形或钝或带尖；外稃线状披针形，具5脉，无毛但粗糙，有芒或无芒，基盘常不明显，

芒在成熟时 90°弯曲，内稃等长于外稃。染色体 x=7。约 15/1 种，**8 型**；广布北半球；中国产新疆。可作优良的饲料，如 *P. spicata* (Pursh) Á. Löve。

Pseudosasa Makino ex Nakai **矢竹属，Poaceae 禾本科**。灌木或乔木状竹类。地下茎细型；秆散生兼为多丛生；秆中部分枝 1-3 枚，上部则可更多，枝上举而基部贴秆较紧。秆箨宿存或迟落；箨鞘质地较厚。叶鞘常宿存。单次发生花序，总状或圆锥状，花枝下方具苞片；小穗长 2-20cm，含 2-30 朵小花，小穗轴节间可逐节脱落；颖 2 片；鳞被 3；雄蕊 3（4 或 5）；花柱 1，柱头 3。花粉粒疣状纹饰。约 19/18（17）种，**14SJ 型**；分布于日本，韩国，朝鲜及中国的华南和华东地区南部。

Pseudosclerochloa Tzvelev **假硬草属，Poaceae 禾本科**。一年生草本，稀二年生，丛生。穗状花序组成较紧密的圆锥花序；分枝较硬，从基部开始着生小穗，小穗柄短粗；小穗含 2-7 小花；颖短于外稃，先端钝或锐尖；外稃椭圆形至倒卵形，近软骨质，具 3-5 脉，无毛，中上部有明显的脊，先端钝，内稃等长于外稃，脊上粗糙。约 2/1（1）种，**10 型**；1 种分布于西欧，1 种为中国特有；中国产安徽、河南、江苏和江西。耿氏假硬草 *Pseudosclerochloa kengiana* (Ohwi) Tzvelev 可药用。

Pseudosedum (Boissier) A. Berger **合景天属，Crassulaceae 景天科**。多年生草本。叶互生，圆柱状，肉质。花梗不分枝，1 至多数，由发育良好块茎生出，密生叶。密集顶生聚伞圆锥花序，或伞形花序状，稀圆锥花序，常多花；花两性，（5）6 基数；萼片基部近合生；花瓣基部合生，漏斗状至钟状，粉红色、紫色、红色或白色；雄蕊数是花瓣的 2 倍；心皮直立。蓇葖果直立。种子多数。花粉粒 3 孔沟，条纹-皱波状纹饰。10/2 种，**13 型**；分布于中亚；中国产西北部。

Pseudosorghum A. Camus **假高粱属，Poaceae 禾本科**。一年生草本。圆锥花序由一至多数单一或稍有分枝的总状花序组成；总状花序穗状，具 3-16 节；穗轴纤细，有关节，节间有纤毛；无柄小穗成熟后连同穗轴节间及小穗柄一起脱落，基盘钝，第一颖软骨质或纸质，两侧边缘内弯呈圆形，无毛，第二外稃有纤毛，膜质，2 裂，齿间有膝曲芒，鳞被无毛；有柄小穗存在，中性或雄性。1/1 种，**7 型**；分布于亚洲热带地区；中国产云南。

Pseudostachyum Munro **泡竹属，Poaceae 禾本科**。灌木状竹类。地下茎粗型；秆柄可延伸成假鞭；秆散生；秆壁很薄；每节多分枝簇生。箨鞘早落，常长于节间；箨耳微小；箨片三角形，直立，易落。续次发生花序；假小穗单生或数枚簇生于苞片腋内，小穗含 1 孕性小花；颖片 1；鳞被 3-5；雄蕊 6；柱头 2，被毛。果实先端具喙，基部宿存颖、稃片和鳞被。1/1 种，**7-2 型**；分布于不丹，印度东北部，缅甸，越南，以及中国广东、广西、云南。

Pseudostellaria Pax **孩儿参属，Caryophyllaceae 石竹科**。多年生小草本。常有块根。茎常直立。叶对生，叶片卵状披针形至线状披针形。花二型：顶端的花常不结实；萼片（4）5；花瓣（4）5；雄蕊（8）10；花柱 3，稀 2-4，柱头头状。基部的花能结实；萼片 4；无花瓣；雄蕊退化，稀 2；子房具多胚珠数，花柱 2。蒴果 3 瓣裂，稀 2-4 瓣裂。种子稍扁平。花粉粒散孔。染色体 2n=12，14，32，96。22/11（4）种，**11 型**；主要分布于亚洲东部和北部，少数到欧洲与北美；中国产长江流域以北地区。孩儿参 *P. heterophylla* (Miquel) Pax 的块根可供药用。

Pseudotaxus Cheng **白豆杉属，Taxaceae 红豆杉科**。常绿灌木；枝条常轮生。叶条形，螺旋状着生，基部扭转排成 2 列，下面有 2 条白色气孔带，有短柄。雌雄异株，雄球花圆球形；雌球花基部有 7 对交叉对生的苞片，花轴顶端的苞腋有 1 直立胚珠着

生于圆盘状珠托上，受精后珠托发育成肉质、杯状、白色的假种皮。种子坚果状，生于杯状肉质假种皮中。染色体 2*n*=24。1/1（1）种，**15 型**；中国产广东、广西、湖南、江西和浙江。白豆杉 *P. chienii* (W. C. Cheng) W. C. Cheng 的木材可作雕刻及器具用材；亦可作为庭园观赏树种。

Pseudotsuga Carrière **黄杉属，Pinaceae 松科**。常绿乔木。小枝具微隆起的叶枕。冬芽卵圆形或纺锤形，无树脂。叶条形，扁平，螺旋状着生，下面中脉隆起，有 2 条白色或灰绿色气孔带。雌雄同株；雄球花圆柱形，单生叶腋；雌球果下垂，有柄，熟时褐色或黄褐色；种鳞木质、坚硬，蚌壳状，宿存；苞鳞显著露出，先端 3 裂，中裂窄长渐尖，侧裂较短，先端钝尖或钝圆。种子连翅较种鳞为短。花粉粒无气囊。染色体 2*n*=24，26。5/3（3）种，**9 型**；分布于亚洲东部及北美洲；中国产台湾、福建、浙江、安徽、湖北、湖南、四川、西藏、云南、贵州和广西；引入栽培 2 种。木材可作房屋建筑、桥梁、枕木等用材。

Pseuduvaria Miquel **金钩花属，Annonaceae 番荔枝科**。灌木或乔木。花单生或数朵簇生，花序合生轴节间常紧缩；雌雄同株、雌雄异株、雄性-两性花同株或两性花。萼片 3，镊合状排列；花瓣 6 枚，2 轮，外轮花瓣比内轮小很多，比萼片略大，基部无爪；内轮花瓣上部卵状三角形，顶端边缘黏合呈帽状体，有时具腺体，基部具窄长的爪；雄花雄蕊多数，常生有 1 轮退化雄蕊，药隔顶端截形，花药外向；雌花具退化雄蕊；心皮 1 至多数个，离生，每心皮有胚珠 1 至多数，排成 1-2 列。心皮常具纵向沟槽。四合花粉，无萌发孔，疣状纹饰。染色体 2*n*=18。约 56/1 种，**5（7）型**；分布于亚洲热带和亚热带地区；中国产云南。

Psidium Linnaeus **番石榴属，Myrtaceae 桃金娘科**。灌木或小乔木。叶对生，羽状脉，有柄。花大，常 1-2 朵腋生；苞片 2；萼管钟形或壶形，萼片 4-5 裂，裂片不等；花瓣 4-5，白色；雄蕊多数，离生，排成多轮，花药近基部着生；子房下位，与萼管合生，4-5 室或更多，胚珠多数。浆果球形或梨形，肉质，顶端有宿存萼片；种子多数，种皮坚硬，胚弯曲。花粉粒 3 孔沟。染色体 2*n*=22，44，77。150/2 种，**3 型**；热带美洲；中国产华南和西南部。番石榴 *P. guajava* Linnaeus 的叶可供药用，晒干亦可作茶饮。

Psilopeganum Hemsley **裸芸香属，Rutaceae 芸香科**。草本；枝纤细，绿色。叶互生，指状三出叶，具油点。单花，花两性；萼片 4；花瓣 4 或 5；雄蕊 8 或 10，花丝分离，花药纵裂，背着；心皮 2，近顶部离生，每心皮 4 胚珠，花柱贴合。蓇葖果，顶端小孔开裂，果皮近膜质，每分果瓣具种子 3-4；种子肾形，细小，具细小瘤状凸起。约 1/1（1）种，**15 型**；特产中国湖北西部、贵州东北部、四川东部及东南部。裸芸香 *P. sinense* Hemsley 可作香料原料植物，果可药用。

Psilotaceae J. W. Griffith & A. Henfrey **松叶蕨科，瓶尔小草亚纲/松叶蕨目**。附生或石生，中小型常绿植物。根状气生茎直立、匍匐横走或下垂，无根，下部不分枝，中上部呈二叉分枝，绿色，圆柱状、具棱或扁平，具原生中柱或管状中柱。叶为单叶，细小，无柄，疏生，二型。不育叶鳞片状或钻形，无叶脉或有 1 条叶脉；能育叶二叉、小鳞片状，无叶脉。孢子囊圆球形，2-3 枚生于叶腋，通常愈合似 1 枚 2-3 室的孢子囊，囊壁由数层细胞构成，无环带，成熟时纵裂。孢子同型，二面体状，椭圆形，单裂缝。配子体为不规则分枝圆柱状，无叶绿素，有菌根。2 属，12-15 种，分布于热带，亚热带地区；中国 1 属，1 种，产西南、华南和华东地区。

Psilotrichopsis Townsend **青花苋属，Amaranthaceae 苋科**。多年生草本。叶对生。穗状花序；具花梗；花两性，单生于苞片

P

腋部。花被5，花期后稍变硬，具5脉；雄蕊5，退化雄蕊三角形，极小；花柱短，柱头头状。胞果不规则周裂。种子黑色，近肾形，具疣。花粉粒散孔，网状纹饰。2/1种，**7-2型**；分布于马来西亚，泰国及中国海南。

Psilotrichum Blume **林地苋属，Amaranthaceae 苋科**。草本或灌木。茎三歧分枝，被柔毛、棉（？绵）毛或无毛。叶对生，具柄。头状花序或穗状花序顶生或腋生；花两性；花被片5，膜质，花期后变硬或不变；雄蕊5，花丝基部联合成杯状，退化雄蕊无或微小，花药2室；花柱细长，柱头头状或2浅裂；胚珠1，垂生。胞果包裹于宿存花被片，果皮不开裂。种子平滑。花粉粒散孔，穿孔状-颗粒纹饰。约14/3（1）种，**6型**；分布于非洲及亚洲东南部；中国产海南、云南。

Psilotum Swartz **松叶蕨属，Psilotaceae 松叶蕨科**。草本。根状茎多回二叉分枝。气生茎为具棱角的棱柱状或扁平状，基部匍匐，上部直立或下垂，常为二叉分枝。叶为二型叶，叶片退化，细小，呈鳞片状或钻状，无柄，无叶脉。不育叶三角形，疏生；能育叶与不育叶同大，贴生，二叉深齿裂，齿尖，无叶脉，着生于枝条全部。孢子囊圆球形，3枚聚生叶腋，无环带，成熟时各自纵裂。孢子同型，椭圆形，单裂缝。染色体x=52。约2/1种，**2型**；分布于热带和亚热带地区；中国产西南、华南和华东。松叶蕨*P. nudum* (Linnaeus) P. Beauvois可作室内盆栽观赏；全株入药可活血止血。

Psophocarpus Necker ex de Candolle **四棱豆属，Fabaceae 豆科**。草本或亚灌木，常攀援或平卧，稀直立。具块根。羽状3小叶或单小叶，托叶在着生点以下延长。花单生或排成总状花序；具肿胀的节；萼5裂；花冠蓝色或微紫，旗瓣近圆形，基部具耳及附属体，无毛，龙骨瓣弯成直角；雄蕊二体；胚珠多数，花柱具髯毛，柱头顶生或近顶生。荚果四棱柱状，有4纵翅，开裂，种子间具隔膜。种子有或无假种皮。花粉粒3孔沟，网状纹饰。约10/1种，**4（6）型**；分布于旧大陆热带地区；中国云南、广东、广西、海南和台湾引入栽培。四棱豆*P. tetragonolobus* (Linnaeus) de Candolle的嫩叶、嫩荚可作蔬菜，块根亦可食。

Psychotria Linnaeus **九节属，Rubiaceae 茜草科**。灌木或小乔木，有时为匍匐草本。叶常对生；托叶常合生，顶端全缘或2裂。花序圆锥状、聚伞状、团状或头状，顶生或腋生；苞片和小苞片退化、增大或呈总苞状；花二型或单型，两性，4-6基数；花萼顶端浅裂或深裂；花冠漏斗形、管形或近钟形；雄蕊内藏或稍伸出；子房2室，每室有胚珠1枚，柱头2，伸出或内藏。核果，球形或椭球形，常含2分核；种皮薄。染色体2n=22，44，66，88。短柱花的花粉无萌发孔或具拟萌发孔，网状纹饰，具微刺；长柱花常具3（-4）萌发沟，孔状或网状纹饰。约1650/18（5）种，**2（7d）型**；广布热带和亚热带地区，美洲尤盛；中国产西南、华南至华东等。九节*P. asiatica* Linnaeu可药用。

Psychrogeton Boissier **寒蓬属，Asteraceae 菊科**。根状茎常粗壮木质。茎矮小。叶互生。头状花序单生或少数，稀排列成总状或伞房状花序；冠毛1层，或在不结实的瘦果外层具少数刚毛；总苞半球形，总苞片2-3层，覆瓦状，几等长；外围有数个至多数雌花，花冠管状或舌状，中央的两性花不结实，花冠管状，与雌花同色。雌花瘦果倒卵形或倒披针形，两性花瘦果线形；染色体x=9。约20/2种，**13（12）型**；分布于中亚和亚洲西部；中国产新疆和西藏。

Psydrax Gaertner **假鱼骨木属，Rubiaceae 茜草科**。灌木至小乔木；小枝初时呈压扁形或四棱柱形，后变圆柱形。叶常对生；托叶生于叶柄间或与茎合生，三角

形或卵形。聚伞花序，腋生；花单型，两性；花冠管圆筒形或漏斗状，裂片4-5，花期明显外反，镊合状排列；雄蕊4-5，伸出；子房2室，每室有胚珠1枚；柱头2裂，伸出。核果，肉质，具宿存萼裂片。种子椭球形、柱状或平凸，种皮膜质。花粉粒3-4孔（或孔），稀3孔沟，网状纹饰。染色体 $2n=44$。约100/1种，**6型**；分布于热带亚洲和非洲；中国产西南、华南等。

Pteridaceae E. D. M. Kirchner **凤尾蕨科，水龙骨亚纲/水龙骨目**。陆生或附生，偶为水生。根状茎长或短，横走、斜生至直立，被鳞片或很少被毛。叶柄基部具1-4个维管束，叶一型或在少数几个属中为二型；叶柄基部常被宿存鳞片；叶片为单叶或一至四回羽状分裂，被毛、腺体或鳞片。孢子囊群近叶脉或叶缘着生，囊群盖缺如，或孢子囊群着生于叶脉顶端，为反折的叶所覆盖；孢子囊具长柄，环带垂直或偶斜生，为孢子囊隔断。孢子3裂缝，不具叶绿素。染色体 $x=29$，30。约53属，约1211种，泛热带分布，主产温带；中国约19属，约233种，广布各省区，主产西南地区。

P

Pteridium Scopoli **蕨属，Dennstaedtiaceae 碗蕨科**。草本，土生。根状茎长而横走。叶疏生，具长叶柄；叶片革质或近革质，卵状三角形，常二至三回羽状分离；羽片互生或对生，基部1对最大；叶脉羽状，侧脉多为2叉。孢子囊群线形，沿叶缘内的1条边脉生；囊群盖线形，有内外两层，外层为叶边反折的膜质假盖，内层为真盖；孢子辐射或两侧对称，周壁有颗粒状或刺状纹饰。染色体 $x=13$。约13/6（3）种，**1型**；世界广布，主要分布于热带地区；中国产各省区。蕨 *P. aquilinum* (Linnaeus) Kuhn var. *latiusculum* (Desvaux) Underwood ex A. Heller 的幼嫩叶芽可食用；毛轴蕨 *P. revolutum* (Blume) Nakai 可药用。

Pteridrys C. Christensen & Ching **牙蕨属，Tectariaceae 三叉蕨科**。草本，土生。根状茎圆柱形，斜升。叶簇生或近生；叶片椭圆形至卵形，二回羽裂，侧生羽片羽状深裂，裂片镰刀形或披针形，基部有1枚三角形尖齿。叶脉羽状分离，小脉2-3叉；叶轴及羽轴常光滑或有时下面被有关节的毛。孢子囊群小，圆形，在主脉两侧各有1行，位于主脉与叶缘之间；囊群盖小，圆形；孢子椭圆形。染色体 $x=41$。约8/3（1）种，**7-2型**；分布于亚洲热带地区，自喜马拉雅经中南半岛，马来西亚至婆罗洲和太平洋岛屿；中国产西南及华南地区。毛轴牙蕨 *P. australis* Ching 全草可入药。

Pteris Linnaeus **凤尾蕨属，Pteridaceae 凤尾蕨科**。草本，土生。根状茎直立，斜升或横卧。叶簇生或近生，一型或二型；叶片卵状披针形或三角状披针形，叶片一至两回羽状，罕为三回羽状或掌状，或偶为三叉；叶脉分离或网状，叶脉分离，单一或二叉，或罕有网结成网眼，无内藏小脉。孢子囊群线形，有隔丝；囊群盖为由叶边反折形成的假囊群盖；孢子四面型，表面粗糙或有疣状凸起。染色体 $x=29$。约300/78（35）种，**2型**；广布热带和亚热带地区；中国产西南、华南和华东地区。欧洲凤尾蕨 *P. cretica* Linnaeus var. *cretica*、蜈蚣草 *P. vittata* Linnaeus 全草可入药；蜈蚣草可大量富集土壤中砷、铅等重金属。

Pternopetalum Franchet **囊瓣芹属，Apiaceae 伞形科**。草本。常有根茎。茎直立。叶片分裂；复伞形花序常无总苞；小总苞片，呈线状披针形；小伞形花序有花2-4，花柄极不等长；萼齿小；花瓣下端常呈小袋，顶端凹陷，有1内折小舌片，或全缘；花柱基圆锥形，花柱伸长。果实圆卵形至长卵形，侧面扁平；心皮柄2裂至基部；胚乳腹面平直。25/23（19）种，**14（SH）型**；主要分布于中国，少数到

朝鲜，日本，印度；中国产南方，四川和云南东北部最多。

Pterocarpus Jacquin **紫檀属，Fabaceae 豆科**。乔木。奇数羽状复叶，小叶互生，托叶小，脱落，无小托叶。花黄色，圆锥花序顶生或腋生；花梗有明显关节；花萼倒圆锥状，上方 2 枚近合生；花瓣有长柄；雄蕊 10，单体，或 5+5 的二体，或对旗瓣的 1 枚离生为 9+1 的二体；胚珠 2-6 粒，花柱丝状，内弯，无须毛。荚果圆形，扁平，边缘有阔而硬的翅，常有种子 1 粒。种子长圆形或近肾形。（35-40）/1 种，**2 型**；以非洲为主的泛热带分布；中国产广东、台湾和云南。紫檀 *P. indicus* Willdenow 的树皮、树根可提取树胶；药用可治疗腹泻、痢疾等。

Pterocarya Kunth **枫杨属，Juglandaceae 胡桃科**。落叶乔木。小枝髓部片状分隔。叶奇数（稀偶数）羽状复叶。雌雄同株，柔荑花序单性；雄花序下垂，单生；雌花序单独生于小枝顶端，开花时俯垂，果时下垂，花柱短，柱头 2 裂，裂片羽状。果实为干坚果，基部具 1 宿存的鳞状苞片及 2 革质翅，顶端留有 4 枚宿存的花被片及花柱。花粉粒 3-7 孔，颗粒状纹饰。染色体 $2n$=32。约 8/7（5）种，**11（14）型**；分布于高加索，日本，越南北部，以及中国山东、云南东南部。

Pterocaulon Elliot **翼茎草属，Asteraceae 菊科**。**草本**。茎直立，被灰白色绒毛。叶互生，基部沿茎下沿成翅。头状花序假盘状，在枝顶密集成球状或圆柱状穗状花序；花托小；冠毛毛状，2 层；总苞片数层，覆瓦状排列；缘花细管状，顶端有 2-3 齿或截平，不裂，雌性，结实，黄色，中央花两性，黄色，不结实，管状；两性花花柱分枝丝状，略钝。果圆柱形，具 4-5 棱。花粉粒 3 孔沟，具刺，刺基具穿孔，刺间疣状凸起。染色体 $2n$=20。18/1 种，**2（3）型**；分布于东南亚，澳大利亚，南美和北美；中国产海南。

Pteroceltis Maximowicz **青檀属，Cannabaceae 大麻科**。落叶乔木。叶常 2 列互生，具锯齿，基部三出脉，次级脉在未达叶齿前弧曲。花单性，同株；雄花：数朵簇生于当年生枝条下部叶腋，花被 5 深裂，雄蕊 5，花药顶端被毛。雌花：单生于当年生枝条上部叶腋，花被 4 深裂；子房侧向压扁，花柱短，柱头 2，胚珠倒垂。坚果具长梗，具阔翅。胚乳稀少，胚弯曲，子叶宽。花粉粒 3 孔，颗粒状纹饰。染色体 $2n$=20。1/1（1）种，**15 型**；中国广布。青檀 *P. tatarinowii* Maximowicz 为观赏植物或优良木材；树皮可作宣纸；种子可榨油。

Pterocephalus Adanson **翼首花属，Caprifoliaceae 忍冬科**。草本，稀亚灌木。叶常莲座丛状，全缘或羽状分裂至全裂。头状花序，外面围以 2 轮总苞，常 4-6 片，花托被长毛或苞片；小总苞具 4-8 条肋，先端具不明显齿；萼裂成多条刚毛或羽毛；边缘花近二唇形；雄蕊 4，稀 2-3，常生于花冠管上部；子房下位，包于小总苞内。瘦果平滑或具棱。花粉粒 6-12 孔，具颗粒。染色体 $2n$=16，18。25/2（1）种，**12 型**；分布于地中海，热带非洲，中亚至喜马拉雅地区；中国产西南部。

Pteroceras Hasselt ex Hasskarl **长足兰属，Orchidaceae 兰科**。附生草本。叶数枚，扁平、带状，先端尖或稍 2 裂。花序比叶短；花开展，侧萼片常歪斜，其基部多少着生于蕊柱足上；唇瓣 3 裂，基部与蕊柱足末端连接而处于一个水平线上；中裂片肉质，很短小，基部具袋状或囊状的距；蕊柱具长的蕊柱足，蕊柱足与距的末端在同一水平上；蕊喙 2 裂；花粉团蜡质，2 个，近球形，每个具半裂的裂隙；粘盘柄带状。约 20/2（1）种，**7d（14SH）型**；分布于喜马拉雅至东南亚和新几内亚岛；中国产云南。

Pterolobium R. Brown ex Wight & Arnott **老虎刺属，Fabaceae 豆科**。小乔木、攀援灌木或木质藤本。枝具下弯的钩刺。二回

P

偶数羽状复叶。花小，两性，白色或黄色；总状或圆锥花序；萼裂片5，最下面一片较大，舟形，微凹；花瓣5片，最上面一片在最里面；雄蕊10，离生，花药同型；子房无柄，胚珠1-2颗。荚果翅果状，不开裂，下部生种子处斜卵形或披针形，顶部具膜质翅；种子透镜状，无胚乳。染色体 $2n=24$。11/2 种，**6 型**；分布于亚洲，非洲热带和亚热带地区；中国产华南、华中和西南地区。一些种类的叶片可提取染料、墨汁和入药，如 *P. stellatum* (Forsskål) Brenan。

Pterospermum Schreber **翅子树属，Malvaceae 锦葵科**。乔木或灌木，被星状绒毛或鳞秕。叶常偏斜。花大，单生、顶生或数朵排成聚伞花序；花萼5；花瓣5；雌雄蕊柄无毛；雄蕊15枚，每3枚成组；退化雄蕊5枚，线状，比花丝长且粗，与雄蕊群互生；子房5室；每室4-22胚珠。蒴果木质或革质，圆筒形或卵形，有或无棱角，分果爿5，每室种子2至多数。种子顶端有矩圆形长翅，膜质。花粉粒3带状孔，具刺。染色体 $2n=38$。(18-40) /9 (5) 种，**7a 型**；分布于亚洲热带和亚热带；中国产西南部至台湾。翅子树 *P. acerifolium* Bentham 可药用。

Pterostyrax Siebold & Zuccarini **白辛树属，Styracaceae 安息香科**。落叶乔木或灌木。叶互生，全缘或有齿缺；圆锥花序；萼5齿裂；花冠5裂几达基部，裂片覆瓦状；雄蕊10，突出，离生或基部合生成1短管；子房3或4-5室，几半下位，每室胚珠4枚，花柱长。坚果具棱或翅。种子1-2粒。花粉粒3孔沟，穴状纹饰。染色体 $2n=3x=24$。3/2 种，**14 型**；分布于亚洲东部；中国产西南和华南地区。

Pteroxygonum Dammer & Diels **红药子属，Polygonaceae 蓼科**。多年生草本。茎攀援，不分枝。叶三角状卵形或三角形，全缘，具叶柄；托叶鞘膜质，宽卵形，顶端急尖。花序总状，花两性，密集，花被5深裂，白色；雄蕊8；子房卵形，具3棱，花柱3，中下部合生，柱头实状。瘦果卵形，具3棱，沿棱生膜质翅，基部具3个角状附属物；果梗具3个狭翅。花粉粒3孔沟，细网状纹饰。染色体 $x=20$。1/1 (1) 种，**15 型**；特产秦岭及其东缘。翼蓼 *P. giraldii* Damm. & Diels 的块根入药，能凉血、止血、祛湿解毒。

Pterygiella Oliver **翅茎草属，Orobanchaceae 列当科**。草本或灌木。茎基部木质化圆柱状，嫩枝沿棱有4条狭翅，或圆筒形无翅。叶对生，无柄或近无柄，多披针形。总状花序；小苞片2；花冠二唇形，稍长于花萼，上唇拱曲，裂片反卷，下唇3浅裂，具2凸起折叠；雄蕊2强，药室被长柔毛；子房2室，密被长硬毛。蒴果黑棕色。种子小，多数；种皮具小网眼。花粉粒3沟，基柱网纹状纹饰。3/3 (3) 种，**15 型**；中国产广西、贵州、四川和云南。

Pterygocalyx Maximowicz **翼萼蔓属，Gentianaceae 龙胆科**。草本植物。茎缠绕。单叶对生，叶全缘，具短叶柄。花4数，单生或成聚伞花序；花萼钟形，具4条翼状凸起，无萼内膜；花冠筒状，4裂，裂片间无褶，腺体着生于花冠筒基部；雄蕊4，着生于花冠筒上与裂片间互生；雌蕊具柄。种子多数，盘状，具翅。花粉粒3孔沟，网状纹饰。染色体 $x=13$。1/1 种，**11 型**；分布于亚洲；中国产西南、西北、东北和华北地区。翼萼蔓龙胆 *P. volubilis* Maximowicz 具药用价值。

Pterygopleurum Kitagawa **翅棱芹属，Apiaceae 伞形科**。多年生草本；茎有纵槽；基生叶有柄，叶柄基部扩展成膜质叶鞘；叶片一至二回羽裂或三出羽裂，末回裂片线形或线状披针形，全缘；复伞形花序疏松、顶生或侧生，总苞片和小总苞片少数、线形；萼齿显著；花瓣白色，倒心形，顶端有内折小舌片。果实长椭圆形、无毛，两侧稍压扁，果棱

凸起、有翅，基部膨大，每棱槽油管 1，合生面油管 2。1/1 种，**14 型**；分布于东亚；中国产华东地区。

Pterygota Schott & Endlicher **翅苹婆属，Malvaceae 锦葵科**。乔木。叶心形；基生脉指状。花单性，排成腋生的总状或圆锥花序；花萼 5 深裂，几至基部；无花瓣；雄花的雄蕊柱圆柱形，顶端杯状，常有退化雄蕊；雌花的雌雄蕊柄有 5 束不发育的雄蕊，心皮 4-5，每室多胚珠，柱头辐射状。蓇葖果木质或革质，近圆球形，内含种子多数。种子顶端有 1 长而阔的翅，光滑。花粉粒网状到穿孔状纹饰。染色体 $2n$=36，40。20/1 种，**2 型**；分布于热带亚洲和热带非洲；中国产海南。翅苹婆 *P. alata* (Roxburgh) R. Brown 材质优良，可为家具板材。

Ptilagrostis Grisebach **细柄茅属，Poaceae 禾本科**。多年生。叶片细丝状。圆锥花序开展或狭窄；小穗具细长的柄，含 1 小花，两性，颖膜质，近等长，基部常呈紫色；外稃纸质，被毛，顶端具 2 微齿，芒从齿间伸出，全部被柔毛，膝曲，芒柱扭转，基盘短钝，具柔毛，内稃膜质，具 1-2 脉，脉间具柔毛，背部圆形，常裸露于外稃之外；鳞被 3；雄蕊 3。11/7（2）种，**9 型**；分布于亚洲北部至喜马拉雅；中国产西北部。

Ptisana Murdock **合囊蕨属，Marattiaceae 合囊蕨科**。土生，草本。根状茎直立，肉质球状，具粗壮的根。叶簇生，叶柄具膨大节状的叶枕。叶片一至四回羽状复叶；小羽片无柄或短小柄，长圆形或披针形，基部楔形，边缘通常有锯齿；叶脉分离，单一或二叉。孢子囊群生于叶脉背面，由两行排列紧密的孢子囊合生成聚合囊群，中生或近叶边生。孢子为椭圆形，外壁表面具颗粒状或刺状纹饰。染色体 x=13。（20-25）/1 种，**2 型**；泛热带分布；中国产台湾。合囊蕨 *P. pellucida* (C. Presl) Murdock 可供观赏。

Puccinellia Parlatore **碱茅属，Poaceae 禾本科**。多年生草本。圆锥花序；小穗含 2-8 小花；小花覆瓦状排成 2 列；颖披针形至宽卵形，纸质，不等长，常为干膜质；外稃背部圆形，有平行的 5 脉，顶端钝或稍尖，具缘毛或不整齐的细齿裂，背部无毛或下部脉与脉间和基部两侧生短柔毛；鳞被 2，常 2 裂；雄蕊 3。染色体 x=7。约 200/50（14）种，**8 型**；分布于寒温带；中国产西北、东北、华北、西南和华东地区。星星草 *P. tenuiflora* (Grisebach) Scribner & Merrill 是优良牧草。

Pueraria de Candolle **葛属，Fabaceae 豆科**。缠绕草本或灌木，有时具块根。羽状 3 小叶，托叶基部或盾状着生，小叶大，卵形或菱形，全缘或具波状 3 裂片。总状或圆锥花序；花常数朵簇生于花序轴凸起的节上；花萼钟状；花冠天蓝色或紫色，旗瓣有耳，有时具附属体；雄蕊二体；子房无柄或近无柄，胚珠多颗。荚果线形或圆柱形，2 瓣裂。种子扁，近圆形或长圆形。花粉粒 3 孔沟，网状纹饰。染色体 $2n$=22。约 20/10（3）种，**7（e）型**；分布于亚洲热带地区及东亚；中国主产西南部、中南部至东南部。葛麻姆 *P. montana* var. *lobata* (Willdenow) Maesen & S. M. Almeida ex Sanjappa & Predeep 的茎皮纤维可作为织布和造纸原料；块根可制葛粉；种子可榨油。

Pugionium Gaertner **沙芥属，Brassicaceae 十字花科**。一年生或二年生草本，全株无毛。叶肉质，下部叶羽状分裂，上部叶线形，全缘。总状花序；花瓣玫瑰红色或白色；一个长雄蕊和邻近短雄蕊等长，并合生，其他雄蕊离生；子房 2 室，每室有 1 胚珠，无花柱。短角果，压扁，不开裂，每侧有 1 翅状附属物，每半具刺。种子 1，大，压扁。2/2（1）种，**13-1 型**；分布于蒙古国，俄罗斯及中国西北地区。沙芥 *P. cornutum* (Linnaeus) Gaertner 可作蔬菜或饲料；全草可药用。

Pulicaria Gaertner **蚤草属，Asteraceae 菊科**。草本或亚灌木。叶互生。头状花序辐

P

射状或假盘状；花托无托毛；冠毛 2 层；总苞片外层草质，内层干膜质；缘花黄色，雌性，中央花黄色，两性；花柱分枝狭长，稍扁，上部稍宽，顶端钝。瘦果圆柱形，或有棱。花粉粒球形，有刺，3 孔沟，覆盖层有孔，柱状层有囊腔和内部穿孔。染色体 $2n$=14，18。77/6（1）种，**10 型**；分布于非洲，亚洲和欧洲；中国产西北及青藏地区。蚤草 *P. vulgaris* Gaertner、止痢蚤草 *P. dysenterica* (Linnaeus) Bernhardi 可入药。

Pulmonaria Linnaeus **肺草属，Boraginaceae 紫草科**。草本，有长硬毛。茎几不分枝。基生叶大型，具柄。镰状聚伞花序具苞片；花具梗；花萼钟状，5 浅裂，果时包被小坚果；花冠紫红色或蓝色，5 裂，喉部无附属物，具短毛丛；雄蕊 5，内藏；子房 4 裂，柱头头状，2 裂；雌蕊基平。小坚果卵形，黑色，有光泽，腹面龙骨状，先端钝，着生面位于小坚果基部，微凹，有环状边缘。花粉粒 3-6 孔沟，穿孔纹饰，赤道部位为网状纹饰，上具颗粒。染色体 n=7，11。约 15/1 种，**10 型**；分布于中亚，西伯利亚至欧洲；中国产山西和内蒙古。

P

Punica Linnaeus **石榴属，Lythraceae 千屈菜科**。乔木或灌木。单叶，常对生或簇生，有时呈螺旋状排列，无托叶。花顶生或近顶生，单生或聚伞花序，两性，辐射对称；萼革质，近钟形，裂片 5-9，镊合状排列，宿存；花瓣 5-9；雄蕊生于萼筒内壁上部，多数，花药背部着生，2 室，子房下位或半下位，心皮多数，1 轮或 2-3 轮，初呈同心环状排列，后渐成叠生，最低 1 轮具中轴胎座，较高的 1-2 轮具侧膜胎座，胚珠多数。浆果宿存花萼，果皮厚；种子多数，胚直，无胚乳，子叶旋卷。花粉粒 3 孔沟，细疣状或细皱波状纹饰。2/1 种，**（12）型**；产地中海至亚洲西部地区；中国引入栽培。种子可食；果皮可入药。

Putranjiva Wallich **假黄杨属，Putranjivaceae 假黄杨科**。乔木或灌木。单叶互生，叶缘全缘或具细锯齿，羽状脉。花单性，雌雄异株，无花瓣；花盘缺如；雄花成腋生总状花序或穗状花序，花萼 4-6 裂，雄蕊 2-4，退化雌蕊无；雌花单生叶腋，花萼 5 裂；子房卵形或长圆状卵形，2 室，每室 2 胚珠，花柱花瓣状扩大，上部 2 或 3 分枝，被乳突。核果不开裂，分核石质，坚硬种子 1；种子外种皮膜质或脆壳质。花粉粒 3 孔沟，网状纹饰。约 4/2（1）种，**7 型**；分布于南亚及东南亚至琉球群岛；中国产广东、香港、台湾；另引种 *Putranjiva roxburghii* Wallich 栽培于香港。

Putranjivaceae Meisner **假黄杨科，木兰亚纲/金虎尾目**。乔木。叶 2 列。雌雄异株；花序簇生。萼片有时具单迹，花瓣缺如，或 4-5（-7）；雄花：雄蕊（2-）3-20，或多数，花药外向，花粉具假核。雌花：退化，雌蕊由（1-）2-4（-9）心皮合生而成，花柱有时很短，有分枝，柱头大，往往呈盖瓣状，2 裂。果实为核果；种子外种皮具维管束，外种皮外中层石细胞状，内种皮多少增生。花粉粒 3 孔沟，穿孔状至网状纹饰。染色体 $2n$=（38）40（42）。2 属，约 225 种。分布于热带地区，特别是非洲和马来西亚；中国 2 属，14 种，产南部各省区。

Pycnarrhena Miers ex J. D. Hooker & Thomson **密花藤属，Menispermaceae 防己科**。藤本。枝上有叶痕。叶非盾状，叶脉羽状。雄花萼片覆瓦状排列，花瓣 2-5，雄蕊 4-18，花丝合生，花药横裂；雌花萼片和花瓣与雄花相似，心皮 2-6，花柱残迹远离基部，基部不收缩成柄状。核果，无柄，果核外面平滑或微有皱纹，胎座迹不明显。无胚乳，胚弯，子叶大，肉质。花粉粒 3 孔沟，穿孔或网状纹饰。9/2 种，**5 型**；分布于亚洲东南部，新几内亚岛，澳大利亚昆士兰；中国产云南和海南。

Pycnoplinthopsis Jafri **假簇芥属，Brassicaceae 十字花科**。多年生草本，丛生。

毛状体树突状或分叉状。基生叶具柄，莲座状，茎生叶无。花单生于花梗上，果梗细长，强烈反折；花瓣白色；雄蕊 6，四强雄蕊，花药黑色，长圆形，先端细尖；每子房 8-20 胚珠。果开裂，长角果，线形或长圆形，圆柱状。种子单列，无翅，长圆形，饱满。1/1 种，**14SH 型**；分布于不丹，印度锡金，尼泊尔及中国西藏。

Pycnoplinthus O. E. Schulz **簇芥属，Brassicaceae 十字花科**。多年生草本，密丛生，无毛。根状茎粗，无茎。基生叶莲座状，线形，近肉质，无毛，无柄。花葶多数，具单花；萼片近直立，内轮基部囊状；花瓣白色，倒卵形，基部楔形或具短爪；子房长圆形，约有 12 胚珠，具扁压、近 2 裂柱头。长角果短，近窄圆柱形，上部常弯曲，近念珠状，2 室，开裂。种子 1 行，卵形。1/1 种，**14SH 型**；分布于克什米尔，以及中国甘肃、青海、新疆、西藏。

Pycnospora R. Brown ex Wight & Arnott **密子豆属，Fabaceae 豆科**。多年生草本。茎直立或平卧，从基部分枝。羽状三出复叶或仅具 1 小叶。总状花序顶生；总花梗具柔毛和腺毛；花萼小，钟状，深裂，上部 2 裂片几合生；花冠淡紫蓝色，花瓣近等长，旗瓣近圆形，龙骨瓣钝，与翼瓣粘连；雄蕊二体；子房无柄，胚珠多数。荚果长椭圆形，膨胀，具细密而平行的横脉纹，无横隔，不分节，有种子 8-10 颗。花粉粒 3 孔沟，网状纹饰。染色体 $2n$=20。1/1 种，**4 型**；分布于热带非洲，亚洲和澳大利亚东部；中国产贵州西南部、云南、江西南部、福建、广东、广西、海南、香港和台湾。密子豆 *P. lutescens* (Poiret) Schindler 可作绿肥和水土保持。

Pycreus P. Beauvois **扁莎属，Cyperaceae 莎草科**。秆多丛生，基部具叶。长侧枝聚伞花序疏展或密集成头状；小穗排列成穗状或头状；鳞片 2 列，基部 1-2 个鳞片内无花，其余均具 1 两性花；无下位刚毛；雄蕊 1-3；柱头 2。小坚果两侧压扁，棱向小穗轴，双凸状，表面具网纹、微凸起细点、隆起横波纹或皱纹。花粉粒一远极孔 5 侧孔，小槽状、穿孔状和颗粒纹饰。染色体 $2n$=50，86，96。70+/11（3）种，**1 型**；分布于非洲，欧洲，亚洲，美洲和太平洋诸岛；亚洲和南美洲种类较多；中国产西南、华南和华东。

Pyracantha M. J. Roemer **火棘属，Rosaceae 蔷薇科**。常绿灌木或小乔木，常具枝刺。单叶互生或簇生，叶柄短，边缘有圆钝锯齿、细锯齿或全缘；托叶细小，早落。复伞房花序；萼筒短；萼片 5；花瓣 5，白色，开展，爪短；雄蕊 15-20；心皮 5，腹面离生，背面约 1/2 与萼筒相连，子房 5 室，半下位，每室 2 胚珠，花柱 5，离生。梨果小，球形，顶端萼片宿存，内含小核 5 粒。花粉粒 3 孔沟，条纹状纹饰。染色体 $2n$=34。10/7（5）种，**10-1 型**；分布于亚洲东部至欧洲东南部；中国产西北和南方各省区。适宜作绿篱；果实磨粉可代粮食用；茎皮、根皮含鞣质可提栲胶。

Pyrenacantha Hooker ex Wight **刺核藤属，Icacinaceae 茶茱萸科**。木质藤本；茎无卷须。单叶互生，全缘或具齿，具柄。花单性，雌雄异株，无花瓣，穗状花序。雄花：有小苞片；花萼（3）4（5）裂；雄蕊 4，与花萼裂片互生；雌蕊退化。雌花：无小苞片；花萼和雄花的相似，宿存，外弯；退化雄蕊极短；子房 1 室，具 1-2 枚悬垂胚珠，无花柱，柱头盘状。核果稍压扁，内果皮薄，脆壳质，外面具皱纹，内面有多数疣状或刺状突起穿入胚乳内。种子 1 枚，有肉质、多皱褶的胚乳。10/1 种，**6 型**；分布于热带非洲和亚洲；中国产海南。

Pyrenaria Blume **核果茶属，Theaceae** 山茶科。常绿灌木或小乔木。叶缘有锯齿。单花腋生，有柄或近无柄；萼片 5；花瓣 5，基部略连生；雄蕊多数；子房 3-5 室，倒

生胚珠，蓼型胚囊，花柱 3-5。果实为沿室背自下而上开裂的蒴果或不开裂的核果，每室种子 2 枚。种子纵向压扁，无翅；种皮光滑，骨质；种脐线形，无胚乳。花粉粒 3 孔沟，皱网状纹饰。26/13（7）种，**7a-c 型**；产东亚和东南亚；中国产长江以南地区，云南、广西和广东尤盛。

Pyrgophyllum (Gagnepain) T. L. Wu & Z. Y. Chen **苞叶姜属，Zingiberaceae 姜科**。根状茎球形；根粗壮。花序顶生；苞片 1-3，大而凹，边缘贴生于花序的主轴上，顶端具叶状的延伸。花无梗，黄色，很快枯萎。花冠管长于花萼，后方裂片较宽；侧生退化雄蕊近线形，唇瓣先端 2 裂。花丝短，花药基着，药隔附属体明显，三角形、全缘；子房 3 室，腺体 2，线形。1/1（1）种，**15 型**；特产中国四川和云南。

Pyrola Linnaeus **鹿蹄草属，Ericaceae 杜鹃花科**。多年生常绿草本状小灌木。叶常基生。花聚成总状花序，生于花葶上部；花萼 5，宿存；花瓣 5，易脱落；雄蕊 10，花丝扁平，无毛；子房上位，4-5 室，每室有胚珠多数，中轴胎座，花柱长而弯，极少短而直，柱头 5 裂。蒴果近球形，下垂，室背开裂，裂瓣边缘具蛛丝状绒毛。种子多数，细小。花粉四合体，3 拟沟，颗粒至皱波状纹饰。染色体 $2n$=46。约 30/16（10）种，**8-1 型**；北温带广布；中国南北各地均产，西南和东北尤盛。

Pyrrosia Mirbel **石韦属，Polypodiaceae 水龙骨科**。草本，附生或石生。根状茎横走。单叶，一型或稍呈二型，散生或近生；叶片线形至披针形，长卵形或很少为戟形或掌状分裂。侧脉斜展，小脉不明显，连接成各式网眼，有内藏小脉；叶革质，密被星芒状毛，毛一型或二型。孢子囊群圆形，在主脉和叶缘之间 1 至多行，无囊群盖，隔丝星芒状；孢子椭圆形，外壁上有不明显小穴。染色体 x=37。约 51/32（6）种，**4 型**；主要分布于亚洲热带和亚热带地区，少数达非洲及大洋洲；中国主产秦岭以南各省区，少数达华北和东北。石韦 *P. lingua* (Thunberg) Farwell 可药用。

Pyrularia Michaux **檀梨属，Santalaceae 檀香科**。落叶灌木或小乔木。叶互生，具羽状脉。花集成总状、穗状或聚伞花序，稀单生；花被管陀螺形，花被裂片 5（-6），开展，外面被微毛，内面在雄蕊后面有疏毛；雄蕊 5，花丝短，花药卵形，药室平行纵裂；花盘垫状环形，常分裂，裂片呈鳞片状；子房下位，柱头扁头状；胚珠 2-3。雄花花被管短。核果大，顶端常冠以环状的花被残痕；外果皮厚肉质，内果皮脆骨质。种子球形或近球形。2/1 种，**9 型**；分布于北美和喜马拉雅；中国产西南部和南部。

Pyrus Linnaeus **梨属，Rosaceae 蔷薇科**。落叶稀半常绿乔木或灌木，有时具刺。单叶互生，有锯齿或全缘，稀分裂，在芽中呈席卷状，有叶柄与托叶。花先于叶开放或同时开放，伞形总状花序；萼筒杯状，萼片 5，反折或开展；花瓣 5，具爪；雄蕊 15-30；花柱 2-5，离生，子房 2-5 室，每室胚珠 2。梨果，果肉多汁，富石细胞，内果皮软骨质。种子黑色或黑褐色，种皮软骨质，子叶平凸。花粉粒 3 孔沟（或拟孔沟），光滑，负网状、条纹状或网状纹饰。染色体 $2n$=34，42，43，51，68。25/14（8）种，**10 型**；分布于亚洲，欧洲至北非；中国各地普遍栽培。重要果树及观赏树种；木材坚硬细致具有多种用途。

Quercus Linneaus **栎属，Fagaceae 壳斗科**。常绿、落叶乔木。冬芽芽鳞数枚。叶螺旋状互生，具齿或分裂。花单性同株；雄花序为下垂柔荑花序；雄蕊 6，花药 2，纵裂，花丝细长，退化雌蕊细小；雌花单生或数朵排成穗状花序；花被 6 裂，退化雄蕊 6，子房 3 室，每室有胚珠 2 枚，花柱 3。坚果部分为总苞所包围；总苞鳞片状、刺状或粗线形。花粉粒 3 孔沟，颗粒状纹饰。染色体 $2n$=24。约 300/35（15）种，**8-4（7）型**；广布亚洲，非洲，欧洲和美

Q

洲；中国产各省区。

Radermachera Zollinger & Moritzi **菜豆树属，Bignoniaceae 紫葳科**。乔木。一至三回羽状复叶。聚伞圆锥花序顶生或侧生，具线状或叶状苞片及小苞片；花萼钟状，顶端 5 裂或平截；花冠漏斗状钟形或高脚碟状，檐部微呈二唇形，裂片 5；二强雄蕊，退化雄蕊常存在；花盘环状；子房圆柱形，胚珠多数，柱头 2 裂。蒴果细长，圆柱形，有 2 棱。种子扁平，两端具白色透明的膜质翅。花粉粒 3 沟或孔，穴状或网状纹饰。虫媒。染色体 *n*=40。约 16/7 种，**7 型**；分布于亚洲热带地区；中国产广东、广西、云南、台湾。菜豆树 *R. sinica* (Hance) Hemsley 可作室内观赏，亦可入药。

Radiogrammitis Parris **辐禾蕨属，Polypodiaceae 水龙骨科**。小型附生植物，偶为石生。根状茎呈放射状，叶柄螺旋着生；上被淡红褐色至暗红褐色、黄褐色鳞片，鳞片不为窗格状，光滑（偶鳞片缺如）。叶柄不具关节，无叶足。叶片全缘或偶稍具小圆齿；叶脉不分枝或 1-2 叉，分离，末端有时具水囊或无。孢子囊群生于羽片表面或多少下陷于叶肉中，在主脉两侧各成 1 行。约 28/4（2）种，**4 型**；分布于斯里兰卡，中国台湾至澳大利亚和太平洋岛屿。无鳞辐禾蕨 *R. alepidota* (M. G. Price) Parris、刚毛辐禾蕨 *R. setigera* (Blume) Parris 可供观赏。

Rafflesiaceae Dumortier **大花草科，木兰亚纲/金虎尾目**。草本，全寄生，无叶绿素；营养期以细胞株形式寄生于葡萄科崖爬藤属（*Tetrastigma*）植物茎干和根内部；仅在花期可见。花单生，辐射对称，直径可达 150cm；单性或两性，雌雄同株或异株，肉质具腐臭味；花被合生，裂片 4-10；雄蕊多数，无花丝；雌蕊由 4-6（多）枚心皮合生，子房下位，侧膜胎座，胚珠极多数，珠被 1-2 层，花柱 1 或无，柱头盘状、头状或多裂。浆果；种子小，种皮坚硬。花粉单粒，球形，无萌发孔，光滑或皱波状纹饰。染色体 *n*=11，12。3 属，37 种，分布于东南亚地区；中国 1 属，1 种，产西藏东南部和云南南部。

Ranalisma Stapf **毛茛泽泻属，Alismataceae 泽泻科**。水生或沼生草本，具匍匐茎。叶基生，直立，具长柄；叶片卵形至卵状椭圆形，基部心形或楔形。花茎直立，1-3 花生于花茎顶端，膜质苞片 2 枚。花两性，具柄；萼片 3，果期反折；花瓣 3，较萼片大，白色；雄蕊 9，花丝线形；心皮多数，螺旋排列，离生，每心皮含 1 胚珠；花柱直立，宿存。瘦果两侧压扁，先端具长喙。染色体 *x*=11；2*n*=22。2/1 种，**6 型**；分布于亚洲，热带和亚热带非洲；中国产湖南、江西、浙江。长喙毛茛泽泻 *R. rostratum* Stapf 用于水体园艺造景。

Ranunculaceae Jussieu **毛茛科，木兰亚纲/毛茛目**。草本，少灌木或木质藤本。叶互生或基生，少对生。花单生或组成各种聚伞花序或总状花序；花两性，少单性，辐射对称，稀两侧对称；萼片呈花瓣状或萼片状；蜜腺特化成杯状、筒状、二唇状分泌器官；雄蕊螺旋状排列；心皮分生，稀合生，螺旋状排列。蓇葖果或瘦果，少蒴果或浆果。种子具小胚和丰富胚乳。花粉粒 3 沟、环沟、散沟或散孔，稀不规则萌发孔或无萌发孔，穿孔、穴状或网状纹饰。蜂类、蝇类传粉，稀风媒。含异喹啉类、环贴类或毛茛苷等生物碱。约 55 属，2525 种，世界广布（除南极洲外），分布于北半球温带和寒温带；中国 35 属，约 923 种，广布各省区，主产西南山地。

Ranunculus Linnaeus **毛茛属，Ranunculaceae 毛茛科**。草本。单叶或三出复叶。花单生或成聚伞花序；花辐射对称；萼片（3-）5（-7），绿色，大多脱落；花瓣（3-）5（-10），基部有短爪，蜜槽呈点状或杯状袋穴，或有小鳞片覆盖；雄蕊多数，花丝线形；心皮离生，胚珠 1，花柱腹面生有柱头组织。聚合果球形或长圆形，瘦果

R

卵球形或两侧压扁，背腹线有纵肋，或边缘有棱至宽翼，果皮较厚，喙较短，直伸或外弯。花粉粒 3 沟、散沟或散孔，穿孔状纹饰，具小刺。染色体 $2n$=14，16，24，28，32，42，48，62 等。570/133（67）种，**1（8-4）型**；广布温寒地带，主产亚洲和欧洲；中国广布，西北和西南高山地区多见。

Raphanus Linnaeus **萝卜属，Brassicaceae 十字花科。**一年生或多年生草本。茎直立。叶大头羽状半裂，上部多具单齿。总状花序伞房状；花大，白色或紫色；萼片直立，长圆形；花瓣倒卵形；子房钻状，2 节，具 2-21 胚珠，柱头头状。长角果圆筒形，下节极短，无种子，上节伸长，在相当种子间处稍缢缩，顶端成 1 细喙。种子 1 行，球形或卵形，棕色。花粉粒 3 沟，网状纹饰。染色体 $2n$=18。3/2 种，**10 型**；分布于地中海；中国各地均有。萝卜 *R. sativus* Linnaeus 可食用；可入药或榨油。

Raphiocarpus W. Y. Chun **漏斗苣苔属，Gesneriaceae 苦苣苔科。**草本，具匍匐茎。叶密集于茎顶端，或散对生。聚伞花序腋生。花萼 5 深裂；花冠筒状漏斗形，檐部二唇形；雄蕊 2 对，内藏，花药狭长圆形，顶端成对连着或腹面连着；子房线形，比花柱长或与花柱等长，柱头 2，相等，不裂，或柱头 2，不等，上方 1 枚不裂，下方 1 枚微 2 裂。染色体 n=9-16（27，45）。约 31/5 种，**7-1 型**；分布于印度至马来西亚，以及中国广东、广西、贵州、云南和四川西南部。

Raphistemma Wallich **大花藤属，Apocynaceae 夹竹桃科。**藤状灌木，具乳汁。叶对生，心脏形，基出 3-5 脉。伞形聚伞花序，腋生；花萼裂片双盖覆瓦状排列，内面基部具 5 个腺体；花冠钟状，裂片芽期右旋覆盖；副花冠着生于合蕊冠上；雄蕊腹部与雌蕊粘生成合蕊柱，花丝合生成短筒；花药顶端具有内弯的膜片；花粉块每室 1 个；子房由 2 枚离生心皮组成，胚珠多数；柱头顶端扁平。蓇葖纺锤形或圆柱形。种子卵圆形，顶端具有白色绢质种毛。2/2 种，**7 型**；分布于亚洲南部和东南部；中国产广西和云南。

Rauvolfia Linnaeus **萝芙木属，Apocynaceae 夹竹桃科。**灌木或乔木。叶对生至 5 叶轮生，叶腋间及腋内具腺体。二歧伞形或伞房聚伞花序；花萼钟状，裂片基部内面无腺体；花冠钟状或高脚碟状，花冠管中部膨大，内面常具长柔毛，裂片芽期向左覆盖；子房具 2 个心皮，离生或合生，每心皮有胚珠 1-2 枚。核果，椭球形。种子光滑。染色体 $2n$=22，44，66，88。约 60/7（1）种，**1 型**；分布于热带美洲，非洲，亚洲南部和东南部及大洋洲；中国产西南、华南及台湾。萝芙木 *R. verticillata* (Loureiro) Baillon 的根药用具有良好的降压和镇静效果。

Reaumuria Linnaeus **红砂属，Tamaricaceae 柽柳科。**半灌木或灌木。叶细小，鳞片状，有泌盐腺体。花单生或集成稀疏的总状花序状；花两性，5 数；花萼近钟形，宿存；花瓣脱落或宿存；雄蕊 5 至多数，分离或花丝基部合生成 5 束，与花瓣对生；雌蕊 1，花柱 3-5。蒴果，3-5 瓣裂。种子被褐色长毛。花粉粒 3 沟，细网状纹饰。12/4（1）种，**12 型**；分布于亚洲大陆，南欧和北非；中国产新疆、甘肃、宁夏、内蒙古、青海等干旱区。

Reevesia Lindley **梭罗树属，Malvaceae 锦葵科。**乔木，稀灌木。花两性，排成顶生的伞房花序或圆锥花序；花萼不规则 3-5 裂；花瓣 5，具爪；雄蕊的花丝合生成管状，并与雌蕊柄贴生而形成雌雄蕊柄，雄蕊管 5 裂，每一裂片顶端外面着生花药 3 枚；子房具柄，5 室，每室 2 倒生胚珠；柱头 5 裂。蒴果木质，成熟后分裂为 5 个果爿，室背开裂，每室种子 1-2。种子具膜质翅，翅向果柄。花粉粒 4 或 5 带状短沟，网状纹饰。染色体 $2n$=76。25/15（12）种，**7-1（→14SH）型**；分布于南亚喜马

R

拉雅区至中国，以及中美洲（墨西哥至尼加拉瓜）；中国产西南部至台湾。梭罗树 *R. pubescens* Masters 为观赏花木。

Rehderodendron Hu 木瓜红属，**Styracaceae 安息香科**。落叶乔木，冬芽有数鳞片包裹。叶互生，边缘有锯齿。总状或圆锥花序；萼管倒圆锥形，几与子房全贴生，顶端5齿，有5-10棱；花萼5深裂；雄蕊10，5长5短，花丝扁平，基部合生贴生于花冠管；花柱较雄蕊长，子房下位，3-4室，每室胚珠4-6枚，中轴着生，上部的直立，下部的下垂。果实有5-10棱，宿存花萼几包围果实全部。种子细长形，种皮疏松、革质。花粉粒3（4）孔沟，穴状纹饰具颗粒。5/5种，**14型**；分布于缅甸，越南及中国西南、华南地区。

Rehmannia Liboschitz ex Fischer & C. A. Meyer **地黄属，Orobanchaceae 列当科**。多年生草本，具根茎，植体被多细胞长柔毛和腺毛。叶具柄，边缘具齿或浅裂，常被毛。花具梗，单生叶腋或成总状花序；萼卵状钟形，具5齿；花冠紫红色或黄色，筒状，上部扩大，裂片5枚，略成二唇形，下唇基部有2褶襞；雄蕊4枚，2强，稀为5枚，但1枚较小，花丝弓曲，药室2枚；子房长卵形，2室，基部具花盘，花柱顶部浅2裂，胚珠多数。蒴果具宿萼，室背开裂。种子小，具网眼。花粉粒3沟。染色体 $2n$=28，56。5/5（5）种，**15型**；中国产中部和东部地区。

Reineckea Kunth **吉祥草属，Asparagaceae 天门冬科**。多年生草本。根状茎匍匐在地，多节。叶簇生在根状茎尖，叶柄不明显。花葶生叶腋间，直立。花序顶生穗状花序，少到多朵花；苞片褐色或紫红色，膜质。花两性，无梗。花被片下部合生形成管，上部离生；雄蕊6；花丝下部贴生于花被筒，花药背着；子房3室，每室胚珠2，花柱柱状，纤细；柱头3裂。浆果，有数颗种子。花粉粒单沟，微穿孔状纹饰。染色体 x=38，42。1/1种，**14SJ型**；分布于日本及中国西南部至东南部。

Reinwardtia Dumortier **石海椒属，Linaceae 亚麻科**。灌木。托叶小，早落。花黄色，花序顶生或腋生，或单花腋生；萼片5，全缘，宿存；花瓣4-5，旋转排列，早萎；雄蕊5，花丝基部合生成环，退化雄蕊5，锥尖，与雄蕊互生；腺体2-5，与雄蕊环合生；子房3-4室，每室有2小室，每小室有胚珠1，花柱3-4，分离或基部合生。蒴果球形，室背开裂成6-8瓣；种子肾形。花粉粒无萌发孔，覆盖层缺失。1/1种，**14SH型**；分布于东亚，南亚和东南亚；中国产福建、广东、广西、贵州、湖北、湖南、四川和云南。

Reinwardtiodendron Koorders **雷楝属，Meliaceae 楝科**。乔木。叶羽状复叶或单叶，小叶互生。花两性或雌雄异株，排成腋生的穗状花序或圆锥花序；花萼5深裂，覆瓦状排列；花瓣5，分离，基部与雄蕊管联合；雄蕊管球形或卵形，花药10枚，常2轮排列；花盘不明显；子房5室，每室有胚珠1颗，花柱极短或几乎缺，柱头3-5浅裂。肉质浆果；种子单生或成对，为肉质的假种皮所包围。花粉扁长-球形，近长球形，3-4孔沟，外壁平滑。约7/1种，**7型**；分布于印度，马来西亚至菲律宾及中国海南。

Remirea Aublet **海滨莎属，Cyperaceae 莎草科**。矮小草本；匍匐或斜升的根状茎长，常从节上长出秆，秆具钝棱和多数条纹。穗状花序2至少数簇生，着生于秆的顶端；小穗基部的小苞片鳞片状；小穗具4鳞片；鳞片近两行排列，基部3鳞片无花，最上面鳞片厚而肉质，具1朵两性花；无下位刚毛；雄蕊3，药隔顶端伸出于花药外成细尖；子房三棱形，柱头3。小坚果长圆柱形，三棱形，无喙。1/1种，**1型**；全球广布；中国产广东、海南和台湾。

Remusatia Schott **岩芋属，Araceae 天南星科**。多年生草本，具块茎。块茎上芽条直立或匍匐，具多数瘤状鳞芽。叶柄长，叶

片盾状，心状卵形。花序柄短；佛焰苞管部席卷，喉部收缩；肉穗花序雌雄同株；雌花序在下，近圆柱形，不育雄花序细圆柱形；能育雄花序在上，椭圆状；无不育附属器；花单性，无花被；能育雄花为合生雄蕊柱；心皮 2-4。浆果内藏于佛焰苞管内。种子多数。花粉粒无萌发孔，刺状纹饰。4/4（1）种，**4 型**；分布于东南亚及热带非洲西部；中国产西藏、云南、台湾。岩芋 *R. vivipara*（Roxburgh）Schott 可药用。

Renanthera Loureiro **火焰兰属，Orchidaceae 兰科。**附生草本。茎长，攀援。叶厚革质，扁平，先端不等侧 2 圆裂。花序较长，常分枝；花中等或大，火红色或有时橘红色带红色斑点；中萼片和花瓣较狭；唇瓣贴生于蕊柱基部，3 裂；侧裂片直立，内面基部各具 1 枚附属物；中裂片反卷，较小；距圆锥形；蕊柱无蕊柱足；花粉团蜡质，4 个，其基部具 1 个弹丝；粘盘柄稍长而宽；粘盘厚，近圆形，宽约为 2 个花粉团的直径。约 15/3 种，**7e 型**；分布于东南亚至热带喜马拉雅；中国产南方热带地区。

Reseda Linnaeus **木犀草属，Resedaceae 木犀草科。**草本，稀灌木。叶全缘至羽状裂。花两性，总状花序；花萼 4-7 裂；花瓣 4-7，常具瓣爪；雄蕊 7-40，着生于花盘上；子房心皮 3-6，基部合生，胎座 3-6。蒴果顶部开裂。种子多数。花粉粒 3 孔沟，网状、皱网状或穴状等纹饰。染色体 2*n*=20，24，28。约 60/3 种，**12 型**；分布于非洲东部和北部，亚洲中部和西南部，北大西洋岛域，欧洲南部；中国产上海、台湾等。木犀草 *R. odorata* Linnaeus 可供观赏。

Resedaceae Martinov **木犀草科，木兰亚纲/十字花目。**草本，稀为木本。单叶互生。花常两性，总状或穗状花序；花萼宿存，常 4-7 裂；花瓣常 4-7 或无；雄蕊 3-40；子房上位，心皮 2-6，分离或合生，侧膜胎座或基生胎座。蒴果或浆果。种子无胚乳。花粉粒 3 沟（或拟孔沟）。染色体 2*n*=10-30。约 6 属，80 种，分布于非洲，亚洲中部和西南部，大西洋岛屿，欧洲南部，北美洲西南部；中国 2 属，4 种，产上海、台湾、四川、辽宁等。

Restionaceae R. Brown **帚灯草科，木兰亚纲/禾本目。**多年生草本。茎圆柱形，四方形，多角形或扁平。花单性，雌雄异株，组成小穗或再排成穗状圆锥花序；小穗具 1 至多花；花被片常 6，排成 2 轮。雄花：雄蕊 3 或 2。雌花：子房 1-3 室，每室胚珠 1，花柱 1-3，柱头有乳头状凸起或羽毛状。蒴果或小坚果。染色体 *n*=6，7，9，11，12。花粉单孔，光滑、皱波和疣状纹饰，稀具刺。55 属，约 500 种，广布南半球，以非洲南部和澳大利亚尤盛；中国 1 属，1 种，产海南和广西。

Reutealis Airy Shaw **三籽桐属，Euphorbiaceae 大戟科。**落叶乔木。叶互生，单叶，卵圆形至心形，基出脉 5-7，且基部具 2 显著的腺体。雌雄同株或雌雄异株；花序顶生，聚伞圆锥花序状，多花，密被星状绒毛；花萼匙状小杯形，2 或 3 裂；花瓣 5，颜色不一。雄花：雄蕊 7-13，两轮，花药大，药隔较宽。雌花：子房卵形，3 或 4 室，被绢毛，花柱 3 或 4，2 分叉。果实为核果，大型，近球形，3 或 4 室，具 3 或 4 棱，具 3 或 4 枚种子。1/1 种，**（7）型**；分布于菲律宾群岛；中国广东和广西引入栽培。

Reynoutria Houttuyn **虎杖属，Polygonaceae 蓼科。**多年生草本。根状茎横走，茎直立，中空。叶互生，卵形或卵状椭圆形，全缘，具叶柄；托叶鞘膜质，偏斜，早落。花序圆锥状，腋生；花单性，雌雄异株，花被 5 深裂；雄蕊 6-8；花柱 3，柱头流苏状。雌花花被片，外面 3 片果时增大，背部具翅。瘦果卵形，具 3 棱。花粉粒 3 孔沟，细网状纹饰。3/1 种，**11 型**；分布于东亚；中国产陕西南部、甘肃南部、华东、华中、华南至西南地区。虎杖 *R. japonica*

Houttuyn 的根状茎可供药用，有活血、散瘀、通经、镇咳等功效。

Rhabdothamnopsis Hemsley **长冠苣苔属，Gesneriaceae 苦苣苔科**。多分枝小灌木。叶对生或密集于节上。花萼钟状；花冠钟状筒形，檐部二唇形，比筒短，上唇 2 裂，下唇 3 裂，裂片近相等；能育雄蕊 2，着生于花冠下（前）方一侧中部之下，花药中等大，被髯毛，顶端连着；退化雄蕊 2，位于花冠上（后）方；雌蕊被短柔毛，花柱比子房长 2 倍，柱头 2，不等。蒴果长圆形，螺旋状卷曲。种子具蜂巢状网纹。染色体 2*n*=36。1/1（1）种，**15 型**；特产中国云南、四川、贵州。

Rhachidosoraceae X. C. Zhang **轴果蕨科，水龙骨亚纲/水龙骨目**。草本，土生。根状茎长而横走。叶远生或近生；叶片阔三角形或卵状三角形，三回羽状分离至四回羽裂，先端尾状渐尖；叶脉明显，羽状分离，侧脉在末回裂片上单一或多少 2 叉；羽轴具浅纵沟，两侧边稍隆起。孢子囊群为线形，紧靠小羽轴；囊群盖新月形；孢子椭圆形，表面具疣状凸起纹饰。1 属，约 7 种，分布于亚洲热带和亚热带；中国 1 属，5 种，产西南部和南部。

Rhachidosorus Ching **轴果蕨属，Rhachidosoraceae 轴果蕨科**。中型至大型土生植物。根状茎粗壮，长而横走，疏被棕色全缘披针形鳞片。叶远生或近生；叶片阔三角形或卵状三角形，草质，淡绿色，无毛，三回羽状分离至四回羽裂。孢子囊群为线形，略呈新月形，单生于末回小羽片基部上侧小脉上，紧靠小羽轴，彼此几并行；囊群盖新月形，厚膜质，全缘，成熟时宿存；孢子椭圆形，两侧对称，周壁明显，表面具疣状凸起纹饰。染色体 *x*=40。7/5 种，**7 型**；分布于亚洲热带和亚热带；中国产西南部和南部。轴果蕨 *R. mesosorus* (Makino) Ching、喜钙轴果蕨 *R. consimilis* Ching 可供观赏。

Rhamnaceae Jussieu **鼠李科，木兰亚纲/蔷薇目**。乔木、灌木常具刺，或藤本具卷须或缠绕茎。单叶互生而螺旋状排列，或稀对生，托叶存在，有时刺状。有限花序，有时简化为单花。花常两性，辐射对称，小，具盘状至圆柱状花托杯；萼片 4 或 5，分离；花瓣 4 或 5，分离，常多少凹入或呈兜状，花期包被雄蕊；雄蕊 4 或 5，分离；心皮常 2 或 3，合生；子房上位至下位，中轴胎座，胚珠 1，柱头常近头状。核果，稀翅果状分果。内胚乳有或无。花粉粒 3 孔沟。染色体 2*n*=20，22，24，32，36，44，46，48，72。常含丹宁。58 属，1000 种，全球分布，热带和暖温带地区尤多；中国 13 属，137 种，广布各省区。

Rhamnella Miquel **猫乳属，Rhamnaceae 鼠李科**。灌木或小乔木，或藤状灌木。叶互生，纸质或近膜质，羽状脉，边缘具锯齿，托叶常宿存。腋生聚伞花序或数花簇生；花两性，具梗；萼筒钟状；萼片 5，中肋内面凸起，中下部有喙状凸起；花瓣 5，两侧内卷；子房上位，仅基部着生于花盘，1 室或不完全 2 室，有 2 胚珠，花柱顶端 2 浅裂；花盘薄，杯状，五边形。核果圆柱状椭圆形，顶端有残留的花柱，基部为宿存的萼筒所包围，1-2 室，具 1 或 2 粒种子。花粉粒 3 孔沟，网状纹饰。染色体 2*n*=24。8/8（5）种，**5 型**；分布于朝鲜，日本及中国西南和华南地区。猫乳 *R. franguloides* (Maximowicz) Weberbauer 的根可供药用；皮可制绿色染料。

Rhamnoneuron Gilg **鼠皮树属，Thymelaeaceae 瑞香科**。灌木或小乔木。单叶互生；具柄；叶缘与叶脉重合；侧脉近平行。花序为顶生的聚伞状圆锥花序；苞片早落，每枚包被 3-4 花。花两性；花萼筒漏斗形，外面被毛，宿存；花萼 4；无花瓣；雄蕊 8，2 轮。子房 1 室，胚珠 1，柱头头状；花盘膜质，杯状，紧贴于子房基部，边缘多少成波状。果实纺锤形，被毛。花粉粒 16 孔，网状-巴豆型纹饰。1/1 种，**7 型**；分布于越

R

南及中国云南。鼠皮树 *R. balansae* (Drake) Gilg 的树皮柔韧，可造纸。

Rhamnus Linnaeus **鼠李属，Rhamnaceae 鼠李科**。灌木或乔木。无刺或小枝顶端常变成针刺。叶互生或近对生，稀对生，羽状脉，有锯齿或稀全缘；托叶小，早落，稀宿存。花两性或单性，雌雄异株，稀杂性，单生、簇生或腋生聚伞、聚伞总状或聚伞圆锥花序；花萼 4-5 裂，内面中肋凸起；花瓣 4-5，兜状，基部具短爪，顶端常 2 浅裂，稀无花瓣；雄蕊 4-5；花盘薄，杯状；子房上位，2-4 室，每室有 1 胚珠；花柱 2-4 裂。浆果状核果，基部为宿存萼筒所包围，具 2-4 分核。种子背面或背侧具纵沟，稀无沟。染色体 2*n*=20，24。花粉粒 3 孔沟，网状纹饰。150/57（37）种，**1 型**；分布于温带至热带，主产亚洲东部和北美洲的西南部，少数达欧洲和非洲；中国各省区均产，以西南和华南种类最多。果实含黄色染料；种子含脂肪油和蛋白质，榨油可制润滑油和油墨、肥皂。

Rhaphidophora Hasskarl **崖角藤属，Araceae 天南星科**。藤本。茎匍匐或攀援。叶 2 列；叶柄长，具关节，多少具鞘，叶片披针形，多少不等侧，全缘，羽状深裂或全裂，上部的裂片较宽，常镰状渐狭。花序顶生；佛焰苞舟形；肉穗花序无梗；花密集，两性，无花被；雄蕊 4，花丝线形，药室线状椭圆形；子房长，截平，角柱状，不完全 2 室，每室胚珠多数。浆果红色。种子长圆形。花粉粒带状萌发孔，网状纹饰。120/12（2）种，**6 型**；分布于印度至马来西亚及中国江南各省区。毛过山龙 *R. hookeri* Schott 可药用。

Rhaphiolepis Lindley **石斑木属，Rosaceae 蔷薇科**。常绿灌木或小乔木。单叶互生，革质，具短柄；托叶锥形，早落。总状或圆锥花序顶生；萼筒钟状至筒状，下部与子房合生；萼片 5，直立或外折，脱落；花瓣 5，白色或粉红色，有短爪；雄蕊 15-20；花柱 2 或 3，基部合生，子房下位，2 室，每室直立胚珠 2。梨果核果状，近球形，肉质，萼片脱落后顶端有 1 圆环或浅窝。种子 1-2，近球形，种皮薄，子叶肥厚，平凸或半球形。花粉粒 3 孔沟，条纹-网状纹饰。15/7（3）种，**14 型**；分布于亚洲东部；中国产南方各省区。栽培供观赏用。

Rhapis Linnaeus f. ex Aiton **棕竹属，Arecaceae 棕榈科**。丛生灌木，茎小，上部被以网状纤维的叶鞘。叶聚生于茎顶，叶扇状或掌状深裂。花雌雄异株或杂性，花序生于叶间；雄花雄蕊 6，2 轮，花丝贴生于花冠管上；雌花 3 心皮，离生，每心皮具胚珠 1，退化雄蕊 6。种子单生，胚乳均匀，近种脊处有大的球状海绵组织（珠被）侵入物，胚基生或侧生。花粉单沟，网状纹饰。约 11/5（2）种，**7 型**；分布于亚洲东部和东南部；中国产西南部至南部。大多数种类作绿化观赏。

Rhaponticoides Vaillant **欧亚矢车菊属，Asteraceae 菊科**。多年生草本。具木质根状茎。叶多羽状深裂，小叶基部不对称，常沿叶轴下延；边缘具尖齿。头状花序单生茎或枝顶。冠毛糙毛状，2 列，外列多层，内列 1 层，膜片状；总苞片多层，有纵条纹；全部小花管状，黄色或粉色，边花无性，具退化雄蕊，中央盘花两性；花丝有乳突。果阔椭圆形，浅黑色，无毛。花粉粒 3 孔沟，具刺，刺相连或断开，刺间穿孔状。染色体 2*n*=30。35/3 种，**6 型**；分布于非洲北部，中亚，西南亚和欧洲；中国产新疆。

Rhaponticum Vaillant **漏芦属，Asteraceae 菊科**。多年生草本。茎直立，单生，或有分枝。头状花序同型，较大；花托稍凸起，被稠密托毛；冠毛糙毛状或短羽毛状，多层，向内层渐长，基部连合成环，整体脱落；总苞片多层，覆瓦状排列，边缘及顶端有膜质附属物；花两性，管状；花丝粗厚，被稠密的乳突。瘦果压扁，4 棱，棱间有细脉纹，顶端有果缘，侧生着生

面。染色体 $2n$=24，26。26/4（1）种，**12 型**；产非洲，澳大利亚，亚洲，欧洲；中国广布。

Rheum Linnaeus **大黄属，Polygonaceae 蓼科**。多年生草本。根粗壮。茎呈花葶状，中空，具细纵棱，节明显膨大。基生叶莲座状，茎生叶互生；托叶鞘发达；叶片多宽大；主脉掌状或掌羽状。圆锥花序或稀为穗状及圆头状；花被片 6，排成 2 轮，雄蕊 9，花药背着，内向；雌蕊 3 心皮，1 室，1 基生直生胚珠；花柱 3，短。瘦果三棱状，棱缘具翅，翅上具 1 条明显纵脉，花被宿存。胚乳丰富。花粉粒 3 孔沟，内孔横椭圆形，孔宽于沟，细颗粒-细网纹状纹饰。60/39（9）种，**10 型**；分布于亚洲温带和亚热带的高寒山区；中国西北、西南和华北地区均产，东北较少。鸡爪大黄 *R. tanguticum* (Maximowicz & Regel) Maximowicz & Balfour、掌叶大黄 *R. palmatum* Linnaeus 可药用。

Rhinacanthus Nees **灵枝草属，Acanthaceae 爵床科**。多年生草本、亚灌木或灌木，稀为攀援状灌木；具钟乳体。叶对生，具羽状脉。穗状花序或总状花序，有时为圆锥花序；苞片和小苞片短于花萼。花萼 5 深裂至近基部；花冠上唇 2 浅裂，下唇 3 深裂；雄蕊 2，花药 2 室，药室基部无附属物；无退化雄蕊；子房 2 室，每室具 2 胚珠，具珠柄钩。蒴果棒状，基部具不育的实心短柄，开裂时胎座不从基部弹起。种子具网纹，无毛。花粉粒 3 沟。染色体 $2n$=30。25/2（1）种，**6 型**；分布于亚洲，大洋洲，非洲的热带地区；中国产云南、海南、广西和广东。灵枝草 *R. nasutus* (Linnaeus) Kurz 可入药。

Rhinactinidia Novopokrovsky **岩菀属，Asteraceae 菊科**。草本。根状茎粗壮，多分枝，全株被密弯短伏毛。基部叶簇生；茎生叶具短柄或无柄。头状花序单生或呈总状，异型；花托略凸；冠毛 3 层，白色或污白色，外层短，内层与管状花近等长；总苞宽钟形或近半球形，3-4 层，覆瓦状；外围具雌花 1 层，淡紫色，中央两性花黄色或淡紫色，5 裂，其中 1 裂片较长。瘦果长圆形，被糙毛，2 肋；染色体 x=9。4/2 种，**11 型**；分布于亚洲；中国产新疆及西藏西部。

Rhinanthus Linnaeus **鼻花属，Orobanchaceae 列当科**。寄生草本。叶对生。总状花序顶生；花萼侧扁，果期鼓胀成囊状，4 裂，后方裂达中部，其余 3 方浅裂，裂片狭三角形；花冠上唇盔状，顶端延成短喙，喙 2 裂，下唇 3 裂；雄蕊 4 枚，伸至盔下，花药靠拢，药室横叉开，无距，开裂后沿裂口露出须毛。蒴果圆而几乎扁平，室背开裂。种子每室数颗，扁平，具宽翅。染色体 $2n$=14，22。花粉粒 3 沟，网状纹饰。约 50/1 种，**8（12）型**；分布于欧洲，亚洲北部及北美；中国产北部。

Rhizophora Linnaeus **红树属，Rhizophoraceae 红树科**。乔木或灌木。有支撑根。叶革质，交互对生，背面有黑色腺点，中脉直伸出顶端成 1 尖头。聚伞花序。花两性；花萼 4，革质；花瓣 4，早落，生于花盘基部；雄蕊生于花盘边缘，花丝极短或无，花药多室、瓣裂；子房半下位，心皮 2，花柱不明显。种子 1 颗，无胚乳，胎生。花粉粒 3 孔沟，穿孔状至网状纹饰。染色体 $2n$=36。(8-9）/3 种，**2 型**；分布于印度洋，太平洋和大西洋热带沿岸；中国产广东、台湾、广西浅海盐滩或海湾内的沼泽地。红茄苳 *R. mucronata* Lamarck ex Poiret 的果实可食用。

Rhizophoraceae Persoo **红树科，木兰亚纲/金虎尾目**。乔木或灌木。具支撑根或呼吸根。小枝实心或具髓或中空而无髓。叶交互对生，单叶，托叶在叶柄间。有限花序，腋生；花两性，辐射对称；萼片 4 或 5，稀多数，镊合状排列；花瓣与萼裂片同数，分离，常具皱褶或毛；雄蕊与花瓣对生；花药 4，纵裂；子房下位。果实常 1 室，不开裂；种子有或无胚乳。花粉粒 3 孔沟，穿孔状至网状纹饰。染色体 2*n*=36，*x*=9。16 属，149 种，**5（7d）型**；广布热带海岸和内陆；中国 6 属，14 种，产西南至台湾，主产南部海岸。

Rhodamnia Jack **玫瑰木属，Myrtaceae 桃金娘科**。灌木或小乔木。叶对生，有柄，具三出脉或离基三出脉。花小，簇生于叶腋或聚伞或总状花序；小苞片细小，早落；萼管近球形，与子房合生，萼片 4，宿存；花瓣 4，比萼裂片大；雄蕊多数，分离，排成多轮；花药背着；子房下位，1 室，有 2 侧膜胎座，胚珠多数。浆果球形，有宿存萼片；种子球形或压扁，种皮坚硬，胚马蹄形。花粉粒 3 孔沟，粗糙、颗粒状或疣状纹饰。20/1 种，**5 型**；分布于热带亚洲，澳大利亚，新喀里多尼亚；中国产海南。

Rhodiola Linnaeus **红景天属，Crassulaceae 景天科**。多年生草本。茎二态。基生叶常退化成鳞片，茎生叶常互生，单叶，肉质。雌雄异株，稀同株；顶生聚伞圆锥花序，或退化为单花或稀总状花序；花常两性，稀单性，4-5（6）基数，具梗；雌雄异株时花瓣与心皮在雌花中互生，雌雄同株时花瓣与心皮对生；花萼 4-5（6）深裂；花瓣离生，白色、红色、深紫红色或淡黄绿色；子房上位至半下位，基部常合生。蓇葖果。花粉粒 3 孔沟，网状至皱波状纹饰。染色体 2*n*=14，16，20，22，24，32，33，44，66，88，98，110。约 90/55（16）种，**8 型**；分布于北半球高纬度和干旱地区；中国北部、西北部尤盛。红景天 *R. rosea* Linnaeus、狭叶红景天 *R. kirilowii* (Rege) Maximowicz 可入药。

Rhododendron Linnaeus 杜鹃属，Ericaceae 杜鹃花科。灌木或乔木。植株无毛或被各式毛被或鳞片。叶常绿或落叶、半落叶；互生，全缘，稀有不明显的小齿。花显著，型小至大，排列成伞形总状或短总状花序，稀单花，常顶生，少有腋生；花萼 5（-6-8）裂或环状无明显裂片；花冠漏斗状、钟状、管状或高脚碟状，5（-6-8）裂；雄蕊 5-10，稀 15-20（-27），花药无附属物，顶孔开裂或为略微偏斜的孔裂；子房常 5 室，少 6-20 室，花柱宿存。蒴果自顶部向下室间开裂。种子多数。花粉四合体，具胞间连丝，3 孔沟，颗粒至皱波状纹饰。染色体 2*n*=26。约 1000/590（428）种，**8-4（14SH，7d）型**；广布亚洲，欧洲和美洲；中国除新疆和宁夏外，各省区均产，以西南尤盛。大白杜鹃 *R. decorum* Franchet 的花可作蔬菜食用；羊踯躅 *R. molle* (Blume) G. Don 等可入药。

Rhodoleia Champion ex Hooker **红花荷属，Hamamelidaceae 金缕梅科**。常绿乔木或灌木。叶互生，托叶无，叶片全缘，具羽状脉，背面常具白霜。头状花序，具梗，5-8 花；花两性；萼筒极短，萼片无或退化；花瓣 2-5，红色，匙状或倒披针形；雄蕊 4-11，花药 2 室；子房半下位，每室胚珠 12-18。蒴果室背 4 爿裂。种子多不育且不具翅，可育种子侧生窄翅。花粉粒 3 沟，细网状纹饰。染色体 2*n*=24。约 10/6（3）种，**7-1 型**；分布于东亚和东南亚；中国产南部。

Rhodomyrtus (de Candolle) H. G. L. Reichenbach **桃金娘属，Myrtaceae 桃金娘科**。灌木或乔木。叶对生，离基三出脉，具柄。花 1（-3）朵腋生；萼裂片 4-5，革质，宿存；花瓣 4-5，比萼片大；雄蕊多数，分离，排成多轮，常比花瓣短，花药背着及近基部着生；子房下位，与萼管合生，3（4）室，每室有胚珠 2 列。浆果卵形、壶形或球形；种子多数，肾形，被纵向或假横向隔膜分开，种皮坚硬。花粉粒 3 孔沟，颗粒状、网状或疣状纹饰。染色体 2*n*=22。18/1 种，**5 型**；分布于热带亚洲，西南太平洋岛屿；中国产福建、广东、广西、贵州、湖南南部、江西、台湾、云南南部、浙江等。桃金娘 *R. tomentosa* (Aiton) Hasskarl 的根含酚类、鞣质等，可药用。

R

Rhodotypos Siebold & Zuccarini **鸡麻属，Rosaceae 蔷薇科**。落叶灌木。单叶对生，边缘具尖锐重锯齿；托叶膜质，带形，离生。花两性，单生于枝顶；萼筒碟形，扁平；萼片 2 对，叶状；副萼 4；花瓣 4，白色，有短爪；雄蕊多数，数轮；花盘肥厚，顶端缩缢盖住雌蕊；心皮 4，花柱顶生，丝状，柱头头状，每心皮有 2 胚珠，下垂，1 枚败育。核果 1-4，外果皮光滑干燥。种子 1，倒卵球形，子叶平凸，有 3 脉。花粉粒 3 孔沟（或拟孔沟），条纹状或负网状纹饰。1/1 种，**14（SJ）型**；分布于日本，朝鲜半岛，以及中国浙江、辽宁、湖北、山东、陕西、甘肃、安徽、江苏、河南等。栽培可作庭园绿化；药用可治血虚肾亏。

Rhoiptelea Diels & Handel-Mazzetti **马尾树属，Juglandaceae 胡桃科**。落叶乔木。叶互生，奇数羽状复叶。花序由简单的细长分枝集合而成局部的帚状圆锥花序；花杂性同株，风媒，辐射对称；两性花及雌花 1-7，常 3，形成二歧团伞花序，中间为两性花，两侧为雌花；2 心皮合生，子房上位，双珠被。果实近圆形具翅小坚果。种子卵形。花粉粒 3 孔，颗粒状纹饰。染色体 $2n$=32。1/1 种，**7-4 型**；分布于越南北部，以及中国贵州南部、广西、云南东南部。

Rhomboda Lindley **菱兰属，Orchidaceae 兰科**。根状茎匍匐。叶常簇生在茎顶端，上面绿色，沿中肋具 1 条白色的条纹。花不倒置；中萼片与花瓣黏合呈盔状，常明显膨大；唇瓣贴生于蕊柱的腹部边缘；后唇囊状，内部具 2 枚纵向褶片，沿中脉延伸至下唇顶端，在其两侧囊内近基部处各具 1 枚肉质、不裂的胼胝体；蕊柱短，顶端急剧膨大，具 2 个大且平行的蕊柱齿；蕊喙三角形，短且宽，2 裂；柱头 2 个，分离，位于蕊柱基部两侧，突出。约 25/4（1）种，**（5）型**；自喜马拉雅山脉和印度东北部，到达日本南部，东南亚到新几内亚和太平洋西南群岛；中国产西南地区。

Rhopalephora Hasskarl **钩毛子草属，Commelinaceae 鸭跖草科**。多年生草本。无根状茎。茎近端匍匐。叶对生或螺旋排列，伞房花序。可育雄蕊 3，对瓣的 1 枚较小，花丝无毛；不育雄蕊 3 或对萼的 1 枚缺失；子房 1-3 室，每室胚珠 1-2。蒴果近球形，被钩状毛，3 室，上方的 1 室种子 1；下方的无种子或种子 1-20，开裂。种子多皱。染色体 $2n$=58。4/1 种，**5 型**；分布于非洲（马达加斯加），南亚和太平洋上的岛屿（印度到斐济）；中国产西南地区、华南地区和台湾。

Rhopalocnemis Junghuhn **盾片蛇菰属，Balanophoraceae 蛇菰科**。肉质草本，雌雄同株或异株。根茎含丰富的淀粉。叶在雄株中呈鳞片状，但在雌株中缺失。穗状花序，初期被多数粗厚、多角、盾状的鳞片包裹。雄花：花被顶端呈不规则齿牙状或撕裂成 4 裂，雄蕊 3 枚，花丝合生成细长的柱状贴生于花被管上，花药基部合生。雌花：花被片贴生于子房，在子房顶端形成 2 条脊突；子房椭球形，1 室，胚珠倒生，花柱 2，细长。坚果狭长圆形。种子球形。1/1 种，**6-2（14SH）型**；分布于亚洲南部至东南部；中国产广西和云南。

Rhus Linnaeus **盐麸木属，Anacardiaceae 漆树科**。落叶灌木或乔木。奇数羽状复叶；叶轴具翅或无翅；小叶具柄或无柄，有锯齿或全缘。杂性或雌雄异株；圆锥花序或聚伞圆锥花序顶生，苞片宿存或脱落；花单性或两性，5 瓣；子房 1 室 1 胚珠；花柱 3，基部常合生。核果球形，稍压扁、被腺状短柔毛，成熟时红色，外果皮与中果皮合生，中果皮粘状，红色。花粉粒 3 孔沟，条纹状纹饰。染色体 n=15 或 16，多倍体常见。35/6（4）种，**8（9）型**；广布亚热带和温带地区；中国除东北、内蒙古、青海和新疆外均产。盐肤木 *R. chinensis* Miller 是五倍子的寄主，可产生重要的药用材料。

Rhynchanthus J. D. Hooker **喙花姜属，**Zingiberaceae **姜科**。多年生草本，具块状根茎。穗状花序顶生；苞片有颜色；小苞片小。花冠管漏斗状，裂片3，后方的1枚稍大；无侧生退化雄蕊；唇瓣退化成小尖齿状，位于花丝的基部或无；花丝延长，突出于花冠之外呈舟状，顶端喙状；柱头陀螺状；腺体近纺锤状，2枚，子房3室，中轴胎座。花粉粒无萌发孔，颗粒和疣状纹饰。7/1（1）种，**7-3型**；分布于印度尼西亚，巴布亚新几内亚，缅甸及中国云南。

Rhynchoglossum Blume **尖舌苣苔属，Gesneriaceae 苦苣苔科**。一年生或多年生草本。叶互生，两侧不对称，基部极斜。花序总状；花偏向一侧。花萼近筒状；花冠筒细筒状，檐部二唇形；雄蕊内藏，4枚，2强，或只下（前）方2枚能育；雌蕊内藏，子房卵球形，侧膜胎座2，柱头近球形。蒴果椭圆球形。种皮有细网纹。花粉粒3沟，皱波状纹饰。约12/2种，**3型**；分布于印度至中国台湾及新几内亚岛的热带地区，以及墨西哥和哥伦比亚；中国产四川、云南、广西、贵州及台湾。

Rhynchosia Loureiro **鹿藿属，Fabaceae 豆科**。藤本，稀直立灌木或亚灌木。羽状3小叶，小叶下面常有腺点。总状花序腋生，稀分枝或单生；花萼钟状，5裂，上面2裂齿多少合生；花冠常黄色，稀紫色；旗瓣圆形或倒卵形，基部具内弯的耳；雄蕊二体；子房近无柄，常有胚珠2颗，稀1。荚果扁平或膨胀，先端常有小喙。种子2颗，稀1，珠柄着生于种脐中央，种阜小或缺。花粉粒3孔沟，网状纹饰。染色体2*n*=22。约200/13（5）种，**2（6）型**；广布世界热带和亚热带地区，尤以非洲居多，部分种类到温带地区；中国产长江以南各省区。一些种类的茎叶或根可供药用，祛风解热，如菱叶鹿藿 *R. dielsii* Harms。

R

Rhynchospora Vahl **刺子莞属，Cyperaceae 莎草科**。多年生草本。圆锥花序由2至少数的长侧枝聚伞花序组成，或有时为头状花序；下部鳞片多少呈2列，质硬，上部呈螺旋状覆瓦式排列，质薄，基部3-4鳞片内无花，上部1-3鳞片内各具1朵两性花；常具下位刚毛刺；雄蕊常3；柱头2。小坚果扁，具各种花纹或刺状凸起，顶部具宿存而膨大的喙。花粉粒无萌发孔，细网状纹饰。染色体2*n*=10，12，18，20，30。350/9种，**1型**；全球广布，美洲和亚热带种类较多；除西部外，中国广布。

Rhynchostylis Blume **钻喙兰属，Orchidaceae 兰科**。附生草本。茎粗壮，具肥厚的根。叶常带状外弯。总状花序密生许多花；花开展；萼片和花瓣相似；唇瓣贴生于蕊柱足末端，不裂和稍3裂，基部具距；距两侧压扁，末端指向后方；蕊柱短，具短的蕊柱足；药帽前端收窄；花粉团蜡质，2个，球形，每个具半裂的裂隙。约10/2种，**7a型**；分布于热带亚洲；中国产南方热带地区。

Rhynchotechum Blume **线柱苣苔属，Gesneriaceae 苦苣苔科**。亚灌木，幼时常密被柔毛。叶对生，常有较多近平行的侧脉。花冠钟状粗筒形，筒比檐部短，檐部不明显二唇形；能育雄蕊4枚，花丝短，花药近球形；子房卵球形，花柱比子房长，钻形，柱头扁球形。浆果近球形，白色。花粉粒3沟，网状纹饰。染色体2*n*=18-22。约14/6种，**7d型**；自印度向东经中国南部，中南半岛，印度尼西亚至新几内亚岛；中国自西藏东南部，经云南、四川南部、贵州南部、广西、广东、福建南部至台湾均产。

Ribes Linnaeus **茶藨子属，Grossulariaceae 茶藨子科**。特征描述同科。150/59（25）种，**8-4型**；分布于北温带高山和高海拔地区，南美洲安第斯山脉；中国产温带和高山地区。多数种类具有较高的经济

价值，如黑果茶藨子 *R. nigrum* Linnaeus、香茶藨子 *R. aureum* Pursh 的果实可供食用；高山茶藨子 *R. alpinum* Linnaeus 可供观赏。

Richardia Linnaeus **墨苜蓿属，Rubiaceae 茜草科**。草本。叶对生；托叶与叶柄合生成鞘状，上部分裂成丝状或钻状的裂片多条。花序头状，顶生，有叶状总苞片；花两性，单型；花冠漏斗状，裂片 4-6；雄蕊 3-6，伸出；子房（2-）3-4（-6）室，每室有胚珠 1 枚，花柱有 3-4 个线状或匙形的分枝，伸出。蒴果，成熟时萼檐自基部环状裂开而脱落，分果爿不开裂，腹面有 1 至多个狭沟槽。种子椭球形至平凸状。花粉粒 13-23 环沟，刺状或颗粒状纹饰。染色体 $2n$=28。约 15/2 种，**3 型**；原产美洲，在亚洲和非洲成归化种；中国广东、海南和台湾等地已归化。

Richeriella Pax & K. Hoffmann **龙胆木属，Phyllanthaceae 叶下珠科**。乔木。单叶互生，全缘。花单性异株，无花瓣；雄花簇生成密集的团伞花序，再排成腋生、不分枝或少分枝的穗状花序；雌花组成短缩的总状花序；雄花萼片 5，花盘腺体 5，与萼片互生，雄蕊 5，花丝分离；退化雌蕊 2-3 裂；雌花萼片 5，花盘环状；子房 3 室，每室有胚珠 2，花柱 3，分离，顶端浅 2 裂。蒴果成熟时分裂为 3 个 2 瓣裂的分果爿；种子无种阜。花粉粒 3 孔沟，网状纹饰。2/1 种，**7b 型**；分布于印度，泰国，马来西亚至菲律宾及中国海南。

Richteria Karelin & Kirilov **灰叶匹菊属，Asteraceae 菊科**。亚灌木，基部木质。叶互生，羽裂，基生叶莲座状。头状花序辐射状，单生；花托锥形，无苞片；总苞片具深黑色边缘；缘花白色，雌性，中央花 5-10 裂。果不明显 6-10 肋，具无柄的腺，顶具 6-10 个倒卵形，先端浅褐色，长为花冠一半的鳞片。染色体 x=9。3/1 种，**13 型**；产阿富汗，印度北部，蒙古国，俄罗斯，伊朗及中国新疆。

Ricinus Linnaeus **蓖麻属，Euphorbiaceae 大戟科**。草本或草质灌木；茎常被白霜。叶互生，纸质，掌状分裂叶缘具锯齿，叶柄的基部和顶端均具腺体，托叶合生，凋落。雌雄同株，无花瓣，花盘缺；圆锥花序，顶生，雄花生于花序下部，雌花生于花序上部。雄花：雄蕊极多，可达 1000，花丝合生成数目众多的雄蕊束，花药 2 室，无不育雌蕊。雌花：子房具软刺或无刺，3 室，每室具胚珠 1 枚，花柱 3，基部稍合生，顶部各 2 裂，密生乳头状凸起。蒴果，具 3 个分果爿，具软刺或平滑；种子种皮硬壳质，种阜大。花粉粒 3 孔沟，穿孔状至网状纹饰。1/1 种，**6 型**；原产于非洲东北部，广泛栽培或逸生热带地区；中国大部分省区均有栽培。

Rindera Pallas **翅果草属（新拟），Boraginaceae 紫草科**。草本。茎丛生。叶互生。镰状聚伞花序顶生，无苞片；花具梗；花萼 5 裂，裂片果期反折；花冠筒状钟形，淡黄色，裂片 5；雄蕊 5，着生于花冠筒，花药基部箭形；子房 4 裂，花柱丝状，外伸。小坚果 4，背面凹陷，无毛，中央具 1 线形的龙骨凸起，腹面具长卵形的着生面，边缘具伸展的宽翅，翅缘常具细牙齿，稀全缘。花粉粒 3 孔沟，或 6 异沟，穿孔、网状、皱波状、疣状或颗粒纹饰。染色体 n=12。约 25/1 种，**12 型**；分布于地中海至中亚及中国新疆北部。

Rinorea Aublet **三角车属，Violaceae 堇菜科**。灌木或小乔木。单叶互生，稀对生。花小，两性，辐射对称，单生、总状花序或圆锥花序，顶生或腋生；5 基数，萼片近相等，革质；花瓣相等，无距；雄蕊 5，药隔背面无鳞片状附属物，顶端延伸成膜质附属物；花盘环状；子房上位，花柱直立，柱头不分裂，胚珠多或少。蒴果 3 瓣裂；种子少数，种脐大。花粉粒 3 孔沟，穿孔状纹饰；虫媒。染色体 $2n$=24，48。约 340/4（1）种，**2 型**；分布于亚

洲热带，美洲热带及非洲；中国产海南、广西。三角车 *R. bengalensis* (Wallich) Kuntze 可入药。

Risleya King & Pantling **紫茎兰属，Orchidaceae 兰科。**菌类寄生草本，不具块茎或假鳞茎。茎无叶，暗紫色，基部具鞘。总状花序具多数密生的小花；花肉质，很小；萼片展开；花瓣常较萼片短而狭；唇瓣凹陷；蕊柱短，圆柱形；花粉团 4 个，成 2 对，蜡质，无花粉团柄，附着于肥厚的、矩圆形的粘盘上；蕊喙粗大，伸出，高于花药。1/1 种，**14SH 型**；分布于喜马拉雅高海拔地区；中国产西南、西藏。

Rivina Linnaeus **数珠珊瑚属，Phytolaccaceae 商陆科。**半灌木；茎直立，有棱；叶具柄长，无托叶。总状花序顶生或腋生，纤细；花小，两性，辐射状；花被片 4，花瓣状，裂片近相等，宿存；雄蕊 4，位于花盘上，与花被片互生；子房上位，单心皮，1 室，花柱近顶生，比子房短，稍弯，柱头单一，具乳头。浆果球形；种子双凸镜状。花粉粒 15 沟，其中每个极端 5 个沟，另外 5 沟位于赤道面，网状纹饰。1/1 种，**2（3）型**；产美洲热带和亚热带；中国杭州、福州和广州等地栽培。数珠珊瑚 *R. humilis* Linnaeus 可作观赏花卉。

Robinia Linnaeus **刺槐属，Fabaceae 豆科。**乔木或灌木，有时植株各部具腺刚毛。奇数羽状复叶，托叶刚毛状或刺状。总状花序下垂；萼钟状，5 齿裂，上方 2 萼齿近合生；花瓣具柄，旗瓣大，反折，龙骨瓣内弯，钝头；雄蕊二体；子房具柄，胚珠多数，花柱顶端具毛。荚果扁平，沿腹缝线具狭翅，果瓣薄，有时外面密被刚毛。种子数颗，长圆形或偏斜肾形，无种阜。花粉粒 3 孔沟，网状纹饰。染色体 2*n*=20，22。（4-10）/2 种，**（9）型**；原产北美洲至中美洲；中国广泛栽培。刺槐 *R. pseudoacacia* Linnaeus 引种可作行道树或庭园栽培；茎皮、根、叶可供药用。

Robiquetia Gaudichaud **寄树兰属，Orchidaceae 兰科。**附生草本。叶扁平，先端钝并且不等侧 2 裂或斜截而具不整齐的缺刻。花序常与叶对生，斜出或下垂；唇瓣肉质，3 裂；距圆筒形或中部缢缩而末端膨大呈拳卷状，内侧背壁和腹壁上分别具 1 个胼胝体或附属物；蕊柱无蕊柱足；蕊喙先端 2 裂；花粉团蜡质，2 个，近球形，每个具半裂的裂隙；粘盘柄细长，上部弯曲，两侧常对折而中央呈沟槽状；粘盘小，近圆形。约 40/2 种，**5（7e）型**；分布于东南亚至澳大利亚和太平洋岛屿；中国产南方诸省区。

Rochelia Reichenbach **孪果鹤虱属，Boraginaceae 紫草科。**一年生草本。茎细，常多分枝，被毛。茎生叶互生。镰状聚伞花序，具苞片。花具梗；萼 5 裂至基部，裂片先端常钩状；花冠漏斗状，淡蓝色，檐部 5 裂，喉部具附属物；雄蕊 5，着生于花冠筒下部，内藏，花丝短，花药药隔微突出；子房 2 裂，胚珠 2，花柱不分裂，雌蕊基钻状。小坚果孪生，各含 1 粒种子，被疣状凸起及锚状刺，或光滑，着生面在腹面靠基部。花粉粒 6 异沟，外壁光滑。染色体 *n*=11。15/5 种，**12-1 型**；分布于亚洲西南部，中部至欧洲及大洋洲；中国产新疆。

Rodgersia A. Gray **鬼灯檠属，Saxifragaceae 虎耳草科。**多年生草本。根状茎粗壮，被鳞片，常横走。掌状或羽状复叶具长柄，小叶 3-9（-10），先端常短渐尖，边缘有重锯齿，基部近无柄，托叶膜质。聚伞花序圆锥状，无苞片，具多花；萼片（4-）5（-6-7），白色、粉红色或红色；花瓣常不存在，稀 1-2 或 5；雄蕊 10（-14）；子房近上位，稀半下位，2-3 室，中轴胎座，胚珠多数，花柱 2-3。蒴果 2-3 室。花粉粒条网状纹饰。染色体 2*n*=30，60。5/4 种，**14 型**；分布于东亚

R

和喜马拉雅地区；中国产东北、西北、华中，西南尤盛。

Roemeria Medikus **疆罂粟属，Papaveraceae 罂粟科**。一年生草本。叶片二回羽状深裂。萼片 2；花瓣 4，芽时折叠；雄蕊多数；柱头头状，2-4 裂。蒴果长角果状，4 瓣，稀 2 或 3 瓣自顶端向基部开裂。种子肾形，无种阜，种皮蜂窝状。花粉粒多萌发孔。约 7/2 种，**12 型**；分布于地中海区至中亚，阿富汗及中国新疆。

Rohdea Roth **万年青属，Asparagaceae 天门冬科**。多年生草本，根状茎粗短。叶基生，近两列套叠，成簇，基部稍扩大。花葶腋生，近直立；穗状花序多少肉质，密生多花；苞片短，膜质；花被球状钟形，顶端 6 浅裂；裂片短，内弯，肉质；雄蕊 6，花丝大部分贴生于花被筒上，花药着生于花被筒上端，花药背着，内向开裂；子房球形，3 室，每室 2 个胚珠；花柱极短或不明显，柱头 3 裂。浆果球形，种子 1。花粉粒单沟，穿孔状或网状纹饰。染色体 $2n$=34。1/1 种，**14SJ 型**；分布于日本，以及中国华东、华中及西南地区，主产浙江、江西、湖北。

Rondeletia Linnaeus **郎德木属，Rubiaceae 茜草科**。灌木或乔木。叶常对生。聚伞花序、伞房花序或圆锥花序，腋生或顶生；花单型，两性；花冠漏斗状或高脚碟状，裂片 4-5，覆瓦状排列，花冠管喉部具 1 环状胼胝体；雄蕊 4-5，内藏或伸出；子房 2 室，胚珠多数，胎座着生在隔膜上，柱头顶部不裂或短 2 裂，伸出或内藏。蒴果，常球形，具 2 槽，2 室，室背开裂为 2 果爿；种子纺锤形或盘状，扁平，有翅。染色体 $2n$=40。花粉粒 3 复合孔，有外萌发沟、中孔和内萌发孔，孔状或粗网状纹饰。约 20/1 种，**（3）型**；原产美洲热带地区；中国广东、福建和香港等地引入栽培。

Rorippa Scopoli **蔊菜属，Brassicaceae 十字花科**。一、二年生或多年生草本。茎直立或呈铺散状，多数有分枝。叶全缘，浅裂或羽状分裂。花小，多数，黄色，总状花序，有时每花生于叶状苞片腋部；萼片 4，长圆形或宽披针形；花瓣 4 或有时缺；雄蕊 6 或较少。长角果多数呈细圆柱形，也有短角果呈椭圆形或球形的。种子细小，多数，每室 1 行或 2 行。花粉粒 3 沟，网状纹饰。染色体 $2n$=16，32。86/9 种，**1（8-4）型**；世界分布；中国产各地。蔊菜 *R. indica* (Linnaeus) Hiern 全草可入药。

Rosa Linnaeus **蔷薇属，Rosaceae 蔷薇科**。直立、蔓延或攀援灌木，多数被有皮刺、针刺或刺毛，稀无刺。叶互生，奇数羽状复叶，稀单叶；托叶贴生或着生于叶柄上，稀无托叶。花单生或伞房状、稀复伞房状或圆锥状花序；萼筒球形、坛形至杯形，颈部缢缩；萼片 5（4），开展；花瓣 5（4）；花盘环绕萼筒口部；雄蕊多数，数轮；心皮多数，稀少数，离生，花柱顶生或侧生，离生或上部合生，胚珠单生，下垂。瘦果木质，着生在肉质萼筒内形成蔷薇果。花粉粒 3 孔沟，或拟孔沟，光滑、条网状、颗粒状或负网状纹饰。染色体 $2n$=14，21，28，35，42，49，56。200/95（65）种，**8 型**；广布寒温带至亚热带地区；广布中国各省区。为重要的观赏植物；可提炼芳香油；花、果实可食用。

Rosaceae Jussieu **蔷薇科，木兰亚纲/蔷薇目**。草本、灌木或乔木。单叶或复叶，互生，稀对生，常具托叶，叶柄先端常具 2 腺体。花序多样；花常辐射状；花托离生或贴生心皮，在果期膨大；萼片常 5，有时与副萼裂片互生；花瓣 5，稀无；雄蕊多数；心皮 1 至多数，分离或合生，子房上位至下位，胚珠基生、侧生或顶生或多少成中轴胎座。蓇葖果、瘦果、梨果、核果、聚合果，稀蒴果。胚乳常无。花粉粒 3 孔沟，或拟孔沟。一些种类具生氰糖苷和糖醇山梨醇。90 属，2520 种，世界分布，北半球最为丰富；中国 46 属，约 942

种，各省区广布，主产西南地区。

Roscoea Smith **象牙参属，Zingiberaceae 姜科**。小草本；根簇生，块茎状、纺锤形。穗状花序顶生；苞片宿存，1 花；小苞片无。花冠管纤细，后方裂片直立，较大，兜状；侧生退化雄蕊瓣状，唇瓣大，2 裂或微凹，花药隔于基部延伸成距状；子房 3 室，柱头漏斗状。蒴果果皮膜质。花粉粒无萌发孔，具刺纹饰。18/13（8）种，**14SH 型**；分布于喜马拉雅地区；中国产云南、四川和西藏。大花象牙参 *R. humeana* I. B. Balfour & W. W. Smith 栽培可供观赏；亦可入药。

Rosmarinus Linnaeus **迷迭香属，Lamiaceae 唇形科**。石南状常绿灌木。叶线形，全缘。花在枝顶端聚成总状花序；花萼卵状钟形，11 脉，喉部内面无毛；花冠筒伸出萼外，喉部扩大，冠檐上唇直伸，先端微凹或浅 2 裂，下唇 3 裂，中裂片内凹，边缘常为齿状；雄蕊仅前对完全发育，花丝在中部以下具有 1 个下弯的小齿，花药被药隔分开为 2 等份，药室平行仅 1 室发育，线形，背部着生在药隔顶端。小坚果卵状近球形，平滑，具 1 油质体。花粉粒 6 沟，网状纹饰。染色体 $2n$=24。3/1 种，**10 型**；产地中海；中国引入栽培。

Rostrinucula Kudô **钩子木属，Lamiaceae 唇形科**。灌木。茎细嫩部分密被白色星状绒毛。穗状花序顶生，圆柱形，被星状绒毛；苞片阔三角状卵圆形；花萼钟形，10 脉，外被星状毛，萼齿 5，近等大，前 2 齿较宽；花冠粉红色至紫红色，冠檐上唇直伸，全缘，下唇 3 裂；雄蕊 4，伸出花冠几达 1 倍，基部具毛盘状突起；花柱长超出雄蕊。小坚果三棱状椭圆形。花粉粒 3 沟。2/2（2）种，**15 型**；分布于陕西、贵州、四川、云南、广西、湖北及湖南。

Rosularia (de Candolle) Stapf **瓦莲属，Crassulaceae 景天科**。多年生小草本，光滑或具腺毛。块茎肉质。基生叶莲座状，叶扁平，互生，无柄；茎生叶互生。纤细穗状聚伞圆锥花序，至伞房状聚伞圆锥花序腋生或顶生；花两性，5-9 基数；花冠瓮状、管状或漏斗状；花瓣基部合生，白色、淡黄色、粉红色、淡紫色、淡褐色；心皮直立，完全分离至基部合生而陷入花托。蓇葖果直立，分离。种子多数，具肋。花粉粒 3 孔沟。染色体 $2n$=12，14，18，26，28，30，36，56，60，70，84。36/3 种，**13 型**；分布于亚洲中部和西南部；中国产新疆和西藏。

Rotala Linnaeus **节节菜属，Lythraceae 千屈菜科**。一年生草本，少有多年生，无毛或近无毛。叶交互对生或轮生，稀互生，无柄或近无柄。花小，3-6 基数，辐射对称，单生叶腋，或穗状花序或总状花序，常无花梗；小苞片 2 枚；萼筒钟形至半球形或壶形，3-6 裂，裂片间无附属体，或有而呈刚毛状；花瓣 3-6，细小或无，宿存或早落；雄蕊 1-6；子房 2-5 室。蒴果不完全为宿存的萼管包围，室间开裂成 2-5 瓣；种子细小。花粉粒 3 孔沟，粗糙至具疣状纹饰。约 46/10（1）种，**2 型**；主产亚洲及非洲热带地区，少数到澳大利亚，欧洲及美洲；中国产南部。

Rothia Persoon **落地豆属，Fabaceae 豆科**。一年生草本，匍匐或披散，被毛。叶具指状 3 小叶，托叶小或叶状，单个或成对。花序顶生，与叶对生，总状，具花 1-5 朵；苞片和小苞片不显著；花萼管多少膜质，萼裂片 5，近同形；旗瓣具 1 线形的爪，翼瓣与龙骨瓣与旗瓣近等长；雄蕊连合成管，花药 10，小，同形；子房无柄。荚果近长圆形或线形，急尖，开裂，种子多数。花粉粒 3 孔沟，柱状纹饰。2/1 种，**4 型**；分布于非洲，印度至澳大利亚北部；中国产广东和海南。落地豆 *R. indica* (Linnaeus) Druce 可作牧草和绿肥。

Rothmannia Thunberg **紫冠茜属，Rubiaceae 茜草科**。灌木或大乔木。叶对生或 3 叶轮

R

生状。聚伞状花序或有时仅1花，顶生或假腋生；花两性；花萼裂片5；花冠漏斗形或钟状，裂片5，芽时卷叠成左旋或右旋状；雄蕊5（-7），内藏或部分外露；子房部分或全部1或2室，胚珠多数，着生于2至多个大的侧膜或有时为中轴胎座上，柱头短2裂，外露或内藏。果实浆果状，厚肉质至革质，具宿存的萼裂片。种子具棱或近透镜状，嵌生于果肉中。花粉粒3孔沟，网状纹饰。染色体 $2n=22$。约40/1种，**6-1型**；分布于亚洲南部和东南部，热带非洲南部，马达加斯加岛和塞舌尔群岛；中国产云南。

Rottboellia Linnaeus f. **筒轴茅属，Poaceae 禾本科**。一年生或多年生粗壮草本。秆直立，基部常有支柱根。总状花序圆柱形，易逐节断落；小穗孪生，无柄小穗两性，嵌生于总状花序轴节间的凹穴中，第一颖革质，第二颖舟形，内、外稃均膜质，第一小花中性或雄性，有时仅存内稃，第二小花两性；有柄小穗常雄性或中性，或退化，其柄与序轴节间愈合。染色体 $x=9$，10。5/2（1）种，**4型**；分布于欧亚大陆热带地区，加勒比海地区有引种；中国产东南部至西南部。

Rourea Aublet **红叶藤属，Connaraceae 牛栓藤科**。攀援藤本，灌木或小乔木。奇数羽状复叶，常具多对小叶。聚伞花序排成圆锥花序；花两性，5数；萼片覆瓦状排列，宿存，花后膨大并紧抱果基部；花瓣5，为萼片长的2-3倍；雄蕊10，不等长；心皮5，离生，仅1枚成熟，胚珠2，并生。蓇葖果单生，沿腹缝线纵裂。种子1枚，种皮光滑，具肉质假种皮所包围，无胚乳。（40-100）/3种，**2（3）型**；分布于非洲，美洲，大洋洲的热带地区及亚洲东南部；中国产华南和西南。

Roureopsis Planchon **朱果藤属，Connaraceae 牛栓藤科**。直立或攀援灌木。奇数羽状复叶，稀具1小叶。总状或圆锥花序；花两性，5数；萼片5，覆瓦状排列，果期膨大；花瓣5，比萼片长；雄蕊5+5，萼片上着生的较花瓣上着生的长，花丝基部合生成1短管，花药背着；心皮，外面被长硬毛，内面无毛。果长圆形，顶端有短尖；种子1枚，具黑色假种皮，无胚乳。花粉粒3孔沟。10/1种，**6型**；分布于西非和亚洲热带；中国产广西、云南。

Rubia Linnaeus **茜草属，Rubiaceae 茜草科**。草本，常有糙毛或小皮刺。茎有直棱或翅。叶常4-6个轮生。聚伞花序，腋生或顶生；花常两性；花冠辐状或近钟状，裂片（4-）5；雄蕊（4-）5，内藏或稍伸出；子房2室或有时退化为1室，每室有胚珠1枚，生在中部隔膜上，柱头2裂，伸出或内藏。果浆果状，肉质，2裂。种子近直立和果皮贴连，种皮膜质。染色体 $2n=22$，44，66，88，110。花粉粒6-8沟，小孔状纹饰，具小刺。约80/40（21）种，**8-4（14）型**；分布于地中海沿岸，非洲，亚洲温带和亚热带及美洲；中国产云南、四川、西藏和新疆。茜草 *R. cordifolia* Linnaeus 为传统中药。

Rubiaceae Jussieu **茜草科，木兰亚纲/龙胆目**。乔木、灌木、藤本或草本。单叶，常对生，有时假轮生或三出叶；托叶明显，宿存或早落。花单生或为各式花序；小苞片有时呈花瓣状；花二型或单型，4-5基数，两性、单性或杂性；萼裂片有时变态成叶状或花瓣状；花冠管状、漏斗状、高脚碟状、钟状、坛状或辐状，裂片芽时镊合状、覆瓦状或旋转状排列；雄蕊着生在花冠管上，花药2室，伸出或内藏；子房常下位，1至多室，每室具1至多颗胚珠，柱头常2裂，伸出或内藏。蒴果、浆果、核果、坚果、裂果或聚合果。种子有时具翅。花粉粒3-12孔沟，沟型、散沟状或环沟状。染色体 $x=6$，9，10，11，17，22。约614属，13 150种，广布热带和亚热带地区，少数至北温带；中国103属，约743种，主产南部和东南部，少数到西北部和东北部。

Rubiteucris **掌叶石蚕属，Lamiaceae 唇形科**。草本。叶掌状三深裂或心状卵圆形。聚伞圆锥花序顶生；花萼钟形，5 脉，上唇先端 3 齿，果时近全缘，下唇先端 2 浅齿；花冠筒超出花萼筒，在喉部极开张，不明显二唇形，上唇直伸或不明显，下唇向前方伸出，前裂片最大，匙形；雄蕊 4，自花冠后方长伸出，在花芽时极内卷，花药极叉开，肾形；花柱较雄蕊长，显著顶生。小坚果倒卵形，背面不明显 3 肋，合生面为果长 3/4。花粉粒 3 沟，穿孔状纹饰，覆盖层上具小刺。2/2（2）种，**15 型**；中国分布于甘肃、湖北、陕西、贵州、四川、西藏、云南及台湾。

Rubovietnamia Tirvengadum **越南茜属，Rubiaceae 茜草科**。灌木。叶对生，有时呈三出叶状；托叶基部合生。花单生或 2-8 朵组成聚伞花序，顶生或假腋生；花两性，5 基数；花冠高脚碟状至漏斗状，花冠裂片芽时呈旋转状；雄蕊内藏或伸出，花药药隔突出成三角状附属物；子房 1 室，胚珠 2-4 枚，有时仅 2 枚可育，侧膜胎座，柱头 2 裂，伸出。果实浆果状，近球形，光滑。种子卵形至近球形。花粉粒 3 孔沟，孔状或穴孔状纹饰。染色体 2*n*=22。3/2（1）种，**7 型**；分布于越南及中国云南和广西。

Rubus Linnaeus **悬钩子属，Rosaceae 蔷薇科**。灌木、半灌木或多年生匍匐草本。茎具皮刺或针刺，稀无刺。叶互生，单叶、掌状或羽状复叶，有叶柄和托叶。花两性，稀单性而雌雄异株；花序圆锥状、总状、伞房状或数朵簇生及单生；花萼膨大，有时具短而阔的萼筒；萼片（4-）5（-8）裂，宿存；花瓣 5，稀更多，偶尔缺；雄蕊多数；心皮多数，稀少，分离，着生于凸起的花托上，花柱近顶生，柱头头状，子房 1 室，胚珠 2。聚合果由小核果或核果状瘦果集生于花托上而成。种子下垂，种皮膜质，子叶平凸。花粉粒 3 孔沟（或拟孔沟），网状、颗粒状或负网状纹饰。染色体 2*n*=14，21，24，28，35，42，56，70，84，98。700/208（139）种，**1 型**；世界广布，主产北半球温带，少数到热带和南半球；中国各省区广布。重要水果；有些种类的果实、种子、根及叶入药；茎皮、根皮可提制栲胶；也可供庭园栽培观赏。

Rudbeckia Linnaeus **金光菊属，Asteraceae 菊科**。草本。叶多互生，稀对生；全缘或羽状分裂。头状花序大或较大；花托凸起，圆柱形或圆锥形，托片对折，干膜质；冠毛短冠状或无；周围有 1 层不结实的辐射花，舌片全缘或顶端具 2-3 短齿，中央有多数结实的两性花，管状；花柱顶端具钻形附器，被锈毛。果具 4 棱或近圆柱形，稍压扁，上端钝或截形。染色体 *x*=18，19。（20-30）/2 种，**（9）型**；产北美；中国引种栽培。金光菊 *R. laciniata* Linnaeus、黑心菊 *R. hirta* Linnaeus 为观赏花卉。

Ruellia Linnaeus **芦莉草属，Acanthaceae 爵床科**。多年生草本或灌木；具钟乳体。叶对生。花序多样，有时单花腋生；苞片 1 或无，小苞片 2，短于或近等长于花萼。花萼 5 深裂；花冠烟斗状或浅盘状，5 裂，裂片近等大；雄蕊 4，2 强；花丝基部成对，基部有薄膜连接，花药 2 室，基部无芒状附属物；子房 2 室，每室 4-13 胚珠；具珠柄钩。蒴果长圆形或棒状，开裂时胎座不从基部弹起。种子多数，具螺旋状吸湿性柔毛。花粉粒 3 孔沟（稀 5），网状纹饰。染色体 2*n*=34。250/1 种，**2 型**；分布于热带地区；中国产广东及海南。艳芦莉 *R. elegans* Poiret、蓝花草 *R. simplex* Wright 可作观赏；块茎芦莉草 *R. tuberosa* Linnaeus 可入药。

Rumex Linnaeus **酸模属，Polygonaceae 蓼科**。草本，稀灌木。根粗壮，有时具根状茎。茎直立，具沟槽。茎生叶互生，托叶鞘膜质。花序圆锥状，花两性，雌雄异株。花梗具关节；花被片 6，2 轮，宿存，外

R

轮 3 片果时不增大，内轮 3 片果时增大，具齿或针刺；雄蕊 6；子房卵形，具 3 棱，1 室，含 1 胚珠，花柱 3，柱头画笔状。瘦果无翅，卵形或椭圆形，具 3 锐棱，包于增大的内花被片内。花粉粒 3 孔沟、4 斜孔沟、散孔沟、散沟等，皱波状纹饰。150/26（1）种，**1 型**；分布于北温带；中国各省区均产。酸模 *R. acetosa* Linnaeus 药用，有凉血、解毒之功效。

Rungia Nees **孩儿草属，Acanthaceae 爵床科**。草本，或亚灌木，稀灌木；具钟乳体。叶对生，具羽状脉。穗状花序常偏向一侧，有时具 4 列花；苞片 4 列，仅 2 列有花，稀为 2 列，全部有花。花萼 5 深裂；花冠上唇全缘或 2 浅裂，下唇 3 裂；雄蕊 2，花药 2 室，叠生，下方的 1 室基部有芒状附属物；子房 2 室，每室具 2 胚珠，具珠柄钩。蒴果基部具不育的实心短柄开裂时胎座从基部弹起。种子近圆形，具小疣点，无毛。花粉粒 2 孔沟，网状纹饰。染色体 $2n$=26。50/17（12）种，**6（7d）型**；分布于亚洲和非洲的热带地区；中国产台湾、广东、广西、贵州、海南及云南。

Ruppia Linnaeus **川蔓藻属，Ruppiaceae 川蔓藻科**。特征描述同科。（1-10）/（1-3）种，**1 型**；分布于温带及亚热带海域；中国沿海均产。

Ruppiaceae Horaninow **川蔓藻科，木兰亚纲 / 泽泻目**。一年生或多年生沉水草本。根纤细，常分枝。茎细，圆形，常二型：下部横生根状茎；上部直立。叶互生到近对生，无柄，狭线形，基部叶鞘离生或抱茎，无叶舌。穗状花序腋生或顶生，具梗，初时包藏于 2 片近对生的苞叶内，果时伸长。花小，两性，辐射对称；花被缺失；雄蕊 2，无花丝，花药 2 室，外向，纵裂；心皮（2-）4（-16），离生，胚珠 1。瘦果不开裂。种子无胚乳。花粉中部稍弯曲呈弓形，无萌发孔，网状纹饰。染色体 n=8-12，15。1 属，1-10 种，世界广布，主产温带及亚热带海域；中国 1 属，1-3 种，沿海均有。

Russowia Winkler **纹苞菊属，Asteraceae 菊科**。一年生草本。叶羽裂。头状花序在茎端排成伞房花序状；花托具托片；冠毛锯齿状，多层，向内层渐长，基部不连合成环，不脱落；总苞筒状，总苞片多层，草质，外面有暗红色的宽脉纹，顶端无附属物；小花全部管状，两性，黄色。瘦果上端边缘有微齿，被短绢毛。1/1 种，**13 型**；分布于阿富汗，哈萨克斯坦，塔吉克斯坦，土库曼斯坦，乌兹别克斯坦和中国新疆。

Rutaceae Jussieu **芸香科，木兰亚纲/无患子目**。乔木或灌木，稀草本。有时具枝刺，无托叶。叶互生或对生，稀轮生；单叶或复叶；小叶具透明油腺点。有限花序，少数为单花，花两性或单性；萼片 4 或 5；花瓣 4 或 5，稀 2-3；雄蕊常 8-10 枚；心皮常 4 或 5 至多数，常合生，子房上位，每室胚珠 1 至多数；具蜜腺盘。果实为核果、蒴果、翅果、簇状蓇葖果或浆果；种子 1 至多数。花粉粒 3-6 沟孔，条纹状，少数为小孔穴状，粗网状纹饰，具刺或棒。染色体 n=6，9，10，16，17，19，33，35，39。常含三萜类带苦味的物质、生物碱和酚类化合物。155 属，1600 种，世界分布，主产热带，亚热带，少数至温带；中国 23 属，127 种，各省区均产，主产西南部和南部。

Ryssopterys Blume ex Jussieu **翅实藤属，Malpighiaceae 金虎尾科**。木质藤本，小枝被短柔毛。叶对生或近对生，背面边缘具小腺体，叶基与叶柄顶端处有 2 圆形腺体。花序腋生；花黄色或白色，常退化为单性，辐射对称；花萼 5 深裂，无腺体；花瓣 5，无爪或多少具爪；雄蕊 10，花丝基部合生；子房 3 裂，3 室，被粗伏毛，花柱 3，分离。翅果，1-3 个合生，仅具 1 背翅。花粉粒 3 孔沟，瘤状纹饰。6/1 种，**5 型**；分布于印度，马来西亚，菲律宾，印度尼西亚至澳大利亚，新喀里多尼亚及密克罗尼西亚；中国产台湾。翅实藤 *R.*

timoriensis (de Candolle) Jussieu 生于海岸地区。

Sabia Colebrooke **清风藤属，Sabiaceae 清风藤科**。木质藤本。单叶互生，全缘，边缘软骨质半透明，常反卷。花单生，或聚伞花序，或圆锥花序，稀为总状花序；花两性；萼片、花瓣、雄蕊均为 5，且均对生；花盘浅或深杯状，先端截平或具钝齿，常具纵肋；心皮 2。核果球形，侧扁。花粉粒 3 孔沟，穴状或网状纹饰。染色体 2*n*=24。（19 或约 30）/17（7）种，**7a/e 型**；分布于亚洲南部及东南部；中国产华东、华南及西南地区。

Sabiaceae Blume **清风藤科，木兰亚纲/山龙眼目**。乔木或木质藤本。叶互生、单叶或奇数羽状复叶。单花、聚伞花序、总状花序或圆锥花序；花两性，辐射或两侧对称；萼片、花瓣及雄蕊皆对生；花瓣 5（4），等大或 3 大 2 小；雄蕊 5，全部发育或仅 2 枚可育，花药 2 室，药隔狭窄或呈杯状；心皮 2，子房上位。核果不裂，1-2 室。花粉粒 3 孔沟，穴状或网状纹饰。3 属，约 100 种，环太平洋泛热带间断分布；中国 2 属，46 种，产西南、华中和华南地区。

Sabulina Reichenbach **沙生米努草属（新拟），Caryophyllaceae 石竹科**。一年生或多年生草本。茎丛生，平卧或直立。叶线形至线形刚毛状。花多成聚伞花序状；花萼 5，卵形至披针形，顶端急尖，渐尖或具短尖头，常具 3 脉；花瓣 5，白色；雄蕊 10；子房 1 室，花柱 3。蒴果卵形至长圆形、狭椭圆形，3 瓣裂。种子表面光滑或具疣状凸起。花粉粒散孔。染色体 2*n*=22，24，26，30，46，48。约 65/5 种，**8 型**；广布北半球，南半球 2 种；中国产新疆与西藏西北部地区。

Saccharum Linnaeus **甘蔗属，Poaceae 禾本科**。多年生草本。秆高大粗壮，基部时有气生根。总状花序组成顶生大型圆锥花序，花序轴逐节折断；自花序基部即具小穗对，1 无柄，1 有柄，基盘具丝状柔毛，两颖近等长，第一颖具 2 脊，第二颖舟形；小花第一外稃内空，第二外稃线形，顶端无芒或具小尖头至长芒，具第二内稃。花粉粒具网状纹饰。染色体 2*n*=20。（35-40）/12（2）种，**2（14）型**；分布于亚洲的热带和亚热带；中国除东北和华北外均产。甘蔗 *S. officinarum* Linnaeus 为重要的经济植物。

Sacciolepis Nash **囊颖草属，Poaceae 禾本科**。一年生或多年生草本。圆锥花序紧缩成穗状；小穗一侧偏斜，自膨大似盘状的小穗柄顶端脱落；第一颖较短，第二颖与小穗等长，较宽，三角状卵形，背部圆凸呈浅囊状；第一外稃与第二颖等长，第一内稃狭，第二外稃长圆形，厚纸质或薄革质，背部圆凸。染色体 *x*=9。30/3 种，**2（6）型**；分布于热带地区，尤其在非洲；中国主产华东、华南、西南和中南地区。矮小囊颖草 *S. myosuroides* (R. Brown) Chase ex E. G. Camus & A. Camus 可作饲料。

Saccolabiopsis J. J. Smith **拟囊唇兰属，Orchidaceae 兰科**。附生草本，植株小。茎短。叶片少，椭圆状披针形，2 钝裂。总状花序纤细，花多数；萼片与花瓣张开；唇瓣紧密贴生于蕊柱基部，具囊或距；距具宽阔距口，无附属物；蕊柱无蕊柱足；柱头大；药帽兜状，花粉块 2，分成不均等两半；具长的粘盘柄。约 15/2（2）种，**7 型**；分布自喜马拉雅山脉到泰国，经马来西亚群岛，向东延伸至新几内亚和澳大利亚；中国产台湾。

Sadiria Mez **管金牛属，Primulaceae 报春花科**。灌木或乔木。叶具柄，边缘具圆齿或全缘。圆锥花序腋生，常少花簇生或伞形着生。花两性；花冠钟状或坛状，裂片卵圆形；雄蕊内藏，花丝极短，贴生于花冠基部；花药基着生，狭心形，偶有顶部着生，纵向开裂；子房近球形，花柱长而宽厚，柱头有凸起；胚珠少数。果球状具腺点。7/1 种，**14SH 型**；分布于东喜马拉

雅；中国产云南东南部。

Sageretia A. T. Brongniart **雀梅藤属，Rhamnaceae 鼠李科**。直立或藤状灌木，稀小乔木。叶互生或近对生，边缘具锯齿，稀近全缘，羽状脉；托叶小，脱落。花两性，无梗或近无梗；穗状或穗状圆锥花序，稀总状花序；萼片 5，内面顶端常增厚，中肋凸起而成小喙；花瓣 5，匙形，顶端 2 裂；花盘厚，肉质，壳斗状，全缘或 5 裂；子房上位，2-3 室，每室具 1 胚珠，花柱短，柱头头状，不分裂或 2-3 裂。浆果状核果，有 2-3 个不开裂的分核，基部为宿存的萼筒包围。种子扁平，稍不对称，两端凹陷。花粉粒 3 孔沟，网状或皱波状纹饰。染色体 $2n$=24。35/19（15）种，**3 型**；主要分布于亚洲东南部，北美和非洲也有；中国产西南、西北、华南、华中各省区。一些种类的果实可食；叶可作茶的代用品。

Sagina Linnaeus **漆姑草属，Caryophyllaceae 石竹科**。小草本。茎多丛生。叶线形或锥形，基部合生成鞘状。花小，单生叶腋或顶生成聚伞花序；萼片 4-5，顶端圆钝；花瓣 4-5 或无，白色，常比萼片短，全缘或顶端微缺；雄蕊 4-5，有时 8 或 10；子房 1 室，胚珠多数，花柱 4-5，与萼片互生。蒴果卵圆形，4-5 瓣裂。种子多数，肾形。花粉粒散孔，穿孔状-颗粒纹饰。染色体 $2n$=12，18，20，22，22-24，28，30，36，42，44，46，56，60，64，66，84，88，100。30/4 种，**8 型**；分布于北温带；中国南北均产。漆姑草 *S. japonica* (Swartz) Ohwi 全草可供药用。

Sagittaria Linnaeus **慈姑属，Alismataceae 泽泻科**。水生或沼生草本。具根状茎、匍匐茎、球茎、珠芽。叶沉水、浮水或挺水，线形、披针形、心形或箭形。总状或圆锥花序；花和分枝常 3 数轮生，具 3 枚苞片。花单性或杂性：上部为具细长柄的雄花，下部为具短粗柄的雌花或两性花；花萼 3，绿色，反折；花瓣 3，比萼片大，常白色；雄蕊（6-）9 至多数。心皮多数，螺旋排列，每心皮含 1 胚珠。瘦果具翅。种子马蹄形。花粉粒散孔，穿孔状到刺状纹饰。染色体 $2n$=16，20，22；x=11。30/7（2）种，**8-4 型**；广布世界各地，主产北温带，少数达热带或近于北极圈；中国除西藏外，各省区均产。慈姑 *S. trifolia* Linnaeus 的球茎可蔬食，也可入药；冠果草 *S. guayanensis* Kunth subsp. *lappula* (D. Don) Bogin 可用于园艺水体造景。

Salacca Reinwardt **蛇皮果属，Arecaceae 棕榈科**。植株丛生，短茎或几无茎，有刺；雌雄异株。叶羽状全裂。花序生于叶间。雄花序具分枝，着生几个柔荑状圆柱形的分枝花序；雄蕊 6；雌花序分枝少，较大，退化雄蕊 6；心皮 3，胚珠 3。外果皮被覆瓦状反折的鳞片。种子 1-3，肉质种皮厚，胚乳均匀，带有从顶端孔穴深深侵入的种皮，胚基生。花粉粒 2 沟，或单沟，穿孔状、刺状和瘤棒状纹饰。约 21/1 种，**7 型**；分布于印度，中南半岛至马来群岛等；中国产云南西部。

Salacia Linnaeus **五层龙属，Celastraceae 卫矛科**。攀援状灌木或小乔木；小枝近圆形，节间膨大或略扁平。叶对生。花两性，少至数朵簇生于叶腋或腋上生的瘤状凸起体上，稀排成聚伞花序；花部 5 数；雄蕊 2-3；子房圆锥状，藏于肉质花盘内，2-3 室，每室 2-9 胚珠，花柱极短，顶端截形。浆果肉质或近木质；种子 2-12，有棱，无翅，被含有黏液的假种皮包裹；无胚乳。染色体 $2n$=28。200/10（8）种，**2 型**；分布于热带地区；中国产云南、贵州、广西和广东及其沿海岛屿。

Salicaceae Mirbel **杨柳科，木兰亚纲/金虎尾目**。落叶乔木或直立、垫状和匍匐灌木。树皮光滑或开裂粗糙。单叶互生，稀对生，不分裂或浅裂。花小均具苞片；花常为单性，有时为两性，常雌雄异株；总状花序或穗状花序，常为柔荑花序；花瓣有或缺，或退化为腺体或不分泌花蜜的花盘；雄蕊

1-60（-70）。雌蕊由2-4（5）心皮合成，子房1室，侧膜胎座，胚珠多数。多为蒴果，2-4（5）瓣裂，种子有时有种毛。花粉粒3孔沟（或拟孔沟）或无萌发孔，穿孔状、网状、光滑纹饰。50余属，1800余种，世界分布，主产北温带；中国13属，约385种，南北分布，主产西南地区。

Salicornia **Linnaeus 盐角草属，Amaranthaceae 苋科**。草本或小灌木。茎直立或外倾；枝对生，肉质，具关节。叶不发育，对生，鳞片状。穗状花序；花两性；无小苞片。花被合生，顶端具4-5小齿，果时为海绵质；雄蕊1-2；花柱极短，有2个钻状的柱头。果实为胞果，包藏于花被内。种子直立，两侧扁；胚半环形，无胚乳。花粉粒具24-28散孔，具小刺。染色体$2n$=18，27，36，54，72。（20-30）/1种，**1型**；分布于亚洲，欧洲，非洲及美洲；中国产东北、华北、西北及山东、江苏。

Salix **Linnaeus 柳属，Salicaceae 杨柳科**。落叶灌木或乔木，很少常绿；无顶芽，侧芽紧贴枝上，芽鳞单一；叶互生，单叶，长而尖，很少卵形；羽状脉；托叶小或大；花单性异株，无花被，排成柔荑花序，每一花生于一苞片的腋内；雄蕊1-2或更多，花丝基部有腺体1-2枚，或合生成盘状；子房1室，有侧膜胎座2-4；柱头2，全缘或2裂；蒴果2裂；种子有绵毛。花粉粒3孔沟，网状纹饰。染色体$2n$=38，76，114，152，190。约521/276（189）种，**8型**；主产北温带，寒带次之，亚热带和南半球极少；中国各省区均产，主产西南地区。

Salomonia **Loureiro 齿果草属，Polygalaceae 远志科**。一年生草本。穗状花序顶生或极少腋生。萼片5，不等大，基部联合，宿存；花瓣3，中间1枚龙骨瓣状，无鸡冠状附属物；雄蕊4-6，花丝几全部联合成鞘，与花瓣贴生，花药孔裂；子房2室，胚珠1，倒生，花柱强烈弯曲，柱头2裂。蒴果，室背开裂，边缘具齿或刺。种子无毛，无种阜。花粉粒13-14孔沟。6/2种，**5型**；产热带亚洲和澳大利亚；中国产西南、华南至华东。齿果草 *S. cantoniensis* Loureiro 全草可入药。

Salsola **Linnaeus 猪毛菜属，Amaranthaceae 苋科**。一年生草本，半灌木或灌木。叶互生，稀对生。花序穗状或圆锥状；花两性；小苞片2。花被5深裂，花被片卵状披针形或矩圆形，内凹，膜质，后变硬，无毛或生柔毛，果时背面横生翅状附属物；雄蕊5，花药顶端具附属物；柱头2。胞果。种子横生，斜生或直立。胚螺旋状。花粉粒散孔，孔数15-53，表面光滑到具孔，带小刺。染色体$2n$=18，36，54，72。约130/36（3）种，**1（13）型**；分布于非洲，欧洲和亚洲，少数到北美洲；中国产西北、东北和华北，少数见于西南及山东、江苏、浙江沿海地区。猪毛菜 *S. collina* Pallas 可降血压。

Salvadoraceae Lindley 刺茉莉科，木兰亚纲/十字花目。乔木或灌木。托叶退化，呈极小的刚毛状；单叶对生，全缘。总状或圆锥花序，花单性或两性，辐射对称，花瓣4；雄蕊4，与花瓣互生；无花盘，具4鳞片状腺体；子房上位，胚珠直立、倒生。果为浆果或核果，不开裂。种子常1枚，种皮薄或软骨质。花粉粒3（拟）孔沟或6孔沟，皱波状纹饰。染色体$2n$=22，24。3属，9种，分布于热带亚洲和非洲；中国1属，1种，产海南。

Salvia **Linnaeus 鼠尾草属，Lamiaceae 唇形科**。草本至灌木。单叶或羽状复叶。轮伞花序组成总状或总状圆锥或穗状花序。花萼上唇全缘或具3齿，或具3短尖头，下唇2齿；能育雄蕊2，生于冠筒喉部的前方，药隔延长，线形，横架于花丝顶端，成丁字形，其上臂顶端着生椭圆形或线形有粉的药室，下臂顶端着生有粉或无粉的药室或无药室，2下臂分离或联合；退化雄蕊2，生于冠筒喉部的后边，极小或不存在。小坚果光滑。花粉粒6沟，网状纹

饰。染色体 $2n$=12，14，16，18，20，22，24，26，28，30，32，34，36，38，42，44，46，48，60，66，84，86，240。约1000/86（73）种，**1 型**；南北半球均产，主产中美洲，地中海-西亚和东亚；中国各地均产，以横断山区和长江以南地区尤盛。

Salvinia Séguier **槐叶蘋属，Salviniaceae 槐叶蘋科**。水生漂浮植物。茎纤细，横走，被毛，无根。叶3片轮生，上面2片椭圆形，全缘，背面被毛，下面1片特化成细裂，基部簇生孢子果。大孢子囊生较小的孢子果内，每个囊内有大孢子1个；小孢子囊生于较大的孢子果内，多数，每囊有小孢子64个；大孢子瓶状，外壁有小凹洼；小孢子球形，不具周壁，表面光滑。染色体 x=9。约10/2种，**1 型**；广布世界各地，美洲和非洲热带地区最多。槐叶蘋*S. natans* (Linnaeus) Allioni 产中国各省区，可药用；人厌槐叶蘋*S. molesta* Mitchell 产中国台湾。

Salviniaceae Martinov **槐叶蘋科**，水龙骨亚纲/槐叶蘋目。小型水生浮水植物，常生水中或沼泽中。根状茎纤细，长而横走，被毛，具须根或有由叶变成的须状假根，原生中柱。叶为单叶，无柄，羽状分枝或3片轮生，全缘或为2深裂；叶主脉明显。孢子囊果簇生于茎下端，内有多数孢子囊，每一个果中仅有大孢子囊或小孢子囊，孢子囊无环带；孢子异型；雌雄配子体分别在大、小孢子内发育。2属，约17种，分布于热带至温带地区；中国2属，4种，产各省区。

Salweenia E. G. Baker **冬麻豆属，Fabaceae 豆科**。常绿灌木。奇数羽状复叶，托叶草质，无小托叶，小叶对生，线形或披针形，全缘，贝合状。花簇生枝顶；花萼钟状，萼齿5，正三角形，上方2齿部分合生；花冠黄色，旗瓣倒卵形，先端微凹，翼瓣与龙骨瓣均具长柄；雄蕊二体，花药同型；子房具长柄。荚果线状长圆形，扁平，具果颈，2瓣开裂，果瓣近纸质。种子近心形。染色体 $2n$=18。2/2（2）种，**15 型**；特产中国四川西部和西藏东部。

Samanea (Bentham) Merrill **雨树属，Fabaceae 豆科**。无刺大乔木，树冠广展。二回羽状复叶，羽片3-6对，羽片及叶片间常有腺体，小叶对生。头状或伞形花序；花异型，中间较大，具7-8裂片，边缘较小，具5裂片；萼具短管；花瓣中部以下合生；雄蕊多数，花丝突出，下部合生成管；子房无柄，胚珠多数。荚果直或稍弯，边缘增厚，不开裂，种子间具隔膜。种子多数，透镜状，具马蹄形痕。花粉粒8（-10）孔。3/1种，**（3bc）型**；分布于南美洲亚马孙河地区至中美洲萨尔瓦多；中国引种雨树 *S. saman* (Jacq.) Merrill 栽培于云南、海南及台湾。可为园庭绿化树种和荫蔽树。

Sambucus Linnaeus **接骨木属，Adoxaceae 五福花科**。灌木或乔木，稀草本；茎干常有皮孔，具髓。奇数羽状复叶，对生；托叶叶状或退化成腺体。花序由聚伞合成顶生的复伞式或圆锥式；花小，白色或黄白色；萼筒短，萼齿5枚；花冠辐状，5裂；雄蕊5，开展；子房3-5室，柱头2-3裂。浆果状核果红黄色或紫黑色，具3-5核。种子三棱形或椭圆形。染色体 $2n$=36，37，38，40。花粉3孔沟，网状纹饰。10/4（1）种，**8-4 型**；分布于温带，亚热带，以及热带高山地区；中国广布。

Samolus Linnaeus **水茴草属，Primulaceae 报春花科**。草本。叶互生，有时具莲座状从生的基生叶，全缘。花小，排成顶生总状花序或伞房花序，苞片常生长于花梗中部；花萼5裂，宿存；花冠白色，近钟状，5裂；雄蕊5，贴生于花冠筒部或喉部，花丝短，花药先端钝或锐尖；退化雄蕊5，与花冠裂片互生；子房半下位，花柱短；胚珠多数，半倒生。蒴果，先端5裂。花粉粒3孔沟，穿孔状纹饰。染色体 $2n$=26，52。7/1种，**1 型**；主产南半球；中国产

云南、贵州、广东、广西和湖南。

Sanchezia Ruiz & Pavon **黄脉爵床属，Acanthaceae 爵床科**。草本、灌木或小乔木；具钟乳体。叶对生，具羽状脉，脉常黄色。总状花序顶生，有时排列成圆锥花序；花冠管长筒状，檐部 5 裂；雄蕊 2，花药 2，药室基部常具芒状附属物；子房 2 室，每室 4 胚珠，具珠柄钩。蒴果基部具不育的实心短柄，开裂时胎座不从基部弹起。种子 8。花粉粒 2 孔沟，网状纹饰。约 20/2 种，**(3) 型**；原产中南美洲，世界各地有栽培；中国南方栽培可供观赏。

Sanguisorba Linnaeus **地榆属，Rosaceae 蔷薇科**。多年生草本。根粗壮。奇数羽状复叶，托叶与叶柄合生，鞘状，叶柄鞘状。花两性，稀单性，穗状或头状花序顶生于伸长的花葶上；萼筒喉部缢缩，萼片 4 (-7)，瓣状；花瓣无；雄蕊 4，稀更多，着生于花盘喉部，花丝分离，稀下部合生；心皮 1 (2)，包藏在萼筒内，花柱顶生，柱头画笔状，胚珠 1 枚，下垂。瘦果小，包藏在宿存的多刺或有翼的萼筒内。种子 1，子叶平凸。花粉粒 6 孔沟，穿孔状纹饰。染色体 $2n$=14，28，42，56，57，72，84，85。30/7 (1) 种，**8 型**；分布于欧洲，亚洲及北美；中国南北各省区均产，大多种类集中在东北。地榆 *S. officinalis* Linnaeus、太白花地榆 *S. stipulata* Rafinesque、矮地榆 *S. filiformis* (J. D. Hooker) Handel-Mazzetti 的根可入药。

Sanicula Linnaeus **变豆菜属，Apiaceae 伞形科**。草本。茎直立或倾卧。叶近圆形至心状五角形，掌状分裂，裂片边缘有锯齿或刺毛状复锯齿。单伞形或不规则伸长的复伞形花序。雄花有柄；两性花无柄或有短柄萼齿卵形、线状披针形或呈刺芒状。果实长椭圆状卵形或近球形，表面密生皮刺或瘤状凸起，刺基部膨大或呈薄片状相连，顶端尖直或呈钩状。花粉粒 3 沟孔，束状条纹、条纹-网状、脑纹-网状。40/17 (11) 种，**1 型**；主要分布于温带，少数到亚热带；中国除新疆外，各省区均产。

Saniculiphyllum C. Y. Wu & Ku **变豆叶草属，Saxifragaceae 虎耳草科**。多年生草本。无地上茎，根茎长，横走，扁平，节及节间上生密集的不定根。叶全部基生，掌状全裂，叶柄长，有托叶，与叶柄基部合生成短鞘。圆锥状聚伞花序；花小，红褐色或绿色，具花梗；萼片 5，覆瓦状排列；花瓣 5，与萼片互生，覆瓦状排列；雄蕊 5，着生于盘状花盘上，花丝极短；子房下位，3-5 室，胚珠多数，着生于中轴胎座上，花柱 3-5，极短，柱头不明显。1/1 (1) 种，**15 型**；特产中国云南东南部和广西西北部。

Santalaceae R. Brown **檀香科，木兰亚纲/檀香目**。乔木、灌木或草本，有时寄生于其他树上或根上。叶互生或对生，全缘，有时退化为鳞片。花常淡绿色，两性或单性，辐射对称；单生或排成各式花序。萼花瓣状，常肉质，裂片 3-6；无花瓣；有花盘；雄蕊 3-6，与萼片对生；子房下位或半下位，1 室，胚珠 1-3。核果或坚果。种子 1，具胚乳。染色体 x=5-7，12，13。(34-) 39-44 属，450-990 种，分布于热带和温带地区；中国 10 属，51 种，南北均产。

Sanvitalia Lamarck **蛇目菊属，Asteraceae 菊科**。草本。花托凸起，托片长圆形，半抱瘦果；冠毛刺芒状，1-2 个或无；总苞片 2-3 层，外层草质，明显长于内层，覆瓦状排列；外围花雌性，有或无短管部，与果顶愈合，宿存，中央两性花管状。果三棱形，多少扁压至几扁，两性花的瘦果常具翅，被短缘毛。染色体 x=8，9，11。7/1 种，**3 型**；产美洲中部；中国香港栽培或逸生。蛇目菊 *S. procumbens* Lamarck 引种栽培并逸生。

Sapindaceae Jussieu **无患子科，木兰亚纲/无患子目**。乔木或灌木，稀藤本。复叶，3 小叶，稀单叶轮生或对生；基部小叶常呈假托叶状，木本种类中多数末端小叶退化。聚伞圆锥花序顶生或腋生，或茎花；花常5基数、稀4基数，辐射对称或两侧对称；单性、稀杂性或两性；花瓣常白色或淡黄色，有附属物；雄蕊(3-)5-8(-30)；雌花具不育雄蕊，心皮（1-）3（-8），稀7或8。果实为室背开裂或室轴开裂蒴果，翅状分果，无翼的双悬果，浆果或少有核果；每室具种子1（或2至更多），常具显著的肉质假种皮。花粉粒（2-）3（-4）孔沟（孔），合孔沟。染色体2*n*=20-36。约141属，1900种，主要分布于热带亚热带，少数达温带；中国25属，158种，各地均产，主产西南部和南部。

Sapindus Linnaeus **无患子属，Sapindaceae 无患子科。**乔木，雌雄同株。偶数羽状复叶，很少单叶，互生；小叶2-8对，常为镰刀状弯曲。聚伞圆锥花序顶生，花单性，辐射对称或两侧对称；萼片5，覆瓦状排列，外面2片较小；花瓣4或5，内面基部有1个大型鳞片或1大横脊；花盘碟状或半月状；雄蕊8，子房3室，胚珠每室1颗，花柱顶生。果1或2室，内侧附着有1或2个半月形的不育果，果皮肉质，富含皂素；种子球状，无假种皮。花粉粒3孔沟（孔），光滑、粗糙或皱状纹饰。染色体*x*=11，15，18。10/4（1）种，**3型**；分布于亚热带至亚温带；中国产长江流域以南各省区。无患子 *S. saponaria* Linnaeus 作为景观树种广泛栽培；可药用。

Saponaria Linnaeus **肥皂草属，Caryophyllaceae 石竹科。**草本。茎单生，直立。叶对生，叶片披针形、椭圆形或匙形；无托叶。花两性，成聚伞花序、圆锥花序或头状花序；花萼筒状，具15-25脉，萼齿5；花瓣5，全缘、微凹缺或浅2裂，爪狭长；有副花冠；雄蕊10；子房1室，胚珠多数，花柱（3）2。蒴果圆柱形或倒卵形，4齿裂。种子多数，肾形。花粉粒散孔，穿孔状-颗粒纹饰。染色体2*n*=28，56。30/1种，**10型**；分布于亚洲与欧洲温带地区，主产地中海地区；中国产东北部。肥皂草 *S. officinalis* Linnaeus 的根可入药。

Saposhnikovia Schischkin **防风属，Apiaceae 伞形科。**草本。根粗壮，具分枝，有环纹，上部被叶鞘。茎多分枝，具细棱。叶羽状深裂至全裂。复伞形花序，有总苞；小苞片数枚。萼齿短。花瓣白色，花柱基圆锥形；子房具横向排列的瘤状凸起，果期消失或仅留有痕迹。双悬果椭圆形，背腹压扁；背棱稍凸起，侧棱具狭翅；每棱槽和主棱各有油管1，合生面油管2。胚乳腹面平坦。1/1种，**11型**；分布于西伯利亚东部和亚洲北部地区；中国产东北、华北。

Sapotaceae Jussieu **山榄科，木兰亚纲/杜鹃花目。**乔木或灌木，有时具乳汁。单叶全缘；托叶早落或无。花单生或簇生；具小苞片；花萼裂片覆瓦状排列，基部联合；花冠合瓣，具短管；能育雄蕊外向，退化雄蕊，鳞片状至花瓣状，无残存花药；子房上位，心皮合生，中轴胎座，花柱单生，顶端分裂。浆果或核果。种子具油质胚乳或无，种皮褐色，硬而光亮，富含单宁。花粉粒3-5孔沟，稀6。染色体*x*=7，9-14。53属，1100种，泛热带分布；中国11属，23种，主产华南和云南，少数产台湾，1种延至西藏东南部。

Sapria Griffith **寄生花属，Rafflesiaceae 大花草科。**寄生草本，生于葡萄科崖爬藤属茎干和根的内部。茎极度退化。叶呈鳞片状。花单生，单性，雌雄异株；花被钟状，肉质鲜艳，具黄色疣点，散发腐败气味，裂片10，花被管半球形；雄蕊20，无花丝，孔裂；花柱粗壮，顶部杯状体具6条不明显辐射线，子房下位，侧膜胎座，子房内壁多腔隙，胚珠多数。果球形具宿存变硬的花被。花粉单粒，球形，无萌发孔，外壁光滑。3/1种，**7-2型**；分布于印度（阿萨姆邦），缅甸，泰国，柬埔寨，越南及中国西藏东南部和云南南部。

Saprosma Blume **染木树属，Rubiaceae 茜草科。**灌木。叶对生或3-4叶轮生；托叶

全缘或具 1-3 刺毛。花单生、簇生或组成具总梗的聚伞花序，腋生或顶生；花萼裂片 4-6，等大或不等大；花冠钟状、筒状或漏斗状，裂片常 4，芽时内向镊合状排列；雄蕊 4-6，部分伸出；子房 2 室，每室有胚珠 1 枚，柱头 2 裂，内藏或伸出。核果，有 1-2 个壳质的分核。种子直立，平凸，近倒卵形或椭圆形。花粉粒 3、4 或 5 孔，细网状纹饰，网脊被覆小颗粒。约 30/5（4）种，**7ab 型**；分布于亚洲热带地区；中国产海南和云南。海南染木树 *S. hainanensis* Merrill 可治疗肿瘤。

Saraca Linnaeus **无忧花属，Fabaceae 豆科**。灌木或乔木。叶互生，偶数羽状复叶，小叶 1-7 对，有时具腺结。伞房状圆锥花序腋生或顶生；小苞片花瓣状，常宿存；花萼管圆柱状，裂片常 4 枚，稀 5 或 6，花瓣状，红色或黄色；花瓣缺；雄蕊（3 或）4-8（-10）枚，花丝丝状，分离；子房具柄，胚珠多数。荚果长圆形或带状，扁平或略肿胀，革质至近木质，2 瓣裂。种子 1-8 颗，椭圆形或卵形。染色体 2*n*=24。约 11/2 种，**7a-c 型**；分布于亚洲热带地区；中国产广东、广西、云南。可作庭园绿化和观赏，如中国无忧花 *S. dives* Pierre 等。

Sarcandra Gardner **草珊瑚属，Chloranthaceae 金粟兰科**。半灌木，无毛。叶对生，常多对，椭圆形、卵状椭圆形或椭圆状披针形，边缘具锯齿，齿尖有 1 腺体；叶柄短，基部合生；托叶小。穗状花序顶生，分枝，多少成圆锥花序状；花两性，无花被亦无花梗；苞片 1 枚，三角形，宿存；雄蕊 1 枚，肉质，棒状至背腹压扁，花药 2 室（稀 3 室），药室侧向至内向，纵裂；子房卵形，含 1 颗下垂的直生胚珠，无花柱，柱头近头状。核果球形或卵形；种子含丰富胚乳，胚微小。花粉粒无萌发孔或多孔，外壁近光滑。染色体 *x*=15。3/2 种，**7 型**；分布于东南亚和印度；中国产长江流域以南及西南地区。

Sarcochlamys Gaudichaud-Beaupré-Beaupré **肉被麻属，Urticaceae 荨麻科**。灌木或小乔木。叶螺旋状互生，边缘有锯齿，基出脉 3；托叶柄内生，2 裂。雌雄异株，花序聚伞圆锥状，成对腋生，团伞花序密集排列于花枝上；雄花被片 5，覆瓦状排列；雌花被片 4-5，柱头环状，其上着生短的乳头状毛。瘦果宽卵球状或倒卵球状，偏斜，被多少肉质的花被所包裹。种子有少量胚乳，子叶卵形。钟乳体点状。花粉粒 2 孔，刺状纹饰。1/1 种，**7-2 型**；分布于喜马拉雅东部，泰国，印度尼西亚及中国西藏墨脱和云南贡山。

Sarcococca Lindley **野扇花属，Buxaceae 黄杨科**。常绿灌木。叶互生，革质，全缘，常为三出脉，具叶柄。花小，雌雄同株；花序头状或总状；雌花少数，生于基部。雄花萼片 4，雄蕊 4，和萼片对生，不育雌蕊 1；雌花覆瓦状排列，萼片 4-6，交互对生或 3 片轮生，子房 2-3 室，花柱 2-3；苞片、小苞和萼片边缘均有纤毛。核果，卵形或球形，宿存花柱短。种子近球形。花粉粒散孔，网状纹饰。染色体 2*n*=28，56。花粉粒 5 孔。约 20/9 种，**7-1 型**，分布于亚洲东部和南部；中国产西南部至台湾地区。野扇花 *S. ruscifolia* Stapf 可入药。

Sarcodum Loureiro **耀花豆属，Fabaceae 豆科**。草本或攀援灌木。奇数羽状复叶，托叶革质，小叶多数。总状花序顶生及腋生；花大而美丽，红色或白色，苞片和小苞片近宿存；花萼 5；旗瓣向后反折，龙骨瓣直，先端急尖，突出于翼瓣外成喙；雄蕊二体（9+1），花药同型；胚珠多数，花柱钻形，上部内侧近轴面有纵列须毛。荚果圆柱形，肿胀，基部具果颈，熟时 2 瓣开裂。种子肾形。3/1 种，**7a 型**；分布于东南亚及太平洋岛屿；中国产海南。耀花豆 *S. scandens* Loureiro 的花色艳丽，可用作观赏。

Sarcoglyphis Garay **大喙兰属，Orchidaceae 兰科**。附生草本。叶先端钝并且不等侧 2 裂。花序下垂；萼片和花瓣近相似；唇瓣

S

3 裂，贴生于蕊柱基部，中裂片稍肉质，与距交成直角；距内面具隔膜并且在背壁上方具 1 个胼胝体；蕊柱无蕊柱足；蕊喙大，耸立在浅狭的药床之前上方；药帽半球形，前端喙状；花粉团蜡质，扁球形，4 个，分离，每个具 1 条弹丝状的短柄，附着于粘盘柄上；粘盘柄长而纤细，沿蕊喙前端边缘弯曲。约 11/2（1）种，**7a 型**；分布于亚洲热带地区；中国产云南。

Sarcophyton Garay **肉兰属，Orchidaceae 兰科**。附生草本。茎具多数 2 列的叶。叶厚革质或肉质，先端不等侧的 2 裂。总状花序或圆锥花序侧生于茎，疏生多数花；唇瓣贴生于蕊柱基部，3 裂；侧裂片直立；中裂片下弯，上面具明显的皱纹；距圆筒形，无隔膜，在距口处具 2 枚胼胝体；蕊柱无蕊柱足；花粉团蜡质，4 个，近球形，几等大，彼此离生；粘盘柄线形，粘盘小。约 3/1（1）种，**7a/b 型**；分布于缅甸，菲律宾及中国台湾。

Sarcopyramis Wallich **肉穗草属，Melastomataceae 野牡丹科**。草本。叶片具 3-5 基出脉；具叶柄。聚伞花序，顶生；花梗短；花萼杯状或杯状漏斗形；花瓣 4，常偏斜；雄蕊 8，整齐，同型，花药倒心形或倒心状椭圆形，花丝基着，近顶孔开裂，药隔基部常下延，成钩状短距或小凸起；子房下位，4 室，顶端具膜质冠。蒴果杯状，具 4 棱，顶孔开裂；种子背部具密小乳头状凸起。花粉粒 3 带状孔沟，光滑或微皱纹饰。约 2/2（1）种，2 变种，**7-2 型**；分布于从喜马拉雅经缅甸，中南半岛至马来西亚；中国产西藏至台湾各省区。楮头红 *S. nepalensis* Wallich 全草可入药。

Sarcosperma Hooker **肉实树属，Sapotaceae 山榄科**。常绿乔木或小乔木，具乳汁。单叶全缘，具托叶痕。花单生或簇生，总状或圆锥花序；苞片小，三角形；花萼裂片 5，覆瓦状排列；花冠阔钟形，裂片 5；能育雄蕊 5，着生于花冠管上，与花冠裂片对生，花丝极短；退化雄蕊着生于花冠管喉部，与花冠裂片互生；子房无毛。核果，具白粉，果皮极薄。种皮薄，基部有 1 小的圆形瘢痕，无胚乳。花粉粒 3-5 孔沟，穿孔状纹饰，微皱波状。9/5 种，**7 型**；分布于印度，马来西亚，印度尼西亚，菲律宾，中南半岛至中国南部；中国产福建、广西、海南、浙江、贵州和云南。绒毛肉实树 *S. kachinense* (King & Prain) Exell 可作木材；果实可作染料。

Sargentodoxa Rehder & Wilson **大血藤属，Lardizabalaceae 木通科**。木质藤本。藤茎粗，内含棕红色物质；芽鳞片多枚。三出复叶或兼具单叶，侧生小叶基部不对称。总状花序。雄花：萼片 6，花瓣 6，极小，雄蕊 6，花丝短，离生。雌花：萼片 4-9，花瓣 5-7，心皮多数，离生，螺旋排列，每心皮胚珠 1。果实为多数小浆果合成聚合果，不开裂。种子 1 枚。花粉粒 3 沟，穴状纹饰。染色体 2*n*=22。1/1 种，**7 型**；分布于越南北部，老挝及中国中部及西南部。藤茎可药用；枝条可代用藤条。

Saruma Oliver **马蹄香属，Aristolochiaceae 马兜铃科**。多年生直立草本；地下部分气味芳香。心形互生叶。花单生。花被片 6 枚，2 轮，辐射对称；萼片 3，花萼基部与子房合生；花瓣 3；雄蕊 12，花药较花丝短；子房半下位，心皮 6，仅基部合生。蒴果蓇葖状，成熟时腹缝开裂。种子背侧面圆凸，具横皱纹。花粉粒无萌发孔或单沟。染色体 2*n*=24，26 或 52。1/1（1）种，**15 型**；中国产中南部、西南部及西北部。马蹄香 *Saruma henryi* Oliver 的根状茎和根可入药。

Sasa Makino & Shibata **赤竹属，Poaceae 禾本科**。小型灌木状竹类。地下茎细型；秆节间圆筒形，秆壁厚；常单分枝，与主秆近等粗。秆箨宿存性；箨耳常发达；箨片披针形。叶片大型。单次发生花序呈圆锥状；小穗成熟时紫色或红色，小穗柄较长，每小穗含 4-8 朵小花；颖片 2；鳞被 3；雄蕊 6；花柱 1，柱头 3，羽毛状。颖果成

S

熟时黑褐色。花粉粒颗粒纹饰。(50-70)/8(8)种，**14-2 型**；分布于日本，朝鲜，俄罗斯东部，以及中国华南、华东地区。

Sassafras J. Presl **檫木属，Lauraceae 樟科**。落叶乔木。顶芽大，具鳞片。叶互生，集聚枝顶，具羽状脉或离基三出脉，不分裂或 2-3 浅裂。总状花序，顶生，具梗，基部有迟落且互生的总苞片。花雌雄异株，单性，或功能上单性。花被裂片 6。雄花：能育雄蕊 9，花药 4 室或 2 室，均为内向。雌花：退化雄蕊 6，排成 2 轮，或为 12，排成 4 轮；子房卵珠形，花柱纤细，柱头盘状增大。核果卵球形，基部有浅杯状的果托；果梗伸长。花粉粒无萌发孔，穿孔状-刺状纹饰。3/2 种，**9 型**；亚洲东部和北美东部间断分布；中国长江以南各省区均产，1 种产台湾中南部。

Satyrium Swartz **鸟足兰属，Orchidaceae 兰科**。地生草本，地下具块茎。叶稍肥厚。总状花序顶生，常具多花；花苞片常多少叶状，反折；花梗极短；花两性或罕有单性，不扭转；萼片与花瓣离生；唇瓣位于上方，贴生于蕊柱基部，兜状，基部有 2 个距或囊状距，极罕距或囊完全消失；花药生于蕊柱背侧，基部与蕊柱完全合生；花粉团 2 个，粒粉质，由小团块组成，每个花粉团具 1 个花粉团柄和 1 个粘盘；柱头大，伸出。染色体 $2n$=42。约 100/3 种，**6 型**；分布于非洲，主产南部非洲，仅 3 种见于亚洲；中国产西南地区。

Saurauia Willdenow **水东哥属，Actinidiaceae 猕猴桃科**。乔木或灌木，小枝常被爪状毛或钻形鳞片。单叶，互生，无托叶，多侧脉，叶边缘有锯齿。花两性或雌雄异株；萼片 5，覆瓦状排列；花瓣 5，覆瓦状排列，常在基部联合；雄蕊多数，花丝贴生在花瓣基部；子房 3-5 室，每室胚珠多数，花柱 3-5，在中部以下联合，很少分离。果实浆果状，有棱，白色到浅绿色，很少红色，球状或压缩球状。种子小，棕褐色。花粉粒 3 孔沟，穿孔状或皱波-穿孔状纹饰。染色体 x=13，$2n$=78。约 300/13(7)种，**3 型**；分布于亚洲和美洲热带地区；中国产云南至华南及台湾地区。

Sauromatum Schott **斑龙芋属，Araceae 天南星科**。多年生草本。叶柄圆柱形，叶片鸟足状全裂或深裂。花序柄短；佛焰苞管部长圆形，檐部长披针形，内面深紫色；肉穗花序比佛焰苞短，下部雌花序，上部雄花序，雌雄花序之间存在中性花序；附属器远长于肉穗花序；花单性，无花被；雄花雄蕊少数，花药无柄；雌花子房 1 室，柱头盘状；中性花柄棒状。浆果倒圆锥状。种子球形。花粉粒无萌发孔，刺状纹饰。8/7(2)种，**6 型**；分布于非洲，东南亚至大洋洲；中国产南北各省区。

Sauropus Blume **守宫木属，Phyllanthaceae 叶下珠科**。灌木或草本。单叶互生，全缘。雌雄同株或异株，无花瓣；雄花簇生或单生，腋生或茎花，稀总状花序或聚伞花序；雌花 1-2 朵腋生或与雄花混生。雄花花萼盘状、壶状或陀螺状，全缘或 6 裂，花盘 6-12 裂，裂片与萼片对生，雄蕊 3，与外轮萼片对生，2 室；雌花花萼 6 深裂，裂片覆瓦状排列，2 轮，无花盘，子房 3 室，每室 2 胚珠，花柱 3。蒴果成熟时分裂为 3 个 2 裂的分果爿；种子无种阜。花粉粒 6-12 孔沟，网状纹饰。约 56/15(4)种，**5(7)型**；分布于澳大利亚，马达加斯加，印度，缅甸，泰国，斯里兰卡，马来半岛，印度尼西亚，菲律宾及中国南部至西南部。

Saururaceae Richard ex T. Lestiboudois **三白草科，木兰亚纲/胡椒目**。多年生草本，芳香。茎直立，或匍匐，节明显。单叶互生；托叶与叶柄合生，或者贴生叶柄基部形成托叶鞘。花序为密集的穗状花序或总状花序；苞片显著或很小而不明显。花两性，无花被；雄蕊 3，6 或 8，离生或者贴生于子房基部，花药 2 室，纵裂；雌蕊由(2-)3-4 心皮组成，心皮离生或合生，离生者每心皮具 2-4 胚珠，合生者子房 1 室

S

具侧膜胎座，每胎座具 6-13 胚珠，花柱离生。果为分果爿或顶端开裂的蒴果。种子 1 个或多数，胚小；花粉粒单沟或 3 歧沟，穴状或皱穴状纹饰。4 属，6 种，分布于亚洲的东部和南部，北美洲；中国 3 属，4 种。

Saururus Linnaeus **三白草属，Saururaceae 三白草科。**草本，直立，具根状茎。茎有纵向的棱和槽。叶全缘，叶柄短于叶片；托叶膜质，与叶柄合生成托叶鞘。总状花序，与叶对生或顶生。苞片小，贴生于花梗基部。花小，绿白色；雄蕊 6，或 8，稀 3，长于花柱，花丝与花药近等长或稍长，花药长圆形；雌蕊常由 3-4 个离生心皮组成，或者心皮基部合生，子房上位，每心皮 2-4 胚珠，花柱 4，离生，外弯。果为分果，分果爿 3-4。花粉粒单沟，穴状纹饰。染色体 x=11；2n=22。2/1 种，**9 型**；东亚和北美间断分布。东亚 1 种，即三白草 *Saururus chinensis* (Loureiro) Baillon；北美 1 种，即蜥尾草 *S. cernuus* Linnaeus；中国产江南、华南、西南地区。

Saussurea de Candolle **风毛菊属，Asteraceae 菊科。**无刺草本。叶互生。头状花序单生或排成头状、总状、伞房、圆锥花序；花托有托毛；冠毛，内层长羽状或毛状外层糙毛状；总苞片覆瓦状；花管状。瘦果秃净。花粉粒 3 孔沟，具刺，刺间穴状、颗粒状、网状-颗粒状和网状。染色体 2n=18，24，26，28，30，32，34，36，38，42，48，50，52，54，64，78。413/287（189）种，**10（14SJ）型**；分布于亚洲，欧洲及北美；中国各省区均产，集中于青藏地区。雪莲花 *S. involucrata* (Karelin & Kirilov) Schultz Bipontinus、水母雪兔子 *S. medusa* Maximowicz、破血丹 *S. acrophila* Diels 等是著名的药用植物。

Sauvagesia Linnaeus **合柱金莲木属，Ochnaceae 金莲木科。**灌木，稀小乔木或草本，无毛。叶缘具腺锯齿；托叶 2，撕裂状。圆锥花序顶生或腋生；萼片（4 或）5，边缘具腺毛；花瓣（4 或）5，旋转状；雄蕊 5，宿存；花药纵向开裂少孔裂；退化雄蕊 1-3 轮排列，匙形或瓣状，有时愈合为筒；子房全缘，（2 或）3 心皮，1 室，胚珠多数，生于侧膜胎座或基生胎座上，花柱单生，宿存，柱头点状。蒴果，室间开裂；种子小，蜂窝状，胚直，胚乳丰富。花粉粒 3 孔沟，光滑纹饰。染色体 2n=38。35/1（1）种，**3 型**；主产新大陆热带，少数到非洲和马来西亚；中国产广东、广西。合柱金莲木 *S. rhodoleuca* (Diels) M. C. E. Amaral 为国家 I 级重点保护野生植物；根茎可入药。

Saxifraga Linnaeus **虎耳草属，Saxifragaceae 虎耳草科。**草本。茎常丛生，或单一。单叶全部基生或兼茎生，茎生叶互生，稀对生。花两性，或单性；辐射对称，稀两侧对称；聚伞花序，有时单花，具苞片；花托杯状（内壁完全与子房下部愈合）或扁平；萼片 5；花瓣 5，全缘；雄蕊 10；心皮 2，下部合生，有时近离生，子房近上位至半下位，常 2 室，中轴胎座，有时 1 室而具边缘胎座，胚珠多数。蒴果，稀蓇葖果；种子多数。染色体数目多样。花粉粒 3 沟，网状、条纹，颗粒或棒状纹饰。约 400/203 种，**8 型**；分布于北极，北温带和南美洲（安第斯山）高山地区；中国南北均产，主产西南和青海、甘肃等。

Saxifragaceae Jussieu **虎耳草科，木兰亚纲/虎耳草目。**草本。单叶或复叶，互生，稀对生，稀有托叶。聚伞状、圆锥状或总状花序，稀单花；花两性，稀单性；双被，稀单被；被片 4-5（6-10），萼片花瓣状；花冠辐射对称，稀两侧对称，花瓣常离生，稀无花瓣；雄蕊（4-）5-10，花丝离生，花药 2 室；心皮 2，稀 3-5，多少合生，子房多室而具中轴胎座，或 1 室具侧膜胎座，胚珠多数，花柱离生或多少合生。蒴果或蓇葖果。种子具丰富胚乳，胚小。花粉粒 2-3 沟（或为拟孔沟和孔沟）或 6-9 孔。（33-38）属，620 余种，产北温带；

S

中国 14 属，约 268 种。

Scabiosa Linnaeus **蓝盆花属，Caprifoliaceae 忍冬科**。草本。叶对生，茎生叶基部连合，羽裂。头状花序扁球形或卵形至卵状圆锥形，顶生；总苞草质，1-2 列；小总苞广漏斗形或方柱状，果期具 8 肋；花萼具柄，5 裂成星状刚毛；花冠筒状，蓝色、紫红色、黄色或白色；雄蕊 4；子房下位，柱头头状或盾形。瘦果包藏在小总苞内，顶端萼刺宿存。花粉粒 3 孔，具刺。染色体 2*n*=16，18。100/6（1）种，**12 型**；分布于亚洲，欧洲，非洲，主产地中海；中国产北方和台湾，主产新疆。

Scaevola Linnaeus **草海桐属，Goodeniaceae 草海桐科**。草本、亚灌木或灌木。叶互生，罕对生。单花腋生或呈聚伞花序。有对生的苞片和小苞片；花常 5 数；花冠两侧对称，后面纵缝开裂至近基部，5 个裂片几乎相等。萼管与子房贴生，有时缺。花药分离；子房 1-2 室，下位或半下位，有 1-2 颗轴生胚珠，柱头 2 裂。核果，种子 1 颗或和子房室同数。花粉粒 3 孔沟，穿孔纹饰。鸟类或洋流扩散。80/2 种，**2 型**；热带广布，主产澳大利亚；中国产南部海岸至台湾和热带群岛地区。

Scaligeria de Candolle **丝叶芹属，Apiaceae 伞形科**。多年生草本，有块茎。茎直立，有棱。叶全裂，末回裂片线形。伞形花序有总苞片和小总苞片；花两性；萼无齿；花瓣白色，倒卵形，顶端凹，有内折的小舌片；花柱基近圆锥状，花柱短，外弯。果实椭圆形或球形，果棱不显著；油管在棱槽内单一或 3-5（6）。胚乳腹面深凹或平直。约 22/1 种，**12 型**；分布于欧洲地中海地区，至小亚细亚到中亚的塔尔巴哈台；中国产新疆。

Scandix Linnaeus **针果芹属，Apiaceae 伞形科**。草本。茎纤细，被短柔毛。叶柄大部分成狭窄的叶鞘；叶片一至三回羽状，末回裂片成狭线形；伞辐很少；小苞片浅裂或全裂。萼齿退化；花瓣有 1 个内折顶点，外花有时不等；花柱基扁平，花柱小。果近圆筒形，略微横向压扁，直立；侧向长达种子轴承部长度的 4 倍；棱细长，突出；油管小。果瓣柄先端深裂。花粉粒 3 孔沟，皱波状-条纹状纹饰。染色体 2*n*=16。20/1 种，**12 型**；分布于亚洲和地中海地区；中国产新疆天山。

Schefflera J. R. Forster & G. Forster **鹅掌柴属，Araliaceae 五加科**。常绿无刺灌木或乔木，有时攀援状。掌状复叶；托叶和叶柄基部合生成鞘状。花两性或杂性，聚生成总状、伞形或头状花序，再组成顶生圆锥花序；苞片被绒毛；花梗无关节；萼筒全缘或有 5 齿；花瓣 5-11；雄蕊 5-11；子房 4-11 室。果实球形。种子扁平，胚乳均一。花粉粒 3 孔沟，网眼小，不明显。（600-900）/35（14）种，**2 型**；广布南北半球的热带，亚热带地区；中国广布，西南及东南尤盛。鹅掌藤 *S. arboricola* (Hayata) Merrill 栽培可作观赏。

Scheuchzeria Linnaeus **冰沼草属，Scheuchzeriaceae 冰沼草科**。特征描述同科。1/1 种，**8-1 型**；广布北半球温带到寒带地区；中国产河南、吉林、宁夏、青海和四川。

Scheuchzeriaceae Rudolphi **冰沼草科，木兰亚纲/泽泻目**。多年生沼生草本，具匍匐根茎。叶线形，互生，基部具开放的鞘，鞘内生多数长毛，叶舌显著。总状花序顶生，花少；花两性，花梗基部有苞片，3 数；宿存花被片 6，离生，排列成相似的 2 轮；雄蕊 6，离生，2 轮；花丝细长，花药外向，纵裂；雌蕊群由 3 或 6 枚心皮组成，每心皮含 2（-5）枚胚珠，基部稍合生，柱头与心皮同数，干乳头状。蓇葖果。种子 1 或 2（或 3），无胚乳。花粉二合体，无萌发孔，网状纹饰。染色体 *x*=11。1 属，1 种，广布北半球温带到寒带地区；中国 1 属，1 种，产西北、华北和东北地区。

Schima Reinwardt ex Blume **木荷属，Theaceae 山茶科**。常绿乔木。小枝有白色皮

S

孔；顶芽被绢毛。叶全缘或有锯齿，有柄。花常单生叶腋，近顶生，有细长花柄；小苞片常 2 片，早落；萼片 5，宿存；花瓣 5，白色，基部连生；雄蕊多数；子房密被绒毛，5 室。蒴果球形，木质。种子扁平，肾形，周围有膜质翅。花粉粒 3 孔沟，网状纹饰。20/13（6）种，**7-1 型**；产东亚和东南亚；中国广布长江以南地区，以西南种类最多。

Schisandra Michaux **五味子属，Schisandraceae 五味子科**。木质藤本或披散灌木。叶长枝上互生，短枝上密集，边缘常有小齿。花单性同株或异株，腋生或数朵聚生；花被片 5 至多数，2-3 轮；雄蕊 4 至多数，离生于雄蕊柱上或结成 1 扁平的五角状体；心皮 12 至多数，离生，每心皮胚珠 2-3 枚，心皮密聚成 1 头状体。果皮肉质，每浆果种子 2 枚；浆果排列于延长的花托上。花粉粒 6 沟为主，网状纹饰。染色体 $2n=26$。约 22/19（12）种，**9 型**；分布于亚洲东南部和美国东南部；中国产西南部至东部。一些种类可入药，如北五味子 *S. chinensis* (Turczaninow) Baillon。

Schisandraceae Blume **五味子科，木兰亚纲/木兰藤目**。乔木、灌木或木质藤本。单叶互生，常有透明腺点。有限花序，腋生；花两性或单性同株或异株，辐射对称；花被片多数；雄蕊多数，离生；心皮多数，离生，每心皮胚珠 1-5 枚；具花托。蓇葖聚合果或肉质聚合果；每果种子 1-5 枚。花粉粒 3（合）沟或 6 合沟，网状纹饰。染色体 $2n=26$，28。3 属，约 70 种，分布于亚洲东南部和北美东南部；中国 3 属，54 种，主产西南部至东部，北部及东北部较少见。

Schischkinia Iljin **白刺菊属，Asteraceae 菊科**。一年生矮小草本。叶不裂，边缘具白色硬刺，最上部叶包围总苞。冠毛 2 列，外列糙毛状，内列具 1 基部加宽的硬毛；全部小花管状，黄色或粉红色，不分化为管部与檐部，边花不育，中央盘花两性；花柱分枝短。瘦果顶具齿冠。1/1 种，**13 型**；分布于哈萨克斯坦，巴基斯坦，乌兹别克斯坦，塔吉克斯坦及中国新疆。

Schismatoglottis Zollinger & Moritzi **落檐属，Araceae 天南星科**。草本。根茎匍匐。叶柄长于叶片，下部具鞘；叶片纸质，表面绿色，背面苍白色至粉绿色，披针形。花序柄短于叶柄；佛焰苞管部席卷，檐部较狭；肉穗花序雌雄同序；雌花序下部一侧与佛焰苞合生；雄花序紧接雌花序；花单性，能育雄花具雄蕊 2-3；不育雄花的假雄蕊比能育雄蕊小；雌花有心皮 2-4，柱头盘状。浆果长圆形。种子短椭圆状。花粉粒无萌发孔，刺状纹饰。120/2（1）种，**3 型**；热带亚洲与热带美洲间断分布；中国产广西、海南、台湾。广西落檐 *S. calyptrata* (Roxburgh) Zollinger & Moritzi 可药用。

Schismus P. Beauvois **齿稃草属，Poaceae 禾本科**。一年生草本或短命多年生草本。矮小，密丛。圆锥花序小型；小穗含数小花，两性，小穗轴脱节于颖之上和各小花之间；颖近相等，具膜质的边缘；外稃较宽，背部圆形，下部被柔毛，顶端膜质，具 2 枚裂片，内稃圆形，膜质；鳞被 2，具纤毛；雄蕊 3，花药小；花柱顶生羽毛状的柱头，子房小。约 5/2 种，**12 型**；分布于南非，中亚及西南亚地区，在美洲和大洋洲有引种；中国产西藏和新疆。

Schizachne Hackel **裂稃茅属，Poaceae 禾本科**。多年生草本。顶生总状圆锥花序；小穗含 3-5 小花；颖膜质，不相等，宽披针形，短于第一小花；外稃草质兼硬纸质，具 7 脉，顶端有 2 个尖锐的齿，背部具直立或向外反折的芒，其芒长于稃体，基盘短钝，密被柔毛，内稃短于外稃，具 2 脊，脊上有柔软纤毛。染色体 $x=10$，$2n=20$。1/1 种，**8-2 型**；分布于东亚至俄罗斯的欧洲部分和北美东部；中国产东北、河北、河南、陕西、云南。可作牧场饲料。

S

Schizachyrium Nees **裂稃草属，Poaceae 禾本科**。一年生或多年生草本。总状花序，基部有鞘状总苞，序轴节间和小穗柄的顶端常变粗而有齿；小穗孪生，一无柄，另一具柄，无柄小穗背腹压扁，第一颖边缘窄内折而具2脊，无芒，第二颖窄舟形，第一外稃具纤毛，第二外稃深2裂，裂齿间具1膝曲的芒；有柄小穗退化，常仅存1具芒颖。约60/4，**2（8-4）型**；分布于热带和亚热带地区；中国主产东北南部经华东、华中至华南。裂稃草 *S. brevifolium* (Swartz) Nees 可作饲料。

Schizaea J. Smith **莎草蕨属，Schizaeaceae 莎草蕨科**。草本，土生。根状茎短而匍匐或斜生。叶簇生或近生；单叶或为一至多回二歧分枝，或顶端为指状分裂；裂片狭线形，能育裂片簇生于裂片顶端；叶脉仅1条中脉。孢子囊群生满能育叶片下面的中脉两侧；孢子囊较大，梨形；孢子椭圆形，无周壁外壁具肋条状纹饰。染色体x=7，8，15，29。约30/2种，**2-1型**；分布于南半球热带和赤道地区，中国产云南、海南和台湾。莎草蕨 *S. digitata* (Linnaeus) Swartz 全株可供药用，有退热作用。

Schizaeaceae Kaulf **莎草蕨科，水龙骨亚纲/莎草目**。草本，土生。根状茎短而匍匐或斜生，被毛。叶簇生或近生；单叶或为一至多回二歧分枝，或顶端为指状分裂；裂片狭线形，能育裂片簇生于裂片顶端，或呈羽状于裂片顶部；叶脉仅一条中脉。孢子囊群生满能育叶片下面的中脉两侧；孢子囊较大，梨形；孢子椭圆形，无周壁，外壁具肋条状纹饰。2属，约35种，分布于南半球热带和赤道地区；中国1属，2种，产云南、海南和台湾。

Schizomussaenda Li **裂果金花属，Rubiaceae 茜草科**。灌木。叶对生；托叶顶端尾状。聚伞花序，末回分枝穗形蝎尾状，顶生；花二型，5基数；花萼裂片有时有1枚裂片扩大为椭圆形或卵形的花叶；花冠高脚碟状，裂片内向镊合状排列；雄蕊内藏或部分伸出；子房2室，胚珠多数，胎座盾状，柱头2。蒴果顶部室间开裂。种子小，多数。花粉粒3-4孔沟，穿孔状纹饰。染色体2n=22。1/1种，**7-4型**；分布于亚洲东南部地区；中国产广西和云南。

Schizopepon Maximowicz **裂瓜属，Cucurbitaceae 葫芦科**。草质藤本。单叶。花两性或单性，雌雄同株或异株；花萼裂片5；花冠裂片5，白色；雄蕊3，药室直；子房卵形或圆锥形，3室或不完全3室，每室具1枚下垂生胚珠，花柱2裂。果实卵状或圆锥状，平滑或有小疣状凸起，先端急尖或长渐尖成喙状，3瓣裂或不开裂；种子下垂生，卵形，边缘有不规则齿。花粉粒3孔沟，网状纹饰。染色体n=10。8/8（5）种，**14SH 型**；分布于亚洲东部至喜马拉雅；中国产东北、华北、华中，以西南部种类最多。

Schizophragma Siebold & Zuccarini **钻地风属，Hydrangeaceae 绣球花科**。落叶木质藤本。茎平卧或具气生根高攀。叶对生，全缘或有小齿。花二型或一型，不育花存在或缺，孕性花小；萼片大，全缘；萼筒与子房贴生，宿存；雄蕊10枚，分离，花药广椭圆形；子房近下位，4-5室，中轴胎座；花柱单生，头状，4-5裂。蒴果倒圆锥状或陀螺状，具棱，顶端突出于萼筒外或截平。种子纺锤状，两端具狭长翅。花粉粒3孔沟，粗网状纹饰。7/6种，**14（SJ）型**；分布于中国东部、东南部至西南部。钻地风 *S. integrifolium* Oliver 的根及茎藤具有舒筋活络、祛风活血等功效。

Schizostachyum Nees **篦簩竹属，Poaceae 禾本科**。乔木状，有时灌木或攀援状。地下茎粗型；节间表面具硅质而粗糙，秆壁薄；每节多分枝簇生，近等粗。箨鞘迟落，鞘口常具隧毛；箨片外翻，腹面密被刺毛。叶片大型。续次发生花序，假小穗有时可直接生于主秆各节；小穗含1或2朵孕性小花，小穗轴易折断；颖片缺；鳞被无，

S

有时 1-3 片；雄蕊 6；子房具柄，羽状柱头 3。50/9（5）种，**7 型**，分布于东南亚；中国产江西、台湾、广东、海南、广西和云南。

Schmalhausenia C. Winkler **虎头蓟属，Asteraceae 菊科**。多年生草本。茎直立。头状花序同型；花托平，被稠密的托毛，托毛边缘平滑，无糙毛；冠毛短羽毛状，多层，褐色，不等长，基部不连合成环，极易分散脱落；总苞片覆瓦状排列，被稠密的蓬松的柔毛，顶端长针刺状渐尖；全部小花两性，管状；花药基部附属物短，花丝分离，无毛。瘦果具纵肋，基底着生面，平，顶端有果缘，果缘边缘 5-6 小齿。1/1 种，**13 型**；分布于哈萨克斯坦及中国新疆。

Schnabelia Handel-Mazzetti **四棱草属，Lamiaceae 唇形科**。草本，茎上有时具翅。叶片全缘或偶 3 裂。聚伞花序 1-5 花；花萼 4 或 5 裂，有时后 1 齿要小，裂片宽卵形或线状披针形；花两侧对称，5 裂，上面 4 裂片近等大，下一裂片大得多，常内凹；雄蕊 4，几等长，内藏，花丝极短，花药肾状，2 室。小坚果倒卵珠形，被短柔毛，背部具不太明显的网纹，侧面相接，腹面具明显的果脐，中部隆起。花粉粒 3 沟。5/5（5）种，**15 型**；中国主产长江以南地区，少数到西北。

Schoenoplectus (Reichenbach) Palla **水葱属，Cyperaceae 莎草科**。一年生或多年生草本，匍匐根状茎存在。秆散生，三棱形或圆柱形，无节。叶退化为鞘状或仅有 1 枚鳞片状叶，位于最上部。苞片秆状；简单长侧枝聚伞花序假侧生，有时复出；小穗具多数花；鳞片螺旋状排列，边缘具缺刻和微毛；下位刚毛不存在或 1-6 条，针状，具倒刺；雄蕊 1-3；花柱基部不明显增厚。果实较大，表面光滑，先端具喙或否。花粉粒 1 远极孔 4 侧孔，穿孔状和颗粒纹饰。染色体 $2n$=42，44，58。77/22（5）种，**1 型**；全球广布；中国广布。

Schoenorchis Blume **匙唇兰属，Orchidaceae 兰科**。附生草本。茎下垂或斜立，有时分枝。总状花序或圆锥花序下弯；花肉质；唇瓣厚肉质，贴生于蕊柱基部，基部具圆筒形或椭圆状长圆筒形的距，3 裂；侧裂片直立；中裂片较大，常呈匙形；距大，与子房平行；蕊柱粗短，两侧具伸展的翅；蕊喙 2 裂；药帽半球形，前端伸长并且向上翘；花粉团蜡质，近球形，4 个，每不等大的 2 组成 1 对；粘盘柄狭长，着生于粘盘中部，粘盘比粘盘柄宽而大。约 24/3 种，**5（7e）型**；分布于热带亚洲至澳大利亚和太平洋岛屿；中国产南方热带地区。

Schoenus Linnaeus **赤箭莎属，Cyperaceae 莎草科**。多年生丛生草本，秆圆柱状，叶鞘红棕色。苞片叶状，具鞘，鞘闭合；花序圆锥状、总状或头状；小穗具 1-4 朵两性花；鳞片 2 列，坚硬，上部的较薄，最下面的 2-3 鳞片内无花；雄蕊 3；柱头 3。小坚果无喙，三棱形，表面常具网纹，着生于之字形小穗轴的凹穴中。染色体 $2n$=8-74 等。120 以上/4（1）种，**1 型**；分布于美洲，欧洲，亚洲和太平洋诸岛，主产澳大利亚；中国产西南和华南。

Schoepfia Schreber **青皮木属，Schoepfiaceae 青皮木科**。乔木或灌木。叶互生，羽状脉。花两性，常排成聚伞花序；花萼筒状，具（4）5（6）齿或截平；副萼联合成杯状，或无副萼而花基部有膨大的“基座”；花冠管状，冠檐具（4）5（6）裂片；雄蕊与花冠裂片同数，着生于花冠管上；子房下位，半埋在肉质隆起的花盘中，下部 3 室，上部 1 室，柱头 3 浅裂。坚果，成熟时几全部被增大成壶状的花萼筒所包围。花粉粒 4 孔，光滑纹饰。染色体 $2n$=12。约 28/4（1）种，**2 型**；分布于热带，亚热带美洲和亚洲；中国产华南和西南，少数到西北地区。

Schoepfiaceae Blume **青皮木科，木兰亚纲/檀香目**。乔木、灌木或草本。叶互生。花两性，常排成聚伞花序或伞形花序；花萼筒状，具（4）5（6）齿或截平；副萼联合成杯状，或无副萼而花基部有膨大的“基座”；花冠管状，冠檐（4）5（6）裂；雄蕊与花冠裂片同数；子房半下位或下位，半埋在肉质隆起的花盘中，下部3室，上部1室，柱头头状或浅裂。坚果，成熟时几乎全部被增大成壶状的花萼筒所包围。花粉粒4沟。染色体2*n*=12，24，28。3属，55种，主要分布于热带中南美洲，少数到热带和亚热带亚洲地区；中国1属，4（1）种，主产华南和西南，少数到西北地区。

Schrenkia Fischer & C. A. Meyer **双球芹属，Apiaceae 伞形科**。草本。主根木质。茎有纵棱，基部被叶鞘包围；下部枝互生，上部枝对生、轮生或分歧成聚伞状。叶羽状分裂，有叶鞘。复伞形花序；总苞小；小总苞数枚。花杂性；萼齿显著；花瓣椭圆形至卵形，基部具爪，顶端凹缺，微内折；花柱基扁圆锥形，花柱向外倾斜。果实双扁球形，不分离，宽大于长，无毛；果皮革质，棱显著；油管不显著。胚乳腹面凹陷。7/1种，**13型**；分布于中亚，欧洲；中国产新疆西部。

Schulzia Sprengel **苞裂芹属，Apiaceae 伞形科**。草本。基生叶基部扩大成宽鞘。叶片羽状全裂。复伞形花序顶生，伞辐粗壮，不等长或近等长；总苞片和小总苞片羽状全裂，膜质或近膜质；萼齿不显著或无；花瓣白色，卵形，顶端向内弯曲；花柱基扁平圆锥形，花柱外弯或直立。分生果长圆形或卵形，两侧扁压，果棱稍凸起；每棱槽内油管3-4，合生面油管4-8。4/4种，**13-1或11型**；分布于中亚，喜马拉雅地区；中国产新疆。

Schumannia Kuntze **球根阿魏属，Apiaceae 伞形科**。草本。根块茎状，增粗。叶片多回三出全裂，末回裂片线形。复伞形花序无总苞片；小伞形花序的花密集为头状；萼齿钻形或披针形，花后增大；花瓣淡黄色，卵形，外面被柔毛；花柱基扁圆锥形，花柱延长；分生果椭圆形或长圆形，具密集的短柔毛；背棱丝状，每棱槽内有油管3-5，合生面油管10-12；心皮柄2深裂。种子胚乳腹面平直。1/1种，**13-2型**；分布于伊朗，巴基斯坦，苏联中亚地区及中国新疆。

Sciadopityaceae Luerssen **金松科，松亚纲/柏目**。常绿乔木。单轴分枝；树皮薄，鳞片状。叶二型；鳞叶小，膜质苞片状，螺旋状着生，散生于枝上和在枝顶成簇生状；合生叶（由2叶合生而成）条形，扁平，革质，两面中央有1条纵槽，生于鳞状叶的腋部，着生于不发育的短枝的顶端，辐射开展、在枝端呈伞形。雌雄同株。雄球花簇生枝顶；雌球花单生枝顶，珠鳞螺旋状着生，腹面基部有5-9枚胚珠排成1轮，苞鳞与珠鳞结合而生，仅先端分离。球果有短柄；种鳞木质，有5-9粒种子。种子扁，有窄翅。花粉粒无气囊。染色体2*n*=20。1属，1种，特产日本；中国引种栽培。

Sciadopitys Siebold & Zuccarini **金松属，Sciadopityaceae 金松科**。特征描述同科。1/1种，**14（SJ）型**；原产日本；中国引种栽培。金松 *S. verticillata* (Thunberg) Siebold & Zuccarini 的树形优美，可作为庭园树种；木材用于建筑。

Sciaphila Blume **喜荫草属，Triuridaceae 霉草科**。根具疏柔毛。茎短小，纤细，直立，常左右弯曲。花序总状；花单性或两性，少有杂性；单性花雌雄同株或异株；花具梗；花被片3-8（-10），顶端具髯毛或无；雄蕊2-3或6枚，无花丝或花丝极短，陷入花托内，花药3-4室，药隔不延伸；心皮多数，离生，花柱侧生或基生，柱头形态多样；无退化雄蕊或退化雌蕊。蓇葖果纵裂。种子梨形或椭圆形。花粉粒无萌发孔或不明显的沟，疣状到颗粒状纹饰。染色体*x*=11，12或14。约50/5种，**4或2（3）型**；分布于热带，亚热带地区；

S

中国产西南地区。

Scindapsus Schott **藤芋属，Araceae 天南星科**。藤本植物，以气生根攀援。茎常粗壮。叶柄长，具鞘，上部有关节；叶片长圆状披针形，渐尖。花序柄短；佛焰苞舟状，脱落；肉穗花序多少具梗，圆柱状；花密，两性，无花被；雄蕊 4，花丝宽，花药 2 室；子房近四边形，顶部平，1 室，1 胚珠，胚珠倒生，株柄短，生于室腔的基底，柱头无柄，纵长。浆果多浆。种子圆形。花粉粒带状萌发孔，穿孔状到穴状纹饰。36/1 种，**7 型**；分布于印度至马来西亚及中国海南。

Scirpus Linnaeus **藨草属，Cyperaceae 莎草科**。草本，有时具匍匐根状茎或块茎。秆常三棱形，有时叶片退化只余叶鞘。苞片为秆的延长或呈鳞片状或叶状；长侧枝聚伞花序顶生或几个组成圆锥花序；鳞片螺旋状覆瓦式排列，每鳞片内具 1 朵两性花，或最下 1 至数鳞片无花，极少最上 1 鳞片内具 1 雄花；下鳞刚毛 2-6 条，很少为 7-9 条或不存在，常有倒刺；雄蕊 1-3；柱头 2-3。小坚果三棱形或双凸状。花粉粒 1 远极孔 4 侧孔，负网状、小槽状、穿孔状和颗粒纹饰。染色体 $2n$=18-78。35/12（4）种，**8 型**；产北温带；中国广布。

Scleria P. J. Bergius **珍珠茅属，Cyperaceae 莎草科**。秆直立，三棱形。圆锥花序顶生，复出，粗壮，延长；苞片叶状，具鞘；小苞片刚毛状；花全为单性；花序单性小穗占多数；小穗最下面的 2-4 鳞片内无花；雄蕊 1-3；柱头 3。小坚果球形或卵形，常呈钝三棱形，骨质，表面具网纹或平滑，常具 3 裂或全缘的下位盘。花粉粒 1 远极孔 3-4 侧孔，穿孔状和颗粒纹饰。染色体 $2n$=10，20。200/24（3）种，**1 型**；分布于热带地区，并延伸至非洲南部，东亚和美洲的温带地区；中国产西南和华南。

Sclerocarpus Jacquin **硬果菊属，Asteraceae 菊科**。草本或亚灌木。叶对生或在上部互生。头状花序辐射状，单生；花托略锥形，苞片紧密包裹小花成果状，一起脱落；无冠毛，或毛状或鳞片状合生成冠状；总苞辐状至半球形，总 1-2 层；缘花不育，无性，黄色至橙色，盘花两性，能育，黄色至橙色。果略压扁。染色体 x=12。12/1 种，（**3b**）**型**；主产墨西哥，美国和中美洲；中国西藏等引种栽培。

Sclerochloa P. Beauvois **硬草属，Poaceae 禾本科**。一年生。叶鞘下部闭合。圆锥花序坚硬直立，由一侧着生小穗的总状花序组成，分枝粗短，自基部着生小穗；小穗含 3-8 枚小花，上部小花不育；颖纸质，边缘膜质，卵形，顶端钝，第一颖具 3-5 脉，第二颖具 5-9 脉；外稃披针形，纸质，具脊，顶端钝圆，平滑无毛，具平行的 5-7 脉。颖果顶端有 2 枚花柱残存之喙。染色体 x=7。约 2/1 种，**10 型**；分布于欧洲中部和南部至中亚；中国产新疆。

Scleroglossum Alderwerelt **革舌蕨属，Polypodiaceae 水龙骨科**。小型附生植物。根状茎斜升或直立，密被棕色鳞片。叶簇生，近无柄，叶柄基部不具关节，单叶（有时分叉），狭线形，全缘，肉质至革质，无毛或疏被单生或成对的早落刺毛；叶脉不明显，偶有连接。孢子囊群汇生，线形，着生于叶缘与中肋之间的深纵沟内，在主脉两侧各成 1 行；无囊群盖，无隔丝或隔丝极不明显。孢子球形，较小，不具周壁，外壁表面具小瘤状纹饰。约 8/1 种，**5 型**；分布于亚洲热带地区及澳大利亚；中国产云南、海南、台湾。

Scleromitrion (Wight & Arnott) Meisner **蛇舌草属（新拟），Rubiaceae 茜草科**。草本。茎常常从基部开始分枝，直立或披散。叶常具 1 条中脉，侧脉无；托叶顶端具 3-7 条撕裂状毛刺。圆锥花序顶生，有时数朵簇生于叶腋且无梗或单花腋生且有梗；花两性，同型；花萼裂片 4；花冠管柱状，花冠裂片 4，与花冠管近等长；雄蕊 4，伸出；花药椭球形；子房 2 室，胚珠多数，柱头 2 裂，略长于雄蕊。蒴果，近球形，

S

仅在顶部室背开裂；种子多数，表面细小穴窝状。染色体 n=27。至少 15/5（1）种，**2 型**；主要分布于热带亚洲，少数至非洲，美洲，澳大利亚和太平洋群岛；中国产华东、华南和西南地区。白花蛇舌草 *S. diffusum* (Willdenow) R. J. Wang 具有抗癌和护肝的作用。

Scleropyrum Arnott **硬核属，Santalaceae 檀香科**。根寄生的乔木或灌木，节上常有短刺。叶互生，具短柄，革质，全缘，叶脉羽状。花两性或单性，排成稍疏散的短穗状花序；花被管在雄花中坚硬，在雌花中卵状，5 裂；雄蕊 4，着生于裂片的基部，花丝短，2 裂，花药叉开；花盘环状；子房下位，1 室。核果倒卵状梨形，外果皮肉质，内果皮坚硬而薄。种子近球形，有胚乳。6/1 种，**7a 型**；分布于印度，马来西亚及中国云南和海南。硬核 *S. wallichianum* (Wight & Arnott) Arnott 的种子有“油葫芦”之称，工业用；果可少量食用。

Scolochloa Link **水茅属，Poaceae 禾本科**。多年生草本。圆锥花序开展；小穗含 3-4 小花；颖膜质，近相等，顶端撕裂状；第一颖具 1-3 脉，第二颖具 3-5 脉；外稃革质状厚膜质，背部圆，无脊，具 5-7 脉，顶端常有 3 枚具短芒的齿，基盘稍尖且较长，具髯毛，内稃具 2 脊，顶端具 2 尖齿；鳞被 2；雄蕊 3；子房先端密被毛。染色 x=7。约 2/1 种，**8 型**；分布于北半球温带，1 种全球广布；中国产东北。水茅 *S. festucacea* (Willdenow) Link 可刈割饲用，籽实为鸟食。

Scolopia Schreber **箣柊属，Salicaceae 杨柳科**。灌木或小乔木，常有刺；叶互生；托叶生于叶腋，极小，早落；花小，两性，排成顶生或腋生的总状花序；萼片 4-6，基部稍连合；花瓣 4-6；雄蕊多数，着生于肥厚的花托上，花药卵形，药隔顶有附属体；花盘 8-10 裂，很少缺；子房 1 室，有胚珠数颗生于 3-4 个侧膜胎座上；浆果基部常有宿存的萼片、花瓣和雄蕊，有种子 2-4 颗。花粉粒 3 拟孔沟，网状纹饰。染色体 2n=22。(37-40) /5 种，**4 型**；分布于旧大陆热带和亚热带；中国产广西、广东、海南、福建和台湾，以海南为多。

Scoparia Linnaeus **野甘草属，Plantaginaceae 车前科**。草本或亚灌木。叶对生或轮生，小，全缘或有齿缺。花小，白色；单生或成对生于叶腋内；萼片 4-5；花冠辐状，喉部有毛，裂片 4，近相等；雄蕊 4，几等长，药室分离；子房球形，内含多数胚珠。蒴果球形，室间开裂，边缘内卷。种子小，有棱角，种皮有蜂窝状孔纹。染色体 2n=20，40。10/1 种，**3 型**；分布于墨西哥和南美洲，其中有 1 种广布热带；中国产广东、广西、云南、福建。

Scopellaria W. J. de Wilde & Duyfjes **云南马㼎儿属，Cucurbitaceae 葫芦科**。攀援草本。单叶全缘或浅裂，卷须单一。雌雄同株；雄花总状花序，花萼筒钟状，5 裂，花冠黄色，5 裂，雄蕊 3；雌花 1 或 2，常与雄花同生于叶腋，花萼和花冠同雄花，子房 3 室，胚珠多数，水平生，花柱短，柱头 3。果实球形或纺锤形，不裂；种子多数，卵状椭圆形，扁平，表面具细凹穴。花粉粒 3 孔沟，不规则条纹状至网状纹饰。2/1 种，**7ab 型**；分布于东南亚，马来西亚西部及中国云南。

Scorpiothyrsus H. L. Li **卷花丹属，Melastomataceae 野牡丹科**。直立亚灌木。叶片宽 10cm 以上，5-9 基出脉；具长柄。由蝎尾状聚伞花序组成圆锥花序，顶生；花梗短；花 4 数，花萼漏斗状钟形；花瓣倒卵形、圆形或近卵形；雄蕊 8，同型，等长；花丝短，花药长圆形，药隔不伸延；子房半下位，4 室。蒴果近球形，为宿存萼所包，宿存萼具钝 4 棱，具 8 条纵肋；种子密布小凸起。6/3（3）种，**7-4 型**；分布于越南北方及中国海南和广西。

Scorzonera Linnaeus **鸦葱属，Asteraceae 菊科**。草本。叶全缘，禾草状或稍阔，有时多少分裂。头状花序有长梗，单生于茎顶

或枝端或排成伞房状花序；冠毛中下部或大部羽毛状，上部锯齿状，有超长冠毛 3-10 个，基部连合成环，整体脱落或不脱落；总苞片数列，覆瓦状排列；小花黄色，极少红色亦极少两面异色。果无喙，多棱。花粉粒 3 孔沟，具刺，有刺脊，刺间穿孔状。染色体 x=7，6，二倍体或四倍体。约 180/24（4）种，**10 型**；分布于亚洲，欧洲及非洲北部；中国除华南外广布，主产西北。

Scrofella Maximowicz **细穗玄参属，Plantaginaceae 车前科**。草本。根茎斜走。叶互生。花序穗状；花萼 5 深裂；花冠偏肿的管状，短二唇形，上唇直立，极阔，下唇小而短，外弯，喉部被毛；雄蕊 2 枚，不伸出花冠，花丝无毛，贴生于花冠筒中部；花盘杯状；花柱短，柱头稍扩大，短棒状，顶端不明显微凹。蒴果卵状锥形，有两条沟槽，4 瓣裂。种子多数，椭圆状，具蜂窝状透明的厚种皮。1/1（1）种，**15 型**；特产中国四川、甘肃、青海。

Scrophularia Linnaeus **玄参属，Scrophulariaceae 玄参科**。多年生草本。茎多四棱形，有时有翅。叶常对生。聚伞花序，或仅 2-3 朵的聚伞花序，常有花梗；花萼 5 裂；花冠二唇形，下唇比上唇短，3 裂，上唇 2 裂；雄蕊 4，常 2 强，药室汇合横生，退化雄蕊 1；雌蕊 2 心皮合生，花柱细长，柱头浅 2 裂，子房 2 室，中轴胎座，胚珠多数。蒴果卵圆形，有短尖或喙，室间开裂。种子多数，圆卵形，表面粗糙。花粉粒 3 孔或（拟）孔沟，网状纹饰。染色体 $2n$=18，20，24，26，28，30，36，38，40，42，44，46，48，50，52，56，58，64，68，80，84，90。200/36（25）种，**8 型**；广布中亚，东亚和西亚温带地区，欧洲地中海及北美的温带，以地中海为多；中国广布，主产西南地区。玄参 *S. ningpoensis* Hemsley、北玄参 *S. buergeriana* Miquel 等，具有清热降火、消肿解毒之功效。

Scrophulariaceae Jussieu **玄参科，木兰亚纲/唇形目**。草本或灌木。叶多对生。花序总状、穗状、聚伞状，或圆锥花序，顶生或腋生。花萼 5 裂，常宿存；花冠合生，4-5 裂，常二唇形，上唇 2 裂，下唇 2-3 裂；雄蕊多为 4，2 强，少数为 5，着生于花冠筒上，花药 1 室，药室汇合或少数基部分离；子房上位，2 室，每室有胚珠多枚，少数仅 2 颗，花柱 1，柱头 2 裂或头状。蒴果，室间或室背开裂或隐约开裂。种子具翅或有网状种皮，胚乳肉质。花粉四合体或单粒。9 属，510 种，世界广布，主要分布于亚洲温带地区，欧洲地中海地区；中国 8 属，68 种，主产西南地区。

Scurrula Linnaeus **梨果寄生属，Loranthaceae 桑寄生科**。灌木。嫩枝叶和花被毛。叶对生或近对生。花序总状或伞形。花具苞片 1；两性，4 数。花托梨形或陀螺状，基部渐狭；花瓣合生为管状花冠，开花时顶部 4 裂，1 裂深，裂片反折；雄蕊着生于裂片基部；花柱线状，具 4 棱；子房 1 室，基生胎座。浆果梨形、棒状或陀螺状，基部渐狭或骤狭呈柄状。花粉粒 3 合沟，颗粒状纹饰。染色体 x=9。约 50/10（2）种，**7ab 型**；分布于亚洲南部和东南部；中国产西南、东南和华南地区。

Scutellaria Linnaeus **黄芩属，Lamiaceae 唇形科**。草木、半灌木，稀灌木。茎叶常具齿，或羽状分裂。总状或穗状花序；花萼钟形，果时闭合，最终沿缝合线开裂成不等大两裂片，上裂片在背上有 1 圆形、内凹、鳞片状的盾片或无盾片而明显呈囊状凸起；冠筒背面弓曲或近直立，前方基部膝曲呈囊状增大或成囊状距，冠檐二唇形；雄蕊 4，前对较长；花柱先端不相等 2 浅裂。小坚果扁球形或卵圆形，背腹面分化不明显，具瘤。花粉粒 3 沟，网状纹饰。染色体 $2n$=12-88。约 360/102（79）种，**1 型**；世界广布，少数产热带非洲；中国各地均产。

S

Scutia (Commerson ex de Candolle) A. T. Brongniart **对刺藤属，Rhamnaceae 鼠李科**。直立或藤状灌木。具刺或无刺。叶对生或近对生，革质，羽状脉，全缘或锯齿不明显。花两性；簇生或腋生聚伞花序；花萼5裂，萼筒半球形或倒锥形；花瓣兜状或扁平，顶端微凹，基部具短爪；花盘薄，贴生于萼筒内；子房球形，陷于花盘内，2-4室，每室具1胚珠，花柱短，不分裂或2-4裂。浆果状核果，顶端常有残留的花柱，中部以下为宿存的萼筒所包围，萼筒与核果分离，具2-4分核，每核有1种子。种子无沟，种皮薄至近革质。花粉粒3孔沟，不规则条纹状纹饰。5/1种，**2-2型**；分布于旧世界热带和南美；中国产云南、广西。

Scyphiphora C. F. Gaertner **瓶花木属，Rubiaceae 茜草科**。灌木或小乔木；叶对生。二歧式聚伞花序，腋生；花两性，单型；萼裂片4-5，宿存；花冠管圆筒形，裂片4-5，旋转状排列；雄蕊4-5枚，部分或全部伸出；子房2室，每室有胚珠2枚，1直立，1倒垂；柱头2裂，伸出。核果，椭球状，有纵棱；种子脆壳质，有纵棱5条，椭球形，渐弯，种皮膜质。花粉粒3孔沟，细网状纹饰。染色体n=11。1/1种，**5（7e）型**；分布于亚洲南部至东南部，南至加罗林群岛，澳大利亚和新喀里多尼亚和马达加斯加；中国产海南。

Searsia F. A. Barkley **三叶漆属，Anacardiaceae 漆树科**。半灌木、灌木或乔木。茎有明显的皮孔，刺有时宿存。叶常绿或落叶，轮生，常为掌状3小叶；小叶对生或近乎对生。雌雄同株（杂性）；圆锥花序或总状花序顶生或腋生；花在小梗上几无梗，无节；花被（4）5（6）深裂；花冠青黄色至白色或红色；单轮雄蕊，花药纵裂，花丝钻形；无退化雌蕊，退化雄蕊减少；花盘杯状，具5（-10）小圆齿；心皮3，花柱3或4，柱头头状，胚珠1（3）室，基生，下垂。核果球形、卵圆形或横向压扁，1（3）室，中果皮厚，红色胶质，与内果皮连合，内果皮骨质；种子卵圆形或肾脏形，扁平。染色体x=14，15，16。120/1种，**6型**；分布于地中海，阿拉伯半岛，非洲，印度，尼泊尔，不丹，缅甸及中国云南。三叶漆*S. lancea* (Linnaeus f.) F. A. Barkley木材优良，亦可观赏。

Sebaea Solander & R. Brown **小黄管属，Gentianaceae 龙胆科**。一年生小草本。叶鳞片形或披针形。花5数，顶生呈聚伞花序；花萼深裂，萼筒甚短，裂片背面的中脉呈脊状凸起；花冠深裂，冠筒与裂片近等长；雄蕊着生于花冠裂片间弯缺处，花丝短，线形；子房2室，花柱极长，线形。蒴果矩圆形或近圆球形。种子极小。花粉粒3孔沟，网状、条网状、条状-皱状或疣状纹饰。100/1种，**4-1型**；分布于非洲温带，马达加斯加，斯里兰卡，印度，尼泊尔，大洋洲及中国云南。卵叶小黄管*S. ovata* (Labill) R. Brown可药用。

Secale Linnaeus **黑麦属，Poaceae 禾本科**。一年生或多年生草本。穗状花序顶生，序轴不逐节断落；小穗常含2花，无柄且单生于穗轴各节，两侧压扁；颖片锥形，常具1脉，先端渐尖或有芒状细尖头；外稃具5脉，背部显著具脊，脊上有小硬纤毛，先端常延伸成芒，内稃与外稃近等长。花粉粒颗粒纹饰。染色体x=7。约5/3种，**12型**；分布于欧亚温带；中国1种产新疆，另外2种在南北都有引种。黑麦*S. cereale* Linnaeus是优质饲草，秆可作编帽材料，其栽培品种是粮食作物。

Secamone R. Brown **鲫鱼藤属，Apocynaceae 夹竹桃科**。藤状灌木，具乳汁。叶对生。二至三歧聚伞花序，腋生；花萼裂片双盖覆瓦状排列，内面基部无腺体或稀有小腺体；花冠近辐状，花冠裂片芽期向右覆盖；副花冠常2轮；雄蕊腹面与雌蕊粘生成合蕊柱；花药顶端具膜片，覆盖于柱头；花粉块每室2个；离生心皮2，胚珠多数；柱头圆锥状。蓇葖叉生，披针状圆柱形。种子顶端具白色绢质种毛。染

色体 2n=22。约 80/6（3）种，**4 型**；分布于非洲南部和马达加斯加，亚洲南部和东南部至大洋洲地区；中国产西南至华南地区。

Sechium P. Browne **佛手瓜属，Cucurbitaceae 葫芦科**。攀援草本。卷须 3-5 歧。雌雄同株；雄花生于总状花序上，花萼筒半球形，裂片 5，花冠辐状，5 深裂，雄蕊 3，花丝短，连合成柱，花药离生，药室折曲；雌花单生或双生，花萼及花冠同雄花，子房 1 室，有刺毛，具 1 枚胚珠，胚珠从室的顶端下垂生。果实肉质，倒卵形，上端具沟槽；种子 1，种皮木质，光滑，子叶大。花粉粒具 8-9 环状萌发沟，网状纹饰，上具刺。染色体 n=14。5/1 种，**（3）型**；分布于墨西哥和中美洲；中国引种栽培。佛手瓜 *S. edule* (Jacquin) Swartz 的果实及嫩芽可作菜蔬。

Securidaca Linnaeus **蝉翼藤属，Polygalaceae 远志科**。藤本，稀灌木或小乔木。总状或圆锥花序顶生或腋生。萼片 5，早落，侧面 2 枚大，花瓣状；花瓣 3，中间 1 枚龙骨瓣状；雄蕊 8，花丝全长或大部联合成 U 形的鞘，与花瓣贴生；子房假 1 室，花柱弯曲，柱头 2 裂；花盘肾形。翅果。种子无种阜，无胚乳。花粉粒 8-13 孔沟。染色体 2n=32。80/2（1）种，**2 型**；主产热带美洲，少数产热带亚洲和非洲；中国产广东、广西、海南、云南。蝉翼藤 *S. inappendiculata* Hasskarl 的茎、根可入药。

Sedum Linnaeus **景天属，Crassulaceae 景天科**。草本至亚灌木。叶常互生，圆柱形，稀扁平，常全缘。花序顶生或稀腋生，聚伞花序常伞状；花常两性，稀单性，(3-)5（-12）基数；花瓣常离生或基部合生，黄色、白色、粉红色、紫红色或淡红色；花丝常分离；心皮常无柄，基部宽大并稍合生，或完全离生，稀具柄，花柱纤细。蓇葖果。花粉粒 3 孔沟，条纹纹饰。染色体数目和基数多样。约 470/121（91）种，**8 型**；分布于北半球；中国广布。细叶景天 *S. elatinoides* Franchet 可药用。

Sehima Forsskål **沟颖草属，Poaceae 禾本科**。一年生或多年生草本。总状花序穗状，成熟时连同小穗柄逐节脱落；小穗孪生，含 2 小花，无柄小穗两性，第一颖背面具 1 纵沟槽，第二颖舟形，上部具脊并有细直芒；第一小花雄性，第二小花两性，外稃先端 2 裂，裂齿间伸出膝曲的芒；有柄小穗雄性，无芒，第一颖背部具强壮而隆起的脉纹。花粉粒粗糙纹饰。染色体 x=10，20。5/1 种，**4 型**；分布于欧亚大陆热带地区，亚洲东南部，澳大利亚和非洲；中国产南部和西南部。

Selaginella P. Beauvois **卷柏属，Selaginellaceae 卷柏科**。土生或石生。直立、斜生或匍匐蔓生；多分枝，主枝圆柱形或四棱柱状，无背性腹，主枝下部生圆柱状根托。单叶，一型或二型，平展或斜展。二型叶常螺旋状互生呈 4 列。能育叶形成穗状，孢子囊穗着生小枝顶端。能育叶分大、小孢子叶，分别产生大、小孢子囊。大孢子囊圆球形，外壁光滑或具皱纹或疣状；小孢子囊肾形或倒卵形，囊外壁刺状或疣状。染色体 x=7，8，9，10。约 750/72（23）种，**1 型**；近全球分布，主产热带，亚热带区，极少至北极高山；中国各地均产。卷柏 *S. tamariscina* (P. Beauvois) Spring、垫状卷柏 *S. pulvinata* (Hooker & Greville) Maximowicz 可药用。

Selaginellaceae Willkomm **卷柏科，石松亚纲/卷柏目**。土生或石生。直立、斜生或匍匐蔓生；多分枝，主枝圆柱形或四棱柱状，无背腹性，主枝下部生圆柱状根托。单叶，一型或二型，平展或斜展。二型叶常螺旋状互生，呈 4 列。能育叶形成穗状，孢子囊穗着生小枝顶端。能育叶分大、小孢子叶，分别产生大、小孢子囊。大孢子囊圆球形，外壁光滑或具皱纹或疣状；小孢子囊肾形或倒卵形，囊外壁刺状或疣状。1 属，750 余种，主要分布于热带，亚热带，极少至北极高山；中国 1 属，72

种，各地均产。

Selinum Linnaeus **亮蛇床属，Apiaceae 伞形科**。草本。直根粗壮、圆柱形，根茎宿存枯鞘纤维。茎直立。基生叶叶柄基部膨大为膜质叶鞘，叶片二至三回羽裂，末回裂片长卵形、披针形至线形。复伞形花序顶生或侧生；总苞片少数或无，小总苞片多数，线形或羽裂；萼齿发达；花瓣白色，倒卵形，先端具内折小舌片；分生果卵形或近圆形，背腹压扁，背棱凸起，侧棱宽翅状，每棱槽油管 1-4，合生面油管 2-8。花粉粒 3 孔沟，皱波状-条纹状纹饰。8/3（2）种，**10 型**；分布于欧洲和亚洲；中国产西南和台湾。

Selliguea Bory **修蕨属，Polypodiaceae 水龙骨科**。小型附生植物。根状茎长或短而横走，木质，粗壮，密被鳞片。叶远生或近生，一型或亚二型；叶柄基部以关节着生根状茎；叶片单叶不分裂，革质，两面无毛，卵形，边缘全缘；主脉两侧有明显侧脉，小脉网状，具多数不规则网眼，具有单一内藏小脉。孢子囊群长条形或线形，在两侧脉之间排成 1 行，连续或有间断；孢子椭圆形，无周壁，具明显的刺状纹饰或小瘤状颗粒纹饰。染色体 x=37。约 15/1 种，**4 型**；分布于亚洲热带，太平洋岛屿，澳大利亚和非洲南部；中国产长江以南。

Semecarpus Linnaeus f. **肉托果属，Anacardiaceae 漆树科**。灌木或乔木。破损后常有乳汁状分泌物流出，遇空气后变黑。叶常绿或落叶，单叶轮生，全缘，革质，叶形和大小变化大。圆锥花序顶生或腋生；雄蕊花丝线形，花药卵状心形，多种类型；花盘杯状；子房上位或半下位，1 室 1 胚珠，花柱 3，离生或基部合生。核果卵圆状球形，着生于由花萼和花托膨大合生组成的下位果；种子外种皮与内果皮不合生。花粉粒 3 孔沟，网状或条纹状纹饰。染色体 n=29，30。70/4 种，**5（7）型**；分布于热带亚洲至大洋洲；中国产云南和台湾。

Semenovia Regel & Bull **大瓣芹属，Apiaceae 伞形科**。草本。根纺锤形叶片全裂或羽状分裂。复伞形花序。萼齿微小；花瓣白色，外花具辐射瓣先端 2 深裂，背面被微柔毛；花柱基圆锥形，比花柱稍短。果卵球形或卵圆形、长圆形，背棱和中棱凸起，侧棱宽展成翅或与背棱等宽；每棱槽油管 1，合生面油管 2。胚乳腹面平直或略凹；心皮柄 2 深裂至基部。染色体 $2n$=22。26/6 种，**13 型**；分布于西南亚，中亚和东亚地区；中国产新疆、四川、甘肃、西藏和云南。

Semiaquilegia Makino **天葵属，Ranunculaceae 毛茛科**。多年生草本。块根。掌状三出复叶基生和茎生，基生叶具长柄，茎生叶柄较短。单歧或蝎尾状聚伞花序；花辐射对称；萼片 5，花瓣状；花瓣 5，基部囊状；雄蕊 8-14，花丝丝形，中部以下微变宽；退化雄蕊约 2，位于雄蕊内侧；心皮 3-4（5）。蓇葖微呈星状展开，先端具 1 小细喙，表面有横向脉纹。种子多数，褐色至黑褐色，有许多小瘤状凸起。花粉粒 3 沟。染色体 $2n$=14。1/1 种，**14SJ 型**；分布于日本及中国长江流域亚热带地区。

Semiarundinaria Makino ex Nakai **业平竹属，Poaceae 禾本科**。小乔木或灌木状竹类。地下茎细型；节间圆筒形或在分枝一侧的下部微扁平；秆中部每节具 3 芽，起初生 3 枝，以后可增至数枝。秆箨脱落性；箨鞘厚纸质或革质，背部常被稀疏刺毛或毛茸；箨耳发达或多不存在，有鞘口繸毛；箨舌显著存在。假小穗 2-7 朵小花，单独或 2、3 枚生于各佛焰苞之腋内；雄蕊 3，成熟后伸出花外；柱头 3。花粉粒细颗粒状纹饰。约 10/3（2）种，**14（SJ）型**；分布于日本及中国东部地区。

Senecio Linnaeus **千里光属，Asteraceae 菊科**。草本、亚灌木或灌木。叶常互生。头状花序；花托平；冠毛毛状，有时无；总苞具外层苞片；舌状花有或无，管状花黄

色；花药基部常钝，颈部柱状，两侧具增大基生细胞，内壁组织细胞壁增厚多数，辐射状排列；花柱分枝截形或多少凸起，边缘具较钝的乳头状毛。果圆柱形，具肋。花粉粒 3 孔沟，具刺。染色体 x=10。约 1250/65（39）种，**1 型**；除南极洲外，世界广布；中国各省区均产。千里光 *S. scandens* Buchanan-Hamilton ex D. Don 可药用。

Senna Miller **番泻决明属，Fabaceae 豆科**。草本、灌木或小乔木。叶螺旋状排列，偶数羽状复叶，小叶对生，叶柄和叶轴上具或不具腺体。总状花序腋生或顶生；小苞片无；萼裂片 5，花瓣 5 片，常黄色，近相等；雄蕊 10 枚，有时全都能育，有时上部 3 个退化，所有雄蕊的花丝都是直形不弯曲。荚果不开裂或缓慢从一侧或两侧开裂。种子多数，种脐丝状。花粉粒 3（-4）孔沟，穿孔状纹饰。约 350/15 种，**2（4）型**；泛热带分布；中国各地均产。引种种类多栽培于南部。

Sequoia Endlicher **红杉属，Cupressaceae 柏科**。常绿大乔木；冬芽尖，鳞片多数，覆瓦状排列。叶二型，螺旋状着生，鳞状叶贴生或微开展，上面有气孔线；条形叶基部扭转列成 2 列，无柄。雌雄同株；雄球花单生枝顶或叶腋，有短梗，小孢子叶多数，螺旋状排列。雌球果下垂，当年成熟，卵状椭圆形或卵圆形；种鳞木质，盾形，发育种鳞有 2-5 粒种子。种子两侧有翅。花粉粒无气囊，具 1 个乳头状凸起。染色体 2n=66。1/1 种，**（9）型**；原产美国；中国引种栽培。北美红杉 *S. sempervirens* (D. Don) Endlicher 的木材可制作家具和工艺品。

Sequoiadendron J. Buchholz **巨杉属，Cupressaceae 柏科**。常绿大乔木；冬芽裸露。叶鳞状钻形，螺旋状着生，贴生小枝或微伸展，两面有气孔线。雌雄同株；雄球花单生短枝枝顶，无梗；雌球花顶生，珠鳞 25-40，每珠鳞有 3-12 枚直立胚珠，排列 2 行。球果椭圆状，下垂，第二年成熟，宿存树上多年；种鳞木质，盾形，顶部有凹槽，发育种鳞有 3-9 粒种子，排成 1 行或 2 行；种子两侧有宽翅。花粉粒无气囊，具 1 个乳头状凸起。染色体 2n=22。1/1 种，**（9）型**；原产美国；中国引入栽培。巨杉 *S. giganteum* (Lindley) J. Buchholz 材质优良，可用于建筑；也可作为庭园观赏树种。

Seriphidium (Besser ex Lessing) Fourreau **绢蒿属，Asteraceae 菊科**。草本或灌木，常有浓香味。叶互生，常羽状全裂或掌状。头状花序排成穗状、总状或复头状，再组成圆锥花序；花托无托毛；全为两性管状花；花柱线形。瘦果小，卵形或倒卵形，具不明显细纵纹。花粉粒 3 孔沟。染色体 x=7，8，9，10，11，17。100/31（6）种，**8 型**；分布于中亚，西亚，西南亚，阿拉伯半岛，非洲北部及欧洲干旱地区；中国产西北。蛔蒿 *S. cinum* (O. Berg & C. F. Schmidt) Poljakov 是驱蛔虫药的重要原料。

Serissa Commerson ex Jussieu **白马骨属，Rubiaceae 茜草科**。灌木。叶对生；托叶与叶柄合生成 1 短鞘，有 3-8 条刺毛。花单朵或多朵丛生，腋生或顶生；萼裂片 4-6，宿存；花冠漏斗形，裂片 4-6，镊合状排列；雄蕊 4-6，伸出或内藏；子房 2 室，每室有胚珠 1 枚；柱头 2 裂，伸出或内藏。核果，近球形或倒卵形，先室间再室背开裂；分核 2。花粉粒 3 沟，孔状纹饰。染色体 2n=22，44。2/2 种，**14SJ 型**；分布于喜马拉雅东部经中国至日本。中国产华东和华南地区。六月雪 *S. japonica* (Thunberg) Thunberg、白马骨 *S. serissoides* (de Candolle) Druce 可治疗乙肝，也作为园林植物。

Serratula Linnaeus **伪泥胡菜属，Asteraceae 菊科**。多年生草本。叶羽裂分裂或边缘锯齿状。头状花序；冠毛糙毛状或有锯齿，多层，基部不联合成环；总苞片多层，顶

尖，无附属物，被绵毛或绒毛；全部小花管状，紫色或粉红色，边花雌性，具退化雄蕊，中央盘花两性；花柱分枝细长。瘦果光滑，顶端圆形。花粉粒 3 孔沟，具刺，刺间微网状。染色体 2*n*=22。2/1 种，**10 型**；分布于亚洲和欧洲；中国产新疆。

Sesamum Linnaeus **胡麻属，Pedaliaceae 胡麻科。**草本，直立或匍匐。单叶，对生（上部常互生或近对生），线形至披针形，全缘至深裂。花腋生，单生或数花丛生，花梗短；花萼小，5 深裂；花冠白色或淡紫色，斜钟状，略呈二唇形，先端 5 裂；雄蕊 4，2 强，花药箭头形，药室 2；花盘环状；子房近圆柱形，2 室，每室再由假隔膜分隔成 2 室；每室胚珠多数。蒴果，纵裂。种子小，多数。花粉单孔、双沟、多孔或无萌发孔，颗粒状纹饰。染色体 2*n*=26。(20-30) /1 种。**(6) 型**。分布于非洲，印度，斯里兰卡；芝麻 *S. indicum* Linnaeus 为中国引入种，各地均有栽培，是中国主要油料作物之一。

Sesbania Scopoli **田菁属，Fabaceae 豆科。**草本或灌木，稀乔木。偶数羽状复叶，小叶小，极多数，叶柄和叶轴上面常有凹槽。总状花序腋生于枝端；花萼阔钟状，萼齿 5，稀近二唇形；花冠黄色或具斑点，稀白、红、紫黑色；旗瓣宽，瓣柄上有 2 个胼胝体；雄蕊二体；子房具柄，胚珠多数。荚果常为细长圆柱形，先端具喙，熟时开裂，种子间具横隔。种子圆柱形，种脐圆形。花粉粒 3 孔沟，网状、穿孔状纹饰。染色体 2*n*=12。约 60/4 种，**2 型**；主要分布于热带至亚热带区域，非洲尤盛，少数延伸至温带区域；中国主产西南至东南部。大花田菁 *S. grandiflora* (Linnaeus) Persoon 花大而美丽，供观赏；叶、花、嫩荚可食用；树液含阿拉伯胶及单宁；树皮入药为收敛剂；内皮可提取优质纤维。

Seseli Linnaeus **西风芹属，Apiaceae 伞形科。**草本。根茎单一或分叉，多木质化；根圆锥状。茎有纵长细条纹和浅纵沟。叶片羽状分裂或全裂。复伞形花序；萼齿宿存；花瓣，白色或黄色；花柱基常圆锥形或垫状，较花柱短。分生果卵形，长圆形或圆筒形，果棱线形凸起，钝。胚乳腹面平直；心皮柄 2 裂达基部。花粉粒 3 孔沟，皱波状-条纹状纹饰。80/19（9）种，**10 型**；分布于欧洲和亚洲；中国产内蒙古、山西、陕西、宁夏、甘肃、四川、贵州、广西、云南、西藏、新疆。

Seselopsis Schischkin **西归芹属，Apiaceae 伞形科。**多年生草本。根块状。茎有浅纵细条纹，基部带紫色。基生叶柄，有宽阔叶鞘，边缘膜质白色；叶片羽状全裂。复伞形花序，无总苞，有小总苞；伞辐不等长；小伞形花序有花 15-25，花柄不等长；无萼齿；花瓣倒心形，有内折的小舌片；花柱基短圆锥状，柱头头状。分生果椭圆形或卵形，背面稍扁压，果棱翅状凸起；每棱槽内油管 1，粗大，合生面油管 2。2/1 种，**13 型**；分布于中亚；中国产新疆。

Sesuvium Linnaeus **海马齿属，Aizoaceae 番杏科。**草本或半灌木。茎斜升，稀匍匐。叶对生，叶柄基部增粗形成纸质叶鞘紧包茎；叶片圆柱状至倒卵形，肉质。花单生或聚伞花序。花两性；花被 5 裂，裂片椭圆形，末端具下延的距；雄蕊 5 至多数，离生或与花被筒融合；子房上位，3-5 室，胚珠多数，花柱 3-5，线形。蒴果椭圆形，果皮薄，膜质，盖裂。种子多数，被黑色光滑的假种皮。花粉粒 3 沟，穿孔状-颗粒纹饰。染色体 2*n*=16，32，48。17/1 种，**2 型**；分布于热带和亚热带；中国产福建、广东和海南。

Setaria P. Beauvois **狗尾草属，Poaceae 禾本科。**一年生或多年生草本。圆锥花序，穗状、总状或塔状；小穗具 1-2 小花，小穗柄极短且呈杯状，脱节于颖下，小穗柄下托以芒状宿存刚毛；第一小花雄性或中性，第二小花两性，第二外稃软骨质或革质，平滑或具皱纹，包着同质内稃。染色体 2*n*=18。168（130）/14（3）种，**2（8-4）**

型；广布热带和温带地区；中国广布。粱 *Setaria italica* (Linnaeus) P. Beauvois 是中国北方地区的主要粮食之一；狗尾草 *S. viridis* (Linnaeus) Beauvois 等可作为优良的饲料和牧草。

Setiacis S. L. Chen & Y. X. Jin **刺毛头黍属，Poaceae 禾本科**。多年生草本。秆下部平卧地面。圆锥花序顶生，其分枝常再数次分出小枝；小穗背腹压扁，呈不明显的两行排列于总状花序轴一侧；第一小花中性，外稃同形同质于第二颖，内稃狭窄，具 2 脊，脊缘具纤毛；第二小花两性，外稃骨质，背部凸起，顶端稍增厚而具硬刺毛，顶端稍撕裂。1/1（1）种，**15 型**；特产中国海南。

Shangrilaia Al-Shehbaz **香格里拉芥属，Brassicaceae 十字花科**。矮小，多年生，具花葶的垫状草本植物。具简单或少量分枝茎。叶针状线形，厚，具缘毛，有扁平的三角形基部。花单生；萼片卵形，基部不呈囊状；花瓣白色，匙形；雄蕊 6，四强雄蕊；花药卵形，先端不具细尖；每子房具胚珠 6-12。果实开裂，卵圆形，圆柱状，基部被短柔毛。种子单列，无翅，卵形。1/1（1）种，**15 型**；特产云南。

Shangwua Y. J.Wang & E. von Raab-Straube & A. Susanna & J. Q. Liu **尚武菊属，Asteraceae 菊科**。多年生草本。具木质根茎。叶全缘。头状花序；花托具托片，冠毛刚毛羽毛状，1 层，基部联合，不脱落；总苞片多层，覆瓦状排列，具黑褐色膜质边缘；全部小花管状，檐部 5 裂，花药基部附属物尾状，不撕裂；花柱分枝下面有长 2mm 以上的肿大毛环。瘦果圆柱形，无毛，具数条纵肋。花粉粒 3 孔沟，穿孔-具刺纹饰。3/1 种，**13-2 型**；分布于中亚，喜马拉雅；中国产四川、云南、西藏。

Sheareria S. Moore **虾须草属，Asteraceae 菊科**。草本。茎直立或斜生。叶互生，全缘，第一年基生叶，第二年茎生叶。头状花序单生，有异形花；花托稍平，无托片；无冠毛；总苞钟形，2-3 层；边缘有（2）-3-（7）朵能育的舌状雌花，中央有（1-）3（-6）朵不育雄花，花冠黄；花柱不分枝，披针形。瘦果长圆形，有 3 肋，在中部及上部有腺毛。染色体 $2n=18$。1/1（1）种，**15 型**；中国产东部、中部及南部。

Sherardia Linnaeus **雪亚迪草属，Rubiaceae 茜草科**。一年生柔弱草本。茎四棱形，被糙毛。叶常 6 片轮生，无柄，披针形，具缘毛。花序有花 4-10 朵，聚生成头状，顶生或腋生，下部 6-8 枚苞片合生成总苞；花萼裂片 6，宿存；花冠漏斗形，裂片 4，粉红色到紫色；雄蕊 4，伸出；雌蕊 2 室，每室胚珠 1 枚，花柱丝状，2 不等裂，柱头头状。坚果，常具 2 分果，各有种子 1 枚。花粉粒 10-13 沟，小刺-穿孔状纹饰。1/1 种，**2 型**；原产欧洲，现日本，澳大利亚，夏威夷，中美洲，新西兰，北美洲，南美洲广布；中国归化于台湾。

Shibataea Makino ex Nakai **倭竹属，Poaceae 禾本科**。小型灌木状竹类。地下茎细型；秆高在 1m 以下；秆每节具 2 芽；节间在接近枝条的一侧具纵沟槽；秆每节分枝 3-5，常不具次级分枝。箨鞘早落性；箨耳及繸毛均不发达；箨片小。枝具 1 或 2 叶。续次发生花序；假小穗生于苞片腋内，基部的 1 或 2 朵为两性，上方者则为雄性，顶端小花退化为中性；雄蕊 3；柱头 3。花粉粒具颗粒状纹饰。染色体 $2n=48$。7/7（7）种，**14（SJ）型**；分布于日本，以及中国东南沿海、安徽和江西。

Shirakiopsis Esser **齿叶乌桕属，Euphorbiaceae 大戟科**。乔木。叶互生，叶片每侧具 0-10 边缘生的腺体。雌雄同株；花序顶生，淡黄色，总状花序状的聚伞圆锥花序，不分枝，两性，被长柔毛；雄花（3-）5-7 组成小聚伞花序；苞片三角形，基部有 1 对伸长的扁球形至椭圆形的腺体；花萼片 3，花瓣和花盘缺，雄蕊 3；雌花 1-3 生于花序基部，有时缺，萼片（2 或）3，基部融合，无腺体，花瓣和花盘缺，子房

（2 或）3 室，光滑，无毛，柱头（2 或）3，不分叉。分果瓣具 3 种子，中央果轴翅状。种阜极不明显。6/1 种，**4 型**；分布于热带非洲，热带亚洲，西太平洋诸群岛；中国广东引入栽培，如齿叶乌桕 *Shirakiopsis indica* (Willdenow) Esser。

Shorea Roxburgh ex C. F. Gaertner **娑罗双属，Dipterocarpaceae 龙脑香科**。乔木。叶革质或近革质，全缘，侧脉羽状；托叶早落。圆锥花序；花萼裂片 5 枚，覆瓦状排列，常具毛；花瓣 5 枚，外面常具毛；雄蕊（12-）15 或 20-100，药隔附属体芒状或丝状，有时短而缺；心皮 3，每心皮胚珠 2 枚，柱头全缘或具齿缺。增大的花萼裂片 3 长 2 短或近等长，基部变宽包围果实。种子 1 枚。花粉粒 3（孔）沟或 4 孔，粗糙到细网状纹饰。染色体 n=7。194/1 种，**7ab 型**；分布于东南亚；中国产云南西部和西藏东南部。

Shortia Torrey & A. Gray **岩扇属，Diapensiaceae 岩梅科**。多年生草本，具羽状脉的卵形鳞片。叶多数，簇生于根状茎的顶端，革质或纸质；具长叶柄。花葶单一或 2-6，伸长，花单生顶端，俯垂，基部具苞片；花萼深 5 裂，宿存；花冠钟状，深 5 裂，边缘具齿；雄蕊 5，生于花冠筒的基部，花丝线形，花药短；退化雄蕊 5，鳞片状，贴生于花冠基部，与发育雄蕊互生，与花冠裂片对生；子房圆球形，3 室，每室具多数胚珠，花柱单一，伸长，柱头微浅 3 裂。蒴果球形，包被于膨大的花萼内，室背开裂；种子小，卵球形，胚乳肉质，子叶极短。花粉粒 3 孔沟，网状纹饰。4/2（1）种，**9 型**；分布于东亚和北美东部地区；中国产云南和台湾。

Shuteria Wight & Arnott **宿苞豆属，Fabaceae 豆科**。多年生草质藤本。羽状复叶具 3 小叶，托叶和小托叶具纵条纹。总状花序腋生；具小苞片；萼管钟状，具条纹，上部 2 裂片合生；花冠红色、淡紫色或紫色，旗瓣卵圆形或宽卵形，无耳，比其他花瓣长；雄蕊二体；子房近无柄，花柱内弯，无毛。荚果线形，压扁，稍弯曲，有隔膜。种子近圆形、长圆形或肾圆形，无种阜，种脐小。染色体 2n=22。约 6/4（1）种，**7a 型**；分布于亚洲热带和亚热带地区；中国产西南部至南部。宿苞豆 *S. involucrata* (Wallich) Wight & Arnott 的根可药用。

Sibbaldia Linnaeus **山莓草属，Rosaceae 蔷薇科**。多年生草本。常具木质化根茎。羽状或掌状复叶，小叶 3-5，边缘或顶端有齿，稀全缘。花常两性，稀单性，聚伞花序或单花；萼筒碟形或杯状；萼片（4）5，互生，宿存；副萼片（4）5；花瓣（4）5；花盘明显宽阔，稀不明显；雄蕊（4-）5（-10）；心皮 4-20，离生，花柱侧生、近基生或顶生，每心皮胚珠 1。瘦果少数，着生于干燥凸起的花托上，萼片宿存。花粉粒 3 孔沟，条纹状纹饰。染色体 2n=14。20/13（4）种，**10 型**；分布于北半球极地和高山地区；中国产华北、西北及西南高山地带。隐瓣山莓草 *S. procumbens* Linnaeus var. *aphanopetala* (Handel-Mazzetti) T. T. Yü & C. L. Li 全草可入药。

Sibiraea Maximowicz **鲜卑花属，Rosaceae 蔷薇科**。落叶灌木。单叶，互生，全缘，几近无柄，无托叶，中脉明显，侧脉 3-5 对。花杂性异株，顶生穗状圆锥花序；花小，梗短；苞片披针形，全缘；萼筒浅钟状；萼片 5，直立，宿存；花瓣 5，白色，长于萼片；雄蕊 20-25，雌花中退化；心皮 5，基部合生。蓇葖果，直立，沿腹缝线及背缝线顶端开裂。种子 2，有少量胚乳。花粉粒 3 孔沟，条纹状纹饰。染色体 2n=16。4/3（2）种，**10-1 型**；分布于欧洲，苏联西伯利亚至中国西部。

Sichuania M. G. Gilbert & P. T. Li **四川藤属，Apocynaceae 夹竹桃科**。木质缠绕藤本。节上叶柄间具狭窄但明显的连接线。叶对生。总状花序，由少数花组成的小聚伞花序沿花序轴螺旋状排列，腋上生；花

S

冠浅碗状，光滑；副花冠，鳞片状，5 裂，着生于合蕊冠的基部且与花药互生，裂片短；雄蕊与花冠合生，顶端反折，花药具膜片，覆盖于柱头；花粉块每室 2 个。1/1（1）种，**15 型**；特产中国四川。

Sida Linnaeus **黄花稔属，Malvaceae 锦葵科**。多年生草本或亚灌木；具星状毛。花单生于叶腋或排成顶生的总状花序；无副萼；花萼 5 裂；花瓣 5；雄蕊柱顶端着生多数花药；子房 5-14 室，每室 1 胚珠，倒垂，花柱分枝与心皮同数，柱头头状。蒴果盘状或球形，分果爿 5-14，成熟时与中轴分离，顶有芒。种子平滑，种脐处偶被绒毛。花粉粒散孔，具刺。染色体 $2n$=14，28 或 16，32。（100-150）/14（6）种，**2 型**；分布于非洲，亚洲，大洋洲，南美洲，北美洲及太平洋岛屿；中国产西南部至华东。白背黄花稔 *S. rhombifolia* Linnaeus 的韧皮纤维可编绳或麻袋。

Sideritis Linnaeus **毒马草属，Lamiaceae 唇形科**。半灌木或多年生草本，全株被绵毛或绒毛。聚伞花序多花，组成顶生穗状花序；花萼管状钟形，5-10 脉，5 齿，萼齿具硬刺尖。花冠黄色，二唇形，冠筒内藏，上唇直伸，全缘或 2 浅裂；下唇开展，3 裂，中裂片最大；雄蕊 4，内藏，前对稍长，药室退化；后对稍短，药室 2 裂。花柱内藏，顶端不等 2 裂。小坚果三角状卵圆形，顶端钝圆。花粉粒 4 沟、6 散沟，或偶有 3 沟，穿孔或穴状纹饰。染色体 $2n$=20，22，24，26，29，30，32，34，36，38，40，42，44，46，50，56。约 140/2 种，**10 型**；分布于温带亚洲和欧洲；中国产西部地区。

Sideroxylon Linnaeus **铁榄属，Sapotaceae 山榄科**。乔木或灌木。叶革质，无毛。花单生或簇生，具梗；花萼裂片 5，外面被淡黄色绒毛，内面无毛；花冠 3 裂，成花冠管，基部加粗；退化雄蕊披针形或近三角形，近花瓣状；子房卵形，5 室，下部被锈色硬毛，顶端逐渐狭长成花柱。果无毛，果皮薄；种子 1 枚，椭圆形，两侧压扁，瘢痕基生或侧基生，近圆形，子叶薄，胚乳丰富，胚根圆柱形。花粉粒 3-4 孔沟，条纹-皱波状或皱波状纹饰。76/1 种，**4 型**；分布于热带非洲，马达加斯加，马斯克林群岛及热带美洲；中国产广东、广西、贵州南部及云南东南部。革叶铁榄 *S. wightianum* Hooker & Arnott 可作木材用。

Sigesbeckia Linnaeus **豨莶属，Asteraceae 菊科**。一年生草本。花托小，有膜质半包瘦果的托片；无冠毛；总苞片 2 层，背面被头状具柄的腺毛，外层草质，内层与花托外层托片相对，半包瘦果；小花全结实或有时中心花不育，外围有 1-2 层雌性辐射花，舌片顶端 3 浅裂，中央有多数两性管状花。果倒卵状四棱形或长圆状四棱形，顶端截形，黑褐色，外层瘦果常内弯。染色体 $2n$=30，60。4/3 种，**2（←4）型**；泛热带分布；中国各地均产。

Silaum Miller **亮叶芹属，Apiaceae 伞形科**。草本。叶羽状分裂。伞形花序大；总苞片常无或少数；小苞片多数；萼齿小；花瓣黄绿色或淡黄色，顶端狭窄成内折的小舌片；花柱基短圆锥形，花柱短，外弯。果实长圆状卵形，横剖面近圆形，分生果有 5 条尖锐相等几成翅状凸起的主棱；油管小，多数，分布不均匀，果实成熟时消失；分生果横剖面五边形。胚乳腹面近于平直；心皮柄 2 裂，分离。花粉粒 3 孔沟，皱波状或条纹状纹饰。（1-5）/1 种，**10 型**，分布于欧洲地中海地区；中国有引种。

Silene Linnaeus **蝇子草属，Caryophyllaceae 石竹科**。草本。茎直立或近平卧。叶对生。花两性，稀单性，单生或成聚伞花序、圆锥花序；花萼筒状、钟形、棒状或卵形，10 至多脉，萼齿 5；花瓣 5，常 2 裂；花冠喉部具副花冠；雄蕊 10；子房基部 1、3 或 5 室，胚珠多数，花柱（5）3。蒴果顶端 6 或 10 齿裂，裂齿为花柱数的 2 倍。种子肾形。花粉粒 3 沟或散孔，穿孔状-颗粒纹饰。染色体 $2n$=12，20，24，34，

48，64，72，96，120，240。600/110（67）种，**8-4 型**；主要分布于北温带，其次为非洲和南美洲；中国见于长江流域和北部各省区，以西北和西南地区较多。麦瓶草 *S. conoidea* Linnaeus、鹤草 *S. fortunei* Visiani 可药用；大蔓樱草 *S. pendula* Linnaeus、蝇子草 *S. gallica* Linnaeus 可栽培观赏。

Siliquamomum Baillon **长果姜属，Zingiberaceae 姜科**。总状花序顶生，花少而疏；苞片小。花梗长，近顶端有节。花冠管狭圆柱形，顶部扩大呈钟状，裂片钝，后方1枚稍大，侧生退化雄蕊倒卵形；唇瓣大，顶端波状；花药线形，药隔无附属体，花药室顶端有膜质的附属体；子房基部3室，顶部1室；中轴胎座。蒴果圆筒状，近链荚状。1/1 种，**7-4 型**；分布于越南及中国云南东南部。

Silvianthus J. D. Hooker **蜘蛛花属，Carlemanniaceae 香茜科**。灌木或亚灌木。单叶对生，叶缘全缘或有时具微锯齿。聚伞花序，排列成头状，腋生；花两型，4 或 5 基数；花冠管状或漏斗状，花冠裂片镊合状排列；雄蕊 2，内藏；雌蕊 1，柱头叉状 2 裂；子房 2 室，胚珠多数，着生于子房间隔中部。蒴果近球形，肉质，纵向开裂成 5 果瓣，果皮海绵状。种子黑色，肾形或略弯曲的卵状长圆形。花粉粒 3-4（拟）沟，细网状纹饰。染色体 2*n*=38。1/1 种，**7-2 型**；分布于亚洲南部和东南部；中国产云南。线萼蜘蛛花 *S. tonkinensis* (Gagnepain) Ridsdale 可用于观赏；可食用，制造染料；也可制成健胃剂。

Silybum Adanson **水飞蓟属，Asteraceae 菊科**。多刺草本。叶分裂，有刺状锯齿，表面有明显的白色斑点。头状花序大，单生，弯垂；花托肉质，有刺毛；冠毛糙毛状，多层，基部连合成环；总苞阔球形，数列，边有刺；全部小花两性，淡紫色，檐部 5 裂；花丝短而宽，上部分离，下部由于被黏质柔毛而黏合。瘦果倒卵状长椭圆形，压扁。14/1 种，**（12）型**；分布于中欧，南欧，中亚及地中海地区；中国引种栽培。水飞蓟 *S. marianum* (Linnaeus) J. Gaertner 可药用。

Simaroubaceae de Candolle **苦木科，木兰亚纲/无患子目**。乔木或灌木，树皮常有苦味。叶互生，羽状复叶或单叶，极少 3 小叶。花序腋生或顶生，成总状、圆锥状或聚伞花序，或簇生于叶腋；花辐射对称，单性或杂性；萼片 3-5；花瓣 4-5（8），分离；花盘环状或杯状；雄蕊 4-10（18），花丝分离，在基部有 1 鳞片；子房常 2-5 心皮，分离或基部合生，每室 1 胚珠，花柱 2-5，分离或多少结合，柱头头状。果为翅果、核果或蒴果，一般不开裂。花粉粒 3 沟，3 带状孔沟，外壁纹饰多为网状，疣状，也具条纹状。染色体 2*n*=16-26，26，32，64。富含三萜类苦木苦味素。22 属，约 109 种，分布于热带及亚热带地区；中国 3 属，10 种，产长江以南各省区，少数至华北及东北部。

Sinacalia H. Robinson & Brettell **华蟹甲属，Asteraceae 菊科**。草本，具粗大块状根状茎和多数纤维状根。叶脉掌状或羽状，叶柄基部无鞘。头状花序辐射状；冠毛细毛状；总苞狭圆柱形至倒锥状钟形，1 层；辐射花 2-8，黄色，盘花两性，黄色，具 5 裂片；花药颈部宽倒锥形至圆柱状，内壁细胞壁增厚，严格两极状排列；花柱分枝内弯，钝。果圆柱形，具肋，无毛。染色体 *x*=30。4/4（4）种，**15 型**；中国南北均产。

Sinadoxa C. Y. Wu，Z. L. Wu & R. F. Huang **华福花属，Adoxaceae 五福花科**。多年生草本；根状茎直立；茎稍粗，2-4 条丛生，一至二回羽状三出复叶。花小，由 3-5 朵花的团伞花序排列成间断的穗状花序，最下部者具长梗，生于茎生叶的叶腋内；花萼杯状，肉质，常 3 裂，裂片囊状，封闭；花冠辐状，3-4 裂，具短管；雄蕊着生于花冠管口部，2 裂至近基部；子房半下位，

S

1 室，悬垂 1 枚胚珠，无花柱。花粉粒 3 孔沟，网状纹饰。染色体 $2n$=36。1/1（1）种，**15 型**；特产青海省南部的囊谦、玉树等地。

Sinapis Linnaeus **白芥属，Brassicaceae 十字花科**。一年生草本，具单毛；茎直立，有分枝。叶羽状半裂或深裂，下部叶有短柄，上部叶近无柄或无柄。总状花序，无苞片或下部花有苞片；花瓣黄色，倒卵形；子房圆柱形，具 4-17 胚珠。长角果短，喙长，有 0-9 种子，隔膜近膜质，有厚壁。种子 1 行，球形，棕色，子叶对折。花粉粒 3 沟，网状纹饰。染色体 $2n$=24。5/2 种，**12 型**；分布于地中海；中国产华东、华北、西北、西南地区。白芥 *S. alba* Linnaeus 可药用或作饲料。

Sindechites Oliver **毛药藤属，Apocynaceae 夹竹桃科**。木质藤本，具乳汁。叶对生，顶端渐尖，呈尾状；叶柄间及叶腋内具线状腺体。聚伞花序，顶生或近顶生；花萼裂片双盖覆瓦状排列，内面基部具腺体，顶端 2 裂；花冠高脚碟状，花冠管圆筒形，裂片芽期向右覆盖；雄蕊内藏；药隔顶端被长柔毛；子房由 2 枚离生心皮组成，胚珠多数，被长柔毛。蓇葖双生，1 长 1 短。种子线状披针形，顶端具种毛。1/1（1）种，**15 型**；分布于中国西南、华中和华南部分省区。

Sindora Miquel **油楠属，Fabaceae 豆科**。乔木。一回偶数羽状复叶，小叶 2-10 对，革质。花小，两性；单生、聚生、排成圆锥花序或总状花序；萼筒短，裂片 4，外表面常具刺状附属物；花瓣 1，稀 2 片；雄蕊 1 枚分离，9 枚合生；子房具短柄，胚珠 2-7 颗，花柱线形，拳卷。荚果大而扁平，斜圆形或斜椭圆形，常有散生、短的直刺，开裂。种子 1-2 颗，基部具肉质假种皮，无胚乳。花粉粒 3 孔沟，网状或穿孔状纹饰。染色体 $2n$=24。约 20/2（1）种，**6（7）型**；分布于非洲中西部（加蓬），东南亚，以及中国福建、广东、海南、云南。一些种类是重要的商业用材，用于建筑、家具及造船，如 *S. wallichii* Bentham。

Sinoadina Ridsdale **鸡仔木属，Rubiaceae 茜草科**。乔木。叶对生。聚伞状圆锥花序由 7-11 个头状花序组成，顶生；花 5 基数；花萼裂片短而钝，宿存；花冠高脚碟状或窄漏斗形，裂片镊合状排列，但在顶端近覆瓦状；雄蕊伸出；子房 2 室，每室有胚珠 4-12 枚，胎座位于子房隔膜上部 1/3 处，柱头伸出。蒴果，内果皮硬，室背室间 4 爿开裂。种子两侧稍微或极度扁平，两端具翅。花粉粒 3 沟，皱波状至近条形纹饰。1/1 种，**14SJ 型**；分布于亚洲东部和东南部；中国产长江以南省区。

Sinobambusa Makino ex Nakai **唐竹属，Poaceae 禾本科**。灌木或乔木状竹类。地下茎细型；秆散生，间或丛生；节间在分枝一侧下半部扁平；箨环木栓质。分枝 3 枚，秆上部者可多至 5-7 枚。秆箨脱落性，箨鞘背面具毛。每小枝具 3-9 叶。续次发生花序，花序下方具苞片；每小穗含小花可达 50 朵；成熟时小穗轴可逐节脱落；颖常缺；鳞被 3；雄蕊 3，偶有 2 或 4；花柱 1，柱头 2 或 3，羽毛状。10/10（9）种，**7-4 型**；分布于越南及中国南部地区。

Sinocarum Wolff ex Shan & Pu **小芹属，Apiaceae 伞形科**。草本。根胡萝卜状。茎直立，单生或丛生，具纵条纹。叶有长柄，具叶鞘，羽状分裂，茎上部的叶片较小，有宽阔的叶鞘。复伞形花序；多数无小总苞片；萼齿小；花瓣大小不等，常伸展不内折；花柱基垫状，花柱较短。果实卵形、阔卵形，果棱线形，每棱槽内油管常 1，胚乳腹面平直，稀微凹。7/7（7）种，**15 型**；中国产云南西部和西北部、四川西部及西藏东部和南部。

Sinochasea Keng **三蕊草属，Poaceae 禾本科**。多年生禾草。具狭窄内卷之叶片，紧缩的圆锥花序；小穗含 1 小花，脱节于颖之上，小穗轴延伸于小花之后，微小而平滑无毛或疏生柔毛；两颖几等长或第一颖

稍长；外稃纸质，短于颖，背部被柔毛，具5脉，侧脉不明显，顶端2深裂，自裂片间伸出膝曲而扭转的芒，基盘微小，生短毛；花柱极短，柱头3，帚刷状。1/1（1）种，**15型**；中国产青海、四川及西藏。

Sinocrassula A. Berger **石莲属，Crassulaceae 景天科**。一年生、二年生至多年生草本，光滑或微被毛。根纤维状。叶多形成基部莲座，茎生叶互生。花序顶生或侧生，聚伞圆锥花序单至多分枝；花两性，5基数，具梗；萼片离生，与瓮状花冠贴生；花瓣离生或近离生，近白色、绿色或粉红色，有时具红色、橘黄色和棕色杂斑；雄蕊5，与花瓣互生，稍短；心皮基部合生，花柱短，柱头头状。蓇葖果种子多数。花粉粒3孔沟。染色体2*n*=22。7/7（6）种，**11型**；分布于喜马拉雅地区；中国产北部，西北部尤盛。

Sinodolichos Verdcourt **华扁豆属，Fabaceae 豆科**。多年生缠绕草本。羽状3小叶，小叶纸质，羽脉凸起，托叶三角形。总状花序，总花梗短或近簇生；花萼被白色或黄色粗毛，萼管钟状，二唇形；瓣片都具瓣柄和耳；雄蕊二体，花丝不等长；子房线形，近无柄，具花盘，胚珠约10颗，柱头漏斗状。荚果线状长圆形，扁平，开裂，密被黄色刚毛状长柔毛。种子长圆形，种脐居中，具种阜。2/1种，**7-2型**；分布于印度，中南半岛，以及中国云南、广西、海南。

S

Sinofranchetia (Diels) Hemsley **串果藤属，Lardizabalaceae 木通科**。木质藤本。芽鳞片多枚。羽状3小叶，侧生小叶基部不对称。总状花序，细长，下垂，多花；萼片6，两轮；花瓣6，小于萼片；雄蕊6，离生；雌花具有退化雄蕊，且与雄花的雄蕊无明显差别；心皮3，每心皮胚珠多数。果实为浆果，不开裂。种子多数。花粉粒3沟，穴状纹饰。染色体2*n*=36。1/1（1）种，**15型**；分布于甘肃、陕西、湖北、湖南、广东、四川及云南。

Sinojackia Hu **秤锤树属，Styracaceae 安息香科**。落叶小乔木。叶互生，有小锯齿。花白色，多朵排成下垂的聚伞花序；萼5-7短裂；花瓣5-7，基部合生；雄蕊10-14；子房半下位，3-4室；每室有胚珠8枚，排成2列。果木质，干燥，不开裂。种子常1粒。花粉粒3（4）孔沟，穴状纹饰。染色体2*n*=24。5/5（4）种，**15型**；分布于越南北部，以及中国江苏、四川、湖南、广东。

Sinojohnstonia Hu **车前紫草属，Boraginaceae 紫草科**。多年生草本，具根茎，被毛。基生叶具长柄，叶片卵状心形；茎生叶小，互生。镰状聚伞花序，无苞片；花萼5裂至近基部，果期增大成囊状；花冠筒状或漏斗状，檐部5裂，喉部附属物5；雄蕊5，花丝丝形；子房4裂，胚珠倒生，雌蕊基低金字塔形。小坚果四面体形，背面边缘延伸出碗状凸起，着生面居果的腹面中部稍下。花粉粒茧形，6异沟，穴状或皱波状纹饰。3/3（3）种，**15型**；分布于华北、华东、华中、四川、甘肃和宁夏。

Sinoleontopodium Y. L. Chen **君范菊属，Asteraceae 菊科**。草本，垫状，雌雄异株。叶互生。头状花序单性，无柄，单生；花托无苞片；冠毛1层，毛状，基部无纤毛，二型，雄花顶端棍棒状；总苞片多层，纸质，基部加厚部分不分叉；雌花黄色，细管状，盘花雄性，有长毛，全部小花黄色。果无毛，有不显著的棱，具5维管束，表面光滑。1/1（1）种，**15-3型**；产西藏米林县。

Sinolimprichtia H. Wolff **囊瓣芹属，Apiaceae 伞形科**。草本。主根粗壮。茎短粗，中空，有紫色沟纹，有叶鞘。叶大部基生，叶鞘宽阔，抱茎，常生于地下；叶片羽状复叶。复伞形花序无总苞；小苞片多数。萼齿小；花瓣卵形至倒卵形，黄色至白色，有时泛紫色，中肋深色，基部具爪，先端反折；花柱基扁圆锥形，深紫色；花柱长，

反折。果实椭圆形，果棱 5。心皮柄细长。1/1（1）种，**15 型**；分布于中国四川、云南、西藏、青海。

Sinomenium Diels **风龙属，Menispermaceae 防己科**。木质藤本。叶柄痕不明显。叶具掌状脉，叶柄非盾状着生。圆锥花序；雄花萼片 2 轮，雄蕊 9，离生，药室开裂；雌花萼片和花瓣与雄花的相似，萼片 2 轮，退化雄蕊 9，心皮 3，花柱外弯，柱头分裂，花柱残迹移至近基部，胎座迹双片状。种子半月形，胚乳丰富，非嚼烂状。花粉粒 3 孔沟，穿孔状纹饰。染色体 $2n$=52。2/1 种，**14 型**；分布于东亚地区；中国产西南部至东部和北部。风龙 *S. acutum* (Thunberg) Rehder & E. H. Wilson 可供药用。

Sinopanax H. L. Li **华参属，Araliaceae 五加科**。无刺常绿乔木。叶为单叶，阔球形，叶片不分裂或 3-5 裂，基部宽楔形至心形，边缘不规则锯齿，顶端急尖至短渐尖；托叶和叶柄基部合生。花两性，无梗，聚生为 8-12 花的头状花序，再组成顶生圆锥花序；小苞片 3；萼筒边缘有 5 小齿；花瓣 5，镊合状排列；雄蕊 5；子房 2 室，花柱 2，离生。果实阔球形。种子卵状三角形；胚乳嚼烂状。花粉粒 3 孔沟，网状纹饰。1/1（1）种，**15 型**；特产中国台湾。

Sinopodophyllum Ying **桃儿七属，Berberidaceae 小檗科**。多年生草本。根状茎粗壮，横走；茎直立，基部被大鳞片。叶 2 枚，具长柄，基部心形，深裂。花单生，两性，先叶开放；萼片 6；花瓣 6；雄蕊 6，花药直立，花药线形，纵裂；雌蕊 1，子房 1 室。大浆果。种子多数，无肉质假种皮。四合花粉，疣状纹饰。染色体 $2n$=12。仅 2/1 种，**14SH 型**；分布于北美东部，尼泊尔，不丹，印度锡金，巴基斯坦，阿富汗东部和克什米尔及中国西南和西北部。桃儿七 *S. emodi* (Wallich ex J. D. Hooker & Thomson) T. S. Ying 可入药。

Sinopora J. Li, N. H. Xia & H. W. Li **孔药楠属，Lauraceae 樟科**。中等乔木。树皮红褐色，片状脱落。小枝纤细，具皮孔。叶互生。9 或 12 朵花组成的圆锥花序腋生。花小，两性。花被筒很短；花被裂片 6，等大，短于雄蕊。雄蕊 6，具腺体，花药 2 室，筒状；药室细小，圆形，顶部微孔开裂。退化雄蕊 6，位于第 3、4 轮，和能育雄蕊等大。子房椭圆状，稀疏被毛，顶部渐狭成短的花柱，柱头小。果圆球形；果梗圆柱形。1/1（1）种，**15 型**；特产中国香港。

Sinosassafras H. W. Li **华檫木属，Lauraceae 樟科**。常绿乔木。叶互生，离基三出脉。3 至多个假伞形花序着生于叶腋内具有不发育顶芽的短枝上；总苞片小，互生且早落。花单性；花被裂片 6，排成 2 轮，且外轮较小。雄花：能育雄蕊 9，花药 2 室，第 1、2 轮药室内向，第 3 轮的侧向。雌花：退化雄蕊 9，外方 3 个退化雄蕊花丝无腺体，花药菱状宽卵形，内方 6 枚退化雄蕊花丝基部有 2 个腺体；退化花药呈棍棒状；子房球形；柱头盾形。果实近球形。1/1（1）种，**15 型**；特产中国云南西部和西藏东南部。

Sinosenecio B. Nordenstam **蒲儿根属，Asteraceae 菊科**。草本。叶掌状，稀羽状脉。头状花序；花托具小窝孔，或有时具缘毛；冠毛细，白色，或辐射花或全部小花无冠毛；总苞片 1 层；小花全部结实，辐射花雌性，舌片黄色，管状花，两性，黄色；花药颈部圆柱形，内壁细胞壁增厚两极状；花柱分枝外弯，极短。果圆柱形或倒卵状，具肋。染色体 x=24，30，稀 13。41/41（39）种，**14SJ（9）型**；主产中亚和西南亚；中国产中西部地区。肾叶蒲儿根 *S. homogyniphyllus* (Cummins) B. Nordenstam 可药用。

Sinoswertia T. N. He, S. W. Liu & J. Q. Liu **异型株属，Gentianaceae 龙胆科**。一年生草本。茎四棱形。异形植株；基生叶与茎下部叶具长柄；茎中上部叶无柄。异形

花，花 4 数，主茎上部的花比基部和基部分枝上的花大；大花的花萼裂片披针形或卵状披针形；异花授粉；小花的花萼裂片宽卵形，先端钝，具小尖头；花冠常闭合，闭花授粉。1/1（1）种，**15** 型；分布于西藏、四川、青海和甘肃。*S. tetraptera* Maximowicz 具药用价值。

Sinowilsonia Hemsley **山白树属，Hamamelidaceae 金缕梅科**。落叶灌木或小乔木。叶互生，叶片倒卵形或椭圆形，轻微不对称，边缘常具齿，羽状脉，2 基部侧脉具三级脉。雌雄同株（或雌雄同花）；穗状或总状花序；萼片 5；花瓣缺失或仅具雏形；雄花具梗，雄蕊 5，花药 2 室，子房退化；雌花无柄，退化雄蕊 5，子房近上位但被萼筒包被，每室 1 枚胚珠。蒴果每室种子 1 枚。花粉粒 3 孔沟，网状纹饰。染色体 2n=24，48。1/1（1）种，**15** 型；分布于中国中部和西北部。

Siphocranion Kudô **筒冠花属，Lamiaceae 唇形科**。多年生草木，具密生须根的匍匐根茎。茎纤细，叶多聚生于茎端。花序总状，或三叉状，由具 2 花的轮伞花序组成；花萼阔钟形，花时 5 齿近相等，果时极增大，上唇宽大，具 3 齿，齿尖突状，下唇 2 齿，齿狭长，上曲；花冠筒状，冠檐上唇 4 裂，下唇全缘；雄蕊 4，内藏，前对较长。花盘前方呈指状膨大，其长度超过子房。小坚果长圆形或卵圆形，褐色、具点，基部有 1 小白痕。花粉粒 6 沟。2/2（1）种，**14** 型；分布于印度锡金，缅甸北部，越南北部及中国亚热带地区。

Siphonostegia Bentham **阴行草属，Orobanchaceae 列当科**。寄生草本，密被短毛或腺毛。茎基部多少木质化，上部常多分枝。叶对生，或上部假对生；叶片轮廓为长卵形而亚掌状羽状 3 深裂。总状花序；花对生，稀疏；花梗短，小苞片 1 对；花冠二唇形，盔（上唇）略作镰状弓曲，额部圆，短齿 1 对，下唇约与上唇等长，3 裂，裂片近于相等；二强雄蕊；花药 2 室；子房 2 室，胚珠多数。蒴果黑色，卵状长椭圆形。种子多数，长卵圆形，网眼状表面。花粉粒 3 沟，基柱网纹状纹饰。4/2（2）种，**10（14SH）**型；分布于西亚与东亚；中国产东部和南部。

Siraitia Merrill **罗汉果属，Cucurbitaceae 葫芦科**。攀援草本。全株常被红色或黑色疣状腺鳞。单叶心形；卷须常分 2 叉，在分叉点上下同时旋卷。雌雄异株；雄花序总状或圆锥状，花萼裂片 5，花冠裂片 5，雄蕊 5，花药 1 室，药室 S 形折曲；雌花花柱短粗，3 浅裂；胚珠多数。果实球形、扁球形或长圆形；种子多数，水平生，近圆形或卵形，表面具沟纹或平滑，无翅或稀具木栓质翅。花粉粒 3 孔沟，网状纹饰。染色体 n=14。4/3（1）种，**7-1** 型；分布于印度锡金，印度尼西亚，马来西亚，泰国，越南；中国产广西、贵州、湖南南部、广东、江西和云南东南部及南部。罗汉果 *S. grosvenorii* (Swingle) C. Jeffrey ex Lu & Z. Y. Zhang 的果实有润肺、祛痰、消渴之效。

Sirindhornia H. A. Pedersen & Suksathan **毛轴兰属，Orchidaceae 兰科**。地生草本。块茎球形，卵形或椭圆形，肉质。叶片 1-2，位于基部，肉质，具紫色斑点。花序轴被毛；花倒置；子房扭转，被毛；花瓣常与中萼片靠合呈盔状；蕊柱短；花药直立，2 室，平行；花粉块 2，粒粉质，具细长的花粉团柄与粘盘；柱头凹陷，位于蕊喙下方；退化雄蕊 2，位于蕊柱两侧。约 3/2 种，**7（3）**型；分布于亚洲热带山地；中国产西南地区。

Sisymbriopsis Botschantzev & Tzvelev **假蒜芥属，Brassicaceae 十字花科**。草本。基生叶具柄，羽状浅裂或具粗齿，茎生叶具柄或近无柄，全缘，齿状或羽状分裂。总状花序；萼片长圆形，直立，无毛或短柔毛；花瓣白色或粉红色；雄蕊 6，稍四强雄蕊，花药卵形或长圆形；每子

S

房 15-50 胚珠。果开裂，长角果，线形，无柄。种子单列，无翅，长圆形，稍扁，种皮细网状。5/4（3）种，**13 型**；分布于吉尔吉斯斯坦，塔吉克斯坦及中国西北地区。

Sisymbrium Linnaeus **大蒜芥属，Brassicaceae 十字花科**。草本。叶为大头羽状裂或不裂。萼片基部不呈囊状；花瓣黄色、白色或玫瑰红色，具爪；雄蕊花丝分离，无翅或齿；子房无柄，柱头钝，不裂或 2 裂。长角果圆筒状或略压扁，开裂；果瓣具 3 脉，中脉明显（并较粗）。种子每室 1 行，多数，种柄丝状，长圆形或短椭圆形，无翅状附属物。花粉粒 3 沟，网状纹饰。染色体 2*n*=14。41/10（1）种，**1（8-4）型**；主要分布于非洲，亚洲，欧洲，少数到南非和新大陆；中国产东北、西北、华东地区。

Sium Linnaeus **泽芹属，Apiaceae 伞形科**。草本。根为成束的须根或为块根。茎直立。叶柄具叶鞘；叶片羽状分裂至全裂。复伞形花序；总苞片全缘或有缺刻；小总苞片窄狭；萼齿常不等大；花瓣顶端内折；花柱反折，花柱基平陷或很少呈短圆锥形。果实球状卵形或卵状长圆形，光滑，果棱显著；每棱槽中有油管 1-3，合生面油管 2-6。胚乳腹面平直；心皮柄 2 裂达基部。花粉粒 3 孔沟，条纹状纹饰。10/5（1）种，**1 型**；分布于北半球和非洲；中国产西南、东北部。

Skimmia Thunberg **茵芋属，Rutaceae 芸香科**。常绿灌木或小乔木；枝的皮层光滑且厚。单叶，互生，全缘，具透明油点。有限花序，花单性或杂性；萼片 4-5；花瓣 4-5，覆瓦状排列，具油点；雄蕊 4-5，花丝分离；雌花的退化雄蕊比子房短；雄花的退化雌蕊棒状或垫状；杂性花雄蕊具早熟性；子房 2-5 室，每室 1 胚珠。核果，具浆汁液，小核 2-5，稀 1；种子扁卵形，种皮薄革质。花粉球形至长球形，（3-）4-6（-7）孔沟，外壁条纹状至条纹-网状纹饰。染色体 2*n*=30，32，60。（5-6）/5（1）种，**14 型**；分布于亚洲东部，南部和东南部；中国产西南、华南和东南部。茵芋 *S. reevesiana* (Forttune) Fortune 的茎叶有毒，可祛风胜湿；多脉茵芋 *S. multinervia* Huang 可作兽药。

Sladenia Kurz **肋果茶属，Sladeniaceae 肋果茶科**。常绿乔木；单叶互生，薄革质，无托叶，具小锯齿或全缘。二歧聚伞花序单生于叶腋，花两性，辐射对称；苞片披针形，早落；小苞片 2，生于花萼基部，早落；萼片 5，宿存；花瓣 5，白色，基部稍合生；雄蕊 1 轮，10-13 枚，花丝短粗而内弯，基部膨大，顶部收缩，花药基着，内向，被毛，顶部 2 裂，基部箭头形，成熟时顶孔开裂；子房上位，圆锥形，无毛，3 室，每室具 2 枚胚珠，花柱短，柱头 3 浅裂，宿存。蒴果浅灰色，圆锥形至长颈瓶状，具 8-10 条纵棱，果熟时 3 裂，每室种子 2 粒。种子呈三棱状膨大，干时具不规则的翅。花粉粒 3 孔沟，穿孔状纹饰。2/2（1）种，**7-3 型**；分布于泰国，缅甸，以及中国云南、贵州和广西。肋果茶 *S. celastrifolia* Kurz 是珍贵的用材树种，也是优良的庭园绿化树种。

Sladeniaceae Airy Shaw **肋果茶科，木兰亚纲/杜鹃花目**。常绿乔木；具单细胞毛被。叶螺旋状着生或 2 列状排列，叶缘具锯齿或全缘，次级脉羽状，无托叶。二歧聚伞花序腋生，花小，5（6）基数；萼片和花瓣为覆瓦状排列；萼片离生；花瓣离生或基本合生；雄蕊（8-）10-15，离生或贴生于花冠，基着药，顶孔开裂或通过裂缝开裂；无蜜腺；雌蕊具 3 或 5 心皮，胚珠着生于中轴上，每心皮 2 胚珠或胚珠多数，花柱短，有时具很短的花柱分枝；胚直生，胚乳丰富。果实为分果状、内果皮壳质，或为室背开裂的蒴果，具宿存的中轴，萼片宿存。种子具翅或无，外种皮壳状。花粉粒 3 沟。染色体 *n*=24。2 属，4 种，其中 *Ficalhoa* 产东非，肋果茶属 *Sladenia* 产东南亚至中国西南部；中国 1 属，2 种，分布于云南、贵州和广西。

Sloanea Linnaeus **猴欢喜属，Elaeocarpaceae 杜英科**。乔木。叶互生，具长柄，羽状脉，无托叶。总状花序，花两性；萼片 4-5，卵形，镊合状或覆瓦状排列；花瓣 4-5，稀缺，倒卵形，覆瓦状排列；雄蕊多数，生于花盘上，花药顶孔开裂或从顶部向下开裂，药隔常突出成喙，花丝短；子房 3-7 室，被毛，胚珠每室数枚。蒴果圆球形或卵形，表面多刺，室背 3-7 爿裂；种子 1 至数颗，垂生，常具假种皮，胚乳丰富，子叶扁平。花粉粒 3 孔沟，网状纹饰。约 120/14（7）种，**3（2-1）型**；分布于热带，亚热带地区；中国产云南、广西、台湾、海南、湖南、湖北、四川、贵州、广东、福建和浙江。猴欢喜 *S. sinensis* (Hance) Hemsley 的树皮和果壳含鞣质，可提制栲胶；可作常绿观赏树种。

Smallanthus Mackenzie **包果菊属，Asteraceae 菊科**。草本或灌木。茎直立。叶对生。头状花序；总苞片 2 层，草质，内层与小花同数，膜质至干膜质；花托托片干膜质；无冠毛；缘花结实，雌性，黄色，白色或橙色，盘花不育，雄性，黄色或橙色。果倾斜着生于托片中，为总苞片隔开，果实显著长于盘花花冠，压扁，具 30-40 肋或条纹。染色体 2*n*=32。24/2 种，**（3b）型**；产中美洲，南美及北美；中国南方地区引种栽培或归化。菊薯 *S. sonchifolius* (Poeppig) H. Robinson 广泛栽培，块根可食。

Smelowskia C. A. Meyer **芹叶荠属，Brassicaceae 十字花科**。多年生矮小草本。花梗丝状，细；萼片直立，基部相等，长圆形，内轮的略比外轮的宽，顶端有宽膜质边缘；花瓣白色或红色，长圆形，顶端钝；子房无柄，柱头呈扁压头状或近 2 浅裂。短角果，开裂；隔膜极透明或厚，有时穿孔。种子每室 1 行。染色体 2*n*=12。25/7 种，**9 型**；分布于中亚与东亚，北美洲；中国产新疆、黑龙江。

Smilacaceae Ventenat **菝葜科，木兰亚纲/百合目**。攀援木本，少草本和小灌木。根状茎粗壮富含淀粉。茎圆柱形或具棱，常有刺，或疣状凸起或刚毛。单叶互生，主脉弧形 3-7 条，具细网脉；叶柄具宽鞘或窄鞘，或无鞘，鞘上方常具 1 对卷须。伞形花序单一，或有时 2 至多个呈圆锥状或穗状；单性异株。花小，花被 6，多呈绿色、黄绿色，离生或合生；雄蕊 6（3，-18），有时花丝联合；雌花常具退化雄蕊，花柱短，柱头 3 裂，3 心皮子房上位，中轴胎座，每室具 1-2 枚胚珠。浆果球形。种子 1-3 枚。花粉粒无萌发孔，少数拟孔沟，具刺状或疣状纹饰。染色体 *n*=13，15，16，少数四倍体至八倍体。1 属，210 种，泛热带分布，除南极洲，各大陆都有分布，主产热带与亚热带地区，少数到温带地区；中国 1 属，92 种，除新疆、内蒙古外，各省区均产，西南地区尤盛。

Smilax Linnaeus **菝葜属，Smilacaceae 菝葜科**。特征描述同科。约 210/92（60）种，**2 型**；泛热带间断分布；除新疆、内蒙古外，各省区均有分布。土茯苓 *S. glabra* Roxburgh 的根状茎提取物富含菝葜醇、菝葜皂苷等成分，具有抗炎、镇痛、抗菌、降血糖和抗肿瘤等作用。

Smithia Aiton **坡油甘属，Fabaceae 豆科**。平卧或披散草本或矮小灌木。偶数羽状复叶，托叶干膜质，长卵形，基部下延成披针形的长耳，小托叶缺。小花单朵至多朵成腋生的总状花序或花束，或多少蝎尾状；花萼膜质，二唇形；花冠黄色、蓝色或紫色；雄蕊初时全部合生为鞘状，后期分为相等的二体（5+5）；花柱向内弯，丝状。荚果具数个扁平或膨胀的荚节，折叠包藏于萼内。花粉粒 3 沟，网状纹饰。约 20/5 种，**4 型**；主产南亚次大陆，分布于非洲，亚洲的热带地区并延伸至澳大利亚北部；中国产西南部至台湾。

S

Smitinandia Holttum **盖喉兰属，Orchidaceae 兰科。**附生草本。茎伸长。叶 2 列，扁平，狭长。花序下垂具许多花；花稍肉质；萼片明显比花瓣大；唇瓣牢固地贴生于蕊柱基部，具距，距内无附属物，距口前方有 1 枚高高隆起的肥厚横隔；蕊柱无蕊柱足；蕊喙伸长；柱头位于蕊喙之下；花粉团蜡质，4 个，或 2 个而每个劈裂为不等大的 2 爿。约 3/1 种，**7a（14SH）型**；分布于东南亚，经中南半岛地区至喜马拉雅；中国产云南。

Solanaceae Jussieu **茄科，木兰亚纲/茄目。**草本、灌木、小乔木或藤本。叶互生或大小不等的二叶双生；单叶或复叶。花单生或各式聚伞花序；花辐射对称或稀两侧对称；花萼裂片常 5，宿存并常膨大；花冠裂片常 5；雄蕊常 5，稀 2 或 4，花药纵缝开裂或孔裂；子房 2 室，少数 3-5 室，2 心皮不位于花正中轴线上而偏斜。浆果或蒴果。种子胚乳丰富，胚弯曲成钩状、环状或螺旋状或弓曲至通直。花粉粒（2-）3-5（-8）沟或（2-）3-5（-6）（拟）沟孔，穿孔、具刺、网状或条纹纹饰。约 102 属，2460 种，温带及热带地区广布，以美洲热带最为丰富；中国 20 属，102 种，各地广布，以西南地区较多。

Solanum Linnaeus **茄属，Solanaceae 茄科。**草本、灌木、攀援藤本或小乔木，有时具刺。毛被多样。单叶或稀羽状复叶。花组成各式顶生聚伞花序或聚伞式圆锥花序，稀单生，两性或雄全同株；花萼 4-5 裂；花冠漏斗状辐形或星状辐形；雄蕊生于花冠喉部，花药常贴合，顶孔开裂；子房 2（-5）室。果萼宿存，稍膨大包围浆果基部。种子有网纹状凹穴；胚极弯曲。花粉粒 3（带状）孔沟或无萌发孔，近平滑、粗糙、皱波状、颗粒状或网状纹饰。染色体 $2n$=24，48，56。约 1400/41 种，**1（3）型**；分布于热带和亚热带地区，南美洲热带地区种类最多；中国南北分布。洋芋 *S. tuberosum* Linnaeus、茄 *S. melongena* Linnaeus 等为重要的经济作物。

Solena Loureiro **茅瓜属，Cucurbitaceae 葫芦科。**多年生攀援草本。叶柄极短或近无；叶片变异极大，基部深心形或戟形。雌雄异株或同株；雄花：总梗短，伞状或伞房状花序，花萼筒钟状，裂片 5，花冠裂片 5，雄蕊 3，药室弧曲或之字形折曲。雌花：单生，子房长圆形，胚珠少数，退化雄蕊 3。果实长圆形或卵球形，不开裂，外面光滑；种子圆球形。花粉粒 3 孔沟，穿孔状、疣状凸起或网状纹饰。染色体 n=12 或 24。3/1 种，**5（7）型**；分布于东亚和东南亚；中国产台湾、福建、江西、广东、广西、云南、贵州、四川和西藏。茅瓜 *S. amplexicaulis* (Lamarck) Gandhi 的块根可药用。

Solenanthus Ledebour **长蕊琉璃草属，Boraginaceae 紫草科。**草本，被毛。茎生叶互生。镰状聚伞花序，无苞片；花萼 5 裂至基部；花冠喉部附属物长圆形；雄蕊具长花丝，常远伸出或稍伸出花冠，着生花冠附属物之上；花柱伸出花冠，雌蕊基金字塔形。小坚果背腹扁，卵形，背面具盘状凸起，边缘及以外密生锚状刺，着生面在腹面靠上部，约占腹面的一半，与雌蕊基贴合牢固。花粉粒 6 异沟，光滑-穿孔纹饰。染色体 n=12。约 10/1 种，**12 型**；分布于欧洲东南部及亚洲的西部和中部；中国产新疆。

Solidago Linnaeus **一枝黄花属，Asteraceae 菊科。**草本，稀半灌木。叶互生。头状花序多数在茎上部排成总状、圆锥或伞房状花序；花托微凸起，蜂窝状，无托片；冠毛细毛状，稍不等长或外层稍短；总苞狭钟状至圆柱状，3-5 层；边花黄色雌性 1 层或退化，中央管状花两性。瘦果近圆柱形，8-10 肋。染色体 x=9。100/6 种，**8-4（9）型**；主产美洲，少数到欧亚大陆；中国产东北、华北、华南、西南及台湾。一枝黄花 *S. decurrens* Loureiro 全草入药，可

消肿止痛，主治蛇毒伤等。

Soliva Ruiz & Pavon **裸柱菊属，Asteraceae 菊科**。矮小草本。叶互生，常羽状全裂。头状花序无柄，腋生，异型；花托无托毛；总苞半球形，总苞片2层，近等长，边缘膜质；边花雌性，无花冠，数层，能育，盘花两性，常不育，花冠管状，略粗，基部渐狭，冠檐具极短4齿裂，稀2-3齿裂；花药基部钝；雌花瘦果扁平，边缘有翅，顶端无冠状边缘，有宿存的花柱。染色体 $2n$=18。8/2种，**3型**；主产澳大利亚，北美，南美；2种入侵中国南部。

Solms-laubachia Muschler **丛菔属，Brassicaceae 十字花科**。多年生草本，有时垫状。根粗壮。茎多分枝，革质或草质。无毛或具单毛。基生叶莲座状，具叶柄；全缘，两面被毛或近无毛。总状花序，花葶2至多条，各具花1朵，罕为总状花序；萼片背面被柔毛；花蓝紫色、白色、紫红色或淡黄色；雄蕊6，稀为2或4；子房具胚珠2-10。长角果狭卵状披针形，具脉，被毛，果皮纸质。种子每室1-2行，排列于胎座框两侧，近圆形，无翅，表面具附属物或平滑；子叶缘倚胚根。染色体 $2n$=14。33/25（14）种，**14SH（←15）型**；分布于不丹，印度锡金及中国西南地区。

Sonchella Sennikov **小苦苣菜属，Asteraceae 菊科**。盐生草本。茎直立，有叶。头状花序排成狭窄的总状或圆锥花序；花托无苞片；冠毛同型，易脱落，白色；总苞圆柱形，多层，覆瓦状排列，向内渐长，外层约为内层1/3，无毛，内层线状披针形，等长，边缘干膜质；小花黄色，约10枚。果圆柱状至纺锤形，近压扁，有5主肋，间肋1-3条，顶截形。染色体 $2n$=16。2/2种，**11型**；产蒙古国，俄罗斯东部及中国北方地区。碱小苦苣菜 *S. stenoma* (Turczaninow ex de Candolle) Sennikov 可药用。

Sonchus Linnaeus **苦苣菜属，Asteraceae 菊科**。草本。叶互生。头状花序；花托无托毛；冠毛毛状，多层，外层细密，内层较粗，白色，易脱落，基部整体连合；总苞片覆瓦状排列，草质，边缘常膜质；小花黄色。果卵形或椭圆形，有纵肋，常有横皱纹，无喙。花粉粒3孔沟，网状纹饰。花粉粒3孔沟，有刺脊，穴状纹饰，具刺。染色体 x=5，7，8，9，多为二倍体、三倍体、四倍体、六倍体、八倍体。90/5种，**10（12）型**；产非洲，亚洲，大洋洲，欧洲，太平洋群岛；中国南北均产。苦苣菜 *S. oleraceus* Linnaeus 全草可入药。

Sonerila Roxburgh **蜂斗草属，Melastomataceae 野牡丹科**。草本至小灌木。叶片宽5（-7）cm以下，羽状脉或掌状脉；叶柄常被毛。蝎尾状聚伞花序或几呈伞形花序，顶生或生于分枝顶端，有时腋生，常总梗在2cm以上；花3数或6数；花萼钟状管形；花瓣长圆状椭圆形；雄蕊3，花药顶孔开裂；子房下位，坛形，顶端具膜质冠。蒴果纵裂；种子小，多数，楔形。花粉粒为3带状孔沟，光滑，微皱或条纹状纹饰。染色体 $2n$=18，22，34。约150/6（3）种，**7a-c型**；热带亚洲广布；中国产云南、广西、广东、江西、福建。蜂斗草 *S. cantonensis* Stapf 全株药用，可通经活血，治跌打、翳膜。

Sonneratia Linnaeus **海桑属，Lythraceae 千屈菜科**。乔木或灌木，全体无毛，生于海岸泥滩上；树干基部具呼吸根。花单生或2-3朵聚生于近下垂的小枝顶部；萼筒倒圆锥形、钟形或杯形，在果实成熟时浅碟形，4-6（-8）裂，裂片卵状三角形，内面常有颜色；花瓣与花萼裂片同数，或无，与雄蕊常早落；雄蕊极多数，花药肾形；花盘碟状；子房多室。浆果扁球形，有宿存的花柱基；种子藏于果肉内，外种皮不延长。花粉粒3孔，网状纹饰。约9/6（1）种，**4型**；分布于非洲东部热带海岸和邻近的岛屿；中国产海南和福建。组成红树林种类之一。

Sophora Linnaeus **槐属，Fabaceae 豆科**。乔木、灌木或多年生草本，稀攀援状。奇数羽状复叶对生。花序总状或圆锥状，顶生、腋生或与叶对生；花白色、黄色或紫色；花萼钟状或杯状，萼齿5，等大，或上方2齿近合生而成为近二唇形；旗瓣与翼瓣形状、大小多变；雄蕊10，分离或基部有不同程度的连合；胚珠多数。荚果圆柱形或稍扁，串珠状，有时具翅。种子1至多数。花粉粒3孔沟，网状纹饰。约70/21（9）种，**1 型**；广布热带至温带地区；中国主产西南、华南和华东地区，少数至华北、西北和东北地区。一些种类可作观赏和蜜源植物，花可入药或可作为黄色染料，如槐 *S. japonica* Linnaeus；苦参 *S. flavescens* Aiton 含有生物碱，可入药，茎叶煎汁为驱虫剂。

Sopubia Buchanan-Hamilton ex D. Don **短冠草属，Orobanchaceae 列当科**。寄生草本。茎常多分枝，枝对生。叶对生，偶互生，全缘或全裂而有狭细的裂片。花集成总状或穗状或圆锥花序；有苞片；萼钟状，具5齿；花冠管状，裂片5，伸张；雄蕊4，2强，花药1室，另1室退化；花柱上部变宽而多少舌状，有柱头面，子房胚珠多数。蒴果卵形至矩圆形，室背开裂。种子多数，有松散的种皮。花粉粒3沟，网状纹饰，覆盖层上有芽孢状凸起。染色体2*n*=36。约20/4（3）种，**4（6，7）型**；分布于非洲热带和南非（阿扎尼亚），马达加斯加岛，印度，马来半岛及大洋洲；中国产南部各省区。

Soranthus Ledebour **簇花芹属，Apiaceae 伞形科**。草本。根圆柱形，细长。叶片多回羽状全裂。复伞形花序；小伞形花序几乎成头状，花近无柄，小总苞片有白色短刺毛；萼齿短；花瓣淡绿色，卵形，外面有毛；花柱基扁圆锥形，花柱外弯。分生果椭圆形，背腹扁压，背棱丝状凸起，侧棱宽翅状，每棱内有油管1，合生面油管4。心皮柄2裂，种子胚乳腹面平直。1/1 种，**13 型**；分布于哈萨克斯坦，西伯利亚地区及中国新疆。

Sorbaria (Seringe) A. Braun **珍珠梅属，Rosaceae 蔷薇科**。落叶灌木。羽状复叶，互生，具托叶。花小型，顶生圆锥花序；萼筒浅杯状；萼片5，反折，宿存；花瓣5，白色，覆瓦状排列；雄蕊20-50；心皮5，基部合生，与萼片对生。蓇葖果光滑，沿腹缝线开裂。种子数枚。花粉粒3孔沟或拟孔沟，条纹状纹饰。染色体2*n*=36。9/3（2）种，**9 型**；分布于温带亚洲；中国产东北、华北至西南。可栽培供观赏用，枝及果穗可入药。

Sorbus Linnaeus **花楸属，Rosaceae 蔷薇科**。落叶乔木或灌木。奇数羽状复叶互生，小叶片有锯齿，稀近全缘，有托叶。花两性，多数成顶生复伞房花序；萼片和花瓣各5；雄蕊15-25；心皮2-4（-5），大部分与花托合生，罕为全部合生，花柱2-4，稀5，常离生，子房半下位或下位，2-4（-5）室，每室胚珠2。梨果小型，有宿存萼片，子房壁膜质，罕稍坚硬，各室具1-2种子。花粉粒3孔沟，负网状纹饰。染色体2*n*=34，51，68。80/36（23）种，**8 型**；分布于北半球，亚洲，欧洲，北美洲；中国产西南各省区。

Sorghum Moench **高粱属，Poaceae 禾本科**。高大草本。圆锥花序由总状花序组成，花序轴延伸；小穗孪生，穗轴顶端1节有3小穗；无柄小穗两性，背腹扁压，第一颖背部凸起或扁平，第二外稃长圆形或椭圆状披针形，全缘且无芒，或具2齿裂，裂齿间具1芒；有柄小穗雄性或中性。花粉粒颗粒到负网状纹饰。染色体2*n*=10，20，40。约30/5种，**2（4，6）型**；原产欧亚大陆的热带和亚热带地区，现广布全球各地；中国各省区多有栽培。多为谷物和饲料等经济作物，如高粱 *S. bicolor* (Linnaeus) Moench。

Soroseris Stebbins **绢毛菊属，Asteraceae 菊科**。草本。头状花序排列成圆锥或半球状的团伞花序；冠毛3层，等长，锯齿状，

基部不连合成环，分散脱落；总苞圆柱状，2层，外层2枚，线形，内层4-5枚，长基部黏合或结合；小花4-6枚，黄色，极少白色。果长圆柱状或长倒圆锥形，微扁，顶端无喙，有肋。花粉粒3孔沟，有刺脊，具圆锥形小刺。染色体 $2n=16$，32。7/7种，**14SH 型**；产不丹，印度北部，克什米尔，尼泊尔，巴基斯坦及中国西部地区。空桶参 *S. erysimoides* (Handel-Mazzetti) C. Shih 可药用。

Sparganium Linnaeus **黑三棱属，Typhaceae 香蒲科。**多年生水生或沼生草本，具匍匐根状茎。叶互生，2列，基部具鞘。头状花序，组成圆锥花序、总状花序或穗状花序，上部雄花序，下部雌花序。雄花：雄蕊3至多数。雌花：具小苞片，子房1室。果实坚果状，不裂。种皮薄膜质。花粉单粒，单孔，网状纹饰。染色体 $2n=30$。19/11（3）种，**8-4 型**；分布于北半球温带或寒带；中国南北均产。黑三棱 *S. stoloniferum* (Buchanan-Hamilton ex Graebner) Buchanan-Hamilton ex Juzepczuk 可用于园艺水体布景；块茎可入药。

Spartina Schreber **米草属，Poaceae 禾本科。**多年生直立草本。2至多枚穗状花序组成总状；小穗无柄，脱节于颖之下，含1小花，显著两侧压扁；颖顶端尖或有1短芒，背部常具脊，第一颖常较短，第二颖较外稃为长，外稃中脉在背面常凸起成脊，内稃2脉亦可成脊，无鳞被。染色体 $x=10$。约17/2种，**8 型**；分布于欧洲，美洲，主产北美及欧洲海滩；中国引入栽培。大米草 *Spartina anglica* C. E. Hubbard 为优良的海滨先锋植物；其秆叶可饲养牲畜，作绿肥等。

Spathoglottis Blume **苞舌兰属，Orchidaceae 兰科。**地生草本，具鳞茎，顶生1-5枚叶。叶基部收狭为柄，具折扇状脉；叶柄之下具鞘。花葶生于鳞茎基部；总状花序疏生少数花；萼片相似，背面被毛；花瓣与萼片相似而常较宽；侧裂片之间常凹陷呈囊状；中裂片具爪；蕊柱上端扩大而呈棒状，两侧具翅；花粉团8个，蜡质，狭倒卵形，近等大，每4个为一群，共同附着于1个三角形的粘盘上。46/3 种，**5（7e）型**；分布于热带亚洲至澳大利亚和太平洋岛屿；中国产南方各省区。

Spatholirion Ridley **竹叶吉祥草属，Commelinaceae 鸭跖草科。**多年生缠绕草本。无根状茎。圆锥花序与叶对生，并自叶鞘口内伸出。在圆锥花序中最下一个聚伞花序上的花为两性，其余花均为雄性；雄蕊6，花丝被绵毛；子房3室，每室有胚珠8。果实卵状三棱形，3爿裂。种子成2列，多角形，具网纹。染色体 $2n=20$。3/2种，**7-4 型**；分布于泰国，越南及中国西南部至东南部。

Spatholobus Hasskarl **密花豆属，Fabaceae 豆科。**木质攀援藤本。羽状3小叶。圆锥花序腋生或顶生；花萼钟状或筒状，裂齿较短，二唇形；花冠粉红色、紫色或白色；雄蕊二体，花药大小均一或5大5小；子房具短柄或无柄，胚珠2颗，花柱稍弯。荚果具果颈或无，镰形或长圆形，压扁，具网纹，密被短柔毛或绒毛，具1种子，熟时只于顶部开裂。种子扁平。花粉粒3孔沟，网状纹饰。约30/10（7）种，**7ab 型**；分布于亚洲热带地区；中国产云南、广东、广西、福建和海南。密花豆 *S. suberectus* Dunn 的茎藤可入药，为中药鸡血藤的主要来源。

Speirantha Baker **白穗花属，Asparagaceae 天门冬科。**多年生草本。根状茎，基部包有鞘；根状茎斜生，较粗，匍匐。叶基生，几枚，多少成簇，并行脉多而密。花葶侧生，短于叶，顶端有总状花序；苞片近膜质；花梗直，顶端有关节；花被片分离，披针形，反折；雄蕊6，着生于花被片基部；花药背着，丁字形，内向纵裂；子房近球形，3室，每室有胚珠3-4，花柱细长，柱头小。果实为1浆果。花粉粒单沟，微穿孔形纹饰。染色体 $2n=38$。1/1（1）

S

种，**15 型**；中国产华东地区。

Spenceria Trimen **马蹄黄属，Rosaceae 蔷薇科**。多年生草本。基生叶奇数羽状，茎生叶 3 裂或先端 2-3 齿；托叶草质，附着在叶柄上。稀疏总状花序顶生；总苞杯状，7-8 裂；萼筒倒圆锥形，萼片 5，宿存；副萼片 5；花瓣 5，基部有短爪；雄蕊 30-40，2-3 轮，花丝基部膨大并连合，宿存；花盘延长成管包围花柱；心皮（1）2，花柱近顶生，柱头小，每心皮胚珠 1 枚，垂生。果实由除花瓣外花的其他部分形成，瘦果包括在花托内。种子无胚乳，子叶近方形。花粉粒 3 孔沟，条纹状纹饰。染色体 $2n$=28。1/1 种，**15 型**；分布于不丹及中国西南部。马蹄黄 *S. ramalana* Trimen 的根可入药。

Speranskia Baillon **地构叶属，Euphorbiaceae 大戟科**。草本。叶互生，边缘具粗齿。花单性，雌雄同株；总状花序，顶生，雄花常生于花序上部，雌花生于花序下部，有时雌雄花同聚生于苞腋内，雄花生于雌花两侧。雄花：花萼 5 花瓣 5，有爪，有时无，花盘 5 裂或为 5 个离生的腺体，雄蕊 8-10（-15），2-3 轮排列于花托上，花药 2 室，无不育雌蕊。雌花：花萼裂片 5，花瓣 5 或缺，小，花盘盘状，子房 3 室，每室有 1 胚珠，花柱 3，2 裂几达基部。蒴果具 3 个分果爿；种子球形。花粉粒 3 孔沟，网状纹饰。2/2（2）种，**15 型**；除新疆、西藏外，各省区均产。

Spergula Linnaeus **大爪草属，Caryophyllaceae 石竹科**。一年生或二年生草本。茎直立，分枝，腋生分枝的节间不延长。叶片线形，呈假轮生状；托叶小，膜质。花具长梗，成聚伞花序，雌蕊花雌雄同株或雌蕊花雌雄异株；萼片 5；花瓣 5，全缘；雄蕊（5）10；花柱 5，常与萼片互生；子房 1 室，具多胚珠。蒴果常 5 瓣裂，与萼片对生。种子双凸镜状，边缘具翅。花粉粒散孔，颗粒状纹饰。染色体 $2n$=18。5/1 种，**8 型**；分布于北温带；中国产东北和西北地区。大爪草 *Spergula arvensis* Linnaeus 可作家畜饲料。

Spergularia（Persoon）J. & C. Presl **拟漆姑属，Caryophyllaceae 石竹科**。一、二年生或多年生草本。茎常铺散。叶对生，叶片线形；托叶小，膜质。花两性，具细梗，成聚伞花序；萼片 5，草质，顶端钝，边缘膜质；花瓣 5，白色或粉红色，全缘，稀无花瓣；雄蕊 10 或较少；子房 1 室，具多数胚珠，花柱 3。蒴果卵形，3 瓣裂。种子多数，细小，扁平，边缘具翅或无翅。花粉粒 3 沟，穿孔状-颗粒纹饰。染色体 $2n$=18，36，54，72。25/4 种，**1 型**；分布于温带地区，主要为盐土植物；中国产东北和西北地区。

Spermacoce Linnaeus **钮扣草属，Rubiaceae 茜草科**。草本或亚灌木。茎和枝四棱柱形。叶对生；托叶与叶柄合生而成 1 截头状的鞘，顶端具不等长的刺状毛。花数朵簇生或排成聚伞花序，腋生或顶生；花萼裂片 2，4（-8）；花冠高脚碟形或漏斗形，裂片 4；雄蕊 4；子房 2 室，每室有胚珠 1 颗，生于隔膜中部，柱头头状或 2 裂。蒴果，卵球形或近球形，成熟时先室间再室背开裂。种子腹面有沟槽，种皮薄。花粉粒 3 至多（可达 30）散孔沟（孔）或环孔沟，穿孔状、颗粒状、刺状或网状纹饰。染色体 $2n$=28，32，40，56，64。约 275/7 种，**2-2（6）型**；广布美洲，非洲和亚洲的热带和亚热带地区；中国产华南和东南地区，多为归化种。

Spermadictyon Roxburgh **香叶木属，Rubiaceae 茜草科**。灌木。叶对生。三歧分枝的圆锥花序或伞形花序式的聚伞花序，顶生；花 5 基数；花萼裂片宿存；花冠漏斗形，裂片镊合状排列；雄蕊伸出或内藏；子房 5 室，胚珠每室 1 个，柱头 5 裂，伸出或内藏。核果，后变成蒴果状或裂果状，长椭球形，顶端 5 裂。种子长椭球形或三棱形，种皮具网状纹。花粉粒 3 沟，网状纹饰。染色体 n=11。约

6/1 种，**14SH 型**；原产印度和马来西亚；中国西藏引种栽培。

Sphaeranthus Linnaeus **戴星草属，Asteraceae 菊科**。草本。叶互生，基部沿茎枝下延成翅状。头状花序假盘状，密集成复头状花序；花托狭，无毛；无冠毛；总苞狭窄，1-2 层，内层常干膜质，外围雌花少数或较多，结实，细管状，檐部 2-4 齿裂；中央两性花极少或 1 个，结实或不结实，管状、漏斗状或坛状，檐部 4-5 裂。果圆柱形，稍压扁，有棱。花粉粒 3 孔沟，具刺，刺间穿孔状。染色体 2*n*=20。40/3 种，**4 型**；主产非洲和亚洲的热带，亚热带地区，少数延伸到大洋洲；中国产西南部至台湾。

Sphaerocaryum Nees ex J. D. Hooker **稗荩属，Poaceae 禾本科**。一年生草本。叶片卵状心形。小型圆锥花序；小穗小，卵圆形，含 1 小花，两性，无芒，自小穗柄关节处整个脱落，颖透明膜质，第一颖较短，第二颖具 1 脉；小花稃体均为薄膜质，外稃宽卵形，具 1 脉，内稃与外稃等长。颖果卵圆形。染色体 2*n*=18。1/1 种，**7a 型**；分布于印度至东南亚；中国产华东和华南地区。

Sphaerophysa de Candolle **苦马豆属，Fabaceae 豆科**。小灌木或多年生草本，无毛或被灰白色丁字毛。奇数羽状复叶，小叶 3 至多数。总状花序腋生；花萼 5 齿裂；花冠红色，旗瓣圆形，边缘反折，翼瓣镰状长圆形，龙骨瓣先端内弯而钝；雄蕊二体；子房具长柄，胚珠多数，花柱内弯，近轴面具纵列髯毛。荚果圆形或卵圆形，膨胀，具长果颈，腹缝线稍内凹。种子多数，肾形。花粉粒 3 孔沟，网状纹饰。染色体 *n*=8。2/1 种，**12 型**；分布于西亚，中亚，东亚及西伯利亚；中国产吉林、辽宁、内蒙古、河北、山西、陕西、宁夏、甘肃、青海、新疆。苦马豆 *S. salsula* (Pallas) de Candolle 以全草、根及果实入药。

Sphaeropteris Bernhardi **白桫椤属，Cyatheaceae 桫椤科**。大型陆生树状蕨类植物，茎干直立。叶一型；叶柄粗壮，光滑或具疣突；叶片二回至三回羽状，小羽片浅羽裂；羽轴上面常被柔毛；叶脉分离，小脉 2-3 叉。孢子囊群圆形，有囊群盖，杯形或球形，或无盖；孢子囊梨形，外壁光滑。染色体 *x*=23。约 120/2 种，**5 型**；分布于亚洲热带和大洋洲热带地区；中国产云南、西藏海南和台湾。均为国家重点保护野生植物。

Sphagneticola O. Hoffmann **蟛蜞菊属，Asteraceae 菊科**。草本或木本，近肉质。叶对生，叶柄短。花托托片干膜质，对折包围缘花果实；冠毛冠状，边缘缺刻状或毛缘状；总苞阔钟形，外层总苞片草质，长于内层；缘花结实，橙色至黄色，雌性，辐射状，中央花结实，两性，管状；花药顶端附片带黑色。果实三角形，盘花果实压扁。染色体 2*n*=50，56。4/2 种，**3 型**；分布于热带或亚热带；中国南方地区产或引种栽培。南美蟛蜞菊 *S. trilobata* (Linnaeus) Pruski 为栽培花卉。

Sphallerocarpus Besser ex de Candolle **迷果芹属，Apiaceae 伞形科**。草本。茎多分枝，被短柔毛（尤其是在节点）；二至三回羽状复叶，裂片非常细碎。复伞形花序；伞辐众多，小苞片数个。花瓣常具辐射瓣；萼齿微小；花柱基圆锥形或向下压扁；花柱短。果椭圆球形，侧面压扁，合生面缢缩，具 5 棱，每棱槽油管 2-3，合生面油管 4-6。种子表面具宽槽；果瓣柄 2 裂。染色体 2*n*=20；1/1 种，**13 型**；分布于日本，蒙古国，俄罗斯的东西伯利亚，以及中国东北、华北、西北和西南部。

Sphenoclea Gaertner **尖瓣花属，Sphenocleaceae 尖瓣花科**。特征描述同科。2/1 种，**2 型**；广布旧世界热带地区；中国产台湾、广东、广西和云南。

Sphenocleaceae Baskerville **尖瓣花科，木兰亚纲/茄目**。一年生草本。根呈绳索状，可生长出气根。茎中空，无乳汁；皮层具气室，气孔4轮列型。单叶互生，肉质，无托叶。花小，两性，辐射对称；肉穗花序；管状花冠，5裂；雄蕊5，位于花冠管中部，与花冠裂片互生；花丝极细，花药2裂；柱头不明显2裂，近头状。果实为蒴果，扁圆形，周裂；种子小而多。花粉粒3（拟）孔沟，外壁近光滑或具颗粒。染色体n=12，16，20。1属，2种，旧世界热带分布；中国1属，1种，产台湾、广东、广西和云南。

Sphenodesme Jack **楔翅藤属，Lamiaceae 唇形科。**攀援木质藤本。小枝四方形。单叶交互对生，全缘。聚伞花序呈头状，有花3-7朵，外包花瓣状总苞片5-6枚；花萼钟状或管状，顶端5裂，稀4-6裂，果时略增大；花冠管短，顶端5-6浅裂；雄蕊5或6-7，着生于花冠管喉部；子房为不完全的2室，每室胚珠2。核果球形或倒卵形，多少包藏于宿存增大的花萼内，种子1，很少2至数颗。种子无胚乳。约16/4（1）种，**7型**；分布于热带东南亚；中国产台湾、广东及云南。

Spinacia Linnaeus **菠菜属，Amaranthaceae 苋科。**一年生草本，直立，平滑无毛。叶互生。花单性；集成团伞花序；雄花再排列成穗状圆锥花序，雌花腋生。雄花花被片4-5，不具附属物；雄蕊4-5。雌花生于叶腋，无花被，小苞片2；子房近球形，柱头4-5，丝状，胚珠近无柄。胞果，果皮膜质，与种皮贴生。种子直立；胚环形，胚乳丰富，粉质。花粉粒具84-109散孔，具小刺。3/1种，**12型**；产于地中海；中国广布，引入栽培。菠菜 *S. oleracea* Linnaeus 作为蔬菜被广泛种植。

Spinifex Linnaeus **鬣刺属，Poaceae 禾本科。**多年生灌木状草本。花单性，雌雄异株。雄小穗1-2小花，生于具柄穗状花序上，集合成有苞片的伞状花序，雌小穗单生于针状穗轴基部，再由穗轴聚集为1具苞片的星芒状头状花序；第一外稃与小穗等长，无内稃，雌小穗第二外稃包裹近等长内稃。染色体2n=18。4/1种，**5(7ab→14)型**；分布于亚洲和大洋洲热带地区；中国产广东、广西、福建、海南和台湾。老鼠艻 *S. littoreus* (N. L. Burman) Merrill 为优良的海边固沙植物。

Spiradiclis Blume **螺序草属，Rubiaceae 茜草科。**草本，直立、匍匐或莲座状，稀亚灌木状。叶对生。聚伞花序，蝎尾状或圆锥状，顶生或腋生；花常二型，两性，5基数；花萼裂片等大；花冠钟状、漏斗状、坛状或管状，裂片背部常有龙骨或狭翅；雄蕊内藏或伸出；子房2室，胚珠多数，柱头2裂。蒴果，椭球形、球形或近柱状，开裂为4果瓣。种子多数，小而有棱角。花粉粒3或4孔沟，穿孔状纹饰。约45/39（35）种，**7a型**；分布于亚洲东南部；中国主产云南和广西，广东、西藏、贵州、四川和海南也有。匙叶螺序草 *S. spathulata* X. X. Chen & C. C. Huang 用于治疗刀伤和跌打损伤。

Spiraea Linnaeus **绣线菊属，Rosaceae 蔷薇科。**落叶灌木。单叶互生，边缘有锯齿或缺刻，有时分裂，稀全缘，羽状脉，或基出3-5脉，具短叶柄，无托叶。花两性，稀杂性；伞形、伞形总状、伞房或圆锥花序；萼筒钟状或杯状，萼片5；花瓣5，较萼片长；雄蕊15-60，着生在花盘和萼片之间；心皮（3-）5（-8），离生，花柱顶生、近顶生，柱头头状或盘状，胚珠每室2至多数，悬垂。蓇葖果5，骨质，常沿腹缝线开裂。种子细小，种皮膜质，胚乳少或无。花粉粒3孔沟或拟孔沟，光滑或颗粒状纹饰。染色体2n=16，18，20，32，36，54，72。（80-100）/70（47）种，**8型**；分布于北半球温带至亚热带山区；中国产西南地区。多数种类耐寒，是庭园中常见的栽培观赏灌木。

Spiranthes Richard **绶草属，Orchidaceae 兰科。**地生草本。叶基生。总状花序顶生，具多数密生的小花，常多少呈螺旋状扭转；萼片离生；中萼片常与花瓣靠合呈兜

状；唇瓣基部凹陷，常有2枚胼胝体，边缘常呈皱波状；蕊柱短或长，圆柱形或棒状，无蕊柱足或具长的蕊柱足；花粉团2个，粒粉质，具短的花粉团柄和狭的粘盘；蕊喙直立，2裂；柱头2个，位于蕊喙的下方两侧。约50/3（2）种，**8-4（3，9）型**；分布于南美洲；中国产各省区。

Spirodela Schleiden **紫萍属，Araceae 天南星科**。水生飘浮草本。叶状体盘状，具3-12脉，背面的根多数，束生，具薄的根冠和1维管束。花序藏于叶状体的侧囊内；佛焰苞袋状，含2个雄花和1个雌花；雄花花药2室；雌花子房1室，胚珠2，倒生。果实球形，边缘具翅。花粉粒单孔，刺状纹饰。2/1种，**1型**；世界广布；中国产南北各省区。紫萍 *S. polyrrhiza* (Linnaeus) Schleiden 可药用。

Spodiopogon Trinius **大油芒属，Poaceae 禾本科**。多年生高大草本。根状茎匍匐。顶生圆锥花序开展，由多数具1-3节总状花序组成，具裸露长梗；小穗孪生，1有柄，1无柄，或不等长两柄；序轴节间及小穗柄顶端膨大呈棒状，后逐节断落；小穗颖具多脉，背部具柔毛，基部生短髭毛；第一小花雄性或中性，第二小花两性；第二外稃深2裂，齿间伸出1扭转膝曲的芒。染色体 $2n$=20。15/9（6）种，**11（14）型**；分布于亚洲；中国广布。大油芒 *S. sibiricus* Trinius 为良好牧草。

Spondias Linnaeus **槟榔青属，Anacardiaceae 漆树科**。完全或部分落叶乔木。叶互生，螺旋状排列，具柄，奇数羽状复叶；小叶边缘有锯齿或全缘。圆锥花序顶生或腋生；花4或5瓣，两性或单性；雄蕊8-10，花丝钻形丝状，长度相等；花盘雄蕊内，10细圆齿状；子房4或5室，每室1胚珠，花柱4或5，离生或合生为1个。果为肉质核果，中果皮多汁，内果皮木质或骨质，为网状纤维覆盖；胚伸长，稍弯曲。花粉粒3孔沟，细条带状至细网状纹饰。染色体 n=16。6/2种，**3型**；分布于热带美洲和热带亚洲；中国产云南、广西、广东、福建。槟榔青 *S. pinnata* (Linnaeus f.) Kurz 的果可作调料或水果食用，也可药用。

Sporobolus R. Brown **鼠尾粟属，Poaceae 禾本科**。一年生或多年生草本。圆锥花序，稀为穗状；小穗小，常含1朵小花，近圆柱形或两侧压扁；颖膜质透明，不相等；外稃膜质，有光泽，全缘，无芒，内稃较宽，成熟后易自脉间纵裂；鳞被2；雄蕊2-3；花柱2裂，柱头羽毛状。染色体 x=9，12。约160/8种，**2型**；分布于热带和亚热带，并向暖温带地区延伸；中国产南部各省区。盐地鼠尾粟 *Sporobolus virginicus* (Linnaeus) Kunth 用于海边或沙滩防沙固土。

Sporoxeia W. W. Smith **八蕊花属，Melastomataceae 野牡丹科**。灌木。叶片5（-7）基出脉，具叶柄。伞形花序，腋生，总梗极短或几无；花萼钟状漏斗形；花瓣卵形或广卵形；雄蕊8，同型；子房下位，坛形，4室，具4棱，棱上具隔片，顶端无冠，具钝齿。蒴果近球形或卵状球形，4裂，为宿存萼所包，宿存萼顶端平截，钟状漏斗形，顶端平截，与果等长；种子多数，楔形，密布小凸起。约7/2（1）种，**7-3型**；分布于缅甸及中国云南。

Stachyopsis Popov & Vvedensky **假水苏属，Lamiaceae 唇形科**。多年生草本。轮伞花序腋生，多数而远离组成穗状花序；小苞片刺状至线状披针形或线形；花萼倒圆锥状，10脉，居间5脉不明显，5齿等大，先端刺状长刺尖；花冠大，粉红色，冠檐二唇形，上唇直立，外密被长柔毛，全缘，下唇开展，3裂，中裂片最大；雄蕊4，前对稍长，均延伸于上唇片之下，前对花丝无毛，后对具微柔毛。小坚果长圆状三棱形，先端斜向截平，基部楔形，无毛。花粉粒3沟，网状纹饰。（3-4）/3种，**13型**；分布于俄罗斯远东地区及中国新疆。

Stachyphrynium K. M. Schumann **穗花柊叶属，Marantaceae 竹芋科。**多年生直立草本。花序顶生，具柄，穗状，不分枝，直立；苞片 2 列，覆瓦状排列。萼片 3，分离；花冠远长于花萼，裂片 3；雄蕊 6，能育 1，背部开裂；外轮 2 退化雄蕊，花瓣状，内轮 2，盔状，最后 1 退化雄蕊增厚；子房下位，3 室，每室胚珠 1。果开裂；种子光滑，假种皮 2 裂，弯曲。（10-16）/1（1）种，**7 型**；分布于热带亚洲；中国产云南南部。

Stachys Linnaeus **水苏属，Lamiaceae 唇形科。**草本。轮伞花序 2 至多花，常成穗状花序；花萼 10 脉，口等大或偏斜，齿 5，微刺尖，或钝且具胼胝体；花冠筒内藏或伸出，内面近基部常具柔毛环，冠檐上唇常呈微盔状，下唇 3 裂，中裂片大，侧裂片较短；雄蕊 4，均上升至上唇片之下，多少伸出于花冠筒，前对较长，花药 2 室；花盘常为平顶，少有指状膨大。花柱先端 2 裂，裂片钻形，近等大。小坚果光滑或具瘤。花粉粒 3 沟，网状纹饰。染色体 2*n*=10，16，18，24，30，32，34，48，64，66，68，80，102。约 300/18（8）种，**1 型**；广布南北半球的温带；中国各地均产。

Stachytarpheta Vahl **假马鞭草属，Verbenaceae 马鞭草科。**草本或灌木。茎和枝四方形。单叶对生。无限花序，顶生，花序轴有凹穴，花单生苞腋内；花萼管状，膜质，有 4-5 棱；花冠管纤细，5 裂，白、蓝、红或淡红色；雄蕊 4，内藏，二强雄蕊；子房 2 室，每室有 1 胚珠，花柱伸出花冠管口，柱头头状。果藏于宿萼中，长圆形，成熟后 2 瓣裂形成有 1 种子的干硬分果核。花粉粒 3 孔沟，穿孔纹饰。约 65/1 种，**3 型**；分布于热带美洲；中国产南部地区，非原生。

Stachyuraceae J. Agardh **旌节花科，木兰亚纲/燧体木目。**落叶或常绿灌木或小乔木，常具极叉开的分枝，小枝具髓。单叶互生，有锯齿。花序腋生，总状或穗状；具 2 枚小苞片；萼片 4，花瓣 4，均覆瓦状排列；雄蕊 8，2 轮，花丝钻形，花药丁字形着生，纵裂；子房上位，侧膜胎座，4 室，胚珠多数，柱头 4 浅裂。浆果，球形，外果皮革质；种子多数，具假种皮。花粉粒 3 拟孔沟，具蜂巢状至穴状纹饰。染色体 2*n*=24。1 属，约 8 种，为东亚温带地区所特有，分布于喜马拉雅山到日本；中国 1 属，约 7 种，产秦岭以南各地。

Stachyurus Siebold & Zuccarini **旌节花属，Stachyuraceae 旌节花科。**特征描述同科。约 8/7（4）种，**14 型**；分布于亚洲东部，从喜马拉雅山脉东部经尼泊尔，不丹，印度北部的阿萨姆，缅甸北部，越南北部至中国，延伸至日本；中国产秦岭以南各地，以云南和四川最盛。一些种类入药，如云南旌节花 *S. yunnanensis* Franchet、柳叶旌节花 *S. salicifolius* Franchet 和中国旌节花 *S. chinensis* Franchet。

Staphylea Linnaeus **省沽油属，Staphyleaceae 省沽油科。**落叶灌木或小乔木。叶对生，小叶 3-7 或羽状分裂，边缘有锯齿。圆锥花序或腋生总状花序；花白色，下垂，两性，花萼 5，等大，脱落；花瓣 5，直立，与花萼近等大，覆瓦状排列；花盘平截，边缘具不相连的裂齿；雄蕊 5，等大，直立；心皮 2 或 3，基部合生。蒴果薄膜质，小泡状膨大，2-3 裂，2-3 室，每室 1-4 种子；种子近圆形，无假种皮，胚乳肉质，子叶扁平。花粉粒 3 孔沟，穴状至网状纹饰。13/6（5）种，**8（9）型**；产欧洲，亚洲，北美洲；中国产西南部至东北部。省沽油 *S. bumalda* de Candolle 种子油可制肥皂及油漆。

Staphyleaceae Martynov **省沽油科，木兰亚纲/燧体木目。**乔木或灌木。叶对生，奇数羽状复叶、3 小叶或稀为单叶，叶有锯齿。花整齐，两性或杂性，稀为雌雄异株，在圆锥花序上花少（但有时花极多）；萼片 5，覆瓦状排列；花瓣 5，覆瓦状排列；雄蕊 5，互生，花丝多扁平，花药背着；

花盘常明显，且多少有裂片，有时缺；子房上位，3 室，稀 2 或 4，联合或分离，每室有 1 至几个倒生胚珠，花柱分离到完全联合。果实蒴果状，常为多少分离的蓇葖果或不裂的核果或浆果；种子数枚，肉质或角质。花粉粒（2-）3 孔沟或 4-12 孔沟，穴状或网状纹饰。染色体 x=13。3 属，40-60 种，分布于热带亚洲和美洲及北温带；中国 3 属，20 种，产西南各省区。

Stauntonia de Candolle **野木瓜属，Lardizabalaceae 木通科**。木质藤本。芽鳞片多枚。掌状复叶，小叶先端尖，侧生小叶对称。伞房式总状花序；萼片 6，花瓣状，两轮；无花瓣或有 6 枚极小的蜜腺状花瓣；雄蕊 6，花丝合生或离生，花丝显著，花药直立；心皮 3，每心皮胚珠多数。果实为浆果或肉质蓇葖果，不开裂。种子多数。花粉粒 3 沟，穴状纹饰。染色体 2n=32。约 29/26（16）种，**14 型**；分布于印度，日本，越南，缅甸及中国长江以南各地。野木瓜 *S. chinensis* de Candolle 的干燥茎枝可药用。

Stauranthera Bentham **十字苣苔属，Gesneriaceae 苦苣苔科**。肉质草本。叶互生，或对生（1 枚极小），两侧极不对称。花萼宽钟状，5 裂，裂片之间有纵褶；花冠钟状，基部具距或囊状，檐部上唇 2 裂，下唇 3 裂；能育雄蕊 4，花丝短，花药以侧面合生成扁圆锥状；花盘不存在；子房近球形，花柱短，柱头宽漏斗状。蒴果扁球形。种子倒卵球形。花粉粒 3 沟，网状纹饰。染色体 2n=18-20。约 10/1 种，**7 型**；分布于亚洲南部和东南部热带地区；中国产云南南部、广西西部和海南。

Staurochilus Ridley ex Pfitzer **掌唇兰属，Orchidaceae 兰科**。附生草本。叶狭长，先端不等侧 2 裂。花序侧生，常斜立，疏生数朵至许多花；花开展；唇瓣肉质，贴生于蕊柱基部，3-5 裂，中裂片上面或两侧裂片之间密生毛，基部具囊状的距；距内背壁上方具 1 个被毛的附属物；蕊柱常被毛，无蕊柱足；药帽前端收窄或三角形；花粉团蜡质，4 个，近球形，每不等大的 2 个成 1 对，或 2 个而每个分裂为不等大的 2 爿。约 7/3 种，**7ab 型**；分布于亚热带地区；中国产南方。

Staurogyne Wallich **叉柱花属，Acanthaceae 爵床科**。一年生或多年生草本，无钟乳体。叶对生，茎生或基生呈莲座状，具羽状脉。总状花序或穗状花序顶生或腋生；苞片叶状或匙状，小苞片 2。花萼 5 裂至近基部；花冠近辐射对称至二唇形，5 裂；雄蕊 4，2 长 2 短，内藏或前雄蕊稍伸出，花药 2 室，无芒状附属物；不育雄蕊小或无；胚珠多数，排成 2 列或 4 列，无珠柄钩。蒴果开裂时胎座不从基部弹起。种子多数，细小，近球形或长方体形。花粉粒 3 孔沟，外壁纹饰平滑，偶具不明显、不规则粗糙凸起。100/17（8）种，**2-1（3）型**；分布于热带，主产东南亚，以马来西亚最多；中国产华南、西南地区。

Stegnogramma Blume **溪边蕨属，Thelypteridaceae 金星蕨科**。草本，土生，中型常绿植物。根状茎短，斜升或直立。叶簇生，叶柄深禾秆色，通体被灰白色针状长毛；叶片椭圆形或阔披针形，一回羽状；羽片卵状披针形，基部无柄，近对称；叶脉为星毛蕨型，小脉斜向上，相邻侧脉间的下部几对小脉连接成网眼。孢子囊群线形，沿网脉着生，无盖。孢子椭圆形，外壁表面具刺。染色体 x=9。约 15/6（5）种，**7 型**；分布于亚洲热带，亚热带；中国产华南和西南地区。贯众叶溪边蕨 *S. cyrtomioides* (C. Christensen) Ching 的根茎可药用。

Stellaria Linnaeus **繁缕属，Caryophyllaceae 石竹科**。草本。叶对生。花小，多数组成顶生聚伞花序，稀单生叶腋；萼片（4）5；花瓣（4）5 或无，白色，2 深裂，稀微凹或多裂；雄蕊 10，有时 8 或 2-5；子房 1 室，稀 3 室，胚珠多数，稀仅数枚，1-2 枚成熟；花柱（2）3。蒴果圆球形或卵形。

S

种子多数，稀 1-2，近肾形。花粉粒散孔，穿孔状-颗粒纹饰。染色体 2*n*=20，22，24，26，28，30，36，40，42，44，46，52，60，72，78，84，90，104，130，174-188。190/64（28）种，**1 型**；广布温带至寒带；中国广布。银柴胡 *S. lanceolata* Poiret 等可药用。

Stellera Linnaeus **狼毒属，Thymelaeaceae 瑞香科**。多年生草本。单叶互生；具短柄。头状花序顶生；具绿色叶状总苞片。花两性；有短梗；花萼筒筒状，无毛，基部宿存；花萼（4）5；无花瓣；雄蕊（8）10，2 轮；子房 1 室，几无柄，顶部被毛，柱头头状，顶端被毛；花盘生于一侧，线形，鳞片状。小坚果干燥；果皮膜质。花粉粒 8-14 孔，网状-巴豆型纹饰，具棒状基柱。染色体 2*n*=18。1/1 种，**11 型**；分布于温带亚洲；中国产北方及西南地区。狼毒 *S. chamaejasme* Linnaeus 若被牲畜食用后会中毒；其可杀虫；根可入药。

Stelmocrypton Baillon **须药藤属，Apocynaceae 夹竹桃科**。木质藤本，具乳汁。叶对生。聚伞花序，腋生；花萼裂片双盖覆瓦状排列，内面基部具有腺体；花冠近钟状，花冠裂片向右覆盖；副花冠裂片 5，与花丝同着生在花冠的基部并合生；花药顶端具长毛，伸出；花粉器匙形，载粉器粘盘粘在柱头基部；子房具 2 枚离生心皮，胚珠多数。蓇葖叉生成直线。种子顶端具种毛。四合花粉（聚集在一起形成花粉块）。1/1 种，**7 型**；分布于印度，以及中国贵州、云南和广西。

Stemodia Linnaeus **孪生花属，Plantaginaceae 车前科**。草本，有毛或无。茎四棱形，匍匐或直立。叶对生或轮生，披针形至卵圆形，顶端渐尖，边缘具齿。花具梗；萼齿 5 深裂，萼片窄，近等大；花冠钟状，白色或带蓝，二唇形；雄蕊 3，内藏；子房卵形至球形。种子多数，种皮具纵向条纹。花粉粒 3 或 4 孔沟，穿孔或穴状纹饰。染色体 2*n*=28。56/1 种，**2 型**；分布于美洲，非洲和亚洲；中国台湾归化 1 种。

Stemona Loureiro **百部属，Stemonaceae 百部科**。块根肉质、纺锤状，成簇。茎多缠绕，少数直立。叶轮生或对生，少数互生，主脉基出，3-13 条，横脉细密而平行。花单生或数朵排成总状花序。花被片 4，近相等；雄蕊 4，花丝短；花药与花丝等长，顶端具长附属物；子房上位，花柱不明显，柱头极小，胚珠 2 至多数。蒴果卵形至宽卵形，2 瓣裂。种子具多数纵纹，一端丛生有膜质附属物。花粉粒单沟，网状、皱波、小槽状、光滑和颗粒纹饰。染色体 2*n*=14。27/7（5）种，**5 型**；分布于亚洲东部，东南部至大洋洲；中国主产长江以南及西南地区，少数达山东、河南。块根含有丰富的生物碱，具有温润肺气、止咳、杀虫的功效。

Stemonaceae Caruel **百部科，木兰亚纲/露兜树目**。多年生草本或半灌木，攀援或直立，常具肉质块根，少具横走根状茎。叶轮生、对生或互生，具柄或无柄。花单生叶腋或数朵呈总状，或花序梗与叶片中脉部分合生；花两性；花被片 4，2 轮；雄蕊 4，生于花被片基部，花丝极短，离生或基部多少合生成环，花药线形，内向纵裂，顶端具附属物或无；雌蕊 2 心皮合生，子房上位或近半下位，花柱不明显，柱头不裂或 2-3 浅裂，胚珠 2 至多数。蒴果卵圆形，稍扁，2 瓣裂。种子具丰富胚乳，种皮厚，具多数纵槽纹。花粉粒单沟或无萌发孔。3 属，约 30 种，分布于亚洲，美洲和大洋洲；中国 2 属，8 种，产长江以南地区。

Stemonuraceae Kårehed **金檀木科，木兰亚纲/冬青目**。乔木或灌木。单叶互生，全缘；羽状脉。花小，排列成 2-3 歧聚伞花序；雌雄异株；花单性，辐射对称，5 基数；花萼基部合生为杯状，花萼和花瓣合生，花丝肉质并具棒状髯毛，具退化雌蕊；花瓣 4-5（7）；具退化雄蕊或无花粉；无花柱，柱头宽；雄蕊数目与花被片数目相

S

同，3 心皮，子房 1 室，具 1-2 枚顶生胚珠，下垂。种子 1。核果。花粉粒 3 或 6 孔沟，瘤状纹饰。染色体 x=22。12 属，95 种，分布于热带地区，集中在印度—马来西亚至澳大利亚；中国 1 属，2 种，产华南和西南地区。

Stenochlaena J. Smith **光叶藤蕨，Blechnaceae 乌毛蕨科**。草本，攀援。根状茎直立或斜升。叶远生，二型，羽状；羽片多对，以关节着生叶轴，顶生羽片圆形，但不具关节；不育叶羽片狭，椭圆披针形，有光泽，革质，边缘具软骨质的尖锯齿；叶脉沿羽轴两侧各有 1 行狭长网眼，外侧叶脉分离；能育羽片线形，边缘反卷。孢子囊群满布羽片下面，无隔丝；孢子椭圆形，外壁表面具小瘤状纹饰。染色体 x=37。约 7/1 种，**4-1 型**；分布于亚洲，大洋洲和非洲热带地区；中国产云南、广东和海南。光叶藤蕨 *S. palustris* (N. L. Burman) Beddome 的幼叶可食用，可药用。

Stenocoelium Ledebour **狭腔芹属，Apiaceae 伞形科**。草本。根粗壮，根颈残留枯鞘纤维。茎缩短。有叶鞘，叶片二回羽状全裂。复伞形花序较大，伞辐 9-28，粗壮且不等长；总苞片线形或线状披针形，小伞花序多花，小总苞片多数，线形或披针形、多毛；萼齿三角形、显著；花瓣白色，顶端有内折小舌片，外部有柔毛。果实卵圆形、背腹稍压扁，背棱凸起、粗钝，侧棱宽翅状，每棱槽内油管 1，合生面油管 2。3/2 种，**13 型**；分布于中亚，西伯利亚及中国新疆。

S

Stenosolenium Turczaninow **紫筒草属，Boraginaceae 紫草科**。草本。根有紫红色物质。叶互生。镰状聚伞花序；花萼 5 裂至基部；花冠淡紫色，檐部钟状，5 裂，裂片宽卵形，喉部无附属物，花冠筒的基部具褐色毛环；雄蕊 5，花丝短，螺旋状着生（不在一水平面上）；子房 4 裂，花柱不伸出花冠筒，先端短 2 裂，每分枝具 1 球形柱头；雌蕊基近平坦。小坚果斜卵形，灰褐色，密生疣状凸起，先端急尖，腹面基部有短柄。花粉粒 6-7 沟，具稀疏的小刺。1/1 种，**11 型**；分布于俄罗斯西伯利亚，蒙古国，以及中国东北、华北至西北。

Stenotaphrum Trinius **钝叶草属，Poaceae 禾本科**。多年生草本。具匍匐枝。穗状圆锥花序；穗轴顶端在顶生小穗之上而成一小尖头；小穗互生于穗轴一侧，无柄，成熟时连同穗轴脱落，第二颖大于第一颖；第一小花中性或雄性，外稃与第二颖近等长，第二小花两性，外稃质地硬，平滑，包同质内稃。染色体 2n=18。7/3 种，**2 型**；分布于太平洋各岛屿及美洲和非洲；中国产南部海岸地区。盾叶草 *S. helferi* Munro ex J. D. Hooker 是南方地区适用的草坪草。

Stephanachne Keng **冠毛草属，Poaceae 禾本科**。多年生草本。穗状圆锥花序；小穗含 1 小花，两性，脱节于颖之上，小穗轴微延伸于内稃之后；颖几等长，膜质；外稃短于颖，顶端深裂，其 2 裂片先端渐尖成短尖头，或成细弱短芒，裂片基部生有 1 圈冠毛状柔毛，基盘短而钝，具柔毛，芒从裂片间伸出；浆片 3-2；雄蕊 3-1。染色体 x=12（或 6），2n=24。3/3（2）种，**13-2 型**；中国产西北和西南地区温寒地带。多数种类是西部草原、山区的优良牧草。

Stephania Loureiro **千斤藤属，Menispermaceae 防己科**。草质或木质藤本。叶柄痕不明显，盾状着生，叶脉掌状。伞形聚伞花序；雄花花被对称，雄蕊合生成盾状，聚药雄蕊，花药 2-6；雌花萼片 1 轮，心皮 1，花柱残迹近基生，胎座迹穿孔或不穿孔。种子马蹄形，胚乳非嚼烂状，子叶非叶状。花粉粒 3 孔，网状纹饰。染色体 2n=22，24，26。60/37（30）种，**4 型**；分布于亚洲和非洲的热带和亚热带地区；中国产长江流域以南。粉防己 *S. tetrandra* S. Moore 的干燥根供药用。

Sterculia Linnaeus **苹婆属，Malvaceae 锦葵科。**乔木或灌木。花单性或杂性，常排成腋生圆锥花序；花萼 5 裂；无花瓣；雄蕊柱与子房柄合生，顶部着生 15（稀 10）枚花药，聚合成头状体；心皮 5，每心皮 2 至多胚珠，柱头与心皮同数而分离。蓇葖果革质或木质，肿胀，成熟时始开裂，内含种子 1 至多数。种子光滑，无翅。花粉粒 3 带状孔沟，网状、疣状或棒状纹饰。染色体主要为 $2n$=40，36；较少为 $2n$=30，32，42，60。（100-150）/26（14）种，**2 型**；分布于亚洲热带地区，在热带与亚热带均有；中国产西南部和南部。苹婆 *S. nobilis* Smith 南方常见栽培，其种子可供食用。

Stereochilus Lindly **坚唇兰属，Orchidaceae 兰科。**附生草本。叶扁平，革质。总状花序 1-3，腋生，常下垂。侧萼片贴生于唇瓣基部；唇瓣贴生于蕊柱基部，固定，3 裂；中裂片较大；基部具囊状距，内部具纵向隔膜，在其后壁上具 1-2 胼胝体。蕊柱无蕊柱足；蕊喙锥状披针形，相当长；花粉块 4，2 对，等大，椭球形到卵球形，蜡质，具短的花粉块柄。约 6/3 种，**7 型**；分布于亚洲热带地区；中国产云南、海南。

Stereosandra Blume **肉药兰属，Orchidaceae 兰科。**菌类寄生草本，具纺锤状块茎。茎无绿叶，中下部被数枚鳞片状或圆筒状鞘。总状花序具数朵至 10 余朵花；子房膨大，明显宽于花梗；花不甚张开；萼片与花瓣离生；唇瓣凹陷，基部具 2 枚胼胝体；蕊柱近圆柱形，无蕊柱足；花药生于蕊柱背面基部；花粉团 2 个，粒粉质，由可分的小团块组成，具 1 个共同的花粉团柄，无粘盘；柱头生于蕊柱顶端，无明显蕊喙。约 1/1 种，**7d（7-2，14SJ）型**；分布于东南亚，向东南至新几内亚岛，北至泰国，中国南部和日本琉球群岛；中国产华南地区。

Stereospermum Chamisso **羽叶楸属，Bignoniaceae 紫葳科。**落叶乔木。一至二回羽状复叶，对生。圆锥花序顶生；萼阔椭圆形；花冠管状，一侧肿胀，黄色或淡红色，裂片 5；二强雄蕊，丁字形着药；花盘垫状；蒴果长柱形，稍压扁或不明显的四棱形，室裂；隔膜厚，种子脱离后有下陷的穴；种子两端有翅。花粉粒具环沟，3 沟或散沟，网状纹饰。虫媒。染色体 $2n$=40。约 15/3 种，**6 型**；分布于热带非洲和东南亚；中国产西南。羽叶楸 *S. colais* (Buchanan-Hamilton ex Dillwya) Mabberley 可作优良建筑、家具及室内装饰用材。

Sterigmostemum Marschall von Bieberstein **棒果芥属，Brassicaceae 十字花科。**草本。叶片长圆形或披针形，羽状深裂至疏生齿，或近全缘。总状花序具多数花，果期延长；花小或中等大，黄色，少数白色或浅紫色；萼片近直立，基部不呈囊状；长雄蕊成对合生；子房有柔毛，胚珠多数，每室排成 1 行。长角果近圆柱状、念珠状或节荚状，常有毛，2 室，不裂或不易开裂。种子小，长圆形，近扁压。染色体 $2n$=14。11/4（2）种，**13（→12）型**；分布于中亚与西南亚；中国产新疆。

Steudnera K. Koch **泉七属，Araceae 天南星科。**多年生草本。茎匍匐。叶柄长，叶片盾状，凹陷，卵形，先端渐尖。佛焰苞变黄色或内面多少带紫红色，基部席卷；肉穗花序花密；雌花序圆柱形；雄花序倒卵形，花序大都贴生佛焰苞上，无不育附属器；花单性，无花被；雄花为棱柱状的合生雄蕊柱，有雄蕊 3-6，花药长圆形；雌花有心皮 2-5，假雄蕊 2-5，花柱短，柱头星状 2-5 裂。浆果卵形。花粉粒无萌发孔，条纹状纹饰。9/4 种，**7 型**；分布于印度，缅甸，泰国，老挝，越南，以及中国广西、云南。泉七 *S. colocasiifolia* K. Koch 可药用。

Stevenia Adams ex Fischer **曙南芥属，Brassicaceae 十字花科。**二年生或多年生草本。基生叶莲座状，茎生叶线形或长椭圆形，全缘，无柄。总状花序顶生；花萼渐尖，直立至伸展，基部呈囊状；花瓣白

S

色、淡红色或淡紫色，基部呈爪状；花丝分离，花药长圆形；雌蕊狭线形，具2-24胚珠。长角果长椭圆形，果瓣扁平，近念珠状，无中脉。种子每室1行，长椭圆形，无翅。染色体 $2n$=32。8/2种，**11型**；分布于蒙古国，俄罗斯及中国内蒙古。

Stewartia Linnaeus **紫茎属，Theaceae 山茶科**。灌木或乔木，常绿或落叶。叶柄短，有对折翅或无翅。单花腋生或数花排列成短总状花序；小苞片2，宿存，稀早落；萼片5；花瓣5；雄蕊多数，花丝基部合生成短管，并与花瓣贴生；子房5室。蒴果被宿存萼片包裹，卵球形或圆锥形，无中轴或有短中轴。种子小，无翅或边缘有狭翅，胚小，胚乳丰富。花粉粒3孔沟，穿孔状纹饰。20/15（14）种，**9型**；分布于东亚，东南亚和北美东部；中国产秦岭-淮河以南地区，西至西藏墨脱，广东、广西、云南、浙江尤盛。

Sticherus C. B. Presl **假芒萁属，Gleicheniaceae 里白科**。草本，土生。根状茎长而横走，被红棕色鳞片。叶远生，蔓生或攀援；主轴为假二歧分枝式，裂片线状；叶脉一次分叉；叶纸质，伸达叶边，下面为灰白色或灰绿色。孢子囊群圆形，无囊群盖，生于每组叶脉的上侧小脉背面，常1行排列主脉与叶边之间；孢子近圆形。染色体 x=17。约80/1种，**2型**；热带分布，主产南美洲热带和亚热带地区；中国产云南东南部和海南。

S

Stictocardia H. Hallier **腺叶藤属，Convolvulaceae 旋花科**。木质或草质藤本。叶具柄，基部常心形，全缘，背面具小腺点，干时变成小黑点。聚伞花序腋生，有花1至多朵；苞片小，早落；萼片5，近革质，等长或稍不等长，卵形，椭圆形或近于圆形，常边缘薄，果时增大包裹果实；花冠大型，漏斗状；雄蕊及花柱内藏；花盘环状；子房4室，每室具1枚胚珠，花柱1，柱头球状2裂。蒴果球形，4裂瓣，被增大的萼片包围，果皮薄，果具2条狭翅。花粉粒散孔，具刺。12/1种，**2型**；分布于非洲和亚洲；中国产海南和台湾。

Stigmatodactylus Maximowicz ex Makino **指柱兰属，Orchidaceae 兰科**。地生小草本，根状茎近直生，末端连接球茎状的小块茎。茎纤细，中部具1枚叶。叶很小，基部无柄，多少抱茎。总状花序具1-3花；萼片离生，但侧萼片略斜歪且较短；唇瓣宽阔，基部具有1个肉质的、2深裂的附属物；蕊柱直立，上部向前弯，两侧边缘有狭翅，无蕊柱足；柱头凹陷，下方有指状附属物；花粉团4个，成2对，粒粉质，无花粉团柄和粘盘。约4/1种，**7型**；分布于日本，印度锡金，印度尼西亚及中国南部。

Stilbanthus J. D. Hooker **巨苋藤属，Amaranthaceae 苋科**。大型攀援灌木。茎木质化并有下垂分枝，小枝草质，钝4棱。叶对生，具柄。穗状花序顶生或腋生于上部的节，常具圆锥花序，生于下垂的花序梗；小苞片中脉弯曲，具短尖。花被片5，坚硬；雄蕊5，花丝基部较短联合，与5流苏状退化雄蕊间生，花药2室；胚珠1，花柱细长，柱头微小。胞果果皮不开裂，种子1。仅1/1种，**7-2型**；分布于亚洲；中国产广西、云南。巨苋藤 *S. scandens* J. D. Hooker 的枝、叶可用作猪饲料。

Stilpnolepis Krascheninnikov **百花蒿属，Asteraceae 菊科**。草本。叶互生，或在茎下部对生，线形或基部羽状浅裂。头状花序盘状，排成疏松伞房花序；花托半球形，无托毛；总苞半球形，腋生，总苞片外层3-4枚，草质，顶端圆形；全部小花两性能育，花冠上部宽杯状膨大，檐部5裂；花药顶端附片三角状披针形，基部钝。果近纺锤形或长棒状，有纵肋纹，密生腺点，顶无冠状边缘。2/2种，**15型**；分布于蒙古国，以及中国内蒙古、陕西、甘肃、宁夏。

Stimpsonia Wright ex A. Cray **假婆婆纳属，Primulaceae 报春花科**。草本。基生叶具柄，茎叶互生，具短柄或无柄，边缘有粗齿。花单生于茎上部苞片状叶腋；花萼5深裂，裂片线状长圆形；花冠白色，高脚碟状，喉部不收缩，有细柔毛，裂片5；雄蕊5，着生于花冠筒中部，花丝与花药近等长，花药近圆形；子房球形，花柱短。蒴果，5瓣开裂达基部。花粉粒3孔沟，网状纹饰。1/1种，**14SJ型**；分布于亚洲东部；中国产华东和华南地区。假婆婆纳 *S. chamaedryoides* Wright ex A. Gray 可药用。

Stipa Linnaeus **针茅属，Poaceae 禾本科**。多年生草本。叶片常纵卷如线。圆锥花序；小穗含1小花；外稃硬革质，紧密包卷内稃，背部散生细毛或毛沿脉呈条状，并在外稃顶部结合向上延伸成芒，芒基与外稃顶端连接处具关节，芒1回或2回膝曲，芒柱扭转，基盘尖锐，具髭毛；鳞被2-3。染色体 x=9-22，2n=22-96。100/23（3）种，**8-4 型**；分布于温带地区，干旱草原区尤多；中国产西部、北部草原地带。多数种类是优良牧草；秆可作造纸原料。

Stipagrostis Nees **针禾属，Poaceae 禾本科**。多年生草本。秆密丛。圆锥花序狭窄呈穗状或疏松；小穗同型，含1小花；颖片宿存，膜质，具1-11脉；外稃革质，具3脉，上部狭窄成柱状，具3芒，3芒全部有或只有中芒有长柔毛，常易断落，内稃短；基盘强壮，尖利或微2裂，无毛或被髯毛；鳞被2；雄蕊3；子房无毛，柱头2。颖果柱状。花粉粒负网状纹饰。约50/2种，**6型**；分布于非洲至中亚；中国产西北和西南。羽毛针禾 *S. pennata* (Trinius) de Winter 可作饲料；也可固沙。

Stixaceae Doweld **斑果藤科，木兰亚纲/十字花目**。灌木、乔木或木质藤本。单叶或三出复叶，互生，托叶刺有或无。花两性或单性，单生或聚成总状或圆锥状；花萼（4-）6（-8），基部合生；花冠0-6，分离；雄蕊3至多数；心皮2（-4），子房2至多室，中轴胎座，柱头发育完全，花柱常分枝。核果或浆果。花粉粒3孔沟，网状纹饰。4属，19种，分布于东南亚和墨西哥，西印度群岛及中美洲；中国1属，3种，产云南南部、海南、广东、广西西部。

Stixis Loureiro **斑果藤属，Stixaceae 斑果藤科**。木质藤本。单叶互生，中脉上有水泡状小凸起，叶柄顶端增粗，膝曲，无托叶刺。总状花序或圆锥花序；花萼（5）6；花冠无；雄蕊（15-）20-50（-100）；子房3（4）室，中轴胎座。核果，表面具皮孔。种子1粒，子叶不等大，肉质，大的包着小的。花粉粒3孔沟，网状纹饰。7/3种，**7ab 型**；分布于东南亚；中国产广东、海南及云南南部和东南部。斑果藤 *S. suaveolens* (Roxburgh) Pierre 的花可供栽培观赏；嫩叶可作茶的代用品；果可食用。

Streblus Loureiro **鹊肾树属，Moraceae 桑科**。乔木或灌木，稀藤状灌木。刺有或无。叶互生，2列；二级脉羽状；叶柄短。雌雄同株或异株；雄花序腋生，总状、穗状或近头状，或有1单生雌花而两性；雌花序常单花。雄花：花被片（3-）4（-5），分离或基部合生；雄蕊与花被片同数而对生，芽时内折；有退化雌蕊。雌花：花被片4，对生，分离或合生；子房上位，花柱2裂。核果球形，果皮膜质，基部常一边肉质。种子大，球形。花粉粒2孔，光滑或网状纹饰。染色体 2n=28。22/7种，**7型**；分布于热带和亚热带亚洲；中国产云南、广东、海南、广西。米扬 *S. tonkinensis* (Dubard & Eberhardt) Corner 为优质胶树。

Streptocaulon Wight & Arnott **马莲鞍属，Apocynaceae 夹竹桃科**。木质藤本或灌木，具乳汁。叶对生。三歧圆锥状聚伞花序，腋生；花萼裂片双盖覆瓦状排列，内面基部具5个小腺体；花冠辐状，花冠裂片芽时向右覆盖；副花冠5裂，丝状，其基部与花丝同时着生于花冠的基部，并与花丝背部合生；花药顶端具膜片，与柱头顶部贴连；子房具2个离生心皮，胚珠多

S

数。蓇葖2个，叉生，圆柱状，平滑。种子顶端具白色绢质种毛。四合花粉（聚集在一起形成花粉块，每室有两个花粉块），皱波状纹饰。约5/1种，**7型**；分布于亚洲东南部；中国产广西、贵州和云南。

Streptoechites Middleton & Livshultz **扭梗藤属（新拟），Apocynaceae 夹竹桃科**。木质藤本。叶对生；叶柄间具钻状腺体。圆锥状聚伞花序；花萼裂片内面具小腺体；花冠高脚碟状；雄蕊着生于花冠管中部，内藏；花药上部可育，下部不育且两侧被舌状附属物，腹面中部与柱头粘连，药隔顶端具长柔毛；子房由2枚离生心皮组成，光滑，每室胚珠多数；柱头基部膨大呈环状，顶端2裂。蓇葖双生，线状长披针形，无毛，外果皮薄，果梗扭曲。种子线状长圆形，顶端具白色绢质种毛。1/1种，**7型**；分布于越南，泰国及中国海南。

Streptolirion Edgeworth **竹叶子属，Commelinaceae 鸭跖草科**。攀援草本。无根状茎。圆锥花序与叶对生，自叶鞘口中伸出。花在最下一个聚伞花序上的为两性，其余的为雄性或两性；雄蕊6，全育，花丝密生念珠状长毛；子房无柄，椭圆状三棱形。蒴果椭圆状三棱形，3爿裂，每室种子2。种子多皱。染色体2*n*=10，12，48。1/1种，**14SH型**；分布于不丹，中国，印度，日本，韩国，老挝，缅甸，泰国，越南及中国南北各地。竹叶子 *S. volubile* Edgeworth 有清热、利水、解毒和化瘀的功效。

Streptopus Michaux **扭柄花属，Liliaceae 百合科**。多年生草本，根状茎横走。茎直立，不分枝或中部以上分枝。叶互生，无柄，抱茎。花常1-2朵，腋生；花被片离生；雄蕊6，花药近基着，内向纵裂，顶端具小尖头，花丝扁，基部变宽；子房近球形，3室，柱头圆盾状或3裂。浆果球形，熟时红色。种子几颗或更多，具沟槽。花粉粒单沟，网状纹饰。染色体2*n*=16，24，32。10/5（2）种，**8型**；分布于北温带；中国产东北和西南地区。

Striga Loureiro **独脚金属，Orobanchaceae 列当科**。寄生草本。叶下部的对生，上部的互生。花无梗，单生叶腋或集成穗状花序，常有1对小苞片；花萼管状，具有5-15条明显的纵棱，5裂或具5齿；花冠高脚碟状，花冠筒在中部或中部以上弯曲，檐部开展，二唇形，上唇短，下唇3裂；雄蕊4枚，2强，花药仅1室，顶端有突尖，基部无距；柱头棒状。蒴果矩圆状，室背开裂。种子多数，卵状或矩圆状，种皮具网纹。花粉粒3或4沟，穴状纹饰。染色体2*n*=24，36，40，80。约20/3种，**4（6）型**；分布于亚洲，非洲和大洋洲的热带和亚热带地区；中国南方广布。

Strobilanthes Blume **马蓝属，Acanthaceae 爵床科**。多年生草本、灌木或亚灌木，稀小乔木；具钟乳体。叶对生。花序多样；小苞片2，稀无。花萼5裂，有时二唇形；花冠钟形、喇叭形或烟斗形，内面常具2列支撑花柱的毛，檐部5裂；雄蕊4，2强，稀2，花丝基部由薄膜相连，花药2室，药室基部无芒状附属物；不育雄蕊1、3或无；子房2室，每室具2、稀3-8胚珠；具珠柄钩。蒴果狭椭圆形，开裂时胎座不从基部弹起。种子4，稀2或6-16，具吸湿性的螺旋状长柔毛。花粉粒3孔沟、假沟，网状纹饰。2*n*=28，30，32。400/130（59）种，**7型**；分布于亚洲热带和亚热带地区；中国产秦岭-淮河以南地区。板蓝 *Strobilanthes cusia* (Nees) O. Kuntze 是重要的药用植物。

Strophanthus de Candolle **羊角拗属，Apocynaceae 夹竹桃科**。小乔木或灌木。叶对生。聚伞花序，顶生；花萼裂片双盖覆瓦状排列，内面基部有5枚或更多腺体；花冠漏斗状，花冠管圆筒形，花冠裂片在芽时向右覆盖，裂片顶部延长成1带状长尾，副花冠生于花冠喉部，鳞片状；雄蕊内藏；花药环绕靠合在柱头上，药隔顶端丝状；子房由2枚离生心皮所组成，胚珠多数；柱头顶端圆锥形，全缘或2裂。蓇

S

荚木质，叉生，长圆形。种子扁平，顶端具细长的喙，沿喙周围生有丰富的种毛。染色体 $2n$=18，20。约 38/6 种，**6 型**；分布于热带亚洲和非洲；中国产南部及西南部各省区。

Strophioblachia Boerlage **宿萼木属，Euphorbiaceae 大戟科**。小灌木。叶互生，全缘。雌雄同株；雌雄异序或同序，总状花序聚伞状。雄花：萼片 4-5，花瓣 5，白色，腺体 5 枚，雄蕊约 30，花药 2 室，不育雌蕊缺。雌花：萼片 5，花后增大，边缘具腺毛；无花瓣，花盘坛状，全缘，子房 3 室，每室有 1 胚珠，花柱 3，基部合生，上部 2 深裂。蒴果无毛，具宿存的萼片；种子有种阜。2/2 种，**7-1 型**；分布于亚洲东南部；中国产广西西南部、海南、云南南部。

Struthiopteris Scopoli **荚囊蕨属，Blechnaceae 乌毛蕨科**。石生中小型草本。根状茎粗短而直立，或长而斜生，被鳞片；鳞片披针形，全缘，棕色，质厚。叶簇生，略呈二形，有柄；叶片革质，披针形，向下渐变狭，一回羽状，羽片多数，篦齿状排列，平展，镰状披针形，基部与叶轴合生；能育叶与不育叶同形而略较狭。叶脉不明显，小脉分离，二叉，基部的往往二叉，不达叶边。孢子囊群线形，连续不断，沿羽片主脉两侧各有 1 行，几与羽片等长，仅羽片的喙状先端不育；囊群盖纸质，紧包孢子囊群，与孢子囊群共同着生于主脉与叶缘间的囊托上，成熟时开向主脉。孢子椭圆形，周壁具褶皱，外壁表面光滑。染色体 x=31，34。约 5/1 种，**8 型**；北半球温带，向南至澳大利亚温带地区；中国产四川、贵州、广西、湖南及台湾。荚囊蕨 *B. eburneum* Christ 可观赏。

Strychnos Linnaeus **马钱属，Loganiaceae 马钱科**。木质藤本，常具腋生单一或成对的卷须或刺钩。叶对生，常具基出脉和网状横脉；叶柄间具托叶线。花序圆锥状或头状，腋生或顶生；花常 5 基数；花萼裂片镊合状排列；花冠裂片在芽为镊合状排列，开花时展开或反折；花药 2 室，纵裂；子房 2 室，胚珠数枚，柱头头状或 2 裂。浆果，球状或椭球形，肉质。种子近圆形，平凸状，光滑。花粉粒 3（拟）孔沟，穿孔状纹饰。染色体 $2n$=24，44，88。约 191/11 种，**2（6）型**；分布于热带及亚热带地区；中国产西南、华南及华东地区。马钱子 *S. nux-vomica* Linnaeus 有毒，可药用。

Stuckenia Börner **蓖齿眼子菜属，Potamogetonaceae 眼子菜科**。多年生沉水草本，生淡水或咸水，有根状茎。茎细长，圆形。叶沉水，互生，无柄，不透明，线形，全缘，顶端钝圆到急尖，叶脉 1-5。托叶不呈管状，大部分与叶片基部贴生，形成显著的叶鞘。穗状花序呈头状或柱状，沉水；花梗柔软。心皮 4，离生。果实具短喙或无。种子无胚乳。花粉粒无萌发孔，网状纹饰，网脊具微刺。染色体 $2n$=78，88。7/4 种，**1 型**；世界广布；中国各省区均产。蓖齿眼子菜 *S. pectinata* (Linnaeus) Börner 入药，可清热解毒。

Stylidiaceae R. Brown **花柱草科，木兰亚纲/菊目**。草本或小灌木。花两侧对称；花萼合生，常二唇形；花冠 5（6）裂，不规则，4 枚裂片相似，而前方 1 枚常向下反折；雄蕊 2 枚，生于两侧，与花柱连合成合蕊柱；子房下位，2 室，胚珠多数，柱头不裂或 2 裂，与花药连合。蒴果，常室间开裂。种子小。花粉粒 2-8 沟，具小刺。染色体 x=6 或 8。6 属，245 种，主要分布于澳大利亚，新西兰及南美麦哲伦海峡地区，少数见于东南亚地区；中国 1 属，2 种，产长江以南省区。

Stylidium Swartz ex Willdenow **花柱草属，Stylidiaceae 花柱草科**。草本，常有腺毛。叶互生。聚伞花序或总状花序，顶生；花两性，两侧对称；花萼 5 裂，前方 2 裂片联合为 1 枚；花冠不规则，5 裂，喉部腺体状附属物呈副花冠，裂片分离或其中 2-4 枚联合，前方 1 枚反折成唇片；雄蕊

与花柱联合为合蕊柱，有感应性，基部可动，花药无柄，2室；子房2（1）室，胚珠多数。种子小。花粉粒2-8沟，具小刺。染色体2*n*=10-32，36，52，56，60。约120/2种，**5型**；主产澳大利亚；中国产南部和沿海省区。

Stylophorum Nuttal **金罂粟属，Papaveraceae 罂粟科**。多年生草本，具黄色或血红色液汁。茎具条纹。叶片羽状深裂或全裂，裂片深波状或为不规则的锯齿。花排列成伞房状花序或伞形花序；萼片2，被长柔毛；花瓣4；雄蕊多数（20或更多）。蒴果2-4瓣自先端向基部开裂。种子具网纹和鸡冠状种阜。花粉粒多萌发孔。3/2（2）种，**9型**；分布于北美大西洋沿岸，以及中国四川东部、湖北西部至秦岭。

Stylosanthes Swartz **笔花豆属，Fabaceae 豆科**。草本或亚灌木。羽状复叶具3小叶，托叶与叶柄贴生成鞘状，宿存，无小托叶。花多朵组成密集的短穗状花序，腋生或顶生；花萼筒状，5裂，上面4裂片合生；花冠黄色或橙黄色；雄蕊10，单体，下部闭合成筒状，花药二型，近基着或背着。荚果扁平，长圆形或椭圆形，先端具喙，具荚节1-2个，果瓣具粗网脉或小疣凸。种子近卵形。约25/2种，**（2-2）型**；主要分布于南美，少数到非洲和亚洲的热带亚热带地区；圭亚那笔花豆 *S. guianensis* (Aublet) Swartz 原产拉丁美洲，引种到热带，亚热带地区广泛栽培；在中国广东和台湾有栽培。有钩柱花草 *S. hamata* (Linnaeus) Taubert 在海南有栽培。

Styracaceae de Candolle & Sprengel **安息香科，木兰亚纲/杜鹃花目**。木本。单叶互生，无托叶。总状或圆锥花序；花冠常合瓣；雄蕊为花冠裂片2倍，花丝常合生，贴生于花冠管；心皮3-5室，每室胚珠1至多枚，中轴胎座，珠被1或2层。核果或蒴果，花萼宿存。种子具宽大种脐。花粉粒3孔沟。染色体2*n*=16，24。11属，约160种。分布于亚洲东南部和美洲东南部，少数至地中海；中国11属，约55种，主产华中、华南和西南地区。

Styrax Linnaeus 安息香属，**Styracaceae 安息香科**。落叶乔木或灌木。总状，圆锥或聚伞花序；小苞片小，早落；花萼杯状、钟状或倒圆锥状，常与子房基部分离；顶端常5齿；花冠常5深裂，花冠管短；雄蕊常10，近等长，稀5长5短，花丝基部联成管，贴生于花冠管上；子房上位，上部1室，下部3室，每室胚珠1-4；花柱钻状，柱头3浅裂或头状。核果肉质，干燥，不开裂或不规则3瓣开裂，常与宿存花萼分离。种子1-2，有坚硬的种皮和大而基生的种脐。花粉粒3（4）孔沟，穴状或网状纹饰。染色体2*n*=24。130/31种，**2型**；主产亚洲东部，自马来西亚和北美东南经墨西哥至安第斯山，1种至地中海；中国主产长江流域以南各省区，东北和西北也有。

Styrophyton S. Y. Hu **长穗花属，Melastomataceae 野牡丹科**。灌木。直立，茎圆柱形，被毛。叶片被毛，5基出脉；具叶柄。长穗状花序顶生，轴细长，无苞片；花小，无花梗；花萼钟形；花瓣倒卵形或广倒卵形，顶端钝，内凹，略偏斜；雄蕊近等长，同形，无附属体，花药单孔开裂，药隔微膨大，基部无距；子房半下位，卵状球形，4室。蒴果卵状球形，顶端平截，与宿存萼贴生；宿存萼与蒴果同形。种子多数，极小，楔形，具棱，被糠粃。花粉较小，6异沟，3孔沟和3“假沟”相间排列。1/1（1）种，**15型**；特产中国云南、广西沟谷热带雨林。长穗花 *Styrophyton caudatum* (Diels) S. Y. Hu 的根可入药。

Suaeda Forsskål ex J. F. Gmelin **碱蓬属，Amaranthaceae 苋科**。一年生草本、半灌木或灌木。茎直立、斜升或平卧。叶常互生，肉质。花小型，两性，有时具单性，具小苞。两性花的花被多为近球形、半球形、陀螺状或坛状，5深裂或浅裂，果时背面具翅状或角状凸起；单性花时，雄花

S

花被 5 深裂，雌花花被膜质，花被果时呈浆果状，附着于胞果上（sect. *Borszczowia*）；雄蕊 5，花药无附属物；柱头 2-3，稀 4-5。胞果。种子横生或直立；胚为平面盘旋状。花粉粒具 48-111 散孔，表面光滑带小刺。染色体 $2n=18$，54。约 101/21（2）种，**1 型**；分布于亚洲，欧洲，北美各地海滨；中国产新疆及北方各省区，少数到西南及南方沿海。碱蓬 *S. glauca* (Bunge) Bunge 的种子可作工业用油。

Sumbaviopsis J. J. Smith **白叶桐属，Euphorbiaceae 大戟科**。灌木或乔木，小枝被星状柔毛。叶互生，叶缘稍波状齿或近全缘；掌状脉；基部狭的盾状着生。总状花序，顶生；雌雄同株；雄花生于花序上部，2-3 朵簇生于苞腋，雌花生于花序下部，仅 1 朵，稀全为雄花。雄花：花萼裂片 5，花瓣 5 或 10，花盘的边缘有齿，有时无花盘，雄蕊多数，无不育雌蕊。雌花：花萼 5 深裂，无花瓣异花盘环状，有时不明显或缺，子房 3 室，每室具胚珠 1 颗，花柱 3，基部合生，上部 2 裂。蒴果由 3 个分果爿组成；种子近球形。花粉粒 3 孔沟，穿孔状至网状纹饰。1/1 种，**7 型**；分布于印度东北部，缅甸，亚洲东南部及中国云南。

Suregada Roxburgh ex Rottler **白树属，Euphorbiaceae 大戟科**。灌木或小乔木，枝、叶无毛。叶互生，全缘或偶有疏生小齿，叶片密生透明细点，羽状脉，托叶小，合生，早落，在节上留下明显环痕。雌雄异株，偶有同株；无花瓣，聚伞花序或团伞花序。雄花：萼片 5（-6），雄蕊多数，离生，腺体细小，无不育雌蕊。雌花：花盘环状，子房（2-）3 室，每室有 1 枚胚珠，柱头 2 裂。蒴果核果状；种子无种阜。花粉粒 4-6 孔，巴豆状纹饰。世界约 40/2 种，**4 型**，分布于旧世界热带地区；中国产广东、广西、海南、台湾、云南南部。

Suriana Linnaeus **海人树属，Surianaceae 海人树科**。灌木或小乔木。单叶互生，无托叶。聚伞花序；花两性，5 基数；花梗基部具关节；苞片宿存，叶状；萼片基部合生；花瓣与萼片同数，均为覆瓦状排列；雄蕊 10，有时 5 枚不发育；花盘不发育；柱头小，心皮 5，分离，每心皮具 2 胚珠，珠孔朝向基部。果核果状，聚生，被宿存花萼所包。种子 1，胚弯曲，无胚乳。花粉粒 3 孔沟，穿孔状纹饰。虫媒。1/1 种，**2（3）型**；海人树 *S. maritima* Linnaeus 是珊瑚礁和小岛上的先锋树种之一。

Surianaceae Arnott **海人树科，木兰亚纲/豆目**。乔木或灌木。叶互生，单叶或羽状复叶，托叶小或缺失。聚伞状或圆锥状花序顶生或腋生，很少茎生；花两性或单性，辐射对称；萼片和花瓣均 5（-7），覆瓦状排列；雄蕊 10，两轮，内轮雄蕊常退化；雌蕊 1 或 5 心皮，每室 1 或 2 胚珠，柱头棒状或较小。果核果状，1-5 聚生。种子具胚乳或无，胚弯曲或折叠。花粉粒 3 孔沟，条状、网状或穿孔状纹饰。虫媒。5 属，8 种，分布于热带海洋沿岸，主要见于太平洋和印度洋的珊瑚礁和小岛；中国 1 属，1 种，产台湾和西沙群岛。

Suzukia Kudô **台钱草属，Lamiaceae 唇形科**。草本，常具匍匐茎。叶具长柄，叶片多为圆形或肾形。花萼倒圆锥状钟形，具 5 脉，5 齿卵状正三角形，微二唇形，上唇 3 齿略大；花冠管状，上部，近基部具毛环，冠檐上唇卵形，盔状，下唇大，中裂片倒梯形，顶端深凹，侧裂片长椭圆状倒卵形；雄蕊 4，前对稍长，均远伸出冠筒喉部以处。小坚果三棱形，背部及顶端圆形，光亮无毛。花粉粒 3 孔沟，网状纹饰、穿孔。染色体 $2n=24$。2/2（1）种，**14 型**；产日本琉球群岛及中国台湾。

Swertia Linnaeus **獐牙菜属，Gentianaceae 龙胆科**。草本。花 4 或 5 数，辐状；花萼深裂，萼筒甚短；花冠深裂近基部，冠筒甚短，长至 3mm，裂片基部或中部具腺窝或腺斑；雄蕊着生于冠筒基部与裂片互

S

生，花丝多为线形；子房 1 室，花柱短，柱头 2 裂。蒴果常包被于宿存的花被中。种子表面平滑、有折皱状凸起或有翅。花粉粒 3 孔沟或 3 孔，刺状、疣状、条网状、条纹、网状、穿孔或皱状纹饰等。172/73（55）种，**8-4（6）型**；主要分布于亚洲，非洲和北美洲，少数至欧洲；中国主产西南地区。

Swietenia Jacquin **桃花心木属，Meliaceae 楝科**。落叶乔木，具红褐色的木材。叶为偶数羽状复叶。花单性，排成腋生圆锥花序；萼 5 裂，裂片覆瓦状排列；花瓣 5，分离，覆瓦状排列；雄蕊管壶形，顶端 8-10 齿裂，花药 8-10，着生于管口的内缘而与裂齿互生；花盘环状；子房 5 室，每室有胚珠 9-16 颗，柱头盘状，顶端 5 浅裂。果为木质的蒴果，由基部起开裂为 5 果爿。每果爿具种子 9-16，上端有长而阔的翅。花粉粒 4 孔沟，外壁平滑。染色体 $2n=48$，54，56。约 3/1 种，**3 型**；分布于热带，亚热带美洲和热带非洲西部地区；中国福建、台湾、广东、广西、海南和云南等地引种栽培。桃花心木 *S. mahagoni* (Linnaeus) Jacquin 广泛栽培，是著名用材树种。

Sycopsis Oliver **水丝梨属，Hamamelidaceae 金缕梅科**。常绿灌木或小乔木。叶全缘或顶端具浅齿，羽状脉或兼具三出脉。雄全同株；密集穗状花序，花雄性或两性；萼片 5 或 6；花瓣无；雄蕊 5-10，花药 2 室；雄花萼筒短，退化子房存在或缺失；两性花花杯坛状，子房上位，但被萼筒包被，每室胚珠 1 枚。宿存萼筒比蒴果短。种子窄卵形。花粉粒 3 沟，网状纹饰。染色体 $2n=36$。（2-3）/2（2）种，**7-2 型**；分布于印度东北部及中国南部。

Sympegma Bunge **合头草属，Amaranthaceae 苋科**。半灌木，茎多分枝，无毛，茎皮近木栓质，条裂。叶互生，肉质。花两性，1 至数个簇生于仅具 1 节间的腋生小枝顶端，无小苞片。花被片 5，果时硬化，背面顶部生横翅状附属物；雄蕊 5，花药先端无附属物；子房瓶状，柱头 2。胞果为花被包覆，两侧稍扁，圆形，果皮膜质，与种子离生。种子直立，种皮膜质；胚平面螺旋状，无胚乳。1/1 种，**13-1 型**；分布于哈萨克斯坦，蒙古国，以及中国甘肃西北部、宁夏、青海北部和新疆。合头草 *S. regelii* Bunge 可用作饲料。

Symphorema Roxburgh **六苞藤属，Lamiaceae 唇形科**。攀援灌木。单叶对生。聚伞花序头状，具总梗，有 7 枚无柄的花及 6 枚长椭圆形基部分离的总苞片，总苞片果时常增大；花萼 3-8 齿，果时增大。花冠小，白色，花冠管圆柱形，裂片 6-16（-18），近相等；雄蕊与花冠裂片同数而等长，外伸；子房倒卵形，2 或不完全 4 室，每室有 2 并生悬垂胚珠，仅 1 枚能育。蒴果近干燥，包藏于增大的萼内。1 种子，直立，无胚乳。花粉粒 3 沟，偶 6 沟。染色体 $2n=24$，28，36。约 3/1 种，**7 型**；间断分布于印度，缅甸，泰国，菲律宾；少数延至中国云南南部。

Symphoricarpos Duhamel **毛核木属，Caprifoliaceae 忍冬科**。灌木。叶对生，有短柄。花簇生或单生于侧枝顶部叶腋成穗状或总状花序；萼杯状，4-5 裂；花冠淡红色或白色，钟状至漏斗状或高脚碟状，4-5 裂，筒基部稍呈浅囊状，内面被长柔毛；雄蕊 4-5 枚；子房 4 室，其中 2 室可育，各具 1 悬垂的胚珠，花柱纤细，柱头头状或稍 2 裂。浆果状核果，圆形、卵圆形或椭圆形；核卵圆形。花粉粒 3 孔沟，具刺。染色体 $2n=18$。16/1（1）种，**9 型**；分布于北美和墨西哥；中国产中部至西南。

Symphyllocarpus Maximowicz **含苞草属，Asteraceae 菊科**。一年生草本。叶互生，有齿或全缘，披针形或线状披针形。头状花序近盘状；总苞片膜质，边缘透明；花托平，雌花之间有托片，褶叠，膜质，两性花之间无托片；雌花细管状，2-4 裂，两性花管状，花冠 4 裂；雄蕊 4，花药上

端钝，无附片。瘦果圆柱形，有柄，被顶端两叉而内卷的疏腺毛，上端的毛较长且直立如冠毛状。1/1 种，**11 型**；产俄罗斯及中国东北地区。

Symphyotrichum Nees **联毛紫菀属，Asteraceae 菊科**。草本。具地下根状茎或直根。茎少数顶端分枝。叶互生。头状花辐射状或丝管状，多数成圆锥、总状或伞房花序，有时单生；花托平或微凸，无托片；冠毛白色或棕色，4 层，多数近等长；总苞 3-6（9）层，不等长；全部小花可育，舌状花 1 层，极少 4 或 5 层，白色、粉红色、蓝色或紫色。瘦果倒卵形或倒锥形。染色体 x=4-8。约 90/3 种，**1 型**；广布亚洲，欧洲，美洲；中国各地均产。

Symphytum Linnaeus **聚合草属，Boraginaceae 紫草科**。草本，被毛。叶常宽大。镰状聚伞圆锥花序；无苞片。花萼 5 裂，裂齿不等长；花冠筒状钟形，檐部 5 浅裂，裂片三角形或半圆形，附属物边缘有乳头状腺体；雄蕊 5，不超出花冠檐；子房 4 裂，花柱丝形，伸出，雌蕊基平。小坚果卵形，有时稍偏斜，有疣点和网状皱纹，较少平滑，着生面在基部，碗状，边缘常具细齿。花粉粒 6 孔沟或多，穿孔纹饰，有小芽孢状或颗粒状凸起。染色体 n=16。约 2/1 种，**12 型**；分布于阿富汗，印度，巴基斯坦及亚洲西南部，世界各地均有栽培；中国各地栽培。聚合草 *S. officinale* Linnaeus 的茎叶可作家畜青饲料。

Symplocaceae Desfontaines **山矾科，木兰亚纲/杜鹃花目**。灌木或乔木。冬芽数个，上下叠生。单叶互生；无托叶。花辐射对称，多为两性，常簇生叶腋或组成花序；花萼 3-5 裂，深裂或浅裂，常宿存；花冠分裂至基部或中部，5 裂；雄蕊常多数，排成数轮，分离或合成数束，着生于花冠筒上，花药近球形，2 室，纵裂；子房下位或半下位，顶端常具花盘或腺点，2-5 室，每室胚珠 2-4 枚，下垂；花柱 1，细长，柱头小。核果，顶端冠以宿存的萼裂片，每室具种子 1。种子具丰富胚乳。花粉粒（2-）3-4 孔沟，皱波-穿孔状纹饰。1 属，200 种，广布亚洲，大洋洲和美洲的热带和亚热带；中国 1 属，42 种，分布于西南部至东南部，以西南部尤盛。

Symplocarpus Salisbury ex W. P. C. Barton **臭菘属，Araceae 天南星科**。根茎粗壮。叶柄具长鞘；叶片宽大，浅心形。花序柄短；佛焰苞厚，基部席卷，中部肿胀，先端渐尖，下弯成喙状；肉穗花序具长梗，圆球形，远短于佛焰苞；花有臭味，两性，具花被；花被片 4，向上渐扩大，拱状，顶部凸起如尖塔，蕾时覆瓦状排列；雄蕊 4，花丝扩大，稍扁，花药短；子房伸长，下部沉陷于花序轴上，1 室，胚珠 1。花粉粒单沟，网状纹饰。（4-5）/2 种，**9 型**；东亚—北美间断分布；中国产黑龙江。臭菘 *S. renifolius* Schott ex Tzvelev 可药用。

Symplocos Jacquin **山矾属，Symplocaceae 山矾科**。特征描述同科。200/42（18）种，**2-1（3）型**；广布亚洲，大洋洲和美洲的热带和亚热带，非洲不产。中国主产西南至华南地区。白檀 *S. paniculata* (Thunberg) Miguel 是良好的园林观赏树种；其种子经提炼可作食用油；可作药材。

Syncalathium Lipschitz **合头菊属，Asteraceae 菊科**。草本，茎低矮或几无茎。头状花序在茎端密集成团伞花序；总苞片 1 层，3-5 枚，基部合生，有时有 1 枚线形的小苞片；冠毛 3 层，细锯齿状或微糙毛状，灰白色，易脱落，基部不连合成环；舌状小花 3-5 枚，紫色或紫红色，少黄色，两性，顶端截形，5 齿裂。果椭圆或椭圆状卵形，压扁，每面有 1-2 条细肋或细脉纹。花粉粒 3 孔沟，有刺脊，圆锥形小刺短。染色体 2n=16。5/5（5）种，**15 型**；中国产西藏、四川、云南、甘肃。

Syndiclis J. D. Hooker **油果樟属，Lauraceae 樟科**。常绿乔木。叶近对生或互生，或集生于枝顶，羽状脉。圆锥花序，腋生，具

总梗；苞片早落。花两性。花被筒倒圆锥形；花被裂片常为4，花被整个脱落。能育雄蕊常4，与花被片对生，并伸出于花被，花药2室，内向。退化雄蕊4，微小，线形或披针形，芽时呈穹形包住子房；子房卵状圆锥形，向上渐狭成花柱。果大，陀螺形或偏球形或球形；果梗增粗。花粉粒无萌发孔，被刺。10/9（9）种，**7型**；除1种产不丹外；其余分布于中国云南、贵州西南部、广西南部和海南。

Synedrella Gaertner **金腰箭属，Asteraceae 菊科。**一年生草本。头状花序异型；总苞片不等大，外层叶状，内层干膜质，鳞片状；花托小，有干膜质的托片；冠毛硬，刚刺状；全部小花结实，缘花雌性，辐射状，中央花两性，管状，檐部4浅裂；雄蕊4个。果二型，雌花瘦果平滑，扁压，边缘有翅；两性花的瘦果狭，扁平或三角形，无翅。染色体2*n*=40。1/1种，**2型**；分布于加勒比海地区，中美洲，南美，墨西哥；中国产南方地区。

Syneilesis Maximowicz **兔儿伞属，Asteraceae 菊科。**草本。子叶1枚，基生叶片幼时伞状下垂，叶柄基部抱茎，无叶鞘。头状花序盘状，基部有2-3线形小苞片；总苞片5，不等长；花托无毛；冠毛多数；小花两性，结实，具不规则的5裂，花冠淡白色至淡红色；花柱分枝伸长，顶端钝或具扁三角形的附器，外面被毛。瘦果圆柱形，具肋。子叶1枚，微裂。染色体*x*=26，39。7/4（3）种，**14SJ型**；主产日本，韩国及中国南方地区。兔儿伞 *S. aconitifolia* (Bunge) Maximowicz 为药用植物。

Synotis（C. B. Clarke）C. Jeffrey & Y. L. Chen **合耳菊属，Asteraceae 菊科。**草本或亚灌木，直立或有时攀援。叶互生。头状花序；总苞钟状或圆柱状；花托平；冠毛毛状；缘花假舌状或细管状，雌性，1-20或无，管状花两性，黄色或乳白色；花药基部具明显的尾，花药颈部杆状至近圆柱状，辐射状排列。果圆柱形，具肋。染色体*n*=10，18，20。57/46（31）种，**14SH型**；除苍术叶合耳菊 *S. atractilifolia* (Ling) C. Jeffrey & Y. L. Chen 见于中国宁夏贺兰山外，均产中国—喜马拉雅地区；中国主产西南部山区。

Synstemon Botschantzev **连蕊芥属，Brassicaceae 十字花科。**一年生草本。茎生叶条形，下部的全缘或有窄裂片，上部的全缘。花序无苞片；萼片直立，卵圆形，有白色边缘；花瓣淡蓝色，倒卵形，先端钝圆，爪短，基部有长单毛；雄蕊6枚。长角果线形，2室，种子间略缢缩，呈念珠状，开裂；果瓣膜质，有1中脉。种子每室1行，多数，顶端有边。2/2（2）种，**15型**；分布于中国甘肃、内蒙古。

Synurus Iljin **山牛蒡属，Asteraceae 菊科。**草本。叶互生，卵形或卵状长椭圆形，具柄，有齿缺或羽状分裂。头状花序；总苞片多列，全缘，先端有长刺；花托有托毛；冠毛糙毛状，多层，向内层渐长，基部连合成环，整体脱落；小花管状；花药基部的尾连合，围绕着花丝，花丝无毛；花柱上部2裂，分枝直立，钝头，基部有束毛。瘦果长椭圆形，多棱。染色体2*n*=26。1/1种，**11型**；分布于蒙古国，俄罗斯，日本，朝鲜及中国东部地区。

Syreitschikovia Pavlov **疆菊属，Asteraceae 菊科。**多年生草本。叶线形、线状披针形或椭圆状卵形，柔软。头状花序同型，总苞片卵状披针形，覆瓦状，顶端有针刺；花托有托毛；冠毛多层，异型，外层毛状，边缘锯齿状，内层扁平，近膜片状；小花管状，两性，花冠狭窄，稍坚硬，管丝状，不等5齿裂，4齿极短，第5齿疏离；雄蕊约与花冠等长，花药顶端有角状的附属体，基部有尾。瘦果倒尖塔形，压扁。2/1种，**13型**；分布于中亚；中国产新疆天山地区。

Syringa Linnaeus **丁香属，Oleaceae 木犀科。**灌木或小乔木。冬芽被芽鳞，顶芽常缺。单叶对生。花两性，聚伞花序排列成

S

圆锥花序，与叶同时抽生或叶后抽生。花萼钟状，具4齿或不规则齿裂。花冠漏斗状、高脚碟状或近辐状，裂片4枚。雄蕊2枚，着生于花冠管喉部至花冠管中部，内藏或伸出；子房2室，每室胚珠2枚，花柱丝状，短于雄蕊，柱头2裂。蒴果，室间开裂。种子扁平，有翅。花粉粒3（拟）孔沟，网状纹饰。染色体2*n*=46，或44，48。20/16种，**10型**；广布热带和温带地区，亚洲尤盛；中国产西南及黄河流域以北各省区。云南丁香 *S. yunnanensis* Franchet是重要的香花观赏植物。

Syringodium Kützing **针叶藻属，Cymodoceaceae 丝粉藻科**。多年生海生沉水草本，根状茎分枝，茎节上具1至数条须根。直立茎着生2-3片叶，叶互生，具叶耳和叶舌，叶片钻形，外围有1到数条维管束。雌雄异株，聚伞花序顶生于直立茎；雄花有梗，雄蕊2，无花丝。雌花无梗，心皮离生，花柱短，2裂成丝状柱头。果实长椭圆形或斜倒卵形，外果皮骨质，具喙。染色体2*n*=20。2/1种，**3型**；1种见于加勒比海，1种产西太平洋至印度洋；中国产广东东沙群岛、硇洲岛等附近海域。

Syzygium P. Browne ex Gaertner **蒲桃属，Myrtaceae 桃金娘科**。乔木或灌木。叶对生，少数轮生。花3朵至多数，聚伞或圆锥花序；苞片细小，花后脱落；萼片4-5，稀更多，极少合生成帽状；花瓣4-5，稀更多，分离或连合成帽状，早落；雄蕊多数；子房下位，2或3室，每室有胚珠多数。浆果核果状；种子1-2，种皮多少与果皮黏合，胚直，或多胚。花粉粒3（-4）孔沟，光滑、粗糙、颗粒状或网状纹饰。染色体2*n*=22，44，66。1200/80（45）种，**4型**；分布于热带非洲，热带和亚热带亚洲，澳大利亚，新喀里多尼亚，新西兰，太平洋岛屿；中国产广东、广西和云南。丁子香 *S. aromaticum* (Linnaeus) Merrill & L. M. Perry的花蕾供医药及化学工业用；水翁蒲桃 *S. nervosum* de Candolle的花、叶和根可药用。

Tabernaemontana Linnaeus **狗牙花属，Apocynaceae 夹竹桃科**。灌木或小乔木，具乳汁。叶对生，叶腋内具假托叶；花单生或呈聚伞或伞房花序，生于小枝分叉处；花萼裂片基部腺体不明显或较多，宿存；花冠高脚碟状，花冠管圆筒形，裂片芽时向左覆盖而向右旋转；雄蕊着生在花冠管膨大处；子房由2枚离生心皮组成，胚珠多数；柱头顶端常2裂。蓇葖双生，圆形，革质。种子具假种皮，无毛。花粉沟状，颗粒状，孔状纹饰。花粉具3-4（偶有5）孔沟，外壁光滑，穿孔，或微网状纹饰。染色体2*n*=22，33，66。约100/5种，**2型**，分布于非洲，亚洲，美洲和太平洋群岛；中国产西南、华南至台湾。

Tacca J. R. Forster & J. G. A. Forster **蒟蒻薯属，Dioscoreaceae 薯蓣科**。草本。根状或块状地茎。叶基生，叶脉羽状或掌状。顶生伞形花序；总苞片2-6（-12），小苞片线形或缺。花被钟状；花丝短，顶部兜状或勺状；子房下位，侧膜胎座，花柱短，柱头3瓣裂，常反折而覆盖花柱。浆果或蒴果。种子肾形、卵形至椭圆形，有条纹。花粉单沟，皱波状纹饰。染色体2*n*=30。12/6（2）种，**2型**；泛热带分布；中国产长江以南各地。箭根薯 *T. chantrieri* André的地下茎可入药。

Tadehagi H. Ohashi **葫芦茶属，Fabaceae 豆科**。灌木或亚灌木。单叶，叶柄有宽翅，翅顶具2枚小托叶。总状花序顶生或腋生；每苞片腋内具2-3花，具小苞片；花萼钟状，4裂，上部裂片全缘或微2裂；花瓣具脉纹；雄蕊二体；雌蕊无柄，子房被柔毛，胚珠5-8，基部具明显花盘。荚果具荚节5-8，腹缝线直或稍呈波状，背缝线稍缢缩至深缢缩。种脐周围具带边假种皮，子叶出土萌发。花粉粒3孔沟，网状纹饰。染色体2*n*=22。6/2种，**5（7）型**；分布于亚洲热带，太平洋群岛和澳大利亚北部；中国产西南部至东南部。葫芦茶 *T.*

triquetrum (Linnaeus) H. Ohashi 全株药用，可清热解毒、健脾消食和利尿。

Taeniophyllum Blume **带叶兰属，Orchidaceae 兰科**。小型草本植物。茎几不可见，无绿叶，基部被多数淡褐色鳞片，具许多长而伸展的气生根。总状花序直立，具少数花，花序柄和花序轴很短；花小，开放约 1 天；唇瓣着生于蕊柱基部，基部具距，先端有时具倒向的针刺状附属物；距内无任何附属物；蕊柱粗短，无蕊柱足；药帽前端伸长而收狭；花粉团蜡质，4 个，彼此分离。约 180/（2-3）种，**4-1（14SJ）型**；主要分布于热带亚洲和大洋洲，向北到达中国南部和日本，也见于西非；中国产南方省区。

Taenitis Willdenow ex Schkuhr **竹叶蕨属，Pteridaceae 凤尾蕨科**。草本，土生。根状茎横走，密被刚毛状鳞片。叶远生，一型，单叶或一回奇数羽状；羽片披针形，革质，能育羽片较不育羽片狭；叶脉网状，在主脉间有 2-3 行网眼。孢子囊群长线形，常位于中脉与叶边缘之间，沿叶脉不规则着生，或遍布于收缩的可育羽片背面；无囊群盖，隔丝有多行细胞；孢子球状四面形，三裂缝，表面具结节和小棒。染色体 x=11（22）。15/1 种，**7 型**；分布于自斯里兰卡，印度南部至中国，经印度尼西亚和马来西亚至昆士兰北部和斐济群岛；中国产海南。

T

Tagetes Linnaeus **万寿菊属，Asteraceae 菊科**。草本。叶常对生，具油点。头状花序；总苞 1 层，几全部连合成管状或杯状，有半透明的油点；花托无毛；冠毛有 3-10 个不等长的鳞片或刚毛；小花全部结实，辐射花 1 层，雌性，金黄色、橙黄色或褐色，管状花两性，金黄色、橙黄色或褐色；花柱分枝长，开展或弯曲。果线形或线状长圆形，具棱。花粉粒 3 孔沟，具刺，刺间穿孔状。染色体 $2n$=24，48。40/2 种，**2 型**；产热带及暖温带美洲；中国引种栽培。万寿菊 *T. erecta* Linnaeus 广泛栽培，可供观赏。

Tainia Blume **带唇兰属，Orchidaceae 兰科**。地生草本。根状茎具密布灰白色长绒毛的肉质根。假鳞茎肉质，具单节间，罕有多节间的，顶生 1 枚叶。叶具长柄。花葶侧生于假鳞茎基部；唇瓣贴生于蕊柱足末端，直立，基部具浅囊，不裂或前部 3 裂；中裂片上面具脊突或褶片；蕊柱向前弯曲，两侧具翅，基部足；蕊喙不裂；花粉团 8 个，蜡质，倒卵形至压扁的哑铃形，每 4 个为一群，等大或其中 2 个较小，无明显的花粉柄和粘盘。12/4 种，**5（7）型**；分布于从热带喜马拉雅东至日本南部，南至东南亚和其邻近岛屿；中国产长江以南各省区。

Taiwania Hayata **台湾杉属，Cupressaceae 柏科**。常绿乔木；冬芽形小。叶二型，螺旋状排列，基部下延；老树之叶鳞状钻形，在小枝上密生，并向上斜弯，先端尖或钝，横切面三角形或四棱形，背腹面均有气孔线。雌雄同株；雄球花数个簇生于小枝顶端，小孢子叶多数，螺旋状排列。雌球果形小，种鳞革质，扁平，鳞背尖头的下方有明显或不明显的圆形腺点，露出部分有气孔线，边缘近全缘，微内弯，发育种鳞各有 2 粒种子。种子扁平，两侧有窄翅，上下两端有凹缺。花粉粒无气囊，具 1 个乳突状凸起。染色体 $2n$=22。1/1 种，**14（SH）型**；分布于中国，缅甸和越南；中国产西藏东南部、云南西部、四川东南部、湖北西南部、贵州东南部和台湾。台湾杉 *T. cryptomerioides* Hayata 的木材可供建筑、桥梁家具及造纸原料等用材。

Talassia Korovin **伊犁芹属，Apiaceae 伞形科**。草本。根粗，分叉，木质化。茎多数。叶柄基部扩展成鞘，与叶片相接处具关节；叶片三回羽状全裂，末回裂片全缘或 3 深裂。复伞形花序，伞辐 8-18；无总苞片；小伞形花序有花 10-20，无小总苞片；萼齿三角形；花瓣黄色，广椭圆形；花柱基扁圆锥形，花柱短。分生果椭圆形，背

腹扁压，背棱3条稍凸起，侧棱不明显；每棱槽内有油管1，窄小，合生面油管2。2/1种，**13型**；分布于中亚地区；中国产新疆。

Talauma Jussieu **盖裂木属，Magnoliaceae 木兰科**。常绿乔木或灌木。托叶连生于叶柄，叶柄上具托叶痕；幼叶在芽中对折。花两性，单生于枝顶，花被片9-15；药隔伸出成短尖头；雌蕊群无柄，心皮多数或少数，至少在基部合生。蓇葖木质或骨质，周裂，上部分单一或不规则块状脱落，每成熟蓇葖悬垂1-2颗种子。花粉粒单沟，光滑或穿孔状纹饰。染色体2*n*=38。约60/1种，**3型**；分布于亚洲东南部及热带美洲；中国产云南和西藏。

Talinaceae Doweld **土人参科，木兰亚纲/石竹目**。草本、灌木，稀小乔木。茎直立，肉质。叶肉质，互生、对生或簇生，全缘，无柄或具短柄，无托叶。花序顶生或侧生，常组成总状花序或圆锥花序；花小；萼片2，卵形，早落，无毛或稀有软毛；花瓣（2-）5，稀多数（8-10）；雄蕊5至多数，有时2轮，贴生于花瓣基部；子房上位，1-3（-4）室，胚珠多数，花柱顶端3裂，稀2裂。浆果或顶端开裂蒴果；1到多数种子。花粉粒散沟或散孔。染色体*n*=8。2属，27种，分布于美洲和非洲大陆东部，包括马达加斯加岛；中国1属，1种，引进栽培后逸生。

Talinum Adanson **土人参属，Talinaceae 土人参科**。多年生肉质草本或亚灌木，常具粗根。叶常互生，扁平，全缘；无托叶。总状花序或圆锥花序顶生或腋生，稀有单花。苞片和小苞片小，鳞片状。萼片2，卵形，早落；花瓣5，离生，基部合生；雄蕊5至多数，贴生花瓣基部，花丝线形；子房上位，1室，胚珠多数，花柱细长，顶端3裂。蒴果俯垂球形，3瓣裂。种子多数。花粉粒散孔，穿孔状-颗粒纹饰。染色体*n*=8。10/1种，**2型**；分布于美洲，少数到非洲和亚洲；中国引种栽培，逸生。

Tamaricaceae Link **柽柳科，木兰亚纲/石竹目**。灌木或乔木。叶小，多呈鳞片状，互生。花常集成总状花序或圆锥花序；花萼4-5深裂；花瓣4-5，分离；雄蕊4、5或多数，常分离，着生在花盘上，稀基部结合成束，或连合到中部成筒，花药2室，纵裂；雌蕊1，2-5心皮，子房上位，1室，侧膜胎座或基底胎座。蒴果，圆锥形，室背开裂。种子多数，全面被毛或在顶端具芒柱，芒柱从基部或从一半开始被柔毛；有或无内胚乳，胚直生。花粉粒3沟。3属，56-110种，主要分布于旧大陆草原和荒漠地区；中国3属，32种，主产新疆、甘肃、宁夏、内蒙古、青海等，个别种至华北和台湾。

Tamarindus Linnaeus **酸豆属，Fabaceae 豆科**。乔木。叶互生，一回偶数羽状复叶，小叶小，10-20对。总状花序生于枝顶；苞片具颜色，常早落；萼管狭，外部淡红色，内部黄色，4裂；花瓣5，淡黄色具红色脉纹，上方3片发育，下方2片退化；雄蕊1束，仅3枚能育，其他退化为刺毛状；子房具柄，贴生于萼管，胚珠多数。荚果长圆柱形，不开裂。种子倒卵状圆形，无胚乳。花粉粒3（-4）孔沟，网状纹饰。染色体2*n*=24。1/1种，**（6）型**；产非洲，热带地区广泛栽培；中国福建、广东、广西、云南、海南、四川有栽培。

Tamarix Linnaeus **柽柳属，Tamaricaceae 柽柳科**。灌木或乔木。叶小，鳞片状，互生，抱茎或呈鞘状，具泌盐腺体。总状花序或圆锥花序；花4-5（-6）数；花萼草质或肉质，深4-5裂，宿存；花瓣与花萼裂片同数；花盘有多种形状，多为4-5裂；雄蕊4-5，单轮，花丝分离；雌蕊1，3-4心皮构成，子房上位，1室，胚珠多数，基底-侧膜胎座，花柱3-4。蒴果圆锥形，室背三瓣裂。种子多数，细小，顶端具芒柱，被毛。花粉粒3沟，网状纹饰。54/18（5）种，**10型**；分布于亚洲大陆和北非，部分至欧洲的干旱和半干旱区域，间断分

布于南非西海岸；中国产新疆、甘肃、宁夏、青海等干旱区及内蒙古和华北。

Tanacetum Linnaeus **菊蒿属，Asteraceae 菊科。**草本。叶互生，羽裂。头状花序异型，伞房花序状排列；总苞钟状，3-5 层；花托无毛；全部小花黄色，边花 1 层，雌性，管状或假舌状，盘花两性，管状；花药基部钝；花柱分枝线形。果同形，三棱状圆柱形，有 5-10 个纵肋，顶端有冠状边缘或小耳。花粉粒 3 孔沟，具刺，刺间穿孔状。染色体 $x=9$。约 160/19（2）种，**8 型**；分布于非洲北部，中亚，欧洲；中国广布，主产新疆。除虫菊 *T. cinerariifolium* (Treviranus) Schultz Bipontinus、菊蒿 *T. vulgare* Linnaeus 等可提取杀虫剂。

Tanakaea Franchet & Savatier **峨屏草属，Saxifragaceae 虎耳草科。**多年生草本。叶均基生，具柄，革质，椭圆形、卵形、阔卵形至狭卵形，边缘有锯齿，无托叶。圆锥或总状花序；苞片小；萼片（4-）5（-7）；花瓣不存在；雄蕊 8-10；心皮 2，下部合生，子房近上位，上部 1 室，边缘胎座，下部 2 室，中轴胎座。蒴果近上位。种子两端尖。花粉粒网状或穴状纹饰。2/1 种，**14（SJ）型**；分布于日本及中国四川。

Tapeinidium (C. Presl) C. Christensen **达边蕨属，Lindsaeaceae 鳞始蕨科。**草本，土生。根状茎短而横卧；叶近生或远生；叶轴上面有纵沟，下面为棱角或为圆形；叶片通常一回羽状分离或二回羽状分裂，羽片线形，互生或对生；叶脉分离，1-2 次分叉。孢子囊群近叶缘着生，圆形；囊群盖杯形；孢子椭圆形或近椭圆形，周壁具颗粒状纹饰。染色体 $x=75$。约 17/1 种，**5 型**；主要分布于大洋洲和亚洲热带地区，以新喀里多尼亚最多；中国产台湾南部。达边蕨 *T. pinnatun* (C. Presl) C. Christensen 可供观赏。

Tapiscia Oliver **瘿椒树属，Tapisciaceae 瘿椒树科。**落叶乔木。叶互生，奇数羽状复叶，无托叶。花两性或雌雄异株，辐射对称；腋生圆锥花序，雄花序由长而纤弱的总状花序组成，花密聚，花单生于苞腋内；花瓣 5，雄蕊 5，突出；花盘小或缺；子房 1 室，有 1 胚珠；雄花较小，有退化子房。果实不开裂，核果状的浆果或浆果。花粉粒 3 沟，网状纹饰。6/2（2）种，**15 型**；中国产南方各省区。瘿椒树 *T. sinensis* Oliver 可药用。

Tapisciaceae Takhtajan **瘿椒树科，木兰亚纲/十齿花目。**乔木。叶互生，叶柄束环状；奇数羽状复叶或三出小叶，节处具托叶腺或小托叶。圆锥花序腋生。雄全异株。花盘小或无。花柱中空，顶端分叉，子房上位，1 室 1 胚珠，基生。核果或浆果不裂，种皮薄。花粉粒亚球形或扁长型，3 孔沟或 3 沟，网状纹饰。染色体 $2n=26$，30。2 属，5 种。分布于中国和南美；中国 1 属，2 种，产南方各省区。

Taraxacum F. H. Wiggers **蒲公英属，Asteraceae 菊科。**葶状草本。花托平，有小窝孔；冠毛白色，毛状；小花常黄色，稀白色、红色或紫红色；花药顶端附片三角形；花柱细长，伸出聚药雄蕊外，柱头 2 裂，裂瓣线形。果纺锤形或倒锥形，有纵沟、有刺状或瘤状凸起。花粉粒 3 孔沟；网状纹饰。染色体 $x=8$，除九倍体外，二倍体至十倍体都有。约 2500/116（81）种，**8 型**；主产非洲，北半球温带地区，以亚欧大陆的山区尤盛，少数到南半球温带地区；中国广布。

Tarenaya Rafinesque **醉蝶花属，Cleomaceae 白花菜科。**一年生或多年生草本或灌木。叶互生，掌状复叶，叶柄具刺，小叶（1）3-7（-11），小叶柄基部合生成叶枕状盘。总状花序；花萼 4，每个萼片基部具 1 蜜腺；花冠 4，离生；雄蕊 6，花丝着生于雌雄蕊柄上；心皮 1。蒴果，无假种皮。花粉粒 3 孔沟，具刺。染色体 $2n=20$，30，40。33/1 种，**（16）型**；分布于非洲西部和南美洲；中国引入栽培于广东、海南、江苏、四川和浙江。醉蝶花 *T. hassleriana*

T

(Chodat) Iltis 具有极高的观赏价值，广为栽培。

Tarenna Gaertner **乌口树属，Rubiaceae 茜草科。**灌木或乔木。叶对生；托叶基部合生或离生。伞房状聚伞花序，顶生或假腋生；花 5 基数；花冠漏斗状或高脚碟状，裂片旋转状排列；雄蕊伸出；子房 2 室，每室有胚珠 1 至多枚，生于肉质的中轴胎座上，柱头有槽纹，伸出。浆果，革质或肉质，具种子 1 至多颗。种子平凸或凹陷。花粉粒 3 孔沟，条网状纹饰。染色体 $2n$=22。约 370/18（12）种，**4 型**；分布于亚洲的热带和亚热带地区，大洋洲至非洲的热带地区；中国产西南、华南至华东等地。

Tarennoidea Tirvengadum & Sastre **岭罗脉属，Rubiaceae 茜草科。**乔木。叶对生；托叶基部合生。圆锥状聚伞花序，顶生或腋生；花两性；花萼裂片 5；花冠高脚碟状，裂片 5，旋转状排列；雄蕊 4-5 枚，伸出；子房 2 室，每室有胚珠 1 或常为 2-6 枚，生于中轴胎座上，柱头伸出。浆果，近球形，革质或肉质，萼裂片早落。种子椭球形至近球形。花粉粒 3 孔沟，穴状纹饰。染色体 $2n$=22。2/1 种，**7b 型**；分布于亚洲南部至东南部；中国产华南至西南等。

Taxaceae Gray **红豆杉科，松亚纲/球果目。**常绿乔木或灌木。木材无树脂道。单叶，宿存多年，条形或披针形，螺旋状排列或交叉对生，常扭转呈 2 列，下面沿中脉两侧各有 1 条气孔带。球花单性，雌雄异株，稀同株；雄球花具 6-14 枚小孢子叶；花粉粒无气囊。胚珠单生，无球果。种子核果状，具坚硬的外被，与肉质、常具色彩鲜艳的假种皮合生；胚乳丰富；子叶 2 枚。染色体 n=11，12。6 属，28 种，主要分布于北半球温带，从欧亚大陆到马来西亚，北非，新喀里多尼亚，北美洲到中美洲；中国 5 属，21 种，除新疆、宁夏和青海外，各地均产。

Taxillus van Tieghem **钝果寄生属，Loranthaceae 桑寄生科。**灌木。嫩枝叶和花常被毛。叶对生或互生。花序伞形或总状。花具苞片 1；两性，4-5 数。花托椭圆状或卵球形，基部圆钝；花瓣合生为管状花冠，开花时顶部 4-5 裂，1 裂深，裂片反折；雄蕊着生于裂片基部；花柱线状，具 4-5 棱；子房 1 室，基生胎座。浆果基部圆钝，外果皮常具疣状或颗粒状凸起。花粉粒 3 合沟，颗粒状纹饰。染色体 x=9。（25-35）/18（9）种，**7a/b 型**；分布于亚洲南部和东南部，非洲产 1 种；中国产西南和秦岭以南。

Taxodium Richichard **落羽杉属，Cupressaceae 柏科。**落叶或半常绿性乔木。主枝宿存，侧生小枝冬季脱落。叶螺旋状排列，基部下延生长，异型：钻形叶在主枝上斜上伸展，或向上弯曲而靠近小枝，宿存；条形叶在侧生小枝上排成 2 列，冬季与枝一同脱落。雌雄同株；雄球花卵圆形，在球花枝上排成总状花序状或圆锥花序状，生于小枝顶端。雌球果球形或卵圆形，具短梗或几无梗；种鳞木质，盾形，顶部呈不规则的四边形；苞鳞与种鳞合生，仅先端分离，向外凸起成三角状小尖头；发育的种鳞各有 2 粒种子。种子呈不规则三角形，有明显锐利的棱脊。花粉无气囊，具 1 个圆锥形乳头状凸起。染色体 $2n$=22。3/3 种，**（9）型**；原产北美及墨西哥；中国均已引种。落羽杉 *T. distichum* (Linnaeus) Richard 可作庭园树及造林树用。

Taxus Linnaeus **红豆杉属，Taxaceae 红豆杉科。**常绿乔木或灌木。叶条形，螺旋状着生，基部扭转排成 2 列，叶下面有两条灰绿色或淡黄色的气孔带。雌雄异株，球花单生叶腋；雄球花圆球形，有梗；雌球花几无梗，胚珠直立，基部托以圆盘状的珠托，受精后珠托发育成肉质、杯状、红色的假种皮。种子坚果状，生于杯状肉质的假种皮中；子叶 2 枚。花粉无气囊。染色体 $2n$=24。12/7 种，**8 型**；分布于北半

球温带和亚热带地区；中国主产长江以南各省区，东北也有。木材为优良用材；可作庭园树；种子可榨油；提取物紫杉醇用于治疗癌症。

Tectaria Cavanilles **叉蕨属，Tectariaceae 三叉蕨科**。中型至大型土生植物。根状茎短而横走至直立。叶簇生；柄禾秆色、棕色或栗褐色至乌木色。叶片三角形，一回至二回羽状分裂，少为单叶；叶脉连接为多数方形或近六角形网眼，有或无内藏小脉；叶草质或近膜质，叶面光滑或在叶面疏被有关节的毛；叶轴及羽轴上面被有关节的短毛或光滑。孢子囊群圆形，位于网眼联结处或内藏小脉的顶部或中部，在两侧脉之间有2列或多列，少为1列。囊群盖盾形或圆肾形，宿存或脱落，或少无盖。孢子椭圆形，周壁具刺状纹饰或褶皱形成网。染色体 x=40。约230/35（6）种，**2型**；分布于热带及亚热带地区，东南亚尤多；中国产西南、华南和台湾。三叉蕨 *T. subtriphylla*（Hooker & Arnott）Copeland 可入药。

Tectariaceae Panigrahi **三叉蕨科，水龙骨亚纲/水龙骨目**。草本，土生。根状茎短而直立或斜升，少长而横走。叶簇生，少近生，一型或二型；叶片一回羽状分裂至数回羽状分裂，少为单叶。叶脉为各式的网状，或为分离，侧脉单一或分叉，主脉两侧联结成无内藏小脉的狭长网眼。孢子囊群圆形；囊群盖圆肾形或圆盾形或无盖；孢子囊球形；孢子椭圆形，周壁有皱褶或刺状纹饰。7属，250余种，广布泛热带地区；中国3属，39种，产西南及华南热带和亚热带地区。

Tectona Linnaeus f. **柚木属，Lamiaceae 唇形科**。落叶乔木。小枝被星状柔毛。叶大，对生或轮生，全缘，有叶柄。花序由二歧状聚伞花序组成顶生圆锥花序；花萼钟状，5-6齿裂，果时增大呈卵圆形或坛状，完全包围果实；花冠管短，顶端5-6裂，裂片向外反卷；雄蕊5-6，着生在花冠管上部，伸出花冠外；子房4室，每室有1胚珠。核果包藏于宿存增大的花萼内，外果皮薄，内果皮骨质。种子长圆形。花粉粒3沟。染色体 $2n$=36。约3/1种，**7型**；分布于印度，缅甸，马来西亚，菲律宾，以及中国云南、广西、广东、福建。

Telosma Coville **夜来香属，Apocynaceae 夹竹桃科**。藤状灌木，具乳汁。叶对生。伞形或总状聚伞花序，腋外生；花萼裂片双盖覆瓦状排列，内面基部具有5个小腺体；花冠高脚碟状，花冠管圆筒状，花冠裂片芽时向右覆盖；副花冠5片，膜质，着生于合蕊冠的基部，腹部粘生在花药背面；花药顶端有内弯的膜片；花粉块每室1个，直立；离生心皮2。蓇葖圆柱状披针形，果皮厚，无毛。种子顶端具白色绢质的种毛。染色体 $2n$=22。约10/3种，**4型**；分布于亚洲，大洋洲及非洲热带地区；中国产华南和西南地区。

Tengia W. Y. Chun **世纬苣苔属，Gesneriaceae 苦苣苔科**。草本，具根状茎。叶基生，椭圆形。聚伞花序腋生；花辐射对称。花萼钟状，5裂达基部；花冠近壶状，筒比檐部长；檐部5裂，裂片狭三角形，近直展。雄蕊5，与花冠裂片互生，内藏，花药近肾形。花盘环状。雌蕊稍伸出花冠之外，子房细圆锥状筒形，1室，2侧膜胎座内伸，2裂，花柱比子房长，柱头点状。蒴果线形，裂成4瓣。1/1（1）种，**15型**；特产中国贵州。

Tephroseris (Reichenbach) Reichenbach **狗舌草属，Asteraceae 菊科**。草本。互生，叶不分裂，羽状脉。头状花序辐射状或盘状；总苞片18-25，稀13，常具狭干膜质或膜质边缘，无外层苞片；花托平；冠毛细毛状；辐射花雌性，管状花两性；花药基部具短耳，或钝至圆形，颈部圆柱状，内壁组织细胞壁增厚多数，极状及辐射状排列。果圆柱形，具肋。染色体 $2n$=90，104。50/14（4）种，**8（14）型**；产亚洲和欧洲的温带与北极地区，延伸到北美；

T

分布于中国北部、东北部至西南部。

Tephrosia Persoon **灰毛豆属，Fabaceae 豆科**。草本。奇数羽状复叶，具托叶，无小托叶，小叶常被绢毛，侧脉与中脉成锐角平行伸向叶缘成边缘脉序。常总状花序顶生或与叶对生和腋生；萼齿 5，上方 2 齿多少连合；旗瓣背面具柔毛或绢毛；雄蕊二体（9+1），花丝基部扩大并弯曲，具疣体，花药同型；花盘浅皿状，具 1 裂口。荚果线形或长圆形，扁平或在种子处稍凸起，爆裂，果瓣扭转。花粉粒 3 孔沟，网状或穿孔状纹饰。约 350/11（1）种，分布于热带和亚热带；中国西南部至台湾有野生或栽培。灰毛豆 *T. purpurea* (Linnaeus) Persoon 的提取物具有较高的杀虫活性，可用作杀虫剂。

Teramnus P. Browne **软荚豆属，Fabaceae 豆科**。缠绕草本。羽状 3 小叶。花小，数朵簇生于叶腋或排成总状花序；花萼膜质，钟状，裂片 4 或 5，长于萼管；旗瓣倒卵形，无耳，翼瓣狭，与钝而直且较短的龙骨瓣贴生；单体雄蕊，5 枚较长的发育，5 枚较短的不育；子房无柄，胚珠多颗，花柱短，弯曲，无毛。荚果线形，稍扁，先端具宿存的喙状花柱，种子间有隔膜。种子多颗。染色体 $2n$=28。8/1 种，**2 型**；泛热带广布；中国产海南和台湾。

Teratophyllum Mettenius ex Kuhn **符藤蕨属，Dryopteridaceae 鳞毛蕨科**。植株初期陆生，后攀援于树干。叶远生，二型，有明显的基生叶；叶一回羽状分离，羽片以关节着生叶轴；能育羽片狭缩，有短柄；叶脉分离，侧脉单一或二叉。孢子囊群布满于能育羽片的背面；孢子椭圆形或近球形，表面具网状或小刺状纹饰。13/1 种，**5 型**；分布于东南亚热带及大洋洲；中国产海南。

Terminalia Linnaeus **诃子属，Combretaceae 使君子科**。乔木，具板根，稀为灌木。叶柄上或叶基部常具 2 枚以上腺体；花小两性；苞片早落，萼管杯状；花瓣缺；雄蕊 10 或 8，2 轮，花药背着；花盘常被髯毛或长柔毛；子房下位，1 室；胚珠悬垂。假核果，大小形状悬殊，具棱或翅；内果皮具厚壁组织；种子 1。无胚乳，子叶旋卷。花粉粒 3 孔沟，皱波状纹饰。约 200/8 种，**2 型**；热带广布；中国产台湾、广东、广西、四川、云南和西藏。*T. catappa* Linnaeus 的果可食或可提供单宁、染料和药用。

Terniopsis Chao **石蔓属，Podostemaceae 川苔草科**。多年生草本。根扁平，具分枝。茎单生或分枝。叶小，椭圆形，无柄，覆瓦状 3 列，侧面 2 列较小。花 1 或 2，生于茎基部第 1 叶的叶腋，无柄，苞片 2，不规则，对生；花被片 3，膜质，基部合生；雄蕊 2 或 3，花丝离生，花药 4 室；子房 3 室，柱头 3。蒴果平滑，3 爿裂；种子小，多数。4/1（1）种，**7 型**；分布于南亚和东南亚；中国产福建。

Ternstroemia Mutis ex Linnaeus f. **厚皮香属，Pentaphylacaceae 五列木科**。常绿灌木或乔木，全株无毛。叶互生，常全缘。花单性、杂性或单性和两性异株，有花梗；小苞片 2；萼片 5，边缘常具腺状齿突；花瓣 5；雄蕊 30-50，排成 1-2 轮，花丝短，基部合生，并贴生于花瓣基部；子房上位，2-4（5）室，每室胚珠 2 枚。浆果。种子肾形，假种皮肉质，常红色。花粉粒 3 孔沟，外壁光滑或具小穴。90/13（10）种，**2（3）型**；分布于热带和亚热带非洲，美洲和亚洲；中国产长江以南，广东、广西、云南尤盛。

Tetracentron Oliver **水青树属，Trochodendraceae 昆栏树科**。落叶乔木。枝有长、短枝之分。叶在短枝上单生于枝顶端，在长枝上互生，掌状脉，托叶与叶柄基部合生。花序穗状；花两性，常 4 朵成簇生于花序；花被片 4，宿存；雄蕊 4，与花被片对生；雌蕊由 4 心皮组成，心皮沿腹缝线合生，每心皮 4 胚珠，胚珠弯生。蓇葖果室背开裂，成熟时分离部分强烈反

T

折。种子狭长圆形。花粉粒 3 沟，条网状纹饰。染色体 2*n*=48。1/1 种，**14SH 型**；分布于尼泊尔，缅甸北部，越南北部及中国中部到西南部。水青树 *T. sinense* Oliver 的木材质硬，可作家具材用；树形美观，可作观赏树及行道树。

Tetracera Linnaeus **锡叶藤属，Dilleniaceae 五桠果科**。常绿木质藤本。叶互生，羽状侧脉平行。花两性，小型，圆锥花序顶生或侧生；萼片（3）4-5（-15），果时宿存但常不增大，薄革质；花瓣 3-5，早落；雄蕊 50-200（-500），花丝向上扩大，花药 2，生于扩大的药隔顶端，上端相连、下部叉开；雌蕊由 1-5（-8）离生心皮组成，每心皮 2-20 胚珠。蓇葖果不规则开裂。种子假种皮杯状或流苏状。花粉粒 3 孔沟，小穴状纹饰。染色体 2*n*=24。50/2 种，**2 型**；分布于热带地区，以美洲热带，巴西尤盛；中国产广东、广西和云南。锡叶藤 *T. asiatica* (Loureiro) Hooglan、毛果锡叶藤 *T. scandens* (Linnaeus) Merrill 的根、茎藤和叶可药用。

Tetracme Bunge **四齿芥属，Brassicaceae 十字花科**。一年生分枝草本。叶片长披针形或宽线形，全缘或羽状浅裂。花序总状，密集或在结果时延伸，花微小；萼片直立，基部不呈囊状；花瓣白色或淡黄色，倒卵形或楔形，基部具短爪；雄蕊 6，分离，花丝基部有时加宽。长角果近四棱形，果瓣具 3 脉，果实顶端具 4 枚角状附属物。种子每室 1 行，种子卵形，无膜质边缘。染色体 2*n*=14，28。9/2 种，**13 型**；分布于中亚；中国产新疆。

Tetradium Loureiro **四数花属，Rutaceae 芸香科**。乔木或灌木。叶对生，奇数羽状复叶。聚伞圆锥状花序，花单性，花萼 4 或 5，基部合生；花瓣 4 或 5，覆瓦状排列；雄花的雄蕊 4 或 5，分离，具退化的雌蕊；雌花具退化雄蕊，心皮 4 或 5，子房基部合生，每室 1 或 2 胚珠。蓇葖果，每分果瓣种子 1 或 2；种子圆珠形或卵珠形。染色体 2*n*=36，72，76，78，80。约 9/7（1）种，**14 型**；分布于亚洲东部，南部及东南部；中国产中部及西南部。吴茱萸 *T. ruticarpum* (A. Jussieu) T. G. Hartley 的嫩果炮制晾干为中药吴茱萸，可作苦味健胃剂和镇痛剂，还可作驱蛔虫药。

Tetraena Maximimowicz **四合木属，Zygophyllaceae 蒺藜科**。灌木，幼枝和叶被叉状毛。托叶干膜质，叶对生或簇生。花单生叶腋；萼片 4；花瓣 4；雄蕊 8，2 轮，花丝基部具白色膜质附属物；子房 4 室。蒴果 4 瓣裂，花柱宿存。种子无胚乳。染色体 2*n*=14。1/1（1）种，**15 型**；特产中国内蒙古。

Tetragonia Linnaeus **番杏属，Aizoaceae 番杏科**。肉质草本或半灌木，具针晶体，偶具毛。茎直立、斜升或匍匐。叶互生，扁平，全缘或浅波状，无托叶。花单生或聚伞花序，两性或单性；花被（3）4-7 裂，内面黄色或绿色，基部融合成花被管；雄蕊 4 或更多，基部与花被筒融合；子房下位，2-8 室，每室 1 下垂胚珠，花柱与室同数。坚果，陀螺状或倒卵形，具小角或翅。种子近肾形。60/1 种，**2 型**；分布于非洲，亚洲南部，澳大利亚，新西兰及南美洲；中国产福建、广东、江苏、云南和浙江。

Tetramelaceae Airy Shaw **四数木科，木兰亚纲/葫芦目**。落叶乔木，含鞣质，常具板状根，各部被毛或被鳞片。单叶互生。穗状花序或圆锥花序，花单性，雌雄异株；雄花萼片多数，无花瓣，雄蕊 4 或 6-8，花药底着；雌花无花瓣和不育雄蕊，花柱 4 或 6-8，子房下位，侧膜胎座。蒴果，种子多数，极小，卵形或纺锤形。花粉粒 3 孔沟，小型，网状纹饰。风媒或虫媒。染色体 2*n*=46。2 属，2 种，分布于热带亚洲，主产中南半岛至新几内亚岛；中国 1 属，1 种，产云南南部。

Tetrameles R. Brown **四数木属，Tetramelaceae 四数木科**。落叶乔木，具板状

T

根。单叶互生。花单性异株，先叶开放，穗状花序（雌花）或圆锥花序（雄花）顶生，无花瓣；雄花萼筒极短，花4基数，花药内向，不育子房盘状；雌花具长而明显的萼筒，上部杯状，花柱4，子房上位，1室，侧膜胎座。蒴果；种子多数，卵形。花粉粒3孔沟，网状纹饰。风媒。1/1种，**5/7型**；分布于亚洲热带地区；中国产云南南部，四数木 *T. nudiflora* R. Brown 为热带东南亚雨林典型的上层落叶树种，为国家Ⅱ级重点保护野生植物。

Tetrapanax (K. Koch) K. Koch **通脱木属，Araliaceae 五加科**。常绿无刺灌木或小乔木。单叶，掌状分裂；叶柄长；托叶与叶柄基部合生成锥形。花两性，聚生为伞形花序，再组成顶生的圆锥花序；花梗无关节；萼筒全缘或有齿；花瓣4-5，在花芽中镊合状排列，背面被绒毛；雄蕊4-5；子房2室，花柱2，离生，花期直立，后期反折。果实球形，核果。种子扁平，胚乳光滑。花粉粒3孔沟，网状纹饰。1/1（1）种，**15型**；分布于中国，南方尤盛。通脱木 *T. papyrifer* (Hooker) K. Koch 栽培可作药用或观赏。

Tetrastigma (Miquel) Planchon **崖爬藤属，Vitaceae 葡萄科**。木质藤本。卷须不分枝或二叉分枝。叶掌状或鸟足状，互生。聚伞形花序；花4数；花瓣展开；花柱明显或不明显，柱头4裂，稀不规则分裂，子房2室各2胚株。浆果球形。种子1-4，腹面两侧明显，与种子近等长，胚乳横切T、W或嚼烂状。染色体 $2n=22$，26。约100/44（24）种，**5型**；分布于亚洲至大洋洲；中国主产长江流域以南。崖爬藤 *T. obtectum* (Wallich ex Lawson) Planchon ex Franchet 等可入药。

Teucrium Linnaeus **香科科属，Lamiaceae 唇形科**。半灌木或草本。叶片具羽状脉，轮伞花序2-3花，成假穗状花序。花萼在喉下生出1环向上的睫状毛，萼筒前方基部常一面膨胀，10脉；花冠仅具单唇，唇片具5裂片，唇片与冠筒几成直角；雄蕊4，花药极为叉开；花盘小，全缘或微4裂。子房圆球形，顶端十字形浅4裂；花柱生于子房顶部，先端近相等2浅裂，裂片钻形；小坚果倒卵形，合生面较大，约为果长的1/2。花粉粒3沟，穿孔状纹饰。染色体 $2n=10$-104。约260/18（10）种，**1型**；世界广布，地中海尤盛；中国各地皆产，以西南地区为盛。

Teyleria Backer **琼豆属，Fabaceae 豆科**。多年生缠绕草本，茎四棱柱状。羽状3小叶。花小，总状花序腋生；花序下部常具不规则的分枝；花萼膜质，钟状，5裂；旗瓣大，倒卵形，无耳，翼瓣具长瓣柄，与龙骨瓣贴连，龙骨瓣钝，先端具长喙；雄蕊单体；子房无柄，胚珠6-8颗，花柱短而弯曲。荚果线形，扁平，稍弯，先端具短喙，果瓣内与种子间有隔膜。种子4-8颗，具种阜。3/1种，**7型**；分布于中南半岛，印度尼西亚，菲律宾及中国海南。

Thaia Seidenfaden **泰兰属**，Orchidaceae **兰科**。地生草本，具鳞茎。鳞茎多节。叶1-4枚，叶鞘基部包住鳞茎，上部形成假茎；叶片折扇状。花葶侧生于鳞茎上部，较细长；总状花序具多花；花小；萼片相似；花瓣略小于萼片；唇瓣不裂，着生于蕊柱基部；蕊柱多少弯曲，在柱头区域的下部具1舌状附属物，具1短蕊柱足，与侧萼片形成萼囊；花药直立，药帽先端收狭为钻状；花粉团2个，粉质。蒴果较小。约1/1种，**5型**；分布于亚洲热带地区；中国产云南南部。

Thalassia Banks ex K. D. Koenig **泰来藻属，Hydrocharitaceae 水鳖科**。海生沉水草本。根状茎细长，横生，被有膜质鳞片。叶2-6，2列着生于膜质的鞘内，叶片带形，具9-15条平行叶脉，叶缘生细锯齿。花序具梗，由鞘内抽出，佛焰苞苞片2，内有花1朵；花单性，雌雄异株。雄花具长柄，花被3，卵形，花瓣状；雄蕊3-12，花丝极短；花药2-4室，花粉粒球形，初

时包在胶质团内，后形成念珠状，常在接触柱头前即已萌发。雌花子房1室，花柱6，2裂。果球形，平滑或有小凸刺，由顶部开裂为多个果爿；种子多数。花粉粒无萌发孔，光滑纹饰，稀穿孔状或颗粒。2/1种，**2型**；分布于印度洋，西太平洋和加勒比海沿岸；中国产台湾和海南。

Thalictrum Linnaeus **唐松草属，Ranunculaceae 毛茛科**。多年生草本。根状茎或块状根。一至五回三出复叶基生并茎生。单歧聚伞花序、总状花序、圆锥花序或伞状花序；花两性，有时单性，雌雄异株；萼片4-5，早落；花瓣无；雄蕊多数，偶尔少数，药隔顶端钝或凸起成小尖头；心皮2-20（-70），胚珠1。瘦果常稍两侧扁，有纵肋，宿存花柱形成直立至卷曲的喙。花粉粒6-18散孔，穿孔状纹饰，具小刺。染色体 $2n$=14-154，n=7。200/76（49）种，**8-4型**；分布于亚洲，欧洲，非洲和美洲；中国各省区均产，多见于西南部。

Thamnocalamus Munro **筱竹属，Poaceae 禾本科**。灌木状竹类。粗型地下茎；丛生，秆顶端下垂；秆中部每节常为5枝，主枝稍明显。箨鞘脱落性，常短于节间，上部窄圆形；箨片直立，三角形或披针形。单次发生花序，总状花序着生于花枝上，生于1片大型佛焰苞之腋内；颖片2；鳞被3；雄蕊3；子房椭圆形，花柱1，柱头常3，羽毛状。（2-4）/1种，**7-2型**；分布于不丹，印度东北，尼泊尔及中国西藏南部。

Thamnocharis W. T. Wang **辐花苣苔属，Gesneriaceae 苦苣苔科**。小草本，具根状茎。叶基生，椭圆形。聚伞花序腋生，二回分枝；苞片2；花小，近辐射对称。花萼钟状；花冠辐状，4-5深裂；雄蕊4-5，与花冠裂片互生，分生，伸出，不等长，花丝狭线形；花药椭圆形；花盘环状。雌蕊伸出，子房狭卵球形，1室，侧膜胎座2枚，花柱细。蒴果线状披针形，室背分裂成2瓣。1/1（1）种，**15型**；特产中国贵州西南部。

Theaceae Mirbel ex Ker Gawl **山茶科，木兰亚纲/杜鹃花目**。灌木或乔木，常绿，稀落叶。单叶互生，常革质，羽状脉，无托叶。花两性，辐射对称；萼片5；花瓣5-12枚；雄蕊多数，排成2-6轮，花药多背部着生，稀基部着生；子房上位，3-5室。室背开裂的蒴果，稀为核果。胚直立。花粉粒3孔沟。染色体 x=15，18。9属，约250种，分布于亚洲东部，南部和东南部，热带美洲和北美洲的东南部；中国6属，145种，主产秦岭-淮河以南。

Thecagonum Babu **翅耳草属，Rubiaceae 茜草科**。草本。茎明显四棱形或具狭翅，基部常分枝。叶对生；托叶基部合生，顶端截平或具短齿。聚伞花序；花4基数；花萼管具明显的4棱或为翅状；花冠管与裂片近等长，喉部被毛；雄蕊内藏；子房2，每室胚珠多数，柱头2裂，内藏。蒴果，近四棱锥形，具明显的4条狭翅或棱角，室背开裂；种子球形、近球形或卵球形，多数，具窝孔，窝孔间脊呈S形。花粉粒3-4孔沟。染色体 $2n$=54，72。2/2种，**7型**；分布于亚洲南部；中国产广东、广西和海南。

Thelasis Blume **矮柱兰属，Orchidaceae 兰科**。附生小草本，具假鳞茎或缩短的茎。叶1-2枚。总状花序或穗状花序具多花；萼片相似，靠合，仅先端分离；侧萼片背面常有龙骨状凸起；花瓣略小于萼片；唇瓣不裂，着生于蕊柱基部；蕊柱短，无蕊柱足；花粉团8个，每4个为1群，蜡质，共同连接于1个细长而上部稍扩大的花粉团柄上；粘盘近狭椭圆形；蕊喙顶生，直立，渐尖，2裂；柱头较大。约20/2种，**5（7e）型**；分布于亚洲热带地区，主产东南亚；中国产西南和华南地区。

Theligonum Linnaeus **假繁缕属，Rubiaceae 茜草科**。矮小肉质草本。常下部叶对生，上部叶互生；托叶与叶柄基部合生。聚伞花序；花常单性，雌雄同株或偶两性花，2或3基数。雄花：常2-3朵聚生，腋上

生；花被裂片 2-5；雄蕊多枚。雌花：1-3 朵聚生，腋生，花被片在喉部有 2-4 齿裂；心皮 1，胚珠 1 枚，基生，花柱 1，伸出。核果坚果状，近球形或卵圆形，两侧压扁；种子 U 形。花粉粒 3-8 孔。染色体 $2n$=20，22。约 4/3（2）种，**10-1 型**；分布于地中海沿岸及亚洲东部，加那利群岛；中国产浙江、安徽、湖北、台湾和四川。

Thelypteridaceae Ching ex Pichi Sermolli **金星蕨科，水龙骨亚纲/水龙骨目。**草本，土生。根状茎直立、斜升或长而横走；叶簇生、近生或远生，一型或近二型。叶片大多为披针形，一至多回羽状，少为单叶。叶脉分离或网状，小脉单一或分叉。叶两面被刚毛、针状毛或多细胞长毛、星状分枝毛。孢子囊群圆形、椭圆形或粗线形；囊群盖圆肾形或无盖。孢子椭圆形，周壁具褶皱或脊状隆起，或表面刺状凸起。约 16-30 属，约 1000 种，世界分布，主要分布于热带和亚热带低海拔地区，仅少数达温带；中国 10 属，约 197 种。

Thelypteris Schmidel **沼泽蕨属，Thelypteridaceae 金星蕨科。**中小型沼泽或草甸生植物。根状茎长而横走，顶端略被鳞片。叶柄基部近黑色，略有针状毛；叶片长圆状披针形，先端短渐尖，二回深羽裂；羽片多数，披针形，近平展，深羽裂；叶脉分离，在裂片上羽状，小脉二叉或通常在能育裂片上单一，伸达叶边。叶幼时两面略被针状毛，老时光滑，羽轴上面有一条纵沟，下面隆起，有时被一二膜质小鳞片。孢子囊群圆形，背生于侧脉上，位于主脉和叶缘之间，在主脉两侧各成 1 列，往往被多少反卷的叶边覆盖；囊群盖膜质，圆肾形，淡绿色，易脱落；孢子两面型，肾形，周壁透明，具刺状凸起，外壁表面光滑。染色体 x=35。2/2 种，**8 型**；分布于北温带，可达非洲南部，印度，马达加斯加，新几内亚，新西兰；热带和亚热带地区；中国产河北、黑龙江、河南、吉林、内蒙古、山东、四川和云南。

Themeda Forsskål **菅属，Poaceae 禾本科。**一年生或多年生草本。秆坚硬。伪圆锥花序扇形，由总状花序组成，总状花序基部有佛焰苞；内包 7-11 小穗，最下 2 对为雄性或中性的同性对，穗轴顶节着生 3 枚小穗，小穗若为 11 枚时，增加 2 对异性对小穗；两性小穗圆筒形；雄性或中性小穗披针形，无芒。染色体 x=10。约 27/13（4）种，**4（7，14）型**；分布于欧亚大陆的热带和亚热带地区；中国主产西南至华南地区。大多种类可作饲料，如黄背草 *T. triandra* Forsskål var. *japonica* (Willdenow) Makino。

Themelium (T. Moore) Parris **篙蕨属，Polypodiaceae 水龙骨科。**小型至中型附生植物。根状茎背腹性，叶柄分两列着生；上被红褐色或暗红褐色、暗褐色、暗灰色鳞片，鳞片窗格状或不为窗格状，光滑。叶柄不具关节，无叶足。叶片羽裂成二回羽状；叶脉羽状分枝，叶脉分离；叶脉末端具水囊。孢子囊群每羽片多于 1 个，圆形至卵形，着生于叶表面或多少下陷于叶肉中。孢子囊光滑。毛不分枝、无腺体。约 20/2 种，**7 型**；分布于印度尼西亚至太平洋岛屿；中国产台湾。

Theobroma Linnaeus **可可属，Malvaceae 锦葵科。**乔木。叶大而全缘。花两性，单生或簇生于树干或粗枝上排成聚伞花序；花萼 5；花瓣 5，上部匙形，中部变窄，下部凹陷成盔状；退化雄蕊 5 枚；发育雄蕊 1-3 枚聚成一组并与退化雄蕊互生，花丝的基部合生成筒状；子房无柄，5 室，每室多胚珠。核果大，种子多数，埋藏于果肉中。染色体 $2n$=20。22/1 种，**（3）型**；分布于热带美洲；中国海南、云南南部栽培。可可 *T. cacao* Linnaeus 的种子是可可粉和巧克力糖的主要原料。

Thermopsis R. Brown ex W. T. Aiton **野决明属，Fabaceae 豆科。**多年生草本，具匍匐根状茎。茎直立，具纵槽纹，基部有膜质托叶鞘，抱茎合生成筒状。掌状三出复

T

叶，托叶叶状，分离，常大。总状花序顶生；花常轮生或对生；苞片 3（-6）枚，叶状，近基部连合，宿存；萼齿 5，上方 2 齿多少合生；花冠常黄色；雄蕊 10 枚，全部分离；子房线形。荚果线形、长圆形或卵形，扁平。种子肾形或圆形。花粉粒 3 孔沟，网状纹饰。约 25/12（4）种，**9 型**；分布于中亚，东亚和北美；中国产西南部、东部至东北部。披针叶野决明 *T. lanceolata* R. Brown、野决明 *T. lupinoides* (Linnaeus) Link 可药用。

Theropogon Maximowicz **夏须草属，Asparagaceae 天门冬科**。多年生草本。根状茎粗短，有膜质鞘。叶多枚，禾叶状，簇生于根状茎上，外面包有多层膜质鞘。花葶从叶丛中抽出，有棱和窄翅，顶端为总状花序；花单生或很少成对；花梗弯曲；花被片分离，卵形；雄蕊 6，花丝短，扁平，膜质，基部稍合生；花药基着；子房 3 室，每室有胚珠 6-10；花柱细长，柱头小。浆果球形。种子少数，近球形，种皮薄。花粉粒单沟，微穿孔纹饰。染色体 2*n*=40。1/1 种，**14SH 型**；分布于尼泊尔，印度锡金，不丹及中国西南部。

Therorhodion (Maximowicz) J. K. Small **云间杜鹃属，Ericaceae 杜鹃花科**。落叶小灌木，幼枝疏生腺毛。单叶，纸质，匙形或匙状倒披针形或倒卵形。花顶生，单生或 2-3 朵呈总状伞形花序；花梗被腺毛，具叶状苞片；花冠辐状，两侧对称，5 裂；雄蕊 10 枚；子房 5 室，被毛，花柱基部被毛。花粉四合体，3 孔沟，颗粒至皱波纹饰。染色体 2*n*=24。2/1 种，**8-2 型**；分布于日本，俄罗斯远东地区，北美的阿拉斯加地区及中国吉林省长白山。

Thesium Linnaeus **百蕊草属，Santalaceae 檀香科**。纤细草本。叶互生，狭长或鳞片状，具 1-3 脉。花小，两性，单生叶腋或排成二歧聚伞花序；花被与子房合生，花被管延伸于子房之上呈钟状、圆筒状、漏斗状或管状，常深裂，裂片 5（-4），镊合状排列，内面或在雄蕊之后常具丛毛 1 撮；雄蕊 5（-4）；花盘上位，不明显或与花被管基部连生；子房下位，柱头头状或不明显 3 裂，胚珠 2-3 枚。约 245/16（9）种，**4-1 型**；分布于热带和温带地区；中国各省区均产。百蕊草 *T. chinense* Turczaninow、长梗百蕊草 *T. chinense* var. *longipedunculatum* Y. C. Chu 全草可入药。

Thespesia Solander ex Correa **桐棉属，Malvaceae 锦葵科**。灌木或乔木；具鳞片或星状毛。叶全缘或分裂，叶背常具腺点。花中心基部有紫斑，单花腋生或聚伞花序；副萼 3-5，花后脱落；花萼截平或 5 齿裂；花瓣 5；雄蕊管顶部密集具药花丝；子房 3-5 室，每室多胚珠，花柱棒状，5 齿，柱头粗而黏合。蒴果扁球形，木质或稍肉质，开裂或不裂。种子倒卵球形，无毛或被绒毛。花粉粒散孔，具刺。染色体 2*n*=24，26，28。17/2 种，**2 型**；分布于热带亚洲，非洲，美洲及澳大利亚；中国产南部海岸。桐棉 *T. populnea* (Linnaeus) Solander ex Correa 的花和嫩叶可食，纤维可编绳。

Thespis de Candolle **歧伞菊属，Asteraceae 菊科**。矮小草本。茎直立，多分枝。叶互生。头状花序球形，数个在二歧分枝上簇生排成伞房状，具异形花；冠毛 6-13 短刚毛状，1 层或缺失；总苞半球形，2 层，草质，近等长，边缘干膜质；花托平或凸起；花冠管状，管部极短，檐部狭钟状，外围的雌花黄色可育，多层常无花冠，结实，中央的管状花雄性不育，少数。瘦果小，无肋，扁压，被微毛或稀疏糙毛。1/1 种，**7-2 型**；分布于东南亚；中国产云南。

Thevetia Linnaeus **黄花夹竹桃属，Apocynaceae 夹竹桃科**。灌木或小乔木，具乳汁。叶互生。聚伞花序；花萼裂片内面基部具腺体；花冠漏斗状，裂片阔，花冠管短，下部圆筒状，花冠管喉部具被毛的鳞片 5 枚；雄蕊着生于花冠管的喉部；花药与花柱分离；子房 2 室，2 深裂，每室有

T

胚珠 2 枚。核果，内果皮木质，坚硬。花粉单粒，3 孔沟或孔，穿孔或微网状纹饰。染色体 $2n$=20。18/2 种，**3 型**；产热带非洲和热带美洲，现世界热带及亚热带地区均有栽培；中国华南和西南地区广为栽培。

Thismia Griffith **水玉杯属，Burmanniaceae 水玉簪科**。小型腐生菌养植物。茎不分枝或分枝。叶退化成鳞片状。花单生或 2-4 朵生于茎顶。花被管辐射对称或辐射状两侧对称，圆柱状、坛状或钟状，花被管口部具有明显的环；花被片 6，外轮的 3 个和内轮的 3 个等大或比内轮的小，内轮的花被片有时会靠合在一起成僧帽状或者直立斜生；雄蕊 6，倒悬于花被管内；子房下位，倒圆锥形或倒卵状形的，1 室，3（2）心皮组成的侧膜胎座式，柱头 3（2），不分裂或 2 裂。果肉质；种子多数。花粉单孔或 2 孔，穿孔状纹饰。48/4（3）种，**2-1（5，9）型**；产热带地区；中国产台湾、香港、云南。

Thladiantha Bunge **赤瓟属，Cucurbitaceae 葫芦科**。草质藤本。叶常单叶，心形，稀掌状分裂或呈鸟趾状 3-5（-7）小叶。雌雄异株；雄花序总状或圆锥状，花萼裂片 5，花冠钟状，黄色，5 深裂，雄蕊 5，分离，全部 1 室，药室通直；雌花花萼和花冠同雄花，花柱 3 裂，子房表面平滑或有瘤状凸起，具 3 胎座。果实浆质，不开裂，平滑或具多数瘤状凸起，有明显纵肋或无；种子多数。花粉粒 3（孔）沟，网状纹饰。染色体 n=9。23/23（19）种，**7a 型**；分布于不丹，印度，印度尼西亚，朝鲜半岛，老挝，缅甸，尼泊尔，泰国，越南及中国西南部，少数到黄河流域以北地区。赤瓟 *T. dubia* Bunge 的果实和根可入药。

Thlaspi Linnaeus **菥蓂属，Brassicaceae 十字花科**。草本，常有灰白色粉霜。基生叶莲座状，有短叶柄；茎生基部心形，抱茎，全缘或有齿。总状花序伞房状；萼片基部不呈囊状；花瓣白色、粉红色或带黄色；子房 2 室，有 2-16 胚珠，柱头头状，近 2 裂。短角果压扁，微有翅或有宽翅，开裂，隔膜膜质，无脉。花粉粒 3 沟，网状纹饰。染色体 $2n$=14。6/6（2）种，**8-4（10）型**；分布于欧亚大陆温带；中国各地均产。菥蓂 *T. arvense* Linnaeus 可制肥皂、润滑油；也可食用或入药。

Thottea Rottboell **线果兜铃属，Aristolochiaceae 马兜铃科**。亚灌木。茎直立。叶互生，全缘。花辐射对称，排成总状、聚伞、伞房或蝎尾状聚伞花序；花常与苞片对生；花被 1 轮，宽钟状，檐部 3 裂；雄蕊 6-36，1-2 轮；花丝部分与花柱合生；子房下位，4 室，心皮全部合生，胚珠多，花柱顶端 5-20 裂。蒴果长角果状。种子椭圆形或三棱形，种皮具横皱纹或瘤状凸起。花粉粒无萌发孔，穿孔状纹饰。染色体 $2n$=26 或 39。约 25/1（1）种，**7 型**；分布于印度，越南，马来西亚，菲律宾，印度尼西亚及中国海南。

Thrixspermum Loureiro **白点兰属，Orchidaceae 兰科**。附生草本。茎具少数至多数近 2 列的叶。花苞片常宿存；花逐渐开放，常 1 天后凋萎；花苞片 2 列或呈螺旋状排列，萼片和花瓣多少相似；唇瓣贴生在蕊柱足上，3 裂；侧裂片直立，中裂片较厚，基部囊状或距状，囊的前面内壁上常具 1 枚胼胝体；蕊柱具宽阔的蕊柱足；花粉团蜡质，4 个，近球形，每不等大的 2 个成一群；粘盘柄短而宽；蒴果细长。约 120/12（3）种，**5（7e）型**；分布于热带亚洲至大洋洲；中国产南方各省区。

Thuarea Persoon **蒭雷草属，Poaceae 禾本科**。多年生匍匐草本。穗状花序顶生，下托具鞘佛焰苞；小穗披针形，单生于扁平穗轴一侧，下具 1-2 个宿存两性或雌小穗，上具 2-6 个花后脱落雄小穗，成熟后穗轴发条状卷曲，成坚硬瘤状，后脱落，第一颖小或无；小花第一外稃与小穗等长，具内稃，内含雄蕊或否，第二外稃质硬，具膜质边，顶端被柔毛，内稃仅露出顶端。

染色体 $2n$=18。2/1 种，**5 型**；分布于东半球热带地区；中国产广东、海南、台湾。

Thuja Linnaeus **崖柏属**，**Cupressaceae 柏科**。常绿乔木或灌木。生鳞叶的小枝排成平面，扁平。鳞叶二型，交叉对生，排成 4 列，两侧的叶呈船形，中央之叶倒卵状斜方形，基部不下延生长。雌雄同株；球花生于小枝顶端；雄球花具多数小孢子叶，每小孢子叶具 4 小孢子囊；雌球花具 3-5 对交叉对生的珠鳞，仅下面的 2-3 对的腹面基部具 1-2 枚直生胚珠。球果矩圆形或长卵圆形，种鳞薄，革质，扁平，近顶端有凸起的尖头，仅下面 2-3 对种鳞各具 1-2 粒种子。种子扁平，两侧有翅。花粉粒无气囊。染色体 $2n$=22。6/2 种，**9 型**；分布于美国，加拿大及亚洲东部；中国产吉林长白山及重庆大巴山。朝鲜崖柏 *T. koraiensis* Nakai 可供建筑、农具等用；叶可提取芳香油。

Thujopsis Siebold & Zuccarini ex Endlicher **罗汉柏属**，**Cupressaceae 柏科**。常绿乔木；生鳞叶的小枝扁平，排成 1 平面，上下两面异形，下面有白粉带。鳞叶交叉对生，二型。雌雄同株；球花单生于短枝顶端。雄球花椭圆形，小孢子叶 6-8 对，交叉对生。球果近圆球形，种鳞 3-4 对，木质，扁平，在顶端的下方有 1 短尖头，中间的 2 对种鳞各有 3-5 粒种子。种子近圆形，两侧具窄翅；子叶 2 枚。花粉粒无气囊。染色体 $2n$=22。1/1 种，**14（SJ）型**；原产日本；中国引种栽培。罗汉柏 *T. dolabrata* (Thunberg ex Linnaeus f.) Siebold & Zuccarini 可作庭园树种。

Thunbergia Retzius **山牵牛属**，**Acanthaceae 爵床科**。多为藤本，无钟乳体。叶对生，具掌状脉或羽状脉。花腋生，单生或 2 朵并生，或组成穗状花序；小苞片 2，叶状，常合生或呈佛焰苞状包裹花萼。花萼杯状，12-16 齿裂，或环状而顶端平截；花冠烟斗状，5 裂；雄蕊 4，2 强，内藏，花药 2 室；子房 2 室，每室 2 胚珠，柱头漏斗状，全缘或 2 裂。蒴果球形或稍压扁，顶端具坚硬的剑状长喙，具种子 2 或 4，开裂时胎座不从基部弹起。种子球形或半球形。花粉粒具螺旋状萌发孔，光滑或颗粒状外壁纹饰，偶具棒状凸起。染色体 $2n$=18。100/6 种，**4 型**；分布于亚洲或非洲的热带地区；中国产华南和西南地区。

Thunia H. G. Reichenbach **笋兰属**，**Orchidaceae 兰科**。地生或附生草本。茎常数个簇生，具多数叶。叶薄纸质，基部具关节和抱茎的鞘。总状花序顶生具数朵花；萼片与花瓣离生；唇瓣基部具囊状短距；唇盘上常有 5-7 条纵褶片；蕊柱顶端两侧具狭翅；花粉团 8 或 4 个，前者每 4 个为 1 群，其中 2 个较大，后者每 2 个为 1 群，等大，蜡质，无明显的花粉团柄，但向下方渐狭，共同附着于黏性物质上。4/2 种，**7a（14SH）型**；分布于亚洲热带地区；中国产西南部。

Thylacospermum Fenzl **囊种草属**，**Caryophyllaceae 石竹科**。垫状草本。叶极小，常呈覆瓦状排列。花两性，单生枝端，近无梗；萼片 5，中部以下合生呈倒圆锥形，近直立；花瓣 5，全缘；雄蕊 10，花丝基部具腺体；子房 1 室，胚珠常 4 颗；花柱 3，丝状。蒴果革质，球形，常 6 齿裂。种子肾形，具海绵质的种皮。染色体 $2n$=12。1/1 种，**13-2 型**；分布于中亚至喜马拉雅地区；中国产青藏高原、甘肃和新疆。

Thymelaea Miller **欧瑞香属**，**Thymelaeaceae 瑞香科**。一年生草本、多年生亚灌木或小灌木。单叶互生；无柄或具短柄。花序腋生、顶生或簇状，极少为单花；常具苞片。花单性，较少为两性；花萼筒漏斗状或筒状，多宿存；花萼 4；无花瓣；雄蕊 8，2 轮；子房 1 室，柱头头状或扁圆形；花盘杯状或无；有时具退化雄蕊。果实不开裂。花粉粒多孔，网状-巴豆型纹饰。染色体 $2n$=18，27，36。33/1 种，**12 型**；主要分布于地中海，少数到西南亚

T

至中亚；中国产新疆。

Thymelaeaceae Jussieu **瑞香科，木兰亚纲/锦葵目**。乔木、灌木或藤本，稀草本。茎常具韧皮纤维。单叶互生或对生；叶全缘。花序各式。花辐射对称；花萼（3）4-5（6），常花冠状，连合成筒；花瓣缺或有；雄蕊常2轮，外轮与花萼对生，花药多基着；花盘各式，稀无；子房上位，1-12室；每室有倒生胚珠1。浆果、核果或坚果，稀蒴果。花粉粒多孔，或3-4孔，网状-巴豆型纹饰。49属，892种，广布热带至温带，以非洲和大洋洲最多；中国9属，115种，各省区广布。

Thymus Linnaeus **百里香属，Lamiaceae 唇形科**。半灌木。叶小，全缘或每侧1-3小齿。苞叶与叶同形，向上渐变成小苞片；轮伞花序排成头状花序或穗状花序；花具梗；花萼管状钟形或狭钟形，10-13脉，上唇3裂，裂片三角形或披针形，下唇2裂，裂片钻形，被硬缘毛，喉部被白色毛环；花冠冠檐上唇直伸，微凹，下唇3裂，裂片近相等或中裂片较长；雄蕊4，分离，花药2室。小坚果卵珠形或长圆形，光滑。花粉粒6沟，网状纹饰。染色体2*n*=24，26，28，30，32，42，48，50，52，54，56，58，60，84，90。约220/11（2）种，**10型**；分布于非洲北部，欧洲及亚洲温带；中国主产黄河以北地区。

Thyrocarpus Hance **盾果草属，Boraginaceae 紫草科**。一年生草本。茎生叶互生。镰状聚伞花序具苞片；花萼5裂至基部；花冠钟状，檐部5裂，裂片宽卵形，喉部附属物5；雄蕊着生花冠筒中部，内藏；子房4裂，花柱短，内藏；雌蕊基圆锥状。小坚果卵形，背腹稍扁，密生疣状凸起，背面有2层凸起，内层凸起碗状，膜质，全缘，外层角质，有篦状牙齿，着生面在腹面顶部。花粉粒6异沟，外壁光滑。染色体*n*=12。约3/2种，**15型**；分布于越南，韩国，以及中国西南至西北部。盾果草 *T. sampsonii* Hance 全草可药用。

Thyrsostachys Gamble **泰竹属，Poaceae 禾本科**。中型乔木状竹类。粗型地下茎；秆丛生，直立，梢头劲直；分枝习性高，每节3分枝乃至多枝，主枝不甚明显。秆箨宿存；箨耳缺；箨片形窄长，直立。续次发生花序；假小穗松散地排列于花枝各节，每小穗含3-4朵小花；颖片1或2；鳞被常不存在；雄蕊6；花柱1，柱头1-3，羽毛状。染色体2*n*=70±2。2/2种，**7-2型**；分布于缅甸，泰国及中国云南南部，东南沿海地区亦有栽培。

Thysanolaena Nees **粽叶芦属，Poaceae 禾本科**。多年生灌木状草本。秆高大，芦苇状。圆锥花序顶生，大型，多枝；小穗微小，颖片无脉，先端钝；每小穗含2小花，第一小花不育，外稃先端尖，具1-3脉，内稃缺如，第二小花两性，外稃先端急尖或有小凸尖头，具3脉，边缘有长而直的毛，内稃截平形；雄蕊2-3。染色体*x*=12。约1/1种，**7型**；分布于热带亚洲，印度洋岛屿；中国产热带。粽叶芦 *T. maxima* (Roxburgh) Kuntze 的秆高大坚实，可作篱笆或造纸，叶可裹粽。

Thysanotus R. Brown **异蕊草属，Asparagaceae 天门冬科**。多年生草本。根状茎短或延长。叶近基生，禾叶状。花葶常近于从叶丛中抽出；花多排成总状花序或圆锥花序；花被片6，离生，中央具3-5脉，宿存；外3片全缘，内3片边缘常有流苏状毛；雄蕊6，有时内轮3枚败育；花丝丝状，花药基着，内向纵裂；子房3室，每室2个胚珠；花柱细长，柱头小，蒴果室背开裂，每室种子1-2。花粉粒单沟，网状纹饰。50/1种，**5型**；主要分布于澳大利亚，少数产亚洲热带；中国产广东、福建。

Tiarella Linnaeus **黄水枝属，Saxifragaceae 虎耳草科**。多年生草本。根状茎短，具鳞片。叶大多基生，单叶，掌状分裂，或为具3小叶复叶，茎生叶少数，托叶小型。总状或圆锥状花序；苞片小；花小；托杯

内壁下部与子房愈合；萼片5，常呈花瓣状；花瓣5或缺；雄蕊10，伸出花冠外；心皮2，大部合生，子房1室，具2近于基生的侧膜胎座，花柱2，丝状。蒴果的2果瓣不等大，下部合生，上部离生，各具种子6-12。花粉粒3孔沟，光滑或细网状纹饰。染色体 $2n=14$，18。3/1种，**9型**；分布于亚洲东部和北美；中国产秦岭南部及长江以南各省区。

Tibetia (Ali) H. P. Tsui **高山豆属，Fabaceae 豆科**。多年生草本。主根粗壮，分茎细长。奇数羽状复叶，托叶抱茎并与叶对生。伞形花序腋生，有1-4花；花萼狭钟状，上部2齿较大并部分合生；花冠紫色，稀黄色；翼瓣与旗瓣近等长，龙骨瓣长约翼瓣之半；雄蕊二体；子房常圆筒状，花柱内弯，与子房成直角。荚果圆筒状，1室，具多数种子。种子肾形，表面平滑。花粉粒3-4孔沟，穿孔状纹饰。染色体 $2n=16$。约5/5（4）种，**14SH型**；分布于不丹，尼泊尔，巴基斯坦，以及中国四川、云南、西藏、甘肃和青海。

Tigridiopalma C. Chen **虎颜花属，Melastomataceae 野牡丹科**。草本。叶片宽10cm以上，基出脉9。蝎尾状聚伞花序腋生，具长总花梗（即花葶）；花5枚，花萼漏斗形；花瓣倒卵形；雄蕊10，同形，5长5短，花丝丝状，花药线形，单孔开裂，长者药隔下延成短柄，末端前方具2小瘤，后方微隆起；子房上位，顶端具膜质冠，特立中央胎座。蒴果漏斗状杯形；种子楔形，密布小凸起。1/1（1）种，**15型**；特产中国广东南部。

Tilia Linnaeus **椴树属，Malvaceae 锦葵科**。落叶乔木。单叶基部常为斜心形。花两性，聚伞花序，腋生，下垂；花序柄下半部常与长舌状的苞片合生；花萼5；花瓣5，覆瓦状排列，基部常有小鳞片；雄蕊离生或合生成5束，退化雄蕊花瓣状，与花瓣对生；子房5室，每室2胚珠；果实圆球形或椭圆形，核果状，稀为浆果状，不开裂。花粉粒3沟（或孔沟），穿孔状至细网状纹饰。染色体 $2n=82$，164，328（1种）。（23-40）/19（15）种，**8型**；分布于北温带和亚热带地区；中国南北均产，主产黄河流域以南。椴树 *T. tuan* Szyszylowicz 为优良用材树种；其茎皮供纤维原料；根可入药。

Timonius A. de Candolle **海茜树属，Rubiaceae 茜草科**。乔木或灌木。叶对生。聚伞花序，二歧状或蝎尾状，腋生；花单性；花萼裂片4-5，宿存；花冠漏斗形，裂片4（-10），镊合状排列；雄蕊伸出，在雌花中不育；子房多室，每室有胚珠1枚，花柱分枝4-12，常不等长，有乳突，柱头4-12裂，伸出或内藏。核果，有4或5条纵棱，肉质，内有小核数个至多数。种子圆柱形，直立或弯曲，倒垂，外种皮膜质。花粉粒3孔或3孔沟，网状纹饰。染色体 $2n=44$。（154-180）/1种，**5（7d）型**；分布于亚洲东南部亚热带地区和太平洋岛屿；中国产台湾。

Tinomiscium Miers ex J. D. Hooker & Thomson **大叶藤属，Menispermaceae 防己科**。藤本。叶柄痕不明显。总状花序生老枝上，单生或簇生；雄花萼片9-12，覆瓦状排列，花瓣6，雄蕊6，退化心皮3；雌花萼片和花瓣与雄花同形，心皮3。果核外面无雕纹，两侧扁，花柱残迹近顶生，胎座迹不明显。种子倒卵圆形，胚乳非嚼烂状，子叶叶状，开叉。花粉粒3孔沟，穿孔状纹饰。约7/1种，**7型**；分布于印度，亚洲东南部；中国产云南和广西。可提炼成古塔波胶。

Tinospora Miers **青牛胆属，Menispermaceae 防己科**。藤本。叶柄痕不明显。花序腋生；雄花萼片6，雄蕊6，离生；雌花萼片与雄花相似，花瓣顶端全缘，退化雄蕊6，心皮3，花柱残迹近顶生。果核常有雕纹，具1球形的腔，向外穿孔。种子新月形，胚乳嚼烂状，子叶叶状。花粉粒3孔沟，网状纹饰。染色体 $2n=26$。

T

多于 30/6（3）种，**4 型**；分布于非洲，亚洲，大洋洲；中国产西南部、中部和南部。青牛胆 *T. sagittata* (Oliver) Gagnepain、金果榄 *T. capillipes* Gagnepain 的干燥块根可入药。

Tipularia Nuttall **筒距兰属，Orchidaceae 兰科**。地生草本，地下具假鳞茎。假鳞茎球茎状或圆筒状。叶 1 枚，生于假鳞茎顶端，基部骤然收狭成柄。花葶自假鳞茎近顶端处，明显长于叶，基部有鞘；总状花序疏生多朵花；萼片与花瓣离生；唇瓣基部有长距；距圆筒状，较纤细；蕊柱近直立，中等长；花粉团 4 个，蜡质，有明显的粘盘柄和不甚明显的粘盘。约 7/4（2）种，**9 型**；分布于北美，日本，印度锡金，以及中国台湾、四川和西藏。

Tirpitzia Hallier **青篱柴属，Linaceae 亚麻科**。灌木或小乔木。叶互生；叶全缘。花白色，聚伞花序，腋生、顶生或近顶生；萼片 5，狭披针形，宿存；花瓣 5；雄蕊 5，花丝下部稍宽，基部合生成筒状；子房无毛，4-5 室，每室有胚珠 2，花柱 4-5，花蕾期花柱比雄蕊长，花开展时花柱与雄蕊等长。蒴果长椭圆形，卵状椭圆形或卵形，4-5 瓣裂；种子上部有披针形膜质翅。花粉粒无萌发孔。3/2 种，**7-4 型**；分布于泰国北部，越南，以及中国广西、贵州和云南。

Titanotrichum Solereder **台闽苣苔属，Gesneriaceae 苦苣苔科**。草本，根状茎有肉质鳞片。茎有 4 条纵棱或圆柱形。叶对生，同一对叶常不等大。花冠漏斗状筒形，檐部二唇形；雄蕊 4，2 强，花丝狭线形，花药成对顶端连着；退化雄蕊 1；花盘下位；雌蕊内藏，子房卵球形，侧膜胎座 2，花柱细长，柱头 2。蒴果卵球形，裂成 4 瓣。种子近杆状，两端有膜质鳞状翅。染色体 $2n$=40。1/1 种，**14SJ 型**；分布于日本琉球群岛及中国福建和台湾。

Tithonia Desfontaines ex Jussieu **肿柄菊属，Asteraceae 菊科**。一年生草本。叶常互生。头状花序异型，有中空、长棒槌状的花序梗；花托凸起；冠毛无或鳞片状；总苞片 2-4 层，有多数纵条纹；缘花雌性，不育，辐射状，中央有多数结实的两性花，管状；花药基部钝；花柱分枝有具硬毛的线状披针形附器。果压扁，具 4 纵肋。染色体 $2n$=34。11/1 种，**（3b）型**；原产墨西哥，中美洲，广布亚洲热带地区；中国云南、广东、海南、福建、广西有栽培或逸生。

Toddalia Jussieu **飞龙掌血属，Rutaceae 芸香科**。木质攀援藤本；枝干具钩刺。叶互生，指状三出叶，具油点。伞房状聚伞花序或圆锥花序，花单性；萼片 4-5；花瓣 4-5；雄花的雄蕊 4-5，具短棒状退化雌蕊；雌花具短小退化雄蕊，子房 4-5 心皮，心皮合生，4-5 室，每室 2 胚珠。核果，近球形，具黏胶质液，具 4-8 分核；种子肾形，种皮脆骨质。染色体 $2n$=36，72。约 1/1 种，**6 型**；分布于非洲和亚洲东部，南部和东南部；中国产秦岭南坡。飞龙掌血 *T. asiatica* (Linnaeus) Lamarck 全株可作草药。

Tofieldia Hudson **岩菖蒲属，Tofieldiaceae 岩菖蒲科**。多年生草本。叶基生，2 列，基部套叠，剑形，两侧压扁。总状花序具多花；花两性，花梗基部具 1 枚苞片，花被基部还有 1 枚或 3 枚小苞片；花被片 6，离生或基部合生，宿存；雄蕊 6，离生，有时基部合生或生于花被片基部，花药卵形，内向纵裂；子房上位，上部 3 裂，花柱 3，短，柱头内曲。蒴果不规则开裂。种子线形至椭圆形。花粉粒 2 沟，网状纹饰，稀具孔、具疣或颗粒。染色体 x=15，稀为 14 或 16。20/3（2）种，**8 型**；分布于北半球亚热带，温带及近北极；中国产安徽、吉林、贵州、四川、云南。

Tofieldiaceae Takhtajan **岩菖蒲科，木兰亚纲/泽泻目**。多年生草本，具匍匐根状茎。叶基生，线形，螺旋状排列，基部互相套叠，2 列，两侧压扁。总状花序顶生；花小，两性，具花梗或无花梗，花梗基部具

T

1 枚苞片，花被基部具分离或联合成杯状的小苞片；花被片 6，2 轮，离生，宿存；雄蕊 6，花药基着或背着；心皮 3，花柱离生至全部合生，柱头头状。蒴果蓇葖果状。种子椭圆形至梭形。花粉粒 2 沟，多为网状纹饰。5 属，31 种，北温带广布，少数延伸至南美洲北部；中国 1 属，3 种，产东北、华东、西南。

Tolypanthus (Blume) H. G. L. Reichenbach **大苞寄生属，Loranthaceae 桑寄生科**。灌木。嫩枝叶被毛。叶互生或对生，具叶柄。密簇聚伞花序。花具叶状苞片 1，显著宽于花，离生或合生成钟状总苞；两性，5 数，辐射对称。花瓣合生为管状花冠，开花时顶部 5 裂，裂片反折；雄蕊着生于裂片基部；花柱线状，具 5 棱；子房 1 室，基生胎座。浆果椭圆状，外果皮被毛。花粉粒 3 合沟，颗粒状纹饰。染色体 x=9。（5-7）/2（2）种，**7-2 型**；分布于亚洲南部至东部；中国产贵州、湖南、广西、广东、江西、福建。

Tomophyllum（E. Fournier）Parris **裂禾蕨属，Polypodiaceae 水龙骨科**。小型至中型附生植物。根状茎呈放射状，叶柄螺旋着生；上被红褐色鳞片，鳞片不为窗格状，光滑或顶端和（或）边缘具毛。叶柄不具关节，无叶足。叶片深度羽裂至三回羽状分裂；叶脉羽状分枝，分离；叶脉末端具水囊。孢子囊群生于羽片表面，每羽片多于 1 个。孢子囊光滑。约 20/1 种，**5 型**；分布于印度，尼泊尔，斯里兰卡至澳大利亚和太平洋岛屿；中国产安徽、贵州、湖南、四川、云南、西藏和台湾。裂禾蕨 *T. donianum* (Sprengel) Fraser-Jenkins & Parris 可供观赏。

Tongoloa H. Wolff **东俄芹属，Apiaceae 伞形科**。草本。主根圆锥形。茎直立，具细肋或条纹。叶柄有膜质叶鞘；叶片羽状分裂。复伞形花序；总苞片和小总苞片少数，或无；萼有齿；花瓣基部狭窄或爪状，顶端钝或有小舌片；花柱基平压状，花柱短，向外反曲。双悬果合生面收缩，主棱 5；每棱槽有油管 2-3，合生面 2-4。胚乳腹面凹陷；心皮柄自中部分叉。花粉粒 3 孔沟，穴状纹饰、短条-网状纹饰、皱波状纹饰和网状纹饰。15/15（13）种，**14 型**；分布于印度锡金，不丹，尼泊尔，以及中国四川、云南、西藏。

Toona (Endlicher) Max Roemer **香椿属，Meliaceae 楝科**。乔木，树干上树皮粗糙，鳞块状脱落。叶互生，常为偶数羽状复叶，小叶常有透明的小斑点。花单性，雌雄同株，罕见两性花；组成多分枝的大型圆锥花序；花萼管状，5 齿裂或分裂为 5 萼片；花瓣 5，分离，覆瓦状排列；雄蕊 5，分离，与花瓣互生，着生于肉质、具 5 棱的花盘上；子房 5 室，每室有胚珠 6-10 颗，柱头盘状，具放射状 5 浅裂。果为蒴果，5 室，室轴开裂为 5 果瓣。种子每室多数，有长翅。花粉近长球形，扁长-球形，4 孔沟，外壁平滑。染色体 2n=46，52，56。约 5/4（1）种，**5 型**；分布于亚洲至大洋洲；中国产南部、西南部和华北各地。红椿 *T. ciliata* M. Roemer 为著名的家具、雕刻用材。

Tordyliopsis de Candolle **阔翅芹属，Apiaceae 伞形科**。草本。根茎短，粗壮，分枝。茎基部被叶鞘；基生叶羽状多裂，有叶鞘。复伞形花序，苞片和小苞片多数。萼齿线形；花瓣二型，外花瓣辐射状，顶端缺口，具狭小内折舌片；花柱基圆顶，花柱长。果椭圆形，背部强烈压缩，幼时疏生毛，成熟后平滑；背棱不明显，侧棱延伸成宽翅，翅内缘附有力细胞。心皮柄 2 半裂至基部。染色体 x=11。1/1 种，**13-2 型**；分布于喜马拉雅山脉；中国产西藏南部。

Torenia Linnaeus **蝴蝶草属，Linderniaceae 母草科**。草本。花排列成总状或伞形花序，或单生；花萼具棱或翅，萼齿常 5；花冠筒状，上唇先端微凹或 2 裂，下唇 3 裂，近等大；雄蕊 4，均能育，后方 2 枚内藏，

T

花丝长而弓曲，基部常各具 1 枚齿状或丝状或棍棒状的附属物，花药成对紧密靠合；子房上部常被短粗毛，花柱先端片状 2 裂，胚珠多数。蒴果矩圆形，为宿萼所包藏，室间开裂。种子多数，具蜂窝状皱纹。花粉粒 3 沟，双网状纹饰。染色体 $2n$=16，18，34。51/12（2）种，**2 型**；分布于亚洲，非洲热带地区；中国主产长江以南地区。

Torilis Adanson **窃衣属，Apiaceae 伞形科。**草本，具毛。茎具脊；叶或羽状全裂；末回裂片具密集深齿至深裂，两面具糙毛。伞形花序；苞片少或无；小苞片 2-8；萼齿小；花瓣顶端具内折小舌片；花柱基厚，花柱短。果实圆卵形或长圆形；刺占据了整个果的表面区域。种子背侧扁平。染色体 $2n$=14，16。花粉粒 3 孔沟，条纹状-皱波状纹饰。20/2 种，**10-1 型**；广布非洲，欧洲，亚洲，北美洲，南美洲和太平洋群岛（尤其新西兰）；中国产西南、华南、华东地区。

Torreya Arnott **榧树属，Taxaceae 红豆杉科。**常绿乔木，枝轮生。叶交叉对生或近对生，基部扭转排列成 2 列，条形或条状披针形，下面有 2 条较窄的气孔带。雌雄异株，稀同株；雄球花单生叶腋；雌球花无梗，2 个成对生于叶腋，胚珠 1 个，直立，生于漏斗状珠托上，受精后珠托增大发育成肉质假种皮。种子第二年秋季成熟，核果状，全部包于肉质假种皮中。花粉粒无气囊。$2n$=22。6/4 种，**9 型**；分布于亚洲和北美洲；中国主产秦岭以南方各省区。榧树 *T. grandis* Fortune ex Lindley 的木材可为土木建筑及家具用材；种子“香榧”为著名的干果，可榨油食用。

Torricellia de Candolle **鞘柄木属，Toricelliaceae 鞘柄木科。**小乔木。有明显的叶痕。叶互生，叶柄基部呈鞘状。总状圆锥花序顶生；花单性，雌雄异株，有小苞片；雄花花萼裂片常为 5；花瓣 5，雄蕊 5；雌花的花萼裂片 3-5，无花瓣，子房椭圆形。核果小，有宿存的花萼和花柱。种子线形，弯曲。花粉粒 3 孔沟，外壁近光滑。3/2 种，**14SH 型**；分布于东喜马拉雅；中国产中部至西南部。鞘柄木 *T. tiliifolia* de Candolle 可药用。

Torricelliaceae H. H. Hu **鞘柄木科，木兰亚纲/伞形目。**乔木或灌木。枝有明显的叶痕。单叶互生，具叶柄，无托叶，叶片宽心形至近双圆形，全缘或有锯齿。大型圆锥花序；花单性，雌雄异株，有短花梗；雄花花萼 5 裂；花瓣 5，内向镊合状排列；雌花无花瓣；子房 3-4 室，下位，每室有胚珠 1 颗。核果，紫红色或黑色，具宿存花萼。花粉粒 3 孔沟，外壁近光滑。染色体 x=12。3 属，约 12 种，分布于东喜马拉雅及中国，马达加斯加东部和东南亚地区；中国 1 属，2 种，产华中至西南。

Tournefortia Linnaeus **紫丹属，Boraginaceae 紫草科。**灌木、草本，稀乔木。叶互生。聚伞花序蝎尾状，顶生或腋生；无苞片。花萼 5（4），覆瓦状排列；花冠筒状或漏斗状，裂片 5（4），花期伸展，喉部无附属物；雄蕊 5（4），内藏；子房 4 室，每室 1 悬垂胚珠，花柱顶生，极短，柱头单一或稍 2 裂，基部肉质，环状膨大。核果具多水分及多胶质的中果皮，内果皮成熟时分裂为 2 个具 2 粒种子，或 4 个具单种子的分核。花粉粒 3 孔、3-4 孔沟或 6 异沟，光滑或具皱纹饰，或有芽孢状、疣状或棒状纹饰。约 150/4 种，**2（3）型**；分布于热带或亚热带地区；中国产云南、广东和台湾。

Toxicodendron P. Miller **漆树属，Anacardiaceae 漆树科。**落叶灌木或乔木，罕有木本攀援植物；韧皮部会溢出白色乳汁，与空气接触会变黑。奇数羽状复叶，3 小叶或单叶。杂性或雌雄异株；圆锥花序或总状花序腋生，结果后下垂；花单性或两性，5 瓣；子房 1 室 1 胚珠，花柱 3，常基部合生。核果近球形，或斜三角形，外果皮薄，黄色，成熟后开裂或不裂，中果

皮白色蜡状，有棕色的纵向树脂道。花粉粒 3 孔沟，条纹状或网状纹饰。染色体 *n*=15，多倍体常见。22/16（6）种，**9 型**；分布于自加拿大南部至玻利维亚，不丹至缅甸，以及温带东亚至新几内亚；中国长江以南各省区均产。漆树 *T. vernicifluum* (Stokes) F. A. Barkley 分泌的树脂可制成传统用油漆。

Toxocarpus Wight & Arnott **弓果藤属，Apocynaceae 夹竹桃科**。攀援灌木。叶对生，顶端具细尖头，基部双耳形。伞状聚伞花序，腋生；花萼裂片内面基部具 5 枚腺体或全缺；花冠管极短，花冠裂片芽时略向左覆盖；副花冠裂片 5，着生于合蕊冠背部；花药无附属体；花粉块每室 2 个，每个着粉腺上有 4 个花粉块；柱头长喙状膨胀或圆柱状，顶端 2 裂或全缘，伸出。蓇葖中等大，被绒毛。种子具种毛。约 40/9（6）种，**4 型**；分布于热带非洲，亚洲东南部和太平洋各岛；中国产西南、华南地区。

Trachelospermum Lemaire **络石属，Apocynaceae 夹竹桃科**。攀援灌木，具乳汁。叶对生。聚伞花序或圆锥状聚伞花序；花萼裂片双盖覆瓦状排列，花萼内面基部具 5-10 枚腺体，常腺体顶端作细齿状；花冠高脚碟状，花冠管圆筒形，裂片芽时向右覆盖；雄蕊常内藏，有时伸出；花药腹部粘生在柱头的基部；子房由 2 枚离生心皮所组成，胚珠多数。蓇葖双生，长圆状披针形。种子线状长圆形，顶端具白色绢质种毛。染色体 2*n*=20。约 15/6（3）种，**9 型**；分布于亚洲热带和亚热带地区和北美洲；中国产华北、西北、华中、西南和华南地区。

Trachycarpus H. Wendland **棕榈属，Arecaceae 棕榈科**。乔木状或灌木状，树干被枯叶或部分裸露。叶片掌状分裂。雌雄异株；花序生于叶间；花 2-4 朵成簇着生；雄花雄蕊 6，花丝分离；雌花心皮 3。果实有脐或在种脊面稍具沟槽。种子，胚乳均匀，角质，胚侧生或背生。花粉单沟，穴状纹饰。约 8/3（2）种，**14 型**；分布于印度，中南半岛至中国和日本；中国产云南西部至西北部。材质坚硬，可用于支柱和器具之材料；叶柄基部的纤维可用于编织。

Trachydium Lindley **瘤果芹属，Apiaceae 伞形科**。草本。根长圆锥形。茎常缩短。叶柄，具叶鞘；叶片三羽状分裂，稀单叶。复伞形花序；伞辐长而粗壮，不等长，小总苞片与总苞片同形。花瓣白色或紫红色，基部有爪，顶端有内折小舌片；花柱较短，花基扁圆锥形，果实宽卵形或长椭圆形，果皮有泡状小瘤，果棱隆起；每棱槽中油管 1-3，合生面 2-6。胚乳腹面微凹，有的深凹或近平直。花粉粒 3 孔沟，皱波状-条纹状纹饰。6/6（4）种，**13-2 型**；广布中亚至喜马拉雅及中国西南地区。

Trachyspermum Link **糙果芹属，Apiaceae 伞形科**。草本。茎圆柱形。叶有柄，叶片羽状分裂或深裂。复伞形花序，花序梗细弱，总苞片和小总苞片常无；伞辐少数，纤细；花柄不等长；萼齿退化；花瓣顶端有内折的小舌片，背面疏生糙毛；花柱基圆锥形，花柱短，外展；心皮柄 2 裂至基部。果实卵圆形或微心形，分生果主棱 5 条，表面白色糙毛；每棱槽内有油管 2-3。胚乳腹面平直。12/4（2）种，**6 型**；分布于非洲至南亚；中国产四川、云南、新疆。

Tradescantia Linnaeus **紫万年青属，Commelinaceae 鸭跖草科**。多年生草本。无根状茎。叶对生或螺旋状排列。聚伞花序顶生或侧生，单生，簇生或形成 1 个圆锥花序；总苞片多佛焰苞状，苞片丝状。花辐射对称；雄蕊 6，均可育，花丝无毛或有毛；子房 3 室，每室胚珠 2。蒴果 3 瓣裂，卵形，每瓣种子 1-2，具皱纹饰。花粉粒单沟，皱波纹饰。染色体 2*n*=12-144。70/2 种，**3b 型**；分布于美洲热带地区；中国产长江流域以南。紫背万年青 *T. spathacea* Swartz、吊竹梅 *T. zebrina* Bosse 可作装饰。

T

Tragopogon Linnaeus **婆罗门参属，Asteraceae 菊科**。草本。叶狭，禾草状。头状花序大，有长梗，单生于茎顶或枝端；花托蜂窝状，无毛；冠毛1层，羽毛状，污白色或黄色，基部连合成环，整体脱落，羽枝纤细，彼此纠缠，有5-10根超长的冠毛，超长冠毛顶端糙毛状；总苞片1层，5-14枚；小花黄色或紫色。果圆柱状，有5-10条高起纵肋。染色体2*n*=12，24。约150/19（2）种，**10型**；主产中亚，西南亚和南欧；中国产东北、华北、西藏和新疆。

Tragus Haller **锋芒草属，Poaceae 禾本科**。一年生或多年生草本。圆锥花序穗状或总状，由多数小总状花序组成；小总状花序有2-5枚小穗，具短梗或近无梗；小穗背腹压扁，含1小花，第一颖膜质，微小或完全退化，第二颖近革质，背部圆形，具5-7脉，脉在背部形成凸起的肋，肋上具强壮而有钩的皮刺，先端渐尖或急尖；外稃膜质透明，具3脉，背部有细小刚毛，先端急尖。约7/2种，**2型**；分布于旧世界暖温带地区，美洲有引种；中国产西部和华东地区。

Trailliaedoxa W. W. Smith & Forrest **丁茜属，Rubiaceae 茜草科**。亚灌木。叶对生；托叶2裂。聚伞花序，顶生或腋生；花5基数；萼裂片宿存；花冠漏斗形，裂片芽时旋转状排列；雄蕊稍伸出；子房2室，每室有胚珠1枚；花柱弯曲，柱头2裂至花柱的1/3-1/2，伸出。分果，干燥，倒披针形，具宿存的萼裂片，分果爿2，不开裂；种子椭球形，种皮革质。花粉粒3孔沟，网状纹饰。染色体2*n*=22。1/1（1）种，**15型**；特产中国四川和云南。

Trapa Linnaeus **菱属，Lythraceae 千屈菜科**。一年生浮水或半挺水草本植物。根和叶均二型；浮水叶菱形，旋叠状，突出水面，边缘有小锯齿，叶柄膨大，海绵质；花小，两性，白色，单生于叶腋；花萼宿存或早落，与子房基部合生，有时具刺；花瓣4，覆瓦状排列；花盘波状；雄蕊4，排成2轮；子房半下位，胚珠单生，下垂；果革质，有角。花粉粒3沟，疣状纹饰。染色体*n*=23，45等。2/2种，**10型**；分布于欧亚及非洲热带，亚热带和温带地区；中国产长江流域亚热带地区。果实含丰富的淀粉，可供食用。

Trapella Oliver **茶菱属，Plantaginaceae 车前科**。水生草本。茎纤细，横卧水面。叶对生，二型：浮水叶三角状圆形至心形；沉水叶披针形。花单生叶腋，常沉水且闭花受精；萼齿5，萼筒与子房合生；花冠漏斗状，5裂，近二唇形，下部裂片常较大；雄蕊2，内藏；子房下位，2室，其中1退化，1室有胚珠2枚；柱头2裂。果实狭长，不开裂，有5个钩状或刺状附属物。种子1颗。花粉粒3沟，皱波状纹饰。染色体2*n*=50。（1-2）/1种。**14（SJ）型**。分布于中国，日本，韩国，俄罗斯的远东地区；中国产东北、华北、华南、华中和西南地区。

Trema Loureiro **山黄麻属，Cannabaceae 大麻科**。常绿乔木或灌木。枝条不具刺或翅。叶互生，边缘具细锯齿，基出3（-5）脉（*T. levigata* 具羽状脉），次级脉在到达叶缘前联合成脉环。花单性或杂性，聚伞花序成对生于叶腋。雄花：被片5（或4），具退化子房。雌花：花被片5（或4），子房无柄，柱头2，胚珠单生，下垂。核果具宿存的花被片和柱头，外果皮近肉质。胚弯曲或内卷，子叶窄。花粉粒2孔，疣状纹饰。染色体2*n*=20，30。15/6（2）种，**2型**；广布热带和亚热带地区；中国产东部和西南部。韧皮纤维可供制麻绳、纺织和造纸用；种子油可制皂和润滑油用。

Tremacron Craib **短檐苣苔属，Gesneriaceae 苦苣苔科**。草本，具根状茎。叶基生。聚伞花序腋生；苞片2。花萼钟形，5裂至近基部；花冠筒状，黄色或白色，檐部二唇形，上唇极短，下唇3裂；能育雄蕊4，分生，全部或仅下（前）雄蕊伸出花冠外，

T

着生于花冠近基部，花药卵圆形；退化雄蕊 1；花盘环状；花柱短，柱头 2。蒴果长圆状披针形。种子多数，两端无附属物。约 7/7（7）种，**15 型**；特产中国云南西北至东部及四川西南部。

Trevesia Visiani **刺通草属，Araliaceae 五加科**。常绿具刺灌木或小乔木。单叶掌状分裂或类似掌状复叶，基部阔翅状，边缘具锯齿；托叶舌状，和叶柄基部合生。花两性，聚生成伞形花序，再组成顶生或假侧生的总状或圆锥花序；花梗无关节；花瓣 7-12，镊合状排列，早落；雄蕊 7-12；子房 6-16 室，花柱合生成短柱状。果实核果。种子扁平，胚乳均一。花粉粒 3 孔沟，网状纹饰。10/1 种，**7 型**；分布于喜马拉雅至中南半岛到东南亚；中国产西南。刺通草 *T. palmata* (Roxburgh ex Lindley) Visiani 栽培可作药用或观赏。

Trevia Linnaeus **滑桃树属，Euphorbiaceae 大戟科**。乔木。叶对生，全缘，基出脉 3-5。花单性，雌雄异株，无花瓣，无花盘；雄花序为疏散的总状花序，腋生，每一苞片内有雄花 2-3 朵；雄蕊 75-95，花药无不育雌蕊；雌花单生或排成总状花序，花萼佛焰苞状，子房 2-4 室，每室有 1 胚珠，花柱 2-4，基部稍合生。核果，2-4 室，不开裂，外果皮略为肉质，内果皮薄壳质；种子无种阜，种皮外层肉质，内层坚硬。（1-2）/1 种，**7 型**；分布于亚洲南部和东南部热带地区；中国产云南、广西和海南。

T

Triadenum Rafinesque **三腺金丝桃属，Hypericaceae 金丝桃科**。草本；根茎匍匐，分枝。叶对生，全缘，具透明或偶有暗黑色腺点。花序聚伞状，具 1-5 花；花淡红色，小苞片细小，两性；花萼钟状，5 裂，萼片 5，覆瓦状排列，全缘，具透明腺条；花瓣 5，覆瓦状排列；雄蕊 3 束宿存，每束有 3 枚雄蕊，花丝 1/2-2/3 处合生，花药丁字形着生，药隔上有腺体；下位腺体 3，与雄蕊束互生，不分裂，肉质；子房 3 室，中轴胎座，胚珠多数；花柱 3，分离，柱头头状。果为室间开裂的蒴果，果爿有含树脂的腺条；种子小，有细蜂窝纹。花粉粒 3 孔沟，穿孔状、网状或皱波状。6/2 种，**9 型**；分布于印度，经中国至日本，朝鲜，俄罗斯远东地区，美国东部及加拿大；中国产江苏、安徽、浙江、江西、台湾、湖北、湖南和云南。

Triadica Loureiro **乌桕属，Euphorbiaceae 大戟科**。乔木或灌木，具白色乳汁。单叶，叶柄顶端有 1 或 2 枚腺体，托叶小。雌雄同株或异株；圆锥花序顶生或腋生，聚伞圆锥花序穗状或总状花序，苞片基部具 2 腺体；雄花小，黄色，簇生于叶腋，花萼 2-3 浅裂或具 2-3 齿，无花瓣和花盘，雄蕊 2-3，花药 2 室，退化雌蕊无；雌花大于雄花，每苞片 1 朵雌花，花萼 3 裂，或圆筒状具 3 齿，稀为 2 或 3 花萼，花瓣和花盘无，子房 2-3 室，每室胚珠 1，花柱 3 枚，柱头外卷。蒴果球形，梨形或 3 瓣裂，稀浆果，常为 3 室；种子常有蜡质假种皮，外果皮硬。3/3 种，**2 型**；分布于东亚和南亚热带，温带地区；中国产黄河以南的南部及西南部。

Triaenophora (J. D. Hooker) Solereder **崖白菜属，Orobanchaceae 列当科**。多年生草本，具根茎，全体密被白色绵毛。茎简单或具分枝，顶端多少下垂。基生叶略排成莲座状，具柄；叶片两面被白色绵毛或几无毛，边缘具齿或浅裂抑或全缘。花具短梗，在茎、枝顶部排列成稍偏于一侧的总状花序；小苞片 2 枚，条形；萼筒状，或近于钟状，萼齿 5 枚，各又 3 深裂，而使小裂齿总数达 15 枚，小裂齿条形，彼此不等；花冠筒状，裂片 5 枚，略成二唇形；雄蕊 4 枚，2 强，子房 2 室。蒴果矩圆形。种子多数。花粉粒 3 沟。2/2（2）种，**15 型**；特产中国中部地区。

Trianthema Linnaeus **假海马齿属，Aizoaceae 番杏科**。草本。茎匍匐或斜升，常分枝。叶对生，全缘，1 对不均匀，圆柱至扁平状的叶柄基部加粗形成叶鞘包围

茎。花单生或簇生，被干膜质苞片和小苞片；花被筒钟状，短或长，光滑或具毛，裂片 5，内面白绿色或粉色至紫色，外面肉质；雄蕊 5 至多数，与花被贴生；子房上位，先端截形或凹陷，1 室，花柱 1。蒴果圆柱状或陀螺状。种子肾球形。花粉粒 3 沟，穿孔状-颗粒纹饰。染色体 n=8，13。28/1 种，**2 型**；分布于非洲，热带亚洲，澳大利亚，南美洲和泛热带；中国产广东、海南和台湾。

Tribulus Linnaeus **蒺藜属，Zygophyllaceae 蒺藜科**。一年生或二年生平卧草本。叶对生，偶数羽状复叶。花单生叶腋；萼片 5；花瓣 5，黄色，覆瓦状排列；花盘环状；雄蕊 10，外轮 5 枚较长，与花瓣对生，内轮 5 枚较短，基部有腺体。果实为分裂果，由 4 或 5 个不开裂的、具刺的心皮组成。种子斜悬，无胚乳，种皮薄膜质。花粉粒散孔，网状纹饰。染色体 2n=12，24，30，36，48。15/2 种，**2（或 4）型**；分布于热带和亚热带地区；中国南北均产。

Tricarpelema J. K. Morton **三瓣果属，Commelinaceae 鸭跖草科**。多年生草本，茎直立。圆锥花序顶生，金字塔状。能育雄蕊 3，位于前方，中间 1 枚对瓣，其花药略小，花丝也比其两侧的略短；退化雄蕊 3，位于后方，顶端 2 裂；花丝离生，无毛。蒴果圆柱状，顶端有喙，长超过宽 2-3 倍，3 室，3 爿裂，每室有种子 1 列，4-7 颗。种子多皱。染色体 2n=46。7/2（2）种，**6（14SH）型**；分布于喜马拉雅山区到马来西亚（婆罗洲）和菲律宾；中国产西南地区。

Trichodesma R. Brown **毛束草属，Boraginaceae 紫草科**。草本或亚灌木，被毛。复聚伞花序呈总状或圆锥状，顶生，有苞片；萼 5 裂，呈金字塔形或卵形膨胀，基部具 5 条肋棱或翅，稀呈耳状延伸；花冠宽筒形，内常有绒毛，檐部 5 裂；雄蕊 5，花药先端外伸并螺旋状扭转，背面具卷毛，子房 4 裂，雌蕊基金字塔形并具 4 条纵棱，花柱伸出花冠喉部。小坚果背腹扁，背面边缘突出呈腕状，有齿。花粉粒 3 孔沟，外壁粗糙。约 10/1 种，**4（5-6）型**；分布于非洲，大洋洲和亚洲热带地区；中国产云南、贵州和台湾。毛束草 *T. calycosum* Collett & Hemsley 的花序可作蔬菜。

Trichoglottis Blume **毛舌兰属，Orchidaceae 兰科**。附生草本。叶稍肉质，狭窄。花序侧生，1 至数个，远比叶短，具 1 至数朵花；唇瓣肉质，牢固地贴生于蕊柱基部，3 裂；中裂片其上面常密被毛或乳突，基部囊状或具距；距内背壁上方具 1 个可动而被毛的舌状附属物；蕊柱顶端两侧常有被硬毛的蕊柱齿，无蕊柱足；蕊喙短；药帽前端收狭，药床浅；花粉团蜡质，4 个，每不等大的 2 个成 1 对，或 2 个中每个具裂隙。约 60/2（1）种，**5（7e）型**；分布于东南亚，新几内亚岛，澳大利亚和太平洋岛屿，向西到达斯里兰卡，向北到达中国南部。

Tricholepidium Ching **毛鳞蕨属，Polypodiaceae 水龙骨科**。中型攀援植物。根状茎被鳞片，老则脱落而近光滑。单叶，多数，散生；叶片披针形或带状，中部最宽，两端渐狭，全缘或波状；叶膜质、草质或纸质，绿色，无毛。主脉不明显，网脉明显，在主脉两侧形成 2-3 行不规则网眼，具内藏小脉，叶边小脉分离。孢子囊群圆形，位于主脉两侧，排列为不整齐的 1-3 行，或满布于叶背面；具隔丝盾状，质薄，棕色，具粗筛孔，幼时覆盖着孢子囊群。孢子椭圆形，不具周壁，外壁具瘤块状纹饰。约 1/1 种，**7-2 型**；分布于亚洲热带；中国产云南、西藏、广西。

Tricholepis de Candolle **针苞菊属，Asteraceae 菊科**。一年生或多年生草本。叶全缘或下部的分裂，常有斑点。头状花序生于顶；花托平坦至隆起，密被长刺毛；冠毛糙毛状或短羽毛状或锯齿状多层，向内渐长；总苞片针芒状，柔软，多层，向内

层渐长；全部小花两性，管状，花冠红色或黄色。瘦果秃净。16/3 种，**13 型**；产中亚，喜马拉雅，缅甸；中国产云南、西藏。

Trichoneuron Ching **毛脉蕨属，Dryopteridaceae 鳞毛蕨科**。土生中型草本。根状茎粗壮而横走，与叶柄基部均密被披针形鳞片；叶近生；叶柄暗禾秆色密被灰白色、细针状、伏生的多细胞长节毛；叶片长卵形，三至四回羽裂；羽片全对生，基部一对羽片最大，叶脉分离，小脉羽状或分叉，不达叶缘；叶坚纸质，叶轴、各回羽轴及叶背面均密被细针状长节毛，上面近无毛；孢子囊群小，圆形，着生于小脉顶端；囊群盖圆肾形，边缘有具小腺体的睫毛，宿存。染色体 x=41。1/1（1）种，**15 型**；特产中国云南。

Trichophorum Persoon **针蔺属，Cyperaceae 莎草科**。多年生草本，秆丛生。总苞片 1，鳞片状，先端具短尖或芒。花序退化成单一的顶生小穗。鳞片螺旋状排列，每个鳞片内部均有 1 小花。花两性或单性。下位刚毛 6，丝状，柔滑，花期后伸长超出鳞片。雄蕊 2（或 3，6）；花柱基部不明显，稍增厚。小坚果倒卵圆形，三棱形或背腹压扁，先端具短喙。花粉粒 1 远极孔 4 侧孔，穿孔状和颗粒纹饰。染色体 $2n$=68，104。10/6（1）种，**8 型**；分布于高寒地区，并延伸至温带和热带的高山；中国广布。

T

Trichosanthes Linnaeus **栝楼属，Cucurbitaceae 葫芦科**。藤本。单叶常全缘或 3-7(-9) 裂；卷须常 2-5 歧。花雌雄异株或同株；雄花常总状花序，常具苞片，花萼筒筒状，伸长，5 裂；花冠 5 裂，先端具流苏，雄蕊 3；雌花单生，极稀为总状花序，花萼与花冠同雄花，子房下位，1 室，柱头 3。果实肉质，不开裂；种子褐色，1 室，长圆形、椭圆形或卵形，压扁，或 3 室，膨胀，两侧室空。花粉粒 3（4）（沟）孔，纹饰多样。染色体 n=11 或 12。约 100/33（14）种，**5（7）型**；分布于亚洲和澳大利亚北部；中国各地均有，以华南和西南地区最多。栝楼 *T. kirilowii* Maximowicz 为传统的中药，其根中天花粉蛋白是良好的避孕药。

Trichotosia Blume **毛鞘兰属，Orchidaceae 兰科**。附生草本。茎长，叶贯穿茎全部，红棕色，具刚毛，有时仅在叶鞘或花序上具毛。花序侧生，从节发出，穿过叶鞘，短，下垂，具多花；花苞片垂直于花序轴，凹陷，具毛；花倒置，不完全开放；萼片背面具红色毛，侧萼片与蕊柱足贴生形成囊；唇瓣全缘至不明显 3 裂，花盘具或不具脊突，有时具瘤状凸起；蕊柱具蕊柱足，花粉块 8。50/4（1）种，**7 型**；主要分布于大陆亚洲至东南亚及新几内亚，太平洋岛屿；中国产广西、云南、海南。

Trichuriella Bennet **针叶苋属，Amaranthaceae 苋科**。多年生草本。叶及枝对生，偶轮生。花两性，具 1 苞片和 2 小苞片，腋生或顶生。苞片及小苞片小，膜质。花被片 4，披针状钻形，宿存；雄蕊 4 或 5，在基部连合；退化雄蕊三角形或近四角形（钻形），与雄蕊互生；花柱极短，柱头极短，2 裂。胞果顶端盖裂。种子卵形。花粉粒具多萌发孔。1/1 种，**7-1 型**；分布于印度，缅甸，斯里兰卡，泰国，越南及中国海南。

Tricostularia Nees ex Lehmann **三肋果莎属，Cyperaceae 莎草科**。多年生草本，根状茎短。秆丛生，圆柱状或三棱形。花序圆锥状。小穗单生或簇生，压缩，狭卵形，长圆形，1-2（或 3）花，基部花常为雄性，顶花为两性。鳞片 4-6，2 列，具 1 龙骨状脉。花被片（3-）6，白色，披针形至线形；雄蕊 3；柱头 3。小坚果褐色，无柄，倒卵形或梨形，三棱形，具 3 条苍白色的凸起，先端具糙硬毛。6/1 种，**6 型**；分布于澳大利亚，其中 1 种延伸至热带亚洲；中国产海南。

Tricyrtis Wallich **油点草属，Liliaceae 百合科。**多年生草本；根状茎横走。茎直立，圆柱形，有时分枝。叶互生，近无柄，抱茎。花常排成顶生和生于上部叶腋的二歧聚伞花序；花被片6，离生，绿白色、黄绿色或淡紫色，外轮3片在基部囊状或具短距；雄蕊6，花药矩圆形，背着，2室，外向开裂；柱头3裂，子房3室，胚珠多数。蒴果狭矩圆形，具3棱，上部室间开裂。种子小而扁，卵形至圆形。花粉粒单沟，网状纹饰。染色体2*n*=26。18/9（6）种，**14 型**；分布于亚洲东部；中国产华北和秦岭以南。

Tridax Linnaeus **羽芒菊属，Asteraceae 菊科。**多年生草本。叶对生，具柄，羽状分裂或具粗裂齿。花托扁平或凸起，托片干膜质；冠毛短或长，芒状渐尖，羽状；总苞片数层，外层叶质，内层干膜质；全部小花结实，外围雌花1层，淡黄色，辐射状或二唇形，中央的两性花黄色或绿色，管状，5浅裂；两性花花柱分枝顶端钻形，被毛。瘦果陀螺状或圆柱状，被毛。花粉粒4孔沟，具刺。染色体2*n*=36。26/1种，**3（→1）型**；分布于热带美洲及热带亚洲；中国南方地区归化1种。

Tridynamia Gagnepain **三翅藤属，Convolvulaceae 旋花科。**藤本。茎下部木质，上部草质。叶柄上面有凹槽，具叶枕；叶片心形，背面密被毛，掌状脉。总状或圆锥花序，腋生或顶生，花簇生于节上，稀为单花；苞片叶状；小苞片3，不等大，鳞片状，宿存；萼片5，分离，不等大，果时外面的2-3枚极增大，长圆状线形，里面的只稍增大，卵形；花冠钟形或漏斗形，冠檐近全缘或5裂；雄蕊5；花盘环状或缺；子房1室，胚珠（2或）4，花柱1，柱头单生或2裂。蒴果。花粉粒3沟，无刺。4/2种，**7 型**；分布于热带亚洲；中国产长江以南及甘肃、陕西。

Trientalis Linnaeus **七瓣莲属，Primulaceae 报春花科。**草本。叶聚生茎端呈轮生状，下部叶互生。花单生于茎端叶腋；花萼常7裂，宿存；花冠白色，常7裂，裂片在花蕾中旋转状排列；雄蕊与花冠裂片同数，花药基部着生；子房球形，花柱丝状；胚珠多数。蒴果，5瓣裂。种子背面稍扁平，腹面隆起，外种皮具灰白色疏松的网状表皮层。花粉粒3（4）孔沟或4-8散孔，穿孔状纹饰。染色体2*n*=90、96。2/1种，**8 型**；分布于北半球亚寒带地区；中国产东北和华北地区。七瓣莲 *T. europaea* Linnaeus 可栽培观赏。

Trifidacanthus Merrill **三叉刺属，Fabaceae 豆科。**直立灌木，具三叉状硬刺。叶仅有1小叶，托叶干膜质。总状花序短，腋生；小苞片缺；花萼膜质，筒部短，裂片5，上部2枚近全合生；花冠紫色，旗瓣宽倒卵形，无瓣柄或有极短的柄，龙骨瓣略呈镰刀状，先端钝；雄蕊二体；子房线形具短柄，约有6胚珠。荚果劲直，由（3-）5-7个荚节组成，果瓣薄，具网纹，腹缝线直，背缝线于节间深凹。1/1种，**7ab 型**；分布于印度尼西亚，马来西亚，菲律宾，越南及中国海南。

Trifolium Linnaeus **车轴草属，Fabaceae 豆科。**草本。茎直立、匍匐或上升。掌状复叶，托叶显著，部分合生于叶柄上，小叶具锯齿。头状或短总状花序，偶单生，花序腋生或假顶生；萼筒具脉纹5、6、10、20条，偶30条；花冠宿存；雄蕊二体，全部或5枚花丝的顶端膨大，花药同型。荚果不开裂，常包藏于宿存花萼或花冠中。种子形状各样，与宿存花萼或整个头状花序一起传播。花粉粒3孔沟，网状、穿孔状或不规则条纹状纹饰。约250/13种，**8-4 型**；以地中海为中心，分布于欧亚大陆，非洲和美洲的温带及亚热带地区；中国各地有野生或栽培。白车轴草 *T. repens* Linnaeus 是著名的饲料和地被植物；红车轴草 *T. pratense* Linnaeus 有药用价值。

Triglochin Linnaeus **水麦冬属，Juncaginaceae 水麦冬科。**草本，茎短，根茎密生

须根。叶基生，条形，具叶鞘。总状花序生于花茎顶端。花两性，花被片 6，雄蕊 6；心皮 6，合生，有时 3 枚不育。合心皮果，成熟时 3 或 6 瓣开裂。种子无胚乳，胚直立。花粉粒无萌发孔，网状纹饰。染色体 *n*=6，8，9 等。(25-30) /2 种，**1 型**；分布于南北半球的温带和寒带地区；中国产东北及西南地区。

Trigonella Linnaeus **胡卢巴属，Fabaceae 豆科**。草本，有特殊香气。茎直立、平卧或匍匐，多分枝。羽状三出复叶，小叶边缘具锯齿或缺刻状，托叶具明显脉纹。短总状、伞状、头状或卵状花序腋生，偶 1-2 朵腋生；萼齿 5；雄蕊二体，花丝顶端不膨大，花药同型。荚果不作螺旋状转曲，膨胀或稍扁平，有时缝线具啮蚀状窄翅，表面有横向或斜向网纹。子叶出土时叶柄基部具关节并膨大。花粉粒 3 孔沟，网状纹饰。约 55/8 种，**10-3 型**；分布于非洲，亚洲，欧洲和大洋洲；中国产西部。胡卢巴 *T. foenum-graecum* Linnaeus 具有温肾壮阳、祛寒除湿等功效。

Trigonobalanus Forman **三棱栎属，Fagaceae 壳斗科**。常绿乔木。单叶互生或 3 叶轮生；具托叶。花单性，柔荑花序或直立穗状花序；雄花 (1-) 3-7 朵簇生于花序轴上，每簇具 1 基生苞片和 2 侧生苞片，花被 6 裂，覆瓦状排列；雄蕊 6 枚，与花被裂片对生，花药大，宽卵圆形，基部心形，近背着，纵裂，花丝约为花药长的 2 倍；雌花单生或 3-7 朵簇生于花序轴上，下面有 3-5 枚苞片，花被 6 裂，裂片覆瓦状排列，有 6 枚退化雄蕊；子房 3 室，每室有 2 枚胚珠；花柱 3，弯曲，柱头头状。壳斗包着坚果基部，3-5 裂，近轴一裂片常退化，外壁被横向排列的鳞片。每 1 壳斗内有坚果 1-3 (-7) 枚，坚果三棱形，顶端有宿存的花被和花柱，果实内壁被绒毛。花粉粒 3 拟孔沟，颗粒状纹饰。3/2 种，**3 (7-3) 型**；分布于南美洲和亚洲；中国产海南和云南南部。

T

Trigonostemon Blume **三宝木属，Euphorbiaceae 大戟科**。灌木或小乔木。叶互生，稀对生至近轮生。雌雄同株。雌雄同序或异序，花序总状，聚伞状或圆锥状。雄花：萼片 5，覆瓦状排列，花瓣 5，较萼片长，花盘环状，浅裂或分裂为 5 枚腺体，雄蕊 3-5，花丝合生成柱或仅上部离生，无不育雌蕊。雌花：花梗常粗于与其连接的花序轴，花盘环状，不裂，子房 3 室，每室有 1 胚珠，花柱 3。蒴果具 3 个分果爿；种子无种阜。花粉粒无萌发孔，穿孔状纹饰。(50-60) /8 种，**5 型**；分布于热带亚洲，从印度和斯里兰卡延伸到新几内亚和澳大利亚；中国产南部各省区。

Trigonotis Steven **附地菜属，Boraginaceae 紫草科**。草本。茎生叶互生。镰状聚伞花序；花萼 5 裂；花冠筒状，蓝色或白色，冠筒常较萼短，裂片 5，喉部附属物 5；雄蕊 5，内藏；子房深 4 裂，花柱丝形，常短于花冠筒；雌蕊基平。小坚果 4，四面体形，常具光泽，具棱或棱翅，腹面具 3 个面，着生面位于 3 面交汇处，无柄或具短柄。花粉茧型或哑铃型，6 异沟，外壁近光滑，有模糊的小穴。染色体 *n*=12。约 60/41 (34) 种，**10 (14) 型**；分布于亚洲东部，菲律宾，北婆罗洲和巴布亚新几内亚；中国产云南和四川。附地菜 *T. peduncularia* (Trevisan) Bentham ex Baker & S. Moore、瘤果大叶附地菜 *T. macrophylla* Vaniot var. *verrucosa* I. M. Johnston 全草可入药。

Trikeraia Bor **三角草属，Poaceae 禾本科**。多年生。较高大禾草。具粗大而又为鳞芽所覆盖的根状茎。圆锥花序；小穗含 1 小花，两性，内稃后仅有小穗轴的痕迹；2 颖几等长，草质；外稃微短于颖，薄纸质，背部被长柔毛，顶端 2 裂，2 裂齿呈刺芒状或膜质，边脉直达于两侧裂齿内，在顶端不与中脉汇合，中脉向上延伸成芒，基盘短钝，具短毛；鳞被 3。4/3 (1) 种，

13-2 型；分布于喜马拉雅地区；中国产西北、西南等地的寒温地带。多数种类可保土固沙。

Trillium Linnaeus **延龄草属，Melanthiaceae 黑药花科。**多年生草本。根状茎短粗；茎直立，常单出。叶 3 枚，轮生，叶脉网状。花 1，顶生于叶轮中央；花被片 6，2 轮，离生；萼片叶状，宽长，多为绿色；雄蕊 6，2 轮，花药基着，2 室，侧向纵裂；子房心皮 3，为 3 室的中轴胎座，胚珠多数，倒生。浆果；种子多数，子叶 1 枚。花粉粒球状，无萌发孔，具刺、颗粒、疣和网状纹饰。染色体 2*n*=10，20。30/5 种，**9 型**；分布于北美和东亚；中国从东北到西南均有。根状茎含有具免疫调节活性的甾体皂苷。

Triodanis Rafinesque **异檐花属，Campanulaceae 桔梗科。**一年生草本。根纤维状。茎具棱。叶互生，无柄。花异型，1-3（-8）成腋生聚伞花序；闭花受精，花生于下部叶腋，花萼 3-4（-6）裂；正常花生于中部或上部叶腋，花萼 5（或 6）裂；花冠旋转，5（或 6）裂至近基部，裂片披针形；雄蕊 5（或 6）；子房下位，（2 或）3 室，胚珠多数，柱头（2 或）3 裂。蒴果近圆柱形或棒状，（2 或）3 孔裂。种子多数。花粉粒具小刺。染色体 2*n*=60。6/1 种，**2 型**；原产美洲；中国安徽、福建、台湾、浙江引种栽培。

Triosteum Linnaeus **莛子藨属，Caprifoliaceae 忍冬科。**草本，地下具根茎。叶对生，基部常相连。聚伞花序成腋生轮伞花序或于枝顶集合成穗状花序；萼檐 5 裂，裂片短，或长而呈叶状，宿存；花冠近白色，筒状钟形，基部一侧膨大成囊状，裂片二唇形，上唇 4 裂，下唇单一；子房 3-5 室，每室具 1 枚悬垂的胚珠。浆果状核果近球形，革质或肉质；核骨质；种子 2-3 颗，长圆形。花粉粒 3 孔沟，具刺。染色体 2*n*=18。6/3 种，**9 型**；分布于中亚，东亚和北美；中国产北方和西南。

Triphysaria Fischer & C. A. Meyer **直果草属，Orobanchaceae 列当科。**一年生草本。叶互生。花序顶生，穗状；花无小苞片；花萼 4 裂；花冠细长，二唇形，上唇狭长，倒舟状，顶端尖而不裂，下唇 3 裂，裂片顶端多少成囊状；雄蕊 4 枚，2 强，伸至上唇下，花药 2 室而分离，1 室着生于花丝顶端，另 1 室侧生花丝中上部，或下方 1 室退化而仅存 1 室；柱头全缘。蒴果扁，有 2 条沟槽，室背 2 裂。种子多数，网状纹饰。染色体 *x*=11。约 6/1（1）种，**9 型**；分布于美国西海岸，1 种在南美安第斯山；中国产湖北。

Tripleurospermum Schultz Bipontinus **三肋果属，Asteraceae 菊科。**草本。叶二至三回羽状全裂，裂片条形、披针形或卵形。头状花序异型或同型；花托裸露；缘花雌性，假舌状，1 列，白色，中央花管状，两性，黄色，5 裂，裂片顶端常有红褐色树脂状腺点；花柱分枝顶端截形，画笔状。果圆筒状三角形，顶端有 2 个红褐色或棕色的树脂状大腺体，两侧和腹面有 3 条大的淡白色龙骨状凸起的肋，顶端冠状边缘膜质。花粉粒 3 孔沟，有孔盖，有刺，刺基膨大，刺间颗粒状-穿孔状、疣状-穿孔状。染色体 *x*=9。40/5（1）种，**8 型**；分布于欧洲，非洲北部，亚洲，北美；中国产北方，新疆尤多。

Triplostegia Wallich ex de Candolle **双参属，Caprifoliaceae 忍冬科。**草本；主根常纺锤状。叶交互对生；基生叶假莲座状。花成二歧疏松聚伞圆锥花序，分枝处有 1 对条形苞片；小总苞 2 层，4 裂；萼具 8 肋和 4-5 齿；花冠筒状漏斗形，4-5 裂，白色至红色；雄蕊 4，着生在花冠管上部；子房下位；瘦果具 1 种子，包藏在囊状小总苞内，小总苞顶端常具曲钩，成熟时自顶端破裂；种子近圆柱形，具 2 条不明显的棱。花粉粒 3 沟，具刺。染色体 2*n*=18。2/2 种，**14 型**；分布于东亚；中国产甘肃以南。

Tripogon Roemer & Schultes **草沙蚕属，Poaceae 禾本科**。多年生草本。穗状花序单个顶生；小穗几无柄，覆瓦状排列于穗轴之一侧，两侧压扁，含2至多数小花；颖片狭窄，有脊；外稃先端2齿裂或近全缘，中脉常自裂齿间延伸成芒，有时齿间有小齿，齿端有凸尖头或短芒，内稃常有翼；基盘有长柔毛或髯毛。约30/11（5）种，**2型**；分布于旧世界热带，有1种分布于热带美洲；中国南北都有，以西部地区尤盛。多数种类可作饲料，如四川草沙蚕 *T. sichuanicus* S. M. Phillips & S. L. Chen。

Tripolium Nees **碱菀属，Asteraceae 菊科**。一年生草本。茎直立。叶互生，长圆形或线形。冠毛3至多层，极纤细，稍不等长，白色或浅红色，花后增长。总苞圆柱状至钟状，2或3层，外层较短，稍覆瓦状排列，干后近膜质；外围有1层雌花，蓝紫色或浅红色，两性花管状黄色，檐部狭漏斗状；瘦果狭矩圆形，扁平，光滑或微被毛，两面各有1细肋。染色体 x=9。1/1种，**8型**；分布于亚洲，欧洲及非洲北部；中国产西北、东北和华中地区。

Tripterospermum Blume **双蝴蝶属，Gentianaceae 龙胆科**。多年生缠绕草本。花5数；花萼筒钟形，花冠钟形或筒状钟形，裂片间有褶；雄蕊着生于冠筒上，不整齐，顶端向一侧弯曲，花丝线形；子房1室，含多数胚珠，子房柄的基部具环状花盘。浆果或蒴果2瓣裂。种子多数，无翅或扁平具盘状宽翅。花粉粒3孔沟，条纹状-网状纹饰。17/15（12）种，**14型**；分布于亚洲南部；中国产西南、华南、华东和西北地区，西南尤盛。双蝴蝶 *T. chinense* (Migo) H. Smith 的幼嫩全草可药用。

Tripterygium J. D. Hooker **雷公藤属，Celastraceae 卫矛科**。藤状灌木，小枝常有4-6锐棱。叶互生。花杂性，顶生圆锥聚伞花序；花部5数；花盘肉质，扁平；雄蕊5；子房上位，下部与花盘愈合，3室，每室2胚珠，仅1室1胚珠发育，花柱常圆柱状。蒴果为3膜质翅包围；种子1，细窄，三棱形，无假种皮。花粉粒3孔沟，网状纹饰。染色体 $2n$=24。4/3种，**14SJ型**；东亚分布；中国产西南、中南、华东至东北部。雷公藤 *T. wilfordii* J. D. Hooker、昆明山海棠 *T. hypoglaucum* (H. Léveillé) Hutchinson 系剧毒植物，可用于杀虫或药用。

Trisepalum Clarke **唇萼苣苔属，Gesneriaceae 苦苣苔科**。多年生草本。叶对生或莲座状，密被蛛丝状绵毛。花萼上唇上部3裂，下唇2裂至基部；花冠狭钟状，檐部上唇3裂，下唇2裂；雄蕊2，位于花冠下（前）方近基部，花丝较短，内藏，花药椭圆形，药室2，顶端连着，叉开；子房椭圆形，柱头2，舌状。蒴果螺旋状卷曲。花粉粒3沟，穿孔状-颗粒纹饰。染色体 $2n$=34，68。约13/1种，**7a型**；分布于缅甸，泰国，马来西亚，以及中国云南、四川。

Trisetum Persoon **三毛草属，Poaceae 禾本科**。一年生或多年生草本。圆锥花序；小穗两侧压扁，含2-5枚小花，小穗轴延伸于顶生内稃之后呈刺毛状或具不育小花；颖有脊，不等长；外稃纸质而边缘膜质，先端有2齿或2刚毛，具5脉，常在背部约1/2略上处生芒，芒常扭转，内稃有2脊，先端2浅裂。花粉粒颗粒纹饰。约70/12（5）种，**8型**；分布于北半球的温带与极地；中国主产东北、西北至西南，少数见于华中和华东。大多种类可作饲料，如穗三毛 *T. spicatum* (Linnaeus) K. Richter。

Tristellateia Thouars **三星果属，Malpighiaceae 金虎尾科**。木质藤本。叶对生或轮生，基部具2腺体。花两性，辐射对称，总状花序腋生或顶生。花萼5裂；花瓣5，长圆形，具长爪；雄蕊10，几等长；子房球形，3裂，每裂1胚珠，常1枚花柱，稀3。成熟心皮3，每心皮具3或多个翅，并多少合生成1个星芒状的翅果。花粉粒3孔沟，网状纹饰。染色体 $2n$=18。（20-22）/1种，

4（5/7）型，主要分布于马达加斯加，其次为非洲东部和印度，马来西亚至澳大利亚及太平洋岛屿；中国产台湾。三星果 *T. australasiae* A. Richard 可作为观赏植物广泛栽培。

Triticum Linnaeus **小麦属，Poaceae 禾本科**。一年生草本。穗状花序 2 行排列，直立，顶生小穗发育或退化；小穗常单生于穗轴各节，两侧压扁，含（2-）3-9（-11）小花，稀多数；颖不对称，近等长，有脊，先端截形，有 1-2 齿或有芒；外稃革质，背部扁圆或全部或仅上部有脊，先端有齿或否，有芒或无芒，内稃膜质，有 2 脊。颖果顶端被毛，腹面具纵沟。花粉粒具颗粒或负网状纹饰。染色体 x=7。约 25/4 种，**12 型**；欧亚大陆和北美广为栽培；中国广为栽培。小麦 *T. aestivum* Linnaeus 是重要的粮食作物。

Triumfetta Linnaeus **刺蒴麻属，Malvaceae 锦葵科**。草本或亚灌木。单叶具基出脉。花两性，单生或数朵排成腋生或腋外生的聚伞花序；萼片 5；花瓣 5，内侧基部有增厚的腺体；雄蕊 5 至多数，着生于肉质具裂片的雌雄蕊柄上；子房 2-5 室，每室 2 胚珠。蒴果近球形，3-5 爿裂开，或不开裂，常有先端尖细或倒钩的刺。种子光滑。花粉粒 3 孔沟，网状纹饰。染色体 $2n$=16，20，32，48，64。（100-160）/7 种，**2 型**；分布于热带和亚热带地区；中国产西南部至台湾。刺蒴麻 *T. rhomboidea* Jacquin 全株可入药。

Triuridaceae Gardner **霉草科，木兰亚纲/露兜树目**。为以菌根营养的腐生草本。叶退化，鳞片状，无叶绿素；互生。花小，单性，少为完全花；雌雄同株或异株（少数为杂株），下位，顶生总状花序或近聚伞花序；花梗向下弯曲，每花下有 1 小苞；花被片为 3-10 枚（6 枚最常见），镊合状排列的被片组成单轮，并常在基部合生，在先端延长为髯毛，于花后反折；雄蕊（2-）4 或 6；花药 2-4 室，外向，2 药室常于尖端融合为 1，药隔常延伸为纤细的顶端附属物；雌蕊具 6-50 枚分离心皮，具单生胚珠。果实为小而厚壁的蓇葖果。种子具丰富的蛋白质和油质胚乳；胚小，无分化。花粉无萌发孔，稀单沟，刺状、颗粒、疣状和具棒纹饰。染色体 x=9，11，12（-16）。9 属，50 种，广布东南亚，中南美洲，非洲，马达加斯加岛北部和澳大利亚东北；中国 1 属，5 种，产海南和南方沿海岛屿。

Trivalvaria (Miquel) Miquel **海岛木属，Annonaceae 番荔枝科**。灌木至乔木，被单细胞毛或无，枝条常黑色。花序有花 1-2 朵，腋外生或与叶对生，有时聚生于小枝或带有老花的枝干上。花常杂性或两性，花芽宽卵球形至柱形，花梗短；花萼 3 枚，覆瓦状排列；花瓣 6，2 轮，多少不等大，花瓣明显或稍微覆瓦状排列，外轮花瓣较小；内轮花瓣大，开展或基部收缩成小室；雄花雄蕊多数，药隔顶端盾状至舌状；雌花雄蕊退化至近无；子房多数，密被毛，每室有胚珠 1 枚；两性花雄蕊和子房多数。心皮离生，数枚至多数，具短柄；种子椭球形至长圆球形，光滑，具周缘纵向沟槽。花粉粒 2 沟型或散沟型萌发孔。4/1 种，**7 型**；分布于亚洲南部和东南部地区；中国产海南。

Trochodendraceae Eichler **昆栏树科，木兰亚纲/昆栏树目**。乔木，木质部无导管，仅有管胞。单叶，托叶缺如或小而贴生叶柄。总状或穗状花序密集；花两性；花被片退化或 4；雄蕊 4 或达 40-70；雌蕊由 4-17 枚心皮组成，子房上位，心皮合生，每心皮具 4 或多数胚珠。蓇葖果室背开裂或为纵向开裂的蒴果。种子小，胚乳丰富。花粉粒 3 沟，条网状纹饰。染色体 $2n$=40，48。2 属，2 种，东亚特有；中国 2 属，2 种，产中部、西南部及台湾。

Trochodendron Siebold & Zuccarini **昆栏树属，Trochodendraceae 昆栏树科**。常绿乔木。叶螺旋状排列，羽状脉，无托叶。

花序总状；花两性，辐射对称；花被在花发育早期退化而在开花时消失；雄蕊数多变，达 40-70 枚，花药 2 爿开裂；雌蕊由 6-17 枚心皮组成，心皮合生，花柱分离，每心皮达 30 个胚珠，2 列，胚珠倒生。蓇果纵向开裂，成熟时分离部分开展，宿存花柱水平展开。种子顶端、合点端和侧边翅状扩展。花粉粒 3 沟，条网状纹饰。染色体 2*n*=40。1/1 种，**14SJ 型**；分布于日本及中国台湾。昆栏树 *T. aralioides* Siebold & Zuccarini 的木材可作家具，树皮可制黐胶；亦可作庭园观赏树。

Trollius Linnaeus **金莲花属，Ranunculaceae 毛茛科**。多年生草本，有须根。单叶基生或同时在茎上互生，掌状分裂。单花顶生或少数组成聚伞花序；萼片 5 至较多数，花瓣状；花瓣 5 至多数，线形，具短爪，在接近基部处有蜜槽；雄蕊多数，螺旋状排列，花丝狭线形；心皮 5 至多数，无柄，胚珠多数，2 列。蓇葖开裂，具脉网及短喙。种子近球形，种皮光滑。花粉粒 3 沟，穿孔-条状纹饰。染色体 2*n*=16，32。30/16（8）种，**8-2 型**；分布于北半球温带及寒温带；中国产西藏、云南、四川西部、青海、新疆、甘肃、陕西、山西、河南、河北、辽宁、吉林、黑龙江、内蒙古及台湾。

Tropaeolaceae Jussieu **旱金莲科，木兰亚纲/十字花目**。草本；茎多汁。叶互生，盾状；叶柄细长。花两性，两侧对称，具细长花梗；花萼 5，二唇状，基部合生，具生蜜花距；花瓣 5，常具爪；雄蕊 8，2 轮；子房上位，3 心皮，3 室，每室胚珠 1，花柱 1，柱头 3 裂。瘦果 3 裂，每爿含 1 种子。种子无胚乳，胚直立。花粉粒 3 孔沟，网状纹饰，有时具条纹。染色体 *x*=12，13，14，15。1 属，105 种，分布于中美洲到南美；中国引入 1 属，1 种。

Tropaeolum Linnaeus **旱金莲属，Tropaeolaceae 旱金莲科**。一年生或多年生草本，具乳汁。叶互生，盾状；叶柄细长。托叶小，早落。花序不定，常呈头状或伞形。花两性，两侧对称，具细长花梗；花萼 5，二唇状，基部合生，具生蜜花距；花瓣 5，稀 2，常具爪；雄蕊 8，2 轮，花药 2 室，内向纵裂；子房上位，3 心皮，3 室，每室含 1 枚胚珠，花柱 1，柱头 3 裂。瘦果 3 裂，每爿含 1 种子。种子无胚乳，胚直立。花粉粒 3 孔沟，稀 2 孔沟，网状纹饰，有时具条纹。染色体 2*n*=24，26，28，30。90/1 种，**3b 型**；分布于中美洲到南美；中国各省区引入栽培。旱金莲 *T. majus* Linnaeus 逸生。

Tropidia Lindley **竹茎兰属，Orchidaceae 兰科**。地生草本。茎状如细竹茎，下部节上具鞘，上部具数枚或多枚叶。叶疏散地生于茎上或较密集地聚生于茎上端，摺扇状。花 2 列互生；花瓣离生；唇瓣不裂，基部凹陷成囊状或有距；蕊柱较短；花药生于背侧；花粉团 2 个，粒粉质，具细长的花粉团柄和盾状粘盘。约 20/5 种，**3 型**；分布于热带亚洲和中美洲及北美洲南部；中国产西南、华东地区。

Tsaiorchis Tang & F. T. Wang **长喙兰属，Orchidaceae 兰科**。地生草本。根状茎指状，肉质。茎直立。花序顶生具偏向一侧的花；唇瓣基部与蕊柱贴生，具距，中部稍缢缩，前部扩大，3 裂；花药向顶部延伸成芒状；药室平行；花粉团 2 个，为具小团块的粒粉质，具极短的花粉团柄和粘盘，藏于由唇瓣和蕊柱形成的穴内；蕊喙扁而伸长，鸟喙状，中部两侧各具 1 枚齿；柱头 2 个，离生，线形，贴生于唇瓣；退化雄蕊 2 个，伸长，高于花药，贴生于花药基部两侧。1/1 种，**7（4）型**；产泰国，以及中国云南、广西。

Tsoongia Merrill **假紫珠属，Lamiaceae 唇形科**。直立灌木。幼枝、叶柄、叶背面及花序梗均被锈色绒毛。叶对生，单叶或有时为 3 小叶，全缘。聚伞花序腋生，花序梗短于叶柄；花萼小，钟状，3 齿裂成二唇形，外面密生颗粒状腺点；花冠管长，圆筒状，上部稍扩大，4-5 裂成二唇形；

T

雄蕊4枚，2强至近等长，着生于花冠管中部；子房顶端密生黄色腺点，2室，每室有2胚珠。核果卵形，具1个2-4室的核。1/1种，**7-4型**；分布于越南北部及中国南部。

Tsuga (Endlicher) Carrière **铁杉属，Pinaceae 松科**。常绿乔木。小枝有隆起的叶枕。冬芽无树脂。叶条形、扁平，稀近四菱形，有短柄。雌雄同株；雄球花单生叶腋；雌球果当年成熟；种鳞薄木质，成熟后张开，不脱落；苞鳞短小不露出，稀较长而露出。种子上部有膜质翅，种翅连同种子较种鳞为短，种子腹面有油点。花粉粒具2（3）气囊或无气囊。染色体2*n*=24。9/4（3）种，**9型**；分布于亚洲东部及北美洲；中国产秦岭以南及长江以南各省区。木材可供建材及木纤维工业原料等用；树皮可提栲胶；可作森林更新或荒山造林的树种。

Tuberolabium Yamamoto **管唇兰属，Orchidaceae 兰科**。附生草本。叶先端多少2裂；花序长而下垂，不分枝；花序柄和花序轴具翅状肋痕；总状花序密生多数小花；唇瓣基部牢固地与整个蕊柱足合生，无关节，3裂；中裂片较大，上面基部凹陷，前端增厚；距两侧压扁的宽圆锥形，中部向前偏鼓，几乎与子房交成直角，距壁厚而内面无附属物；蕊柱具蕊柱足；花粉团蜡质，2个，近球形，全缘。约10/1（1）种，**5（7e）型**；分布于东南亚，澳大利亚和太平洋岛屿，向北到达中国台湾和印度东北部；中国产台湾。

Tubocapsicum (Wettstein) Makino **龙珠属，Solanaceae 茄科**。多年生草本，近无毛。叶近全缘。花单生或数朵成簇生于分枝处，有时腋生，不具总梗。花萼皿状，顶端近截形；花冠阔钟状；雄蕊插生花冠中部，花药背部着生；花盘略呈波状，果时增高呈垫座状。浆果球状，俯垂，多汁。种子近扁圆形，胚弯曲。花粉粒3孔沟。2/1种，**14SJ（→7）型**；分布于印度尼西亚，日本，韩国，菲律宾，泰国及中国南部地区。龙珠 *T. anomalum* (Franchet & Savatier) Makino 全草和果实可药用。

Tugarinovia Iljin **革苞菊属，Asteraceae 菊科**。多年生草本。叶全部基生，有柄，羽状分裂，裂片有硬刺。头状花序同型，雌性或雄性，单生于茎顶；花托裸露；冠毛糙毛状，基部合生成鳞片状，多层，内层长于外层；总苞钟状，总苞片硬，厚革质，顶端有锐刺；花柱枝略扁，棒状。瘦果。1/1种，**13型**；分布于蒙古国及中国内蒙古。

Tulipa Linnaeus **郁金香属，Liliaceae 百合科**。多年生草本。鳞茎外有多层干的鳞茎皮。茎直立。叶常2-4，少有5-6。花较大，常单朵顶生而多少呈花葶状，直立；花被钟状或漏斗形钟状；花被片6，离生；雄蕊6，花药基着，内向开裂，花丝在中部或基部扩大；子房长椭圆形，3室，柱头3裂。蒴果椭圆形或近球形，室背开裂。种子扁平，近三角形。花粉粒单沟，稀无萌发孔或3沟，穿孔-皱波状、疣状、网纹状、负网状和网状纹饰。染色体2*n*=24。150/13（1）种，**12型**；分布于亚洲，欧洲及北非，以地中海至中亚地区尤盛；中国产新疆。

Tupistra Ker Gawler **长柱开口箭属，Asparagaceae 天门冬科**。多年生草本。具根状茎，单轴分；根茎升序，稀匍匐，粗厚，轻度木质化。茎很短。叶常基生，具柄或无。花葶腋生。顶生穗状花序，具2至很多朵密集的花。花被钟状或圆筒状，肉质；裂片平展。雄蕊6或8，花丝几乎完全与管状花被筒合生；花药背着，短于柱头。子房3或4室；每室2个胚珠。花柱1枚，圆柱状，4-12mm；柱头膨大呈蘑菇状，直径2-7mm，肉质。浆果具1颗种子。花粉粒单沟，穿孔状或网状纹饰。染色体2*n*=38。14/4（3）种，**14SH型**；分布于不丹，印度锡金，印度尼西亚，马来西亚，缅甸，尼泊尔，泰国，越南及中国长江以南各省区。

Turczaninovia de Candolle **女菀属，Asteraceae 菊科。**多年生草本。叶互生。冠毛2层，污白色或稍红色，有多数微糙毛；总苞筒状至钟状，总苞片3或4层，覆瓦状排列，草质，边缘膜质；外围有1层舌状雌花，白色，中央有数个两性花，部分不结果实，两性花管状黄色，檐部钟状。瘦果稍扁，棕灰色或红色，边缘2肋，被密短毛。1/1种，**11型**；分布于亚洲；中国产北部和东部。女菀 *T. fastigiata* (Fischer) de Candolle 全草可入药。

Turgenia Hoffmann **刺果芹属，Apiaceae 伞形科。**草本，密被柔毛。主根细长。茎具干薄竖棱。常羽状复叶；叶柄窄，膜质鞘；羽片具粗齿。伞形花序；具苞片和小苞片；花杂性；萼齿突出；外扩花瓣辐射状；花柱基圆锥形，花柱短。果卵形，侧面扁平，密布刺或刚毛；主棱和次棱明显，每棱槽油管1，主棱下油管2，合生面油管2。种果瓣柄顶端开裂。2/1种，**12型**；分布于西北非，中亚，西南亚及欧洲的中部、南部和西部；中国产新疆。

Turpinia Ventenat **山香圆属，Staphyleaceae 省沽油科。**乔木或灌木。叶对生，奇数羽状复叶或为单叶，小叶革质。圆锥花序开展，顶生或腋生，分枝对生；花小，白色，整齐，两性，稀为单性；萼片5，宿存；花瓣5，花盘伸出，具圆齿或裂片；雄蕊5，着生于花盘裂齿的外面，花丝扁平；子房无柄，3裂，3室，花柱3，柱头近头形，胚珠在子房中数枚排为2列，倒生。果实近圆球形，有瘢痕，花柱分离，革质，不裂，3室；每室有几个或多数种子，种子下垂或平行附着，种皮硬膜质或骨质，子叶微隆起。花粉粒3孔沟，穴状至细网状纹饰。(30-40)/13(5)种，**3型**；分布于热带亚洲和美洲；中国产西南部至台湾。大多种类根或叶可入药。

Turraea Linnaeus **杜楝属，Meliaceae 楝科。**乔木或灌木。叶为单叶，互生，无托叶。花两性，单生，簇生或组成聚伞圆锥花序；花萼杯状，4-5齿裂；花瓣4-5，离生，覆瓦状排列；雄蕊管圆柱形，顶端膨大且有裂齿，花药8-10，着生于雄蕊管口部之内；花盘环状或无；子房4至多室，每室有倒生胚珠2颗。果为蒴果，4至多室，室背开裂，果爿由具翅的中轴上分离；每室有种子1-2枚，长椭圆形，子叶叶状。花粉扁球形至球形，3(4)孔沟，外壁疣状，皱状，网状，极少数外壁平滑。染色体 $2n$=36，46，50。约60/1种，**4型**；分布于热带非洲，亚洲，大洋洲和马达加斯加；中国产广东、广西和海南。

Turritis Linnaeus **旗杆芥属，Brassicaceae 十字花科。**二年生草本。茎直立，基部具较密的单毛及分叉毛，上部光滑无毛，具白粉。基生叶簇生，具叶柄，密被毛；茎生叶互生，无毛，抱茎。花瓣淡黄色或草黄色；花丝线形。长角果狭圆柱形或略呈四棱形，果瓣扁平，中脉显著。种子每室2行，褐色，卵圆形，扁压，无膜质边缘。染色体 $2n$=12。2/1种，**8型**；分布于北非，亚洲，欧洲，北美；中国产江苏、辽宁、山东、新疆、浙江。

Tussilago Linnaeus **款冬属，Asteraceae 菊科。**葶状草本。叶前开花，基部叶卵形或三角状心形。花葶数个，头状花序辐射状，单生；总苞片1-2层，等长；花托平，无毛；冠毛雪白色，糙毛状；边缘小花雌性，假舌状，结实，中央的小花雄性，不育，管状；花丝上端有等大的细胞；花柱全缘，有乳头状毛。果狭圆柱形，具5-10条肋。染色体 x=30，36。1/1种，**10型**；分布于北非温带地区，亚洲和欧洲；中国产西南地区。款冬 *T. farfara* Linnaeus 栽培可作药用。

Tylophora R. Brown **娃儿藤属，Apocynaceae 夹竹桃科。**缠绕或攀援灌木。叶对生。伞形或总状聚伞花序，常腋外生；花萼裂片双盖覆瓦状排列，内面基部有腺体或缺；花辐状或近辐状，裂片芽时向右覆盖或近镊合状排列；副花冠裂片5，肉

T

质、膨胀，贴生于合蕊冠的基部，不超出合蕊冠；花药顶端膜片拱生于柱头上方；花粉块每室1个；离生心皮2。蓇葖常双生，平滑，长圆状披针形或纺锤形。种子顶端具白色绢质种毛。花粉块柄斜曲上升或平展，与着粉腺的基部相连，棒状纹饰。染色体 $2n$=22，24，66。约 60/38（27）种，**4 型**；分布于亚洲，非洲，澳大利亚的热带和亚热带地区；中国产黄河以南各省区。

Typha Linnaeus **香蒲属，Typhaceae 香蒲科**。多年生水生或沼生草本，具匍匐根状茎。花单性，雌雄同株，密集成柱状穗状花序，上部雄花，下部雌花。苞片叶状，花被缺失。雄花：雄蕊 1-3。雌花：子房1室。果实小，果皮膜质。种子椭圆形，光滑或具凸起。花粉粒四合体，单孔，网状纹饰。染色体 $2n$=30。16/12（3）种，**1 型**；分布于热带和亚热带地区；中国南北均产。香蒲 *T. orientalis* C. Presl，全草可入药；叶可供织席；一些种类可用于水体园艺布景。

Typhaceae Jussieu **香蒲科，木兰亚纲/禾本目**。多年生水生或沼生草本，具匍匐根状茎。叶互生，2列，基部具鞘。花单性，雌雄同株，苞片叶状。圆锥花序、总状花序或穗状花序，雄花在雌花上部。花小而多，花被片 3-6。雄花：雄蕊1至多数。雌花：具小苞片；子房1室，胚珠1。果实坚果状，不裂。花粉粒单粒或四合体，单孔，网状纹饰。染色体 $2n$=30。2属，35种，世界广布；中国2属，23种，南北均产，以温带地区种类较多。

Typhonium Schott **犁头尖属，Araceae 天南星科**。多年生草本。块茎小。叶多数，叶片箭状戟形或3裂或鸟足状分裂。花序柄短；佛焰苞管部席卷，喉部收缩；檐部后仰，卵状披针形，紫红色。肉穗花序两性，雌花序短，与雄花序之间有1段较长的间隔，附属器具短柄；花单性，无花被；雄花具雄蕊 1-3；雌花子房卵圆形，1室，无花柱；中性花下部与雌花相邻。浆果卵圆形。种子球形。花粉粒无萌发孔，刺状纹饰。50/9（4）种，**5 型**；分布于印度至马来西亚及中国南北各省区。

Ulmaceae Mirbel **榆科，木兰亚纲/蔷薇目**。乔木。具钟乳体，不具乳汁细胞。单叶互生，2列，羽状脉，基部不对称，具托叶。有限花序成簇，腋生；花两性或单性，雌雄同株、异株或杂性；花辐射对称，不显著，具花托杯；花瓣 4-9；雄蕊 4-9，与花瓣对生；花丝分离，在芽中直立；心皮2，合生；子房上位，顶生胎座，常有1枚胚珠。翅果或小坚果。种子扁平，胚直立，胚乳具1层细胞。花粉粒 2-7 孔，疣状、皱波、网状或颗粒纹饰。染色体 $2n$=28，56，56，84。常含丹宁。8属，35种，分布于北半球温带，主产亚洲；中国3属，25种，各省区广布。

Ulmus Linnaeus **榆属，Ulmaceae 榆科**。乔木。小枝有时具木栓翅或木栓层。叶互生，2列，边缘有锯齿，羽状脉，基部常偏斜；托叶膜质，早落。花小，无花瓣，两性，稀杂性，腋生总状花序或花束；花萼钟形，宿存，4-9裂；雄蕊与萼片同数，对生；子房1（2）室。翅果圆形或卵形，扁平，周围具翅。种子扁或微凸，种皮薄，无胚乳。花粉粒 4-7 孔，网状、脑纹状或皱波纹饰。染色体 $2n$=28，56。40/21（14）种，**8 型**；产北半球；中国广布，以长江流域以北较多。耐盐碱，是土壤改良的先锋树种；木材坚硬，为上等用材；翅果是医药和轻、化工业的重要原料。

Uncaria Schreber **钩藤属，Rubiaceae 茜草科**。木质藤本；茎枝方柱形或圆柱形，有钩刺。叶对生；托叶有时略具龙骨或近叶状。头状花序单生或分枝为复聚伞圆锥花序状，顶生；花5基数；花冠高脚碟状或近漏斗状；雄蕊伸出；子房2室，胚珠多数，柱头顶部有乳突，伸出。蒴果，外果皮厚，纵裂，内果皮厚骨质，室背开裂。种子两端有长翅，下端的翅深2裂。花粉

粒 3 沟，细网状或条形皱波状纹饰。染色体 $2n=44$。约 40/12（5）种，**2（5，7e）型**；分布于亚洲南部和东南部，澳大利亚，非洲，马达加斯加及热带美洲；中国产西南、华南、华东至台湾。毛钩藤 *U. hirsuta* Haviland 可药用。

Uncifera Lindley **叉喙兰属，Orchidaceae 兰科**。附生草本。叶先端不等侧 2 裂或 2-3 尖裂。总状花序下垂，密生花；花不甚张开；侧萼片稍歪斜；唇瓣上部 3 裂，侧裂片近直立；中裂片厚肉质；距长而弯曲，向末端变狭，内面无附属物；蕊柱无蕊柱足；蕊喙明显，上举，先端 2 裂，裂片近三角形；药帽圆锥形，前端伸长而收狭；花粉团蜡质，4 个，每不等大的 2 个成 1 对；粘盘柄大，细长，上部肩状扩大，远比花粉团宽，向下收狭为线形。约 6/3 种，**7（14SH）型**；分布于喜马拉雅，缅甸，泰国，越南及中国西南部。

Uraria Desvaux **狸尾豆属，Fabaceae 豆科**。多年生草本、亚灌木或灌木。单叶或羽状 3（-5-9）小叶。总状花序或圆锥花序；花极多，常密集；每苞片内具 2 花；花梗在花后继续增长且顶端常弯曲呈钩状；花萼 5 裂，下部 3 裂片常较长，呈刺毛状；旗瓣圆形或倒卵形，翼瓣与龙骨瓣黏合；雄蕊二体；子房几无柄，胚珠 2-10 枚。荚果小，荚节 2-8，反复折叠，每节沿腹缝线连接，不开裂。花粉粒 3 孔沟，网状纹饰。染色体 $2n=20$，22。约 20/7 种，**4 型**；分布于热带亚洲，非洲和澳大利亚，亚洲尤多；中国产西南部经中南至东南部。猫尾草 *U. crinita* (Linnaeus) Desvaux ex de Candolle 全草可供药用。

Urariopsis Schindler **算珠豆属，Fabaceae 豆科**。灌木或亚灌木。单叶。总状花序顶生或腋生，稀具分枝而成圆锥花序；苞片大，早落，每苞片腋内具 2 花；小苞片缺；花萼钟状，5 深裂，上部 2 裂片合生至中部以上；旗瓣倒卵形，龙骨瓣钝；雄蕊二体，与子房着生于圆柱状的花盘上；子房具短柄，胚珠 2-3，花柱弯曲。荚果常 3-4 节，各节压扁在中央互相连接，呈算珠状。种子肾形。2/2（1）种，**7 型**；分布于印度，缅甸，泰国，越南，柬埔寨，老挝，印度尼西亚，以及中国广东、广西、贵州和云南。

Urceola Roxburgh **水壶藤属，Apocynaceae 夹竹桃科**。木质藤本，具乳汁；叶柄间及叶腋内具少数腺体。叶对生。圆锥状聚伞花序，腋生；花萼裂片内面基部具 5 枚腺体；花冠近坛状或近辐状，花冠喉部无鳞片，花冠裂片向右覆盖；雄蕊内藏；花药腹部与柱头粘生；子房由 2 枚离生心皮组成，顶端被长柔毛，胚珠多数；柱头顶端全缘或短 2 裂。蓇葖双生，略叉开，线状披针形。种子长圆状披针形或线形，顶端具黄色绢质种毛。染色体 $2n=12$。16/7（1）种，**7 型**；分布于亚洲东部和东南部；中国产长江以南省区。

Urena Linnaeus **梵天花属，Malvaceae 锦葵科**。多年生草本或亚灌木。叶互生，掌状或深波状裂，中脉近基部具腺体。花粉粒红色，腋生或集成总状花序；副萼 5 裂，基部合生；花萼 5 裂；花瓣 5，外被星状柔毛；雄蕊柱与花瓣等长，截平或微齿裂；子房 5 室，每室 1 胚珠，花柱分枝 10，柱头盘状，顶端具睫毛。蒴果近球形，分果爿有倒钩刺。种子倒卵状三棱形或肾形。花粉粒散孔，具长刺。染色体 $2n=28$，56。6/3（1）种，**2 型**；分布于热带和亚热带区域；中国产长江南部各省区。梵天花 *U. procumbens* Linnaeus 可药用。

Urobotrya Stapf **尾球木属，Opiliaceae 山柚子科**。灌木或小乔木。叶互生，薄革质，全缘，无毛或仅中脉有毛，叶柄短。花两性，排成总状花序；每个苞片内常 3 朵花，花序轴纤细；苞片阔，具缘毛，密集覆瓦状，开花前脱落，花序基部苞片宿存；花（3-）4（-5）数，单花被，花被片离生，镊合状排列；雄蕊与花被片同数对生，长于花被片；花盘环状，肉质；子房圆锥状

U

至圆筒状，花柱缺，柱头不分裂或4浅裂。核果椭圆状，中果皮肉质。子叶33枚。7/1种，**6型**；分布于非洲的热带地区和亚洲东南部；中国产云南和广西。尾球木*U. latisquamus* (Gagnepain) Hiepko的果可供观赏；幼嫩花序和花可作蔬菜。

Urochloa P. Beauvois **尾稃草属，Poaceae 禾本科**。一年生或多年生草本。圆锥花序开展，由总状花序组成；小穗孪生或单生，背腹压扁，小花2；颖纸质，第一颖短小，离轴而生，第二颖片与小穗等长；第一小花雄性或中性，第二小花两性，第一外稃与第二颖同形同质，第二外稃革质，表面具横皱纹，边缘稍内卷，包着同质的内稃。染色体x=7，10，16。12/4种，**4（6）型**；分布于旧大陆热带地区；中国产云南、海南、四川和贵州等。

Urophyllum Jack ex Wallich **尖叶木属，Rubiaceae 茜草科**。乔木或灌木。叶对生；托叶大。头状聚伞花序或伞房状聚伞花序，腋生；花两性或有时单性；花萼裂片（4-）5（-7），宿存；花冠短管状或漏斗状，裂片（4-）5（-7），镊合状排列；雄蕊（4-）5（-7），内藏；子房（4-）5（-7）室，胚珠多数，胎座生于子房室内角，花柱基部常肿胀，柱头3-8裂，伸出。浆果，椭球形至近球形。种子近球形，种皮脆壳质。花粉粒3孔沟，穿孔状纹饰。染色体2n=54。约150/3（2）种，**6（7e-14J）型**；分布于亚洲热带亚热带地区至非洲；中国产广东、广西和云南。

Urophysa Ulbrich **尾囊草属，Ranunculaceae 毛茛科**。多年生草本。根状茎粗壮。叶均基生，莲座状，单叶掌状3全裂或近一回三出复叶。花葶常数条，不分枝；聚伞花序有1或3花；花辐射对称；萼片5，花瓣状；花瓣5，基部囊状或有短距；雄蕊多数，花丝下部线形，上部丝形；退化雄蕊约7，位于能育雄蕊之内；心皮5(-8)，胚珠多数。蓇葖卵形，肿胀，花柱宿存。种子椭圆形，密生小疣状凸起。花粉粒3沟。染色体2n=14。2/2（2）种，**15型**；特产中国云南西北部和四川西南部。

Urtica Linnaeus **荨麻属，Urticaceae 荨麻科**。草本，稀灌木，具刺毛。茎4棱。对生叶，基出脉3-5（-7）条。花序成对腋生，数朵花聚集成小的团伞花簇，在序轴上排成穗状、总状或圆锥状，稀头状；雄花被片覆瓦状排列；雌花花被片4，不等大，柱头画笔头状。瘦果光滑或有疣状凸起。钟乳体点状或条形。花粉粒3（-4）孔，颗粒状纹饰。染色体n=10，11，12，13，19。30/14/3种，**1（8-4）型**；分布于北半球的温带和热带地区；中国产北部和西南部。多数种的茎皮纤维可作纺织原料；茎叶可作饲料；可药用。

Urticaceae Jussieu **荨麻科，木兰亚纲/蔷薇目**。草本、亚灌木或灌木，稀乔木或攀援藤本。乳汁细胞分布于皮部，具乳汁，或退化成无色有黏性的汁液。植株有时被刺毛，具钟乳体。茎常富含纤维，有时肉质。叶互生或对生。花序由若干小的团伞花序组成，稀退化成单花。雄蕊内折；雌蕊由1心皮构成，子房1室，胚珠1枚，直立或稍倾斜。果实常为瘦果，或肉质的核果状，常包被于宿存的花被片内。种子卵形、椭圆形或圆形。花粉粒2-15孔。55属，2626种，除南极洲外，主要分布于热带及亚热带的潮湿地区，延伸至温带；中国26属，约430种，各地均产，以长江流域以南亚热带和热带地区最多。

Utricularia Linnaeus **狸藻属，Lentibulariaceae 狸藻科**。草本，无真正的根。茎变态为假根或匍匐枝。捕虫囊生于假根、匍匐枝及/或叶上。叶互生或基生呈莲座状，单叶至多分裂，1至3脉。总状花序或单花，具花梗；苞片及小苞片宿存；花萼2深裂；花冠下唇较大，下唇全缘或2至3或6裂，具距，喉凸常隆起，上唇全缘或2至3裂；花药2室。蒴果常先端开裂、室背开裂或周裂。种子具附属物。花粉粒3孔沟或散孔，穿孔状纹饰。染色

体 n=7，8，9，10，11，14，15，21，22，24。黄花狸藻 *U. aurea* Loureiro、南方狸藻 *U. australis* R. Brown 等水生种类可作鱼饲料；挖耳草 *U. bifida* Linnaeus、黄花狸藻等可药用。

Uvaria Linnaeus **紫玉盘属，Annonaceae 番荔枝科**。攀援灌木，全株常被星状毛。花单生或集成密伞花序或短总状花序，常与叶对生或腋生、顶生或腋外生，少数生于茎上或老枝上。花两性；萼片 3，镊合状排列；花瓣 6，2 轮，覆瓦状排列，有时基部合生；雄蕊多数；心皮少至多数，离生，每心皮有胚珠 2 至多颗，1-2 列，柱头 2 裂。心皮多数，有长柄；种子有时具假种皮。花粉粒无萌发孔，稀具沟，表面皱波或具穿孔。染色体 x=9；2n=16，22。约 150/9（1）种，**4 型**；分布于热带亚洲和非洲；中国产华南、西南、华东地区。紫玉盘 *U. microcarpa* Champion ex Bentham 的根可药用。

Vaccaria Wolf **麦蓝菜属，Caryophyllaceae 石竹科**。一年生草本。茎直立，二歧分枝。叶对生，叶片卵状披针形至披针形，基部微抱茎；无托叶。花两性，成伞房花序或圆锥花序；花萼狭卵形，具 5 棱，萼齿 5；花瓣 5，淡红色，微凹缺或全缘，具长爪；雄蕊 10；子房 1 室，胚珠多数，花柱 2。蒴果卵形，基部 4 室，顶端 4 齿裂。种子多数，近圆球形。花粉粒散孔，颗粒状纹饰。染色体 2n=30，60。1/1 种，**10 型**；分布于欧洲和亚洲温带地区；中国产北部至长江流域。麦蓝菜 *V. hispanica* (Miller) Rauschert 的种子可入药。

V

Vaccinium Linnaeus **越橘属，Ericaceae 杜鹃花科**。灌木；富含多酚和花青素。叶脉网结型。总状花序或单花；小苞片一般缺失；花瓣几乎完全愈合；雄蕊 8-10，内藏，花丝直立扁平，无刺，花药孔裂；心皮 4-5；子房下位，4-5 室或假 10 室，柱头头状。浆果，球状；种子椭圆状。花粉四合体，3 孔沟或拟孔沟，光滑、颗粒至皱波纹饰。染色体 x=12。约 500/92（51）种，**8 型**；广布北温带，集中产东亚，特别是马来群岛，部分到中美洲至南美洲北部，少数至非洲南部；中国产华北、华南、西南。

Valeriana Linnaeus **缬草属，Caprifoliaceae 忍冬科**。草本。根茎常有浓烈气味。叶对生，羽状分裂或少为不裂。聚伞花序；花两性，有时杂性；花萼裂片在花时向内卷曲，不显著；花小，花冠筒基部一侧偏突成囊距状，裂片 5；雄蕊 3，着生花冠筒上；子房下位，3 室，仅 1 室发育。果为 1 扁平瘦果，顶端有冠毛状宿存花萼。花粉粒 3 沟，具刺。染色体 2n=8，14，16，24。300/21（13）种，**8 型**；分布于亚洲，欧洲和美洲，在南美安第斯山脉尤盛；中国南北广布。

Vallaris N. L. Burman **纽子花属，Apocynaceae 夹竹桃科**。攀援灌木。叶对生，具有透明腺体。总状或伞房状聚伞花序，腋生；萼裂片内面基部腺体有或无；花冠近辐状，花冠管喉部无鳞片，花冠裂片向右覆盖；雄蕊着生在花冠管的中部，伸出，花药腹部黏合在柱头上，药隔上有瘤状腺体；子房由 2 枚心皮组成，具长柔毛，胚珠多数；柱头基部环状，顶部圆锥状。蓇葖长圆形，顶部渐尖。种子卵圆形，顶端具种毛。染色体 2n=20。3/2（1）种，**7 型**；分布于亚洲热带和亚热带地区；中国产华南和西南等省区。

Vallisneria Linnaeus **苦草属，Hydrocharitaceae 水鳖科**。沉水草本，具匍匐茎，无直立茎。叶基生，无柄，线形或带形，基部稍呈鞘状，平行叶脉 3-9 条。花单性，雌雄异株。雄花序佛焰苞扁平，具短梗，内含极多雄花；雄花小，具短柄，成熟后断裂并浮于水面；萼片 3；花瓣 2 或 3，小；雄蕊 1-3。雌花序佛焰苞管状，先端 2 裂，具长梗，受精后螺旋收缩；雌花单生；萼片 3，花瓣 3；子房下位，胚珠多数，花柱 3，2 裂。果实圆柱形或三角柱形。种子多数。花粉粒无萌发孔，皱波状

或条纹纹饰，稀具颗粒。染色体 $2n=20$。18/3（1）种，**2 型**；广布热带和亚热带地区；中国各省区均产。苦草 *V. natans* (Loureiro) H. Hara 可作为动物饲料；可入药；也用可于园艺水体布景。

Vanda Jones ex R. Brown **万代兰属，Orchidaceae 兰科。**附生草本。叶 2 列，彼此紧靠，先端具不整齐的缺刻或啮蚀状。萼片和花瓣近似；唇瓣贴生在蕊柱足末端，3 裂；侧裂片基部下延并且与中裂片基部共同形成短距或罕有呈囊状的；距内或囊内无附属物和隔膜；蕊柱基部具不明显的蕊柱足；蕊喙短钝，2 裂；药帽半球形；花粉团蜡质，近球形，2 个，每个半裂或具裂隙。约 60/18（1）种，**5（7e）型**；分布于亚洲热带地区；中国产南方热带地区。

Vandenboschia Copeland **瓶蕨属，Hymenophyllaceae 膜蕨科。**草本，附生或石生，稀土生。根状茎粗壮，较长，横走，常被棕色多细胞节状毛。叶 2 列生；有短柄；叶片二至五回羽状分裂，卵形至线状卵形，羽片不对称，裂片全缘；叶脉羽状分枝或二叉分枝。孢子囊群生于末回裂片的小脉顶端；囊苞管状或漏斗状或喇叭状，突出叶边；囊托突出于囊苞口外，长而纤细；孢子四面体形，外壁具短棒状或小刺状纹饰。染色体 $x=36$。约 35/7（2）种，**2 型**；主要分布于泛热带地区，向北可达北温带地区；中国产西南、华南和华东地区。瓶蕨 *V. auriculata* (Blume) Copeland 全草可入药，可治外伤出血及刀伤。

Vandopsis Pfitzer **拟万代兰属，Orchidaceae 兰科。**附生草本。茎粗壮，伸长，具多数叶。叶肉质或革质，基部具关节和宿存而抱茎的鞘。花序侧生于茎，近直立或下垂，不分枝；唇瓣比花瓣小，牢固地着生于蕊柱基部，基部凹陷成半球形或兜状，3 裂；侧裂片较小；中裂片较大，长而狭，两侧压扁，上面中央具纵向脊突；蕊柱粗短，无蕊柱足；蕊喙不明显；花粉团蜡质，近球形，2 个，每个劈裂为不等大的 2 爿，或 4 个，每不等大的 2 个组成 1 对；粘盘马鞍形或近肾形，比花粉团的直径宽。约 5/2 种，**7d 型**；分布于东南亚及新几内亚岛；中国产广西和云南。

Vanilla Plumier ex P. Miller **香荚兰属，Orchidaceae 兰科。**攀援植物。茎每节生 1 枚叶。叶大，肉质，有时退化为鳞片状。总状花序生于叶腋；花大，扭转；离生；唇瓣下部边缘常与蕊柱边缘合生，因而唇瓣常呈喇叭状，有时 3 裂；唇盘上有附属物；蕊柱长；花粉团 2 或 4 个，粒粉质或十分松散，不具花粉团柄或粘盘；蕊喙较宽阔。果实为荚果状，肉质，不开裂或开裂。种子具厚的外种皮，常呈黑色，无翅。70/3（2）种，**2-2 型**；分布于热带地区；中国产西南、华南和华东地区的南部。

Vatica Linnaeus **青梅属，Dipterocarpaceae 龙脑香科。**乔木。叶革质，全缘，羽状脉；托叶早落。圆锥花序；萼管短小，与子房基部合生，花萼裂片 5 枚，镊合状排列；花瓣 5 枚，镊合状排列；雄蕊（10-）15 枚，花丝不等长，药隔附属体短而钝；心皮 3，每心皮具胚珠 2 枚，花柱短，柱头全缘或齿裂。种子 1-2 枚。花萼裂片等长而短于果，不等长时其中 2 枚扩大成狭长的翅。花粉粒 3 沟，网状纹饰。染色体 $n=11$。65/3 种，**7a 型**；分布于东南亚；中国产海南、广西、云南。

Velloziaceae J. Agardh **翡若翠科，木兰亚纲/露兜树目。**草本或灌木，旱生，茎疏生分枝，具叶鞘和不定根，叶 3 列或轮生，从几厘米到近 1m 长，位于分枝顶端。花序顶生或丛生，1 朵至数朵，花常大而艳丽，辐射对称，两性花或单性同株，很少雌雄异株。常管状隐头花序长于子房，光滑或具腺毛或非腺毛；花被片 6；雄蕊 6，花丝离生；子房下位，长扁形，很少半球，中轴胎座，室间隔蜜腺突出，柱头盾形。蒴果沿背缝线开裂，种子小，多数。花粉多为单粒，稀四合体，单沟或无萌发孔，皱波、疣状、颗粒和网状纹饰。染色体 x=7，8，17，19，24，26。5 属，240 种，分布于南美，非洲，马达加斯加，阿拉伯半岛和中国；中国 1 属，1 种，分布于四川西部和西藏东部。

Ventilago J. Gaertner **翼核果属，Rhamnaceae 鼠李科**。藤状灌木，稀小乔木。叶互生，革质或近革质，稀纸质，基部常不对称，网状脉明显。花簇生或聚伞、聚伞总状或聚伞圆锥花序；花萼 5 裂，内面中肋中部以上凸起；花瓣顶端凹缺，稀不存在；花盘厚，肉质，五边形；子房全藏于花盘内，2 室，每室 1 胚珠，花柱 2 裂。核果不开裂，基部 1/3-1/2 被宿存萼筒包围，上端有矩圆形的翅，顶端常有残存的花柱。种子无胚乳，子叶肥厚。花粉粒 3 孔沟，网状纹饰。40/6（2）种，**4 型**；分布于旧世界热带；中国产华南、西南各省区。毛果翼核果 *V. calyculata* Tulasne 的果翅炒熟后可代茶；翼核果 *V. leiocarpa* Bentham 的根可入药。

Veratrilla Baillon & Franchet **黄秦艽属，Gentianaceae 龙胆科**。多年生草本。不育茎的叶呈莲座状。花单性，雌雄异株，辐状，4 数；花萼分裂至近基部，萼筒甚短；花冠深裂，冠筒短；雄蕊着生于花冠裂片间弯缺处，与裂片互生，花丝极短；子房 1 室，花柱短。种子多数，周缘具宽翅，表面有网纹或网隙。花粉粒 3 孔沟，条状或条网状纹饰。2/2 种，**14SH 型**；分布于印度东北部（锡金），不丹及中国西南地区。黄秦艽 *V. baillonii* Franchet 的根可入药。

Veratrum Linnaeus **藜芦属，Melanthiaceae 黑药花科**。多年生草本。根状茎粗短，具稍肉质、成束的须根。茎直立，圆柱形，从基部至上部具叶，上部有毛，基部为叶鞘所包围。叶互生，从椭圆形至条形，在茎下部的较宽，向上逐渐变狭，并过渡为苞片状，基部常抱茎。圆锥花序具许多花，雄性花和两性花同株，极少仅为两性花；花被片 6，离生，内轮较外轮长，宿存；雄蕊 6；花丝比花被片短或稍长，花药近肾形，背着；子房 3 室，每室有多数胚株；花柱 3，较短，宿存，柱头小。蒴果椭圆形或卵圆形，具 3 钝棱，室间开裂，种子多数。种子扁平，种皮薄，周围具膜质翅。花粉粒单沟，网状纹饰。40/13 种，**8（14）型**；分布于亚洲，欧洲和北美洲；中国南北分布。根状茎和地上部分均可药用。

Verbascum Linnaeus **毛蕊花属，Scrophulariaceae 玄参科**。草本。茎高大，多被星状毛或腺毛。叶互生，基部莲座状。花序顶生，呈穗状、总状或圆锥状花序；花萼 5 裂；花冠常为黄色，下部联合呈短花冠筒，上部 5 裂，辐状，近等长；雄蕊 4 或 5，花丝常具绵毛，花药汇合成 1 室；雌蕊 2 心皮合生，子房 2 室，中轴胎座，胚珠多数。蒴果圆球形或卵圆形，室间开裂。种子多数，细小，锥状或圆柱形，具 6-8 条纵棱和沟。花粉粒 3 沟或孔沟，网状纹饰。染色体 2n=26-36，44，46，56，64。300/6 种，**10 型**；广布亚洲和欧洲温带及亚热带高山地区；中国产华南、西南部和新疆，尤以新疆常见。毛蕊花 *V. thapsus* Linnaeus 全草可入药，有清热解毒、止血散瘀之功效。

Verbena Linnaeus **马鞭草属，Verbenaceae 马鞭草科**。草本或亚灌木。茎 4 棱。叶常对生，近无柄，边缘有齿至羽状深裂。无限花序，顶生，花交互生于狭窄的苞片腋内；花萼有 5 棱，顶端 5 齿裂；花冠 5 裂，在芽中覆瓦状排列；雄蕊 4，2 强雄蕊；子房 4 室，胚珠每室 1 枚，花柱短，柱头 2 浅裂。干果包藏于萼内，成熟后 4 瓣裂为 4 分核。种子无胚乳。花粉粒 3 孔沟（或 4），穿孔、条纹、皱状、网状或平滑纹饰。染色体 2n=14，28，42，56。约 250/3 种，**2（3）型**；主分布于热带至温带美洲；中国产华东、华南及西南地区。

Verbenaceae Jaume **马鞭草科，木兰亚纲/唇形目**。草本、藤本、灌木或乔木。单叶对生，稀轮生。雄蕊 4，二强雄蕊，花丝贴生于花冠；花冠弱二唇形；子房上位，不裂或 4 浅裂，2-4 室。核果或者为分果分裂为 2（4）小坚果。种子（1 或）2-4，胚乳常缺失。花粉粒 3 孔沟。32 属，约 840 种，广布热带至温带地区；中国 5 属，8 种，产长江以南地区。

Vernicia Loureiro **油桐属，Euphorbiaceae 大戟科。**落叶乔木。叶互生，全缘或 1-4 裂，叶柄顶端有 2 枚腺体。雌雄同株或异株；伞房状圆锥花序，花萼 2-3 裂，花瓣 5，基部爪状，腺体 5 枚。雄花：雄蕊 8-12，2 轮，外轮花丝离生，内轮花丝较长且基部合生。雌花：花盘不明显或缺；子房密被柔毛，3（-8）室，每室有 1 胚珠，花柱 3-4。果大，核果状，顶端有喙尖，果皮壳质；种子无种阜，种皮木质。3/2 种，**14 型**；分布于亚洲东部和东南部地区；中国产秦岭以南各省区。

Vernonia Schreber **斑鸠菊属，Asteraceae 菊科。**草本、木质藤本或乔木。叶互生，叶脉常羽状。头状花序常排列成圆锥状、伞房状或总状，或密集成圆球状；冠毛常 2 层，内层细长，糙毛状，外层极短，刚毛状或鳞片状；小花粉红色、淡紫色，少有白色或金黄色。果具棱或肋。花粉粒 3 孔沟，网状纹饰，具刺或短棒。染色体 x=17。约 1000/31（8）种，**2 型**；分布于热带亚洲及非洲，北美，南美；中国产南方地区。茄叶斑鸠菊 *V. solanifolia* Bentham 可药用。

Veronica Linnaeus **婆婆纳属，Plantaginaceae 车前科。**草本或亚灌木。叶对生，罕互生或轮生。总状或穗状花序，或腋生、单生；萼 4-5 裂，稀 3 裂；花冠管极短，近辐状，裂片开展，不等宽，后方 1 枚最宽，前方 1 枚最窄，有时略呈二唇形；雄蕊 2，突出，药室顶部贴连；子房上位，2 室，每室有多数胚珠，很少 2 颗。蒴果压扁或肿胀，有 2 槽，室背开裂。种子 1 至多颗。花粉粒 2、3、4、6、9 沟，光滑、皱网状、条网状、粗糙-穿孔、皱状-穿孔或微网状纹饰。染色体 2n=14-68。约 450/63（23）种，**8-4（12）型**；广布全球，主产欧亚大陆；中国各省区均有，主产西南。

Veronicastrum Heister ex Fabricius **腹水草属，Plantaginaceae 车前科。**多年生、有根茎的草本。叶互生，对生或 3-5（-8）枚轮生，阔披针形或长椭圆形，有锐锯齿。花青紫色，排成穗状花序式的总状花序；萼 4-5 深裂；花冠管长于裂片 2 倍，内面常密生 1 圈柔毛，裂片 4，辐射对称或近二唇形；雄蕊 2，突出，药室并连而不汇合；柱头小。蒴果卵形，4 裂；种子多数，有网纹。花粉粒 3 沟。染色体 2n=34。20/13（8）种，**9 型**；分布于亚洲东部和北美；中国南北均产。

Viburnum Linnaeus **荚蒾属，Adoxaceae 五福花科。**灌木或小乔木，茎干有皮孔。单叶对生，稀 3 叶轮生，有时掌裂。花序聚伞式、圆锥式或伞房式，稀紧缩成簇，有时具白色大型不孕边花；花萼 5 裂；花冠白色，较少淡红色，辐状、钟状、漏斗状或高脚碟状，裂片 5 枚；子房 1 室，花柱粗短。核果，核骨质，扁平，内含 1 种子。花粉粒 3 沟或 3 孔沟，网状纹饰。染色体 2n=16，18。200/73（45）种，**8 型**；分布于温带和亚热带地区，亚洲和南美洲种类较多；全国广布，主产西南。

Vicatia de Candolle **乳芹属，Apiaceae 伞形科。**草本。根粗壮，偶具分枝。茎直立。叶柄下部有膜质叶鞘；羽状复叶，末回裂片狭而尖。复伞形花序，总苞片少数；小总苞线形。萼齿细小；花瓣白色、粉红色或紫红色；花柱基圆盘状，花柱短。分生果卵状长圆形，基部明显向内弯曲，主棱 5；棱槽油管 2-5，合生面油管 4-6。胚乳腹面呈深槽状；心皮柄不裂或 2 浅裂。花粉粒 3 孔沟，皱波状-条纹状纹饰。5/3（1）种，**14 型**；广布印度锡金，不丹，尼泊尔，以及中国四川、云南、西藏等。

Vicia Linnaeus **野豌豆属，Fabaceae 豆科**。草本。茎细长、具棱，多分枝，攀援、蔓生或匍匐，稀直立。偶数羽状复叶。叶轴先端具卷须或短尖头，无小托叶，小叶（1）2-12 对，全缘。花序腋生，总状或复总状，稀单生或 2-4 簇生于叶腋；雄蕊二体，花药同型；胚珠 2-7，花柱圆柱形，顶端四周被毛，或侧向压扁于远轴端具 1 束髯毛。荚果常扁，腹缝开裂。花粉粒 3 孔沟，网状纹饰。染色体 *n*=5，6，7，9，11 等。约 160/40（13）种，**8-4 型**；主要分布于北半球温带地区，延伸至非洲北部和东部，太平洋岛屿及北美洲和南美洲；中国广布。栽培可作为牧草或绿肥，如广布野豌豆 *V. cracca* Linnaeus、长柔毛野豌豆 *V. villosa* Roth。

Vigna Savi **豇豆属，Fabaceae 豆科**。缠绕或直立草本，稀亚灌木。羽状 3 小叶或稀单叶，托叶常 2 裂或基部延长。假总状花序或 1 至多朵簇生叶腋；花序轴具节并有腺体；花萼二唇形；花冠黄色、蓝色或紫色；旗瓣圆形，基部常具附属体，龙骨瓣无喙或具内弯、稍旋卷的喙；雄蕊二体；子房无柄，花柱线形，上部增厚，内侧具毛，下部喙状，柱头侧生。荚果线形或线状长圆形。种子常肾形或四方形。花粉粒 3 孔，网状纹饰。染色体 2*n*=22，稀 20。约 100/14 种，**2（6）型**；分布于热带和亚热带地区；中国产东南部，南部至西南部。有许多常见的栽培作物，如豇豆 *V. unguiculata* (Linnaeus) Walpers、绿豆 *V. radiata* (Linnaeus) Wilczek、赤豆 *V. angularis* (Willdenow) Ohwi & H. Ohashi 可作粮食、蔬菜。

Vinca Linnaeus **蔓长春花属，Apocynaceae 夹竹桃科**。蔓性半灌木，有水液。叶对生，叶柄内和叶柄间具腺体。花常单生，腋生；花萼裂片内面基部无腺体；花冠漏斗状，花冠管比花萼为长，花喉有毛或鳞片，花冠裂片斜倒卵形；花药顶端膜片具毛，粘贴于柱头；子房由 2 个离生心皮组成，每室胚珠 6 至多数；柱头有毛，基部具增厚的圆盘。蓇葖 2 个，直立或开展，圆柱形，具条纹。种子无毛。花粉单粒，3-4 孔沟，外壁平滑，穿孔纹饰。染色体 2*n*=16，46，92。约 5/2 种，**10-1 型**；原产欧洲；中国东部和南部省区有引种栽培。

Viola Linnaeus **堇菜属，Violaceae 堇菜科**。多年生草本，具根状茎。单叶互生或基生；托叶宿存。花两性，两侧对称，单生，常二型花；萼片 5，基部延伸；花瓣 5，异形，下方（远轴）1 瓣最大，基部延伸成距；雄蕊 5，下方 2 枚雄蕊的药隔背方近基部处形成距状蜜腺；子房上位，3 心皮，侧膜胎座，胚珠多数。蒴果 3 瓣裂；果瓣舟状有厚而硬的龙骨；种子倒卵状，种皮坚硬。花粉粒 3 孔沟（稀为 4-6），穿孔状至光滑纹饰；虫媒，常闭花授粉。染色体 2*n*=10，12，14，16，18，20，22，24，26，32，34，36，40，44，46，48，52，54，58，60，70，72，74，80，100，104，128。约 550/96（35）种，**1（8-5）型**；广布温带，热带及亚热带，主产北半球温带；中国南北均产，主产西南地区。紫花地丁 *V. philippica* Cavanilles、萱 *V. moupinensis* Franchet 等，可供药用，能清热解毒、活血去瘀；三色堇 *V. tricolor* Linnaeus 是著名的庭园观赏佳品。

Violaceae Batsch **堇菜科，木兰亚纲/金虎尾目**。草本至灌木或乔木。单叶互生，具羽状和掌状脉；具托叶。花两性，辐射或两侧对称；萼片 5；花瓣 5，异形，覆瓦状至旋转排列，有时在近轴面有距；雄蕊常 5，远轴端的 2 个花药或所有花药背部具有腺状或距状蜜腺，向内散发花粉；心皮常 3，合生，子房上位，侧膜胎座，花柱 1，末端增大或变态。常室背开裂的蒴果；种子有假种皮。花粉粒 3 孔沟（稀为 4-6），穿孔状、网状或光滑纹饰。昆虫传粉。22 属，约 1100 种，广布世界各地；中国 3 属，101 种，主产西南地区。

Viscum Linnaeus **槲寄生属，Santalaceae 檀香科。**寄生性灌木或亚灌木。茎、枝圆柱状或扁平，节明显。叶对生，具基出脉或退化呈鳞片状。聚伞花序，常具2枚苞片组成的舟形总苞；花小，单性；花被萼片状。雄花：花托辐状；萼片4；雄蕊贴生于萼片上，花药多室，孔裂。雌花：花托卵球形；萼片4，花后凋落；子房1室，基生胎座，柱头乳头状或垫状。浆果具宿存花柱，外果皮平滑或具小瘤体，中果皮具黏胶质。种子1，胚乳肉质，胚1-3。花粉粒3孔沟，光滑、颗粒、刺状、网状或棒状纹饰。约70/12（4）种，**4（5，6）型**；分布于东半球，主产热带和亚热带地区，少数至温带地区；中国除新疆外，各省区均产。槲寄生 *V. colortum* (Komarov) Nakai 全株可入药。

Vitaceae Jussieu **葡萄科，木兰亚纲/葡萄目。**攀援具卷须藤本，或无卷须直立灌木。单叶或复叶，互生。伞房或聚伞花序；花小，4-5基数；萼浅杯状，萼片细小；雄蕊与花瓣对生；花盘呈环状或分裂；子房上位，常2室而每室有胚珠2，或多室而每室有胚珠1。浆果。种子1至多数，胚小，胚乳形状各异，W形、T形或呈嚼烂状。花粉粒3孔沟（孔），光滑或网状纹饰。14-15属，约800种，世界广布，分布于热带和亚热带；中国9属，156种，南北各省均产。

Vitex Linnaeus **牡荆属，Lamiaceae 唇形科。**乔木或灌木。叶对生，掌状复叶，小叶3-8，稀单叶。聚伞花序，或为聚伞花序组成圆锥状、伞房状以至近穗状花序；花萼顶端近截平或有5小齿，有时略为二唇形；花冠略长于萼，二唇形，上唇2裂，下唇3裂，中间的裂片较大；雄蕊4，2长2短或近等长；子房2-4室，每室有胚珠1-2。果实球形、卵形至倒卵形，中果皮肉质，内果皮骨质。花粉粒3孔沟，网状纹饰。染色体2*n*=12，16。约250/14（4）种，**2型**；分布于热带和温带地区；中国主产长江以南，少数向西北经秦岭至青藏高原，向东北经华北至辽宁。

Vitis Linnaeus **葡萄属，Vitaceae 葡萄科。**木质藤本，有卷须。单叶或复叶。聚伞圆锥花序；花5数；花瓣黏合，凋谢时呈帽状黏合脱落；花盘5裂；雄蕊与花瓣对生；子房2室各2胚珠，花柱纤细，柱头微扩大。肉质浆果。种子2-4，倒卵圆形，基部有短喙，种脐在种背呈近圆形，从基部向上常达种子1/3处，胚乳横切M形。花粉粒3孔沟，皱穴状至皱网状纹饰。染色体2*n*=38。约60/37（30）种，**8型**；分布于温带或亚热带；中国广布。葡萄 *V. vinifera* Linnaeus 是著名的水果和酿酒原料。

Voacanga Du Petit-Thouars **马铃果属，Apocynaceae 夹竹桃科。**乔木或灌木，具乳汁。叶对生，叶柄或节上的叶基常合生成1短的托叶鞘，具1列黏液毛；聚伞花序，顶生；花萼钟状至柱状，裂片内面基部具许多腺体；花冠高脚碟状，花冠管喉部具1肉质环，裂片芽时向左覆盖；雄蕊伸出或内藏，花药与柱头粘连；子房2室，离生或基部合生，胚珠多数；柱头褶状，微2裂。蓇葖2，悬垂。种子多数，嵌生于果肉中，无毛。染色体2*n*=22。12/2种，**6型**；原产非洲和亚洲东南部；中国广东和云南有引种。

Vrydagzynea Blume **二尾兰属，Orchidaceae 兰科。**地生草本。总状花序顶生，而具多数密生的花；花倒置；中萼片与花瓣黏合呈兜状；唇瓣短，不裂，与蕊柱并行；距从两侧萼片之间伸出，距内壁近基部有2枚具细柄的胼胝体；柱头2个，分离，隆起，位于蕊喙前面基部的两侧。约40/1种，**5（7e）型**；分布于印度东北部至东南亚和至太平洋一些岛屿；中国产台湾、海南和香港。

Vulpia C. C. Gmelin **鼠茅属，Poaceae 禾本科。**一年生草本。圆锥花序狭窄或紧缩成

V

穗状；小穗含 3-8 小花，两侧压扁；第一颖短小，宽卵形至宽披针形，第二颖窄披针形；外稃狭披针形，无脊或微具脊，顶端延伸成芒，大多较长于稃体，内稃具 2 脊，脊上有纤毛，顶端具 2 齿；雄蕊 1-3。约 26/1 种，**8 型**；分布于北半球的温带地区，延伸到热带高地，少数见于南美；中国产华东、西藏和台湾。种植鼠茅 *V. myuros* (Linnaeus) C. C. Gmelin 于果园中可控制杂草发生。

Wahlenbergia H. A. Schrader ex A. W. Roth **蓝花参属，Campanulaceae 桔梗科**。草本，稀亚灌木或灌木。叶互生，稀对生。花单生或簇生，或聚伞圆锥和圆锥花序。萼片 5；花冠钟状或漏斗状，5 裂；雄蕊 5；花丝离生，基部扩大；子房下位，2 或 3（-5）室，柱头 2 或 3（-5）裂，裂片条形。蒴果室背开裂，裂片与宿存花萼裂片互生。种子多数或少数。花粉粒 2-4 孔，具小刺。染色体 $2n$=14，16，18，22，36，42，54，72，90。260/2 种，**2-1 型**；主产南半球，南非尤盛；中国产长江流域以南省区。

Wallichia Roxburgh **瓦理棕属，Arecaceae 棕榈科**。灌木或小乔木。叶羽状全裂。花序生于叶间，雌雄同株或杂性异株，一次开花结实；雄花成对着生或单生，雄蕊（3-）6（-15），花丝基部合生成柱状；雌花单生，螺旋状排列；退化雄蕊 3-0；子房 2-3 室，胚珠 2-3。果实小。种子 1-2（-3）颗，胚乳均匀，胚背生或侧生。花粉单沟，刺状纹饰。约 8/5 种，**7-2 型**；分布于喜马拉雅山东部至中国南部，中南半岛；中国产湖南、广西、云南和西藏。大多数种类树形美观，可作庭园绿化树种。

Walsura Roxburgh **割舌树属，Meliaceae 楝科**。乔木或灌木。奇数羽状复叶，小叶对生，或为单叶。花两性，组成聚伞圆锥花序；花萼 5 齿裂，覆瓦状排列；花瓣 5，分离；雄蕊 10，花丝中部以下连成 1 管或全部分离，花药着生于花丝的顶端或着生于花丝顶端的 2 裂齿间；花盘杯状；子房 2-4 室，每室有胚珠 2 颗，柱头盘状或短锥状，顶端 2-3 裂或不裂。果为浆果，常 1 室，稀 2 室；种子 1-2 枚。花粉长球形至球形，4（5）孔沟，网状纹饰，平滑或粗糙。染色体 $2n$=28。16/2 种，**7 型**；分布于热带亚洲；中国产广西、海南和云南。

Waltheria Linnaeus **蛇婆子属，Malvaceae 锦葵科**。草本或亚灌木，被星状柔毛。花两性，常密集地排成顶生或腋生的聚伞花序或团伞花序；花萼 5；花瓣 5，长椭圆状匙形，宿存；雄蕊 5 枚，基部合生，与花瓣对生；子房无柄，1 室，有 2 胚珠；花柱顶端棒状或流苏状。蒴果小，2 爿裂，种子 1。花粉粒（4）5 带状孔沟，棒状或网状纹饰。染色体 $2n$=10，12，14，24，26，40。50/1 种，**2-2 型**；分布于热带美洲；中国产东南部至南部。蛇婆子 *W. indica* Linnaeus 的茎皮纤维可织麻袋；其根、茎可入药。

Wangia X. Guo & R. M. K. Saunders **文采木属，Annonaceae 番荔枝科**。小乔木。花序具花 1-4 朵，与叶对生。花两性；萼裂片 3，卵状三角形，稍合生；花瓣 6，2 轮，每轮 3 片，外轮花瓣卵状三角形，萼片状，较内轮小；内轮花瓣囊状，基部具腺细胞；雄蕊多数，药隔顶端膨大，截形或平头状；心皮 12-20 枚，子房密被毛，每心皮有胚珠 5-10 颗，排成 1 列，柱头球形。心皮具柄，近念珠状，具缢痕；种子扁椭球形，单列。花粉粒 2 个隐形矩形双沟。1/1（1）种，**15 型**；特产中国云南。

Weigela Thunberg **锦带花属，Caprifoliaceae 忍冬科**。灌木。冬芽具数枚鳞片。叶对生。花单生或聚伞花序；萼筒长圆柱形，萼檐 5 裂，裂片深达中部或基底；花冠白色、粉红色至深红色，钟状漏斗形，5 裂；雄蕊 5，着生于花冠筒中部，内藏，花药内向；子房上部一侧生 1 球形腺体，子房 2

室，含多数胚珠，花柱细长，常伸出花冠筒外。蒴果圆柱形，革质或木质，2瓣裂，中轴与花柱基部残留。花粉粒3孔沟，具刺。染色体2*n*=36。10/2种，**14型**；分布于东北亚；中国南北广布。

Wenchengia C. Y. Wu & S. Chow **保亭花属，Lamiaceae 唇形科**。亚灌木，叶互生。总状花序的花螺旋状排列。花萼漏斗形，5齿，下面2齿宽大；花冠二唇形，上唇小，2裂，下唇3裂。雄蕊4，后对较长，花药2室，药室成钝角极叉开；花柱近顶生，子房顶浅4裂。胚珠倒生。小坚果4，倒卵形，背腹面压扁，具侧腹的全生面，具珠柄丝穿孔，珠柄丝由腹缝维管束游离部分的近顶部分出，外果皮薄，外面5纵肋，具有瘤状凸起及单毛。花粉粒3孔沟，网状纹饰。染色体2*n*=36。1/1（1）种，**15型**；特产中国海南。

Wendlandia Bartling ex A. de Candolle **水锦树属，Rubiaceae 茜草科**。亚灌木或乔木。叶对生；托叶顶端尖或上部扩大常呈圆形而反折。聚伞花序排列成顶生、稠密、多花的圆锥花序式，顶生；花单型，两性；花萼裂片5，宿存；花冠管状、高脚碟状或漏斗状，冠管喉部无毛或被毛，常（4-）5裂，覆瓦状排列；雄蕊（4-）5枚，伸出或稍内藏；子房2（-3）室，胚珠多数，柱头伸出。蒴果或有时呈浆果状，近球形，脆壳质，不开裂或从顶部室背开裂成2果爿，有时果爿在室间开裂。种子扁，种皮膜质，有网纹，有时有狭翅。花粉粒（2-）3(-4)复合孔沟，网状纹饰。染色体2*n*=22。约91/38（22）种，**5（7a-c）型**；主要分布于亚洲热带和亚热带地区，极少数至大洋洲；中国产台湾、广东、广西、海南、贵州和云南。

Wentsaiboea D. Fang & D. H. Qin **文采苣苔属，Gesneriaceae 苦苣苔科**。多年生无茎草本。叶基生，具柄，圆形。聚伞花序腋生；苞片2，对生。花萼钟状，5裂至基部；花冠紫色至白色，斜钟状，下方肿胀，二唇形，筒部与檐部近等长，檐部二唇形，上唇2深裂，下唇3中裂；能育雄蕊2，内藏；花丝线形，花药肾形；退化雄蕊2；子房狭卵形，1室，侧膜胎座2，具多数胚珠，柱头2，小斜马蹄形。1/1（1）种，**15型**；特产中国广西（都安）。

Whytockia W. W. Smith **异叶苣苔属，Gesneriaceae 苦苣苔科**。草本；茎直立或渐升。叶对生，同一对叶极不相等，基部极斜。花萼5裂近基部，裂片有多条纵分泌沟。花冠筒状短，檐部二唇形，比筒短；能育雄蕊4，2强，内藏，花药连着。雌蕊内藏，子房近球形或卵球形，2室，中轴胎座，柱头2。蒴果近球形，2瓣裂或不规则2裂；种子近椭圆球形。染色体2*n*=18。约3/3（3）种，**15型**；分布于中国云南东南部、广西北部、贵州、四川南部、湖南西部、湖北西南部和台湾。

Wightia Wallich **美丽桐属，Paulowniaceae 泡桐科**。落叶乔木，或半附生假藤本，小枝有髓。叶对生，革质，全缘，下面脉腋中常有腺体。侧生聚伞圆锥花序或总状花序；萼钟形，质厚，不规则3-4裂或几截头；花冠管稍前弯，上唇直立，2裂，下唇3裂；雄蕊2强，上部伸出花冠之外，药室并行；花柱伸长，柱头不明显，子房2室，含多数胚珠，具盾形的中轴胎座。蒴果2裂，裂片边缘强烈内卷，自生有胎座的中轴脱离。种子多数，具翅，无胚乳。花粉粒3孔沟，网状或穴-网状纹饰。2/1种，**7a型**；分布于尼泊尔，缅甸，马来西亚及中国云南。

Wikstroemia Endlicher **荛花属，Thymelaeaceae 瑞香科**。灌木或乔木。单叶对生，稀互生。花序短总状、穗状或头状，顶生，稀腋生；无苞片。花两性，稀单性。花萼筒早落或花后破裂；花萼4-5（6）；无花瓣；雄蕊8-10（12），2轮；子房1室；花盘膜质，鳞片状，1-4枚；具退化雌蕊。

浆果。花粉粒 4-16 孔，网状-巴豆型纹饰。染色体 2*n*=18，20，27，28，36，52，72，88，89。98/49（43）种，**5 型**；分布于亚洲，大洋洲，波利尼西亚至夏威夷；中国产长江流域以南各省区。了哥王 *W. indica* (Linnaeus) C. A. Meyer 可入药。

Wissadula Medikus **隔蒴苘属，Malvaceae 锦葵科。**草本或亚灌木。叶掌状脉。单花腋生或排成圆锥花序；副萼缺失；花萼 5；花瓣 5，下部合生，且与雄蕊管粘贴；雄蕊管顶部裂为多数具药花丝；子房 5 室，每室 1-3 胚珠，花柱分枝与子房室同数。蒴果倒圆锥体，分果爿 5，顶端有喙，开裂，有假横隔膜，种子多数。种子具散生腺点或粗糙。花粉粒 3（-4）带状孔沟，具短刺。染色体 2*n*=14。（25-30）/1 种，**2 型**；主产美洲热带地区，亚洲和非洲热带也有；中国产云南和海南。

Wisteria Nuttall **紫藤属，Fabaceae 豆科。**落叶大藤本。奇数羽状复叶互生，托叶早落，具小托叶。总状花序顶生，下垂；花多数，散生于花序轴上，苞片早落，无小苞片；萼齿 5，略呈二唇形；花冠蓝紫色或白色，旗瓣基部具 2 胼胝体，翼瓣有耳，与龙骨瓣离生或先端稍黏合；雄蕊二体（9+1），花药同型；花柱无毛，胚珠多数。荚果线形，种子间缢缩，迟裂。种子大，肾形。花粉粒 3 孔沟，网状纹饰。约 6/4（3）种，**9 型**；东亚—北美间断分布；中国各地多有栽培，西部亦有野生。紫藤 *W. sinensis* (Sims) Sweet 有很高的观赏价值。

Withania Pauquynom **睡茄属，Solanaceae 茄科。**灌木或多年生草本，被柔毛。茎多二歧分枝。叶全缘，无毛或具柔毛，多为分枝状毛。花常数朵簇生，花梗极短；花萼钟状，边缘 5 齿裂；花冠狭钟状，5 中裂；雄蕊插生于花冠筒基部；花盘环状。果萼膨大，包被浆果。种子扁平肾形；胚弯曲。花粉粒 3（带状）孔沟，网状或条纹状纹饰。染色体 2*n*=24，48。约 6/1 种，**10-3 型**；分布于非洲北部，欧洲南部及亚洲西部；中国引种栽培。睡茄 *W. somnifera* (Linnaeus) Dunal 全株可药用。

Wolffia Horkel ex Schleiden **无根萍属，Araceae 天南星科。**飘浮草本。植物体细小如沙。叶状体具 1 个侧囊，从中孕育新的叶状体，背面强裂凸起，单 1 或 2 个相连。花生长于叶状体上面的囊内，无佛焰苞；花序含 1 个雄花和 1 个雌花，花药无柄；1 室，花柱短，子房具 1 个直立胚珠。果实圆球形，光滑。花粉粒单孔，刺状纹饰。11/1 种，**1 型**；世界广布；中国产南北各省区。

Wollastonia de Candolle ex Decaisne **孪花菊属，Asteraceae 菊科。**草本或灌木。叶对生，具明显叶柄，3 脉。头状花序单生茎顶或成聚伞圆锥花序；花托锥形，苞片多少包裹小花，冠毛无或 1 宿存的芒总苞半球形至钟形，总苞片 2 层，近等长。缘花结实，雌性，黄色，中央花两性，黄色或青黄色；花药棕色至黑色。雌花果实楔形，具 3 棱，两性花果实不明显 4 棱，压扁。染色体 2*n*=30，45，50，75。2/2 种，**5 型**；分布于印度洋至太平洋沿岸及山区；中国产南方地区。

Woodfordia Salisbury **虾子花属，Lythraceae 千屈菜科。**灌木或小乔木；茎干不规则分枝，枝条下垂。叶对生，无柄，有毛或被绒毛，叶背面有黑色腺点。短聚伞状圆锥花序腋生，少单花；萼长管状，稍弯曲，6（4）齿裂；花瓣 6，着生于萼齿间，小而狭；雄蕊 12，2 轮；子房椭圆形，花柱比雄蕊花丝更粗，柱头点状。果皮薄，半透明，不规则开裂；种子细小多数，呈窄的倒金字塔形。花粉粒 3 孔沟，细皱状纹饰。染色体 *n*=16。2/1 种，**6-2 型**；分布于非洲和阿拉伯半岛，东南亚；中国产西南部。

Woodsia R. Brown **岩蕨属，Woodsiaceae 岩蕨科**。草本，附生或岩石生，少土生。根状茎直立或斜升。叶簇生；叶片长圆披针形至披针形，一回羽状或二回羽裂；叶轴和羽片被节状毛或腺毛；叶脉羽状分离。孢子囊群圆形；囊群盖碟形至杯形或球形；孢子囊为球形；孢子长椭圆形，表面具颗粒状、小刺状或小瘤状纹饰。染色体 x=33，37，38，39，41。约 50/25（9）种，**8 型**；广布北半球温带和寒带，南到喜马拉雅山区域，少数到美洲热带高山和南温带及南非洲；中国产东北、华北、西北和西南山区。岩蕨 *W. ilvensis* (Linnaeus) R. Brown 可作假山盆景配置材料；也可点缀于岩石园、建筑物的阴湿角隅。

Woodsiaceae Herter **岩蕨科，水龙骨亚纲/水龙骨目**。草本，附生或岩石生，少土生。根状茎直立或斜升。叶簇生；叶片长圆披针形至披针形，一回羽状或二回羽裂；叶轴和羽片被节状毛或腺毛；叶脉羽状分离。孢子囊群圆形；囊群盖碟形至杯形或球形；孢子囊为球形；孢子长椭圆形，表面具颗粒状，小刺状或小瘤状纹饰。世界 1 属，约 50 种，广布北温带和寒带，极少到中南美洲和非洲；中国 1 属，25 种，产东北、西北、华北和西南高山。

Woodwardia J. Smith **狗脊蕨属，Blechnaceae 乌毛蕨科**。草本，土生。根状茎粗短，直立或斜升，少有长横走。叶簇生，一型；叶片椭圆形，3 出，一回羽状分离或二回羽裂；侧生羽片披针形，顶端具芽孢或无；叶脉网状，具狭长能育网眼，无内藏小脉。孢子囊群长圆或椭圆形；囊群盖与孢子囊群同形；孢子椭圆形，具周壁，表面具皱褶，外壁光滑。染色体 x=31，34。约 13/7 种，**8 型**；分布于北半球温带和亚洲热带；中国产长江以南各省区，向西可达西藏。狗脊蕨 *W. japonica* (Linnaeus) Smith 可药用；其根状茎富含淀粉，可酿酒；亦可作土农药。

Woonyoungia Y. W. Law **焕镛木属，Magnoliaceae 木兰科**。乔木。雌雄异株。托叶贴生于叶柄，叶柄具托叶痕；幼叶在芽中对折，直立。花单生枝顶，单性；佛焰苞片 1，花被片 6 或 7；雄花雄蕊药隔伸出成短尖，花药内向开裂；雌花雌蕊群无柄，心皮 6-15，合生，每心皮具胚珠 2 枚。聚合果近球形，成熟心皮木质，沿背缝线开裂；每心皮种子 1-2 颗。花粉粒单沟，穿孔状至皱穴状纹饰。由花蓟马传粉。染色体 2n=38。3/1 种，**7 型**；分布于柬埔寨，泰国北部，越南及中国广西和云南。

Wrightia R. Brown **倒吊笔属，Apocynaceae 夹竹桃科**。灌木或乔木，具乳汁。叶对生，叶腋内具腺体。二歧以上聚伞花序，顶生或近顶生；花萼裂片双盖覆瓦状排列，内面基部具 5-10 鳞状腺体；花冠高脚碟状或近高脚碟状、漏斗状或近漏斗状，花冠裂片芽时向左覆盖；副花冠舌状、流苏状、齿状、杯状，顶端全缘或近全缘；雄蕊伸出，花药腹部靠合或粘贴在柱头上；心皮 2 枚，离生或粘生，胚珠多数；柱头顶端 2 裂或全缘。蓇葖 2 个。种子狭纺锤形，顶端具种毛。花粉具 3-4 萌发孔，赤道面分布，穿孔纹饰。染色体 2n=20，22。约 23/6 种，**4 型**；分布于热带非洲，亚洲和澳大利亚；中国产西南和华南地区。

Xanthium Linnaeus **苍耳属，Asteraceae 菊科**。草本。叶阔心形。头状花序单性，雌雄同株，雄头状花序着生于茎上端，球形，具多数不结果实的两性花，花托柱状，托片披针形，无色；总苞片 1-2 层，分离；雌头状花序盘状，生于茎下部，总苞片 6-12 层，在果实成熟时变硬，上端具 1-2 个坚硬的喙，外面具钩状的刺。果实 2，倒卵形，藏于总苞内。染色体 2n=36。（2-3）/2 种，**1（14）型**；产新世界，广泛入侵世界各地；中国广布。苍耳 *X. sibiricum* Patrin 可入药，果实可榨油。

Xanthoceras Bunge **文冠果属，Sapindaceae 无患子科。**乔木。奇数羽状复叶，有星状绒毛，轮生；小叶有锯齿，无托叶。雌雄同株；总状花序顶生，花杂性，辐射对称；萼片 5，明显；花瓣 5，基部紫红色，具爪；花盘 5 裂，裂片有角状附属体；雄蕊 8；子房 3 室，每室 7-8 枚胚珠，柱头乳头状。蒴果有 3 棱角，室背裂为 3 果瓣，果皮厚而硬，含很多纤维束；种皮无假种皮。花粉粒 3 孔沟，稀疏疣状纹饰；染色体 2*n*=30。1/1（1）种，**15 型**；分布于中国北部和东北部，西至宁夏、甘肃，东北至辽宁，北至内蒙古，南至河南。文冠果 *Xanthoceras sorbifolium* Bunge 是著名的观赏树种。

Xanthocyparis Farjon & Hiep **黄金柏属，Cupressaceae 柏科。**常绿乔木。叶三型：刺型叶、过渡型叶及鳞型叶，具过渡型叶的小枝条不育；鳞状叶长于成年树上，交互对生，具鳞状叶的枝条常可育。叶沟槽内有腺点。雌雄异株；雄球单生于侧枝顶端，小孢子叶 10-16 枚，交互对生，盾形。雌球果单生于侧枝顶端，2 季成熟，开裂释放种子，不宿存；种鳞复合体 2-4 对，每个种鳞复合体有 1-5 枚种子。种子具 2 个翅，翅薄。花粉粒无气囊。2/1 种，**9 型**；分布于北美西北部和东亚；中国产广西。黄金柏 *X. nootkatensis* (D. Don) Farjon & Harder 的木材可用于造船。

Xanthopappus C. Winkler **黄缨菊属，Asteraceae 菊科。**无茎草本。叶基生，莲座状，羽状分裂。头状花序；花托平，有稠密的托毛；总苞片多层，中外层苞片质地坚硬，硬革质，向上渐尖成硬针刺，最内层苞片硬膜质；花两性，管状，黄色，顶端 5 齿裂，冠毛糙毛状，多层，等长，顶端渐细，基部连合成环；花药基部附属物箭形；花柱分枝极短。瘦果偏基底着生面，平或稍见偏斜。1/1（1）种，**15 型**；分布于中国内蒙古、宁夏、甘肃、青海、四川、云南。

Xanthophyllum Roxburgh **黄叶树属，Polygalaceae 远志科。**乔木或灌木。节上常具腺体。总状或圆锥花序腋生。萼片 5，分离，常早落；花瓣 5，中间 1 枚龙骨瓣状，无鸡冠状附属物；雄蕊（7）8（-10），花丝分离或基部联合；心皮 2，合生，子房上位，1 室，偶为不完全 2 室，侧膜胎座，胚珠 4-20（-40），花柱微弯；花盘环状。浆果球形，稀蒴果。种子无种阜，无胚乳。花粉粒 5-11 孔沟。93/4（2）种，**5 型**；产热带亚洲和大洋洲；中国产广东、广西、海南和云南。

Xanthophytum Reinwardt ex Blume **岩黄树属，Rubiaceae 茜草科。**亚灌木至小乔木。茎常金黄色至锈色。叶常对生；托叶有时叶状，里面基部有黏液毛。聚伞花序或密伞花序，圆锥状或头状，腋生；花二型或单型，两性，5 基数；花萼裂片内基部常有黏液毛；花冠管状或漏斗状，裂片在芽时镊合状排列；雄蕊内藏或伸出；子房 2 室，胚珠多数，胎座盾状，柱头伸出或内藏。果不开裂、裂果或蒴果，卵球形至近球形；种子小而具角。花粉粒 3 沟或 3 孔沟，皱穴状纹饰。约 30/3 种，**7a-c 型**；分布于亚洲东南部和太平洋群岛；中国产海南、广西和云南。

Xantolis Rafinesque **刺榄属，Sapotaceae 山榄科。**乔木或灌木，具刺。叶互生，全缘，侧脉羽状；无托叶。花两性，单生或簇生，苞片小；花萼具短管，宿存；花冠裂片内被毛；能育雄蕊着生于花冠裂片基部，花丝无毛，基部一侧或两侧具毛，花药箭头状；退化雄蕊花瓣状；子房无花盘。核果；种子 1-2 枚，瘢痕为种子长 2/3 或更长，或小而圆形，基生，胚乳丰富。花粉粒 3-5 孔沟，穿孔状纹饰。14/3 种，**7 型**；分布于亚洲大陆东南部及菲律宾；中国产广东、海南及云南。滇刺榄 *X. stenosepala* (Hu) P. Royen 的果实可食用。

Xenostegia D. F. Austin & Staples **地旋花属，Convolvulaceae 旋花科。**多年生草本，平

X

卧。叶具柄，线形、长圆状披针形、披针状椭圆形或倒披针形至匙形，基部多少成戟形；基部裂片多少抱茎，有齿或全缘，顶端锐尖至微凹，具短尖头或3齿。聚伞花序腋生，有1-3朵花；萼片椭圆形或长卵形，近等大或外面2枚稍短，里面3枚顶端渐尖成1锐尖的细长尖头，果时增大；花冠漏斗状或钟状；花药不扭曲；花盘环状；花柱内藏；子房2室，胚珠4，花柱1，柱头2，头状。蒴果4瓣裂。花粉粒散孔，无刺。2/1种，**2型**；分布于热带亚洲，非洲和大洋洲；中国产云南、广东、广西、海南和台湾。

Xerochrysum Tzvelev **蜡菊属，Asteraceae 菊科**。草本。叶互生。头状花序假盘状；总苞片纸质，基部加厚部分不分叉，披针形，黄色、白色、红色或紫色，发亮；花托无苞片，平；冠毛同型，毛状，顶尖；雌花黄色，细管状，裂片直立，少于盘花；药室内壁组织两级状排列；花柱2裂，分枝尖，外侧钝被扫粉毛，内表面为分离型。果大，圆柱形至四棱柱形，有3维管束，光滑。染色体2*n*=28。6/1种，**（17）型**；产澳大利亚；蜡菊 *X. bracteatum* (Ventenat) Tzvelev 在中国广泛栽培。

Xerospermum Blume **干果木属，Sapindaceae 无患子科**。乔木，雌雄同株或异株。偶数羽状复叶，互生，小叶片完整，叶背面端部有圆球形的腺体。聚伞圆锥花序顶生，花单性，辐射对称；萼片4或5，等长，覆瓦状排列；花瓣4或5，无鳞片；花盘环状或半环形；雄蕊7-9；子房2（3）室，每室1枚胚珠，花柱浅裂。果实1-2室，果皮不裂，革质，外面有小刺；种子具有完整、薄的假种皮。花粉粒3孔沟，表面平滑，或具不规则的条纹或凸起。染色体2*n*=32。2/1种，**7型**；分布于孟加拉，印度尼西亚至马来西亚西部，以及中国云南南部、东南部和广西南部。

Ximenia Linnaeus **海檀木属，Olacaceae 铁青树科**。灌木或小乔木，具短枝及枝刺。叶互生，短枝上的叶呈簇生状。花小，排成腋生的蝎尾状聚伞花序，稀单生；花萼筒杯状，上端具4-5裂齿；花瓣4-5片，离生或其中2-3片合生，外卷，内面被长毛；雄蕊为花瓣的2倍，着生在花瓣基部；子房上位，4室，中轴胎座，每室有胚珠1枚，自室顶端向下悬垂，柱头不分裂。核果卵球形或球形。成熟种子1枚，胚乳丰富。花粉粒3沟，网状纹饰。染色体2*n*=24，26，48，52。约8/1种，**2型**；分布于热带地区；中国产海南。

Xiphopterella Parris **剑羽蕨属，Polypodiaceae 水龙骨科**。小型附生植物。根状茎呈放射状，叶柄螺旋着生；鳞片不为窗格状，淡红褐色、光滑。叶柄不具关节，无叶足。叶片羽裂，侧脉在可育叶上一回分枝，分离，叶脉末端具水囊。孢子囊群生于羽片表面，每羽片1个。孢子囊光滑。毛不分枝、无腺体或1-2回分叉，具无腺体的分枝。约7/1种，**7型**；分布于婆罗洲，印度尼西亚，马来西亚，新几内亚，越南，以及中国福建、广东、广西、浙江和台湾。剑羽蕨 *X. devolii* S. J. Moore, Parris & W. L. Chiou 可供观赏。

Xizangia D. Y. Hong **马松蒿属，Orobanchaceae 列当科**。半寄生草本。叶对生。总状花序顶生，疏松；苞片大，端锯齿状；花萼5浅裂；花冠深棕色，二唇形，花管粗短，上唇短而宽，盔状，顶端微缺，裂片外卷，下唇与上唇等长，深3裂，裂片长圆形；2裂的上唇；雄蕊4，二强雄蕊，花药2室，长卵形，被白色长毛；胚珠每室多数。蒴果黑褐色，短卵圆形，室背开裂。种子多数，种皮透明，网状。花粉粒3沟，基柱网纹状纹饰。1/1（1）种，**15型**；特产中国云南贡山和西藏波密。

Xylocarpus J. Koenig **木果楝属，Meliaceae 楝科**。半常绿乔木，小枝具皮孔。偶数羽

状复叶，小叶2-4对，全缘。花单性，组成腋生短缩的聚伞圆锥花序；花萼4裂；花瓣4片；雄蕊管壶状，顶端具8裂齿，花药8枚，着生于雄蕊管的裂齿内；花盘厚，与子房基部合生；子房4室，每室有2列叠生的胚珠4-8颗，柱头盘状。蒴果开裂为4个果爿，有种子6-12枚；种子大而厚，有角，内种皮海绵状，无胚乳。花粉粒4孔沟，颗粒状纹饰，粗糙或平滑。2*n*=52。3/1种，**4型**；分布于热带非洲东部，热带亚洲和西太平洋群岛；中国产海南。

Xylopia Linnaeus **木瓣树属，Annonaceae 番荔枝科。**乔木。花单生或数朵簇生，腋生；花萼裂片3，基部或几全部合生成杯状；花瓣6，2轮，每轮3片，镊合状排列，闭合或很少打开，外轮花瓣比内轮长且大，里面基部内凹，彼此靠合或略张开，内轮花瓣线状披针形，内凹，边缘靠合成三棱形；雄蕊多数，药室外向，有横隔纹；心皮少至多数，离生，每心皮有胚珠2-6颗，侧生。成熟心皮长椭球形，种子间有缢缩痕，具柄。四合花粉或多个四合花粉合生，具沟，穴状纹饰。染色体2*n*=16。约160/1种，**2型**；分布于热带及亚热带地区；中国产广西南部。

Xylosma G. Forster **柞木属，Salicaceae 杨柳科。**常绿乔木或灌木，常有刺；叶互生，有齿缺，无托叶；花单性，雌雄异株，稀两性，无花瓣；雄花的花盘常4-8裂，很少全缘；雄蕊多数，花丝丝状，花药基着，无附属物，退化子房缺；雌花的花盘环状；子房1室，有侧膜胎座2，少有6-8，每胎座上有2至数颗胚珠，花柱短或缺，柱头头状或2-6裂；果为1浆果；种子少数，倒卵形，光滑。花粉粒3孔沟或拟孔沟，网状纹饰。染色体2*n*=20。（40-50）/4种，**2型**；分布于热带和亚热带地区，少数达暖温带南沿；中国产西南部至东部。

Xyridaceae C. Agardh **黄眼草科，木兰亚纲/禾本目。**多年生草本。叶基生，2列或螺旋排列，具鞘。顶生头状或穗状花序。苞片显著，宿存或果期脱落。花两性；萼片3，离生；花冠放射状，花瓣3，常黄色，离生，基部具爪；雄蕊3；子房上位。蒴果椭圆形。种子卵球形、椭圆形或球形，胚乳丰富。花粉粒无萌发孔、单沟或2沟，刺状、疣状、瘤棒状、网状、穿孔状或穴状纹饰。染色体2*n*=18，26，32，34。5属，225-300种，广布亚热带和热带地区；中国1属，6种，分布于西南部至东部地区。

Xyris Linnaeus **黄眼草属，Xyridaceae 黄眼草科。**多年生草本。头状花序，顶生。苞片多数，具纤毛，流苏状或撕裂状。花萼3，侧生萼片舟状至匙形；中萼帽兜状；花瓣3，黄色或白色；雄蕊3，花丝扁平；退化雄蕊3；子房（1-）3室或不完全3室，花柱顶端3分枝，柱头U形。花粉粒单沟或2沟，网状、穿孔状或穴状纹饰。染色体2*n*=18，稀34。约280/6（1）种，**2型**；主产美洲热带和亚热带地区；中国产西南部至东部地区。黄眼草 *X. indica* Linnaeus 可药用，主治疥癣。

Yinshania Ma & Y. Z. Zhao **阴山荠属，Brassicaceae 十字花科。**一年生草本或多年生具细长或根状茎草本。被单毛或无毛。茎直立，上部分枝多。基生叶具叶柄，单叶，叶羽状全裂或深裂。茎生叶具柄。萼片展开，基部不呈囊状；花瓣白色，稀粉红色，倒卵状楔形；雄蕊离生；侧蜜腺三角状卵形，外侧汇合成半环形，向内开口，另一端延伸成小凸起，中蜜腺无。短角果披针状椭圆形，开裂，果瓣舟状，果皮纸质，无脉或脉不明显。种子单列或2列，无翅卵形，表面具细网纹，遇水有胶黏物质；子叶背倚胚根或稀缘倚胚根。染色体2*x*=6，7，21。13/13（12）种，**15（7-4）型**；分布于越南北部及中国东南部。

Yoania Maximowicz **宽距兰属，Orchidaceae 兰科。**菌类寄生草本，地下具肉质根状茎。

Y

茎肉质，无绿叶，具多枚鳞片状鞘。花肉质；萼片与花瓣离生，花瓣常较萼片宽而短；唇瓣凹陷成舟状，在唇盘下方具1个宽阔的距；距向前方伸展，顶端钝；蕊柱顶端两侧各有1个臂状物，具短的蕊柱足；花粉团4个，成2对，粒粉质，由可分的小团块组成，无明显的花粉团柄，具粘盘。约2/1种，**14（7a/5）型**；分布于日本，印度北部及中国华东地区。

Youngia Cassini **黄鹌菜属，Asteraceae 菊科**。草本。叶羽状分裂或不裂。头状花序排成总状、伞房或圆锥状伞房花序；总苞3-4层；花托平，蜂窝状，无托毛；冠毛白色，少鼠灰色，单毛状或糙毛状，1-2层；小花少数（5枚）或多数（25枚），黄色，两性，1层，顶端截形，5齿裂。果纺锤形，近顶端有收缢，顶端无喙或有短喙，有10-15条粗细不等的椭圆形纵肋。花粉粒3孔沟，有刺脊，具锥形小刺；网状纹饰。染色体 $2n$=16，32。30/28（22）种，**11（10-1）型**；分布于东亚；中国产西部地区。

Ypsilandra Franchet **丫蕊花属，Melanthiaceae 黑药花科**。多年生草本。根状茎细长。叶基生，线状披针形或狭匙形。花葶覆以膜质的鞘；总状花序，无小苞片；花被钟状，宿存，花被片6，2轮，分离；雄蕊6，2轮，着生于花被片的基部，花丝长于花被，花药马蹄状，易脱落，1室，内向，横裂；子房3裂，3室，胚珠多数，花柱延长，柱头小头状；蒴果深3裂，种子多数。花粉粒单沟，刺状纹饰。染色体 $2n$=34。5/4种，**14型**；分布于缅甸及中国西南部和南部。丫蕊花 *Y. thibetica* Franchet 含有具较强止血活性的甾体皂苷。

Yua C. L. Li **俞藤属，Vitaceae 葡萄科**。木质藤本，树皮有皮孔，髓白色。卷须二叉分枝。叶互生，掌状5小叶。复二歧聚伞花序与叶对生；花两性；花瓣5；雄蕊5；花盘发育不明显；雌蕊1，花柱明显；子房2室，各2胚珠。浆果圆球形。种子梨形，顶端微凹，基部有短喙，腹面洼穴从基部向上达种子2/3处，种脐在种背中部，胚乳横切M形。花粉粒3孔沟，负网状或网状纹饰。染色体 $2n$=40。2/2（1）种，**14型**；产印度，尼泊尔及中国亚热带地区。俞藤 *Y. thomsonii* (Lawson) Li 的根可用作民间草药。

Yulania Spach **玉兰属，Magnoliaceae 木兰科**。落叶乔木或灌木。叶互生，全缘；具托叶痕，幼叶在芽中直立，对折。花单生枝顶，两性，叶前开放或与叶同时开放；花被片9-15（45）；药隔延伸成短尖或长尖，药室内侧向或侧向开裂；无雌蕊群柄，心皮分离，每心皮具胚珠2（-4）。聚合果长圆状圆柱形，蓇葖沿背缝线开裂。花粉粒单沟，具穿孔状纹饰。由蜂类、甲虫和蚁类传粉。染色体 $2n$=38，76，114。约25/18种，**9型**；分布于亚洲东南部温带和亚热带地区，北美洲；中国主产东北、秦岭以南和南岭以北各地。

Yushania P. C. Keng **玉山竹属，Poaceae 禾本科**。灌木状高山竹。粗型地下茎；秆柄细长，粗细一致，20-50cm；秆散生；分枝1，与秆近等粗，若多数则细弱，且各枝间近等粗。箨鞘迟落或宿存。单次发生花序，总状或圆锥状顶生；小穗柄细长，具2-8（14）小花；颖2；鳞被3；雄蕊3；花柱1，短，柱头2（3），羽毛状。颖果长椭圆形，具腹沟。约80/58（57）种，**14SH（→6d）型**；分布于亚洲东南部及非洲；中国广布，横断山脉地区尤盛。

Zabelia（Rehder）Makino **六道木属，Caprifoliaceae 忍冬科**。灌木；老枝常有6条纵沟，幼枝常被反卷硬毛。叶对生，叶柄基部膨大，对生者相互联合，冬芽内附。聚伞花序；花萼裂片4-5，狭长圆形至椭圆形，宿存；花冠高脚杯状；雄蕊2强，着生于花冠筒的基部或中部，花药黄

色；子房3室，仅具1个胚珠的1室可育，柱头绿色，头状，具黏液。果实革质，长椭圆形。种子近圆柱形，种皮膜质。花粉粒3孔沟，具刺。染色体2*n*=36。6/3（1）种，**14型**；分布于东亚及周边地区；中国南部广布。

Zannichellia Linnaeus **角果藻属，Potamogetonaceae 眼子菜科**。沉水草本，生淡水、咸水或海水。根状茎匍匐，纤细，茎节具须根。叶互生，近对生或丛生于节上，线形，具明显的中脉，基部具鞘。雌雄同株，花单性，小，腋生，单生或聚生呈聚伞花序。雄花单生，具柄，花被缺失，雄蕊1（或2），花丝纤细，花药2室。雌花无柄，具1杯状花被，心皮1-9，离生，胚珠1枚。花柱纤细，柱头斜盾形。瘦果肾形略扁，先端具喙。种子无胚乳。花粉粒无萌发孔，网状纹饰。染色体*x*=6。7/1种，**1型**；世界广布；中国各省区均产。

Zanonia Linnaeus **翅子瓜属，Cucurbitaceae 葫芦科**。攀援灌木。单叶全缘。雄花：花萼3，稀4；花冠辐状，5深裂，雄蕊5，分离，着生在肉质的花盘上，花药1室，无退化雌蕊。雌花：花被同雄花，退化雄蕊5，子房3室，后由于隔膜缩回而成1室，花柱3，胚珠每室2枚，下垂。蒴果，圆柱状棍棒形，顶端截形并3瓣裂；种子大，长圆形，压扁，具膜质翅。花粉粒3孔沟，条纹状纹饰。1/1种，**7ab型**；分布于不丹，柬埔寨，印度，印度尼西亚，老挝，马来西亚，缅甸，菲律宾，斯里兰卡，泰国，越南及中国广西和云南南部。

Zanthoxylum Linnaeus **花椒属，Rutaceae 芸香科**。乔木或灌木，或木质藤本；枝具皮刺或无刺。叶互生，奇数羽状复叶，稀单或3小叶，小叶全缘或具小裂齿，齿缝常具油点。圆锥或伞房状聚伞花序，花单性；花被片若1轮，则4-8片，无萼瓣之分；若花被片2轮，外轮花萼4-5，内轮花瓣4-5；雄花的雄蕊4-10；雌花2-5心皮，每心皮2胚珠。蓇葖果，每分果瓣种子1，稀2；种子褐黑色。花粉粒3孔沟，粗网状、条纹状、条纹-皱状纹饰。染色体2*n*=32，36，64，66，68，70，72，136。（200-250）/41（25），**2型**；分布于亚洲，非洲，大洋洲，北美洲的热带和亚热带地区，温带较少；中国南北均产。两面针*Z. nitidum* (Roxburgh) de Candolle有小毒，其根、茎、叶可入药，可散瘀活络、祛风解毒。

Zea Linnaeus **玉蜀黍属，Poaceae 禾本科**。一年生高大草本。秆下部数节生有支柱根。小穗单性，雌雄异序；雄花序为顶生圆锥花序，雄小穗含2小花；雌花序生叶腋，为多数鞘状苞片所包，雌小穗含1花，密集成纵行着生于圆柱状海绵质之序轴上，花柱细长，呈丝状伸出苞鞘之外。花粉粒颗粒纹饰。染色体2*n*=10。5/1种，**3型**；原产美洲，1种世界广泛栽培；中国各省区栽培。玉蜀黍（玉米）*Z. mays* Linnaeus为广泛种植的重要粮食作物。

Zehneria Endlicher **马㼎儿属，Cucurbitaceae 葫芦科**。攀援草本。单叶。雌雄同株或异株；雄花序总状或近伞房状，花萼钟状，裂片5，花冠钟状，裂片5，雄蕊3，药室常通直或稍弓曲，具退化雌蕊；雌花单生或伞房状，花萼和花冠同雄花，子房3室，花柱基部由1环状盘围绕，柱头3。果实圆球形或长圆形或纺锤形，不开裂；种子多数。花粉粒3孔沟，微网状纹饰或稀微网状-孔状纹饰。染色体*n*=24。55/4种，**4型**；分布于旧世界热带；中国产台湾、四川、湖北、安徽、江苏、浙江、福建、江西、湖南、广东、广西、贵州和云南。马㼎儿*Z. indica* (Lourero) Keraudren全草可药用。

Zelkova Spach **榉属，Ulmaceae 榆科**。落叶乔木。叶互生，托叶成对离生，膜质，早落。花杂性，雄花数朵簇生幼枝下部叶腋，雌花或两性花单生（稀2-4朵簇生）幼枝

Z

上部叶腋。雄花：花被钟形，4-6（-7）浅裂，雄蕊与花被裂片同数，退化子房缺。雌花或两性花：花被4-6深裂，退化雄蕊缺或多少发育，子房无柄，花柱短，柱头2，偏生胚珠倒垂，稍弯生。核果偏斜，宿存柱头喙状，背面具龙骨状凸起。种子扁，顶端凹陷，胚乳缺，胚弯曲。花粉粒4-5孔，网状、脑纹状或皱波纹饰。染色体 $2n$=28。5/3（2）种，**10-1型**；分布于亚洲东部和西南部，欧洲东南部；中国产辽东半岛至西南以东地区。榉树 *Z. serrata* (Thunberg) Makino 的树皮和叶可药用；大叶榉 *Z. schneideriana* Handel-Mazzetti 的木材有血榉之称，是造船、桥梁等的上等木材。

Zenia Chun **任豆属，Fabaceae 豆科**。落叶乔木。叶为奇数羽状复叶，无托叶，小叶互生，全缘。花两性；近辐射对称，红色，排成顶生圆锥花序；萼片5；花瓣5，近等大，与萼片都为覆瓦状排列；发育雄蕊常4枚，稀5枚；子房具短柄，花柱短，有数颗胚珠。荚果膜质，压扁，不开裂，有网状脉纹，腹缝一侧有阔翅。种子棕褐色，有光泽，脐带丝状。花粉粒3孔沟，网状纹饰。1/1（1）种，**7-4型**；广布中国广东、广西、云南、贵州。可供观赏；木材为优良木器用料。

Zephyranthes Herbert **葱莲属，Amaryllidaceae 石蒜科**。多年生矮小禾草状草本。鳞茎球状或卵圆形。叶数枚，线形至宽条形，簇生，常与花同时开放。花茎纤细，中空；花单生（稀6朵）于花茎顶端，佛焰苞状总苞片下部管状，顶端2裂；花漏斗状，花被管长或极短；花被裂片6，辐射性对称；雄蕊6，着生于花被管喉部或管内，3长3短，花药背着；子房每室胚珠多数，柱头3裂或凹陷。蒴果近球形，室背3瓣开裂。种子黑色，多少扁平。花粉粒单沟，网状纹饰。染色体 x=5，6，7。约88/2种，**3型**；分布于新热带地区；中国引种栽培。

Zeuxine Lindley **线柱兰属，Orchidaceae 兰科**。地生草本。总状花序顶生；花倒置；萼片离生；唇瓣基部与蕊柱贴生，凹陷成囊状；囊内近基部两侧各具1枚胼胝体；花药2室；花粉团2个，为具小团块的粒粉质，具很短的花粉团柄，共同具1个粘盘；蕊喙常显著，直立，叉状2裂；柱头2，凸出，位于蕊喙的基部两侧。约50/13（5）种，**4（6）型**；分布从非洲热带地区至亚洲热带和亚热带地区；中国产长江流域及其以南。

Zeuxinella Averyanov **拟线柱兰属，Orchidaceae 兰科**。地生草本。根状茎匍匐，肉质。总状花序顶生；花倒置；萼片离生；唇瓣基部与蕊柱贴生，凹陷成具圆锥形距；唇瓣先端3裂；距内近基部两侧各具1枚胼胝体；花药2室；花粉团2个，为具小团块的粒粉质，具很短的花粉团柄，共同具1个粘盘；蕊喙小，2裂，前面具2枚片状胼胝体；柱头2，凸出，位于蕊喙的基部两侧；蕊喙不裂。约1/1种，**7-4型**；分布于亚洲热带区；中国产广西。

Zhengyia T. Deng，D. G. Zhang & H. Sun **征镒麻属，Urticaceae 荨麻科**。多年生草本，具匍匐的根状茎，具刺毛。茎圆柱形，高1-3m。互生叶，基出脉3。花序成对腋生，圆锥状；雄花被片4，有短梗或无梗，花被片在中部以下合生；雌花被片4，不等大，内面2枚较大，外面2枚较小，柱头短棒状。瘦果近球形，偏斜，有瘤状凸起。钟乳体点状；叶腋常有13个木质珠芽。染色体 n=12。1/1（1）种，**15型**；特产中国湖北西南部。

Zigadenus Michaux **棋盘花属，Melanthiaceae 黑药花科**。多年生草本。有鳞茎或根状茎；茎具叶。叶线形。花两性或单性，淡绿色或黄白色，排成顶生的圆锥花序或总状花序；花被枯存，与子房的下部离生或合生，裂片披针形或卵形，近基部

Z

有腺体 1-2 个；雄蕊 6，花药小，肾状；子房 3 室，花柱 2。蒴果 3 裂；种子多数。花粉粒单沟，网状纹饰。约 10/1 种，**9 型**；分布于北美洲；中国产东北至西南部。

Zingiber Miller **姜属，Zingiberaceae 姜科。** 根状茎分枝，具芳香。穗状花序，球果形；总花梗被鳞片状鞘。侧生退化雄蕊常与唇瓣相连合；药隔附属体延伸成长喙状；中轴胎座，花柱延长到药室以外，柱头不膨大。假种皮白色。花粉粒无萌发孔，稀具沟，条纹、脑纹或负网状纹饰。（100-150）/ 42（34）种，**5（7）型；** 分布于亚洲热带，亚热带地区；中国产西南部至东南部。根茎可供调味用或浸渍用，亦可入药，如姜 *Z. officinale* Roscoe、蘘荷 *Z. mioga* (Thunberg) Roscoe 等。

Zingiberaceae Martinov **姜科，木兰亚纲/姜目。** 多年生草本，芳香，具肉质的块状根状茎。叶鞘开放，有叶舌。花单生或组成穗状、总状或圆锥花序。花冠基部管状，上部 3 裂片；退化雄蕊 2 或 4，2 轮，外轮花瓣状，内轮联合成唇瓣；发育雄蕊 1；子房下位，中轴胎座或侧膜胎座。蒴果，有时浆果状。具假种皮。花粉粒无萌发孔或小槽状，光滑、疣状、刺状、皱波和条纹纹饰。50 属，1300 种，泛热带分布，主产亚洲南部和东南部；中国 20 属，216 种，产东南部至西南部。

Zinnia Linnaeus **百日菊属，Asteraceae 菊科。** 草本或半灌木。叶对生，无柄，全缘。头状花序；总苞片多层，覆瓦状排列；花托圆锥状或柱状；冠毛无或有 1-3 个芒；外围 1 层雌花结实，辐射状，短管部与瘦果顶部愈合，中央有多数两性花，全结实；花药基部全缘；花柱分枝顶端尖或近截形。雌花瘦果扁三棱形，盘花瘦果扁平或外层的三棱形。花粉粒 3 孔沟，具刺。染色体 $2n$=24。25/1 种，**3 型；** 产美国，墨西哥，中美洲和南美；中国南方地区及甘肃等地引种栽培。

Zippelia Blume **齐头绒属，Piperaceae 胡椒科。** 直立草本，无毛；维管束外面的联合成环，内面的成 1 或 2 列散生。节部隆起。叶互生，叶柄基部与托叶合生成鞘；叶片长圆形或卵状长圆形，密生透明腺点，掌状叶脉 5-7，基出，基部心形，两侧稍不对称。疏散总状花序与叶对生；苞片贴生于花序轴。花两性，具短梗；雄蕊 6 枚，花丝离生，肥厚而短，花药直立，长圆形，药室内向，平行纵裂；雌蕊由 4 个心皮组成，子房表面多疣状凸起，胚珠 1，自基部直生，花柱肉质，粗壮，柱头 4，分离。果球形，不开裂，表面密生锚状刺毛。种子 1 枚。花粉粒单沟，疣状纹饰。染色体 $2n$=38。1/1 种，**7-1 型**；分布于亚洲热带地区；中国产南部及西南部。

Zizania Linnaeus **菰属，Poaceae 禾本科。** 一年生或多年生水生草本。圆锥花序大型，雌雄同株；小穗单性，含 1 小花；雄小穗两侧压扁，大都位于花序下部分枝上，颖退化，外稃紧抱其同质之内稃，雄蕊 6；雌小穗圆柱形，位于花序上部的分枝上，颖退化，外稃中脉顶端延伸成直芒。染色体 x=15 或 17，$2n$=30，34。4/1 种，**9 型**；主要分布于东亚，其余产北美；中国广布，常见栽培。菰 *Z. latifolia* (Grisebach) Turczaninow ex Stapf 的茎秆被真菌寄生，可生产蔬食茭瓜。

Ziziphora Linnaeus **新塔花属，Lamiaceae 唇形科。** 草本至半灌木。叶常全缘，下面常具腺点。轮伞花序散生于叶腋，或于茎顶聚集成头状；苞叶叶状；花萼管状，13 脉，极不明显 2 唇，上唇 3 齿，下唇 2 齿，花后常靠合，内面喉部有 1 环密的长毛；花冠上唇全缘，下唇 3 裂；前对雄蕊能育，延伸至上唇，花药 2 室或仅 1 室发育，药室线形，后对雄蕊短或不存在；花柱先端不等 2 浅裂；花盘平顶。小坚果卵球形，光滑。花粉粒 6 沟，穿孔-网状纹饰。染色体 $2n$=12，16，18，24，32，36。约 20/4

种，**12 型**；分布于地中海至亚洲中部及阿富汗；中国产新疆。

Ziziphus Miller **枣属**，**Rhamnaceae 鼠李科**。乔木，或藤状灌木。叶互生，边缘具齿或稀全缘，基生三出、稀五出脉；托叶常变成针刺。花两性，聚伞、聚伞总状或聚伞圆锥花序；萼片 5，内面中肋凸起；花瓣 5，具爪，或无花瓣；花盘厚，肉质，5 或 10 裂；子房下半部或大部藏于花盘内，花柱 2，稀 3-4。核果不开裂，基部有宿存的萼筒，中果皮肉质或软木栓质，内果皮硬骨质或木质，1-2 室，稀 3-4 室，每室具 1 种子。种子无或有稀少的胚乳，子叶肥厚。花粉粒 3 孔沟，网状纹饰。染色体 2*n*=22，24，36，48，72。100/12（6）种，**2 型**；主要分布于亚洲和美洲的热带和亚热带地区，非洲和两半球温带也有；中国主产西南和华南。枣 *Z. jujuba* Miller、酸枣 *Z. jujube* Miller var. *spinosa* (Bunge) Hu ex H. F. Chow 和滇刺枣 *Z. mauritiana* Lamarck 的果实均可食用。

Zornia J. F. Gmelin **丁葵草属**，**Fabaceae 豆科**。一年生或多年生纤弱草本。指状复叶具小叶 2-4 枚，常具透明腺点，托叶近叶状，常于基部下延成盾状。花小，疏离，组成穗状花序；每朵花为 1 对披针形苞片所包藏；萼小，二唇形，上面的齿短；花冠常黄色，花瓣近等大；雄蕊单体，花药异型。荚果扁，腹缝直，背缝波状，由数个近圆形、扁、有小刺或平滑的节荚组成。花粉粒 3 沟，网状纹饰。约 80/2 种，**2 型**；泛热带分布；中国产西南部至台湾。一些种类可药用，如 *Z. diphylla* (Linnaeus) Persoon 具有清热解表、凉血解毒的功效。

Zosima Hoffmann **艾叶芹属**，**Apiaceae 伞形科**。草本。根纺锤形。茎密被短柔毛。叶片羽状全裂。复伞形花序，苞片和小苞片存在。花雌雄同株；萼齿微小；花瓣白色，倒心形。果宽卵形，背强烈压缩，背棱丝状，侧棱有薄翅，翅远端部分膨胀和木栓质；油管大，每棱槽油管 1，合生面油管 2。心皮柄 2 深裂至基部。花粉粒 3 孔沟。染色体 2*n*=20。4/1 种，**13-1 型**；广布中亚和西南亚地区；中国产新疆乌恰。

Zostera **Linnaeus 大叶藻属**，**Zosteraceae 大叶藻科**。海生，多年生沉水草本，具根茎，单轴分枝，皮层维管 2 束。营养枝短，着生数枚叶片；生殖枝较长，合轴式分枝，每分枝上各生佛焰苞数枚。叶线形，平行叶脉 3-11 条，叶缘全缘或稀有细齿。叶鞘膜质或近革质，有叶耳和叶舌。肉穗花序无柄，生佛焰苞鞘内。花单性，雌雄同株，花小，分别简化为单一的雌蕊和雄蕊。花药 2 室；花柱短，柱头 2。果实卵形，具短喙。种子卵形，无胚乳。花粉无萌发孔，丝状，外壁近于无。染色体 2*n*=12，24。12/5 种，**1 型**；世界广布，尤以北半球温带沿海水域种类较多；中国分布于辽宁、河北、山东等沿海一带。大叶藻 *Z. marina* Linnaeus 人工大量种植，可食用；也可药用。

Zosteraceae Dumortier 大叶藻科，**木兰亚纲/泽泻目**。海生，多年生草本，稀一年生。根状茎单轴分枝，直立茎有或极度缩短。叶互生，线形，沉水，无柄；叶鞘多脉，腐烂后常于植株基部形成丛状纤维束。花序为单 1 或数枚佛焰苞组成的复合花序，具梗。肉穗花序生于佛焰苞内，无柄。雌雄同株或异株，花单性；花被缺失；雄花具 1 个雄蕊，花药 2 室，纵裂；雌花有 1 雌蕊，花柱短，柱头 2。瘦果。种子 1。花粉无萌发孔，丝状，外壁近于无。染色体 *n*=6，9，10，12，18。3-4 属，18 种，广布温带到亚热带海域；中国 2 属，7 种，分布于辽宁、河北和山东等沿海地区。

Zoysia Willdenow **结缕草属**，**Poaceae 禾本科**。多年生草本。总状花序穗状圆柱形；小穗含 1 小花，单生，两侧压扁；第一颖

常缺如，第二颖无芒或具短芒，两侧边缘基部连合，将小花全部包着；内外稃均膜质，外稃具1-3脉，先端急尖或微凹，鳞被常缺如；雄蕊 3。染色体 x=9。约 9/5种，**5 型**；分布于印度洋，西太平洋及大洋洲的热带，亚热带海岸；中国主产华东，华南。多用作固沙保土、铺建草坪或运动场，如沟叶结缕草 *Z. matrella* (Linnaeus) Merrill。

Zygophyllaceae R. Brown **蒺藜科，木兰亚纲/蒺藜目**。灌木或草本。叶对生或互生，单叶，2小叶至羽状复叶，常为肉质。花两性，辐射对称；聚伞或总状花序顶生，或单花腋生；萼片和花瓣 4 或 5，覆瓦状或镊合状；雄蕊与花瓣同数，或为花瓣的2-3倍，花丝基部常有鳞状附属物；心皮合生。蒴果或核果。花粉粒3孔沟或散孔，网状纹饰。22 属，约 280 种，分布于非洲，亚洲，澳大利亚和美洲的热带，亚热带干旱地区；中国3属，22种，产西北干旱地区。

Zygophyllum Linnaeus **驼蹄瓣属，Zygophyllaceae 蒺藜科**。灌木或草本。叶对生，2小叶至羽状复叶，叶片扁平或棒状，肉质。花单生或成对，顶生或隐于托叶间；萼片4 或 5；花瓣和萼片同数，橘红色、白色或黄色；雄蕊 8-10，花丝基部有鳞片状附属物；子房 4-5 室。果实为蒴果。花粉粒3 孔沟，网状纹饰，极少穿孔。染色体 2n=16，18，20，22，44。约 100/19（2）种，**12-1 型**；分布于非洲，亚洲和澳大利亚的热带，亚热带和温带干旱地区；中国西北部均产。是重要的固沙植物。

附录 1　中国维管植物科属名录

A

Acanthaceae 爵床科 （41 属，310 种）
Acanthus （3）
Andrographis （3）
Asystasia （3）
Asystasiella （1）
Avicennia （1）
Barleria （4）
Blechum （1）
Blepharis （1）
Chroesthes （1）
Clinacanthus （1）
Codonacanthus （1）
Cosmianthemum （3）
Cystacanthus （8）
Dicliptera （4）
Dipteracanthus （1）
Echinacanthus （4）
Eranthemum （3）
Gymnostachyum （4）
Hygrophila （6）
Hypoestes （3）
Isoglossa （3）
Justicia （44）
Kudoacanthus （1）
Lepidagathis （7）
Leptosiphonium （1）
Leptostachya （1）
Mackaya （1）
Nelsonia （1）
Ophiorrhiziphyllon （1）
Pararuellia （5）
Peristrophe （10）
Phaulopsis （1）
Phlogacanthus （2）
Pseuderanthemum （7）
Rhinacanthus （2）
Ruellia （1）
Rungia （17）
Sanchezia （2）
Staurogyne （17）
Strobilanthes （130）
Thunbergia （6）
Achariaceae 钟花科 （2 属，5 种）
Gynocardia （1）
Hydnocarpus （4）
Acoraceae 菖蒲科 （1 属，2 种）
Acorus （2）
Actinidiaceae 猕猴桃科 （3 属，66 种）
Actinidia （52）
Clematoclethra （1）
Saurauia （13）
Adoxaceae 五福花科 （4 属，81 种）
Adoxa （3）
Sambucus （4）
Sinadoxa （1）
Viburnum （73）
Aizoaceae 番杏科 （3 属，3 种）
Sesuvium （1）
Tetragonia （1）
Trianthema （1）
Akaniaceae 叠珠树科 （1 属，1 种）
Bretschneidera （1）
Alismataceae 泽泻科 （6 属，18 种）
Alisma （6）
Butomopsis （1）
Caldesia （2）
Limnocharis （1）

Ranalisma （1）
Sagittaria （7）
Altingiaceae 蕈树科 （1 属，10 种）
Liquidambar （10）
Amaranthaceae 苋科 （52 属，约 234 种）
Achyranthes （3）
Acroglochin （1 或 2）
Aerva （2）
Agriophyllum （3）
Allmania （1）
Alternanthera （5）
Amaranthus （14）
Anabasis （8）
Archiatriplex （1）
Arthrophytum （3 或 4）
Atriplex （17）
Axyris （3）
Baolia （1）
Bassia （13）
Beta （1）
Camphorosma （1）
Celosia （3）
Ceratocarpus （1）
Chenopodium （19）
Corispermum （26）
Cornulaca （1）
Cyathula （4）
Deeringia （2）
Dysphania （4）
Girgensohnia （1）
Gomphrena （2）
Halimocnemis （3）
Halocnemum （1）
Halogeton （2）
Halopeplis （1）
Halostachys （1）
Halothamnus （1）
Haloxylon （2）
Horaninovia （1）
Iljinia （1）
Iresine （1）
Kalidium （5）
Krascheninnikovia （1）
Microgynoecium （1）
Nanophyton （1）
Petrosimonia （4）
Philoxerus （1）
Polycnemum （1）
Psilotrichopsis （1）
Psilotrichum （3）
Salicornia （1）
Salsola （36）
Spinacia （1）
Stilbanthus （1）
Suaeda （21）
Sympegma （1）
Trichuriella （1）
Amaryllidaceae 石蒜科 （6 属，161 种）
Allium （137）
Crinum （4）
Lycoris （15）
Narcissus （2）
Pancratium （1）
Zephyranthes （2）
Anacardiaceae 漆树科 （17 属，55 种）
Anacardium （1）
Buchanania （4）
Choerospondias （1）
Cotinus （3）
Dobinea （2）
Dracontomelon （2）
Drimycarpus （2）
Haplospondias （1）
Lannea （1）
Mangifera （5）
Pegia （2）
Pistacia （2）
Rhus （6）
Searsia （1）
Semecarpus （4）

Spondias　(2)
Toxicodendron　(16)
Ancistrocladaceae 钩枝藤科　(1 属，1 种)
Ancistrocladus　(1)
Annonaceae 番荔枝科　(25 属，117 种)
Alphonsea　(6)
Anaxagorea　(1)
Annona　(7)
Artabotrys　(8)
Cananga　(1)
Dasymaschalon　(6)
Desmos　(3)
Disepalum　(2)
Fissistigma　(23)
Friesodielsia　(1)
Goniothalamus　(11)
Hubera　(2)
Marsypopetalum　(1)
Meiogyne　(1)
Miliusa　(7)
Mitrephora　(3)
Monoon　(6)
Orophea　(6)
Polyalthia　(8)
Popowia　(1)
Pseuduvaria　(1)
Trivalvaria　(1)
Uvaria　(9)
Wangia　(1)
Xylopia　(1)
Apiaceae 伞形科　(99 属，约 600 种)
Acronema　(20)
Aegopodium　(5)
Ammi　(2)
Anethum　(1)
Angelica　(46)
Anthriscus　(2)
Aphanopleura　(2)
Apium　(2)
Archangelica　(2)
Arcuatopterus　(3)
Berula　(1)
Bupleurum　(50)
Carlesia　(1)
Carum　(4)
Cenolophium　(1)
Centella　(1)
Chaerophyllopsis　(1)
Chaerophyllum　(2)
Chamaesciadium　(1)
Chamaesium　(7)
Changium　(1)
Chuanminshen　(1)
Cicuta　(1)
Cnidium　(5)
Coelopleurum　(2)
Conioselinum　(3)
Conium　(1)
Coriandrum　(1)
Cortia　(1)
Cortiella　(3)
Cryptotaenia　(1)
Cuminum　(1)
Cyclorhiza　(2)
Cyclospermum　(1)
Czernaevia　(1)
Daucus　(1)
Dickinsia　(1)
Eriocycla　(3)
Eryngium　(2)
Ferula　(26)
Foeniculum　(1)
Glehnia　(1)
Haplosphaera　(2)
Harrysmithia　(2)
Heracleum　(29)
Hyalolaena　(2)
Krasnovia　(1)
Levisticum　(1)
Libanotis　(18)
Ligusticum　(40)
Lithosciadium　(1)

Meeboldia （2）
Melanosciadium （1）
Nothosmyrnium （1）
Notopterygium （6）
Oenanthe （9）
Oreocomopsis （1）
Oreomyrrhis （1）
Osmorhiza （1）
Ostericum （7）
Pachypleurum （5）
Pastinaca （1）
Petroselinum （1）
Peucedanum （40）
Phlojodicarpus （2）
Physospermopsis （8）
Pimpinella （44）
Pleurospermopsis （1）
Pleurospermum （39）
Prangos （4）
Pternopetalum （23）
Pterygopleurum （1）
Sanicula （17）
Saposhnikovia （1）
Scaligeria （1）
Scandix （1）
Schrenkia （1）
Schulzia （4）
Schumannia （1）
Selinum （3）
Semenovia （6）
Seseli （19）
Seselopsis （1）
Silaum （1）
Sinocarum （8）
Sinolimprichtia （1）
Sium （5）
Soranthus （1）
Sphallerocarpus （1）
Stenocoelium （2）
Talassia （1）
Tongoloa （15）
Tordyliopsis （1）
Torilis （2）
Trachydium （6）
Trachyspermum （4）
Turgenia （1）
Vicatia （3）
Zosima （1）
Apocynaceae 夹竹桃科 （87 属，423 种）
Acokanthera （1）
Adelostemma （1）
Aganosma （5）
Allamanda （2）
Alstonia （8）
Alyxia （9）
Amalocalyx （1）
Amsonia （1）
Anodendron （5）
Apocynum （2）
Asclepias （1）
Beaumontia （5）
Belostemma （3）
Biondia （13）
Bousigonia （2）
Brachystelma （2）
Calotropis （2）
Cameraria （1）
Carissa （3）
Catharanthus （1）
Cerbera （1）
Ceropegia （18）
Chonemorpha （8）
Cleghornia （1）
Cosmostigma （1）
Cryptolepis （2）
Cynanchum （60）
Dischidanthus （1）
Dischidia （7）
Dolichopetalum （1）
Dregea （4）
Epigynum （1）
Funtumia （1）

Genianthus （3）
Gomphocarpus （2）
Gongronema （2）
Goniostemma （1）
Graphistemma （1）
Gymnanthera （1）
Gymnema （7）
Heterostemma （11）
Holarrhena （1）
Holostemma （1）
Hoya （40）
Hunteria （1）
Ichnocarpus （4）
Jasminanthes （4）
Kibatalia （1）
Kopsia （3）
Lygisma （1）
Mandevilla （1）
Marsdenia （25）
Melodinus （6）
Merrillanthus （1）
Metaplexis （2）
Myriopteron （1）
Nerium （1）
Ochrosia （3）
Oxystelma （1）
Parameria （1）
Parepigynum （1）
Parsonsia （2）
Pentasachme （1）
Pentastelma （1）
Periploca （6）
Plumeria （2）
Pottsia （2）
Raphistemma （2）
Rauvolfia （7）
Secamone （6）
Sichuania （1）
Sindechites （1）
Stelmocrypton （1）
Streptocaulon （1）
Streptoechites （1）
Strophanthus （6）
Tabernaemontana （5）
Telosma （3）
Thevetia （2）
Toxocarpus （9）
Trachelospermum （6）
Tylophora （38）
Urceola （7）
Vallaris （2）
Vinca （2）
Voacanga （2）
Wrightia （6）
Aponogetonaceae 水蕹科 （1 属，1 种）
Aponogeton （1）
Aquifoliaceae 冬青科 （1 属，204 种）
Ilex （204）
Araceae 天南星科 （30 属，约 188 种）
Aglaonema （2）
Alocasia （8）
Amorphophallus （16）
Amydrium （2）
Anadendrum （2）
Arisaema （78）
Arum （1）
Calla （1）
Colocasia （6）
Cryptocoryne （1）
Epipremnum （1）
Hapaline （1）
Homalomena （4）
Landoltia （1）
Lasia （1）
Lemna （5 或 6）
Pinellia （9）
Pistia （1）
Pothoidium （1）
Pothos （4）
Remusatia （4）
Rhaphidophora （12）
Sauromatum （7）

Schismatoglottis （2）
Scindapsus （1）
Spirodela （1）
Steudnera （4）
Symplocarpus （2）
Typhonium （9）
Wolffia （1）
Araliaceae 五加科 （22 属，192 种）
Aralia （44）
Brassaiopsis （24）
Chengiopanax （1）
Dendropanax （14）
Eleutherococcus （18）
Fatsia （1）
Gamblea （2）
Hedera （2）
Heteropanax （6）
Hydrocotyle （14）
Kalopanax （1）
Macropanax （7）
Merrilliopanax （3）
Metapanax （2）
Oplopanax （1）
Osmoxylon （1）
Panax （8）
Polyscias （5）
Schefflera （35）
Sinopanax （1）
Tetrapanax （1）
Trevesia （1）
Araucariaceae 南洋杉科 （2 属，4 种）
Agathis （1）
Araucaria （3）
Arecaceae 棕榈科 （18 属，77 种）
Areca （1）
Arenga （6）
Calamus （28）
Caryota （4）
Chuniophoenix （2）
Cocos （1）
Daemonorops （1）
Guihaia （2）
Licuala （3）
Livistona （3）
Nypa （1）
Phoenix （3）
Pinanga （5）
Plectocomia （3）
Rhapis （5）
Salacca （1）
Trachycarpus （3）
Wallichia （5）
Aristolochiaceae 马兜铃科 （4 属，86 种）
Aristolochia （45）
Asarum （39）
Saruma （1）
Thottea （1）
Arthropteridaceae 爬树蕨科（1 属，1 种）
Arthropteris （1）
Asparagaceae 天门冬科（25 属，258 种）
Agave （2）
Anemarrhena （1）
Asparagus （31）
Aspidistra （49）
Barnardia （1）
Campylandra （16）
Chlorophytum （4）
Convallaria （1）
Cordyline （1）
Disporopsis （6）
Diuranthera （4）
Dracaena （6）
Heteropolygonatum （6）
Hosta （4）
Liriope （6）
Maianthemum （19）
Ophiopogon （47）
Peliosanthes （6）
Polygonatum （39）
Reineckea （1）
Rohdea （1）
Speirantha （1）

Theropogon（1）
Thysanotus（1）
Tupistra（4）
Asphodelaceae 独尾草科（4 属，17 种）
Aloe（1）
Dianella（1）
Eremurus（4）
Hemerocallis（11）
Aspleniaceae 铁角蕨科（2 属，108 种）
Asplenium（90）
Hymenasplenium（18）
Asteraceae 菊科（253 属，约 2350 种）
Acanthospermum（1）
Achillea（11）
Acmella（6）
Adenocaulon（1）
Adenostemma（1）
Ageratina（1）
Ageratum（2）
Ainsliaea（40）
Ajania（35）
Ajaniopsis（1）
Alfredia（5）
Allardia（8）
Amberboa（2）
Ambrosia（3）
Anaphalis（54）
Ancathia（1）
Anisopappus（1）
Antennaria（1）
Anthemis（3）
Archiserratula（1）
Arctium（3）
Arctogeron（1）
Artemisia（186）
Askellia（6）
Aster（123）
Asterothamnus（5）
Atractylodes（4）
Aucklandia（1）
Austroeupatorium（1）
Bellis（1）
Bidens（10）
Blainvillea（1）
Blumea（31）
Bolocephalus（1）
Brachanthemum（6）
Buphthalmum（1）
Calendula（1）
Callistephus（1）
Calotis（1）
Calyptocarpus（1）
Camchaya（1）
Cancrinia（5）
Carduus（3）
Carlina（1）
Carpesium（16）
Carthamus（2）
Cavea（1）
Centaurea（7）
Centipeda（1）
Chondrilla（10）
Chromolaena（1）
Chrysanthemum（22）
Cicerbita（7）
Cichorium（2）
Cirsium（46）
Cissampelopsis（6）
Clibadium（1）
Conoclinium（1）
Coreopsis（3）
Cosmos（2）
Cotula（2）
Cousinia（11）
Crassocephalum（2）
Cremanthodium（69）
Crepidiastrum（9）
Crepis（18）
Crinitina（2）
Crossostephium（1）
Crupina（1）
Cyanus（1）

Cynara （1）
Dahlia （1）
Dicercoclados （1）
Dichrocephala （3）
Diplazoptilon （1）
Distephanus （2）
Dolomiaea （12）
Doronicum （7）
Dubyaea （12）
Duhaldea （7）
Echinops （17）
Eclipta （1）
Elephantopus （2）
Eleutheranthera （1）
Emilia （5）
Enydra （1）
Epaltes （2）
Epilasia （2）
Erechtites （2）
Erigeron （39）
Eschenbachia （6）
Ethulia （2）
Eupatorium （14）
Eurybia （1）
Faberia （8）
Farfugium （1）
Filago （2）
Filifolium （1）
Flaveria （1）
Formania （1）
Frolovia （1）
Gaillardia （1）
Galatella （11）
Galinsoga （2）
Gamochaeta （7）
Garhadiolus （1）
Gerbera （7）
Glebionis （3）
Glossocardia （1）
Gnaphalium （6）
Gnomophalium （1）
Grangea （1）
Grindelia （1）
Guizotia （1）
Gymnocoronis （1）
Gynura （10）
Hainanecio （1）
Handelia （1）
Helianthus （3）
Helichrysum （3）
Hemisteptia （1）
Heteracia （1）
Heteroplexis （3）
Hieracium （6）
Himalaiella （7）
Hippolytia （11）
Hololeion （1）
Hypochaeris （6）
Inula （14）
Ixeridium （8）
Ixeris （6）
Jurinea （5）
Karelinia （1）
Kaschgaria （2）
Klasea （8）
Koelpinia （1）
Lactuca （12）
Lagascea （1）
Lagenophora （1）
Laggera （2）
Lapsanastrum （4）
Launaea （4）
Leibnitzia （4）
Leontopodium （37）
Leucanthemella （1）
Leucanthemum （1）
Leucomeris （1）
Ligularia （123）
Ligulariopsis （1）
Matricaria （2）
Melanoseris （17）
Melanthera （1）

Microcephala （1）
Microglossa （1）
Mikania （2）
Myriactis （5）
Myripnois （1）
Nabalus （2）
Nannoglottis （9）
Nemosenecio （5）
Neobrachyactis （3）
Neopallasia （1）
Notoseris （6）
Nouelia （1）
Olgaea （6）
Oligochaeta （1）
Onopordum （1）
Opisthopappus （1）
Paraprenanthes （10）
Parasenecio （52）
Parasyncalathium （1）
Parthenium （1）
Pectis （1）
Pentanema （3）
Pericallis （1）
Pertya （18）
Petasites （6）
Phagnalon （1）
Picris （7）
Pilosella （2）
Piloselloides （1）
Plagiobasis （1）
Pluchea （5）
Podospermum （1）
Praxelis （1）
Psephellus （1）
Pseudelephantopus （1）
Pseudoconyza （1）
Pseudognaphalium （6）
Pseudohandelia （1）
Psychrogeton （2）
Pterocaulon （1）
Pulicaria （6）
Rhaponticoides （3）
Rhaponticum （4）
Rhinactinidia （2）
Richteria （1）
Rudbeckia （2）
Russowia （1）
Sanvitalia （1）
Saussurea （287）
Schischkinia （1）
Schmalhausenia （1）
Sclerocarpus （1）
Scorzonera （24）
Senecio （65）
Seriphidium （31）
Serratula （1）
Shangwua （1）
Sheareria （1）
Sigesbeckia （3）
Silybum （1）
Sinacalia （4）
Sinoleontopodium （1）
Sinosenecio （41）
Smallanthus （2）
Solidago （6）
Soliva （2）
Sonchella （2）
Sonchus （5）
Soroseris （7）
Sphaeranthus （3）
Sphagneticola （2）
Stilpnolepis （2）
Symphyllocarpus （1）
Symphyotrichum （3）
Syncalathium （5）
Synedrella （1）
Syneilesis （4）
Synotis （46）
Synurus （1）
Syreitschikovia （1）
Tagetes （2）
Tanacetum （19）

Taraxacum （116）
Tephroseris （14）
Thespis （1）
Tithonia （1）
Tragopogon （19）
Tricholepis （3）
Tridax （1）
Tripleurospermum （5）
Tripolium （1）
Tugarinovia （1）
Turczaninovia （1）
Tussilago （1）
Vernonia （31）
Wollastonia （2）
Xanthium （2）
Xanthopappus （1）
Xerochrysum （1）
Youngia （28）
Zinnia （1）
Athyriaceae 蹄盖蕨科 （5 属，278 种）
Anisocampium （4）
Athyrium （123）
Cornopteris （12）
Deparia （53）
Diplazium （86）

B

Balanophoraceae 蛇菰科 （2 属，13 种）
Balanophora （12）
Rhopalocnemis （1）
Balsaminaceae 凤仙花科 （2 属，271 种）
Hydrocera （1）
Impatiens （270）
Basellaceae 落葵科 （2 属，3 种）
Anredera （2）
Basella （1）
Begoniaceae 秋海棠科 （1 属，180 余种）
Begonia （180+）
Berberidaceae 小檗科 （11 属，约 303 种）
Berberis （215）
Caulophyllum （1）
Diphylleia （1）
Dysosma （7）
Epimedium （41）
Gymnospermium （3）
Jeffersonia （1）
Leontice （1）
Mahonia （31）
Nandina （1）
Sinopodophyllum （1）
Betulaceae 桦木科 （6 属，89 种）
Alnus （10）
Betula （32）
Carpinus （33）
Corylus （7）
Ostrya （5）
Ostryopsis （2）
Biebersteiniaceae 熏倒牛科 （1 属，2 种）
Biebersteinia （2）
Bignoniaceae 紫葳科 （12 属，35 种）
Campsis （1）
Catalpa （4）
Fernandoa （1）
Incarvillea （12）
Markhamia （1）
Mayodendron （1）
Millingtonia （1）
Nyctocalos （2）
Oroxylum （1）
Pauldopia （1）
Radermachera （7）
Stereospermum （3）
Bixaceae 红木科 （1 属，1 种）
Bixa （1）
Blechnaceae 乌毛蕨科 （7 属，15 种）
Blechnidium （1）
Blechnum （3）
Brainea （1）
Diploblechnum（1）
Stenochlaena （1）
Struthiopteris（1）
Woodwardia （7）

Boraginaceae 紫草科 （44 属，约 300 种）
Actinocarya （2）
Amblynotus （1）
Anchusa （3）
Antiotrema （1）
Arnebia （6）
Asperugo （1）
Bothriospermum （5）
Brachybotrys （1）
Chionocharis （1）
Coldenia （1）
Cordia （6）
Craniospermum （2）
Cynoglossum （12）
Echium （1）
Ehretia （18）
Eritrichium （40）
Gastrocotyle （1）
Hackelia （4）
Heliotropium （10）
Heterocaryum （1）
Lappula （36）
Lasiocaryum （4）
Lindelofia （1）
Lithospermum （5）
Maharanga （5）
Mattiastrum （1）
Mertensia （6）
Microcaryum （1）
Microula （31）
Myosotis （5）
Nonea （1）
Omphalotrigonotis （2）
Onosma （30）
Pulmonaria （1）
Rindera （1）
Rochelia （5）
Sinojohnstonia （3）
Solenanthus （1）
Stenosolenium （1）
Symphytum （1）
Thyrocarpus （2）
Tournefortia （4）
Trichodesma （1）
Trigonotis （41）
Borthwickiaceae 节蒴木科 （1 属，1 种）
Borthwickia （1）
Brassicaceae 十字花科 （84 属，400 种）
Alliaria （1）
Alyssum （10）
Aphragmus （4）
Arabidopsis （3）
Arabis （14）
Armoracia （1）
Atelanthera （1）
Baimashania （2）
Barbarea （5）
Berteroa （1）
Brassica （6）
Braya （3）
Bunias （2）
Camelina （2）
Capsella （1）
Cardamine （48）
Chorispora （8）
Christolea （2）
Cithareloma （1）
Clausia （2）
Conringia （1）
Crambe （1）
Crucihimalaya （6）
Cryptospora （1）
Descurainia （1）
Dilophia （2）
Diplotaxis （1）
Dipoma （1）
Diptychocarpus （1）
Dontostemon （11）
Draba （50）
Eruca （1）
Erysimum （17）
Euclidium （1）

Eutrema （21）
Fibigia （1）
Galitzkya （2）
Goldbachia （4）
Hemilophia （4）
Hesperis （2）
Hornungia （1）
Ianhedgea （1）
Isatis （7）
Lachnoloma （1）
Leiospora （4）
Lepidium （21）
Lepidostemon （3）
Leptaleum （1）
Litwinowia （1）
Lobularia （1）
Macropodium （1）
Malcolmia （4）
Matthiola （1）
Megacarpaea （3）
Megadenia （1）
Microstigma （1）
Nasturtium （1）
Neotorularia （6）
Neslia （1）
Noccaea （4）
Olimarabidopsis （2）
Orychophragmus （2）
Pachyneurum （1）
Parrya （5）
Pegaeophyton （4）
Pseudoarabidopsis （1）
Pugionium （2）
Pycnoplinthopsis （1）
Pycnoplinthus （1）
Raphanus （2）
Rorippa （9）
Shangrilaia （1）
Sinapis （2）
Sisymbriopsis （4）
Sisymbrium （10）
Smelowskia （7）
Solms-laubachia （25）
Sterigmostemum （4）
Stevenia （2）
Synstemon （2）
Tetracme （2）
Thlaspi （6）
Turritis （1）
Yinshania （13）
Bromeliaceae 凤梨科 （1 属，1 种）
Ananas （1）
Burmanniaceae 水玉簪科 （3 属，15 种）
Burmannia （10）
Gymnosiphon （1）
Thismia （4）
Burseraceae 橄榄科 （3 属，13 种）
Canarium （7）
Garuga （4）
Protium （2）
Butomaceae 花蔺科 （1 属，1 种）
Butomus （1）
Buxaceae 黄杨科 （3 属，28 种）
Buxus （17）
Pachysandra （2）
Sarcococca （9）

C

Cabombaceae 莼菜科 （2 属，2 种）
Brasenia （1）
Cabomba （1）
Cactaceae 仙人掌科 （4 属，7 种）
Epiphyllum （1）
Hylocereus （1）
Opuntia （4）
Pereskia （1）
Calophyllaceae 红厚壳科 （3 属，6 种）
Calophyllum （4）
Mammea （1）
Mesua （1）
Calycanthaceae 蜡梅科 （2 属，7 种）
Calycanthus （1）

Chimonanthus　（6）

Campanulaceae 桔梗科　（14 属，159 种）

Adenophora　（38）

Asyneuma　（3）

Campanula　（22）

Codonopsis　（44）

Cyananthus　（17）

Cyclocodon　（3）

Echinocodon　（1）

Hippobroma　（1）

Homocodon　（2）

Lobelia　（23）

Peracarpa　（1）

Platycodon　（1）

Triodanis　（1）

Wahlenbergia　（2）

Cannabaceae 大麻科　（7 属，25 种）

Aphananthe　（2）

Cannabis　（1）

Celtis　（11）

Gironniera　（1）

Humulus　（3）

Pteroceltis　（1）

Trema　（6）

Cannaceae 美人蕉科　（1 属，1 种）

Canna　（1）

Capparaceae 山柑科　（2 属，42 种）

Capparis　（37）

Crateva　（5）

Caprifoliaceae 忍冬科　（20 属，144 种）

Abelia　（7）

Acanthocalyx　（2）

Dipelta　（3）

Dipsacus　（7）

Heptacodium　（1）

Kolkwitzia　（1）

Leycesteria　（5）

Linnaea　（1）

Lonicera　（57）

Morina　（8）

Nardostachys　（1）

Patrinia　（11）

Pterocephalus　（2）

Scabiosa　（6）

Symphoricarpos　（1）

Triosteum　（3）

Triplostegia　（2）

Valeriana　（21）

Weigela　（2）

Zabelia　（3）

Cardiopteridaceae 心翼果科　（2 属，3 种）

Cardiopteris　（1）

Gonocaryum　（2）

Caricaceae 番木瓜科　（1 属，1 种）

Carica　（1）

Carlemanniaceae 香茜科　（2 属，2 种）

Carlemannia　（1）

Silvianthus　（1）

Caryophyllaceae 石竹科　（33 属，396 种）

Acanthophyllum　（1）

Agrostemma　（1）

Arenaria　（78）

Brachystemma　（1）

Cerastium　（23）

Cherleria　（2）

Dianthus　（18）

Drymaria　（2）

Eremogone　（26）

Gymnocarpos　（1）

Gypsophila　（17）

Herniaria　（3）

Holosteum　（1）

Lepyrodiclis　（2）

Lychnis　（6）

Moehringia　（3）

Myosoton　（1）

Petrorhagia　（1）

Polycarpaea　（2）

Polycarpon　（1）

Psammosilene　（1）

Pseudocerastium　（1）

Pseudocherleria　（2）

Pseudostellaria （11）
Sabulina （5）
Sagina （4）
Saponaria （1）
Silene （110）
Spergula （1）
Spergularia （4）
Stellaria （64）
Thylacospermum （1）
Vaccaria （1）
Casuarinaceae 木麻黄科 （1 属，3 种）
Casuarina （3）
Celastraceae 卫矛科 （15 属，257 种）
Catha （1）
Celastrus （25）
Euonymus （90）
Glyptopetalum （9）
Gymnosporia （11）
Loeseneriella （5）
Maytenus （6）
Microtropis （27）
Monimopetalum （1）
Parnassia （63）
Plagiopteron （1）
Pleurostylia （1）
Pristimera （4）
Salacia （10）
Tripterygium （3）
Centrolepidaceae 刺鳞草科 （1 属，1 种）
Centrolepis （1）
Centroplacaceae 裂药树科 （1 属，1 种）
Bhesa （1）
Ceratophyllaceae 金鱼藻科 （1 属，3 种）
Ceratophyllum （3）
Cercidiphyllaceae 连香树科 （1 属，1 种）
Cercidiphyllum （1）
Chloranthaceae 金粟兰科 （3 属，15 种）
Chloranthus （13）
Hedyosmum （1）
Sarcandra （1）
Cibotiaceae 金毛狗蕨科 （1 属，2 种）
Cibotium （2）
Circaeasteraceae 星叶草科 （2 属，2 种）
Circaeaster （1）
Kingdonia （1）
Cistaceae 半日花科 （1 属，1 种）
Helianthemum （1）
Cleomaceae 白花菜科 （5 属，5 种）
Arivela （1）
Cleome （1）
Cleoserrata （1）
Gynandropsis （1）
Tarenaya （1）
Clethraceae 桤叶树科 （1 属，7 种）
Clethra （7）
Clusiaceae 藤黄科 （1 属，20 种）
Garcinia （20）
Colchicaceae 秋水仙科 （3 属，17 种）
Disporum （15）
Gloriosa （1）
Iphigenia （1）
Combretaceae 使君子科 （4 属，23 种）
Combretum （12）
Getonia （1）
Lumnitzera （2）
Terminalia （8）
Commelinaceae 鸭跖草科 （15 属，59 种）
Amischotolype （2）
Belosynapsis （1）
Callisia （1）
Commelina （8）
Cyanotis （5）
Dictyospermum （1）
Floscopa （2）
Murdannia （20）
Pollia （8）
Porandra （3）
Rhopalephora （1）
Spatholirion （2）
Streptolirion （1）

Tradescantia　(2)
Tricarpelema　(2)
Connaraceae 牛栓藤科　(6 属，9 种)
Agelaea　(1)
Cnestis　(1)
Connarus　(2)
Ellipanthus　(1)
Rourea　(3)
Roureopsis　(1)
Convolvulaceae 旋花科　(20 属，128 种)
Argyreia　(22)
Blinkworthia　(1)
Calystegia　(6)
Convolvulus　(8)
Cuscuta　(11)
Dichondra　(1)
Dinetus　(6)
Erycibe　(10)
Evolvulus　(2)
Hewittia　(1)
Ipomoea　(29)
Jacquemontia　(1)
Lepistemon　(2)
Merremia　(19)
Neuropeltis　(1)
Operculina　(1)
Poranopsis　(3)
Stictocardia　(1)
Tridynamia　(2)
Xenostegia　(1)
Coriariaceae 马桑科　(1 属，3 种)
Coriaria　(3)
Cornaceae 山茱萸科　(7 属，47 种)
Alangium　(11)
Camptotheca　(2)
Cornus　(25)
Davidia　(1)
Diplopanax　(1)
Mastixia　(4)
Nyssa　(3)
Corsiaceae 白玉簪科　(1 属，1 种)
Corsiopsis　(1)
Costaceae 闭鞘姜科　(1 属，5 种)
Hellenia　(5)
Crassulaceae 景天科　(12 属，232 种)
Crassula　(5)
Hylotelephium　(16)
Kalanchoe　(4)
Kungia　(2)
Ohbaea　(1)
Orostachys　(8)
Phedimus　(8)
Pseudosedum　(2)
Rhodiola　(55)
Rosularia　(3)
Sedum　(121)
Sinocrassula　(7)
Crypteroniaceae 隐翼科　(1 属，1 种)
Crypteronia　(1)
Cucurbitaceae 葫芦科　(30 属，147 种)
Actinostemma　(3)
Baijiania　(3)
Benincasa　(1)
Citrullus　(1)
Coccinia　(1)
Cucumis　(4)
Cucurbita　(3)
Cyclanthera　(1)
Diplocyclos　(1)
Ecballium　(1)
Gomphogyne　(1)
Gynostemma　(14)
Hemsleya　(25)
Herpetospermum　(3)
Hodgsonia　(1)
Indofevillea　(1)
Lagenaria　(1)
Luffa　(2)
Melothria　(1)
Momordica　(3)
Neoalsomitra　(1)
Schizopepon　(8)
Scopellaria　(1)

Sechium （1）
Siraitia （3）
Solena （1）
Thladiantha （23）
Trichosanthes （33）
Zanonia （1）
Zehneria （4）
Cupressaceae 柏科 （17 属，49 种）
Calocedrus （2）
Chamaecyparis （2）
Cryptomeria （1）
Cunninghamia （2）
Cupressus （5）
Fokienia （1）
Glyptostrobus （1）
Juniperus （23）
Metasequoia （1）
Platycladus （1）
Sequoia （1）
Sequoiadendron （1）
Taiwania （1）
Taxodium （3）
Thuja （2）
Thujopsis （1）
Xanthocyparis （1）
Cyatheaceae 桫椤科 （3 属，15 种）
Alsophila （6）
Gymnosphaera （7）
Sphaeropteris （2）
Cycadaceae 苏铁科 （1 属，24 种）
Cycas （24）
Cymodoceaceae 丝粉藻科 （3 属，4 种）
Cymodocea （1）
Halodule （2）
Syringodium （1）
Cynomoriaceae 锁阳科 （1 属，1 种）
Cynomorium （1）
Cyperaceae 莎草科 （33 属，865 种）
Actinoschoenus （2）
Actinoscirpus （1）
Blysmus （3）
Bolboschoenus （4）
Bulbostylis （3）
Carex （527）
Cladium （1）
Courtoisina （1）
Cyperus （62）
Diplacrum （2）
Eleocharis （35）
Eriophorum （7）
Fimbristylis （53）
Fuirena （3）
Gahnia （3）
Hypolytrum （4）
Isolepis （1）
Kobresia （44）
Kyllinga （7）
Lepidosperma （1）
Lepironia （1）
Lipocarpha （4）
Machaerina （3）
Mapania （3）
Pycreus （11）
Remirea （1）
Rhynchospora （9）
Schoenoplectus （22）
Schoenus （4）
Scirpus （12）
Scleria （24）
Trichophorum （6）
Tricostularia （1）
Cystopteridaceae 冷蕨科 （3 属，20 种）
Acystopteris （3）
Cystopteris （12）
Gymnocarpium （5）

D

Daphniphyllaceae 交让木科 （1 属，10 种）
Daphniphyllum （10）
Davalliaceae 骨碎补科 （1 属，17 种）
Davallia （17）
Dennstaedtiaceae 碗蕨科 （7 属，52 种）
Dennstaedtia （8）

Histiopteris　(1)
Hypolepis　(8)
Microlepia　(25)
Monachosorum　(3)
Paesia　(1)
Pteridium　(6)
Diapensiaceae 岩梅科　(3 属，6 种)
Berneuxia　(1)
Diapensia　(3)
Shortia　(2)
Dichapetalaceae 毒鼠子科　(1 属，2 种)
Dichapetalum　(2)
Didymochlaenaceae 翼囊蕨科 (1 属，1 种)
Didymochlaena (1)
Dilleniaceae 五桠果科　(2 属，5 种)
Dillenia　(3)
Tetracera　(2)
Dioscoreaceae 薯蓣科　(2 属，58 种)
Dioscorea　(52)
Tacca　(6)
Dipentodontaceae 十齿花科　(2 属，3 种)
Dipentodon　(1)
Perrottetia　(2)
Diplaziopsidaceae 肠蕨科　(1 属，3 种)
Diplaziopsis　(3)
Dipteridaceae 双扇蕨科　(2 属，5 种)
Cheiropleuria　(2)
Dipteris　(3)
Dipterocarpaceae 龙脑香科　(5 属，13 种)
Dipterocarpus　(3)
Hopea　(5)
Parashorea　(1)
Shorea　(1)
Vatica　(3)
Droseraceae 茅膏菜科　(2 属，7 种)
Aldrovanda　(1)
Drosera　(6)
Dryopteridaceae 鳞毛蕨科 (12 属，约 500 种)
Arachniodes　(40)
Bolbitis　(25)
Ctenitis　(10)
Cyrtomium　(31)
Dryopteris　(167)
Elaphoglossum　(6)
Lastreopsis　(3)
Lomagramma　(2)
Pleocnemia　(2)
Polystichum　(208)
Teratophyllum　(1)
Trichoneuron (1)

E

Ebenaceae 柿树科　(1 属，60 种)
Diospyros　(60)
Elaeagnaceae 胡颓子科　(2 属，74 种)
Elaeagnus　(67)
Hippophae　(7)
Elaeocarpaceae 杜英科　(2 属，52 种)
Elaeocarpus　(38)
Sloanea　(14)
Elatinaceae 沟繁缕科　(2 属，约 6 种)
Bergia　(3)
Elatine　(3)
Ephedraceae 麻黄科　(1 属，16 种)
Ephedra　(16)
Equisetaceae 木贼科　(1 属，10 种)
Equisetum　(10)
Ericaceae 杜鹃花科　(23 属，837 种)
Agapetes　(53)
Andromeda　(1)
Arctous　(3)
Cassiope　(11)
Chamaedaphne　(1)
Chimaphila　(3)
Craibiodendron　(4)
Diplarche　(2)
Empetrum　(1)
Enkianthus　(7)
Gaultheria　(34)
Leucothoë　(1)
Lyonia　(5)
Moneses　(1)

Monotropa （2）
Monotropastrum （2）
Orthilia （2）
Phyllodoce （2）
Pieris （3）
Pyrola （16）
Rhododendron （590）
Therorhodion （1）
Vaccinium （92）
Eriocaulaceae 谷精草科 （1 属，约 35 种）
Eriocaulon （35）
Erythroxylaceae 古柯科 （1 属，2 种）
Erythroxylum （2）
Escalloniaceae 南鼠刺科 （1 属，1 种）
Polyosma （1）
Eucommiaceae 杜仲科 （1 属，1 种）
Eucommia （1）
Euphorbiaceae 大戟科 （56 属，253 种）
Acalypha （16）
Alchornea （8）
Aleurites （1）
Balakata （1）
Baliospermum （5）
Blachia （4）
Cephalomappa （1）
Chaetocarpus （1）
Chrozophora （1）
Cladogynos （1）
Claoxylon （6）
Cleidiocarpon （1）
Cleidion （3）
Cnesmone （3）
Codiaeum （1）
Croton （23）
Dalechampia （1）
Deutzianthus （1）
Dimorphocalyx （1）
Discocleidion （2）
Endospermum （1）
Epiprinus （1）
Erismanthus （1）
Euphorbia （78）
Excoecaria （5）
Falconeria （1）
Gymnanthes （1）
Hancea （1）
Hevea （1）
Homalanthus （1）
Homonoia （1）
Hura （1）
Jatropha （3）
Koilodepas （1）
Lasiococca （1）
Macaranga （10）
Mallotus （28）
Manihot （2）
Megistostigma （2）
Melanolepis （1）
Mercurialis （1）
Microstachys （1）
Neoshirakia （2）
Ostodes （2）
Pachystylidium （1）
Reutealis （1）
Ricinus （1）
Shirakiopsis （1）
Speranskia （2）
Strophioblachia （2）
Sumbaviopsis （1）
Suregada （2）
Trevia （1）
Triadica （3）
Trigonostemon （8）
Vernicia （2）
Eupteleaceae 领春木科 （1 属，1 种）
Euptelea （1）

F

Fabaceae 豆科 （167 属，约 1673 种）
Abrus （2）
Acacia （18）
Acrocarpus （1）
Adenanthera （1）

Aeschynomene（2）
Afgekia（1）
Afzelia（1）
Aganope（3）
Albizia（16）
Alhagi（1）
Alysicarpus（5）
Ammodendron（1）
Ammopiptanthus（1或2）
Amorpha（1）
Amphicarpaea（3）
Antheroporum（2）
Aphyllodium（1）
Apios（6）
Arachis（1）
Archidendron（16）
Astragalus（401）
Bauhinia（47）
Bowringia（1）
Butea（3）
Caesalpinia（20）
Cajanus（7）
Callerya（18）
Calliandra（2）
Calophaca（3）
Calopogonium（1）
Campylotropis（32）
Canavalia（5）
Caragana（66）
Cassia（2）
Centrosema（1）
Ceratonia（1）
Cercis（5）
Chamaecrista（3）
Chesneya（7）
Chesniella（2）
Christia（5）
Cicer（2）
Cladrastis（6）
Clitoria（5）
Cochlianthus（2）
Codoriocalyx（2）
Colutea（4）
Corethrodendron（5）
Craspedolobium（1）
Crotalaria（42）
Cullen（1）
Cyamopsis（1）
Dalbergia（29）
Delonix（1）
Dendrolobium（5）
Derris（16）
Desmanthus（1）
Desmodium（32）
Dolichos（4）
Dumasia（9）
Dunbaria（8）
Dysolobium（2）
Entada（3）
Enterolobium（1）
Eremosparton（1）
Eriosema（1）
Erythrina（4）
Erythrophleum（1）
Euchresta（4）
Eversmannia（1）
Falcataria（1）
Flemingia（15）
Fordia（2）
Galactia（2）
Geissaspis（1）
Gleditsia（6）
Glycine（6）
Glycyrrhiza（8）
Gueldenstaedtia（3）
Gymnocladus（1）
Haematoxylum（1）
Halimodendron（1）
Hedysarum（41）
Hylodesmum（10）
Hymenaea（2）
Indigofera（79）

Kummerowia （2）
Lablab （1）
Lathyrus （18）
Lens （1）
Lespedeza （24）
Leucaena （1）
Lotononis （1）
Lotus （8）
Lysidice （2）
Maackia （7）
Macroptilium （2）
Macrotyloma （1）
Mastersia （1）
Mecopus （1）
Medicago （15）
Melilotus （4）
Millettia （18）
Mimosa （3）
Mucuna （18）
Neptunia （1）
Nogra （1）
Ohwia （1）
Onobrychis （3）
Ononis （4）
Ophrestia （1）
Ormocarpum （1）
Ormosia （37）
Oxytropis （133）
Pachyrhizus （1）
Paraderris （6）
Parkia （2）
Parkinsonia （1）
Parochetus （1）
Peltophorum （2）
Phaseolus （3）
Phylacium （1）
Phyllodium （4）
Phyllolobium （21）
Piptanthus （2）
Pisum （1）
Pithecellobium （1）
Pongamia （1）
Psophocarpus （1）
Pterocarpus （1）
Pterolobium （2）
Pueraria （10）
Pycnospora （1）
Rhynchosia （13）
Robinia （2）
Rothia （1）
Salweenia （2）
Samanea （1）
Saraca （2）
Sarcodum （1）
Senna （15）
Sesbania （4）
Shuteria （4）
Sindora （2）
Sinodolichos （1）
Smithia （5）
Sophora （21）
Spatholobus （10）
Sphaerophysa （1）
Stylosanthes （2）
Tadehagi （2）
Tamarindus （1）
Tephrosia （11）
Teramnus （1）
Teyleria （1）
Thermopsis （12）
Tibetia （5）
Trifidacanthus （1）
Trifolium （13）
Trigonella （8）
Uraria （7）
Urariopsis （2）
Vicia （40）
Vigna （14）
Wisteria （4）
Zenia （1）
Zornia （2）

Fagaceae 壳斗科 （7 属，295 种）
Castanea （4）
Castanopsis （58）
Cyclobalanopsis （69）
Fagus （4）
Lithocarpus （123）
Quercus （35）
Trigonobalanus （1）
Flagellariaceae 须叶藤科 （1 属，1 种）
Flagellaria （1）
Frankeniaceae 瓣鳞花科 （1 属，1 种）
Frankenia （1）

G

arryaceae 绞木科 （1 属，10 种）
Aucuba （10）
Gelsemiaceae 胡蔓藤科 （1 属，1 种）
Gelsemium （1）
Gentianaceae 龙胆科 （22 属，420 种）
Canscora （3）
Centaurium （2）
Comastoma （11）
Crawfurdia （14）
Exacum （3）
Fagraea （1）
Gentiana （239）
Gentianella （9）
Gentianopsis （5）
Halenia （2）
Jaeschkea （2）
Latouchea （1）
Lomatogoniopsis （3）
Lomatogonium （20）
Megacodon （2）
Metagentiana （11）
Pterygocalyx （1）
Sebaea （1）
Sinoswertia （1）
Swertia （73）
Tripterospermum （15）
Veratrilla （2）
Geraniaceae 牻牛儿苗科 （2 属，59 种）
Erodium （4）
Geranium （55）
Gesneriaceae 苦苣苔科 （60 属，421 种）
Aeschynanthus （30）
Allocheilos （1）
Allostigma （1）
Ancylostemon （13）
Anna （3）
Beccarinda （5）
Boea （3）
Boeica （7）
Bournea （2）
Briggsia （21）
Briggsiopsis （1）
Calcareoboea （1）
Cathayanthe （1）
Chirita （81）
Chiritopsis （9）
Conandron （1）
Corallodiscus （3）
Cyrtandra （1）
Cyrtandromoea （2）
Dayaoshania （1）
Deinocheilos （2）
Didymocarpus （31）
Didymostigma （1）
Dolicholoma （1）
Epithema （1）
Gyrocheilos （4）
Gyrogyne （1）
Hemiboea （21）
Hemiboeopsis （1）
Isometrum （14）
Lagarosolen （2）
Leptoboea （1）
Litostigma （2）
Loxostigma （7）
Lysionotus （28）
Metabriggsia （2）
Metapetrocosmea （1）
Opithandra （8）
Oreocharis （26）

Ornithoboea （5）
Paraboea （12）
Paraisometrum （1）
Paralagarosolen （1）
Petrocodon （1）
Petrocosmea （24）
Platystemma （1）
Primulina （1）
Pseudochirita （1）
Raphiocarpus （5）
Rhabdothamnopsis （1）
Rhynchoglossum （2）
Rhynchotechum （6）
Stauranthera （1）
Tengia （1）
Thamnocharis （1）
Titanotrichum （1）
Tremacron （7）
Trisepalum （1）
Wentsaiboea （1）
Whytockia （6）
Ginkgoaceae 银杏科 （1 属，1 种）
Ginkgo （1）
Gisekiaceae 吉粟草科 （1 属，2 种）
Gisekia （2）
Gleicheniaceae 里白科 （3 属，15 种）
Dicranopteris （5）
Diplopterygium （9）
Sticherus （1）
Gnetaceae 买麻藤科 （1 属，9 种）
Gnetum （9）
Goodeniaceae 草海桐科 （2 属，3 种）
Goodenia （1）
Scaevola （2）
Grossulariaceae 茶藨子科 （1 属，59 种）
Ribes （59）

H

Haloragaceae 小二仙草科 （2 属，13 种）
Gonocarpus （2）
Myriophyllum （11）
Hamamelidaceae 金缕梅科 （15 属，61 种）
Chunia （1）
Corylopsis （20）
Disanthus （1）
Distyliopsis （5）
Distylium （12）
Eustigma （3）
Exbucklandia （3）
Fortunearia （1）
Hamamelis （1）
Loropetalum （3）
Mytilaria （1）
Parrotia （1）
Rhodoleia （6）
Sinowilsonia （1）
Sycopsis （2）
Helwingiaceae 青荚叶科 （1 属，4 种）
Helwingia （4）
Hernandiaceae 莲叶桐科 （2 属，16 种）
Hernandia （1）
Illigera （15）
Hydrangeaceae 绣球花科 （11 属，125 种）
Cardiandra （2）
Decumaria （1）
Deinanthe （1）
Deutzia （50）
Dichroa （6）
Hydrangea （33）
Kirengeshoma （1）
Philadelphus （22）
Pileostegia （2）
Platycrater （1）
Schizophragma （6）
Hydrocharitaceae 水鳖科 （11 属，34 种）
Blyxa （5）
Egeria （1）
Enhalus （1）
Halophila （4）
Hydrilla （1）
Hydrocharis （1）
Najas （11）

Nechamandra （1）
Ottelia （5）
Thalassia （1）
Vallisneria （3）
Hydroleaceae 田基麻科 （1属，1种）
Hydrolea （1）
Hymenophyllaceae 膜蕨科（7属，50余种）
Abrodictyum （3）
Callistopteris （1）
Cephalomanes （1）
Crepidomanes （11）
Didymoglossum （5）
Hymenophyllum （22）
Vandenboschia （7）
Hypericaceae 金丝桃科 （4属，69种）
Cratoxylum （2）
Hypericum （64）
Lianthus （1）
Triadenum （2）
Hypodematiaceae 肿足蕨科 （2属，13种）
Hypodematium （12）
Leucostegia （1）
Hypoxidaceae 仙茅科 （2属，8种）
Curculigo （7）
Hypoxis （1）

I

Icacinaceae 茶茱萸科 （10属，19种）
Apodytes （1）
Hosiea （1）
Iodes （4）
Mappianthus （1）
Natsiatopsis （1）
Natsiatum （1）
Nothapodytes （6）
Pittosporopsis （1）
Platea （2）
Pyrenacantha （1）
Iridaceae 鸢尾科 （2属，61种）
Crocus （2）
Iris （59）
Isoëtaceae 水韭科 （1属，5种）
Isoëtes （5）
Iteaceae 鼠刺科 （1属，15种）
Itea （15）
Ixioliriaceae 鸢尾蒜科 （1属，2种）
Ixiolirion （2）
Ixonanthaceae 粘木科 （1属，1种）
Ixonanthes （1）

J

Juglandaceae 胡桃科 （8属，27种）
Annamocarya （1）
Carya （4）
Cyclocarya （1）
Engelhardia （6）
Juglans （5）
Platycarya （2）
Pterocarya （7）
Rhoiptelea （1）
Juncaceae 灯心草科 （2属，92种）
Juncus （76）
Luzula （16）
Juncaginaceae 水麦冬科 （1属，2种）
Triglochin （2）

L

Lamiaceae 唇形科 （96属，约970种）
Achyrospermum （2）
Agastache （1）
Ajuga （18）
Amethystea （1）
Anisochilus （2）
Anisomeles （1）
Basilicum （1）
Betonica （1）
Callicarpa （48）
Caryopteris （7）
Chaiturus （1）
Chamaesphacos （1）
Chelonopsis （13）
Clerodendrum （34）
Clinopodium （11）
Colebrookea （1）

Coleus （6）
Colquhounia （5）
Comanthosphace （3）
Congea （2）
Craniotome （1）
Cymaria （2）
Dracocephalum （35）
Elsholtzia （33）
Eriophyton （4 或 5）
Eurysolen （1）
Galeopsis （1）
Garrettia （1）
Glechoma （5）
Gmelina （7）
Gomphostemma （15）
Hanceola （8）
Heterolamium （1）
Holocheila （1）
Hymenopyramis （1）
Hyptis （4）
Hyssopus （3）
Isodon （80）
Keiskea （5）
Lagochilus （11）
Lagopsis （3）
Lallemantia （1）
Lamium （4）
Lavandula （2）
Leonurus （12）
Leucas （8）
Leucosceptrum （1）
Lophanthus （4）
Loxocalyx （2）
Lycopus （4）
Marmoritis （5）
Marrubium （1）
Meehania （5）
Melissa （3）
Mentha （12）
Metastachydium （1）
Micromeria （5）
Microtoena （16）
Monarda （2）
Mosla （12）
Nepeta （42）
Ocimum （5）
Ombrocharis （1）
Origanum （1）
Orthosiphon （3）
Panzerina （2）
Paralamium （1）
Paraphlomis （23）
Perilla （1）
Perovskia （2）
Phlomis （1）
Phlomoides （40）
Platostoma （4）
Pogostemon （27）
Premna （46）
Prunella （4）
Rosmarinus （1）
Rostrinucula （2）
Rubiteucris （2）
Salvia （86）
Schnabelia （2）
Scutellaria （102）
Sideritis （2）
Siphocranion （2）
Sphenodesme （4）
Stachyopsis （3）
Stachys （18）
Suzukia （2）
Symphorema （1）
Tectona （1）
Teucrium （18）
Thymus （11）
Tsoongia （1）
Vitex （14）
Wenchengia （1）
Ziziphora （4）
Lardizabalaceae **木通科** （5 属，34 种）
Akebia （5）
Decaisnea （1）

Sargentodoxa （1）
Sinofranchetia （1）
Stauntonia （26）
Lauraceae 樟科 （25 属，445 种）
Actinodaphne （17）
Alseodaphne （10）
Beilschmiedia （39）
Caryodaphnopsis （3）
Cassytha （1）
Cinnamomum （49）
Cryptocarya （21）
Dehaasia （3）
Dodecadenia （1）
Endiandra （3）
Iteadaphne （1）
Laurus （1）
Lindera （38）
Litsea （74）
Machilus （82）
Neocinnamomum （5）
Neolitsea （45）
Nothaphoebe （2）
Parasassafras （1）
Persea （1）
Phoebe （35）
Sassafras （2）
Sinopora （1）
Sinosassafras （1）
Syndiclis （9）
Lecythidaceae 玉蕊科 （1 属，3 种）
Barringtonia （3）
Lentibulariaceae 狸藻科 （2 属，27 种）
Pinguicula （2）
Utricularia （25）
Liliaceae 百合科 （13 属，148 种）
Amana （3）
Cardiocrinum （2）
Clintonia （1）
Erythronium （2）
Fritillaria （24）
Gagea （17）
Lilium （55）
Lloydia （8）
Nomocharis （6）
Notholirion （3）
Streptopus （5）
Tricyrtis （9）
Tulipa （13）
Linaceae 亚麻科 （4 属，14 种）
Anisadenia （2）
Linum （9）
Reinwardtia （1）
Tirpitzia （2）
Linderniaceae 母草科 （4 属，19 种）
Legazpia （1）
Lindernia （5）
Picria （1）
Torenia （12）
Lindsaeaceae 鳞始蕨科 （4 属，18 种）
Lindsaea （13）
Odontosoria （2）
Osmolindsaea （2）
Tapeinidium （1）
Loganiaceae 马钱科 （5 属，28 种）
Gardneria （5）
Geniostoma （1）
Mitrasacme （2）
Mitreola （9）
Strychnos （11）
Lomariopsidaceae 藤蕨科 （2 属，4 种）
Cyclopeltis （1）
Lomariopsis （3）
Loranthaceae 桑寄生科 （8 属，51 种）
Dendrophthoë （1）
Elytranthe （2）
Helixanthera （7）
Loranthus （6）
Macrosolen （5）
Scurrula （10）
Taxillus （18）
Tolypanthus （2）

Lowiaceae 兰花蕉科 （1属，2种）
Orchidantha （2）
Lycopodiaceae 石松科 （4属，67种）
Huperzia （49）
Lycopodiella （3）
Lycopodium （15）
Phlegmariurus（22）
Lygodiaceae 海金沙科 （1属，9种）
Lygodium （9）
Lythraceae 千屈菜科 （11属，45种）
Ammannia （4）
Duabanga （2）
Lagerstroemia （15）
Lythrum （2）
Pemphis （1）
Peplis （1）
Punica （1）
Rotala （10）
Sonneratia （6）
Trapa （2）
Woodfordia （1）

M

Magnoliaceae 木兰科 （13属，108-112种）
Alcimandra （1）
Houpoëa （3）
Lirianthe （8）
Liriodendron （1）
Magnolia （1）
Manglietia （27-29）
Michelia （37-39）
Oyama （4）
Pachylarnax （1）
Parakmeria （5）
Talauma （1）
Woonyoungia （1）
Yulania （18）
Malpighiaceae 金虎尾科 （4属，21种）
Aspidopterys （9）
Hiptage （10）
Ryssopterys （1）
Tristellateia （1）
Malvaceae 锦葵科 （51属，246种）
Abelmoschus （6）
Abutilon （9）
Alcea （2）
Althaea （1）
Ambroma （1）
Berrya （1）
Bombax （3）
Burretiodendron （4）
Byttneria （3）
Ceiba （1）
Cenocentrum （1）
Colona （2）
Commersonia （1）
Corchoropsis （1）
Corchorus （4）
Craigia （2）
Decaschistia （1）
Diplodiscus （1）
Eriolaena （6）
Firmiana （7）
Gossypium （4）
Grewia （27）
Helicteres （10）
Herissantia （1）
Heritiera （3）
Hibiscus （25）
Kleinhovia （1）
Kydia （2）
Lavatera （1）
Malva （3）
Malvastrum （2）
Malvaviscus （2）
Melhania （1）
Melochia （1）
Microcos （3）
Nayariophyton （1）
Pachira （1）
Paradombeya （1）
Pentapetes （1）
Pterospermum （9）

Pterygota（1）
Reevesia（15）
Sida（14）
Sterculia（26）
Theobroma（1）
Thespesia（2）
Tilia（19）
Triumfetta（7）
Urena（3）
Waltheria（1）
Wissadula（1）
Marantaceae 竹芋科（4 属，8 种）
Donax（1）
Maranta（1）
Phrynium（5）
Stachyphrynium（1）
Marattiaceae 合囊蕨科（3 属，30 种）
Angiopteris（28）
Christensenia（1）
Ptisana（1）
Marsileaceae 蘋科（1 属，3 种）
Marsilea（3）
Martyniaceae 角胡麻科（1 属，1 种）
Martynia（1）
Mazaceae 通泉草科（3 属，28 种）
Dodartia（1）
Lancea（2）
Mazus（25）
Melanthiaceae 黑药花科（7 属，49 种）
Chionographis（3）
Heloniopsis（2）
Paris（21）
Trillium（5）
Veratrum（13）
Ypsilandra（4）
Zigadenus（1）
Melastomataceae 野牡丹科（21 属，114 种）
Allomorphia（4）
Astronia（1）
Barthea（1）
Blastus（9）
Bredia（11）
Cyphotheca（1）
Diplectria（1）
Fordiophyton（9）
Medinilla（11）
Melastoma（5）
Memecylon（11）
Osbeckia（5）
Oxyspora（4）
Phyllagathis（24）
Plagiopetalum（2）
Sarcopyramis（2）
Scorpiothyrsus（3）
Sonerila（6）
Sporoxeia（2）
Styrophyton（1）
Tigridiopalma（1）
Meliaceae 楝科（17 属，40 种）
Aglaia（8）
Aphanamixis（1）
Cedrela（1）
Chisocheton（1）
Chukrasia（1）
Cipadessa（1）
Dysoxylum（11）
Heynea（2）
Khaya（1）
Melia（1）
Munronia（2）
Reinwardtiodendron（1）
Swietenia（1）
Toona（4）
Turraea（1）
Walsura（2）
Xylocarpus（1）
Menispermaceae 防己科（19 属，77 种）
Albertisia（1）
Arcangelisia（1）
Aspidocarya（1）
Cissampelos（1）

Cocculus （2）
Cyclea （13）
Diploclisia （2）
Eleutharrhena （1）
Fibraurea （1）
Hypserpa （1）
Menispermum （1）
Pachygone （3）
Parabaena （1）
Pericampylus （1）
Pycnarrhena （2）
Sinomenium （1）
Stephania （37）
Tinomiscium （1）
Tinospora （6）
Menyanthaceae 睡菜科 （2 属，7 种）
Menyanthes （1）
Nymphoides （6）
Mitrastemonaceae 帽蕊草科 （1 属，1 种）
Mitrastemon （1）
Molluginaceae 粟米草科 （2 属，6 种）
Glinus （2）
Mollugo （4）
Moraceae 桑科 （9 属，144 种）
Antiaris （1）
Artocarpus （14）
Broussonetia （4）
Fatoua （2）
Ficus （99）
Maclura （5）
Malaisia （1）
Morus （11）
Streblus （7）
Moringaceae 辣木科 （1 属，1 种）
Moringa （1）
Musaceae 芭蕉科 （3 属，14 种）
Ensete （2）
Musa （11）
Musella （1）
Myricaceae 杨梅科 （1 属，4 种）
Myrica （4）
Myristicaceae 肉豆蔻科 （3 属，11 种）
Horsfieldia （3）
Knema （6）
Myristica （2）
Myrtaceae 桃金娘科 （10 属，121 种）
Baeckea （1）
Decaspermum （8）
Eucalyptus （25）
Eugenia （1）
Lophostemon （1）
Melaleuca （1）
Psidium （2）
Rhodamnia （1）
Rhodomyrtus （1）
Syzygium （80）

N

Nartheciaceae 纳茜菜科 （1 属，16 种）
Aletris （16）
Nelumbonaceae 莲科 （1 属，1 种）
Nelumbo （1）
Nepenthaceae 猪笼草科 （1 属，1 种）
Nepenthes （1）
Nephrolepidaceae 肾蕨科 （1 属，5 种）
Nephrolepis （5）
Nitrariaceae 白刺科 （2 属，8 种）
Nitraria （5）
Peganum （3）
Nyctaginaceae 紫茉莉科 （6 属，13 种）
Boerhavia （4）
Bougainvillea （2）
Commicarpus （2）
Mirabilis （1）
Oxybaphus （1）
Pisonia （3）
Nymphaeaceae 睡莲科 （3 属，8 种）
Euryale （1）
Nuphar （2）
Nymphaea （5）

O

Ochnaceae 金莲木科 （3 属，4 种）
Campylospermum （2）

Ochna （1）
Sauvagesia （1）
Olacaceae 铁青树科 （4 属，6 种）
Erythropalum （1）
Malania （1）
Olax （3）
Ximenia （1）
Oleaceae 木犀科 （10 属，160 种）
Chionanthus （7）
Fontanesia （1）
Forsythia （6）
Fraxinus （22）
Jasminum （43）
Ligustrum （27）
Myxopyrum （2）
Olea （13）
Osmanthus （23）
Syringa （16）
Oleandraceae 条蕨科 （1 属，5 种）
Oleandra （5）
Onagraceae 柳叶菜科 （6 属，64 种）
Chamerion （4）
Circaea （7）
Epilobium （33）
Gaura （1）
Ludwigia （9）
Oenothera （10）
Onocleaceae 球子蕨科 （3 属，4 种）
Matteuccia （1）
Onoclea （1）
Pentarhizidium （2）
Ophioglossaceae 瓶尔小草科（3 属，21 种）
Botrychium （12）
Helminthostachys （1）
Ophioglossum （9）
Opiliaceae 山柚子科 （5 属，5 种）
Cansjera （1）
Champereia （1）
Lepionurus （1）
Opilia （1）
Urobotrya （1）
Orchidaceae 兰科 （171 属，约 1350 种）
Acampe （3）
Acanthephippium （3）
Acriopsis （1）
Aerides （5）
Aeridostachya （1）
Agrostophyllum （3）
Ania （4）
Anoectochilus （20）
Anthogonium （1）
Aphyllorchis （5）
Apostasia （3）
Appendicula （4）
Arachnis （1）
Arundina （1）
Biermannia （1）
Bletilla （4）
Brachycorythis （2）
Bryobium （1）
Bulbophyllum （124）
Bulleyia （1）
Calanthe （51）
Callostylis （2）
Calypso （1）
Campanulorchis （1）
Cephalanthera （9）
Ceratostylis （3）
Chamaeanthus （1）
Chamaegastrodia （4）
Changnienia （2）
Cheirostylis （17）
Chiloschista （3）
Chrysoglossum （2）
Cleisostoma （17）
Cleisostomopsis （1）
Coelogyne （31）
Collabium （3）
Conchidium （4）
Corallorhiza （1）
Corybas （5）
Corymborkis （1）

Cremastra （4）
Crepidium （17）
Cryptochilus （3）
Cryptostylis （1）
Cymbidium （30）
Cypripedium （32）
Cyrtosia （3）
Cystorchis （1）
Dactylorhiza （6）
Danxiaorchis （1）
Dendrobium （85）
Dendrochilum （1）
Dendrolirium （2）
Didymoplexiella （1）
Didymoplexiopsis （1）
Didymoplexis （1）
Dienia （2）
Diglyphosa （1）
Diplomeris （2）
Diploprora （1）
Disperis （1）
Epigeneium （7）
Epipactis （7）
Epipogium （3）
Eria （7）
Eriodes （1）
Erythrodes （1）
Erythrorchis （11）
Eulophia （13）
Galearis （5）
Galeola （4）
Gastrochilus （28）
Gastrodia （20）
Gennaria （1）
Geodorum （5）
Goodyera （29）
Grosourdya （1）
Gymnadenia （5）
Habenaria （54）
Hancockia （1）
Haraella （1）
Hemipilia （9）
Herminium （30）
Herpysma （1）
Hetaeria （5）
Holcoglossum （15）
Hsenhsua （1）
Hylophila （1）
Ischnogyne （1）
Kuhlhasseltia （1）
Lecanorchis （5）
Liparis （60）
Ludisia （1）
Luisia （14）
Malaxis （1）
Micropera （2）
Microtis （1）
Mycaranthes （2）
Myrmechis （5）
Neogyna （1）
Neottia （35）
Nervilia （8）
Neuwiedia （1）
Oberonia （33）
Oberonioides （1）
Odontochilus （11）
Orchis （1）
Oreorchis （11）
Otochilus （4）
Oxystophyllum （1）
Pachystoma （2）
Panisea （5）
Paphiopedilum （32）
Papilionanthe （2）
Parapteroceras （1）
Pecteilis （3）
Pelatantheria （3）
Pelexia （1）
Pennilabium （2）
Peristylus （10）
Phalaenopsis （10）
Pholidota （12）

Phreatia （4）
Pinalia （13）
Platanthera （51）
Pleione （23）
Podochilus （2）
Pogonia （3）
Polystachya （1）
Pomatocalpa （2）
Ponerorchis （35）
Porpax （1或2）
Pteroceras （2）
Renanthera （3）
Rhomboda （4）
Rhynchostylis （2）
Risleya （1）
Robiquetia （2）
Saccolabiopsis （2）
Sarcoglyphis （2）
Sarcophyton （1）
Satyrium （3）
Schoenorchis （3）
Sirindhornia （2）
Smitinandia （1）
Spathoglottis （3）
Spiranthes （3）
Staurochilus （3）
Stereochilus （3）
Stereosandra （1）
Stigmatodactylus （1）
Taeniophyllum （2或3）
Tainia （4）
Thaia （1）
Thelasis （2）
Thrixspermum （12）
Thunia （2）
Tipularia （4）
Trichoglottis （2）
Trichotosia （4）
Tropidia （5）
Tsaiorchis （1）
Tuberolabium （1）
Uncifera （3）
Vanda （18）
Vandopsis （2）
Vanilla （3）
Vrydagzynea （1）
Yoania （1）
Zeuxine （13）
Zeuxinella （1）

Orobanchaceae 列当科（35属，约471种）

Aeginetia （3）
Alectra （1）
Boschniakia （2）
Brandisia （8）
Buchnera （1）
Castilleja （1）
Centranthera （3）
Christisonia （1）
Cistanche （5）
Cymbaria （2）
Euphrasia （14）
Gleadovia （2）
Lathraea （1）
Leptorhabdos （1）
Lindenbergia （3）
Mannagettaea （2）
Melampyrum （3）
Monochasma （2）
Odontites （1）
Omphalotrix （1）
Orobanche （23）
Pedicularis （362）
Petitmenginia （1）
Phacellanthus （1）
Phtheirospermum （3或4）
Pseudobartsia （1）
Pterygiella （3）
Rehmannia （6）
Rhinanthus （1）
Siphonostegia （2）
Sopubia （4）
Striga （3）

Triaenophora （2）
Triphysaria （1）
Xizangia （1）
Osmundaceae 紫萁科 （4 属，8 种）
Claytosmunda （1）
Osmunda （2）
Osmundastrum （1）
Plenasium （4）
Oxalidaceae 酢浆草科 （3 属，13 种）
Averrhoa （2）
Biophytum （3）
Oxalis （8）

P

Paeoniaceae 芍药科 （1 属，15 种）
Paeonia （15）
Pandaceae 攀打木科 （1 属，1 种）
Microdesmis （1）
Pandanaceae 露兜树科 （2 属，7 种）
Freycinetia （1）
Pandanus （6）
Papaveraceae 罂粟科 （19 属，443 种）
Adlumia （1）
Argemone （1）
Chelidonium （1）
Corydalis （357）
Dactylicapnos （10）
Dicranostigma （3）
Eomecon （1）
Eschscholzia （1）
Fumaria （2）
Glaucium （3）
Hylomecon （1）
Hypecoum （4）
Ichtyoselmis （1）
Lamprocapnos （1）
Macleaya （2）
Meconopsis （43）
Papaver （7）
Roemeria （2）
Stylophorum （2）
Passifloraceae 西番莲科 （2 属，23 种）
Adenia （3）
Passiflora （20）
Paulowniaceae 泡桐科 （2 属，8 种）
Paulownia （7）
Wightia （1）
Pedaliaceae 胡麻科 （1 属，1 种）
Sesamum （1）
Pentaphragmataceae 五膜草科 （1 属，2 种）
Pentaphragma （2）
Pentaphylacaceae 五列木科（7 属，130 种）
Adinandra （22）
Anneslea （1）
Cleyera （9）
Eurya （83）
Euryodendron （1）
Pentaphylax （1）
Ternstroemia （13）
Penthoraceae 扯根菜科 （1 属，1 种）
Penthorum （1）
Petrosaviaceae 无叶莲科 （1 属，2 种）
Petrosavia （2）
Philydraceae 田葱科 （1 属，1 种）
Philydrum （1）
Phrymaceae 透骨草科 （3 属，11 种）
Erythranthe （9）
Microcarpaea （1）
Phryma （1）
Phyllanthaceae 叶下珠科 （15 属，128 种）
Actephila （3）
Antidesma （11）
Aporosa （4）
Baccaurea （2）
Bischofia （2）
Breynia （5）
Bridelia （7）
Cleistanthus （7）
Flueggea （4）
Glochidion （28）
Leptopus （6）

Margarititaria　（1）
Phyllanthus　（32）
Richeriella　（1）
Sauropus　（15）
Phytolaccaceae 商陆科　（2 属，5 种）
Phytolacca　（4）
Rivina　（1）
Pinaceae 松科　（11 属，102 种）
Abies　（20）
Cathaya　（1）
Cedrus　（1）
Keteleeria　（3）
Larix　（11）
Nothotsuga　（1）
Picea　（18）
Pinus　（39）
Pseudolarix　（1）
Pseudotsuga　（3）
Tsuga　（4）
Piperaceae 胡椒科　（3 属，68 种）
Peperomia　（7）
Piper　（60）
Zippelia　（1）
Pittosporaceae 海桐花科　（1 属，44 种）
Pittosporum　（44）
Plagiogyriaceae 瘤足蕨科　（1 属，8 种）
Plagiogyria　（8）
Plantaginaceae 车前科　（21 属，165 种）
Adenosma　（4）
Bacopa　（2）
Callitriche　（8）
Deinostema　（2）
Digitalis　（1）
Dopatrium　（1）
Ellisiophyllum　（1）
Gratiola　（3）
Hemiphragma　（1）
Hippuris　（2）
Lagotis　（17）
Limnophila　（10）
Linaria　（10）
Neopicrorhiza　（1）
Plantago　（22）
Scoparia　（1）
Scrofella　（1）
Stemodia　（1）
Trapella　（1）
Veronica　（63）
Veronicastrum　（13）
Platanaceae 悬铃木科　（1 属，3 种）
Platanus　（3）
Plumbaginaceae 白花丹科　（7 属，46 种）
Acantholimon　（11）
Ceratostigma　（5）
Goniolimon　（4）
Ikonnikovia　（1）
Limonium　（22）
Plumbagella　（1）
Plumbago　（2）
Poaceae 禾本科　（227 属，1797 种）
Achnatherum　（18）
Acidosasa　（10）
Acrachne　（1）
Acroceras　（2）
Aegilops　（1）
Aeluropus　（4）
Agropogon　（1）
Agropyron　（5）
Agrostis　（25）
Aira　（1）
Alloteropsis　（2）
Alopecurus　（8）
Ampelocalamus　（13）
Andropogon　（2）
Aniselytron　（2）
Anthoxanthum　（10）
Apluda　（1）
Apocopis　（4）
Aristida　（10）
Arrhenatherum　（1）
Arthraxon　（12）
Arundinella　（20）

Arundo （2）
Avena （5）
Axonopus （2）
Bambusa （80）
Bashania （10）
Beckmannia （1）
Bonia （4）
Bothriochloa （3）
Bouteloua （2）
Brachiaria （9）
Brachyelytrum （1）
Brachypodium （5）
Briza （3）
Bromus （55）
Brylkinia （1）
Buchloë （1）
Calamagrostis （6）
Capillipedium （5）
Catabrosa （2）
Cenchrus （4）
Centotheca （1）
Cephalostachyum （6）
Chikusichloa （2）
Chimonobambusa （34）
Chimonocalamus （9）
Chionachne （1）
Chloris （5）
Chrysopogon （4）
Cinna （1）
Cleistogenes （10）
Coelachne （1）
Coix （2）
Coleanthus （1）
Colpodium （5）
Cortaderia （1）
Crypsis （2）
Cyathopus （1）
Cymbopogon （24）
Cynodon （2）
Cynosurus （1）
Cyrtococcum （2）
Dactylis （1）
Dactyloctenium （1）
Danthonia （2）
Dendrocalamus （27）
Deschampsia （3）
Desmostachya （1）
Deyeuxia （34）
Diarrhena （3）
Dichanthium （3）
Digitaria （22）
Dimeria （6）
Dinebra （1）
Drepanostachyum （4）
Duthiea （1）
Echinochloa （8）
Ehrharta （1）
Eleusine （2）
Elymus （88）
Elytrigia （2）
Elytrophorus （1）
Enneapogon （2）
Enteropogon （2）
Eragrostiella （1）
Eragrostis （32）
Eremochloa （5）
Eremopyrum （4）
Eriachne （1）
Eriochloa （2）
Eulalia （14）
Eulaliopsis （1）
Eustachys （1）
Fargesia （78）
Ferrocalamus （2）
Festuca （55）
Gaoligongshania （1）
Garnotia （5）
Gelidocalamus （9）
Germainia （1）
Gigantochloa （6）
Glyceria （10）
Hackelochloa （2）

Harpachne （1）
Helictotrichon （14）
Hemarthria （6）
Heteropogon （3）
Himalayacalamus （2）
Holcus （1）
Hordeum （10）
Hygroryza （1）
Hymenachne （3）
Hyparrhenia （5）
Hystrix （4）
Ichnanthus （1）
Imperata （3）
Indocalamus （22）
Indosasa （13）
Isachne （18）
Ischaemum （12）
Kengyilia （24）
Koeleria （4）
Leersia （4）
Leptaspis （1）
Leptochloa （3）
Lepturus （1）
Leymus （24）
Littledalea （4）
Lolium （6）
Lophatherum （2）
Melica （23）
Melinis （2）
Melocalamus （4）
Melocanna （1）
Microchloa （1）
Microstegium （13）
Milium （1）
Miscanthus （7）
Mnesithea （4）
Molinia （1）
Muhlenbergia （6）
Neomicrocalamus （1）
Neyraudia （4）
Oligostachyum （15）
Ophiuros （1）
Oplismenus （4）
Orinus （4）
Orthoraphium （1）
Oryza （5）
Ottochloa （1）
Panicum （21）
Parapholis （1）
Paspalidium （2）
Paspalum （16）
Pennisetum （11）
Perotis （3）
Phacelurus （3）
Phaenosperma （1）
Phalaris （5）
Phleum （4）
Phragmites （3）
Phyllostachys （51）
Piptatherum （9）
Pleioblastus （17）
Poa （81）
Pogonatherum （3）
Polypogon （6）
Polytoca （1）
Polytrias （1）
Psammochloa （1）
Psathyrostachys （5）
Pseudanthistiria （1）
Pseudechinolaena （1）
Pseudopogonatherum （3）
Pseudoraphis （3）
Pseudoroegneria （1）
Pseudosasa （18）
Pseudosclerochloa （1）
Pseudosorghum （1）
Pseudostachyum （1）
Ptilagrostis （7）
Puccinellia （50）
Rottboellia （2）
Saccharum （12）
Sacciolepis （3）

Sasa （8）
Schismus （2）
Schizachne （1）
Schizachyrium （4）
Schizostachyum （9）
Sclerochloa （1）
Scolochloa （1）
Secale （3）
Sehima （1）
Semiarundinaria （3）
Setaria （14）
Setiacis （1）
Shibataea （7）
Sinobambusa （10）
Sinochasea （1）
Sorghum （5）
Spartina （2）
Sphaerocaryum （1）
Spinifex （1）
Spodiopogon （9）
Sporobolus （8）
Stenotaphrum （3）
Stephanachne （3）
Stipa （23）
Stipagrostis （2）
Thamnocalamus （1）
Themeda （13）
Thuarea （1）
Thyrsostachys （2）
Thysanolaena （1）
Tragus （2）
Trikeraia （3）
Tripogon （11）
Trisetum （12）
Triticum （4）
Urochloa （4）
Vulpia （1）
Yushania （58）
Zea （1）
Zizania （1）
Zoysia （5）

Podocarpaceae 罗汉松科 （4 属，12 种）
Dacrycarpus （1）
Dacrydium （1）
Nageia （3）
Podocarpus （7）

Podostemaceae 川苔草科 （3 属，4 种）
Cladopus （2）
Hydrobryum （1）
Terniopsis （1）

Polemoniaceae 花荵科 （1 属，3 种）
Polemonium （3）

Polygalaceae 远志科 （6 属，53 种）
Epirixanthes （1）
Heterosamara （3）
Polygala （41）
Salomonia （2）
Securidaca （2）
Xanthophyllum （4）

Polygonaceae 蓼科 （12 属，236 种）
Antenoron （1）
Atraphaxis （11）
Calligonum （23）
Fagopyrum （11）
Fallopia （7）
Koenigia （1）
Oxyria （2）
Polygonum （113）
Pteroxygonum （1）
Reynoutria （1）
Rheum （39）
Rumex （26）

Polypodiaceae 水龙骨科 （36 属，260 种）
Aglaomorpha （3）
Arthromeris （17）
Calymmodon （2）
Christiopteris （1）
Chrysogrammitis （1）
Ctenopterella （1）
Dasygrammitis （1）
Drynaria （9）

Goniophlebium （2）
Gymnogrammitis （1）
Himalayopteris （1）
Lemmaphyllum （5）
Lepidomicrosorium （3）
Lepisorus （49）
Leptochilus （13）
Loxogramme （12）
Micropolypodium （3）
Microsorum （5）
Neocheiropteris （2）
Neolepisorus （5）
Oreogrammitis （7）
Phymatopteris （47）
Phymatosorus （6）
Platycerium （1）
Pleurosoriopsis （1）
Polypodiastrum （3）
Polypodium （15）
Prosaptia （3）
Pyrrosia （32）
Radiogrammitis （4）
Scleroglossum （1）
Selliguea （1）
Themelium （2）
Tomophyllum （1）
Tricholepidium （1）
Xiphopterella （1）
Pontederiaceae 雨久花科 （2属，5种）
Eichhornia （1）
Monochoria （4）
Portulacaceae 马齿苋科 （1属，5种）
Portulaca （5）
Posidoniaceae 波喜荡草科 （1属，1种）
Posidonia （1）
Potamogetonaceae 眼子菜科（3属，25种）
Potamogeton （20）
Stuckenia （4）
Zannichellia （1）
Primulaceae 报春花科 （17属，652种）
Aegiceras （1）
Anagallis （1）
Androsace （73）
Ardisia （68）
Bryocarpum （1）
Cortusa （1）
Embelia （14）
Lysimachia （139）
Maesa （29）
Myrsine （11）
Omphalogramma （9）
Pomatosace （1）
Primula （300）
Sadiria （1）
Samolus （1）
Stimpsonia （1）
Trientalis （1）
Proteaceae 山龙眼科 （3属，25种）
Helicia （20）
Heliciopsis （3）
Macadamia （2）
Psilotaceae 松叶蕨科 （1属，1种）
Psilotum （1）
Pteridaceae 凤尾蕨科 （19属，233种）
Acrostichum （2）
Adiantum （34）
Aleuritopteris （29）
Anogramma （2）
Antrophyum （9）
Calciphilopteris （1）
Ceratopteris （2）
Cheilanthes （17）
Coniogramme （22）
Cryptogramma （3）
Doryopteris （1）
Haplopteris （13）
Onychium （8）
Paragymnopteris （5）
Parahemionitis （1）
Pellaea （2）
Pityrogramma （1）
Pteris （78）

Taenitis （1）
Putranjivaceae 假黄杨科 （2属，14种）
Drypetes （12）
Putranjiva （2）

R

Rafflesiaceae 大花草科 （1属，1种）
Sapria （1）
Ranunculaceae 毛茛科 （35属，923种）
Aconitum （211）
Actaea （11）
Adonis （10）
Anemoclema （1）
Anemone （64）
Aquilegia （13）
Asteropyrum （2）
Beesia （2）
Calathodes （4）
Callianthemum （5）
Caltha （4）
Ceratocephala （2）
Clematis （147）
Coptis （6）
Delphinium （175）
Dichocarpum （11）
Enemion （1）
Eranthis （3）
Gymnaconitum （1）
Halerpestes （5）
Helleborus （1）
Hepatica （2）
Isopyrum （1）
Leptopyrum （1）
Metanemone （1）
Naravelia （2）
Nigella （2）
Oxygraphis （4）
Paraquilegia （2）
Paropyrum （1）
Ranunculus （133）
Semiaquilegia （1）
Thalictrum （76）
Trollius （16）
Urophysa （2）
Resedaceae 木犀草科 （2属，4种）
Oligomeris （1）
Reseda （3）
Restionaceae 帚灯草科 （1属，1种）
Dapsilanthus （1）
Rhachidosoraceae 轴果蕨科 （1属，5种）
Rhachidosorus （5）
Rhamnaceae 鼠李科 （13属，137种）
Alphitonia （1）
Berchemia （19）
Berchemiella （2）
Colubrina （2）
Gouania （2）
Hovenia （3）
Paliurus （5）
Rhamnella （8）
Rhamnus （57）
Sageretia （19）
Scutia （1）
Ventilago （6）
Ziziphus （12）
Rhizophoraceae 红树科 （6属，14种）
Bruguiera （3）
Carallia （4）
Ceriops （1）
Kandelia （2）
Pellacalyx （1）
Rhizophora （3）
Rosaceae 蔷薇科 （46属，942种）
Agrimonia （4）
Alchemilla （3）
Amelanchier （2）
Aria （11）
Aruncus （2）
Chaenomeles （4）
Chamaerhodos （5）
Comarum （2）
Cotoneaster （59）
Crataegus （18）

Cydonia　（1）
Dasiphora　（3）
Dichotomanthes　（1）
Docynia　（2）
Dryas　（1）
Eriobotrya　（14）
Exochorda　（1）
Filipendula　（7）
Fragaria　（9）
Geum　（11）
Kerria　（1）
Malus　（25）
Micromeles　（20）
Neillia　（17）
Osteomeles　（3）
Photinia　（27）
Physocarpus　（1）
Potaninia　（1）
Potentilla　（85）
Pourthiaea　（21）
Prinsepia　（4）
Prunus　（111）
Pseudocydonia　（1）
Pyracantha　（7）
Pyrus　（14）
Rhaphiolepis　（7）
Rhodotypos　（1）
Rosa　（95）
Rubus　（208）
Sanguisorba　（7）
Sibbaldia　（13）
Sibiraea　（3）
Sorbaria　（3）
Sorbus　（36）
Spenceria　（1）
Spiraea　（70）
Rubiaceae 茜草科　（103 属，743 种）
Acranthera　（1）
Adina　（3）
Aidia　（8）
Alleizettella　（1）
Antirhea　（1）
Argostemma　（6）
Asperula　（2）
Benkara　（7）
Brachytome　（3）
Caelospermum　（1）
Canthium　（4）
Catunaregam　（1）
Cephalanthus　（1）
Ceriscoides　（1）
Chassalia　（1）
Cinchona　（2）
Clarkella　（1）
Coffea　（5）
Coptosapelta　（1）
Damnacanthus　（11）
Dentella　（1）
Dimetia　（1）
Diodia　（2）
Diplospora　（3）
Dunnia　（1）
Duperrea　（1）
Emmenopterys　（1）
Foonchewia　（1）
Fosbergia　（3）
Galium　（64）
Gardenia　（5）
Geophila　（1）
Guettarda　（1）
Haldina　（1）
Hamelia　（1）
Hedyotis　（65）
Hemidiodia　（1）
Himalrandia　（1）
Hymenodictyon　（2）
Hyptianthera　（1）
Ixora　（18）
Keenania　（2）
Kelloggia　（1）
Knoxia　（2）
Lasianthus　（34）

Leptodermis （33）
Leptomischus （5）
Leptunis （1）
Lerchea （1）
Luculia （5）
Metadina （1）
Microphysa （1）
Mitchella （1）
Mitracarpus （1）
Mitragyna （3）
Morinda （27）
Mouretia （1）
Mussaenda （32）
Mycetia （15）
Myrioneuron （4）
Nauclea （1）
Neanotis （8）
Neohymenopogon （2）
Neolamarckia （1）
Neonauclea （4）
Nertera （3）
Oldenlandia （1）
Oldenlandiopsis （1）
Ophiorrhiza （68）
Paederia （11）
Pavetta （6）
Pentas （1）
Pertusadina （1）
Phuopsis （1）
Prismatomeris （1）
Pseudopyxis （1）
Psychotria （18）
Psydrax （1）
Richardia （2）
Rondeletia （1）
Rothmannia （1）
Rubia （40）
Rubovietnamia （3）
Saprosma （5）
Schizomussaenda （1）
Scleromitrion （5）
Scyphiphora （1）
Serissa （2）
Sherardia （1）
Sinoadina （1）
Spermacoce （7）
Spermadictyon （1）
Spiradiclis （39）
Tarenna （18）
Tarennoidea （1）
Thecagonum （2）
Theligonum （3）
Timonius （1）
Trailliaedoxa （1）
Uncaria （12）
Urophyllum （3）
Wendlandia （38）
Xanthophytum （3）

Ruppiaceae 川蔓藻科 （1 属，1-3 种）

Ruppia （1-3）

Rutaceae 芸香科 （23 属，127 种）

Acronychia （1）
Aegle （1）
Atalantia （7）
Boenninghausenia （1）
Citrus （11）
Clausena （10）
Dictamnus （1）
Glycosmis （11）
Haplophyllum （3）
Harrisonia （1）
Luvunga （1）
Maclurodendron （1）
Melicope （8）
Micromelum （2）
Murraya （9）
Orixa （1）
Paramignya （1）
Phellodendron （2）
Psilopeganum （1）
Skimmia （5）
Tetradium （7）

Toddalia（1）
Zanthoxylum（41）

S

Sabiaceae 清风藤科（2 属，46 种）
Meliosma（29）
Sabia（17）
Salicaceae 杨柳科（13 属，385 种）
Ahernia（1）
Bennettiodendron（4）
Carrierea（2）
Casearia（11）
Flacourtia（5）
Homalium（12）
Idesia（1）
Itoa（1）
Poliothyrsis（1）
Populus（62）
Salix（276）
Scolopia（5）
Xylosma（4）
Salvadoraceae 刺茉莉科（1 属，1 种）
Azima（1）
Salviniaceae 槐叶蘋科（2 属，4 种）
Azolla（2）
Salvinia（2）
Santalaceae 檀香科（10 属，51 种）
Arceuthobium（5）
Buckleya（2）
Dendrotrophe（6）
Korthalsella（1）
Osyris（1）
Phacellaria（6）
Pyrularia（1）
Scleropyrum（1）
Thesium（16）
Viscum（12）
Sapindaceae 无患子科（25 属，158 种）
Acer（99）
Aesculus（4）
Allophylus（11）
Amesiodendron（1）
Arytera（1）
Boniodendron（1）
Cardiospermum（1）
Delavaya（1）
Dimocarpus（4）
Dipteronia（2）
Dodonaea（1）
Eurycorymbus（1）
Handeliodendron（1）
Harpullia（1）
Koelreuteria（3）
Lepisanthes（8）
Litchi（1）
Mischocarpus（3）
Nephelium（3）
Paranephelium（2）
Pavieasia（2）
Pometia（1）
Sapindus（4）
Xanthoceras（1）
Xerospermum（1）
Sapotaceae 山榄科（11 属，23 种）
Chrysophyllum（1）
Diploknema（2）
Eberhardtia（2）
Madhuca（2）
Manilkara（1）
Palaquium（1）
Planchonella（3）
Pouteria（2）
Sarcosperma（5）
Sideroxylon（1）
Xantolis（3）
Saururaceae 三白草科（3 属，4 种）
Gymnotheca（2）
Houttuynia（1）
Saururus（1）
Saxifragaceae 虎耳草科（14 属，268 种）
Astilbe（7）

Astilboides （1）
Bergenia （6）
Chrysosplenium （35）
Micranthes （4）
Mitella （2）
Mukdenia （1）
Oresitrophe （1）
Peltoboykinia （1）
Rodgersia （4）
Saniculiphyllum （1）
Saxifraga （203）
Tanakaea （1）
Tiarella （1）
Scheuchzeriaceae 冰沼草科 （1 属，1 种）
Scheuchzeria （1）
Schisandraceae 五味子科 （3 属，54 种）
Illicium （27）
Kadsura （8）
Schisandra （19）
Schizaeaceae 莎草蕨科 （1 属，2 种）
Schizaea （2）
Schoepfiaceae 青皮木科 （1 属，4 种）
Schoepfia （4）
Sciadopityaceae 金松科 （1 属，1 种）
Sciadopitys （1）
Scrophulariaceae 玄参科 （8 属，68 种）
Buddleja （20）
Limosella （1）
Mimulicalyx （2）
Nathaliella （1）
Oreosolen （1）
Pentacoelium （1）
Scrophularia （36）
Verbascum （6）
Selaginellaceae 卷柏科 （1 属，72 种）
Selaginella （72）
Simaroubaceae 苦木科 （3 属，10 种）
Ailanthus （6）
Brucea （2）
Picrasma （2）
Sladeniaceae 肋果茶科 （1 属，2 种）
Sladenia （2）
Smilacaceae 菝葜科 （1 属，92 种）
Smilax （92）
Solanaceae 茄科 （20 属，102 种）
Anisodus （4）
Atropanthe （1）
Capsicum （1）
Cestrum （3）
Datura （3）
Hyoscyamus （2）
Lycianthes （10）
Lycium （7）
Lycopersicon （1）
Mandragora （2）
Nicandra （1）
Nicotiana （4）
Petunia （1）
Physaliastrum （7）
Physalis （5）
Physochlaina （6）
Przewalskia （1）
Solanum （41）
Tubocapsicum （1）
Withania （1）
Sphenocleaceae 尖瓣花科 （1 属，1 种）
Sphenoclea （1）
Stachyuraceae 旌节花科 （1 属，7 种）
Stachyurus （7）
Staphyleaceae 省沽油科 （3 属，20 种）
Euscaphis （1）
Staphylea （6）
Turpinia （13）
Stemonaceae 百部科 （2 属，8 种）
Croomia （1）
Stemona （7）
Stemonuraceae 金檀木科 （1 属，2 种）
Gomphandra （2）
Stixaceae 斑果藤科 （1 属，3 种）
Stixis （3）

Stylidiaceae 花柱草科　（1 属，2 种）
Stylidium　（2）
Styracaceae 安息香科　（11 属，55 种）
Alniphyllum　（3）
Bruinsmia　（1）
Changiostyrax　（1）
Halesia　（1）
Huodendron　（3）
Melliodendron　（1）
Parastyrax　（2）
Pterostyrax　（2）
Rehderodendron　（5）
Sinojackia　（5）
Styrax　（31）
Surianaceae 海人树科　（1 属，1 种）
Suriana　（1）
Symplocaceae 山矾科　（1 属，42 种）
Symplocos　（42）

T

Talinaceae 土人参科　（1 属，1 种）
Talinum　（1）
Tamaricaceae 柽柳科　（3 属，32 种）
Myricaria　（10）
Reaumuria　（4）
Tamarix　（18）
Tapisciaceae 瘿椒树科　（1 属，2 种）
Tapiscia　（2）
Taxaceae 红豆杉科　（5 属，21 种）
Amentotaxus　（3）
Cephalotaxus　（6）
Pseudotaxus　（1）
Taxus　（7）
Torreya　（4）
Tectariaceae 三叉蕨科　（3 属，39 种）
Arthropteris　（1）
Pteridrys　（3）
Tectaria　（35）
Tetramelaceae 四数木科　（1 属，1 种）
Tetrameles　（1）
Theaceae 山茶科　（6 属，145 种）
Apterosperma　（1）
Camellia　（97）
Polyspora　（6）
Pyrenaria　（13）
Schima　（13）
Stewartia　（15）
Thelypteridaceae 金星蕨科　（10 属，197 种）
Cyclogramma　（9）
Cyclosorus　（121）
Macrothelypteris　（7）
Metathelypteris（11）
Oreopteris　（2）
Parathelypteris（24）
Phegopteris　（3）
Pseudophegopteris　（12）
Stegnogramma　（6）
Thelypteris　（2）
Thymelaeaceae 瑞香科　（9 属，115 种）
Aquilaria　（2）
Daphne　（52）
Diarthron　（4）
Edgeworthia　（4）
Eriosolena　（1）
Rhamnoneuron　（1）
Stellera　（1）
Thymelaea　（1）
Wikstroemia　（49）
Tofieldiaceae 岩菖蒲科　（1 属，3 种）
Tofieldia　（3）
Torricelliaceae 鞘柄木科　（1 属，2 种）
Torricellia　（2）
Triuridaceae 霉草科　（1 属，5 种）
Sciaphila　（5）
Trochodendraceae 昆栏树科　（2 属，2 种）
Tetracentron　（1）
Trochodendron　（1）
Tropaeolaceae 旱金莲科　（1 属，1 种）
Tropaeolum　（1）
Typhaceae 香蒲科　（2 属，23 种）
Sparganium　（11）
Typha　（12）

U

Ulmaceae 榆科 （3 属，25 种）
Hemiptelea （1）
Ulmus （21）
Zelkova （3）
Urticaceae 荨麻科 （26 属，约 430 种）
Archiboehmeria （1）
Boehmeria （25）
Chamabainia （1）
Cypholophus （1）
Debregeasia （6）
Dendrocnide （6）
Droguetia （1）
Elatostema （234）
Girardinia （1）
Gonostegia （3）
Laportea （7）
Lecanthus （3）
Leucosyke （1）
Maoutia （2）
Nanocnide （2）
Oreocnide （10）
Parietaria （1）
Pellionia （20）
Pilea （80）
Pipturus （1）
Poikilospermum （3）
Pouzolzia （4）
Procris （1）
Sarcochlamys （1）
Urtica （14）
Zhengyia （1）

V

Velloziaceae 翡若翠科 （1 属，1 种）
Acanthochlamys （1）
Verbenaceae 马鞭草科 （5 属，8 种）
Duranta （1）
Lantana （2）
Phyla （1）
Stachytarpheta （1）
Verbena （3）
Violaceae 堇菜科 （3 属，101 种）
Hybanthus （1）
Rinorea （4）
Viola （96）
Vitaceae 葡萄科 （9 属，156 种）
Ampelocissus （5）
Ampelopsis （17）
Cayratia （17）
Cissus （15）
Leea （10）
Parthenocissus （9）
Tetrastigma （44）
Vitis （37）
Yua （2）

W

Woodsiaceae 岩蕨科 （1 属，25 种）
Woodsia （25）

X

Xyridaceae 黄眼草科 （1 属，6 种）
Xyris （6）

Z

Zingiberaceae 姜科 （20 属，216 种）
Alpinia （51）
Amomum （39）
Boesenbergia （3）
Caulokaempferia （1）
Cautleya （3）
Curcuma （12）
Elettariopsis （1）
Etlingera （3）
Globba （5）
Hedychium （28）
Hornstedtia （2）
Kaempferia （6）
Paramomum （1）
Plagiostachys （1）
Pommereschea （2）
Pyrgophyllum （1）
Rhynchanthus （1）

Roscoea　（13）
Siliquamomum　（1）
Zingiber　（42）
Zosteraceae 大叶藻科　（2 属，7 种）
Phyllospadix　（2）
Zostera　（5）
Zygophyllaceae 蒺藜科　（3 属，22 种）
Tetraena　（1）
Tribulus　（2）
Zygophyllum　（19）

附录 2　汉拉科属名称对照表

一　画

一担柴属 *Colona* Cavanilles
一枝黄花属 *Solidago* Linnaeus
一点红属 *Emilia* Cassini

二　画

二行芥属 *Diplotaxis* de Candolle
二尾兰属 *Vrydagzynea* Blume
二药藻属 *Halodule* Endlicher
丁公藤属 *Erycibe* Roxburgh
丁茜属 *Trailliaedoxa* W. W. Smith & Forrest
丁香属 *Syringa* Linnaeus
丁香蓼属 *Ludwigia* Linnaeus
丁葵草属 *Zornia* J. F. Gmelin
十大功劳属 *Mahonia* Nuttall
十万错属 *Asystasia* Blume
十字苣苔属 *Stauranthera* Bentham
十字花科 Brassicaceae Burnett
十齿花属 *Dipentodon* Dunn
十齿花科 Dipentodontaceae Merrill
十裂葵属 *Decaschistia* Wight & Arnott
七子花属 *Heptacodium* Rehder
七叶树属 *Aesculus* Linnaeus
七指蕨属 *Helminthostachys* Kaulfuss
七筋菇属 *Clintonia* Rafinesque
七瓣莲属 *Trientalis* Linnaeus
人字果属 *Dichocarpum* W. T. Wang & Hsiao
人参木属 *Chengiopanax* C. B. Shang & J. Y. Huang
人参属 *Panax* Linnaeus
人面子属 *Dracontomelon* Blume
八角枫属 *Alangium* Lamarck
八角金盘属 *Fatsia* Decaisne & Planchon
八角属 *Illicium* L. Linnaeus
八宝树属 *Duabanga* Buchanan-Hamilton
八宝属 *Hylotelephium* H. Ohba
八蕊花属 *Sporoxeia* W. W. Smith
九子母属 *Dobinea* Buchanan-Hamilton ex D. Don
九节属 *Psychotria* Linnaeus
九里香属 *Murraya* J. G. Koening ex Linnaeus
九顶草属 *Enneapogon* Desvaux ex P. Beauvois
刀豆属 *Canavalia* Adanson

三　画

三叉刺属 *Trifidacanthus* Merrill
三叉蕨科 Tectariaceae Panigrahi
三毛草属 *Trisetum* Persoon
三叶漆属 *Searsia* F. A. Barkley
三叶藤橘属 *Luvunga* Buchanan-Hamilton ex Wight & Arnott
三白草科 Saururaceae F. Voigt
三白草属 *Saururus* Linnaeus
三芒草属 *Aristida* Linnaeus
三尖杉属 *Cephalotaxus* Siebold & Zuccarini ex Endlicher
三肋果莎属 *Tricostularia* Nees ex Lehmann
三肋果属 *Tripleurospermum* Schultz Bipontinus
三角车属 *Rinorea* Aublet
三角草属 *Trikeraia* Bor
三宝木属 *Trigonostemon* Blume
三星果属 *Tristellateia* Thouars
三籽桐属 *Reutealis* Airy Shaw
三翅萼属 *Legazpia* Blanco
三翅藤属 *Tridynamia* Gagnepain
三棱草属 *Bolboschoenus* (Ascherson) Palla

三棱栎属 *Trigonobalanus* Forman
三腺金丝桃属 *Triadenum* Rafinesque
三蕊兰属 *Neuwiedia* Blume
三蕊草属 *Sinochasea* Keng
三瓣果属 *Tricarpelema* J. K. Morton
干花豆属 *Fordia* Hemsley
干果木属 *Xerospermum* Blume
土丁桂属 *Evolvulus* Linnaeus
土人参科 Talinaceae Doweld
土人参属 *Talinum* Adanson
土连翘属 *Hymenodictyon* Wallich
土黄芪属 *Nogra* Merrill
土楠属 *Endiandra* R. Brown
土蜜树属 *Bridelia* Willdenow
土圞儿属 *Apios* Fabricius
下田菊属 *Adenostemma* J. R. Forster & G. Forster
大丁草属 *Leibnitzia* Cassini
大爪草属 *Spergula* Linnaeus
大风子属 *Hydnocarpus* Gaertner
大节竹属 *Indosasa* McClure
大叶子属 *Astilboides* Engler
大叶藤属 *Tinomiscium* Miers ex J. D. Hooker & Thomson
大叶藻属 *Zostera* Linnaeus
大叶藻科 Zosteraceae Dumortier
大头茶属 *Polyspora* Sweet
大百合属 *Cardiocrinum* (Endlicher) Lindley
大血藤属 *Sargentodoxa* Rehder & Wilson
大麦属 *Hordeum* Linnaeus
大花草科 Rafflesiaceae Dumortier
大花藤属 *Raphistemma* Wallich
大豆属 *Glycine* Willdenow
大豆蔻属 *Hornstedtia* Retzius
大丽花属 *Dahlia* Cavanilles
大吴风草属 *Farfugium* Lindley
大沙叶属 *Pavetta* Linnaeus
大青属 *Clerodendrum* Linnaeus
大苞苣苔属 *Anna* Pellegrin
大苞姜属 *Caulokaempferia* K. Larsen
大苞寄生属 *Tolypanthus* (Blume) H. G. L. Reichenbach
大苞鞘花属 *Elytranthe* (Blume) Blume
大果茜属 *Fosbergia* Tirvengadum & Sastre
大油芒属 *Spodiopogon* Trinius
大参属 *Macropanax* Miquel
大钟花属 *Megacodon* (Hemsley) H. Smith
大柱藤属 *Megistostigma* J. D. Hooker
大唇闭鞘姜属 *Hellenia* Retzius
大翅蓟属 *Onopordum* Linnaeus
大黄属 *Rheum* Linnaeus
大麻科 Cannabaceae Martynov
大麻属 *Cannabis* Linnaeus
大萼葵属 *Cenocentrum* Gagnepain
大戟科 Euphorbiaceae Jussieu
大戟属 *Euphorbia* Linnaeus
大喙兰属 *Sarcoglyphis* Garay
大蒜芥属 *Sisymbrium* Linnaeus
大膜盖蕨属 *Leucostegia* C. B. Presl
大漂属 *Pistia* Linnaeus
大翼豆属 *Macroptilium* (Bentham) Urban
大藨草属 *Actinoscirpus* (Ohwi) R. W. Haines & Lye
大瓣芹属 *Semenovia* Regel & Bull
万代兰属 *Vanda* Jones ex R. Brown
万年青属 *Rohdea* Roth
万寿竹属 *Disporum* Salisbury
万寿菊属 *Tagetes* Linnaeus
上树南星属 *Anadendrum* Schott
小二仙草属 *Gonocarpus* Thunberg
小二仙草科 Haloragaceae R. Brown
小牙草属 *Dentella* J. R. Forster & G. Forster
小勾儿茶属 *Berchemiella* Nakai
小甘菊属 *Cancrinia* Karelin & Kirilov
小石松属 *Lycopodiella* Holub
小石积属 *Osteomeles* Lindley
小舌菊属 *Microglossa* de Candolle
小米草属 *Euphrasia* Linnaeus
小红门兰属 *Ponerorchis* H. G. Reichenbach
小麦属 *Triticum* Linnaeus
小芸木属 *Micromelum* Blume
小花苣苔属 *Chiritopsis* W. T. Wang

小花草属 *Micranthes* Haworth
小花菊属 *Microcephala* Pobedimova
小芹属 *Sinocarum* Wolff ex Shan & Pu
小丽草属 *Coelachne* R. Brown
小苦苣菜属 *Sonchella* Sennikov
小苦荬属 *Ixeridium* (A. Gray) Tzvelev
小果草属 *Microcarpaea* R. Brown
小果滨藜属 *Microgynoecium* Hooker. f.
小金梅草属 *Hypoxis* Linnaeus
小沿沟草属 *Colpodium* Trinius
小沼兰属 *Oberonioides* Szlachetko
小草属 *Microchloa* R. Brown
小柱芥属 *Microstigma* Trautvetter
小牵牛属 *Jacquemontia* Choisy
小疮菊属 *Garhadiolus* Jaubert & Spach
小冠薰属 *Basilicum* Moench
小黄管属 *Sebaea* Solander & R. Brown
小雀瓜属 *Cyclanthera* Schrader
小盘木属 *Microdesmis* J. D. Hooker
小葵子属 *Guizotia* Cassini
小蓬属 *Nanophyton* Lessing
小膏蕨属 *Ctenopterella* Parris
小槐花属 *Ohwia* H. Ohashi
小滨菊属 *Leucanthemella* Tzvelev
小檗科 Berberidaceae Jussieu
小檗属 *Berberis* Linnaeus
小囊兰属 *Micropera* Lindley
口药花属 *Jaeschkea* Kurz
山小橘属 *Glycosmis* Corrêa
山牛蒡属 *Synurus* Iljin
山石榴属 *Catunaregam* Wolf
山龙眼属 *Helicia* Loureiro
山龙眼科 Proteaceae A. L. Jussieu
山白树属 *Sinowilsonia* Hemsley
山兰属 *Oreorchis* Lindley
山芝麻属 *Helicteres* Linnaeus
山芎属 *Conioselinum* Fischer ex Hoffmann
山竹子属 *Corethrodendron* F. E. L. Fischer & T. F. J. Basiner
山羊角树属 *Carrierea* Franchet
山羊草属 *Aegilops* Linnaeus
山红树属 *Pellacalyx* P. W. Korthals
山麦冬属 *Liriope* Loureiro
山壳骨属 *Pseuderanthemum* Radlkofer
山芫绥属 *Cotula* Linnaeus
山芹属 *Ostericum* Hoffmann
山芥属 *Barbarea* R. Brown
山豆根属 *Euchresta* J. J. Bennett
山拐枣属 *Poliothyrsis* Oliver
山茉莉属 *Huodendron* Rehder
山茉莉芹属 *Oreomyrrhis* Endlicher
山茄子属 *Brachybotrys* Maximowicz ex Oliver
山矾科 Symplocaceae Desfontaines
山矾属 *Symplocos* Jacquin
山罗花属 *Melampyrum* Linnaeus
山油柑属 *Acronychia* J. R. Forster & J. G. A. Forster
山珊瑚属 *Galeola* Loureiro
山茴香属 *Carlesia* Dunn
山茱萸科 Cornaceae Berchtold & J. Presl
山茱萸属 *Cornus* Linnaeus
山茶科 Theaceae Mirbel ex Ker Gawl
山茶属 *Camellia* Linnaeus
山莨菪属 *Anisodus* Link
山胡椒属 *Lindera* Thunberg
山柰属 *Kaempferia* Linnaeus
山柑科 Capparaceae Jussieu
山柑属 *Capparis* Linnaeus
山柑藤属 *Cansjera* Jussieu
山柚子属 *Opilia* Roxburgh
山柚子科 Opiliaceae (Bentham) Valeton
山柳菊属 *Hieracium* Linnaeus
山牵牛属 *Thunbergia* Retzius
山蚂蝗属 *Desmodium* Desvaux
山香圆属 *Turpinia* Ventenat
山香属 *Hyptis* Jacquin
山姜属 *Alpinia* Roxburgh
山扁豆属 *Chamaecrista* Moench
山莓草属 *Sibbaldia* Linnaeus
山荷叶属 *Diphylleia* Michaux
山桂花属 *Bennettiodendron* Merrill

山桐子属 *Idesia* Maximowicz
山桃草属 *Gaura* Linnaeus
山核桃属 *Carya* Nuttall
山涧草属 *Chikusichloa* Koidzumi
山菥蓂属 *Noccaea* Moench
山黄菊属 *Anisopappus* W. J. Hooker & Arnott
山黄麻属 *Trema* Loureiro
山菅属 *Dianella* Lamarck ex A. L. Jussieu
山梅花属 *Philadelphus* Linnaeus
山铜材属 *Chunia* H. T. Chang
山麻杆属 *Alchornea* Swartz
山麻树属 *Commersonia* J. R. Forster & G. Forster
山萮菜属 *Eutrema* R. Brown
山紫茉莉属 *Oxybaphus* L'Héritier de Brutelle ex Willdenow
山黑豆属 *Dumasia* de Candolle
山楂属 *Crataegus* Linnaeus
山楝属 *Aphanamixis* Blume
山榄科 Sapotaceae Jussieu
山榄属 *Planchonella* Pierre
山慈菇属 *Iphigenia* Kunth
山蓼属 *Oxyria* Hill
山槟榔属 *Pinanga* Blume
山靛属 *Mercurialis* Linnaeus
山様子属 *Buchanania* Sprengel
山橙属 *Melodinus* J. R. Forster & G. Forster
山黧豆属 *Lathyrus* Linnaeus
巾唇兰属 *Pennilabium* J. J. Smith
千日红属 *Gomphrena* Linnaeus
千斤拔属 *Flemingia* Roxburgh ex W. T. Aiton
千斤藤属 *Stephania* Loureiro
千年健属 *Homalomena* Schott
千里光属 *Senecio* Linnaeus
千针苋属 *Acroglochin* Schrader
千金子属 *Leptochloa* P. Beauvois
千屈菜科 Lythraceae Jaume Saint-Hilaire
千屈菜属 *Lythrum* Linnaeus
川木香属 *Dolomiaea* de Candolle
川苔草属 *Cladopus* Möller
川苔草科 Podostemaceae Richard
川明参属 *Chuanminshen* Sheh & Shan
川续断属 *Dipsacus* Linnaeus
川犀草属 *Oligomeris* Cambessèdes
川蔓藻属 *Ruppia* Linnaeus
川蔓藻科 Ruppiaceae Horaninow
广东万年青属 *Aglaonema* Schott
广防风属 *Anisomeles* Robert Brown
丫蕊花属 *Ypsilandra* Franchet
弓果黍属 *Cyrtococcum* Stapf
弓果藤属 *Toxocarpus* Wight & Arnott
弓翅芹属 *Arcuatopterus* Sheh & Shan
卫矛科 Celastraceae R. Brown
卫矛属 *Euonymus* Linnaeus
子楝树属 *Decaspermum* J. R. Forster & J. G. A. Forster
女贞属 *Ligustrum* Linnaeus
女菀属 *Turczaninovia* de Candolle
女蒿属 *Hippolytia* Pojark
飞龙掌血属 *Toddalia* Jussieu
飞机草属 *Chromolaena* de Candolle
飞蓬属 *Erigeron* Linnaeus
飞蛾藤属 *Dinetus* Buchanan-Hamilton ex Sweet
飞廉属 *Carduus* Linnaeus
叉毛蓬属 *Petrosimonia* Bunge
叉叶蓝属 *Deinanthe* Maximowicz
叉序草属 *Isoglossa* Oersted
叉柱兰属 *Cheirostylis* Blume
叉柱花属 *Staurogyne* Wallich
叉喙兰属 *Uncifera* Lindley
叉蕨属 *Tectaria* Cavanilles
马甲子属 *Paliurus* P. Miller
马兰藤属 *Dischidanthus* Tsiang
马先蒿属 *Pedicularis* Linnaeus
马利筋属 *Asclepias* Linnaeus
马尿泡属 *Przewalskia* Maximowicz
马尾杉属 *Phlegmariurus* (Herter) Holub
马尾树属 *Rhoiptelea* Diels & Handel-Mazzetti

马松子属 *Melochia* Linnaeus
马松蒿属 *Xizangia* D. Y. Hong
马齿苋属 *Portulaca* Linnaeus
马齿苋科 Portulacaceae Jussieu
马莲鞍属 *Streptocaulon* Wight & Arnott
马钱科 Loganiaceae R. Brown ex Martius
马钱属 *Strychnos* Linnaeus
马铃苣苔属 *Oreocharis* Bentham
马铃果属 *Voacanga* Du Petit-Thouars
马唐属 *Digitaria* Haller
马桑科 Coriariaceae de Candolle
马桑属 *Coriaria* Linnaeus
马兜铃属 *Aristolochia* Linnaeus
马兜铃科 Aristolochiaceae Jussieu
马蛋果属 *Gynocardia* Roxburgh
马瓝儿属 *Zehneria* Endlicher
马蓝属 *Strobilanthes* Blume
马缨丹属 *Lantana* Linnaeus
马鞍树属 *Maackia* Ruprecht
马醉木属 *Pieris* D. Don
马醉草属 *Hippobroma* G. Don
马蹄芹属 *Dickinsia* Franchet
马蹄果属 *Protium* N. L. Burman
马蹄金属 *Dichondra* J. R. & G. Forster
马蹄参属 *Diplopanax* Handel-Mazzetti
马蹄香属 *Saruma* Oliver
马蹄荷属 *Exbucklandia* R. W. Brown
马蹄黄属 *Spenceria* Trimen
马鞭草属 *Verbena* Linnaeus
马鞭草科 Verbenaceae Jaume

四　画

开口箭属 *Campylandra* Baker
天人菊属 *Gaillardia* Fougeroux
天山泽芹属 *Berula* Koch
天山蓍属 *Handelia* Heimerl
天门冬科 Asparagaceae Jussieu
天门冬属 *Asparagus* Linnaeus
天女花属 *Oyama* (Nakai) N. H. Xia & C. Y. Wu
天仙子属 *Hyoscyamus* Linnaeus
天仙藤属 *Fibraurea* Loureiro
天名精属 *Carpesium* Linnaeus
天芥菜属 *Heliotropium* Linnaeus
天胡荽属 *Hydrocotyle* Linnaeus
天南星科 Araceae Jussieu
天南星属 *Arisaema* Martius
天星蕨属 *Christensenia* Maxon
天星藤属 *Graphistemma* (Champion ex Bentham) Champion ex Bentham
天料木属 *Homalium* Jacquin
天麻属 *Gastrodia* R. Brown
天葵属 *Semiaquilegia* Makino
天蓬子属 *Atropanthe* Pascher
无心菜属 *Arenaria* Linnaeus
无叶兰属 *Aphyllorchis* Blume
无叶豆属 *Eremosparton* Fischer & C. A. Meyer
无叶莲属 *Petrosavia* Beccari
无叶莲科 Petrosaviaceae Hutchinson
无耳沼兰属 *Dienia* Lindley
无忧花属 *Saraca* Linnaeus
无苞芥属 *Olimarabidopsis* Al-Shehbaz, O'Kane & R. A. Price
无须藤属 *Hosiea* W. B. Hemsley & E. H. Wilson
无根萍属 *Wolffia* Horkel ex Schleiden
无根藤属 *Cassytha* Linnaeus
无患子科 Sapindaceae Jussieu
无患子属 *Sapindus* Linnaeus
云木香属 *Aucklandia* Falconer
云杉属 *Picea* A. Dietrich
云间杜鹃属 *Therorhodion* (Maximowicz) J. K. Small
云实属 *Caesalpinia* Linnaeus
云南马瓝儿属 *Scopellaria* W. J. de Wilde & Duyfjes
木瓜红属 *Rehderodendron* Hu
木瓜属 *Chaenomeles* J. Lindley
木瓜榄属 *Ceriscoides* (Bentham & J. D. Hooker) Tirvengadum
木兰科 Magnoliaceae Jussieu
木兰属 *Magnolia* Linnaeus

木奶果属 *Baccaurea* Loureiro
木防己属 *Cocculus* de Candolle
木豆属 *Cajanus* Adanson
木果楝属 *Xylocarpus* J. Koenig
木姜子属 *Litsea* Lamarck
木莲属 *Manglietia* Blume
木荷属 *Schima* Reinwardt ex Blume
木贼科 Equisetaceae Michaux ex de Candolle
木通科 Lardizabalaceae Brown
木通属 *Akebia* Decaisne
木麻黄属 *Casuarina* Linneaus
木麻黄科 Casuarinaceae R. Brown
木棉属 *Bombax* Linnaeus
木犀草属 *Reseda* Linnaeus
木犀草科 Resedaceae Martinov
木犀科 Oleaceae Hoffmannsegg & Link
木犀属 *Osmanthus* Loureiro
木犀榄属 *Olea* Linnaeus
木蓝属 *Indigofera* Linnaeus
木榄属 *Bruguiera* Savigny
木蓼属 *Atraphaxis* Linnaeus
木槿属 *Hibiscus* Linnaeus
木蝴蝶属 *Oroxylum* Ventenat
木薯属 *Manihot* P. Miller
木橘属 *Aegle* Corrêa
木藜芦属 *Leucothoë* D. Don
木瓣树属 *Xylopia* Linnaeus
五月茶属 *Antidesma* Linnaeus
五加科 Araliaceae Jussieu
五加属 *Eleutherococcus* Maximowicz
五列木科 Pentaphylacaceae Engler
五列木属 *Pentaphylax* G. Gardner & Champion
五层龙属 *Salacia* Linnaeus
五齿萼属 *Pseudobartsia* D. Y. Hong
五味子属 *Schisandra* Michaux
五味子科 Schisandraceae Blume
五星花属 *Pentas* Bentham
五桠果属 *Dillenia* Linnaeus
五桠果科 Dilleniaceae Salisbury
五福花属 *Adoxa* Linnaeus
五福花科 Adoxaceae E. Meyen
五膜草属 *Pentaphragma* Wallich
五膜草科 Pentaphragmataceae Agardh
五蕊寄生属 *Dendrophthoë* C. F. P. Martius
太平爵床属 *Mackaya* Harvey
太行菊属 *Opisthopappus* C. Shih
车叶草属 *Asperula* Linnaeus
车轴草属 *Trifolium* Linnaeus
车前科 Plantaginaceae Jussieu
车前紫草属 *Sinojohnstonia* Hu
车前属 *Plantago* Linnaeus
车前蕨属 *Antrophyum* Kaulfuss
车桑子属 *Dodonaea* Miller
车勒草属 *Cherleria* Linnaeus
巨竹属 *Gigantochloa* Kurz ex Munro
巨苋藤属 *Stilbanthus* J. D. Hooker
巨杉属 *Sequoiadendron* J. Buchholz
牙蕨属 *Pteridrys* C. Christensen & Ching
戈壁藜属 *Iljinia* Korovin
瓦韦属 *Lepisorus* (J. Smith) Ching
瓦松属 *Orostachys* Fischer
瓦莲属 *Rosularia* (de Candolle) Stapf
瓦理棕属 *Wallichia* Roxburgh
止泻木属 *Holarrhena* R. Brown
少穗竹属 *Oligostachyum* Z. P. Wang & G. H. Ye
中华假榅桲属 *Pseudocydonia* (C. K. Schneider) C. K. Schneider
水八角属 *Gratiola* Linnaeus
水飞蓟属 *Silybum* Adanson
水马齿属 *Callitriche* Linnaeus
水玉杯属 *Thismia* Griffith
水玉簪属 *Burmannia* Linnaeus
水玉簪科 Burmanniaceae Blume
水甘草属 *Amsonia* Walter
水石衣属 *Hydrobryum* Endlicher
水龙骨科 Polypodiaceae J. Presl & C. Presl
水东哥属 *Saurauia* Willdenow
水禾属 *Hygroryza* Nees
水仙属 *Narcissus* Linnaeus
水丝梨属 *Sycopsis* Oliver

水丝麻属 *Maoutia* Weddell
水芋属 *Calla* Linnaeus
水团花属 *Adina* Salisbury
水竹叶属 *Murdannia* Royle
水麦冬科 Juncaginaceae Richard
水麦冬属 *Triglochin* Linnaeus
水芫花属 *Pemphis* J. R. Forster & G. Forster
水苋菜属 *Ammannia* Linnaeus
水芹属 *Oenanthe* Linnaeus
水苏属 *Stachys* Linnaeus
水杉属 *Metasequoia* Hu & W. C. Cheng
水角属 *Hydrocera* Blume
水青冈属 *Fagus* Linneaus
水青树属 *Tetracentron* Oliver
水茅属 *Scolochloa* Link
水松属 *Glyptostrobus* Endlicher
水茴草属 *Samolus* Linnaeus
水茫草属 *Limosella* Linnaeus
水柏枝属 *Myricaria* Desvaux
水柳属 *Homonoia* Loureiro
水韭科 Isoëtaceae Dumortier
水韭属 *Isoëtes* Linnaeus
水盾草属 *Cabomba* Aublet
水壶藤属 *Urceola* Roxburgh
水黄皮属 *Pongamia* Adanson
水蛇麻属 *Fatoua* Gaudichaud-Beaupré
水麻属 *Debregeasia* Gaudichaud-Beaupré
水葱属 *Schoenoplectus* (Reichenbach) Palla
水椰属 *Nypa* Steck
水棘针属 *Amethystea* Linnaeus
水晶兰属 *Monotropa* Linnaeus
水筛属 *Blyxa* Noronha ex Thouars
水蓑衣属 *Hygrophila* R. Brown
水蜈蚣属 *Kyllinga* Rottbøll
水锦树属 *Wendlandia* Bartling ex A. de Candolle
水蔗草属 *Apluda* Linnaeus
水蕨属 *Ceratopteris* Brongniart
水蕴草属 *Egeria* Planchon
水蕹科 Aponogetonaceae Planchon
水蕹属 *Aponogeton* Linnaeus
水鳖科 Hydrocharitaceae A. L. de Jussieu
水鳖属 *Hydrocharis* Linnaeus
贝母兰属 *Coelogyne* Lindley
贝母属 *Fritillaria* Linnaeus
贝壳杉属 *Agathis* R. A. Salisbury
见血封喉属 *Antiaris* Leschenault
午时花属 *Pentapetes* Linnaeus
手参属 *Gymnadenia* R. Brown
牛奶菜属 *Marsdenia* R. Brown
牛至属 *Origanum* Linnaeus
牛舌草属 *Anchusa* Linnaeus
牛角瓜属 *Calotropis* R. Brown
牛角兰属 *Ceratostylis* Blume
牛齿兰属 *Appendicula* Blume
牛栓藤科 Connaraceae R. Brown
牛栓藤属 *Connarus* Linnaeus
牛眼菊属 *Buphthalmum* Linnaeus
牛筋条属 *Dichotomanthes* S. Kurz
牛筋果属 *Harrisonia* R. Brown ex A. Jussieu
牛筋藤属 *Malaisia* Blanco
牛蒡属 *Arctium* Linnaeus
牛鼻栓属 *Fortunearia* Rehder & E. H. Wilson
牛膝菊属 *Galinsoga* Ruiz & Pavon
牛膝属 *Achyranthes* Linnaeus
牛蹄豆属 *Pithecellobium* Martius
牛鞭草属 *Hemarthria* R. Brown
毛车藤属 *Amalocalyx* Pierre
毛禾蕨属 *Dasygrammitis* Parris
毛兰属 *Eria* Lindley
毛边蕨属 *Didymoglossum* Desvaux
毛地黄属 *Digitalis* Linnaeus
毛舌兰属 *Trichoglottis* Blume
毛花瑞香属 *Eriosolena* Blume
毛杆蕨属 *Callistopteris* Copeland
毛束草属 *Trichodesma* R. Brown
毛连菜属 *Picris* Linnaeus
毛果草属 *Lasiocaryum* Johnston
毛茶属 *Antirhea* Commerson ex Jussieu
毛茛泽泻属 *Ranalisma* Stapf
毛茛科 Ranunculaceae Jussieu
毛茛莲花属 *Metanemone* W. T. Wang

毛茛属 *Ranunculus* Linnaeus
毛药藤属 *Sindechites* Oliver
毛轴兰属 *Sirindhornia* H. A. Pedersen & Suksathan
毛俭草属 *Mnesithea* Kunth
毛脉蕨属 *Trichoneuron* Ching
毛冠菊属 *Nannoglottis* Maximowicz
毛核木属 *Symphoricarpos* Duhamel
毛梗兰属 *Eriodes* Rolfe
毛颖草属 *Alloteropsis* Presl
毛蔓豆属 *Calopogonium* Desvaux
毛蕨属 *Cyclosorus* Link
毛蕊花属 *Verbascum* Linnaeus
毛蕊草属 *Duthiea*
毛鞘兰属 *Trichotosia* Blume
毛鳞菊属 *Melanoseris* Decaisne
毛鳞蕨属 *Tricholepidium* Ching
毛麝香属 *Adenosma* R. Brown
气穗兰属 *Aeridostachya* (J. D. Hooker) Brieger
长片蕨属 *Abrodictyum* C. B. Presl
长节珠属 *Parameria* Bentham
长足兰属 *Pteroceras* Hasselt ex Hasskarl
长角豆属 *Ceratonia* Linnaeus
长苞铁杉属 *Nothotsuga* Hu ex C. N. Page
长果安息香属 *Changiostyrax* C. T. Chen
长果报春属 *Bryocarpum* J. D. Hooker & T. Thomson
长果姜属 *Siliquamomum* Baillon
长春花属 *Catharanthus* G. Don
长药花属 *Acokanthera* G. Don
长柄山蚂蝗属 *Hylodesmum* H. Ohashi & R. R. Mill
长柄芥属 *Macropodium* R. Brown
长柄荚属 *Mecopus* Bennett
长柱山丹属 *Duperrea* Pierre ex Pitard
长柱开口箭属 *Tupistra* Ker Gawler
长柱草属 *Phuopsis* (Grisebach) Bentham & J. D. Hooker
长柱琉璃草属 *Lindelofia* Lehmann
长冠苣苔属 *Rhabdothamnopsis* Hemsley
长喙木兰属 *Lirianthe* Spach
长喙兰属 *Tsaiorchis* Tang & F. T. Wang
长隔木属 *Hamelia* Jacquin
长蒴苣苔属 *Didymocarpus* Wallich
长蕊木兰属 *Alcimandra* Dandy
长蕊琉璃草属 *Solenanthus* Ledebour
长蕊斑种草属 *Antiotrema* Handel-Mazzetti
长檐苣苔属 *Dolicholoma* D. Fang & W. T. Wang
长穗花属 *Styrophyton* S. Y. Hu
化香树属 *Platycarya* Siebold & Zuccarini
分药花属 *Perovskia* Karelin
月见草属 *Oenothera* Linnaeus
月桂属 *Laurus* Linnaeus
勿忘草属 *Myosotis* Linnaeus
风了蕨属 *Coniogramme* Fée
风车子属 *Combretum* Loefling
风毛菊属 *Saussurea* de Candolle
风龙属 *Sinomenium* Diels
风吹楠属 *Horsfieldia* Willdenow
风轮桐属 *Epiprinus* Griffith
风轮菜属 *Clinopodium* Linnaeus
风铃草属 *Campanula* Linnaeus
风筝果属 *Hiptage* Gaertner
风箱果属 *Physocarpus* (Cambessèdes) Rafinesque
风箱树属 *Cephalanthus* Linnaeus
丹麻杆属 *Discocleidion* (Müller Argoviensis) Pax & K. Hoffmann
丹霞兰属 *Danxiaorchis* J. W. Zhai, F. W. Xing & Z. J. Liu
乌口树属 *Tarenna* Gaertner
乌木蕨属 *Blechnidium* Moore
乌毛蕨科 Blechnaceae Newman
乌毛蕨属 *Blechnum* Linnaeus
乌头属 *Aconitum* Linnaeus
乌桕属 *Triadica* Loureiro
乌蔹莓属 *Cayratia* Jussieu
乌蕨属 *Odontosoria* Fée
乌檀属 *Nauclea* Linnaeus
凤仙花科 Balsaminaceae A. Richard

凤仙花属 *Impatiens* Linnaeus
凤头黍属 *Acroceras* Stapf
凤尾蕨科 Pteridaceae E. D. M. Kirchner
凤尾蕨属 *Pteris* Linnaeus
凤眼蓝属 *Eichhornia* Kunth
凤梨科 Bromeliaceae Jussieu
凤梨属 *Ananas* Miller
凤凰木属 *Delonix* Rafinesque
凤蝶兰属 *Papilionanthe* Schlechter
勾儿茶属 *Berchemia* Necker ex de Candolle
六苞藤属 *Symphorema* Roxburgh
六翅木属 *Berrya* Roxburgh
六棱菊属 *Laggera* Schultz Bipontinus ex Bentham & J. D. Hooker
六道木属 *Zabelia* (Rehder) Makino
文采木属 *Wangia* X. Guo & R. M. K. Saunders
文采苣苔属 *Wentsaiboea* D. Fang & D. H. Qin
文冠果属 *Xanthoceras* Bunge
文殊兰属 *Crinum* Linnaeus
文藤属 *Mandevilla* Lindley
方竹属 *Chimonobambusa* Makino
方茎草属 *Leptorhabdos* A. Schrenk
方鼎苣苔属 *Paralagarosolen* Y. G. Wei
火石花属 *Gerbera* Linnaeus
火把花属 *Colquhounia* Wallich
火炬兰属 *Grosourdya* H. G. Reichenbach
火绒草属 *Leontopodium* R. Brown
火烧兰属 *Epipactis* Zinn
火烧花属 *Mayodendron* Kurz
火麻树属 *Dendrocnide* Miquel
火绳树属 *Eriolaena* de Candolle
火棘属 *Pyracantha* M. J. Roemer
火筒树属 *Leea* van Royen ex Linnaeus
火焰兰属 *Renanthera* Loureiro
火焰花属 *Phlogacanthus* Nees
火焰草属 *Castilleja* Mutis ex Linnaeus f.
心叶木属 *Haldina* Ridsdale
心翼果科 Cardiopteridaceae Blume
心翼果属 *Cardiopteris* Wallich ex Royle
孔岩草属 *Kungia* K. T. Fu
孔药花属 *Porandra* D. Y. Hong
孔药楠属 *Sinopora* J. Li, N. H. Xia & H. W. Li
孔颖草属 *Bothriochloa* Kuntze
巴山木竹属 *Bashania* P. C. Keng & T. P. Yi
巴豆属 *Croton* Linnaeus
巴豆藤属 *Craspedolobium* Harms
巴戟天属 *Morinda* Linnaeus
以礼草属 *Kengyilia* C. Yen & J. L. Yang
双片苣苔属 *Didymostigma* W. T. Wang
双花木属 *Disanthus* Maximowicz
双花草属 *Dichanthium* Willemet
双束鱼藤属 *Aganope* Miquel
双角草属 *Diodia* Linnaeus
双果荠属 *Megadenia* Maximowicz
双参属 *Triplostegia* Wallich ex de Candolle
双柱紫草属 *Coldenia* Linnaeus
双盾木属 *Dipelta* Maximowicz
双唇兰属 *Didymoplexis* Griffith
双脊荠属 *Dilophia* Thomson
双扇蕨科 Dipteridaceae Seward ex E. Dale
双扇蕨属 *Dipteris* Reinwardt
双球芹属 *Schrenkia* Fischer & C. A. Meyer
双袋兰属 *Disperis* Swartz
双盖蕨属 *Diplazium* Swartz
双蝴蝶属 *Tripterospermum* Blume
书带蕨属 *Haplopteris* C. B. Presl

五 画

玉山竹属 *Yushania* P. C. Keng
玉凤花属 *Habenaria* Willdenow
玉叶金花属 *Mussaenda* Linnaeus
玉兰属 *Yulania* Spach
玉蜀黍属 *Zea* Linnaeus
玉蕊科 Lecythidaceae A. Richard
玉蕊属 *Barringtonia* J. R. Forster & J. G. A. Forster
玉簪属 *Hosta* Trattinnick
打碗花属 *Calystegia* R. Brown
巧茶属 *Catha* Forsskål ex Schreber
甘松属 *Nardostachys* de Candolle
甘草属 *Glycyrrhiza* Linnaeus
甘蔗属 *Saccharum* Linnaeus

世纬苣苔属 *Tengia* W. Y. Chun
艾叶芹属 *Zosima* Hoffmann
艾纳香属 *Blumea* de Candolle
艾麻属 *Laportea* Gaudichaud-Beaupré
古山龙属 *Arcangelisia* Beccari
古当归属 *Archangelica* Hoffmann
古柯科 Erythroxylaceae Kunth
古柯属 *Erythroxylum* P. Browne
节毛蕨属 *Lastreopsis* Ching
节节木属 *Arthrophytum* Schrenk
节节菜属 *Rotala* Linnaeus
节肢蕨属 *Arthromeris* (T. Moore) J. Smith
节蒴木属 *Borthwickia* Smith
节蒴木科 Borthwickiaceae J. X. Su, W. Wang, L. B. Zhang & Z. D. Chen
可可属 *Theobroma* Linnaeus
可爱花属 *Eranthemum* Linnaeus
石丁香属 *Neohymenopogon* Bennet
石山苣苔属 *Petrocodon* Hance
石山棕属 *Guihaia* J. Dransfield
石韦属 *Pyrrosia* Mirbel
石龙刍属 *Lepironia* Persoon
石龙尾属 *Limnophila* R. Brown
石仙桃属 *Pholidota* Lindley ex Hooker
石玄参属 *Nathaliella* B. Fedtschenko
石头花属 *Gypsophila* Linnaeus
石竹科 Caryophyllaceae Jussieu
石竹属 *Dianthus* Linnaeus
石杉属 *Huperzia* Bermhardi
石豆兰属 *Bulbophyllum* Du Petit-Thouars
石松科 Lycopodiaceae Lamarck & Mirbel ex Mirbel
石松属 *Lycopodium* Linnaeus
石荠苎属 *Mosla* (Bentham) Buchanan-Hamilton ex Maximowicz
石胡荽属 *Centipeda* Loureiro
石柑属 *Pothos* Linnaeus
石莲属 *Sinocrassula* A. Berger
石栗属 *Aleurites* J. R. Forster & G. Forster
石海椒属 *Reinwardtia* Dumortier
石萝藦属 *Pentasachme* Wallich ex Wight
石梓属 *Gmelina* Linnaeus
石蛇床属 *Lithosciadium* Turczaninow
石斛属 *Dendrobium* Swartz
石斑木属 *Rhaphiolepis* Lindley
石椒草属 *Boenninghausenia* H. G. L. Reichenbach ex C. F. Meisner
石蒜科 Amaryllidaceae Jaume Saint Hilaire
石蒜属 *Lycoris* Herbert
石楠属 *Photinia* Lindley
石蔓属 *Terniopsis* Chao
石榴属 *Punica* Linnaeus
石蝴蝶属 *Petrocosmea* Oliver
布袋兰属 *Calypso* Salisbury
龙爪茅属 *Dactyloctenium* Willdenow
龙头草属 *Meehania* Britton
龙舌兰属 *Agave* Linnaeus
龙血树属 *Dracaena* Vandelli ex Linnaeus
龙芽草属 *Agrimonia* Linnaeus
龙胆木属 *Richeriella* Pax & K. Hoffmann
龙胆科 Gentianaceae Jussieu
龙胆属 *Gentiana* Linnaeus
龙珠属 *Tubocapsicum* (Wettstein) Makino
龙脑香科 Dipterocarpaceae Blume
龙脑香属 *Dipterocarpus* C. F. Gaertner
龙常草属 *Diarrhena* P. Beauvois
龙眼属 *Dimocarpus* Lourciro
龙船花属 *Ixora* Linnaeus
龙船草属 *Platostoma* Palisot de Beauvois
平当树属 *Paradombeya* Stapf
东爪草属 *Crassula* Linnaeus
东方荚果蕨属 *Pentarhizidium* Hayata
东京桐属 *Deutzianthus* Gagnepain
东俄芹属 *Tongoloa* H. Wolff
北极花属 *Linnaea* Linnaeus
北极果属 *Arctous* (A. Gray) Niedenzu
北美紫菀属 *Eurybia* (Cassini) Cassini
业平竹属 *Semiarundinaria* Makino ex Nakai
叶下珠科 Phyllanthaceae Martynov
叶下珠属 *Phyllanthus* Linnaeus
叶子花属 *Bougainvillea* Commerson ex Jussieu

叶仙人掌属 *Pereskia* Miller
叶轮木属 *Ostodes* Blume
田基黄属 *Grangea* Adanson
田基麻科 Hydroleaceae Edwards
田基麻属 *Hydrolea* Linnaeus
田菁属 *Sesbania* Scopoli
田麻属 *Corchoropsis* Siebold & Zuccarini
田葱科 Philydraceae Link
田葱属 *Philydrum* Banks ex Gaertner
田繁缕属 *Bergia* Linnaeus
皿果草属 *Omphalotrigonotis* W. T. Wang
凸轴蕨属 *Metathelypteris* (H. Itô) Ching
凹柱苣苔属 *Litostigma* Y. G. Wei, F. Wen & M. Möller
凹唇姜属 *Boesenbergia* Kuntze
四川藤属 *Sichuania* M. G. Gilbert & P. T. Li
四合木属 *Tetraena* Maximimowicz
四轮香属 *Hanceola* Kudô
四齿芥属 *Tetracme* Bunge
四脉麻属 *Leucosyke* Zollinger & Moritzi
四棱豆属 *Psophocarpus* Necker ex de Candolle
四棱草属 *Schnabelia* Handel-Mazzetti
四棱荠属 *Goldbachia* de Candolle
四数木科 Tetramelaceae Airy Shaw
四数木属 *Tetrameles* R. Brown
四数苣苔属 *Bournea* Oliver
四数花属 *Tetradium* Loureiro
矢车菊属 *Centaurea* Linnaeus
矢竹属 *Pseudosasa* Makino ex Nakai
禾本科 Poaceae Barnhart
禾叶兰属 *Agrostophyllum* Blume
仙人掌科 Cactaceae Jussieu
仙人掌属 *Opuntia* Miller
仙女木属 *Dryas* Linnaeus
仙女越橘属 *Andromeda* Linnaeus
仙茅科 Hypoxidaceae R. Brown
仙茅属 *Curculigo* J. Gaertner
仪花属 *Lysidice* Hance
白大凤属 *Cladogynos* Zippelius ex Spanoghe
白千层属 *Melaleuca* Linnaeus
白及属 *Bletilla* H. G. Reichenbach
白马芥属 *Baimashania* Al-Shehbaz
白马骨属 *Serissa* Commerson ex Jussieu
白木乌桕属 *Neoshirakia* Esser
白水藤属 *Pentastelma* Tsiang & P. T. Li
白玉簪科 Corsiaceae Beccari
白玉簪属 *Corsiopsis* D. X. Zhang, R. M. K Saunders & C. M. Hu
白叶桐属 *Sumbaviopsis* J. J. Smith
白叶藤属 *Cryptolepis* R. Brown
白头树属 *Garuga* Roxburgh
白丝草属 *Chionographis* Maximowicz
白花丹科 Plumbaginaceae Jussieu
白花丹属 *Plumbago* Linnaeus
白花叶属 *Poranopsis* Roberty
白花苋属 *Aerva* Forsskål
白花菜科 Cleomaceae Berchtold & J. Presl
白花菜属 *Cleome* Linnaeus
白芥属 *Sinapis* Linnaeus
白豆杉属 *Pseudotaxus* Cheng
白饭树属 *Flueggea* Willdenow
白辛树属 *Pterostyrax* Siebold & Zuccarini
白苞芹属 *Nothosmyrnium* Miquel
白茅属 *Imperata* Cirillo
白刺科 Nitrariaceae Lindley
白刺菊属 *Schischkinia* Iljin
白刺属 *Nitraria* Linnaeus
白屈菜属 *Chelidonium* Linnaeus
白茶树属 *Koilodepas* Hasskarl
白树属 *Suregada* Roxburgh ex Rottler
白点兰属 *Thrixspermum* Loureiro
白香楠属 *Alleizettella* Pitard
白珠树属 *Gaultheria* Kalm ex Linnaeus
白桐树属 *Claoxylon* A. Jussieu
白粉藤属 *Cissus* Linnaeus
白兼果属 *Baijiania* A. M. Lu & J. Q. Li
白酒草属 *Eschenbachia* Moench
白接骨属 *Asystasiella* Lindau
白菊木属 *Leucomeris* D. Don
白桫椤属 *Sphaeropteris* Bernhardi
白鹃梅属 *Exochorda* J. Lindley

白鼓钉属 *Polycarpaea* Lamarck
白鲜属 *Dictamnus* Linnaeus
白蝶兰属 *Pecteilis* Rafinesque
白颜树属 *Gironniera* Gaudichaud-Beaupré
白穗花属 *Speirantha* Baker
仔榄树属 *Hunteria* Roxburgh
瓜儿豆属 *Cyamopsis* de Candolle
瓜叶菊属 *Pericallis* D. Don
瓜栗属 *Pachira* Aublet
瓜馥木属 *Fissistigma* Griffith
丛菔属 *Solms-laubachia* Muschler
冬瓜属 *Benincasa* Savi
冬青科 Aquifoliaceae Berchtold & J. Presl
冬青属 *Ilex* Linnaeus
冬麻豆属 *Salweenia* E. G. Baker
鸟头荠属 *Euclidium* R. Brown
鸟足兰属 *Satyrium* Swartz
鸟巢兰属 *Neottia* Guettard
包果菊属 *Smallanthus* Mackenzie
玄参科 Scrophulariaceae Jussieu
玄参属 *Scrophularia* Linnaeus
兰氏萍属 *Landoltia* Les & D. J. Crawford
兰屿加属 *Osmoxylon* Miquel
兰花蕉科 Lowiaceae Ridley
兰花蕉属 *Orchidantha* N. E. Brown
兰科 Orchidaceae Jussieu
兰属 *Cymbidium* Swartz
半日花科 Cistaceae Jussieu
半日花属 *Helianthemum* Miller
半毛菊属 *Crupina* Cassini
半边莲属 *Lobelia* Linnaeus
半夏属 *Pinellia* Tenore
半脊荠属 *Hemilophia* Franchet
半蒴苣苔属 *Hemiboea* Clarke
头蕊兰属 *Cephalanthera* Richard
穴子蕨属 *Prosaptia* C. Presl
穴果木属 *Caelospermum* Blume
永瓣藤属 *Monimopetalum* Rehder
奶子藤属 *Bousigonia* Pierre
发草属 *Deschampsia* P. Beauvois
对节刺属 *Horaninovia* Fischer & C. A. Meyer
对叶盐蓬属 *Girgensohnia* Bunge
对枝菜属 *Cithareloma* Bunge
对刺藤属 *Scutia* (Commerson ex de Candolle) A. T. Brongniart
对囊蕨属 *Deparia* Hooker & Greville
台闽苣苔属 *Titanotrichum* Solereder
台钱草属 *Suzukia* Kudô
台湾山柚属 *Champereia* Griffith
台湾杉属 *Taiwania* Hayata
母草科 Linderniaceae Borsch, Kai Müller & Eberhard Fischer
母草属 *Lindernia* Allioni
母菊属 *Matricaria* Linnaeus
丝叶芹属 *Scaligeria* de Candolle
丝叶芥属 *Leptaleum* de Candolle
丝瓜属 *Luffa* P. Miller
丝胶树属 *Funtumia* Stapf
丝粉藻属 *Cymodocea* K. D. Koenig
丝粉藻科 Cymodoceaceae Taylor
丝瓣芹属 *Acronema* Edgeworth

六　画

吉贝属 *Ceiba* P. Miller
吉祥草属 *Reineckea* Kunth
吉曼草属 *Germainia* Balansa & Poitrasson
吉粟草属 *Gisekia* Linnaeus
吉粟草科 Gisekiaceae Nakai
老牛筋属 *Eremogone* Fenzl
老叶儿树属 *Pourthiaea* Decaisne
老虎刺属 *Pterolobium* R. Brown ex Wight & Arnott
老鸦烟筒花属 *Millingtonia* Linnaeus
老鸦瓣属 *Amana* Honda
老鼠簕属 *Acanthus* Linnaeus
老鹳草属 *Geranium* Linnaeus
扫把蕨属 *Diploblechnum* Hayata
地皮消属 *Pararuellia* Bremekamp & N. Bremekkamp
地杨桃属 *Microstachys* A. Jussieu
地杨梅属 *Luzula* de Candolle

地豆蔻属 *Elettariopsis* Baker
地构叶属 *Speranskia* Baillon
地宝兰属 *Geodorum* Jackson
地胆草属 *Elephantopus* Linnaeus
地桂属 *Chamaedaphne* Moench
地笋属 *Lycopus* Linnaeus
地涌金莲属 *Musella* (Franchet) C. Y. Wu ex H. W. Li
地黄连属 *Munronia* Wight
地黄属 *Rehmannia* Liboschitz ex Fischer & C. A. Meyer
地旋花属 *Xenostegia* D. F. Austin & Staples
地毯草属 *Axonopus* P. Beauvois
地榆属 *Sanguisorba* Linnaeus
地锦属 *Parthenocissus* Planchon
地蔷薇属 *Chamaerhodos* Bunge
耳草属 *Hedyotis* Linnaeus
耳唇兰属 *Otochilus* Lindley
耳菊属 *Nabalus* Cassini
耳稃草属 *Garnotia* Brongniart
耳蕨属 *Polystichum* A. W. Roth
芋兰属 *Nervilia* Commerson ex Gaudichaud
芋属 *Colocasia* Schott
芍药科 Paeoniaceae Rafinesque
芍药属 *Paeonia* Linnaeus
芨芨草属 *Achnatherum* P. Beauvois
芒毛苣苔属 *Aeschynanthus* Jack
芒苞草属 *Acanthochlamys* P. C. Kao
芒柄花属 *Ononis* Linnaeus
芒萁属 *Dicranopteris* Bernhardi
芒属 *Miscanthus* Andersson
亚菊属 *Ajania* Poljakov
亚麻荠属 *Camelina* Crantz
亚麻科 Linaceae de Candolle ex Perleb
亚麻属 *Linum* Linnaeus
芝麻菜属 *Eruca* Miller
朴属 *Celtis* Linnaeus
过江藤属 *Phyla* Loureiro
西风芹属 *Seseli* Linnaeus
西归芹属 *Seselopsis* Schischkin
西瓜属 *Citrullus* Schrader ex Ecklon & Zeyher
西洋白花菜属 *Cleoserrata* Iltis
西番莲属 *Passiflora* Linnaeus
西番莲科 Passifloraceae Jussieu ex Roussel
百日菊属 *Zinnia* Linnaeus
百合科 Liliaceae Jussieu
百合属 *Lilium* Linnaeus
百花蒿属 *Stilpnolepis* Krascheninnikov
百里香属 *Thymus* Linnaeus
百金花属 *Centaurium* Hill
百脉根属 *Lotus* Linnaeus
百部科 Stemonaceae Caruel
百部属 *Stemona* Loureiro
百能葳属 *Blainvillea* Cassini
百蕊草属 *Thesium* Linnaeus
百簕花属 *Blepharis* Jussieu
灰毛豆属 *Tephrosia* Persoon
灰叶匹菊属 *Richteria* Karelin & Kirilov
灰莉属 *Fagraea* Thunberg
达边蕨属 *Tapeinidium* (C. Presl) C. Christensen
列当科 Orobanchaceae Ventenat
列当属 *Orobanche* Linnaeus
夹竹桃科 Apocynaceae Jussieu
夹竹桃属 *Nerium* Linnaeus
尖子木属 *Oxyspora* de Candolle
尖叶木属 *Urophyllum* Jack ex Wallich
尖舌苣苔属 *Rhynchoglossum* Blume
尖花藤属 *Friesodielsia* Steenis
尖药花属 *Acranthera* Arnott ex Meisner
尖帽草属 *Mitrasacme* Labillardière
尖稃草属 *Acrachne* Wight & Arnott ex Chiovenda
尖槐藤属 *Oxystelma* R. Brown
尖瓣花属 *Sphenoclea* Gaertner
尖瓣花科 Sphenocleaceae Baskerville
光叶藤蕨 *Stenochlaena* J. Smith
光籽芥属 *Leiospora* (C. A. Meyer) Dvořák
当归属 *Angelica* Linnaeus
早熟禾属 *Poa* Linnaeus
虫实属 *Corispermum* Linnaeus

曲轴蕨属 *Paesia* Jaume Saint-Hilaire
曲唇兰属 *Panisea* (Lindley) Lindley
团花属 *Neolamarckia* Bosser
团扇荠属 *Berteroa* de Candolle
同心结属 *Parsonsia* R. Brown
同钟花属 *Homocodon* D. Y. Hong
吊石苣苔属 *Lysionotus* D. Don
吊兰属 *Chlorophytum* Ker-Gawler
吊灯花属 *Ceropegia* Linnaeus
吊钟花属 *Enkianthus* Loureiro
刚竹属 *Phyllostachys* Siebold & Zuccarini
网脉木属 *Hubera* Chaowasku
网籽草属 *Dictyospermum* Wight
网藤蕨属 *Lomagramma* J. Smith
肉叶荠属 *Braya* Sternberg & Hoppe
肉兰属 *Sarcophyton* Garay
肉托果属 *Semecarpus* Linnaeus f.
肉苁蓉属 *Cistanche* Hoffmannsegg & Link
肉豆蔻属 *Myristica* Gronovius
肉豆蔻科 Myristicaceae R. Brown
肉果兰属 *Cyrtosia* Blume
肉果草属 *Lancea* J. D. Hooker & Thomson
肉实树属 *Sarcosperma* Hooker
肉药兰属 *Stereosandra* Blume
肉被麻属 *Sarcochlamys* Gaudichaud-Beaupré-Beaupré
肉穗草属 *Sarcopyramis* Wallich
朱兰属 *Pogonia* Jussieu
朱红苣苔属 *Calcareoboea* C. Y. Wu ex H. W. Li
朱果藤属 *Roureopsis* Planchon
朱缨花属 *Calliandra* Bentham
朱蕉属 *Cordyline* Commerson ex R. Brown
先骕兰属 *Hsenhsua* X. H. Jin, Schuit. & W. T. Jin
舌柱麻属 *Archiboehmeria* C. J. Chen
舌唇兰属 *Platanthera* Richard
舌喙兰属 *Hemipilia* Lindley
舌蕨属 *Elaphoglossum* Schott ex J. Smith
竹节树属 *Carallia* Roxburgh
竹叶子属 *Streptolirion* Edgeworth
竹叶兰属 *Arundina* Blume
竹叶吉祥草属 *Spatholirion* Ridley
竹叶蕨属 *Taenitis* Willdenow ex Schkuhr
竹叶蕉属 *Donax* Loureiro
竹芋科 Marantaceae R. Brown
竹芋属 *Maranta* Linnaeus
竹茎兰属 *Tropidia* Lindley
竹柏属 *Nageia* Gaertner
竹根七属 *Disporopsis* Hance
伏石蕨属 *Lemmaphyllum* C. B. Presl
延龄草属 *Trillium* Linnaeus
任豆属 *Zenia* Chun
华参属 *Sinopanax* H. L. Li
华扁豆属 *Sinodolichos* Verdcourt
华福花属 *Sinadoxa* C. Y. Wu, Z. L. Wu & R. F. Huang
华檫木属 *Sinosassafras* H. W. Li
华蟹甲属 *Sinacalia* H. Robinson & Brettell
伪针茅属 *Pseudoraphis* Griffith ex Pilger
伪泥胡菜属 *Serratula* Linnaeus
伊犁花属 *Ikonnikovia* Linczevski
伊犁芹属 *Talassia* Korovin
血水草属 *Eomecon* Hance
血叶兰属 *Ludisia* A. Richard
血苋属 *Iresine* Patrick Browne
血桐属 *Macaranga* Du Petit-Thouars
向日葵属 *Helianthus* Linnaeus
后蕊苣苔属 *Opithandra* Burtt
全光菊属 *Hololeion* Kitamura
全唇兰属 *Myrmechis* Blume
全唇苣苔属 *Deinocheilos* W. T. Wang
全唇花属 *Holocheila* (Kudô) Shuan Chow
全能花属 *Pancratium* Linnaeus
合头草属 *Sympegma* Bunge
合头菊属 *Syncalathium* Lipschitz
合耳菊属 *Synotis* (C. B. Clarke) C. Jeffrey & Y. L. Chen
合欢草属 *Desmanthus* Willdenow
合欢属 *Albizia* Durazzini
合柱兰属 *Diplomeris* D. Don
合柱金莲木属 *Sauvagesia* Linnaeus

合冠鼠麹草属 *Gamochaeta* Weddell
合萌属 *Aeschynomene* Linnaeus
合萼兰属 *Acriopsis* Blume
合景天属 *Pseudosedum* (Boissier) A. Berger
合囊蕨科 Marattiaceae Kaulfuss
合囊蕨属 *Ptisana* Murdock
伞形科 Apiaceae Lindley
伞花木属 *Eurycorymbus* Handel-Mazzetti
肋毛蕨属 *Ctenitis* (C. Christensen) C. Christensen
肋果茶属 *Sladenia* Kurz
肋果茶科 Sladeniaceae Airy Shaw
肋果蓟属 *Ancathia* de Candolle
肋柱花属 *Lomatogonium* A. Braun
多节草属 *Polycnemum* Linnaeus
多足蕨属 *Polypodium* Linnaeus
多轮草属 *Lerchea* Linnaeus
多荚草属 *Polycarpon* Loefling ex Linnaeus
多香木属 *Polyosma* Blume
多榔菊属 *Doronicum* Linnaeus
多裔草属 *Polytoca* R. Brown
多穗兰属 *Polystachya* Hooker
色萼花属 *Chroesthes* R. Bennoist
冰岛蓼属 *Koenigia* Linnaeus
冰沼草属 *Scheuchzeria* Linnaeus
冰沼草科 Scheuchzeriaceae Rudolphi
冰草属 *Agropyron* Gaertner
齐头绒属 *Zippelia* Blume
交让木科 Daphniphyllaceae Müller Argoviensis
决明属 *Cassia* Linnaeus
闭花木属 *Cleistanthus* Blume
闭荚藤属 *Mastersia* Bentham
闭鞘姜科 Costaceae Nakai
问荆属 *Equisetum* Linnaeus
羊耳菊属 *Duhaldea* de Candolle
羊耳蒜属 *Liparis* Richard
羊角芹属 *Aegopodium* Linnaeus
羊角拗属 *Strophanthus* de Candolle
羊角菜属 *Gynandropsis* de Candolle
羊茅属 *Festuca* Linnaeus
羊胡子草属 *Eriophorum* Linnaeus
羊蹄甲属 *Bauhinia* Linnaeus
米口袋属 *Gueldenstaedtia* Fischer
米仔兰属 *Aglaia* Loureiro
米团花属 *Leucosceptrum* Smith
米草属 *Spartina* Schreber
米面蓊属 *Buckleya* Torrey
灯心草科 Juncaceae Jussieu
灯心草属 *Juncus* Linnaeus
守宫木属 *Sauropus* Blume
安兰属 *Ania* J. Lindley
安旱苋属 *Philoxerus* R. Brown
安息香科 Styracaceae de Candolle & Sprengel
安息香属 *Styrax* Linnaeus
安蕨属 *Anisocampium* C. B. Presl
异木患属 *Allophylus* Linnaeus
异片苣苔属 *Allostigma* W. T. Wang
异叶苣苔属 *Whytockia* W. W. Smith
异形木属 *Allomorphia* Blume
异序乌桕 *Falconeria* Royle
异果芥属 *Diptychocarpus* Trautvetter
异果鹤虱属 *Heterocaryum* A. de Candolle
异型兰属 *Chiloschista* Lindley
异型株属 *Sinoswertia* T. N. He, S. W. Liu & J. Q. Liu
异药花属 *Fordiophyton* Stapf
异药芥属 *Atelanthera* J. D. Hooker & Thomson
异翅果属 *Heterosamara* Kuntze
异唇苣苔属 *Allocheilos* W. T. Wang
异黄精属 *Heteropolygonatum* M. N. Tamura & Ogisu
异野芝麻属 *Heterolamium* C. Y. Wu
异萼木属 *Dimorphocalyx* Thwaites
异萼花属 *Disepalum* J. D. Hooker
异裂苣苔属 *Pseudochirita* W. T. Wang
异裂菊属 *Heteroplexis* C. C. Chang
异喙菊属 *Heteracia* Fischer & C. A. Meyer
异腺草属 *Anisadenia* Wallich ex Meisner
异蕊草属 *Thysanotus* R. Brown

异燕麦属 *Helictotrichon* Besser ex Schultes & J. H. Schultes
异檐花属 *Triodanis* Rafinesque
阳桃属 *Averrhoa* Linnaeus
阴山荠属 *Yinshania* Ma & Y. Z. Zhao
阴地蕨属 *Botrychium* O. Swartz
阴行草属 *Siphonostegia* Bentham
防己科 Menispermaceae Jussieu
防风属 *Saposhnikovia* Schischkin
羽节蕨属 *Gymnocarpium* Newman
羽叶点地梅属 *Pomatosace* Maximowicz
羽叶菊属 *Nemosenecio* (Kitam) B. Nordenstam
羽叶楸属 *Stereospermum* Chamisso
羽芒菊属 *Tridax* Linnaeus
羽衣草属 *Alchemilla* Linnaeus
羽苞芹属 *Oreocomopsis* Pimenov & Kljuykov
羽萼木属 *Colebrookea* Smith
羽穗草属 *Desmostachya* (Stapf) Stapf
观音草属 *Peristrophe* Nees
买麻藤科 Gnetaceae Blume
买麻藤属 *Gnetum* Linnaeus
红门兰属 *Orchis* Linneanus
红木科 Bixaceae Kunth
红木属 *Bixa* Linnaeus
红毛七属 *Caulophyllum* Michaux
红叶藤属 *Rourea* Aublet
红瓜属 *Coccinia* Wight & Arnott
红丝线属 *Lycianthes* (Dunal) Hassler
红光树属 *Knema* Loureiro
红芽大戟属 *Knoxia* Linnaeus
红花荷属 *Rhodoleia* Champion ex Hooker
红花属 *Carthamus* Linnaeus
红杉属 *Sequoia* Endlicher
红豆杉科 Taxaceae Gray
红豆杉属 *Taxus* Linnaeus
红豆属 *Ormosia* Jackson
红药子属 *Pteroxygonum* Dammer & Diels
红树科 Rhizophoraceae Persoo
红树属 *Rhizophora* Linnaeus
红厚壳科 Calophyllaceae J. Agardh
红厚壳属 *Calophyllum* Linnaeus
红砂属 *Reaumuria* Linnaeus
红胶木属 *Lophostemon* Schott
红淡比属 *Cleyera* Thunberg
红景天属 *Rhodiola* Linnaeus
纤冠藤属 *Gongronema* (Endlicher) Decaisne
纤穗爵床属 *Leptostachya* Nees
麦氏草属 *Molinia* Schrank
麦仙翁属 *Agrostemma* Linnaeus
麦珠子属 *Alphitonia* Reissek ex Endlicher
麦蓝菜属 *Vaccaria* Wolf
远志科 Polygalaceae Hoffmannsegg & Link
远志属 *Polygala* Linnaeus

七 画

坛花兰属 *Acanthephippium* Blume
扯根菜科 Penthoraceae Rydberg ex Britton
扯根菜属 *Penthorum* Linnaeus
贡山竹属 *Gaoligongshania* D. Z. Li, Hsueh & N. H. Xia
贡甲属 *Maclurodendron* T. G. Hartley
赤车属 *Pellionia* Gaudichaud-Beaupré
赤竹属 *Sasa* Makino & Shibata
赤苍藤属 *Erythropalum* Blume
赤杨叶属 *Alniphyllum* Matsumura
赤瓟属 *Thladiantha* Bunge
赤箭莎属 *Schoenus* Linnaeus
赤壁木属 *Decumaria* Linnaeus
折冠藤属 *Lygisma* J. D. Hooker
壳斗科 Fagaceae Dumortier
壳菜果属 *Mytilaria* Lecomte
块根芹属 *Krasnovia* Popov ex Schischkin & Bobrov
扭连钱属 *Marmoritis* Bentham
扭柄花属 *Streptopus* Michaux
扭梗藤属 *Streptoechites* Middleton & Livshultz
扭藿香属 *Lophanthus* Adanson
报春苣苔属 *Primulina* Hance
报春花属 *Primula* Linnaeus

报春花科 Primulaceae Batsch ex Borkh
报春茜属 *Leptomischus* Drake
拟大豆属 *Ophrestia* H. M. L. Forbes
拟万代兰属 *Vandopsis* Pfitzer
拟天山蓍属 *Pseudohandelia* Tzvelev
拟水龙骨属 *Polypodiastrum* Ching
拟毛兰属 *Mycaranthes* Blume
拟石斛属 *Oxystophyllum* Blume
拟兰属 *Apostasia* Blume
拟地皮消属 *Leptosiphonium* F. v. Mueller
拟芸香属 *Haplophyllum* A. Jussieu
拟花蔺属 *Butomopsis* Kunth
拟豆蔻属 *Paramomum* S. Q. Tong
拟金茅属 *Eulaliopsis* Honda
拟鱼藤属 *Paraderris* (Miquel) R. Geesink
拟单性木兰属 *Parakmeria* Hu & W. C. Cheng
拟线柱兰属 *Zeuxinella* Averyanov
拟贯众属 *Cyclopeltis* J. Smith
拟扁果草属 *Enemion* Rafinesque
拟隔距兰属 *Cleisostomopsis* Seidenfaden
拟锚柱兰属 *Didymoplexiopsis* Seidenfaden
拟鼠麹草属 *Pseudognaphalium* Kirpicznikov
拟蜡菊属 *Helichrysum* Miller
拟漆姑属 *Spergularia* (Persoon) J. & C. Presl
拟耧斗菜属 *Paraquilegia* Drummond & Hutchinson
拟檫木属 *Parasassafras* D. G. Long
拟囊唇兰属 *Saccolabiopsis* J. J. Smith
芙兰草属 *Fuirena* Rottbøll
芙蓉菊属 *Crossostephium* Lessing
芫荽属 *Coriandrum* Linnaeus
苇谷草属 *Pentanema* Cassini
芸苔属 *Brassica* Linnaeus
芸香科 Rutaceae Jussieu
苋科 Amaranthaceae Jussieu
苋属 *Amaranthus* Linnaeus
花花柴属 *Karelinia* Lessing
花佩菊属 *Faberia* Hemsley
花柱草科 Stylidiaceae R. Brown
花柱草属 *Stylidium* Swartz ex Willdenow
花点草属 *Nanocnide* Blume
花荵科 Polemoniaceae Jussieu
花荵属 *Polemonium* Linnaeus
花菱草属 *Eschscholzia* Chamisso
花葵属 *Lavatera* Linnaeus
花椒属 *Zanthoxylum* Linnaeus
花楸属 *Sorbus* Linnaeus
花锚属 *Halenia* Borkhausen
花蔺科 Butomaceae Mirbel
花蔺属 *Butomus* Linnaeus
花旗杆属 *Dontostemon* Andrzejowski ex C. A. Meyer
芹叶荠属 *Smelowskia* C. A. Meyer
芹属 *Apium* Linnaeus
苍术属 *Atractylodes* de Candolle
苍耳属 *Xanthium* Linnaeus
芡属 *Euryale* Salisbury
苎麻属 *Boehmeria* Jacquin
芦竹属 *Arundo* Linnaeus
芦苇属 *Phragmites* Adanson
芦荟属 *Aloe* Linnaeus
芦莉草属 *Ruellia* Linnaeus
芯芭属 *Cymbaria* Linnaeus
克拉莎属 *Cladium* P. Browne
芭蕉科 Musaceae Jussieu
芭蕉属 *Musa* Linnaeus
苏利南野菊属 *Clibadium* Allamand ex Linnaeus
苏铁科 Cycadaceae Persoon
苏铁属 *Cycas* Linnaeus
苏铁蕨属 *Brainea* J. Smith
杜仲科 Eucommiaceae Engler
杜仲属 *Eucommia* Oliver
杜若属 *Pollia* Thunberg
杜英科 Elaeocarpaceae Jussieu
杜英属 *Elaeocarpus* Linnaeus
杜茎山属 *Maesa* Forssk
杜鹃兰属 *Cremastra* Lindley
杜鹃花科 Ericaceae A. L. de Jussieu
杜鹃属 *Rhododendron* Linnaeus
杜楝属 *Turraea* Linnaeus
杠柳属 *Periploca* Linnaeus

杉木属 *Cunninghamia* R. Brown ex Richard & A. Richard
杉叶杜属 *Diplarche* J. D. Hooker & Thomson
杉叶藻属 *Hippuris* Linnaeus
杓兰属 *Cypripedium* Linnaeus
杧果属 *Mangifera* Linnaeus
李属 *Prunus* Linnaeus
杨柳科 Salicaceae Mirbel
杨桐属 *Adinandra* W. Jack
杨梅科 Myricaceae Blume
杨梅属 *Myrica* (Loureiro) Zuccarini
杨属 *Populus* Linnaeus
求米草属 *Oplismenus* P. Beauvois
束尾草属 *Phacelurus* Grisebach
豆列当属 *Mannagettaea* H. Smith
豆科 Fabaceae Lindley
豆蔻属 *Amomum* Roxburgh
豆腐柴属 *Premna* Linnaeus
豆薯属 *Pachyrhizus* Richard ex de Candolle
豆瓣菜属 *Nasturtium* R. Brown
两节豆属 *Aphyllodium* (de Candolle) Gagnepain
两节荠属 *Crambe* Linnaeus
两型豆属 *Amphicarpaea* Elliot ex Nuttall
丽豆属 *Calophaca* F. E. L. Fischer ex de Candolle
还阳参属 *Crepis* Linnaeus
来江藤属 *Brandisia* J. D. Hooker & T. Thomson
连香树科 Cercidiphyllaceae Engler
连香树属 *Cercidiphyllum* Siebold & Zuccarini
连珠蕨属 *Aglaomorpha* Schott
连翘属 *Forsythia* Vahl
连蕊芥属 *Synstemon* Botschantzev
连蕊藤属 *Parabaena* Miers
卤地菊属 *Melanthera* Rohr
卤蕨属 *Acrostichum* Linnaeus
坚唇兰属 *Stereochilus* Lindly
肖榄属 *Platea* Blume
旱麦草属 *Eremopyrum* (Ledebour) Jaubert & Spach
旱金莲科 Tropaeolaceae Jussieu
旱金莲属 *Tropaeolum* Linnaeus
旱雀豆属 *Chesniella* Linnaeus
旱蕨属 *Pellaea* Link
里白科 Gleicheniaceae (R. Brown) C. B. Presl
里白属 *Diplopterygium* (Diesl) Nakai
里普草属 *Leptunis* Steven
足柱兰属 *Dendrochilum* Blume
串果藤属 *Sinofranchetia* (Diels) Hemsley
吻兰属 *Collabium* Blume
岐序安息香属 *Bruinsmia* Boerlage & Koorders
岗松属 *Baeckea* Linnaeus
针毛蕨属 *Macrothelypteris* (H. Itô) Ching
针叶苋属 *Trichuriella* Bennet
针叶藻属 *Syringodium* Kützing
针禾属 *Stipagrostis* Nees
针苞菊属 *Tricholepis* de Candolle
针茅属 *Stipa* Linnaeus
针果芹属 *Scandix* Linnaeus
针蔺属 *Trichophorum* Persoon
钉头果属 *Gomphocarpus* R. Brown
牡丹草属 *Gymnospermium* Spach
牡竹属 *Dendrocalamus* Nees
牡丽草属 *Mouretia* Pitard
牡荆属 *Vitex* Linnaeus
乱子草属 *Muhlenbergia* Schreber
秃疮花属 *Dicranostigma* J. D. Hooker & Thomson
秀柱花属 *Eustigma* Gardner & Champion
兵豆属 *Lens* Miller
伯乐树属 *Bretschneidera* Hemsley
低药兰属 *Chamaeanthus* J. J. Smith
皂荚属 *Gleditsia* Linnaeus
皂帽花属 *Dasymaschalon* (J. D. Hooker & Thomson) Dalla Torre & Harms
佛手瓜属 *Sechium* P. Browne
伽蓝菜属 *Kalanchoe* Adanson
谷木属 *Memecylon* Linnaeus

谷精草科 Eriocaulaceae Martinov
谷精草属 *Eriocaulon* Linnaeus
含苞草属 *Symphyllocarpus* Maximowicz
含笑属 *Michelia* Linnaeus
含羞草属 *Mimosa* Linnaeus
肠须草属 *Enteropogon* Nees
肠蕨科 Diplaziopsidaceae X. C. Zhang & Christenhusz
肠蕨属 *Diplaziopsis* C. Christensen
角果木属 *Ceriops* Arnott
角果毛茛属 *Ceratocephala* Moench
角果藜属 *Ceratocarpus* Linnaeus
角果藻属 *Zannichellia* Linnaeus
角茴香属 *Hypecoum* Linnaeus
角胡麻属 *Martynia* Linnaeus
角胡麻科 Martyniaceae Horaninow
角盘兰属 *Herminium* Linneanus
角蒿属 *Incarvillea* Jussieu
角蕨属 *Cornopteris* Nakai
条果芥属 *Parrya* R. Brown
条蕨科 Oleandraceae Ching ex Pichi Sermolli
条蕨属 *Oleandra* Cavanilles
卵果蕨属 *Phegopteris* (C. Presl) Fée
疗齿草属 *Odontites* Ludwig
冷水花属 *Pilea* Lindley
冷杉属 *Abies* Miller
冷蕨科 Cystopteridaceae Schmakov
冷蕨属 *Cystopteris* Bernhardi
辛果漆属 *Drimycarpus* J. D. Hooker
羌属 *Notopterygium* H. Boissieu
沙生米努草属 *Sabulina* Reichenbach
沙冬青属 *Ammopiptanthus* S. H. Cheng
沙芥属 *Pugionium* Gaertner
沙针属 *Osyris* Linnaeus
沙拐枣属 *Calligonum* Linnaeus
沙参属 *Adenophora* F. E. L. Fischer
沙戟属 *Chrozophora* Necker ex A. Jussieu
沙棘属 *Hippophae* Linnaeus
沙晶兰属 *Monotropastrum* H. Andres
沙蓬属 *Agriophyllum* Bieberstein
沙鞭属 *Psammochloa* Hitchcock
沟稃草属 *Aniselytron* Merrill
沟颖草属 *Sehima* Forsskål
沟繁缕科 Elatinaceae Dumortier
沟繁缕属 *Elatine* Linnaeus
沟瓣属 *Glyptopetalum* Thwaites
沉香属 *Aquilaria* Lamarck
诃子属 *Terminalia* Linnaeus
补血草属 *Limonium* Miller
补骨脂属 *Cullen* Medikus
君范菊属 *Sinoleontopodium* Y. L. Chen
灵枝草属 *Rhinacanthus* Nees
尾球木属 *Urobotrya* Stapf
尾稃草属 *Urochloa* P. Beauvois
尾囊草属 *Urophysa* Ulbrich
陆均松属 *Dacrydium* Solander ex G. Forster
阿米芹属 *Ammi* Linnaeus
阿魏属 *Ferula* Linnaeus
孜然芹属 *Cuminum* Linnaeus
附地菜属 *Trigonotis* Steven
陀螺果属 *Melliodendron* Handel-Mazzetti
忍冬科 Caprifoliaceae Jussieu
忍冬属 *Lonicera* Linnaeus
鸡毛松属 *Dacrycarpus* de Laubenfels
鸡爪草属 *Calathodes* J. D. Hooker & T. Thomson
鸡矢藤属 *Paederia* Linnaeus
鸡仔木属 *Sinoadina* Ridsdale
鸡头薯属 *Eriosema* (de Candolle) Desvaux
鸡血藤属 *Callerya* Endlicher
鸡骨常山属 *Alstonia* R. Brown
鸡娃草属 *Plumbagella* Spach
鸡眼草属 *Kummerowia* Schindler
鸡脚参属 *Orthosiphon* Bentham
鸡麻属 *Rhodotypos* Siebold & Zuccarini
鸡蛋花属 *Plumeria* Linnaeus
纳茜菜科 Nartheciaceae Bjurzon
纹苞菊属 *Russowia* Winkler
驴食豆属 *Onobrychis* P. Miller
驴蹄草属 *Caltha* Linnaeus
纽子花属 *Vallaris* N. L. Burman

八 画

环芹属 *Cyclorhiza* M. L. Sheh & R. H. Shan
青冈属 *Cyclobalanopsis* Oersted
青牛胆属 *Tinospora* Miers
青兰属 *Dracocephalum* Linnaeus
青皮木属 *Schoepfia* Schreber
青皮木科 Schoepfiaceae Blume
青花苋属 *Psilotrichopsis* Townsend
青荚叶属 *Helwingia* Willdenow
青荚叶科 Helwingiaceae Decaisne
青钱柳属 *Cyclocarya* Iljinskaja
青梅属 *Vatica* Linnaeus
青葙属 *Celosia* Linnaeus
青篱柴属 *Tirpitzia* Hallier
青檀属 *Pteroceltis* Maximowicz
青藤属 *Illigera* Blume
玫瑰木属 *Rhodamnia* Jack
玫瑰树属 *Ochrosia* Jussieu
盂兰属 *Lecanorchis* Blume
顶冰花属 *Gagea* Salisbury
顶果木属 *Acrocarpus* Wight ex Arnott
拉拉藤属 *Galium* Linnaeus
拂子茅属 *Calamagrostis* Adanson
坡油甘属 *Smithia* Aiton
坡垒属 *Hopea* Roxburgh
披碱草属 *Elymus* Linnaeus
茉莉果属 *Parastyrax* W. W. Smith
茉莉属 *Jasminum* Linnaeus
苦马豆属 *Sphaerophysa* de Candolle
苦木科 Simaroubaceae de Candolle
苦木属 *Picrasma* Blume
苦瓜属 *Momordica* Linnaeus
苦玄参属 *Picria* Loureiro
苦竹属 *Pleioblastus* Nakai
苦苣苔属 *Conandron* Siebold & Zuccarini
苦苣苔科 Gesneriaceae Dumortier
苦苣菜属 *Sonchus* Linnaeus
苦草属 *Vallisneria* Linnaeus
苦荬菜属 *Ixeris* Cassini
苦槛蓝属 *Pentacoelium* Siebold & Zuccarini
苹兰属 *Pinalia* Lindley
苹果属 *Malus* P. Miller
苹婆属 *Sterculia* Linnaeus
苜蓿属 *Medicago* Linnaeus
苘麻属 *Abutilon* Miller
苓菊属 *Jurinea* Cassini
苞叶兰属 *Brachycorythis* Lindley
苞叶姜属 *Pyrgophyllum* (Gagnepain) T. L. Wu & Z. Y. Chen
苞叶藤属 *Blinkworthia* Choisy
苞舌兰属 *Spathoglottis* Blume
苞护豆属 *Phylacium* Bennett
苞茅属 *Hyparrhenia* Andersson ex Fournier
苞裂芹属 *Schulzia* Sprengel
苞藜属 *Baolia* Kung & G. L. Chu
直芒草属 *Orthoraphium* Nees
直果草属 *Triphysaria* Fischer & C. A. Meyer
直唇姜属 *Pommereschea* Wittmack
直瓣苣苔属 *Ancylostemon* Craib
茄参属 *Mandragora* Linnaeus
茄科 Solanaceae Jussieu
茄属 *Solanum* Linnaeus
茅瓜属 *Solena* Loureiro
茅根属 *Perotis* Aiton
茅膏菜属 *Drosera* Linnaeus
茅膏菜科 Droseraceae Salisbury
林地苋属 *Psilotrichum* Blume
杯禾属 *Cyathopus* Stapf
杯苋属 *Cyathula* Blume
枇杷属 *Eriobotrya* J. Lindley
板凳果属 *Pachysandra* Michaux
松毛翠属 *Phyllodoce* Salisbury
松叶蕨科 Psilotaceae J. W. Griffith & A. Henfrey
松叶蕨属 *Psilotum* Swartz
松科 Pinaceae Sprengel ex F. Rudolphi
松属 *Pinus* Linnaeus
松蒿属 *Phtheirospermum* Bunge
枪刀药属 *Hypoestes* Solander ex R. Brown
枫杨属 *Pterocarya* Kunth
枫香树属 *Liquidambar* Linnaeus

枫属 *Acer* Linnaeus
构属 *Broussonetia* L'Héritier de Brutelle ex Ventenat
杭子梢属 *Campylotropis* Bunge
画眉草属 *Eragrostis* Wolf
画笔菊属 *Ajaniopsis* C. Shih
刺子莞属 *Rhynchospora* Vahl
刺毛头黍属 *Setiacis* S. L. Chen & Y. X. Jin
刺叶属 *Acanthophyllum* C. A. Meyer
刺头菊属 *Cousinia* de Candolle
刺芋属 *Lasia* Loureiro
刺芹属 *Eryngium* Linnaeus
刺茉莉属 *Azima* Lamarck
刺茉莉科 Salvadoraceae Lindley
刺苞果属 *Acanthospermum* Schrank
刺苞菊属 *Carlina* Linnaeus
刺枝豆属 *Eversmannia* Bunge
刺果芹属 *Turgenia* Hoffmann
刺果树属 *Chaetocarpus* Thwaites
刺果藤属 *Byttneria* Loefling
刺参属 *Morina* Linnaeus
刺参属 *Oplopanax* (Torrey & A. Gray) Miquel
刺柏属 *Juniperus* Linnaeus
刺冠菊属 *Calotis* R. Brown
刺桐属 *Erythrina* Linnaeus
刺核藤属 *Pyrenacantha* Hooker ex Wight
刺通草属 *Trevesia* Visiani
刺续断属 *Acanthocalyx* (de Candolle) van Tieghem
刺萼参属 *Echinocodon* D. Y. Hong
刺葵属 *Phoenix* Linnaeus
刺蒴麻属 *Triumfetta* Linnaeus
刺榄属 *Xantolis* Rafinesque
刺楸属 *Kalopanax* Miquel
刺槐属 *Robinia* Linnaeus
刺榆属 *Hemiptelea* J. E. Planchon
刺蕊草属 *Pogostemon* Desfontaines
刺篱木属 *Flacourtia* Commerson ex L' Heritier
刺藜属 *Dysphania* R. Brown
刺鳞草科 Centrolepidaceae Endlicher
刺鳞草属 *Centrolepis* Labillardière
枣叶槿属 *Nayariophyton* T. K. Paul
枣属 *Ziziphus* P. Miller
雨久花属 *Monochoria* C. Presl
雨久花科 Pontederiaceae Kunth
雨树属 *Samanea* (Bentham) Merrill
雨蕨属 *Gymnogrammitis* Griffith
郁金香属 *Tulipa* Linnaeus
欧亚矢车菊属 *Rhaponticoides* Vaillant
欧当归属 *Levisticum* Hill
欧防风属 *Pastinaca* Linnaeus
欧芹属 *Petroselinum* Hill
欧夏至草属 *Marrubium* Linnaeus
欧瑞香属 *Thymelaea* Miller
轮叶戟属 *Lasiococca* J. D. Hooker
轮环藤属 *Cyclea* Arnott ex R. Wight
轮钟花属 *Cyclocodon* W. Griffith ex J. D. Hooker & T. Thompson
软荚豆属 *Teramnus* P. Browne
软紫草属 *Arnebia* Forsskål
鸢尾兰属 *Oberonia* Lindley
鸢尾科 Iridaceae Jussieu
鸢尾属 *Iris* Linnaeus
鸢尾蒜属 *Ixiolirion* Fischer & Herbert
鸢尾蒜科 Ixioliriaceae Nakai
非洲耳草属 *Oldenlandia* Linnaeus
非洲楝属 *Khaya* A. Jussieu
歧伞花属 *Cymaria* Bentham
歧伞菊属 *Thespis* de Candolle
歧笔菊属 *Dicercoclados* C. Jeffrey & Y. L. Chen
齿叶乌桕属 *Shirakiopsis* Esser
齿果草属 *Salomonia* Loureiro
齿冠属 *Frolovia* (de Candolle) Lipschitz
齿唇兰属 *Odontochilus* Blume
齿稃草属 *Schismus* P. Beauvois
齿缘草属 *Eritrichium* Schrader ex Gaudin
齿鳞草属 *Lathraea* Linnaeus
虎头蓟属 *Schmalhausenia* C. Winkler
虎皮楠属 *Daphniphyllum* Blume
虎耳草属 *Saxifraga* Linnaeus

虎耳草科 Saxifragaceae Jussieu
虎舌兰属 *Epipogium* J. F. Gmelin ex Borkhaysen
虎杖属 *Reynoutria* Houttuyn
虎尾草属 *Chloris* Swartz
虎刺属 *Damnacanthus* C. F. Gaertner
虎榛子属 *Ostryopsis* Decne
虎颜花属 *Tigridiopalma* C. Chen
肾苞草属 *Phaulopsis* Willdenow
肾蕨科 Nephrolepidaceae Pichi Sermolli
肾蕨属 *Nephrolepis* Schott
尚武菊属 *Shangwua* Y. J. Wang & E. von Raab-Straube & A. Susanna & J. Q. Liu
昙花属 *Epiphyllum* Haworth
昆栏树科 Trochodendraceae Eichler
昆栏树属 *Trochodendron* Siebold & Zuccarini
明党参属 *Changium* Wolff
昂天莲属 *Ambroma* Linnaeus f.
固沙草属 *Orinus* Hitchcock
咀签属 *Gouania* N. J. Jacquin
咖啡属 *Coffea* Linnaeus
岩上珠属 *Clarkella* J. D. Hooker
岩风属 *Libanotis* Haller ex Zinn
岩白菜属 *Bergenia* Moench
岩芋属 *Remusatia* Schott
岩参属 *Cicerbita* Wallroth
岩高兰属 *Empetrum* Linnaeus
岩扇属 *Shortia* Torrey & A. Gray
岩黄树属 *Xanthophytum* Reinwardt ex Blume
岩黄耆属 *Hedysarum* Linnaeus
岩菖蒲属 *Tofieldia* Hudson
岩菖蒲科 Tofieldiaceae Takhtajan
岩菀属 *Rhinactinidia* Novopokrovsky
岩梅科 Diapensiaceae (Link) Lindley
岩梅属 *Diapensia* Linnaeus
岩匙属 *Berneuxia* Decaisne
岩蕨科 Woodsiaceae Herter
岩蕨属 *Woodsia* R. Brown
罗布麻属 *Apocynum* Linnaeus
罗汉松科 Podocarpaceae Endlicher
罗汉松属 *Podocarpus* L'Héritier ex Persoon
罗汉果属 *Siraitia* Merrill
罗汉柏属 *Thujopsis* Siebold & Zuccarini ex Endlicher
罗伞属 *Brassaiopsis* Decaisne & Planchon
罗顿豆属 *Lotononis* (de Candolle) Ecklon & Zeyher
罗勒属 *Ocimum* Linnaeus
岭罗脉属 *Tarennoidea* Tirvengadum & Sastre
岷江景天属 *Ohbaea* V. V. Byalt & I. V. Sokolova
败酱属 *Patrinia* A. Jussieu
钗子股属 *Luisia* Gaudichaud
知母属 *Anemarrhena* Bunge
垂头菊属 *Cremanthodium* Bentham
牧根草属 *Asyneuma* Grisebach & Schenk
和尚菜属 *Adenocaulon* Hooker
委陵菜属 *Potentilla* Linnaeus
使君子科 Combretaceae Robert Brown
侧金盏花属 *Adonis* Linnaeus
侧柏属 *Platycladus* Spach
依兰属 *Cananga* (de Candolle) J. D. Hooker & Thomson
征镒麻属 *Zhengyia* T. Deng, D. G. Zhang & H. Sun
爬兰属 *Herpysma* Lindley
爬树蕨属 *Arthropteris* J. Smith
金毛狗蕨科 Cibotiaceae Korall
金毛狗蕨属 *Cibotium* Kaulfuss
金毛裸蕨属 *Paragymnopteris* K. H.Shing
金凤藤属 *Dolichopetalum* Tsiang
金平藤属 *Cleghornia* Wight
金叶树属 *Chrysophyllum* Linnaeus
金禾蕨属 *Chrysogrammitis* Parris
金发草属 *Pogonatherum* P. Beauvois
金丝桃科 Hypericaceae Jussieu
金丝桃属 *Hypericum* Linnaeus
金光菊属 *Rudbeckia* Linnaeus
金合欢属 *Acacia* Miller
金鸡纳属 *Cinchona* Linnaeus
金鸡菊属 *Coreopsis* Linnaeus

金松科 Sciadopityaceae Luerssen
金松属 *Sciadopitys* Siebold & Zuccarini
金虎尾科 Malpighiaceae Jussieu
金鱼藻科 Ceratophyllaceae Gray
金鱼藻属 *Ceratophyllum* Linnaeus
金线兰属 *Anoectochilus* Blume
金线草属 *Antenoron* Rafinesque
金星蕨科 Thelypteridaceae Ching ex Pichi Sermolli
金星蕨属 *Parathelypteris* (H. Itô) Ching
金钩花属 *Pseuduvaria* Miquel
金钮扣属 *Acmella* Persoon
金须茅属 *Chrysopogon* Trinius
金盏苣苔属 *Isometrum* Craib
金盏花属 *Calendula* Linnaeus
金莲木属 *Ochna* Linnaeus
金莲木科 Ochnaceae de Candolle
金莲花属 *Trollius* Linnaeus
金唇兰属 *Chrysoglossum* Blume
金钱松属 *Pseudolarix* Gordon
金钱枫属 *Dipteronia* Oliver
金铁锁属 *Psammosilene* W. C. Wu & C. Y. Wu
金粉蕨属 *Onychium* Kaulfuss
金粟兰科 Chloranthaceae R. Brown ex Sims
金粟兰属 *Chloranthus* Swartz
金缕梅科 Hamamelidaceae R. Brown
金缕梅属 *Hamamelis* Linnaeus
金锦香属 *Osbeckia* Linnaeus
金腰属 *Chrysosplenium* Linnaeus
金腰箭属 *Calyptocarpus* Lessing
金腰箭属 *Synedrella* Gaertner
金罂粟属 *Stylophorum* Nuttal
金檀木科 Stemonuraceae Kårehed
金露梅属 *Dasiphora* Rafinesque
采木属 *Haematoxylum* Linnaeus
乳芹属 *Vicatia* de Candolle
乳豆属 *Galactia* P. Browne
乳突果属 *Adelostemma* J. D. Hooker
乳菀属 *Galatella* Cassini
念珠芥属 *Neotorularia* Hedge & J. Léonard
肺草属 *Pulmonaria* Linnaeus
肿足蕨科 Hypodematiaceae Ching
肿足蕨属 *Hypodematium* Kunze
肿荚豆属 *Antheroporum* Gagnepain
肿柄菊属 *Tithonia* Desfontaines ex Jussieu
胀果芹属 *Phlojodicarpus* Turczaninor ex Besser
胀萼紫草属 *Maharanga* A. de Candolle
肥牛树属 *Cephalomappa* Baillon
肥皂荚属 *Gymnocladus* Lamarck
肥皂草属 *Saponaria* Linnaeus
肥根兰属 *Pelexia* Poiteau ex Lindley
鱼木属 *Crateva* Linnaeus
鱼尾葵属 *Caryota* Linnaeus
鱼骨木属 *Canthium* Lamarck
鱼黄草属 *Merremia* Dennstedt ex Endlicher
鱼眼草属 *Dichrocephala* de Candolle
鱼藤属 *Derris* Loureiro
鱼鳔槐属 *Colutea* Linnaeus
兔儿一支箭属 *Piloselloides* (Lessing) C. Jeffrey ex Cufodontis
兔儿风属 *Ainsliaea* de Candolle
兔儿伞属 *Syneilesis* Maximowicz
兔耳草属 *Lagotis* Gaertner
兔唇花属 *Lagochilus* Bunge ex Bentham
狐尾藻属 *Myriophyllum* Linnaeus
狗牙花属 *Tabernaemontana* Linnaeus
狗牙根属 *Cynodon* Richard
狗舌草属 *Tephroseris* (Reichenbach) Reichenbach
狗肝菜属 *Dicliptera* Jussieu
狗尾草属 *Setaria* P. Beauvois
狗骨柴属 *Diplospora* de Candolle
狗脊蕨属 *Woodwardia* J. Smith
变叶木属 *Codiaeum* Rumphius ex A. Jussieu
变豆叶草属 *Saniculiphyllum* C. Y. Wu & Ku
变豆菜属 *Sanicula* Linnaeus
夜花藤属 *Hypserpa* Miers
夜来香属 *Telosma* Coville
夜香树属 *Cestrum* Linnaeus
卷耳属 *Cerastium* Linnaeus
卷花丹属 *Scorpiothyrsus* H. L. Li
卷柏科 Selaginellaceae Willkomm

卷柏属 *Selaginella* P. Beauvois
单叶豆属 *Ellipanthus* J. D. Hooker
单叶槟榔青属 *Haplospondias* Kostermans
单叶藤橘属 *Paramignya* R. Wight
单花山胡椒属 *Iteadaphne* Blume
单花木姜子属 *Dodecadenia* Nees
单花荠属 *Pegaeophyton* Hayek & Handel-Mazzetti
单花葵属 *Lagascea* Cavanilles
单序草属 *Polytrias* Hackel
单枝竹属 *Bonia* Balansa
单刺蓬属 *Cornulaca* Delile
单侧花属 *Orthilia* Rafinesque
单性滨藜属 *Archiatriplex* G. L. Chu
单盾荠属 *Fibigia* Medikus
单室茱萸属 *Mastixia* Blume
单座苣苔属 *Metabriggsia* W. T. Wang
单球芹属 *Haplosphaera* Koch
单蕊草属 *Cinna* Linnaeus
单蕊麻属 *Droguetia* Gaudichaud-Beaupré-Beaupré
油丹属 *Alseodaphne* Nees
油杉寄生属 *Arceuthobium* Marschall von Bieberstein
油杉属 *Keteleeria* Carrière
油果樟属 *Syndiclis* J. D. Hooker
油点草属 *Tricyrtis* Wallich
油桐属 *Vernicia* Loureiro
油渣果属 *Hodgsonia* J. D. Hooker & T. Thomson
油楠属 *Sindora* Miquel
沿阶草属 *Ophiopogon* Ker Gawler
沿沟草属 *Catabrosa* P. Beauvois
泡竹属 *Pseudostachyum* Munro
泡花树属 *Meliosma* Blume
泡果苘属 *Herissantia* Medikus
泡果茜草属 *Microphysa* Schrenk
泡桐科 Paulowniaceae Nakai
泡桐属 *Paulownia* Siebold & Zuccarini
泡囊草属 *Physochlaina* G. Don
泥胡菜属 *Hemisteptia* Bunge
沼兰属 *Crepidium* Blume
沼委陵菜属 *Comarum* Linnaeus
沼泽蕨属 *Thelypteris* Schmidel
沼菊属 *Enydra* Loureiro
波罗蜜属 *Artocarpus* J. R. Forster & J. G. A. Forster
波喜荡草属 *Posidonia* K. D. Koenig
波喜荡草科 Posidoniaceae Vines
波棱瓜属 *Herpetospermum* Wallich ex Bentham & J. D. Hook
泽兰属 *Eupatorium* Linnaeus
泽芹属 *Sium* Linnaeus
泽苔草属 *Caldesia* Parlatore
泽泻科 Alismataceae Ventenat
泽泻属 *Alisma* Linnaeus
泽泻蕨属 *Parahemionitis* Panigrahi
泽蕃椒属 *Deinostema* T. Yamazaki
治疝草属 *Herniaria* Linnaeus
定心藤属 *Mappianthus* Handel-Mazzetti
空竹属 *Cephalostachyum* Munro
空棱芹属 *Cenolophium* Koch
帘子藤属 *Pottsia* Hooker & Arnott
实蕨属 *Bolbitis* Schott
郎德木属 *Rondeletia* Linnaeus
帚灯草科 Restionaceae R. Brown
帚菊属 *Pertya* Schultz Bipontinus
弥勒苣苔属 *Paraisometrum* W. T. Wang
线叶菊属 *Filifolium* Kitamura
线果芥属 *Conringia* Heister ex Fabricius
线果兜铃属 *Thottea* Rottboell
线柱兰属 *Zeuxine* Lindley
线柱苣苔属 *Rhynchotechum* Blume
细子龙属 *Amesiodendron* Hu
细毛菊属 *Pilosella* Hill
细叶芹属 *Chaerophyllum* Linnaeus
细叶旱芹属 *Cyclospermum* Lagascay Segura
细辛属 *Asarum* Linnaeus
细画眉草属 *Eragrostiella* Bor
细柄芋属 *Hapaline* Schott
细柄茅属 *Ptilagrostis* Grisebach
细柄草属 *Capillipedium* Stapf

细莞属 *Isolepis* R. Brown
细圆藤属 *Pericampylus* Miers
细裂芹属 *Harrysmithia* Wolff
细筒苣苔属 *Lagarosolen* W. T. Wang
细蒴苣苔属 *Leptoboea* Bentham
细穗玄参属 *Scrofella* Maximowicz
细穗草属 *Lepturus* R. Brown
驼舌草属 *Goniolimon* Boissier
驼绒藜属 *Krascheninnikovia* Gueldenstaedt
驼峰藤属 *Merrillanthus* Chun & Tsiang
驼蹄瓣属 *Zygophyllum* Linnaeus
贯众属 *Cyrtomium* C. B. Presl

九 画

春黄菊属 *Anthemis* Linnaeus
珀菊属 *Amberboa* Vaillant
珍珠花属 *Lyonia* Nuttall
珍珠茅属 *Scleria* P. J. Bergius
珍珠菜属 *Lysimachia* Linnaeus
珍珠梅属 *Sorbaria* (Seringe) A. Braun
珊瑚兰属 *Corallorhiza* Gagnebin
珊瑚苣苔属 *Corallodiscus* Batalin
珊瑚菜属 *Glehnia* Fr. Schmidt ex Miquel
毒马草属 *Sideritis* Linnaeus
毒瓜属 *Diplocyclos* (Endlicher) T. Post & O. Kuntze
毒芹属 *Cicuta* Linnaeus
毒参属 *Conium* Linnaeus
毒鼠子科 Dichapetalaceae Baillon
毒鼠子属 *Dichapetalum* Thouars
指甲兰属 *Aerides* Loureiro
指柱兰属 *Stigmatodactylus* Maximowicz ex Makino
垫头鼠麴草属 *Gnomophalium* Greuter
垫紫草属 *Chionocharis* Johnston
荆芥属 *Nepeta* Linnaeus
革舌蕨属 *Scleroglossum* Alderwerelt
革苞菊属 *Tugarinovia* Iljin
革紫萁属 *Plenasium* C. Presl
茜草科 Rubiaceae Jussieu
茜草属 *Rubia* Linnaeus
茜树属 *Aidia* Loureiro
荚果蕨属 *Matteuccia* Todaro
荚蒾属 *Viburnum* Linnaeus
荚囊蕨属 *Struthiopteris* Scopoli
荛花属 *Wikstroemia* Endlicher
带叶兰属 *Taeniophyllum* Blume
带唇兰属 *Tainia* Blume
草木犀属 *Melilotus* (Linnaeus) Miller
草苁蓉属 *Boschniakia* C. A. Meyer
草沙蚕属 *Tripogon* Roemer & Schultes
草珊瑚属 *Sarcandra* Gardner
草胡椒属 *Peperomia* Ruiz & Pavon
草莓属 *Fragaria* Linnaeus
草海桐科 Goodeniaceae R. Brown
草海桐属 *Scaevola* Linnaeus
草绣球属 *Cardiandra* Siebold & Zuccarini
草瑞香属 *Diarthron* Turczaninow
草糙苏属 *Phlomoides* Moench
茼蒿属 *Glebionis* Cassini
茵芋属 *Skimmia* Thunberg
茴芹属 *Pimpinella* Linnaeus
茴香砂仁属 *Etlingera* Giseke
茴香属 *Foeniculum* Miller
莛子藨属 *Triosteum* Linnaeus
荞麦属 *Fagopyrum* Miller
荟蔓藤属 *Cosmostigma* Wight
茶条木属 *Delavaya* Franchet
茶茱萸科 Icacinaceae Miers
茶菱属 *Trapella* Oliver
茶梨属 *Anneslea* Wallich
茶藨子科 Grossulariaceae de Candolle
茶藨子属 *Ribes* Linnaeus
荠属 *Capsella* Medikus
茨藻属 *Najas* Linnaeus
荨麻科 Urticaceae Jussieu
荨麻属 *Urtica* Linnaeus
荩草属 *Arthraxon* P. Beauvois
胡卢巴属 *Trigonella* Linnaeus
胡枝子属 *Lespedeza* Michaux
胡桃科 Juglandaceae de Candolle ex Perleb
胡桃属 *Juglans* Linnaeus

胡黄莲属 *Neopicrorhiza* D. Y. Hong
胡萝卜属 *Daucus* Linnaeus
胡麻花属 *Heloniopsis* A. Gray
胡麻草属 *Centranthera* R. Brown
胡麻科 Pedaliaceae Brown
胡麻属 *Sesamum* Linnaeus
胡椒科 Piperaceae Giseke
胡椒属 *Piper* Linnaeus
胡颓子科 Elaeagnaceae Jussieu
胡颓子属 *Elaeagnus* Linnaeus
胡蔓藤科 Gelsemiaceae Struwe & V. A. Albert
荔枝属 *Litchi* Sonnerat
南山花属 *Prismatomeris* Thwaites
南山藤属 *Dregea* E. Meyer
南天竹属 *Nandina* Thunberg
南五味子属 *Kadsura* Jussieu
南瓜属 *Cucurbita* Linnaeus
南芥属 *Arabis* Linnaeus
南泽兰属 *Austroeupatorium* R. M. King & H. Robinson
南洋杉属 *Araucaria* Jussieu
南洋杉科 Araucariaceae Hemkel & W. Hochst
南洋参属 *Polyscias* J. R. Forster & G. Forster
南洋楹属 *Falcataria* (I. C. Nielsen) Barneby & J. W. Grimes
南蛇藤属 *Celastrus* Linnaeus
南鼠刺科 Escalloniaceae Dumortier
南酸枣属 *Choerospondias* B. L. Burtt & A. W. Hill
药水苏属 *Betonica* Linnaeus
药葵属 *Althaea* Linnaeus
药囊花属 *Cyphotheca* Diels
桂皮紫萁属 *Osmundastrum* C. Presl
柑橘属 *Citrus* Linneaus
栉叶蒿属 *Neopallasia* Poljakov
柯属 *Lithocarpus* Blume
柄果木属 *Mischocarpus* Blume
柄果菊属 *Podospermum* de Candolle
柄翅果属 *Burretiodendron* Rehder
柄唇兰属 *Podochilus* Blume
柘属 *Maclura* Nuttall
栌菊木属 *Nouelia* Franchet
相思子属 *Abrus* Adanson
柚木属 *Tectona* Linnaeus f.
枳椇属 *Hovenia* Thunberg
柞木属 *Xylosma* G. Forster
柏木属 *Cupressus* Linnaeus
柏拉木属 *Blastus* Loureiro
柏科 Cupressaceae Gray
栀子皮属 *Itoa* Hemsley
栀子属 *Gardenia* J. Ellis
柃木属 *Eurya* Thunberg
栎属 *Quercus* Linneaus
枸杞属 *Lycium* Linnaeus
柳叶芹属 *Czernaevia* Turczaninow ex Ledebour
柳叶菜属 *Epilobium* Linnaeus
柳叶菜科 Onagraceae Jussieu
柳叶箬属 *Isachne* R. Brown
柳兰属 *Chamerion* Séguier
柳安属 *Parashorea* Kurz
柳杉属 *Cryptomeria* D. Don
柳穿鱼属 *Linaria* Miller
柳属 *Salix* Linnaeus
柊叶属 *Phrynium* Willdenow
柿树科 Ebenaceae Gücke
柿属 *Diospyros* Linnaeus
柽柳科 Tamaricaceae Link
柽柳属 *Tamarix* Linnaeus
树参属 *Dendropanax* Decaisne & Planchon
树萝卜属 *Agapetes* D. Don ex G. Don
厚叶蕨属 *Cephalomanes* C. B. Presl
厚皮树属 *Lannea* A. Richard
厚皮香属 *Ternstroemia* Mutis ex Linnaeus f.
厚朴属 *Houpoëa* N. H. Xia & C. Y. Wu
厚壳树属 *Ehretia* P. Browne
厚壳桂属 *Cryptocarya* R. Brown
厚脉荠属 *Pachyneurum* Bunge
厚唇兰属 *Epigeneium* Gagnepain
厚棱芹属 *Pachypleurum* Ledebour
厚喙菊属 *Dubyaea* de Candolle
厚膜树属 *Fernandoa* Welwitsch ex Seemann

厚壁木属 *Pachylarnax* Dandy
砂苋属 *Allmania* R. Brown ex Wight
轴花木属 *Erismanthus* Wallich ex Müller Argoviensis
轴果蕨科 Rhachidosoraceae X. C. Zhang
轴果蕨属 *Rhachidosorus* Ching
轴榈属 *Licuala* Wurmb
轴藜属 *Axyris* Linnaeus
鸦胆子属 *Brucea* John Frederick Miller
鸦葱属 *Scorzonera* Linnaeus
鸦跖花属 *Oxygraphis* Bunge
点地梅属 *Androsace* Linnaeus
省沽油属 *Staphylea* Linnaeus
省沽油科 Staphyleaceae (de Candolle) Lindley
省藤属 *Calamus* Linnaeus
显子草属 *Phaenosperma* Munro ex Bentham
星叶草属 *Circaeaster* Maximowicz
星叶草科 Circaeasteraceae J. Hutchinson
星果草属 *Asteropyrum* J. R. Drummond & Hutchinson
星粟草属 *Glinus* Linnaeus
星蕨属 *Microsorum* Link
星穗莎属 *Actinoschoenus* Bentham
虾子花属 *Woodfordia* Salisbury
虾子草属 *Mimulicalyx* P. C. Tsoong
虾子草属 *Nechamandra* Planchon
虾尾兰属 *Parapteroceras* Averyanov
虾须草属 *Sheareria* S. Moore
虾脊兰属 *Calanthe* R. Brown
虾海藻属 *Phyllospadix* Hooker
虻眼属 *Dopatrium* Buchanan-Hamilton ex Bentham
思茅藤属 *Epigynum* Wight
蚂蚱腿子属 *Myripnois* Bunge
响盒子属 *Hura* Linnaeus
骨碎补属 *Davallia* J. Smith
骨碎补科 Davalliaceae M. R. Schomburgk
钝叶草属 *Stenotaphrum* Trinius
钝果寄生属 *Taxillus* van Tieghem
钝背草属 *Amblynotus* Johnston
钟山草属 *Petitmenginia* Bonati
钟兰属 *Campanulorchis* Brieger
钟花草属 *Codonacanthus* Nees
钟花科 Achariaceae Harms
钟萼草属 *Lindenbergia* J. G. C. Lehmann
钩子木属 *Rostrinucula* Kudô
钩毛子草属 *Rhopalephora* Hasskarl
钩毛草属 *Kelloggia* Torrey ex Bentham & J. D. Hooker
钩毛草属 *Pseudechinolaena* Stapf
钩毛蕨属 *Cyclogramma* Tagawa
钩叶藤属 *Plectocomia* Martius ex Schultes & J. H. Schultes
钩吻属 *Gelsemium* Jussieu
钩枝藤科 Ancistrocladaceae Walpers
钩枝藤属 *Ancistrocladus* Wallich
钩藤属 *Uncaria* Schreber
钮扣草属 *Spermacoce* Linnaeus
看麦娘属 *Alopecurus* Linnaeus
香叶木属 *Spermadictyon* Roxburgh
香兰属 *Haraella* Kudô
香竹属 *Chimonocalamus* Hsueh & T. P. Yi
香花芥属 *Hesperis* Linnaeus
香花藤属 *Aganosma* (Blume) G. Don
香芥属 *Clausia* Kornuch-Trotzky
香青属 *Anaphalis* de Candolle
香茅属 *Cymbopogon* Sprengel
香果树属 *Emmenopterys* Oliver
香茜科 Carlemanniaceae Airy Shaw
香茜属 *Carlemannia* Bentham
香荚兰属 *Vanilla* Plumier ex P. Miller
香茶菜属 *Isodon* (Schrader ex Bentham) Spach
香科科属 *Teucrium* Linnaeus
香格里拉芥属 *Shangrilaia* Al-Shehbaz
香根芹属 *Osmorhiza* Rafinesque-Schmaltz
香雪球属 *Lobularia* Desvaux
香蒲科 Typhaceae Jussieu
香蒲属 *Typha* Linnaeus
香椿属 *Toona* (Endlicher) Max Roemer
香槐属 *Cladrastis* Rafinesque
香简草属 *Keiskea* Miquel

香薷属 *Elsholtzia* Willdenow
香檬菊属 *Pectis* Linnaeus
香鳞始蕨属 *Osmolindsaea* (K. U. Kramer) Lehtonen & Christenhusz
种阜草属 *Moehringia* Linnaeus
秋水仙科 Colchicaceae de Candolle
秋英属 *Cosmos* Cavanilles
秋英爵床属 *Cosmianthemum* Bremekamp
秋茄树属 *Kandelia* (de Candolle) Wight & Arnott
秋枫属 *Bischofia* Blume
秋海棠属 *Begonia* Linnnaeus
秋海棠科 Begoniaceae C. Agardh
秋葵属 *Abelmoschus* Medikus
重羽菊属 *Diplazoptilon* Ling
重寄生属 *Phacellaria* Bentham
重楼属 *Paris* Linnaeus
复叶耳蕨属 *Arachniodes* Blume
复芒菊属 *Formania* W. W. Smith & J. Small
修蕨属 *Selliguea* Bory
保亭花属 *Wenchengia* C. Y. Wu & S. Chow
泉七属 *Steudnera* K. Koch
鬼臼属 *Dysosma* Woodson
鬼灯檠属 *Rodgersia* A. Gray
鬼吹箫属 *Leycesteria* Wallich
鬼针草属 *Bidens* Linnaeus
盾片蛇菰属 *Rhopalocnemis* Junghuhn
盾叶苣苔属 *Metapetrocosmea* W. T. Wang
盾苞藤属 *Neuropeltis* Wallich
盾果草属 *Thyrocarpus* Hance
盾柄兰属 *Porpax* Lindley
盾柱木属 *Peltophorum* (Vogel) Bentham
盾柱属 *Pleurostylia* Wight & Arnott
盾翅藤属 *Aspidopterys* Jussieu ex Endlicher
盾座苣苔属 *Epithema* Blume
盾蕨属 *Neolepisorus* Ching
须叶藤属 *Flagellaria* Linnaeus
须叶藤科 Flagellariaceae Dumortier
须芒草属 *Andropogon* Linnaeus
须花藤属 *Genianthus* J. D. Hooker
须弥芥属 *Crucihimalaya* Al-Shehbaz, O'Kane & R. A. Price
须弥茜树属 *Himalrandia* T. Yamazaki
须弥菊属 *Himalaiella* Raab-Straube
须药藤属 *Stelmocrypton* Baillon
俞藤属 *Yua* C. L. Li
剑叶莎属 *Machaerina* Vahl
剑羽蕨属 *Xiphopterella* Parris
剑蕨属 *Loxogramme* (Blume) C. B. Presl
盆距兰属 *Gastrochilus* D. Don
狭腔芹属 *Stenocoelium* Ledebour
狭蕊龙胆属 *Metagentiana* T. N. Ho, S. L. Chen & S. W. Liu
独子木属 *Monoon* Miquel
独叶草属 *Kingdonia* I. B. Balfour & W. W. Smith
独行菜属 *Lepidium* Linnaeus
独花兰属 *Changnienia* S. S. Chien
独花报春属 *Omphalogramma* Franchet
独丽花属 *Moneses* Salisbury ex S. F. Gray
独尾草科 Asphodelaceae Dumortier
独尾草属 *Eremurus* M. Bieberstein
独活属 *Heracleum* Linnaeus
独根草属 *Oresitrophe* Bunge
独脚金属 *Striga* Loureiro
独蒜兰属 *Pleione* D. Don
弯管花属 *Chassalia* Commerson ex Poiret
弯穗草属 *Dinebra* Jacquin
孪叶豆属 *Hymenaea* Linnaeus
孪生花属 *Stemodia* Linnaeus
孪花菊属 *Wollastonia* de Candolle ex Decaisne
孪果鹤虱属 *Rochelia* Reichenbach
亮毛蕨属 *Acystopteris* Nakai
亮叶芹属 *Silaum* Miller
亮蛇床属 *Selinum* Linnaeus
度量草属 *Mitreola* Linnaeus
庭荠属 *Alyssum* Linnaeus
美人蕉属 *Canna* Linnaeus
美人蕉科 Cannaceae Jussieu
美花草属 *Callianthemum* C. A. Meyer
美丽桐属 *Wightia* Wallich
美国薄荷属 *Monarda* Linnaeus

美柱兰属 *Callostylis* Blume
美洲马㼎儿属 *Melothria* Linnaeus
美冠兰属 *Eulophia* A. Brown
美登木属 *Maytenus* Molina
姜花属 *Hedychium* J. König
姜味草属 *Micromeria* Bentham
姜科 Zingiberaceae Martinov
姜黄属 *Curcuma* Linnaeus
姜属 *Zingiber* Miller
类叶升麻属 *Actaea* Linnaeus
类芦属 *Neyraudia* J. D. Hooker
类雀稗属 *Paspalidium* Stapf
迷果芹属 *Sphallerocarpus* Besser ex de Candolle
迷迭香属 *Rosmarinus* Linnaeus
前胡属 *Peucedanum* Linnaeus
首乌属 *Fallopia* Adanson
总苞草属 *Elytrophorus* P. Beauvois
洼瓣花属 *Lloydia* Salisbury ex Reichenbach
活血丹属 *Glechoma* Linnaeus
染木树属 *Saprosma* Blume
洋竹草属 *Callisia* Loefling
洋狗尾草属 *Cynosurus* Linnaeus
洋椿属 *Cedrela* P. Browne
穿心草属 *Canscora* Lamarck
穿心莲属 *Andrographis* Wallich ex Nees
穿鞘花属 *Amischotolype* Hasskarl
窃衣属 *Torilis* Adanson
冠毛草属 *Stephanachne* Keng
冠唇花属 *Microtoena* Prain
冠盖藤属 *Pileostegia* Hooker & Thomson
冠萼花楸属 *Aria* (Persoon) Host
扁毛菊属 *Allardia* Decaisne
扁芒草属 *Danthonia* de Candolle
扁豆属 *Lablab* Adanson
扁担杆属 *Grewia* Linnaeus
扁果草属 *Isopyrum* Linnaeus
扁柄草属 *Lallemantia* Fischer & Meyer
扁柏属 *Chamaecyparis* Spach
扁轴木属 *Parkinsonia* Linnaeus
扁莎属 *Pycreus* P. Beauvois
扁核木属 *Prinsepia* Royle
扁蒴苣苔属 *Cathayanthe* W. Y. Chun
扁蒴藤属 *Pristimera* Miers
扁蕾属 *Gentianopsis* Ma
扁穗草属 *Blysmus* Panzer ex Schultes
扁穗草属 *Brylkinia* F. Schmidt
衿属 *Fraxinus* Linnaeus
神香草属 *Hyssopus* Linnaeus
费菜属 *Phedimus* Rafinesque
孩儿参属 *Pseudostellaria* Pax
孩儿草属 *Rungia* Nees
娃儿藤属 *Tylophora* R. Brown
怒江兰属 *Gennaria* Parlatore
蚤草属 *Pulicaria* Gaertner
绒毛草属 *Holcus* Linnaeus
绒兰属 *Dendrolirium* Blume
绒苞藤属 *Congea* Roxburgh
绒果芹属 *Eriocycla* Lindley
绒紫萁属 *Claytosmunda* (Yatabe, Murakami & Iwatsuki) Metzgar & Rouhan
结香属 *Edgeworthia* Meisner
结缕草属 *Zoysia* Willdenow
络石属 *Trachelospermum* Lemaire
骆驼刺属 *Alhagi* Gagnebin
骆驼蓬属 *Peganum* Linnaeus
绞木科 Garryaceae Lindley
绞股蓝属 *Gynostemma* Blume

十 画

泰兰属 *Thaia* Seidenfaden
泰竹属 *Thyrsostachys* Gamble
泰来藻属 *Thalassia* Banks ex K. D. Koenig
秦岭藤属 *Biondia* Schlechter
珙桐属 *Davidia* Baillon
珠蕨属 *Cryptogramma* R. Brown
捕虫堇属 *Pinguicula* Linnaeus
盐千屈菜属 *Halopeplis* Bunge ex Ungern-Sternberg
盐爪爪属 *Kalidium* Moquin-Tandon
盐节木属 *Halocnemum* Marschall von Bieberstein

盐生草属 *Halogeton* C. A. Meyer
盐角草属 *Salicornia* Linnaeus
盐麸木属 *Rhus* Linnaeus
盐蓬属 *Halimocnemis* C. A. Meyer
盐穗木属 *Halostachys* C. A. Meyer ex Schrenk
都丽菊属 *Ethulia* Linnaeus
荇菜属 *Nymphoides* Seguier
荸艾属 *Peplis* Linnaeus
荸荠属 *Eleocharis* R. Brown
莲子草属 *Alternanthera* Forsskål
莲叶桐属 *Hernandia* Linnaeus
莲叶桐科 Hernandiaceae Blume
莲科 Nelumbonaceae Richard
莲桂属 *Dehaasia* Blume
莲座蕨属 *Angiopteris* G. F. Hoffmann
莲属 *Nelumbo* Adanson
莳萝属 *Anethum* Linnaeus
莴苣属 *Lactuca* Linnaeus
莠竹属 *Microstegium* Nees
荷包牡丹属 *Lamprocapnos* Endlicher
荷包蕨属 *Calymmodon* C. B. Presl
荷包藤属 *Adlumia* Rafinesque ex de Candolle
荷青花属 *Hylomecon* Maximowicz
荷莲豆草属 *Drymaria* Willdenow ex Schultes
莸属 *Caryopteris* Bunge
莎禾属 *Coleanthus* Seidel
莎草科 Cyperaceae Jussieu
莎草属 *Cyperus* Linnaeus
莎草蕨属 *Schizaea* J. Smith
莎草蕨科 Schizaeaceae Kaulf
莎菀属 *Arctogeron* de Candolle
真碎米蕨属 *Cheilanthes* Swartz
真穗草属 *Eustachys* Desvaux
莼菜科 Cabombaceae Richard ex A. Richard
莼菜属 *Brasenia* Schreber
桔梗科 Campanulaceae Jussieu
桔梗属 *Platycodon* A. de Candolle
桄榔属 *Arenga* Labillardière
桐棉属 *Thespesia* Solander ex Correa
桤木属 *Alnus* Miller
桤叶树属 *Clethra* Linnaeus
桤叶树科 Clethraceae Klolzsch
栝楼属 *Trichosanthes* Linnaeus
桦木科 Betulaceae Gray
桦木属 *Betula* Linnaeus
栓果芹属 *Cortiella* C. Norman
栓果菊属 *Launaea* Cassini
栓翅芹属 *Prangos* Lindley
桃儿七属 *Sinopodophyllum* Ying
桃叶珊瑚属 *Aucuba* Thunberg
桃花心木属 *Swietenia* Jacquin
桃金娘科 Myrtaceae Jussieu
桃金娘属 *Rhodomyrtus* (Candolle) H. G. L. Reichenbach
桃榄属 *Pouteria* Aublet
栒子属 *Cotoneaster* Medikus
格木属 *Erythrophleum* Afzelius ex R. Brown
格兰马草属 *Bouteloua* Lagasca
格脉树属 *Mammea* Linnaeus
移柀属 *Docynia* Decaisne
核子木属 *Perrottetia* Kunth
核果木属 *Drypetes* Vahl
核果茶属 *Pyrenaria* Blume
桉属 *Eucalyptus* L'Héritier de Brutelle
哥纳香属 *Goniothalamus* (Blume) J. D. Hooker & Thomson
豇豆属 *Vigna* Savi
栗豆藤属 *Agelaea* Solander ex Planchon
栗寄生属 *Korthalsella* van Tieghem
栗属 *Castanea* Miller
栗蕨属 *Histiopteris* (J. G. Agardh) J. Smith
翅子瓜属 *Zanonia* Linnaeus
翅子树属 *Pterospermum* Schreber
翅子藤属 *Loeseneriella* A. C. Smith
翅叶木属 *Pauldopia* Steenis
翅耳草属 *Thecagonum* Babu
翅苹婆属 *Pterygota* Schott & Endlicher
翅茎草属 *Pterygiella* Oliver
翅果草属 *Rindera* Pallas
翅果麻属 *Kydia* Roxburgh
翅果藤属 *Myriopteron* Griffith
翅实藤属 *Ryssopterys* Blume ex Jussieu

翅籽荠属 *Galitzkya* V. V. Botschantzeva
翅棱芹属 *Pterygopleurum* Kitagawa
翅膜菊属 *Alfredia* Cassini
翅鳞莎属 *Courtoisina* Soják
唇形科 Lamiaceae Martinov
唇柱苣苔属 *Chirita* Buchanan-Hamilton ex D. Don
唇萼苣苔属 *Trisepalum* Clarke
夏至草属 *Lagopsis* Bunge
夏枯草属 *Prunella* Linnaeus
夏须草属 *Theropogon* Maximowicz
夏蜡梅属 *Calycanthus* Linnaeus
破布木属 *Cordia* Linnaeus
破布叶属 *Microcos* Linnaeus
原沼兰属 *Malaxis* Solander ex O. Swartz
柴龙树属 *Apodytes* E. Meyer ex Arnott
柴胡属 *Bupleurum* Linnaeus
党参属 *Codonopsis* Wallich
鸭儿芹属 *Cryptotaenia* de Candolle
鸭舌癀舅属 *Hemidiodia* K. Schumann
鸭茅属 *Dactylis* Linnaeus
鸭蛋花属 *Cameraria* Linnaeus
鸭跖草属 *Commelina* Linnaeus
鸭跖草科 Commelinaceae Mirlbel
鸭嘴草属 *Ischaemum* Linnaeus
蚊子草属 *Filipendula* P. Miller
蚊母树属 *Distylium* Siebold & Zuccarini
唢呐草属 *Mitella* Linnaeus
峨参属 *Anthriscus* Bernhardi
峨屏草属 *Tanakaea* Franchet & Savatier
圆果苣苔属 *Gyrogyne* W. T. Wang
圆籽荷属 *Apterosperma* H. T. Chang
圆唇苣苔属 *Gyrocheilos* W. T. Wang
钳唇兰属 *Erythrodes* Blume
钻地风属 *Schizophragma* Siebold & Zuccarini
钻柱兰属 *Pelatantheria* Ridley
钻喙兰属 *Rhynchostylis* Blume
铁力木属 *Mesua* Linnaeus
铁木属 *Ostrya* Scopoli
铁仔属 *Myrsine* Linnaeus
铁竹属 *Ferrocalamus* Hsueh & P. C. Keng
铁苋菜属 *Acalypha* Linnaeus
铁杉属 *Tsuga* (Endlicher) Carrière
铁角蕨科 Aspleniaceae Newman
铁角蕨属 *Asplenium* Linnaeus
铁青树科 Olacaceae Hoffmannsegg & Link
铁青树属 *Olax* Linnaeus
铁线子属 *Manilkara* Adanson
铁线莲属 *Clematis* Linnaeus
铁线蕨属 *Adiantum* Linnaeus
铁破锣属 *Beesia* I. B. Balfour & W. W. Smith
铁榄属 *Sideroxylon* Linnaeus
铁筷子属 *Helleborus* Linnaeus
铃子香属 *Chelonopsis* Miquel
铃兰属 *Convallaria* Linnaeus
铃铛刺属 *Halimodendron* Fischer ex de Candolle
秤钩风属 *Diploclisia* Miers
秤锤树属 *Sinojackia* Hu
积雪草属 *Centella* Linnaeus
透骨草属 *Phryma* Linnaeus
透骨草科 Phrymaceae Schauer
笔花豆属 *Stylosanthes* Swartz
笋兰属 *Thunia* H. G. Reichenbach
倒地铃属 *Cardiospermum* Linnaeus
倒吊兰属 *Erythrorchis* Blume
倒吊笔属 *Wrightia* R. Brown
倒缨木属 *Kibatalia* G. Don
倭竹属 *Shibataea* Makino ex Nakai
臭草属 *Melica* Linnaeus
臭菘属 *Symplocarpus* Salisbury ex W. P. C. Barton
臭常山属 *Orixa* Thunberg
臭椿属 *Ailanthus* Desfontaines
爱地草属 *Geophila* D. Don
豹子花属 *Nomocharis* Franchet
脆兰属 *Acampe* Lindley
脐草属 *Omphalotrix* Maximowicz
胶木属 *Palaquium* Blanco
胶核木属 *Myxopyrum* Blume
胶菀属 *Grindelia* Willdenow
胼胝兰属 *Biermannia* King & Pantling

脓疮草属 *Panzerina* Soják
狸尾豆属 *Uraria* Desvaux
狸藻科 Lentibulariaceae Richard
狸藻属 *Utricularia* Linnaeus
狼尾草属 *Pennisetum* Richard
狼毒属 *Stellera* Linnaeus
留萼木属 *Blachia* Baillon
皱稃草属 *Ehrharta* Thunberg
凌风草属 *Briza* Linnaeus
凌霄属 *Campsis* Loureiro
栾树属 *Koelreuteria* Laxmann
恋岩花属 *Echinacanthus* Nees
浆果乌桕属 *Balakata* Esser
浆果苣苔属 *Cyrtandra* J. R. Forster & G. Forster
浆果苋属 *Deeringia* R. Brown
浆果楝属 *Cipadessa* Blume
高山芹属 *Coelopleurum* Ledebour
高山豆属 *Tibetia* (Ali) H. P. Tsui
高河菜属 *Megacarpaea* de Candolle
高原芥属 *Christolea* Cambessèdes
高粱属 *Sorghum* Moench
离子芥属 *Chorispora* R. Brown ex de Candolle
离药金腰箭属 *Eleutheranthera* Poiteau
离根香属 *Goodenia* Smith
离瓣寄生属 *Helixanthera* Loureiro
唐竹属 *Sinobambusa* Makino ex Nakai
唐松草属 *Thalictrum* Linnaeus
唐棣属 *Amelanchier* Medikus
凋缨菊属 *Camchaya* Gagnepain
瓶尔小草属 *Ophioglossum* Linnaeus
瓶尔小草科 Ophioglossaceae (Martinov) Agardh
瓶头草属 *Lagenophora* Cassini
瓶花木属 *Scyphiphora* C. F. Gaertner
瓶蕨属 *Vandenboschia* Copeland
粉口兰属 *Pachystoma* Blume
粉叶蕨属 *Pityrogramma* Link
粉条儿菜属 *Aletris* Linnaeus
粉苞菊属 *Chondrilla* Linnaeus
粉背蕨属 *Aleuritopteris* Fée
粉绿藤属 *Pachygone* Miers
益母草属 *Leonurus* Linnaeus
烟草属 *Nicotiana* Linnaeus
烟堇属 *Fumaria* Linnaeus
酒饼簕属 *Atalantia* Corrêa
娑罗双属 *Shorea* Roxburgh ex C. F. Gaertner
海人树属 *Suriana* Linnaeus
海人树科 Surianaceae Arnott
海马齿属 *Sesuvium* Linnaeus
海芋属 *Alocasia* (Schott) G. Don
海红豆属 *Adenanthera* Linnaeus
海杧果属 *Cerbera* Linnaeus
海岛木属 *Trivalvaria* (Miquel) Miquel
海岛藤属 *Gymnanthera* R. Brown
海岸桐属 *Guettarda* Linnaeus
海金沙科 Lygodiaceae M. Roemer
海金沙属 *Lygodium* O. Swartz
海茜树属 *Timonius* A. de Candolle
海南菊属 *Hainanecio* Y. Liu & Q. E. Yang
海南椴属 *Diplodiscus* Turczaninow
海桐花科 Pittosporaceae R. Brown
海桐花属 *Pittosporum* Banks ex Gaertner
海桑属 *Sonneratia* Linnaeus
海菖蒲属 *Enhalus* Richard
海菜花属 *Ottelia* Persoon
海榄雌属 *Avicennia* Linnaeus
海滨莎属 *Remirea* Aublet
海罂粟属 *Glaucium* Miller
海漆属 *Excoecaria* Linnaeus
海檀木属 *Ximenia* Linnaeus
浮萍属 *Lemna* Linnaeus
流苏子属 *Coptosapelta* Korthals
流苏树属 *Chionanthus* Linnaeus
润肺草属 *Brachystelma* R. Brown
润楠属 *Machilus* Rumphius ex Nees
涧边草属 *Peltoboykinia* (Engler) H. Hara
涩芥属 *Malcolmia* R. Brown
宽昭茜属 *Foonchewia* R. J. Wang
宽距兰属 *Yoania* Maximowicz
宽管花属 *Eurysolen* Prain

诸葛菜属 *Orychophragmus* Bunge
扇蕨属 *Neocheiropteris* Christ
扇穗茅属 *Littledalea* Hemsley
勐腊藤属 *Goniostemma* Wight
姬蕨属 *Hypolepis* Bernhardi
通泉草科 Mazaceae Reveal
通泉草属 *Mazus* Loureiro
通脱木属 *Tetrapanax* (K. Koch) K. Koch
桑科 Moraceae Gaudichaud
桑寄生科 Loranthaceae Jussieu
桑寄生属 *Loranthus* N. J. Jacquin
桑属 *Morus* Linnaeus
绢毛菊属 *Soroseris* Stebbins
绢蒿属 *Seriphidium* (Besser ex Lessing) Fourreau
绣线菊属 *Spiraea* Linnaeus
绣线梅属 *Neillia* D. Don
绣球防风属 *Leucas* Robert Brown
绣球花科 Hydrangeaceae Dumortier
绣球茜属 *Dunnia* Tutcher
绣球属 *Hydrangea* Linnaeus

十一画

球子草属 *Peliosanthes* Andrews
球子蕨属 *Onoclea* Linnaeus
球子蕨科 Onocleaceae Pichi Sermolli
球兰属 *Hoya* R. Brown
球花豆属 *Parkia* R. Brown
球果荠属 *Neslia* Desvaux
球果藤属 *Aspidocarya* J. D. Hooker & T. Thomson
球柱草属 *Bulbostylis* Kunth
球根阿魏属 *Schumannia* Kuntze
球菊属 *Bolocephalus* Handel-Mazzetti
球穗草属 *Hackelochloa* Kuntze
琉璃草属 *Cynoglossum* Linnaeus
琉璃繁缕属 *Anagallis* Linnaeus
排草香属 *Anisochilus* Wallich ex Bentham
排钱树属 *Phyllodium* Desvaux
接骨木属 *Sambucus* Linnaeus
菝葜科 Smilacaceae Ventenat
菝葜属 *Smilax* Linnaeus
菱兰属 *Rhomboda* Lindley
菱属 *Trapa* Linnaeus
菥蓂属 *Thlaspi* Linnaeus
菘蓝属 *Isatis* Linnaeus
堇叶苣苔属 *Platystemma* Wallich
堇菜科 Violaceae Batsch
堇菜属 *Viola* Linnaeus
黄山梅属 *Kirengeshoma* Yatabe
黄水枝属 *Tiarella* Linnaeus
黄牛木属 *Cratoxylum* Blume
黄叶树属 *Xanthophyllum* Roxburgh
黄瓜属 *Cucumis* Linnaeus
黄皮属 *Clausena* N. L. Burman
黄肉楠属 *Actinodaphne* Nees
黄花木属 *Piptanthus* Sweet
黄花夹竹桃属 *Thevetia* Linnaeus
黄花茅属 *Anthoxanthum* Linnaeus
黄花草属 *Arivela* Rafinesque
黄花斑鸠菊属 *Distephanus* Cassini
黄花稔属 *Sida* Linnaeus
黄花蔺属 *Limnocharis* Bonpland
黄芩属 *Scutellaria* Linnaeus
黄杉属 *Pseudotsuga* Carrière
黄杞属 *Engelhardia* Leschenault ex Blume
黄杨科 Buxaceae Dumortier
黄杨属 *Buxus* Linnaeus
黄连木属 *Pistacia* Linnaeus
黄连属 *Coptis* Salisbury
黄顶菊属 *Flaveria* Jussieu
黄茅属 *Heteropogon* Persoon
黄金茅属 *Eulalia* Kunth
黄金柏属 *Xanthocyparis* Farjon & Hiep
黄细心属 *Boerhavia* Linnaeus
黄药属 *Ichtyoselmis* Lidén & T. Fukuhara
黄栌属 *Cotinus* Miller
黄脉爵床属 *Sanchezia* Ruiz & Pavon
黄秦艽属 *Veratrilla* Baillon & Franchet
黄耆属 *Astragalus* Linnaeus
黄桐属 *Endospermum* Bentham
黄眼草科 Xyridaceae C. Agardh

黄眼草属 *Xyris* Linnaeus
黄梨木属 *Boniodendron* Gagnepain
黄麻属 *Corchorus* Linnaeus
黄棉木属 *Metadina* Bakhuizen f.
黄筒花属 *Phacellanthus* Siebold & Zuccarini
黄蓉花属 *Dalechampia* Linnaeus
黄鹌菜属 *Youngia* Cassini
黄腺羽蕨属 *Pleocnemia* C. B. Presl
黄蝉属 *Allamanda* Linnaeus
黄精叶钩吻属 *Croomia* Torrey
黄精属 *Polygonatum* P. Miller
黄缨菊属 *Xanthopappus* C. Winkler
黄檀属 *Dalbergia* Linnaeus f.
黄檗属 *Phellodendron* Ruprecht
黄藤属 *Daemonorops* Blume
菲柞属 *Ahernia* Merrill
菖蒲科 Acoraceae Martinov
菖蒲属 *Acorus* Linnaeus
萝卜属 *Raphanus* Linnaeus
萝芙木属 *Rauvolfia* Linnaeus
萝藦属 *Metaplexis* R. Brown
菵草属 *Beckmannia* Host
萸叶五加属 *Gamblea* C. B. Clarke
菜豆树属 *Radermachera* Zollinger & Moritzi
菜豆属 *Phaseolus* Linnaeus
菜蓟属 *Cynara* Linnaeus
菟丝子属 *Cuscuta* Linnaeus
菟葵属 *Eranthis* R. A. Salisbury
菊三七属 *Gynura* Cassini
菊苣属 *Cichorium* Linnaeus
菊芹属 *Erechtites* Rafin
菊科 Asteraceae Martynov
菊属 *Chrysanthemum* Linnaeus
菊蒿属 *Tanacetum* Linnaeus
萍蓬草属 *Nuphar* Smith
菠菜属 *Spinacia* Linnaeus
菅属 *Themeda* Forsskål
菰属 *Zizania* Linnaeus
梵天花属 *Urena* Linnaeus
梧桐属 *Firmiana* Marsili
梅花草属 *Parnassia* Linnaeus
梅蓝属 *Melhania* Forsskål
梓属 *Catalpa* Scopoli
梯牧草属 *Phleum* Linnaeus
桫椤科 Cyatheaceae Kaulfuss
桫椤属 *Alsophila* R. Brown
梭子果属 *Eberhardtia* Lecomte
梭罗树属 *Reevesia* Lindley
梭梭属 *Haloxylon* Bunge
盔花兰属 *Galearis* Rafinesque
雪亚迪草属 *Sherardia* Linnaeus
雪花属 *Argostemma* Wallich
雪松属 *Cedrus* Trew
雪柳属 *Fontanesia* Labillardière
雪香兰属 *Hedyosmum* Swartz
雪胆属 *Hemsleya* Cogniaux ex Forbes & Hemsley
颅果草属 *Craniospermum* Lehmann
雀儿豆属 *Chesneya* Lindley ex Endlicher
雀舌木属 *Leptopus* Decaisne
雀麦属 *Bromus* Linnaeus
雀梅藤属 *Sageretia* A. T. Brongniart
雀稗属 *Paspalum* Linnaeus
常山属 *Dichroa* Loureiro
常春木属 *Merrilliopanax* H. L. Li
常春藤属 *Hedera* Linnaeus
匙叶草属 *Latouchea* Franchet
匙荠属 *Bunias* Linnaeus
匙唇兰属 *Schoenorchis* Blume
匙羹藤属 *Gymnema* R. Brown
眼子菜属 *Potamogeton* Linnaeus
眼子菜科 Potamogetonaceae Berchtold & Presl
眼树莲属 *Dischidia* R. Brown
悬竹属 *Ampelocalamus* S. L. Chen, T. H. Wen & G. Y. Sheng
悬钩子属 *Rubus* Linnaeus
悬铃木科 Platanaceae T. Lestiboudois
悬铃木属 *Platanus* Linnaeus
悬铃花属 *Malvaviscus* Fabricius
野丁香属 *Leptodermis* Wallich
野木瓜属 *Stauntonia* de Candolle

野牛草属 *Buchloë* Engelmann
野甘草属 *Scoparia* Linnaeus
野古草属 *Arundinella* Raddi
野芝麻属 *Lamium* Linnaeus
野决明属 *Thermopsis* R. Brown ex W. T. Aiton
野牡丹属 *Melastoma* Linnaeus
野牡丹科 Melastomataceae Jussieu
野青茅属 *Deyeuxia* Clarion ex P. Beauvois
野茼蒿属 *Crassocephalum* Moench
野胡麻属 *Dodartia* Linnaeus
野鸦椿属 *Euscaphis* Siebold & Zuccarini
野独活属 *Miliusa* Leschenault ex A. de Candolle
野扁豆属 *Dunbaria* Wight & Arnott
野桐属 *Mallotus* Loureiro
野海棠属 *Bredia* Blume
野扇花属 *Sarcococca* Lindley
野菰属 *Aeginetia* Linnaeus
野黍属 *Eriochloa* Kunth
野豌豆属 *Vicia* Linnaeus
曼陀罗属 *Datura* Linnaeus
距花黍属 *Ichnanthus* P. Beauvois
距药姜属 *Cautleya* J. D. Hooker
距瓣豆属 *Centrosema* (de Candolle) Bentham
蛇目菊属 *Sanvitalia* Lamarck
蛇头荠属 *Dipoma* Franchet
蛇皮果属 *Salacca* Reinwardt
蛇舌兰属 *Diploprora* J. D. Hooker
蛇舌草属 *Scleromitrion* (Wight & Arnott) Meisner
蛇床属 *Cnidium* Cusson
蛇尾草属 *Ophiuros* C. F. Gaertner
蛇根叶属 *Ophiorrhiziphyllon* Kurz
蛇根草属 *Ophiorrhiza* Linnaeus
蛇菰科 Balanophoraceae Richard
蛇菰属 *Balanophora* J. R. Forster & G. Forster
蛇婆子属 *Waltheria* Linnaeus
蛇葡萄属 *Ampelopsis* Michaux
蛇藤属 *Colubrina* L. C. Richard ex A. T. Brongniart
崖白菜属 *Triaenophora* (J. D. Hooker) Solereder
崖豆藤属 *Millettia* Wight & Arnott
崖角藤属 *Rhaphidophora* Hasskarl
崖爬藤属 *Tetrastigma* (Miquel) Planchon
崖柏属 *Thuja* Linnaeus
崖藤属 *Albertisia* Beccari
铠兰属 *Corybas* Salisbury
铰剪藤属 *Holostemma* R. Brown
银叶树属 *Heritiera* W. Aiton
银合欢属 *Leucaena* Bentham
银杏科 Ginkgoaceae Engler
银杏属 *Ginkgo* Linnaeus
银杉属 *Cathaya* Chun & Kuang
银砂槐属 *Ammodendron* Fischer ex de Candolle
银背藤属 *Argyreia* Loureiro
银钟花属 *Halesia* Ellia ex Linnaeus
银钩花属 *Mitrephora* J. D. Hooker & Thomson
银须草属 *Aira* Linnaeus
银脉爵床属 *Kudoacanthus* Hosokawa
银莲花属 *Anemone* Linnaeus
银柴属 *Aporosa* Blume
银胶菊属 *Parthenium* Linnaeus
银缕梅属 *Parrotia* C. A. Meyer
牻牛儿苗属 *Erodium* L'Héritier de Brutelle ex Aiton
牻牛儿苗科 Geraniaceae Jussieu
甜茅属 *Glyceria* R. Brown
甜菜属 *Beta* Linnaeus
梨竹属 *Melocanna* Trinius
梨果寄生属 *Scurrula* Linnaeus
梨属 *Pyrus* Linnaeus
梨籐竹属 *Melocalamus* Bentham
犁头尖属 *Typhonium* Schott
符藤蕨属 *Teratophyllum* Mettenius ex Kuhn
偃麦草属 *Elytrigia* Desvaux
袋果草属 *Peracarpa* J. D. Hooker & T. Thomson

袋唇兰属 *Hylophila* Lindley
偏穗姜属 *Plagiostachys* Ridley
偏瓣花属 *Plagiopetalum* Rehder
兜兰属 *Paphiopedilum* Pfitzer
假山龙眼属 *Heliciopsis* Sleumer
假山萝属 *Harpullia* Roxburgh
假卫矛属 *Microtropis* Wallich ex Meisner
假飞蓬属 *Pseudoconyza* Cuatrecasas
假马齿苋属 *Bacopa* Aublet
假马鞭草属 *Stachytarpheta* Vahl
假木豆属 *Dendrolobium* (Wight & Arnott) Bentham
假木荷属 *Craibiodendron* W. W. Smith
假木贼属 *Anabasis* Linnaeus
假车勒草属 *Pseudocherleria* Dillenberger & Kadereit
假水苏属 *Stachyopsis* Popov & Vvedensky
假牛鞭草属 *Parapholis* C. E. Hubbard
假升麻属 *Aruncus* Linnaeus
假石柑属 *Pothoidium* Schott
假龙胆属 *Gentianella* Moench
假地胆草属 *Pseudelephantopus* Rohr
假芒萁属 *Sticherus* C. B. Presl
假百合属 *Notholirion* Wallich ex Boissier
假合头菊属 *Parasyncalathium* J. W. Zhang, Boufford & H. Sun
假报春属 *Cortusa* Linnaeus
假杜鹃属 *Barleria* Linnaeus
假还阳参属 *Crepidiastrum* Nakai
假连翘属 *Duranta* Linnaeus
假含羞草属 *Neptunia* Loureiro
假苦菜属 *Askellia* W. A. Weber
假虎刺属 *Carissa* Linnaeus
假金发草属 *Pseudopogonatherum* A. Camus
假鱼骨木属 *Psydrax* Gaertner
假卷耳属 *Pseudocerastium* C. Y. Wu, X. H. Guo & X. P. Zhang
假泽兰属 *Mikania* Willdenow
假脉蕨属 *Crepidomanes* C. B. Presl
假柴龙树属 *Nothapodytes* Blume
假蚊母树属 *Distyliopsis* P. K. Endress
假铁秆草属 *Pseudanthistiria* (Hackel) J. D. Hooker
假臭草属 *Praxelis* Cassini
假狼紫草属 *Nonea* Medikus
假高粱属 *Pseudosorghum* A. Camus
假海马齿属 *Trianthema* Linnaeus
假海桐属 *Pittosporopsis* Craib
假黄杨属 *Putranjiva* Wallich
假黄杨科 Putranjivaceae Meisner
假野芝麻属 *Paralamium* Dunn
假野菰属 *Christisonia* G. Gardner
假盖果草属 *Pseudopyxis* Miquel
假淡竹叶属 *Centotheca* Desvaux
假婆婆纳属 *Stimpsonia* Wright ex A. Cray
假硬草属 *Pseudosclerochloa* Tzvelev
假紫万年青属 *Belosynapsis* Hasskarl
假紫珠属 *Tsoongia* Merrill
假鹅观草属 *Pseudoroegneria* (Nevski) Á. Löve
假蒜芥属 *Sisymbriopsis* Botschantzev & Tzvelev
假楼梯草 *Lecanthus* Weddell
假鼠耳芥属 *Pseudoarabidopsis* Al-Shehbaz, O'Kane & R. A. Price
假福王草属 *Paraprenanthes* Chang ex Shih
假酸浆属 *Nicandra* Adanson
假韶子属 *Paranephelium* Miquel
假稻属 *Leersia* Solander ex Swartz
假瘤蕨属 *Phymatopteris* Pichi Sermolli
假鹤虱属 *Hackelia* Opiz ex Bercht
假橐吾属 *Ligulariopsis* Y. L. Chen
假糙苏属 *Paraphlomis* (Prain) Prain
假簇芥属 *Pycnoplinthopsis* Jafri
假繁缕属 *Theligonum* Linnaeus
假鹰爪属 *Desmos* Loureiro
假鳞毛蕨属 *Oreopteris* Holub
盘果草属 *Mattiastrum* Brand
斜果菊属 *Plagiobasis* A. G. Schrenk
斜萼草属 *Loxocalyx* Hemsley
斜翼属 *Plagiopteron* Griffith

盒子草属 *Actinostemma* Griffith
盒果藤属 *Operculina* S. Manso
彩花属 *Acantholimon* Boissier
领春木属 *Euptelea* Siebold & Zuccarini
领春木科 Eupteleaceae K. Wilhelm
脚骨脆属 *Casearia* Jacquin
豚草属 *Ambrosia* Linnaeus
脱萼花楸属 *Micromeles* Decaisne
脱喙荠属 *Litwinowia* Woronow
象牙参属 *Roscoea* Smith
象耳豆属 *Enterolobium* Martius
象腿蕉属 *Ensete* Horaninow
猪牙花属 *Erythronium* Linnaeus
猪毛菜属 *Salsola* Linnaeus
猪血木属 *Euryodendron* H. T. Chang
猪屎豆属 *Crotalaria* Linnaeus
猪菜藤属 *Hewittia* Wight & Arnott
猪笼草科 Nepenthaceae Dumortier
猪笼草属 *Nepenthes* Linnaeus
猪腰豆属 *Afgekia* Craib
猫儿屎属 *Decaisnea* J. D. Hooker & T. Thomson
猫儿菊属 *Hypochaeris* Linnaeus
猫尾木属 *Markhamia* Seemann ex Baillon
猫乳属 *Rhamnella* Miquel
猕猴桃属 *Actinidia* Lindley
猕猴桃科 Actinidiaceae Engler & Gilg
麻花头属 *Klasea* Cassini
麻疯树属 *Jatropha* Linnaeus
麻核藤属 *Natsiatopsis* Kurz
麻黄科 Ephedraceae Dumortier
麻黄属 *Ephedra* Linnaeus
麻菀属 *Crinitina* Soják
麻楝属 *Chukrasia* A. Jussieu
鹿角兰属 *Pomatocalpa* Breda
鹿角草属 *Glossocardia* Cassini
鹿角蕨属 *Platycerium* Desvaux
鹿角藤属 *Chonemorpha* G. Don
鹿茸木属 *Meiogyne* Miquel
鹿茸草属 *Monochasma* Maximowicz ex Franchet & Savatier
鹿蹄草属 *Pyrola* Linnaeus
鹿藿属 *Rhynchosia* Loureiro
商陆科 Phytolaccaceae Robert ex Brown
商陆属 *Phytolacca* Linnaeus
旌节花科 Stachyuraceae J. Agardh
旌节花属 *Stachyurus* Siebold & Zuccarini
旋花豆属 *Cochlianthus* Bentham
旋花科 Convolvulaceae Jussieu
旋花属 *Convolvulus* Linnaeus
旋蒴苣苔属 *Boea* Commerson ex Lamarck
旋覆花属 *Inula* Linnaeus
盖裂木属 *Talauma* Jussieu
盖裂果属 *Mitracarpus* Zuccarini
盖喉兰属 *Smitinandia* Holttum
粘木科 Ixonanthaceae Planchon ex Miquel
粘木属 *Ixonanthes* Jack
粘冠草属 *Myriactis* Lessing
粘腺果属 *Commicarpus* Standley
粗毛野桐属 *Hancea* Seemann
粗毛藤属 *Cnesmone* Blume
粗叶木属 *Lasianthus* Jack
粗丝木属 *Gomphandra* Wallich ex Lindley
粗柱藤属 *Pachystylidium* Pax & K. Hoffmann
粗筒苣苔属 *Briggsia* Craib
剪股颖属 *Agrostis* Linnaeus
剪秋罗属 *Lychnis* Linnaeus
剪棒草属 ×*Agropogon* P. Fournie
焕镛木属 *Woonyoungia* Y. W. Law
清风藤属 *Sabia* Colebrooke
清风藤科 Sabiaceae Blume
清明花属 *Beaumontia* Wallich
淫羊藿属 *Epimedium* Linnaeus
淡竹叶属 *Lophatherum* Brongniart
婆罗门参属 *Tragopogon* Linnaeus
婆婆纳属 *Veronica* Linnaeus
梁王茶属 *Metapanax* J. Wen & Frodin
寄生花属 *Sapria* Griffith
寄生藤属 *Dendrotrophe* Miquel
寄生鳞叶草属 *Epirixanthes* Blume
寄树兰属 *Robiquetia* Gaudichaud

宿苞兰属 *Cryptochilus* Wallich
宿苞豆属 *Shuteria* Wight & Arnott
宿萼木属 *Strophioblachia* Boerlage
密子豆属 *Pycnospora* R. Brown ex Wight & Arnott
密花兰属 *Diglyphosa* Blume
密花豆属 *Spatholobus* Hasskarl
密花藤属 *Pycnarrhena* Miers ex J. D. Hooker & Thomson
密序苣苔属 *Hemiboeopsis* W. T. Wang
密脉木属 *Myrioneuron* R. Brown ex J. D. Hooker
隐子芥属 *Cryptospora* Karelin & Kirilov
隐子草属 *Cleistogenes* Keng
隐花草属 *Crypsis* Aiton
隐柱兰属 *Cryptostylis* R. Brown
隐棒花属 *Cryptocoryne* Fischer ex Wydler
隐棱芹属 *Aphanopleura* Boissieu
隐翼科 Crypteroniaceae A. de Candolle ex de Candolle & A. de Candolle
隐翼属 *Crypteronia* Blume
绵毛菊属 *Phagnalon* Cassini
绵刺属 *Potaninia* Maximowicz
绵枣儿属 *Barnardia* J. Lindley
绵果荠属 *Lachnoloma* Bunge
绵参属 *Eriophyton* Bentham
绵穗苏属 *Comanthosphace* Spencer Moore
绶草属 *Spiranthes* Richard
绿绒蒿属 *Meconopsis* Viguier

十 二 画

菭草属 *Koeleria* Persoon
琼豆属 *Teyleria* Backer
琼棕属 *Chuniophoenix* Burret
琼楠属 *Beilschmiedia* Nees
琼榄属 *Gonocaryum* Miquel
斑龙芋属 *Sauromatum* Schott
斑叶兰属 *Goodyera* R. Brown
斑鸠菊属 *Vernonia* Schreber
斑果藤科 Stixaceae Doweld
斑果藤属 *Stixis* Loureiro
斑种草属 *Bothriospermum* Bunge
斑籽木属 *Baliospermum* Blume
斑膜芹属 *Hyalolaena* Bunge
款冬属 *Tussilago* Linnaeus
越南茜属 *Rubovietnamia* Tirvengadum
越橘属 *Vaccinium* Linnaeus
博落回属 *Macleaya* R. Brown
喜马拉雅筱竹属 *Himalayacalamus* P. C. Keng
喜冬草属 *Chimaphila* Pursh
喜光花属 *Actephila* Blume
喜雨草属 *Ombrocharis* Handel-Mazzetti
喜荫草属 *Sciaphila* Blume
喜树属 *Camptotheca* Decaisne
喜盐草属 *Halophila* Thouars
喜峰芹属 *Cortia* de Candolle
喜鹊苣苔属 *Ornithoboea* Parish ex Clarke
联毛紫菀属 *Symphyotrichum* Nees
葫芦草属 *Chionachne* R. Brown
葫芦茶属 *Tadehagi* H. Ohashi
葫芦科 Cucurbitaceae Jussieu
葫芦属 *Lagenaria* Seringe
散血丹属 *Physaliastrum* Makino
葛属 *Pueraria* de Candolle
葛缕子属 *Carum* Linnaeus
萼翅藤属 *Getonia* Roxburgh
葎草属 *Humulus* Linnaeus
葡萄科 Vitaceae Jussieu
葡萄属 *Vitis* Linnaeus
葱叶兰属 *Microtis* R. Brown
葱芥属 *Alliaria* Heister ex Fabricius
葱莲属 *Zephyranthes* Herbert
葱属 *Allium* Linnaeus
葶苈属 *Draba* Linnaeus
葶芥属 *Ianhedgea* Al-Shehbaz & O'Kane
葶菊属 *Cavea* W. W. Smith & J. Small
落叶松属 *Larix* Miller
落地豆属 *Rothia* Persoon
落芒草属 *Piptatherum* P. Beauvois
落羽杉属 *Taxodium* Richichard
落花生属 *Arachis* Linnaeus

落尾木属 *Pipturus* Weddell
落葵科 Basellaceae Moquin-Tandon
落葵属 *Basella* Linnaeus
落葵薯属 *Anredera* Jussieu
落新妇属 *Astilbe* Buchanan-Hamilton ex D. Don
落檐属 *Schismatoglottis* Zollinger & Moritzi
萱草属 *Hemerocallis* Linnaeus
戟叶黑心蕨属 *Calciphilopteris* Yesilyurt & H. Schneider
戟蕨属 *Christiopteris* Copeland
棒头草属 *Polypogon* Desfontaines
棒果芥属 *Sterigmostemum* Marschall von Bieberstein
棒柄花属 *Cleidion* Blume
棒锤瓜属 *Neoalsomitra* Hutchinson
棱子芹属 *Pleurospermum* Hoffmann
棱果花属 *Barthea* J. D. Hooker
棱脉蕨属 *Goniophlebium* (Blume) C. B. Presl
棋盘花属 *Zigadenus* Michaux
椰子属 *Cocos* Linnaeus
棉属 *Gossypium* Linnaeus
棕竹属 *Rhapis* Linnaeus f. ex Aiton
棕榈科 Arecaceae Berchtold & J. Presl
棕榈属 *Trachycarpus* H. Wendland
棣棠花属 *Kerria* de Candolle
惠林花属 *Lianthus* N. Robson
粟米草科 Molluginaceae Bartling
粟米草属 *Mollugo* Linnaeus
粟草属 *Milium* Linnaeus
棘豆属 *Oxytropis* de Candolle
酢浆草科 Oxalidaceae R. Brown
酢浆草属 *Oxalis* Linnaeus
硬皮豆属 *Macrotyloma* (Wight & Arnott) Verdcourt
硬果菊属 *Sclerocarpus* Jacquin
硬草属 *Sclerochloa* P. Beauvois
硬骨草属 *Holosteum* Linnaeus
硬核属 *Scleropyrum* Arnott
裂禾蕨属 *Tomophyllum* (E. Fournier) Parris
裂瓜属 *Schizopepon* Maximowicz
裂果金花属 *Schizomussaenda* Li
裂药树科 Centroplacaceae Doweld & Reveal
裂稃茅属 *Schizachne* Hackel
裂稃草属 *Schizachyrium* Nees
裂颖茅属 *Diplacrum* R. Brown
紫万年青属 *Tradescantia* Linnaeus
紫丹属 *Tournefortia* Linnaeus
紫玉盘属 *Uvaria* Linnaeus
紫伞芹属 *Melanosciadium* de Boissieu
紫花苣苔属 *Loxostigma* Clarke
紫苏属 *Perilla* Linnaeus
紫茉莉属 *Mirabilis* Linnaeus
紫茉莉科 Nyctaginaceae Jussieu
紫茎兰属 *Risleya* King & Pantling
紫茎泽兰属 *Ageratina* Spach
紫茎属 *Stewartia* Linnaeus
紫矿属 *Butea* Roxburgh ex Willdenow
紫罗兰属 *Matthiola* R. Brown
紫金牛属 *Ardisia* Swartz
紫金龙属 *Dactylicapnos* Wallich
紫荆木属 *Madhuca* Hamilton ex J. F. Gmelin
紫荆属 *Cercis* Linnaeus
紫草科 Boraginaceae A. L. de Jussieu
紫草属 *Lithospermum* Linnaeus
紫柄蕨属 *Pseudophegopteris* Ching
紫冠茜属 *Rothmannia* Thunberg
紫珠属 *Callicarpa* Linnaeus
紫萁科 Osmundaceae Martinov
紫萁属 *Osmunda* Linnaeus
紫堇属 *Corydalis* de Candolle
紫菊属 *Notoseris* C. Shih
紫萍属 *Spirodela* Schleiden
紫菀木属 *Asterothamnus* Novopokrovsky
紫菀属 *Aster* Linnaeus
紫雀花属 *Parochetus* Buchanan-Hamilton ex D. Don
紫麻属 *Oreocnide* Miquel
紫葳科 Bignoniaceae A. L. de Jussieu
紫筒草属 *Stenosolenium* Turczaninow
紫薇属 *Lagerstroemia* Linnaeus
紫檀属 *Pterocarpus* Jacquin
紫穗槐属 *Amorpha* Linnaeus

紫藤属 *Wisteria* Nuttall
掌叶木属 *Handeliodendron* Rehder
掌叶石蚕属 *Rubiteucris*
掌唇兰属 *Staurochilus* Ridley ex Pfitzer
掌裂兰属 *Dactylorhiza* Necker ex Nevski
量天尺属 *Hylocereus* (A. Berger) Britton & Rose
喷瓜属 *Ecballium* A. Richard
景天科 Crassulaceae Jaume Saint-Hilaire
景天属 *Sedum* Linnaeus
蛛毛苣苔属 *Paraboea* (Clarke) Ridley
蛛网萼属 *Platycrater* Siebold & Zuccarini
蛤兰属 *Conchidium* Griffith
喉毛花属 *Comastoma* (Wettstein) Toyokuni
喀什菊属 *Kaschgaria* Poljakov
喙花姜属 *Rhynchanthus* J. D. Hooker
喙核桃属 *Annamocarya* Chevalier
帽蕊木属 *Mitragyna* Korthals
帽蕊草属 *Mitrastemon* Makino
帽蕊草科 Mitrastemonaceae Makino
黑三棱属 *Sparganium* Linnaeus
黑心蕨属 *Doryopteris* J. Smith
黑麦草属 *Lolium* Linnaeus
黑麦属 *Secale* Linnaeus
黑草属 *Buchnera* Linnaeus
黑药花科 Melanthiaceae Batsch
黑面神属 *Breynia* J. R. Forster & G. Forster
黑种草属 *Nigella* Linnaeus
黑莎草属 *Gahnia* J. R. Forster & G. Forster
黑桫椤属 *Gymnosphaera* Blume
黑蒴属 *Alectra* Thunberg
黑藻属 *Hydrilla* Richard
黑鳗藤属 *Jasminanthes* Blume
链荚木属 *Ormocarpum* P. Beauvois
链荚豆属 *Alysicarpus* Necker ex Desvaux
链珠藤属 *Alyxia* Banks ex R. Brown
锁阳科 Cynomoriaceae Lindley
锁阳属 *Cynomorium* Linnaeus
锋芒草属 *Tragus* Haller
短舌菊属 *Brachanthemum* de Candolle
短枝竹属 *Gelidocalamus* T. H. Wen
短柄草属 *Brachypodium* P. Beauvois
短星菊属 *Neobrachyactis* Brouillet
短冠草属 *Sopubia* Buchanan-Hamilton ex D. Don
短萼齿木属 *Brachytome* J. D. Hooker
短筒苣苔属 *Boeica* Clarke
短颖草属 *Brachyelytrum* P. Beauvois
短檐苣苔属 *Tremacron* Craib
短瓣花属 *Brachystemma* D. Don
鹅不食草属 *Epaltes* Cassini
鹅耳枥属 *Carpinus* Linnaeus
鹅肠菜属 *Myosoton* Moench
鹅绒藤属 *Cynanchum* Linnaeus
鹅掌柴属 *Schefflera* J. R. Forster & G. Forster
鹅掌楸属 *Liriodendron* Linnaeus
稀子蕨属 *Monachosorum* Kunze
黍属 *Panicum* Linnaeus
筒花苣苔属 *Briggsiopsis* K. Y. Pan
筒轴茅属 *Rottboellia* Linnaeus f.
筒冠花属 *Siphocranion* Kudô
筒距兰属 *Tipularia* Nuttall
筒瓣兰属 *Anthogonium* Wallich ex Lindley
筋骨草属 *Ajuga* Linnaeus
番木瓜属 *Carica* Linnaeus
番木瓜科 Caricaceae Dumortier
番石榴属 *Psidium* Linnaeus
番龙眼属 *Pometia* J. R. Forster & G. Forster
番红花属 *Crocus* Linnaeus
番杏科 Aizoaceae Martinov
番杏属 *Tetragonia* Linnaeus
番茄属 *Lycopersicon* Miller
番泻决明属 *Senna* Miller
番荔枝属 *Annona* Linnaeus
番荔枝科 Annonaceae Jussieu
番樱桃属 *Eugenia* Linnaeus
番薯属 *Ipomoea* Linnaeus
猬草属 *Hystrix* Moench
猴耳环属 *Archidendron* F. Mueller
猴欢喜属 *Sloanea* Linnaeus
阔苞菊属 *Pluchea* Cassini
阔翅芹属 *Tordyliopsis* de Candolle

阔蕊兰属 *Peristylus* Blume
湖瓜草属 *Lipocarpha* R. Brown
滑桃树属 *Trevia* Linnaeus
溲疏属 *Deutzia* Thunberg
割舌树属 *Walsura* Roxburgh
割鸡芒属 *Hypolytrum* Persoon
寒原荠属 *Aphragmus* Andrzejowski ex de Candolle
寒蓬属 *Psychrogeton* Boissier
富宁藤属 *Parepigynum* Tsiang & P. T. Li
隔距兰属 *Cleisostoma* Blume
隔蒴苘属 *Wissadula* Medikus
絮菊属 *Filago* Linnaeus
缅茄属 *Afzelia* Smith

十 三 画

瑞香科 Thymelaeaceae Jussieu
瑞香属 *Daphne* Linnaeus
蒜头果属 *Malania* Chun & S. K. Lee
蓍属 *Achillea* Linnaeus
鹊肾树属 *Streblus* Loureiro
蓝子木属 *Margaritaria* Linnaues f.
蓝耳草属 *Cyanotis* D. Don
蓝花矢车菊属 *Cyanus* Miller
蓝花参属 *Wahlenbergia* H. A. Schrader ex A. W. Roth
蓝刺头属 *Echinops* Linnaeus
蓝果树属 *Nyssa* Linnaeus
蓝钟花属 *Cyananthus* Wallich ex Bentham
蓝盆花属 *Scabiosa* Linnaeus
蓝堇草属 *Leptopyrum* H. G. L. Reichenbach
蓝雪花属 *Ceratostigma* Bunge
蓝蓟属 *Echium* Linnaeus
蓖齿眼子菜属 *Stuckenia* Börner
蓖麻属 *Ricinus* Linnaeus
蓟罂粟属 *Argemone* Linnaeus
蓬莱葛属 *Gardneria* Wallich
蒭雷草属 *Thuarea* Persoon
蒿属 *Artemisia* Linnaeus
蒿蕨属 *Themelium* (T. Moore) Parris
蒺藜草属 *Cenchrus* Linnaeus
蒺藜科 Zygophyllaceae R. Brown
蒺藜属 *Tribulus* Linnaeus
蒟蒻薯属 *Tacca* J. R. Forster & J. G. A. Forster
蒴莲属 *Adenia* Forsskål
蒲儿根属 *Sinosenecio* B. Nordenstam
蒲公英属 *Taraxacum* F. H. Wiggers
蒲苇属 *Cortaderia* Stapf
蒲桃属 *Syzygium* P. Browne ex Gaertner
蒲葵属 *Livistona* R. Brown
蒙蒿子属 *Anaxagorea* A. Saint-Hilaire
楔翅藤属 *Sphenodesme* Jack
楔颖草属 *Apocopis* Nees
楠草属 *Dipteracanthus* Nees
楠属 *Phoebe* Nees
楝科 Meliaceae Jussieu
楝属 *Melia* Linneaus
榄李属 *Lumnitzera* Willdenow
榅桲属 *Cydonia* P. Miller
椴树属 *Tilia* Linnaeus
槐叶蘋属 *Salvinia* Séguier
槐叶蘋科 Salviniaceae Martinov
槐属 *Sophora* Linnaeus
榆科 Ulmaceae Mirbel
榆属 *Ulmus* Linnaeus
楤木属 *Aralia* Linnaeus
楼梯草属 *Elatostema* J. R. Forster & G. Forster
榉属 *Zelkova* Spach
赖草属 *Leymus* Hochstetter
感应草属 *Biophytum* de Candolle
碎米荠属 *Cardamine* Linnaeus
碗蕨科 Dennstaedtiaceae Lotsy
碗蕨属 *Dennstaedtia* Bernhardi
雷公连属 *Amydrium* Schott
雷公藤属 *Tripterygium* J. D. Hooker
雷楝属 *Reinwardtiodendron* Koorders
雾水葛属 *Pouzolzia* Gaudichaud-Beaupré-Beaupré
雾冰藜属 *Bassia* Allioni
辐禾蕨属 *Radiogrammitis* Parris

辐花苣苔属 *Thamnocharis* W. T. Wang
辐花属 *Lomatogoniopsis* T. N. Ho & S. W. Liu
睫毛蕨属 *Pleurosoriopsis* Fomin
睫苞豆属 *Geissaspis* Wight &Arnott
睡茄属 *Withania* Pauquynom
睡莲科 Nymphaeaceae Salisbury
睡莲属 *Nymphaea* Linnaeus
睡菜科 Menyanthaceae Dumortier
睡菜属 *Menyanthes* Linnaeus
暗罗属 *Polyalthia* Blume
照夜白属 *Nyctocalos* Teijsmann & Binnendijk
路边青属 *Geum* Linnaeus
蜈蚣草属 *Eremochloa* Buse
蜂斗草属 *Sonerila* Roxburgh
蜂斗菜属 *Petasites* Miller
蜂腰兰属 *Bulleyia* Schlechter
蜀葵属 *Alcea* Linnaeus
幌伞枫属 *Heteropanax* Seemann
幌菊属 *Ellisiophyllum* Maximowicz
嵩草属 *Kobresia* Willdenow
锚刺果属 *Actinocarya* Bentham
锚柱兰属 *Didymoplexiella* Garay
锡叶藤属 *Tetracera* Linnaeus
锡生藤属 *Cissampelos* Linnaeus
锡兰莲属 *Naravelia* Adanson
锡金假瘤蕨属 *Himalayopteris* W. Shao & S. G. Lu
锥头麻属 *Poikilospermum* Zippelius ex Miquel
锥托泽兰属 *Conoclinium* de Candolle
锥形果属 *Gomphogyne* W. Griffith
锥花属 *Gomphostemma* Bentham
锥属 *Castanopsis* (D. Don) Spach
锦鸡儿属 *Caragana* Fabricius
锦带花属 *Weigela* Thunberg
锦香草属 *Phyllagathis* Blume
锦绦花属 *Cassiope* D. Don
锦葵科 Malvaceae Jussieu
锦葵属 *Malva* Linnaeus
锯蕨属 *Micropolypodium* Hayata
矮小矢车菊属 *Psephellus* Cassini
矮伞芹属 *Chamaesciadium* C. A. Meyer
矮刺苏属 *Chamaesphacos* Schrenk ex Friedrich & C. A. Meyer
矮泽芹属 *Chamaesium* Wolff
矮柱兰属 *Thelasis* Blume
稗荩属 *Sphaerocaryum* Nees ex J. D. Hooker
稗属 *Echinochloa* P. Beauvois
筱竹属 *Thamnocalamus* Munro
鼠毛菊属 *Epilasia* (Bunge) Bentham & J. D. Hooker
鼠皮树属 *Rhamnoneuron* Gilg
鼠耳芥属 *Arabidopsis* Heynhold
鼠李科 Rhamnaceae Jussieu
鼠李属 *Rhamnus* Linnaeus
鼠尾草属 *Salvia* Linnaeus
鼠尾粟属 *Sporobolus* R. Brown
鼠茅属 *Vulpia* C. C. Gmelin
鼠刺科 Iteaceae J. Agardh
鼠刺属 *Itea* Linnaeus
鼠鞭草属 *Hybanthus* Jacquin
鼠麴草属 *Gnaphalium* Linnaeus
微孔草属 *Microula* Bentham
微耳草属 *Oldenlandiopsis* Terrell & W. H. Lewis
微花藤属 *Iodes* Blume
微果草属 *Microcaryum* Johnston
微柱麻属 *Chamabainia* Wight
貉藻属 *Aldrovanda* Linnaeus
腰果属 *Anacardium* Linnaeus
腰骨藤属 *Ichnocarpus* R. Brown
腹水草属 *Veronicastrum* Heister ex Fabricius
腹脐草属 *Gastrocotyle* Bunge
腺叶藤属 *Stictocardia* H. Hallier
腺果藤属 *Pisonia* Linnaeus
腺萼木属 *Mycetia* Reinwardt
雏菊属 *Bellis* Linnaeus
新小竹属 *Neomicrocalamus* P. C. Keng
新木姜子属 *Neolitsea* (Bentham & J. D. Hooker) Merrill
新乌檀属 *Neonauclea* Merrill
新耳草属 *Neanotis* W. H. Lewis
新麦草属 *Psathyrostachys* Nevski
新沟酸浆属 *Erythranthe* Spach

新型兰属 *Neogyna* H. G. Reichenbach
新塔花属 *Ziziphora* Linnaeus
新樟属 *Neocinnamomum* H. Liu
新疆藜属 *Halothamnus* Jaubert & Spach
数珠珊瑚属 *Rivina* Linnaeus
慈姑属 *Sagittaria* Linnaeus
满江红属 *Azolla* Lamarck
滇丁香属 *Luculia* Sweet
滇兰属 *Hancockia* Rolfe
滇芎属 *Physospermopsis* H. Wolff
滇芹属 *Meeboldia* H. Wolff
滇桐属 *Craigia* W. W. Smith & W. E. Evans
滇麻花头属 *Archiserratula* L. Martins
滇紫草属 *Onosma* Linnaeus
滇藏细叶芹属 *Chaerophyllopsis* H. Boissieu
溪边蕨属 *Stegnogramma* Blume
溪桫属 *Chisocheton* Blume
溪楠属 *Keenania* J. D. Hooker
滨木患属 *Arytera* Blume
滨禾蕨属 *Oreogrammitis* Copeland
滨菊属 *Leucanthemum* Miller
滨紫草属 *Mertensia* Roth
滨藜属 *Atriplex* Linnaeus
裸芸香属 *Psilopeganum* Hemsley
裸花树属 *Gymnanthes* O. Swartz
裸果木属 *Gymnocarpos* Forsskål
裸实属 *Gymnosporia* (Wight & Arnott) J. D. Hooker
裸柱草属 *Gymnostachyum* Nees
裸柱菊属 *Soliva* Ruiz & Pavon
裸冠菊属 *Gymnocoronis* de Candolle
裸蒴属 *Gymnotheca* Decaisne
福建柏属 *Fokienia* A. Henry & H. H. Thomas
叠珠树科 Akaniaceae Stapf
叠鞘兰属 *Chamaegastrodia* Makino & F. Maekawa

十 四 画

碧冬茄属 *Petunia* Jussieu
瑶山苣苔属 *Dayaoshania* W. T. Wang
墙草属 *Parietaria* Linnaeus
嘉兰属 *Gloriosa* Linnaeus
嘉陵花属 *Popowia* Endlicher
聚合草属 *Symphytum* Linnaeus
聚花草属 *Floscopa* Loureiro
蔷薇科 Rosaceae Jussieu
蔷薇属 *Rosa* Linnaeus
蔓长春花属 *Vinca* Linnaeus
蔓龙胆属 *Crawfurdia* Wallich
蔓虎刺属 *Mitchella* Linnaeus
蔊菜属 *Rorippa* Scopoli
蓼科 Polygonaceae Jussieu
蓼属 *Polygonum* Linnaeus
榛属 *Corylus* Linnaeus
榧树属 *Torreya* Arnott
榼藤属 *Entada* Adanson
槟榔青属 *Spondias* Linnaeus
槟榔属 *Areca* Linnaeus
榕属 *Ficus* Linnaeus
酸竹属 *Acidosasa* C. D. Chu & C. S. Chao ex P. C. Keng
酸豆属 *Tamarindus* Linnaeus
酸浆属 *Physalis* Linnaeus
酸脚杆属 *Medinilla* Gaudichaud-Beaupré ex de Candolle
酸蔹藤属 *Ampelocissus* Planchon
酸模属 *Rumex* Linnaeus
酸藤子属 *Embelia* N. L. Burman
碱毛茛属 *Halerpestes* E. L. Greene
碱茅属 *Puccinellia* Parlatore
碱菀属 *Tripolium* Nees
碱蓬属 *Suaeda* Forsskål ex J. F. Gmelin
豨莶属 *Sigesbeckia* Linnaeus
翡若翠科 Velloziaceae J. Agardh
蜡烛果属 *Aegiceras* Gaertn
蜡菊属 *Xerochrysum* Tzvelev
蜡梅科 Calycanthaceae Lindley
蜡梅属 *Chimonanthus* Lindley
蜡瓣花属 *Corylopsis* Siebold & Zuccarini
蝇子草属 *Silene* Linnaeus
蜘蛛兰属 *Arachnis* Blume
蜘蛛花属 *Silvianthus* J. D. Hooker

蜘蛛抱蛋属 *Aspidistra* Ker-Gawler
蝉翼藤属 *Securidaca* Linnaeus
罂粟科 Papaveraceae Jussieu
罂粟莲花属 *Anemoclema* (Franchet) W. T. Wang
罂粟属 *Papaver* Linnaeus
舞花姜属 *Globba* Linnaeus
舞草属 *Codoriocalyx* Hasskarl
舞鹤草属 *Maianthemum* F. H. Wiggers
熏倒牛属 *Biebersteinia* Stephan
熏倒牛科 Biebersteiniaceae Schnizlein
箬竹属 *Indocalamus* Nakai
箣柊属 *Scolopia* Schreber
算珠豆属 *Urariopsis* Schindler
算盘子属 *Glochidion* J. R. Forster & G. Forster
管花兰属 *Corymborkis* Thouars
管金牛属 *Sadiria* Mez
管唇兰属 *Tuberolabium* Yamamoto
鼻花属 *Rhinanthus* Linnaeus
膜叶铁角蕨属 *Hymenasplenium* Hayata
膜萼花属 *Petrorhagia* (Seringe) Link
膜萼藤属 *Hymenopyramis* Wallich ex Griffith
膜稃草属 *Hymenachne* P. Beauvois
膜蕨科 Hymenophyllaceae Link
膜蕨属 *Hymenophyllum* J. E. Smith
鲜卑花属 *Sibiraea* Maximowicz
鲜黄连属 *Jeffersonia* Barton
獐牙菜属 *Swertia* Linnaeus
獐毛属 *Aeluropus* Trinius
獐耳细辛属 *Hepatica* P. Miller
腐草属 *Gymnosiphon* Blume
瘦房兰属 *Ischnogyne* Schlechter
辣木科 Moringaceae Martinov
辣木属 *Moringa* Adanson
辣莸属 *Garrettia* Fletcher
辣根属 *Armoracia* P. G. Gaertner, B. Meyer & J. Scherbius
辣椒属 *Capsicum* Linnaeus
韶子属 *Nephelium* Linnaeus
旗杆芥属 *Turritis* Linnaeus
旗唇兰属 *Kuhlhasseltia* J. J. Smith
粽叶芦属 *Thysanolaena* Nees
漆姑草属 *Sagina* Linnaeus
漆树科 Anacardiaceae R. Brown
漆树属 *Toxicodendron* P. Miller
漏斗苣苔属 *Raphiocarpus* W. Y. Chun
漏芦属 *Rhaponticum* Vaillant
赛山蓝属 *Blechum* R. Brown
赛金莲木属 *Campylospermum* Tieghem
赛葵属 *Malvastrum* A. Gray
赛楠属 *Nothaphoebe* Blume
寡毛菊属 *Oligochaeta* (de Candolle) K. H. E. Kochc
蜜茱萸属 *Melicope* J. R. Forster & J. G. A. Forster
蜜蜂花属 *Melissa* Linnaeus
褐鳞木属 *Astronia* Blume
翠柏属 *Calocedrus* Kurz
翠菊属 *Callistephus* Cassini
翠雀属 *Delphinium* Linnaeus
翠蕨属 *Anogramma* Link

十 五 画

耧斗菜属 *Aquilegia* Linnaeus
髯管花属 *Geniostoma* J. R. Forster & G. Forster
播娘蒿属 *Descurainia* Webb & Berthelot
蕈树科 Altingiaceae Horaninow
蕨属 *Pteridium* Scopoli
蕺菜属 *Houttuynia* Thunberg
蕊木属 *Kopsia* Blume
箣竻竹属 *Schizostachyum* Nees
横蒴苣苔属 *Beccarinda* Kuntze
槽舌兰属 *Holcoglossum* Schlechter
槽裂木属 *Pertusadina* Ridsdale
樫木属 *Dysoxylum* Blume
槭叶草属 *Mukdenia* Koidzumi
橡胶树属 *Hevea* Aublet
槲寄生属 *Viscum* Linnaeus
槲蕨属 *Drynaria* (Bory) J. Smith
樟味藜属 *Camphorosma* Linnaeus
樟科 Lauraceae A. L. Jussieu
樟属 *Cinnamomum* Schaeffer
橄榄科 Burseraceae Kunth
橄榄属 *Canarium* Linnaeus

豌豆属 *Pisum* Linnaeus
飘拂草属 *Fimbristylis* Vahl
醉鱼草属 *Buddleja* Linnaeus
醉魂藤属 *Heterostemma* Wight & Arnott
醉蝶花属 *Tarenaya* Rafinesque
霉草科 Triuridaceae Gardner
蝶豆属 *Clitoria* Linnaeus
蝶须属 *Antennaria* Gaertner
蝴蝶兰属 *Phalaenopsis* Blume
蝴蝶果属 *Cleidiocarpon* Airy Shaw
蝴蝶草属 *Torenia* Linnaeus
蝎子草属 *Girardinia* Gaudichaud-Beaupré
蝎尾菊属 *Koelpinia* Pallas
蝟实属 *Kolkwitzia* Graebner
蝟菊属 *Olgaea* Iljin
蝙蝠草属 *Christia* Moench
蝙蝠葛属 *Menispermum* Linnaeus
墨苜蓿属 *Richardia* Linnaeus
墨鳞属 *Melanolepis* H. G. Reichenbach ex Zollinger
稻属 *Oryza* Linnaeus
稻槎菜属 *Lapsanastrum* Pak & K. Bremer
箭叶水苏属 *Metastachydium* Airy Shaw ex C. Y. Wu & H.W. Li
箭竹属 *Fargesia* Franchet
箭药藤属 *Belostemma* Wallich ex Wight
膝柄木属 *Bhesa* Buchanan-Hamilton ex Arnott
鲫鱼藤属 *Secamone* R. Brown
瘤子草属 *Nelsonia* R. Bremekamp
瘤足蕨属 *Plagiogyria* (G. Kunze) Mettenius
瘤足蕨科 Plagiogyriaceae Bower
瘤果芹属 *Trachydium* Lindley
瘤冠麻属 *Cypholophus* Weddell
瘤蕨属 *Phymatosorus* Pichi Sermolli
澳杨属 *Homalanthus* A. Jussieu
澳大利亚坚果属 *Macadamia* F. Mueller
澄广花属 *Orophea* Blume
鹤虱属 *Lappula* Moench
缬草属 *Valeriana* Linnaeus

十 六 画

擂鼓芳属 *Mapania* Aublet
鞘花属 *Macrosolen* (Blume) H. G. L. Reichenbach
鞘柄木属 *Torricellia* de Candolle
鞘柄木科 Torricelliaceae H. H. Hu
鞘蕊花属 *Coleus* Loureiro
燕麦草属 *Arrhenatherum* P. Beauvois
燕麦属 *Avena* Linnaeus
燕尾蕨属 *Cheiropleuria* C. B. Presl
薯蓣科 Dioscoreaceae R. Brown
薯蓣属 *Dioscorea* Linnaeus
蓟属 *Cirsium* Miller
薏苡属 *Coix* Linnaeus
薄果草属 *Dapsilanthus* B. G. Briggs & L. A. S. Johnson
薄果荠属 *Hornungia* Reichenbach
薄柱草属 *Nertera* Banks ex Gaertner
薄荷属 *Mentha* Linnaeus
薄核藤属 *Natsiatum* Hamilton ex Arnott
薄唇蕨属 *Leptochilus* Kaulfuss
薄蒴草属 *Lepyrodiclis* Fenzl
橐吾属 *Ligularia* Cassini
蹄盖蕨科 Athyriaceae Alston
蹄盖蕨属 *Athyrium* Roth
穇属 *Eleusine* Gaertner
膨果豆属 *Phyllolobium* Fischer
鹧鸪花属 *Heynea* Roxburgh
鹧鸪草属 *Eriachne* R. Brown
鹧鸪麻属 *Kleinhovia* Linnaeus
瘿椒树属 *Tapiscia* Oliver
瘿椒树科 Tapisciaceae Takhtajan
糙叶树属 *Aphananthe* Planchon
糙苏属 *Phlomis* Linnaeus
糙果芹属 *Trachyspermum* Link
糙草属 *Asperugo* Linnaeus
糖芥属 *Erysimum* Linnaeus
糖蜜草属 *Melinis* P. Beauvois

十 七 画

戴星草属 *Sphaeranthus* Linnaeus
螯毛果属 *Cnestis* Jussieu
薹草属 *Carex* Linnaeus
藏瓜属 *Indofevillea* Chatterjee

藏玄参属 *Oreosolen* J. D. Hooker
藏药木属 *Hyptianthera* Wight & Arnott
藏榄属 *Diploknema* Pierre
薰衣草属 *Lavandula* Linnaeus
藓兰属 *Bryobium* Lindley
藁本属 *Ligusticum* Linnaeus
檬果樟属 *Caryodaphnopsis* Airy Shaw
檀香科 Santalaceae R. Brown
檀栗属 *Pavieasia* Pierre
檀梨属 *Pyrularia* Michaux
曙南芥属 *Stevenia* Adams ex Fischer
螺序草属 *Spiradiclis* Blume
穗花杉属 *Amentotaxus* Pilger
穗花柊叶属 *Stachyphrynium* K. M. Schumann
簕竹属 *Bambusa* Schreber
簕茜属 *Benkara* Adanson
簇花芹属 *Soranthus* Ledebour
簇芥属 *Pycnoplinthus* O. E. Schulz
簇序草属 *Craniotome* Reichenbach
簇苞芹属 *Pleurospermopsis* C. Norman
繁缕属 *Stellaria* Linnaeus
爵床科 Acanthaceae Jussieu
爵床属 *Justicia* Linnaeus
鳄梨属 *Persea* Miller
鳄嘴花属 *Clinacanthus* Nees
臂形草属 *Brachiaria* (Trinius) Grisebach
翼茎草属 *Pterocaulon* Elliot
翼首花属 *Pterocephalus* Adanson
翼核果属 *Ventilago* J. Gaertner
翼萼蔓属 *Pterygocalyx* Maximowicz
翼囊蕨科 Didymochlaenaceae Ching ex L. B. Zhang & L. Zhang
翼囊蕨属 *Didymochlaena* Desvaux

十 八 画

鬃尾草属 *Chaiturus* Willdenow
鞭打绣球属 *Hemiphragma* Wallich
藜芦属 *Veratrum* Linnaeus
藜属 *Chenopodium* Linnaeus
藤山柳属 *Clematoclethra* Maximowicz
藤耳草属 *Dimetia* (Wight & Arnott) Meisner
藤芋属 *Scindapsus* Schott
藤牡丹属 *Diplectria* Blume ex Reichenbach
藤枣属 *Eleutharrhena* Forman
藤春属 *Alphonsea* J. D. Hooker & Thomson
藤黄科 Clusiaceae Lindley
藤黄属 *Garcinia* Linnaeus
藤菊属 *Cissampelopsis* (de Candolle) Miquel
藤麻属 *Procris* Commerson ex Jussieu
藤槐属 *Bowringia* Champion ex Bentham
藤漆属 *Pegia* Colebrooke
藤蕨科 Lomariopsidaceae Alston
藤蕨属 *Lomariopsis* Fée
藤露兜树属 *Freycinetia* Gaudichaud-Beaupré
藨草属 *Scirpus* Linnaeus
藨寄生属 *Gleadovia* J. S. Gamble & D. Prain
檫木属 *Sassafras* J. Presl
檵木属 *Loropetalum* R. Brown
鹭鸶兰属 *Diuranthera* W. B. Hemsley
蟛蜞菊属 *Sphagneticola* O. Hoffmann
镰序竹属 *Drepanostachyum* P. C. Keng
镰扁豆属 *Dolichos* Linnaeus
镰稃草属 *Harpachne* A. Richard
镰瓣豆属 *Dysolobium* (Bentham) Prain
馥兰属 *Phreatia* Lindley
鼬瓣花属 *Galeopsis* Linnaeus
翻唇兰属 *Hetaeria* Blume
鹰爪花属 *Artabotrys* R. Brown
鹰嘴豆属 *Cicer* Linnaeus

十 九 画

藿香属 *Agastache* John Clayton ex Gronovius
藿香蓟属 *Ageratum* Linnaeus
蘋科 Marsileaceae Mirbel
蘋属 *Marsilea* Linnaeus
蘑芋属 *Amorphophallus* Blume ex Decaisne
藻百年属 *Exacum* Linnaeus
攀打木科 Pandaceae Engler & Gilg
鳔冠花属 *Cystacanthus* T. Anderson
鳔唇兰属 *Cystorchis* Blume
蟹甲草属 *Parasenecio* W. W. Smith & J. Small
麒麟叶属 *Epipremnum* Schott
瓣鳞花属 *Frankenia* Linnaeus

瓣鳞花科 Frankeniaceae Desvaux
疆南星属 *Arum* Linnaeus
疆扁果草属 *Paropyrum* Ulbrich
疆菊属 *Syreitschikovia* Pavlov
疆罂粟属 *Roemeria* Medikus

二 十 画

耀花豆属 *Sarcodum* Loureiro
黧豆属 *Mucuna* Adanson
鳝藤属 *Anodendron* A. de Candolle
鳞毛蕨科 Dryopteridaceae Herter
鳞毛蕨属 *Dryopteris* Adanson
鳞花木属 *Lepisanthes* Blume
鳞花草属 *Lepidagathis* Willdenow
鳞尾木属 *Lepionurus* Blume
鳞果草属 *Achyrospermum* Blume
鳞果星蕨属 *Lepidomicrosorium* Ching & K. H. Shing
鳞始蕨属 *Lindsaea* Dryanderex Smith
鳞始蕨科 Lindsaeaceae C. B. Presl ex M.R. Schomburgk
鳞籽莎属 *Lepidosperma* Labillardière
鳞盖蕨属 *Microlepia* C. B. Presl
鳞蕊芥属 *Lepidostemon* J. D. Hooker & Thomson
鳞蕊藤属 *Lepistemon* Blume
糯米团属 *Gonostegia* Turczaninow
糯米条属 *Abelia* R. Brown

二十一画

露籽草属 *Ottochloa* Dandy
露珠草属 *Circaea* Linnaeus
露兜树科 Pandanaceae Brown
露兜树属 *Pandanus* Parkinson
露蕊乌头属 *Gymnaconitum* (Stapf) Wei Wang & Z. D. Chen
鳢肠属 *Eclipta* Linnaeus

二十二画

囊果草属 *Leontice* Linnaeus
囊种草属 *Thylacospermum* Fenzl
囊萼花属 *Cyrtandromoea* Zollinger
囊稃竹属 *Leptaspis* R. Brown
囊颖草属 *Sacciolepis* Nash
囊瓣花属 *Marsypopetalum* Scheffer
囊瓣芹属 *Pternopetalum* Franchet
囊瓣芹属 *Sinolimprichtia* H. Wolff

二十三画

鬣刺属 *Spinifex* Linnaeus

二十四画

虉草属 *Phalaris* Linnaeus

二十五画

鬣茅属 *Dimeria* R. Brown

附录 3　本书与 *Flora of China* 相比较的科属变动

Flora of China (FOC) 共有维管植物 312 科 3357 属，其中石松类和蕨类 38 科 177 属、裸子植物 12 科 42 属和被子植物 262 科 3138 属。《中国维管植物科属词典》共有维管植物 314 科 3246 属，其中石松类和蕨类 39 科 162 属、裸子植物 10 科 44 属和被子植物 265 科 3040 属。

在《中国维管植物科属词典》共有维管植物 314 科，在科的范畴上 (不考虑同一科之内的属的处理) 有 95 科较 FOC 发生变化，共分 4 种情况 (按科的拉丁名排序)。

1. 本书新出席的 (未包括在 FOC 中) 科，共 40 科

钟花科 Achariaceae：包括 FOC 的大风子科 Flacourtiaceae 的马蛋果属 *Gynocardia* 和大风子属 *Hydnocarpus*。

叠珠树科 Akaniaceae：包括 FOC 的伯乐树科 Bretschneideraceae。

蕈树枫科 Altingiaceae：将 FOC 中的金缕梅科 Hamamelidaceae 的半枫荷属 *Semiliquidambar*、蕈树属 *Altingia* 和枫香树属 *Liquidambar* 三个属处理为一个属，即枫香树属 *Liquidambar*。

天门冬科 Asparagaceae：包括 FOC 百合科 Liliaceae 的 24 个属，加上 FOC 的石蒜科 Amaryllidaceae 的龙舌兰属 *Agave*。

独尾草科 Asphodelaceae：从 FOC 的百合科 Liliaceae 分出，国产 4 属。

节蒴木科 Borthwickiaceae：从 FOC 的山柑科 Capparaceae 分出，节蒴木属 *Borthwickia* 单独成科。

红厚壳科 Calophyllaceae：从 FOC 的藤黄科 Clusiaceae 分出，原为红厚壳亚科 Calophylloideae。

裂药树科 Centroplacaceae：FOC 的卫矛科 Celastraceae 的膝柄木属 *Bhesa* 并入该科。

秋水仙科 Colchicaceae：从 FOC 的百合科 Liliaceae 分出，国产 3 属。

翼囊蕨科 Didymochlaenaceae：新发现翼囊蕨属 *Didymochlaena* 在中国有分布，随后该属被处理为独立科。

南鼠刺科 Escalloniaceae：从虎耳草科 Saxifragaceae 分出，国产 1 属，多香木属 *Polyosma*。

绞木科 Garryaceae：FOC 的山茱萸科 Cornaceae 的桃叶珊瑚属 *Aucuba* 移入该科。

胡蔓藤科 Gelsemiaceae：钩吻属 *Gelsemium* 从 FOC 的马钱科 Loganiaceae 移入该科。

吉粟草科 Gisekiaceae：吉粟草属 *Gisekia* 从 FOC 的粟米草科 Molluginaceae 分出，独立成科。

茶藨子科 Grossulariaceae：从虎耳草科 Saxifragaceae 分出，国产 1 属，茶藨子属 *Ribes*。

绣球花科 Hydrangeaceae：从 FOC 的虎耳草科 Saxifragaceae 分出，原为绣球亚科 Hydrangeoideae。

田基麻科 Hydroleaceae：田基麻属 *Hydrolea* 从 FOC 的田基麻科 Hydrophyllaceae 分出并置于此科，仅此 1 属。

金丝桃科 Hypericaceae：从藤黄科 Clusiaceae 分出，原为金丝桃亚科 Hypericoideae。

仙茅科 Hypoxidaceae：FOC 的石蒜科 Amaryllidaceae 的仙茅属 *Curculigo* 和小金梅草属 *Hypoxis* 移入该科。

鼠刺科 Iteaceae：从 FOC 的虎耳草科 Saxifragaceae 分出，国产 1 属鼠刺属 *Itea*。

鸢尾蒜科 Ixioliriaceae：FOC 的石蒜科 Amaryllidaceae 的鸢尾蒜属 *Ixiolirion* 移入该科。

粘木科 Ixonanthaceae：从 FOC 的古柯科 Erythroxylaceae 分出，国产 1 属，粘木属 *Ixonanthes*。

母草科 Linderniaceae：从 FOC 的玄参科 Scrophulariaceae 分出，国产 4 属。

通泉草科 Mazaceae：从 FOC 的玄参科 Scrophulariaceae 分出，国产 3 属。

黑药花科 Melanthiaceae：从 FOC 的百合科 Liliaceae 分出，国产 7 属。

帽蕊草科 Mitrastemonaceae：从 FOC 的大花草科 Rafflesiaceae 移出，仅 1 属，帽蕊草属 *Mitrastemon*。

纳茜菜科 Nartheciaceae：从 FOC 的百合科 Liliaceae 分出，国产 1 属，粉条儿菜属 *Aletris*。

泡桐科 Paulowniaceae：从 FOC 的玄参科 Scrophulariaceae 分出，国产 2 属，美丽桐属 *Wightia* 和泡桐属 *Paulownia*。

扯根菜科 Penthoraceae：扯根菜属 *Penthorum* 从 FOC 的虎耳草科 Saxifragaceae 分出，独立成科。

无叶莲科 Petrosaviaceae：从 FOC 的百合科 Liliaceae 分出，国产 1 属，无叶莲属 *Petrosavia*。

叶下珠科 Phyllanthaceae：从 FOC 的大戟科 Euphorbiaceae 分出，国产 15 属。

假黄杨科 Putranjivaceae：从 FOC 的大戟科 Euphorbiaceae 分出，国产 2 属。

青皮木科 Schoepfiaceae：从 FOC 的铁青树科 Olacaceae 分出，国产 1 属，青皮木属 *Schoepfia*。

菝葜科 Smilacaceae：肖菝葜属 *Heterosmilax* 并入菝葜属 *Smilax*，菝葜属从 FOC 的百合科 Liliaceae 分出，并独立成科。

金檀木科 Stemonuraceae：从 FOC 的茶茱萸科 Icacinaceae 分出，国产 1 属，粗丝木属 *Gomphandra*。

斑果藤科 Stixaceae：从 FOC 的山柑科 Capparaceae 分出，国产 1 属，斑果藤属 *Stixis*。

土人参科 Talinaceae：从 FOC 的马齿苋科 Portulacaceae 分出，国产 1 属，土人参属 *Talinum*。

岩菖蒲科 Tofieldiaceae：从 FOC 的百合科 Liliaceae 分出，国产 1 属，岩菖蒲属 *Tofieldia*。

鞘柄木科 Torricelliaceae：FOC 的鞘柄木科 Toricelliaceae 的拉丁名修正为 Torricelliaceae。

翡若翠科 Velloziaceae：从 FOC 的石蒜科 Amaryllidaceae 分出，国产 1 属，芒苞草属 *Acanthochlamys*。

2. 本书科的范畴在 FOC 的基础上合并了其他科的属，共 32 科

爵床科 Acanthaceae：合并了 FOC 的马鞭草科 Verbenaceae 的海榄雌亚科 Avicennioideae。

苋科 Amaranthaceae：合并了 FOC 的藜科 Chenopodiaceae。

夹竹桃科 Apocynaceae：合并了 FOC 的萝藦科 Asclepiadaceae。

天南星科 Araceae：合并 FOC 的浮萍科 Lemnaceae。

大麻科 Cannabaceae：并入了从 FOC 的榆科 Ulmaceae 分出的 5 个属。

忍冬科 Caprifoliaceae：合并了 FOC 的锦带花科 Diervillaceae、川续断科 Dipsacaceae、北极花科 Linnaeaceae、刺参科 Morinaceae 和败酱科 Valerianaceae。

心翼果科 Cardiopteridaceae：琼榄属 *Gonocaryum* 从 FOC 的茶茱萸科 Icacinaceae 分出，并入该科。

星叶草科 Circaeasteraceae：FOC 的毛茛科 Ranunculaceae 的独叶草属 *Kingdonia* 并入该科。

山茱萸科 Cornaceae：FOC 的八角枫科 Alangiaceae、单室茱萸科 Mastixiaceae 和蓝果树科 Nyssaceae 都并入了山茱萸科。

柏科 Cupressaceae：合并了 FOC 的杉科

Taxodiaceae。

薯蓣科 Dioscoreaceae：合并了 FOC 的蒟蒻薯科 Taccaceae。

龙胆科 Gentianaceae：FOC 的马钱科 Loganiaceae 的灰莉属 *Fagraea* 并入该科。

苦苣苔科 Gesneriaceae：FOC 的玄参科 Scrophulariaceae 的囊萼花属 *Cyrtandromoea* 并入该科。

胡桃科 Juglandaceae：合并了 FOC 的马尾树科 Rhoipteleaceae。

唇形科 Lamiaceae：并入了 FOC 中马鞭草科 Verbenaceae 的六苞藤亚科 Symphoremoideae、牡荆亚科 Viticoideae 和莸亚科 Caryopteridoideae。

千屈菜科 Lythraceae：合并了 FOC 的菱科 Trapaceae。

锦葵科 Malvaceae：合并了 FOC 的梧桐科 Sterculiaceae、木棉科 Bombacaceae 和椴科 Tiliaceae。

白刺科 Nitrariaceae：合并了 FOC 的骆驼蓬科 Peganaceae。

列当科 Orobanchaceae：合并了 FOC 的玄参科 Scrophulariaceae 的 26 个属。

五列木科 Pentaphylacaceae：合并了 FOC 的山茶科 Theaceae 的厚皮香亚科 Ternstroemioideae。

透骨草科 Phrymaceae：FOC 的玄参科 Scrophulariaceae 的沟酸浆属 *Mimulus* 并入透骨草科的新沟酸浆属 Erythranthe，小果草属 *Microcarpaea* 也并入该科。

车前科 Plantaginaceae：FOC 的水马齿科 Callitrichaceae 和杉叶藻科 Hippuridaceae 并入；FOC 的胡麻科 Pedaliaceae 的茶菱属 *Terapella* 并入；FOC 的玄参科 Scrophulariaceae 的 17 个属也并入。

眼子菜科 Potamogetonaceae：合并了 FOC 的角果藻科 Zannichelliaceae。

报春花科 Primulaceae：合并了 FOC 的紫金牛科 Myrsinaceae。

芸香科 Rutaceae：合并了 FOC 的拟荨麻科 Cneoraceae。

杨柳科 Salicaceae：加入了 FOC 的大风子科 Flacourtiaceae 的 10 个属。

檀香科 Santalaceae：合并了 FOC 的槲寄生科 Viscaceae。

无患子科 Sapindaceae：合并了 FOC 的槭树科 Aceraceae 和七叶树科 Hippocastanaceae。

五味子科 Schisandraceae：合并了 FOC 的八角科 Illiciaceae。

红豆杉科 Taxaceae：合并了 FOC 的三尖杉科 Cephalotaxaceae。

昆栏树科 Trochodendraceae：合并了 FOC 的水青树科 Tetracentraceae。

葡萄科 Vitaceae：合并了 FOC 的火筒树科 Leeaceae。

3. 本书科范畴在 FOC 的基础上，有部分属分到了其他科，共 19 科

伞形科 Apiaceae：FOC 的伞形科天胡荽属 *Hydrocotyle* 被并入到五加科。

山柑科 Capparaceae：节蒴木属 *Borthwickia* 和斑果藤属 *Stixis* 被分出，现该科国产仅 2 属，即鱼木属 *Crateva* 和山柑属 *Capparis*。

藤黄科 Clusiaceae：从 FOC 的藤黄科 Clusiaceae 排除了金丝桃亚科 Hypericoideae 和红厚壳亚科 Calophylloideae。

古柯科 Erythroxylaceae：粘木属 *Ixonanthes* 被分出到了粘木科 Ixonanthaceae。

大戟科 Euphorbiaceae：FOC 的大戟科 Euphorbiaceae 的部分属分到了叶下珠科 Phyllanthaceae 和假黄杨科 Putranjivaceae。

金缕梅科 Hamamelidaceae：FOC 的金缕梅科 Hamamelidaceae 的 3 个属现置于蕈树科 Altingiaceae。

茶茱萸科 Icacinaceae：粗丝木属 *Gomphandra* 和琼榄属 *Gonocaryum* 被分别分出到了金檀木科 Stemonuraceae 和心翼果科 Cardiopteridaceae。

百合科 Liliaceae：FOC 的百合科 Liliaceae 的 57 属有 44 个属分到了秋水仙科 Colchicaceae、黑药花科 Melanthiaceae、菝葜科 Smilacaceae、纳茜菜科 Nartheciaceae、无叶莲科 Petrosaviaceae 和岩菖蒲科 Tofieldiaceae。

马钱科 Loganiaceae：灰莉属 *Fagraea* 分出到了龙胆科 Gentianaceae；断肠草属 *Gelsemium* 移入了胡蔓藤科 Gelsemiaceae，中文属名更改为钩吻属。

粟米草科 Molluginaceae：吉粟草属 *Gisekia* 从 FOC 的粟米草科分出到了吉粟草科 Gisekiaceae。

铁青树科 Olacaceae：青皮木属 *Schoepfia* 被分出到了青皮木科 Schoepfiaceae。

胡麻科 Pedaliaceae：茶菱属 *Trapella* 被分出到了车前科 Plantaginaceae。

马齿苋科 Portulacaceae：土人参属 *Talinum* 被分出到了土人参科 Talinaceae。

大花草科 Rafflesiaceae：帽蕊草属 *Mitrastemon* 被分出并独立成帽蕊草科 Mitrastemonaceae。

毛茛科 Ranunculaceae：独叶草属 *Kingdonia* 被分出到了星叶草科 Circaeasteraceae。

虎耳草科 Saxifragaceae：FOC 的虎耳草科 Saxifragaceae 的部分属分出到鼠刺科 Iteaceae、茶藨子科 Grossulariaceae、扯根菜科 Penthoraceae、绣球科 Hydrangeaceae、南鼠刺科 Escalloniaceae 和卫矛科 Celastraceae。

山茶科 Theaceae：厚皮香亚科 Ternstroemioideae 被移出到五列木科 Pentaphylacaceae。

榆科 Ulmaceae：FOC 的榆科 Ulmaceae 有 5 个属分到了大麻科 Cannabaceae。

马鞭草科 Verbenaceae：FOC 的马鞭草科 Verbenaceae 中的六苞藤亚科 Symphoremoideae、牡荆亚科 Viticoideae、莸亚科 Caryopteridoideae 被分出到了唇形科，海榄雌亚科 Avicennioideae 被移到了爵床科。

4. 本书科的范畴在 FOC 的基础上有部分属分到了其他的科，同时也并入部分来自其他科的属，共 4 科

石蒜科 Amaryllidaceae：FOC 的石蒜科 Amaryllidaceae 的部分属分出到了仙茅科 Hypoxidaceae、鸢尾蒜科 Ixioliriaceae、翡若翠科 Velloziaceae 和天门冬科 Asparagaceae；另外，FOC 的百合科 Liliaceae 的穗花韭属 *Milula* 并入到该科的葱属 *Allium*。

五加科 Araliaceae：马蹄参属 *Diplopanax* 被移入了山茱萸科 Cornaceae；FOC 的伞形科的天胡荽属 *Hydrocotyle* 被并入。

卫矛科 Celastraceae：膝柄木属 *Bhesa* 被移到了裂药树科 Centroplacaceae；虎耳草科 Saxifragaceae 的梅花草属 *Parnassia* 和斜翼科 Plagiopteraceae 的斜翼属 *Plagiopteron* 也移入卫矛科。

玄参科 Scrophulariaceae：合并了 FOC 的苦槛蓝科 Myoporaceae 和 FOC 的马钱科 Loganiaceae 的醉鱼草属 *Buddleja*；母草科 Linderniaceae、通泉草科 Mazaceae 和泡桐科 Paulowniaceae 从 FOC 的玄参科分出；囊萼花属 *Cyrtandromoea* 移入了苦苣苔科 Gesneriaceae，还有部分属分到了车前科 Plantaginaceae、透骨草科 Phrymaceae 和列当科 Orobanchaceae。

5. 本书较 FOC 科归属未变，但属范畴发生了变化，具体如下

爵床科 Acanthaceae：新增赛山蓝属 *Blechum* 和金脉爵床属 *Sanchezia*。十万错属 *Asystasia* 分出了白接骨属 *Asystasiella*；芦莉草属 *Ruellia* 分出了楠草属 *Dipteracanthus* 和拟地皮消属 *Leptosiphonium*。

蕈树科 Altingiaceae：半枫荷属 *Semiliquidambar* 和蕈树属 *Altingia* 合并入了枫香树属 *Liquidambar*。

苋科 Amaranthaceae：绒藜属 *Londesia*、地肤属 *Kochia*、棉藜属 *Kirilowia* 和兜藜属 *Panderia* 并入雾冰藜属 *Bassia*；异子蓬属 *Borszczowia* 并入碱蓬属 *Suaeda*。

石蒜科 Amaryllidaceae：穗花韭属 *Milula*

并入葱属 *Allium*。

漆树科 Anacardiaceae：三叶漆属 *Terminthia* 并入 *Searsia*，中文属名不变。

番荔枝科 Annonaceae：从暗罗属 *Polyalthia* 分出网脉木属 *Hubera*、囊瓣花属 *Marsypopetalum* 和独子木属 *Monoon*；从假鹰爪属 *Desmos* 分出文采木属 *Wangia*。娄林果属 *Rollinia*、蕉木属 *Chieniodendron* 和杯冠木属 *Cyathostemma* 分别合并到番荔枝属 *Annona*、鹿茸木属 *Meiogyne* 和紫玉盘属 *Uvaria*。

伞形科 Apiaceae：*Hymenidium* 并入棱子芹属 *Pleurospermum*。

夹竹桃科 Apocynaceae：毛药藤属 *Sindechites* 分出了扭梗藤属 *Streptoechites*。肉珊瑚属 *Sarcostemma* 并入鹅绒藤属 *Cynanchum*；扇叶藤属 *Micholitzia* 并入球兰属 *Hoya*。

五加科 Araliaceae：南洋参属 *Polyscias* 被分出到梁王茶属 *Metapanax*。羽叶参属 *Pentapanax* 并入到楤木属 *Aralia*；多蕊木属 *Tupidanthus* 并入到鹅掌柴属 *Schefflera*。

菊科 Asteraceae：新增菜蓟属 *Cynara*、大丽花属 *Dahlia*、水飞蓟属 *Silybum* 和蛇目菊属 *Sanvitalia*，为栽培或逸生。从风毛菊属 *Saussurea* 分出了尚武菊属 *Shangwua*。杯菊属 *Cyathocline* 并入艾纳香属 *Blumea*。

小檗科 Berberidaceae：鲜黄连属 *Plagiorhegma* 并入鲜黄连属 *Jeffersonia*，中文名不变。

乌毛蕨科 Blechnaceae：崇澍蕨属 *Chieniopteris* 并入狗脊属 *Woodwardia*。乌木蕨属 *Blechnidium*、扫把蕨属 *Diploblechnum* 和荚囊蕨属 *Struthiopteris* 从乌毛蕨属 *Blechnum* 中分出。

紫草科 Boraginaceae：颈果草属 *Metaeritrichium* 并入锚刺果属 *Actinocarya*；基及树属 *Carmona* 和轮冠木属 *Rotula* 并入厚壳树属 *Ehretia*。

十字花科 Brassicaceae：弯梗芥属 *Lignariella* 并入寒原荠属 *Aphragmus*；穴丝荠属 *Coelonema* 和假葶苈属 *Drabopsis* 并入葶苈属 *Draba*；螺果荠属 *Spirorhynchus* 并入四棱荠属 *Goldbachia*；假香芥属 *Pseudoclausia* 并入条果芥属 *Parrya*；*Microthlaspi* 并入山菥蓂属 *Noccaea*；扇叶芥属 *Desideria*、宽果芥属 *Eurycarpus* 和藏芥属 *Phaeonychium* 并入丛菔属 *Solms-laubachia*；堇叶芥属 *Neomartinella*、宽框荠属 *Platycraspedum*、盐芥属 *Thellungiella* 和沟子荠属 *Taphrospermum* 并入山萮菜属 *Eutrema*；厚壁荠属 *Pachypterygium* 和舟果荠属 *Tauscheria* 并入菘蓝属 *Isatis*；群心菜属 *Cardaria*、臭荠属 *Coronopus* 和革叶荠属 *Stroganowia* 并入独行菜属 *Lepidium*；藏荠属 *Hedinia*、华羽芥属 *Sinosophiopsis* 和羽裂叶荠属 *Sophiopsis* 并入芹叶荠属 *Smelowskia*；锥果芥属 *Berteroella* 并入曙南芥属 *Stevenia*。

桔梗科 Campanulaceae：金钱豹属 *Campanumoea* 和细钟花属 *Leptocodon* 并入党参属 *Codonopsis*。

忍冬科 Caprifoliaceae：*Devendraea* 并入忍冬属 *Lonicera*；双六道木属 *Diabelia* 并入糯米条属 *Abelia*。

石竹科 Caryophyllaceae：无心菜属 *Arenaria* 分出了老牛筋属 *Eremogone*，原 FOC 的米努草属 *Minuartia* 被拆分掉，分成了沙生米努草属 *Sabulina*、假车勒草属 *Pseudocherleria* 和车勒草属 *Cherleria* 三个新的属。

使君子科 Combretaceae：使君子属 *Quisqualis* 并入风车子属 *Combretum*；榆绿木属 *Anogeissus* 并入诃子属 *Terminalia*。

闭鞘姜科 Costaceae：闭鞘姜属 *Costus* 分出了大唇闭鞘姜属 *Hellenia*。

景天科 Crassulaceae：东爪草属 *Tillaea* 并入 *Crassula*，中文属名不变；落地生根属 *Bryophyllum* 并入伽蓝菜属 *Kalanchoe*。

葫芦科 Cucurbitaceae：假贝母属 *Bolbostemma* 并入盒子草属 *Actinostemma*；三裂瓜属 *Biswarea* 和三棱瓜属 *Edgaria* 并入波棱瓜属 *Herpetospermum*；白兼果属 *Sinobaijiania* 并入 *Baijiania*，中文属名不变；金瓜属 *Gymnopetalum* 并入栝楼属 *Trichosanthes*；帽儿瓜属 *Mukia* 并入黄瓜属 *Cucumis*。

柏科 Cupressaceae：新增黄金柏属 *Xanthocyparis*。

桫椤科 Cyatheaceae：黑桫椤属 *Gymnosphaera* 从桫椤属 *Alsophila* 分出。

冷蕨科 Cystopteridaceae：光叶蕨属 *Cystoathyrium* 并入冷蕨属 *Cystopteris*。

骨碎补科 Davalliaceae：小膜盖蕨属 *Araiostegia*、阴石蕨属 *Humata*、假钻毛蕨属 *Paradavallodes* 和钻毛蕨属 *Davallodes* 并入骨碎补属 *Davallia*。

薯蓣科 Dioscoreaceae：裂果薯属 *Schizocapsa* 并入蒟蒻薯属 *Tacca*。

鳞毛蕨科 Dryopteridaceae：毛脉蕨属 *Trichoneuron* 从节毛蕨属 *Lastreopsis* 分出。

杜鹃花科 Ericaceae：杜鹃属 *Rhododendron* 合并了杜香属 *Ledum*，分出了云间杜鹃属 *Therorhodion*。

大戟科 Euphorbiaceae：红雀珊瑚属 *Pedilanthus* 并入大戟属 *Euphorbia*。

壳斗科 Fagaceae：三棱栎属 *Formanodendron* 并入 *Trigonobalanus*，中文属名不变。

龙胆科 Gentianaceae：龙胆属 *Gentiana* 分出了狭蕊龙胆属 *Metagentiana*；獐牙菜属 *Swertia* 分出了异型株属 *Sinoswertia*。杯药草属 *Cotylanthera* 并入藻百年属 *Exacum*；*Anagallidium* 并入獐牙菜属 *Swertia*。

苦苣苔科 Gesneriaceae：漏斗苣苔属 *Didissandra* 并入 *Raphiocarpus*，中文属名不变。新增凹柱苣苔属 *Litostigma*。

鸢尾科 Iridaceae：射干属 *Belamcanda* 并入鸢尾属 *Ixiolirion*。

唇形科 Lamiaceae：新风轮菜属 *Calamintha* 并入风轮菜属 *Clinopodium*；菱叶元宝草属 *Alajja* 并入绵参属 *Eriophyton*；独一味属 *Lamiophlomis*、钩萼属 *Notochaete* 和沙穗属 *Eremostachys* 并入草糙苏属 *Phlomoides*；动蕊花属 *Kinostemon* 并入香科科属 *Teucrium*；*Changruicaoia* 并入全唇花属 *Holocheila*；子宫草属 *Skapanthus* 并入香茶菜属 *Isodon*；角花属 *Ceratanthus*、网萼木属 *Geniosporum*、凉粉草属 *Mesona*、龙船草属 *Nosema* 和尖头花属 *Acrocephalus* 并入龙船草属 *Platostoma*；肾茶属 *Clerodendranthus* 并入香茶菜属 *Isodon*；水蜡烛属 *Dysophylla* 并入刺蕊草属 *Pogostemon*；毛药花属 *Bostrychanthera* 并入铃子香属 *Chelonopsis*；小野芝麻属 *Galeobdolon* 并入野芝麻属 *Lamium*。

木通科 Lardizabalaceae：长萼木通属 *Archakebia* 并入木通属 *Akebia*。八月瓜属 *Holboellia* 并入野木瓜属 *Stauntonia*。

石松科 Lycopodiaceae：藤石松属 *Lycopodiastrum* 并入石松属 *Lycopodium*。

锦葵科 Malvaceae：蚬木属 *Excentrodendron* 并入柄翅果属 *Burretiodendron*。

兰科 Orchidaceae：新增丹霞兰属 *Danxiaorchis* 和泰兰属 *Thaia*。从小红门兰属 *Ponerorchis* 分出了先骕兰属 *Hsenhsua* 和毛轴兰属 *Sirindhornia*；从带唇兰属 *Tainia* 分出了安兰属 *Ania*。将花蜘蛛兰属 *Esmeralda* 并入蜘蛛兰属 *Arachnis*；将大苞兰属 *Sunipia*、短瓣兰属 *Monomeria* 和三角兰属 *Trias* 并入石豆兰属 *Bulbophyllum*；将鹤顶兰属 *Phaius* 和黄兰属 *Cephalantheropsis* 并入虾脊兰属 *Calanthe*；将金佛山兰属 *Tangtsinia* 并入头蕊兰属 *Cephalanthera*；将金石斛属 *Flickingeria* 并入石斛属 *Dendrobium*；将柱兰属 *Cylindrolobus* 并入毛兰属 *Eria*；将孔唇兰属 *Porolabium*、兜蕊兰属 *Androcorys*、高山兰属 *Bhutanthera* 和冷兰属 *Frigidorchis* 并入角盘兰属

Herminium；将拟舌喙兰属 *Hemipiliopsis* 并入舌喙兰属 *Hemipilia*；将棒距兰属 *Penkimia* 并入槽舌兰属 *Holcoglossum*；将丫瓣兰属 *Ypsilorchis* 并入羊耳蒜属 *Liparis*；将无喙兰属 *Holopogon* 和双蕊兰属 *Diplandrorchis* 并入鸟巢兰属 *Neottia*；将 *Chroniochilus* 并入虾尾兰属 *Parapteroceras*；将 *Lesliea*、湿唇兰属 *Hygrochilus*、五唇兰属 *Doritis*、萼脊兰属 *Sedirea*、象鼻兰属 *Nothodoritis* 和羽唇兰属 *Ornithochilus* 并入蝴蝶兰属 *Phalaenopsis*；将尖药兰属 *Diphylax* 和反唇兰属 *Smithorchis* 并入舌唇兰属 *Platanthera*；将无柱兰属 *Amitostigma*、兜被兰属 *Neottianthe* 并入小红门兰属 *Ponerorchis*；将云叶兰属 *Nephelaphyllum* 并入带唇兰属 *Tainia*；将短舌兰属 *Ascocentrum* 和风兰属 *Neofinetia* 并入万代兰属 *Vanda*；将拟蜘蛛兰属 *Microtatorchis* 并入带叶兰属 *Taeniophyllum*；将怒江兰属 *Nujiangia* 并入 *Gennaria*，并继续采用怒江兰属的中文名称；*Dithrix* 为怒江兰属 *Gennaria* 的不合格发表名称，本书不采纳该属名。

紫萁科 Osmundaceae：革紫萁属 *Plenasium* 和绒紫萁属 *Claytosmunda* 从紫萁属 *Osmunda* 分出。

透骨草科 Phrymaceae：新沟酸浆属 *Mimulus* 分出了 *Erythranthe*，中文属名保存不变。

叶下珠科 Phyllanthaceae：珠子木属 *Phyllanthodendron* 并入叶下珠属 *Phyllanthus*。

松科 Pinaceae：长苞铁杉属 *Nothotsuga* 从铁杉属 *Tsuga* 中分出。

车前科 Plantaginaceae：穗花属 *Pseudolysimachion* 并入婆婆纳属 *Veronica*。

禾本科 Poaceae：*Lingnania* 和 *Dendrocalamopsis* 并入簕竹属 *Bambusa*。青篱竹属 *Arundinaria* 按照现在的定义只分布于北美，故而去除。另外，巴山木竹属 *Bashania* 从原来FOC的青篱竹属 *Arundinaria* 中分出。

川苔草科 Podostemaceae：FOC 将石蔓属 *Terniopsis* 归入川藻属 *Dalzellia*，有误，现将石蔓属 *Terniopsis* 独立。

蓼科 Polygonaceae：翅果蓼属 *Parapteropyrum* 并入荞麦属 *Fagopyrum*。

水龙骨科 Polypodiaceae：顶育蕨属 *Photinopteris* 并入连珠蕨属 *Aglaomorpha*；高平蕨属 *Caobangia* 并入伏石蕨属 *Lemmaphyllum*；篦齿蕨属 *Metapolypodium* 和水龙骨属 *Polypodiodes* 并入多足蕨属 *Polypodium*。从修蕨属 *Selliguea* 分出了假瘤蕨属 *Phymatopteris*。

报春花科 Primulaceae：海乳草属 *Glaux* 并入珍珠菜属 *Lysimachia*。

凤尾蕨科 Pteridaceae：一条线蕨属 Monogramma 并入书带蕨属 Haplopteris

毛茛科 Ranunculaceae：乌头属 *Aconitum* 分出了露蕊乌头属 *Gymnaconitum*；扁果草属 *Isopyrum* 分出了疆扁果草属 *Paropyrum*。升麻属 *Cimicifuga* 和黄三七属 *Souliea* 并入类叶升麻属 *Actaea*；白头翁属 *Pulsatilla* 并入银莲花属 *Anemone*；飞燕草属 *Consolida* 并入翠雀属 *Delphinium*；水毛茛属 *Batrachium* 并入毛茛属 *Ranunculus*。黑种草属 *Nigella* 为引种栽培，FRPS 有记录，在此恢复。

蔷薇科 Rosaceae：木瓜属 *Chaenomeles* 分出中华假榅桲属 *Pseudocydonia*；石楠属 *Photinia* 分出老叶儿树属 *Pourthiaea*；委陵菜属 *Potentilla* 分出金露梅属 *Dasiphora*；花楸属 *Sorbus* 分出冠萼花楸属 *Aria* 和脱萼花楸属 *Micromeles*。红果树属 *Stranvaesia* 并入石楠属 *Photinia*；太行花属 *Taihangia*、林石草属 *Waldsteinia*、羽叶花属 *Acomastylis* 和无尾果属 *Coluria* 并入路边青属 *Geum*；蛇莓属 *Duchesnea* 并入委陵菜属 *Potentilla*；小米空木属 *Stephanandra* 并入绣线梅属 *Neillia*；臀果木属 *Pygeum*、桂樱属 *Laurocerasus*、稠李属 *Padus*、臭樱属 *Maddenia*、樱属 *Cerasus*、桃属 *Amygdalus*

和杏属 *Armeniaca* 并入李属 *Prunus*。

茜草科 Rubiaceae：耳草属 *Hedyotis* 分出了藤耳草属 *Dimetia*、非洲耳草属 *Oldenlandia*、蛇舌草属 *Scleromitrion* 和翅耳草属 *Thecagonum*；丰花草属 *Spermacoce* 分出了鸭舌癀舅属 *Hemidiodia*。桂海木属 *Guihaiothamnus* 并入了水锦树属 *Wendlandia*；绢冠茜属 *Porterandia* 在 FOC 中的国产种是误定，应并入越南茜属 *Rubovietnamia*。雪亚迪草属 *Sherardia* 为中国新纪录属。

杨柳科 Salicaceae：新增菲柞属 *Ahernia*。钻天柳属 *Chosenia* 并入柳属 *Salix*。

山榄科 Sapotaceae：铁榄属 *Sinosideroxylon* 并入 *Sideroxylon*，中文属名不变。

虎耳草科 Saxifragaceae：虎耳草属 *Saxifraga* 分出了小花草属 *Micranthes*。

菝葜科 Smilacaceae：肖菝葜属 *Heterosmilax* 并入菝葜属 *Smilax*。

安息香科 Styracaceae：秤锤树属 *Sinojackia* 分出长果安息香属 *Changiostyrax*。

金星蕨科 Thelypteridaceae：星毛蕨属 *Ampelopteris*、边果蕨属 *Craspedosorus*、方杆蕨属 *Glaphyropteridopsis*、龙津蕨属 *Mesopteris*、新月蕨属 *Pronephrium* 和假毛蕨属 *Pseudocyclosorus* 并入了毛蕨属 *Cyclosorus*；茯蕨属 *Leptogramma*、圣蕨属 *Dictyocline* 并入了溪边蕨属 *Stegnogramma*。金星蕨属 *Parathelypteris*、凸轴蕨属 *Metathelypteris* 和假鳞毛蕨属 *Oreopteris* 从沼泽蕨属 *Thelypteris* 中分出。

鞘柄木科 Torricelliaceae：鞘柄木属 *Toricellia* 的拉丁名修正为 *Torricellia*。

荨麻科 Urticaceae：新增征镒麻属 *Zhengyia*。

岩蕨科 Woodsiaceae：膀胱蕨属 *Protowoodsia* 和滇蕨属 *Cheilanthopsis* 并入了岩蕨属 *Woodsia*。

姜科 Zingiberaceae：从豆蔻属 *Amomum* 分出拟豆蔻属 *Paramomum*；土田七属 *Stahlianthus* 并入姜黄属 *Curcuma*。

附录 4　常见属名称处理情况

A

Absolmsia Kuntze → *Tylophora* R. Brown
Acanthocephalus Karelin & Kirilov*，仅出现在《中国种子植物科属词典》中。
Acantholepis Lessing = *Echinops* Linnaeus
Acanthopanax (Decaisne & Planchon) Miquel = *Eleutherococcus* Maximowicz
Aceratorchlis Schlechter = *Galearis* Rafinesque
Aceriphyllum Engler = *Mukdenia* Koidzumi
Achasma W. Griffith = *Etlingera* Giseke
Achudemia Blume = *Pilea* Lindley
Achyrophorus Guetta, *nom. illeg.* = *Hypochaeris* Linnaeus
Acmena de Candolle = *Syzygium* P. Browne ex Gaertner
Acomastylis Greene = *Geum* Linnaeus
Acrocephalus Bentham = *Platostoma* Palisot de Beauvois
Acrophorus C. Presl = *Dryopteris* Adanson
Acroptilon Cassini = *Rhaponticum* Vaillant
Acrorumohra (H. Itô) H. Ito = *Dryopteris* Adanson
***Adansonia* Linnaeus**
Adenacanthus Nees = *Strobilanthes* Blume
Adhatoda Miller = *Justicia* Linnaeus
Aechmanthera Nees = *Strobilanthes* Blume
Aellenia Ulbrich = *Halothamnus* Jaubert & Spach
Alajja Ikonnikov = *Eriophyton* Bentham
Allaeanthus Thwaites = *Broussonetia* L'Héritier ex Ventenat
Allantodia R. Brown = *Diplazium* Swartz
Altingia Noronha = *Liquidambar* Linnaeus
Amethystanthus Nakai = *Isodon* (Schrader ex Bentham) Spach
Amischophacelus R. S. Rao & Kammathy = *Cyanotis* D. Don
Amitostigma Schlechter = *Ponerorchis* H.G. Reichenbach
Amomum Linnaeus = *Amomum* Roxburgh
Amoora Roxburgh → *Aglaia* Loureiro
Ampelopteris Kunze = *Cyclosorus* Link
Amphineuron Holttum = *Cyclosorus* Link
Amygdalus Linnaeus = *Prunus* Linnaeus
Anagallidium Grisebach = *Swertia* Linnaeus
Androcorys Schlechter = *Herminium* Linnaeus
Ania Lindley = *Tainia* Blume
Anisachne Keng = *Deyeuxia* Clarion ex P. Beauvois
Aniseia Choisy → *Ipomoea* Linnaeus
Anogeissus (de Candolle) Wallich = *Terminalia* Linnaeus
Anota (Lindley) Schlechter = *Rhynchostylis* Blume
Anplectrum Gray → *Medinilla* Gaudichaud-Beaupré ex de Candolle
Anthocephalus A. Richard → *Breonia* A. Richard ex de Candolle
***Anthurium* Schott**
***Antigonon* Endlicher**
***Antirrhinum* Linnaeus**
Apama Lamarck → *Thottea* Rottboell
Aphania Blume = *Lepisanthes* Blume
Araiostegia Copeland = *Davallia* J. Smith
Archakebia C. Y. Wu, T. C. Chen & H. N. Qin = *Akebia* Decaisne
Archangiopteris Christ & Giesenhagen = *Angiopteris* G. F. Hoffmann
Archiclematis Tamura = *Clematis* Linnaeus
Archileptopus P. T. Li = *Leptopus* Decaisne

Archineottia S. C. Chen = *Holopogon* Komarov & Nevski
Archiphysalis Kuang = *Physaliastrum* Makino
***Archontophoenix* H. Wendland & Drude**
***Arecastrum* (Drude) Beccari**
***Argyranthemum* Webb**
Armeniaca Miller = *Prunus* Linnaeus
Ascocentrum Schlechter ex J. J. Smith = *Vanda* Jones ex R. Brown
Ascolabium S. S. Ying (not *Ascolabellum*) → *Holcoglossum* Schlechter
Ascyrum Miller = *Hypericum* Linnaeus
Asperella Humboldt = *Elymus* Linnaeus
Asystasia Blume = *Asystasia* Blume
Atalanthus D. Don = *Sonchus* Linnaeus
Athyriopsis Ching = *Deparia* Hooker & Greville
***Atropa* Linnaeus**
Atylosia Wight & Arnott = *Cajanus* Adanson
Aulacolepis Hackel = *Aniselytron* Merrill

B

Baissea A. de Candolle → *Cleghornia* Wight
Baphicacanthus Bremekamp = *Strobilanthes* Blume
Batrachium Gray = *Ranunculus* Linnaeus
Belamcanda Adanson = *Iris* Linnaeus
Belvisia Mirbel = *Lepisorus* (J. Smith) Ching
Berteroella O. E. Schulz = *Stevenia* Adams ex Fischer
Bhutanthera Renz = *Herminium* Linnaeus
Biswarea Cogniaux = *Herpetospermum* Wallich ex J. D. Hooker
Blumeopsis Gagnepain = *Blumea* de Candolle
Boerlagiodendron Harms = *Osmoxylon* Miquel
***Boesenbergia* Kuntze**
Bolbostemma Franquet = *Actinostemma* Griffith
Boniniella Hayata = *Hymenasplenium* Hayata
***Borago* Linnaeus**
***Borassus* Linnaeus**
Borreria G. Meyer = *Spermacoce* Linnaeus
Borszczowia Bunge = *Suaeda* Forsskål ex J. F. Gmelin
Bostrychanthera Bentham = *Chelonopsis* Miquel
Bothrocaryum (Koehne) Pojarkova = *Cornus* Linnaeus
Botrypus A. Michaux = *Botrychium* Swartz
***Bouea* Meisner**
Brachyactis Ledebour = *Symphyotrichum* Nees
Brachystachyum Keng = *Semiarundinaria* Nakai
***Brugmansia* Persoon**
***Brunfelsia* Linnaeus**
***Bryophyllum* Salisbury**
Buglossoides Moench = *Lithospermum* Linnaeus
***Butyrospermum* Kotschy**
Buxiphyllum W. T. Wang & C. Z. Gao = *Paraboea* (C. B. Clarke) Ridley

C

Cacalia Linnaeus, *nom. rej.* = *Parasenecio* W. W. Smith & J. Small
Cachrys Linnaeus → *Prangos* Lindley
***Caladium* Ventenat**
Calamintha Miller = *Clinopodium* Linnaeus
***Calathea* G. Meyer**
***Calliaspidia* Bremekamp**
Callipteris Bory = *Diplazium* Swartz
***Callistemon* R. Brown**
Calogyne R. Brown = *Goodenia* Smith
Calonyction Choisy = *Ipomoea* Linnaeus
Calophanoides Ridley = *Justicia* Linnaeus
Calycopteris Lamarck = *Getonia* Roxburgh
Campanumoea Blume = *Codonopsis* Wallich
Camptosorus Link = *Asplenium* Linnaeus
Caobangia A. R. Smith & X. C. Zhang = *Lemmaphyllum* C. Presl
Cardaria Desvaux = *Lepidium* Linnaeus
Cardioteucris C. Y. Wu = *Rubiteucris* Kudo
***Carludovica* Ruiz & Pavón**
Carmona Cavanilles = *Ehretia* P. Browne

***Casimiroa* La Llave**

Cassandra D. Don = *Chamaedaphne* Moench

Catabrosella (Tzvelev) Tzvelev = *Colpodium* Trinius

Centrostemma Decaisne = *Hoya* R. Brown

Ceodes J. R. Forster & G. Forster = *Pisonia* Linnaeus

Cephaelis Swartz = *Psychotria* Linnaeus

Cephalanoplos Necker = *Cirsium* Miller

Cephalantheropsis Guillaumin = *Calanthe* R. Brown

Cephalorrhynchus Boissier = *Cicerbita* Wallroth

Cephalostigma A. de Candolle = *Wahlenbergia* Schrader ex Roth

Cerasus Miller = *Prunus* Linnaeus

Ceratanthus F. Mueller ex G. Taylor = *Platostoma* P. Beauvois

Ceratoides Gagnebin = *Krascheninnikovia* Gueldenstaedt, *nom. cons.*

***Cereus* Miller**

Ceterach Willdenow = *Asplenium* Linnaeus

Ceterachopsis (J. Smith) Ching = *Asplenium* Linnaeus

Chaetoseris Shih = *Melanoseris* Decaisne

***Chamaemelum* Miller**

Chamaepericlymenum Hill = *Cornus* Linnaeus

Championella Bremekamp = *Strobilanthes* Blume

Changruicaoia Z. Y. Zhu = *Holocheila* (Kudo) S. Chow

Chartolepis Cassini = *Centaurea* Linnaeus

Chaydaia Pitard = *Rhamnella* Miquel

Cheilanthopsis Hieronymus = *Woodsia* R. Brown

Cheilosoria Trevisan = *Cheilanthes* Swartz

Cheilotheca J. D. Hooker → *Monotropastrum* H. Andres

Cheiranthus Linnaeus = *Erysimum* Linnaeus

Chieniodendron Tsiang & P. T. Li = *Meiogyne* Miquel

Chieniopteris Ching = *Woodwardia* J. E. Smith

Chingiacanthus Handel-Mazzetti = *Isoglossa* Oersted

Chlamydites J. R. Drummond = *Aster* Linnaeus

Chlamydoboea Stapf = *Paraboea* (C. B. Clarke) Ridley

Chorisis de Candolle = *Ixeris* (Cassini) Cassini

Chosenia Nakai = *Salix* Linnaeus

Chroniochilus J. J. Smith = *Parapteroceras* Averyanov

***Chrysalidocarpus* H. Wendland**

Chunechites Tsiang = *Urceola* Roxburgh

Cimicifuga Linnaeus = *Actaea* Linnaeus

***Cineraria* Linnaeus**

Cirrhopetalum Lindley = *Bulbophyllum* Thouars

Cladostachys D. Don = *Deeringia* R. Brown

***Clarkia* Pursh**

Cleistocalyx Blume = *Syzygium* P. Browne ex Gaertner

Clerodendranthus Kudo = *Isodon* (Schrader ex Bentham) Spach

***Clianthus* Solander ex Lindley**

***Clytostoma* Miers**

Cnicus Linnaeus = *Centaurea* Linnaeus

***Cobaea* Cavanilles**

***Coccoloba* P. Browne**

Cochlearia Linnaeus → *Yinshania* Y. C. Ma & Y. Z. Zhao

Coelodiscus Raill → *Mallotus* Loureiro

Coeloglossum Hartman = *Dactylorhiza* Necker ex Nevski

Coelonema Maximowicz = *Draba* Linnaeus

Coelorachis Brongniart = *Mnesithea* Kunth

***Coleostephus* Cassini**

Collabiopsis S. S. Ying = *Collabium* Blume

Coluria R. Brown = *Geum* Linnaeus

Colysis C. Presl = *Leptochilus* Kaulfuss

Consolida (de Candolle) Opiz = *Delphinium* Linnaeus

***Coronilla* Linnaeus**

Coronopus Zinn = *Lepidium* Linnaeus

Corypha Linnaeus

Cotylanthera Blume = *Exacum* Linnaeus

Craspedosorus Ching & W. M. Chu = *Cyclosorus* Link

Crepidopteris Copeland = *Crepidomanes* C. Presl

Crescentia Linnaeus

Crinitaria Cassini = *Galatella* Cassini

Critesion Rafinesque = *Hordeum* Linnaeus

Crocosmia Planchon

Crossandra Salisbury

Cryptodiscus Schrenk = *Prangos* Lindley

Cryptostegia R. Brown

Ctenitopsis Ching ex Tardieu & C. Christensen = *Tectaria* Cavanilles

Cucubalus Linnaeus = *Silene* Linnaeus

Cudrania Trécul = *Maclura* Nuttall

Cuphea P. Browne

Cyathocline Cassini = *Blumea* de Candolle

Cyathostemma Griffith = *Uvaria* Linnaeus

Cyclamen Linnaeus

Cylindrokelupha Kostermans = *Archidendron* F. Mueller

Cylindrolobus Blume = *Eria* Lindley

Cynanchica Fourreau = *Asperula* Linnaeus

Cynara Linnaeus = *Galatella* Cassini

Cyperorchis Blume = *Cymbidium* Swartz

Cyphomandra Martius ex Sendtner

Cyrtanthera Nees

Cyrtogonellum Ching = *Polystichum* Roth

Cyrtomidictyum Ching = *Polystichum* Roth

Cyrtosperma Griffith*，出现在《中国种子植物科属词典》和《中国植物志》中。

Cystoathyrium Ching = *Cystopteris* Bernhardi

Cytisus Linnaeus

D

Dalzellia Wight → *Terniopsis* Chao

Dasydesmus Craib = *Oreocharis* Bentham

Davallodes (Copeland) Copeland = *Davallia* J. Smith

Dendranthema (de Candolle) Des Moulins = *Chrysanthemum* Linnaeus

Dendrobenthamia Hutchinson = *Cornus* Linnaeus

Dendrocalamopsis (L. C. Chia & H. L. Fung) P. C. Keng = *Bambusa* Schreber

Dendroglossa C. Presl = *Leptochilus* Kaulfuss

Desideria Pampanini = *Solms-laubachia* Muschler

Devendraea Pusalkar = *Lonicera* Linnaeus

Diabelia Landrein = *Abelia* R. Brown

Diacalpe Blume = *Dryopteris* Adanson

Diandranthus L. Liu = *Miscanthus* Andersson

Dicentra Bernhardi → *Ichtyoselmis* Lidén & Fukuhara, Lamprocapnos Endlicher

Dicerma de Candolle = *Aphyllodium* (de Candolle) Gagnepain

Dicerostylis Blume → *Hylophila* Lindley

Dichanthelium (Hitchcock & Chase) Gould = *Panicum* Linnaeus

Dichiloboea Stapf = *Trisepalum* C. B. Clarke

Dichrostachys (de Candolle) Wight & Arnott

Dictyocline Moore = *Stegnogramma* Blume

Dictyodroma Ching = *Deparia* Hooker & Greville

Didissandra C. B. Clarke = *Raphiocarpus* Chun

Dieffenbachia Schott

Diflugossa Bremekamp = *Strobilanthes* Blume

Dimorphostemon M. Kitagawa = *Dontostemon* Andrzejowski ex C. A. Meyer

Dinochloa Buese → *Melocalamus* Bentham

Diphasiastrum Holub = *Lycopodium* Linnaeus

Diphylax J. D. Hooker = *Platanthera* Richard

Diplandrorchis S. C. Chen = *Neottia* Guettard

Diplocarex Hayata = *Carex* Linnaeus

Dithrix Schlechter ex Brummitt = *Gennaria* Parlatore

Doellingeria Nees = *Aster* Linnaeus

Dolichandrone (Fenzl) Seemann → *Markhamia* Seemann ex Baillon
Doritis Lindley = *Phalaenopsis* Blume
Drabopsis K. Koch = *Draba* Linnaeus
***Drejerella* Lindau**
Drymoglossum C. Presl = *Pyrrosia* Mirbel
Drymotaenium Makino = *Lepisorus* (J. Smith) Ching
Dryoathyrium Ching = *Deparia* Hooker & Greville
Duchesnea Smith = *Potentilla* Linnaeus
***Durio* Adanson**
Dyschoriste Nees = *Strobilanthes* Blume
Dysophylla El Gazzar & L. Watson ex Airy Shaw = *Pogostemon* Desfontaines

E

Eccoilopus Steudel = *Spodiopogon* Trinius
Ecdysanthera W. J. Hooker & Arnott = *Urceola* Roxburgh
Edgaria C. B. Clarke = *Herpetospermum* Wallich ex J. D. Hooker
Egenolfia Schott = *Bolbitis* Schott
***Eichhornia* Kunth**
Elachanthemum Y. Ling & Y. R. Ling = *Stilpnolepis* Krascheninnikov
***Elaeis* Jacquin**
***Eleutherine* Herbert**
Emodiopteris R. C. Ching & S. K. Wu = *Dennstaedtia* Bernhardi
Ephemerantha P. F. Hunt & V. S. Summerhayes → *Dendrobium* Swartz
Epimeredi Adanson = *Anisomeles* R. Brown
Eremopoa Roshevitz = *Poa* Linnaeus
Eremopogon Stapf = *Dichanthium* Willemet
Eremostachys Bunge = *Phlomoides* Moench
Eremotropa Andres = *Monotropastrum* Andres
Erianthus Michaux = *Saccharum*Linnaeus
Erioglossum Blume = *Lepisanthes* Blume
Eriosoriopsis (Kitagawa) Ching & S. H. Wu = *Woodsia* R. Brown
Ervatamia (Alph. de Candolle) Stapf = *Tabernaemontana* Linnaeus
Erythropsis Lindley = *Firmiana* Marsili
Erythrospermum Lamarck*，出现在《中国种子植物科属词典》中。
Esmeralda H. G. Reichenbach = *Arachnis* Blume
Euaraliopsis Hutchinson = *Brassaiopsis* Decaisne & Planchon
Euchlaena Schrader = *Zea* Linnaeus
Euodia J. R. Forster & G. Forster = *Melicope* J. R. Forster & G. Forster
Eurycarpus Botschantzev = *Solms-laubachia* Muschler
Excentrodendron H. T. Chang & R. H. Miao = *Burretiodendron* Rehder

F

Fagerlindia Tirvengadum = *Benkara* Adanson
Fedtschenkiella Kudrjaschev = *Dracocephalum* Linnaeus
***Feijoa* O. Berg**
***Feronia* Correa**
Fleurya Gaudichaud-Beaupré = *Laportea* Gaudichaud-Beaupré
Flickingeria Hawkes = *Dendrobium* Swartz
***Flindersia* R. Brown**
Formanodendron Nixon & Crepet = *Trigonobalanus* Forman
Fortunella Swingle = *Citrus* Linneaus
***Freesia* Klatt**
Frigidorchis Z. J. Liu & S. C. Chen = *Herminium* Linnaeus
***Fuchsia* Linnaeus**

G

Gaertnera Lamarck → *Ixora* Linnaeus
***Galega* Linnaeus**
Galeobdolon Adanson = *Lamium* Linnaeus
Gendarussa Nees = *Justicia* Linnaeus
Geniosporum Wallich ex Bentham = *Platostoma* P. Beauvois
***Genista* Linnaeus**
***Gladiolus* Linnaeus**
Glaux Linnaeus = *Lysimachia* Linnaeus

Glossogyne Cassini = *Glossocardia* Cassini
Gochnatia Kunth → *Leucomeris* D. Don
Goldfussia Nees = *Strobilanthes* Blume
Gomphia Schreber → *Campylospermum* Tieghem
Gonatanthus Klotzsch = *Remusatia* Schott
Gonocormus Bosch = *Crepidomanes* C. Presl
Gordonia Ellis = *Polyspora* Sweet
Graptophyllum Nees → *Cosmianthemum* Bremekamp
***Grevillea* R. Brown**
Guihaiothamnus H. S. Lo = *Wendlandia* Bartling ex de Candolle
Gutzlaffia Hance = *Strobilanthes* Blume
Gymnaster Kitamura = *Aster* Linnaeus
Gymnopetalum Arnott = *Trichosanthes* Linnaeus
Gymnopteris Bernhardi*，出现在《中国蕨类植物科属志》和《中国植物志》中。
Gynandropsis de Candolle = *Cleome* Linnaeus

H

Hainania Merrill = *Diplodiscus* Turczaninow
Haloragis J. R. Forster & G. Forster → *Gonocarpus* Thunberg
***Hamiltonia* Roxburgh**
Hartia Dunn = *Stewartia* Linnaeus
Hayataella Masamune = *Ophiorrhiza* Linnaeus
Hedinia Ostenfeld = *Smelowskia* C. A. Meyer
***Heimia* Link**
***Helenium* Linnaeus**
Heleocharis T. Lestiboudois = *Eleocharis* R. Brown
***Heliconia* Linnaeus**
***Heliopsis* Persoon**
Hemiadelphis Nees = *Hygrophila* R. Brown
Hemigramma Christ = *Tectaria* Cavanilles
Hemigraphis Nees = *Strobilanthes* Blume
Hemionitis Linnaeus*，出现在《中国蕨类植物科属志》和《中国植物志》中。
Hemipiliopsis Y. B. Luo & S. C. Chen = *Hemipilia* Lindley
Heteropappus Lessing = *Aster* Linnaeus
Heteropholis C. E. Hubbard → *Mnesithea* Kunth
Heterosmilax Kunth = *Smilax* Linnaeus
Hexinia H. L. Yang = *Launaea* Cassini
Hierochloë R. Brown = *Anthoxanthum* Linnaeus
Hippeophyllum Schlechter → *Oberonia* Lindley
Hippochaete Milde = *Equisetum* Linnaeus
Holboellia Wallich = *Stauntonia* de Candolle
***Holmskioldia* Retzius**
Hololachna Ehrenberg = *Reaumuria* Linnaeus
Holopogon Komarov & Nevski = *Neottia* Guettard
***Homalocladium* (F. J. Mueller) L. H. Bailey**
Humata Cavanilles = *Davallia* J. Smith
Huolirion F. T. Wang & Tang = *Lloydia* Reichenbach
***Hyacinthus* Linnaeus**
Hyalea Jaubert & Spach = *Centaurea* Linnaeus
Hygrochilus Pfitzer = *Phalaenopsis* Blume
Hymenidium Lindley = *Pleurospermum* Hoffmann
Hymenochlaena Bremekamp = *Strobilanthes* Blume
Hymenolobus Nuttall = *Hornungia* Reichenbach
Hymenolyma Korovin → *Hyalolaena* Bunge
Hymenopogon Wallich = *Neohymenopogon* Bennet
Hypopitys Hill = *Monotropa* Linnaeus

I

***Iberis* Linnaeus**
Indoixeris Kitamura*，仅出现在《中国种子植物科属词典》中，地位不详。
Ione Lindley = *Bulbophyllum* Thouars
Ischnochloa J. D. Hooker = *Microstegium* Nees
***Isotoma* Lindley**

J

***Jacaranda* Jussieu**
Juncellus (Grisebach) C. B. Clarke = *Cyperus* Linnaeus

Jussiaea Linnaeus = *Ludwigia* Linnaeus

K

Kalimeris (Cassini) Cassini = *Aster* Linnaeus

Kigelia de Candolle

Kingidium P. F. Hunt = *Phalaenopsis* Blume

Kinostemon Kudo = *Teucrium* Linnaeus

Kirilowia Bunge = *Bassia* Allioni

***Kitigorchis* Maekawa**

Kmeria Dandy = *Woonyoungia* Y. W. Law

Kochia Roth = *Bassia* Allioni

Korovinia Nevski & Vvedensky*，出现在《中国种子植物科属词典》中。

Krylovia Schischkin, *nom. illeg.* = *Rhinactinidia* Novopokrovskij

Kurrimia Wallich ex Meisner = *Itea* Linnaeus

L

***Laburnum* Fabricius**

***Lafoensia* Vand.**

Lagarosiphon Harvey → *Nechamandra* Planchon

Lagedium Sojak = *Lactuca* Linnaeus

Lagoseris M. Bieberstein*，出现在《中国种子植物科属词典》中。

***Lagurus* Linnaeus**

Lamiophlomis Kudo = *Phlomoides* Moench

Lansium Correa → *Reinwardtiodendron* Koorders

Lapsana Linnaeus → *Lapsanastrum* Pak & K. Bremer

Lasiopus Cassini = *Gerbera* Linnaeus

Dryopteris Adanson

Laurocerasus Duhamel du Monceau = *Prunus* Linnaeus

***Lawsonia* Linnaeus**

Ledum Linnaeus = *Rhododendron* Linnaeus

Lepechiniella Popov → *Lappula* Moench

Lepidogrammitis Ching = *Lemmaphyllum* C. Presl

Leptocanna Chia & H. L. Fung = *Schizostachyum* Nees

Leptocarpus R. Brown → *Dapsilanthus* B. G. Briggs & L. A. S. Johnson

Leptocodon (J. D. Hooker) Lemaire = *Codonopsis* Wallich

Leptogramma J. Smith = *Stegnogramma* Blume

Leptolepidium K. H. Shing & S. K. Wu = *Aleuritopteris* Fée

Leptoloma Chase = *Digitaria* Haller

Leptorumohra (H. Itô) H. Itô = Arachniodes Blume

Lesliea Seidenfaden = *Phalaenopsis* Blume

Leucopoa Grisebach = *Festuca* Linnaeus

Lignariella Baehni = *Aphragmus* Andrzejowski ex de Candolle

Lingnania McClure = *Bambusa* Schreber

Linociera O. Swartz ex Schreber = *Chionanthus* Linnaeus

Lippia Linnaeus → *Phyla* Loureiro

Listera R. Brown = *Neottia* Guettard

Lithostegia Ching = *Arachniodes* Blume

Litosanthes Blume = *Lasianthus* Jack

Londesia Fischer & C. A. Meyer = *Bassia* Allioni

Lophotocarpus Durand = *Sagittaria* Linnaeus

Loxostemon J. D. Hooker & Thomson = *Cardamine* Linnaeus

Lucuma Molina = *Pouteria* Aaublet

Lunathyrium Koitzumi = *Deparia* Hooker & Greville

***Lupinus* Linnaeus**

Lycopodiastrum Holub = *Lycopodium* Linnaeus

Lycopsis Linnaeus = *Anchusa* Linnaeus

M

Macrocarpium (Spach) Nakai = *Cornus* Linnaeus

Maddenia J. D. Hooker & Thomson = *Prunus* Linnaeus

Malleola J. J. Smith & Schlechter = *Robiquetia* Gaudichaud-Beaupré

***Malpighia* Linnaeus**

Mananthes Bremekamp = Justicia Linnaeus

Manglietiastrum Law = *Pachylarnax* Dandy

Manniella H. G. Reichenbach → *Pelexia* Poiteau ex Lindley

Marattia Swartz*，出现在《中国蕨类植物科属志》和《中国植物志》中。

Mariscus Gaertner = *Schoenus* Linnaeus

Mecodium C. Presl ex Copeland = *Hymenophyllum* Smith

Megacodon (Hemsley) Harry Smith = *Gentiana* Linnaeus

Melandrium Roehling = *Silene* Linnaeus

Meringium C. Presl = *Hymenophyllum* Smith

***Mesembryanthemum* Linnaeus**

Mesona Blume = *Platostoma* Palisot de Beauvois

Mesopteris Ching = *Cyclosorus* Link

***Messerschmidia* Hebenstreit**

Metaeritrichium W. T. Wang = *Actinocarya* Bentham

Metapolypodium Ching = *Polypodium* Linnaeus

Metasasa W. T. Lin = *Acidosasa* C. D. Chu & C. S. Chao ex P. C. Keng

Meyna Roxburgh = *Canthium* Lamarck

Mezoneuron Desfontaines = *Caesalpinia* Linnaeus

Mezzettiopsis Ridley = *Orophea* Blume

Micholitzia N. E. Brown = *Hoya* R. Brown

Microgonium C. B. Presl = *Didymoglossum* Desvaux

Microtatorchis Schlechter = *Taeniophyllum* Blume

Microthlaspi F. K. Meyer = *Noccaea* Moench

Milula Prain = *Allium* Linnaeus

Mimulus Linnaeus → *Erythranthe* Spach

***Mina* Cervantes**

Minuartia Linnaeus → *Cherleria* Linnaeus; *Pseudocherleria* Dillenberger & Kadereit; *Sabulina* Reichenbach

Mischobulbum Schlechter = *Tainia* Blume

Moliniopsis Hayata = *Molinia* Schrank

Monocelastrus F. T. Wang & Tang = *Celastrus* Linnaeus

Monocladus L. C. Chia, H. L. Fung & Y. L. Yang = *Bonia* Balansa

Monogramma Commerson ex Schkuhr = *Haplopteris* C. B. Presl

Monolophus Wallich ex Endlicher = *Pyrgophyllum* (Gagnepain) T. L. Wu & Z. Y. Chen

Monomelangium Hayata = *Diplazium* Swartz

Monomeria Lindley = *Bulbophyllum* Thouars

***Monstera* Adanson**

***Moraea* Miller**

Mukia Arnott = *Cucumis* Linnaeus

Mulgedium Cassini = *Lactuca* Linnaeus

***Muntingia* Linnaeus**

***Muscari* Miller**

Myoporum Banks & Solander ex G. Forster = *Pentacoelium* Siebold & Zuccarini

***Myrtus* Linnaeus**

N

Narenga Bor = *Saccharum* Linnaeus

***Narthecium* Hudson**

Neoathyrium Ching & Z. R. Wang = *Cornopteris* Nakai

Neodielsia H. Harms = *Astragalus* Linnaeus

Neofinetia Hu = *Vanda* W. Jones ex R. Brown

Neohusnotia A. Camus = *Acroceras* Stapf

Neomartinella Pilger = *Eutrema* R. Brown

Neosinocalamus P. C. Keng = *Bambusa* Schreber

Neottianthe Schlechter = *Ponerorchis* H. G. Reichenbach

Neottopteris J. Smith = *Asplenium* Linnaeus

Nephelaphyllum Blume = *Tainia* Blume

Nesopteris Copeland = *Crepidomanes* C. Presl

***Nopalxochia* Britton & Rose**

Nosema Prain = *Platostoma* Palisot de Beauvois

Nothodoritis Z. H. Tsi = *Phalaenopsis* Blume

Notholaena R.Brown = *Cheilanthes* Swartz

Nothopanax Miquel → *Metapanax* J. Wen & Frodin

Nothoperanema (Tagawa) Ching = *Dryopteris* Adanson
Notochaete Bentham = *Phlomoides* Moench
Nujiangia X. H. Jin & D. Z. Li = *Gennaria* Parlatore
***Nyctanthes* Linnaeus**

O

***Ochroma* Swartz**
Omphalodes Miller → *Microula* Bentham; *Sinojohnstonia* Hu
Oncodostigma Diels → *Meiogyne* Miquel
Ophioderma (Blume) Endliche = *Ophioglossum* Linnaeus
Oreoloma Botschantzev = *Sterigmostemum* Marschall von Bieberstein
Ornithochilus (Lindley) Bentham = *Phalaenopsis* Blume
***Ornithogalum* Linnaeus**
Oryzopsis A. Michaux = *Piptatherum* P. Beauvois
Otophora Blume = *Lepisanthes* Blume
***Ouratea* Aublet**
Oxyceros Loureiro → *Benkara* Adanson
Oxycoccus J. Hill = *Vaccinium* Linnaeus

P

Pachypterygium Bunge = *Isatis* Linnaeus
Padus Miller = *Prunus* Linnaeus
Palhinhaea Franco & Vasconcellos = *Lycopodiella* Holub
Panderia Fischer & C. A. Meyer = *Bassia* Allioni
***Pandorea* Spach**
Parabarium Pierre = *Urceola* Roxburgh
Parachampionella Bremekamp = *Strobilanthes* Blume
Paracolpodium (Tzvelev) Tzvelev = *Colpodium* Trinius
Paradavallodes Ching = *Davallia* J. Smith
Paradisea Mazzucato (*Paradisia* A. Bertoloni, *orth.* var.) → *Diuranthera* W. B. Hemsley
Paragutzlaffia H. P. Tsui = *Strobilanthes* Blume
Paraixeris Nakai = *Crepidiastrum* Nakai
Paraleptochilus Copeland = *Leptochilus* Kaulfuss
Paramichelia Hu = *Michelia* Linnaeus
Paramicrorhynchus M. E. Kirpicznikov = *Launaea* Cassini
Parapteropyrum A. J. Li = *Fagopyrum* Miller
Parapyrenaria H. T. Chang = *Pyrenaria* Blume
Paravallaris Pierre ex Hua = *Kibatalia* G. Don
Parmentiera de Candolle
Parryodes Jafri = *Arabis* Linnaeus
Pastinacopsis Goloskokov → *Semenovia* Regel & Herder
Pedilanthus Necker ex Poiteau = *Euphorbia* Linnaeus
***Pelargonium* L'Héritier ex Aiton**
Penkimia Phukan & Odyuo = *Holcoglossum* Schlechter
***Pentadesma* Sabine**
Pentapanax B. C. Seemann = *Aralia* Linnaeus
Pentapterygium Klotzsch → *Agapetes* D. Don ex G. Don
Peranema D. Don = *Dryopteris* Adanson
Perilepta Bremekamp = *Strobilanthes* Blume
Peripterygium Hasskarl = *Cardiopteris* Wallich ex Royle
***Petrea* Linnaeus**
Phaeanthus J. D. Hooker & T. Thomson → *Wangia* X. Guo & R. M. K. Saunders
Phaeonychium O. E. Schulz = *Solms-laubachia* Muschler
Phaius Loureiro = *Calanthe* R. Brown
Phanerophlebiopsis Ching = *Arachniodes* Blume
Pharbitis Choisy = *Ipomoea* Linnaeus
***Philodendron* Schott**
***Phlox* Linnaeus**
Photinopteris J. Smith = *Aglaomorpha* Schott

Phyllanthodendron Hemsley = *Phyllanthus* Linnaeus

Phyllitis J. Hill = *Asplenium* Linnaeus

Phylloboea Bentham, *nom. rej.* = *Paraboea* (C. B. Clarke) Ridley

Phyllophyton Kudo = *Marmoritis* Bentham

Phymatodes C. Presl = *Phymatosorus* Pichi Sermolli

***Physostigma* Balfour**

Phyteuma Linnaeus = *Reseda* Linnaeus

Pilostemon Iljin = *Jurinea* Cassini

Platycraspedum O. E. Schulz = *Eutrema* R. Brown

Platytaenia Nevski & Vvedensky = *Semenovia* Regel & Herder

Plectranthus L'Héritier = *Isodon* (Schrader ex Bentham) Spach

Pleuromanes C. Presl = *Hymenophyllum* J. E. Smith

Poacynum Baillon = *Apocynum* Linnaeus

Podocarpium (Bentham) Y. C. Yang & P. H. Huang = *Hylodesmum* H. Ohashi & R. R. Mill

***Podranea* Sprague**

***Polianthes* Linnaeus**

Polypodiodes Ching = *Polypodium* Linnaeus

Poncirus Rafinesque = *Citrus* Linneaus

Porana N. L. Burman → *Dinetus* Buchanan-Hamilton ex Sweet; *Poranopsis* Roberty; *Tridynamia* Gagnepain

Porolabium Tang & F. T. Wang = *Herminium* Linnaeus

Porterandia Ridley → *Rubovietnamia* Tirvengadum

Pothomorphe Miquel = *Piper* Linnaeus

Pratia Gaudichaud-Beaupré = *Lobelia* Linnaeus

Prenanthes Linnaeus → *Faberia* Hemsley; *Nabalus* Cassini; *Notoseris* C. Shih

Priotropis R. Wight & Arnott = *Crotalaria* Linnaeus

Pristiglottis Cretzoiu & J. J. Smith → *Kuhlhasseltia* J. J. Smith

Pronephrium C. B. Presl = *Cyclosorus* Link

***Prosopis* Linnaeus**

Protowoodsia Ching = *Woodsia* R. Brown

Pseudaechmanthera Bremekamp = *Strobilanthes* Blume

Pseudoclausia Popov = *Parrya* R. Brown

Pseudocyclosorus Ching = *Cyclosorus* Link

Pseudocystopteris Ching = *Athyrium* Roth

Pseudodrynaria C. Christensen = *Aglaomorpha* Schott

Pseudolysimachion (W. D. J. Koch) Opiz = *Veronica* Linnaeus

Psoralea Linnaeus → *Cullen* Medikus

Ptarmica Miller = *Achillea* Linnaeus

***Ptelea* Linnaeus**

Pteracanthus (Nees) Bremekamp = *Strobilanthes* Blume

Pterocypsela Shih = *Lactuca* Linnaeus

Pteroptychia Bremekamp = *Strobilanthes* Blume

Ptilopteris Hance = *Monachosorum* Kunze

Ptilotrichum C. A. Meyer = *Alyssum* Linnaeus

Pulsatilla Miller = *Anemone* Linnaeus

Pygeum J. Gaertner = *Prunus* Linnaeus

Pygmaeopremna Merrill = *Premna* Linnaeus

Pyrenocarpa H. T. Chang & R. H. Miao, *nom. illeg.* = *Decaspermum* J. R. Forster & G. Forster

Pyrethrum Zinn = *Tanacetum* Linnaeus

***Pyrostegia* C. Presl**

Pyrrothrix Bremekamp = *Strobilanthes* Blume

Q

Qiongzhuea Hsueh & T. P. Yi = *Chimonobambusa* Makino

Quamoclit Miller = *Ipomoea* Linnaeus

Quisqualis Linnaeus = *Combretum* Loefling

R

Rabdosia (Blume) Hasskarl = *Isodon* (Schrader ex Bentham) Spach

Randia Linnaeus → *Aidia* Loureiro
Rapanea Aublet = *Myrsine* Linnaeus
***Raphia* P. Beauvois**
***Ravenala* Adanson**
Rejoua Gaudichaud-Beaupré = *Tabernaemontana* Linnaeus
Rhaphidospora Nees = *Justicia* Linnaeus
Rhoeo Hance = *Tradescantia* Linnaeus
Rhynchelytrum Nees = *Melinis* P. Beauvois
Rhynchodia Bentham = *Chonemorpha* G. Don
Rhynchospermum Reinwardt = *Aster* Linnaeus
***Rhyssopterys* (de Candolle) Blume ex Jussieu**
Richella A. Gray → *Friesodielsia* Steenis
Roborowskia Batalin = *Corydalis* de Candolle
Roegneria K. Koch = *Elymus* Linnaeus
Rollinia A. Saint-Hilaire = *Annona* Linnaeus
Rostellularia H. G. L. Reichenbach = *Justicia* Linnaeus
***Rotula* Loureiro = *Ehretia* P. Browne**
***Roystonea* O. F. Cook**
***Ruscus* Linnaeus**
***Russelia* Jacquin**
***Ruta* Linnaeus**

S

***Sabal* Adanson**
Saccolabium Blume → *Tuberolabium* Yamamoto
Saccopetalum J. J. Bennett = *Miliusa* Leschenault ex A. de Candolle
***Santalum* Linnaeus**
Santiria Blume → *Protium* N. L. Burman
***Sanvitalia* Lamarck**
Sapium P. Browne = *Balakata* Esser
Sarcostemma R. Brown = *Cynanchum* Linnaeus
Sarcozygium Bunge = *Zygophyllum* Linnaeus
Sasamorpha Nakal = *Sasa* Makino & Shibata
Saxiglossum Ching = *Pyrrosia* Mirbel
Scariola F. W. Schmidt = *Launaea* Cassini
Sceptridium Lyon = *Botrychium* O. Swartz
Schellolepis J. Smith = *Goniophlebium* (Blume) C. Presl
***Schinus* Linnaeus**
Schistolobos W. T. Wang = *Opithandra* B. L. Burtt
Schizocapsa Hance = *Tacca* J. R. Forster & G. Forster
Schizonepeta (Bentham) Briquet = *Nepeta* Linnaeus
Scilla Linnaeus → *Barnardia* Lindley
Sclerachne R. Brown = *Chionachne* R. Brown
Scopolia Jacquin → *Anisodus* Link ex Sprenge
Scyphellandra Thwaites → *Rinorea* Aublet
Securinega Commerson ex A. L. Jussieu → *Flueggea* Willdenow
Sedirea Garay & Sweet = *Phalaenopsis* Blume
Selenodesmium (Prantl) Copeland = *Abrodictyum* C. Presl
Semiliquidambar H. T. Chang = *Liquidambar* Linnaeus
Semnostachya Bremekamp = *Strobilanthes* Blume
Sempervivella Stapf = *Rosularia* (de Candolle) Stapf
***Sempervivum* Linnaeus**
Sericocalyx Bremekamp = *Strobilanthes* Blume
***Silybum* Adanson**
Sinarundinaria Nakai = *Fargesia* Franchet
Sinephropteris J. T. Mickel = *Asplenium* Linnaeus
***Sinia* Diels**
Sinobaijiania C. Jeffrey & W. J. de Wilde = *Baijiania* A. M. Lu & J. Q. Li
Sinodielsia H. Wolff = *Meeboldia* H. Wolff
Sinopteris C. Christensen & Ching = *Aleuritopteris* Fee
Sinorchis S. C. Chen = *Aphyllorchis* Blume
Sinosideroxylon (Engler) Aubréville = *Sideroxylon* Linnaeus
Sinosophiopsis Al-Shehbaz = *Smelowskia* C. A. Meyer
***Sisyrinchium* Linnaeus**
Skapanthus C. Y. Wu & H. W. Li = *Isodon*

(Schrader ex Bentham) Spach

Smilacina Desfontaines = *Maianthemum* F. H. Wiggers

Smithorchis Tang & Wang = *Platanthera* Richard

Smythea Seemann → *Ventilago* J. Gaertner

Sophiopsis O. E. Schulz = *Smelowskia* C. A. Meyer

Sorolepidium Christ = *Polystichum* Roth

Souliea Franchet = *Actaea* Linnaeus

***Spartium* Linnaeus**

***Spathodea* P. Beauvois**

Sphinctacanthus Bentham*，出现在《中国种子植物科属词典》中。

Spilanthes Jacquin → *Acmella* Persoon

Spirorhynchus Karelin & Kirilov = *Goldbachia* de Candolle

Stahlianthus Kuntze = *Curcuma* Linnaeus

Staintoniella H. Hara = *Aphragmus* Andrzejowski ex de Candolle

***Stapelia* Linnaeus**

Stauropsis H. G. Reichenbach → *Vandopsis* Pfitzer

Stebbinsia Lipsch = *Soroseris* Stebbins

Stelleropsis Pobedimova = *Diarthron* Turczaninow

Stemmacantha Cassini = *Rhaponticum* Vaillant

Stenoloma Fée = *Odontosoria* Fée

Stenoseris Shih = *Melanoseris* Decaisne

Stephanandra Siebold & Zuccarini = *Neillia* D. Don

Steptorhamphus Bunge = *Launaea* Cassini

***Stevia* Cavanilles**

Stracheya Bentham = *Hedysarum* Linnaeus

Stranvaesia Lindley = *Photinia* Lindley

***Strelitzia* W. Aiton**

Stroganowia Karelin & Kirilov = *Lepidium* Linnaeus

Sunipia Lindley = *Bulbophyllum* Thouars

Swida Opiz = *Cornus* Linnaeus

***Syagrus* Martius**

Sympagis Bremekamp = *Strobilanthes* Blume

Synostemon F. v. Mueller = *Sauropus* Blume

Syrenia Andrzeiowski ex Besser = *Erysimum* Linnaeus

T

Taihangia T. T. Yu & C. L. Li = *Geum* Linnaeus

Tainiopsis Schlechter = *Eriodes* Rolfe

Takeikadzuchia Kitagawa & Kita-mura = *Olgaea* Iljin

Tangtsinia S. C. Chen = *Cephalanthera* Richard

Taphrospermum C. A. Meyer = *Eutrema* R. Brown

Tarphochlamys Bremekamp = *Strobilanthes* Blume

Tauscheria Fischer ex de Candolle = *Isatis* Linnaeus

***Tecoma* Jussieu**

***Tecomaria* Spach**

***Tectona* Linnaeus f.**

Tenacistachya L. Liu, *nom. illeg.* = *Miscanthus* Andersson

Tenagocharis Hochstetter = *Butomopsis* Kunth

Terminthia Bernhardi, *nom. illeg.* = *Searsia* F. A. Barkley

Tetradoxa C. Y. Wu = *Adoxa* Linnaeus

Tetraglochidium Bremekamp = *Strobilanthes* Blume

Tetragoga Bremekamp = *Strobilanthes* Blume

Tetrathyrium Bentham = *Loropetalum* R. Brown

Thellungiella O. E. Schulz = *Eutrema* R. Brown

Thoracostachyum Kurz = *Mapania* Aublet

***Thryallis* Martius**

Thyrsia Stapf = *Phacelurus* Grisebach

***Tigridia* Jussieu**

Tillaea Linnaeus = *Crassula* Linnaeus

Timouria Roshevitz = *Achnatherum* P. Beauvois

Torularia (Cosson) O. E. Schulz = *Neotorularia* Hedge & J. Léonard

Torulinium Desvaux ex W. Hamilton = *Cyperus* Linnaeus

Trachomitum Woodson = *Apocynum* Linnaeus

Triarrhena Nakai = *Miscanthus* Andersson
Trias Lindley = *Bulbophyllum* Thouars
Triblemma R. Brown ex C. Sprengel = *Deparia* Hooker & Greville
Tricalysia A. Richard ex de Candolle → *Diplospora* de Candolle
Trichilia P. Browne → *Heynea* Roxburgh
Trichomanes Linnaeus*，出现在《中国蕨类植物科属志》中。
***Triplaris* Loefling**
***Tripsacum* Linnaeus**
***Tristania* R. Brown ex Aiton**
***Tritonia* Ker-Gawler**
Tsiangia But, H. H. Hsue & P. T. Li = *Ixora* Linnaeus
Tsoongiodendron Chun = *Michelia* Linnaeus
Tsuga (Endlicher) Carrière → *Nothotsuga* Hu ex C. N. Page
Tulotis Rafinesque = *Platanthera* Richard
Tunica Ludwig, *nom. illeg.* = *Petrorhagia* (Seringe) Link
Tupidanthus J. D. Hooker & Thomson = *Schefflera* J. R. Forster & G. Forster
***Turnera* Linnaeus**
Tutcheria Dunn = *Pyrenaria* Blume

U

***Ulex* Linnaeus**

V

Vaginularia Fée = *Haplopteris* C. B. Presl
Vetiveria Bory = *Chrysopogon* Trinius
Vexillabium Maekawa = *Kuhlhasseltia* J. J. Smith
***Victoria* Lindley**
Vittaria Smith*，出现在《中国蕨类植物科属志》和《中国植物志》中。
Vladimiria Iljin = *Dolomiaea* de Candolle

W

Waldheimia Karelin = *Allardia* Decaisne
Waldsteinia Willdenow = *Geum* Linnaeus
***Washingtonia* H. Wendland**
Whitfordiodendron Elmer → *Afgekia* Craib
Winchia A. de Candolle = *Alstonia* R. Brown

X

Xeranthemum Linnaeus*，出现在《中国种子植物科属词典》中。
Xylanche Beck = *Boschniakia* C. A. Meyer

Y

Ypsilorchis Z. J. Liu, S. C. Chen & L. J. Chen = *Liparis* Richard
***Yucca* Linnaeus**

Z

***Zantedeschia* Sprengel**
Zebrina Schnizlein = *Tradescantia* Linnaeus
Zygia P. Browne → *Archidendron* F. Mueller
***Zygocactus* K. Schumann**

附录5　分布区类型概要

根据吴征镒等（2006）《种子植物分布区类型及其起源和分化》，分布区类型共分为以下18种：

1 广布（世界广布）；
2 泛热带（热带广布）；
3 东亚（热带、亚热带）与热带美洲间断；
4 旧世界热带；
5 热带亚洲至热带大洋洲；
6 热带亚洲至热带非洲；
7 热带亚洲（即热带东南亚至印度—马来群岛，太平洋诸岛）；
8 北温带；
9 东亚—北美间断；
10 旧世界温带；
11 温带亚洲；
12 地中海区、西亚至中亚；
13 中亚；
14 东亚；
15 中国特有；
（16）南半球热带以外间断或星散分布；
（17）热带非洲—热带美洲间断；
（18）泛南极。

以上正型又分别连同其变型列举如下，所有变型均附属于其有关的间断分布或者连续分布的原型下；凡未分布到中国本土的均加括号“（）”，以示区别（下同）。

1型

仅有正型，无变型，但在分布倾向上有所偏重，且与8-4型有紧密的联系。

2型

有3个变型。

2-1 热带亚洲—大洋洲和热带美洲（南美洲或/和墨西哥）；
2-2 热带亚洲—热带非洲—热带美洲（南美洲），本型显然与3型和17型都有联系；
2S 以南半球为主的泛热带分布。

3型

除间断与热带亚洲者为正型外，还有在中、南美热带至温带的广大区域而未分布到旧世界（包括中国）的9个变型。

（3a）圭亚那高地（至附近邻邦）；
（3b）热带、亚热带中美洲至南美洲（含墨西哥中部及西印度群岛）；
（3c）亚马孙盆地；
（3d）热带南美（南至巴西、秘鲁），北至西印度群岛和美国南部，亦可简称环加勒比海；
（3e）中、南智利低地至邻近的阿根廷；
（3f）南美洲西部，以安第斯山为主；
（3g）巴西、乌拉圭、智利、阿根廷南部（温带）；
（3h）胡安·费尔南德斯群岛；
（3i）热带以外的中美洲、南美洲（沿安第斯山脉）。

4型

除正型外有1个变型。

4-1 热带亚洲、非洲和大洋洲间断分布或者星散分布。

5型

以热带亚洲至热带澳大利亚洲际连续或间断分布为原型，另5-1变型为中国（西南）亚热带和新西兰间断。其仅在澳大利亚本土出现的变型有（5a）、（5b）、（5c）、（5d）、（5e）等5个，加上（5/7）、（5/6）共7个变型。

（5/7）由于5型的原定义为澳亚分布，但其西界达到马达加斯加，而不达非洲本土，故马达加斯加特有处理为（5/7）变型；

（5/6）印度洋诸岛（即科摩罗）、毛里求斯和留尼旺（此二者合称马斯克林）、塞舌尔群岛；

（5a）澳大利亚东部（和/或东北部）；

（5b）澳大利亚西南部（和/或西部）；

（5c）澳大利亚南部和塔斯马尼亚；

（5d）塔斯马尼亚（及新西兰、温带澳大利亚）间断。此变型实与（18）型有联系；

（5e）塔斯马尼亚及新喀里多尼亚间断。

6 型

原型是热带亚洲至热带非洲连续或间断分布，共有9个变型。

6-1 中国华南、西南至印度和热带非洲；

6-2 热带亚洲和东非或马达加斯加间断分布；

（6，5/7）在非洲南部（和/或东部）和马达加斯加间断分布，此变型亦为5、6、7三型间过渡；

（6a）热带东至东北非及阿拉伯半岛或索科特拉岛间断；

（6b）热带非洲（撒哈拉以南至南非）；

（6c）中至西南或东南非洲，多在稀树草原地区；

（6d）南非（主要是好望角）；

（6e）热带（或赤道）西部非洲；

（6f）西南非洲荒漠。

7 型

热带亚洲的含义是广义的，即包括热带东南亚、印度—马来群岛和西南太平洋诸岛。共分为12个变型。

7-1 爪哇（或苏门答腊），喜马拉雅间断或星散分布到中国华南、西南；

7-2 热带印度至中国华南（尤其云南南部）分布；

7-3 缅甸、泰国至中国华西南分布；

7-4 越南（或中南半岛）至中国华南或西南分布；

7-5 菲律宾，中国海南、台湾间断分布；

（7a）西马来，基本上在新华莱士线以西，北可达中南半岛或印东北或热带喜马拉雅，南达苏门答腊；

（7b）中马来，爪哇以东，加里曼丹至菲律宾一线以内；

（7c）东马来，即新华莱士线以东，但不包括新几内亚及东侧岛屿；

以上变型北界均可如7a，如东界为菲律宾则可以7ab示之，如南界达东马来则以7ac示之，如有明显间断，则以7a/c、7ab/c、7a/bc等示之，7a/c表示西马来—东马来间断分布；

（7d）全分布区东达新几内亚，余同前，新几内亚特有可以用（7d）示之；

（7e）全分布区东南达西太平洋诸岛弧，包括新喀里多尼亚和斐济；

（7f）新喀里多尼亚特有；

（7g）斐济特有。

8 型

北温带广布，此型由于历史因素，共有7个变型。

8-1 环极（环北极，环两极）；

8-2 北极—高山分布；

8-3 北极至阿尔泰和北美洲间断分布；

8-4 北温带和南温带间断分布；

8-5 欧亚和南美洲温带间断；

8-6 地中海、东亚、新西兰和墨西哥—智利间断分布；

8-7 北美、澳大利亚东部及新几内亚间断分布。

9 型

原型为东亚和北美间断分布，共有7个变型。

（9）仅在北美出现者以（9）表示；

（9，14J）仅在北美及日本间断分布者以（9，14J）表示；

9-1 东亚和墨西哥间断分布；

（9-1）墨西哥高山，与9-1相应，而不见于东亚；

（9-2）北美西、西南部（以美国加利福尼亚州为中心）至邻近的墨西哥或/和中美；

（9，3）落基山经墨西哥至安第斯间断分布；

（9/3）北美（东及西南），圭亚那高地间断分布。

10 型

欧亚温带型，共有 3 个变型。

10-1 地中海区，西亚（或中亚）和东亚间断分布；

10-2 地中海区和喜马拉雅间断分布，此变型相当于原在属分布区类型系统中的 10-2 和 12-4，后者即地中海区至热带非洲和喜马拉雅间断分布，现将二者归并，地中海区取广义，包括相邻的热带非洲；

10-3 欧亚和南非（有时也在澳大利亚）。

11 型

无变型。

12 型

有 7 个变型。

（12）狭义或环地中海，即以地中海为中心的欧洲，北非和西亚部分，但仅达伊朗—吐兰区边缘而不达中亚者；

12-1 地中海区至中亚和南非洲和/或大洋洲间断分布；

12-2 地中海区至西亚或中亚和墨西哥或古巴间断；

12-3 地中海区至温带—热带亚洲，大洋洲和/或北美南部至南美洲间断；

（12-4）原 12-4 与 10-2 区别甚微，现将巴尔干半岛至西喜马拉雅间断于索科特拉岛分布替换作（12-4）；

12-5 地中海区至北非、中亚—蒙古、西南非洲、西南澳大利亚、北美西南部、智力西部（泛地中海）星散分布；

（12-6）马加罗尼西亚、地中海欧洲、索科特拉、西亚、索马里分布。

13 型

中亚分布，共有 4 个变型。

13-1 中亚东部；

13-2 中亚东部至喜马拉雅和中国西南部；

13-3 西亚至喜马拉雅和中国西藏；

13-4 中亚至喜马拉雅—阿尔泰和太平洋北美洲间断分布。

14 型

东亚分布，除正型外原有 3 个变型。

14SH 中国—喜马拉雅；

14SJ 中国—日本；

（14J）（新增），日本特有。

15 型

中国特有，共有 4 个变型。

15-1 华东—华中；

15-2 华南；

15-3 横断山区；

15-4 华北—东北。

（16）型

热带非洲—南美洲间断分布，或热带、亚热带非洲—马德雷区—南美洲间断分布。这一类型不可能分布到东面以古北大陆东部、古南大陆东部为中心的亚—澳地区。仅个别延至马达加斯加、南非洲或亚洲西南部（阿拉伯半岛），一般皆在南美洲有大发展，而非洲（常在西部）仅少量残留，暂未分变型。亦可简称为环大西洋间断分布。

（17）型

澳大利亚、新西兰、新喀里多尼亚、新几内亚（至菲律宾）和温带南美（特别西部）间断分布。

（18）型

泛南极或全南极分布，多为星散型。

附录 6　植物分类学主要数据库网站

- **Angiosperm Phylogeny Website:**
  http://www.mobot.org/MOBOT/Research/APweb/welcome.html
- **Flora of China (FOC):**
  http://flora.huh.harvard.edu/china
- **Index Nominum Genericorum (ING):**
  http://botany.si.edu/ing
- **International Plant Name Index (IPNI):**
  http://www.ipni.org/ipni/plantnamesearchpage.do
- **The Plant List (TPL):**
  http://www.theplantlist.org
- **Tropicos:**
  http://www.tropicos.org
- 中国物种信息数据库:
  http://db.kib.ac.cn
- **iFlora** 新一代植物志:
  http://iflora.cn
- 科学出版社“中国植物志数据库”
  http://zgzwz.lifescience.com.cn
  (个人用户每天可免费查询 10 个物种，完整版需机构购买)

主要参考文献

侯宽昭. 1958, 1982, 1998. 中国种子植物科属词典. 北京: 科学出版社.

贾德 WS, 等. 2008. 植物系统学. 第三版. 李德铢等译. 2012. 北京: 高等教育出版社.

李德铢, 王雨华, 伊廷双, 等. 2012. 新一代植物志: iFlora. 植物分类与资源学报, 34(6): 525-531.

骆洋, 何延彪, 李德铢, 等. 2012. 中国植物志、*Flora of China* 和维管植物新系统中科的比较. 植物分类与资源学报, 34(3): 231-238.

马金双. 2011. 东亚高等植物分类学文献概览. 北京: 高等教育出版社

秦仁昌. 1978. 中国蕨类植物科属的系统排列和历史来源. 植物分类学报, 16(3): 1-19; 16(4): 16-37.

王宗训. 1983. 中国植物学文献目录. 第一册. 北京: 科学出版社.

吴兆洪, 秦仁昌. 1991. 中国蕨类植物科属志. 北京: 科学出版社.

吴征镒, 陈心启. 2004. 中国植物志. 第 1 卷. 北京: 科学出版社.

吴征镒, 路安民, 汤彦承, 等. 2003. 中国被子植物科属综论. 北京: 科学出版社.

吴征镒, 周浙昆, 孙航, 等. 2006. 种子植物分布区类型及其起源和分化. 昆明: 云南科技出版社.

郑万钧, 傅立国, 诚静容. 1975. 中国裸子植物. 植物分类学报, 13(4): 56-89.

臧穆, 黎兴江. 2011. 中国隐花(孢子)植物科属辞典. 北京: 高等教育出版社.

APG. 1998. An ordinal classification for the families of flowering plants. *Annals of the Missouri Botanical Garden*, 85(4): 531-553.

APG III. 2009. An update of the Angiosperm Phylogeny Group classification for the orders and families of flowering plants: APG III. *Botanical Journal of the Linnean Society*, 161(2): 105-121.

APG IV. 2016. An update of the Angiosperm Phylogeny Group classification for the orders and families of flowering plants: APG IV. *Botanical Journal of the Linnean Society*, 181(1): 1-20.

Axelrod DI, Al-Shehbaz I, Raven PH. 1998. History of the Modern Flora of China. *In*: Zhang A, Wu S. Floristic Characteristics and Diversity of East Asian Plants. Beijing: China Higher Education Press: 43-55.

Brummitt RK, Powell CE. 1992. Authors of Plant Names. Kew: Royal Botanic Gardens.

Chen ZD, Manchester SR, Sun HY. 1999. Phylogeny and evolution of the Betulaceae as inferred from DNA sequences, morphology, and paleobotany. *American Journal of Botany*, 86: 1168-1181.

Chen ZD, Wang XQ, Sun HY, et al. 1998. The systematic position of the Rhoipteleaceae: evidence from nucleotide sequences of *rbcL* gene. *Acta Phytotaxonomica Sinica*, 36: 1-7.

Christenhusz MJM, Zhang XC, Schneider H. 2011a. A linear sequence of extant families and genera of lycophytes and ferns. *Phytotaxa*, 19: 7-54.

Christenhusz MJM, Reveal JL, Farjon A, et al. 2011b. A new classification and linear sequence of extant gymnosperms. *Phytotaxa*, 19: 55-70.

Engler HGA. 1936. Syllabus der Pflanzenfamilien. 11th Ed. Berlin : Gebrüder Borntraeger.

Funk VA. 2003. Down with alphabetically arranged herbaria (and alphabetically arranged floras too for that matter). *Plant Science Bulletin*, 49(4): 131-132.

Ge S, Schaal BA, Hong DY. 1997. A reevaluation of the status of *Adenophora lobophylla* based on ITS sequence, with reference to the utility of ITS sequence in Adenophora. *Acta Phytotaxonomica Sinica*, 35: 385-395.

Hollingsworth PM, Forrest LL, Spouge JL, et al. 2009. A DNA barcode for land plants. *Proceedings of the National Academy of Sciences, USA*, 106: 12794-12797.

Hutchinson J. 1924-1936. The Families of Flowering Plants, Arranged According to A New System Based on Their Probable Phylogeny. Oxford: Clarendon Press

Li DZ, Gao LM, Li HT, et al. 2011b. Comparative analysis of a large dataset indicates that internal transcribed spacer(ITS)should be incorporated into the core barcode for seed plants. *Proceedings of the National Academy of Sciences, USA*, 108: 19641-19646.

Li DZ, Liu JQ, Chen ZD, et al. 2011a. Plant DNA barcoding in China. *Journal of Systematics and Evolution*, 49: 165-168.

Ma JS, Clemants S. 2006. A history and overview of the *Flora Reipublicae Popularis Sinicae*(FRPS, Flora of China, Chinese edition, 1959-2004). *Taxon*, 55: 451-460.

PPG I. 2016. A community-derived classification for extant lycophytes and ferns. *Journal of Systematics and Evolution*, 54: 563-603.

Ran JH, Gao H, Wang XQ. 2010. Fast evolution of the retroprocessed mitochondrial *rps3* gene in conifer II and further evidence for the phylogeny of gymnosperms. *Molecular Phylogenetics and Evolution*, 54(1): 136-149.

Ren BQ, Xiang XG, Chen ZD. 2010. Species identification of *Alnus*(Betulaceae)using nrDNA and cpDNA genetic markers. *Molecular Ecology Resources*, 10: 594-605.

Reveal JL, Chase MW. 2011. APG III: Bibliographical information and synonymy of Magnoliidae. *Phytotaxa*, 19: 71-134.

Smith AR, Pryer KM, Schuettpelz E, et al. 2006. A classification for extant ferns. *Taxon*, 55: 705-731.

Wang XQ, Han Y, Deng ZR, et al. 1997. Phylogeny of the Pinaceae evidenced by molecular biology. *Acta Phytotaxonomica Sinica*, 35: 97-106.

Wang XQ, Li ZY. 1998. The application of sequence analysis of rDNA fragment to the systematic study of the subfamily Cyrtandroideae (Gesneriaceae). *Acta Phytotaxonomica Sinica*, 36: 97-105.

Wu ZY, Raven PH, Hong DY. 2013. Flora of China. Vol. 1. Beijing: Science Press; St. Louis: Missouri Botanical Garden Press.

Zhang YX, Li DZ. 2013. History of and Recent Advances in Plant Taxonomy. *In*: Hong DY, Blackmore S. Plants of China: A Companion to the Flora of China. Beijing: Science Press: 256-278.